计 算 机 科 学 丛 书

原书第10版

操作系统概念

亚伯拉罕·西尔伯沙茨（Abraham Silberschatz）

[美]　彼得·贝尔·高尔文（Peter Baer Galvin）　　著

格雷格·加涅（Greg Gagne）

郑扣根 唐杰 李善平 译

Operating System Concepts
Tenth Edition

机械工业出版社
CHINA MACHINE PRESS

本书是面向操作系统导论课程的经典书籍，从第 1 版起就被国内外众多高校选作教材。全书共九个部分，相较于上一版增加了三个部分，并且优化了各章的编排顺序。本书不仅详细讲解进程管理、内存管理、存储管理、保护与安全等概念，而且涵盖重要的理论结果和案例研究，还给出了供读者深入学习的推荐读物。这一版在移动操作系统、多核系统、虚拟化和 NVM 外存等方面做了大幅更新，每一章都融入了新的技术进展，并且更新了习题和编程项目。本书适合高等院校计算机相关专业的学生学习，也可供专业技术人员参考。

图书在版编目（CIP）数据

操作系统概念：原书第 10 版 /（美）亚伯拉罕·西尔伯沙茨（Abraham Silberschatz），（美）彼得·贝尔·高尔文（Peter Baer Galvin），（美）格雷格·加涅（Greg Gagne）著；郑扣根，唐杰，李善平译 . —北京：机械工业出版社，2023.6（2024.8 重印）

（计算机科学丛书）

书名原文：Operating System Concepts, Tenth Edition

ISBN 978-7-111-73285-3

I.①操⋯　II.①亚⋯②彼⋯③格⋯④郑⋯⑤唐⋯⑥李⋯　III.①操作系统

IV.① TP316

中国国家版本馆 CIP 数据核字（2023）第 098013 号

机械工业出版社（北京市百万庄大街 22 号　邮政编码 100037）

策划编辑：曲　熠	责任编辑：曲　熠	
责任校对：王明欣　卢志坚	责任印制：刘　媛	

涿州市京南印刷厂印刷

2024 年 8 月第 1 版第 2 次印刷

185 mm×260 mm·39.5 印张·1154 千字

标准书号：ISBN 978-7-111-73285-3

定价：159.00 元

电话服务　　　　　　　　　　网络服务

客服电话：010-88361066　　机 工 官 网：www.cmpbook.com

　　　　　010-88379833　　机 工 官 博：weibo.com/cmp1952

　　　　　010-68326294　　金 书 网：www.golden-book.com

封底无防伪标均为盗版　　机工教育服务网：www.cmpedu.com

人生短暂，生有涯而学无涯，所以读书当读经典图书。而当我们在说经典时，很多时候都是在说人文社科领域的图书，其中许多是能够经受历史的考验或对人类产生影响的书。在发展迅猛的信息学科，由于技术更新非常频繁，要成为这个领域的经典图书，除了图书质量外，书中所介绍的知识必须是这个领域的核心基础，包含这个领域发展的一些根源性内容，并且也要跟随技术发展不断推陈出新。本书就是这样一本好书。

操作系统一直都是计算机的重要基础之一，操作系统课程是计算机专业最为核心的必修课程之一。本书从第 1 版发展到现在，已经出版到第 10 版。我经历了操作系统领域的发展，也见证了此书成为领域经典的细节与历程，能再次翻译它，自是深感荣幸。

相比于之前的版本，第 10 版当然有一些不同之处，主要包括以下几点：

1. 作者几乎重写了每一章的内容，更新并删除了一些时效性差的材料，重新编排了章节，同时，对图片进行了大量修改。

2. 新增的第 4 章讨论了线程与并发，增加了关于支持 API 和库级别的并发和并行编程的内容。新增的第 21 章讨论了 Windows 10 的内部结构。

3. 在第 2 章操作系统结构部分，对操作系统的设计和实现进行了大量修订。在第 19 章网络与分布式操作系统部分，对计算机网络和分布式操作系统的内容做了大幅更新。

4. 根据技术发展，在移动操作系统、多核系统、虚拟化和外存等方面做了较大更新。比如大幅增加了关于 Android 和 iOS 移动操作系统的内容，以及移动设备普遍采用的 ARMv8 架构的内容。还增加了关于提供并发和并行编程支持的 API 的讨论，以及关于 NVM 设备的讨论等。

5. 提供了更多的 Java 示例。

我在翻译本书的过程中力求精益求精，但自身水平有限，错误在所难免，欢迎读者批评指正，在此先表感谢！

同时，也非常感谢机械工业出版社编辑们的支持。本书翻译过程中得到家人的理解与支持，在此一并表示深深的谢意。

郑扣根

操作系统是计算机系统的重要组成部分。同样，操作系统课程也是计算机科学教育的基本组成部分。这个领域正在快速发展，因为计算机已逐渐渗透到日常生活的方方面面——从汽车的嵌入式设备到政府和跨国公司的先进规划工具。然而，其中的基本概念仍然比较清晰，本书也是基于这些概念展开讨论的。

本书是面向操作系统导论课程的教科书，适用于大三、大四学生和一年级研究生，同时也可供工程技术人员参考。本书清晰地描述了操作系统的概念。作为先决条件，我们假设读者熟悉基本数据结构、计算机组成和一种高级语言（如 C 或 Java）。本书第 1 章包括学习操作系统所需的硬件知识，同时还包括大多数操作系统普遍使用的基础数据结构知识。代码示例主要使用 C 和 Java，不过，即使读者不具有这些语言的全部知识，也能理解这些算法。

本书不仅直观描述了概念，而且包括重要的理论结果，但是省略了大部分的形式化证明。每章结尾的推荐读物给出了相关研究论文，其中有的首次提出或证明了这些理论结果，有的提供深入阅读的最新材料。本书通过图形和举例来说明为什么有关结果是真实有效的。

本书描述的基本概念和算法通常用于商用和开源的操作系统。我们的目标是，按照通用的（而非特定的）操作系统来描述这些概念和算法。另外，我们提供了最受欢迎和最具创新的操作系统的大量示例，包括 Linux、Microsoft Windows、Apple macOS（原名为 OS X，在 2016 年改为 macOS，以与其他 Apple 产品的命名方案相匹配）和 Solaris。我们还给出了两个主要移动操作系统（Android 和 iOS）的示例。

本书的编写融合了我们从事操作系统教学的多年经验。另外，还考虑了多位审稿人员提供的反馈意见，以及之前版本的读者和用书师生的许多意见和建议。第 10 版还反映了 2013 年计算机科学课程中操作系统领域的大部分课程指南，该指南由 IEEE 计算机协会（IEEE Computing Society）和 ACM（Association for Computing Machinery，计算机学会）共同出版。

本书资源

本书共有 21 章。有些章包含以下配套资源：
- 一套练习。
- 一套常规习题。
- 一组编程题。
- 一组编程项目。
- 推荐读物。
- 重要术语（黑体）的定义。

本书内容

本书包括九个主要部分：
- **概论**。第 1 章和第 2 章解释了操作系统是什么，它们能做什么，以及它们是如何设计与构造的。这一部分讨论了操作系统的常见功能是什么，以及操作系统能为用户提供什么。我们不仅讨论 PC 和服务器的传统操作系统，而且讨论移动设备的操作系统。描述主要以启发和解释为主。这一部分避免讨论内部实现细节。因此，这部分适合低年级学生或类似读者，以便了解操作系统是什么而无须关注内部算法细节。
- **进程管理**。第 3~5 章描述了进程概念和并发，这是现代操作系统的核心。进程是系统内的工作单元。这种系统包括一组并发执行进程,其中一些是操作系统进程(执行系统代码的进程),其余的是用户进程(执行用户代码的进程)。这一部分包括进程调度、进程间通信方法,还包括线程分析以及多核系统和并行编程的有关分析。

- **进程同步**。第 6~8 章包括进程同步和死锁的处理方法。由于加强了进程同步的讨论,所以我们将上一版的第 5 章(进程同步)分为两个独立章节:同步工具(第 6 章)和同步案例(第 7 章)。

- **内存管理**。第 9 章和第 10 章讨论进程执行期间的内存管理。为了改进 CPU 的利用率及其对用户的响应速度,计算机必须同时在内存中保存多个进程。内存管理有很多不同方案,反映了内存管理的各种方法;而特定算法的有效性取决于具体的应用场景。

- **存储管理**。第 11 章和第 12 章描述了现代计算机系统如何处理大容量存储和 I/O。由于连到计算机的 I/O 设备种类繁多,操作系统需要为应用程序提供大量的功能来控制这些设备。这一部分深入讨论了系统 I/O,包括 I/O 系统设计、接口及系统内部的结构和功能。在许多方面,I/O 设备是计算机中最慢的主要组件。因为设备通常会是性能瓶颈,所以这一部分也讨论了 I/O 设备的性能问题。

- **文件系统**。第 13~15 章讨论了现代计算机系统如何处理文件系统。文件系统提供了在线存储和访问数据、程序的机制。我们描述了存储管理的经典内部算法和结构,并对所使用的算法进行了深入讨论,包括它们的属性和优缺点。

- **安全与保护**。第 16 章和第 17 章讨论了计算机系统安全和保护所需的机制。操作系统的进程活动必须互相保护,我们必须确保只有获得操作系统适当授权的进程才能使用系统的文件、内存、CPU 和其他资源。保护是一种机制,用于控制程序、进程和用户对计算机系统资源的访问,这种机制必须提供指定控制和实施控制的手段。安全保护系统的存储信息(数据和代码)和计算机物理资源的完整性,从而避免未经授权的访问、恶意破坏或修改,以及意外引入不一致。

- **高级主题**。第 18 章和第 19 章讨论虚拟机和网络与分布式系统。第 18 章概述了虚拟机及其与现代操作系统的关系,也讨论了使虚拟化成为可能的硬件和软件技术。第 19 章概述了计算机网络与分布式系统,以 Internet 和 TCP/IP 为主。

- **案例研究**。第 20 章和第 21 章详细研究了两个真实操作系统:Linux 和 Windows 10。

编程环境

本书提供了用 C 和 Java 编写的许多示例程序。这些程序可运行于如下编程环境:

- **POSIX**。POSIX(Portable Operating System Interface,可移植性操作系统接口)为一套标准,主要用于基于 UNIX 的操作系统。虽然 Windows 系统也可以运行一些 POSIX 程序,但是我们的 POSIX 讨论主要关注 Linux 和 UNIX 系统。POSIX 兼容系统必须实现 POSIX 核心标准(POSIX.1)——Linux 和 macOS 都是 POSIX 兼容系统的例子。POSIX 还定义了多个扩展标准,包括实时扩展(POSIX.1b)和线程库扩展(POSIX.1c,常称为 Pthreads)。我们提供了多个用 C 编写的编程示例,以说明 POSIX 基本 API、Pthreads 和实时编程扩展。这些示例程序采用 gcc 编译器,在 Linux 4.4 和 macOS 10.11 系统上进行了测试。

- **Java**。Java 是一种应用广泛的编程语言,具有丰富的 API,提供并发和并行编程的内置语言支持。Java 程序可运行在支持 Java 虚拟机(Java Virtual Machine,JVM)的任何操作系统上。我们采用 Java 程序来说明各种操作系统和网络概念,这些程序采用 Java 开发工具包(Java Development Kit,JDK)1.8 版本来测试。

- **Windows 系统**。Windows 系统的主要编程环境是 Windows API,它提供了一整套函数来管理进程、线程、内存和外设。我们提供适量的 C 程序说明如何使用这种 API。这些程序在 Windows 10 上进行了测试。

我们选择这三种编程环境，因为它们最能代表两种受欢迎的操作系统模型——Linux/UNIX 和 Windows，以及应用广泛的 Java 环境。大多数编程示例都是用 C 语言编写的，熟悉 C 语言和 Java 语言的读者应该很容易理解本书的大多数程序。

在某些情况下（如线程创建），我们使用了三种编程环境来说明特定概念，以便读者在处理相同任务时可以比较三种不同的库。在其他情况下，我们可能只使用一种 API 来解释概念。例如，我们只使用 POSIX API 来说明共享内存，只使用 Java API 来突出 TCP/IP 的套接字编程。

Linux 虚拟机

为了帮助学生更好地学习 Linux 系统，我们提供了一个运行 Ubuntu 发行版的 Linux 虚拟机。该虚拟机可从本书网站（http：//www.os-book.com）下载，它还包括 gcc 和 Java 编译器等开发环境。本书的大部分编程作业可以在此虚拟机上完成，需要 Windows API 的作业除外。虚拟机可以安装和运行在任何能够运行 VirtualBox 虚拟化软件的主机操作系统之上，目前包括 Windows 10、Linux 和 macOS。

第 10 版

在编写《操作系统概念》第 10 版时，我们考虑了影响操作系统的四个基本领域——移动操作系统、多核系统、虚拟化、NVM 外存——的不断发展。

为了强调这些主题，本书集成了相关讨论。例如，增加了大量有关 Android 和 iOS 移动操作系统的内容，以及移动设备普遍采用的 ARMv8 架构的内容。另外还增加了对多核系统的介绍，包括对提供并发和并行支持的 API 的讨论。在讨论 I/O、大容量存储和文件系统的章节中，像 SSD 这样的非易失性存储设备现在被视为与硬盘驱动器相同的设备。

有些读者希望本版增加更多有关 Java 的内容，因此我们在本书中提供了更多的 Java 示例。

此外，我们几乎重写了每章内容，更新了旧的材料，并删除不再有趣或不相关的材料。我们对许多章节进行了重新编排，将部分小节从一章移到了另一章。我们还对图片进行了很多修改，创建了多张新图。

主要变化

在内容和新的支持材料方面，第 10 版更新的内容比之前版本要多得多。接下来，我们简要介绍一下各章节的主要内容变化：

- **第 1 章，导论**，包括对多核系统的更新，以及对 NUMA 系统和 Hadoop 集群的更新。旧材料已更新，这也为操作系统的研究增加了新的动力。
- **第 2 章，操作系统结构**，对操作系统的设计和实现进行了大量修订。更新了对 Android 和 iOS 的处理方式，并涵盖了系统引导过程的相关内容，重点关注 Linux 系统的 GRUB。新内容还包括用于 Linux 的 Windows 子系统。添加了有关链接器和加载器的新内容，还讨论了为什么应用程序通常是特定于操作系统的。最后，添加了对 BCC 调试工具集的讨论。
- **第 3 章，进程**，精简了对于调度的讨论，主要关注 CPU 调度问题。新内容描述了 C 程序的内存布局、Android 进程层次结构、Mach 消息传递和 Android RPC。我们还用 systemd 取代了传统 UNIX/Linux 中 init 进程的内容。
- **第 4 章，线程与并发（上一版这一章的章名为"线程"）**，增加了关于支持 API 和库级别的并发和并行编程的内容。我们修改了关于 Java 线程的部分，使其包含新的功能。我们还更新了 Apple 的大中央调度的部分，使其包含了 Swift 的相关内容。新的章节讨论了在 Java 中使用复刻加入框架的复刻加入并行性，以及 Intel 线程构建块。

- **第 5 章，CPU 调度（上一版的第 6 章）**，修订了多级队列和多核处理调度的内容。我们整合了 NUMA 敏感调度问题，包括这种调度如何影响负载平衡。我们还对 Linux CFS 调度器进行了修改。新的内容结合了循环和优先级调度、异构多处理和 Windows 10 调度的讨论。

- **第 6 章，同步工具（上一版的第 5 章的一部分）**，重点介绍用于同步进程的各种工具。新内容重点讨论了架构问题，例如指令重新排序和延迟写入缓冲区。本章还介绍了使用比较和交换（Compare-And-Swap，CAS）指令的无锁算法。本章没有针对特定 API，而是介绍了竞争条件和可用于防止数据竞争的通用工具，还包括了有关内存模型、内存屏障和活性问题的新内容。

- **第 7 章，同步案例（上一版的第 5 章的一部分）**，介绍了经典的同步问题，讨论了用于设计解决这些问题的解决方案的特定 API 支持。本章包括有关 POSIX 命名和无名信号量以及条件变量的新内容，还新增了 7.4 节讨论了 Java 的同步。

- **第 8 章，死锁（上一版的第 7 章）**，做了少量更新，包括关于活锁的内容和将死锁作为活性失败的示例。本章包括关于 Linux lockdep 和 BCC 死锁检测器工具的新内容，以及使用线程转储的 Java 死锁检测的内容。

- **第 9 章，内存（上一版的第 8 章）**，包括多项修订，同时增加了对 ARMv8 64 位架构的介绍，更新了动态链接库内容，并更改了交换内容，使其现在专注于交换页面而不是交换进程。另外还删除了关于分段的讨论。

- **第 10 章，虚拟内存（上一版的第 9 章）**，包含若干修订，更新了 NUMA 系统的内存分配和使用空闲帧列表的全局分配。新的内容包括内存压缩、主要和次要页面错误，以及 Linux 和 Windows 10 的内存管理。

- **第 11 章，大容量存储（上一版的第 10 章）**，增加了关于非易失性存储设备（如闪存和固态磁盘）的内容。硬盘调度简化为仅显示当前使用的算法。还包括了关于云存储的新内容、更新的 RAID 讨论，以及扩充了对象存储的讨论。

- **第 12 章，I/O 系统（上一版的第 13 章）**，更新了技术和性能参数的讨论，扩展了同步/异步和阻塞/非阻塞 I/O 的内容，增加了关于向量 I/O 的讨论，还扩充了移动操作系统能源管理的内容。

- **第 13 章，文件系统接口（上一版的第 11 章）**，已更新，包含当前新的技术信息。特别是改进了目录结构的内容，更新了保护内容。扩展了内存映射文件部分，并在共享内存的讨论中添加了一个 Windows API 示例。第 13 章和第 14 章重构了主题介绍顺序。

- **第 14 章，文件系统实现（上一版的第 12 章）**，已更新，涵盖了当前技术。本章现在包括对 TRIM 和 Apple 文件系统的讨论。此外，更新了性能讨论，并扩充了日志内容。

- **第 15 章，文件系统内部细节**，是新章节，它包含来自上一版的第 11 章和第 12 章的更新信息。

- **第 16 章，安全（上一版的第 15 章）**，修订和更新了当前安全威胁及其解决方案，包括勒索软件和远程访问工具。强调了最小特权原则。代码注入漏洞和攻击的内容已修订，现在包括代码示例。对加密技术的讨论已更新，重点关注当前使用的技术。身份认证的内容（通过密码和其他方法）已更新并扩展了有用提示。新增内容包括对地址空间布局随机化的讨论和安全防御的概述。Windows 7 示例已更新为 Windows 10 示例。

- **第 17 章，保护（上一版的第 14 章）**，包含重大修改。对保护环和保护域的讨论已经更新，现在参考了 Bell-LaPadula 模型，并探讨了 Trust-Zones 和 Secure Monitor Calls 的 ARM 模型。扩充了必要原则和强制访问控制的相关内容。添加了有关 Linux 功能、Darwin 权利、安全完整性保护、系统调用过滤、沙箱和代码签名的内容。还增加了 Java 基于运行时的强制执行的内容，包括堆栈检查技术。

- **第 18 章，虚拟机（上一版的第 16 章）**，包含有关硬件辅助技术的更多详细信息。还扩展了应用程序遏制的主题，包括容器、区域、docker 和 Kubernetes。新增了一个小节讨论正在进行的虚拟化研究，包括单内核、库操作系统、分区虚拟机管理管和分离虚拟机管理管。

- 第 19 章，网络与分布式系统（上一版的第 17 章），做了大幅更新，现在结合了计算机网络和分布式系统的内容。相关内容已修订，使其与当代计算机网络和分布式系统保持同步。TCP/IP 模型受到了特别重视，并增加了对云存储的讨论。网络拓扑部分已被删除。扩展了名称解析的内容，并添加了一个 Java 示例。本章还包括分布式文件系统的新内容，包括 Google 文件系统 MapReduce、Hadoop、GPFS 和 Lustre。
- 第 20 章，Linux 系统（上一版的第 18 章），已更新，以涵盖 Linux 4.i 内核。
- 第 21 章，Windows 10，这章是新增的，涵盖 Windows 10 的内部结构。

支持网站

访问本书支持网站 http://www.os-book.com 可以下载以下资源：

- Linux 虚拟机。
- C 和 Java 源代码。
- 完整的本书插图。
- FreeBSD、Mach 和 Windows 7 案例研究。
- 勘误表。
- 参考文献。

教师注意事项

在本书网站上，我们提供了多个教学大纲样例，供采用本书的各种初级与高级课程的教师参考。作为一般规律，我们鼓励教师按章节顺序讲授，因为这会提供最彻底的操作系统研究。不过，教师也可以通过大纲样例选择不同的章节顺序（或章节内容）。

本版添加了许多新的习题、编程题和编程项目。大多数新的编程项目涉及进程、线程、进程调度、进程同步和内存管理等，有些涉及添加内核模块到 Linux 系统，这可以采用本书网站中附带的 Linux 虚拟机或其他适当的 Linux 发行版。

采用本书讲授操作系统的教师可以获得每章习题和编程项目的答案。要获得这些受限补充材料，请联系当地的 John Wiley & Sons 销售代表。你可以通过网页 http://www.wiley.com/college 来找到当地的代理⊖。

学生注意事项

我们鼓励你利用好每章末尾的练习。我们也鼓励你阅读由我们的一位学生准备的学生学习指南。最后，对于不熟悉 UNIX 和 Linux 系统的学生，我们建议你在本书网站下载并安装支持网站的 Linux 虚拟机。这不仅为你提供一个新的计算经验，而且 Linux 的开放源码能让你轻松分析这个流行操作系统的内部细节。祝你在学习操作系统中一切顺利。

联系我们

我们努力消除本书的错字和错误等问题。然而，像新版的软件一样，错误肯定存在。本

⊖ 关于本书教辅资源，只有使用本书作为教材的教师才可以申请，需要的教师可向约翰·威立出版公司北京代表处申请，电话 010-84187869，电子邮件 ayang@wiley.com。——编辑注

书的网站提供了最新的勘误表。如果你能通知我们尚未出现在最新勘误列表中的任何本书的错误或遗漏，我们将不胜感激。

我们很乐意收到关于本书的改进建议。我们也欢迎读者提供任何可能对其他读者有用的本书网站材料，如编程题、项目建议、在线实验与教程，以及教学建议等。你可以发送电子邮件到 os-bookauthors@ cs. yale. edu。

致谢

许多人为本书以及之前的版本提供了帮助。

第 10 版

- Rik Farrow 作为技术编辑提供专家建议。
- Jonathan Levin 在移动系统、保护和安全方面提供了帮助。
- Alex Ionescu 更新了上一版的 Windows 7 章节，并提供第 21 章 "Windows 10" 的部分内容。
- Sarah Diesburg 修订了第 19 章 "网络与分布式系统"。
- Brendan Gregg 提供了有关 BCC 工具集的指导。
- Richard Stallman（RMS）提供了关于免费和开源软件描述的反馈。
- Robert Love 更新了第 20 章 "Linux"。
- Michael Shapiro 在存储和 I/O 技术细节方面提供了帮助。
- Richard West 提供了有关虚拟化研究领域的见解。
- Clay Breshears 提供了关于 Intel 线程构建块内容的帮助。
- Gerry Howser 提供了关于激发操作系统学习兴趣的反馈，并在他的课堂上尝试了新材料。
- Judi Paige 帮助生成图表和演示幻灯片。
- Jay Gagne 和 Audra Rissmeyer 为本书准备了新的插图。
- Owen Galvin 对第 11 章和第 12 章进行了技术审校。
- Mark Wogahn 确保了制作本书的软件（LaTeX 和字体）能正常使用。
- Ranjan Kumar Meher 重写了一些用于制作本书的 LaTeX 软件。

之前的版本

- **第 1~3 版**。本书源自之前的版本，其中前三版是与 James Peterson 一起合著的。
- **常规贡献**。在之前的版本中，为我们提供过帮助的人员包括：Hamid Arabnia、Rida Bazzi、Randy Bentson、David Black、Joseph Boykin、Jeff Brumfield、Gael Buckley、Roy Campbell、P. C. Capon、John Carpenter、Gil Carrick、Thomas Casavant、Bart Childs、Ajoy Kumar Datta、Joe Deck、Sudarshan K. Dhall、Thomas Doeppner、Caleb Drake、M. Rasit Eskicioğlu、Hans Flack、Robert Fowler、G. Scott Graham、Richard Guy、Max Hailperin、Rebecca Hartman、Wayne Hathaway、Christopher Haynes、Don Heller、Bruce Hillyer、Mark Holliday、Dean Hougen、Michael Huang、Ahmed Kamel、Morty Kewstel、Richard Kieburtz、Carol Kroll、Morty Kwestel、Thomas LeBlanc、John Leggett、Jerrold Leichter、Ted Leung、Gary Lippman、Carolyn Miller、Michael Molloy、Euripides Montagne、Yoichi Muraoka、Jim M. Ng、Banu Özden、Ed Posnak、Boris Putanec、Charles Qualline、John Quarterman、Mike Reiter、Gustavo Rodriguez - Rivera、Carolyn J. C. Schauble、Thomas P. Skinner、Yannis Smaragdakis、Jesse St. Laurent、John Stankovic、Adam Stauffer、Steven Stepanek、John Sterling、Hal Stern、Louis Stevens、Pete Thomas、David Umbaugh、Steve Vinoski、Tommy Wagner、Larry L. Wear、John Werth、James M. Westall、J. S. Weston 和

Yang Xiang。

- **特别贡献。**
  ○Robert Love 更新了本书的第 20 章和有关 Linux 的讨论，也回答了我们许多与 Android 相关的问题。
  ○Jonathan Katz 为第 16 章做出了贡献。Richard West 为第 18 章提供了输入。Salahuddin Khan 更新了 16.7 节，以提供对 Windows 10 安全的讨论。
  ○第 19 章的部分内容来自 Levy 和 Silberschatz（1990）的论文。
  ○第 20 章源自 Stephen Tweedie 未发表的手稿。
  ○一些练习由 Arvind Krishnamurthy 提供。
  ○Andrew DeNicola 准备了我们网站提供的学生学习指南。部分幻灯片由 Marilyn Turnamian 准备。
  ○Mike Shapiro、Bryan Cantrill 和 Jim Mauro 回答了几个与 Solaris 相关的问题，Sun Microsystems 的 Bryan Cantrill 对 ZFS 的相关内容提供了帮助。Josh Dees 和 Rob Reynolds 贡献了有关 Microsoft. NET 的讨论。
  ○Owen Galvin 帮助抄写了第 18 章。

本书制作

感谢执行编辑 Don Fowley、高级制作编辑 Ken Santor、特约编辑 Chris Nelson、助理编辑 Ryann Dannelly、封面设计师 Tom Nery、文案编辑 Beverly Peavler、特约校对师 Katrina Avery 和 Aptara LaTeX 团队（由 Neeraj Saxena 和 Lav kush 组成）。

个人致谢

Abraham 在此感谢 Valerie 在本书修订过程中的爱心、耐心和支持。

Peter 要感谢他的妻子 Carla 和他的孩子 Gwen、Owen 和 Maddie。

Greg 要感谢他的妻子 Pat、儿子 Thomas 和 Jay，以及家人们的持续支持。

Abraham Silberschatz，康涅狄格州纽黑文

Peter Baer Galvin，马萨诸塞州波士顿

Greg Gagne，犹他州盐湖城

第二部分 进程管理

第四部分　内存管理

第六部分　文件系统

第七部分　安全与保护

第八部分 高级主题

概　　论

操作系统位于计算机用户与计算机硬件之间。操作系统的目的是为用户提供环境，以便用户能够便捷且高效地执行程序。

操作系统是管理计算机硬件的软件。硬件必须提供适当机制，以确保计算机系统的正确运行并且防止程序干扰系统的正常运行。

操作系统可以采用许多不同的组织方式，因此内部结构差异很大。设计新的操作系统的任务是艰巨的。在设计开始之前，明确界定设计系统的目标非常重要。

操作系统既庞大又复杂，因此应当分块构造。每块都应具有描述明确的系统部分，并且具有严格定义的输入、输出和功能。

导论

操作系统（operating system）是管理计算机硬件的软件。它还为应用程序提供基础，并且充当计算机用户和计算机硬件的中介。操作系统令人惊奇的特点是，完成这些任务的计算环境多种多样。操作系统无处不在，从汽车到包括"物联网"设备在内的家用电器，到智能手机、个人计算机、企业计算机和云计算环境。

为了探讨操作系统在现代计算环境中的作用，首先需要了解计算机硬件的组织和体系架构，包括 CPU、内存、I/O 设备以及存储。操作系统的一项基本职责是将这些资源分配给程序。

由于操作系统既庞大又复杂，应一部分一部分地构造。每一部分都应具有明确描述的系统组件，而且输入、输出及功能都应仔细定义。本章概述了现代计算机系统的主要组件及操作系统的功能。另外，为便于后续学习，本章还讨论了操作系统采用的数据结构、计算环境及开源且免费的操作系统。

本章目标
- 描述计算机系统的基本组成与中断作用。
- 描述操作系统的主要组件。
- 说明从用户模式到内核模式的转换。
- 讨论各种计算环境如何使用操作系统。
- 探讨多个开源且免费的操作系统。

1.1　操作系统的功能

我们首先讨论操作系统在整个计算机系统中的作用。计算机系统可以粗分为四个组件：硬件、操作系统、应用程序和用户（见图1.1）。

硬件（hardware）——如中央处理单元（Central Processing Unit，CPU）、内存（memory）、输入/输出设备（Input/Output device，I/O device）——为系统提供基本的计算资源。**应用程序**（application program）——如字处理程序、电子制表软件、编译器、网络浏览器——确定了用户为解决计算问题而使用这些资源的方式。操作系统控制硬件，并协调各个用户应用程序的硬件使用。

计算机系统可以分为硬件、软件及数据。当计算机系统运行时，操作系统提供正确手段以便使用这些资源。操作系统本身不能实现任何有用功能，而是提供一个便于其他程序执行有用工作的环境。

为了更全面地理解操作系统的作用，接下来从两个视角探讨操作系统：用户视角和系统视角。

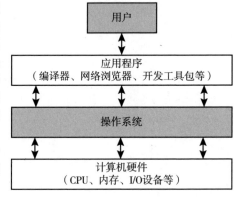

图 1.1　计算机系统组件的抽象视图

1.1.1　用户视角

用户对计算机的看法因所使用的界面而异。许多计算机用户坐在 PC 前，PC 由显示器、键盘和鼠标组成。这样的系统是为一个用户设计的，其资源是垄断的。系统设计目标是最大化用户正在执行的工作（或游戏）。这种操作系统主要关注的是系统的**易用性**，次要关注系统的性能和安全性，并不需要关注**资源利用率**（即如何共享各种硬件和软件资源）。

近来，智能手机和平板电脑等移动计算机已成为时尚。这些设备正在取代某些用户的台式机和笔记本电脑。通常，它们通过蜂窝或其他无线技术与网络相连。移动计算机的用户界面主要是**触摸屏**（touch screen），用户通过对屏幕进行触碰与滑动来交互，无须使用键盘和鼠标。许多移动设备还允许用户通过**语音识别**界面进行交互，例如 Apple 的 Siri。

有的计算机几乎没有或根本没有用户界面。例如，家电和汽车使用的**嵌入式计算机**可能只有数字键盘，只能通过打开和关闭指示灯来显示状态，而且这些设备及其操作系统和应用程序的设计主要是为了在没有用户干预情况下运行。

1.1.2　系统视角

从计算机的角度来看，操作系统是与硬件紧密相连的程序。因此，可将操作系统看作**资源分配器**（resource allocator）。为了解决问题，计算机系统可能需要许多资源：CPU 时间、内存空间、存储空间、I/O 设备等。操作系统管理这些资源。面对许多甚至冲突的资源请求，操作系统应考虑如何为各个程序和用户分配资源，以便计算机系统能有效且公平地运行。

操作系统的另一个略微不同的视角是，强调控制各种 I/O 设备和用户程序的需求。操作系统是个控制程序。**控制程序**（control program）管理用户程序的执行，防止计算机资源的错误或不当使用，它特别注重 I/O 设备的运行和控制。

1.1.3　操作系统的定义

现在你可能知道操作系统具有很多用途与功能。这是（至少部分是）由于计算机设计与用途的多样性。计算机无处不在，有日用的，也有商用的（如用于烤面包机、汽车、船舶、宇宙飞船，等等）。它们是游戏机、有线电视调谐器及工业控制系统的基础。

为了解释这种多样性，可以回顾一下计算机的历史。虽然计算机的历史相对较短，但是发展迅猛。计算机起初被设计出来试验到底能做什么，但很快就发展成专用系统，如在军事中用于破译密码、绘制弹道等，在政府中用于人口普查等。这些早期的计算机后来发展成通用的多功能大型机，这时操作系统也随之出现了。在 20 世纪 60 年代，摩尔定律（Moore's Law）预测集成电路可容纳元器件的数目每隔 18 个月便会翻倍，这一预测至今成立。随着计算机功能的不断强大和体积的不断减小，产生了大量不同的操作系统。

那么，我们该如何定义操作系统呢？通常来说，我们没有一个关于操作系统完全准确的定义。操作系统的存在是因为它们提供了合理的方式来解决创建可用计算系统的问题。计算机系统的根本目的是执行程序并且更容易解决用户问题。为实现这一目的，人们构造了计算机硬件。由于硬件本身并不十分容易使用，因此开发了应用程序。这些应用程序需要一些共同操作，如控制 I/O 设备。这些控制和分配 I/O 设备资源的共同功能则被组织成一个软件模块：操作系统。

另外，目前还没有一个被人广泛接受的定义说明究竟什么属于操作系统。一种简单观点是，操作系统包括当你预订一个"操作系统"时销售商发送的一切。当然，包括的功能随系统不同而不同。有的系统只有不到 1MB 的空间且没有全屏编辑器，而有的系统需要数 GB（gigabyte）空间而且完全采用图形窗口系统。一个比较公认的定义（也是本书所采用的）是，操作系统是一直运行在计算机上的程序——通常称为**内核**（kernel）。除了内核外，还有其他两类程序：**系统程序**（system program）和应用程序。前者是与系统运行有关的程序，但不是内核的一部分；后者是与系统运行无关的所有其他程序。

随着个人计算机的日益普及和操作系统功能的日益强大，关于操作系统到底由什么组成这一问题也变得越来越重要。1998 年，美国司法部控告 Microsoft 增加过多功能到操作系统，因此妨碍了其他应用程序开发商的公平竞争（例如，将 Web 浏览器作为操作系统整体的一部分）。结果，Microsoft 在通过操作系统垄断以限制竞争方面，被认定有罪。

然而，现在我们看看移动设备的操作系统，就会发现构成这些操作系统的特性的数量正在增加。移动操作系统通常不只有内核，也有**中间件**（middleware）——为应用程序开发人员提供其他功能的软件框架。例如，最常见的两个移动操作系统——Apple 的 iOS 和 Google 的 Android，除了内核外，都有中间件来支持数据、多媒体和图形等。

总之，就我们的目的而言，操作系统包括一直运行的内核、简化应用程序开发并提供功能的中间件框架，以及在系统运行时帮助管理系统的系统程序。本书的大部分内容都与通用操作系统的内核有关，但会根据需要讨论其他组件以便充分解释操作系统的设计和操作。

为什么要研究操作系统？

在众多的计算机科学从业人员中只有一小部分会参与操作系统的创建或修改。那么，为什么要学习操作系统及其工作原理？很简单，因为几乎所有代码都运行在操作系统之上，了解操作系统如何工作对于正确、高效、有效和安全的编程至关重要。了解操作系统的基本原理、了解如何驱动计算机硬件，以及了解提供给应用程序的功能，不仅对内核开发人员至关重要，而且对利用它们及开发应用程序的人员也非常有用。

1.2　计算机系统的组成

现代通用计算机系统包括一个或多个 CPU 和若干设备控制器，通过公用**总线**（bus）相连而成，该总线提供了共享内存的访问（见图 1.2）。每个设备控制器负责一类特定的设备（如磁盘驱动器、音频设备或视频显示器）。根据控制器的不同，可能连接多个设备。例如，一个系统的 USB 端口可以连接到一个 USB 集线器，多个设备可以连接到该集线器。每个设备控制器维护一定量的本地缓冲存储和一组特定用途的寄存器。设备控制器负责在所控制的外围设备与本地缓冲存储之间进行数据传递。

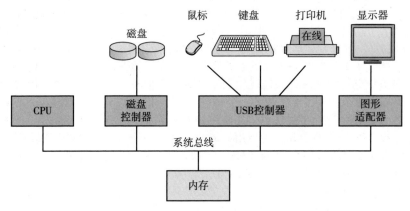

图 1.2　典型的 PC 系统

通常，操作系统为每个设备控制器提供一个**设备驱动程序**（device driver program）。该设备驱动程序负责设备控制器，并且为操作系统的其他部分提供统一的设备访问接口。CPU 与设备控制器可以并发执行，并且竞争访问内存。为了确保有序访问共享内存，需要内存控制器来协调访问内存。

下面，我们将介绍此类系统如何运行的一些基础知识，主要关注系统的三个关键方面。我们从中断开始，它提醒 CPU 需要注意的事件。然后我们讨论存储结构和 I/O 结构。

1.2.1 中断

考虑一个典型的计算机操作：一个执行 I/O 的程序。为了启动 I/O 操作，设备驱动程序会在设备控制器中加载适当的寄存器。设备控制器依次检查这些寄存器的内容，以确定采取什么行动（例如"从键盘读取一个字符"）。控制器开始将数据从设备传输到本地缓冲区。数据传输完成后，设备控制器通知设备驱动程序它已完成操作。然后设备驱动程序将控制权交给操作系统的其他部分，如果是读取操作，则可能返回数据或返回指向数据的指针。对于其他操作，设备驱动程序返回状态信息，例如"写入成功完成"或"设备忙"。但是控制器如何通知设备驱动程序它已经完成了操作呢？这是通过**中断**（interrupt）完成的。

1.2.1.1 中断的概述

硬件可以（常常通过系统总线）随时发送信号到 CPU 以触发中断。（一个计算机系统内可能有很多总线，但系统总线是主要组件之间的主要通信方式。）中断也用于许多其他目的，它是操作系统和硬件交互方式的关键部分。

当 CPU 被中断时，它停止正在做的事，并立即转到固定位置再继续执行。该固定位置通常包含中断服务程序的开始地址。然后中断服务程序开始执行，在执行完成后，CPU 重新执行被中断的计算。这一运行的时间线如图 1.3 所示。

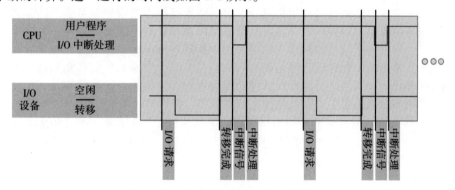

图 1.3　单个程序执行输出的中断时间线

中断是计算机体系结构的重要组成。虽然每个计算机设计都有自己的中断机制，但是有些功能是共同的。中断应将控制转移到合适的中断服务程序。处理这一转移的直接方法是调用一个通用程序以检查中断信息。接着，该程序会调用特定的中断处理程序。不过，因为中断出现频繁，应该得到快速处理。由于只有少量预先定义的中断，故可以通过中断处理程序的指针表来加快速度。通过指针表可以间接调用中断处理程序，而无须通过其他中间程序。通常，指针表存储在低地址内存中（前 100 左右的位置）。这些位置保存了各种设备的中断处理程序的地址。这个地址的数组或**中断向量**（interrupt vector），对于任一给定的中断请求，可通过唯一的号码来索引，进而提供设备的中断处理程序的地址。许多不同的操作系统（如 Windows 或 UNIX）都采用这种方式来处理中断。

中断架构也应保存任何被中断的状态信息，以便可以在处理中断后恢复信息。如果中断例程需要修改处理器状态（例如，通过修改寄存器值），它必须显式地保存当前状态，然后在返回之前恢复该状态。中断服务后，保存的返回地址被加载到程序计数器中，并且被中断的计算继续进行，就好像中断没有发生一样。

1.2.1.2 中断的实现

基本中断机制的工作原理如下。CPU 硬件有一条线，称作**中断请求线**（Interrupt-Request Line，IRL），CPU 在执行完每条指令后，都会检测中断请求线。当 CPU 检测到控制器已在中断请求线上发出了一个信号时，它读取中断号码，并通过使用这个中断号码作为中断向量的索引，来跳转到**中断处理程序**。中断处理程序保存它在操作过程中将要改变的任何状态，确定中断原因，执行必要处理，执行状态恢复，并且执行返回中断指令，以便 CPU 回到中断前的执行状态。我们说，设备控制器通过中断请求线发送信号而引起（raise）中断，CPU 捕获（catch）中断，并且分派（dispatch）到中断处理程序，中断处理程序通过处理设备来清除（clear）中断。图 1.4 总结了中断驱动的 I/O 循环。

前面描述的基本中断机制使 CPU 可以响应异步事件，例如设备控制器处于就绪状态以便处理。然而，对于现代操作系统，需要更为复杂的中断处理功能。

1. 在关键处理时，需要能够延迟中断处理。
2. 需要一种有效方式，以便分派中断到合适的中断处理程序。
3. 需要多级中断，以便操作系统能够区分高优先级或低优先级的中断，能够根据紧迫程度进行响应。

对于现代计算机硬件，这三个功能可由 CPU 与**中断控制器硬件**（interrupt-controller hardware）来提供。

大多数 CPU 有两条中断请求线。一条是**非屏蔽中断**（nonmaskable interrupt），保留用于诸如不可恢复的内存错误等事件。另一条中断线是**可屏蔽中断**（maskable interrupt），在执行不得中断的关键指令序列之前，它可以由 CPU 关闭。设备控制器使用可屏蔽中断来请求服务。

回想一下：向量中断机制的目的是减少单个中断处理程序搜索所有可能中断源以确定哪个中断需要服务的需求。但实际上，计算机设备（以及相应的中断处理程序）常常多于中断向量内的地址。解决这个问题的常见方法是采用**中断链**（interrupt chaining）技术，其中中断向量内的每个元素指向中断处理程序列表的表头。当有一个中断发生时，相应链表上的所有中断处理程序都将一一调用，直到发现可以处理请求的那个为止。这种结构是一个巨大的中断向量表的开销和分派到单个中断处理程序的低效之间的折中。

图 1.5 说明了 Intel 处理器的中断向量设计。事件 0~31 为非屏蔽中断，用于表示各种错误条件的信号。事件 32~255 为可屏蔽中断，用于设备产生的中断等目的。

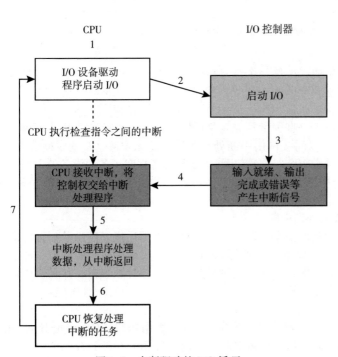

向量编号	说 明
0	除法错误
1	调试异常
2	空白中断
3	断点
4	INTO 检测到溢出
5	边界范围异常
6	无效操作码
7	设备不可用
8	双重错误
9	协处理器段溢出（保留）
10	无效的任务状态段
11	段不存在
12	堆栈故障
13	一般保护
14	页面错误
15	（Intel 保留，请勿使用）
16	浮点错误
17	对齐检查
18	机器检查
19~31	（Intel 保留，请勿使用）
32~255	可屏蔽中断

图 1.4 中断驱动的 I/O 循环   图 1.5 Intel 处理器事件向量表

中断机制还实现了一个**中断优先级**（interrupt priority level）系统。这些级别能使 CPU 延迟处理低优先级中断而不屏蔽所有中断，并且可以让高优先级中断抢占执行低优先级中断。

总之，现代操作系统通过中断处理异步事件（还有其他原因，本书将会加以讨论）。设备控制器和硬件故障会引发中断。为了能够先处理最紧迫的任务，现代计算机使用中断优先级系统。因为中断大量用于时间敏感的处理，所以高性能系统要求高效的中断处理。

1.2.2　存储结构

CPU 只能从内存中加载指令，因此程序必须首先位于内存以便执行。通用计算机运行的大多数程序通常位于可读写内存，称为**主存**（main memory），也称为**随机存取存储器**（Random Access Memory，RAM）。主存通常为**动态随机存取存储器**（Dynamic Random Access Memory，DRAM），它采用半导体技术来实现。

计算机也使用其他形式的内存。例如，计算机开机时首先运行的程序是引导程序，然后加载操作系统。由于 RAM 是易失性的，当电源关闭导致内容丢失或以其他方式丢失时，我们不能相信它会保存引导程序。相反，出于这个和其他一些目的，计算机使用**电可擦可编程只读存储器**（EEPROM）和其他形式固件，这种存储很少写入且是非易失性的。EEPROM 可以更改，但不能频繁更改。另外，它速度慢，所以它主要包含不经常使用的静态程序和数据。例如，iPhone 使用 EEPROM 来存储有关设备的序列号和硬件信息。

所有形式的内存都提供字节数组，每个字节都有地址。交互通过针对特定内存地址，执行一系列 load 或 store 指令来实现。load 指令将主存字节或字保存到 CPU 寄存器，而 store 指令将寄存器内容保存到主存。除了明确使用 load 和 store 外，CPU 还会自动加载主存指令，从程序计数器所存储的位置执行。

存储定义与符号

计算机存储的基本单位是**位**（bit）。每个位可以包含一个 0 或一个 1。所有其他计算机存储都是由位组合而成的。只要位数足够，计算机就能表示各种信息：数字、字母、图像、视频、音频、文档和程序等。每个**字节**（byte）为 8 位，这是大多数计算机的常用最小存储。例如，虽然大多数计算机没有移动单个位的指令，但是有移动单个字节的指令。另一个不常用的单位是**字**（word），这是一个给定计算机架构的常用存储单位。每个字由一个或多个字节组成。例如，一个具有 64 位寄存器和 64 位内存寻址的计算机通常采用 64 位（8 字节）的字。计算机以其本机字大小而不是一次一个字节来执行许多操作。

计算机存储以及大多数计算机吞吐量通常以字节和字节集合为单位来测量和操作。每**千字节**（kilobyte，KB）为 1024 字节，每**兆字节**（megabyte，MB）为 1024^2 字节，每**十亿字节**（gigabyte，GB）为 1024^3 字节，每**兆兆字节**（terabyte，TB）为 1024^4 字节，每**千兆兆字节**（petabyte，PB）为 1024^5 字节。计算机制造商通常进行圆整，认为 $1MB = 10^6$ 字节，$1GB = 10^9$ 字节。然而，网络计量则不同，它们通常是按位来计算的（因为网络一次移动一位）。

在**冯·诺依曼体系结构**（von Neumann architecture）上执行时，一个典型的指令执行周期是，首先从内存中获取指令，并存到**指令寄存器**（instruction register）。接着，该指令被解码，也可能会从内存中获取操作数据并且存到内部寄存器。在指令完成对操作数据的执行后，结果也可存到内存。注意：内存单元只能看到内存地址的流，并不知道它们是如何产生的（通过指令计数器、索引、间接、常量地址或其他方式）或它们是什么样（指令或数据）的地址。相应地，我们可以忽略程序如何产生内存地址，而只关注由程序运行所生成的地址序列。

在理想情况下，程序和数据都应永久驻留在主存中。但因为以下两个原因，这是不可能的：
- 主存通常太少，不能永久保存所有需要的程序和数据。
- 如上所述，主存是易失性的（volatile）存储设备，掉电时就会失去所有内容。

因此，大多数的计算机系统都提供**二级存储**（secondary storage）来扩充主存。二级存储的主要需求是能够永久存储大量数据。

最常见的外存设备是**硬盘驱动器**（Hard-Disk Drive，HDD）和**非易失性存储器**（Nonvolatile Memory，NVM）设备，它们为程序和数据提供存储。大多数程序（系统和应用程序）在被加载到内存之前都存储在二级存储器，所以许多程序使用二级存储作为处理的来源和目的。其次，二级存储比主存慢得多。因此，正如我们将在第 11 章讨论的，恰当管理二级存储器对计算机系统至关重要。

从更广的意义上来说，以上所述的存储结构（由寄存器、主存和二级存储组成），仅仅只是多种存储系统的一种。除此之外，还有高速缓存、CD-ROM、蓝光、磁带等。它们较慢且较大，仅用于特殊情况（如存储其他设备所存储的备份副本），称为三级存储。每个存储系统都可存储与保存数据，以便以后提取。各种存储系统的主要差异是速度、大小和易失性。

根据存储容量和访问时间，各种不同的存储可按层次来分类（见图 1.6）。作为一般规则，大小和速度之间需要权衡，更小和更快的内存更靠近 CPU。如图所示，除了速度和容量不同外，各种存储系统要么是易失性的，要么是非易失性的。如前所述，易失性存储在设备断电时会丢失内容，因此必须将数据写入非易失性存储以妥善保管。

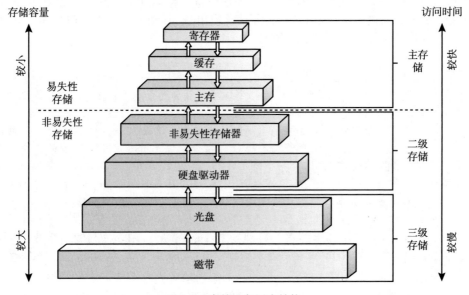

图 1.6　存储设备层次结构

图中的前四层存储是采用**半导体存储器**构建的，它由基于半导体的电子电路组成。第四层的 NVM 设备有多种变体，但通常比硬盘快。NVM 设备最常见的形式是闪存，它在智能手机和平板电脑等移动设备中很流行。闪存也越来越多地用于笔记本电脑、台式机和服务器的长期存储。

由于存储在操作系统结构中扮演着重要的角色，本书将会频繁提及。一般将使用以下术语：
- 将易失性存储简称为**存储器**。如果需要强调特定类型的存储设备（例如寄存器），我们会明确地说明。
- 非易失性存储在断电时保留内容，将它称为 **NVS**。我们在提到 NVS 时大部分情况下指的是外存。这种类型的存储可以分为两种不同类型：

o **机械型**。这类存储系统的一些示例是：HDD、光盘、全息存储和磁带。如果需要强调特定类型的机械存储设备（例如，磁带），我们会明确说明。

o **电子型**。这类存储系统的一些示例是：闪存、FRAM、NRAM 和 SSD。电子存储被称为 NVM。如果需要强调特定类型的电气或电子存储设备（例如 SSD），我们也会明确说明。

机械存储通常比电存储更大且每字节更便宜。相反，电存储通常比机械存储成本高、体积小且速度快。

一个完整的存储系统的设计必须平衡刚才讨论的所有因素：它必须尽可能少地使用昂贵的内存，同时提供尽可能多的廉价、非易失性存储。如果两个组件之间的访问时间或传输速率存在很大差异，则可以安装缓存以提高性能。

1.2.3 I/O 结构

操作系统的大部分代码专门用于 I/O 管理，这是由于 I/O 管理对系统的可靠性和性能至关重要，并且不同设备具有不同特性。

回想一下前面介绍过的，通用计算机系统由多个设备组成，所有这些设备通过公共总线交换数据。1.2.1 节所述的中断驱动 I/O 形式适用于少量数据移动，但在用于大量数据移动（如 NVS I/O）时会产生高开销。为了解决这个问题，可以采用**直接内存访问**（Direct Memory Access，DMA）。在为这种 I/O 设备设置好缓冲、指针和计数器之后，设备控制器可在本地缓冲和主存之间传送整块的数据，无须 CPU 的干预。每块只产生一个中断，来告知设备驱动程序操作已完成，而不是像低速设备那样每个字节产生一个中断。当设备控制器执行这些操作时，CPU 可以进行其他工作。

一些高端系统采用交换而不是总线结构。在这些系统中，多个组件可以与其他组件同时对话，而不是竞争公共总线的周期。此时，DMA 更为有效。图 1.7 表示计算机系统各个组件的相互作用。

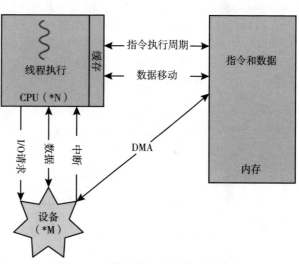

图 1.7 现代计算机系统的工作原理

1.3 计算机系统的体系结构

1.2 节介绍了一个典型计算机系统的通用结构。计算机系统的组成方式多种多样，这里根据采用的通用处理器数量来进行粗略分类。

1.3.1 单处理器系统

许多年前，大多数计算机系统使用一个具有单个处理核的 CPU。**处理核**（core）是执行指令和利用寄存器存储数据的组件。一个带有处理核的主 CPU 可以执行通用指令，包括来自进程的指令。这些系统还有其他专用处理器。它们以特定于设备的处理器的形式出现，如磁盘、键盘、图形控制器。

所有这些专用处理器执行有限指令集，并且不执行进程。在某些环境下，它们由操作系统来管理。操作系统将要做的任务信息发给它们，并监控它们的状态。例如，磁盘控制器的微处理器接收来自主 CPU 处理核的一系列请求，并执行自己的磁盘队列和调度算法。这种安排使得主 CPU 不必再执行磁盘调度。PC 的键盘有一个微处理器来将键盘输入转换为代码，并发送给 CPU。在其他的环境下，专用处理器作为低层组件集成到硬件。操作系统不能与这些处理器通信，但是它们可以自主完成任务。专用处理器的使用十分常见，但是这并不能将一个单处理器系统变成多处理器系统。如果系统只有一个具有单个处理核的通用 CPU，那么就为单处理器系统。不过，根据这个定义，很少有当代计算机系统是单处理器系统。

1.3.2 多处理器系统

对于现代计算机，从移动设备到服务器，**多处理器系统**现在主导着计算领域。传统上，这类系统有两个（或更多）处理器，每个处理器都有一个单核 CPU。这些处理器共享计算机总线，有时共享时钟、内存和外围设备。多处理器系统的主要优点是增加了吞吐量。也就是说，通过增加处理器的数量，希望在更短的时间内完成更多工作。然而，N 个处理器的加速比不是 N，它小于 N。当多个处理器协作完成一项任务时，会产生一定量的开销，以便所有组件正常工作。这种开销加上对共享资源的争用，降低了所增加处理器的预期收益。

最常见的多处理器系统使用**对称多处理**（Symmetric Multiprocessing，SMP），即每个对等 CPU 处理器执行所有任务，包括操作系统功能和用户进程。图 1.8 说明了具有两个处理器的典型 SMP 架构，每个处理器都有自己的 CPU。请注意，每个 CPU 处理器都有自己的一组寄存器以及一个私有（或本地）缓存。但是，所有处理器都通过系统总线共享物理内存。

这个模型的好处是许多进程可以同时运行：如果有 N 个 CPU，就可以运行 N 个进程，不会导致性能明显下降。但是，由于 CPU 是独立的，可能一个闲置而另一个过载，从而导致效率低下。如果处理器共享某些数据结构，则可以避免

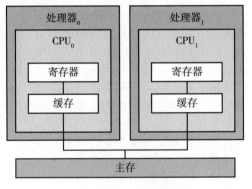

图 1.8 对称多处理架构

这种低效。这种形式的多处理器系统将允许进程和资源（例如内存）在各个处理器之间动态共享，并可以降低处理器之间的工作负载差异。如我们在第 5 章和第 6 章将要看到的，必须仔细编写这类系统。

多处理器（multiprocessor）的定义随着时间的推移不断发展，现在它包括**多核**（multicore）系统，即多个处理核位于同一芯片。多核系统比具有单核的多个芯片更高效，因为片内通信比片间通信更快。此外，与多个单核芯片相比，一个多核芯片的功耗要低得多，这对于移动设备和笔记本电脑来说都是重要的。

计算机系统组件的定义
- CPU：执行指令的硬件。
- 处理器：包含一个或多个 CPU 的物理芯片。
- 处理核：CPU 的基本计算单元。
- 多核：位于同一 CPU 上的多个处理核。
- 多处理器：包括多个处理器。

尽管现在几乎所有系统都是多核的，但是当表示计算机系统的单个计算单元时，我们使用通用术语 CPU；当专门表示 CPU 的一个或多个处理核时，我们使用术语单核或多核。

　　图 1.9 展示了同一处理器芯片具有两个内核的双核设计。在该设计中，每个内核都有自己的寄存器集和自己的本地缓存（通常称为 1 级或 L1 缓存）。另请注意，2 级（L2）缓存位于芯片本地，但由两个处理内核共享。大多数架构都采用这种方法，将本地缓存和共享缓存结合起来，其中本地较低级别的缓存通常比较高级别的共享缓存更小、速度更快。除了缓存、内存和总线争用等架构考虑之外，具有 N 个处理核的多核处理器在操作系统看来就像 N 个标准 CPU。这一特性给操作系统设计者（以及应用程序开发人员）在面对如何有效利用这些处理核时带来了压力，这是第 4 章要探讨的一个问题。几乎所有现代操作系统，包括 Windows、macOS 和 Linux，以及 Android 和 iOS 移动系统，都支持多核 SMP 系统。

　　向多处理器系统添加额外的 CPU 将会增加计算能力。然而，正如前面所述，这个概念不能很好地扩展，一旦我们添加了过多的 CPU，系统总线的争用就会成为瓶颈，性能开始下降。另一种方法是为每个 CPU（或 CPU 组）提供自己的本地内存，以便通过小型、快速的本地总线进行访问。CPU 通过**共享系统**互相连接，这样所有的 CPU 共享一个物理地址空间。这种方法，称为**非均匀内存访问**或 NUMA（Non-Uniform Memory Access），如图 1.10 所示。其优点是，当 CPU 访问本地内存时，不仅速度快，而且不会对系统互联产生争用。因此，当添加更多处理器时，可以更有效地扩展 NUMA 系统。

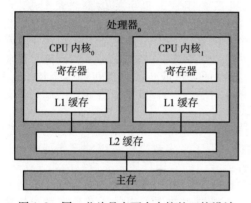

图 1.9　同一芯片具有两个内核的双核设计

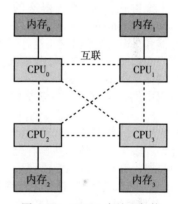

图 1.10　NUMA 多处理架构

　　NUMA 系统的一个潜在缺点是，当 CPU 必须跨系统互联访问远程内存时，会增加延迟，进而造成可能的性能损失。例如，CPU_0 无法像访问自己的本地内存一样快地访问 CPU_3 的本地内存，从而降低性能。操作系统可以通过严格的 CPU 调度和内存管理来最小化这种 NUMA 损失，参见 5.5.2 节和 10.5.4 节。因为 NUMA 系统可以扩展以容纳大量处理器，它们在服务器和高性能计算系统上越来越受欢迎。

　　最后，**刀片服务器**是将多个处理器板、I/O 板和网络板放在同一机箱的系统。这些与传统多处理器系统的区别在于，每个刀片处理器板独立启动，并运行自己的操作系统。一些刀片服务器主板也是多处理器的，这模糊了计算机类型之间的界限。本质上，这些服务器由多个独立的多处理器系统组成。

1.3.3　集群系统

　　另一类型的多处理器系统是**集群系统**（clustered system），这种系统将多个 CPU 组合在一起。集群系统与 1.3.2 节所述的多处理器系统不同，它由两个或多个独立系统（或节点）组成，每个节点通常为多核系统。这样的系统称为**松耦合的**（loosely coupled）。应当注意的是，集群的定义尚未统一，许多商业和开源软件对什么是集群系统有不同的定义，对什么形式的集群更好有着不同的理解。较为公认的定义是：集群计算机共享存储，并且采用局域网（Local Area Network，LAN）连接或使用更快的内部连接（参见第 19 章），如

InfiniBand。

集群通常用于提供**高可用性服务**（high availability service），这意味着即使集群中的一个或多个系统出错，仍可继续提供服务。一般来说，通过在系统中增加一定冗余，可获取高可用性。每个集群节点都有集群软件层，以监视（通过网络）一个或多个其他节点。如果被监视的机器失效，那么监视机器能够取代存储的拥有权，并重新启动在失效机器上运行的应用程序。应用程序的用户和客户只会感到短暂的服务中止。

高可用性提供了更高的可靠性，这在许多应用程序中至关重要。继续提供与幸存硬件水平成正比的服务的能力称为**优雅降级**（graceful degradation）。有些系统超越了优雅降级，被称为**容错**（fault tolerant），因为它们可以承受任何单个组件的故障，并仍继续运行。容错需要一种机制来允许检测、诊断并在可能的情况下纠正故障。

集群可以是对称的，也可以是非对称的。对于**非对称集群**（asymmetric clustering），一台机器处于**热备份模式**（hot-standby mode），而另一台运行应用程序。热备份主机只监视活动服务器。如果活动服务器失效，那么热备份主机变成活动服务器。对于**对称集群**（symmetric clustering），两个或多个主机都运行应用程序并互相监视。由于充分使用现有硬件，这种结构更为高效。不过，它需要多个应用程序可供执行。

每个集群由通过网络相连的多个计算机系统组成，也可提供**高性能计算**（high-performance computing）环境。每个集群的所有计算机可以并发执行一个应用程序，因此与单处理器和 SMP 系统相比，这样的系统能够提供更为强大的计算能力。当然，这种应用程序应当专门编写，才能利用集群。这种技术称为**并行**（parallelization）**计算**，即将一个程序分成多个部分，而每个部分可以并行运行在计算机或集群计算机的各个核上。通常，这类应用中的每个集群节点解决部分问题，而所有节点的计算结果合并在一起形成最终解决方案。

其他形式的集群还有并行集群和 WAN（Wide-Area Network）集群（参见第 19 章）。并行集群允许多个主机访问共享存储的同一数据。由于大多数操作系统并不支持多个主机同时访问数据，并行集群通常需要由专门的软件或专门的应用程序来完成。例如，Oracle Real Application Cluster 就是一种可运行在并行集群上的、专用的 Oracle 数据库。每个机器都运行 Oracle，而且软件层跟踪共享磁盘的访问。每台机器对数据库内的所有数据都可以完全访问。为了提供这种共享访问，系统应当针对文件访问加以控制与加锁，以便确保没有冲突操作。有的集群技术包括了这种通常称为**分布锁管理器**（Distributed Lock Manager，DLM）的服务。

集群技术发展迅速。有的集群产品支持数千系统，而且集群节点也可分开数公里之远。**存储域网**（Storage-Area Network，SAN）的出现也改进了集群性能，如 11.7.4 节所述，SAN 可让许多系统访问同一存储池。SAN 可以存储应用程序和数据，集群软件可将应用程序交给 SAN 的任何主机来执行。如果主机出错，那么其他主机可以接管过来。对于数据库集群，数十个主机可以共享同一数据库从而大大提升了性能和可用性。图 1.11 显示了一个集群的通用结构。

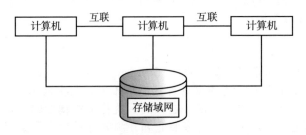

图 1.11 集群系统的一般结构

PC 主板

考虑带有处理器插槽的台式 PC 主板，如下所示：

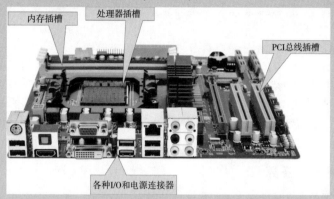

一旦插槽被填充，该板就是一台功能齐全的计算机。它由一个包含 CPU 的处理器插槽、DRAM 插槽、PCI 总线插槽和各种类型的 I/O 连接器组成。即使是成本最低的通用 CPU 也包含多个处理核。一些主板包含多个处理器插槽。更先进的计算机允许使用多个系统板，从而创建 NUMA 系统。

1.4　操作系统的执行

我们已经讨论了有关计算机系统组织和体系结构的基本知识，现在讨论操作系统。操作系统提供了执行程序的环境。操作系统可以通过许多不同方式来构建，因此内部组织差异很大。不过，它们也有许多共同点，我们将在后面加以讨论。

例如，当计算机要开始运行（如上电或重新启动）时，它需要有一个初始程序才能运行。正如前面所述，这个初始程序或引导程序往往很简单。通常，它以固件形式存储在计算机硬件中。它初始化系统的所有方面，从 CPU 寄存器到设备控制器再到存储内容。引导程序必须知道如何加载操作系统以及如何开始执行该系统。为了实现这个目标，引导程序必须定位操作系统内核，并将其加载到内存。

一旦内核被加载并执行，它可以开始为系统及其用户提供服务。有些服务是由系统程序在内核之外提供的，这些程序在启动时加载到内存中成为**系统守护进程**（system daemons），它们在内核运行的整个时间内运行。在 Linux 上，第一个系统程序是 systemd，它启动许多其他守护进程。在这阶段完成后，系统将会完全启动，然后等待某个事件发生。

如果没有要执行的进程、要服务的 I/O 设备以及要响应的用户，操作系统会静静地等待某事发生。事件几乎总是由中断发生来发出信号。1.2.1 节描述了硬件中断。另一种形式的中断是**陷阱**或**异常**，这是由软件产生的中断所引起的，可能由于错误（例如，被零除或无效的内存访问）或者由于用户程序的特定请求（即通过执行称为**系统调用**的特殊操作来执行操作系统服务）而引起中断。

Hadoop

Hadoop 是一个开源软件框架，通过简单、低廉硬件组成的集群系统来分布式处理大型数据集（称为大数据）。Hadoop 可以从单个系统扩展到包含数千个计算节点的集群。任务被分配给集群的一个节点，Hadoop 安排节点之间的通信来管理并行计算，以处理和合并结果。Hadoop 还检测和管理节点的故障，提供高效、高可靠性的分布式计算服务。

Hadoop 包括以下三个组件：

1. 通过分布式计算节点来管理数据和文件的分布式文件系统。

2. YARN（Yet Another Resource Negotiator）框架，它管理集群内的资源以及在集群节点上调度任务。

3. MapReduce 系统，它允许跨集群节点来并行处理数据。

Hadoop 设计成运行于 Linux 系统上，Hadoop 应用程序可以使用多种编程语言编写，包括脚本语言，如 PHP、Perl 和 Python 等。Java 是开发 Hadoop 应用程序的流行选择，因为 Hadoop 有多个支持 MapReduce 的 Java 库。有关 MapReduce 和 Hadoop 的更多信息，请访问 https://hadoop.apache.org/docs/r1.2.1/mapred tutorial.html 和 https://hadoop.apache.org。

1.4.1 多道程序与多任务

操作系统最重要的一点是具有多道程序能力，因为一般来说，单个程序并不能让 CPU 和 I/O 设备一直忙碌。此外，用户通常也希望一次运行多个程序。**多道程序设计**（multiprogramming）通过组织程序使得 CPU 总有一个执行作业，从而提高 CPU 利用率，并让用户满意。在多程序系统中，正在执行的程序称为**进程**（process）。

操作系统同时在内存中保存多个进程（见图 1.12）。操作系统选择并开始执行这些进程之一。最终，该进程可能需要等待某个任务，如 I/O 操作的完成。对于非多道程序系统，CPU 会空闲；而对于多道程序系统，CPU 会简单切换到另一个进程，以便执行。当该进程需要等待时，CPU 会切换到另一个进程，依此类推。最终，第一个进程完成等待并重新获得 CPU。在这个过程中，只要有一个进程可以执行，CPU 就永远不会空闲。

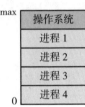

图 1.12　多道程序系统的内存布局

这种做法在日常生活中也常见。例如，一个律师在一段时间内不只为一个客户工作。当一个案件需要等待审判或需要准备文件时，该律师可以处理另一个案件。如果有足够多的客户，那么他就不会因没有工作要做而空闲。

多任务（multitasking）是多道程序设计的逻辑扩展。在多任务系统中，CPU 通过在多个进程之间的切换来执行多个进程。但当切换频繁发生时为用户提供了快速的**响应时间**。试想一下，当一个进程执行时，它通常只执行很短的时间，然后就会完成或需要执行 I/O。I/O 可能是交互式的，也就是说，输出到用户的显示器，输入来自用户的键盘、鼠标或触摸屏。由于交互 I/O 通常以"人的速度"运行，因此可能需要很长时间才能完成。例如，输入可能受用户打字速度的限制，每秒 7 个字符对人来说很快，但对计算机来说却非常慢。操作系统不会在交互输入发生时让 CPU 闲置，而是将 CPU 快速切换到另一个进程。

在内存中同时拥有多个进程需要某种形式的内存管理，这将在第 9 章和第 10 章中讨论。此外，如果多个进程准备同时运行，系统必须选择接下来运行哪个进程。做出这个决定的是 **CPU 调度**（CPU scheduling），这将在第 5 章中讨论。最后，并发运行多个进程需要在操作系统的所有阶段限制它们相互影响的能力，包括进程调度、磁盘存储和内存管理。本书讨论了这些因素。

在多任务系统中，操作系统必须保证合理的响应时间。常用方法是采用虚拟内存，这种技术允许执行不完全在内存中的进程（第 10 章）。这种方案的主要优点在于能使用户运行比实际**物理内存**大的程序。此外，它将主存抽象为一个大的、统一的存储阵列，以将用户查看的**逻辑内存**与物理内存分开。这种安排使程序员不必担心内存存储限制。

多道程序和多任务系统还必须提供文件系统（第 13~15 章）。文件系统驻留在外存上，因此，必须提供存储管理（第 11 章）。此外，系统必须保护资源免遭不当使用（第 17 章）。

为确保有序执行，系统还必须提供进程同步和通信的机制（第 6~7 章），它可以确保进程不会陷入死锁后，永远等待对方（第 8 章）。

1.4.2 双模式与多模式操作

由于操作系统及用户共享计算机系统的硬件和软件资源，正确设计的操作系统必须确保不正确（或恶意）的程序不会导致其他程序或操作系统本身不正确地执行。为确保系统正常运行，我们必须能够区分操作系统代码和用户定义代码的执行。大多数计算机系统采用的方法是提供区分各种执行模式的硬件支持。

至少需要两种单独运行模式：**用户模式**（user mode）和**内核模式**（kernel mode），其中内核模式也称为**监视模式**（supervisor mode）、**系统模式**（system mode）或**特权模式**（privileged mode）。计算机硬件可以通过一个**模式位**（mode bit）来表示当前模式：内核模式（0）和用户模式（1）。有了模式位，就可区分为操作系统执行的任务和为用户执行的任务。当计算机系统执行用户应用时，系统处于用户模式。然而，当用户应用通过系统调用请求操作系统服务时，系统必须从用户模式切换到内核模式以满足请求，如图 1.13 所示。正如将会看到的，这种架构改进也可用于系统操作的许多其他方面。

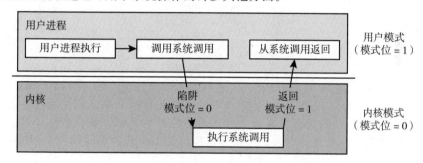

图 1.13　从用户模式到内核模式的转换

当系统引导时，硬件从内核模式开始。随着操作系统继续加载，开始在用户模式下执行用户程序。一旦有陷阱或中断，硬件会从用户模式切换到内核模式（即将模式位的状态设为 0）。因此，每当操作系统能够控制计算机时，它就处于内核模式。在将控制交给用户程序前，系统会切换到用户模式（将模式位设为 1）。

双重模式执行提供保护手段，防止操作系统和用户程序受到错误用户程序的影响。这种防护实现为：将可能引起损害的机器指令作为**特权指令**（privileged instruction），并且硬件只有在内核模式下才能允许执行特权指令。如果在用户模式下试图执行特权指令，那么硬件并不执行该指令，而是认为该指令非法，并将其以陷阱形式通知操作系统。

切换到内核模式的指令为特权的（有的通过陷阱，有的作为唯一指令），其他特权例子包括 I/O 控制、定时器管理和中断管理等。本书其他部分还会讨论许多其他特权指令。

模式概念可以扩展到比两个更多。例如，Intel 处理器有四个独立的**保护环**，其中环 0 是内核模式，环 3 是用户模式。（虽然环 1 和环 2 可用于各种操作系统服务，但实际上很少使用。）ARMv8 系统有七种模式。支持虚拟化（18.1 节）的 CPU 通常有一个单独模式，用来表明**虚拟机管理器**（VMM）在控制系统。在这种模式下，VMM 的权限比用户进程多，但比内核少。它需要该级别的权限，才能创建和管理虚拟机，更改 CPU 状态以执行此操作。

现在看一看计算机系统指令执行的生命周期。最初，操作系统进行控制，这时指令执行在内核模式。当控制转交到一个用户应用时，模式也设置为用户模式。最终，通过中断、陷阱或系统调用，控制又返回到操作系统。大多数的现代操作系统（例如 Microsoft Windows、UNIX 和 Linux）充分利用这种双模功能，为操作系统提供更大的保护。

系统调用为用户程序提供手段，以便请求操作系统完成某些特权任务。系统调用可有多种方式，取决于底层处理器提供的功能。不管哪种，它都是进程请求操作系统执行功能的方法。系统调用通常会陷入中断向量的某个指定位置。这一般可由通用 trap 指令来完成，不过有的系统（如 MIPS 系列）由专用的 syscall 指令来完成系统调用。

当要执行系统调用时，硬件通常将它作为软件中断。控制通过中断向量转到操作系统的中断服务程序，并且模式位也设为内核模式。系统调用服务程序是操作系统的一部分。内核检查中断指令，判断发生了什么系统调用，参数表示用户程序请求何种服务。请求所需的其他信息可以通过寄存器、堆栈或内存（内存指针也可通过寄存器传递）来传递。内核首先验证参数是否正确和合法，然后执行请求，最后控制返回到系统调用之后的指令。2.3 节将更加详细地描述系统调用。

一旦硬件保护到位，就可检测模式错误。这些错误通常由操作系统处理。如果一个用户程序出错，如试图执行非法指令或者访问不属于自己的地址空间内存，则通过硬件陷到操作系统。陷阱如同中断一样，通过中断向量可将控制转到操作系统。当一个程序出错时，可由操作系统来异常终止。这种情况的处理代码与用户请求的异常终止一样。操作系统会给出一个适当的出错信息，并倒出（dump）程序内存。内存倒出信息通常写到文件，这样用户或程序员可检查它，纠正错误并重新启动程序。

1.4.3 定时器

操作系统应该维持控制 CPU，防止用户程序陷入死循环，或不调用系统服务并且不将控制返给操作系统。为了实现这一目标，可以使用**定时器**（timer）。定时器可设置为在指定周期后中断计算机。指定周期可以是固定的（例如，1/60s）或可变的（例如，1ms ~ 1s）。**可变定时器**（variable timer）一般通过一个固定速率的时钟和计数器来实现。操作系统设置计数器。每次时钟滴答时，计数器都要递减。当计数器的值为 0 时，就会产生中断。例如，对于 10 位的计数器和 1ms 精度的时钟，可按时间步长为 1ms 和时间间隔为 1 ~ 1024ms 来产生中断。

在将控制交给用户之前，操作系统确保定时器已设置好以便产生中断。当定时器中断时，控制自动转到操作系统，而操作系统可以将中断作为致命错误来处理，也可以给予用户程序更多时间。当然，用于修改定时器的指令是特权的。

Linux 定时器

在 Linux 系统上，内核配置参数 HZ 指定定时器中断的频率。HZ 值为 250 表示定时器每 1s 产生 250 个中断，或每 4ms 产生一个中断。HZ 的值取决于内核的配置方式，以及运行内核的机器类型和架构。一个相关的内核变量是 jiffies，它表示自系统启动以来发生的定时器中断数量。第 2 章中的一个编程项目进一步探讨 Linux 内核的定时。

1.5 资源管理

正如我们所见，操作系统是一个**资源管理器**（resource manager）。系统的 CPU、内存空间、文件存储空间和 I/O 设备是操作系统必须管理的资源。

1.5.1 进程管理

在未被 CPU 执行之前，程序不能做任何事。如前所述，执行的程序称为进程。程序（如编译器）就是进程，单个 PC 用户所运行的字处理程序也是进程。同样，移动设备上的社交媒体应用程序也是进程。现在，你可以将进程视为正在执行程序的一个实例，但稍后你将看到这个概念更为通用。正如第 3 章所述，进程可以通过系统调用来创建子进程以并发执行。

进程为了完成任务，需要一定的资源，包括 CPU 时间、内存、文件、I/O 设备等。这些资源通常在进程执行时进行分配。除了创建时得到的各种物理和逻辑资源外，进程还可以接受传输过来的各种初始化数据（输入）。例如，考虑一个运行 Web 浏览器的进程，其功能是在屏幕上显示网页的内容。该进程将得到 URL 作为输入，并执行适当指令和系统调用，以获取并在屏幕上显示所需信息。当进程终止时，操作系统将回收所有可重用的资源。

需要强调的是，程序本身不是进程，程序是个被动实体（passive entity），如同存储在磁盘上的文件内容，而进程是个主动实体（active entity）。单线程进程有一个**程序计数器**（program counter），指定了下一个所要执行的指令（第 4 章讨论线程）。这样一个进程的执行应是顺序的。CPU 一个接一个地执行进程的指令，直至进程完成。再者，在任何时候，每个进程最多只能执行一条指令。因此，尽管两个进程可能与同一个程序相关联，然而这两个进程都有各自的执行顺序。多线程进程有多个程序计数器，每一个指向下一个给定线程需要执行的指令。

进程是系统的工作单元。系统由多个进程组成，其中有的是操作系统进程（执行系统代码），其他的是用户进程（执行用户代码）。所有这些进程，通过在单个 CPU 核上进行多路复用，或跨多个 CPU 核进行并行执行。

操作系统负责进程管理的以下活动：
- 创建和删除用户进程和系统进程。
- 在 CPU 上调度进程和线程。
- 挂起和重启进程。
- 提供进程同步机制。
- 提供进程通信机制。

我们在第 3~7 章讨论进程管理技术。

1.5.2　内存管理

正如 1.2.2 节所述，主存是现代计算机系统执行的中心。主存是一个大的字节数组，大小从数十万到数十亿。每个字节都有自己的地址。主存是个快速访问的数据仓库，可以被 CPU 和 I/O 设备所共享。CPU 在获取指令周期时从主存中读取指令，而在获取数据周期时对主存数据进行读写（在冯·诺依曼架构上）。如前所述，主存一般是 CPU 所能直接寻址和访问的唯一大容量存储器。例如，如果 CPU 需要处理磁盘数据，那么这些数据必须首先通过 CPU 产生的 I/O 调用传到主存。同样，如果 CPU 需要执行指令，那么这些指令必须在内存中。

如果一个程序需要执行，那么它必须映射到绝对地址，并且加载到内存。随着程序执行，进程可以通过产生绝对地址来访问内存的程序指令和数据。最后，程序终止，它的内存空间得以释放，这样下一个程序可以加载并执行。

为改进 CPU 的利用率和用户的计算机响应速度，通用计算机应在内存中保留多个程序，这就需要内存管理。内存管理的方案有许多，这些方案会有各种具体方法，所有特定算法的效率取决于特定情景。在选择某个特定系统的内存管理方案时，必须考虑许多因素，尤其是系统的硬件设计。每个算法都需要特定的硬件支持。

操作系统负责内存管理的以下活动：
- 记录内存的哪部分在被使用以及被谁使用。
- 根据需要分配和释放内存空间。
- 决定哪些进程（或其部分）会调入或调出内存。

内存管理技术将在第 9 章和第 10 章中加以讨论。

1.5.3　文件系统管理

为了方便计算机用户，操作系统提供信息存储的统一逻辑视图。操作系统对存储设备的物理属性进行了抽象，并定义了逻辑存储单元，即**文件**（file）。操作系统映射文件到物理媒介，并通过存储设备来访问文件。

文件管理是操作系统最明显的组件之一。计算机可在多种类型的物理介质上存储信息。二级存储（通常称为外存、辅助存储、次级存储等）是最常见的，但也有三级存储。每种介质都有各自的特点与物理组织。大多数介质都由一个设备控制（例如磁盘驱动器），每种设备也有其独特的特性。它们都有自己的特点，包括访问速度、容量、数据传输率和访问方法（顺序或随机）等。

文件是创建者定义的相关信息组合。通常，文件内容为程序（源程序和目标程序）和数据。数据文件可以是数值的、字符的、字符数值的或二进制的，等等。文件可以没有格式（例如文本文件），或有严格的格式（如 mp3 音乐文件类固定字段）。显然，文件这一概念是极为广泛的。

操作系统通过控制它们的设备来实现文件这一抽象概念。再者，为了方便使用，文件可组织成目录。最后，当多个用户访问文件时，需要控制哪个用户如何访问文件（例如读、写、附加）。

操作系统负责文件管理的以下活动：

- 创建和删除文件。
- 创建和删除目录，以便组织文件。
- 提供文件和目录的操作原语。
- 映射文件到大容量存储。
- 备份文件到稳定（非易失的）存储介质。

文件管理技术将在第 13~15 章中加以讨论。

1.5.4 大容量存储管理

如前所述，计算机系统应该提供外存以备份内存。大多数现代计算机系统采用 HDD 和 NVM 设备作为主要在线存储介质来存储程序和数据。大多数程序（如编译器、网络浏览器、文字处理器和游戏等）存储在这些设备上，直到加载到内存中。然后程序将这些设备用作处理的来源和目的。因此，如何管理好外存，对计算机系统至关重要。操作系统负责与外存管理相关的以下活动：

- 安装和卸载。
- 空闲空间管理。
- 存储分配。
- 硬盘调度。
- 分区。
- 保护。

由于外存使用频繁且广泛，因此使用必须高效。计算机运行的最终速度与外存子系统的速度和管理该子系统的算法有很大关系。

此外，虽然有的存储相比二级存储速度更慢、价格更低（或许容量更大），但是也有许多用处。相关例子包括：磁盘数据的备份、很少使用数据的存储和长期归档的存储等。磁带驱动器及其磁带、CD、DVD、蓝光驱动器以及盘片是典型的三级存储设备。

三级存储对系统性能没有要求，但也应管理好。有的操作系统直接管理，还有的留给应用程序来管理。操作系统可以提供的一些功能包括：安装和卸载设备中的媒介，为进程互斥使用而分配和释放设备，以及将数据从二级存储移到三级存储。二级和三级存储的管理技术，将在第 11 章中加以讨论。

1.5.5 高速缓存管理

高速缓存（cache）的采用是计算机系统的一条重要原理。它的工作原理如下：信息通常保存在一个存储系统中（如主存）。在使用时，它会被临时复制到更快的存储系统，即高速缓存。当需要特定信息时，首先检查它是否处于高速缓存。如果是，可以直接使用高速缓存中的信息。如果否，就使用位于源地的信息，同时将其复制到高速缓存以便下次再用。

另外，可编程的内部寄存器（如索引寄存器）为内存提供高速缓存。程序员（或编译程序）通过寄存器分配与寄存器替换的算法，决定哪些信息应存在寄存器中而哪些应存在主存中。

还有的高速缓存完全通过硬件实现。例如，大多数系统都有一个指令的高速缓存，用以保存下个需要执行的指令。如没有这一高速缓存，CPU 要用多个时钟周期才能从内存中获得指令。基于类似原因，大多数系统在存储层次结构中有一个或多个高速缓存。本书并不关心只用硬件的高速缓存，这是因为它们不受操作系统控制。

由于高速缓存的大小有限，因此**高速缓存管理**（cache management）的设计就很重要。慎重选择高速缓存大小与置换策略，可以极大提高性能，参见图 1.14。关于软件控制的高速缓存的各种置换算法，将在第 10 章中加以讨论。

等级	1	2	3	4	5
名称	寄存器	缓存	主内存	固态硬盘	磁盘
典型尺寸	<1KB	<16MB	<64GB	<1TB	<10TB
实现技术	具有多端口 CMOS 的定制存储	片上或片外 CMOS DRAM	CMOS SRAM	闪存	磁盘
访问时间(ns)	0.25~0.5	0.5~25	80~250	25 000~50 000	5 000 000
带宽(MB/s)	20 000~100 000	5 000~10 000	1 000~5 000	500	20~150
管理者	编译器	硬件	操作系统	操作系统	操作系统
备份者	缓存	主内存	磁盘	磁盘	磁盘或磁带

图 1.14 各类存储器的特点

存储层次间的信息移动可以是显式的，也可以是隐式的，这取决于硬件设计和操作系统的控制软件。例如，高速缓存到 CPU 或寄存器的数据传递，通常通过硬件完成，不需要操作系统干预。相反，硬盘到内存的数据传递，通常通过操作系统控制。

在层次存储结构中，同一数据可能出现在存储系统的不同层次上。例如，位于文件 B 的整数 A 需要加 1，而文件 B 位于硬盘。加 1 操作这样进行：先进行 I/O 操作以将 A 所在的块调入内存。之后，A 被复制到高速缓存和内部寄存器。这样，A 的拷贝出现在硬盘上、内存中、高速缓存中、内部寄存器中（见图 1.15）。一旦在内部寄存器中执行加法后，A 的值在不同存储系统中就会不同。只有在 A 的新值从内部寄存器写到硬盘时，A 的值才会一样。

对于每次只有一个进程执行的计算环境，这种安排没有问题，这是因为所访问的整数 A 是位于层次结构的最高层的拷贝。但是，对于多任务环境，CPU 会在多个进程之

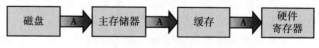

图 1.15 整数 A 从磁盘迁移到寄存器

间来回切换，所以需要十分谨慎以便确保如果多个进程访问 A 时，每个进程都能得到最近更新的 A 值。

对于多处理器环境，情况就变得更为复杂，这时每个 CPU 不仅有自己的内部寄存器，而且还有本地的高速缓存（回到图 1.8）。对于这种环境，A 的拷贝可能出现在多个缓存上。由于多个 CPU 可以并行执行，应确保位于一个高速缓存的 A 值的更新，应马上反映到所有其他 A 所在的高速缓存。这称为**高速缓存一致性**（cache coherency），通常是硬件问题（在操作系统底下处理）。

对于分布式环境，这种情况变得异常复杂。在这种情况下，同一文件的多个拷贝（或复

制）会出现在不同场所的多个不同计算机上。由于各个复制可能会被并发访问和更新，所以应该确保当一处的复制被更新时，所有其他复制应尽可能快地得以更新。实现这一保证有多种方式，参见第19章。

1.5.6 I/O 系统管理

操作系统的目的之一是为用户隐藏具体硬件设备的特性。例如，在 UNIX 系统中，**I/O 子系统**（I/O subsystem）为操作系统本身隐藏了 I/O 设备的特性。I/O 子系统包括以下几个组件：

- 包括缓冲、高速缓存和假脱机的内存管理组件。
- 设备驱动器的通用接口。
- 特定硬件设备的驱动程序。

只有设备驱动程序才能知道控制设备的特性。

本章前面讨论了中断处理和设备驱动程序如何构造高效的 I/O 子系统。第12章将会讨论 I/O 子系统如何提供与其他系统组件的接口、管理设备、传输数据以及检测 I/O 完成等。

1.6 安全与保护

如果一个计算机系统有多个用户，并且允许多个进程并发执行，那么数据访问应当加以控制。为此，可以通过机制确保只有经过操作系统授权，进程才可使用相应资源，如文件、内存、CPU 及其他资源。例如，内存寻址硬件确保一个进程仅可在自己的地址空间内执行，定时器确保没有进程可以一直占用 CPU 而不释放它。设备控制寄存器不应被用户直接访问，从而保护了各种外围设备的完整性。

因此，**保护**（protection）是一种机制，用于控制进程或用户访问计算机系统的资源。这种机制必须提供指定控制和实施控制的手段。保护可以通过检测组件子系统之间接口的差错隐患来提高可靠性。接口错误的早期检测通常能够防止已发生故障的子系统影响其他正常的子系统。此外，一个未受保护的资源无法抵御未授权的或不称职的用户使用（或滥用）。支持保护的系统提供辨别授权使用和未授权使用的手段，第17章将会讨论相关内容。

一个系统可以拥有足够的保护，但是仍然容易出错和发生不当访问。例如，现有一个认证（向系统标识自己的手段）信息被盗的用户，他的数据可能被复制或删除，尽管文件和内存的保护仍在继续。防止系统不受外部或内部的攻击是**安全**（security）的工作。这些攻击的范围很广，如病毒和蠕虫、拒绝服务攻击（用尽所有系统资源以致合法用户无法使用）、身份偷窃、服务偷窃（未授权的系统使用）等。为阻止这些攻击，有些系统让操作系统来完成，有些系统让策略或另外的软件来完成。随着安全事件的急剧增长，针对操作系统安全问题的研究发展迅猛。我们将在第16章讨论安全。

保护和安全要求系统能够区分所有用户。大多数的操作系统采用一个列表，以便维护用户名称及其**关联用户标识**（User ID，UID）。按照 Windows 的说法，这称为**安全 ID**（Security ID，SID）。这些数字 ID 对每个用户来说是唯一的，当一个用户登录到系统时，认证阶段确定用户的合适 ID。该用户 ID 与所有该用户的进程和线程相关联。当该 ID 需要为用户可读时，它就会通过用户名称列表转换成用户名称。

有些环境希望区分用户集合而非单个用户。例如，UNIX 系统的某个文件的所有者可对文件进行所有操作，而有些选定的用户集合只能读取文件。为此，需要定义一个组名称以及属于该组的用户集。组功能的实现可以采用一个系统级的列表，以维护组名称和**组标识**（group identifier）。一个用户可以属于一个或多个组，这取决于操作系统的设计决策。用户的组 ID 也包含在每个相关的进程和线程中。

对于正常系统使用，只有用户 ID 和组 ID 就足够了。不过，用户有时需要**升级特权**

（escalate privilege）来获得某个活动的额外许可。例如，用户可能需要访问某个受限设备。操作系统提供多种方法允许升级特权。例如，在 UNIX 系统中，程序的 setuid 属性允许按程序文件所有者的用户 ID 而不是当前的用户 ID 来运行该程序，该进程会按**有效 UID**（effective UID）运行，直至它关掉额外特权或终止。

1.7　虚拟化

虚拟化（virtualization）是一种技术，可将单个计算机硬件（CPU、内存、磁盘驱动器、网络接口卡等）抽象成多个不同执行环境，从而造成每个独立环境运行在自己的私有计算机上的错觉。这些环境可被视为不同的独立操作系统（例如，Windows 和 UNIX），它们可能同时运行并且可能相互交互。**虚拟机**用户可以在各种操作系统之间切换，就如同用户可以在单个操作系统上运行的多个进程之间的切换。

虚拟化允许操作系统在其他操作系统中作为应用程序运行。乍一看，这种功能似乎用处不大。但虚拟化产业规模庞大且不断增长，这充分说明了其实用性和重要性。

从广义上讲，虚拟化软件属于仿真类型。**仿真**（包括在软件中模拟计算机硬件）通常在源 CPU 类型与目标 CPU 类型不同时使用。例如，当苹果的台式机和笔记本电脑从 IBM Power CPU 切换到 Intel x86 CPU 时，过程中包含一个名为"Rosetta"的仿真工具，以允许为 IBM CPU 编译的应用程序在 Intel CPU 上运行。可以扩展相同的概念以允许为一个平台编写的整个操作系统在另一个平台上运行。然而，仿真需要付出很大代价。在源系统上本地运行的每条机器级指令都必须转换为目标系统上的等效功能，经常导致出现多个目标指令。如果源 CPU 和目标 CPU 具有相似的性能水平，模拟代码的运行速度可能比本机代码慢得多。

相比之下，通过虚拟化为特定 CPU 架构本地编译的操作系统，可以运行在另一个操作系统中。虚拟化首先出现在 IBM 大型机上，作为一种供多个用户同时运行任务的方法。运行多个虚拟机允许多个用户，可在为单个用户设计的系统上运行任务。后来，为了应对在 Intel x86 CPU 上运行多个 Microsoft Windows 应用程序的问题，VMware 采用 Windows 应用程序的形式，创建了一种新的虚拟化技术。该应用程序运行一个或多个 Windows 或其他本机 x86 操作系统的**客户副本**（guest copy），每个副本都运行自己的应用程序（见图 1.16）。Windows 是主机操作系统，VMware 应用程序是**虚拟机管理器**（virtual machine manager，VMM）。VMM 运行客户操作系统，管理它们的资源使用，并保护每个客户免受其他客户的影响。

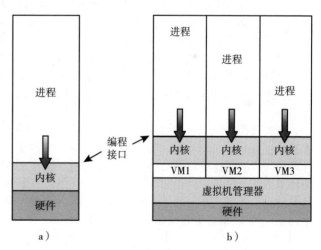

图 1.16　运行 a）单个操作系统和 b）三个虚拟机的计算机

尽管现代操作系统完全能够可靠运行多个应用程序，虚拟化的使用仍然继续增长。在笔记本计算机和台式机上，一个 VMM 允许用户安装多个操作系统进行探索或运行为本机主机之外的操作系统所编写的应用程序。例如，在 x86 CPU 上运行 macOS 的 Apple 笔记本电脑，可以运行 Windows 10 客户机以允许执行 Windows 应用程序。为多个操作系统编写软件的公司可以使用虚拟化，在单个物理服务器上运行所有这些操作系统以进行开发、测试和调试。在数据中心内，虚拟化已成为执行和管理计算环境的常用方法。VMware ESX 和 Citrix XenServer 等 VMM 不是运行在主机操作系统上，而就是主机操作系统，以便为虚拟机进程提供服务和资源管理。

本书提供了一个 Linux 虚拟机以及开发工具，它可以运行在你的系统上，且不管你的主机操作系统如何。虚拟化的特性和实现的完整细节，可以参见第 18 章。

1.8 分布式系统

分布式系统是物理上分开的、可能异构的、通过网络相连的一组计算机系统，可供用户访问系统维护的各个资源。共享资源的访问可提高计算速度、功能、数据可用性及可靠性。有的操作系统将网络访问简化为文件访问，而网络细节则包含在网络接口驱动程序中；而其他的操作系统则让用户自己调用网络功能。通常，系统对这两种模式都会支持，如 FTP 和 NFS。构建分布式系统的协议可以极大影响系统的实用性和普及性。

简单地说，**网络**（network）就是两个或多个系统之间的通信路径。分布式系统通过网络提供功能。由于通信协议、节点距离、传输媒介的不同，网络也会不同。**传输控制协议/网间协议**（Transport Control Protocol/Internet Protocol，TCP/IP）是最为常用的网络协议，为因特网提供了基础架构。大多数的操作系统都支持 TCP/IP，包括所有通用协议。有的系统支持专用协议，以满足特定需求。对于操作系统而言，一个网络协议只是需要一个接口设备（如网络适配器），通过驱动程序以便管理它以及处理数据的软件。这些概念后面会加以讨论。

网络可以根据节点之间的距离来划分。**局域网**（Local-Area Network，LAN）位于一个房间、一栋大楼或一所校园。**广域网**（Wide-Area Network，WAN）通常用于连接楼宇、城市或国家。例如，一个全球性的公司可以用 WAN 将其全球内的办公室连接起来。这些网络可以采用单个或多个协议。不断出现的新技术也带来新的网络类型。例如，**城域网**（Metropolitan-Area Network，MAN）可以将一个城市内的楼宇连接起来。蓝牙和 802.11 设备采用无线技术，实现在数米内的无线通信，进而创建了**个人局域网**（Personal-Area Network，PAN），以连接电话和耳机或连接智能手机和桌面计算机。

网络的连接媒介同样很多，包括铜线、光纤、卫星之间的无线传输、微波和无线电波。当计算设备连接到手机时，就创建了一个网络。即使非常近距离的红外通信也可用来构建网络。总之，无论计算机何时通信，它们都要使用或构建一个网络。这些网络的性能和可靠性各不相同。

有的操作系统不但提供网络连接，而且进一步拓宽了网络和分布式系统的概念。**网络操作系统**（network operating system）就是这样一种操作系统，它提供跨网络的文件共享、不同计算机进程的消息交换等功能。虽然运行网络操作系统的计算机知道有网络且能与其他联网的计算机进行通信，但是相对于网络上的其他计算机而言却是自治的。分布式操作系统提供较少的自治环境。不同的计算机紧密通信给人一种错觉，以为好像只有一个操作系统控制整个网络。第 19 章将会讨论计算机网络和分布式系统。

1.9 内核数据结构

下面讨论操作系统实现的一个核心问题：系统如何组织数据。本节简要讨论多个基本数据结构，它们在操作系统中用得很多。如需了解这些结构（或其他）的更多细节，可以阅读本章末尾的参考文献。

1.9.1 列表、堆栈与队列

数组是个简单的数据结构，它的元素可被直接访问。例如，内存就是一个数组。如果所存的数据项大于一字节，那么可用多个字节来保存数据项，并可按项码（item number）×项大小（item size）来寻址。不过，应如何保存可变大小的项呢？再者，如何删除一项而不影响其他项的相对位置呢？对于这些情况，数组不如其他数据结构方便。

在计算机科学中，除了数组，列表可能是最为重要的数据结构。不过，数组的项可以直接访问，而列表的项需要按特定次序来访问。即**列表**（list）将一组数据表示成序列。实现这种结构的最常用方法是**链表**（linked list），项与项是链接起来的。链表包括多个类型：

- 单向链表（singly linked list）的每项指向它的后继，如图 1.17 所示。

图 1.17　单向链表

- 双向链表（doubly linked list）的每项指向它的前驱与后继，如图 1.18 所示。

图 1.18　双向链表

- 循环链表（circularly linked list）的最后一项指向第一项（而不是设为 `null`），如图 1.19 所示。

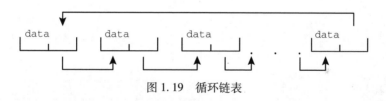

图 1.19　循环链表

链表允许不同大小的项，各项的插入与删除也很方便。链表的使用有一个潜在缺点：在大小为 n 的链表中，获得某一特定项的性能是线性的，即 $O(n)$。这是由于在最坏情况下需要遍历所有的 n 个元素。列表有时直接用于内核算法，不过，更多的是用于构造更为强大的数据结构，如堆栈和队列等。

堆栈（stack）作为有序数据结构，在增加和删除数据项时采用**后进先出**（Last In First Out, LIFO）的原则，即最后增加到堆栈的项是第一个被删除的。堆栈的项的插入和删除，分别称为压入（push）和弹出（pop）。操作系统在执行函数调用时，经常采用堆栈。当调用函数时，参数、局部变量及返回地址首先压入堆栈；当从函数调用返回时，会从堆栈上弹出这些项。

相反，**队列**（queue）作为有序数据结构，采用**先进先出**（First In First Out, FIFO）的原则：删除队列的项的顺序与插入的顺序一致。日常生活的队列样例有很多，如商店客户排队等待结账和汽车排队等待信号灯。操作系统的队列也有很多，例如，送交打印机的作业通常按递交顺序来打印。正如第 5 章所述，等待 CPU 的任务通常按队列来组织。

1.9.2　树

树（tree）是一种数据结构，可以表示数据层次。树结构的数据值可按父-子关系连接起来。对于**一般树**（general tree），父结点可有多个子结点。对于**二叉树**（binary tree），父结点最多可有两个子结点，即左子结点（left child）和右子结点（right child）。**二叉查找树**（binary search tree）还要求对两个子结点进行排序，如左子结点 ≤ 右子结点（`left_child`

<=right_child）。图1.20为一个二叉查找树的例子。当需要对一个二叉查找树进行查找时，最坏性能为 $O(n)$（请想一想这是为什么）。为了纠正这种情况，我们可以通过算法来创建**平衡二叉查找树**（balanced binary search tree）。这样，包含 n 个项的树最多只有 $\lg n$ 层，这可确保最坏性能为 $O(\lg n)$。在5.7.1节中，我们将会看到 Linux 在 CPU 调度算法中就使用了平衡二叉查找树。

1.9.3　哈希函数与哈希表

　　哈希函数（hash function）将一个数据作为输入，对此进行数值运算，然后返回一个数值。该值可用作一个表（通常为数据组）的索引，以快速获得数据。虽然从大小为 n 的列表中查找数据项所需的比较会是 $O(n)$，但是采用哈希函数来从表中获得数据可能只有 $O(1)$，这与具体实现有关。由于性能关系，哈希函数在操作系统中的使用很广。

　　哈希函数有一潜在问题：两个输入可能产生同样的输出值（即它们会链接到列表的同一位置）。**哈希碰撞**（hash collision）可以这样处理：在列表位置上可以存放一个链表，以便将具有相同哈希值的所有项连接起来。当然，碰撞越多，哈希函数的效率越低。

　　哈希函数的另一用途是实现**哈希表**（hash map），即利用哈希函数将键（key）和值（value）关联起来。有了这个映射，就可将哈希函数应用于键，进而从哈希表中获得对应值（见图1.21）。例如，将现有用户名称映射到用户密码。用户认证可以这样进行：用户输入他的用户名称和密码；将哈希函数应用于用户名称，以获取密码；获取密码再与用户输入的密码进行比较，以便认证。

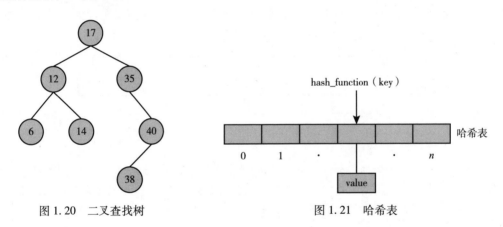

图1.20　二叉查找树　　　　　　　　　　　图1.21　哈希表

1.9.4　位图

　　位图（bitmap）为 n 个二进制位的串，用于表示 n 项的状态。例如，假设有若干资源，每个资源的可用性可用二进制数字来表示：0表示资源可用，而1表示资源不可用（或相反）。位图的第 i 个位置的值与第 i 个资源相关联。例如，现有如下位图：

001011101

第2、4、5、6和8个位置的资源是不可用的，第0、1、3和7个位置的资源是可用的。

　　当考虑空间效率时，位图优势明显。如果所用的布尔值是8位的而不是1位的，那么最终的数据结构将会是原来的8倍。因此，当需要表示大量资源的可用性时，通常采用位图。磁盘驱动器就是这么工作的。一个中等大小的磁盘可以分成数千个单元，称为**磁盘块**（disk block）。每个磁盘块的可用性就可通过位图来表示。

　　总之，数据结构广泛用于实现操作系统。因此，除了这里讨论的一些数据结构，在分析内核算法与实现时，也会讨论其他的数据结构。

> **Linux 内核数据结构**
>
> 　　Linux 内核使用的数据结构可在内核源代码中找到。头文件`<linux/list.h>`提供了整个内核使用的链表数据结构的详细信息。Linux 的队列称为 kfifo，实现可以在源代码内核目录的 `kfifo.c` 文件中找到。Linux 还提供了使用红黑树的平衡二叉搜索树实现。详细信息可以在头文件`<linux/rbtree.h>`中找到。

1.10　计算环境

　　前面我们简要描述了计算机系统及其操作系统的多个方面。现在，我们讨论操作系统如何用于各种计算环境。

1.10.1　传统计算

　　随着计算不断成熟，传统计算的许多划分已变得模糊了。但我们可以回顾一下"典型办公环境"。几年前，这种环境包括一组联网的 PC，其中服务器提供文件和打印的服务，远程访问很不方便，可移动性是通过采用笔记本电脑来实现的。许多公司也有与主机相连的终端，远程访问能力和可移动性选项则会更少。

　　Web 技术及不断提高的 WAN 带宽日益拓展着传统计算的边界。公司设置**门户网站**（portal），以便提供内部服务器的 Web 访问。**网络计算机**（network computer）或**瘦客户端**（thin client）可以实现 Web 计算，当要求更高安全和更便捷维护时，可以用于取代传统的工作站。移动计算机可与 PC 同步，允许移动使用公司信息。移动设备也可连到**无线网络**（wireless network）和蜂窝数据网络，以便使用公司的门户网站（和其他网站资源）。

　　过去，大多数用户家里都有一台计算机，通过低速调制解调器连到办公室或 Internet。现在，曾经很贵的高速网络在许多地方都已很便宜了，这样用户可以更快地访问更多数据。这些快速数据连接允许家用计算机提供 Web 服务并且具有自己的网络（包括打印机、客户端 PC 和服务器）。许多家庭还有**防火墙**（firewall），保护家庭内部环境以便避免破坏。防火墙限制网络设备之间的通信。

　　20 世纪的下半叶，计算资源相对贫乏。（在此之前计算资源根本就不存在！）曾有一段时间，系统或是批处理的，或是交互式的。批处理系统以批量方式来处理作业，这些作业具有事先定义的输入（从文件或其他数据资源）。而交互式系统等待用户输入。为了优化计算资源的使用，多个用户共享这些系统时间。分时系统采用定时器和调度算法，让各个进程快速循环使用 CPU 及其他资源。

　　现在，传统的分时系统不太常见。虽然同样的调度技术依然用于桌面计算机、笔记本电脑、服务器及移动计算机，但是所有进程通常属于同一用户（或一个用户和操作系统）。用户进程和提供用户服务的系统进程，都要加以管理，以便获得一定的计算时间。例如，一个用户使用一台 PC 时，可以创建许多窗口，以便同时执行不同任务。一个网页浏览器甚至会有多个进程组成，每个进程访问各自网站，这些进程也参与系统的分时。

1.10.2　移动计算

　　移动计算（mobile computing）就是智能手机或平板电脑的计算。这类设备都有两个明显物理特性：便携与轻巧。以前，与桌面计算机和笔记本电脑相比，移动系统在屏幕大小、内存容量及总体功能等方面虽然有所欠缺，但是能够处理 e-mail 和浏览网页。近来，移动设备的功能已有明显提高，甚至很难区分笔记本电脑和平板电脑。事实上，可以说有的移动设备的功能就连桌面计算机和笔记本电脑都是没有的。

　　现在，移动系统不但用于处理 e-mail 和浏览网页，而且还能播放音乐和视频、阅读电子书、拍照、录制编辑高清视频等。相应地，移动设备的应用程序发展迅猛。许多开发商都在设计应用程序，以充分利用移动设备的特点，如 GPS（Global Positioning System）定位、加速度传感器、陀螺仪传感器等。内嵌 GPS 芯片允许移动设备采用卫星精确定位它的地理位置。这种功能在导航应用程序中是很有用的，例如，告诉用户向哪里行走或开车，或者向哪个方向可以到达附近餐馆等。加速度传感器可为移动设备检测相对地面的方位，并检测其他数据，如倾斜和摇动等。对于采用加速度传感器的计算机游戏，玩家控制系统不是通过鼠标或键盘，而是通过倾斜、旋转和摇动移动设备。或许，这些特点会更多地用于增强现实（augmented-reality）的应用程序，这类程序可在当前环境上叠加一层信息。很难想象在传统桌面计算机或笔记本电脑上如何开发这种程序。

为了提供在线访问服务，移动设备通常采用符合 IEEE 802.11 标准的无线网络或蜂窝数据网络。不过，移动设备的内存容量和处理速度还是不如 PC。虽然智能手机或平板可能有 256GB 的存储空间，但是台式计算机通常具有 8TB 的存储空间。类似地，由于需要考虑电池消耗，移动设备通常使用较小、较慢的处理器，所用的处理核数量也要少于传统桌面计算机或笔记本电脑。

移动计算现有两种主要操作系统：苹果的 iOS（Apple iOS）和谷歌的安卓（Google Android）。iOS 用于苹果公司的 iPhone 和 iPad。Android 支持很多厂家的智能手机和平板电脑。我们将在第 2 章中进一步讨论这两个移动操作系统。

1.10.3　客户机-服务器计算

当代网络架构的特点是：**服务器系统**（server system）满足**客户端系统**（server system）生成的请求。这种形式的专用分布式系统称为**客户机-服务器系统**（client-server system），它具有如图 1.22 所示的通用结构。

服务器系统可大致分为计算服务器和文件服务器：

- **计算服务器系统**（compute-server system）提供接口，以便客户发送请求以执行操作（如读取数据）。相应地，服务器执行操作，并发送结果到客户机。例如，如果一个服务器运行数据库，那么就可响应客户机的数据请求。

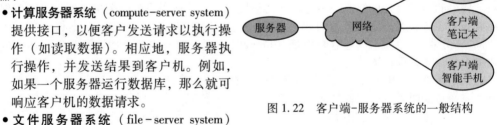

图 1.22　客户端-服务器系统的一般结构

- **文件服务器系统**（file-server system）提供文件系统接口，以便客户机可以创建、更新、访问和删除文件。例如，一个 Web 服务器可以发送文件到运行 Web 浏览器的客户机。这些文件的实际内容可能会有很大差异，从传统网页到高清视频等丰富的多媒体内容。

1.10.4　对等计算

分布式系统的另一结构是对等（Peer-to-Peer，P2P，也称点对点）系统模型。这个模型并不区分客户机与服务器。所有系统节点都是对等的，每个节点都可作为客户机或服务器，这取决于它是请求还是提供服务。对等系统与传统的客户机-服务器相比有一个优点：在客户机-服务器系统中，服务器是个瓶颈，但是在对等系统中，分布在整个网络内的多个节点都可提供服务。

一个节点在加入对等系统时，就应首先加入对等网络。节点一旦加入对等网络，就可以开始为网络的其他节点提供服务或请求服务。判断哪些服务可用包括两种基本方法：

- 当一个节点加入网络时，它通过网络集中查询服务来注册服务。任何节点需要某种服务时都首先联系集中查询服务来获得哪个节点可以提供服务。剩下的通信就在客户机和服务者之间进行。

- 另一种方法没有使用集中查询服务。作为客户机的节点，对网络的所有其他节点广播服务请求，以发现哪个节点可以提供所需服务。提供服务的节点（或多个节点）会响应客户机节点。为了支持这种方法，应提供一种发现协议（discovery protocol），以允许节点发现其他节点服务。图 1.23 展示了这种情况。

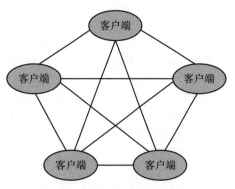

图 1.23　无集中式服务的对等系统

提供文件共享服务的对等网络在 20 世纪 90 年代后期很受欢迎（如 Napster 和 Gnutella），它们可让对等节点互相交换文件。Napster 系统采用类似上述的第一种方法：一个集中服务器维护存储在 Napster 网络上对等节点的所有文件的索引，而对等节点之间进行文件交换。Gnutella 系统采用类似上述的第二种方法：一个客户机向系统的其他节点广播文件请求，能够服务请求的节点直接响应请求。对等网络可以用于传播有产权保护的资料（如音乐），而这些授权资料的传播是有法律限制的。值得一提的是，Napster 已陷入侵权案件，其服务也在 2001 年关停。因此，交换文件的未来仍然不确定。

另一个对等计算的例子是 Skype。它采用了 **IP 语音**（Voice Over IP，VoIP）技术，客户可以在 Internet 上进行语音通话、视频通话、发送文本消息等。Skype 采用了混合方式：它有集中登录服务器，也支持分散节点之间的通信。

1.10.5　云计算

云计算（cloud computing）可以通过网络提供计算、存储甚至应用程序等服务。从某些方面来看，它是虚拟化技术的延伸，因为它以虚拟化技术为基础来实现功能。例如，Amazon Elastic Compute Cloud（ec2）有数千个服务器，数百万个虚拟机，数千万亿字节的存储，可供任何 Internet 用户来使用。用户根据使用资源多少，按月付费。云计算实际上有许多类型，包括：

- **公有云**（public cloud）。只要愿意为服务付费就可以使用的云。
- **私有云**（private cloud）。公司自己使用自己的云。
- **混合云**（hybrid cloud）。有公有云部分也有私有云部分的云。
- **软件即服务**（Software as a Service，SaaS）。可通过 Internet 使用的应用程序（如文字处理程序或电子表格程序）。
- **平台即服务**（Platform as a Service，PaaS）。可通过 Internet 为应用程序（如数据库服务器）使用的软件堆栈。
- **基础设施即服务**（Infrastructure as a Service，IaaS）。可通过 Internet 使用的服务器或存储（如用于生产数据备份的存储）。

这些云计算类型可以组合，这样一个云计算环境可以提供多种类型的服务。例如，一个公司可能同时提供 SaaS 和 IaaS 作为公共可用服务。

当然，许多类型的云基础设施使用一些传统操作系统。除了这些，VMM 可以管理虚拟机，以供用户运行进程。在更高层，管理 VMM 本身的有云管理工具，如 VMware vCloud Director 和开源 Eucalyptus 工具集。这些工具管理云内的资源，为云组件提供接口，这也提供一个好的理由，让其成为一种新的操作系统。图 1.24 为一个提供 IaaS 的公有云。注意：云服务与云用户的接口是用防火墙来保护的。

1.10.6　实时嵌入式系统

嵌入式计算机是目前最为普遍的计算机。从汽车引擎和制造机器人到光驱和微波炉，到处都可以找到它们的身影。它们往往具有特定任务，运行系统通常很简单，因此操作系统只提供了有限的功能。通常，它们很少有（甚至没有）用户界面，主要关注监视和管理硬件设备，如汽车引擎和机械臂。

这些嵌入式系统差别相当大。有的是通用计算机，它们具有标准的操作系统（如 Linux），并运行专用的应用程序来实现功能。有的硬件设备通过专用的嵌入式操作系统提供所需功能。此外，还有其他的硬件设备，不采用操作系统，而采用**专用集成电路**（Application Specific Integrated Circuit，ASIC）来执行任务。

嵌入式系统的使用范围持续扩大。无论是作为独立单元还是作为网络或 Web 的组件，这些设备的性能也在增强。现在，整个房屋可以由计算机来控制，这样一台中心计算机（无论是通用计算机还是嵌入式计算机）可以控制取

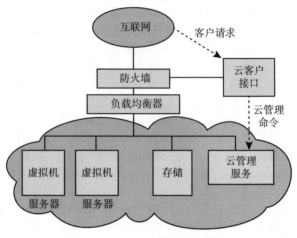

图 1.24   云计算

暖、照明、报警甚至咖啡机等。通过 Web 访问，房主可控制房屋在他回家之前加好温度。将来，冰箱也可能在发现牛奶没有时，通知食品杂货店送货。

嵌入式系统几乎总是采用**实时操作系统**（real-time operating system）。当处理器执行或数据流动具有严格时间要求时，就要使用实时系统，通常用作特定应用的控制设备。计算机从传感器获得数据，接着分析数据，然后通过控制调整传感器输入。科学试验的控制系统、医学成像系统、工业控制系统和有些显示系统等，都是实时系统。有些汽车喷油系统、家电控制器和武器系统等也是实时系统。

实时系统具有明确的、固定的时间约束。处理必须在固定时间约束内完成，否则系统就会出错。如果机械臂在打坏所造汽车之后才停止，那么就不行了。只有在时间约束内返回正确结果，实时系统的运行才是正确的。将此系统与需要（但非强制）快速响应的传统笔记本电脑系统进行对比。

我们将在第 5 章分析操作系统实现实时功能所需的调度工具，将在第 20 章描述 Linux 的实时组件。

1.11　免费与开源操作系统

大量免费软件和开源版本的出现使得对操作系统的研究变得更加容易。**免费操作系统**和**开源操作系统**都以源代码格式提供，而不是编译后的二进制代码。但请注意，免费软件和开源软件是不同人群拥护的两种不同理念（有关该主题的讨论，请参见 http://gnu.org/philosophy/open-source-misses-the-point.html/）。免费软件（有时称为自由软件）不仅使得源代码可用，而且也被许可允许免费使用、重新分发和修改。开源软件不一定提供此类许可。因此，尽管所有的免费软件都是开源的，但有些开源软件并不是"免费的"。GNU/Linux 是最著名的开源操作系统，一些发行版是免费的，而另一些则是开源的（http://www.gnu.org/distros/）。与之相反，Microsoft Windows 是闭源操作系统的一个众所周知的例子。Windows 是专有软件，即 Microsoft 拥有它，限制其使用，且小心保护其源代码。Apple 的 macOS 操作系统包含一种混合方法，它包含一个名为 Darwin 的开源内核，但也包含专有的闭源组件。

从源码可以生成二进制码，以便在系统上运行。但是反过来，从二进制码到源码的**逆向工程**（reverse engineering），则很费力，并且也无法恢复一些有用信息，例如注释。通过阅读源码学习操作系统有很多好处。有了源码，学生可以修改操作系统，再编译和运行源码，观

察修改结果，这是一种很好的学习方式。除了从高层上描述算法以覆盖所有操作系统的主题外，本书还有一些涉及修改操作系统源码的项目。本书将会提供一些源码以供深入学习。

开源操作系统具有许多好处，可以令一群感兴趣的（通常无报酬的）程序员来帮助编写、调试、分析、支持和提供建议等。可以说，开源代码比闭源代码更为安全，这是因为有更多眼睛来查看代码。当然，开源代码也有错误，不过开源倡导者认为，由于使用和查看代码的人多，错误会很快被发现并加以纠正。虽然销售软件以便赚取收入的公司通常不愿开放源码，但是 RedHat 和大量其他公司却在开放源码，并且从中获利（而并未受到损失）。例如，通过提供支持或出售软件所能运行的硬件，也能增加收入。

1.11.1　开源操作系统的历史

在现代计算初期（即 20 世纪 50 年代）时，大量软件都是开源的。MIT 的 Tech Model Railroad Club 的最初程序员（计算机爱好者）将程序留在抽屉里以便他人可用。"Homebrew"用户群在开会时交换代码。后来，公司的特定用户组（如 Digital Equipment Corporation 的 DEC）接受开源程序，汇集到磁带，并将磁带分发给感兴趣的成员。1970 年，Digital 的操作系统按源代码分发，没有任何限制或版权声明。

计算机和软件公司最终试图将其软件的使用限制为授权计算机和付费客户，只发布从源代码编译的二进制文件，而不是源代码本身，帮助他们实现了这一目标，并保护了他们的代码和想法不受竞争对手的影响。尽管 1970 年代的 Homebrew 用户组在会议期间交换了代码，但爱好者机器的操作系统（如 CPM）是专有的。到 1980 年，专有软件已成为常见情况。

1.11.2　自由操作系统

为了应对限制软件使用和重新分发的举措，Richard Stallman 于 1984 年开始开发一个免费的、与 UNIX 兼容的操作系统，称为 GNU（这是"GNU's Not UNIX!"的首字母的缩写词）。对 Stallman 来说，"免费（free）"指的是使用的自由，而不是价格。自由软件运动不反对以金钱换取副本，但认为用户享有四项特定自由：1）自由运行程序，2）研究和更改源代码，以及给予或出售 3）带有修改或 4）不带修改的副本。1985 年，Stallman 发表了 GNU 宣言，主张所有软件都应该是免费的。他还成立了自由软件基金会（Free Software Foundation，FSF），旨在鼓励自由软件的使用和开发。

FSF 使用程序版权来实施"copyleft"，这是 Stallman 发明的一种许可形式。copyleft 作品赋予任何拥有作品副本的人使作品自由的四项基本自由，条件是再分配必须保留这些自由。GNU 通用公共许可证（General Public License，GPL）是发布自由软件的通用许可证。从根本上说，GPL 要求源代码与任何二进制文件一起分发，并且所有副本（包括修改版本）都在相同的 GPL 许可下发布。Creative Commons 的"Attribution Sharealike"许可也是一种 copyleft 许可，"Sharealike"是另一种表述 copyleft 思想的方式。

1.11.3　GNU/Linux

GNU/Linux 是免费且开源操作系统的范例。到 1991 年，GNU 操作系统已接近完成。GNU 项目开发了编译器、编辑器、实用程序、库和游戏等，即在别处找不到的任何部分。然而，GNU 内核从未做好迎接黄金时间的准备。1991 年，芬兰学生 Linus Torvalds 使用 GNU 编译器和工具发布了一个基本的类 UNIX 内核，并邀请了全世界的贡献者。互联网的出现意味着，任何有兴趣的人都可以下载源代码、修改它，然后将更改提交给 Torvalds。每周发布一次更新使这个所谓的"Linux"操作系统得以迅速发展，并得到了数千名程序员的支持。1991 年，Linux 还不是自由软件，因为它的许可证只允许非商业性再分发。然而，在 1992 年，Torvalds 在 GPL 下重新发布了 Linux，使其成为自由软件（并且使用后来创造的术语，"开源"）。

最终的 GNU/Linux 操作系统（内核称为 Linux，而完整的操作系统包括 GNU 工具称为 GNU/Linux），有数百个的不同**发布**（distribution）和定制。主要发行版包括 Red Hat、SUSE、

Fedora、Debian、Slackware 和 Ubuntu。这些发行版在功能、实用程序、应用程序、硬件支持、用户界面和用途等方面不尽相同。例如，Red Hat Enterprise Linux 针对的是大企业的应用。PCLinuxOS 是一张 live CD，该操作系统可以从 CD-ROM 上直接引导并运行，而无须安装到系统硬盘。一种称为 PCLinuxOS Supergamer DVD 的 PCLinuxOS 是 LiveDVD，它包括图形驱动程序和游戏。游戏玩家只需从 DVD 启动即可在任何兼容系统上运行它。游戏玩家完成后，重新启动系统会将其重置为已安装的操作系统。您可以使用以下简单、免费的方法在 Windows（或其他）系统上运行 Linux：

1. 从以下位置下载免费的 Virtualbox VMM 工具
   https://www.virtualbox.org/
   安装到系统。
2. 选择根据 CD 等安装映像从头开始安装操作系统，或者选择可以从以下站点安装和运行更快的预构建操作系统映像
   http://virtualboxes.org/images/
   这些映像预装了操作系统和应用程序，包括多种 GNU/Linux。
3. 在 Virtualbox 中启动虚拟机。

使用 Virtualbox 的替代方法是使用免费程序 Qemu（http://wiki.qemu.org/Download/），它包括 `qemu-img` 命令，用于将 Virtualbox 映像转换为 Qemu 映像以轻松导入它们。

本书提供了一个 Ubuntu 版的 GNU/Linux 的虚拟机镜像。该镜像有 GNU/Linux 源码，也有软件开发工具。本书的有些例子以及第 20 章的具体样例，都会涉及这一 GNU/Linux 镜像。

1.11.4　BSD UNIX

与 Linux 相比，**BSD UNIX** 的历史要更长也更复杂。它开始于 1978 年，源自 AT&T 的 UNIX。加利福尼亚大学伯克利分校发布了它的源码和二进制码，但它不是开源的，这是因为受到 AT&T 版权的限制。BSD UNIX 的开发因 AT&T 诉讼而缓慢，不过最终一个完全可用的、开源的 4.4 BSD-lite 于 1994 年得以发布。

正如 Linux 一样，BSD UNIX 也有许多发布，如 FreeBSD、NetBSD、OpenBSD 和 DragonflyBSD 等。为了研究 FreeBSD 源码，只要下载感兴趣版本的虚拟机镜像，并从 Virtualbox 中引导即可，具体步骤与 Linux 相似，源码也一起发布，位于目录/usr/src 下。内核源码在目录/usr/src/sys 下。例如，为了查看 FreeBSD 内核有关虚拟内存实现的代码，可以阅读/usr/src/sys/vm 中的文件。或者，可以在 https://svnweb.freebsd.org 在线查看源代码。

与许多开源项目一样，该源代码由**版本控制系统**来管理，在本例中为"subversion"（https://subversion.apache.org/source-code）。版本控制系统允许用户将整个源代码树"拉"到他的计算机上，并将任何更改"推"回存储库以供他人"拉"。这些系统还提供其他功能，包括每个文件的完整历史记录和冲突解决功能，以防同时更改同一文件。另一个版本控制系统是 **git**，它用于 GNU/Linux 以及其他程序（http://www.git-scm.com）。

Darwin 为 macOS 的核心内核组件，它是基于 BSD UNIX 的，也是开源的。该源码在 http://www.opensource.apple.com 上，每次 macOS 发布的开源组件都在该网站上，内核包的名称以"xnu"为开始。另外，Apple 也在 http://connect.apple.com 上提供了大量开发工具、文档和支持。

1.11.5　Solaris

Solaris 为 Sun Microsystems 的商用的、基于 UNIX 的操作系统。最初，SUN 的 **SunOS** 操作系统是基于 BSD UNIX 的。1991 年，SUN 移到 AT&T 的 System V UNIX。2005 年，Sun 开源了 Solaris 的大部分代码，以作为 OpenSolaris 项目。不过，2009 年，Sun 被 Oracle 收购，这一项目的前景就不明朗了。2005 年的源码仍然还是可以通过源代码浏览器看到的，也可从 http://src.opensolaris.org/source 下载。

对于使用 OpenSolaris 感兴趣的多个组织，利用这个作为基础来扩展功能。这个项目称为 Illumos，目的是扩展基本 OpenSolaris 以增加更多功能，并应用到多个产品。Illumos 可从 http://wiki. illumos. org 得到。

1.11.6 用作学习的开源操作系统

自由软件运动使得众多程序员创建了数千个开源项目，包括操作系统。网站如 http://freshmeat. net/和 http://distrowatch. com/为许多这些项目提供了门户网站。正如以上所述，开源项目让学生利用源码作为学习工具。他们可以修改程序、测试程序、帮助查错和纠错，也可研究功能齐全的成熟操作系统、编译器、工具、用户界面和许多其他类型的程序。以前项目（如 Multics）的源码有助于学生学习这些项目，增长知识，实现新的项目。

使用开源操作系统的另一个优势是多样性。例如，虽然 GNU/Linux 和 BSD UNIX 都是开源操作系统，但是它们有自己的目标、工具、版权和用途。有时版权并不互斥，也会出现交叉，这也加快了开源操作系统项目的改进。例如，OpenSolaris 的多个组件就移植到 BSD UNIX。免费和开源的优点可能是：提高了开源项目的数量和质量，增加了使用这些项目的个人和公司。

学习操作系统

学习操作系统从未像现在这样有趣，也从未这样简单过。开源运动极大影响了操作系统，许多（如 Linux、BSD UNIX、Solaris 以及部分 macOS）都有二进制执行代码和源代码。有了源代码就可从内部来学习操作系统。过去，我们只能通过文档和操作系统行为来回答问题，现在，我们可以通过研究源代码本身来回答问题。

现已不再具有商业价值的操作系统也已开源了，这可以让我们了解这些系统在更少 CPU、内存和存储资源时是如何工作的。有关开源操作系统项目的较全清单，可以参见 http://dmoz. org/Computers/Software/Operating_Systems/Open_Source/。

再者，虚拟化技术逐渐成为一个主流的（通常免费的）计算机功能。例如，VMware（http://www. vmware. com）提供了一个免费的 Windows 的"player"，可以运行数百个免费的"虚拟设备"。Virtualbox（http://www. virtualbox. com）提供了一个免费的、开源的、可运行在许多操作系统上的虚拟机管理器。通过这些工具，学生不需要专门硬件，就能尝试数百种的操作系统。

另外，现代计算机和现代操作系统有许多专门硬件的模拟器，以允许操作系统运行在"本土"硬件上。例如，macOS 可运行一个 DECSYSTEM-20 的模拟器，进而引导 TOPS-20 装入纸带器，修改和编译新的 TOPS-20 内核。有兴趣的学生可以上网查找有关该系统的原始论文和文档。

开源操作系统也有助于让学生成为操作系统的开发者。只要具有一定的知识、精力和网络，学生甚至能够创建一个新的操作系统并发布。以前，得到源代码是困难的甚至不可能的。现在，只要有兴趣、有时间和有磁盘空间，就可访问源代码。

1.12 本章小结

- 操作系统是管理计算机硬件并提供应用程序运行环境的软件。
- 中断是硬件与操作系统交互的关键方式。硬件设备通过向 CPU 发送信号以提醒 CPU 某些事件需要注意，来触发中断。中断由中断处理程序来管理。
- 为让计算机完成执行程序的工作，程序必须位于主存中，这是处理器可以直接访问的唯一大存储区域。

- 主存通常是一种易失性存储设备，在断电时会丢失其内容。
- 非易失性存储器是主存的扩展，能够永久保存大量数据。
- 最常见的非易失性存储设备是硬盘，可以提供程序和数据的存储。
- 根据速度和价格，可将计算机系统的不同存储系统按层次来组织。层次越高越贵，但也越快。随着层次结构的由上向下的移动，每个字节的价格通常降低，但是访问时间通常增加。
- 现代计算机体系架构是多处理器系统，其中每个 CPU 包含多个计算核。
- 为了更好利用 CPU，现代操作系统采用多道程序设计，允许多个作业同时在内存中，从而确保 CPU 始终有一个作业要执行。
- 多任务是多道程序的扩展，其中 CPU 调度算法在进程之间快速切换，为用户提供快速响应时间。
- 为了防止用户程序干扰系统的正常运行，系统硬件有两种模式：用户模式和内核模式。
- 特权指令多种多样，它们只能在内核模式下执行。特权指令用于切换到内核模式、I/O 控制、定时器管理和中断管理等。
- 进程是操作系统的基本工作单元。进程管理包括创建和删除进程，并提供机制以便进程通信和同步。
- 操作系统通过跟踪内存的哪些部分正在被使用以及被谁使用，来管理内存。它还负责动态分配和释放内存空间。
- 存储空间由操作系统管理，这包括提供文件系统来表示文件和目录以及管理大容量存储设备上的空间。
- 操作系统提供保护操作系统和用户的机制。保护措施控制进程或用户对计算机系统的可用资源的访问。
- 虚拟化涉及将计算机硬件抽象为多个不同的执行环境。
- 操作系统使用的数据结构包括列表、堆栈、队列、树和映射。
- 计算环境有多种，包括传统计算、移动计算、客户端-服务器系统、对等系统、云计算和实时嵌入式系统。
- 免费和开源操作系统以源代码格式提供。免费软件被授权允许免费使用、重新分发和修改。GNU/Linux、FreeBSD 和 Solaris 是流行的开源系统的例子。

1.13 推荐读物

许多教科书讨论了操作系统，包括 ［Stallings（2017）］ 和 ［Tanenbaum（2014）］。 ［Hennessy and Patterson（2012）］ 提供了 I/O 系统和总线以及一般系统架构的讨论。［Kurose and Ross（2017）］ 提供了计算机网络的一般概述。

［Russinovich et al.（2017）］ 概述了 Microsoft Windows，并讨论了有关系统内部结构和组件的大量技术细节。［McDougall and Mauro（2007）］ 介绍了 Solaris 操作系统的内部结构。［Levin（2013）］ 中讨论了 macOS 和 iOS 内部结构。［Levin（2015）］ 介绍了 Android 的内部结构。［Love（2010）］ 提供了 Linux 操作系统的概述，以及 Linux 内核所用的数据结构的详细信息。关于自由软件基金会的理念，请参见 http://www.gnu.org/philosophy/free-software-for-freedom.html。

1.14 参考文献

［Hennessy and Patterson（2012）］ J. Hennessy and D. Patterson, *Computer Architecture：A Quantitative Approach*, Fifth Edition, Morgan Kaufmann（2012）.

［Kurose and Ross（2017）］ J. Kurose and K. Ross, *Computer Networking—A Top-Down Approach*, Seventh

Edition, Addison-Wesley（2017）.

［Levin（2013）］　J. Levin, *Mac OS X and iOS Internals to the Apple's Core*, Wiley（2013）.

［Levin（2015）］　J. Levin, *Android Internals-A Confectioner's Cookbook. Volume I*（2015）.

［Love（2010）］　R. Love, *Linux Kernel Development*, Third Edition, Developer's Library（2010）.

［McDougall and Mauro（2007）］　R. McDougall and J. Mauro, *Solaris Internals*, Second Edition, Prentice Hall（2007）.

［Russinovich et al.（2017）］　M. Russinovich, D. A. Solomon, and A. Ionescu, *Windows Internals-Part 1*, Seventh Edition, Microsoft Press（2017）.

［Stallings（2017）］　W. Stallings, *Operating Systems*, *Internals and Design Principles*（*9th Edition*）Ninth Edition, Prentice Hall（2017）.

［Tanenbaum（2014）］　A. S. Tanenbaum, *Modern Operating Systems*, Prentice Hall（2014）.

1.15　练习

1.1　操作系统的三个主要目的是什么？

1.2　我们已经强调需要一个操作系统来有效利用计算硬件。什么时候操作系统应该放弃这个原则并"浪费"资源？为什么这样的系统不是真的浪费？

1.3　在为实时环境编写操作系统时，程序员必须克服的主要困难是什么？

1.4　操作系统具有各种定义，考虑操作系统是否应包括网络浏览器和邮件程序等应用程序。讨论它应该和不应该，并解释你的答案。

1.5　内核模式和用户模式之间如何区分，如何作为保护（安全）的基本形式？

1.6　以下哪项指令应为特权指令？
　　a. 设置定时器的值。
　　b. 读取时钟。
　　c. 清除内存。
　　d. 发出陷阱指令。
　　e. 关闭中断。
　　f. 修改设备状态表的条目。
　　g. 从用户模式切换到内核模式。
　　h. 访问 I/O 设备。

1.7　一些早期的计算机通过将操作系统放在内存分区中保护操作系统，使用户作业或操作系统本身都无法修改系统。描述你认为这种方案可能出现的两个困难。

1.8　一些 CPU 提供两种以上的操作模式。多种模式的两种可能用途是什么？

1.9　计时器可用于计算当前时间。简要说明如何实现这一点。

1.10　给出采用缓存的两个原因。他们解决什么问题？它们会导致什么问题？如果缓存可以和它缓存的设备一样大（例如，一个和磁盘一样大的缓存），为什么不把它做得那么大并取消被缓存的设备？

1.11　区分分布式系统的客户端-服务器模型和对等（点对点）模型。

1.16　习题

1.12　集群系统与多处理器系统有何不同？如何让同一集群的两个机器互相协作以提供高可用性服务？

1.13　现有一个运行数据库的具有两个节点的集群。给出两种方法，以便集群软件管理磁盘数据访问。讨论每种方法的优点和缺点。

1.14　中断有何用途？中断和陷阱有何不同？用户程序能否有意产生陷阱？如果能，为什么？

1.15　解释如何使用 Linux 内核变量 HZ 和 jiffies，以确定系统自启动以来已运行的秒数。

1.16 直接内存访问用于高速 I/O 设备，以避免 CPU 日益增加的运行负荷。

a. CPU 与设备如何协作传递？

b. CPU 如何得知内存操作何时结束？

c. 当 DMA 控制器传递数据时，允许 CPU 执行用户程序。这两者会不会冲突？如果会，讨论会产生何种冲突。

1.17 有些计算机系统不支持硬件运行的特权模式。能否为这些计算机系统构建一种安全操作系统？请给出行或不行的理由。

1.18 许多 SMP 系统有不同层次的缓存，有的缓存是为单个处理核专用的，而有的缓存是为所有处理核共用的。为什么这么设计缓存？

1.19 将以下存储系统速度从最慢到最快排名：

a. 硬盘驱动器。

b. 寄存器。

c. 光盘。

d. 主存。

e. 非易失性存储器。

f. 磁带。

g. 缓存。

1.20 考虑一个类似于图 1.8 所示的 SMP 系统。举例说明，为什么内存数据有可能不同于本地缓存数据。

1.21 举例说明在下列环境下，如何维护高速缓存的数据一致性：

a. 单处理器系统。

b. 多处理器系统。

c. 分布式系统。

1.22 请描述一种加强内存保护的机制，防止一个程序修改与其他程序相关的内存。

1.23 什么类型的网络（LAN 或 WAN）最适合以下情况？

a. 大学校园的学生会。

b. 一个大学的同省（或州）的多个校园。

c. 邻里之间。

1.24 与传统 PC 的操作系统相比，移动设备操作系统的设计有何难点？

1.25 与客户机-服务器系统相比，对等系统有何优点？

1.26 哪些分布应用适合采用对等系统？

1.27 请给出开源操作系统的优缺点，也请列出各自的支持者或反对者。

操作系统结构

操作系统提供执行程序的环境。操作系统的内部结构差别很大，有许多不同的组织方式。设计新的操作系统是一项重大任务。在开始设计前，明确定义系统目标非常重要。这些目标是选择各种算法和策略的依据。

我们可以从多种角度来分析操作系统。第一种注重系统提供的服务，第二种讨论用户和程序员采用的接口，第三种涉及系统组件及其相互关系。本章从这三种角度探讨操作系统，以便展示用户观点、程序员观点和操作系统设计人员的观点。我们研究：操作系统提供什么服务、如何提供服务、如何调试以及操作系统设计的各种方法。最后描述如何生成操作系统以及如何启动计算机的操作系统。

本章目标
- 指出操作系统所提供的服务。
- 说明如何使用系统调用来提供操作系统服务。
- 比较用于设计操作系统的单片、分层、微内核、模块化和混合策略。
- 说明操作系统的引导过程。
- 应用工具来监控操作系统性能。
- 设计和实现与 Linux 内核交互的内核模块。

2.1 操作系统的服务

操作系统提供执行程序的环境，它为程序及程序用户提供某些服务。当然，提供的具体服务随操作系统不同而不同，但有些是相同的。图 2.1 显示操作系统服务及其相互关系。注意，这些操作系统服务方便了程序员，使得编程更加容易。

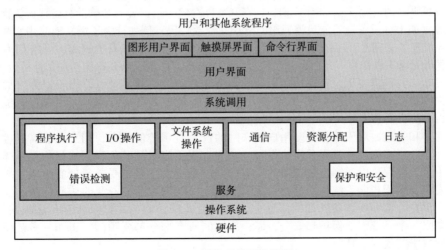

图 2.1　操作系统服务视图

操作系统有一组服务，用于提供用户功能：
- **用户界面**。几乎所有操作系统都有**用户界面**（User Interface，UI）。这种界面可有多种形式。最为常用的是**图形用户界面**（Graphical User Interface，GUI）。这种界面是一种视窗系统，它具有通过定位设备控制 I/O、通过菜单选择、通过键盘输入文本和选择等功能。手机和平板电脑等移动系统提供**触摸屏界面**（touch-screen interface），使用户能够在屏幕上滑动手指或按下屏幕上的按钮来选择选项。另一种是**命令行界面**（Command-Line Interface，CLI），它采用文本命令，并用某一方法输入（例如，键盘可按一定格式和选项来输入命令）。有些系统还提供了两种甚至三种界面。

- **程序执行**。系统应能加载程序到内存，并加以运行。程序应能结束执行，包括正常或不正常结束（并给出错误）。
- **I/O 操作**。程序运行可能需要 I/O，这些 I/O 可能涉及文件或设备。对于特定设备，可能需要特殊功能（例如从网络接口读取或写入文件系统）。为了效率和保护，用户通常不应直接控制 I/O 设备。因此，操作系统必须提供某种手段以便执行 I/O。
- **文件系统操作**。文件系统尤其值得关注。显然，程序需要读写文件和目录，也需要根据文件名称来创建和删除文件、搜索某个给定文件和列出文件信息等。最后，有些操作系统具有权限管理，根据文件所有者允许或拒绝对文件和目录的访问。许多操作系统提供多种文件系统，有的允许个人选择，有的提供特殊功能或性能。
- **通信**。在许多情况下，一个进程需要与另一个进程交换信息。这种通信可能发生在运行于同一台计算机的两个进程之间，也可能发生在运行于通过网络连接的不同计算机的进程之间。通信实现可以采用**共享内存**（shared memory，两个或多个进程读写共享内存区域），也可以采用**消息交换**（message passing，符合预先定义格式的信息分组可以通过操作系统在进程之间移动）。
- **错误检测**。操作系统需要不断检测错误和更正错误。错误可能源于 CPU 或内存硬件（如内存错误或电源故障）、I/O 设备（如磁盘奇偶检验出错、网络连接故障、打印机缺纸）和用户程序（如算术溢出、企图非法访问内存地址）等。对于每类错误，操作系统必须采取适当措施，确保计算的正确和一致。有时它只能停机，有时它可以终结出错进程，或者将出错码返给进程以便进程检测或纠正。

另外，还有一组操作系统服务，不是为了帮助用户而是为了确保系统本身高效运行。多进程系统通过共享计算机资源可以提高效率。

- **资源分配**。当多个进程同时运行时，每个都应分配资源。操作系统管理许多不同类型的资源。有的资源（如 CPU 周期、内存和文件存储）可能要有特殊的分配代码，而其他资源（如 I/O 设备）可能只需通用的请求和释放代码。例如，为了更好地使用 CPU，操作系统需要采用 CPU 调度算法，以便考虑 CPU 的速度、要执行的进程、可用 CPU 处理核的数量和其他因素。还有一些其他程序可以分配打印机、USB 存储器和其他外设。
- **日志**。我们需要记录程序使用资源的类型和数量。这种记录可以用于记账（以便向用户收费），或统计使用量。统计使用量对系统管理人员很有用，可用于重新配置系统以提高计算服务。
- **保护和安全**。对于保存在多用户或联网的计算机系统的信息，用户可能需要控制信息使用。当多个独立进程并发执行时，一个进程不应干预其他进程或操作系统本身。保护应该确保可以控制系统资源的所有访问。系统安全且不受外界侵犯也很重要，这种安全要求用户向系统认证自己（利用密码），以获取系统资源的访问权限。安全还包括保护外部 I/O 设备（如网络适配器）不受非法访问，并记录所有非法的闯入企图。如果一个系统需要保护和安全，那么系统的所有部分都要预防，正如一条链条的强度取决于其最弱的环节。

2.2 用户与操作系统的界面

正如前面所述，用户与操作系统交互有多种方式。这里，我们讨论三种基本方案。一种提供命令行界面或**命令解释器**（command interpreter），允许用户直接输入命令，以供操作系统执行。其他两种允许用户通过图形用户界面（GUI）与操作系统交互。

2.2.1 命令解释器

大多数操作系统，包括 Linux、UNIX 和 Windows，将命令解释器当作一个特殊程序，它在进程启动或用户首次登录（在交互式系统上）时运行。对于具有多个可选的命令解释器的系统，这种程序称为**外壳**（shell）。例如，UNIX 和 Linux 系统有多种不同外壳可供用户选择，包括 C shell、Bourne-Again shell 和 Korn shell 等。也有第三方的外壳和用户自己编写的免费外壳。大多数外壳都提供相似功能，用户外壳的选择通常基于个人偏好。图 2.2 显示了在 macOS 上使用的 Bourne-Again shell（或 bash）命令解释器。

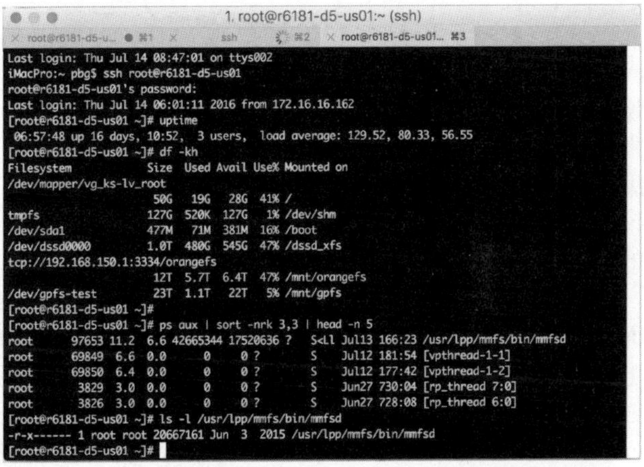

命令解释器的主要功能是获取并执行用户指定的下一条命令。这层提供了许多命令来操作文件，如创建、删除、列出、打印、复制和执行等。UNIX 的各种外壳就是这么工作的。这些命令的实现有两种常用方法。

一种方法是命令解释器本身包含代码以执行这些命令。例如，删除文件的命令可让命令解释器跳转到相应的代码段，以设置参数并执行相应系统调用。对于这种方法，所能提供命令的数量决定了命令解释器的大小，因为每个命令都要有实现代码。

图 2.2 macOS 的 bash shell 命令解释器

另一种方法是通过系统程序实现大多数的命令，常用于许多操作系统（如 UNIX）。这样，命令解释器不必理解命令，而是通过命令确定一个文件，加载到内存并执行。因此，UNIX 删除文件的命令

```
rm file.txt
```

会查找名为 rm 的文件，将该文件加载到内存，并用参数 file.txt 来执行。与 rm 命令相关的功能是完全由文件 rm 的代码决定的。这样，程序员可以通过创建合适名称的新文件，轻松地向系统增加新命令。这种命令解释器可能很小，而且在增加新命令时无须修改。

2.2.2 图形用户界面

与操作系统交互的第二种方法是采用用户友好的图形用户界面（GUI）。用户不是通过命令行界面直接输入命令，而是利用**桌面**（desktop）这一概念，即采用基于鼠标的视窗和菜单系统。用户移动鼠标，定位指针到屏幕（桌面）上的**图标**（icon），而这些图标代表程序、文件、目录和系统功能。根据鼠标指针的位置，按下鼠标按钮可以调用程序，选择文件和目录（也称为**文件夹**），或打开菜单命令。

图形用户界面首次出现于 20 世纪 70 年代，部分源于 Xerox PARC 研究中心的研发工作。首个 GUI 于 1973 年出现在 Xerox Alto 计算机上。不过，直到 20 世纪 80 年代，随着 Apple Macintosh 计算机的出现，图形界面才更为普及。多年来，Macintosh 操作系统的用户界面经历了很多变化，最重要的是 macOS 采纳了 Aqua 界面。微软公司的首个 Windows 版本（即 1.0 版本）为 MS-DOS 操作系统提供了 GUI。后来版本的 Windows 改进了 GUI 外观，并增强了许多功能。

传统上，UNIX 系统主要采用命令行界面。不过，随着多个开源 GUI 项目（例如 K 桌面

环境和 GNU 项目的 GNOME 桌面）取得了重大发展，也有多种 GUI 界面可用。KDE 和 GNOME 桌面都可运行于 Linux 和各种 UNIX 系统，并且采用开源许可，这意味着，根据许可，可以阅读和修改这些桌面的源代码。

2.2.3　触摸屏界面

由于鼠标不适用于大多数的移动系统，因此智能手机和手持平板电脑通常采用触摸屏界面。这样，用户交互就是在触摸屏上做**手势**（gesture），例如，在触摸屏上用手指点击和滑动等。虽说早期智能手机有键盘，但现在大多数智能手机只有触摸屏的模拟键盘。图 2.3 为 Apple 公司 iPhone 的触摸屏。iPad 和 iPhone 都使用 Springboard 触摸屏界面。

2.2.4　界面的选择

选择命令行界面或 GUI 主要取决于个人喜好。管理计算机的**系统管理员**（system administrator）和了解系统很透彻的**高级用户**（power user）经常使用命令行界面，对他们来说，这样效率更高。事实上，有的系统只有部分功能可通过 GUI 使用，而其他不常用的功能则通过命令行来使用。再者，命令行界面对重复性的任务更为容易，其部分原因是它具有可编程的功能。例如，某个常见任务包括一组命令行步骤，而且这些步骤可编成一个文件，而该文件可像程序一样运行。这种程序不是编译成可执行代码，而是由命令行界面来解释执行的。这些**外壳脚本**（shell script）常用于以命令行为主的系统，如 UNIX 和 Linux。

相比之下，大多数 Windows 用户喜欢使用 Windows 的 GUI 环境，而几乎从不使用 shell 界面。最新版本的 Windows 操作系统既为台式机和传统笔记本电脑提供了标准 GUI，又为平板电脑提供了触摸屏。相比之下，Macintosh 操作系统经历的各种变化提供了一个很好的对比研究。最初，macOS 没有提供命令行界面，而总是要求用户通过 GUI 与之交互。不过，随着 macOS 的发行（其部分实现采用了 UNIX 内核），它包括了 Aqua 界面和命令行界面。图 2.4 是 macOS GUI 的屏幕截图。

虽然 iOS 和 Android 移动系统提供了命令行界面的应用程序，但是它们很少使用。相反，几乎所有移动系统用户都使用触摸屏界面，来与设备进行交互。

用户界面可能因系统而异，甚至因系统内的用户而异；然而，它通常不属于系统内核。因此，设计一个直观且有用的用户界面并不是操作系统的直接功能。本书主要研究为用户程序提供足够服务这一根本问题。从操作系统角度，我们不必区分用户程序和系统程序。

图 2.3　iPhone 触摸屏

图 2.4　macOS GUI

2.3　系统调用

系统调用（system call）提供操作系统服务接口。这些调用通常以 C 或 C++编写，当然，对某些底层任务（如需直接访问硬件的任务），可能应以汇编语言指令编写。

2.3.1　系统调用示例

在讨论操作系统如何提供系统调用之前，首先通过例子来看看如何使用系统调用。编写一个简单程序，以便从一个文件读取数据并复制到另一个文件。程序首先需要两个文件名称：输入文件名称和输出文件名称。这些名称有许多不同的给定方法，这取决于操作系统设计。一种方法是将两个文件的名称作为命令的一部分传递，例如，UNIX cp 命令：

```
cp in.txt out.txt
```

这个命令将输入文件 in.txt 复制到输出文件 out.txt。另一种方法是，让程序询问用户这两个文件名称。对于交互系统，该方法包括一系列的系统调用：先在屏幕上输出提示信息，再从键盘上读取定义两个文件名称的字符。对于基于鼠标和图标的系统，一个文件名称的菜单通常显示在窗口内。用户通过鼠标选择源文件名称，另一个类似窗口可以用来选择目标文件名称。这个过程需要许多 I/O 系统调用。

在得到两个文件名称后，该程序打开输入文件并创建输出文件。每个操作都需要一个系统调用。每个操作都有可能遇到错误情况，进而可能需要其他系统调用。例如，当程序设法打开输入文件时，它可能发现该文件不存在或者该文件受保护而不能访问。在这些情况下，程序应在控制台上打印出消息（另一系列系统调用），并且非正常地终止（另一个系统调用）。如果输入文件存在，那么必须创建输出文件。系统也可能发现具有同一名称的输出文件已存在。这种情况可以导致程序中止（一个系统调用），或者可以删除现有文件（另一个系统调用）并创建新的文件（另一个系统调用）。对于交互系统，另一选择是询问用户（通过一系列的系统调用输出提示信息并从控制台读入响应）是否需要替代现有文件或中止程序。

现在两个文件已设置好，可进入循环，以读取输入文件（一个系统调用），并写到输出文件（另一个系统调用）。每个读和写都应返回一些关于各种可能错误的状态信息。对于输入，程序可能发现已经到达文件的结束，或者在读过程中发生了硬件故障（如奇偶检验错误）。对写操作，也可能出现各种错误，这取决于输出设备（例如，没有可用磁盘空间）。

最后，在复制了整个文件后，程序可以关闭两个文件（另两个系统调用），在控制台或视窗上写一个消息（更多系统调用），最后正常结束（最后一个系统调用）。图 2.5 显示了这个系统调用序列。

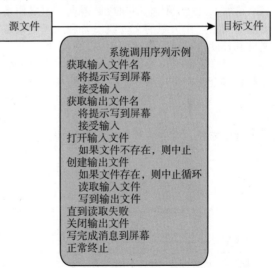

图 2.5　如何使用系统调用的示例

2.3.2　应用编程接口

正如以上所述，即使简单程序也可能大量使用操作系统。通常，系统每秒执行成千上万的系统调用。不过，大多数程序员不会看到这些细节。通常，应用程序开发人员根据**应用编程接口**（Application Programming Interface，API）来设计程序。API 为方便应用程序员规定了一组函数，包括每个函数的输入参数和程序员所想得到的返回值。有三类常见 API 可为应用程序员所用：适用于 Windows 系统的 Windows API、适用于 POSIX 系统的 POSIX API（这包括几乎所有版本的 UNIX、Linux 和 macOS）以及适用于 Java 虚拟机的 Java API。程序员通过操作系统提供的函数库来调用 API。对运行于 UNIX 和 Linux 的用 C 语言编写的程序，该库名为 libc。注意，除非特别说明，贯穿本书的系统调用名称为通用的。每个操作系统对于每个系统调用都有自己的名称。

在后台，API 函数通常为应用程序开发人员调用实际系统调用。例如，Windows 函数 `CreateProcess()`（显然用于创建一个新进程）实际调用 Windows 内核的系统调用 `NTCreateProcess()`。

为什么应用程序员更喜欢根据 API 来编程，而不是采用实际系统调用呢？这么做有多个原因。一个好处涉及程序的可移植性。应用程序员根据 API 设计程序，希望程序能在任何支持同样 API 的系统上编译并执行（虽然在现实中体系差异往往使这一点更加困难）。再者，对应用程序员而言，实际系统调用比 API 更为注重细节且更加难用。尽管如此，在 API 的函数和内核中的相关系统调用之间常常还是存在紧密联系的。事实上，许多 POSIX 和 Windows 的 API 还是类似于 UNIX、Linux 和 Windows 操作系统提供的系统调用。

处理系统调用的另一个重要因素是**运行时环境**（RTE，Run-Time Environment），即执行以给定编程语言编写的应用程序所需的全套软件，包括编译器或解释器以及其他软件，例如库和加载器。RTE 提供了一个系统调用接口，作为操作系统提供的系统调用的链接。系统调用接口截取 API 函数的调用，并调用操作系统中的所需系统调用。通常，每个系统调用都有一个相关数字，而系统调用接口会根据这些数字来建立一个索引列表。系统调用接口就可调用操作系统内核中的所需系统调用，并返回系统调用状态与返回值。

调用者无须知道如何实现系统调用，而只需遵循 API，并知道操作系统在执行该系统调用后做了什么。因此，通过 API，操作系统接口的大多数细节，可对程序员隐藏起来，且可由 RTE 来管理。API、系统调用接口和操作系统之间的关系如图 2.6 所示，它说明了在用户应用程序调用了系统调用 open() 后，操作系统是如何处理的。

系统调用因所用计算机的不同而不同。通常，除了所需的系统调用外，还要提供其他信息。这些信息的具体类型和数量根据特定操作系统和调用而有所不同。例如，为了获取输入，可能需要指定作为源的文件或设备和用于存放输入的内存区域的地址和长度。当然，设备或文件和长度也可以隐含在调用内。

向操作系统传递参数有三种常用方法。最简单的是，通过寄存器来传递参数。不过有时，参数数量会比寄存器多。这时，这些参数通常存在内存的块和表中，而块或表的地址通过寄存器来传递（见图 2.7）。Linux 使用了这些方法的组合。如果有五个或更少的参数，则使用寄存器。如果参数超过五个，则使用块方法。参数也可以由程序放置或**推入堆栈**，并由操作系统**弹出堆栈**。有的系统偏爱块或堆栈方法，因为这些方法并不限制传递参数的数量或长度。

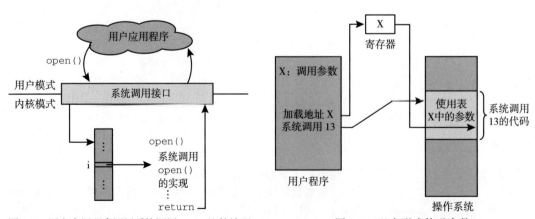

图 2.6　用户应用程序调用系统调用 open() 的处理　　　　图 2.7　以表形式传递参数

标准 API 的例子

作为标准 API 的一个例子，分析一下用于 UNIX 和 Linux 系统的函数 read()。这个函数的 API 信息，可以在命令行上键入如下命令，得到在线帮助：

    man read

该 API 描述如下：

    #include <unistd.h>
    ssize_t   read(int fd, void *buf, size_t count)

    返回值   函数名   参数

调用函数 read() 的程序应包括头文件 unistd.h，这是因为该文件定义了数据类型 ssize_t 和 size_t（还有许多其他数据类型）。read() 的传入参数如下：

- int fd——要读的文件描述符。
- void *buf——数据读到的缓冲区。
- size_t count——读到缓冲区的字节数。

当成功读入后，会返回读取的字节数。返回值为 0，表示文件结束。如果出错，会返回 -1。

2.3.3 系统调用的类型

系统调用大致可分为六大类：进程控制（process control）、文件管理（file management）、设备管理（device management）、信息维护（information maintenance）、通信（communication）和保护（protection）。下面简要描述操作系统可能提供的各种类型的系统调用。大多数系统调用都与后面几章讨论的概念和功能有关。图 2.8 概括了操作系统通常提供的多种类型的系统调用。如前所述，本书讨论的系统调用通常为通用名称。不过，举例时，采用 UNIX、Linux 和 Windows 的系统调用的实际名称。

2.3.3.1 进程控制

执行程序应能正常（end()）或异常（abort()）地停止执行。如果一个执行系统以异常的方式停止当前运行的程序，或者程序运行遇到问题并引起错误陷阱，那么可能转储内存到磁盘，并生成错误消息。内存信息转储到磁盘后生成一个特殊日志文件，可用**调试器**（debugger）来确定问题原因（调试器为系统程序，用以帮助程序员发现和纠正**错误**）。无论是正常情况还是异常情况，操作系统都应将控制转到调用命令解释器。命令解释器接着读入下个命令。对于交互系统，命令解释器只是简单读入下个命令，而假定用户会采取合适命令以处理错误。对于 GUI 系统，弹出窗口可用于提醒用户出错，并请求指引。当出现错误时，有的系统可能允许特殊的恢复操作。如果程序发现输入有错并且想要异常终止，那么它也可能需要定义错误级别。错误越严重，错误参数的级别也越高。通过将正常终止的错误级别定义为 0，可以把正常和异常终止

- 进程控制
  - 创建进程,终止进程
  - 加载,执行
  - 获取进程属性,设置进程属性
  - 等待事件,信号事件
  - 分配和释放内存
- 文件管理
  - 创建文件,删除文件
  - 打开,关闭
  - 读,写,重定位
  - 获取文件属性,设置文件属性
- 设备管理
  - 请求设备,释放设备
  - 读,写,重定位
  - 获取设备属性,设置设备属性
  - 逻辑增加或移除设备
- 信息维护
  - 获取时间或日期,设置时间或日期
  - 获取系统数据,设置系统数据
  - 获取进程、文件或设备属性
  - 设置进程、文件或设备属性
- 通信
  - 创建、删除通信连接
  - 发送、接收消息
  - 传输状态信息
  - 增加或移除远程设备
- 保护
  - 获取文件权限
  - 设置文件权限

图 2.8 系统调用的类型

放在一起处理。命令解释器或后面的程序可以利用这种错误级别来自动确定下个动作。

一个执行程序的进程可能需要加载（load()）和执行（execute()）另一个程序。这种功能允许命令解释器来执行一个程序，该命令可以通过用户命令和鼠标点击来给定。一个有趣的问题是：加载程序的终止会将控制返回到哪里？与之相关的问题是：原有程序是否失去或保存了，或者可与新的程序并发执行。

Windows 和 UNIX 系统调用示例

下面说明了 Windows 和 UNIX 操作系统的各种等效系统调用。

	Windows	UNIX
进程控制	CreateProcess()	fork()
	ExitProcess()	exit()
	WaitForSingleObject()	wait()
文件管理	CreateFile()	open()
	ReadFile()	read()
	WriteFile()	write()
	CloseHandle()	close()
设备管理	SetConsoleMode()	ioctl()
	ReadConsole()	read()
	WriteConsole()	write()
信息维护	GetCurrentProcessID()	getpid()
	SetTimer()	alarm()
	Sleep()	sleep()
通信	CreatePipe()	pipe()
	CreateFileMapping()	shm_open()
	MapViewOfFile()	mmap()
保护	SetFileSecurity()	chmod()
	InitlializeSecurityDescriptor()	umask()
	SetSecurityDescriptorGroup()	chown()

如果新程序终止时控制返回到现有程序，那么必须保存现有程序的内存映像。因此，事实上是创建了一种机制，以便一个程序调用另一个程序。如果两个程序并发继续执行，那么也就创建了一个新进程，以便多道执行。通常，有一个系统调用专门用于这一目的（create_process()）。

如果创建了一个新的进程或者一组进程，那么我们应能控制执行。这种控制要能判定和重置进程的属性，包括进程的优先级和最大允许执行时间等（get_process_attributes()和 set_process_attributes()）。如果发现创建的进程不正确或者不再需要，那么也要能终止它（terminate_process()）。

标准 C 语言程序库

标准 C 语言程序库提供许多 UNIX 和 Linux 版本的部分系统调用接口。举个例子，假定 C 程序调用语句 printf()，C 程序库劫持这个调用，来调用必要的操作系统的系统调用（在本例中是 write()系统调用）。C 程序库把 write()的返回值传递给用户程序。如下所示：

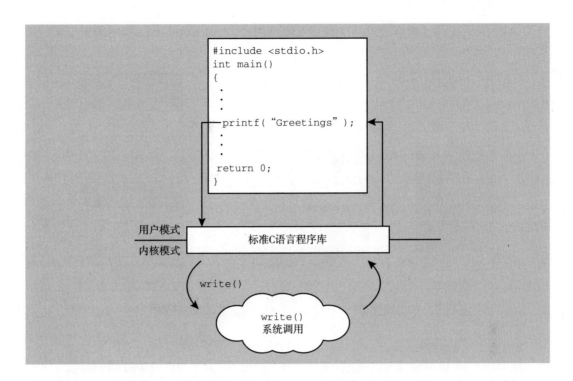

创建了新的进程后，可能要等待其执行完成，也可能要等待一定时间（wait_time()），更有可能要等待某个事件的出现（wait_event()）。当事件出现时，进程就会响应（signal_event()）。

通常，两个或多个进程会共享数据。为了确保共享数据的完整性，操作系统通常提供系统调用，以允许一个进程**锁定**（lock）共享数据。这样，在解锁之前，其他进程不能访问该数据。通常，这样的系统调用包括 acquire_lock() 和 release_lock()。这类系统调用用于协调并发进程，我们将在第 6 章和第 7 章详细讨论。

进程控制的差异很大，这里通过两个例子加以说明：一个涉及单任务系统，另一个涉及多任务系统。Arduino 是一个简单的硬件平台——由微控制器和输入传感器组成——可以响应各种事件，例如光、温度和气压的变化等。为 Arduino 编程序时，我们首先在 PC 上编写程序，然后通过 USB 连接将编译后的程序（称为 sketch）从 PC 上传到 Arduino 的闪存。标准的 Arduino 平台不提供操作系统；相反，称为引导加载程序的一小部分软件将 sketch 加载到 Arduino 内存的特定区域（见图 2.9）。一旦 sketch 被加载，它就会开始运行，等待它被编程响应的事件。例如，如果 Arduino 的温度传感器检测到温度超过某个阈值，sketch 可能会让 Arduino 启动风扇电机。Arduino 被认为是单任务系统，因为一次只能在内存中显示一个 sketch，如果加载了另一个 sketch，它将替换现有 sketch。此外，除了硬件输入传感器之外，Arduino 不提供任何用户界面。

FreeBSD（源于 Berkeley UNIX）是个多任务系统。在用户登录到系统后，用户所选的外壳就开始运行。这种外壳按用户要求，接受命令并执行程序。不过，由于 FreeBSD 是多任务系统，命令解释程序在另一个程序执行时也可继续执行（见图 2.10）。为了启动新进程，外壳执行系统调用 fork()。接着，所选程序通过系统调用 exec() 加载到内存中，程序开始执行。根据命令执行方式，外壳要么等进程完成，要么后台执行进程。对于后一种情况，外壳可以马上接受下个命令。当进程运行在后台时，它不能直接接受键盘输入，这是因为外壳已在使用键盘。因此 I/O 可通过文件或 GUI 接口来完成。同时，用户可以让外壳执行其他程序，例如监视运行进程状态和改变程序优先级等。当进程完成时，它执行系统调用 exit() 以终止，并将 0 或非 0 的错误代码返到调用进程。这一状态（或错误）代码可用于外壳或其他程序。第 3 章将通过一个使用系统调用 fork() 和 exit() 程序的例子来讨论进程。

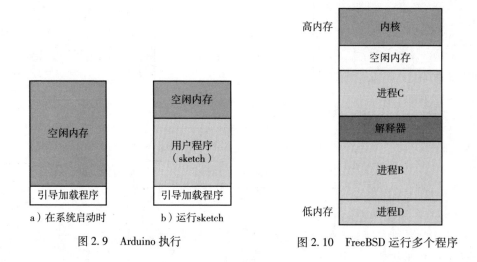

图 2.9   Arduino 执行   图 2.10   FreeBSD 运行多个程序

2.3.3.2   文件管理

第 13 章到第 15 章将深入讨论文件系统。现在讨论一些有关文件的常用系统调用。

首先要能创建 (create()) 和删除 (delete()) 文件，这两个系统调用需要文件名，还可能需要文件的一些属性。文件一旦创建后，就会打开 (open()) 并使用它，也会进行读 (read())、写 (write()) 或重定位 (reposition())，例如，重新回到文件开头，或直接跳到文件末尾）。最后，需要关闭 (close()) 文件，表示不再使用它了。

如果采用目录结构来组织文件系统的文件，那么也会需要同样的目录操作。另外，不管是文件还是目录，都要能对各种属性的值加以读取或设置。文件属性包括：文件名、文件类型、保护码和记账信息等。针对这一功能，至少需要两个系统调用：获取文件属性 (get_file_attributes()) 和设置文件属性 (set_file_attributes())。有的操作系统还提供其他系统调用，如文件的移动 (move()) 和复制 (copy())。有的操作系统通过代码或系统调用来完成这些 API 的功能。其他的操作系统可能通过系统程序来实现这些功能。如果系统程序可被其他程序调用，那么这些系统程序也就相当于 API。

2.3.3.3   设备管理

进程执行需要一些资源，如内存、磁盘驱动和所需文件等。如果有资源可用，那么系统可以允许请求，并将控制交给用户程序；否则，程序应等待，直到有足够可用的资源为止。

操作系统控制的各种资源可看作设备。有的设备是物理设备（如磁盘驱动），其他的可当作抽象或虚拟设备（如文件）。多用户系统要求先请求 (request()) 设备，以确保设备的专门使用。在设备用完后，要释放 (release()) 它。这些函数类似于文件的系统调用 open() 和 close()。其他操作系统对设备访问不加管理，这样带来的危害是潜在的设备争用以及可能发生的死锁，这将在第 8 章中讨论。

在请求设备（并得到）后，就能像对文件一样对设备进行读 (read())、写 (write()) 和重定位 (reposition())。事实上，I/O 设备和文件极为相似，以至于许多操作系统（如 UNIX）都将这两者组合成文件-设备结构。这样，一组系统调用不但用于文件而且用于设备。有时，I/O 设备可通过特殊文件名、目录位置或文件属性来辨认。

用户界面可以让文件和设备看起来相似，即便内在系统调用不同。在设计、构建操作系统和用户界面时，这也是要加以考虑的。

2.3.3.4　信息维护

许多系统调用只用于在用户程序与操作系统之间传递信息。例如，大多数操作系统都有一个系统调用，用来返回当前的时间（time()）和日期（date()）。还有的系统调用可以返回系统的其他信息，如操作系统版本、内存或磁盘的可用量等。

还有一组系统调用帮助调试程序。许多系统都提供用于转储内存（dump()）的系统调用，这对调试很有用。Linux 系统上的程序 strace 可以列出程序执行时的所有系统调用。甚至微处理器都有一个 CPU 模式，称为**单步**（single step），即 CPU 每执行一条指令都会产生一个陷阱。调试器通常可以捕获到这些陷阱。

许多操作系统都提供程序的时间曲线（time profile），用于表示在特定位置或位置组合上的执行时间。时间曲线需要跟踪功能或固定定时中断，当定时中断出现时，就会记录程序计数器的值。如定时中断足够频繁，那么就可得到用于程序各个部分的时间统计信息。

再者，操作系统维护所有进程的信息，这些可通过系统调用来访问。通常，也可用系统调用获取与设置进程信息（get_process_attributes() 和 set_process_attributes()）。3.1.3 节将讨论哪些信息通常需要维护。

2.3.3.5　通信

进程间通信的常用模型有两个：消息传递模型和共享内存模型。对于**消息传递模型**（message-passing model），通信进程通过相互交换消息来传递信息。进程间的消息交换可以直接进行，也可以通过一个共同邮箱来间接进行。在开始通信前，应先建立连接。必须知道另一个通信实体的名称，它可能是同一系统的另一个进程，也可能是通过网络相连的另一计算机的进程。每台网络计算机都有一个**主机名**（host name），这是众所周知的。另外，每台主机也都有一个网络标识符，如 IP 地址。类似地，每个进程有**进程名**（process name），它通常可转换成标识符，以便操作系统引用。系统调用 get_hostid() 和 get_processid() 可以执行这类转换。这些标识符再传给通用系统调用 open() 和 close()（由文件系统提供），或专用系统调用 open_connection() 和 close_connection()，这取决于系统通信模型。接受进程应通过系统调用 accept_connection() 来许可通信。大多数可接受连接的进程为专用的**守护进程**（daemon），即专用系统程序。它们执行系统调用 wait_for_connection()，在有连接时会被唤醒。通信源称为**客户机**（client），而接受后台程序称为**服务器**（server），它们通过系统调用 read_message() 和 write_message() 来交换消息。系统调用 close_connection() 终止通信。

对于**共享内存模型**（shared-memory model），进程通过系统调用 shared_memory_create() 和 shared_memory_attach() 创建共享内存，并访问其他进程拥有的内存区域。注意，操作系统通常需要阻止一个进程访问另一个进程的内存。共享内存要求两个或多个进程都同意取消这一限制，这样它们就可通过读写共享区域的数据来交换信息。这种数据的类型是由这些进程来决定的，而不受操作系统的控制。进程也负责确保不会同时向同一位置进行写操作。这些机制将在第 6 章讨论。第 4 章将讨论进程概念的一种变形体——线程（thread）——它们默认共享内存。

上面讨论的两种模型常用于操作系统，而且大多数系统都可实现这两种模型。消息传递对少量数据的交换很有用，不需要避免冲突。与用于计算机间的共享内存相比，它也更容易实现。共享内存在通信方面具有高速和便捷的特点，因为当通信发生在同一计算机内时，它可以按内存传输速度来进行。不过，共享内存的进程在保护和同步方面存在问题。

2.3.3.6　保护

保护提供控制访问计算机的系统资源的机制。过去，只有多用户的多道计算机系统才要考虑保护。随着网络和因特网的出现，所有计算机（从服务器到手持移动设备）都应考虑保护。

通常，提供保护的系统调用包括 set_permission() 和 get_permission()，用于设置资源（如文件和磁盘）权限。系统调用 allow_user() 和 deny_user() 分别用于允许和拒绝特定用户访问某些资源。第 17 章将会讨论保护，而第 16 章将会讨论安全这一更大问题（涉及使用保护来抵御外部威胁）。

2.4　系统服务

现代操作系统的另一特点是一组系统服务。在计算机的逻辑层次中，最低层是硬件，接着是操作系统，然后是系统服务，最后是应用程序。**系统服务**（system service），也称为**系统工具**（system utility），它为程序的开发和执行提供了一个便利的环境。有的系统服务只是系统调用的简单用户接口，而其他的可能相当复杂。系统服务可分为以下几类：

- **文件管理**。这些程序创建、删除、复制、重命名、打印、列出以及访问和操作文件和目录。
- **状态信息**。有些程序可从系统那里得到日期、时间、内存或磁盘空间的可用数量、用户数或其他状态信息。还有一些则更为复杂，可提供详细的性能、登录和调试信息。通常，这些信息经格式化后，再打印到终端、输出设备或文件，或在 GUI 视窗中显示。有些系统还支持**注册表**（registry），可用于存储和获取配置信息。
- **文件修改**。有多个编辑器可以创建和修改位于磁盘或其他存储设备上的文件。也有专用命令，可用于查找文件内容或进行文本转换。
- **程序语言支持**。常用程序语言（如 C、C++、Java 和 Python 等）的编译程序、汇编程序、调试程序和解释程序，通常与操作系统一起提供给用户，或可另外下载。
- **程序加载与执行**。程序一旦汇或编译后，要加载到内存才能执行。系统可以提供绝对加载程序、重定位加载程序、链接编辑器和覆盖式加载程序。系统还要提供高级语言或机器语言的调试程序。
- **通信**。这些程序提供在进程、用户和计算机系统之间创建虚拟连接的机制。它们允许用户在彼此的屏幕上发送消息、浏览网页、发送电子邮件和远程登录，从一台机器向另一台机器传送文件。
- **后台服务**。所有通用系统都有方法，用来在引导时创建一些系统程序的进程。这些进程中，有的执行完任务后就终止，有的会一直运行到系统停机。一直运行的系统进程称为**服务**（service）、**子系统**（subsystem）或守护进程。2.3.3.5 节讨论了一个网络守护进程的例子，这个例子需要一个服务来监听网络连接请求，以便将它们传给合适的进程来处理。其他例子包括：根据规定计划来启动进程的调度器、系统错误监控服务器和打印服务器等。通常，系统会有数十个守护进程。另外，有的操作系统在用户上下文而不是内核上下文进行重要操作时，也会采用守护进程。

除系统程序外，大多数的操作系统提供解决常见问题或执行常用操作的程序。这样的**应用程序**包括：网页浏览器、文字处理器和文字排版器、电子制表格软件、数据库系统、编译器、绘图和统计分析包以及游戏等。

大多数用户理解的操作系统是由应用程序和系统程序而不是系统调用来决定的。试想一下用户的 PC。当计算机运行 macOS 操作系统时，用户可能看到 GUI，即鼠标和窗口界面。或者，甚至在某个窗口内，用户会有一个命令行 UNIX 外壳。两者使用同样的系统调用集合，但系统调用看起来不同且其行为也不同。让用户看起来更乱的是：考虑一下从 macOS 中引导 Windows。这样，同一计算机的同一用户会有两个完全不同的界面和两组不同的应用程序，而它们使用同样的物理资源。在同样的硬件上，用户可按顺序或并发地使用多个用户界面。

2.5　链接器与加载器

通常，程序以二进制可执行文件保存在磁盘上，例如 a.out 或 prog.exe。要在 CPU 上运行，必须将程序调入内存，并放置在进程的上下文中。本节将描述此过程的步骤，包括从编译程序到将其调入内存，以便有资格在可用的 CPU 核上运行。图 2.11 突出显示这些步骤。

源文件被编译成目标文件，从而可加载到任何物理内存位置，因此称为**可重定位目标文件**（relocatable object file）。接下来，**链接器**（linker）将这些可重定位的目标文件组合成一个二进制**可执行文件**（executable file）。在链接阶段，也可能包含其他目标文件或库，例如标准 C 或数学库（用标志-lm 指定）。

加载器（loader）用于将二进制可执行文件加载到内存中，在内存中它可以在 CPU 核上运行。与链接和加载相关的活动是**重定位**（relocation），它为程序部分分配最终地址并调整程序中的代码和数据以匹配这些地址，这样代码可以在执行时调用库函数并访问变量。如图 2.11 所示，当要运行加载程序，只需在命令行中输入可执行文件的名称即可。在 UNIX 系统的命令行上输入程序名称时（例如./main），shell 首先使用 fork() 系统调用创建一个新进程来运行程序。然后，shell 使用 exec() 系统调用来

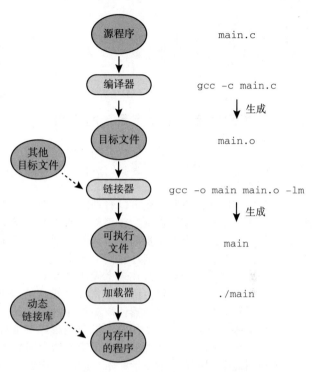

图 2.11　链接器和加载器的作用

调用加载程序，将可执行文件的名称传递给 exec()。然后加载器使用新创建的进程的地址空间将指定的程序加载到内存中（当使用 GUI 界面时，双击与可执行文件关联的图标会使用类似的机制调用加载程序）。

到目前为止描述的过程假设所有库都链接到可执行文件并加载到内存中。实际上，大多数系统允许程序在加载程序时（甚至在执行程序时）动态链接库。例如，Windows 支持动态链接库（DLL）。这种方法的好处是，它避免了链接和加载可能最终不会被用于可执行文件的库。相反，该库是有条件链接的，并在程序运行中需要的时候加载。例如，在图 2.11 中，数学函数库没有链接到可执行文件 main 中。相反，链接器插入重定位信息，允许它在程序加载时动态链接和加载。我们将在第 9 章看到多个进程共享动态链接库是可能的，从而显著节省内存使用。

目标文件和可执行文件通常具有标准格式，其中包括已编译的机器代码和包含有关程序中引用的函数和变量的元数据的符号表。对于 UNIX 和 Linux 系统，这种标准格式称为 ELF（**可执行和可链接格式**，Executable and Linkable Format）。可重定位文件和可执行文件有不同的 ELF 格式。可执行文件的 ELF 文件中的一条信息是程序的入口点，其中包含程序运行时要执行的第一条指令的地址。Windows 系统使用**可移植可执行**（Portable Executable，PE）文件格式，而 macOS 使用 Mach-O 格式。

ELF 格式

Linux 提供了各种命令来识别和分析 ELF 文件。例如，file命令确定文件类型。如果 main.o 是目标文件，而 main 是可执行文件，则命令

```
file main.o
```
将报告 main.o 是一个 ELF 可重定位文件，而命令
```
file main
```
将报告 main 是一个 ELF 可执行文件。ELF 文件分为多个部分，可以使用 readelf 命令进行分析。

2.6 应用程序特定于操作系统的原因

从根本上说，在一个操作系统上编译的应用程序不能执行在其他操作系统上。如果不是这样，世界将变得更美好，因为我们选择使用哪种操作系统将取决于实用工具和功能，而不是其可用的应用程序。

基于之前所述，我们现在可以看到部分问题：每个操作系统都提供了一组独特的系统调用。系统调用是操作系统提供给应用程序使用的一组部分服务。即使系统调用在某种程度上是统一的，其他障碍也会使我们难以在不同的操作系统上执行应用程序。但是，如果你使用过多个操作系统，那么则可能在它们上使用了一些相同的应用程序。这怎么可能呢？

让一个应用程序能够运行在多个操作系统上，可以通过以下三种方式：

- 应用程序可以用解释性语言（例如 Python 或 Ruby）编写，这类语言具有可用于多个操作系统的解释器。解释器读取源程序的每一行，在本机指令集上执行等效指令，并调用本机操作系统调用。相对本机应用程序性能而言，性能会受到影响，并且解释器仅提供每个操作系统功能的一个子集，这会限制相关应用程序的功能集。
- 应用程序可以用一种语言编写，该语言需要一个虚拟机来运行应用程序。虚拟机是该语言完整 RTE 的一部分。这种方法的一个例子是 Java。Java 有一个 RTE，其中包括加载器、字节码验证器，以及其他将 Java 应用程序加载到 Java 虚拟机中的组件。这个 RTE 已经被移植或开发用于许多操作系统，从大型机到智能手机，理论上任何 Java 应用程序都可以在 RTE 中运行，只要它可用。此类系统具有与上述解释器类似的缺点。
- 应用程序开发人员可以使用标准语言或 API，这里编译器以特定于机器和操作系统的语言来生成二进制文件。应用程序必须移植到它运行的每个操作系统上。这种移植可能非常耗时，并且必须针对应用程序的每个新版本进行，并进行后续的测试和调试。也许最著名的例子是 POSIX API 及其用于维护不同种类 UNIX 操作系统变体之间源代码兼容性的标准集。

理论上，这三种方法似乎为开发可以跨不同操作系统运行的应用程序提供了简单的解决方案。然而，普遍缺乏的应用程序移动性有几个原因，它们使得开发跨平台应用程序成为一项具有挑战性的任务。在应用层面，操作系统提供的库包含 API 以提供 GUI 等功能，并且设计为调用一组 API（例如，可从 Apple iPhone 上的 iOS 获得的那些）的应用程序将无法在操作系统上运行不提供那些 API 的系统（例如 Android）。其他挑战出现在系统的较低级别，如下所述：

- 每个操作系统都有一个二进制格式的应用程序，它规定了标题、指令和变量的布局。这些组件需要位于可执行文件中指定结构的特定位置，以便操作系统可以打开文件并加载应用程序以正确执行。
- CPU 具有不同的指令集，只有包含适当指令的应用程序才能正确执行。
- 操作系统提供系统调用，允许应用程序请求各种活动，例如创建文件和打开网络连接。这些系统调用在许多方面因操作系统而异，包括使用的特定操作数和操作数顺序、应用程序如何调用系统调用、它们的编号方法和编号、它们的含义以及它们的返回结果。

有一些方法可以帮助解决（尽管不能完全解决）这些架构差异。例如，Linux 和几乎所

有的 UNIX 系统，都采用了 ELF 格式的二进制可执行文件。虽然 ELF 提供了跨 Linux 和 UNIX 系统的通用标准，但 ELF 格式不依赖于任何特定的计算机体系结构，因此它并不保证可执行文件可以在不同的硬件平台上运行。

如上所述，API 指定了应用程序级别的某些功能。在体系结构级别，应用程序二进制接口（Application Binary Interface，ABI）用于定义二进制代码的不同组件如何与给定体系结构上的给定操作系统进行交互。ABI 指定低级细节，包括地址宽度、将参数传递给系统调用的方法、运行时堆栈的组织、系统库的二进制格式以及数据类型的大小等。通常，ABI 是为给定架构指定的（例如，ARMv8 处理器有一个 ABI）。因此，ABI 是 API 的体系结构级的等价物。如果已根据特定 ABI 编译和链接二进制可执行文件，则它应该能够在支持该 ABI 的不同系统上运行。但是，因为特定的 ABI 是为在给定架构上运行的特定操作系统定义的，所以 ABI 几乎无法提供跨平台兼容性。

总之，所有这些差异意味着除非在特定 CPU 类型（例如 Intel x86 或 ARMv8）上为特定操作系统编写和编译解释器、RTE 或二进制可执行文件，否则应用程序将无法运行。可以想象一下一个程序（例如 Firefox 浏览器）在 Windows、macOS、各种 Linux 版本、iOS 和 Android 上运行所需的工作量，有时还要考虑各种 CPU 架构。

2.7 操作系统的设计与实现

本节讨论操作系统设计和实现的主要问题。虽然这些问题没有完整的解决方案，但是有些方法还是行之有效的。

2.7.1 设计目标

系统设计的首要问题是定义目标和规范。在高层面上，系统设计取决于所选硬件和系统类型：传统台式机/笔记本电脑、移动设备、分布式或实时。

除了高层设计外，需求可能很难说清。不过，需求可分为两个基本大类：**用户目标**（user goal）和**系统目标**（system goal）。

用户要求系统具有一定的优良性能，系统应该方便使用、易于学习和使用、可靠、安全和快速。当然，这些规范对于系统设计并不特别有用，因为如何实现这些没有定论。

研发人员为设计、创建、维护和运行操作系统，也可定义一组相似要求：操作系统应易于设计、实现和维护，也应灵活、可靠、正确且高效。同样，这些要求在系统设计时并不明确可以有多种解释。

总之，关于定义操作系统的需求并没有唯一的解决方案。现实中，存在许多类型的系统，这也说明了不同需求会产生不同解决方案，以便用于不同环境。例如，Wind River VxWorks（用于嵌入式系统的实时操作系统）的需求与 Windows Server（用于为企业应用程序设计的大型的、高访问操作系统）的需求相比，有很大不同。

操作系统的分析与设计是个很有创意的工作。虽然没有教科书能够告诉我们如何做，但是**软件工程**（software engineering）的主要原则还是有用的。现在我们就来讨论这些原则。

2.7.2 机制与策略

一个重要原则是**策略**（policy）与**机制**（mechanism）的分离。机制决定如何做，而策略决定做什么。例如，定时器（参见 1.4.3 节）是一种保护 CPU 的机制，但是为某个特定用户应将定时器设置成多长时间，就是一个策略问题。

对于灵活性，策略与机制的分离至关重要。策略可随时间或地点而改变，在最坏情况下，每次策略的改变都可能需要改变底层机制。足够灵活以适用于一系列策略的通用机制是更可取的，这样策略的改变只需重新定义一些系统参数。例如，现有一种机制，可赋予某些类型的程序相对更高的优先级。如果这种机制能与策略分离开，那么它可用于支持 I/O 密集型程序应比 CPU 密集型程序具有更高优先级的策略，或者支持相反策略。

微内核操作系统（参见 2.8.3 节）通过实现一组基本且简单的模块，将机制与策略的分离用到了极致。这些模块几乎与策略无关，通过用户创建的内核模块或用户程序本身，可以增加更高级的机制与策略。相比之下，请考虑 Windows，这是一种非常流行的商业操作系统，已经使用了 30 多年。Microsoft 已将机制和策略紧密地编码到系统中，以在运行 Windows 操作系统的所有设备上确保统一系统风格。所有应用程序都有相似接口，因为接口本身是内置在内核和系统库中的。苹果的 macOS 和 iOS 操作系统也采用了类似策略。

我们可以在商业和开源操作系统之间进行类似比较。例如，对比上面讨论的 Windows 与 Linux，Linux 是一种开源操作系统，可在各种计算设备上运行，并且已经推出超过 25 年。"标准" Linux 内核具有特定的 CPU 调度算法（在 5.7.1 节中介绍），这是一种支持特定策略的机制。不过，任何人都可以自由修改或替换调度程序以支持不同的策略。

对于所有的资源分配，策略决定非常重要。只要决定是否分配资源，就应做出策略决定。只要问题是"如何做"而不是"做什么"，就要由机制来决定。

2.7.3 实现

在设计了操作系统之后，就应加以实现。操作系统由许多程序组成，且由许多人员在较长时间内共同编写，因此关于实现很难形成通用原则。

早期，操作系统是用汇编语言编写的。现在，虽然有的操作系统仍然用汇编语言编写，但是大多数都是用高级语言（如 C 语言）或更高级的语言（如 C++）来编写的。实际上，操作系统可用多种语言来编写。内核的最低层可以采用汇编语言与 C 语言。高层函数可用 C 和 C++，系统程序可用 C++或更高级语言，Android 提供了一个很好的例子：它的内核主要是用 C 语言编写的，并带有一些汇编语言。大多数 Android 系统库都是用 C 或 C++编写的，而应用程序框架（为系统提供开发人员接口）主要是用 Java 编写的。我们在 2.8.5.2 节中更详细地介绍了 Android 的架构。

采用高级语言或至少系统实现语言来实现操作系统的优势与用高级语言来编写应用程序相同：代码编写更快、更为紧凑、更容易理解和调试。另外，编译技术的改进使得只要通过重新编译，就可改善整个操作系统的生成代码。最后，如果用高级语言来编写，操作系统更容易移植（port）到其他硬件。这对于打算在多个不同硬件系统上运行的操作系统尤其重要，这些系统包括小型嵌入设备、Intel x86 系统以及在手机和平板电脑上运行的 ARM 芯片等。

采用高级语言实现操作系统的缺点仅仅在于速度的降低和存储的增加。不过，这对当今的系统已不再是主要问题。虽然汇编语言高手能编写更快、更小的子程序，但是现代编译器能对大程序进行复杂分析并采用高级优化技术生成优秀代码。现代处理器都有很深的流水线和很多功能块，它们要比人类更容易处理复杂的依赖关系。

与其他系统一样，操作系统的重大性能改善很可能是来源于更好的数据结构和算法，而不是优秀的汇编语言代码。另外，虽然操作系统很大，但是只有小部分代码是高性能的关键，如中断处理器、I/O 管理器、内存管理器及 CPU 调度器等，可能是关键部分。在系统编写完并能正确工作后，可找出瓶颈程序，并用相应汇编语言程序来替换。

2.8 操作系统的结构

像现代操作系统这样庞大而复杂的系统，如果要使其正常工作并易于修改，就必须认真设计。常用方法是将这种系统分成子系统或模块，而不只是一个单片系统。每个模块都应是定义明确的部分系统，且具有定义明确的接口和功能。在构建程序时，你可以使用类似方法：不是将所有代码放到 main() 函数，而是将逻辑分成多个函数，清楚地表达参数和返回值，然后通过 main() 函数调用这些函数。

第 1 章简要讨论了操作系统的常用模块，本节讨论这些模块如何连接起来以构成内核。

2.8.1　简单结构

组织操作系统的最简单的结构就是根本没有任何结构。也就是说，将内核的所有功能放在单个地址空间中运行的单个静态二进制文件中。这种方法——称为**单片结构**（monolithic structure）——是设计操作系统的常用技术。

采用这种有限结构的一个例子是最初的 UNIX 操作系统。它由两个独立部分组成：内核和系统程序。内核又分为一系列接口和驱动程序，随着 UNIX 的发展，这些也不断增加和扩展。我们可以将传统的 UNIX 操作系统在某种程度上视为分层的，如图 2.12 所示。物理硬件之上和系统调用接口之下的所有部分为内核。内核通过系统调用，可提供文件系统、CPU 调度、内存管理和其他操作系统功能。总的来说，这一层里面包含了大量功能。

Linux 操作系统基于 UNIX，它们结构类似，如图 2.13 所示。在与内核的系统调用接口通信时，应用程序通常使用标准 C 语言库 glibc。Linux 内核是单片的，它完全以内核模式运行在单个地址空间中，但正如我们将在 2.8.4 节中看到的，它确实具有模块化设计，允许在运行时修改内核。

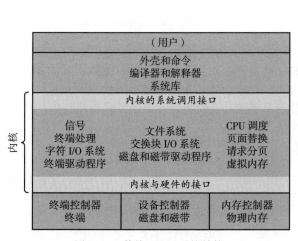

图 2.12　传统 UNIX 系统结构

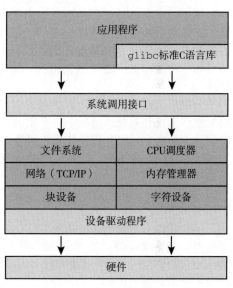

图 2.13　Linux 系统结构

尽管单片内核看起来很简单，但实现与扩展很难。但是，单片内核确实具有明显的性能优势：系统调用接口的开销很小，而且内核内的通信速度很快。因此，尽管单片内核有缺点，但它们的速度和效率解释了为什么我们仍然能在 UNIX、Linux 和 Windows 操作系统中看到这种结构。

2.8.2　分层法

单片方法通常被称为**紧密耦合**系统，因为更改系统的某个部分对其他部分有很大影响。另一种方法是，我们可以采用**松散耦合**设计系统。这类系统被分成具有特定和有限功能的独立的、较小的组件，所有这些组件共同构成内核。这种模块化方法的优点是，一个组件的更改仅影响该组件，而不会影响其他组件，在创建和更改系统的内部运行时系统开发人员具有更多自由。

系统的模块化有许多方法。一种方法是**分层法**（layered approach），即将操作系统分成若干层（级）。最低层（0 层）为硬件，最高层（N 层）为用户接口。这种分层结构如图 2.14 所示。

操作系统层采用抽象对象实现，包括数据和操纵这些数据的操作。一个典型的操作系统层，如 M 层，包括数据结构和一组可为更高层所调用的函数集，而 M 层可调用更低层的操作。

分层法的主要优点在于简化了构造和调试。所选的层次要求每层只能调用更低层的功能（操作）和服务，这种方法简化了系统的调试和验证。第一层可先调试而无须考虑系统其他部分，这是因为，根据定义，它只使用了基本硬件（假设这是正确的），以便实现功能。一旦第一层调试后，可以认为能够正确运行，这样就可调试第二层，如此向上。如果在调试某层时发现错误，那么错误应在这层上，这是因为其低层都已调试好了。因此，系统的设计和实现得以简化。

每层的实现都只是利用更低层所提供的操作，且只需知道这些操作做了什么，而不需要知道这些操作是如何实现的。因此，每层要为更高层隐藏一定的数据结构、操作和硬件。

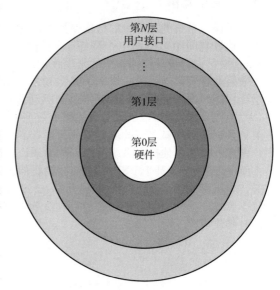

图 2.14　分层操作系统

分层系统已成功用于计算机网络（如 TCP/IP）和 Web 应用程序。然而，使用纯分层方法的操作系统相对较少。其中一个原因涉及如何适当定义每一层的功能。此外，由于需要用户程序遍历多个层以获得操作系统服务的开销，导致此类系统性能很差。然而，有些分层在当代操作系统中很常见。通常，这些系统的层数更少、功能更多，提供了模块化代码的大部分优点，同时避免了层定义和交互的问题。

2.8.3　微内核

正如我们所看到的，最初的 UNIX 系统采用单片结构。随着 UNIX 的不断壮大，其内核也变得更大且更难管理。20 世纪 80 年代中期，卡内基梅隆大学的研究人员开发了一个称为 **Mach** 的操作系统，它采用**微内核**（microkernel）技术对内核进行模块化。这种方法从内核中移除所有不必要的组件，并将它们当作系统级与用户级的程序来实现，从而构建操作系统。这样做的结果是内核较小。关于哪些应留在内核内，而哪些可在用户空间内实现，并没有定论。不过，通常微内核会提供最少的进程与内存管理以及通信功能。图 2.15 显示了一个典型的微内核架构。

微内核的主要功能是为客户端程序和运行在用户空间中的各种服务提供通信。通信是通过消息传递（message passing）来提供的，参见 2.3.3.5 节。例如，如果某个客户程序要访问一个文件，那么它应与文件服务器进行交互。客户程序和服务器不会直接交互，而是通过微内核的消息传递来间接通信。

微内核方法的优点之一是便于扩展操作系统。所有新服务可在用户空间内增加，因而并不需要修改内核。当内核确实需要修改时，所做的修改也会很小，这是因为微内核本身就很小。这样的操作系统可以很容易地从

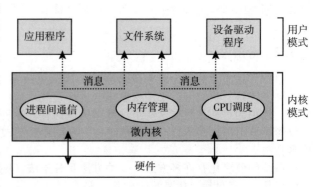

图 2.15　典型的微内核架构

一种硬件平台移植到另一种硬件平台。微内核也提供了更好的安全性和可靠性，这是由于大多数服务是作为用户进程而不是作为内核进程来运行的。如果一个服务出错，那么操作系统的其他部分并不受影响。

微内核操作系统最著名的例子可能是 Darwin，它是 macOS 和 iOS 操作系统的内核组件。Darwin 实际由两个内核组成，其中一个是 Mach 微内核。我们将在 2.8.5.1 节中更详细地介绍 macOS 和 iOS 系统。

另一个例子是 QNX，这是一种用于嵌入式系统的实时操作系统。QNX Neutrino 微内核提供消息传递与进程调度的服务，它也处理低层网络通信和硬件中断。所有 QNX 的其他服务都通过（运行在内核之外的用户模式中的）标准进程来提供。

遗憾的是，由于增加的系统功能的开销，微内核的性能会受损。当两个用户级服务必须通信时，消息必须在位于不同地址空间的服务之间进行复制。此外，操作系统可能不得不从一个进程切换到下一个进程来交换消息。复制消息和进程切换开销一直是基于微内核的操作系统发展的最大障碍。考虑一下 Windows NT 的历史，它的首个版本具有分层的微内核组织，但其性能不如 Windows 95。Windows NT 4.0 通过将有些层从用户空间移到内核空间以及更紧密地集成这些层来提高性能。等到 Windows XP 时，Windows 架构更像是单片内核的，而不是微内核的。2.8.5.1 节讨论 macOS 如何解决 Mach 微内核的性能问题。

2.8.4 模块

也许目前操作系统设计的最佳方法是采用**可加载的内核模块**（Loadable Kernel Module，LKM）。这里，内核有一组核心组件，无论在启动或运行时，内核都可通过模块链入额外服务。这种类型的设计常见于现代 UNIX（Linux、macOS 和 Solaris）以及 Windows 的实现。

这种设计的思想是：内核提供核心服务，而其他服务可在内核运行时动态实现。动态链接服务优于直接添加新功能到内核，这是因为对于每次更改，后者都要重新编译内核。例如，可将 CPU 调度器与内存管理的算法直接建立在内核中，而通过可加载模块，可以支持不同类型的文件系统。

这种整体系统类似于一个分层系统，其中每个内核部分都有已定义的、受保护的接口。但它比分层系统更加灵活，这是因为任何模块都可以调用任何其他模块。这种方法也类似于微内核方法，即主模块只有核心功能，并知道如何加载模块以及如何让模块进行通信。但它更为有效，因为模块无需调用消息传递来进行通信。

Linux 使用可加载内核模块，主要用于支持设备驱动程序和文件系统。LKM 可以在系统启动（或引导）或运行时"插入"到内核中，例如当 USB 设备插入正在运行的机器时。如果 Linux 内核没有必要的驱动，可以动态加载。LKM 也可以在运行时从内核中移除。对于 Linux，LKM 允许使用动态和模块化的内核，同时保持单片系统的性能优势。本章末尾的编程项目中讨论如何在 Linux 中创建 LKM。

2.8.5 混合系统

实际上，很少有操作系统采用单一的、严格定义的结构。相反，它们组合了不同的结构，从而形成了混合系统，以便解决性能、安全性和可用性等问题。例如，Linux 是单片的，因为单一地址空间的操作系统可以提供非常高效的性能。然而，它也是模块化的，这样新的功能可以动态添加到内核。Windows 在很大程度上也是单片的（同样是由于性能原因），但它保留了一些微内核的典型行为，包括支持作为用户模式进程的各个子系统（称为操作系统个性）。Windows 系统也支持可动态加载的内核模块。在第 20 章和第 21 章，我们会分别提供 Linux 和 Windows 10 的案例研究。接下来，我们探讨三个混合系统的结构：Apple macOS 操作系统以及两个著名的移动操作系统 iOS 和 Android。

2.8.5.1 macOS 与 iOS

Apple macOS 操作系统主要运行在台式机和笔记本电脑上，而 iOS 移动操作系统则用于

iPhone 智能手机和 iPad 平板电脑。在架构上，macOS 和 iOS 有很多共同点，所以我们将它们放在一起，突出它们的共同点以及不同之处。这两个系统的总体架构如图 2.16 所示。各层的要点包括：

- **用户体验层**。该层定义了允许用户与计算设备交互的软件接口。macOS 使用专为鼠标或触控板设计的 Aqua 用户界面，而 iOS 使用专为触控设备设计的 Springboard 用户界面。
- **应用程序框架层**。该层包括 Cocoa 和 Cocoa Touch 框架，它们为 Objective-C 和 Swift 编程语言提供 API。Cocoa 和 Cocoa Touch 的主要区别在于前者用于开发 macOS 应用程序；而后者用于 iOS，为移动设备特有的硬件功能提供支持，例如触摸屏。
- **核心框架**。该层定义了支持图形和媒体的框架，包括 Quicktime 和 OpenGL。
- **内核环境**。该环境也称为 Darwin，包括 Mach 微内核和 BSD UNIX 内核。我们将很快详细说明 Darwin。

如图 2.16 所示，应用程序可以利用用户体验功能或绕过它们直接与应用程序框架或核心框架交互。此外，应用程序可以完全放弃框架并直接与内核环境通信。（后一种情况的一个例子是没有用户界面的一个 C 程序，只进行 POSIX 系统调用。）

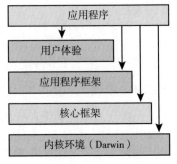

图 2.16   AppleMacOS 和 iOS
操作系统的架构

macOS 和 iOS 之间的一些重要区别包括：

- 因为 macOS 是为台式机和笔记本电脑系统设计的，所以它被编译为在 Intel 架构上运行。iOS 是为移动设备设计的，因此是为基于 ARM 的架构而编译的。同样，iOS 内核也进行了一些修改，以解决移动系统的特定功能和需求，例如电源管理和积极的内存管理。此外，iOS 具有比 macOS 更严格的安全设置。
- iOS 操作系统通常比 macOS 对开发者的限制要多得多，甚至可能对开发人员不开放。例如，iOS 限制访问 POSIX 和 BSD API，而 macOS 则没有这个限制。

我们现在专注于使用混合结构的 Darwin。Darwin 是一个分层系统，主要由 Mach 微内核和 BSD UNIX 内核组成。Darwin 的结构如图 2.17 所示。

尽管大多数操作系统为内核提供了一个单一的系统调用接口，例如通过 UNIX 和 Linux 系统上的标准 C 库，Darwin 提供了两种系统调用接口：Mach 系统调用（称为**陷阱**）和 BSD 系统调用（提供 POSIX 功能）。这些系统调用的接口是一组丰富的库，它们不仅包括标准 C 库，还包括提供网络、安全和编程语言支持的库等。

在系统调用接口之下，Mach 提供了基本的操作系统服务，包括内存管理、CPU 调度和进程间通信（IPC）设施，例如消息传递和远程过程调用（RPC）。Mach 提供的大部分功能都可以通过**内核抽象**获得，包括任务（Mach 进程）、线程、内存对象和端口（用于 IPC）。例如，应用程序可以使用 BSD POSIX `fork()` 系统调用创建新进程。反过来，Mach 将使用任务内核抽象来表示内核中的进程。除了 Mach 和 BSD 之外，内核环境还提供了一个 I/O 工具包，用于开发设备驱动程序和可动态加载的模块（macOS 将其称为**内核扩展**或 **kexts**）。

在 2.8.3 节中，我们描述了在用户空间中运行的不同服务之间的消息传递开销如何影响微内核的性能。为了解决这些性能问题，Darwin 将 Mach、BSD、I/O 工具包和任何内核扩展组合到一个地址空间中。因此，从各种子系统在用户空间中运行的意义上说，Mach 并不是一个纯粹的微内核。Mach 的消息传递仍然会发生，但不需要复制，因为服务可以访问相同的地址空间。

Apple 已将 Darwin 操作系统作为开源软件发布。因此，各种项目为 Darwin 添加了额外的功能，例如 X11 窗口系统和对额外文件系统的支持。然而，与 Darwin 不同的是，Cocoa 接口以及其他可用于开发 macOS 应用程序的专有 Apple 框架是闭源的。

2.8.5.2 Android

Android 操作系统由开放手机联盟（Open Handset Alliance，主要由谷歌领导）设计，是为安卓智能手机和平板电脑开发的。鉴于 iOS 设计为在 Apple 移动设备上运行并且是闭源的，Android 可以在各种移动平台上运行并且是开源的，这在一定程度上解释了它迅速普及的原因。Android 的结构如图 2.18 所示。

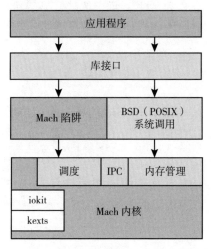

图 2.17 Darwin 的结构

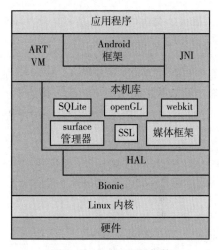

图 2.18 Android 的架构

Android 与 iOS 的相似之处在于：它是一个分层的软件堆栈，提供了一组丰富的框架，支持图形、音频和硬件功能。反过来，这些功能为开发在众多支持 Android 的设备上运行的移动应用程序提供了一个平台。

Android 设备的软件设计人员使用 Java 语言开发应用程序，但他们通常不使用标准的 Java API。Google 为 Java 开发设计了一个单独的 Android API。Java 应用程序被编译成可以在 Android RunTime ART 上执行的形式，这是为 Android 设计的虚拟机，并针对内存和 CPU 处理能力有限的移动设备进行了优化。Java 程序首先被编译成 Java 字节码 .class 文件，然后翻译成可执行的 .dex 文件。许多 Java 虚拟机执行即时（JIT）编译以提高应用程序效率，而 ART 执行提前（AOT，ahead-of-time）编译。在这里，.dex 文件在安装到设备上时被编译为本机机器代码，它们可以在 ART 上执行。AOT 编译允许更高效的应用程序执行以及降低功耗，这些特性对于移动系统至关重要。

Android 开发人员还可以编写使用 Java 原生接口（Java Native Interface，JNI）的 Java 程序，它允许开发人员绕过虚拟机，从而可以编写访问特定硬件功能的 Java 程序。使用 JNI 编写的程序通常不能从一个硬件设备移植到另一个硬件设备。

可用于 Android 应用程序的本机库集包括：用于开发 Web 浏览器（webkit）、数据库支持（SQLite）和网络支持的框架，例如安全套接字（SSL）。

因为 Android 可以在几乎无限数量的硬件设备上运行，Google 选择通过硬件抽象层（HAL）来抽象物理硬件。通过抽象所有硬件，例如摄像头、GPS 芯片和其他传感器，HAL 为应用程序提供了独立于特定硬件的一致视图。当然，此功能允许开发人员编写可跨不同硬件平台移植的程序。Linux 系统使用的标准 C 库是 GNU C 库（glibc）。不过，Google 为 Android 开发了标准 C 库 Bionic。Bionic 不仅内存占用比 glibc 小，它也被设计用于移动设备的速度较慢的 CPU。（此外，Bionic 允许 Google 绕过 glibc 的 GPL 许可。）

Android 软件堆栈的底部是 Linux 内核。谷歌已经在多个领域修改了 Android 中使用的

Linux 内核，以支持移动系统的特殊需求，例如电源管理。它还对内存管理和分配进行了更改，并添加了一种称为 binder 的新 IPC 形式（我们将在 3.8.2.1 节中介绍）。

Windows 的 Linux 子系统

　　Windows 使用混合体系结构，该体系结构提供子系统来模拟不同的操作系统环境。这些用户模式子系统通过与 Windows 内核通信来提供实际服务。Windows 10 为 Linux 添加了一个 Windows 子系统，它允许本机 Linux 应用程序（指定为 ELF 二进制文件）在 Windows 10 上运行。典型的操作是用户启动 Windows 应用程序 bash.exe，它为用户提供了一个运行 Linux 的 bash 壳。在内部，WSL（Windows Subsystem for Linux）创建一个由 init 进程组成的 Linux 实例，进而创建运行 Linux 本机应用程序 /bin/bash 的 bash 壳。这些进程中的每一个都在 Windows 的 Pico 进程中运行。这个特殊的进程将本机 Linux 二进制文件加载到进程自己的地址空间中，从而提供了一个可以执行 Linux 应用程序的环境。

　　Pico 进程与内核服务 LXCore 和 LXSS 通信以翻译 Linux 系统调用（如果可能的话，使用本机 Windows 系统调用）。当 Linux 应用程序进行没有 Windows 等效的系统调用时，LXSS 服务必须提供等效的功能。当 Linux 和 Windows 系统调用之间存在一对一关系时，LXSS 将 Linux 系统调用直接转发到 Windows 内核中的等效调用。在某些情况下，Linux 和 Windows 具有相似但不相同的系统调用。发生这种情况时，LXSS 将提供一些功能并将调用类似的 Windows 系统调用来提供其余功能。Linux fork() 提供了一个说明：Windows CreateProcess() 系统调用与 fork() 类似，但不提供完全相同的功能。在 WSL 中调用 fork() 时，LXSS 服务会执行一些 fork() 的初始工作，然后调用 CreateProcess() 来完成剩下的工作。右图说明了 WSL 的基本行为。

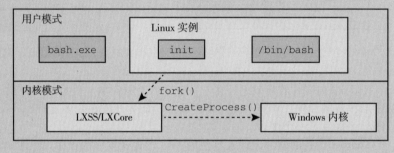

2.9　操作系统的构建与引导

　　可以专门为一种特定的机器配置、设计、编码和实现操作系统。然而，更常见的是，操作系统被设计为在具有各种外设配置的任何一类机器上运行。

2.9.1　操作系统的生成

　　最常见的是，计算机系统在购买时已经安装了操作系统。例如，你可以购买一台预装了 Windows 或 macOS 的新笔记本电脑。但假设你希望更换预装的操作系统或添加额外的操作系统，或者假设你购买了一台没有操作系统的计算机。在后一种情况下，你有几个选项可以在计算机上安装适当的操作系统并对其进行配置以供使用。

　　如果从头开始生成（或构建）操作系统，则必须遵循以下步骤：

1）编写操作系统源代码（或获取以前编写的源代码）。

2）为将要运行的系统配置操作系统。

3）编译操作系统。

4）安装操作系统。

5）启动计算机及新的操作系统。

配置系统涉及指定将需要哪些功能，这因操作系统而异。通常，描述系统如何配置的参数存储在某种类型的配置文件中，这些信息确定后，可有多种使用方法。

一种极端情况是，系统管理员可以修改操作系统源代码的副本。然后，该操作系统被完全编译（称为**系统构建**）。数据说明、初始化、常量和其他一些条件编译，可以生成专门用于所述系统的操作系统的目标代码。

一种定制稍微少些的情况是，系统描述可用来创建表，并从已预先编译的库中选择模块。这些模块链接起来，可以生成操作系统。选择方法是，虽然允许库包括所有支持 I/O 设备的驱动程序，但是只有所需的才被链到操作系统。由于没有重新编译，所以系统生成较快，但是生成的系统可能过于通用，可能不支持不同的硬件配置。

另一个极端是可以构建一个完全模块化的系统。这里，选择发生在执行时而非编译或链接时。系统生成涉及简单设置描述系统的配置参数。

这些方法的主要差别在于生成系统的大小和通用性，以及因硬件配置改变所需修改的方便性。对于嵌入式系统，采用第一种方法并为特定的静态硬件配置创建操作系统并不少见。然而，大多数支持台式机和笔记本电脑以及移动设备的现代操作系统，大都采用第二种方法。也就是说，操作系统仍然是为特定的硬件配置生成的，但是使用诸如可加载内核模块之类的技术为系统的动态更改提供了模块化支持。

我们现在说明如何从头开始构建 Linux 系统，这通常需要执行以下步骤：

1) 从 http://www.kernel.org 下载 Linux 源代码。

2) 使用 make menuconfig 命令配置内核。此步骤生成 .config 配置文件。

3) 使用 make 命令编译主内核。make 命令根据 .config 文件指定的配置参数编译内核，生成 vmlinuz 文件（这是内核映像）

4) 使用 make modules 命令编译内核模块。就像编译内核一样，模块编译依赖于 .config 文件中指定的配置参数。

5) 使用命令 make modules install 将内核模块安装到 vmlinuz。

6) 通过输入 make install 命令在系统上安装新内核。

当系统重新启动时，它将开始运行这个新的操作系统。

另外，也可以通过安装 Linux 虚拟机来修改现有系统。这允许主机操作系统（例如 Windows 或 macOS）运行 Linux。（我们在 1.7 节讨论了虚拟化，另外第 18 章将更全面地讨论了这个主题。）

将 Linux 安装为虚拟机有多种选项。一种方法是从头开始构建虚拟机。此选项类似于从头开始构建 Linux 系统，但不需要编译操作系统。另一种方法是使用 Linux 虚拟机设备，这是一个已经构建和配置的操作系统。此选项只需要下载设备并使用 VirtualBox 或 VMware 等虚拟化软件进行安装。例如，为了构建随本书提供的操作系统以便在虚拟机中使用，作者做了以下工作：

1) 从 https://www.ubuntu.com/下载 Ubuntu ISO 镜像。

2) 让虚拟机软件 VirtualBox 使用这个 ISO 作为启动介质，启动虚拟机。

3) 回答安装问题，然后将操作系统作为虚拟机来安装启动。

2.9.2 操作系统的引导

生成操作系统后，就可应用于硬件。但是硬件如何知道内核在哪里，或者如何加载内核呢？加载内核以启动计算机的过程，称为系统**引导**（booting）。在大多数系统上，引导过程如下：

1) 一小段称为**引导程序**（bootstrap program）或**引导加载**程序（boot loader）的代码，用于定位内核。

2) 内核加到内存并启动。

3) 内核初始化硬件。

4) 挂载根文件系统。

本节将简要描述引导过程。

一些计算机系统使用多阶段引导过程：当计算机首次开机时，位于非易失性固件中的小型引导加载程序（称为 BIOS）会运行。这个初始引导加载程序通常只加载第二个引导加载程序，它位于称为**引导块**（boot block）的固定磁盘位置。存储在引导块中的程序可能足够复杂，可以将整个操作系统加载到内存中并开始执行。更典型的是，它是简单的代码（因为它必须适合单个磁盘块）并且只知道磁盘上的地址和引导程序剩余部分的长度。

许多现代计算机系统已经用统一可扩展固件接口（Unified Extensible Firmware Interface, UEFI）取代了基于 BIOS 的引导过程。UEFI 与 BIOS 相比有多个优点，包括对 64 位系统和更大磁盘的更好支持。或许最大的优势在于 UEFI 是一个单一的、完整的引导管理器，因此比多阶段 BIOS 引导过程更快。

无论是从 BIOS 还是 UEFI 引导，引导程序都可以执行各种任务。除了将包含内核程序的文件加载到内存，它还运行诊断程序以确定机器的状态，例如，检查内存和 CPU 并发现设备。如果诊断通过，程序可以继续启动步骤。引导程序还可以初始化系统的各个方面，从 CPU 寄存器到设备控制器和主存储器的内容。它最终启动操作系统并挂载根文件系统，只有这时，系统才被称为**正在运行**。

GRUB 是用于 Linux 和 UNIX 系统的开源引导程序。系统引导参数位于 GRUB 配置文件，它在启动时加载。GRUB 很灵活，允许在引导时进行更改，包括修改内核参数，甚至选择可以引导的不同内核。例如，以下是特殊 Linux 文件 /proc/cmdline 的内核参数，该文件在引导时使用：

```
BOOT_IMAGE = /boot/vmlinuz-4.4.0-59-generic
root = UUID = 5f2e2232-4e47-4fe8-ae94-45ea749a5c92
```

BOOT_IMAGE 是要加载到内存的内核映像的名称，root 指定了根文件系统的唯一标识符。

为了节省空间并减少启动时间，Linux 内核映像是一个压缩文件，在加载到内存后就被提取出来。在引导过程中，引导加载程序通常会创建一个临时 RAM 文件系统，称为 initramfs。此文件系统包含必须安装以支持真正的根文件系统的必要驱动程序和内核模块（不在内存中）。一旦内核启动并安装了必要的驱动程序，内核将根文件系统从临时 RAM 位置切换到适当的根文件系统位置。最后，Linux 创建 systemd 进程，即系统的初始进程，然后启动其他服务（例如，Web 服务器和/或数据库）。最终，系统将向用户显示登录提示。11.5.2 节描述 Windows 的引导过程。

值得注意的是，引导机制并不独立于引导加载程序。因此，对于 BIOS 和 UEFI，存在特定版本的 GRUB 引导加载程序，而且固件还必须知道要使用哪个特定的引导加载程序。

移动系统的启动过程与传统 PC 的启动过程略有不同。例如，虽然它的内核是基于 Linux 的，但 Android 并不使用 GRUB，而是让供应商提供引导加载程序。最常见的 Android 引导加载程序是 LK（little kernel，小内核）。Android 系统使用与 Linux 相同的压缩内核映像，以及初始 RAM 文件系统。然而，一旦所有必要的驱动程序都加载完毕，Linux 就会丢弃 initramfs，Android 维护 initramfs 作为设备的根文件系统。加载内核并安装根文件系统后，Android 会启动 init 进程，并在显示主屏幕之前创建许多服务。

最后，大多数操作系统的引导加载程序（包括 Windows、Linux、macOS、iOS 和 Android 等）提供启动进入**恢复模式**或**单用户模式**，以诊断硬件问题、修复损坏的文件系统，甚至重新安装操作系统。除了硬件故障外，计算机系统还可能遭受软件错误和操作系统性能不佳的影响，这些将在下一节中考虑。

2.10　操作系统的调试

本章时常提到调试。这里，更加深入讨论一下调试。广义而言，**调试**（debugging）是查找和更正系统（包括硬件和软件）错误。性能问题称为 bug，因此调试也会包括**性能优化**

（performance turning），即通过解决处理**瓶颈**（bottleneck）而改善性能。本节探讨调试过程、内核错误及性能问题，而硬件调试不在本书讨论范围之内。

2.10.1　故障分析

当一个进程发生故障时，大多数操作系统将错误信息写到一个**日志文件**（log file），以提醒系统管理员或用户所发生的问题。操作系统也会进行**核心转储**（core dump）——即捕获进程内存——并保存到一个文件以便以后分析。（在计算早期，内存称为核心。）运行程序和核心转储可用调试器来分析，以便程序员分析进程代码与失败时的内存。

用户级进程代码的调试是一个挑战。由于内核代码多且复杂和硬件控制以及用户级调试工具的缺乏，操作系统的内核调试更为复杂。内核故障称为**崩溃**（crash）。当发生崩溃时，错误信息会保存到一个日志文件，并且内存状态会保存到一个**崩溃转储**（crash dump）。

对于操作系统调试和进程调试，由于不同的任务性质，经常使用不同的工具。文件系统代码的内核故障会使内核在重启前将状态保存到文件系统上而产生风险。因此，一种常见技术是将内核内存保存到硬盘的某个部分，而该部分不包含任何文件系统。当内核检测到一个不可恢复的错误时，就会将全部内存的内容或至少系统内存的内核部分保存到磁盘区域。当系统启动后，有个进程会收集这个区域的数据，并将它写到文件系统的崩溃转储文件。显然，对于调试普通用户级的进程，这种方法就没有必要了。

Kernighan 法则

"调试难度是编写代码的两倍。因此，只要你的代码写得尽可能清楚，那么你无须太多技巧来调试代码。"

2.10.2　性能优化

前面说过，性能优化是通过消除处理瓶颈而改善性能。为了找出瓶颈，我们必须能够监视系统性能。因此，操作系统应有一些手段，以便计算和显示系统行为的度量。工具可以提供进程级或系统级的观察。为了进行这些观察，工具可以采用计数器或跟踪。下面我们来分别探讨一下它们。

2.10.2.1　计数器

操作系统通过一系列计数器跟踪系统活动，例如进行的系统调用次数或对网络设备或磁盘执行的操作次数。以下是使用计数器的 Linux 工具示例：

1）进程级

- `ps`——报告单个进程或进程集的信息。
- `top`——报告当前进程的实时统计信息。

2）系统级

- `vmstat`——报告内存使用统计。
- `netstat`——报告网络接口的统计信息。
- `iostat`——报告磁盘的 I/O 使用情况。

在 Linux 系统上，大多数基于计数器的工具都从 /proc 文件系统中读取统计信息。/proc 是一个"伪"文件系统，它仅存在于内核内存中，主要用来查询每个进程和内核统计信息。/proc 文件系统组织成目录层次结构，进程（分配给每个进程的唯一整数值）显示为 /proc 下的子目录。例如，目录条目 /proc/2155 包含 ID 为 2155 的进程的每个进程的统计信息，另外还有各种内核统计信息的 /proc 条目。本章和第 3 章都提供了编程项目，你需要在其中创建和访问 /proc 文件系统。

Windows 系统提供 **Windows 任务管理器**（Windows Task Manager）。它提供的信息包括：

当前应用程序和进程的信息、CPU 和内存的使用以及网络的统计数据等。图 2.19 为 Windows 10 任务管理器的一个屏幕快照。

2.10.3 跟踪

基于计数器的工具只是查询内核维护的某些统计信息的当前值，跟踪工具收集特定事件的数据，例如系统调用涉及的步骤。以下是跟踪事件的 Linux 工具示例：

1）进程级
- `strace`——跟踪进程调用的系统调用。
- `gdb`——源码级别调试器。

2）系统级
- `perf`——Linux 性能工具的集合。
- `tcpdump`——收集网络数据包。

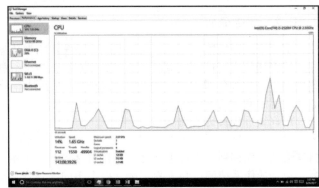

图 2.19　Windows 10 任务管理器

让操作系统更易理解、调试和优化是一个研发热点。支持内核的新一代性能分析工具在如何实现这一目标方面做出了重大改进。下面讨论 BCC，这是一个用于动态跟踪 Linux 内核的工具包。

2.10.4 BCC

如果没有能够理解用户级代码和内核代码并能够检测它们交互的工具集，则调试它们之间的交互几乎是不可能的。若要使该工具集真正有用，它必须能够调试系统的任何区域，包括编写时未考虑调试的区域，并且这样做不会影响系统可靠性。该工具集还必须具有最小的性能影响，即在理想情况下，它在不使用时应该没有影响，并且在使用期间应该有成比例的影响。BCC 工具包满足这些要求并提供动态、安全、低影响的调试环境。

BCC（BPF Compiler Collection）是一个丰富的工具包，为 Linux 系统提供跟踪功能。BCC 是 eBPF（extended Berkeley Packet Filter）工具的前端接口。BPF 技术是在 20 世纪 90 年代初开发的，用于过滤计算机网络上的流量。"扩展的" BPF（eBPF）为 BPF 添加了多种功能。eBPF 程序是用 C 语言的子集来编写的，并被编译成 eBPF 指令，可以动态地插入到正在运行的 Linux 系统。eBPF 指令可用于捕获特定事件（例如正在调用的某个系统调用）或监控系统性能（例如执行磁盘 I/O 所需的时间）。为确保 eBPF 指令性能良好，它们在插入到运行的 Linux 内核之前通过验证。验证者检查以确保指令不会影响系统性能或安全性。

尽管 eBPF 为 Linux 内核的跟踪提供了一组丰富的功能，但传统上使用它的 C 语言接口进行程序开发非常困难。BCC 的开发目的是通过 Python 提供前端接口，使利用 eBPF 编写工具变得更加容易。BCC 工具是用 Python 编写的，它嵌入了与 eBPF 工具接口的 C 代码，而 eBPF 工具又与内核接口。BCC 工具还将 C 程序编译为 eBPF 指令，并使用探针或跟踪点将其插入内核，这两种技术允许在 Linux 内核中跟踪事件。

编写自定义 BCC 工具的细节超出了本书的范围，但 BCC 包（安装在我们提供的 Linux 虚拟机上）提供了许多现成工具，用于监控正在运行的 Linux 内核中的多个活动区域。例如，BCC `disksnoop` 工具跟踪磁盘 I/O 活动。输入命令

```
./disksnoop.py
```

生成以下输出示例：

```
TIME(s)              T          BYTES          LAT(ms)
1946.29186700        R          8              0.27
1946.33965000        R          8              0.26
```

1948.34585000	W	8192	0.96
1950.43251000	R	4096	0.56
1951.74121000	R	4096	0.35

此输出告诉我们 I/O 操作发生时的时间戳、I/O 是读取还是写入操作，以及 I/O 中涉及的字节数。最后一列反映了 I/O 的持续时间（表示为延迟或 LAT），以毫秒为单位。

BCC 提供的许多工具可以用于特定的应用程序，例如 MySQL 数据库，以及 Java 和 Python 程序。也可以放置探针来监视特定进程的活动。例如，命令

```
./opensnoop -p 1225
```

将跟踪仅由标识符为 1225 的进程所执行的 open() 系统调用。

BCC 之所以特别强大，是因为它的工具可以用于执行关键应用程序的现场生产系统，而且不会对系统造成损害。对于必须监视系统性能以识别可能的瓶颈或安全漏洞的系统管理员特别有用。图 2.20 展示了 BCC 和 eBPF 目前提供的多种工具，以及可以跟踪 Linux 操作系统的几乎任何区域的能力。BCC 是一项快速变化的技术，新功能不断添加。

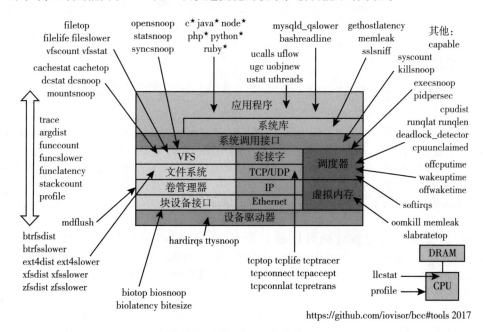

图 2.20　BCC 和 eBPF 跟踪工具

2.11　本章小结

- 操作系统通过向用户和程序提供服务来为执行程序提供环境。
- 与操作系统交互的三种主要方法是命令解释器、图形用户界面和触摸屏界面。
- 系统调用为操作系统提供的服务接口。程序员通过应用编程接口（API）来访问系统调用服务。
- 系统调用可分为六大类：进程控制、文件管理、设备管理、信息维护、通信和保护。
- 标准 C 语言库为 UNIX 和 Linux 系统提供了系统调用接口。
- 操作系统还包括一组为用户提供实用功能的系统程序。
- 链接器将几个可重定位目标模块组合成一个可执行二进制文件。加载程序将可执行文件加载到内存，以便可以在可用的 CPU 上运行。

- 应用程序特定于操作系统的原因有很多。其中包括可执行程序文件的不同二进制格式、不同 CPU 的不同指令集以及因操作系统而异的系统调用。
- 操作系统的设计考虑了特定的目标，这些目标最终决定了操作系统的策略。操作系统通过特定的机制来实现这些策略。
- 单片操作系统没有结构，所有功能都在静态的单个二进制文件中提供，该文件在单个地址空间中运行。虽然这种系统很难修改，但它们的主要好处是效率。
- 分层操作系统被分成许多不同层，其中底层是硬件接口，最高层是用户接口。尽管分层软件系统取得了一些成功，由于性能问题，这种方法通常不适用于设计操作系统。
- 设计操作系统的微内核方法使用最小内核，大多数服务作为用户级应用程序运行，通过消息传递进行通信。
- 设计操作系统的模块化方法通过可在运行时加载和删除的模块提供操作系统服务。许多当代操作系统使用单片内核和模块组件来构建混合系统。
- 引导加载程序将操作系统加载到内存中，执行初始化，并开始系统执行。
- 可以使用计数器或跟踪来监控操作系统的性能。计数器是系统范围或每个进程统计信息的集合，而跟踪则跟随通过操作系统执行的程序。

2.12 推荐读物

［Bryant and O'Hallaron（2015）］概述计算机系统，包括链接器和加载器的作用。［Atlidakis et al.（2016）］讨论 POSIX 系统调用及其与现代操作系统的关系。［Levin（2013）］讨论了 macOS 和 iOS 的内部细节，［Levin（2015）］描述了 Android 系统细节。［Russinovich et al.（2017）］讨论了 Windows 10 的内部结构。有关 BSD UNIX 的讨论，可参见［McKusick et al.（2015）］。［Lovec（2010）］和［Mauerer（2008）］全面讨论了 Linux 内核。Solaris 在［McDougall and Mauro（2007）］中有完整的描述。

Linux 源代码可从 http://www.kernel.org 获得。Ubuntu ISO 映像可从 https://www.ubuntu.com/ 获得。

Linux 内核模块的完整讨论可以参见 http://www.tldp.org/LDP/lkmpg/2.6/lkmpg.pdf。［Ward（2015）］和 http://www.ibm.com/developerworks/linux/library/l-linuxboot/描述了使用 GRUB 的 Linux 引导过程。［Gregg（2014）］介绍了性能优化，重点关注 Linux 和 Solaris 系统。BCC 工具包的详细信息，可参见 https://github.com/iovisor/bcc/#tools。

2.13 参考文献

［Atlidakis et al.（2016）］ V. Atlidakis, J. Andrus, R. Geambasu, D. Mitropoulos, and J. Nieh, "POSIX Abstractions in Modern Operating Systems: The Old, the New, and the Missing"（2016）, pages 19: 1-19: 17.

［Bryant and O'Hallaron（2015）］ R. Bryant and D. O'Hallaron, *Computer Systems: A Programmer's Perspective*, Third Edition（2015）.

［Gregg（2014）］ B. Gregg, *Systems Performance—Enterprise and the Cloud*, Pearson（2014）.

［Levin（2013）］ J. Levin, *Mac OS X and iOS Internals to the Apple's Core*, Wiley（2013）.

［Levin（2015）］ J. Levin, *Android Internals-A Confectioner's Cookbook*. Volume I（2015）.

［Love（2010）］ R. Love, *Linux Kernel Development*, Third Edition, Developer's Library（2010）.

［Mauerer（2008）］ W. Mauerer, *Professional Linux Kernel Architecture*, John Wiley and Sons（2008）.

［McDougall and Mauro（2007）］ R. McDougall and J. Mauro, *Solaris Internals*, Second Edition, Prentice Hall（2007）.

［McKusick et al.（2015）］ M. K. McKusick, G. V. Neville-Neil, and R. N. M. Watson, *The Design and Implementation of the FreeBSD UNIX Operating System-Second Edition*, Pearson（2015）.

［Russinovich et al.（2017）］ M. Russinovich, D. A. Solomon, and A. Ionescu, *Windows Internals-Part 1*,

Seventh Edition，Microsoft Press（2017）．

［Ward（2015）］　　B. Ward，*How LINUX Works-What Every Superuser Should Know*，Second Edition，No Starch Press（2015）．

2.14 练习

2.1 系统调用的目的是什么？

2.2 命令解释器的目的是什么？为什么它通常与内核分开？

2.3 命令解释器或 shell 必须执行什么系统调用，以便启动新的进程？

2.4 系统程序的目的是什么？

2.5 系统设计的分层方法的主要优点是什么？分层方法的缺点是什么？

2.6 列出操作系统提供的五个服务，并解释每个服务如何方便用户。在哪种情况下，用户级程序提供这些服务是不可能的？解释你的答案。

2.7 为什么有些系统存储操作系统在固件中，而有的存储在硬盘上？

2.8 如何设计系统以便选择引导操作系统？引导程序需要做什么？

2.15 习题

2.9 操作系统提供的服务和功能可以分为两大类。简要描述这两大类，并讨论它们如何不同。

2.10 描述传递参数到操作系统的三种通用方法。

2.11 描述如何获得一个程序执行不同代码部分的时间统计简表。讨论获得这种统计简表的重要性。

2.12 对于操作文件和设备，采用同样系统调用接口有什么优点和缺点？

2.13 采用操作系统提供的系统调用接口，用户是否能够开发一个新的命令解释器？

2.14 描述为什么 Android 使用提前（Ahead-Of-Time，AOT）编译而不是即时（Just-In-Time，JIT）编译。

2.15 进程间通信的两个模型是什么？这两种方案有何优缺点？

2.16 比较应用编程接口（Application Programming Interface，API）和应用程序二进制接口（Application Binary Interface，ABI）。

2.17 为什么机制和策略的分离是可取的？

2.18 如果操作系统的两个组件相互依赖，那么采用分层法有时很难。确定一个场景，有两个系统组件的功能是紧密耦合的，但如何对它们分层却并不清楚。

2.19 采用微内核法设计系统的主要优点是什么？用户程序和系统服务在微内核架构内如何交互？采用微内核设计的缺点是什么？

2.20 采用可加载内核模块的优点有什么？

2.21 iOS 和 Android 有什么相似？它们有什么不同？

2.22 解释为什么 Android 系统运行的 Java 程序不使用标准的 Java API 和虚拟机。

2.23 试验性的操作系统 Synthesis 在内核里集成了一个汇编器。为了优化系统调用性能，通过在内核空间内汇编程序，内核可缩短系统调用在其经过的路径。这与分层法相反，这种方法包括了在内核中经过的路径，以使操作系统构建更加简单。讨论 Synthesis 方法对内核设计和系统性能优化有什么好处与坏处。

2.16 编程题

2.24 2.3 节描述了一个程序，可将一个文件内容复制到另一个目标文件。这个程序首先提示用户输入源文件和目标文件的名称。利用 POSIX 或 Windows 的 API，编写这个程序。

确保包括所有必要的错误检查以及源文件是否存在。

在正确设计并测试这个程序后，可采用系统调用跟踪工具来运行它（如果所用的系统提供这样的支持）。Linux 系统提供了 strace 工具，而 macOS 系统采用了 dtruss 命令（dtruss 命令实际上是 dtrace 的前端，需要管理员权限，因此必须使用 sudo 运行）。这些工具可以按如下方式使用（假设可执行文件的名称为 FileCopy）：

Linux：

```
strace ./FileCopy
```

macOS：

```
sudo dtruss ./FileCopy
```

由于 Windows 系统没有提供这类工具，只能通过调试器来跟踪程序。

2.17　编程项目

Linux 内核模块

在这个项目中，你会学习如何创建内核模块以及将其加载到 Linux 内核。然后，你将修改内核模块，以便在 /proc 文件系统中创建一个条目。该项目可以采用与本书配套的虚拟机。尽管你可以使用一个编辑器来编写这些 C 程序，但你必将使用终端应用程序来编译程序，你还需要在命令行上输入命令以管理内核模块。

正如我们将会看到的，开发内核模块的优势在于：它是一个相对简单且与内核交互的方法，从而允许编写程序以直接调用内核函数。重要的是要记住：你确实是编写内核代码来与内核直接交互。这通常意味着代码中的任何错误都可能导致系统崩溃！不过，由于会使用虚拟机，任何故障顶多导致需要重新启动系统。

Ⅰ．内核模块概述

这个项目的第一部分包括以下一系列步骤，用于创建模块并将其插入 Linux 内核。

你可以列出当前加载的所有内核模块，通过输入命令

```
lsmod
```

这个命令会采用三列来列出当前内核模块的名称、大小以及正在使用的模块。

图 2.21 所示的程序（名为 simple.c，为本书配套源代码）是一个非常基础的内核模块，用于输出加载和卸载时的适当消息。

函数 simple_init() 为**模块入口点**（module entry point），它是当模块加载到内核时被调用的函数。类似地，函数 simple_exit() 为模块退出点（module exit point），它是当模块从内核中移除时被调用的函数。

模块入口点的函数应返回一个整数值，0 代表成功，而任何其他值代表失败。模块退出点的函数应返回 void。无论是模块入口点函数还是模块退出点函数，都不能传递任何参数。下面的两个宏用于向内核注册模块的入口点和退出点：

```
module_init(simple_init)
module_exit(simple_exit)
```

注意图 2.21 中模块的入口点和退出点函数如何调用函数 printk()。printk() 是等价于 printf() 的内核函数，然而它的输出被发送到一个内核日志缓冲区，其内容可以通过 dmesg 命令来读取。printk() 与 printf() 的一个区别是：printk() 允许指定一个优先级，其具体值由文件 <linux/printk.h> 来定义。在这里，优先级为 KERN_INFO，表示这是一个信息性（informational）消息。

最后几行，如 MODULE_LICENSE()、MODULE_DESCRIPTION() 和 MODULE_AUTHOR

（），说明软件许可、模块描述和作者等信息。对于我们而言不需要这些信息，但是我们依然包括它，因为这是开发内核模块的标准做法。

```
#include<linux/init.h>
#include<linux/kernel.h>
#include<linux/module.h>

/* This function is called when the module is loaded. */
int simple_init (void)
{
  printk(KERN_INFO "Loading Kernel Module\n");

  return 0;
}

/* This function is called when the module is removed. */
void simple_exit (void)
{
  printk(KERN_INFO "Removing Kernel Module\n");
}

/* Macros for registering module entry and exit points. */
module_init(simple_init);
module_exit(simple_exit);

MODULE_LICENSE ("GPL");
MODULE_DESCRIPTION ("Simple Module");
MODULE_AUTHOR ("SGG");
```

图 2.21　simple.c 内核模块

这个 simple.c 内核模块的编译，可采用与该项目源代码一起附带的文件 Makefile。要编译模块，输入以下命令行：

    make

编译生成多个文件。文件 simple.ko 是已编译的内核模块。接下来的步骤用于将这个模块插入 Linux 内核。

∥. 加载与卸载内核模块

内核模块的加载，可使用 insmod 命令

    sudo insmod simple.ko

要检查模块是否已经加载，先输入 lsmod 命令，再搜索 simple 模块。回想一下，当模块被插入内核时，模块入口点被调用。要检查消息内容是否在内核日志缓冲区，可输入命令

    dmesg

你应该看到消息"Loading Module"。

删除内核模块可用 rmmod 命令（注意，后缀 .ko 不是必要的）：

    sudo rmmod simple

请务必使用 dmesg 命令来检查，确保模块已被删除。

由于内核日志缓冲区可能很快填满，最好定期清除缓冲区。这可这样进行：

    sudo dmesg -c

按上述步骤，创建内核模块，并加载和卸载模块。务必用 dmesg 来检查内核日志缓冲区的内容，以确保正确遵循以上所述的步骤。

由于内核模块运行在内核中，可以获取仅在内核中可用而对常规用户应用程序不可用的值

和调用函数。例如，Linux 头文件<linux/hash.h>定义了几个在内核中使用的散列函数。该文件还定义了常数值 GOLDEN_RATIO_PRIME（定义为无符号长整数）。这个值可以输出如下：

```
printk(KERN INFO "% lufin",GOLDEN_RATIO_PRIME);
```

另一个例子，头文件<linux/gcd.h>定义了以下函数：

```
unsigned long gcd(unsigned long a,unsigned b);
```

它返回参数 a 和 b 的最大公约数。

一旦能够正确加载和卸载模块，就可完成以下其他步骤：

1）在简单的 init() 函数中输出 GOLDEN_RATIO_PRIME 的值。

2）在简单的 exit() 函数中输出 3300 和 24 的最大公约数。

由于编译器错误在执行内核开发时通常没有什么帮助，因此通过定期运行 make 来经常编译程序是很重要的。一定要确保加载和删除内核模块并使用 dmesg 检查内核日志缓冲区，以确保对 simple.c 的更改正常工作。

在 1.4.3 节中，我们描述了定时器的作用以及定时器中断处理程序。在 Linux 中，定时器滴答的速率（tick rate）是<asm/param.h>中定义的值 HZ。HZ 的值决定了定时器中断的频率，它的值因机器类型和架构而异。例如，如果 HZ 的值为 100，则定时器中断每秒发生100 次，或每 10 毫秒发生一次。此外，内核跟踪全局变量 jiffies，它维护自系统启动以来发生的定时器中断的数量。jiffies 变量在文件<linux/jiffies.h>中声明。

1）在 simple_init() 函数中输出 jiffies 和 HZ 的值。

2）在 simple_exit() 函数中输出 jiffies 的值。

```
#include <linux/init.h>
#include <linux/kernel.h>
#include <linux/module.h>
#include <linux/proc fs.h>
#include <asm/uaccess.h>

#define BUFFER_SIZE 128
#define PROC_NAME "hello"

ssize_t proc_read (struct file * file, char _user * usr_buf,
  size_t count, loff_t * pos);

static struct file_operations proc_ops = {
    .owner = THIS_MODULE,
    .read = proc_read,
};

/* This function is called when the module is loaded. */
int proc_init (void)
{
  /* creates the /proc/hello entry */
  proc_create (PROC_NAME, 0666, NULL, &proc_ops);

  return 0;
}

/* This function is called when the module is removed. */
void proc_exit (void)
{
  /* removes the /proc/hello entry */
  remove_proc_entry (PROC_NAME, NULL);
}
```

图 2.22 /proc 文件系统内核模型（一）

在进行下面练习之前，请考虑如何在 simple_init() 和 simple_exit() 中使用 jiffies 的不同值来确定自内核模块加载到删除以来经过的秒数。

Ⅲ. /proc **文件系统**

/proc 文件系统是一个"伪"文件系统，只存在于内核内存中，主要用于查询内核和进程的各种统计信息。

本练习涉及设计内核模块，这些模块在 /proc 文件系统中创建额外的条目，包括内核统计信息和与特定进程相关的信息。整个程序如图 2.22 和图 2.23 所示。

```
/* This function is called each time /proc/hello is read */
ssize t proc_read (struct file *file, char _user *usr buf,
    size_t count, loff_t *pos)
{
    int rv = 0;
    char buffer[BUFFER_SIZE];
    static int completed = 0;

if (completed) {
    completed = 0;
    return 0;
    }

    completed = 1;

    rv = sprintf (buffer, "Hello World\n");

    /* copies kernel space buffer to user space usr_buf */
    copy_to_user (usr_buf, buffer, rv);

    return rv;
}
module_init (proc_init);
module_exit (proc_exit);

MODULE_LICENSE ("GPL");
MODULE_DESCRIPTION ("Hello Module");
MODULE_AUTHOR ("SGG");
```

图 2.23　/proc 文件系统内核模型（二）

我们首先描述如何在 /proc 文件系统中创建新条目。下面的程序示例（名为 hello.c，可在本书的源代码中获得）创建一个名为 /proc/hello 的 /proc 条目。如果用户输入命令

cat /proc/hello

则会返回 Hello World 消息。

在模块入口点 proc_init() 中，我们使用 proc_create() 函数创建新的 /proc/hello 条目。这个函数被传递给 proc_ops，其中包含一个对结构 file_ operations 的引用。此结构初始化 .owner 和 .read 成员。.read 的值是函数 proc_read() 的名称，每当读取 /proc/hello 时都会调用该函数。

分析 proc_read() 函数，可以看到字符串 "Hello World\n" 被写入变量缓冲区，其中缓冲区存在于内核内存中。由于 /proc/hello 可以从用户空间访问，必须使用内核函数 copy_to_user() 将缓冲区的内容复制到用户空间。该函数将内核内存缓冲区的内容复制到存在于用户空间中的变量 usr_buf。

每次读取 /proc/hello 文件时，proc_read() 函数都会被重复调用，直到它返回 0，因此必须有逻辑来确保该函数在收集到数据后返回 0（在这种情况下，字符串 "Hello

World \n"），即进入相应的/proc/hello文件。

最后，注意/proc/hello文件在模块退出点proc_exit()中使用函数remove_proc_entry()被删除。

Ⅳ. 任务

这项任务将涉及设计两个内核模块：

1）设计一个内核模块，创建一个名为/proc/jiffies的/proc文件，该文件在读取/proc/jiffies文件时报告jiffies的当前值，例如使用命令

```
cat/proc/jiffies
```

删除模块时，请务必删除/proc/jiffies。

2）设计一个内核模块，创建一个名为/proc/seconds的proc文件，该文件报告自加载内核模块以来经过的秒数。这将涉及使用jiffies的值以及HZ速率。当用户输入命令

```
cat/proc/seconds
```

你的内核模块将报告自内核模块首次加载以来经过的秒数。当模块被移除时，请务必删除/proc/seconds。

进程管理

进程就是在执行程序。一个进程将需要某些资源（例如 CPU 时间、内存、文件和 I/O 设备等）来完成任务。这些资源通常在进程执行时加以分配。

进程是大多数系统的工作单元。这类系统包含一组进程：操作系统进程执行系统代码，而用户进程执行用户代码。所有这些进程都可以并发执行。

现代操作系统支持具有多线程的进程。在具有多个硬件处理核的系统上，这些线程可以并行运行。

操作系统最重要的一点是考虑如何将线程调度到可用的处理核。开发人员在设计 CPU 调度程序时有多种选择。

进程

早期的计算机一次只能执行一个程序。这个程序完全控制系统，并且访问所有系统资源。相比之下，现代计算机系统允许加载多个程序到内存，以便并发执行。这种改进要求对各种程序提供更严格的控制和更好的划分。这些需求产生了**进程**（process）这一概念，即进程就是执行程序。进程是现代计算系统的工作单元。

操作系统越复杂，用户做的也会越多。虽然它主要关注的是执行用户程序，但是也要顾及各种系统任务（这些任务留在内核之外会更好）。因此，系统会由一组进程组成：系统进程执行系统代码，而用户进程执行用户代码。本质上，所有这些进程都可以并发执行，CPU（或多个 CPU）在它们之间多路复用。在本章中，你将学习进程是什么、操作系统如何表示它们以及它们如何工作。

本章目标

- 指出进程的各个部分，并讨论操作系统是如何表示和调度它们的。
- 描述操作系统如何创建和终止进程，包括通过进行这些操作的适当系统调用来开发程序。
- 描述和比较使用共享内存和消息传递的进程间通信。
- 设计使用管道和 POSIX 共享内存来执行进程间通信的程序。
- 描述使用套接字和远程过程调用的客户端-服务器通信。
- 设计与 Linux 操作系统交互的内核模块。

3.1 进程的概念

在讨论操作系统时，出现的一个问题涉及如何称呼所有 CPU 活动。早期计算机为批处理系统，它们执行**作业**（job），而后来的分时系统使用**用户程序**（user program）或**任务**（task）。即使单用户系统，用户也能同时运行多个程序，如文字处理、网页浏览和电子邮件处理等。即使用户一次只能执行一个程序，操作系统也需要支持本身的内部活动，例如内存管理。所有这些活动在许多方面都相似，因此我们称之为**进程**。

虽然作者自己偏爱用进程这个术语，但是作业这个术语有其历史意义，因为许多操作系统的理论和技术都是在操作系统的主要活动被称为作业处理的时期发展起来的。因此，在某些特定情况下，我们在描述操作系统的角色时还会使用作业。因此如果只是由于进程取代了作业，就不再使用有关作业的常用短语（如作业调度，job scheduling），则会令人误解。

3.1.1 进程概述

如前所述，进程是执行的程序，这是一种非正式的说法。进程包括当前活动，如**程序计数器**（program counter）的值和处理器寄存器的内容等。一个进程的内存布局通常分为多个部分，如图 3.1 所示。这些部分包括：

- **文本段**：可执行代码。
- **数据段**：全局变量。
- **堆段**：在程序运行时动态分配的内存。
- **栈段**：调用函数时的临时数据存储（如函数参数、返回地址、局部

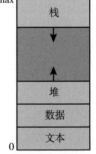

图 3.1 进程
内存的布局

变量）。

请注意，文本和数据段的大小是固定的，因为它们的大小在程序运行时不会改变。但是，堆段和栈段可以在程序执行期间动态收缩和增长。每次调用函数时，都会将包含函数参数、局部变量和返回地址的**激活记录**（activation record）压入堆栈，当控制从函数返回时，激活记录从堆栈中弹出。类似地，堆会随着内存的动态分配而增长，并在内存返回给系统时缩小。尽管栈段和堆段相互靠近，但操作系统必须确保它们不会相互重叠。

需要强调的是程序本身不是进程。程序只是被动实体，如存储在磁盘上包含一系列指令的文件（经常称为**可执行文件**）。相反，进程是活动实体，具有一个用于表示下个执行命令的程序计数器和一组相关资源。当一个可执行文件被加载到内存时，这个程序就成为进程。加载可执行文件通常有两种方法：双击一个代表可执行文件的图标或在命令行上输入可执行文件的名称（如 `prog.exe` 或 `a.out`）。

虽然两个进程可以与同一程序相关联，但仍被当作两个单独的执行序列。例如，多个用户可以运行电子邮件的不同副本，或者同一用户可以调用 Web 浏览器程序的多个副本。每个副本都是单独进程，虽然文本段相同，但是数据段、堆段及栈段却不同。进程在运行时也经常会生成许多进程。3.4 节将讨论这些问题。

注意，进程本身也可作为一个环境，用于执行其他代码。Java 编程环境就是一个很好的例子。在大多数情况下，可执行 Java 程序在 Java 虚拟机（Java Virtual Machine，JVM）中执行。作为一个进程来执行的 JVM，会解释所加载的 Java 代码，并根据代码采取动作（按本机指令来执行）。例如，如要运行编译过的 Java 程序 `Program.class`，我们可以输入

```
java Program
```

命令 `java` 将 JVM 作为一个普通进程来运行，而这个进程会在 JVM 内执行 Java 程序 `Program`。这个概念与模拟是一样的，不同的是，代码不是采用不同指令集，而是采用 Java 语言。

3.1.2 进程状态

进程在执行时会改变**状态**。进程状态部分取决于进程的当前活动。每个进程可能处于以下状态：

- 新建（new）：进程正在创建。
- 运行（running）：指令正在执行。
- 等待（waiting）：进程等待发生某个事件（如 I/O 完成或收到信号）。
- 就绪（ready）：进程等待分配处理器。
- 终止（terminated）：进程已经完成执行。

这些状态名称有些随意，而且随着操作系统的不同而有所不同。不过，它们表示的状态在所有系统上都会出现。有的系统对进程状态定义得更细。重要的是要认识到，一次只有一个进程可在一个处理核上运行，但是许多进程可处于就绪或等待状态。图 3.2 显示了一个状态图。

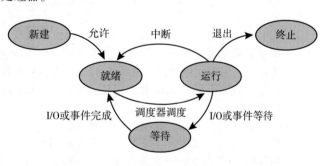

图 3.2　进程状态图

C 程序的内存布局

下图说明了 C 程序的内存布局，强调进程的不同部分与实际 C 程序的关系。这个图类似于进程内存布局的一般概念（如图 3.1 所示），但有一些区别：

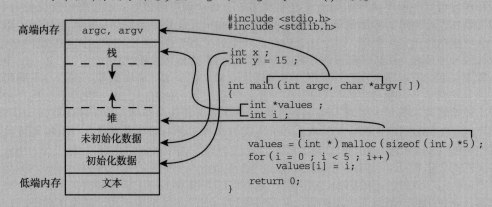

- 全局数据段分为不同部分，用于初始化的数据和未初始化的数据。
- 一个单独部分用于传递参数 argc 和 argv 到 main() 函数。

GNU 命令 size 可用于确定一些部分的大小（以字节为单位）。假设上面 C 程序的可执行文件的名称是 memory，下面是输入命令 size memory 所生成的输出

```
text    data    bss    dec    hex    filename
1158    284     8      1450   5aa    memory
```

data 段是指初始化的数据，bss 是指已初始化的数据。（bss 是一个历史术语，指由符号开始的块。）dec 和 hex 值是以十进制和十六进制分别表示的三个部分的总和。

3.1.3 进程控制块

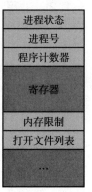

图 3.3 进程
控制块（PCB）

操作系统内的每个进程表示，都采用**进程控制块**（Process Control Block，PCB），也称为**任务控制块**（task control block）。图 3.3 给出了一个 PCB 的例子。它包含许多与某个特定进程相关的信息：

- 进程状态（process state）。状态可以包括新建、就绪、运行、等待、停止等。
- 程序计数器（program counter）。计数器表示进程将要执行的下个指令的地址。
- CPU 寄存器（CPU register）。根据计算机体系结构的不同，寄存器的类型和数量也会不同。它们包括累加器、索引寄存器、堆栈指针、通用寄存器和其他条件码信息寄存器。在发生中断时，这些状态信息与程序计数器需要一起保存，以便进程在被重新调度后可以继续正确执行。
- CPU 调度信息（CPU-scheduling information）。这类信息包括进程优先级、调度队列的指针和其他调度参数（第 5 章讨论进程调度）。
- 内存管理信息（memory-management information）。根据操作系统使用的内存系统，这类信息可以包括基址和界限寄存器的值、页表或段表（将在第 9 章讨论）。
- 记账信息（accounting information）。这类信息包括 CPU 时间、实际使用时间、时间期限、记账数据、作业或进程数量等。
- I/O 状态信息（I/O status information）。这类信息包括分配给进程的 I/O 设备列表和打开文件列表等。

简而言之，PCB 用作启动或重新启动进程所需的所有数据以及一些记账信息的存储仓库。

3.1.4　线程

迄今为止所讨论的进程模型暗示每个进程是执行单个**线程**（thread）的程序。例如，如果一个进程运行一个字处理器程序，那么只能执行单个指令线程。这种单一控制线程使得进程一次只能执行一个任务。因此，用户不能同时输入字符和拼写检查。许多现代操作系统扩展了进程的概念，以便能够支持一次执行多个线程。这种特征对多核系统尤其有益，因为可以并行运行多个线程。例如，多线程文字处理程序可以分配一个线程来管理用户输入，而另一个线程运行拼写检查器。在支持线程的系统中，PCB 被扩展到包括每个线程的信息。系统还会需要一些其他改变，以便支持线程。我们在第 4 章详细探讨线程。

Linux 的进程表示

Linux 操作系统的进程控制块采用 C 语言结构 task_struct 来表示，它位于内核源代码目录内的头文件 <linux/sched.h>。这个结构包含用于表示进程的所有必要信息，包括进程状态、调度和内存管理信息、打开文件列表、指向父进程的指针、指向子进程和指向兄弟进程列表的指针等（**父进程**（parent process）是创建它的进程，**子进程**（child process）是它本身创建的进程，**兄弟进程**（sibling process）是具有同一父进程的进程）。这些成员包括：

```
long state;                        /*state of the process */
struct sched_entity se;            /*scheduling information */
struct task_struct *parent;        /*this process's parent */
struct list_head children;         /*this process's children */
struct files_struct *files;        /*list of open files */
struct mm_struct *mm;              /*address space */
```

例如，进程状态是由这个结构的成员 long state 来表示的。在 Linux 内核中，所有活动进程的表示都采用 task_struct 的双向链表。内核采用一个指针（即 current），用于指向当前系统正在执行的进程，如下图所示：

下面举例说明内核如何修改某个特定进程的 task_struct 的成员，假设系统需要将当前运行进程状态改成 new_state 值。如果 current 为指向当前运行进程的指针，那么可以这样改变状态：

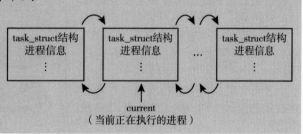

current（当前正在执行的进程）

```
current→state=new_state;
```

3.2　进程调度

多道程序设计的目标是无论何时都有进程运行，从而最大化 CPU 利用率。分时系统的目的是在进程之间快速切换 CPU 核，以便用户在程序运行时能与其交互。为了满足这些目标，**进程调度器**（process scheduler）选择一个可用进程（可能从多个可用进程集合中）到 CPU 核上执行，每个 CPU 核一次只能运行一个进程。对于具有单个 CPU 核的系统，一次运行的进程永远不会超过一个，而多核系统可以一次运行多个进程。如果进程数量多于 CPU 核数量，则多余的进程将不得不等到 CPU 核空闲并且可以重新调度。当前内存中的进程数量称为**多道程序的程度**（degree of multiprogramming）。

平衡多道程序和时间共享的目标还需要考虑进程的一般行为。通常，大多数进程可以被描述为 I/O 密集型或 CPU 密集型。**I/O 密集型进程**是指花费在 I/O 上的时间多于花费在计算上的时间。相反，**CPU 密集型进程**很少生成 I/O 请求，而是使用更多的时间进行计算。

3.2.1　调度队列

当进程进入系统时，它们被放入**就绪队列**（ready queue），表示已准备好，并等待在 CPU 核上执行。这个队列通常用链表实现，其头节点有两个指针，用于指向链表的第一个和最后一个 PCB 块，每个 PCB 还包括一个指针，指向就绪队列的下一个 PCB。

系统还有其他队列。当一个进程被分配了 CPU 核后，它执行一段时间，最终退出或被中断或等待特定事件发生（如 I/O 请求的完成）。假设进程向一个共享设备（如磁盘）发出 I/O 请求。由于设备运行速度明显慢于处理器，因此进程必须等待 I/O。等待某个事件发生的进程（例如 I/O 的完成）被放置在**等待队列**（wait queue）中（见图 3.4）。

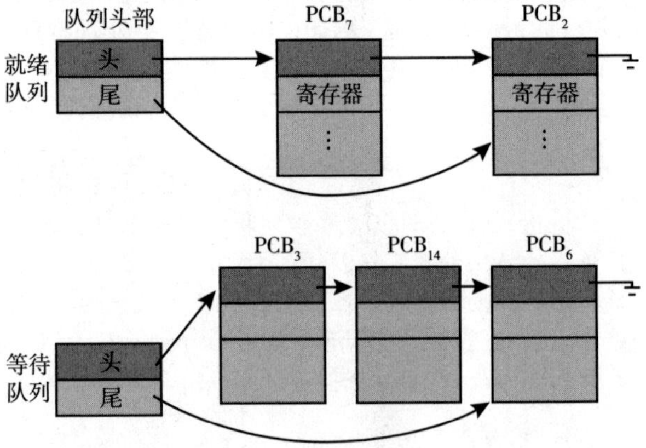

进程调度通常用**队列图**（queueing diagram）来表示，如图 3.5 所示。这里具有两种队列：就绪队列和设备队列。圆圈表示服务队列的资源，箭头表示系统内的进程流向。

最初，新进程被加到就绪队列中，它在就绪队列中等待，直到被选中执行或被**分派**（dispatched）。当该进程分配到 CPU 核并执行时，以下事件可能发生：

- 进程可能发出 I/O 请求，并被放到 I/O 队列。
- 进程可能创建一个新的子进程，然后放回到等待队列并等待子进程终止。
- 进程可能由于中断或时间片到期而被强制释放 CPU 核，并被放回到就绪队列。

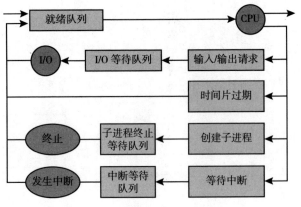

图 3.4　就绪队列和等待队列

图 3.5　进程调度的队列图示

对于前面两种情况，进程最终从等待状态切换到就绪状态，并放回到就绪队列。进程重复这一循环直到终止，然后它会从所有队列中删除，其 PCB 和资源也被释放。

3.2.2　CPU 调度

一个进程在整个生命周期中在就绪队列和各种等待队列之间迁移。**CPU 调度器**（CPU scheduler）的作用是从就绪队列的进程中进行选择，并为其中之一分配一个 CPU 核。CPU 调度器必须频繁地为 CPU 选择一个新进程。在等待 I/O 请求之前，I/O 密集型进程可能只执行几毫秒。尽管 CPU 密集型的进程需要 CPU 内核的持续时间更长，但调度程序不太可能长时间将内核授予某个进程。相反，它可能被设计为强制从一个进程中移除 CPU 并安排运行另一个进程。因此，CPU 调度程序至少每 100 毫秒执行一次，通常更加频繁。

有些操作系统有一种中间形式的调度，称为**交换**（swapping），其主要思想是：有时从内存中（以及从 CPU 的活动争用中）删除一个进程可能有利，从而降低了多道程序的程度。稍后，该进程可以重新引入内存，并且可以从中断的地方继续执行。这种方案被称为交换，因为进程可以从内存"换出"到磁盘，保存当前状态，然后从磁盘"换入"到内存，恢复状态。交换通常仅在内存已被过度使用且必须释放时才需要。我们将在第 9 章讨论交换。

3.2.3 上下文切换

正如 1.2.1 节所提到的，中断导致 CPU 核从执行当前任务变为执行内核程序，这种操作在通用系统中经常发生。当中断发生时，系统需要保存当前运行在 CPU 核上的进程的上下文，以便在处理后能够恢复上下文，即先挂起进程，再恢复进程。进程上下文采用进程 PCB 表示，包括 CPU 寄存器的值、进程状态（见图 3.2）和内存管理信息等。通常，通过执行**状态保存**（state save），保存 CPU 核当前状态（包括内核模式和用户模式），之后，**状态恢复**（state restore）重新开始运行。

切换 CPU 核到另一个进程需要保存当前进程的状态并恢复另一个进程的状态，这个任务称为**上下文切换**（context switch）（见图 3.6）。当进行上下文切换时，内核会将旧进程状态保存在其 PCB 中，然后加载经过调度将要执行的新进程的上下文。上下文切换的时间是纯粹的开销，因为在切换时系统并没有做任何有用工作。上下文切换的速度因机器不同而有所不同，它依赖于内存速度、必须复制的寄存器数量、是否有特殊指令（如单个指令加载或存储所有寄存器）等，通常需要数百到数千纳秒。

上下文切换的时间与硬件支持密切相关。例如，有的处理器提供了多个寄存器组，上下文切换只需简单改变当前寄存器组的指针。当然，如果活动进程数量超过寄存器的组数，那么系统需要像以前一样在寄存器与内存之间进行数据复制。而且，操作系统越复杂，上下文切换所要做的就越多。正如我们将在第 9 章讨论的，越高级的内存管理技术在每次上下文切换时所需切换的数据会越多。例如，在使用下一个进程的地址空间之前，需要保存当前进程的地址空间。如何保存地址空间和需要做什么才能保存等问题，取决于操作系统的内存管理方法。

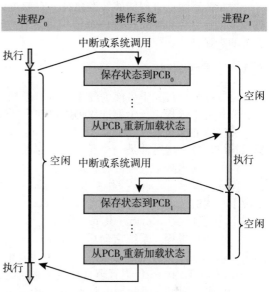

图 3.6 进程到进程的上下文切换图示

移动系统的多任务处理

由于我们对移动设备施加了限制，早期版本的 iOS 没有提供用户应用程序的多任务处理，它只运行了一个前台应用程序，而所有其他用户应用程序都被挂起。操作系统任务是多任务的，因为它们是由 Apple 自己编写的，且性能良好。然而，从 iOS 4 开始，Apple 提供了一种有限形式的用户应用程序的多任务处理，从而允许单个前台应用程序与多个后台应用程序同时并发运行。在一个移动设备中，**前台应用程序**（foreground application）是当前打开的应用并出现在显示屏上。**后台应用程序**（background application）保留在内存中，但不占用显示屏。iOS 4 编程 API 提供对多任务处理的支持，从而允许进程在后台运行而不被暂停，但它是有限的，只适用于某些类型的应用程序。随着移动设备硬件开始提供更大的内存容量、多个处理核和更长的电池寿命，后续版本的 iOS 开始支持更丰富的、限制更少的多任务功能。例如，iPad 的大屏幕允许同时运行两个前台应用程序，这种技术称为**分屏**（split-screen）。

Android 自问世以来就支持多任务处理，并没有限制后台应用程序类型。如果一个应用程序需要后台处理，那么这个应用程序必须使用**服务**（service），即为后台进程运行的、独立的应用程序组件。以音频流应用程序为例，如果应用程序移到后台运行，那么服务会为后台应用程序持续发送音频文件到音频设备驱动程序。事实上，即使后台应用程序挂起，服务仍将继续运行。服务没有用户界面，并且占用内存少，因此为移动环境提供了高效的多任务支持。

3.3 进程操作

大多数系统的进程能够并发执行，它们可以动态创建和删除。因此，操作系统必须提供机制来创建进程和终止进程。本节探讨进程创建机制，并且举例说明 UNIX 系统和 Windows 系统的进程创建。

3.3.1 进程创建

进程在执行过程中可能创建多个新的进程。正如前面所述，创建进程称为父进程，而新的进程称为子进程。每个新进程可以再创建其他进程，从而形成**进程树**（process tree）。

大多数的操作系统（包括 UNIX、Linux 和 Windows）对进程的识别采用的是唯一的**进程标识符**（pid），这通常是一个整数值。系统内的每个进程都有一个唯一 pid，它可以用作索引，以便访问内核中进程的各种属性。

图 3.7 演示了 Linux 操作系统的典型进程树，显示了每个进程的名称及其 pid。（在这种情况下，我们按习惯使用术语进程（process），不过在 Linux 中，有些人更喜欢使用术语任务（task）。）进程 systemd（其 pid 始终为 1）充当所有用户进程的父进程，是系统启动时创建的第一个用户进程。系统启动后，进程 systemd 创建提供附加服务的进程，例如 Web 或打印服务器、ssh 服务器等。在图 3.7 中，我们看到了 systemd 的两个子进程：logind 和 sshd。进程 logind 负责管理直接登录系统的客户端，在此示例中，客户端已登录并正在使用 bash 壳，该壳已分配 pid 为 8416。使用 bash 命令行界面，该用户创建了进程 ps 以及 vim 编辑器。进程 sshd 负责管理使用 ssh（secure 壳）连接到系统的客户端。

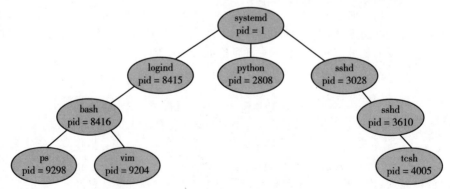

图 3.7 典型 Linux 系统的进程树

对于 UNIX 和 Linux 系统，我们可以通过 ps 命令得到一个进程列表。例如，命令

```
ps -el
```

可以列出系统中的所有当前活动进程的完整信息。一个类似于图 3.7 所示的进程树可以通过递归地跟踪父进程一直到 systemd 进程来构建。此外，Linux 系统提供了 pstree 命令来显示系统中所有进程的树。

进程 init 和 systemd

  传统 UNIX 系统将进程 init 标识为所有子进程的根。init（也称为 System V init）的 pid 为 1，是系统启动时创建的第一个进程。在类似于图 3.7 所示的进程树上，init 位于根目录。

  Linux 系统最初采用 System V init 方法，但最近的发行版已将其替换为 systemd。如 3.3.1 节所述，systemd 作为系统的初始进程，与 **System V** init 非常相似，但是它比 init 灵活得多，并且可以提供更多服务。

  一般来说，当一个进程创建子进程时，该子进程会需要一定的资源（CPU 时间、内存、文件、I/O 设备等）来完成任务。子进程可以从操作系统那里直接获得资源，也可以只从父进程那里获得资源子集。父进程可能要在子进程之间分配资源或共享资源（如内存或文件）。限制子进程只能使用父进程的资源，可以防止创建过多进程，导致系统超载。

  除了提供各种物理和逻辑资源外，父进程也可能向子进程传递初始化数据（或输入）。例如，假设有一个进程，其功能是在终端屏幕上显示文件（如 hw1.c）的状态。当该进程被创建时，它会从父进程处得到输入，即文件名称 hw1.c。通过这个名称，它会打开文件，进而写出内容。它也可以得到输出设备名称。另外，有的操作系统会向子进程传递资源。对于这种系统，新进程可得到两个打开文件（即 hw1.c 和终端设备），并且可以在这两者之间进行数据传输。

  当进程创建新进程时，可有两种执行可能：

- 父进程与子进程并发执行。
- 父进程等待，直到某个或全部子进程执行完。

新进程的地址空间也有两种可能：

- 子进程是父进程的复制品（它具有与父进程同样的程序和数据）。
- 子进程加载另一个新程序。

为了说明这些不同，首先我们看一看 UNIX 操作系统。在 UNIX 中，正如以前所述，每个进程都用一个唯一的整型进程标识符来标识。我们可以通过系统调用 fork() 创建新进程。新进程的地址空间复制了原来进程的地址空间，这种机制允许父进程与子进程轻松通信。这两个进程（父和子）都继续执行处于系统调用 fork() 之后的指令，但有一点不同：对于新（子）进程，系统调用 fork() 的返回值为 0；而对于父进程，返回值为子进程的进程标识符（非 0）。

  通常，在系统调用 fork() 之后，两个进程中的一个会使用系统调用 exec()，通过用新程序来取代进程的内存空间。系统调用 exec() 加载二进制文件到内存中（破坏了包含系统调用 exec() 的原来程序的内存内容），并开始执行。采用这种方式，这两个进程能相互通信，并能按各自方法运行。父进程能够创建更多子进程，或者如果在子进程运行时没有什么可做，那么它采用系统调用 wait() 把自己移出就绪队列，直到子进程终止。因为调用 exec() 用新程序覆盖了进程的地址空间，所以调用 exec() 不会返回控制，除非出现错误。

  如图 3.8 所示的 C 程序说明了上述 UNIX 系统调用。这里有两个不同进程，但运行同一程序。这两个进程的唯一差别是，子进程的 pid 值为 0，而父进程的 pid 值大于 0（实际上，它就是子进程的 pid）。子进程继承了父进程的权限、调度属性以及某些资源，例如打开文件。通过系统调用 execlp()（这是系统调用 exec() 的一个版本），子进程采用 UNIX 命令 ／bin／ls（用来列出目录清单）来覆盖其地址空间。通过系统调用 wait()，父进程等待子进程的完成。当子进程完成后（通过显式或隐式调用 exit()），父进程会从 wait() 调用处开始继续，并且结束时会调用系统调用 exit()，这可用图 3.9 表示。

  当然，谁也不能阻止子进程不调用 exec()，而是继续作为父进程的副本来执行。在这种情况下，父进程和子进程会并发执行，并采用同样的代码指令。由于子进程是父进程的一个副本，这两个进程都有各自的数据副本。

```
#include<sys/types.h>
#include<stdio.h>
#include<unistd.h>

int main()
{
pid_t pid;

    /* fork a child process */
    pid = fork ();

    if (pid < 0) { /* error occurred */
      fprintf (stderr, " Fork Failed" );
      return 1;
    }
    else if (pid == 0) { /* child process */
      execlp (" /bin/ls"," ls", NULL);
    }
    else { /* parent process */
      /* parent will wait for the child to complete */
      wait (NULL);
      printf (" Child Complete" );
    }

    return 0;
}
```

图 3.8　通过 UNIX 系统调用 fork()创建一个单独进程

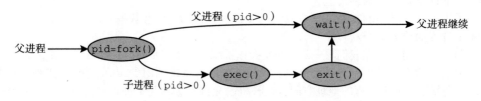

图 3.9　通过系统调用 fork()创建进程

　　作为另一个例子，接下来我们来看一看 Windows 的进程创建。进程创建采用 Windows API 函数 CreateProcess()，它类似于 fork()（这是父进程用于创建子进程的）。不过，fork()让子进程继承了父进程的地址空间，而 CreateProcess()在进程创建时要求将一个特定程序加载到子进程的地址空间。再者，fork()不需要传递任何参数，而 CreateProcess()需要传递至少 10 个参数。

　　图 3.10 所示的 C 程序演示了函数 CreateProcess()，它创建了一个子进程，并且加载了应用程序 mspaint.exe。这里选择了 10 个参数中的许多默认值来传递给 CreateProcess()。如果需要了解有关进程创建和管理的更多 Windows API 细节，则可以查阅本章后面的推荐读物。

　　传递给 CreateProcess()的两个参数，为结构 STARTUPINFO 和 PROCESS_INFORMATION 的实例。结构 STARTUPINFO 指定新进程的许多特性，如窗口大小和外观、标准输入与输出的文件句柄等。结构 PROCESS_INFORMATION 含新进程及其线程的句柄与标识符。在运行 CeateProcess()之前，调用函数 ZeroMemory()来为这些结构分配内存。

　　函数 CreateProcess()的前两个参数是应用程序名称和命令行参数。如果应用程序名称为 NULL（本例中就是 NULL），那么命令行参数指定了所要加载的应用程序。在这个例子中，加载的是 Microsoft Windows 的 mspaint.exe 应用程序。除了这两个初始参数之外，这里还使用系统默认参数来继承进程和线程句柄，并指定没有创建标志。另外，这里还使用了父进程的已有环境块和启动目录。最后，提供了两个指向程序刚开始时所创建的结构 STARTUPINFO 和 PROCESS_INFORMATION 的指针。在图 3.8 中，父进程通过调用 wait() 系统调用等待子进程的完成，而在 Windows 中与此相当的是 WaitForSingleObject()，用于等待进程完成，它的参数指定了子进程的句柄，即 pi.hProcess。一旦子进程退出，控制会从函数 WaitForSingleObject()回到父进程。

```c
#include <stdio.h>
#include <windows.h>

int main(void)
{
STARTUPINFO si;
PROCESS_INFORMATION pi;

    /* allocate memory */
    ZeroMemory (&si, sizeof (si) );
    si. cb = sizeof (si);
    ZeroMemory (&pi, sizeof (pi) );

    /* create child process */
    if (! CreateProcess (NULL, /* use command line */
    " C: \\WINDOWS \\system32 \\mspaint. exe", /* command */
    NULL, /* don' t inherit process handle */
    NULL, /* don' t inherit thread handle */
    FALSE, /* disable handle inheritance */
    0, /* no creation flags */
    NULL, /* use parent' s environment block */
    NULL, /* use parent' s existing directory */
    &si,
    &pi) )
    {
      fprintf (stderr, " Create Process Failed" );
      return -1;
    }
    /* parent will wait for the child to complete */
    WaitForSingleObject (pi. hProcess, INFINITE);
    printf (" Child Complete" );

    /* close handles */
    CloseHandle (pi. hProcess);
    CloseHandle (pi. hThread);
}
```

图 3.10 采用 Windows API 创建一个单独进程

3.3.2 进程终止

当进程执行完最后一条语句并且通过系统调用 exit()请求操作系统删除自身时，进程终止。这时，进程可以将状态值（通常为整数）返回到父进程（通过系统调用 wait()）。所有进程资源（如物理和虚拟内存、打开文件和 I/O 缓冲区等）会由操作系统释放并回收。

在其他情况下也会出现进程终止。进程通过适当系统调用（如 Windows 的 TerminateProcess()）终止另一进程。通常，只有终止进程的父进程才能执行这一系统调用，否则，用户（或出错程序）可以任意终止彼此的进程。记住，如果终止子进程，则父进程需要知道这些子进程的标识符。因此，当一个进程创建新进程时，新创建进程的标识符要传递到父进程。

父进程终止子进程的原因有很多，例如：

- 子进程使用了超过它所分配的资源。（为判定是否发生这种情况，父进程应有一个检查子进程状态的机制。）
- 分配给子进程的任务不再需要。
- 父进程正在退出，而且操作系统不允许无父进程的子进程继续执行。

有些系统不允许子进程在父进程已终止的情况下存在。对于这类系统，如果一个进程（正常或不正常）终止，那么它的所有子进程也应终止。这种现象被称为**级联终止**（cascade termination），通常由操作系统来启动。

为了说明进程执行和终止，下面以 Linux 和 UNIX 系统为例，我们可以通过系统调用 exit() 来终止进程，还可以将退出状态作为参数来提供：

```
/*exit with status 1 */
exit(1);
```

事实上，在正常终止时，exit() 可以直接调用（如上所示），也可以间接调用（因为 C 运行时库（将被添加到 UNIX 可执行文件）会默认调用 exit()）。

父进程可以通过系统调用 wait()，等待子进程的终止。系统调用 wait() 可以通过参数，令父进程获得子进程的退出状态，这个系统调用也返回终止子进程的标识符，这样父进程能够知道哪个子进程已经终止了：

```
pid_t pid;
int status;

pid=wait(&status);
```

当一个进程终止时，操作系统会释放其资源。不过，它位于进程表中的条目仍然存在，直到它的父进程调用 wait()，这是因为进程表包含了进程的退出状态。如果进程已经终止，但是其父进程尚未调用 wait()，这样的进程称为**僵尸进程**（zombie process）。所有进程终止时都会过渡到这种状态，但是一般而言僵尸进程只是短暂存在。一旦父进程调用了 wait()，僵尸进程的进程标识符及其进程表的条目就会被释放。

如果父进程没有调用 wait() 就终止，导致子进程成为**孤儿进程**（orphan process），那么将会发生什么？传统 UNIX 对这种情况的处理是：将 init 进程作为孤儿进程的父进程。（回想一下 3.3.1 节，init 进程是 UNIX 和 Linux 系统内进程树的根进程。）进程 init 定期调用 wait()，以便收集任何孤儿进程的退出状态，并释放孤儿进程标识符和进程表条目。

尽管大多数 Linux 系统已经将 init 替换为 systemd，systemd 仍然可以起到同样的作用（Linux 还允许 systemd 以外的进程继承孤儿进程并管理它们的终止）。

3.3.2.1　Android 进程的层次结构

由于内存有限等资源限制，移动操作系统可能不得不终止现有进程以回收有限的系统资源。Android 没有随意终止进程，而是建立了进程的重要性层次结构，当系统必须终止进程以使资源可用于新的或更重要的进程时，它会按照重要性增加的顺序终止进程。从最重要到最不重要，进程分类的层次结构如下：

- 前台进程。屏幕上可见的当前进程，代表用户当前正在与之交互的应用程序。
- 可见进程。在前台不直接可见但正在执行前台进程所指的活动的进程（即执行状态显示在前台的活动的进程）。
- 服务进程。类似于后台进程的进程，但正在执行对用户来说显而易见的活动（例如流媒体音乐）。
- 后台进程。可能正在执行活动但对用户并不明显的进程。
- 空进程。不包含与任何应用程序关联的活动组件的进程。

如果必须回收系统资源，Android 将首先终止空进程，然后是后台进程，以此类推。进程被分配了一个重要性等级，Android 尝试为一个进程分配尽可能高的等级。例如，如果一个进程正在提供服务并且也是可见的，它将被分配更重要的可见分类。此外，Android 开发建议遵循进程生命周期的准则。当遵循这些准则时，进程的状态将在终止之前保存，如果用户返回应用程序，则恢复到保存的状态。

3.4 进程间通信

操作系统内的并发执行进程可以是独立的，也可以是协作的。不与任何其他进程共享数据的进程是独立的。如果一个进程能影响其他进程或受其他进程所影响，那么该进程是协作的。显然，与其他进程共享数据的进程为协作进程。

有许多理由要求提供允许进程协作的环境：

- 信息共享（information sharing）。由于多个程序可能对同样的信息感兴趣（例如复制与粘贴），所以应提供环境以允许并发访问这些信息。
- 计算加速（computation speedup）。如果希望一个特定任务快速运行，那么应将它分成子任务，而每个子任务可以与其他子任务一起并行执行。注意，如果要实现这样的加速，那么计算机需要有多个处理核。
- 模块化（modularity）。可能需要按模块化方式构造系统，如第 2 章所讨论的，可将系统功能分成独立的进程或线程。

协作进程需要有一种**进程间通信**（InterProcess Communication，IPC）机制，以允许进程相互交换数据（即进程相互发送与接收数据）。进程间通信有两种基本模型：**共享内存**（shared memory）和**消息传递**（message passing）。共享内存模型会建立起一块供协作进程共享的内存区域，进程通过向共享区域读写数据来交换信息。在消息传递模型中，通信是通过在合作进程之间交换消息来实现的。图 3.11 给出了这两种模型的对比。

上述两种模型在操作系统中都很常见，而且许多系统也实现了这两种模型。消息传递对于交换较少数量的数据很有用，因为无须避免冲突。对于分布式系统，消息传递也比共享内存更易实现。（虽然许多系统提供分布式共享内存，但是本书并不讨论它们。）共享内存可能快于消息传递，这是因为消息传递的实现经常采用系统调用，因此需要消耗更多时间以便内核介入。与此相反，共享内存系统仅在建立

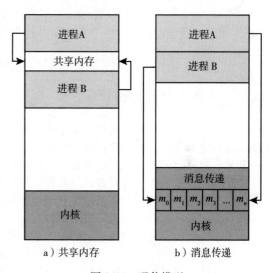

a）共享内存　　　　b）消息传递

图 3.11 通信模型

共享内存区域时需要系统调用，一旦建立共享内存，所有访问都可作为常规内存访问，无须借助内核。下面两节将更加详细地讨论共享内存和消息传递。

Chrome——多进程架构浏览器

许多网站包含活动内容（如 JavaScript、Flash 和 HTML5 等），以便提供丰富的、动态的 Web 浏览体验。遗憾的是，这些 Web 应用程序也可能包含软件缺陷，从而导致响应迟滞，有的甚至导致网络浏览器崩溃。如果一个 Web 浏览器只对一个网站进行浏览，那么这不是一个大问题。但是，现代 Web 浏览器提供标签式浏览，它允许 Web 浏览器的一个实例同时打开多个网站，而每个标签代表一个网站。如果要在不同网站之间切换，用户只需点击相应标签即可。这种安排如下图所示：

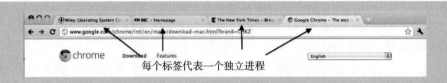

每个标签代表一个独立进程

这种方法的一个问题是：如果任何标签的 Web 应用程序崩溃，那么整个进程（包括所有其他标签所显示的网站）也会崩溃。

Google 的 Chrome Web 浏览器通过多进程架构的设计来解决这一问题。Chrome 具有三种不同类型的进程：浏览器、渲染器和插件。

- **浏览器**（browser）进程负责管理用户界面以及磁盘和网络的 I/O。当 Chrome 启动时，创建一个新的浏览器进程。需要注意的是，仅仅创建一个浏览器进程。
- **渲染器**（renderer）进程包含渲染网页的逻辑。因此，它们包含处理 HTML、JavaScript、图像等的逻辑。一般情况下，对应新标签的每个网站都会创建一个新的渲染进程。因此，可能会有多个渲染进程同时活跃。
- 对于正在使用的每种类型的**插件**（plug-in，如 Flash 或 QuickTime 等），都有一个插件进程。插件进程不但包含插件本身代码，而且包含与有关渲染进程和浏览器进程进行通信的额外代码。

多进程方法的优点是网站彼此独立运行。如果有一个网站崩溃，只有它的渲染进程受到影响，所有其他进程仍安然无恙。此外，渲染进程在**沙箱**（sandbox）中运行，这意味着访问磁盘和网络 I/O 是受限制的，进而最大限度地减少任何安全漏洞的影响。

3.5　共享内存系统的 IPC

采用共享内存的进程间通信需要通信进程建立共享内存区域。通常，一片共享内存区域驻留在创建共享内存段的进程地址空间内。其他希望使用这个共享内存段进行通信的进程应将其附加到自己的地址空间。回忆一下，通常操作系统试图阻止一个进程访问另一进程的内存。共享内存需要两个或更多的进程同意取消这一限制，这样它们通过在共享区域内读出或写入来交换信息。数据的类型或位置取决于这些进程，而不是受控于操作系统。另外，这些进程负责确保不向同一位置同时写入数据。

为了说明协作进程的概念，我们来看一看生产者-消费者问题，这是协作进程的通用范例。**生产者**（producer）进程生成信息，以供**消费者**（consumer）进程消费。例如，编译器生成的汇编代码可供汇编程序使用，而且汇编程序又可生成目标模块以供加载程序使用。生产者-消费者问题同时还为客户机-服务器范例提供了有用的比喻。通常，将服务器当作生产者，而将客户机当作消费者。例如，一个 Web 服务器生成（提供）如 HTML 文件和图像的网页内容，以供请求资源的 Web 客户浏览器使用（读取）。

解决生产者-消费者问题的方法之一是采用共享内存。为了允许生产者进程和消费者进程并发执行，应有一个可用的缓冲区，以被生产者填充和被消费者清空。这个缓冲区驻留在生产者进程和消费者进程的共享内存区域内。当消费者使用一项时，生产者可产生另一项。生产者和消费者必须同步，这样消费者不会试图消费一个尚未生产出来的项。

缓冲区类型可分两种：**无界缓冲区**（unbounded-buffer）没有限制缓冲区的大小，消费者可能不得不等待新数据项，但生产者总是可以产生新项；**有界缓冲区**（bounded-buffer）假设固定缓冲区的大小。对于这种情况，如果缓冲区为空，那么消费者必须等待，并且如果缓冲区满，那么生产者必须等待。

下面深入分析有界缓冲区如何用于通过共享内存的进程间通信。以下变量驻留在由生产

者和消费者共享的内存区域

```
#define BUFFER SIZE 10

typedef struct {
    ⋮
} item;

item buffer[BUFFER SIZE];
int in = 0;
int out = 0;
```

共享 buffer 的实现采用一个循环数组和两个逻辑指针: in 和 out。变量 in 指向缓冲区的下一个空位,变量 out 指向缓冲区的第一个满位。当 in == out 时,缓冲区为空; 当 ((in + 1)% BUFFER SIZE) == out 时,缓冲区为满。

生产者进程和消费者进程的代码分别如图 3.12 和图 3.13 所示。生产者进程有一个局部变量 next_produced,以便存储生成的新项。消费者进程有一个局部变量 next_consumed,以便存储所要使用的新项。

这种方法允许缓冲区的最大值为 BUFFER_SIZE-1,允许最大值为 BUFFER_SIZE 的问题作为练习留给读者。3.7.1 节将会讨论 POSIX API 的共享内存。

刚才的例子并没有处理生产者和消费者同时访问共享内存的问题。我们将在第 6 和 7 章讨论共享内存环境下协作进程如何有效实现同步。

```
item next_ produced;

while (true) {
    /* produce an item in next_produced */

    while ( ( (in + 1) % BUFFER_SIZE) == out)
        ; /* do nothing */

    buffer [in] = next_produced;
    in = (in + 1) % BUFFER_SIZE;
}
```

图 3.12 采用共享内存的生产者进程

```
item next_ consumed;

while (true) {
    while (in == out)
        ; /* do nothing */

    next_ consumed = buffer [out];
    out = (out + 1) % BUFFER_ SIZE;

    /* consume the item in next_ consumed */

}
```

图 3.13 采用共享内存的消费者进程

3.6 消息传递系统的 IPC

在 3.5 节中,我们介绍了协作进程如何可以通过共享内存进行通信。这种方案要求这些进程共享一个内存区域,并且应用程序开发人员需要明确编写代码,以访问和操作共享内存。实现同样效果的另一种方式是采用操作系统机制,以便协作进程通过消息传递功能进行通信。

消息传递提供一种机制,以便允许进程不必通过共享地址空间来实现通信和同步。对分布式环境(通信进程可能位于通过网络连接的不同计算机)特别有用。例如,可以设计一个互联网的聊天程序,以便聊天参与者通过交换消息相互通信。

消息传递工具提供至少两种操作:

send(message)

和

receive(message)

进程发送的消息可以是定长的或变长的。如果只能发送定长消息,那么系统实现就很简单。不过,这一限制使得编程任务更加困难。相反,变长消息要求更复杂的系统实现,但是编程任务变得更为简单。在整个操作系统设计中，这种折中很常见。

如果进程 P 和 Q 需要通信，那么它们必须互相发送消息和接收消息，这意味着它们之间要有通信链路（communication link）。该链路的实现有多种方法，这里不关心链路的物理实现（例如共享内存、硬件总线或网络，参见第 19 章），而只关心链路的逻辑实现。有几个方法用于逻辑实现链路和 send()/receive() 操作：

- 直接或间接的通信。
- 同步或异步的通信。
- 自动或显式的缓冲。

下面我们将研究这些特征的相关问题。

3.6.1　命名

需要通信的进程需要有一个方法方便互相引用。它们可以使用直接或间接通信。

对于**直接通信**（direct communication），需要直接通信的每个进程必须明确指定通信的接收者或发送者。采用这种方案，原语 send() 和 receive() 定义如下：

- send (P, message) ——向进程 P 发送 message。
- receive (Q, message) ——从进程 Q 接收 message。

这种方案的通信链路具有以下属性：

- 在需要通信的每对进程之间，自动建立链路。进程仅需知道对方身份就可进行交流。
- 每个链路只与两个进程相关。
- 每对进程之间只有一个链路。

这种方案演示了寻址的对称性（symmetry），即发送和接收进程必须指定对方，以便通信。这种方案的一个变体采用寻址的非对称性（asymmetry），即只要发送者指定接收者，而接收者不需要指定发送者。采用这种方案，原语 send() 和 receive() 的定义如下：

- send (P, message) ——向进程 P 发送 message。
- receive (id, message) ——从任何进程接收 message，这里变量 id 被设置成与其通信进程的名称。

这两个方案（对称和非对称的寻址）的缺点是会导致进程定义的模块性差。更改进程的标识符可能需要分析所有其他进程定义。应找到所有旧标识符的引用，以便修改成为新标识符。通常，任何这样的硬编码（hard-coding）技术（其中标识符需要明确指定）与下面所述的采用间接的技术相比都要差。

在间接通信（indirect communication）中通过邮箱或端口来发送和接收消息。邮箱可以抽象成一个对象，进程可以向其中存放消息，也可从中删除消息，每个邮箱都有一个唯一的标识符。例如，POSIX 消息队列采用一个整数值来标识一个邮箱。一个进程可以通过多个不同邮箱与另一个进程通信，但是两个进程只有拥有一个共享邮箱时才能通信。原语 send() 和 receive() 定义如下：

- send (A, message) ——向邮箱 A 发送 message。
- receive (A, message) ——从邮箱 A 接收 message。

对于这种方案，通信链路具有如下特点：

- 只有在两个进程共享一个邮箱时，才能建立通信链路。
- 一个链路可以与两个或更多进程相关联。
- 两个通信进程之间可有多个不同链路，每个链路对应于一个邮箱。

现在假设进程 P_1、P_2 和 P_3 都共享邮箱 A。进程 P_1 发送一个消息到 A，而进程 P_2 和 P_3 都对 A 执行 receive()。哪个进程会收到 P_1 发送的消息？答案取决于我们所选择的方案：

- 允许一个链路最多只能与两个进程关联。
- 允许一次最多一个进程执行操作 receive()。
- 允许系统随意选择一个进程以便接收消息（即进程 P_2 和 P_3 两者之一都可以接收消息，

但不能两个都可以）。系统同样可以定义一个算法来选择哪个进程是接收者（如轮转，进程轮流接收消息），系统也可以让发送者指定接收者。

邮箱可以由进程或操作系统拥有。如果邮箱为进程拥有（即邮箱是进程地址空间的一部分），那么需要区分所有者（只能从邮箱接收消息）和使用者（只能向邮箱发送消息）。由于每个邮箱都有唯一的标识符，所以关于谁能接收发到邮箱的消息没有任何疑问。当拥有邮箱的进程终止，那么邮箱消失。任何进程后来向该邮箱发送消息都应得知邮箱不再存在。

与此相反，操作系统拥有的邮箱是独立存在的，它不属于某个特定进程。因此，操作系统必须提供机制，以便允许进程进行如下操作：

- 创建新的邮箱。
- 通过邮箱发送和接收消息。
- 删除邮箱。

创建新邮箱的进程默认为邮箱的所有者。开始时，所有者是唯一能通过该邮箱接收消息的进程。不过，通过系统调用，所有权和接收权可以传给其他进程。当然，这样会导致每个邮箱具有多个接收者。

3.6.2 同步

进程间通信可以通过调用原语 send() 和 receive() 来进行，实现这些原语有不同的设计方案。消息传递可以是**阻塞的**（blocking）或**非阻塞的**（nonblocking），也称为**同步的**（synchronous）或**异步的**（asynchronous）。（本书的多种操作系统算法会涉及同步及异步行为的概念。）

- **阻塞发送**（blocking send）。发送进程阻塞，直到消息由接收进程或邮箱所接收。
- **非阻塞发送**（nonblocking send）。发送进程发送消息，并且恢复操作。
- **阻塞接收**（blocking receive）。接收进程阻塞，直到有消息可用。
- **非阻塞接收**（nonblocking receive）。接收进程收到一个有效消息或空消息。

可以使用不同的 send() 和 receive() 组合。当 send() 和 receive() 都是阻塞的时，在发送者和接收者之间就有一个**交会**（rendezvous）。当采用阻塞的 send() 和 receive() 时，生产者-消费者问题的解决就简单了。生产者仅需调用阻塞 send() 并且等待，直到消息被送到接收者或邮箱。同样，当消费者调用 receive() 时，它会阻塞直到有一个消息可用。这种情况见图 3.14 和图 3.15。

```
message next_produced;

while (true) {
    /* produce an item in next_produced */

    send (next_produced);
}
```

图 3.14 采用消息传递的生产者进程

```
message next_consumed;

while (true) {
    receive (next_consumed);

    /* consume the item in next_consumed */
}
```

图 3.15 采用消息传递的消费者进程

3.6.3 缓冲

不管通信是直接的还是间接的，通信进程交换的消息总是驻留在临时队列中。简单地讲，队列实现有三种方法：

- **零容量**（zero capacity）。队列的最大长度为 0，因此，链路中不能有任何消息处于等待。对于这种情况，发送者应阻塞，直到接收者接收到消息。
- **有限容量**（bounded capacity）。队列长度为有限的 n，因此，最多只能有 n 个消息驻留其中。如果在发送新消息时队列未满，那么该消息可以放进队列（或者复制消息或者保存消息的指针），且发送者可以继续执行而不必等待。然而，链路容量是有限的。如果链路已满，那么发送者应当阻塞，直到队列空间可用为止。
- **无限容量**（unbounded capacity）。队列长度可以无限，因此，不管多少消息都可在其中等待，发送者从不阻塞。

零容量情况称为无缓冲的消息系统，其他情况称为自动缓冲的消息系统。

3.7 IPC 系统示例

本节探讨四种不同的 IPC 系统。首先讨论共享内存的 POSIX API，接着讨论 Mach 操作系统的消息传递，然后讨论 Windows IPC，有趣的是，它采用共享内存机制以提供有些类型消息的传递。最后以管道结束，这是 UNIX 系统的最早 IPC 机制之一。

3.7.1 POSIX 共享内存

POSIX 系统具有多种 IPC 机制，包括共享内存和消息传递。这里讨论共享内存的 POSIX API。

POSIX 共享内存的实现是内存映射文件，它将共享内存区域与文件相关联。首先，进程必须通过系统调用 shm_open() 创建共享内存对象，如下所示：

```
fd = shm_open(name, O_CREAT | O_RDWR, 0666);
```

第一个参数指定共享内存对象的名称。当进程必须访问共享内存时，需要通过这个名称。随后参数指定当它不存在时，需要创建共享内存（O_CREAT），对象需要打开以便读写（O_RDWR）。最后一个参数设定共享内存对象的目录权限。shm_open() 的成功调用返回用于共享内存对象的一个文件描述符。

一旦创建了对象，函数 ftruncate() 可用于配置对象的大小（以字节为单位）。下面的调用将对象大小设置成 4096 字节。

```
ftruncate(fd, 4096);
```

最后，函数 mmap() 创建内存映射文件，以便包含共享内存对象。它还返回一个指向内存映射文件的指针，以便用于访问共享内存对象。

图 3.16 和图 3.17 所示的程序采用生产者–消费者模型来实现共享内存。生产者创建一个共享内存对象，向共享内存中写入数据，消费者从共享内存中读出数据。

```
#include <stdio.h>
#include <stdlib.h>
#include <string.h>
#include <fcntl.h>
#include <sys/shm.h>
#include <sys/stat.h>

#include <sys/mman.h>

int main()
{
/* the size (in bytes) of shared memory object */
const int SIZE = 4096;
/* name of the shared memory object */
const char *name = "OS";
/* strings written to shared memory */
const char *message_0 = "Hello";
const char *message_1 = "World!";

/* shared memory file descriptor */
int fd;
/* pointer to shared memory object */
char *ptr;
```

图 3.16 采用 POSIX 共享内存 API 的生产者进程

```
    /* create the shared memory object */
    fd = shm_open(name, O_CREAT | O_RDWR, 0666);

    /* configure the size of the shared memory object */
    ftruncate(fd, SIZE);

    /* memory map the shared memory object */
    ptr = (char *)
     mmap(0, SIZE, PROT_READ | PROT_WRITE, MAP_SHARED, fd, 0);

    /* write to the shared memory object */
    sprintf(ptr, "%s", message_0);
    ptr += strlen(message_0);
    sprintf(ptr, "%s", message_1);
    ptr += strlen(message_1);

    return 0;
}
```

图 3.16 采用 POSIX 共享内存 API 的生产者进程（续）

```
#include <stdio.h>
#include <stdlib.h>
#include <fcntl.h>
#include <sys/shm.h>
#include <sys/stat.h>

#include <sys/mman.h>

int main()
{
/* the size (in bytes) of shared memory object */
const int SIZE = 4096;
/* name of the shared memory object */
const char *name = "OS";
/* shared memory file descriptor */
int fd;
/* pointer to shared memory object */
char *ptr;

    /* open the shared memory object */
    fd = shm_open(name, O_RDONLY, 0666);

    /* memory map the shared memory object */
    ptr = (char *)
     mmap(0, SIZE, PROT_READ | PROT_WRITE, MAP_SHARED, fd, 0);

    /* read from the shared memory object */
    printf("%s", (char *)ptr);

    /* remove the shared memory object */
    shm_unlink(name);

    return 0;
}
```

图 3.17 采用 POSIX 共享内存 API 的消费者进程

如图 3.16 所示，生产者创建了一个名为 OS 的共享内存对象，并向共享内存中写入了老套的字符串 "Hello World!"。程序内存映射指定大小的共享内存对象，并允许对该对象进行写入操作。标志 MAP_SHARED 表示共享内存对象的任何改变,对于所有共享这个对象的进程都是可见的。注意,对共享内存对象的写入是通过调用函数 sprintf()和写入指针 ptr 写入格式化字符串。每次写入后,都要用所写字节的数量来递增指针。

消费者进程如图 3.17 所示,读出并输出共享内存内容。在消费者访问了内存对象后,它可调用函数 shm_unlink()移除共享内存段。在本章的结尾,还有一些编程练习会使用 POSIX 共享内存 API。此外,13.5 节还会深入讨论内存映射。

3.7.2　Mach 消息传递

作为消息传递的例子,下面我们来看一看 Mach 操作系统。Mach 专为分布式系统而设计,但也适用于桌面和移动系统。正如第 2 章所讨论的,Mach 能够用于 macOS 和 iOS 操作系统就说明了这一点。

Mach 内核支持多任务的创建和删除,这里的任务类似于进程,但是具有多个控制线程,且关联资源较少。Mach 的大多数通信(包括所有进程间通信)都是通过**消息**(message)实现的。消息的发送和接收采用邮箱(Mach 称之为**端口**(port)),端口的大小是有限的并且是单向的。对于双向通信,消息被发送到一个端口,响应被发送到单独的回复端口。每个端口可能有多个发送者,但只有一个接收者。Mach 使用端口来表示资源,例如任务、线程、内存和处理器,而消息传递提供了一种面向对象的方法来与这些系统资源和服务进行交互。消息传递可能发生在同一主机的任何两个端口之间,也可能发生在分布式系统的不同主机上。

与每个端口相关联的是**端口权限**的集合,这些权限表明任务与端口交互所需的能力。例如,对于从端口接收消息的任务,它必须具有该端口的 MACH_PORT_RIGHT_RECEIVE 能力。创建端口的任务是该端口的所有者,而所有者是唯一允许从该端口接收消息的任务。端口的所有者也可以设置端口的能力,这通常在建立回复端口时完成。例如,假设任务 T_1 拥有端口 P_1,它向端口 P_2 发送消息,该端口由任务 T_2 拥有。如果 T_1 期望收到来自 T_2 的回复,它必须授予 T_2 端口 P_1 的正确 MACH_PORT_RIGHT_SEND。端口权限的所有权是在任务级别,这意味着属于同一任务的所有线程共享相同的端口权限。因此,属于同一任务的两个线程,可以通过与每个线程关联的每个线程端口来交换消息而轻松地进行通信。

创建任务时,还会创建两个特殊端口——Task Self 端口和 Notify 端口。内核对 Task Self 端口具有接收权限,该端口允许任务向内核发送消息。内核可以将事件发生的通知发送到任务的 Notify 端口(当然,任务具有接收权限)。

调用函数 mach_port_allocate()创建一个新端口,并为其消息队列分配空间。它还标识了端口的一些权限。每个端口权限代表它的一个名称,端口具有权限才能访问。端口名称是简单的整数值,其行为与 UNIX 文件描述符非常相似。以下示例说明了使用此 API 创建端口:

```
mach_port_t port;                //the name of the port right

mach_port_allocate (
    mach_task_self (),           //a task referring to itself
    MACH_PORT_RIGHT_RECEIVE,     //the right for this port
    &port);                      //the name of the port right
```

每个任务还可以访问**引导端口**(bootstrap port),它允许任务向系统的引导服务器注册所创建的端口。向引导服务器注册端口后,其他任务可以在此注册表中查找端口,并获得向该端口发送消息的权限。

起初,邮箱消息队列为空。随着消息发到邮箱,消息复制到邮箱中。所有消息具有同样的优先级。Mach 确保来自同一发送者的多个消息按照先进先出(FIFO)顺序来排队,但并不确保绝对的顺序。例如,来自两个发送者的消息可以按任何顺序排队。

Mach 消息包含以下两个字段:

• 包含有关消息元数据的固定大小的消息头部,包括消息的大小以及源端口和目标端口。

通常，发送线程期待回复，因此源端口名称被传递给接收任务，接收任务可以在发送回复时用作"返回地址"。
- 包含可变大小的数据。

消息可能很简单，也可能很复杂。简单的消息包含不被内核解释的普通的、非结构化的用户数据。复杂的消息可能包含指向包含数据的内存位置的指针（称为"外线"数据），或也可用于将端口权限转移到另一个任务。当消息必须传递大量数据时，离线数据指针特别有用。一条简单的消息需要复制和打包消息中的数据，离线数据传输只需要一个指向存储数据内存位置的指针。

函数 mach_msg() 是发送和接收消息的标准 API。函数参数之一的值（MACH_SEND_MSG 或 MACH_RCV_MSG）表示它是发送还是接收操作。我们现在说明当客户端任务向服务器任务发送简单消息时如何使用它。假设两个端口（即客户端和服务端的端口），分别与客户端和服务器任务相关联。图 3.18 中的代码显示了客户端任务构造一个标头并向服务器发送消息，以及接收客户端发送的消息的服务器任务。

```
#include<mach/mach.h>
struct message {
   mach_msg_header t header;
   int data;
};

mach_port_t client;
mach_port_t server;

        /* Client Code */

struct message message;

//construct the header
message.header.msgh_size = sizeof(message);
message.header.msgh_remote_port = server;
message.header.msgh_local_port = client;

//send the message
mach_msg(&message.header, //message header
  MACH_SEND_MSG, //sending a message
  sizeof(message), //size of message sent
  0, //maximum size of received message - unnecessary
  MACH_PORT_NULL, //name of receive port - unnecessary
  MACH_MSG_TIMEOUT_NONE, //no time outs
  MACH_PORT_NULL //no notify port
);

        /* Server Code */

struct message message;

//receive the message
mach_msg(&message.header, //message header
  MACH_RCV_MSG, //receiving a message
  0, //size of message sent
  sizeof(message), //maximum size of received message
  server, //name of receive port
  MACH_MSG_TIMEOUT_NONE, //no time outs
  MACH_PORT_NULL //no notify port
);
```

图 3.18　采用 Mach 消息传递的示例程序

用户程序调用函数 mach_msg() 以执行消息传递。mach_msg() 随后调用函数 mach_msg_trap()，这是对 Mach 内核的系统调用。在内核中，mach_msg_trap() 接下来调用函数 mach_msg_overwrite_trap()，然后处理消息的实际传递。

发送和接收操作本身灵活。例如，当向一个邮箱发送消息时，这个邮箱或许已满。如果邮箱未满，消息可复制到邮箱，发送线程继续。如果邮箱已满，发送线程可有四个选择（通过 mach_msg() 的参数指定）：

1) 无限期地等待，直到邮箱里有空间。

2) 等待最多 n 毫秒。

3) 不是等待，而是立即返回。

4) 暂时缓存消息。即使所要发送到的邮箱已满，还是可让操作系统保持一个消息。当消息能被放到邮箱时，通知消息就会送回到发送者。对于给定的发送线程，在任何时候只能有一个消息可发给已满邮箱，以便等待处理。

这个最后的选项用于服务器任务，如行式打印机的驱动程序。在处理完请求之后，这些任务可能需要发送一个一次性的应答到请求服务的任务，但是即使在客户邮箱已满时也应继续处理其他服务请求。

消息系统的主要问题是双重消息复制导致性能更差，即消息首先从发送方复制到邮箱，再从邮箱复制到接收方。通过虚拟内存管理技术（见第 10 章），Mach 消息系统试图避免双重复制。从本质上讲，Mach 将发送者的地址空间映射到接收者的地址空间，消息本身并不真正复制。因此，消息本身永远不会被实际复制，因为发送者和接收者都访问相同的内存。这种消息管理技术大大地提高了性能，但是只适用于系统内部的消息传递。

3.7.3 Windows

Windows 操作系统是一个采用现代设计的例子，它通过模块化增加功能并且减少实现新功能所需的时间。Windows 支持多个操作环境或子系统（subsystem），应用程序通过消息传递机制与这些子系统进行通信。因此，应用程序可以作为子系统服务器的客户。

Windows 的消息传递工具称为**高级本地程序调用**（Advanced Local Procedure Call，ALPC）工具，它用于同一机器的两个进程之间的通信。它类似于广泛使用的、标准的远程程序调用（Remote Procedure Call，RPC），但是它已为 Windows 进行了专门优化。（3.8.2 节详细讨论远程程序调用。）与 Mach 一样，Windows 采用端口对象，以便建立和维护两个进程之间的连接。Windows 有两种类型的端口：**连接端口**（connection port）和**通信端口**（communication port）。

服务器进程发布连接端口对象，以便所有进程都可访问。当一个客户需要子系统服务时，它会打开服务器连接端口对象的句柄，并向端口发送一个连接请求。然后，服务器创建一个通道，并将句柄返给客户。通道包括一对私有通信端口：一个用于客户机到服务器的消息，另一个用于服务器到客户机的消息。此外，通道有个回调机制，允许客户和服务器在等待应答时也能接收请求。

在创建 ALPC 信道时，有三种消息传递技术可供选择：

- 对于小消息（最多 256 字节），端口的消息队列可用作中间存储，消息可从一个进程复制到其他进程。
- 更大消息必须通过区段对象（section object）传递，区段对象为通道关联的共享内存区段。
- 当数据量太大而不适合于区段对象时，服务器可以通过 API 直接读写客户的地址空间。

客户在建立信道时，必须确定所需发送的消息是否为大消息。如果客户判定确实要发送大消息，那么它就请求创建一个区段对象。同样，如果服务器确定回复消息会是大的，那么它就创建一个区段对象。为了使用区段对象，可发送包含区段对象指针与大小信息的一个小消息。这种方法比上面列出的第一种方法要复杂，但是它避免了数据复制。图 3.19 展示了 Windows 的高级本地程序调用的结构。

需要注意的是，Windows 的 ALPC 功能不属于 Windows API，因此不能为应用程序员所用。不过，采用 Windows API 的应用程序可以调用标准的远程程序访问。当同一系统的进程调用 RPC 时，RPC 通过 ALPC 来间接处理。另外，许多内核服务通过 ALPC 与客户进程进行通信。

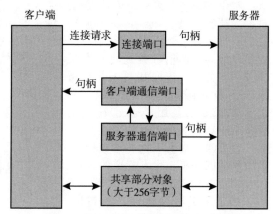

图 3.19　Windows 的高级本地过程调用

3.7.4　管道

管道（pipe）允许两个进程进行通信。管道是早期 UNIX 系统最早使用的一种 IPC 机制，尽管也有一定的局限性，但管道为进程之间的相互通信提供了一种较为简单的方法。在实现管道时，应该考虑以下四个问题：

1）管道允许单向通信还是双向通信？
2）如果允许双向通信，它是半双工的（数据在同一时间内只能按一个方向传输），还是全双工的（数据在同一时间内可在两个方向上传输）？
3）通信进程之间是否应有一定的关系（如父子关系)？
4）管道通信能否通过网络，还是只能在同一台机器上进行？

下面两小节分别探讨用于 UNIX 和 Windows 系统的两种常见管道：普通管道和命名管道。

3.7.4.1　普通管道

普通管道允许两个进程按标准的生产者–消费者方式进行通信：生产者向管道的一端（**写入端**）写，消费者从管道的另一端（**读出端**）读。因此，普通管道是单向的，只允许单向通信。如果需要双向通信，那么就要采用两个管道，而每个管道向不同方向发送数据。下面我们讨论在 UNIX 和 Windows 系统上创建普通管道。在这两个程序实例中，一个进程向管道中写入消息 `Greetings`，而另一个进程从管道中读取此消息。

在 UNIX 系统上，普通管道的创建采用函数

`pipe(int fd[])`

这个函数创建了一个管道，以便通过文件描述符 `int fd[]` 来访问，其中 fd [0] 为管道的读出端，而 fd [1] 为管道的写入端。UNIX 将管道作为一种特殊类型的文件，因此，访问管道可以采用普通的系统调用 read() 和 write()。

普通管道只能由创建进程所访问。通常情况下，父进程创建一个管道，并使用它来与其子进程进行通信（该子进程由 fork() 来创建）。正如 3.3.1 节所述，子进程继承了父进程的打开文件。由于管道是一种特殊类型的文件，因此子进程也继承了父进程的管道。图 3.20 说明了文件描述符 fd 与父子进程之间的关系。如图所示，父进程对管道

图 3.20　普通管道的文件描述符

写入端（fd[1]）的任何写入，可以由子进程从管道的读出端（fd[0]）来读取。

在图 3.21 所示的 UNIX 程序中，父进程创建了一个管道，然后调用 fork() 来创建子进程。调用 fork() 之后的行为取决于数据流如何流过管道。对于这个实例，父进程向管道写，而子进程从管道读。一定要注意，父进程和子进程一开始就关闭了管道的未使用端。有一个重要的步骤是确保当管道的写入者关闭了管道写入端时，从管道读取的进程能检测到文件末端（调用 read() 返回 0），不过图 3.21 和图 3.22 所示的程序没有这个

操作。

对于 Windows 系统，普通管道被称为**匿名管道**（anonymous pipe），它们的行为类似于 UNIX 的管道，它们是单向的，通信进程之间具有父子关系。另外，读取和写入管道可以采用普通函数 ReadFile( ) 和 WriteFile( )。用于创建管道的 Windows API 是 CreatePipe( ) 函数，它有四个参数。这些参数包括：读取管道的句柄、写入管道的句柄、STARTUPINFO 结构的一个实例——用于指定子进程继承管道的句柄，以及可以指定管道的大小（以字节为单位）。

```c
#include <sys/types.h>
#include <stdio.h>
#include <string.h>
#include <unistd.h>

#define BUFFER_SIZE 25
#define READ_END 0
#define WRITE_END 1

int main(void)
{
  char write_msg[BUFFER_SIZE] = "Greetings";
  char read_msg[BUFFER_SIZE];
  int fd[2];
  pid_t pid;

    /* Program continues in Figure 3.22 */
```

图 3.21　UNIX 中的普通管道

```c
    /* create the pipe */
  if (pipe(fd) == -1) {
    fprintf(stderr,"Pipe failed");
    return 1;
  }

    /* fork a child process */
  pid = fork();

  if (pid < 0) { /* error occurred */
    fprintf(stderr, "Fork Failed");
    return 1;
  }

  if (pid > 0) { /* parent process */
    /* close the unused end of the pipe */
    close(fd[READ_END]);

    /* write to the pipe */
    write(fd[WRITE_END], write_msg, strlen(write_msg)+1);

    /* close the write end of the pipe */
    close(fd[WRITE_END]);
  }
  else { /* child process */
    /* close the unused end of the pipe */
    close(fd[WRITE_END]);

    /* read from the pipe */
    read(fd[READ_END], read_msg, BUFFER_SIZE);
    printf("read %s",read_msg);

    /* close the read end of the pipe */
    close(fd[READ_END]);
  }

  return 0;
}
```

图 3.22　续图 3.21

　　图 3.23 和图 3.24 演示了一个父进程创建一个匿名管道，以便与子进程通信。对于 UNIX 系统，子进程自动继承由父进程创建的管道；对于 Windows 系统，程序员需要指定子进程继承的属性。首先，初始化结构 SECURITY_ATTRIBUTES，以便允许句柄继承。然后，重定向子进程的句柄，以便标准输入或输出为管道的读出或写入。由于子进程从管道上读出，父进程应将子进程的标准输入重定向为管道的读出句柄。另外，由于管道为半双工，需要禁止子进程继承管道的写入端。创建子进程的程序类似于图 3.10 所示的程序，这里第五个参数设置为 TRUE，表示子进程会从父进程那里继承指定的句柄。父进程向管道写入时，应先关闭未使用的管道读出端。从管道读出的子进程如图 3.25 所示。从管道读出之前，这个程序应通过调用 GetStdHandle()，以得到管道的读出句柄。请注意，对于 UNIX 和 Windows 系统，采用普通管道的进程通信需要有父子关系。这意味着，这些管道只可用于同一机器的进程间通信。

```c
#include <stdio.h>
#include <stdlib.h>
#include <windows.h>

#define BUFFER_SIZE 25

int main(void)
{
  HANDLE ReadHandle, WriteHandle;
  STARTUPINFO si;
  PROCESS_INFORMATION pi;
  char message[BUFFER_SIZE] = "Greetings";
  DWORD written;

    /* Program continues in Figure 3.24 */
```

图 3.23　采用 Windows 匿名管道的父进程

```c
/* set up security attributes allowing pipes to be inherited */
SECURITY_ATTRIBUTES sa = {sizeof(SECURITY_ATTRIBUTES),NULL,TRUE};
/* allocate memory */
ZeroMemory(&pi, sizeof(pi));

/* create the pipe */
if (! CreatePipe(&ReadHandle, &WriteHandle, &sa, 0)) {
  fprintf(stderr, "Create Pipe Failed");
  return 1;
}

/* establish the STARTUPINFO structure for the child process */
GetStartupInfo(&si);
si.hStdOutput = GetStdHandle(STD_OUTPUT_HANDLE);

/* redirect standard input to the read end of the pipe */
si.hStdInput = ReadHandle;
si.dwFlags = STARTF_USESTDHANDLES;

/* don't allow the child to inherit the write end of pipe */
SetHandleInformation(WriteHandle, HANDLE_FLAG_INHERIT, 0);

/* create the child process */
CreateProcess(NULL, "child.exe", NULL, NULL,
 TRUE, /* inherit handles */
 0, NULL, NULL, &si, &pi);


/* close the unused end of the pipe */
CloseHandle(ReadHandle);

/* the parent writes to the pipe */
if (! WriteFile(WriteHandle, message,BUFFER_SIZE,&written,NULL))
```

图 3.24　续图 3.23

```
   fprintf (stderr, " Error writing to pipe" );
  /* close the write end of the pipe */
  CloseHandle (WriteHandle);

  /* wait for the child to exit */
  WaitForSingleObject (pi. hProcess, INFINITE);
  CloseHandle (pi. hProcess);
  CloseHandle (pi. hThread);
  return 0;
 }
```

图 3.24　续图 3.23（续）

```
  #include <stdio.h>
  #include <windows.h>

  #define BUFFER_SIZE 25

  int main(void)
  {
  HANDLE ReadHandle;
  CHAR buffer[BUFFER_SIZE];
  DWORD read;

     /* get the read handle of the pipe */
     ReadHandle = GetStdHandle(STD_INPUT_HANDLE);

     /* the child reads from the pipe */
     if (ReadFile(ReadHandle, buffer, BUFFER_SIZE, &read, NULL))
       printf("child read % s",buffer);
     else
       fprintf(stderr, "Error reading from pipe");
     return 0;
 }
```

图 3.25　采用 Windows 匿名管道的子进程

3.7.4.2　命名管道

普通管道提供了一个简单机制，允许一对进程通信。然而，只有当进程相互通信时，普通管道才存在。对于 UNIX 和 Windows 系统，一旦进程已经完成通信并且终止了，那么普通管道就不存在了。

命名管道提供了一个更强大的通信工具。通信可以是双向的，并且父子关系不是必需的。当建立了一个命名管道后，多个进程都可用它通信。事实上，在一个典型的场景中，一个命名管道可有多个写入者。此外，当通信进程完成后，命名管道继续存在。虽然 UNIX 和 Windows 系统都支持命名管道，但是实现细节却大不相同。下面我们来探讨这些系统的命名管道。

对于 UNIX，命名管道为 FIFO。一旦创建，它们表现为文件系统的典型文件。通过系统调用 mkfifo()，可以创建 FIFO；通过系统调用 open()、read()、write()和 close()，可以操作 FIFO。FIFO 会一直存在，直到它被显式地从文件系统中删除。虽然 FIFO 允许双向通信，但它只允许半双工传输。如果数据要在两个方向上传输，那么通常使用两个 FIFO。此外，通信进程应位于同一台机器上。如果需要不同系统之间的通信，那么应使用套接字（见 3.8.1 节）。

与 UNIX 系统相比，Windows 系统的命名管道通信机制更加强大。允许全双工通信，并且通信进程可以位于同一机器或不同机器上。此外，UNIX 的 FIFO 只支持字节流的数据，而 Windows 系统支持字节流或消息流的数据。通过函数 CreateNamedPipe()可以创建命名管道，客户可以通过函数 ConnectNamedPipe()连接到命名管道。通过函数 ReadFile()和 WriteFile()可以进行命名管道的通信。

管道的实际应用

在使用 UNIX 命令行的情况下, 管道经常用于将一个命令的输出作为另一个命令的输入。例如, UNIX 命令 ls 可以生成一个目录列表。对于特别长的目录列表, 输出可能具有多个屏幕的长度。命令 less 管理输出, 一次一屏地显示输出, 用户可以通过按动空格键, 一屏一屏地移动。在命令 ls 和命令 less 之间 (作为两个独立的进程运行) 设置一个管道, 以便允许将 ls 的输出作为 less 的输入, 从而用户就能一次一屏地显示一个长的目录列表。在命令行上, 管道用字符 "|" 来表示。完整命令如下:

```
ls | less
```

在这种情况下, 命令 ls 作为生产者, 而命令 less 作为消费者。

Windows 系统为 DOS 外壳提供了一个 more 命令, 其功能与 UNIX 的类似。(UNIX 系统也提供了 more 命令, 但是在 UNIX 半开玩笑的风格中, less 命令实际上提供了更多的功能。) DOS 外壳也采用 "|" 来表示管道。唯一不同的是, 要得到一个目录列表, DOS 利用命令 dir 而不是 ls, 如下所示:

```
dir | more
```

3.8 客户机-服务器系统中的通信

3.4 节讨论了进程如何能够通过共享内存和消息传递进行通信。这些技术也可用于客户机-服务器系统的通信 (见 1.10.3 节)。本节探讨客户机-服务器系统通信的两种其他策略: 套接字和远程程序调用 (RPC)。正如我们在讨论 RPC 时将会看到的, 它们不仅对客户端-服务器计算有用, 而且 Android 还使用远程过程作为运行在同一系统上的进程之间的 IPC 形式。

3.8.1 套接字

套接字 (socket) 为通信的端点。通过网络通信的每对进程需要使用一对套接字, 即每个进程各有一个套接字。每个套接字由一个 IP 地址和一个端口号组成。通常, 套接字采用客户机-服务器架构。服务器通过监听指定端口来等待客户请求。服务器在收到请求后, 接受来自客户套接字的连接, 从而完成连接。实现特定服务 (如 SSH、FTP 和 HTTP) 的服务器监听众所周知的端口 (SSH 服务器监听端口 22, FTP 服务器监听端口 21, Web 或 HTTP 服务器监听端口 80)。所有低于 1024 的端口都是众所周知的, 可以用于实现标准服务。

当客户进程发出连接请求时, 它的主机为它分配一个端口。这个端口具有大于 1024 的某个数字, 例如, 当 IP 地址为 146.86.5.20 的主机 X 的客户希望与 IP 地址为 161.25.19.8 的 Web 服务器 (监听端口 80) 建立连接时, 它所分配的端口可为 1625。该连接由一对套接字组成: 主机 X 上的 (146.86.5.20: 1625) 和 Web 服务器上的 (161.25.19.8: 80), 这种情况如图 3.26 所示。根据目的端口号码, 主机之间传输的分组可以发送到适当的进程。

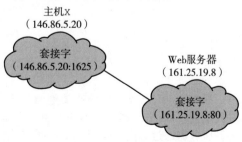

图 3.26 采用套接字进行通信

所有连接必须是唯一的。因此, 当主机 X 的另一个进程希望与同样的 Web 服务器建立另一个连接时, 它会分配到另一个大于 1024 但不等于 1625 的端口号。这确保了所有连接都由唯一的一对套接字组成。

虽然本书的大多数程序实例使用 C 语言, 但是为演示套接字我们会用 Java 语言, 因为 Java 提供一个更加简单的套接字接口, 而且提供丰富的网络工具库。对用 C 或 C++ 进行网络编程感兴趣的读者，可以参考本章结尾的推荐读物。

Java 提供三种不同类型的套接字。**面向连接**（connection-oriented）的 TCP 套接字是用 Socket 类实现的。**无连接**（connectionless）的 UDP 套接字使用 DatagramSocket 类。最后，MulticastSocket 类为 DatagramSocket 类的子类，多播套接字允许数据发送到多个接收者。

下面的例子（即日期服务器）采用面向连接的 TCP 套接字。这个操作允许客户机向服务器请求当前的日期和时间。服务器监听端口 6013，当然，端口号可以是任何大于 1024 的数字。在接收到连接时，服务器将日期和时间返回给客户机。

日期服务器程序如图 3.27 所示。服务器创建一个 ServerSocket，监听端口号 6013，然后调用 accept() 方法，开始监听端口。服务器阻塞在方法 accept() 上，等待客户请求连接。当接收到连接请求时，accept() 返回一个套接字，以供服务器与客户进程进行通信。

```java
import java.net.*;
import java.io.*;

public class DateServer
{
  public static void main(String[] args) {
    try {
      ServerSocket sock = new ServerSocket(6013);

      /* now listen for connections */
      while (true) {
        Socket client = sock.accept();

        PrintWriter pout = new
         PrintWriter(client.getOutputStream(), true);

        /* write the Date to the socket */
        pout.println(new java.util.Date().toString());

        /* close the socket and resume */
        /* listening for connections */
        client.close();
      }
    }
    catch (IOException ioe) {
      System.err.println(ioe);
    }
  }
}
```

图 3.27   日期服务器

服务器与套接字通信的有关细节如下。服务器首先建立 PrintWriter 对象以便与客户进行通信。PrintWriter 对象允许服务器通过输出方法 print() 和 println() 写入套接字。服务器通过方法 println() 发送日期到客户机。一旦服务器将日期写入套接字，就关闭与客户相连的套接字，并且重新监听更多其他请求。

为与服务器通信，客户创建一个套接字，并且连到服务器监听的端口。图 3.28 所示的 Java 程序为客户机的实现。客户创建一个 Socket，并与 IP 地址为 127.0.0.1 的服务器端口 6013 建立连接。连接建立后，客户就通过普通的 I/O 流语句从套接字进行读取。在收到服务器的日期后，客户就关闭端口并退出。IP 地址 127.0.0.1 为特殊 IP 地址，称为**回送**（loopback）。当计算机采用地址 127.0.0.1 时，它引用自己。这一机制允许同一主机的客户机和服务器可以通过 TCP/IP 协议进行通信。IP 地址 127.0.0.1 可以换成运行日期服务器的另一主机的 IP 地址。除 IP 地址外，也可采用如 www.westminstercollege.edu 这类实际的主机域名。

使用套接字的通信虽然常用和高效，但是属于分布式进程之间的一种低级形式的通信。一个原因是，套接字只允许在通信线程之间交换无结构的字节流。客户机或服务器程序需要自己加上数据结构。下面我们将介绍更高级的通信方法——远程过程调用（RPC）。

```java
import java.net.*;
import java.io.*;

public class DateClient
{
  public static void main(String[] args) {
    try {
      /* make connection to server socket */
      Socket sock = new Socket("127.0.0.1",6013);

      InputStream in = sock.getInputStream();
      BufferedReader bin = new
        BufferedReader(new InputStreamReader(in));

      /* read the date from the socket */
      String line;
      while ( (line = bin.readLine()) ! = null)
        System.out.println(line);

      /* close the socket connection */
      sock.close();
    }
    catch (IOException ioe) {
      System.err.println(ioe);
    }
  }
}
```

图 3.28　日期客户端

3.8.2　远程过程调用

RPC 是一种最为常见的远程服务。RPC 对通过网络连接系统之间的过程调用进行了抽象。它在许多方面都类似于 3.4 节所述的 IPC 机制，并且通常建立在 IPC 之上。不过，因为现在的情况是进程处在不同系统上，所以应提供基于消息的通信方案，以提供远程服务。

与 IPC 消息不同，RPC 通信交换的消息具有明确结构，因此不再只是数据包。消息传到 RPC 服务，RPC 服务监听远程系统的端口号，消息包含用于指定执行函数的一个标识符以及传递给函数的一些参数。然后，函数按要求来执行，而所有结果都会通过另一消息传递回到请求者。

这里的**端口**（port）只是一个数字，处于消息分组头部。虽然每个系统通常只有一个网络地址，但是对于这个地址它有许多端口号，以便区分所支持的多个网络服务。如果一个远程进程需要服务，那么它应向适当端口发送消息。例如，如果有个系统允许其他系统列出当前用户，那么它可以有一个支持这个的 RPC 服务，该服务会监听某个端口（如 3027 端口）。任何一个远程系统如要得到所需信息（即列出当前用户），只要向服务器 3027 端口发送一个 RPC 消息，就能通过回复消息收到数据。

RPC 语义允许客户调用位于远程主机的过程，就如调用本地过程一样。通过客户端提供的**存根**（stub），RPC 系统隐藏通信细节。通常，对于每个单独远程过程，都有一个存根。当客户调用远程过程时，RPC 系统调用适当存根，并且传递远程过程参数。这个存根定位服务器的端口，并且**封装**（marshal）参数。然后，存根通过消息传递，向服务器发送一个消息。服务器端类似的存根收到这个消息并调用服务器上的过程。如果必要，返回值可通过同样技术传回到客户机。对于 Windows 系统，存根代码是根据用 Microsoft 接口定义语言（Microsoft Interface Definition Language，MIDL）编写的规范编译的，MIDL 用于定义客户机与服务器程序之间的接口。

封装参数涉及处理客户机和服务器系统的不同数据表示。考虑 32 位整数的表示。有的系统使用内存的高地址来存储高位字节，称为**大端结尾**（big-endian）；而其他系统使用内存的高地址来存储低位字节，称为**小端结尾**（little-endian）。没有哪种顺序"更好"，这是由计算机体系结构来选择的。为了解决这一差异，许多 RPC 系统定义一个独立于机器的数据表示。一种这样的表示称为**外部数据表示**（eXternal Data Representation，XDR）。在客户端，参数封装将机器相关数据打包成 XDR，再发送到服务器。在服务器端，XDR 数据被分封，再转成机器相关数据以交给服务器。

另外一个重要事项涉及调用语义。虽然本地过程调用只在极端情况下才失败，但是由于常见网络错误，RPC 可能执行失败或者多次重复执行。解决这个问题的一种方法是令操作系统确保每个消息执行正好一次，而非执行最多一次。大多数本地过程调用具有"正好一次"的特点，但是实现起来比较困难。

首先我们考虑"最多一次"。这种语义可以通过为每个消息附加时间戳来实现。服务器对所处理的消息应有一个完整的或足够长的时间戳的历史，以便确保能够检测到重复消息。如果进来消息的时间戳已出现过，则被忽略。这样，客户能够一次或多次发送消息，并确保仅执行一次。

对于"正好一次"，需要消除服务器从未收到请求的风险。为了做到这点，服务器必须执行前面所述的"最多一次"的协议，但是也必须向客户确认 RPC 调用已经收到并且已经执行。这些 ACK（确认）消息在网络中是常见的。客户机应周期性地重发每个 RPC 调用，直到它接收到对该调用的 ACK。

另外一个重要问题涉及服务器和客户机之间的通信。对于标准的过程调用，在链接、加载或执行（第 9 章）期间会发生一定形式的绑定，这样过程名称就会被过程的内存地址所替代。RPC 方案也要有一个类似于客户机和服务器端口之间的绑定，但是客户机如何知道服务器上的端口呢？这两个系统都没有对方的完整信息，因为它们并不共享内存。

对此有两种常见方法。第一种方法，绑定信息可以按固定的端口地址形式预先固定。在编译时，RPC 调用一个与它关联的固定端口。一旦程序编译后，服务器就不能更改请求服务的端口号。第二种方法，绑定可以通过交会机制动态进行。通常，操作系统在一个固定 RPC 端口上提供交会服务程序（也称为匹配生成器）。客户机发送一个包括 RPC 名称的消息到交会服务程序，请求它所需执行 RPC 的端口地址。在得到返回的端口号后，RPC 可以发送到这一端口号，直到进程终止（或服务器崩溃）。这种方式的初始请求需要额外开销，但是比第一种更灵活。图 3.29 为这种交互的一个实例。

RPC 方案可用于实现分布式文件系统（参见第 19 章）。这种系统可以通过一组 RPC 服务程序和客户来实现。当要进行文件操作时，消息可以发到服务器的分布式文件系统的端口。该消息包括要执行的磁盘操作，磁盘操作可能是 read()（读）、write()（写）、rename()（重命名）、delete()（删除）或 status()（状态），对应通常文件相关的系统调用。

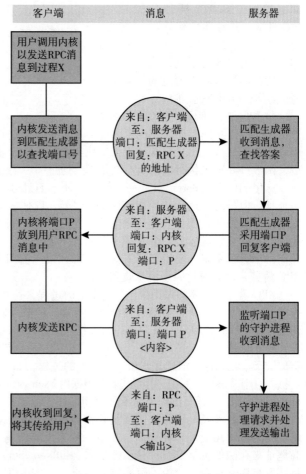

图 3.29　远程过程调用（RPC）的执行

返回消息包括来自调用的任何数据，这个调用是由 DFS（分布式文件系统）服务程序代为客户所执行的。例如，一个消息可能包括一个传输整个文件到客户机的请求，或仅限于一个简单的块请求。对于后者，如果需要传输整个文件，可能需要多个这样的请求。

3.8.2.1 Android RPC

尽管 RPC 通常与分布式系统的客户端-服务器计算相关联，但是它们也可以用作运行在同一系统上的进程之间的 IPC 形式。Android 操作系统在 binder 框架中提供了丰富的 IPC 机制，包括允许一个进程从另一个进程请求服务的 RPC。

Android 将**应用程序组件**定义为：为 Android 应用程序提供实用功能的基本构建块，一个应用程序可以组合多个应用程序组件来为其提供功能。一种这类应用程序组件是服务，它没有用户界面，而是在后台运行以执行长时间的运行操作或为远程进程执行工作。服务案例包括在后台播放音乐和代表另一个进程通过网络连接检索数据，从而防止其他进程在下载数据时阻塞。当客户端应用调用服务的 bindService() 方法时，该服务是"绑定"的，可通过消息传递或 RPC 来提供客户端-服务器通信。

绑定服务必须扩展 Android 类 Service 并且必须实现 onBind() 方法，当客户端调用 bindService() 时调用它。在消息传递的情况下，onBind() 方法返回一个 Messenger 服务，用于从客户端向服务发送消息。Messenger 服务只有一种方式，如果服务必须向客户端发送回复，客户端还必须提供 Messenger 服务，该服务包含在发送到服务的 Message 对象的 replyTo 字段中。然后服务可以将消息发送回客户端。

为提供 RPC，onBind() 方法必须返回一个接口，该接口表示客户端用于与服务交互的远程对象中的方法。该接口以常规 Java 语法编写，并使用 Android 接口定义语言（Android Interface Definition Language，AIDL）创建存根文件，它充当远程服务的客户端接口。

这里简要概述使用 AIDL 和 binder 服务，来提供名为 remoteMethod() 的通用远程服务的所需步骤。远程服务的接口如下所示：

```
/*RemoteService.aidl */
interface RemoteService
{
boolean remoteMethod( int x, double y);
}
```

这个文件写为 RemoteService.aidl。Android 开发工具包将使用它从 .aidl 文件生成 .java 接口，以及用作此服务的 RPC 接口的存根。服务端必须实现 .aidl 文件生成的接口，当客户端调用 remoteMethod() 时会调用这个接口的实现。

当客户端调用 bindService() 时，服务端调用 onBind() 方法，并将 RemoteService 对象存根返回给客户端。然后客户端可以调用远程方法，如下所示：

```
RemoteService service;
⋮
service.remoteMethod(3,0.14);
```

在内部，Android binder 框架处理参数封送，在进程之间传输封送参数，并调用服务的必要实现，以及将任何返回值发送回客户端进程。

3.9 本章小结

- 进程是执行程序，进程当前活动状态由程序计数器以及其他寄存器表示。
- 进程的内存布局由四个不同部分表示：文本、数据、堆和堆栈。
- 当一个进程执行时，它会改变状态。进程有四种常见状态：就绪、运行、等待和终止。
- 进程控制块（PCB）是表示操作系统进程的内核数据结构。
- 进程调度器的作用是选择一个可用进程，来运行在 CPU 上。

- 当操作系统从运行一个进程切换到运行另一个进程时，它会执行上下文切换。
- 系统分别调用 `fork()` 和 `CreateProcess()` 用于在 UNIX 和 Windows 系统上创建进程。
- 当共享内存用于进程之间的通信时，两个（或更多）进程共享相同的内存区域。POSIX 为共享内存提供了一个 API。
- 两个进程可以通过使用消息传递相互交换消息进行通信。Mach 操作系统使用消息传递作为其进程间通信的主要形式。Windows 也提供了一种消息传递形式。
- 管道为两个进程通信提供了通道。管道有两种形式：普通的和命名的。普通管道是为具有父子关系的进程间通信而设计的。命名管道更通用，允许多个进程进行通信。
- UNIX 系统通过 `pipe()` 系统调用提供普通管道。普通管道有一个读出端和一个写入端。例如，父进程可以使用其写入端向管道发送数据，而子进程可以从其读出端读取数据。UNIX 中的命名管道称为 FIFO。
- Windows 系统还提供了两种形式的管道：无名管道和命名管道。无名管道类似于 UNIX 普通管道。它们是单向的，并在通信进程之间采用父子关系。命名管道提供了比 UNIX 对应的 FIFO 更丰富的进程间通信形式。
- 两种常见的客户端-服务器通信形式是套接字和远程过程调用（RPC）。套接字允许不同机器上的两个进程通过网络进行通信。RPC 抽象了函数（过程）调用的概念，这样函数就可以在另一台计算机的另一个进程上被调用。
- Android 操作系统使用 RPC 作为一种使用 binder 框架的进程间通信形式。

3.10 推荐读物

［Robbins and Robbins（2003）］和［Russinovich et al.（2017）］分别讨论了 UNIX 和 Windows 系统的进程创建、管理和 IPC。［Love（2010）］讨论了 Linux 内核的进程支持，［Hart（2005）］详细讨论了 Windows 系统编程。Google Chrome 采用多进程模型的讨论参见 http://blog. chromium. org/2008/09/multi-process-architecture. html。

［Holland and Seltzer（2011）］讨论了多核系统的消息传递。［Levin（2013）］描述了 Mach 系统中的消息传递，特别是关于 macOS 和 iOS。

［Harold（2005）］讨论了 Java 套接字编程。有关 Android RPC 的详细信息，可参见 https://developer. android. com/guide/components/aidl. html。［Hart（2005）］和［Robbins and Robbins（2003）］分别讨论了 Windows 和 UNIX 系统的管道。

Android 开发指南可参见 https://developer. and roid. com/guide/。

3.11 参考文献

［Harold（2005）］　　E. R. Harold, *Java Network Programming*, Third Edition, O'Reilly & Associates（2005）.

［Hart（2005）］　　J. M. Hart, *Windows System Programming*, Third Edition, AddisonWesley（2005）.

［Holland and Seltzer（2011）］　　D. Holland and M. Seltzer, "Multicore OSes: Looking Forward from 1991, er, 2011", *Proceedings of the 13th USENIX conference on Hot topics in operating systems*（2011）, pages 33-33.

［Levin（2013）］　　J. Levin, *Mac OS X and iOS Internals to the Apple's Core*, Wiley（2013）.

［Love（2010）］　　R. Love, *Linux Kernel Development*, Third Edition, Developer's Library（2010）.

［Robbins and Robbins（2003）］　　K. Robbins and S. Robbins, *Unix Systems Programming: Communication, Concurrency and Threads*, Second Edition, Prentice Hall（2003）.

［Russinovich et al.（2017）］　　M. Russinovich, D. A. Solomon, and A. Ionescu, *Windows Internals-Part 1*, Seventh Edition, Microsoft Press（2017）

3.12 练习

3.1 使用图 3.30 所示的程序，解释 LINE A（行 A）的输出。

```
#include <sys/types.h>
#include <stdio.h>
#include <unistd.h>

int value = 5;

int main()
{
pid_t pid;

  pid = fork();

  if (pid == 0) { /* child process */
    value += 15;
    return 0;
  }
  else if (pid > 0) { /* parent process */
    wait(NULL);
    printf("PARENT: value = %d",value); /* LINE A */
    return 0;
  }
}
```

图 3.30 练习 3.1 程序

3.2 包括初始父进程，图 3.31 所示的程序创建了多少进程？

3.3 Apple 移动操作系统 iOS 的初始版本没有提供并发处理的方法。讨论并发处理给操作系统增加的三个主要复杂性。

3.4 有些计算机系统提供多个寄存器集。描述当上下文切换发生时，如果新上下文已经加载到其中一个寄存器集中，会发生什么。如果新上下文在内存中而不是在寄存器集中，并且所有寄存器集都在使用中，会发生什么？

```
#include <stdio.h>
#include <unistd.h>

int main()
{
    /* fork a child process */
    fork();

    /* fork another child process */
    fork();

    /* and fork another */
    fork();

    return 0;
}
```

图 3.31 练习 3.2 程序

3.5 当一个进程使用 fork() 操作创建一个新进程时，父进程和子进程共享以下哪些状态？

a. 堆栈

b. 堆

c. 共享内存段

3.6 考虑与 RPC 机制相关的"正好一次"语义。即使发送回客户端的 ACK 消息由于网络问题而丢失，实现此语义的算法是否正确执行？描述消息的序列，并讨论是否仍然保留"正好一次"。

3.7 假设分布式系统容易受到服务器故障的影响。需要什么机制来保证执行 RPC 的"正好一次"语义？

3.13 习题

3.8 描述内核在两个进程之间进行上下文切换所采取的操作。

3.9 构建一个类似于图 3.7 的进程树。采用命令 ps -ael 可以获取 UNIX 或 Linux 系统的进程信息。采用命令 man ps 可以获取关于命令 ps 的更多信息。Windows 系统的任务管理器没有提供父进程 ID，但是进程监控工具（来自 technet. microsoft. com）提供了一种进程树工具。

3.10 请对 UNIX 和 Linux 系统的进程 init（或 systemd）在进程终止方面的作用做出解释。

3.11 如图 3.32 所示的程序创建了多少个进程（包括初始的父进程）？

3.12 请对图 3.33 所示的标记为 printf（"LINE J"）的行所能执行的环境做出解释。

3.13 采用图 3.34 所示的程序，确定行 A、B、C、D 中的 pid 的值（假定父进程和子进程的 pid 分别为 2600 和 2603）。

3.14 普通管道有时比命名管道更适合，而命名管道有时比普通管道更适合，请举例说明。

```
#include <stdio. h>
#include <unistd. h>

int main ()
{
    int i;

    for (i = 0; i < 4; i++)
        fork ();

    return 0;
}
```

图 3.32 习题 3.11 程序

```
#include <sys/types.h>
#include <stdio.h>
#include <unistd.h>

int main()
{
pid_t pid;

    /* fork a child process */
    pid = fork();

    if (pid < 0) { /* error occurred */
      fprintf(stderr, "Fork Failed");
      return 1;
    }
    else if (pid == 0) { /* child process */
      execlp("/bin/ls","ls",NULL);
      printf("LINE J");
    }
    else { /* parent process */
      /* parent will wait for the child to complete */
      wait(NULL);
      printf("Child Complete");
    }

    return 0;
}
```

图 3.33 习题 3.12 程序

```
#include <sys/types.h>
#include <stdio.h>
#include <unistd.h>

int main()
{
pid_t pid, pid1;

    /* fork a child process */
```

图 3.34 习题 3.13 程序

```
      pid = fork ();
      if (pid < 0) { /* error occurred */
        fprintf (stderr, " Fork Failed" );
        return 1;
      }
      else if (pid == 0) { /* child process */
        pid1 = getpid ();
        printf (" child: pid = % d", pid); /* A */
        printf (" child: pid1 = % d", pid1); /* B */
      }
      else { /* parent process */
        pid1 = getpid ();
        printf (" parent: pid = % d", pid); /* C */
        printf (" parent: pid1 = % d", pid1); /* D */
        wait (NULL);
      }

      return 0;
}
```

图 3.34   习题 3.13 程序（续）

3.15 对于 RPC 机制，若没有强制"最多一次"或"正好一次"的语义，描述所带来的一些不必要的后果。讨论没有这些强制保证机制的可能用途。

3.16 使用如图 3.35 所示的程序，请解释行 X 和 Y 的输出是什么。

```
#include <sys/types.h>
#include <stdio.h>
#include <unistd.h>

#define SIZE 5

int nums[SIZE] = {0,1,2,3,4};

int main()
{
int i;
pid_t pid;

    pid = fork();

    if (pid == 0) {
      for (i = 0; i < SIZE; i++) {
        nums[i] *= -i;
        printf("CHILD: % d ",nums[i]); /* LINE X */
      }
    }
    else if (pid > 0) {
      wait(NULL);
      for (i = 0; i < SIZE; i++)
        printf("PARENT: % d ",nums[i]); /* LINE Y */
    }

    return 0;
}
```

图 3.35   习题 3.16 程序

3.17 下面设计的优缺点是什么？系统层次和用户层次都要考虑。

　　a. 同步和异步通信

　　b. 自动和显式缓冲

　　c. 复制传送和引用传送

　　d. 固定大小和可变大小消息

3.14 编程题

3.18 使用 UNIX 或 Linux 系统编写一个 C 程序，以便创建一个子进程并最终成为一个僵尸进程。这个僵尸进程在系统中应保持至少 10s。进程状态可以从下面的命令中获得

```
ps -l
```

进程状态位于列 S，状态为 Z 的进程为僵尸进程。子进程的进程标识符（pid）位于列 PID，而父进程的则位于列 PPID。

　　为了确定子进程确实是一个僵尸进程，或许最简单的方法是运行所写的程序于后台（使用 &），然后运行命令 ps -l 以便确定子进程是不是一个僵尸进程。因为系统不希望过多的僵尸进程存在，所以你需要删除所生成的僵尸进程。最简单的做法是通过 kill 命令来终止父进程。例如，如果父进程的 pid 是 4884，那么可输入

```
kill -9 4884
```

3.19 编写一个名为 time.c 的 C 程序，以确定从命令行运行命令所需的时间量。该程序将作为 "./time<command>" 运行，并报告运行指定命令所用的时间量。这将涉及使用函数 fork() 和 exec()，以及函数 gettimeofday() 来确定经历的时间。它还需要使用两种不同的 IPC 机制。

　　一般策略是派生一个将执行指定命令的子进程。然而，在子进程执行命令之前，它会记录当前时间的时间戳（我们称之为"开始时间"）。父进程将等待子进程终止。一旦子进程终止，父进程将记录结束时间的当前时间戳。开始时间和结束时间之间的差异表示执行命令所经历的时间。下面的示例输出报告了运行命令 ls 的时间量：

```
./time ls
time.c
time

Elapsed time: 0.25422
```

由于父进程和子进程是独立的进程，因此它们需要安排如何在它们之间共享开始时间。你将编写该程序的两个版本，每个版本代表不同的 IPC 方法。

　　第一个版本让子进程在调用 exec() 之前将开始时间写入共享内存区域。子进程终止后，父进程会从共享内存中读取开始时间。有关使用 POSIX 共享内存的详细信息，请参阅 3.7.1 节。在该部分中，生产者和消费者有单独的程序。由于解决这个问题只需要一个程序，因此可以在子进程被复刻（fork）之前建立共享内存区域，从而允许父进程和子进程访问共享内存区域。

　　第二个版本使用管道。子进程将开始时间写入管道，父进程将在子进程终止后从中读取。

　　你将使用 gettimeofday() 函数记录当前时间戳。该函数传递一个指向 struct timeval 对象的指针，该对象包含两个成员：tv_sec 和 t_usec。它们表示自 1970 年 1 月 1 日以来经过的秒数和微秒数（称为 UNIX EPOCH）。以下代码示例说明了如何使用此函数：

```
struct timeval current;

gettimeofday(&current,NULL);
```

```
//current.tv_sec represents seconds
//current.tv_usec represents microseconds
```

对于子进程和父进程之间的 IPC，可以为共享内存指针的内容分配表示开始时间的 struct timeval。使用管道时，可以将指向 struct timeval 的指针写入，并从管道中读取。

3.20 操作系统的 **pid 管理器**（pid manager）负责管理进程标识符。当创建一个进程时，pid 管理器会给它分配一个唯一 pid。当进程执行完时，它的 pid 会还给 pid 管理器，以便再分配给别的进程。有关进程标识符的更多讨论，参见 3.3.1 节。这里最重要的是认识到进程标识符应是唯一的，没有两个活动进程可以有相同的 pid。

通过以下常量，可以界定 pid 的可能取值范围：

```
#define MIN_PID 300
#define MAX_PID 5000
```

你可以选择任何数据结构来表示可用的进程标识符。一个策略是采用 Linux 所选的位图：当位置 i 的值为 0 时，表示值为 i 的 pid 可用；当位置 i 的值为 1 时，表示值为 i 的 pid 已在使用。

实现以下 API，它们用于获取和释放 pid：

- int allocate_map (void) ——创建并初始化一个用于表示 pid 的数据结构。如果不成功，则返回−1；如果成功，则返回 1。
- int allocate_pid (void) ——分配并返回一个 pid。如果无法分配一个 pid（所有 pid 都在使用），则返回−1。
- void release_pid (int pid) ——释放一个 pid。

这个编程习题将在后面的第 4 章和第 6 章中加以修改。

3.21 Collatz 猜想涉及当我们取 n 为正整数，并采用以下算法：

$$n = \begin{cases} n/2 & \text{若 } n \text{ 是偶数} \\ 3 \times n + 1 & \text{若 } n \text{ 是奇数} \end{cases}$$

结果会是什么？猜想指出，当该算法被不断应用，所有的正整数最终将为 1。例如，如果 $n = 35$，那么序列为

$$35, 106, 53, 160, 80, 40, 20, 10, 5, 16, 8, 4, 2, 1$$

采用系统调用 fork()，编写一个 C 程序以便在子进程中生成这个序列。从命令行提供启动数。例如，如果 8 作为一个参数通过命令行来传递，则子进程将输出 8、4、2、1。因为父进程和子进程都有各自的数据副本，所以要让子进程输出序列。父进程调用 wait()，以便在退出之前确保子进程已完成。执行必要的错误检查以便确保一个正整数由命令行来传递。

3.22 在习题 3.21 中，子进程应输出由 Collatz 猜想算法所生成的序列号，因为父进程和子进程有各自的数据副本。设计该程序的另一种方法是在父进程和子进程之间建立一个共享内存对象。这种技术允许子进程将序列内容写入共享内存对象。当子进程完成时，父进程就可输出序列。由于内存是共享的，子进程所做的任何修改都会反映到父进程。

这个程序可采用如 3.7.1 节所述的 POSIX 共享内存。父进程包括如下步骤：

1) 建立共享内存对象（shm_open()、ftruncate() 和 mmap()）。
2) 创建子进程并等待它的终止。
3) 输出共享内存的内容。
4) 删除共享内存对象。

协作进程的一个重要领域涉及同步问题。在这个练习中，父进程和子进程应协调好，以便子进程完成执行前，父进程不输出序列。这两个进程的同步使用系统调用

wait()：父进程调用 wait()以便阻塞自己，直到子进程退出。

3.23 3.8.1 节说明了小于 1024 的端口为众所周知的，即用于提供标准服务。端口 17 为
quote-of-the-day（当日名句）服务。当客户端连接到服务器的端口 17 时，服务器会
返回当天的名句。

　　修改图 3.27 所示的日期服务器，令它返回当天的名句而不是日期。名句应为可输
出的 ASCII 字符，长度应小于 512 字节，但支持多行。端口 17 为众所周知的，因此不
可用，所以可让服务器监听端口 6017。图 3.28 所示的日期客户端可用于读取服务器返
回的名句。

3.24 haiku 是三行诗，其中第 1~3 行分别有 5、7、5 个音节。写一个监听端口 5575 的 haiku
服务器，当客户端连接到这个端口时，服务器返回一个 haiku。如图 3.28 所示的日期
客户端可以用于读取由 haiku 服务器返回的诗句。

3.25 回显服务器返回从客户端收到的内容。例如，如果客户端将字符串"Hello there!"
发送给服务器，而服务器则返回"Hello there!"。

　　利用 3.8.1 节所描述的 Java 网络 API，写一个回显服务器。该服务器将使用
accept()方法等待客户端连接。当收到客户端连接后，服务器会循环执行下列步骤：
- 从端口读入数据到缓冲区。
- 写出缓冲内容到客户端。

服务器只有判定客户已关闭连接后，才会退出循环。

　　图 3.27 所示的日期服务器，采用类 java.io.BufferedReader。BufferedReader
扩展了用于读取字符流的 java.io.Reader 类。不过，回显服务器不能保证它从客
户收到的只是字符型数据而非二进制数据。java.io.Inputstream 类处理字节数据
而非字符数据。因此，回显服务器必须使用一个 java.io.Inputstream 的对象。当
客户关闭了套接字连接的端口后，java.io. Inputstream 类的方法 read()会返
回-1。

3.26 设计一个程序通过普通管道，让一个进程发送一个字符串消息到第二个进程；而第二
个进程改变收到字符串的大小写，然后发送到第一个进程。例如，如果第一个进程发
送消息"Hi There"，那么第二个进程会返回"hI tHERE"。这将需要使用两个管
道，一个用于从第一个进程发送原始消息到第二个进程，另一个用于从第二个进程发
送修改后的消息到第一个进程。你可以利用 UNIX 或 Windows 管道来写这个程序。

3.27 利用普通管道设计一个文件复制程序 filecopy.c。此程序有两个参数：原文件名称
和新文件名称。该程序将创建一个普通管道，并将需要复制的文件内容写入管道。子
进程将从管道中读取该文件，并将它写入目标文件。

```
./filecopy input.txt copy.txt
```

那么文件 input.txt 将被写入管道。子进程将读取这个文件的内容，然后写入目标
文件 copy.txt。你可以利用 UNIX 或 Windows 管道来写这个程序。

3.15 编程项目

项目 1：UNIX 外壳

　　该项目设计一个 C 程序作为外壳接口，接受用户命令，然后在单独的进程中执行每个命
令。你的实现将支持输入和输出重定向，以及管道作为一对命令之间的 IPC 形式。完成这个
项目涉及使用 UNIX 系统调用 fork()、exec()、wait()、dup2()和 pipe()，可以在任
何 Linux、UNIX 和 macOS 系统上完成。

Ⅰ．概述

　　外壳接口为用户提供提示符，以便输入下一个命令。下面的例子说明了提示符 osh>和用

户的下一个命令 cat prog.c（这个命令采用 UNIX 的 cat 在终端上显示文件 prog.c）。

```
osh>cat prog.c
```

实现外壳接口的一种技术是父进程首先读取用户命令行的输入（即 cat prog.c），然后创建一个单独子进程来完成这个命令。除非另作说明，父进程在继续之前等待子进程退出。这种功能有点类似于图 3.9 所示的进程创建。然而，UNIX 外壳一般也允许子进程在后台或并发运行。为了实现这个，通过在命令尾部使用 & 符号。因此，如果我们将上面的命令重写为

```
osh>cat prog.c &
```

那么父进程和子进程就可以并发执行了。

通过系统调用 fork() 创建单独的子进程。通过系统调用 exec() 类型执行用户命令（如 3.3.1 节所述）。

图 3.36 是提供命令行外壳的一般操作的 C 程序框架。函数 main() 提供提示符 osh>，并概述了从读取用户输入后采取的步骤。只要 should_run 等于 1，这个 main() 函数就不断循环，当用户在提示符后输入 exit 时，程序将 should_run 设置为 0 并且终止。

```c
#include <stdio.h>
#include <unistd.h>

#define MAX LINE 80 /* The maximum length command */

int main(void)
{
char *args[MAX_LINE/2 + 1]; /* command line arguments */
int should_run = 1; /* flag to determine when to exit program */

  while (should_run) {
    printf("osh>");
    fflush(stdout);

    /* *
     * After reading user input, the steps are:
     * (1) fork a child process using fork()
     * (2) the child process will invoke execvp()
     * (3) parent will invoke wait() unless command included &
     * /
  }

  return 0;
}
```

图 3.36　简单外壳（shell）示意图

该项目分为多个部分：
- 创建子进程并且在子进程中执行命令。
- 支持历史功能。
- 添加对输入和输出重定向的支持。
- 允许父进程和子进程通过管道进行通信。

Ⅱ. 通过子进程执行命令

第一个任务是修改图 3.36 的函数 main()，以便复刻（fork）一个子进程并执行用户指定命令。这将需要解析用户已输入到单独令牌中的内容，并将令牌存储在字符串数组中（图 3.36 中的 args）。例如，如果用户在提示符 osh>后输入命令 ps -ael，则数组 args 存储的值为：

```
args[0]="ps"
args[1]="-ael"
```

```
args[2]=NULL
```

这个数组 args 会被传递到函数 execvp(), 原型如下:

```
execvp(char *command,char *params[])
```

在这里, command 为要执行的命令, params 为命令参数。对于本项目, 函数 execvp()的调用为 execvp (args [0], args)。一定要检查用户输入是否包括一个 &, 以便确定父进程是否等待子进程退出。

Ⅲ. 创建历史功能

下一个任务是修改外壳接口程序, 提供历史功能, 允许用户访问最近输入的命令。例如, 如果用户输入命令 ls-l, 然后可以在提示符下通过输入!! 再次执行该命令。以这种方式执行的任何命令都应该在用户的屏幕上回显, 该命令也应该作为下一个命令放置在历史缓冲区中。

你的程序还应该进行基本的错误处理。如果历史记录中没有最近的命令, 输入!! 应该会产生一条消息 "No commands in history (历史记录中没有命令)"。

Ⅳ. 重定向输入和输出

然后应该修改外壳以支持重定向运算符 '>' 和 '<', 其中 '>' 将命令输出重定向到文件, 而 '<' 将输入重定到来自文件。例如, 如果用户输入

```
osh>ls>out.txt
```

ls 命令的输出将被重定向到文件 out.txt。同样, 输入也可以重定向。例如, 如果用户输入

```
osh>sort<in.txt
```

in.txt 文件将用作排序命令 (sort) 的输入。

管理输入和输出的重定向涉及使用函数 dup2(), 它将现有文件描述符复制到另一个文件描述符。例如, 如果 fd 是文件 out.txt 的文件描述符, 则调用

```
dup2(fd,STDOUT_FILENO);
```

将 fd 复制到标准输出 (终端)。这意味着对标准输出的任何写入实际上都将发送到 out.txt 文件。

你可以假设命令将包含一个输入或一个输出重定向, 并且不会同时包含两者。换句话说, 你不必关心诸如 sort<in.txt>out.txt 之类的命令序列。

Ⅴ. 通过管道进行通信

最后修改外壳, 允许一个命令的输出使用管道作为另一个命令的输入。例如命令序列

```
osh>ls-l | less
```

将命令 ls-l 的输出用作 less 命令的输入。命令 ls 和 less 都将作为单独的进程运行, 并将使用 3.7.4 节所述的 UNIX pipe()函数进行通信。创建这些独立进程的最简单方法可能是让父进程创建子进程 (它将执行 ls-l)。这个子进程还将创建另一个子进程 (执行 less), 并将在自己和所创建的子进程之间建立一个管道。实现管道功能还需要使用上一节中描述的 dup2()函数。最后, 虽然可以使用多个管道将多个命令链接在一起, 但可以假设命令将只包含一个管道字符, 并且不会与任何重定向运算符组合。

项目 2: 用于显示任务信息的 Linux 内核模块

在这个项目中, 你将编写一个 Linux 内核模块, 它使用 /proc 文件系统根据进程标识符 pid 的值来显示任务的信息。在这个项目开始之前, 请务必复习一下第 2 章有关 Linux 内核模块的编程项目, 其中涉及在 /proc 文件系统中创建一个条目。该项目涉及将进程标识符写入文件 /proc/pid。一旦 pid 被写入 /proc 文件, 后续从 /proc/pid 读取将会报告任务正在运行的命令、任务 pid 的值, 以及当前状态任务。在加载到系统后如何访问内核模块的示例如下:

```
echo "1395">/proc/pid
cat /proc/pid
command = [bash] pid = [1395] state = [1]
```

echo 命令将字符"1395"写入 /proc/pid 文件。你的内核模块将读取此值并存储其等效整数，因为它表示进程标识符。命令 cat 从 /proc/pid 读取，内核模块将从与 pid 值为 1395 的任务所关联的任务结构中检索这三个字段。

Ⅰ. 写入 /proc 文件系统

在第 2 章的内核模块项目中，我们学习了如何从 /proc 文件系统中读取。现在我们介绍如何写入 /proc。将 struct file_operations 中的字段 .write 设置为

```
.write = proc_write
```

当对 /proc/pid 进行写操作时，就会导致调用图 3.37 的 proc_write() 函数。

kmalloc() 函数在内核中相当于用户级的 malloc() 函数，除了分配内核内存。GFP_KERNEL 标志表示常规的内核内存分配。函数 copy_from_user() 将 usr_buf 的内容（包含已写入 /proc/pid 的内容）复制到最近分配的内核内存。内核模块必须使用内核函数 kstrtol() 获取该值的整数等价，它具有原型

```
int kstrtol(const char *str, unsigned int base, long *res)
```

这会将 str 的等价字符存储为 res 的基数。

最后，请注意通过调用 kfree() 将先前使用 kmalloc() 分配的内存返给内核。谨慎的内存管理（包括释放内存以防止内存泄漏）在开发内核级代码时至关重要。

Ⅱ. 从 /proc 文件系统读取

一旦存储了进程标识符，从 /proc/pid 读取的任何内容都将返回命令的名称、进程标识符和状态。如 3.1 节所示，Linux PCB 由 task_struct 结构表示，该结构位于头文件 <linux/sched.h>。给定进程标识符，函数 pid_task() 返回关联的 task_struct。该函数的签名如下所示：

```
struct task_struct pid_task(struct pid *pid, enum pid_type type)
```

内核函数 find_vpid (int pid) 可以用来获取 struct pid，PIDTYPE_PID 可以作为 pid_type。

对于系统中的有效 pid，pid_task 将返回其任务结构。然后，你可以显示命令、pid 和状态的值（你可能必须通读 <linux/sched.h> 中的任务结构，才能获得这些字段的名称）。

如果 pid_task() 没有传递一个有效的 pid，它返回 NULL。一定要执行适当错误检查，来检查这种情况。如果发生这种情况，与读取 /proc/pid 相关的内核模块函数应返回 0。

在源代码下载中，我们给出了 C 程序 pid.c，它为开始这个项目提供了一些基本的构建块。

项目 3：用于生成任务列表的 Linux 内核模块

在这个项目中，你将编写一个内核模块，列出 Linux 系统中的所有当前任务。你将首先线性深度遍历任务。

Ⅰ：任务的线性迭代

内核通过宏 for_each_process() 很容易迭代系统的所有当前任务：

```
#include<linux/sched.h>
struct task_struct *task;
for_ each_ process (task){
    /*on each iteration task points to the next task */
}
```

程序通过宏 for_each_process() 循环，可以显示 task_struct 的各个字段。

要求

设计一个内核模块,通过宏 for_each_process() 迭代系统内的所有任务。特别是针对每个任务,输出任务名称(称为可执行的名称)、状态及进程标识符(通过查看<linux/sched.h>中的结构 task_struct,可以获得这些域的名称)。编写模块入口点的代码,以便它的内容出现在内核日志缓冲区,这可通过 dmesg 命令查看。为验证代码是否正确工作,比较内核日志缓冲区的内容与以下命令的输出(它列出了系统内的所有任务):

```
ps-el
```

这两个应该是非常相似的。因为任务是动态的,所以可能有些任务会出现在一个列表中,而不在另一个中。

Ⅱ:采用深度优先搜索树的任务迭代

本项目的第二部分采用深度优先搜索(Depth-First Search, DFS)树迭代系统内的所有任务(例如,图 3.7 所示进程的 DFS 迭代为 1, 8415, 8416, 9298, 9204, 2, 6, 200, 3028, 3610, 4005)。

Linux 通过一系列链表来维护进程树。查看<linux/sched.h>中的结构 task_struct,可以看到两个 struct list_head 对象:

```
children
```

和

```
sibling
```

这两个对象是指向任务的子对象和兄弟对象的链表指针。Linux 还在系统中维护一个对初始任务的引用——init_task——它的类型是 task_struct。利用这个信息以及有关链表的宏操作,可按如下方式来迭代 init_task 的子任务。

```
struct task_struct *task;
struct list_head *list;
list_ for_each(list,&init task->children){
  task=list_entry(list, struct task_struct, sibling);
  /*task points to the next child in the list */
}
```

宏 list_for_each()传递两个参数,都属于 struct list_head 类型:

- 指向要遍历的列表头的指针。
- 指向要遍历的列表头节点的指针。

每次迭代 list_for_each()时,第一个参数设置为列表下一个子元素的 list 结构。通过宏 list_entry(),我们利用上述 list 值可以得到列表的每个结构。

要求

从任务 init_task 开始,设计一个使用 DFS 树遍历系统中所有任务的内核模块。与本项目的第一部分一样,输出每个任务的名称、状态和 pid。在内核模块入口中执行这个迭代,使其输出到内核日志缓冲区。

如果您在系统中输出所有任务,可以得到比用 ps-ael 命令显示更多的任务。这是因为有些线程虽作为子进程,但却不表现为普通进程。因此,为了检查 DFS 树的输出,可以使用命令

```
ps-eLf
```

这个命令列出系统内的所有任务(包括线程)。为了验证确实执行了适当的 DFS 迭代,必须检查由 ps 命令输出的各个任务之间的关系。

项目 4:内核数据结构

1.9 节中我们讨论了操作系统的各种常见数据结构。Linux 内核提供了多种这样的结构。

这里我们探讨使用内核的循环双向链表,所讨论的许多内容都在 Linux 的源代码(这里为文件<linux/list.h>)中,另外,在执行以下步骤时,建议大家查看一下这个文件。

首先,应定义一个 struct,它包含要插入到链表中的各种元素。以下用 C 语言编写的 struct 将颜色定义为红色、蓝色和绿色的混合:

```
struct color {
    int red;
    int blue;
    int green;
    struct list_head list;
};
```

注意成员 struct list_head list。结构 list_head 的定义位于头文件<linux/types.h>中,其用意是将链表嵌入所形成的链表的节点中。结构 list_head 很简单,它仅拥有两个成员(next 和 prev),用于指向列表的下一个和前一个节点。通过在结构中嵌入链表,Linux 可以采用一系列宏(macro)函数来管理这个数据结构。

Ⅰ. 插入元素到链表

我们可以声明一个 list_head 对象,可以通过宏 LIST_HEAD()引用链表头。

```
static LIST_HEAD(color_list);
```

这个宏定义并初始化一个名为 color_list 的变量,其类型为 struct list_head。

我们创建并初始化 struct color 的实例:

```
struct color *violet;

violet = kmalloc(sizeof( *violet),GFP_KERNEL);
violet->red=138;
violet->blue=43;
violet->green=226;
INIT_LIST_HEAD(&violet->list);
```

kmalloc()函数用于分配内核内存,它在内核中相当于用户级的 malloc()函数。GFP_KERNEL 表示常规的内核内存分配。宏 INIT_LIST_HEAD()初始化结构 struct color 的 list 成员。通过宏 list_add_tail(),我们可以将这个实例添加到链表中。

```
list_add_tail(&violet->list,&color_list);
```

Ⅱ. 遍历链表

遍历列表可采用宏 list_for_each_entry(),它接受以下三个参数:

- 一个指针,指向被迭代的结构。
- 一个指针,指向被迭代结构的头。
- 包含 list_head 结构的变量名称。

下面代码说明了这个宏:

```
struct color *ptr;

list_for_each_entry(ptr,&color_list,list){
    /*on each iteration ptr points */
    /*to the next struct color */
}
```

Ⅲ. 从链表中移除元素

从链表中删除元素可使用宏 list_del(),它需要一个指向 struct list_head 的指针:

```
list_del(struct list_head *element);
```

这可从链表中删除元素,并保持该链表其余部分的结构不变。

也许从链表中删除所有元素的最简单方法是在遍历链表时删除每个元素。宏 `list_for_each_entry_safe()` 与宏 `list_for_each_entry()` 的功能很像，只不过它需要一个额外参数，用于维护删除条目的 next 指针的值（这对于维护列表结构是必要的）。下面的代码示例说明了这个宏：

```
struct color *ptr, *next;

list_for_each_entry_safe(ptr,next,&color_list,list){
    /*on each iteration ptr points */
    /*to the next struct color */
    list_del(&ptr->list);
    kfree(ptr);
}
```

请注意，在删除每个元素之后需要调用 kfree()，以将以前用 kmalloc() 分配的内存返回给内核。

第一部分：作业

在模块入口点，创建一个包含 4 个 struct color 元素的链表。遍历链表并且将其内容输出到内核日志缓冲区。调用 dmesg 命令以确保在加载内核模块之后正确地构造了链表。

在模块退出点，从链表中删除元素，并且将空闲内存返回给内核。另外，调用 dmesg 命令以检查在模块卸载时该链表已被删除。

第二部分：参数传递

项目的这一部分涉及将参数传递给内核模块。该模块使用该参数作为初始值，并生成 Collatz 序列，参见编程题 3.21。

传递参数到内核模块

参数可以在加载时传递到内核模块。例如，如果内核模块的名称是 collatz，可以将初始值 15 传递给内核参数 start，如下所示：

```
sudo insmod collatz.ko start=15
```

内核模块使用以下代码将 start 作为参数声明：

```
#include<linux/moduleparam.h>

static int start=25;

module_ param(start,int,0);
```

宏 module_param() 用于建立变量作为内核模块的参数。module_param() 提供了三个参数：参数名称、类型，以及文件权限。由于没有使用文件系统来访问参数，因此我们不关心权限并使用默认值 0。请注意，与 insmod 命令一起使用的参数名称必须与相关内核参数的名称匹配。最后，如果在使用 insmod 加载期间没有为模块参数提供值，则使用默认值（在本例中为 25）。

第三部分：作业

设计一个名为 collatz 的内核模块，将初始值作为模块参数传递给它。然后，当模块加载时，模块将生成序列，并将其存储在内核链表中。存储序列后，模块将遍历列表，并将内容输出到内核日志缓冲区。使用 dmesg 命令确保在加载模块后正确生成序列。

在模块退出点，删除列表的内容并将空闲内存返回给内核。同样，一旦内核模块被卸载，使用 dmesg 检查列表是否已被删除。

线程与并发

第3章讨论的进程模型假设每个进程是只有单个控制线程的一个执行程序。不过，几乎所有现代操作系统都允许一个进程包含多个线程。对于提供多个 CPU 的现代多核系统来说，通过使用线程来识别并行机会变得越来越重要。

本章引入多线程计算机系统相关的许多概念和挑战，并且讨论 Pthreads、Windows 和 Java 线程库的 API。此外，我们还探讨一些抽象了线程创建概念的新特性，允许开发人员专注于识别并行性的机会，并让语言特性和 API 框架处理线程创建和线程管理的细节。分析与多线程编程相关的许多问题及其对操作系统设计的影响。最后探讨 Windows 和 Linux 操作系统如何在内核级支持线程。

本章目标
- 识别线程的基本组成部分，对比线程和进程。
- 讨论设计多线程进程的主要好处和重大挑战。
- 说明隐式线程的不同方法，包括线程池、复刻加入和大中央调度。
- 讨论 Windows 和 Linux 操作系统如何表示线程。
- 采用 Pthreads、Java 和 Windows 线程 API 设计多线程的应用程序。

4.1 概述

每个线程是 CPU 利用率的一个基本单元，它包括线程 ID、程序计数器、寄存器组和堆栈。它与同一进程的其他线程共享代码段、数据段和其他操作系统资源，如打开的文件和信号。每个传统进程只有单个控制线程。如果一个进程具有多个控制线程，那么它能同时执行多个任务。图 4.1 说明了传统**单线程**（single-threaded）进程和**多线程**（multithreaded）进程的差异。

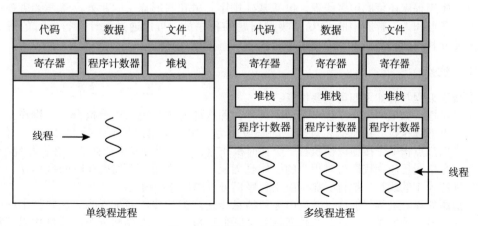

图 4.1　单线程和多线程进程

4.1.1 动机

在现代计算机和移动设备上运行的大多数应用软件都是多线程的。一个应用程序通常作为具有多个控制线程的独立进程来实现。下面重点介绍几个多线程应用程序的示例：

- 从一组图像中创建照片缩略图的应用程序可以使用独立的线程来生成每个图像的缩略图。
- Web 浏览器可以用一个线程显示图像或文本，而用另一个线程从网络检索数据。
- 文字处理器可以用一个线程显示图形，用另一个线程响应用户的击键，用第三个线程在后台执行拼写和语法检查。

应用程序还可设计为利用多核系统的处理能力。这类应用程序可以跨多个计算核并行执行多个 CPU 密集型任务。

在某些情况下，单个应用程序可能需要执行多个类似任务。例如，一个 Web 服务器接收有关网页、图像、声音等的客户端请求。一个繁忙 Web 服务器可能有多个（也许是数千个）客户端并发访问它。如果一个 Web 服务器作为单个线程的传统进程来执行，那么只能一次处理一个请求，因此客户端可能需要等待很长时间，才能等到请求被处理。

一种解决方法是让服务器作为单个进程运行以便接收请求。当服务器收到请求时，它会创建一个单独进程来服务该请求。事实上，这种进程创建方法在线程流行之前很常见。不过，进程创建很耗时间和资源。如果新进程与原进程执行同样的任务，那么为什么要产生这些开销呢？通常，使用一个包含多个线程的进程更加有效。如果 Web 服务器进程是多线程的，那么这种服务器可以创建一个单独线程来监听客户端请求。当收到请求时，服务器不会创建另一个进程，而是创建一个新线程以处理请求，并继续监听其他请求，如图 4.2 所示。

大多数操作系统内核通常也是多线程的。例如，Linux 系统在启动期间，会创建多个内核线程。每个线程执行特定的任务，例如设备管理、内存管理或中断处理。`ps -ef` 命令可用于显示正在运行的 Linux 系统的内核线程。检查此命令的输出将会显示内核线程 `kthreadd`（其中 `pid=2`），它充当所有其他内核线程的父线程。

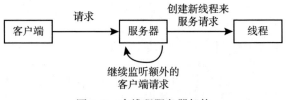

图 4.2　多线程服务器架构

许多应用程序还可利用多线程，包括基础排序、树和图形算法。此外，需要解决现代数据挖掘、图形和人工智能中的 CPU 密集型问题的程序员，可以通过设计并行运行的解决方案，来充分利用现代多核系统的强大功能。

4.1.2　优点

多线程编程具有如下四类主要优点：

- **响应性**。如果一个交互程序采用多线程，那么即使部分阻塞或者执行冗长操作，它仍可以继续执行，从而提高对用户的响应能力。这对于用户界面设计尤其有用。例如，当用户点击一个按钮以便执行一个耗时操作时，想一想会发生什么事。在操作完成前，一个单线程应用程序将对用户的操作毫无反应。与之相反，如果耗时的操作在一个单独的异步的线程中执行，那么应用程序仍可对用户进行响应。
- **资源共享**。进程只能通过共享内存和消息传递之类的技术共享资源。这些技术应由程序员显式地安排。不过，线程默认共享它们所属进程的内存和资源。共享代码和数据的优点是能够允许一个应用程序在同一地址空间内有多个不同的活动线程。
- **经济**。进程创建所需的内存和资源分配成本高昂。由于线程能够共享它们所属进程的资源，所以创建和切换线程更加经济。虽然进程创建与线程创建的开销差异的实际测量较为困难，但是前者通常要比后者花费更多时间和内存。此外，线程之间的上下文切换通常比进程更快。

- **可伸缩性**。对于多处理器体系结构，多线程的优势更明显，因为线程可在多处理核上并行运行。不管有多少可用 CPU，单线程进程只能运行在一个 CPU 上。下一节我们将深入探讨这个问题。

4.2 多核编程

在计算机设计历史的早期，为了满足对更高计算性能的需求，单 CPU 系统发展成为多 CPU 系统。后来，类似的系统设计趋势是将多个计算核放在一个处理芯片上，每个计算核对于操作系统来说都是一个单独的 CPU（见 1.3.2 节）。这类系统被称为**多核系统**（multicore），多线程编程提供了一种机制，可以更有效地使用多个计算核同改进并发性。考虑一个应用，它有四个线程。对于单核系统，并发仅仅意味着线程随着时间推移交错执行（见图 4.3），因为处理核一次只能执行单个线程。不过，对于多核系统，并发表示线程能够并行运行，因为系统可以为每个核分配一个单独线程（见图 4.4）。

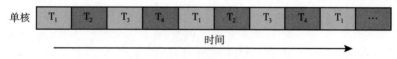

图 4.3　单核系统上的并发执行

请注意这里所讨论的并发性和并行性之间的区别。并发系统支持多个任务，允许所有任务执行。相反，并行系统可以同时执行多个任务。因此，可以在没有并行性的情况下具有并发性。在多处理器和多核架构出现之前，大多数计算机系统只有一个处理器，CPU 调度程序旨在通过在进程之间快速切换来提供并行性的假象，从而允许每个进程都取得进展。这些进程是并发运行的，但不是并行运行的。

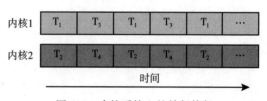

图 4.4　多核系统上的并行执行

4.2.1 编程挑战

多核系统的趋势继续给系统设计人员和应用程序开发人员带来压力，要求他们更好地利用多个计算核。操作系统设计人员必须编写利用多个处理核的调度算法，以便允许并行执行，如图 4.4 所示。对于应用程序开发人员来说，挑战在于修改现有程序和设计新的程序以便利用多线程。

一般而言，多核系统编程有以下五个方面的挑战：

- **识别任务**。这涉及分析应用程序，查找可以划分为独立的并发任务的区域。在理想情况下，任务是互相独立的，因此可以在多核上并行运行。
- **平衡**。在识别可以并行运行的任务时，程序员还应确保任务执行同等价值的工作。在某些情况下，有的任务与其他任务相比，可能对整个任务的贡献并不多。采用单独核来执行这个任务就不值得了。
- **数据分割**。正如应用程序要划分为单独的任务，由任务访问和操作的数据也应进行划分以便运行在单独的核上。
- **数据依赖**。任务访问的数据必须分析多个任务之间的依赖关系。当一个任务依赖于另一个任务的数据时，程序员必须确保任务执行是同步的，以适应数据依赖性。第 6 章会分析这些策略。
- **测试与调试**。当一个程序并行运行于多核时，可能有许多不同的执行路径。测试与调试这样的并发程序比测试和调试单线程的应用程序更加困难。

基于所面临的挑战，许多软件开发人员认为多核系统的出现将需要一个全新方法来设计未来软件系统（同样，许多计算机科学教育者也认为软件开发课程应当强调并行编程）。

Amdahl 定律

Amdahl 定律是一个公式。对于既有串行也有并行组件的应用程序，该公式确定由于计算核的增加而得到的性能改进。如果 S 是应用程序的一部分，它在具有 N 个处理核的系统上必须串行执行，那么该公式如下：

$$\text{speedup} \leq \frac{1}{S + \frac{1 - S}{N}}$$

作为一个例子，假设有一个应用程序，其 75% 为并行而 25% 为串行。如果在具有两个处理核的系统上运行这个程序，我们能得到 1.6 倍的加速比（speedup）。如果再增加两个处理核（一共有四个），则加速比是 2.28 倍。右图说明了几种不同情况下的 Amdahl 定律。

关于 Amdahl 定律，一个有趣的事实是：当 N 趋于无穷大时，加速比收敛到 $1/S$。例如，如果应用程序的 50% 为串行执行，则无论添加多少处理核，最大加速比都为 2.0 倍。这就是 Amdahl 定律背后的基本原则：对于通过增加额外计算核而获得的性能，应用程序的串行部分可能具有不成比例的效果。

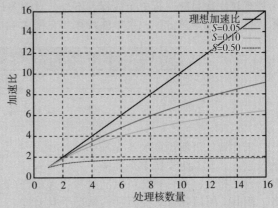

4.2.2　并行的类型

通常，有两种并行的类型：数据并行和任务并行。**数据并行**（data parallelism）注重将数据分布于多个计算核上，并在每个核上执行相同操作。例如，考虑对大小为 N 的数组的内容进行求和。对于单核系统，一个线程只能简单相加元素 [0] … [N−1]。不过，对于双核系统，运行在核 0 上的线程 A 可以对元素 [0] … [N/2−1] 求和，而运行在核 1 上的线程 B 可以对元素 [N/2] … [N−1] 进行求和。这两个线程可并行运行在各自的计算核上。

任务并行（task parallelism）涉及将任务（线程）而不是数据分配到多个计算核。每个线程都执行一个唯一的操作。不同线程可以操作相同的数据，也可以操作不同的数据。再考虑刚才的例子。与那个情况相反，一个并行任务的例子可能涉及两个线程，每个线程对元素数组执行一个唯一的统计操作。线程在单独计算核上并行操作，但是每个线程执行一个唯一的操作。

从根本上说，数据并行涉及多个核上的数据分布，而任务并行涉及多个任务在多个核上的分布，如图 4.5 所示。但是，数据和任务并行性并不是相互排斥的，应用程序实际可能混合使用这两种策略。

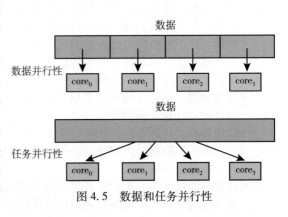

图 4.5　数据和任务并行性

4.3 多线程模型

迄今为止，我们只是泛泛地讨论了线程。不过，有两种不同方法来提供线程支持：用户层的用户线程（user thread）和内核层的内核线程（kernel thread）。用户线程位于内核之上，它的管理无须内核支持，而内核线程由操作系统来直接支持与管理。几乎所有的现代操作系统（包括 Windows、Linux 和 macOS）都支持内核线程。

最终，用户线程和内核线程之间必然存在某种关系，如图 4.6 所示。本节，我们研究三种常用的建立这种联系的方法：多对一模型、一对一模型和多对多模型。

4.3.1 多对一模型

多对一模型（见图 4.7）映射多个用户级线程到一个内核线程。线程管理是由用户空间的线程库来完成的，因此效率更高（4.4 节讨论线程库）。不过，如果一个线程执行阻塞系统调用，那么整个进程将会阻塞。再者，因为任一时间只有一个线程可以访问内核，所以多个线程不能并行运行在多处理核系统上。Green threads 线程库为 Solaris 所采用，也为早期版本的 Java 所采纳，它就使用了多对一模型。然而，现在几乎没有系统继续使用这种模型，因为它无法利用多个处理核（而现在大多数计算机系统都有多个处理核）。

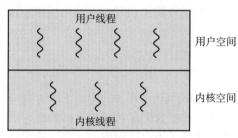

图 4.6 用户和内核线程

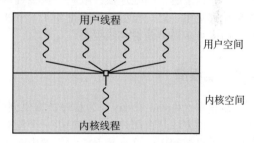

图 4.7 多对一模型

4.3.2 一对一模型

一对一模型（见图 4.8）映射每个用户线程到一个内核线程。该模型在一个线程执行阻塞系统调用时，能够允许另一个线程继续执行，所以它提供了比多对一模型更好的并发功能，它也允许多个线程并行运行在多处理器系统上。这种模型的唯一缺点是创建一个用户线程就要创建一个相应的内核线程，大量内核线程可能会增加系统性能的负担。Linux 和 Windows 操作系统的家族都实现了一对一模型。

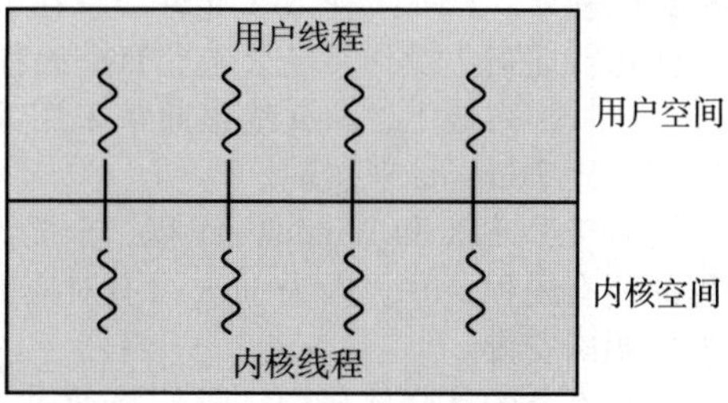

4.3.3 多对多模型

多对多模型（见图 4.9）多路复用多个用户级

图 4.8 一对一模型

线程到同样数量或更少数量的内核线程。内核线程的数量可能与特定应用程序或特定机器有关（在具有八核的系统上，应用程序可能会比具有四核的系统分配更多的内核线程）。

现在考虑一下这些设计对并发性的影响。虽然多对一模型允许开发人员创建任意多的用户线程，但是由于内核只能一次调度一个内核线程，所以并未真正增加并行性。虽然一对一模型提供了更大的并发性，但是开发人员应小心，不要在应用程序内创建太多线程（有时系统可能会限制创建线程的数量）。多对多模型没有这两个缺点，开发人员可以创建任意多的用户线程，并且相应内核线程能在多处理器系统上并发执行。而且，当一个线程执行阻塞系统调用时，内核可以调度另一个线程来执行。

多对多模型的一种变体是依然多路复用多个用户级线程到同样数量或更少数量的内核线程，但也允许绑定某个用户线程到一个内核线程。这个变体有时被称为**两级模型**（tow-level model）（见图 4.10）。

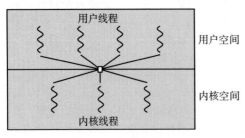

图 4.9 多对多模型

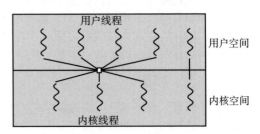

图 4.10 两级模型

尽管多对多模型似乎是所讨论模型中最灵活的，但实际上很难实现。此外，随着大多数系统具有越来越多的处理核，限制内核线程的数量变得不那么重要了。因此，大多数操作系统现在都使用一对一模型。不过正如 4.5 节所述，一些现代并发库让开发人员识别任务，然后使用多对多模型映射到线程。

4.4 线程库

线程库（thread library）为程序员提供创建和管理线程的 API。实现线程库主要有两种方法。第一种方法是在用户空间中提供一个没有内核支持的库。这种库的所有代码和数据结构都位于用户空间中。这意味着，调用库内的一个函数只进行了用户空间内的一个本地函数的调用，而不是系统调用。

第二种方法是实现由操作系统直接支持的内核级库。对于这种情况，库内的代码和数据结构位于内核空间中。在 API 中调用库中的函数通常会导致对内核的系统调用。

目前使用的三种主要线程库是：POSIX Pthreads、Windows 和 Java。Pthreads 作为 POSIX 标准的扩展，可以提供用户级或内核级的库。Windows 线程库是用于 Windows 操作系统的内核级线程库。Java 线程 API 允许线程在 Java 程序中直接创建和管理。然而，由于大多数 JVM 实例运行在宿主操作系统之上，Java 线程 API 通常采用宿主系统的线程库来实现。这意味着在 Windows 系统上，Java 线程通常采用 Windows API 来实现，而在 UNIX、Linux 和 macOS 系统中采用 Pthreads 来实现。

对于 POSIX 和 Windows 线程，全局声明（即在函数之外声明）的任何数据，可为同一进程的所有线程共享。因为 Java 没有对应的全局数据的概念，所以线程对共享数据的访问必须加以明确安排。

在本节的其余部分中，我们将通过这三种线程库介绍简单的线程创建。为了举例说明，我们设计了一个多线程程序来执行非负整数的求和，这里采用了著名的求和函数：

$$sum = \sum_{i=1}^{N} i$$

例如，如果 N 为 5，这个函数表示对从 0 到 5 的整数进行求和，结果为 15。这三个程序根据从命令上输入的总和的上界来运行。因此，如果用户输入 8，那么输出的将是从 0 到 8 的整数值的总和。

在继续线程创建的例子之前，我们先介绍多线程创建的两个常用策略：**异步线程和同步线程**。对于异步线程，一旦父线程创建了一个子线程后，父线程就恢复自身的执行，这样父线程与子线程会并发执行并且互相独立。由于线程是独立的，所以线程之间通常很少有数据共享。如图 4.2 所示的多线程服务器使用的策略就是异步线程，也常用于设计响应式用户界面。

同步线程发生在父线程创建一个或多个子线程，必须等待所有子线程终止才能继续执行时。这里，由父线程创建的线程并发执行工作，但是父线程在这个工作完成之前无法继续。一旦每个线程完成了其工作，就会终止，并与父线程连接。只有在所有子线程都连接之后，父线程才恢复执行。通常，同步线程涉及线程之间的大量数据的共享。例如，父线程可以组合由子线程计算的结果。下面的所有例子都使用同步线程。

4.4.1 Pthreads

Pthreads 是 POSIX 标准（IEEE 1003.1c），定义了一个用于线程创建和同步的 API。这是线程行为的规范（specification），而不是实现（implementation）。操作系统设计人员可以根据意愿采取任何形式的实现。许多操作系统都实现了这个线程规范，大多数为 UNIX 类型的系统，包括 Linux 和 macOS。虽然 Windows 本身并不支持 Pthreads，但是有些第三方为 Windows 提供了 Pthreads 的实现。

如图 4.11 所示的 C 程序演示了基本的 Pthreads API，它构造一个多线程程序，用于通过一个独立线程来计算非负整数的累加和。对于 Pthreads 程序，独立线程是通过特定函数执行的。在图 4.11 中，这个特定函数是 runner() 函数。当程序开始时，单个控制线程从 main() 函数开始。在初始化之后，main() 函数创建了第二个线程，它从 runner() 函数开始控制。两个线程共享全局数据 sum。

```c
#include <pthread.h>
#include <stdio.h>

#include <stdlib.h>

int sum; /* this data is shared by the thread(s) */
void *runner(void *param); /* threads call this function */

int main(int argc, char *argv[])
{
  pthread_t tid; /* the thread identifier */
  pthread_attr_t attr; /* set of thread attributes */

  /* set the default attributes of the thread */
  pthread_attr_init (&attr);
  /* create the thread */
  pthread_create (&tid, &attr, runner, argv [1] );
  /* wait for the thread to exit */
  pthread_join (tid, NULL);

  printf (" sum = %d \n", sum);
}

/* The thread will execute in this function */
void *runner (void *param)
{
   int i, upper = atoi (param);
   sum = 0;

   for (i = 1; i <= upper; i++)
     sum += i;

   pthread_exit (0);
}
```

图 4.11　使用 Pthreads API 的多线程 C 程序

下面深入分析这个程序。所有的 Pthreads 程序都要包括头文件 `pthread.h`。语句 `pthread_t tid` 声明了创建线程的标识符。每个线程都有一组属性，包括堆栈大小和调度信息。声明 `pthread_attr_t attr` 表示线程属性，通过调用函数 `pthread_attr_init` (`&attr`) 可以设置这些属性。由于没有明确设置任何属性，所以使用默认属性（第 5 章讨论由 Pthreads API 提供的一些调度属性）。通过调用函数 `pthread_create()` 可以创建一个单独线程。除了传递线程标识符和线程属性外，还要传递函数名称，这里用 `runner()` 函数，以便新线程可以开始执行这个函数。最后，还要传递由命令行参数 `argv[1]` 提供的整型参数。

这时，本程序已有两个线程：初始（父）线程 `main()` 和执行累加和（子）线程 `runner()`。这个程序采用上面所述的创建/连接策略，在创建了累加和线程之后，父线程通过调用 `pthread_join()` 函数等待 `runner()` 线程的完成。累加和线程在调用了函数 `pthread_exit()` 之后就会终止。一旦累加和线程返回，父线程就输出累加和的值。

这个案例程序只创建了一个线程。随着越来越多的多核系统的出现，编写包含多个线程的程序也变得越来越普遍。通过 `pthread_join()` 等待多个线程的一个简单方法是将这个操作包含在一个简单的 `for` 循环中。例如，通过如图 4.12 所示的 Pthreads 代码，你能连接十个线程。

```
#define NUM_THREADS 10

/* an array of threads to be joined upon */
pthread_t workers [NUM_THREADS];

for (int i = 0; i < NUM_THREADS; i++)
    pthread_join (workers [i], NULL);
```

图 4.12　连接十个线程的 Pthread 代码

4.4.2　Windows 线程

采用 Windows 线程库创建线程的技术，在许多方面都类似于 Pthreads 技术。如图 4.13 所示的 C 程序说明了 Windows 线程 API。注意，在使用 Windows API 时，我们应包括头文件 `windows.h`。

正如图 4.11 所示的 Pthreads 的例子，各个线程共享的数据（这里为 Sum）需要声明为全局变量（数据类型 `DWORD` 是一个无符号的 32 位整型数据）。我们还定义了一个函数 `Summation()` 以便在单独线程中执行，该函数还要传递一个 `void` 指针，Windows 将其定义为 `LPVOID`。执行这个函数的线程将全局数据 Sum 赋值为从 0 到 Param 的累加和的值，这里 Param 为传递到函数 `Summation()` 的参数。

创建线程的 Windows API 为函数 `CreateThread()`，与 Pthreads 一样，还要传给这个函数一组线程属性。这些属性包括安全信息、堆栈大小、用于表示线程是否处于暂停状态的标志。这个程序采用这些属性的默认值（在默认情况下，新创建线程的状态不是暂停的，而是由 CPU 调度程序来决定它是否可以运行）。在创建累加和线程后，父线程在输出累加和 Sum 之前应等待累加和线程执行完成，因为该值是累加和线程赋值的。回想一下 Pthreads 程序（见图 4.11）：通过 `pthread_join()` 语句，父线程等待累加和线程。执行对应功能的 Windows API 为函数 `WaitForSingleObject()`，它导致创建者线程阻塞，直到累加和线程退出。

在需要等待多个线程完成的情况下，可以采用函数 `WaitForMultipleObjects()`。这个函数需要 4 个参数：

1. 等待对象的数量。
2. 对象数组的指针。
3. 是否等待所有对象信号的标志。
4. 超时时长（或 `INFINITE`）。

例如，如果 THandles 为线程 HANDLE 对象的数组，大小为 N，那么父线程可以通过如下语句等待所有子线程完成：

```
WaitForMultipleObjects(N,THandles,TRUE,INFINITE);
```

```
#include <windows.h>
#include <stdio.h>
DWORD Sum; /* data is shared by the thread(s) */

/* The thread will execute in this function */
DWORD WINAPI Summation(LPVOID Param)
{
  DWORD Upper = *(DWORD *)Param;
  for (DWORD i = 1; i <= Upper; i++)
    Sum += i;
  return 0;
}

int main(int argc, char *argv[])
{
  DWORD ThreadId;
  HANDLE ThreadHandle;
  int Param;

  Param = atoi(argv[1]);
  /* create the thread */
  ThreadHandle = CreateThread(
    NULL, /* default security attributes */
    0, /* default stack size */
    Summation, /* thread function */
    &Param, /* parameter to thread function */
    0, /* default creation flags */
    &ThreadId); /* returns the thread identifier */

  /* now wait for the thread to finish */
  WaitForSingleObject(ThreadHandle,INFINITE);

  /* close the thread handle */
  CloseHandle(ThreadHandle);

  printf("sum = %d\n",Sum);
}
```

图 4.13　使用 Windows API 的多线程 C 程序

4.4.3　Java 线程

　　Java 程序的线程是程序执行的基本模型，Java 语言和 API 为线程创建和管理提供了丰富的功能。所有 Java 程序至少包含一个控制线程，即使只有 main() 方法的一个简单 Java 程序也是在 JVM 中作为一个线程运行的。Java 线程可运行于提供 JVM 的任何系统，如 Windows、Linux 和 macOS 等。Java 线程也可用于 Android 应用程序。

　　在 Java 程序中，有两种技术来创建线程。一种方法是创建一个新的类，它从 Thread 类派生并重载函数 run()。另外一种更常用的方法是定义一个实现 Runnable 接口的类。该接口定义了一个带有签名 public void run() 的抽象方法。实现 Runnable 的类的 run() 方法的代码是在单独线程中执行的。例子如下所示：

```
class Task implements Runnable
{
  public void run() {
  System.out.println ("I am a thread.");
  }
}
```

Java 线程创建包括创建一个 Thread 对象，并将一个实现 Runnable 的类的实例传递给它，然后调用 Thread 对象的 start( ) 方法。如下所示：

```
Thread worker =new Thread(new Task ());
worker.start();
```

为新的 Thread 对象调用 start( ) 方法要做两件事：

1. 在 JVM 中，为新线程分配内存并初始化。

2. 调用 run( ) 方法，以便能在 JVM 中运行（再次提醒，我们从不直接调用 run( ) 方法，而是调用 start( ) 方法，然后它会调用 run( ) 方法）。

回想一下 Pthreads 和 Windows 库中的父线程（分别）使用 pthread_join( ) 和 WaitForSingleObject( )，以在继续之前等待求和线程完成。Java 的 join( ) 方法提供了类似的功能。（注意，join( ) 可以抛出一个 InterruptedException，这里我们选择忽略。）

```
try {
    worker.join();
}
catch(InterruptedException ie){}
```

如果父进程必须等待多个线程完成，join( ) 方法可以包含在类似于图 4.12 中 Pthreads 所示的 for 循环中。

JAVA 的 Lambda 表达式

从 Java 的 1.8 版本开始，该语言引入了 Lambda 表达式，以允许更简洁的语法来创建线程。与其定义实现 Runnable 的单独类，不如使用 Lambda 表达式：

```
Runnable task=() -> {
    System.out.println ("I am a thread.");
};
Thread worker =new Thread(task);
worker.start();
```

Lambda 表达式——以及称为**闭包**（closure）的类似函数——是函数式编程语言的一个突出特点，并且已用于多种非函数语言，包括 Python、C++和 C#。正如后文示例所示，Lamdba 表达式通常为开发并行应用程序提供简单的语法。

Java 执行器框架

Java 从一开始就支持使用我们迄今为止描述的所有方法创建线程。然而，从 1.5 版本及其 API 开始，Java 引入了几个新的并发特性，为开发人员提供了对线程创建和通信的更多控制。这些工具位于 java.util.concurrent 包中。

不同于显式创建线程对象，而是围绕 Executor 接口来组织线程创建：

```
public interface Executor
{
    void execute(Runnable command);
}
```

实现这个接口的类必须定义 execute( ) 方法，该方法传递一个 Runnable 对象。对于 Java 开发人员，这意味着使用 Executor 而不是创建单独的 Thread 对象，并调用 start( ) 方法。Executor 的使用方式如下：

```
Executor service =new Executor;
service.execute(new Task());
```

Executor 框架基于生产者-消费者模型, 生成实现 Runnable 接口的任务, 执行这些任务的线程则消耗它们。这种方法的优点是: 不仅将线程创建与执行分开, 而且还提供了并发任务之间的通信机制。

属于同一进程的线程之间的数据共享在 Windows 和 Pthreads 中很容易发生, 因为共享数据是全局声明的。作为一种纯粹的面向对象语言, Java 没有这种全局数据的概念。我们可以将参数传递给实现 Runnable 的类, 但 Java 线程无法返回结果。为了解决这个需求, java.util.concurrent 包额外定义了 Callable 接口, 它的行为与 Runnable 类似, 只是可以返回结果。从 Callable 任务返回的结果称为 Future 对象。可以从 Future 接口中定义的 get()方法检索结果。图 4.14 所示的程序说明了使用这些 Java 特性的求和程序。

```java
import java.util.concurrent.*;

class Summation implements Callable<Integer>
{
  private int upper;
  public Summation(int upper) {
    this.upper = upper;
  }

  /* The thread will execute in this method */
  public Integer call() {
    int sum = 0;
    for (int i = 1; i <= upper; i++)
      sum += i;

    return new Integer(sum);
  }
}

public class Driver
{
 public static void main(String[] args) {
    int upper = Integer.parseInt(args[0]);

    ExecutorService pool = Executors.newSingleThreadExecutor();
    Future<Integer> result = pool.submit(new Summation(upper));

    try {
        System.out.println("sum = " + result.get());
    } catch (InterruptedException |ExecutionException ie) { }
  }
}
```

图 4.14　Java Executor 框架 API 示意图

Summation 类实现了 Callable 接口, 它指定了方法 V call(), 它是这个 call()方法中的代码, 在单独的线程中执行。为了执行这段代码, 我们创建了一个 newSingleThreadExecutor 对象 (在 Executors 类中作为静态方法提供), 它是 ExecutorService 类型, 并使用它的 submit()方法传递给它一个 Callable 任务。(execute()和 submit()方法的主要区别在于前者不返回结果, 而后者将结果作为 Future 返回。) 一旦将可调用任务提交给线程, 就可通过调用它返回的 Future 对象的 get()方法来等待它的结果。

很容易注意到, 这种线程创建模型不是简单创建一个线程并在终止时加入, 它看起来更复杂。不过, 这种适度的并发也会带来好处。正如我们所见, 使用 Callable 和 Future 允许线程返回结果。此外, 这种方法将线程的创建与它们产生的结果分开, 不是在检索结果之前等待线程终止，而是只等待结果可用。最后，正如我们将在 4.5.1 节中看到的，该框架可以与其他功能相结合，以创建强大的工具来管理大量线程。

4.5　隐式线程

随着多核处理技术的不断发展，出现了拥有数百甚至数千线程的应用程序。设计这样的应用程序不是一件简单的事情，程序员不仅要处理 4.2.1 节所列的编程挑战，而且还要面对其他的困难。这些困难与程序正确性有关，我们将在第 6 章和第 8 章中加以讨论。

为了解决这些困难并且更好地支持设计多线程程序，有一种方法是将多线程的创建与管理交给编译器和运行时库来完成。这种策略称为**隐式线程**（implicit threading），这是一种流行趋势。在本节中，为了利用多核，我们将探讨四种可供选择的方法，以设计基于隐式线程利用多核处理器的应用程序。正如我们将会看到的，这些策略通常要求应用程序开发人员识别可以并行运行的任务而不是线程。一个任务通常写成一个函数，然后运行时库将其映射到一个单独线程，通常使用多对多模型（见 4.3.3 节）。这种方式的好处是开发者只需要识别并行任务，而库确定线程创建和管理的具体细节。

JVM 与宿主操作系统

JVM 通常在宿主操作系统（host operating system）上实现（参见图 18.10）。这种设置允许 JVM 隐藏底层操作系统的实现细节，提供一个一致且抽象的环境，允许 Java 程序能够运行在任何支持 JVM 的平台上。JVM 规范没有规定 Java 线程如何被映射到底层操作系统，而是让 JVM 的特定实现来决定。例如，Windows 操作系统采用一对一模式，故这类系统的 JVM 会将每个 Java 线程映射到一个内核线程。此外，在 Java 线程库和宿主操作系统线程库之间，也会存在联系。例如，Windows 操作系统的 JVM 可以在创建 Java 线程时，使用 Windows API，而 Linux 和 macOS 系统可能采用 Pthreads API。

4.5.1　线程池

我们在 4.1 节描述了一个多线程的 Web 服务器。在这种情况下，每当服务器接收到一个请求时，它都会创建一个单独线程来处理请求。虽然创建一个单独线程肯定优于创建一个单独进程，但是多线程服务器仍然存在某些潜在的问题。第一个问题是创建线程所需的时间多少，以及线程在完成工作之后会被丢弃的事实。第二个问题更为麻烦：如果允许所有并发请求都通过新线程来处理，那么我们没有限制系统内的并发执行线程的数量。无限制的线程可能耗尽系统资源，如 CPU 时间和内存。解决这个问题的一种方法是使用**线程池**（thread pool）。

线程池的主要思想是在进程开始时创建一定数量的线程，并加到池中以等待工作。当服务器接收到请求时，它不是创建线程，相反，它会将请求提交到线程池并继续等待其他请求。如果池中有可用线程，则将其唤醒，并立即为请求提供服务。如果池中没有可用线程，则任务将排队，直到有一个空闲。一旦一个线程完成服务，就会返回到池中并等待更多的工作。当提交到池中的任务可以异步执行时，线程池工作得很好。

线程池具有以下优点：

1. 用现有线程服务请求通常比等待创建一个线程更快。
2. 线程池限制了任何时候可用线程的数量。这对那些不能支持大量并发线程的系统非常重要。
3. 将要执行任务从创建任务的机制中分离出来，允许我们采用不同策略运行任务。例如，任务可以被安排在某一个时间延迟后执行，或定期执行。

线程池内的数量可以通过一些因素来加以估算，如系统 CPU 的数量、物理内存的大小和并发客户请求数量的期望值等。更为高级的线程池架构可以根据使用模式动态调整池内线程数量。这类架构在系统负荷低时，提供了较小的池，从而减少内存消耗。本节后面会讨论这样的一个架构，即 Apple 的大中央调度。

Windows API 提供了与线程池有关的多个函数。使用线程池 API 类似于通过函数 `Thread_Create()` 来创建线程，参见 4.4.2 节。这里定义一个函数，以作为单独线程来运行。这样一个函数如下所示：

```
DWORD WINAPI PoolFunction( PVOID Param) {
    /*this function runs as a separate thread. */
}
```

`PoolFunction()` 的指针会被传给线程池 API 中的一个函数，池内的某个线程会执行该函数。线程池 API 的一个这种函数为 `QueueUserWorkItem()`，它需要三个参数：

- `LPTHREAD_START_ROUTINE Function`——作为一个单独线程来运行的函数指针。
- `PVOID Param`——传递给 `Function` 的参数。
- `ULONG Flags`——一个标志，用于指示多线程池如何创建线程和管理线程执行。

这个函数的调用示例如下：

```
QueueUserWorkItem (&PoolFunction, NULL, 0);
```

这让线程池的一个线程代替程序员来调用 `PoolFunction()`。这里并没有传递参数给 `PoolFunction()`。由于标志设为 0，因此针对线程池如何创建线程没有特殊指令。

Windows 线程池 API 中的其他成员还包括按周期性间隔或在一个异步 I/O 请求结束时调用函数的实用程序。

Android 线程池

在 3.8.2.1 节中，我们介绍了 Android 操作系统中的 RPC。你可能回忆起：Android 使用 Android 接口定义语言（AIDL），这是一种指定客户端在服务器上与之交互的远程接口的工具。AIDL 还提供了一个线程池。使用线程池的远程服务可以处理多个并发请求，使用池中的单独线程为每个请求提供服务。

4.5.1.1 Java 线程池

`java.util.concurrent` 包具有用于多种线程池架构的 API。这里重点关注以下三个模型：

1. 单线程执行器——`newSingleThreadExecutor()`——创建一个大小为 1 的池。
2. 固定线程执行器——`newFixedThreadPool (int size)` ——创建指定线程数的线程池。
3. 缓存线程执行器——`newCachedThreadPool()`——创建一个无限线程池，在很多情况下复用线程。

事实上，我们已经在 4.4.3 节中看到了 Java 线程池的使用，当时在图 4.14 所示的程序示例中创建了一个 `newSingleThreadExecutor`。在该部分中，注意到 Java 执行器框架可用于构建更强大的线程工具。下面描述如何使用它来创建线程池。

线程池是使用 `Executors` 类中的一种工厂方法创建的：

- `static ExecutorService newSingleThreadExecutor()`
- `static ExecutorService newFixedThreadPool (int size)`
- `static ExecutorService newCachedThreadPool()`

这些工厂方法中的每一个都创建并返回一个实现 `ExecutorService` 接口的对象实例。`ExecutorService` 扩展了 `Executor` 接口，允许在这个对象上调用 `execute()` 方法。此外，`ExecutorService` 提供了管理线程池终止的方法。

图 4.15 所示的示例创建了一个缓存线程池，并使用 execute( )方法提交由池内线程所执行的任务。当调用 shutdown( )方法时，线程池拒绝额外的任务并在所有现有任务完成执行后关闭。

```
import java.util.concurrent.*;

public class ThreadPoolExample
{
public static void main(String[] args) {
  int numTasks = Integer.parseInt(args[0].trim());

  /* Create the thread pool */
  ExecutorService pool = Executors.newCachedThreadPool();

  /* Run each task using a thread in the pool */
  for (int i = 0; i < numTasks; i++)
    pool.execute(new Task());

  /* Shut down the pool once all threads have completed */
  pool.shutdown();
}
```

图 4.15   在 Java 中创建线程池

4.5.2   复刻加入

我们在 4.4 节介绍的线程创建策略通常被称为 **fork-join 模型**。回想一下，使用这种方法，主父线程创建（复刻，fork）一个或多个子线程，然后等待子线程终止并加入（join）它，此时可以检索并组合它们的结果。这种同步模型通常被描述为显式线程创建，但它也是隐式线程的一种很好的选择。在后一种情况下，线程不是在复刻阶段直接构造的，而是指定并行任务。该模型如图 4.16 所示。库管理着创建的线程数量，同时还负责将任务分配给线程。

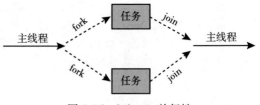

图 4.16   fork-join 并行性

在某些方面，这种 fork-join 模型是线程池的同步版本，其中库确定要创建的实际线程数，例如，通过使用 4.5.1 节中描述的启发式方法。

4.5.2.1   Java 的复刻连接

Java API 的 1.7 版本引入了一个 fork-join 库，用于递归分治算法，例如快速排序和合并排序。当使用这个库实现分治算法时，在划分步骤中复刻不同的任务，并分配原始问题的较小子集。我们必须设计算法，使这些单独的任务可以同时执行。在某些时候，分配给任务的问题规模足够小，可以直接解决，并且不需要创建额外的任务。Java 的 fork-join 模型背后的通用递归算法如下所示：

```
Task(problem)
  if problem is small enough
    solve the problem directly
  else
    subtask1 = fork(new Task(subset of problem))
    subtask2 = fork(new Task(subset of problem))
    result1 = join(subtask1)
    result2 = join(subtask2)
    return combined results
```

图 4.17 图示了这种模型。

我们现在通过设计一个分治算法来说明 Java 的 fork-join 策略，该算法将整数数组中的所有元素相加。Java API 的 1.7 版本引入了一个新的线程池（即 ForkJoinPool），可以分配继承抽象基的 ForkJoinTask 类的任务（现在假设它是 SumTask 类）。下面创建一个 ForkJoinPool 对象并通过它的 invoke()方法提交初始任务：

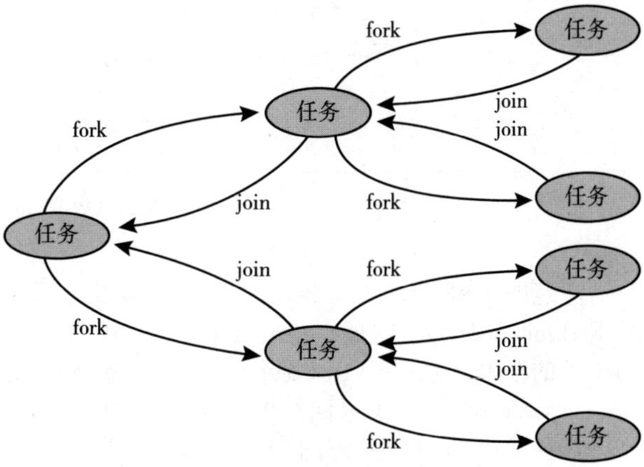

ForkJoinPool pool =new ForkJoinPool();
// array contains the integers to be summed
int[] array = new int[SIZE];

SumTask task = new SumTask(0, SIZE - 1, array);
int sum = pool.invoke(task);

图 4.17　Java 中的 fork-join

完成后，对 invoke()的初始调用返回数组的总和。

SumTask 类（如图 4.18 所示），实现了一个分治算法，该算法使用 fork-join 对数组的内容求和。使用 fork()方法创建新任务，并且 compute()方法指定每个任务执行的计算。调用 compute()方法直到它可以直接计算分配给它的子集的总和。对 join()的调用会一直阻塞，直到任务完成，然后 join()返回 compute()的计算结果。

```
import java.util.concurrent.*;
public class SumTask extends RecursiveTask<Integer>
{
  static final int THRESHOLD = 1000;

  private int begin;
  private int end;
  private int[] array;

  public SumTask(int begin, int end, int[] array) {
    this.begin = begin;
    this.end = end;
    this.array = array;
  }

  protected Integer compute() {
    if (end - begin < THRESHOLD) {
      int sum = 0;
      for (int i = begin; i <= end; i++)
        sum += array[i];

      return sum;
    }
    else {
      int mid = (begin + end) /2;

      SumTask leftTask = new SumTask(begin, mid, array);
      SumTask rightTask = new SumTask(mid + 1, end, array);
```

图 4.18　使用 Java API 的 fork-join 计算

```
            leftTask. fork ();
            rightTask. fork ();

            return rightTask. join () + leftTask. join ();
        }
    }
}
```

图 4.18   使用 Java API 的 fork-join 计算（续）

注意图 4.18 中的 SumTask 扩展了 RecursiveTask。Java 的 fork-join 策略是围绕抽象基的 ForkJoinTask 类组织的，RecursiveTask 类和 RecursiveAction 类扩展了这个类。这两个类的根本区别在于 RecursiveTask 返回结果（通过 compute()指定的返回值），而 RecursiveAction 不返回结果。这三个类之间的关系如图 4.19 中的 UML 类示意图所示。

需要考虑的一个关键问题是：确定问题何时"足够小"可以直接解决，并且不再需要创建额外的任务。在 SumTask 中，当被求和的元素数量小于 THRESHOLD 值时会发生这种情况，在图 4.18 中我们将其随意设置为 1000。在实际中，确定何时可以直接解决问题需要仔细的计时试验，因为该值可能会因实施而异。

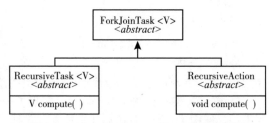

图 4.19   Java 的 fork-join 的 UML 类示意图

Java 的 fork-join 模型中有趣的是任务管理，其中，库构建工作线程池并平衡可用工作线程之间的任务负载。在某些情况下，有数千个任务，但只有少数线程执行工作（例如，每个 CPU 有一个单独的线程）。此外，ForkJoinPool 的每个线程都维护了一个它已经复刻的任务队列，如果一个线程的队列为空，它可以使用工作窃取算法从另一个线程的队列中窃取一个任务，从而在所有线程之间平衡任务的负载。

4.5.3   OpenMP

OpenMP 包含一组编译指令和 API，用于编写 C、C++、FORTRAN 等语言的程序，支持共享内存环境下的并行编程。OpenMP 识别**并行区域**（parallel region），即可并行运行的代码块。应用程序开发人员在并行区域内插入编译指令，这些指令指示 OpenMP 运行时库来并行执行这些区域。下面的 C 程序演示了一个编译器指令，位于包含 printf()语句的并行区域之上：

```
#include <omp.h>
#include <stdio.h>

int main(int argc, char *argv[])
{
    /*sequential code */

    #pragma omp parallel
    {
        printf("I am a parallel region.");
    }

    /*sequential code */

    return 0;
}
```

当 OpenMP 遇到指令

```
#pragma omp parallel
```

时，它会创建与系统处理核一样多的线程。因此，对于一个双核系统，它会创建两个线程；对于一个四核系统，它会创建四个线程；以此类推。然后所有线程同时执行并行区域。当每个线程退出并行区域时，进程终止。

OpenMP 提供了一些其他指令，包括循环并行化，用于运行并行区域的代码。例如，假设有大小为 N 的两个数组 a 和 b，我们希望求它们的内容之和，并把结果放在数组 c 中。可以通过使用下面的代码段来并行运行这个任务，这里采用了 for 循环的并行化指令：

```
#pragma omp parallel for
for (i = 0; i < N; i++) {
    c[i] = a[i] + b[i];
}
```

OpenMP 会将这个 for 循环的工作分配到多个线程。这些线程由如下指令生成：

```
#pragma omp parallel for
```

除了提供并行化的指令，OpenMP 允许开发人员在多个级别的并行化中进行选择。例如，他们可以手工设置线程数量。它还允许开发人员指定哪些数据可以在线程间共享，哪些只能属于某个线程。OpenMP 可以用于多个开源的或商用的编译器，所支持的操作系统包括 Linux、Windows 和 macOS。有兴趣学习更多 OpenMP 的读者，可参考本章后面的推荐读物。

4.5.4　大中央调度

大中央调度（Grand Central Dispatch，GCD）是 Apple 为 macOS 和 iOS 操作系统开发的一项技术。它包括运行时库、API 和语言扩展，允许开发人员识别并行运行的代码（任务）。与 OpenMP 一样，GCD 管理线程的大部分细节。

GCD 通过将任务放置在**调度队列**（dispatch queue）中，来安排运行时执行的任务。当它从队列中删除任务时，会将任务分配给所管理的线程池内的可用线程。GCD 标识了两种类型的调度队列：串行（serial）和并发（concurrent）。

放置在一个串行队列上的块按照先进先出的顺序删除。从队列中删除任务后，它必须在另一个任务之前完成执行。每个进程都有自己的串行队列（称为它的**主队列**），开发人员可以创建属于本进程的其他串行队列。（这就是串行队列也称为私有调度队列的原因。）串行队列用于确保顺序执行多个任务。

放置在一个并行队列上的块也按照先进先出的顺序删除，但可以同时删除多个任务，因此允许多个任务并行运行。有多个系统级的并发队列（也称为全局调度队列）可分为四个主要的服务质量等级：

- QOS_CLASS_USER_INTERACTIVE——**用户交互**类表示与用户交互的任务，例如用户界面和事件处理，以确保响应用户界面。完成属于此类的任务应该只需要少量的工作。
- QOS_CLASS_USER_INITIATED——**用户启动**类如同用户交互类，因为任务与响应式用户界面相关联。但是，用户启动的任务可能需要更长的处理时间。例如，打开文件或 URL 是用户启动的任务。属于此类的任务必须完成，用户才能继续与系统交互，但它们不需要像用户交互队列中的任务那样快速地得到服务。
- QOS_CLASS_UTILITY——**实用程序**类表示需要较长时间才能完成但不需要立即得出结果的任务。此类包括导入数据等工作。
- QOS_CLASS_BACKGROUND——属于**后台**类的任务对用户不可见并且对时间不敏感。例如，索引邮箱系统和执行备份。

提交到调度队列的任务可以用两种不同方式来表示：

1. GCD 为 C、C++和 Objective-C 语言增加了**块**（block）的扩展，每块只是工作的一个独立单元。它用花括号将代码括起来，然后前面加上字符"^"。一个简单例子如下：

```
^{printf("I am a block"); }
```

2. 对于 Swift 编程语言来说，任务是使用闭包来定义的，闭包类似于块，表达了一个自包含的功能单元。从语法上讲，Swift 闭包的编写方式与块相同，只是减去了前导插入符号。以下 Swift 代码段说明了为用户启动的类获取并发队列，并使用 dispatch_async() 函数将任务提交到队列：

```
let queue = dispatch_get_global queue
  (QOS_CLASS_USER_INITIATED, 0)

dispatch_async(queue,{ print("I am a closure.") })
```

在内部，GCD 的线程池由 POSIX 线程组成。GCD 根据应用需求和系统容量来动态调节线程数量，从而管理池。GCD 由 libdispatch 库实现，Apple 按 Apache Commons 许可发布了该库。它已被移植到 FreeBSD 操作系统。

4.5.5 Intel 线程构建模块

Intel 线程构建模块（Threading Building Block，TBB）是一个模板库，支持在 C++ 中设计并行应用程序。因为这是个库，它不需要特殊的编译器或语言支持。开发人员指定可以并行运行的任务，TBB 任务调度程序将这些任务映射到底层线程。此外，任务调度程序提供负载平衡和缓存感知，这意味着它将优先处理可能将数据存储在高速缓存中的任务，从而执行得更快。TBB 提供了一组丰富的功能，包括用于并行循环结构、原子操作和互斥锁定的模板。此外，它还提供并发数据结构，包括哈希映射、队列和向量，它可以作为 C++ 标准模板库数据结构的等效线程安全版本。

以并行 for 循环为例。最初，假设有一个名为 apply（float value）的函数对参数值执行操作。如果有一个包含浮点值的大小为 n 的数组 v，可以使用以下串行 for 循环将 v 的每个值传递给 apply() 函数：

```
for (int i = 0; i < n; i++) {
  apply (v[i]);
}
```

开发人员可以通过将数组 v 的不同区域分配给每个处理核，在多核系统上手动应用数据并行性（4.2.2 节）。然而，这将实现并行性的技术与物理硬件紧密联系在一起，且必须针对每个特定架构上的处理核数量修改和重新编译算法。

另一种方法是开发人员可以使用 TBB，它为需要两个值的模板提供了并行：

```
parallel_for (range body)
```

其中 *range* 是指将被迭代的元素的范围（称为**迭代空间**），而 *body* 指定将在元素的子范围上执行的操作。

现在我们可以使用 TBB parallel_for 模板重写上述串行 for 循环，如下所示：

```
parallel_for (size_t (0), n, [=] (size_t i) {apply (v[i]);});
```

前两个参数指定迭代空间从 0 到 n-1（对应于数组 v 中的元素个数）。第三个参数是一个 C++ 的 lambda 函数，需要稍微解释一下。表达式 [=] (size_t i) 是参数 i，它假定迭代空间上的每个值（在这种情况下是从 0 到 n-1）。i 的每个值用于标识 v 中的哪个数组元素将作为参数传递给 apply (v [i]) 函数。

TBB 库将循环迭代分成单独的"块"，并创建许多对这些块进行操作的任务。（parallel_for 函数允许开发人员根据需要手动指定块的大小。）TBB 还将创建多个线程并将任务分配给可用线程。这与 Java 的 fork-join 库非常相似。这种方法的优点是：它只需要开发人员确定哪些操作可以并行运行（通过指定 parallel_for 循环），库管理将工作划分为并行运行的单独任务所涉及的细节。Intel TBB 具有在 Windows、Linux 和 macOS 上运行的商业和开源版本。有关如何使用 TBB 开发并行应用程序的更多详细信息，请阅读参考书目。

4.6 多线程问题

本节我们将讨论设计多线程程序的一些问题。

4.6.1 系统调用 fork( ) 和 exec( )

在第 3 章，我们讨论了如何采用系统调用 fork( ) 来创建一个单独的、重复的进程。对于多线程程序，系统调用 fork( ) 和 exec( ) 的语义有所改变。

如果程序内的某个线程调用 fork( )，那么新进程是复制所有线程，还是新进程只有单个线程？有的 UNIX 系统有两种形式的 fork( )，一种复制所有线程，另一种仅仅复制调用了系统调用 fork( ) 的线程。

系统调用 exec( ) 的工作方式与第 3 章所述方式通常相同。也就是说，如果一个线程调用 exec( ) 系统调用，exec( ) 参数指定的程序将会取代整个进程，包括所有线程。

这两种形式的 fork( ) 使用取决于应用程序。如果分叉之后立即调用 exec( )，那么没有必要复制所有线程，因为 exec( ) 参数指定的程序将会替换整个进程。在这种情况下，仅仅复制调用线程比较合适。不过，如果新的进程在分叉后并不调用 exec( )，新进程应该复制所有线程。

4.6.2 信号处理

UNIX 信号（UNIX signal）用于通知进程某个特定事件已经发生。接收信号可以是同步的或是异步的，这取决于事件信号的来源和原因。所有信号，无论是同步的还是异步的，遵循相同模式：

1. 信号是由特定事件的发生而产生的。
2. 信号被传递给某个进程。
3. 信号一旦收到就应处理。

同步信号的例子包括非法访问内存或被 0 所除。如果某个运行程序执行这类动作，那么就会产生信号。同步信号发送到由于执行操作导致这个信号的同一进程（这就是为什么被认为是同步的）。

当一个信号是由运行程序以外的事件产生的，该进程就异步接收这一信号。这种信号的例子包括使用特殊键（例如 <control><C>）来终止进程，或者定时器到期等。通常，异步信号发送到另一进程。

信号处理程序可以分为两种：

1. 默认的信号处理程序。
2. 用户定义的信号处理程序。

每个信号都有一个**默认信号处理程序**（default signal handler）。在处理信号时，它由内核来运行。这种默认动作可以通过**用户定义信号处理程序**（user-defined signal handler）来改写。信号可按不同方式处理。有的信号可以忽略，而其他的（如非法内存访问）可能要通过终止程序来处理。

单线程程序的信号处理比较简单，信号总是传给进程的。不过，对于多线程程序，信号传递比较复杂，因为一个进程可能具有多个线程。那么信号应被传递到哪里呢？

通常我们有如下选择：

1. 传递信号到信号所适用的线程。
2. 传递信号到进程内的每个线程。
3. 传递信号到进程内的某些线程。

4. 规定一个特定线程以接收进程的所有信号。

信号传递的方法取决于产生信号的类型。例如，同步信号需要传递到产生这一信号的线程，而不是进程的其他线程。不过，对于异步信号，情况就不是那么明显了。有的异步信号——例如终止进程的信号（<control><C>）——应该传递到所有线程。

传递信号的标准 UNIX 函数为

```
kill(pid_t pid, int signal)
```

这个函数指定将一个特定信号（signal）传递到一个进程（pid）。UNIX 的大多数多线程版本允许线程指定接收哪些信号和拒绝哪些信号。因此，在有些情况下，一个异步信号只能传递给那些不拒绝它的线程。不过，因为信号需要处理一次，所以信号通常传递给第一个不拒绝它的线程。POSIX Pthreads 提供了以下函数，允许将信号传递到指定线程（tid）：

```
pthread_kill(pthread_t tid, int signal)
```

虽然 Windows 并不显式地提供信号支持，但是它们允许通过**异步过程调用**（Asynchronous Procedure Call，APC）来模拟。APC 功能允许用户线程指定一个函数，当用户线程收到特定事件通知时，该函数能被调用。正如其名称所示，APC 与 UNIX 的异步信号大致相当。不过，UNIX 需要面对如何处理多线程环境下的信号这一问题，而 APC 较为简单，因为 APC 传给特定线程而非进程。

4.6.3 线程撤销

线程撤销（thread cancellation）是在线程完成之前终止线程。例如，如果多个线程同时搜索数据库，并且一个线程已得到了结果，那么其他线程可能被撤销。另一种可能发生的情况是：用户按下网页浏览器上的按钮，停止进一步加载网页。通常，加载网页可能需要多个线程，每个图像都是在一个单独线程中被加载的。当用户按下浏览器的停止按钮时，所有加载网页的线程都被撤销。

需要撤销的线程通常被称为**目标线程**（target thread）。目标线程的撤销可以有两种情况：
1. **异步撤销**（asynchronous cancellation）。一个线程立即终止目标线程。
2. **延迟撤销**（deferred cancellation）。目标线程不断检查它是否应终止，这允许目标线程有机会有序终止自己。

在某些情况下（如资源已分配给已撤销的线程，或者需要撤销的线程正在更新与其他线程一起共享的数据等），撤销会有困难。对于异步撤销，这尤其麻烦。通常，操作系统收回撤销线程的系统资源，但是并不收回所有资源。因此，异步撤销线程可能不会释放必要的系统资源。

相反，对于延迟撤销，一个线程指示要撤销一个目标线程，但是只有在目标线程检查到一个标志以确定它是否应该撤销时，撤销才会发生。线程可以在能够安全撤销的点执行这个检查。

对于 Pthreads，通过函数 pthread_cancel() 可以发起线程撤销。目标线程的标识符作为参数传给这个函数。下面的代码演示了线程的创建与撤销。

```
pthread_t tid;

/*create the thread */
pthread_create(&tid, 0, worker, NULL);

    ...

/*cancel the thread */
pthread_cancel(tid);

/*wait for the thread to terminate */
pthread_join(tid,NULL);
```

然而，调用 pthread_cancel() 只指示一个撤销目标线程的请求，实际撤销取决于如何设置目标线程以便处理请求。当目标线程最终被撤销时，撤销线程中对 pthread_join() 的调用返回。Pthreads 支持三种撤销模式。每个模式定义为一个状态和一个类型，如下表所示。线程可以通过 API 设置撤销状态和类型。

模型	状态	类型
关闭	禁用	—
延迟	启用	延迟
异步	启用	异步

如表所示，Pthreads 允许线程禁用或启用撤销。显然，如果线程撤销已被禁用，那么它就不能撤销。然而，撤销请求仍然处于等待，所以该线程可以稍后启用撤销并且响应这个请求。

默认的撤销类型为延迟撤销。不过，仅当线程到达**撤销点**（cancellation point）时才会发生。POSIX 和标准 C 库的大多数阻塞系统调用都定义为撤销点，这些可在 Linux 系统上调用命令 man pthreads 时列出。例如，read() 系统调用是一个撤销点，允许撤销在等待 read() 输入时被阻塞的线程。

建立撤销点的一种技术是调用 pthread_testcancel() 函数。如果发现撤销请求处于待处理状态，对 pthread_testcancel() 的调用不会返回，并且线程将终止；否则，对函数的调用将返回，线程将继续运行。此外，如果撤销线程，Pthreads 允许调用称为清理处理程序的函数。此函数允许线程可以允许已获取的任何资源在线程终止之前释放。

下面代码说明了一个线程如何通过延迟撤销响应撤销请求：

```
while (1) {
   /*do some work for awhile */

   ...

   /*check if there is a cancellation request */
   pthread testcancel();
}
```

由于前面描述的问题，Pthreads 文档并不推荐异步撤销。因此，这里不再加以讨论。有趣的是，在 Linux 系统中，使用 Pthreads API 的线程撤销是通过信号来处理的（4.6.2 节）。

Java 的线程撤销使用类似于 Pthreads 的延迟撤销策略。为了撤销 Java 线程，可以调用 interrupt() 方法，该方法将目标线程的中断状态设置为真：

```
Thread worker;

...

/*set the interruption status of the thread */
worker.interrupt()
```

线程可以通过调用 isInterrupted() 方法检查中断状态，该方法返回线程中断状态的布尔值：

```
while (!Thread.currentThread().isInterrupted()) {
   ...
}
```

4.6.4 线程本地存储

同一进程的线程共享进程的数据。事实上，这种数据共享也是多线程编程的优点之一。然而，在某些情况下，每个线程可能需要它自己的某些数据，我们称这种数据为**线程本地存**

储（Thread-Local Storage，TLS）。例如，在事务处理系统中，可以通过单独线程来处理事务。此外，每个事务都可能被分配一个唯一的标识符。为了关联每一个线程与它唯一的处理标识符，可以使用线程本地存储。

TLS 容易与局部变量混淆。然而，局部变量只在单个函数调用时才可见，而 TLS 数据在多个函数调用时都可见。此外，当开发人员无法控制线程创建进程时，例如，当使用隐式技术（如线程池）时，则需要另一种方法。

在某些方面，TLS 类似于静态数据，不同之处在于 TLS 数据对于每个线程都是唯一的。事实上，TLS 通常被声明为 static。大多数线程库和编译器都提供对 TLS 的支持。例如，Java 为 ThreadLocal<T>对象提供了一个带有 set()和 get()方法的 ThreadLocal<T>类。Pthreads 包括 pthread_key_t 类型，它提供了一个特定于每个线程的键，然后我们可以使用此键访问 TLS 数据。Microsoft 的 C#语言只需要添加存储属性［ThreadStatic］即可声明线程本地数据。gcc 编译器提供存储类关键字_thread 用于声明 TLS 数据。例如，如果我们希望为每个线程分配一个唯一标识符，可将其声明如下：

```
static _thread int threadID;
```

4.6.5　调度程序激活

多线程编程需要考虑的最后一个问题涉及内核与线程库间的通信，4.3.3 节讨论的多对多和双层模型可能需要这种通信。这种协调允许动态调整内核线程的数量，以便确保性能最优。

许多系统在实现多对多或双层模型时，在用户和内核线程之间增加一个中间数据结构。这种数据结构通常称为**轻量级进程**（LightWeight Process，LWP），如图 4.20 所示。对于用户级线程库，LWP 表现为虚拟处理器，以便应用程序调度并运行用户线程。每个 LWP 与一个内核线程相连，而只有内核线程才能通过操作系统调度以便运行于物理处理器。如果内核线程阻塞（如在等待一个 I/O 操作结束时），LWP 也会阻塞。沿着这个链向上，连接到 LWP 的用户级线程也会阻塞。

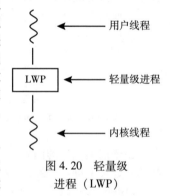

图 4.20　轻量级进程（LWP）

为了运行高效，应用程序可能需要一定数量的 LWP。假设一个应用程序为 CPU 密集型的，并且运行在单个处理器上。在这种情况下，同一时间只有一个线程可以运行，所以一个 LWP 就够了。不过，一个 I/O 密集型的应用程序可能需要多个 LWP 来执行。通常，每个并发的、阻塞的系统调用需要一个 LWP。例如，假设有 5 个不同的文件读请求可能同时发生，就需要 5 个 LWP，因为每个都需要等待内核 I/O 的完成。如果进程只有 4 个 LWP，那么第 5 个请求必须等待一个 LWP 从内核返回。

用户线程库与内核之间的一种通信方案称为**调度器激活**（scheduler activation）。它的工作原理如下：内核提供一组虚拟处理器（LWP）给应用程序，而应用程序可以调度用户线程到任何一个可用虚拟处理器。此外，内核应将有关特定事件通知应用程序。这个步骤称为**回调**（upcall）。它由线程库通过**回调处理程序**（upcall handler）来处理，而回调处理程序必须运行在虚拟处理器上。

当一个应用程序的线程要阻塞时，一个触发回调的事件会发生。在这种情况下，内核向应用程序发出一个回调，通知它有一个线程将会阻塞并且标识特定线程。然后，内核分配一个新的虚拟处理器给应用程序。应用程序在这个新的虚拟处理器上运行回调处理程序，以保存阻塞线程的状态，并释放阻塞线程运行的虚拟处理器。接着，回调处理程序调度另一个适合在新的虚拟处理器上运行的线程，当阻塞线程等待的事件发生时，内核向线程库发出另一个回调，通知先前阻塞的线程现在有资格运行了。该事件的回调处理程序也需要一个虚拟处理器，内核可能分配一个新的虚拟处理器，或抢占一个用户线程并在其虚拟处理器上运行回调处理程序。在非阻塞线程有资格运行后，应用程序在可用虚拟处理器上运行符合条件的线程。

4.7　操作系统示例

至此，我们讨论了有关线程的一些概念和问题。在结束本章时，我们探讨 Windows 和 Linux 系统是如何实现线程的。

4.7.1　Windows 线程

每个 Windows 应用程序按单独进程来运行，每个进程可以包括一个或多个线程。4.4.2 节讨论创建线程的 Windows API。此外，Windows 使用 4.3.2 节所述的一对一映射，即每个用户级线程映射到一个相关的内核线程。

线程一般包括如下组件：
- 用于唯一标识线程的线程 ID。
- 用于表示处理器状态的寄存器组。
- 程序计数器。
- 以供线程在用户模式下运行的用户堆栈和以供线程在内核模式下运行的内核堆栈。
- 用于各种运行时库和动态链接库（DLL）的私有存储区域。

寄存器组、堆栈和私有存储区域，通常称为线程**上下文**（context）。

线程的主要数据结构包括：
- ETHREAD——执行线程块。
- KTHREAD——内核线程块。
- TEB——线程环境块。

ETHREAD 主要包括：线程所属进程的指针、线程控制开始的程序地址及对应 KTHREAD 的指针等。

KTHREAD 包括线程的调度和同步信息。另外，KTHREAD 也包括内核堆栈（以供线程在内核模式下运行）和 TEB 的指针。

ETHREAD 和 KTHREAD 完全位于内核空间，这意味着只有内核可以访问它们。TEB 是用户空间数据结构，以供线程在用户模式下运行时访问。TEB 除了包括许多其他域外，还包括线程标识符、用户模式堆栈以及用于线程本地存储的数组等。Windows 线程的结构如图 4.21 所示。

4.7.2　Linux 线程

正如第 3 章所述，Linux 通过系统调用 fork() 提供进程复制的传统功能。另外，Linux 还通过系统调用 clone() 提供创建线程的功能。然而，Linux 并不区分进程和线程。事实上，Linux 在讨论程序的控制流时，通常采用任务（task）一词，而非进程（process）或线程（thread）。

在调用 clone() 时，需要传递一组标志，以便确定父任务与子任务如何共享。部分标志如图 4.22 所示。例如，如果将 CLONE

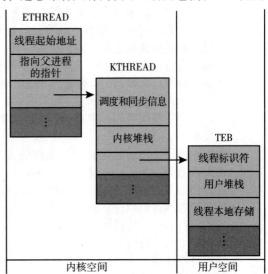

图 4.21　Windows 线程的数据结构

_FS、CLONE_VM、CLONE_SIGHAND 和 CLONE_FILES 标志传递给 clone()，那么父任务和子任务将共享相同的文件系统信息（如当前工作目录）、相同的内存空间、相同的信号处理程序和相同的打开文件集。采用这种方式使用 clone() 相当于本章所述的线程创建，因为父任务和子任务共享大部分的资源。不过，如果当调用 clone() 时没有设置这些标志，那么不会发生任何共享，进而类似于系统调用 fork() 的功能。

标志	意义	标志	意义
CLONE_FS	共享文件系统信息	CLONE_SIGHAND	共享信号处理程序
CLONE_VM	共享相同的内存空间	CLONE_FILES	共享打开文件集

图 4.22 调用 clone() 时传递的一些标志

由于 Linux 内核的任务表达方式可以有不同的共享层次。系统内的每个任务都有一个唯一内核数据结构（struct task_struct），这个数据结构并不保存任务数据，而是包含指向其他存储这些数据的数据结构的指针，例如：打开文件列表的数据结构、信号处理的信息和虚拟内存等。当调用 fork() 时，创建的新任务具有父任务的所有相关数据结构的副本。当调用 clone() 系统调用时，也创建了新任务。不过，新任务并不具有所有数据结构的副本，而是根据传递给 clone() 的标志组，指向父任务的数据结构。

最后，clone() 系统调用的灵活性可以扩展到容器的概念，这是第 18 章中介绍的虚拟化主题。回想一下，容器是操作系统提供的一种虚拟化技术，它允许在单个 Linux 内核下创建多个彼此隔离运行的 Linux 系统（容器）。正如传递给 clone() 的某些标志可以根据父任务和子任务之间的共享量来区分创建行为更像进程或线程的任务一样，还有其他可以传递给 clone() 的标志允许创建 Linux 容器。第 18 章将更全面地介绍容器。

4.8 本章小结

- 线程代表 CPU 使用的一个基本单位，属于同一个进程的线程共享进程的很多资源，包括代码和数据。
- 多线程应用程序有四个主要好处：响应能力、资源共享、经济性和可扩展性。
- 并发存在于多个线程执行时，而并行存在于多个线程同时执行时。在具有单个 CPU 的系统上，只能实现并发；实现并行需要提供多个 CPU 的多核系统。
- 设计多线程应用程序有多个挑战，包括划分和平衡工作，在不同线程之间划分数据，以及识别任何数据依赖关系。最后，多线程程序的测试和调试尤其具有挑战性。
- 数据并行将相同数据的子集分布在不同的计算核上，并在每个核上执行相同的操作。任务并行不是将数据而是将任务跨多个核分配。每个任务都运行一个独特的操作。
- 用户应用程序创建用户级线程，这些线程最终必须映射到内核线程才能在 CPU 上执行。多对一模型将许多用户级线程映射到一个内核线程。其他方法包括一对一和多对多模型。
- 线程库提供了用于创建和管理线程的 API。三个常见的线程库包括 Windows、Pthreads 和 Java 线程。Windows 仅适用于 Windows 系统，而 Pthreads 可用于与 POSIX 兼容的系统，例如 UNIX、Linux 和 macOS。Java 线程可在任何支持 Java 虚拟机的系统上运行。
- 隐式线程涉及识别任务而不是线程，并允许语言或 API 框架创建和管理线程。隐式线程有多种方法，包括线程池、fork-join 框架和大中央调度。隐式线程正在成为程序员在开发并发和并行应用程序时越来越常用的技术。
- 线程可以使用异步或延迟撤销来终止。异步撤销会立即停止线程，即使正在执行更新。延迟撤销通知线程应该终止，但允许线程以有序的方式终止。在大多数情况下，延迟撤销优于异步撤销。

- 与许多其他操作系统不同，Linux 不区分进程和线程，而是将它们都称为任务。Linux 的系统调用 `clone()` 可用于创建行为更像进程或更像线程的任务。

4.9 推荐读物

［Vahalia（1996）］讨论了多个 UNIX 版本的线程。［McDougall and Mauro（2007）］描述了 Solaris 内核线程化的发展。［Russinovich et al.（2017）］讨论了 Windows 操作系统的线程。［Mauerer（2008）］和［Love（2010）］解释了 Linux 如何处理线程，而［Levin（2013）］讨论了 macOS 和 iOS 的线程。［Herlihy and Shavit（2012）］讨论了多核系统的并行问题。［Aubanel（2017）］讨论了几种不同算法的并行问题。

4.10 参考文献

［Aubanel（2017）］ E. Aubanel, *Elements of Parallel Computing*, CRC Press（2017）.

［Herlihy and Shavit（2012）］ M. Herlihy and N. Shavit, *The Art of Multiprocessor Programming*, Revised First Edition, Morgan Kaufmann Publishers Inc.（2012）.

［Levin（2013）］ J. Levin, *Mac OS X and iOS Internals to the Apple's Core*, Wiley（2013）.

［Love（2010）］ R. Love, *Linux Kernel Development*, Third Edition, Developer's Library（2010）.

［Mauerer（2008）］ W. Mauerer, *Professional Linux Kernel Architecture*, John Wileyand Sons（2008）.

［McDougall and Mauro（2007）］ R. McDougall and J. Mauro, *Solaris Internals*, Second Edition, Prentice Hall（2007）.

［Russinovich et al.（2017）］ M. Russinovich, D. A. Solomon, and A. Ionescu, *Windows Internals–Part 1*, Seventh Edition, Microsoft Press（2017）.

［Vahalia（1996）］ U. Vahalia, *Unix Internals：The New Frontiers*, Prentice Hall（1996）.

4.11 练习

4.1 提供三个编程示例，说明多线程可以提供比单线程解决方案更好的性能。

4.2 使用 Amdahl 定律，计算在以下情况下具有 60% 并行部分的应用程序的加速增益。
    a. 两个处理核。
    b. 四个处理核。

4.3 4.1 节描述的多线程 Web 服务器是否表现出任务并行或数据并行？

4.4 用户级线程和内核级线程有什么区别？在什么情况下一种类型比另一种更好？

4.5 描述内核在内核级线程之间进行上下文切换所采取的操作。

4.6 创建线程时使用了哪些资源？它们与创建进程时所使用的资源有何不同？

4.7 假设操作系统使用多对多模型将用户级线程映射到内核，并且映射是通过 LWP 完成的。此外，该系统允许开发人员创建用于实时系统的实时线程。是否需要将实时线程绑定到 LWP？请给出解释。

4.12 习题

4.8 举两个程序实例，其中多线程不比单线程具有更好的性能。

4.9 在什么情况下，采用多内核线程的多线程方法比单处理器系统的单线程提供更好的性能？

4.10 在同一进程的多线程之间，下列哪些程序状态会被共享？
    a. 寄存器值
    b. 堆内存

　　　　c. 全局变量

　　　　d. 堆栈内存

4.11 在多处理器系统上采用多个用户级线程的多线程解决方案，比在单处理机系统上能够获得更好的性能吗？请给出解释。

4.12 第 3 章讨论了 Google 的 Chrome 浏览器，以及在单独进程中打开每个新网站的做法。如果 Chrome 设计成在单独线程中打开每个新网站，那么会有同样的好处吗？请给出解释。

4.13 有可能存在并发但不存在并行吗？请给出解释。

4.14 利用 Amdahl 定律计算加速增益。

- 具有 8 个处理核或 16 个处理核，40% 的并行。
- 具有 2 个处理核或 4 个处理核，67% 的并行。
- 具有 4 个处理核或 8 个处理核，90% 的并行。

4.15 确定下列问题是任务并行性还是数据并行性：

- 使用单独线程为集合中的每张照片生成缩略图。
- 并行转置矩阵。
- 一个网络应用程序，其中一个线程从网络读取，另一个线程写入网络。
- 4.5.2 节所述的 fork-join 数组求和应用程序。
- 大中央调度系统。

4.16 具有两个双核处理器的系统有四个处理核可用于调度。这个系统有一个 CPU 密集型应用程序运行。在程序启动时，所有输入通过打开一个文件而读入。同样，在程序终止之前，所有程序输出结果都写入一个文件。在程序启动和终止之间，该程序为 CPU 密集型的。你的任务是通过多线程技术来提高这个应用程序的性能。

　　这个应用程序运行在采用一对一线程模型的系统中（每个用户线程映射到一个内核线程）。

- 你将创建多少个线程用于执行输入和输出？请给出解释。
- 你将创建多少个线程用于应用程序的 CPU 密集型部分？请给出解释。

4.17 考虑下面的代码段：

```
pid_t pid;

pid = fork();
if (pid == 0) { /*child process */
  fork();
  thread_create( ...);
}
fork();
```

　　　　a. 创建了多少个单独进程？

　　　　b. 创建了多少个单独线程？

4.18 如 4.7.2 节所述，Linux 并不区分进程和线程。相反，Linux 采用同样的方式对待它们。根据系统调用 clone() 的传递标志组合，一个任务可能类似于一个进程或一个线程。然而，其他操作系统（如 Windows）区别对待进程和线程。通常，对这类系统，每个进程的数据结构会包含同属该进程的多个线程的指针。比较内核的进程与线程的这两种建模方法。

4.19 如图 4.23 所示的程序采用 Pthreads API。该程序的 LINE C 和 LINE P 的输出分别是什么？

4.20 设有一个多核系统和一个多线程程序，该程序采用多对多线程模型来编写。设系统内的用户级线程数量大于处理核数量。讨论以下情况的性能影响。

　　　　a. 分配给程序的内核线程数量小于处理核数量。

```
#include <pthread.h>
#include <stdio.h>

int value = 0;
void * runner(void * param); /* the thread */

int main(int argc, char * argv[])
{
pid_t pid;
pthread_t tid;
pthread_attr_t attr;

  pid = fork();

  if (pid == 0) { /* child process */
    pthread_attr_init (&attr);
    pthread_create (&tid, &attr, runner, NULL);
    pthread_join (tid, NULL);
    printf (" CHILD: value = % d", value); /* LINE C */
  }
  else if (pid > 0) { /* parent process */
    wait (NULL);
    printf (" PARENT: value = % d", value); /* LINE P */
  }
}

void * runner (void * param) {
  value = 5;
  pthread exit (0);
}
```

图 4.23　习题 4.19 的 C 程序

b. 分配给程序的内核线程数量等于处理核数量。

c. 分配给程序的内核线程数量大于处理核数量，但小于用户级线程数量。

4.21　Pthreads 提供 API 以便管理线程撤销。pthread_setcancelstate()函数用于设置撤销状态。它的原型如下：

```
pthread_setcancelstate (int state, int *oldstate)
```

这个状态有两个可能值：PTHREAD_CANCEL_ENABLE（线程撤销禁用）和 PTHREAD_CANCEL_DISABLE（线程撤销启用）。

采用图 4.24 所示的代码段，提供两个操作的实例来禁用和启用线程撤销。

```
int oldstate;
pthread_setcancelstate (PTHREAD_CANCEL_DISABLE, &oldstate);
/* What operations would be performed here? */
pthread_setcancelstate (PTHREAD_CANCEL_ENABLE, &oldstate);
```

图 4.24　习题 4.21 的 C 程序

4.13　编程题

4.22　编写一个多线程程序，计算数字列表的各种统计值。该程序将在命令行上传递一系列数字，然后创建三个单独的工作线程。第一个线程将确定数字的平均值，第二个将确

定最大值，第三个将确定最小值。例如，假设你的程序传递了整数

     90 81 78 95 79 72 85

程序将报告

    The average value is 82
    The minimum value is 72
    The maximum value is 95

代表平均值、最小值和最大值的变量将按全局存储。工作线程将设置这些值，一旦工作线程退出，父线程将输出这些值。（我们显然可以通过创建额外的线程确定其他统计值来扩展这个程序，例如中位数和标准差。）

4.23 编写一个多线程程序，以输出素数。这个程序应像下面这样工作：用户运行这个程序，并在命令行上输入一个数字。该程序将创建一个单独线程，输出小于或等于用户输入数字的所有素数。

4.24 计算 π 的一个有趣方法是使用一个称为 Monte Carlo 的技术，这种技术涉及随机化。该技术工作如下：假设有一个圆，它内嵌一个正方形，如图 4.25 所示（假设这个圆的半径为 1）。

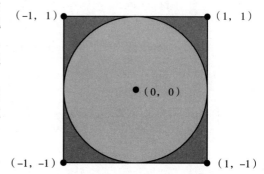

- 首先，通过（x, y）坐标生成一系列随机点。这些点应在正方形内。在这些随机产生的点中，有的会落在圆内。

- 接着，根据下面公式，估算 π：

    π = 4 ×（圆中点的数量）/（点的总数）

图 4.25 　Monte Carlo 技术计算 π

编写这个算法的多线程版本，它创建一个单独线程以产生一组随机点。该线程计算圆内点的数量，并将结果存储到一个全局变量中。当这个线程退出时，父线程将计算并输出 π 的估计值。用生成的随机点的数量做试验是值得的。作为一般性规律，点的数量越多，也就越接近 π。

在与本书配套的可下载的源代码中，我们提供了一个示例程序，它提供了一种技术，用于产生随机数并判定随机点（x, y）是否落在圆内。对采用 Monte Carlo 方法估算 π 的细节有兴趣的读者，可参考本章末尾的参考文献。在第 6 章，我们使用该章节的相关材料来修改这个习题。

4.25 重复习题 4.24，但不是使用一个单独线程来生成随机点，而是采用 OpenMP 并行化点的生成。注意：不要把 π 的计算放在并行区域，因为你只需要计算 π 一次。

4.26 修改基于套接字的日期服务器（图 3.27），以便服务器在一个单独线程中处理每个客户端请求。

4.27 Fibonacci 序列为 0，1，1，2，3，5，8，…。形式上，它可以表示为：

$$\text{fib}_0 = 0$$
$$\text{fib}_1 = 1$$
$$\text{fib}_n = \text{fib}_{n-1} + \text{fib}_{n-2}$$

编写一个多线程程序来生成 Fibonacci 序列。

这个程序工作如下：在命令行输入需要生成 Fibonacci 序列的长度，然后创建一个新线程来产生 Fibonacci 数，把这个序列放到线程可以共享的数据结构中（一种最方便的数据结构可能是数组），当线程完成执行后，父线程将输出由子线程生成的序列。由于在子线程结束前，父线程不能输出 Fibonacci 序列，因此父线程应等待子线程的结束，这

可采用 4.4 节所述的技术。

4.28 修改第 3 章的编程题 3.20，要求设计一个 pid 管理器。这个修改包括编写一个多线程程序来测试该问题的解决方案。你将创建多个线程（例如 100 个），每个线程都会请求一个 pid，随机休眠一段时间，然后释放 pid。（随机休眠一段时间近似于将 pid 分配给新进程的典型 pid 用法，进程执行然后终止，进程终止时释放 pid。）在 UNIX 和 Linux 系统上，睡眠是通过 sleep() 函数完成的，它传递一个整数值，表示睡眠的秒数。这个问题将在第 7 章进行修改。

4.29 第 3 章的编程题 3.25 采用 Java 线程 API 来设计一个回声服务器，但是这个服务器是单线程的，即服务器在当前客户端退出之前，不能对当前并发的 echo 客户端进行响应。修改编程题 3.25 的答案，以使 echo 服务器通过单独线程来服务每个客户端。

4.14 编程项目

项目 1：数独解决方案验证器

数独谜题（Sudoku puzzle）采用 9×9 网格，其中每行、每列以及每 3×3 个子网格（有 9 个）都要包括所有数字 1~9。图 4.26 显示了数独谜题的一个有效的例子。这个项目包括设计一个多线程应用程序，以判定数独谜题的解决是否有效。

这个多线程应用程序有多种不同的设计方案。这里建议一种方案，创建满足以下条件的线程：

- 一个线程，用于检查每列包含数字 1 到 9。
- 一个线程，用于检查每行包含数字 1~9。
- 9 个线程，用于检查每 3×3 个子网格包含数字 1~9。

这总共创建了 11 个单独的线程来验证数独谜题。当然你也可以为这个项目创建更多线程。例如，不是创建一个线程来检查 9 列，而是创建 9 个线程以便分别检查每列。

6	2	4	5	3	9	1	8	7
5	1	9	7	2	8	6	3	4
8	3	7	6	1	4	2	9	5
1	4	3	8	6	5	7	2	9
9	5	8	2	4	7	3	6	1
7	6	2	3	9	1	4	5	8
3	7	1	9	5	6	8	4	2
4	9	6	1	8	2	5	7	3
2	8	5	4	7	3	9	1	6

图 4.26 9×9 数独游戏的解决方案

Ⅰ. 将参数传给每个线程

父线程创建工作线程，并将所要检查数独谜题的位置传给每个工作线程。这一步需要传递多个参数到每个线程。最简单的方法是采用 struct 创建一个数据结构。例如，为了验证线程，可用包括行和列的数据结构来传递参数：

```
/*structure for passing data to threads */
typedef struct
{
    int row;
    int column;
} parameters;
```

Pthreads 和 Windows 程序都将使用如下所示的策略创建工作线程：

```
parameters *data = (parameters *) malloc(sizeof(parameters));
data->row = 1;
data->column = 1;
/*Now create the thread passing it data as a parameter */
```

指针 data 会被传到线程创建函数 pthread_create()（Pthreads）或 CreateThread()（Windows），然后线程创建函数再将 data 作为参数，传递到作为单独线程来运行的函数。

Ⅱ．将结果返回给父线程

每个工作线程被分配一个任务，以判定数独谜题的特定区域是否有效。一旦工作线程执行了这个检查，它就将结果传给父线程。处理这个问题的一个好方法就是创建一个整数的数组，这些值对每个线程都是可见的。这个数组的每个索引 i 对应第 i 个工作线程的结果。如果一个工作线程将它的值设置为 1，这表示它检查的数独谜题的区域是有效的，而为 0 的值则表示无效。当所有工作线程完成后，父线程检查结果数组中的每项，以判定数独谜题是否有效。

项目 2：多线程排序应用程序

编写一个多线程排序程序，它工作如下：一个整数列表分为两个大小相等的较小子列表。两个单独线程（我们称它们为排序线程）采用你所选择的算法，对两个子列表进行排序。这两个子列表，由第三个线程（称为合并线程）合并成一个已排好序的线程。

因为全局数据在所有线程中都是共享的，也许最简单的设置数据的方法是创建一个全局数组。每个排序线程对这个数组的一半进行排序。还要创建第二个全局的整数数组，它与第一个全局数组一样大。合并线程会合并两个子列表到第二个数组。这个程序的原理如图 4.27 所示。

这个编程项目需要传递参数给每个排序线程。特别地，有必要确定哪个线程应从哪个索引开始排序。关于传递线程参数的详细信息，请参照项目 1 的说明。

当所有排序线程退出后，父线程会输出排好序的数组。

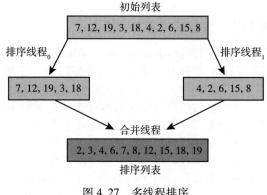

图 4.27　多线程排序

项目 3：复刻连接排序应用

使用 Java 的复刻连接并行 API 实现前面的项目（多线程排序应用程序）。该项目将开发两个不同的版本，每个版本都将实现不同的分治排序算法：

1. Quicksort
2. Mergesort

Quicksort 实现将使用 Quicksort 算法根据枢轴值的位置将要排序的元素列表分为左半部分和右半部分。Mergesort 法将列表分成大小均匀的两半。对于 Quicksort 和 Mergesort 算法，当要排序的列表在某个阈值内时（例如列表大小为 100 或更少），直接应用简单的算法，例如选择或插入排序。大多数数据结构文本都描述了这两种众所周知的分治排序算法。

4.5.2.1 节所示的 `SumTask` 类扩展了 `RecursiveTask`，它是一个结果承载的 `ForkJoinTask`。由于此分配将涉及对传递给任务的数组进行排序，但不返回任何值，你将创建一个扩展 `RecursiveAction` 类，这是一个非结果承载的 `ForkJoinTask`（参见图 4.19）。

传递给每个排序算法的对象都需要实现 Java 的 `Comparable` 接口，这需要反映在每个排序算法的类定义中。本书的源代码下载包括为开始这个项目提供基础的 Java 代码。

CPU 调度

CPU 调度是多道程序操作系统的基础。通过在进程间切换 CPU，操作系统可以使计算机更加高效。本章讨论 CPU 调度的基本概念并介绍几种 CPU 调度算法（包括实时系统），我们还考虑为特定系统选择算法的问题。

第 4 章将线程引入进程模型。在现代操作系统上，由操作系统调度的实际是内核级线程而不是进程。然而，术语"进程调度"和"线程调度"经常互换使用。本章在讨论一般调度概念时使用进程调度，而在线程特定相关时使用线程调度。

同样，在第 1 章中，我们描述了 CPU 核如何作为 CPU 的基本计算单元，以及进程如何在 CPU 核上执行。然而，在本章的许多实例中，当使用调度进程"在 CPU 上运行"这一通用术语时，我们暗示该进程"在 CPU 核"上运行。

本章目标

- 描述各种 CPU 调度算法。
- 根据调度标准，评估 CPU 调度算法。
- 解释与多处理器和多核调度相关的问题。
- 描述各种实时调度算法。
- 描述 Windows、Linux 和 Solaris 操作系统中使用的调度算法。
- 应用建模和模拟来评估 CPU 调度算法。
- 设计程序来实现几种不同的 CPU 调度算法。

5.1 基本概念

对于单 CPU 核的系统，同一时间只有一个进程可以运行，其他进程都应等待，直到 CPU 核空闲并可调度为止。多道程序的目标是始终允许某个进程一直在运行，最大化 CPU 利用率。这种想法比较简单。一个进程执行直到需要等待为止，通常等待某个 I/O 请求的完成。对于简单的计算机系统，CPU 处于闲置状态。所有这些等待时间就会浪费，没有完成任何有用工作。采用多道程序，我们试图有效利用这个时间。多个进程同时处于内存中。当一个进程等待时，操作系统就从该进程接管 CPU 控制，并将 CPU 交给另一进程。这种方式不断重复。当一个进程必须等待时，另一进程接管 CPU 使用权。在多核系统上，这种保持 CPU 忙碌的概念扩展到系统上的所有 CPU 核。

调度是操作系统的基本功能，几乎所有计算机资源在使用前都要调度。当然，CPU 是最重要的计算机资源之一。因此，CPU 调度是操作系统设计的重要部分。

5.1.1 CPU-I/O 突发周期

CPU 的成功调度取决于如下观察到的进程属性：进程执行包括**周期**（cycle）地进行 CPU 执行和 I/O 等待。进程在这两个状态之间不断交替。进程执行从 **CPU 突发**（CPU burst）开始，之后 **I/O 突发**（I/O burst），接着另一个 CPU 突发，然后是另一个 I/O 突发，以此类推。最终，最后的 CPU 突发通过系统请求结束，以便终止执行（见图 5.1）。

这些 CPU 突发的持续时间已被大量测试过。尽管它们在不同进程和不同计算机之间差异很大，但是它们往往具有与图 5.2 相似的频率曲线。该曲线通常为指数或超指数的形式，具有大量短 CPU 突发和少量长 CPU 突发。对于设计 CPU 调度算法，这种分布是很重要的。

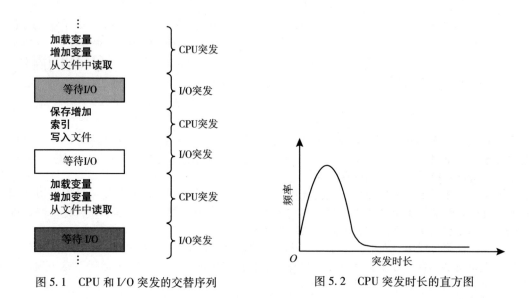

图 5.1   CPU 和 I/O 突发的交替序列   图 5.2   CPU 突发时长的直方图

5.1.2 CPU 调度程序

每当 CPU 空闲时，操作系统就应从就绪队列中选择一个进程来执行。进程选择采用 CPU 调度程序，调度程序从内存中选择一个能够执行的进程，并为其分配 CPU。

注意，就绪队列不必是先进先出（FIFO）队列。正如在研究各种调度算法时将会看到的，就绪队列的实现可以是 FIFO 队列、优先队列、树或简单的无序链表等。但在概念上，就绪队列内的所有进程都要排队以便等待在 CPU 上运行。队列内的记录通常为进程控制块。

5.1.3 抢占式和非抢占式调度

需要进行 CPU 调度的情况可分为以下四种：
1. 当一个进程从运行状态切换到等待状态时（例如，I/O 请求或 wait( )调用以便等待一个子进程的终止）。
2. 当一个进程从运行状态切换到就绪状态时（例如，当出现中断时）。
3. 当一个进程从等待状态切换到就绪状态时（例如，I/O 完成）。
4. 当一个进程终止时。

对于第 1 种和第 4 种情况，除了调度没有其他选择。必须选择执行一个新进程（如果就绪队列有一个进程存在）。不过，对于第 2 种和第 3 种情况，还是有选择的。

如果调度只能发生在第 1 种和第 4 种情况下，则调度方案称为**非抢占的**（nonpreemptive）或**协作的**（cooperative），否则，调度方案称为**抢占的**（preemptive）。在非抢占调度下，一旦某个进程分配到 CPU，该进程就会一直使用 CPU，直到它终止或切换到等待状态。几乎所有现代操作系统，包括 Windows、macOS、Linux 和 UNIX 都使用抢占式调度算法。

不过，当多个进程共享数据时，抢占调度可能导致竞争情况。我们假设两个进程共享数据。当第一个进程正在更新数据时，它被抢占以便第二个进程能够运行。然后，第二个进程可能试图读取数据，但是这时该数据处于不一致的状态。这一问题将在第 6 章中详细讨论。

抢占也影响操作系统的内核设计。在处理系统调用时，内核可能忙于某个代表进程的活动。这些活动可能涉及改变重要的内核数据（如 I/O 队列）。如果一个进程在进行这些修改时被抢占，并且内核（或设备驱动）需要读取或修改同样的结构，那么会有什么结果呢？肯定会导致混乱。正如我们将在 6.2 节讨论的那样，操作系统内核可以设计为非抢占式或抢占式。非抢占式内核将等待系统调用完成或进程阻塞，同时等待 I/O 完成，然后再进行上下文切换。这种方案确保内核结构简单，这是因为在内核数据结构处于不一致状态时，内核不会抢占进程。遗憾的是，这种内核执行模式对于实时计算的支持较差（实时系统的任务应在给定时间内执行完成）。5.6 节探讨实时系统的调度需求。抢占式内核需要诸如互斥锁之类的机制，来防止在访问共享内核数据结构时出现竞争条件。现在，大多数现代操作系统在内核模式下运行时都是完全抢占式的。

因为根据定义，中断可能随时发生，而且不能总是被内核所忽视，所以受中断影响的代码段应加以保护，从而避免同时使用。操作系统需要在几乎任何时候都能接受中断，否则输入会丢失或者输出会被改写。为了这些代码段不被多个进程同时访问，在进入时禁用中断而在退出时启用中断。重要的是，要注意禁用中断的代码段并不经常发生，而且常常只有少量指令。

5.1.4　分派程序

与 CPU 调度功能有关的另一个组件是**分派程序**（dispatcher）或分派器。分派程序是一个模块，用来将 CPU 核控制交给由 CPU 调度程序选择的进程。这个功能包括：

- 切换上下文。
- 切换到用户模式。
- 跳转到用户程序的合适位置，以便继续执行程序。

分派程序应尽可能快，因为在每次上下文切换时都要使用。分派程序停止一个进程而启动另一个所需的时间称为**分派延迟**（dispatch latency），如图 5.3 所示。

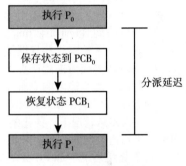

图 5.3　分派器的角色

需要考虑的一个问题是：上下文切换多久发生一次？在系统范围内，上下文切换的数量可以通过使用 Linux 系统上可用的 vmstat 命令获得。下面是这个命令的输出（已被修整）：

```
vmstat 1 3
```

此命令在 1 秒延迟内提供 3 行输出：

```
------cpu-----
24
225
339
```

第一行给出了自系统启动后 1 秒内的平均上下文切换次数，接下来的两行给出了两个 1 秒间隔内的上下文切换次数。自从这台机器启动以来，它平均每秒进行 24 次上下文切换。在过去的一秒中，进行了 225 次上下文切换，在此之前的第二次进行了 339 次上下文切换。

我们还可以使用 /proc 文件系统来确定给定进程的上下文切换次数。例如，文件 /proc/2166/status 的内容将列出 pid = 2166 的进程的各种统计信息。命令

```
cat /proc/2166/status
```

提供以下修整后的输出：

```
voluntary_ctxt_switches        150
nonvoluntary_ctxt_switches       8
```

此输出显示进程生命周期内的上下文切换次数。请注意，自愿（voluntary）和非自愿（nonvoluntary）上下文切换之间的区别。当进程放弃对 CPU 的控制时，会发生自愿上下文切换，因为它需要当前不可用的资源（例如 I/O 阻塞）。非自愿上下文切换发生在 CPU 已从进程中取出时，例如当其时间片已过期或已被更高优先级的进程抢占时。

5.2 调度准则

不同的 CPU 调度算法具有不同属性，选择某个特定算法会对某些进程更为有利。为了选择算法以便用于特定情景，我们必须考虑各个算法的属性。

为了比较 CPU 调度算法，可以采用许多比较准则。选择哪些特征来比较，对于确定哪种算法是最好的可以产生实质性的影响。这些准则包括：

- **CPU 利用率**（CPU utilization）。应使 CPU 尽可能地忙碌。从概念上讲，CPU 利用率从 0%~100%。对于一个实际系统，它的范围应从 40%（轻负荷系统）到 90%（重负荷系统）。（在 Linux、macOS 和 UNIX 系统上，可以使用 top 命令获取 CPU 利用率。）
- **吞吐量**（throughput）。如果 CPU 忙于执行进程，那么工作正在完成。一种测量工作的方法称为吞吐量，它是在一个时间单元内进程完成的数量。对于长进程，吞吐量可能为每几秒一个进程；对于短进程，吞吐量可能为每秒几十个进程。
- **周转时间**（turnaround time）。从一个特定进程的角度来看，一个重要准则是运行这个进程需要多长时间。从进程提交到进程完成的时间段称为周转时间。周转时间为所有时间段之和，包括在就绪队列中等待、在 CPU 上执行和 I/O 执行。
- **等待时间**（waiting time）。CPU 调度算法并不影响进程运行和执行 I/O 的时间，它只影响进程在就绪队列中因等待所需的时间。等待时间为在就绪队列中等待所花时间之和。
- **响应时间**（response time）。对于交互系统，周转时间不是最佳准则。通常，进程可以较早产生输出，并且继续计算新的结果，同时输出以前的结果给用户。因此，另一时间是从提交请求到产生第一响应的时间。这种时间称为响应时间，是开始响应所需的时间，而非输出响应所需的时间。

最大化 CPU 利用率和吞吐量，并且最小化周转时间、等待时间和响应时间，这是我们所需要的。在大多数情况下，优化的是平均值。然而，在有些情况下，优化的是最小值或最大值，而不是平均值。例如，为了保证所有用户都能得到好的服务，可能要使最大响应时间最小化。

对于交互系统（如 PC 或笔记本系统），研究人员曾经认为最小化响应时间的方差比最小化平均响应时间更为重要。具有合理的、可预见的响应时间的系统比平均值更小但变化大的系统更为可取。不过，在 CPU 调度算法如何使得方差最小化的方面，所做的研究并不多。

后面讨论各种 CPU 调度算法时采用举例说明。由于精确说明需要涉及许多进程，而且每个进程具有数百个 CPU 突发和 I/O 突发的序列，为了简化起见，在所举的例子中，假设每个进程只有一个 CPU 突发（以毫秒计）。我们所比较的量是平均等待时间。更为精确的评估机制将在 5.8 节中讨论。

5.3 调度算法

CPU 调度处理就绪队列中哪些进程将被分配给 CPU 核的问题。有许多不同的 CPU 调度算法。本节我们将描述多个。尽管大多数现代 CPU 架构都有多个处理核，我们还是在只有一个处理核可用的情况下描述这些调度算法。也就是说，单个 CPU 具有单个处理核，因此系统一次只能运行一个进程。5.5 节将讨论多处理器系统的 CPU 调度。

5.3.1 先到先服务调度

毫无疑问，最简单的 CPU 调度算法是**先到先服务**（First-Come First-Served，FCFS）调度算法。采用这种方案，先请求 CPU 的进程首先分配到 CPU。FCFS 策略可以通过 FIFO 队列轻松实现。当一个进程进入就绪队列时，它的 PCB 会被链接到队列尾部。当 CPU 空闲时，它会分配给位于队列头部的进程，并且这个运行进程从队列中移去。FCFS 调度代码编写简单并且容易理解。

FCFS 策略的缺点是，平均等待时间往往很长。假设有如下一组进程，到达时间为 0，CPU 突发长度度按毫秒计：

进程	突发时长
P_1	24
P_2	3
P_3	3

如果进程按 P_1、P_2、P_3 的顺序到达，并且按 FCFS 顺序处理，那么得到如下 Gantt 图所示的结果（这种 Gantt 图为条形图，用于显示调度情况，包括每个进程的开始与结束时间）：

进程 P_1 的等待时间为 0ms，进程 P_2 的等待时间为 24ms，而进程 P_3 的等待时间为 27ms。因此，平均等待时间为 （0+24+27）/3 = 17ms。不过，如果进程按 P_2、P_3、P_1 的顺序到达，那么结果如以下 Gantt 图所示：

现在平均等待时间为 （6+0+3）/3 = 3ms。时间大幅缩短。因此，FCFS 策略的平均等待时间通常不是最小的，而且如果进程的 CPU 突发时间变化很大，那么平均等待时间的变化也会很大。

另外，考虑动态情况下的 FCFS 调度性能。假设有一个 CPU 密集型进程和多个 I/O 密集型进程。随着进程在系统中运行，可能发生如下情况：CPU 密集型进程得到 CPU，并使用它。在这段时间内，所有其他进程会处理完它们的 I/O，并转移到就绪队列来等待 CPU。当这些进程在就绪队列中等待时，I/O 设备空闲。最终，CPU 密集型进程完成 CPU 突发并且移到 I/O 设备。所有 I/O 密集型进程由于只有很短的 CPU 突发，故很快执行完并移回到 I/O 队列，这时 CPU 空闲。之后，CPU 密集型进程会移回到就绪队列并分配到 CPU。再次，所有 I/O 进程会在就绪队列中等待 CPU 密集型进程的完成。由于所有其他进程都等待一个大进程释放 CPU，故称之为**护航效果**（convoy effect）。与让较短进程先进行相比，这会导致 CPU 和设备的利用率降低。

另外还要注意，FCFS 调度算法是非抢占的。一旦 CPU 分配给了一个进程，该进程就会使用 CPU 直到释放 CPU 为止，即程序终止或是请求 I/O。FCFS 算法对于交互系统（每个进程需要定时得到一定的 CPU 时间）是特别麻烦的。允许一个进程使用 CPU 时间过长将是个严重错误。

5.3.2　最短作业优先调度

另一个不同的 CPU 调度方法是**最短作业优先**（Shortest-Job-First，SJF）调度算法。这个算法将每个进程与其下次 CPU 突发的长度关联起来。当 CPU 变为空闲时，它会被赋给具有最短 CPU 突发的进程。如果两个进程具有同样长度的 CPU 突发，那么可以由 FCFS 来处理。注意，一个更为恰当的表示是最短下次 CPU 突发（shortest-next-CPU-burst）算法，这是因为调度取决于进程的下次 CPU 突发的长度，而不是其总的长度。我们使用 SJF 一词，主要由于大多数教科书和有关人员都这么称呼这种类型的调度算法。

作为一个 SJF 调度的例子，假设有如下一组进程，CPU 突发长度以毫秒计：

进程	突发时长
P_1	6
P_2	8
P_3	7
P_4	3

采用 SJF 调度，就会根据如下 Gantt 图来调度这些进程：

P_4	P_1	P_3	P_2
0 3	9	16	24

进程 P_1 的等待时间是 3ms，进程 P_2 的等待时间为 16ms，进程 P_3 的等待时间为 9ms，进程 P_4 的等待时间为 0ms。因此，平均等待时间为（3+16+9+0）/4=7ms。相比之下，如果使用 FCFS 调度方案，那么平均等待时间为 10.25ms。

可以证明 SJF 调度算法是最优的。这是因为对于给定的一组进程，SJF 算法的平均等待时间最短。通过将短进程移到长进程之前，短进程的等待时间减少大于长进程的等待时间增加。因此，平均等待时间减少。

虽然 SJF 算法是最优的，但是它不能在 CPU 调度上加以实现，因为没有办法知道下次 CPU 突发的长度。一种方法是试图近似 SJF 调度。虽然不知道下一个 CPU 突发的长度，但是可以加以预测。可以认为下一个 CPU 突发的长度与以前的相似。因此，通过计算下一个 CPU 突发长度的近似值，我们可以选择运行预测的 CPU 突发最短的进程。

下一个 CPU 突发通常被预测为前一个 CPU 突发的测量长度的**指数平均值**。我们可以用下面的公式定义指数平均值。设 t_n 为第 n 个 CPU 突发的长度，并且让 τ_{n+1} 作为下一次 CPU 突发的预测值。然后对于 α（$0 \le \alpha \le 1$），我们定义

$$\tau_{n+1} = \alpha t_n + (1-\alpha)\tau_n$$

t_n 的值包含我们最近的信息，而 τ_n 存储过去的历史记录。参数 α 控制我们所预测的近期和过去历史的相对权重。如果 $\alpha=0$，那么 $\tau_{n+1}=\tau_n$，即最近的历史没有影响（假设当前条件是暂时的）。如果 $\alpha=1$，那么 $\tau_{n+1}=t_n$，即只有最近的 CPU 突发很重要（历史被认为是旧的并且无关紧要）。更常见的是 $\alpha=1/2$，所以最近的历史和过去的历史是同等重要的。初始 τ_0 可以定义为常数或整体系统平均值。图 5.4 显示了一个指数平均值，其中 $\alpha=1/2$ 且 $\tau_0=10$。

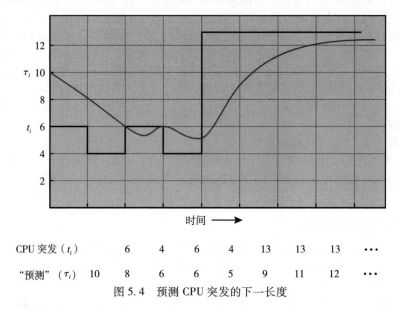

CPU 突发（t_i）		6	4	6	4	13	13	13	···
"预测"（τ_i）	10	8	6	6	5	9	11	12	···

图 5.4　预测 CPU 突发的下一长度

为了解指数平均值的行为，我们可以通过代入 τ_n 扩展 τ_{n+1} 的公式来找到

$$\tau_{n+1} = \alpha t_n + (1-\alpha)\alpha t_{n-1} + \cdots + (1-\alpha)^j \alpha t_{n-j} + \cdots + (1-\alpha)^{n+1}\tau_0$$

通常 α 小于 1。因此，（$1-\alpha$）也小于 1，并且每个后一项的权重都小于其前一项。

SJF 算法可以是抢占的或非抢占的。当一个新进程到达就绪队列而以前的进程正在执行时，就需要选择了。新进程的下次 CPU 突发与当前运行进程的尚未完成的 CPU 突发相比，可能还要小。抢占 SJF 算法会抢占当前运行进程，而非抢占 SJF 算法会允许当前运行进程先完成 CPU 突发。抢占 SJF 调度有时称为**最短剩余时间优先**（shortest-remaining-time-first）调度。

假设有以下 4 个进程，其 CPU 突发时间以毫秒计：

如果进程按给定时间到达就绪队列，而且需要给定执行时间，那么产生的抢占 SJF 调度如以下 Gantt 图所示：

进程	到达时间	突发时长
P_1	0	8
P_2	1	4
P_3	2	9
P_4	3	5

P_1	P_2	P_4	P_1	P_3

0 1   5   10   17   26

进程 P_1 在时间 0 开始，因为这时只有进程 P_1。进程 P_2 在时间 1 到达，进程 P_1 剩余时间（7ms）大于进程 P_2 需要的时间（4ms），因此进程 P_1 被抢占，而进程 P_2 被调度。对于这个例子，平均等待时间为 $[(10-1)+(1-1)+(17-2)+(5-3)]/4 = 26/4 = 6.5$ms。如果使用非抢占 SJF 调度，那么平均等待时间为 7.75ms。

5.3.3 轮转调度

轮转（Round-Robin，RR）调度算法类似于 FCFS 调度，但是增加了抢占以切换进程。将一个较小时间单元定义为**时间配额**（time quantum）或**时间片**（time slice）。时间片的大小通常为 10~100ms。就绪队列作为循环队列。CPU 调度程序循环整个就绪队列，为每个进程分配不超过一个时间片的 CPU。

为了实现 RR 调度，我们再次将就绪队列视为进程的 FIFO 队列。新进程添加到就绪队列的尾部。CPU 调度程序从就绪队列中选择第一个进程，将定时器设置在一个时间片后中断，最后分派这个进程。

接下来，有两种情况可能发生。进程的 CPU 突发可能小于 1 时间配额。对于这种情况，进程本身会自动释放 CPU。然后，调度程序接着处理就绪队列的下一个进程。如果当前运行进程的 CPU 突发大于一个时间配额，那么定时器会中断，进而中断操作系统。然后，进行上下文切换，再将进程加到就绪队列的尾部，接着 CPU 调度程序会选择就绪队列内的下一个进程。

不过，采用 RR 策略的平均等待时间通常较长。假设有如下一组进程，到达时间都为 0，CPU 突发以毫秒计：

如果我们使用 4ms 的时间配额，那么 P_1 会执行最初的 4ms。由于它还需要 20ms，所以在第一个时间配额之后它会被抢占，而 CPU 就交给队列中的下一个进程。由于 P_2 不需要 4ms，所以在其时间配额用完之前就会退出。CPU 接着交给下一个进程，即进程 P_3。在每个进

进程	突发时长
P_1	24
P_2	3
P_3	3

程都得到了一个时间配额之后，CPU 又交给了进程 P_1 以便继续执行。因此，RR 调度结果如下：

P_1	P_2	P_3	P_1	P_1	P_1	P_1	P_1

0   4   7   10   14   18   22   26   30

现在，我们计算这个调度的平均等待时间。P_1 等待 $10-4=6$ms，P_2 等待 4ms，而 P_3 等待 7ms。因此，平均等待时间为 $17/3 = 5.66$ms。

在 RR 调度算法中，没有进程被连续分配超过一个时间配额的 CPU（除非它是唯一可运行的进程）。如果进程的 CPU 突发超过一个时间配额，那么该进程会被抢占，并被放回到就绪队列。因此，RR 调度算法是抢占的。

如果就绪队列有 n 个进程，并且时间配额为 q，那么每个进程会得到 $1/n$ 的 CPU 时间，而且每次分得的时间不超过 q 个时间单元。每个进程等待获得下一个 CPU 时间配额的时间不会超过 $(n-1)q$ 个时间单元。例如，如果有 5 个进程，并且时间配额为 20ms，那么每个进程每 100ms 会得到不超过 20ms 的时间。

RR 算法的性能很大程度取决于时间配额的大小。在一种极端情况下，如果时间配额很

大，那么 RR 算法与 FCFS 算法一样。相反，如果时间配额很小（如 1ms），那么 RR 算法可以导致大量的上下文切换。例如，假设我们只有一个需要 10 个时间单元的进程。如果时间配额为 12 个时间单元，那么进程在一个时间配额不到就能完成，而且没有额外开销。如果时间配额为 6 个时间单元，那么进程需要 2 个时间配额，并且还有一个上下文切换。如果时间配额为 1 个时间单元，那么就会有 9 个上下文切换，相应地使进程执行更慢（见图 5.5）。

　　因此，我们希望时间配额远大于上下文切换时间。如果上下文切换时间约为时间配额的 10%，那么约 10% 的 CPU 时间会浪费在上下文切换上。在实际中，大多数现代操作系统的时间配额为 10~100ms，上下文切换的时间一般少于 10ms，因此，上下文切换的时间仅占时间配额的一小部分。

　　周转时间也依赖于时间配额大小。正如从图 5.6 中所看到的，随着时间配额大小的增加，一组进程的平均周转时间不一定会得到改善。一般情况下，如果大多数进程能在一个时间配额内完成，那么平均周转时间会改善。例如，假设有三个进程，都需要 10 个时间单元。如果时间配额为 1 个时间单元，那么平均周转时间为 29；如果时间配额为 10，那么平均周转时间会降为 20；如果再考虑上下文切换时间，那么平均周转时间对于较小时间配额会增加，这是因为需要更多的上下文切换。

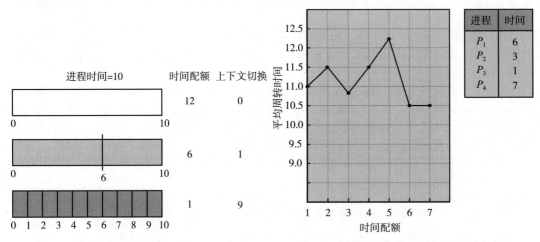

图 5.5　较小的时间配额如何增加上下文切换　　　　图 5.6　周转时间如何随时间配额而改变

　　尽管时间配额应该比上下文切换时间要大，但也不能太大。如果时间配额太大，那么 RR 调度就演变成了 FCFS 调度。根据经验，80% 的 CPU 突发应该小于时间配额。

5.3.4　优先级调度

　　SJF 算法是通用**优先级调度**（priority-scheduling）算法的一个特例。每个进程都有一个优先级与之关联，而具有最高优先级的进程会分配到 CPU。具有相同优先级的进程按 FCFS 顺序调度。SJF 算法是一个简单的优先级算法，其优先级（p）为下次（预测的）CPU 突发的倒数。CPU 突发越长，则优先级越小，反之亦然。

　　注意，我们按照高优先级和低优先级讨论调度。优先级通常为固定区间的数字，如 0~7 或 0~4095。不过，对于 0 表示最高还是最低的优先级没有定论。有的系统用低数字表示低优先级，其他用低数字表示高优先级，这种差异可能引起混淆。本书用低数字表示高优先级。

进程	突发时长	优先级
P_1	10	3
P_2	1	1
P_3	2	4
P_4	1	5
P_5	5	2

　　作为例子，假设有如下一组进程，它们在时间 0 按顺序 P_1，P_2，…，P_5 到达，CPU 突发时间以毫秒计：
采用优先级调度，会按如下 Gantt 图来调度这些进程：

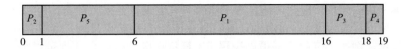

平均等待时间为 8.2ms。

优先级的定义可以分为内部的或外部的。内部定义的优先级采用一些测量数据来计算进程优先级。例如，时限、内存要求、打开文件数量和平均 I/O 突发时间与平均 CPU 突发之比等，都可用于计算优先级。外部定义的优先级采用操作系统之外的准则，如进程重要性、用于支付使用计算机的费用类型和总额、赞助部门、其他因素（通常为政治因素）等。

优先调度可以是抢占的或非抢占的。当一个进程到达就绪队列时，就比较它的优先级与当前运行进程的优先级。如果新到达进程的优先级高于当前运行进程的优先级，那么抢占优先级调度算法就会抢占 CPU，非抢占优先级调度算法只是将新的进程加到就绪队列的头部。

优先级调度算法的一个主要问题是**无穷阻塞**（indefinite blocking）或**饥饿**（starvation）。就绪运行但是等待 CPU 的进程可认为是阻塞的。优先级调度算法可让某个低优先级进程无穷等待 CPU。对于一个超载的计算机系统，稳定的更高优先级的进程流可以阻止低优先级的进程获得 CPU。一般来说，有两种情况会发生。要么进程最终会运行（在系统最后为轻负荷时，如星期日凌晨 2 点），要么系统最终崩溃并失去所有未完成的低优先级进程。（据说，在 1973 年关闭 MIT 的 IBM 7094 时，发现有一个低优先级进程早在 1967 年就已提交，但是一直未能运行。）

低优先级进程无穷等待问题的解决方案之一是**老化**（aging）。老化逐渐增加在系统中等待很长时间的进程的优先级。例如，如果优先级从 127（低）到 0（高），那么可以每 15 分钟递减等待进程的优先级的值。最终初始优先级值为 127 的进程会有系统内最高的优先级，进而被执行。事实上，不超过 2min，优先级为 127 的进程就会老化为优先级为 0 的进程。

另一种选择是以这种方式结合循环和优先级调度：系统执行最高优先级的进程并使用循环调度运行具有相同优先级的进程。让我们用一个示例来说明，使用以下一组进程，运行时间以毫秒计：

进程	突发时长	优先级
P_1	4	3
P_2	5	2
P_3	8	2
P_4	7	1
P_5	3	3

对具有相同优先级的进程使用循环优先级调度，我们将使用 2ms 的时间配额根据以下 Gantt 图安排这些进程：

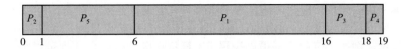

在此示例中，进程 P_4 具有最高优先级，因此它将运行到完成。进程 P_2 和 P_3 具有次高优先级，它们将以循环方式执行。请注意，当进程 P_2 完成时，进程 P_3 是最高优先级的进程，因此它将一直运行到完成执行为止。现在，只剩下进程 P_1 和 P_5，并且由于它们具有相同的优先级，它们将按循环顺序执行，直到完成执行。

5.3.5 多级队列调度

通过优先级和循环调度，所有进程都可以放在一个队列中，然后调度程序选择具有最高优先级的进程运行。根据管理队列方式，可能需要 $O(n)$ 搜索来确定最高优先级的进程。在实践中，通常更容易为每个不同的优先级设置单独的队列，优先级调度只是将进程调度到最高优先级队列中，如图 5.7 所示。这种方法称为**多级队列**（multilevel queue），在优先级调度与循环结合时也很有效：如果最高优先级队列有多个进程，则按循环顺序执行。在这种方法最常用的形式中，优先级被静态分配给每个进程，并且一个进程在其运行期间保持在同一个队列中。

多级队列调度算法也可用于根据进程类型将进程划分为几个单独的队列（见图 5.8）。例如，在**前台**（交互式）进程和**后台**（批处理）进程之间的划分较为常见。这两种类型的进程具有不同的响应时间要求，因此可能具有不同的调度需求。此外，前台进程可能比后台进程具有更高优先级（外部定义）。单独的队列可能用于前台和后台进程，并且每个队列可能有自己的调度算法。例如，前台队列可以采用 RR 算法调度，而后台队列可以采用 FCFS 算法调度。

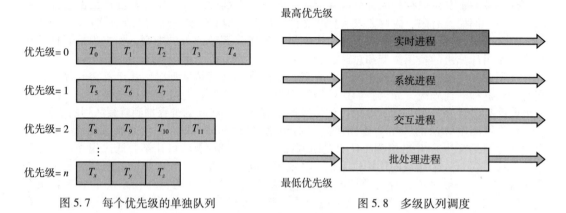

图 5.7　每个优先级的单独队列　　　　图 5.8　多级队列调度

此外，队列之间应有调度，通常采用固定优先级抢占调度。例如，实时队列可以比后台队列具有绝对的优先级。

现在，我们看一个多级队列调度算法的实例，这里有 4 个队列，它们的优先级由高到低：

- 实时进程
- 系统进程
- 交互进程
- 批处理进程

每个队列与更低层队列相比具有绝对的优先级。例如，只有实时进程、系统进程和交互进程队列都为空时，批处理队列内的进程才可运行。如果在一个批处理进程运行时有一个交互进程进入就绪队列，那么该批处理进程会被抢占。

另一种可能是，在队列之间划分时间片。每个队列都有一定比例的 CPU 时间来用于调度队列内的进程。例如，对于前台-后台队列的例子，前台队列可以有 80% 的 CPU 时间，用于在进程之间进行 RR 调度；而后台队列可以有 20% 的 CPU 时间，用于按 FCFS 算法来调度进程。

5.3.6　多级反馈队列调度

通常在使用多级队列调度算法时，进程进入系统时被永久地分配到某个队列。例如，如果前台和后台进程分别具有单独队列，那么进程并不会从一个队列移到另一个队列，这是因为进程不会改变前台或后台的性质。这种设置的优点是调度开销低，缺点是不够灵活。

相反，**多级反馈队列**（multilevel feedback queue）调度算法允许进程在队列之间迁移。这种想法是根据不同 CPU 突发的特点来区分进程。如果进程使用过多的 CPU 时间，那么它会被移到更低的优先级队列。这种方案将 I/O 密集型和交互进程放在更高优先级队列上。此外，在较低优先级队列中等待过长的进程会被移到更高优先级队列。这种形式的老化阻止饥饿的发生。

例如，考虑一个多级反馈队列的调度程序，它有三个队列，从 0 到 2 （见图 5.9）。调度程序首先

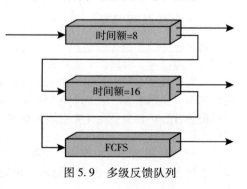

图 5.9　多级反馈队列

执行队列 0 内的所有进程。只有当队列 0 为空时，它才能执行队列 1 内的进程。类似地，只有队列 0 和队列 1 都为空时，队列 2 的进程才能执行。到达队列 1 的进程会抢占队列 2 的进程。同样，到达队列 0 的进程会抢占队列 1 的进程。

进入进程被添加到队列 0 内。队列 0 内的每个进程都有 8ms 的时间配额。如果一个进程不能在这一时间配额内完成，那么它就被移到队列 1 的尾部。如果队列 0 为空，队列 1 头部的进程会得到一个 16ms 的时间配额。如果它不能完成，那么将被抢占，并添加到队列 2。只有当队列 0 和队列 1 为空时，队列 2 内的进程才可根据 FCFS 来运行。为了防止饥饿，在低优先级队列中等待太久的进程可能会逐渐移至高优先级队列。

这种调度算法将给那些 CPU 突发不超过 8ms 的进程最高优先级。这类进程可以很快得到 CPU，完成 CPU 突发，并且处理下个 I/O 突发。所需超过 8ms 但不超过 24ms 的进程也会很快得以服务，但是它们的优先级要低一点。长进程会自动降到队列 2，队列 0 和队列 1 不用的 CPU 周期按 FCFS 顺序来服务。

通常，多级反馈队列调度程序可由下列参数来定义：

- 队列数量。
- 每个队列的调度算法。
- 用以确定何时升级到更高优先级队列的方法。
- 用以确定何时降级到更低优先级队列的方法。
- 用以确定进程在需要服务时将会进入哪个队列的方法。

多级反馈队列调度程序的定义使其成为最通用的 CPU 调度算法。通过配置，它能适应所设计的特定系统。遗憾的是，由于需要一些方法来选择参数以定义最佳的调度程序，所以它也是最复杂的算法。

5.4　线程调度

第 4 章为进程模型引入了线程，还比较了用户级（user-level）和内核级（kernel-level）的线程。在大多数现代操作系统上，内核级线程（而不是进程）才是操作系统所调度的。用户级线程是由线程库来管理的，而内核并不知道它们。用户级线程为了运行在 CPU 上，最终应映射到相关的内核级线程，但是这种映射可能不是直接的，可能采用轻量级进程（LWP）。本节我们探讨有关用户级和内核级线程的调度，并提供 Pthreads 调度的具体实例。

5.4.1　竞争范围

用户级和内核级线程之间的一个区别在于它们是如何调度的。对于实现多对一（见 4.3.1 节）和多对多（见 4.3.3 节）模型的系统线程库会调度用户级线程，以便运行在可用 LWP 上。这种方案称为**进程竞争范围**（Process-Contention Scope，PCS），因为竞争 CPU 是发生在同一进程的线程之间。（当我们说线程库将用户线程调度到可用 LWP 时，并不意味着线程真实运行在一个 CPU 上。因为这还要求操作系统将 LWP 内核线程调度到物理 CPU 核。）为了决定哪个内核级线程调度到一个 CPU 上，内核采用**系统竞争范围**（System-Contention Scope，SCS）。采用 SCS 调度来竞争 CPU，发生在系统内的所有线程之间。采用一对一模型（见 4.3.2 节）的系统，如 Windows 和 Linux，只采用 SCS 调度。

通常情况下，PCS 采用优先级调度，即调度程序选择运行具有最高优先级的、可运行的线程。用户级线程的优先级是由程序员设置的，并不是由线程库调整的，尽管有些线程库可能允许程序员改变线程的优先级。必须要注意到 PCS 通常允许一个更高优先级的线程来抢占当前运行的线程，不过，在具有相同优先级的线程之间，没有时间配额的保证（见 5.3.3 节）。

5.4.2　Pthreads 调度

4.4.1 节讨论了 Pthreads 的线程创建，也提供了一个 POSIX Pthreads 程序的例子。现在，我们强调在线程创建时允许指定 PCS 或 SCS 的 POSIX Pthreads API。Pthreads 采用如下竞争范围的值:
- PTHREAD_SCOPE_PROCESS 按 PCS 来调度线程。
- PTHREAD_SCOPE_SYSTEM 按 SCS 来调度线程。

对于实现多对多模型的系统, PTHREAD_SCOPE_PROCESS 策略调度用户级线程到可用 LWP。LWP 的数量通过线程库来维护, 可能采用调度程序激活 (见 4.6.5 节)。调度策略 PTHREAD_SCOPE_SYSTEM 会创建一个 LWP, 并将多对多系统的每个用户级线程绑定到 LWP, 实际采用一对一策略来映射线程。

Pthreads IPC 提供两个函数, 用于获取和设置竞争范围策略:
- pthread_attr_setscope(pthread_attr_t *attr, int scope)
- pthread_attr_getscope(pthread_attr_t *attr,int *scope)

```c
#include <pthread.h>
#include <stdio.h>
#define NUM_THREADS 5

int main (int argc, char *argv [] )
{
  int i, scope;
  pthread_t tid [NUM_THREADS];
  pthread_attr_t attr;

  /* get the default attributes */
  pthread_attr_init (&attr);

  /* first inquire on the current scope */
  if (pthread attr_getscope (&attr, &scope) ! = 0)
    fprintf (stderr, " Unable to get scheduling scope \n" );
  else {
    if (scope = = PTHREAD_SCOPE_PROCESS)
      printf (" PTHREAD_SCOPE_PROCESS" );
    else if (scope = = PTHREAD_SCOPE_SYSTEM)
      printf (" PTHREAD_SCOPE_SYSTEM" );
    else
      fprintf (stderr, " Illegal scope value. \n" );
  }

  /* set the scheduling algorithm to PCS or SCS */
  pthread_attr_setscope (&attr, PTHREAD_SCOPE_SYSTEM);

  /* create the threads */
  for (i = 0; i < NUM_THREADS; i++)
    pthread_create (&tid [i], &attr, runner, NULL);

  /* now join on each thread */
  for (i = 0; i < NUM_THREADS; i++)
    pthread_join (tid [i], NULL);
}

/* Each thread will begin control in this function */
void *runner (void *param)
{
  /* do some work ... */

  pthread_exit (0);
}
```

图 5.10　Pthread 调度 API

这两个函数的第一个参数包含线程属性集的指针。函数 pthread_attr_setscope() 的第二个参数的值为 PTHREAD_SCOPE_SYSTEM 或 PTHREAD_SCOPE_PROCESS，指定如何设置竞争范围。函数 pthread_attr_getscope() 的第二个参数的值为 int 值的指针，用于获得竞争范围的当前值。如果发生错误，那么这些函数的返回值为非零。

图 5.10 演示了一个 Pthreads 调度 API。这个程序首先获得现有竞争范围，并设置为 PTHREAD_SCOPE_SYSTEM。然后，它创建 5 个单独线程，并采用 SCS 调度策略来运行。注意，对于某些系统，只允许某些竞争范围的值。例如，Linux 和 macOS 系统只允许 PTHREAD_SCOPE_SYSTEM。

5.5　多处理器调度

迄今为止，我们主要集中讨论单处理器系统的 CPU 调度问题。如果有多个 CPU，则**负载分配**（load sharing）成为可能，但是调度问题就更为复杂。人们已经尝试过许多方法，但与单处理器调度一样，没有最佳的解决方案。

传统上，**多处理器**（multiprocessor）一词是指提供多个物理处理器的系统，其中每个处理器包含一个单核 CPU。但多处理器的定义已经有了很大的发展，在现代计算系统上，多处理器已适用于以下系统架构：

- 多核 CPU
- 多线程核
- NUMA 系统
- 异构多处理

这里，针对这些不同架构的上下文，讨论多处理器调度的几个问题。前三个示例主要关注同构系统，这类系统的处理器从功能上来说相同。然后，我们可以用任何一个处理器来运行队列内的任何进程。最后一个示例，探讨具有不同功能处理器的系统。

5.5.1　多处理器调度的方法

对于多处理器系统，CPU 调度的一种方法是让一个处理器（主服务器）处理所有调度决定、I/O 处理以及其他系统活动，其他的处理器只执行用户代码。这种**非对称多处理**（asymmetric multiprocessing）很简单，因为只有一个处理核访问系统数据结构，减少了数据共享的需要。这种方法的缺点是：主服务器可能成为降低整体系统性能的瓶颈。

支持多处理器的标准方法是**对称多处理**（Symmetric MultiProcessing，SMP），其中每个处理器都是自调度的。通过让每个处理器的调度程序检查就绪队列，并选择要运行的线程来进行调度。请注意，这提供了两种可能的策略来组织符合调度条件的线程：

1. 所有线程可能在一个共同就绪队列中。
2. 每个处理器可能有自己的私有线程队列。

图 5.11 对这两种策略进行了对比。如果选择第一个选项，可能会在共享就绪队列上出现竞争条件，因此必须确保两个独立的处理器不会选择调度同一个线程，并且线程不会从队列中丢失。正如第 6 章所讨论的，可以使用某种形式的锁定来保护公共就绪队列免受这种竞争条件的影响。然而，锁定将是高度竞争的，因为对队列的所有访问都需要锁定所有权，并且访问共享队列可能会成为性能瓶颈。第二个选项允许每个处理器从其私有运行队列中调度线程，因此不会受到与共享运行队列相关的潜在性能问题的影响。因此，它是支持 SMP 的系统上最常用的方法。此外，如 5.5.4 节所述，拥有私有的每个处理器运行队列实际上可能会导致更有效地使用高速缓存。每个处理器的运行队列也会存在问题，最明显的是不同大小的工作负载。然而，正如我们将看到的，平衡算法可用于均衡所有处理器之间的工作负载。

几乎所有现代操作系统都支持 SMP，包括 Windows、Linux 和 macOS，以及包括 Android

和 iOS 在内的移动系统。本节其余部分讨论在设计 CPU 调度算法时与 SMP 系统有关的问题。

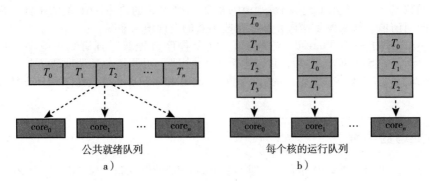

公共就绪队列
a）

每个核的运行队列
b）

图 5.11　就绪队列的组织

5.5.2　多核处理器

传统上，SMP 系统具有多个物理处理器，以允许多个线程并行运行。然而，计算机硬件的现代做法是，将多个处理器放置在同一个物理芯片上，从而产生**多核处理器**（multicore processor）。每个核都保持架构的状态，因此对操作系统而言似乎是一个单独的物理处理器。采用多核处理器的 SMP 系统与采用单核处理器的 SMP 系统相比，速度更快，功耗更低。

多核处理器的调度问题可能更为复杂。下面我们分析一下原因。研究人员发现，当一个处理器访问内存时，它花费大量时间等待所需数据。这种情况称为**内存停顿**（memory stall），具体的发生原因多种多样，如高速缓存未命中（访问数据不在高速缓存里）。图 5.12 显示了内存停顿。在这种情况下，处理器可能花费高达 50% 的时间等待内存数据变得可用。

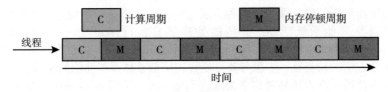

图 5.12　内存停顿

为了弥补这种情况，许多现代硬件设计都采用了多线程的处理器核，即每个核会分配到两个（或多个）**硬件线程**。这样，如果一个线程停顿而等待内存，该核可以切换到另一个线程。图 5.13 显示了一个双线程的处理器核，这里线程$_0$和线程$_1$的执行是交错的。从操作系统的角度来看，每一个硬件线程似乎作为一个逻辑处理器，以便运行软件线程。这种技术称为**芯片多线程**（Chip MultiThreading, CMT），如图 5.14 所示。这里，处理器包含四个计算核心，每个核心包含两个硬件线程。从操作系统的角度来看，有八个逻辑 CPU。

Intel 处理器使用术语**超线程**（hyper-threading，也称为**同时多线程**（Simultaneous MultiThreading, SMT）来描述将多个硬件线程分配给单个处理核。现代 Intel 处理器（例如 i7），每个核支持两个线程；而 Oracle Sparc M7 处理器支持每个核 8 个线程，每个处理器具有 8 个内核，从而为操作系统提供了 64 个逻辑 CPU。

一般来说，处理器核的多线程有两种方法：**粗粒度**（coarse-grained）多线程和**细粒度**（fine-graine）多线程。对于粗粒度多线程，线程一直在处理核上执行，直到一个长延迟事件（如内存停顿）发生。由于长延迟事件造成的延迟，处理核应切换到另一个线程来开始执行。

然而，线程之间的切换成本是高的，因为在另一个线程可以在处理器核上开始执行之前，应刷新指令流水线。一旦这个新的线程开始执行，它会开始用指令来填充流水线。细粒度（或交错）多线程在更细的粒度级别上（通常在指令周期的边界上）切换线程。而且，细粒度系统的架构设计有线程切换的逻辑。因此，线程之间的切换成本很小。

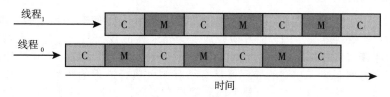

图 5.13　多线程多核系统

需要注意的是，物理核的资源（如缓存和流水线）必须在硬件线程之间共享，因此一个处理核一次只能执行一个硬件线程。因此，多线程、多核处理器实际上需要两个不同级别的调度，如图 5.15 所示，该图说明了一个双线程处理核。

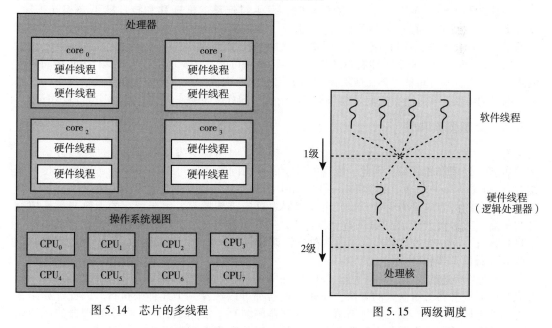

图 5.14　芯片的多线程　　　　　　　　　　图 5.15　两级调度

一个级别的调度决策由操作系统做出，用于选择哪个软件线程运行在哪个硬件线程（逻辑处理器）上。出于所有实用目的，此类决定一直是本章的主要重点。对于这个级别的调度，操作系统可以选择任何调度算法，包括在 5.3 节中所描述过的算法。

另一个级别的调度指定每个核如何决定运行哪个硬件线程。在这种情况下，有多种策略可以采用。一种方法是使用简单的循环算法将硬件线程调度到处理核。UltraSPARC T3 采用这个方法。Intel Itanium 使用了另一种方法，这是一种双核处理器，每个核有两个硬件管理的线程。分配给每个硬件线程的是从 0 到 7 的动态紧急值，其中 0 表示最低紧急度，7 表示最高紧急度。Itanium 有 5 个不同的事件，用于触发线程切换。当这些事件发生时，线程切换逻辑会比较两个线程的紧迫性，并选择紧迫性较高的线程在处理核上执行。

请注意，图 5.15 显示的两个不同级别的调度不一定是相互排斥的。事实上，如果操作系统调度程序（第一级）意识到处理器资源的共享，它可以做出更有效的调度决策。例如，假设一个 CPU 有两个处理核，每个核有两个硬件线程。如果此系统上正在运行两个软件线程，它们可以在同一个核上运行，也可以在不同的核上运行。如果它们都计划在同一个核上运行，它们必须共享处理器资源，因此可能会比将它们安排在单独的核上更慢。如果操作系统知道处理器资源共享的级别，可以将软件线程调度到不共享资源的逻辑处理器上。

5.5.3 负载平衡

对于 SMP 系统，重要的是保持所有处理器的负载平衡，以便充分利用多处理器的优点。否则，一个或多个处理器会空闲，而其他处理器会处于高负载状态，且有一系列进程处于等待状态。**负载平衡**（load balance）设法将负载平均分配到 SMP 系统的所有处理器。重要的是，要注意对于有些系统（它们的处理器具有私有的可执行进程的队列），负载平衡是必需的；而对于具有公共队列的系统，负载平衡通常没有必要，因为一旦处理器空闲，它立刻从公共队列中取走一个可执行进程。同样重要的是，要注意对于大多数支持 SMP 的现代操作系统，每个处理器都有一个可执行进程的私有队列。

负载平衡通常有两种方法：推迁移（push migration）和拉迁移（pull migration）。对于**推迁移**，一个特定的任务周期性地检查每个处理器的负载，如果发现不平衡，那么通过将线程从超载处理器推到（push）空闲或不太忙的处理器，从而平均分配负载。当空闲处理器从一个忙的处理器上拉（pull）一个等待任务时，发生**拉迁移**。推迁移和拉迁移不必相互排斥，事实上，在负载平衡系统中它们常被并行实现。例如，Linux CFS 调度程序（参见 5.7.1 节）和用于 FreeBSD 系统的 ULE 调度程序实现了这两种技术。

"负载平衡"这一概念可能有不同含义。一种观点可能只是要求所有队列具有大致相同数量的线程。或者，平衡可能需要在所有队列中平均分配线程优先级。此外，在某些情况下，这些策略都可能不够。实际上，它们可能与调度算法的目标背道而驰。（我们将深入分析留作练习。）

5.5.4 处理器亲和性

考虑一下，当一个进程运行在一个特定处理器上时缓存会发生些什么。进程最近访问的数据更新了处理器的缓存。因此，线程的后续内存访问通常通过缓存来满足（称为"暖高速缓存（warm cache）"）。现在考虑一下，如果线程移到其他处理器上则会发生什么。第一个处理器缓存的内容应设为无效，第二个处理器缓存应重新填充。由于缓存的无效或重新填充的代价高，大多数 SMP 系统试图避免将进程从一个处理器移到另一个处理器，而是试图让一个进程运行在同一个处理器上。这称为**处理器亲和性**（processor affinity），即一个进程对它运行的处理器具有亲和性。

5.5.1 节所述的用于组织可用于调度线程队列的两种策略，对处理器亲和性会有影响。如果我们采用公共就绪队列的方法，任何处理器都可以选择一个线程来执行。因此，如果在新处理器上调度线程，则必须重新填充该处理器的缓存。使用私有的、每个处理器的就绪队列，线程总是被调度在同一个处理器上，因此可以从暖高速缓存的内容中受益。本质上，每个处理器就绪队列免费提供处理器亲和性。

处理器的亲和性具有多种形式。当一个操作系统试图保持进程运行在同一处理器上时（但不保证它会这么做），这种情况称为**软亲和性**（soft affinity）。这里，操作系统试图保持一个进程在某个处理器上，但是在负载平衡期间，这个进程也可迁移到其他处理器。相反，有的系统提供系统调用以便支持**硬亲和性**（hard affinity），从而允许某个进程运行在某个处理器子集上。许多系统提供软亲和性和硬亲和性。例如，Linux 实现软亲和性，但是它也提供系统调用 sched_setaffinity()，通过允许线程指定其有资格运行的 CPU 集来支持硬亲和性。

系统的内存架构也会影响处理器亲和性问题。图 5.16 说明了具有非统一内存访问（NUMA）的架构，其中有两个物理处理器芯片，每个都有自己的 CPU 和本地内存。尽管系统互连允许 NUMA 系统中的所有 CPU 共享一个物理地址空间，CPU 访问本地内存比访问另一个 CPU 的本地内存更快。如果操作系统的 CPU 调度程序和内存分配算法能够识别 NUMA 并协同工作，然后可以为已调度到特定 CPU 上的线程分配最接近 CPU 所在位置的内存，从而为线程提供最快的内存访问。

有趣的是，负载平衡通常会抵消处理器亲和性的好处。也就是说，保持线程在同一处理器上运行的好处是，线程可以利用位于该处理器的高速缓存中的数据。通过将线程从一个处理器移动到另一个处理器来平衡负载，消除了这种好处。类似地，在处理器之间迁移线程可能会导致 NUMA 系统的损失，其中一个线程可能被移动到需要更长内存访问时间的处理器。换句话说，负载平衡和最小化内存访问时间之间存在着天然的竞争。因此，现代多核 NUMA 系统的调度算法变得相当复杂。在 5.7.1 节中，我们将分析

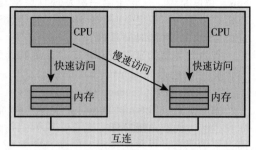

图 5.16　NUMA 和 CPU 调度

Linux CFS 调度算法，并探索它如何平衡这些相互竞争的目标。

5.5.5　异构多处理

对于我们到目前为止所讨论的示例，所有处理器的功能都是相同的，因此允许任何线程运行在任何处理核上。唯一的区别是，内存访问时间可能会根据负载平衡和处理器关联策略以及 NUMA 系统而有所不同。

尽管移动系统现在包括多核架构，一些系统现在使用运行相同指令集的内核设计，但在时钟速度和电源管理方面有所不同，包括将内核的功耗调整到内核空闲的能力。这样的系统被称为**异构多处理**（Heterogeneous MultiProcessing，HMP）。请注意，这不是 5.5.1 节中描述的非对称多处理形式，因为系统和用户任务都可以运行在任何核上。相反，HMP 背后的目的是通过根据任务的特定需求，将任务分配给某些处理核来更好地管理功耗。

对于支持它的 ARM 处理器，这种类型的架构称为 big. LITTLE，其中高性能大核（big）与节能小核（LITTLE）相结合。大核消耗更多能量，因此只能在短时间内使用。同样，小核使用较少的能量，因此可以使用更长的时间。

这种方法有多个优点。通过将一些较慢的内核与较快的内核结合起来，CPU 调度程序可以将不需要高性能的任务分配给小核，但可能需要小核运行更长的时间（例如后台任务），从而有助于保持电池电量。类似地，可以将需要更多处理能力但可能运行时间更短的交互式应用程序分配给大核。此外，如果移动设备处于省电模式，可以禁用高能耗的大核，系统可以完全依赖高能效的小核。Windows 10 通过允许线程选择最能支持其电源管理需求的调度策略来支持 HMP 调度。

5.6　实时 CPU 调度

实时操作系统的 CPU 调度问题有些特殊。一般来说，我们可以区分软实时系统和硬实时系统。**软实时系统**（soft real-time system）不保证会调度关键实时进程，而只保证这类进程会优先于非关键进程。**硬实时系统**（hard real-time system）有更严格的要求。一个任务应在它的截止期限之前完成，在截止期限之后完成与没有完成是完全一样的。本节探讨有关软和硬实时操作系统的多个问题。

5.6.1　最小化延迟

考虑实时系统的事件驱动性质。通常，这种系统等待一个实时事件的发生。事件可能源自软件（如定时器的期限已到），或可能源自硬件（如遥控车辆检测到它正在接近一个障碍物）。当一个事件发生时，系统应尽快地响应和服务它。从事件发生到事件得到服务的这段

时间称为**事件延迟**（event latency），见图 5.17。

通常，不同事件具有不同的延迟要求。例如，用于防抱死制动系统的时延要求可能为 3~5ms。也就是说，从轮子第一次发现它在滑动开始，防抱死刹车控制系统可以有 3~5ms 的响应延迟。任何需要更长时间的响应可能导致汽车失控。相比之下，飞机控制雷达的嵌入式系统可以允许数秒的时间延迟。

有两种类型的延迟会影响实时系统的性能：

1. 中断延迟（interrupt latency）

2. 调度延迟（dispatch latency）

中断延迟（interrupt latency）是从 CPU 收到中断到中断处理程序开始的时间。当一个中断发生时，操作系统应先完成正在执行的指令，再确定发生中断的类型。然后，它应保存当前进程的状态，再采用特定的中断服务程序（Interrupt Service Routine，ISR）来处理中断。执行这些任务需要的总时间为中断延迟（见图 5.18）。

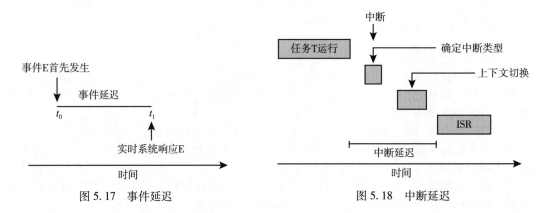

图 5.17　事件延迟　　　　　　　　图 5.18　中断延迟

显然，对实时操作系统来说，至关重要的是尽量减少中断延迟，以确保实时任务得到立即处理。事实上，对于硬实时系统，中断延迟不只是简单地最小化，而是要有界限的，以便满足这些系统的严格要求。

导致中断延迟的一个重要因素是，在更新内核数据结构时，中断的时间量可能会被禁用。实时操作系统要求中断禁用的时间应非常短。

调度程序从停止一个进程到启动另一个进程所需的时间量称为**分派延迟**（dispatch latency）。提供实时任务立即访问 CPU 要求，实时操作系统最大限度地减少这种延迟。保持分派延迟尽可能低的最有效技术是提供抢占式内核。对于硬实时系统，分派延迟通常为几微秒。

图 5.19 说明了分派延迟的组成部分。分派延迟的**冲突阶段**（conflict phase）有两个部分：

1. 抢占在内核中运行的任何进程。

2. 释放高优先级进程所需的、低优先级进程占有的资源。

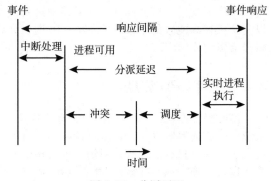

图 5.19　分派延迟

在冲突阶段之后，调度阶段将高优先级进程调度到可用的 CPU 上。

5.6.2　基于优先级的调度

实时操作系统最重要的功能是在实时进程需要 CPU 时立即响应。因此，用于实时操作系统的调度程序应支持抢占的基于优先级的算法。回想一下，基于优先级的调度算法根据每个进程的重要性分配一个优先级，进程越重要，它分配的优先级也就越高。如果调度程序还支持抢占，并且有一个更高优先级的进程处于就绪状态，那么正在运行的、较低优先级的进程会被抢占。

5.3.4 节已经详细讨论了抢占的、基于优先级的调度算法，5.7 节将会举例说明操作系统（包括 Linux、Windows 和 Solaris 等）的软实时调度。这些系统都为实时进程分配最高的调度优先级。例如，Windows 有 32 个不同的优先级。最高级别（即优先级的值为 16~31）专门用于实时进程。Solaris 和 Linux 具有类似的优先级方案。

请注意，提供抢占的、基于优先级的调度程序仅保证软实时功能。硬实时系统应进一步保证实时任务应在截止期限内得到服务，并且做出此类保证需要附加的调度特征。本节接下来将会讨论用于硬实时系统的调度算法。

在讨论各个调度程序的细节之前，应当分析需要调度进程的一些特性。首先，这些进程是**周期性的**（periodic）。也就是说，它们以恒定的间隔（周期）需要 CPU。一旦周期性进程获得 CPU，它具有固定的处理时间 t、CPU 应处理的截止期限 d 和周期 p。处理时间、截止期限和周期三者之间的关系为 $0 \le t \le d \le p$。周期任务的**速率**（rate）为 $1/p$。图 5.20 演示了一个周期性进程随时间的执行情况。调度程序可以利用这些特性，根据进程的截止期限或速率要求来分配优先级。

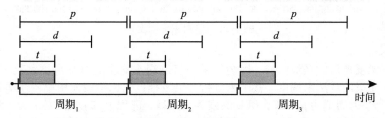

图 5.20 周期性任务

这种形式调度的不寻常之处在于，进程可能要向调度器公布其截止期限要求。然后，使用一种称为**准入控制**（admission-control）算法的技术，调度程序完成两件事之一，它要么接受该进程，保证进程完成，要么如果它不能保证任务能在截止期限前得以服务，则拒绝请求。

5.6.3 单调速率调度

单调速率（rate-monotonic）调度算法采用抢占的、静态优先级的策略，调度周期性任务。当较低优先级的进程正在运行并且较高优先级的进程可以运行时，较高优先级进程将会抢占低优先级进程。在进入系统时，每个周期性任务会按周期反向分配一个优先级。周期越短，优先级越高；周期越长，优先级越低。这种策略背后的原理是为更频繁地需要 CPU 的任务分配更高的优先级。此外，单调速率调度假定：对于每次 CPU 突发，周期性进程的处理时间是相同的。也就是说，在进程每次获取 CPU 时，它的 CPU 突发长度是相同的。

让我们考虑一个例子。设有两个进程 P_1 和 P_2。P_1 和 P_2 的周期分别为 50 和 100，即 $p_1 = 50$ 和 $p_2 = 100$。P_1 和 P_2 的处理时间分别为 $t_1 = 20$ 和 $t_2 = 35$。每个进程的截止期限要求它在下一个周期开始之前完成 CPU 突发。

首先，我们应问自己是否可能调度这些任务以便每个进程都能满足截止期限。如果我们按执行与周期的比率 t_i/p_i 测量一个进程的 CPU 利用率，那么 P_1 的 CPU 利用率为 20/50 = 0.40，P2 的为 35/100 = 0.35，总的 CPU 利用率为 75%。因此，我们似乎可以调度这些任务以便满足它们的截止期限，并且仍让 CPU 有多余可用的时间。

假设我们为 P_2 分配比 P_1 更高的优先级。P_1 和 P_2 的执行情况如图 5.21 所示。我们可以看到，P_2 首先开始执行并在时间 35 完成。这时，P_1 开始，它在时间 55 完成 CPU 突发。然而，P_1 的第一个截止期限是在时间 50，因此调度程序导致 P_1 错过其截止期限。

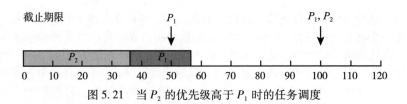

图 5.21　当 P_2 的优先级高于 P_1 时的任务调度

现在假设我们使用单调速率调度，这里我们给 P_1 分配的优先级要高于 P_2 的，因为 P_1 的周期比 P_2 的更短。在这种情况下，这些进程执行如图 5.22 所示。首先，P_1 开始，并在时间 20 完成 CPU 突发，从而满足第一个截止期限。P_2 在此时开始运行，并运行到时间 50。此时，它被 P_1 抢占，尽管它的 CPU 突发仍有 5ms 的时间。P_1 在时间 70 完成 CPU 突发，在此时调度器恢复 P_2。P_2 在时间 75 完成 CPU 突发，也满足第一个截止期限。然后，系统一直空闲直到时间 100，这时，P_1 再次被调度。

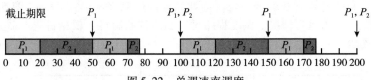

图 5.22　单调速率调度

单调速率调度被认为是最优的，因为如果一组进程不能由此算法调度，就不能由任何其他分配静态优先级的算法来调度。接下来分析一组进程，它们不能使用单调速率算法来调度。

假设进程 P_1 的周期为 $p_1 = 50$，CPU 突发为 $t_1 = 25$。进程 P_2 的对应值是 $p_2 = 80$ 和 $t_2 = 35$。单调速率调度将为进程 P_1 分配较高的优先级，因为它具有较短的周期。两个进程的总 CPU 利用率为（25/50）+（35/80）= 0.94，因此似乎合乎逻辑的结论是：这两个进程可以被调度，并且仍让 CPU 有 6% 的可用时间。图 5.23 显示了进程 P_1 和 P_2 的调度。最初，P_1 运行，直到在时间 25 完成 CPU 突发。然后，进程 P_2 开始运行，并运行直到时间 50，然后它被 P_1 抢占。这时，P_2 在 CPU 突发中仍有 10ms 的剩余。进程 P_1 运行直到时间 75，导致 P_2 在时间 85 结束，因而超过了在时间 80 完成 CPU 突发的截止期限。

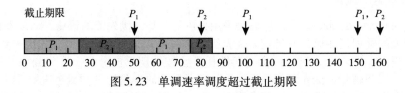

图 5.23　单调速率调度超过截止期限

尽管是最优的，单调速率调度仍有一个限制：CPU 的利用率是有限的，并不总是能够完全最大化 CPU 资源。调度 N 个进程的最坏情况下的 CPU 利用率为

$$N(2^{1/N} - 1)$$

对于具有一个进程的系统，CPU 利用率是 100%，但是当进程数量接近无穷时，CPU 利用率下降到约 69%。对于具有两个进程的系统，CPU 利用率是 83%。图 5.21 和图 5.22 调度的两个进程的组合利用率为 75%，因此单调速率调度算法保证能够调度它们。图 5.23 所示的两个进程的组合利用率为 94%，因此，单调速率调度不能保证可以调度它们以便满足截止期限。

5.6.4　最早截止期限优先调度

最早截止期限优先（Earliest-Deadline-First，EDF）调度根据截止期限动态分配优先级。

截止期限越早，优先级越高；截止期限越晚，优先级越低。根据 EDF 策略，当一个进程可运行时，它应向系统公布截止期限要求。优先级可能需要进行调整，以便反映新可运行进程的截止期限。注意单调速率调度与 EDF 调度的不同，前者的优先级是固定的。

为了说明 EDF 调度，再次调度如图 5.23 所示的进程，该进程通过单调速率调度不能满足截止期限要求。回想一下，进程 P_1 有 $p_1 = 50$ 和 $t_1 = 25$，进程 P_2 有 $p_2 = 80$ 和 $t_2 = 35$，这些进程的 EDF 调度如图 5.24 所示。进程 P_1 的截止期限最早，所以它的初始优先级比进程 P_2 的要高。当 P_1 的 CPU 突发结束时，进程 P_2 开始运行。不过，虽然单调速率调度允许 P_1 在时间 50（即下一周期开始之际）抢占 P_2，但是 EDF 调度允许进程 P_2 继续运行。现在进程 P_2 的优先级比 P_1 的更高，因为它的下一个截止期限（时间 80）比 P_1 的（时间 100）要早。因此，P_1 和 P_2 都能满足它们的第一个截止期限。进程 P_1 在时间 60 再次开始运行，在时间 85 完成第二个 CPU 突发，也满足第二个截止期限（在时间 100）。这时，进程 P_2 开始运行，只是在时间 100 被 P_1 抢占。P_2 之所以被 P_1 抢占是因为 P_1 的截止期限（时间 150）要比 P_2 的（时间 160）更早。在时间 125，P_1 完成 CPU 突发，P_2 恢复执行；在时间 145，P_2 完成，并满足它的截止期限。然后，系统空闲直到时间 150，在时间 150 进程 P_1 开始再次被调度。

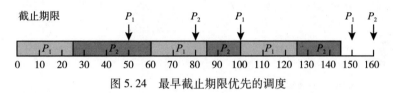

图 5.24　最早截止期限优先的调度

与单调速率调度不同，EDF 调度不要求进程是周期的，也不要求进程的 CPU 突发的长度是固定的。唯一的要求是进程在变成可运行时，应宣布它的截止期限。EDF 调度具有吸引力的地方在于，它是理论上最佳的。从理论上说，它可以调度进程，使得每个进程都满足截止期限的要求并且 CPU 利用率将会是 100%。但在实际中，由于进程的上下文切换和中断处理的代价，这种级别的 CPU 利用率是不可能达到的。

5.6.5　比例分享调度

比例分享（proportional share）调度程序在所有应用之间分配 T 股。如果一个应用程序接收 N 股的时间，那么确保了它将有 N/T 的总的处理器时间。例如，假设总的 $T = 100$ 股要在三个进程 A、B 和 C 之间进行分配。A 分配 50 股，B 分配 15 股，而 C 分配 20 股。这种方案确保 A 有 50% 的总的处理器时间，B 有 15%，C 有 20%。

比例分享调度程序应采用准入控制策略，以便确保每个进程能够得到分配时间。准入控制策略是只有客户请求的股数小于可用的股数时，才能允许客户进入的。对于本例，现在已经分配 $50 + 15 + 20 = 85$ 股。如果一个新进程 D 请求 30 股，那么准入控制器会拒绝 D 进入系统。

5.6.6　POSIX 实时调度

POSIX 标准也有一个实时计算扩展，即 POSIX.1b。这里讨论与实时线程调度有关的一些 POSIX API。POSIX 定义两种类型的实时线程调度：
- SCHED_FIFO
- SCHED_RR

SCHED_FIFO 采用如 5.3.1 节概述的 FIFO 队列，按照先来先服务策略来调度线程。不过，在具有同等优先级的线程之间没有分时。因此，位于 FIFO 队列前面的最高优先级的实时线程，在得到 CPU 后，会一直占有，直到它终止或阻塞。SCHED_RR 使用轮转策略。它类似于 SCHED_FIFO，但是它提供在同等优先级的线程之间进行分时。另外，POSIX 还提供一个额外的调度类型 SCHED_OTHER，但是它的实现没有定义，且取决于特定系统，因此它在不同系统上的行为可能不同。

POSIX API 有两个函数，用于获取和设置调度策略：

- pthread_attr_getschedpolicy(pthread_attr_t *attr,int *policy)
- pthread_attr_setschedpolicy(pthread_attr_t *attr,int policy)

这两个函数的第一个参数是线程属性集的指针。第二个参数是获得当前调度策略的整数的一个指针（用于 pthread_attr_getschedpolicy()），或是一个整数（SCHED_FIFO, SCHED_RR 或 SCHED_OTHER），用于 pthread_attr_setschedpolicy()。如果发生错误，那么这两个函数返回非零值。

图 5.25 为采用这些 API 的一个 POSIX 多线程程序。该程序首先确定当前的调度策略，然后将调度算法设置成 SCHED_FIFO。

```c
#include <pthread.h>
#include <stdio.h>
#define NUM_THREADS 5

int main (int argc, char *argv [ ] )
{
  int i, policy;
  pthread_t tid [NUM THREADS];
  pthread_attr_t attr;

  /* get the default attributes */
  pthread_attr_init (&attr);

  /* get the current scheduling policy */
  if (pthread_attr_getschedpolicy (&attr, &policy) ! = 0)
    fprintf (stderr, " Unable to get policy. \n" );
  else {
    if (policy == SCHED_OTHER)
      printf (" SCHED_OTHER \n" );
    else if (policy == SCHED RR)
      printf (" SCHED_RR \n" );
    else if (policy == SCHED_FIFO)
      printf (" SCHED_FIFO \n" );
  }

  /* set the scheduling policy - FIFO, RR, or OTHER */
  if (pthread_attr_setschedpolicy (&attr, SCHED_FIFO) ! = 0)
    fprintf (stderr, " Unable to set policy. \n" );

  /* create the threads */
  for (i = 0; i < NUM_THREADS; i++)
    pthread_create (&tid [i], &attr, runner, NULL);

  /* now join on each thread */
  for (i = 0; i < NUM_THREADS; i++)
    pthread_join (tid [i], NULL);
}

/* Each thread will begin control in this function */
void *runner (void *param)
{
  /* do some work ... */

  pthread_exit (0);
}
```

图 5.25 POSIX 实时调度 API

5.7　操作系统示例

接下来讨论操作系统 Linux、Windows 和 Solaris 的调度策略。特别要注意的是，我们所用的进程调度（process-scheduling）这一术语是泛指的。事实上，在讨论 Solaris 和 Windows 系统时，采用内核线程（kernel thread）调度，而在讨论 Linux 系统时，采用任务（task）调度。

5.7.1　示例：Linux 调度

Linux 进程调度有一个有趣的历史。在 2.5 版本之前，Linux 内核采用传统 UNIX 调度算法。然而，由于这个算法并没有考虑 SMP 系统，因此它并不足够支持 SMP 系统。此外，当有大量的可运行进程时，系统性能表现欠佳。在内核的 2.5 版本中，调度程序进行了大改，采用了称为 O（1）的调度算法，它的运行时间为常量，与系统内任务数量无关。O（1）调度程序也增加了对 SMP 系统的支持，包括处理器亲和性和处理器间的负载平衡。然而，在实践中，虽然在 SMP 系统上 O（1）调度程序具有出色的性能，但是在许多桌面计算机系统上交互进程的响应时间却欠佳。在内核的 2.6 版本开发中，调度程序再次修改，在内核的 2.6.23 版本的发布中，完全公平调度程序（Completely Fair Scheduler, CFS）成为默认的 Linux 调度算法。

Linux 系统的调度基于**调度类**（scheduling class）。每个类都有一个特定优先级。通过使用不同的调度类，内核可以根据系统及其进程的需求适应不同的调度算法。例如，用于 Linux 服务器的调度准则，也许不同于移动设备的。为了确定应运行哪个进程，调度程序从最高优先级调度类中选择具有最高优先级的任务。Linux 标准内核实现两个调度类：采用 CFS 调度算法的默认调度类和实时调度类。这里我们将分别讨论这些。当然，也可添加新的调度类。

CFS 调度程序并不采用严格规则来为一个优先级分配某个长度的时间额，而是为每个任务分配一定比例的 CPU 处理时间。每个任务分配的具体比例是根据**友好值**（nice value）来计算的。友好值的范围从 -20 ~ +19，数值较低的友好值表示较高的相对优先级。具有较低友好值的任务与具有较高友好值的任务相比，会得到更高比例的处理器处理时间。默认友好值为 0。（友好一词源自如下想法：当一个任务增加了它的友好值，如从 0 ~ +10，该任务通过降低优先级，进而对其他任务更加友好。换句话说，友好的进程最后完成。）CFS 没有使用离散的时间配额，而是采用**目标延迟**（target latency），这是每个可运行任务应当运行一次的时间间隔。根据目标延迟，按比例分配 CPU 时间。除了默认值和最小值外，随着系统内的活动任务数量超过了一定阈值，目标延迟可以增加。

CFS 调度程序并不直接分配优先级。相反，它通过每个任务的 vruntime 变量维护**虚拟运行时间**（virtual run time），进而记录每个任务运行多久。虚拟运行时间与基于任务优先级的衰减因子有关：更低优先级的任务比更高优先级的任务具有更高衰减速率。对于正常优先级的任务（友好值为 0），虚拟运行时间与实际物理运行时间是相同的。因此，如果一个默认优先级的任务运行 200ms，则它的 vruntime 也为 200ms。然而，如果一个较低优先级的任务运行 200ms，则它的 vruntime 将大于 200ms。同样，如果一个更高优先级的任务运行 200ms，则它的 vruntime 将小于 200ms。当决定下步运行哪个任务时，调度程序只需选择具有最小 vruntime 值的任务。此外，一个更高优先级的任务如成为可运行的，就会抢占低优先级任务。

下面让我们分析一下 CFS 调度程序是如何工作的。假设有两个任务，它们具有相同的友好值。一个任务是 I/O 密集型任务而另一个是 CPU 密集型任务。通常，I/O 密集型任务在运行很短时间后就会阻塞以便等待更多的 I/O，而 CPU 密集型任务只要有在处理器上运行的机会，就会用完它的时间配额。因此，I/O 密集型任务的 vruntime 值最终将会小于 CPU 密集型任务，从而使得 I/O 密集型任务具有更高的优先级。这时，如果 CPU 密集型任务在运行，而 I/O 密集型任务变得更有资格运行（如该任务所等待的 I/O 已成为可用），那么 I/O 密集型任务就会抢占 CPU 密集型任务。

Linux 也可以根据 5.6.6 节所述的 POSIX 标准实现实时调度。采用 SCHED_FIFO 或 SCHED_RR 实时策略来调度的任何任务与普通（非实时的）任务相比，具有更高的优先级。Linux 采用两个单独的优先级范围，一个用于实时任务，另一个用于正常任务。实时任务分配的静态优先级为 0~99，而正常（即非实时）任务分配的优先级为 100~139。这两个值域合并成为一个全局的优先级方案，其中较低数值表明较高的优先级。正常任务根据友好值分配一个优先级，这里−20 的友好值映射到优先级 100，而+19 的友好值映射到优先级 139。图 5.26 显示了这个方案。

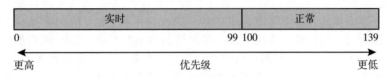

图 5.26　Linux 系统的优先级调度

CFS 调度器还支持负载均衡，它使用一种复杂的技术来均衡处理核之间的负载，同时也支持 NUMA 并最大限度地减少线程迁移。CFS 将每个线程的负载定义为线程优先级及其平均 CPU 利用率的组合。因此，具有高优先级但主要受 I/O 限制且需要很少 CPU 利用率的线程通常具有低负载，类似于具有高 CPU 利用率的低优先级线程的负载。使用这个指标，队列的负载是队列中所有线程负载的总和，平衡只是确保所有队列具有大致相同的负载。

然而，正如 5.5.4 节中强调的那样，要么必须使缓存内容无效，要么在 NUMA 系统上会导致更长的内存访问时间，迁移线程可能会导致内存访问损失。为了解决这个问题，Linux 确定了一个调度域的分层系统。**调度域**是一组可以相互平衡的 CPU 核。这个想法如图 5.27 所示。每个调度域中的核心根据它们共享系统资源的方式进行分组。例如，虽然图 5.27 中显示的每个核都可能有自己的 1 级（L1）缓存，但成对的内核共享一个 2 级（L2）缓存，因此被组织成单独的域 0 和域 1。同样，这两个域可以共享一个 3 级（L3）缓存，因此被组织成一个处理器级域（也称为 **NUMA 节点**）。更进一步，在 NUMA 系统上，更大的系统级域将组合单独的处理器级 NUMA 节点。

CFS 背后的一般策略是从层次结构的最低级别开始平衡域内的负载。以图 5.27 为例，最初一个线程只会在同一域上的核之间迁移（即在域$_0$或域$_1$内）。下一级别的负载平衡将发生在域$_0$和域$_1$之间。如果线程将被移离其本地内存更远，CFS 不愿意在单独的 NUMA 节点之间迁移线程，而且这种迁移只会在严重的负载不平衡情况下发生。作为一般规则，如果整个系统很忙，CFS 不会在每个 CPU 核的本地域之外进行负载平衡，以避免 NUMA 系统的内存延迟损失。

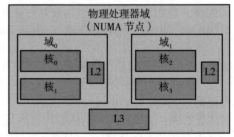

图 5.27　采用 Linux CFS 调度程序的
NUMA 敏感负载平衡

CFS 性能

Linux 的 CFS 的调度程序采用高效算法，以便选择运行下个任务。每个可运行的任务放置在红黑树（而不是标准的队列数据结构）上——这是一种平衡的、二分搜索树，它的键是基于 vruntime 值的。这种树如下图所示。

当一个任务变成可运行的时，它被添加到树上。当一个任务变成不可运行的时（例如，当阻塞等待 I/O 时），它被从树上删除。一般来说，得到较少处理时间的任务（vruntime

值较小）会偏向树的左侧，得到较多处理时间的任务会偏向树的右侧。根据二分搜索树的性质，最左侧的结点有最小的键值，从 CFS 调度程序的角度而言，这也是具有最高优先级的任务。由于红黑树是平衡的，找到最左侧结点会需要 O（$\log N$）操作（这里 N 为树内结点总数）。不过，为高效起见，Linux 调度程序将这个值缓存在变量 rb_leftmost 中，从而确定哪个任务运行只需检索缓存的值。

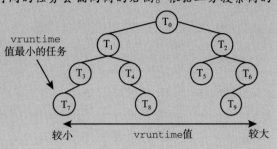

5.7.2 示例：Windows 调度

Windows 采用基于优先级的、抢占调度算法来调度线程。Windows 调度程序确保具有最高优先级的线程总是在运行的。用于处理调度的 Windows 内核部分称为**调度程序**（dispatcher）。调度程序选择运行的线程将会一直运行，直到被更高优先级的线程所抢占，或其本身终止，或时间配额已到，或调用阻塞系统调用（如 I/O）。如果在低优先级线程运行时，更高优先级的实时线程变成就绪状态，那么低优先级线程就被抢占。这种抢占使得实时线程在需要使用 CPU 时优先访问。

调度程序采用 32 级的优先级方案，以便确定线程执行顺序。优先级分为两大类：**可变类**（variable class）包括优先级从 1~15 的线程，**实时类**（real-time class）包括优先级从 16~31 的线程（还有一个线程运行在优先级 0，它用于内存管理）。调度程序为每个调度优先级使用一个队列，并从高到低遍历队列，直到它发现一个线程可以执行。如果没有找到就绪线程，那么调度程序会执行一个称为**空闲线程**（idle thread）的特别线程。

在 Windows 内核和 Windows API 的数字优先级之间有一个关系。Windows API 定义了一个进程可能属于的一些优先级类型。它们包括：

- IDLE_PRIORITY_CLASS
- BELOW_NORMAL_PRIORITY_CLASS
- NORMAL_PRIORITY_CLASS
- ABOVE_NORMAL_PRIORITY_CLASS
- HIGH_PRIORITY_CLASS
- REALTIME_PRIORITY_CLASS

进程通常属于 NORMAL_PRIORITY_CLASS 类。除非进程的父进程属于 IDLE_PRIORITY_CLASS 类，或者在创建进程时指定了某个类。此外，通过 Windows API 的函数 SetPriorityClass()，进程优先级的类可以修改。除了 REALTIME_PRIORITY_CLASS 外，所有其他类的优先级都是可变的，这意味着属于这些类型的线程优先级能够改变。

具有给定优先级类的线程也有一个相对优先级。这个相对优先级的值包括：

- IDLE
- LOWEST
- BELOW_NORMAL
- NORMAL
- ABOVE_NORMAL
- HIGHEST
- TIME_CRITICAL

每个线程的优先级基于所属的优先级类型和在该类型中的相对优先级。图 5.28 说明了这种关系。每个类的值出现在顶行，左列包括相对优先级的值。例如，如果一个线程属于

ABOVE_NORMAL_PRIORITY_CLASS 类，且相对优先级为 NORMAL，那么该线程的优先级数值为 10。

	实时	高	高于正常	正常	低于正常	空闲优先级
时间紧迫	31	15	15	15	15	15
最高	26	15	12	10	8	6
高于正常	25	14	11	9	7	5
正常	24	13	10	8	6	4
低于正常	23	12	9	7	5	3
最低	22	11	8	6	4	2
空闲	16	1	1	1	1	1

图 5.28　Windows 线程优先级

另外，每个线程在所属类型中有一个优先级基值。默认地，优先级基值为一个类型的优先级相对值 NORMAL。每个优先级类型的优先级基值为：
- REALTIME_PRIORITY_CLASS — 24
- HIGH_PRIORITY_CLASS — 13
- ABOVE_NORMAL_PRIORITY_CLASS — 10
- NORMAL_PRIORITY_CLASS — 8
- BELOW_NORMAL_PRIORITY_CLASS — 6
- IDLE_PRIORITY_CLASS — 4

线程的优先级初值通常为线程所属进程的优先级基值，但是通过 Windows API 的函数 SetThreadPriority() 也可修改线程的优先级基值。

当一个线程的时间配额用完时，该线程被中断。如果线程属于可变的优先级类型，那么它的优先级就被降低。不过，该优先级不能低于优先级基值。降低优先级可以限制计算密集型线程的 CPU 消耗。当一个可变优先级的线程从等待中释放时，调度程序会提升其优先级。提升数量取决于线程等待什么。例如，等待键盘 I/O 的线程将得到一个较大提升，而等待磁盘操作的线程将得到一个中等提升。

采用这种策略，正在使用鼠标和窗口的线程往往得到很好的响应时间。这也使得 I/O 密集型线程保持 I/O 设备忙碌，同时允许计算密集型线程使用后台空闲的 CPU 周期。此外，用户正在交互使用的窗口会得到优先级提升，以便改善响应时间。多种操作系统（包括 UNIX）都采用这种策略。

当用户运行一个交互程序时，系统需要提供特别好的表现。由于这个原因，对于 NORMAL_PRIORITY_CLASS 类的进程，Windows 有一个特殊调度规则。Windows 将这类进程分成两种：一种是**前台进程**（foreground process），即屏幕上已选的进程；另一种是**后台进程**（background process），即屏幕上未选的进程。当一个进程移到前台，Windows 增加它的时间额——通常是原来的三倍。这种增加使前台进程以三倍的时间来运行（在被抢占前）。

Windows 7 引入了**用户模式调度**（User-Mode Scheduling, UMS），允许应用程序在内核外创建和管理线程。因此，一个应用程序在不涉及内核调度程序的情况下可以创建和调度多个线程。对于创建大量线程的应用程序，用户模式的线程调度比内核模式更加有效，因为不需要内核的干预。

早期版本的 Windows 提供了一个称为**纤程**（fiber）的类似功能，允许多个用户模式线程（纤程）被映射到单个内核线程。然而，实际上使用纤程有一定限制。一个纤程不能调用 Windows API，因为所有纤程共享线程环境块（Thread Environment Block, TEB）。这会产生一个问题：当 Windows API 函数将状态信息放到一个纤程 TEB 上，另一个纤程会改写这个信息。UMS 对这个问题的解决方法是，为每个用户模式线程提供自己的上下文。

此外，与纤程不同的是，UMS 一般不是直接为程序员使用的。编写用户模式调度程序的具体细节可能很有挑战，而且 UMS 并不包括这种调度程序。不过，调度程序来自 UMS 之上的编程语言库。例如，微软提供**并发运行时库**（Concurrency Runtime，ConcRT），这是一个 C++并发编程框架，用于在多核处理器上设计并行任务（见 4.2 节）。ConcRT 提供用户模式调度程序，并能将程序分解成任务，以便在可用处理核上进行调度。

Windows 还支持多处理器系统上的调度，如 5.5 节所述：通过尝试在该线程的最佳处理核心上调度线程，这包括维护线程的首选以及最新的处理器。Windows 使用的一种技术是创建逻辑处理器集（称为 **SMT 集**）。在超线程 SMT 系统上，属于同一 CPU 核的硬件线程也将属于同一 SMT 集。逻辑处理器编号从 0 开始。例如，双线程/四核系统将包含八个逻辑处理器，由四个 SMT 集组成：{0，1}、{2，3}、{4，5} 和 {6，7}。为了避免 5.5.4 节中强调的高速缓存访问惩罚，调度程序尝试继续在同一 SMT 集中的逻辑处理器上来运行线程。

为了在不同的逻辑处理器之间分配负载，每个线程都被分配了一个理想的处理器，这是一个代表线程首选处理器的数字。每个进程都有一个初始种子值，用于标识属于该进程的线程的理想 CPU。对于该进程创建的每个新线程，该种子值都会递增，从而将负载分布在不同的逻辑处理器上。在 SMT 系统上，下一个理想处理器的增量位于下一个 SMT 集中。例如，在双线程/四核系统上，特定进程中线程的理想处理器将被分配为 0、2、4、6、0、2、…为了避免每个进程的第一个线程被分配给处理器 0 的情况，进程被分配不同的种子值，从而将线程负载分布在系统中的所有物理处理核上。继续上面的示例，如果第二个进程的种子值是 1，理想的处理器将按 1、3、5、7、1、3 等顺序分配。

5.7.3 示例：Solaris 调度

Solaris 采用基于优先级的线程调度。每个线程都属于以下六个类型之一：

1. 分时（Time Sharing，TS）
2. 交互（Interactive，IA）
3. 实时（Real Time，RT）
4. 系统（System，SYS）
5. 公平分享（Fair Share，FS）
6. 固定优先级（Fixed Priority，FP）

每个类型有不同的优先级和不同的调度算法。

进程的默认调度类型为分时。分时类型的调度策略动态改变优先级，并且通过多级反馈队列分配不同长度的时间配额。默认情况下，优先级和时间配额之间存在反比关系。优先级越高，时间配额越小；优先级越低，时间配额越大。通常，交互进程具有更高的优先级，CPU 密集型进程具有较低的优先级。这种调度策略使得交互进程具有良好的响应时间，并且使得 CPU 密集型进程具有良好的吞吐量。交互类型采用与分时类型一样的调度策略，但是它给窗口应用程序（例如，由 KDE 或 GNOME 窗口管理器创建的窗口应用程序）更高优先级以提高性能。

图 5.29 是用于调度分时和交互线程的简化调度表。这两个调度类型包括 60 个优先级，但方便起见，这里仅仅列出少量。（若要查看 Solaris 系统或 VM 上的完整调度表，请运行 dispadmin -c TS -g。）图 5.29 所示的调度表包含以下字段：

- 优先级（priority）。用于分时和交互类型的类型依赖优先级。数值越高，优先级越大。
- 时间配额（time quantum）。相关优先级的时间配额。优先级与时间额之间具有反比关系，最低优先级（优先级为 0）具有最长的时间配额（200ms），而最高优先级（优先级为 59）具有最短的时间配额（20ms）。
- 时间配额到期（time quantum expired）。线程的新优先级，该线程已使用了其整个时间配额而没有阻塞。这种线程属于 CPU 密集型的。如表中所示，这些线程的优先级降低了。

●从睡眠中返回（return from sleep）。从睡眠（如等待 I/O）中返回的线程的优先级。如表中所示，当线程等待的 I/O 可用时，它的优先级提高到 50～59，所支持的调度策略为交互进程提供良好的响应时间。

优先级	时间配额	时间配额到期	从睡眠中返回	优先级	时间配额	时间配额到期	从睡眠中返回
0	200	0	50	35	80	25	54
5	200	0	50	40	40	30	55
10	160	0	51	45	40	35	56
15	160	5	51	50	40	40	58
20	120	10	52	55	40	45	58
25	120	15	52	59	20	49	59
30	80	20	53				

图 5.29　用于分时和交互线程的 Solaris 调度表

实时类型的线程具有最高优先级。实时进程在任何其他类型的进程之前运行。这种安排允许实时进程在给定时间内保证得到系统响应。通常，只有很少的进程属于实时类型。

Solaris 采用系统类型来运行内核线程，如调度程序和调页服务。系统线程的优先级一旦确定，就不再改变。系统类型专门用于内核（在内核模式下运行的用户进程不属于系统类型）。

Solaris 9 引入了固定优先级类和公平分享类。固定优先级类中的线程优先级范围与分时类的相同，但是，它们的优先级是不能动态调整的。公平分享类采用 CPU **分享**（share），而不是优先级，做出调度决策。CPU 分享表示对可用 CPU 资源的授权，且可分配给一组进程（称为**项目**（project））。

每个调度类型都包括一组优先级。然而，调度程序将类型相关的特定优先级转换为全局优先级，并且选择运行具有最高全局优先级的线程。所选择的线程一直运行在 CPU 上，直到阻塞、用完了时间配额或被更高优先级的线程抢占。如果多个线程具有相同的优先级，那么调度程序采用循环队列。图 5.30 说明了 6 种调度类型之

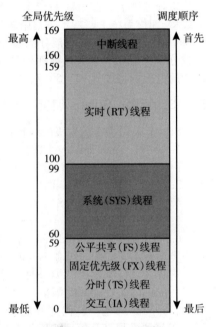

图 5.30　Solaris 调度

间的关系，以及它们如何映射到全局优先级。注意，内核保留 10 个线程以用于服务中断。这些线程不属于任何调度类并且按最高优先级执行（160～169）。如前所述，传统的 Solaris 使用了多对多模型（见 4.3.3 节），但是从 Solaris 9 开始换成了一对一模型（见 4.3.2 节）。

5.8　算法评估

针对一个特定系统，我们应如何选择 CPU 调度算法？正如 5.3 节所述，调度算法有很多，并且各有自己的参数。因此，选择算法可能会很困难。

首要问题是为算法选择定义准则。正如 5.2 节所述，定义准则通常采用 CPU 利用率、响应时间或吞吐量等。为了选择算法，首先我们必须定义这些参数的相对重要性。准则可以包括多个参数，如：

●最大化 CPU 利用率，同时要求最大响应时间为 300ms。

● 最大化吞吐量，例如要求（平均）周转时间与总的执行时间成正比。

一旦定义了选择准则，就要评估所考虑的各种算法。下面讨论可以采用的一些评估方法。

5.8.1 确定性模型

一种主要的评估方法称为**分析评估法**（analytic evaluation）。分析评估法使用给定算法和系统负荷，生成一个公式或数字，以便评估在该负荷下的算法性能。

确定性模型（deterministic modeling）是一种分析评估类型。这种方法采用特定的预先确定的负荷，计算在给定负荷下每个算法的性能。例如，假设有如下所示的给定负荷。所有 5 个进程按所给顺序在时间 0 到达，CPU 突发时间的长度都以毫秒计：

进程	突发时间
P_1	10
P_2	29
P_3	3
P_4	7
P_5	12

针对这组进程，考虑 FCFS、SJF 和 RR 调度算法（时间配额为10ms）。哪个算法可能给出最小平均等待时间？

对于 FCFS 算法，进程执行如下所示：

P_1 的等待时间是 0ms，P_2 的是 10ms，P_3 的是 39ms，P_4 的是 42ms，P_5 的是 49ms。因此，平均等待时间为（0+10+39+42+49）/5=28ms。

对于非抢占 SJF 调度，进程执行如下所示：

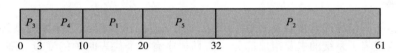

P_1 的等待时间是 10ms，P_2 的是 32ms，P_3 的是 0ms，P_4 的是 3ms，P_5 的是 20ms。因此，平均等待时间为（10+32+0+3+20）/5=13ms。

对于 RR 算法，进程执行如下所示：

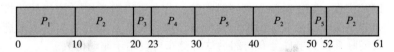

P_1 的等待时间是 0ms，P_2 的是 32ms，P_3 的是 20ms，P_4 的是 23ms，P_5 的是 40ms。因此，平均等待时间为（0+32+20+23+40）/5=23ms。

可以看到，在这种情况下，SJF 调度的平均等待时间为 FCFS 调度的一半不到，RR 算法给出了一个中间值。

确定性模型简单并且快速。它给出了精确的数值来比较算法。然而，它要求输入为精确数字，而且其答案只适用于这个情况。确定性模型的主要用途在于描述调度算法和提供例子。在有的情况下，可以一次次地运行同样的程序，并能精确测量程序的处理要求，可以使用确定性模型以便选择调度算法。另外，通过一组例子，确定性模型也可表示趋势，以供分析或证明。例如，对于刚才所述的环境（所有进程都在时间 0 到达，且它们的处理时间都已知），SJF 策略总能产生最小的等待时间。

5.8.2 排队模型

许多系统运行的进程每天都在变化，因此没有静态的进程（或时间）组用于确定性建模。然而，CPU 和 I/O 的执行分布是可以确定的。这些分布可以测量，然后近似或简单估计，最终得到一个数学公式，用于表示特定 CPU 突发的分布。通常，这种分布是指数的，可以通过均值来表示。类似地，进程到达系统的时间分布（即到达时间分布）也能给出。通过这两种分布，可以为大多数算法计算平均吞吐量、利用率和等待时间等。

计算机系统可描述成服务器网络。每个服务器都有一个等待进程队列。CPU 是具有就绪队列的服务器，而 I/O 系统是具有设备队列的服务器。已知到达率和服务率，可以计算利用率、平均队列长度、平均等待时间等。这种研究方法称为**排队网络分析**（queueing-network analysis）。

作为一个例子，设 n 为平均队列长度（不包括正在服务的进程），W 为队列的平均等待时间，λ 为新进程到达队列的平均到达率（如每秒 3 个进程）。这样，在进程等待的 W 时间内，$\lambda \times W$ 个新进程会到达队列。如果系统处于稳定状态，那么离开队列的进程数量必须等于到达进程的数量。因此

$$n = \lambda \times W$$

这个公式称为 **Little 公式**，它特别有用，因为它适用于任何调度算法和到达分布。例如，n 可以是商店中的顾客数量。

通过 Little 公式，如果我们已知三个变量中的两个，那么就可以计算第三个。例如，已知平均每秒 7 个进程到达，并且队列里通常有 14 个进程，就可计算进程的平均等待时间，即为 2 秒。

虽然排队分析在比较调度算法方面有用，但也有局限性。目前，能够处理的算法和分布还是相当有限。复杂算法或分布的数学分析可能不易处理。因此，到达和处理的分布通常被定义成不现实但数学上易处理的形式，而且也需要一些可能不精确的独立假设。正因如此，排队模型通常只与现实系统的近似，计算结果的准确性也值得商榷。

5.8.3 仿真

为了获得更为精确的调度算法评价，可以使用仿真。仿真涉及对计算机系统进行建模。软件数据结构代表了系统的主要组成部分。仿真程序有一个代表时钟的变量，随着这个变量值的增加，模拟程序修改系统状态以便反映设备、进程和调度程序的活动。随着仿真的运行，表明算法性能的统计数据被收集并打印。通过仿真，可以将体现算法性能的统计数据收集并打印出来。

驱动仿真的数据可由许多方法产生。最为常见的方法是通过随机数生成器，根据概率分布生成进程、CPU 突发、到达时间、离开时间等。分布可以数学地（均匀的、指数的、泊松的）或经验地加以定义。如果要经验地定义分布，那么需要对研究的实际系统进行测量。用这些结果来定义实际系统的事件分布，然后这种分布可以用于驱动仿真。

然而，由于实际系统的连续事件之间的关联，分布驱动仿真可能并不精确。频率分布只表明每个事件发生了多少次，并不能表达事件发生的顺序。为了纠正这个问题，可以使用**跟踪文件**（trace file）。通过监视真实系统并记录事件发生序列，可以建立跟踪（图 5.31），然后使用这个序列以便驱动仿真。跟踪文件提供了一个很好的方法，在针对完全相同的实际输入的情况下，比较两种算法。这种方法针对给定输入可以产生精确的结果。

仿真代价可能十分昂贵，通常需要数小时的计算机时间。越细致的仿真提供越精确的结果，但是需要的计算时间也越多。此外，跟踪文件需要大量的存储空间。最后，仿真程序的设计、编码、调试等工作也不少。

5.8.4 实现

即便是仿真，其精确度也是有限的。用于评估一个调度算法的唯一完全精确的方式是对它进行编程，将它放在操作系统内，并且观测它如何工作。这种评价方法采用实际算法、实际系统及实际操作条件来进行。

这种方法并非没有代价。所产生的代价不仅包括算法编程、支持算法（以及相关数据结

构）的操作系统修改，而且包括用户对不断改变操作系统的测试，这些测试通常是在虚拟机上而不是在专用硬件上进行的。此外还要回归测试证实这些变化并没有让任何事情变得更糟，并且没有导致新的错误产生或导致旧错误被重新创建（例如，因为被替换的算法解决了一些错误并且更改它导致原错误再次发生）。

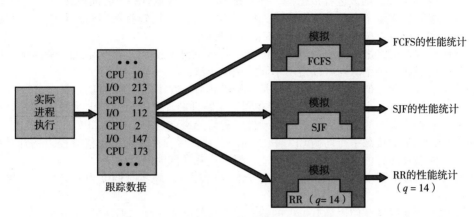

图 5.31   通过仿真评估 CPU 调度程序

另一个困难是使用算法的环境改变。环境变化不仅包括普通变化（如新程序的编写和问题类型的变化），而且包括调度程序的性能所引起的变化。如果小进程获得优先，那么用户会将大进程分成小进程的组合。如果交互进程优先于非交互进程，那么用户可能切换到交互进程。解决这个问题可以使用封装完整动作集的工具或脚本，重复使用这些工具，并在测量结果时使用这些工具（并检测它们在新环境中引起的任何问题）。

当然，人类或程序行为可以尝试规避调度算法。例如，研究人员设计了一个系统，通过查看终端 I/O 的数量来自动将交互式和非交互式进程进行分类。如果一个进程在 1s 的时间间隔内没有输入或输出到终端，则该进程被归类为非交互式，并被移到优先级较低的队列中。为了响应这一策略，一位程序员修改了他的程序，以小于 1s 的固定间隔将任意字符写至终端。即使终端输出完全没有意义，系统也会给他的程序一个高优先级。

通常，最为灵活的调度算法可以由系统管理员和用户来调整，以便针对特定应用程序或应用程序集进行更改。例如，运行高端图形应用的工作站与 Web 服务器或文件服务器相比，具有完全不同的调度需求。有些操作系统，特别是有些 UNIX 版本，允许系统管理员为特定系统配置来调整调度参数。例如，Solaris 提供了 dispadmin 命令，允许系统管理员修改如5.7.3 节所述的调度类型参数。

另一种方法是使用 API 来修改进程或线程的优先级。Java、POSIX 和 Windows API 都提供了这类函数。这种方法的缺点在于某个系统或应用程序的性能调节通常不会导致更一般情况下的性能改进。

5.9 本章小结

- CPU 调度的任务是从就绪队列中选择一个等待进程，并为其分配 CPU。调度程序分配 CPU 到选中的进程。
- 调度算法可以是抢占式（可以从进程中夺走 CPU）或非抢占式（进程必须自愿放弃对 CPU 的控制）。几乎所有现代操作系统都是抢占式的。
- 调度算法可以根据以下五个标准进行评估：CPU 利用率、吞吐量、周转时间、等待时间，以及响应时间。

- 先到先服务（FCFS）调度是最简单的调度算法，但它会导致短进程等待很长的进程。
- 最短作业优先（SJF）调度已被证明是最优的，提供最短的平均等待时间。然而，实现 SJF 调度很困难，因为很难预测下一个 CPU 突发的长度。
- 循环（RR）调度将 CPU 分配给每个进程的时间配额。如果进程在时间配额到期之前没有放弃 CPU，则该进程被抢占，并安排另一个进程运行一个时间配额。
- 优先级调度为每个进程分配一个优先级，CPU 分配给优先级最高的进程。具有相同优先级的进程可以按 FCFS 顺序调度或使用 RR 调度。
- 多级队列调度将进程划分为多个按优先级排列的独立队列，调度器执行最高优先级队列中的进程。每个队列可以使用不同的调度算法。
- 多级反馈队列类似于多级队列，只是一个进程可以在不同队列之间迁移。
- 多核处理器将一个或多个 CPU 放置在同一个物理芯片上，每个 CPU 可能有多个硬件线程。从操作系统的角度来看，每个硬件线程看起来就是一个逻辑 CPU。
- 多核系统上的负载平衡均衡 CPU 核之间的负载，尽管在核之间迁移线程以达到平衡负载可能会使缓存内容无效，因此可能会增加内存访问时间。
- 软实时调度赋予实时任务的优先级高于非实时任务。硬实时调度为实时任务提供实时保证。
- 单调速率实时调度使用具有抢占的静态优先级策略来调度周期性的任务。
- 最早截止期限优先（EDF）调度根据截止期限分配优先级。截止期限越早，优先级越高；截止期限越晚，优先级越低。
- 比例份额调度在所有应用程序之间分配 T 份额。如果一个应用程序被分配了 N 份时间，确保有 N/T 的总处理器时间。
- Linux 使用完全公平调度器（CFS），它为每个任务分配一定比例的 CPU 处理时间。该比例基于与每个任务关联的虚拟运行时（`vruntime`）值。
- Windows 调度使用抢占式、32 级优先级方案来确定线程调度的顺序。
- Solaris 标识了六个映射到全局优先级的唯一调度类。CPU 密集型线程通常被分配较低的优先级（和更长的时间配额），而 I/O 密集型线程通常被分配更高的优先级（具有更短的时间配额）。
- 建模和仿真可用于评估 CPU 调度算法。

5.10 推荐读物

UNIX FreeBSD 5.2 的调度策略，可参见［McKusick et al.（2015）］。Linux CFS 调度程序，可参见 https://www.ibm.com/developerworks/library/l-completely-fair-scheduler/。［Mauro and McDougall（2007）］讨论了 Solaris 调度。［Russinovich et al.（2017）］讨论了 Windows 内部的调度。［Butenhof（1997）］和［Lewis and Berg（1998）］描述了 Pthreads 系统的调度。多核调度的分析，可参见［McNairy and Bhatia（2005）］、［Kongetira et al.（2005）］和［Siddha et al.（2007）］。

5.11 参考文献

［Butenhof（1997）］ D. Butenhof, *Programming with POSIX Threads*, Addison-Wesley（1997）.

［Kongetira et al.（2005）］ P. Kongetira, K. Aingaran, and K. Olukotun, "Niagara：A 32 - Way Multithreaded SPARC Processor", *IEEE Micro Magazine*, Volume 25, Number 2（2005）, pages 21-29.

［Lewis and Berg（1998）］ B. Lewis and D. Berg, *Multithreaded Programming with Pthreads*, Sun Microsystems Press（1998）.

［Mauro and McDougall（2007）］ J. Mauro and R. McDougall, *Solaris Internals：Core Kernel Architecture*, Prentice Hall（2007）.

［McKusick et al. （2015）］M. K. McKusick, G. V. Neville-Neil, and R. N. M. Watson, *The Design and Implementation of the FreeBSD UNIX Operating System-Second Edition*, Pearson（2015）.

［McNairy and Bhatia（2005）］C. McNairy and R. Bhatia,"Montecito: A Dual-Core, Dual-Threaded Itanium Processor", *IEEE Micro Magazine*, Volume 25, Number 2（2005）, pages 10-20.

［Russinovich et al. （2017）］M. Russinovich, D. A. Solomon, and A. Ionescu, *Windows Internals-Part 1*, Seventh Edition, Microsoft Press（2017）.

［Siddha et al. （2007）］S. Siddha, V. Pallipadi, and A. Mallick,"Process Scheduling Challenges in the Era of Multi-Core Processors", *Intel Technology Journal*, Volume 11, Number 4（2007）.

5.12 练习

5.1 CPU 调度算法决定调度进程的执行顺序。给定 n 个进程,若要在一个处理器上调度,可能有多少种不同的调度? 给出一个关于 n 的公式。

5.2 解释抢占式调度和非抢占式调度的区别。

5.3 假设以下进程在指定时间到达执行。每个进程将运行列出的时间量。在回答问题时,使用非抢占式调度,并根据在必须做出决定时所拥有的信息做出所有决定。

a. 对于 FCFS 调度算法,这些进程的平均周转时间是多少?

b. 对于 SJF 调度算法,这些进程的平均周转时间是多少?

进程	到达时间	突发时间
P_1	0.0	8
P_2	0.4	4
P_3	1.0	1

c. SJF 算法应能提高性能,但请注意,因为并不知道两个较短的进程很快就会到来,我们选择在时间 0 运行进程 P_1。计算如果 CPU 在前 1 个单元空闲,然后使用 SJF 调度,平均周转时间将是多少。请记住,进程 P_1 和 P_2 在这段空闲时间内正在等待,所以它们的等待时间可能会增加。这种算法可以称为未来知识调度(future-knowledge scheduling)。

5.4 考虑以下一组进程,CPU 突发时长以毫秒为单位:假定这些进程按 P_1、P_2、P_3、P_4、P_5 的顺序,都在时间 0 到达。

进程	突发时间	优先级
P_1	2	2
P_2	1	1
P_3	8	4
P_4	4	2
P_5	5	3

a. 使用以下调度算法绘制四个 Gantt 图来说明这些进程的执行:FCFS、SJF、非抢占优先级(更大的优先级数字意味着更高的优先级)和 RR(时间配额=2)。

b. 对于 a 部分中的每个调度算法,每个进程的周转时间是多少?

c. 对于每个调度算法,每个进程的等待时间是多少?

d. 哪种算法导致最小平均等待时间(在所有进程中)?

5.5 以下进程正在使用抢占式循环调度算法进行调度。每个进程都分配有一个数字优先级,数字越大表示相对优先级越高。除了上面列出的进程外,系统还有一个**空闲任务**(不消耗 CPU 资源,标识为 P_{idle})。此任务具有优先级 0,并在系统没有其他可用进程可运行时安排运行。一个时间配额的长度是 10 个单位。如果一个进程被更高优先级的进程抢占,则被抢占的进程被放置在队列的末尾。

进程	优先级	突发时间	到达时间
P_1	40	20	0
P_2	30	25	25
P_3	30	25	30
P_4	35	15	60
P_5	5	10	100
P_6	10	10	105

a. 采用 Gantt 图显示进程的调度顺序。

b. 每个进程的周转时间是多少?

c. 每个进程的等待时间是多少?

d. CPU 利用率是多少?

5.6 在多级排队系统的不同级别上,使用不同的时间配额有什么好处?

5.7 许多 CPU 调度算法是参数化的。例如,RR 算法需要一个参数来指示时间配额。多级反馈队列需要参数来定义队列的数量、每个队列的调度算法、用于在队列之间移动进程的准则等等。

因此，这些算法实际上是算法集（例如，所有时间配额的 RR 算法集等）。一组算法可能包括另一组算法（例如，FCFS 算法是具有无限时间配额的 RR 算法）。（如果有的话）以下几对算法集之间有什么关系？

a. 优先级和 SJF

b. 多级反馈队列和 FCFS

c. 优先级和 FCFS

d. RR 和 SJF

5.8 假设 CPU 调度算法偏爱那些最近使用最少处理器时间的进程。为什么这个算法会偏爱 I/O 密集型程序，但不会永久闲置 CPU 密集型程序？

5.9 区分 PCS 和 SCS 调度。

5.10 传统的 UNIX 调度程序在优先级编号和优先级之间强制执行反向关系：数字越大，优先级越低。调度程序使用以下函数每秒重新计算一次进程优先级：

$$优先级 = （最近 CPU 利用率 /2）+ 基数$$

其中基数 = 60 和最近 CPU 利用率是指一个值，该值表示自上次重新计算优先级以来进程使用 CPU 的频率。假设最近进程 P_1 的 CPU 利用率为 40，进程 P_2 为 18，进程 P_3 为 10。当重新计算优先级时，这三个进程的新优先级是什么？根据这些信息，UNIX 传统调度程序是提高还是降低 CPU 密集型进程的相对优先级？

5.13 习题

5.11 对于以下两类程序：

a. I/O 密集型

b. CPU 密集型

哪种更有可能具有自愿的上下文切换，哪种更有可能发生非自愿的上下文切换？请解释你的答案。

5.12 讨论下列几对调度准则在某些情况下如何冲突：

a. CPU 利用率和响应时间

b. 平均周转时间和最大等待时间

c. I/O 设备利用率和 CPU 利用率

5.13 实现**彩票调度**（lottery scheduling）的一种技术工作如下：进程分得一个彩票，用于分配 CPU 时间。当需要做出调度时，随机选择一个彩票，持有该彩票的进程获得 CPU。操作系统 BTV 采用了彩票调度：每秒抽 50 次彩票，每个彩票的中奖者获得 20ms 的 CPU 时间（20ms×50 = 1s）。请描述 BTV 调度程序如何能够确保更高优先级的线程比较低优先级的线程得到更多的 CPU 关注。

5.14 大多数调度算法采用一个**运行队列**（run queue），用于维护可在处理器上运行的进程。对多核系统，有两个常用选择：每个处理核都有各自的运行队列或所有处理核共享一个运行队列。这些方法的优点和缺点是什么？

5.15 假设采用指数平均公式来预测下个 CPU 突发的长度。当采用如下参数数值时，该算法的含义是什么？

a. $\alpha = 0$ 和 $\tau_0 = 100$ms

b. $\alpha = 0.99$ 和 $\tau_0 = 10$ms

5.16 RR 调度程序的一个变种是**回归轮转**（regressive round-robin）调度程序。这个调度程序为每个进程分配时间配额和优先级。时间配额的初值为 50ms。然而，如果一个进程获得 CPU 并用完它的整个时间配额（不会因 I/O 而阻塞），那么它的时间配额会增加

10ms 并且它的优先级会提升。（进程的时间配额可以增加到最多 100ms。）如果一个进程在用完整个时间配额之前阻塞，那么它的时间配额会降低 5ms 而优先级不变。回归轮转调度程序会偏爱哪类进程（CPU 密集型的或 I/O 密集型的）？请解释。

5.17 假设有如下一组进程，它们的 CPU 突发时间以毫秒来计算：
假设进程按 P_1、P_2、P_3、P_4、P_5 顺序在时刻 0 到达。

进程	突发时长	优先级
P_1	5	4
P_2	3	1
P_3	1	2
P_4	7	2
P_5	4	3

a. 画出 4 个 Gantt 图，分别演示采用每种调度算法（FCFS、SJF、非抢占优先级（一个较大优先级数值意味着更高优先级）和 RR（时间额 = 2））的进程执行。

b. 每个进程在 a 里的每种调度算法下的周转时间是多少？

c. 每个进程在 a 里的每种调度算法下的等待时间是多少？

d. 哪一种调度算法的平均等待时间（对所有进程）最小？

5.18 以下进程使用抢占式、基于优先级的循环调度算法进行调度。
每个进程都分配有一个数字优先级，数字越大表示相对优先级越高。调度程序将执行最高优先级的进程。对于具有相同优先级的进程，将使用循环调度程序，时间配额为 10 个单位。如果一个进程被更高优先级的进程抢占，则被抢占的进程被放置在队列的末尾。

进程	优先级	突发时长	到达时间
P_1	8	15	0
P_2	3	20	0
P_3	4	20	20
P_4	4	20	25
P_5	5	5	45
P_6	5	15	55

a. 使用 Gantt 图显示进程的调度顺序。

b. 每个进程的周转时间是多少？

c. 每个进程的等待时间是多少？

5.19 在 Linux 或其他 UNIX 系统上，命令 nice 用于设置进程的友好值。请解释为什么有些系统仅允许任何用户分配一个大于或等于 0 的友好值，而仅允许根用户（或管理员）分配小于 0 的友好值。

5.20 下面哪种调度算法可能导致闲置？
a. 先来先服务
b. 最短作业优先
c. 轮转
d. 优先级

5.21 假设有一个 RR 调度算法的变体，它的就绪队列里的条目为 PCB 的指针。
a. 将同一进程的两个指针添加到就绪队列，有什么效果？
b. 这个方案的两个主要优点和两个缺点是什么？
c. 在不采用重复指针的情况下，如何修改基本的 RR 调度算法以达到同样的效果？

5.22 现有运行 10 个 I/O 密集型任务和 1 个 CPU 密集型任务的一个系统。假设 I/O 密集型任务在 1ms 的 CPU 计算中进行一次 I/O 操作，并且每个 I/O 操作需要 10ms 来完成。另假设上下文切换开销是 0.1ms，所有进程都是长时间运行的任务。请讨论在下列条件下 RR 调度程序的 CPU 利用率：
a. 时间额为 1ms
b. 时间额为 10ms

5.23 现有一个系统采用了多级队列调度。计算机用户可以采用何种策略来最大化用户进程分得的 CPU 时间？

5.24 现有一个基于动态改变优先级的抢占式优先级调度算法。优先级的数值越大意味着优先级越高。当一个进程等待 CPU 时（在就绪队列中，但未执行），优先级以 α 速率改变；当它运行时，优先级以 β 速率改变。在进入等待队列时，所有进程优先级设为 0。通过参数 α 和 β 的设置，可以得到许多不同调度算法。
a. 当 $\beta > \alpha > 0$ 时，是什么算法？

b. 当 $\alpha<\beta<0$ 时，是什么算法？

5.25 请解释如下调度算法在有利于短进程的方面有多大差异：

　　a. FCFS

　　b. RR

　　c. 多级反馈队列

5.26 描述为什么共享就绪队列可能会在 SMP 环境中遇到性能问题。

5.27 考虑一种负载平衡算法，该算法可确保每个队列具有大致相同数量的线程，而与优先级无关。基于优先级的调度算法如何有效地处理以下情况：如果一个运行队列具有所有高优先级线程，而第二个队列具有所有低优先级线程。

5.28 假设 SMP 系统具有专用的、每个处理器的运行队列。在创建新进程时，可以将其放置在与父进程相同的队列中，也可以放置在单独的队列中。

　　a. 将新进程与其父进程放在同一个队列中有什么好处？

　　b. 将新进程放在不同的队列中有什么好处？

5.29 假设一个线程已经阻塞了网络 I/O 并且有资格再次运行。描述为什么 NUMA 感知调度算法应该在之前运行的同一 CPU 上重新调度线程。

5.30 采用 Windows 调度算法，求出如下线程的优先级数值。

　　a. REALTIME_PRIORITY_CLASS 类的线程具有相对优先级 NORMAL。

　　b. ABOVE_NORMAL_PRIORITY_CLASS 类的线程具有相对优先级 HIGHEST。

　　c. BELOW_NORMAL_PRIORITY_CLASS 类的线程具有相对优先级 ABOVE_NORMAL。

5.31 假设没有线程属于 REALTIME_PRIORITY_CLASS 类而且也没有线程得到优先级 TIME_CRITICAL。在 Windows 调度中，什么组合的优先级类型和优先级具有可能的最高相对优先级？

5.32 在操作系统 Solaris 中，考虑分时线程的调度算法。

　　a. 优先级为 15 的线程的时间配额为多少（按毫秒计）？如果优先级为 40 呢？

　　b. 假设优先级为 50 的线程用完了它的全部时间配额而不阻塞。调度程序将为该线程分配什么样的新优先级？

　　c. 假设优先级为 20 的线程在用完时间配额之前因 I/O 而阻塞。调度程序将为该线程分配什么样的新优先级？

5.33 假设两个任务 A 和 B 运行在一个 Linux 系统上。A 和 B 的友好值分别为 -5 和 +5。采用 CFS 调度程序作为指南，针对如下情景，请描述这两个进程的 vruntime 如何变化：

　　a. A 和 B 都是 CPU 密集型的。

　　b. A 是 I/O 密集型的，B 是 CPU 密集型的。

　　c. A 是 CPU 密集型的，B 是 I/O 密集型的。

5.34 在什么情况下，就进程截止期限而言，单调速率调度不如最早截止期限优先调度？

5.35 现有两个进程 P_1 和 P_2，而且 $p_1=50$，$t_1=25$，$p_2=75$，$t_2=30$。

　　a. 这两个进程能不能通过单调速率调度来调度？采用如图 5.21 ~ 图 5.24 的 Gantt 图，请说明你的答案。

　　b. 请说明在最早截止期限优先调度下这两个进程的调度。

5.36 在硬实时系统中，中断和调度的延迟时间为什么应是有界的？请解释。

5.37 描述移动系统使用异构多处理的优势。

5.14　编程项目

调度算法

本项目涉及实现几种不同的进程调度算法。调度程序将被分配一组预定义的任务，并将根据选定的调度算法调度任务。每个任务都被分配了一个优先级和 CPU 执行。将实现以下调度算法：

- 先到先服务（FCFS），它按照任务请求 CPU 的顺序安排任务。
- 最短作业优先（SJF），它按照任务的下一个 CPU 突发长度的顺序来调度任务。
- 优先级调度，根据优先级调度任务。
- 循环（RR）调度，其中每个任务运行一个时间配额（或其 CPU 突发的剩余部分）。
- 按优先级顺序调度任务，对同等优先级的任务使用轮询调度。

优先级范围为 1~10，其中数值越大表示相对优先级越高。对于循环调度，时间配额的长度为 10ms。

Ⅰ. 实现

该项目的实现可以用 C 或 Java 完成，本书可下载源代码提供了支持这两种语言的程序文件。这些支持文件读入任务调度，将任务插入列表，并调用调度程序。

任务调度的格式为［任务名称］［优先级］［CPU 突发长度］，如下所示：

```
T1,4,20
T2,2,25
T3,3,25
T4,3,15
T5,10,10
```

因此，任务 T1 具有优先级 4 和 20ms 的 CPU 突发，依此类推。假设所有任务同时到达，调度程序算法不必支持优先级较高的进程抢占优先级较低的进程。此外，任务不必以任何特定顺序放入队列或列表中。

正如 5.1.2 节中首次介绍的那样，有几种不同的策略可以用来组织任务列表。一种方法是将所有任务放在一个无序列表中，其中任务选择的策略取决于调度算法。例如，SJF 调度将搜索列表以找到具有最短下一个 CPU 突发的任务。或者，可以根据调度标准（即按优先级）对列表进行排序。另一种策略是为每个唯一优先级设置一个单独的队列，如图 5.7 所示。这些方法将在 5.3.6 节中简要讨论。还需要强调的是，我们使用的术语列表和队列有些互换。但是，队列具有非常特定的 FIFO 功能，而列表没有如此严格的插入和删除要求。完成此项目时，可能会发现通用列表的功能更合适。

Ⅱ. C 程序实现细节

文件 driver.c 读入任务调度，将每个任务插入到一个链表中，并通过调用 schedule()函数调用进程调度程序。函数 schedule()根据指定的调度算法执行每个任务。选择在 CPU 上执行的任务由 pickNextTask()函数确定，并通过调用 CPU.c 文件中定义的 run()函数来执行。Makefile 用于确定驱动程序将调用的特定调度算法。例如，要构建 FCFS 调度程序，我们将输入

```
make fcfs
```

执行调度程序（使用任务 schedule.txt 的调度），如下所示：

```
./fcfs schedule.txt
```

有关详细信息，请参阅可下载源代码的 README 文件。在继续之前，请务必熟悉所提供的源代码以及 Makefile。

Ⅲ. Java 实现细节

文件 Driver.java 读入任务调度，将每个任务插入到 Java 的 ArrayList 中，并通过调用 schedule()方法调用进程调度程序。以下接口标识了一种通用调度算法，五种不同的调度算法将实现该算法：

```
public interface Algorithm
{
```

```
//Implementation of scheduling algorithm
public void schedule ();

//Selects the next task to be scheduled
public Task pickNetTask ();
}
```

schedule()方法通过调用pickNextTask()方法，获得下一个要在CPU上运行的任务，然后通过调用CPU.java类中的静态run()方法来执行这个Task。

程序运行如下：

```
java Driver fcfs schedule.txt
```

有关详细信息，请参阅所下载源代码中的README文件。在继续之前，请务必熟悉可下载源代码中提供的所有Java源文件。

Ⅳ. 更高挑战

该项目还提出了两个额外的挑战：

1. 提供给调度器的每个任务都被分配了一个唯一的任务（tid）。如果调度程序在每个CPU单独运行自己的调度程序的SMP环境中运行，则用于分配任务标识符的变量可能存在竞争条件。使用原子整数修复此竞争条件。

   在Linux和macOS系统上，函数_sync_fetch_and_add()可用于原子地递增整数值。例如，以下代码示例以原子方式将value增加1：

   ```
   int value=0;
   _sync_fetch_and_add (&value,1);
   ```

   有关如何将类AtomicInteger用于Java程序的详细信息，请参阅Java API。

2. 计算每个调度算法的平均周转时间、等待时间和响应时间。

进程同步

一个系统通常由多个（可达成百上千个）并发或并行运行的线程组成。线程常常共享用户数据。同时，操作系统不断更新各种数据结构，以支持多线程。当对共享数据的访问不受控制时，就会存在竞争条件，这可能会导致数据损坏。

进程同步涉及使用工具来控制访问共享数据以避免竞争条件。这些工具必须谨慎使用，因为错误使用可能导致系统性能不佳，甚至死锁。

同步工具

协作进程（cooperating process）能与系统内的其他执行进程互相影响。协作进程或能直接共享逻辑地址空间（即代码和数据），或能通过共享内存或消息传递来共享数据。然而，共享数据的并发访问可能导致数据的不一致。本章讨论多种机制，以确保共享同一逻辑地址空间的协作进程的有序执行，从而维护数据的一致性。

本章目标

- 描述临界区问题并说明竞争条件。
- 通过内存屏障、比较和交换操作，以及原子变量，说明临界区问题的硬件解决方案。
- 演示如何采用互斥锁、信号量、管程和条件变量来解决临界区问题。
- 评估在低、中和高争用场景下解决临界区问题的工具。

6.1　背景

前面我们已经看到，进程可以并发或并行执行。3.2.2 节引入了进程调度，并且描述了进程调度程序如何快速切换进程以提供并发执行。这意味着，一个进程在另一个进程被调度前可能只完成了部分执行。事实上，一个进程在它的指令流上的任何一点都可能会被中断，并且处理核可能会用于执行其他进程的指令。此外，4.2 节引入了并行执行，即代表不同进程的两个指令流同时执行在不同处理核上。本章解释并发或并行执行如何影响多个进程共享数据的完整性。

我们将举例说明这是如何发生的。第 3 章讨论了一个系统模型，该模型包括多个协作的顺序进程或线程，它们异步执行并且可能共享数据。通过生产者-消费者问题（这是许多操作系统的代表性问题），举例说明这个模型。特别地，3.5 节讨论了有界缓存如何能够使得进程共享内存。

现在回到有界缓冲区问题。正如所指出的，原来的解决方案允许缓冲区同时最多只有 BUFFER_SIZE-1 数据项。假如想要修改这一算法以便弥补这个缺陷。一种可能方案是增加一个整型变量 count，并且初始化为 0。每当向缓冲区增加一项时，递增 count；每当从缓冲区移走一项时，递减 count。生产者进程代码可以修改如下：

```
while (true) {
    /*produce an item in next_produced */

    while (count == BUFFER_SIZE)
        ; /*do nothing */

    buffer[in] = next_produced;
    in = (in + 1) % BUFFER_SIZE;
    count++;
}
```

消费者进程代码可以修改如下：

```
while (true) {
    while (count == 0)
        ; /*do nothing */

    next consumed = buffer[out];
    out = (out + 1) % BUFFER_SIZE;
```

```
        count--;

        /*consume the item in next_consumed */
    }
```

虽然以上所示的生产者和消费者程序都各自正确，但是在并发执行时它们可能不能正确执行。为更好地说明，假设变量 count 的值现为 5，而且生产者进程和消费者进程并发执行语句"count++"和"count--"。通过这两条语句的执行，变量 count 的值可能是 4、5 或 6。不过，唯一正确结果是 count == 5，如果生产者和消费者分开执行，则自当正确。

我们可以这样解释，count 值有可能不正确。注意，语句"count++"可按如下方式通过机器语言（在一个典型机器上）来实现：

$$register_1 = \text{count}$$
$$register_1 = register_1 + 1$$
$$\text{count} = register_1$$

其中 $register_1$ 为 CPU 本地寄存器。类似地，语句"count--"可按如下方式来实现：

$$register_2 = \text{count}$$
$$register_2 = register_2 - 1$$
$$\text{count} = register_2$$

其中 $register_2$ 为 CPU 本地寄存器。尽管 $register_1$ 和 $register_2$ 可以为同一寄存器，但是记住中断处理程序会保存和恢复该寄存器的内容（见 1.2.3 节）。

并发执行"count++"和"count--"相当于按任意顺序来交替执行上面表示的低级语句（但是每条高级语句内的顺序是不变的）。一种这样交替如下：

T_0:	producer	execute	$register_1 = \text{count}$	$\{register_1 = 5\}$
T_1:	producer	execute	$register_1 = register_1 + 1$	$\{register_1 = 6\}$
T_2:	consumer	execute	$register_2 = \text{count}$	$\{register_2 = 5\}$
T_3:	consumer	execute	$register_2 = register_2 - 1$	$\{register_2 = 4\}$
T_4:	producer	execute	$\text{count} = register_1$	$\{\text{count} = 6\}$
T_5:	consumer	execute	$\text{count} = register_2$	$\{\text{count} = 4\}$

注意，我们得到了不正确的状态"counter == 4"，表示缓冲区有 4 项，而事实上有 5 项。如果交换 T_4 和 T_5 两条语句，那么会得到不正确的状态"counter == 6"。

因为我们允许两个进程并发操作变量 count，所以得到不正确的状态。像这样的情况（即多个进程并发访问和操作同一数据并且执行结果与特定访问顺序有关）称为**竞争条件**（race condition）。为了防止竞争条件，需要确保一次只有一个进程可以操作变量 count。为了做出这种保证，要求这些进程按一定方式来同步。

由于操作系统的不同部分都操作资源，这种情况在系统内经常出现。此外，正如前面章节所强调的，多核系统的日益流行强调了开发多线程应用的重要性。在这类应用中，多个线程很可能共享数据，并在不同的处理核上并行运行。显然，我们要求由这些活动导致的任何改变不会互相干扰。由于这个问题的重要性，本章的大部分内容都是关于协作进程如何进行**进程同步**（process synchronization）和**进程协调**（process coordination）的。

6.2 临界区问题

下面从临界区问题开始，讨论进程同步。假设某个系统有 n 个进程 $\{P_0, P_1, \cdots, P_{n-1}\}$。每个进程都有一段代码，称为**临界区**（critical section），其中进程可能正在访问（和更新）与至少一个其他进程共享的数据。该系统的重要特征是：当一个进程在临界区内执行时，其他进程不允许在它们的临界区内执行。也就是说，没有两个进程可以在它们的临界区内同时执行。临界区问题（critical-section problem）是要设计一个协议以便同步活动，从而合作共享数据。在进入临界区前，每个进程应请求许可。实现这一请求的代码区段称为**进入区**（entry section），临界区之后可以有**退出区**（exit section），其他代码为**剩余区**（remainder section）。一个典型进程的通用结构，如图 6.1 所示。进入区和退出区被框起来，以突出这些代码区段的重要性。

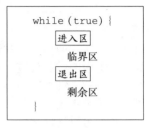

图 6.1　典型进程的
一般结构

临界区问题的解决方案应满足如下三条要求：

1. **互斥**（mutual exclusion）。如果进程 P_i 在其临界区内执行，那么其他进程都不能在其临界区内执行。

2. **进步**（progress）。如果没有进程在其临界区内执行，并且有进程需要进入临界区，那么只有那些不在剩余区内执行的进程可以参加选择，以便确定下次谁能进入临界区，而且这种选择不能无限推迟。

3. **有限等待**（bound edwaiting）。从一个进程做出进入临界区的请求直到这个请求允许为止，其他进程允许进入临界区的次数具有上限。

我们假定每个进程的执行速度不为 0。但对于 n 个进程的相对速度不作任何假设。

在任一给定时间点，一个操作系统可能具有多个处于内核态的活动进程。因此，操作系统的实现代码（内核代码）可能出现竞争条件。例如，有一个内核数据结构链表，用于维护打开系统内的文件。当打开或关闭一个新文件时，应更新这个链表（向链表增加一个文件，或从链表中删除一个文件）。如果两个进程同时打开文件，那么这两个独立的更新操作可能产生竞争条件。

另一个例子如图 6.2 所示。在这种情况下，两个进程 P_0 和 P_1 通过 fork( )系统调用来创建子进程。回忆 3.3.1 节，fork( )将新创建进程的进程标识符返给父进程。在这个例子中，在内核变量 next_available_pid（它表示下一个可用进程标识符的值）上，存在竞争条件。除非提供互斥，否则可能会将相同的进程标识符编号分配给两个不同进程。

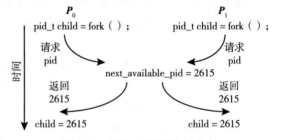

图 6.2　分配 pid 时的竞争条件

其他导致竞争条件的内核数据结构包括维护内存分配、维护进程列表及中断处理等数据结构。内核开发人员应确保操作系统没有这些竞争条件。

对于单处理器环境，临界区问题可以通过在修改共享变量时禁止出现中断简单地加以解决。这样，就能确保当前指令流可以有序执行，且不会被抢占。由于不可能执行其他指令，所以共享变量不会被意外修改。

但在多处理器环境下，这种解决方案是不可行的。多处理器的中断禁止会很耗时，因为消息要传递到所有处理器。消息传递会延迟进入临界区，并降低系统效率。另外，如果系统时钟是通过中断来更新的，那么它也会受到影响。

有两种常用方法，用于处理操作系统的临界区问题：**抢占式内核**（preemptive kernel）与**非抢占式内核**（nonpreemptive kernel）。抢占式内核允许处于内核模式的进程被抢占，非抢占式内核不允许处于内核模式的进程被抢占。处于内核模式的运行进程会一直运行，直到退出内核模式、阻塞或自愿放弃 CPU 控制。

显然，非抢占式内核的数据结构基本不会导致竞争条件，因为在任一时间点只有一个进程处于内核模式。但对于抢占式内核，就不会这么简单了。这些抢占式内核需要认真设计，以便确保内核数据结构不会导致竞争条件。对于 SMP 体系结构，抢占式内核更难设计，因为在这些环境下两个处于内核态的进程可以同时运行在不同处理器上。

那么，为何会有人更喜欢抢占式内核而不是非抢占式内核呢？答案是抢占式内核响应更快，因为处于内核模式的进程在释放 CPU 之前不会运行任意长的时间。（当然，在内核模式下持续运行很长时间的风险可以通过设计内核代码来最小化。）再者，抢占式内核更适用于实时编程，因为它能允许实时进程抢占在内核模态下的其他运行进程。

6.3 Peterson 解决方案

下面我们介绍一个经典的基于软件的临界区问题的解决方案，称为 **Peterson 解决方案**。由于现代计算机体系结构执行基本机器语言指令（如 load 与 store）的方式不同，不能确保 Peterson 解决方案能够正确运行在这类机器上。然而，由于这一解决方案提供了解决临界区问题的一个很好的算法，并能说明满足互斥、进步、有限等待等要求的软件设计的复杂性，所以这里我们还是讨论一下这一解决方案。

Peterson 解决方案适用于两个进程交替执行临界区与剩余区。两个进程为 P_0 和 P_1。为了方便，当使用 P_i 时，用 P_j 来表示另一个进程，即 j==1-i。

Peterson 解决方案要求两个进程共享两个数据项：

```
int turn;
boolean flag[2];
```

变量 turn 表示哪个进程可以进入临界区。即如果 turn==i，那么进程 P_i 可以在临界区内执行。数组 flag 表示哪个进程准备进入临界区。例如，如果 flag [i] 为 true，那么该值表示：进程 P_i 准备进入临界区。在解释了这些数据结构后，就可以分析如图 6.3 所示的算法。

为了进入临界区，进程 P_i 首先设置 flag [i] 的值为 true；并且设置 turn 的值为 j，从而表示如果另一个进程 P_j 希望进入临界区，那么 P_j 能够进入。如果两个进程同时试图进入，那么 turn 会几乎在同时设置成 i 和 j。只有一个赋值语句的结果会保持，另一个也会设置，但会立即被重写。变量 turn 的最终值决定了哪个进程允许先进入临界区。

```
while (true) {
    flag[i] = true;
    turn = j;
    while (flag[j] && turn == j)
        ;

        /* critical section */

    flag[i] = false;

        /* remainder section */
}
```

图 6.3 Peterson 解决方案中的进程 P_i 的结构

现在我们证明这一解决方案是正确的。这需要证明：

1. 互斥成立。
2. 进步要求被满足。
3. 有限等待要求被满足。

为了证明第 1 点，应注意到，只有当 flag[j]==false 或者 turn==i 时，进程 P_i 才能进入临界区。而且，如果两个进程同时在临界区内执行，那么 flag[0]==flag[1]==true。这两点意味着，P_0 和 P_1 不可能同时成功地执行它们的 while 语句，因为 turn 的值只可能为 0 或 1，而不可能同时为两个值。因此，只有一个进程（如 P_j），能成功地执行完 while 语句，而进程 P_i 应至少再一次执行语句（"turn==j"）。而且，只要 P_j 在临界区内，flag[j]==true 和 turn==j 就同时成立。因此，互斥成立。

为了证明第 2 点和第 3 点，应注意到，只有条件 flag[j]==true 和 turn==j 成立，进程 P_i 才会陷入 while 循环语句，且 P_i 就能被阻止进入临界区。如果 P_j 不准备进入临界区，那么 flag[j]==false，P_i 能进入临界区。如果 P_j 已设置 flag[j]为 true 且也在执行 while 语句，那么 turn==j 或 turn==i。如果 turn==i，那么 P_i 进入临界区。如果 turn==j，那么 P_j 进入临界区。然而，当 P_j 退出临界区时，它会设置 flag[j]为 false，以允许 P_i 进入临界区。如果 P_j 重新设置 flag[j]为 true，那么它也应设置 turn 为 i。因此由于进程 P_i 执行 while 语句时并不改变变量 turn 的值，所以 P_i 会进入临界区（进步），

而且 P_i 在 P_j 进入临界区后最多一次就能进入（有限等待）。

如本节开头所述，Peterson 解决方案不能保证适用于现代计算机体系结构，主要原因是：为了提高系统性能，处理器和/或编译器可能会重新排序没有相互依赖的读写操作。对于单线程应用程序，就程序正确性而言，这种重新排序并不重要，因为最终值与预期一致。（这类似于平衡支票簿，执行贷方和借方操作的实际顺序并不重要，因为最终的余额仍然是一样的。）但是对于具有共享数据的多线程应用程序，指令的重新排序可能会导致不一致或意外的结果。

例如，考虑两个线程共享的以下数据：

```
boolean flag = false;
int x = 0;
```

其中线程 1 执行语句

```
while (!flag)
    ;
print x;
```

而线程 2 执行

```
x = 100;
flag = true;
```

当然，预期的行为是线程 1 为变量 x 输出值 100。但由于变量 flag 和 x 之间没有数据依赖关系，处理器可能会重新排序线程 2 的指令，以便在分配 x = 100 之前将 flag 分配为真。此时线程 1 可能会为变量 x 输出 0。不太明显的是，处理器还可能对线程 1 发出的语句重新排序，并在加载 flag 之前加载变量 x。如果发生这种情况（即使线程 2 发出的指令没有重新排序），线程 1 也会为变量 x 输出 0。

这对 Peterson 解决方案有何影响？考虑如果出现在图 6.3 中 Peterson 解决方案入口区的前两条语句的赋值被重新排序，会发生什么？两个线程可能同时在其临界区中处于活动状态，如图 6.4 所示。

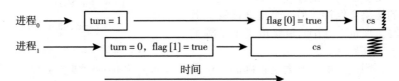

图 6.4 Peterson 解决方案中指令被重排序的效果

正如你将会看到的，保持互斥的唯一方法是使用适当的同步工具。我们对这些工具的讨论从硬件的原始支持开始，并通过内核开发人员和应用程序程序员都可以使用的抽象的、高级的、基于软件的 API 往下进行。

6.4 硬件同步支持

我们刚刚描述了临界区问题的一种基于软件的解决方案。（我们将其称为基于软件的解决方案，因为该算法不涉及操作系统的特殊支持或特定的硬件指令以确保互斥。）但正如所提到的，基于软件的解决方案并不保证在现代计算机体系结构上正确工作。本节展示了三个硬件指令，以为解决临界区问题提供支持。这些原始操作可以直接用作同步工具，或者它们可以用来形成更抽象的同步机制的基础。

6.4.1 内存屏障

6.3 节提到系统可能会重新排序指令，这种策略会导致不可靠的数据状态。计算机体系结构如何确定它向应用程序提供哪些内存保证，这被称为**内存模型**。一般来说，内存模型属于以下两类之一：

1. **强排序**，即一个处理器的内存修改对所有其他处理器立即可见。
2. **弱排序**，即一个处理器的内存修改可能不会立即被其他处理器所见。

内存模型因处理器类型而异，因此内核开发人员无法对共享内存多处理器上内存修改的可见性做任何假设。为了解决这个问题，计算机体系结构提供了可以强制将内存中的任何修改传播到所有其他处理器的指令，从而确保内存修改对其他处理器上的运行线程可见。此类指令称为**内存屏障**（memory barrier）或**内存栅栏**（memory fence）。当执行内存屏障指令时，系统确保在执行任何后续加载或存储操作之前，完成所有加载和存储。因此，即使指令被重新排序，内存屏障也能确保存储操作在内存中完成，并且在未来的加载或存储操作执行之前对其他处理器可见。

现在回到刚刚的例子（其中指令的重新排序可能会导致错误的输出），可使用内存屏障，来确保获得预期的输出。

如果给线程 1 添加一个内存屏障操作

```
while (!flag)
    memory barrier();
print x;
```

就能保证 flag 的值在 x 的值之前加载。

类似地，如果在线程 2 执行的赋值之间放置一个内存屏障

```
x = 100;
memory barrier();
flag = true;
```

就能确保对 x 的赋值发生在对 flag 的赋值之前。

对于 Peterson 解决方案，可以在入口区的前两个赋值语句之间放置一个内存屏障，以避免对图 6.4 中所示的操作进行重新排序。请注意，内存屏障被认为是非常低级的操作，通常仅由内核开发人员在编写确保互斥的专用代码时使用。

6.4.2 硬件指令

许多现代系统提供特殊硬件指令，用于检测和修改字的内容，或者用于**原子地**（atomically）交换两个字（作为不可中断的指令）。可以采用这些特殊指令，相对简单地解决临界区问题。这里，并不讨论特定机器的特定指令，而是通过指令 test_and_set() 和 compare_and_swap() 抽象了这些指令背后的主要概念。

指令 test_and_set() 可以按图 6.5 所示来定义。这一指令的重要特征是：执行是原子的。因此，如果两个指令 test_and_set() 同时执行在不同 CPU 上，那么它们会按任意次序来顺序执行。如果一台机器支持指令 test_and_set()，那么可以这样实现互斥：声明一个布尔变量 lock，初始化为 false。进程 P_i 的结构如图 6.6 所示。

```
boolean test_and_set(boolean *target) {
    boolean rv = *target;
    *target = true;

    return rv;
}
```

图 6.5　原子指令 test_and_set() 的定义

```
do {
    while (test_and_set(&lock))
        ; /* do nothing */

        /* critical section */

    lock = false;

        /* remainder section */
} while (true);
```

图 6.6　采用指令 test_and_set() 的
互斥实现

指令 compare_and_swap() (CAS) 就像指令 test_and_set() 一样，以原子方式对两个字进行操作，但使用不同机制，即基于交换两个字的内容。

指令 CAS 需要三个操作数，其定义如图 6.7 所示。只有当表达式 (* value = = expected) 为真时，操作数 value 才被设置成 new_value。不管怎样，指令 CAS 总是返回变量 value 的原始值。该指令的重要特征是它是原子执行的。因此，如果同时执行两个 CAS 指令（每个在不同的 CPU 核上），它们将按任意顺序依次执行。

可以这样实现互斥：声明一个全局布尔变量 lock，并初始化为 0。调用 compare_and_swap() 的第一个进程将 lock 设置为 1。然后，它会进入其临界区，因为 lock 的原始值等于所期待的值。随后的调用 compare_and_swap() 是不会成功的，因为现在 lock 不等于预期值 0。当一个进程退出临界区时，会将 lock 设回到 0，以允许另一个进程进入临界区。进程 P_i 的结构如图 6.8 所示。

```
int compare_and_swap(int *value,
    int expected, int new_value) {
    int temp = *value;

    if (*value == expected)
        *value = new_value;

    return temp;
}
```

图 6.7　原子指令 compare_and_swap() 的定义

虽然这些算法满足互斥要求，但是并未满足有限等待要求。在图 6.9 中，我们提出另一种基于 compare_and_swap() 的算法，以便满足所有临界区的要求。共用的数据结构如下：

```
boolean waiting[n];
int lock;
```

```
while (true) {
    while (compare_and_swap(&lock, 0, 1) != 0)
        ; /* do nothing */

        /* critical section */

    lock = 0;

        /* remainder section */
}
```

图 6.8　采用指令 compare_and_swap() 的互斥

数组 waiting 的元素初始化为 false，lock 初始化为 0。为了证明满足互斥要求，注意，只有 waiting[i] = = false 或者 key = = 0 时，进程 P_i 才能进入临界区。只有当执行 compare_and_swap() 时，key 的值才变成 0。执行 compare_and_swap() 的第一个进程会发现 key = = 0，所有其他进程必须等待。只有另一进程离开临界区时，变量 waiting[i] 的值才能变成 false。每次只有一个 waiting[i] 被设置为 false，以满足互斥要求。

为了证明满足进步要求，注意，以上有关互斥的论证也适用，因为进程在退出临界区时或将 lock 设为 0，或将 waiting [j] 设为 false。这两种情况都允许等待进程进入临界区。

为了证明满足有限等待，注意，当一个进程退出临界区时，它会循环扫描数组（$i+1$, $i+2$, …, $n-1$, 0, …, $i-1$），并根据这一顺序而指

```
while (true) {
    waiting[i] = true;
    key = 1;
    while (waiting[i] && key == 1)
        key = compare_and_swap(&lock,0,1);
    waiting[i] = false;

        /* critical section */

    j = (i + 1) % n;
    while ((j != i) && !waiting[j])
        j = (j + 1) % n;

    if (j == i)
        lock = 0;
    else
        waiting[j] = false;

        /* remainder section */
}
```

图 6.9　采用 compare_and_swap() 的有界等待互斥

派第一个等待进程（waiting[j]==true）作为下次进入临界区的进程。因此，任何等待进入临界区的进程只需等待 $n-1$ 次。

有关原子指令 test_and_set() 和 compare_and_swap() 的实现细节，可参见有关计算机体系结构方面的书籍。

使 compare_and_swap() 为原子指令

在 Intel x86 架构上，汇编语言语句 cmpxchg 用于实现 compare_and_swap() 指令。为了强制执行原子执行，锁定前缀用于在更新目标操作数时锁定总线。该指令的一般形式如下：

```
lock cmpxchg<destination operand>,<source operand>
```

6.4.3 原子变量

通常，指令 compare_and_swap() 不直接用于提供互斥，而是用作构建解决临界区问题的其他工具的基本构建块。一个这样的工具是**原子变量**，可提供对基本数据类型（如整数和布尔值）的原子操作。从 6.1 节我们知道，递增或递减整数值可能会产生竞争条件。原子变量可以用于确保在更新单个变量时可能存在数据竞争情况下的互斥，就像计数器递增时一样。

大多数支持原子变量的系统都提供了特殊的原子数据类型，以及用于访问和操作原子变量的函数。这些函数通常使用 compare_and_swap() 来实现。例如，以下递增原子整数序列：

```
increment(&sequence);
```

其中 increment() 函数是使用 CAS 指令实现的：

```
void increment(atomic_int *v)
{
    int temp;

    do {
        temp = *v;
    }
    while (temp != compare and swap(v, temp, temp+1));
}
```

需要注意的是，尽管原子变量提供原子更新，但它们并不能完全解决所有情况下的竞争条件。例如，在 6.1 节所述的有界缓冲区问题中，我们可以使用原子整数进行计数。这将确保计数的更新是原子的。但是，生产者和消费者进程也有 while 循环，其条件取决于 count 的值。考虑这样一种情况，其中缓冲区当前是空的，而且两个消费者循环等待 count>0。如果生产者在缓冲区中输入了一项，两个消费者都可以退出 while 循环（因为 count 不再等于 0）并继续消费，即使 count 的值仅设置为 1。

尽管原子变量的使用通常仅限于共享数据的单个更新（例如计数器和序列生成器），它们还是常用于操作系统以及并发应用程序。接下来将会探索更强大的工具来解决更普遍情况下的竞争条件。

6.5 互斥锁

临界区问题的基于硬件的解决方案（如 6.4 节所述的）不但复杂，而且还不能为程序员直接使用。因此，操作系统设计人员构建高层软件工具，以解决临界区问题。最简单的工具就是**互斥锁**（mutex lock）。我们采用互斥锁保护临界区，从而防止竞争条件。也就是说，一个进程在进入临界区时应得到锁，在退出临界区时释放锁。我们用函数 acquire() 获取锁，而用函数 release() 释放锁，见图 6.10。

每个互斥锁有一个布尔变量 available，它的值表示锁是否可用。如果锁是可用的，那么调用 acquire() 会成功，并且锁不再可用。当一个进程试图获取不可用的锁时，就会阻塞，直到锁被释放。

按如下代码定义 acquire()：

```
acquire() {
    while (!available)
        ; /*busy wait */
    available = false;
}
```

按如下定义 release()：

```
release() {
    available = true;
}
```

```
while (true) {
    ┌──────┐
    │ 获取锁 │
    └──────┘
        critical section
    ┌──────┐
    │ 释放锁 │
    └──────┘
        remainder section
}
```

图 6.10　采用互斥锁的
临界区问题的解答

对 acquire() 或 release() 的调用必须原子地执行。因此，可以使用 6.4 节所述的 CAS 操作实现互斥锁，我们将此技术细节留作练习。

这里所给出的实现的主要缺点是需要**忙等待**（busy waiting）。当有一个进程在临界区中，任何其他进程在进入临界区时必须连续循环地调用 acquire()。这种连续循环显然是真实多道程序设计系统中的一个问题（当一个 CPU 核被多个进程所共享时）。繁忙的等待也会浪费 CPU 周期，其他进程本可有效使用这些 CPU 周期。（6.6 节研究了一种避免繁忙等待的策略：通过暂时将等待进程置于睡眠状态，然后在锁可用时将其唤醒。）

我们一直在描述的互斥锁类型也称为**自旋锁**（spinlock），因为进程在等待锁可用时"自旋"。（在演示指令 compare_and_swap() 代码示例中，我们看到了同样的问题。）不过，自旋锁确实有一个优点，当进程必须等待锁时，没有上下文切换（上下文切换可能需要相当长的时间）。在多核系统的有些情况下，自旋锁实际上是首选的锁。如果要短时间持有锁，一个线程可以在一个处理核上"自旋"，而另一个线程在另一个核上执行其临界区。在现代多核计算系统上，自旋锁被广泛应用于许多操作系统中。

本章将会研究如何使用互斥锁解决经典同步问题，还会讨论多个操作系统以及 Pthreads 如何使用这些锁。

锁的争用

锁要么是争用的，要么是非争用的。如果线程在尝试获取锁时阻塞，则认为锁是争用的。如果在线程尝试获取锁时有可用锁，锁被认为是无竞争的。竞争锁可以碰到高争用（相对大量的线程试图获取锁）或低争用（尝试获取锁的线程数量相对较少）。一般高度竞争的锁往往会降低并发应用程序的整体性能。

"短时"是什么意思？

自旋锁通常被认为是当锁定时间很短时，多处理器系统的锁定机制的首选。但是，究竟什么构成了短暂的持续时间？鉴于等待锁需要两次上下文切换（即将线程移动到等待状态的第一次上下文切换，和在锁定变为可用时恢复等待线程的第二次上下文切换），一般规则是如果锁的持有时间少于两次上下文切换则使用自旋锁。

6.6　信号量

刚刚讨论的互斥锁通常被认为是最简单的同步工具。本节将会讨论一个更加坚固的工具，其功能类似于互斥锁，但是能够提供更为高级的进程同步方法。

一个**信号量**（semaphore）S 是个整型变量，它除了初始化外只能通过两个标准原子操作 wait() 和 signal() 来访问。操作 wait() 最初称为 P（荷兰语 proberen，测试），操作 signal() 最初称为 V（荷兰语 verhogen，增加）。信号量是由荷兰计算机科学家 Edsger Dijkstra 提出的，可按如下来定义 wait()：

```
wait(S) {
    while (S <= 0)
        ; //busy wait
    S--;
}
```

可按如下来定义 signal()：

```
signal(S) {
    S++;
}
```

在 wait() 和 signal() 操作中，信号量整数值的修改必须原子执行。也就是说，当一个进程修改信号量值时，没有其他进程能够同时修改同一信号量的值。另外，对于 wait (S)，S 整数值的测试（S≤0）和修改（S--），也不能被中断。6.6.2 节将会讨论如何实现这些操作。现在我们来看看如何使用信号量。

6.6.1　信号量的使用

操作系统通常区分计数信号量与二进制信号量。**计数信号量**（counting semaphore）的值不受限制，而**二进制信号量**（binary semaphore）的值只能为 0 或 1。因此，二进制信号量类似于互斥锁。事实上，在没有提供互斥锁的系统上，可以使用二进制信号量来提供互斥。

计数信号量可以用于控制访问具有多个实例的某种资源。信号量的初值为可用资源的数量。当进程需要使用资源时，需要对该信号量执行 wait() 操作（减少信号量的计数）。当进程释放资源时，需要对该信号量执行 signal() 操作（增加信号量的计数）。当信号量的计数为 0 时，所有资源都在使用中。之后，需要使用资源的进程将会阻塞，直到计数大于 0。

我们也可以使用信号量来解决各种同步问题。例如，现有两个并发运行的进程：P_1 有语句 S_1 而 P_2 有语句 S_2。假设要求只有在 S_1 执行后才能执行 S_2。通过让 P_1 和 P_2 共享一个公共信号量 synch，初始化为 0，可以轻松实现这个方案。在进程 P_1 中，插入语句：

```
S₁;
signal(synch);
```

在进程 P_2 中，插入语句：

```
wait(synch);
S₂;
```

因为 synch 初始化为 0，只有在 P_1 调用 signal（synch），即 S_1 语句执行之后，P_2 才会执行 S_2。

6.6.2　信号量的实现

回想一下，6.5 节讨论的互斥锁实现具有忙等待。前面我们描述的信号量操作 wait() 和 signal() 也有同样问题。为了克服这个问题，我们可以这样修改信号量操作 wait() 和

signal()的定义:当一个进程执行操作 wait()并且发现信号量值不为正时,它必须等待。然而,该进程不是忙等待而是阻塞自己。阻塞操作将一个进程放到与信号量相关的等待队列中,并且将该进程状态切换成等待状态。然后,控制转到 CPU 调度程序,以便选择执行另一进程。

等待信号量 S 而阻塞的进程,在其他进程执行操作 signal()后,应被重新执行。进程的重新执行是通过操作 wakeup()来进行的,它将进程从等待状态改为就绪状态。然后,进程被添加到就绪队列。(CPU 可能会也可能不会从正在运行的进程切换到新的就绪进程,这取决于 CPU 调度算法。)

为了实现这样定义的信号量,我们按如下定义信号量:

```
typedef struct {
    int value;
    struct process *list;
} semaphore;
```

每个信号量都有一个整数 value 和一个进程链表 list。当一个进程必须等待信号量时,就被添加到进程链表。操作 signal()从等待进程链表上取走一个进程,并加以唤醒。

现在,信号量操作 wait()可以定义如下:

```
wait(semaphore *S){
        S->value--;
        if (S->value < 0) {
                add this process to S->list;
                sleep();
        }
}
```

而信号量操作 signal()可定义如下:

```
signal(semaphore *S) {
        S->value++;
        if (S->value <= 0) {
                remove a process P from S->list;
                wakeup(P);
        }
}
```

操作 sleep()挂起调用它的进程。操作 wakeup(P)重新启动阻塞进程 P 的执行。这两个操作都是由操作系统作为基本系统调用来提供的。

注意,这样实现的信号量的值可以是负数,然而根据具有忙等待的信号量经典定义,信号量的值不能为负。如果信号量的值为负,那么它的绝对值就是等待它的进程数。出现这种情况是因为在实现 wait()操作时互换了递减和测试的顺序。

通过每个进程控制块 PCB 的一个链接字段,等待进程的链表可以轻松得以实现。每个信号量包括一个整数和一个 PCB 链表指针。向链表中增加和删除进程以便确保有限等待的一种方法,可以采用 FIFO 队列,这里的信号量包括队列的首指针和尾指针。但一般来说,链表可以使用任何排队策略。信号量的正确使用不依赖于信号量链表的特定排队策略。

如前所述,最重要的是,信号量操作应原子执行。我们应保证:对同一信号量,没有两个进程可以同时执行操作 wait()和 signal()。这是一个临界区问题。对于单处理器环境,在执行操作 wait()和 signal()时,可以简单禁止中断。这种方案在单处理器环境下能够进行,因为一旦中断被禁用,不同进程指令不会交织在一起。只有当前运行进程一直执行,直到中断被重新启用并且调度程序重新获得控制。

对于多处理器环境,每个处理器的中断都应被禁止,否则,在不同处理器上不同的运行进程可能会以任意不同方式一起交织执行。每个处理器中断的禁止会很困难，也会严重影响性能。因此，SMP 系统应当提供其他加锁技术（如 compare_and_swap() 或自旋锁）来确保 wait() 与 signal() 原子执行。

重要的是我们必须承认，对于这里定义的操作 wait() 和 signal()，并没有完全取消忙等待。只是将忙等待从进入区移到临界区。此外，我们将忙等待限制在操作 wait() 和 signal() 的临界区内，这些区比较短（采用合理编码，不会超过 10 条指令）。因此，临界区几乎不被占用，忙等待很少发生，而且所需时间很短。对于应用程序，存在一种完全不同的情况，即临界区可能很长（数分钟或数小时）或几乎总是被占用。在这种情况下，忙等待极为低效。

6.7　管程

虽然信号量提供了一种方便且有效的进程同步机制，但是错误使用可能导致难以检测的时序错误，因为这些错误只有在特定执行顺序时才会出现，而这些顺序并不总是出现。

在 6.1 节的生产者-消费者问题的解决方案中，我们在使用 count 时就出现了这种错误的一个例子。在那个例子中，时序问题很少发生，而且那时 count 的值看起来似乎合理（只差 1）。然而，这样的解决方案显然是不能接受的。正因如此，才引入了互斥锁和信号量。

遗憾的是，即使采用了互斥锁或信号量，这种时序错误仍会出现。为了说明，我们回顾一下临界区问题的信号量解决方案。所有进程共享二进制信号量变量 mutex，其初值为 1。每个进程在进入临界区之前执行 wait (mutex)，之后执行 signal (mutex)。如果不遵守这一顺序，那么两个进程可能同时在临界区内。下面分析一下可能导致的各种问题。注意，即使只有一个进程不正确，也会出现这些问题。这可能是无意的编程错误，或程序员的故意行为。

- 假设一个程序交换了信号量 mutex 的操作 wait() 和 signal() 的顺序，从而导致如下执行：

```
signal(mutex);
    ...
  critical section
    ...
wait(mutex);
```

在这种情况下，多个进程可能执行在临界区内，因而违反互斥要求。只有当多个进程同时执行在临界区内时，这种错误才会发现。请注意，这种情况并不总是可以重现的。

- 假设一个进程用 wait (mutex) 替代了 signal (mutex)。即它执行

```
wait(mutex);
    ...
  critical section
    ...
wait(mutex);
```

在这种情况下，该进程将在第二次调用 wait() 时永久阻塞，因为信号量现在不可用。

- 假设一个进程省略了 wait (mutex) 或 signal (mutex)，或同时省略两者。在这种情况下，要么违反互斥，要么进程将永久阻塞。

这些示例说明：当程序员错误使用信号量或互斥锁来解决临界区问题时，容易导致各种错误。处理此类错误的一种策略是将简单同步工具合并为高级语言结构。本节描述一种基本的高级同步构造，即**管程**（monitor）。

6.7.1 管程的使用

抽象数据类型（Abstract Data Type，ADT）封装了数据及对其操作的一组函数，这一类型独立于任何特定的 ADT 实现。管程类型（monitor type）属于 ADT 类型，提供一组由程序员定义的、在管程内互斥的操作。管程类型也包括一组变量，用于定义这一类型的实例状态，也包括操作这些变量的函数实现。管程类型的语法如图 6.11 所示。管程类型的表示不能直接由各种进程所使用。因此，只有管程内定义的函数才能访问管程内局部声明的变量和形式参数。类似地，管程的局部变量只能被局部函数所访问。

管程结构确保每次只有一个进程在管程内处于活动状态。因此，程序员不需要明确编写同步约束（见图 6.12）。然而，目前为止所定义的管程结构，在处理某些同步问题时还不够强大。为此，我们需要定义附加的同步机制，这些可由条件（condition）结构来提供。当程序员需要编写定制的同步方案时，可以定义一个或多个类型为 condition 的变量：

```
condition x,y;
```

对于条件变量，只有操作 wait() 和 signal() 可以调用。操作

```
x.wait();
```

意味着调用这一操作的进程会被挂起，直到另一进程调用

```
x.signal();
```

操作 x.signal() 恰好重新恢复一个挂起进程。如果没有挂起进程，那么操作 signal() 就没有作用，即 x 的状态如同没有执行任何操作（见图 6.13）。这一操作与信号量的操作 signal() 不同，后者始终影响信号量的状态。

```
monitor monitor name
{
    /* shared variable declarations */

    function P1 ( ...) {
        ...
    }

    function P2 ( ...) {
        ...
    }

          .
          .
          .

    function Pn ( ...) {
        ...
    }

    initialization code ( ...) {
        ...
    }
}
```

图 6.11　管程的示意图

现在，假设当操作 x.signal() 被一个进程 *P* 调用时，在条件变量 x 上有一个挂起进程 *Q*。显然，如果挂起进程 *Q* 允许重执行，那么进程 *P* 必须等待。否则，管程内有两个进程 *P*

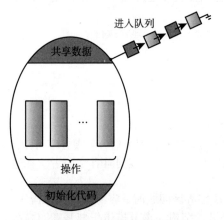

图 6.12　管程的示意图

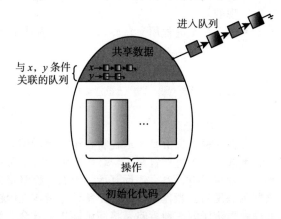

图 6.13　采用条件变量的管程

和 Q 可能同时执行。但请注意，从概念上说两个进程都可以继续执行。存在两种可能性：

1. **唤醒并等待**（signal and wait）。进程 P 等待直到 Q 离开管程，或者等待另一个条件。
2. **唤醒并继续**（signal and continue）。进程 Q 等待直到 P 离开管程，或者等待另一个条件。

对于任一情况，都有支持的理由。一方面，由于 P 已经在管程中执行，唤醒并继续（signal-and-continue）的方法似乎更为合理。另一方面，如果我们允许线程 P 继续，那么 Q 等待的逻辑条件在 Q 重新启动时可能已不再成立。在这两种选择之间也存在妥协：当进程 P 执行 signal 操作时，就会立即离开管程。因此，进程 Q 立即重新执行。

许多编程语言（如 Java 和 C#）都采用本节所述的管程思想。其他语言（如 Erlang）提供类似机制的并发支持。

6.7.2 采用信号量的管程实现

现在考虑采用信号量的管程实现。对于每个管程，都有一个二进制信号量 mutex（初始值为 1），以便确保互斥。进程在进入管程之前应执行 wait（mutex），在离开管程之后应执行 signal（mutex）。

我们将在实现中使用唤醒并等待方案。由于唤醒进程必须等待，直到重新启动的进程离开或者等待，所以引入了一个额外的二进制信号量 next（初始值为 0）。唤醒进程可使用 next 来挂起自己。另外还有一个整型变量 next_count，用于对在 next 上挂起的进程进行计数。因此，每个外部函数 F 会替换成

```
wait(mutex);
    ...
  body of F
    ...
if (next_count > 0)
  signal(next);
else
  signal(mutex);
```

这确保了管程内的互斥。

我们现在描述如何实现条件变量。对于每个条件变量 x，都有一个信号量 x_sem 和一个整型变量 x_count，两者均初始化为 0。x.wait() 操作可按如下实现：

```
x_count++;
if (next_count > 0)
  signal(next);
else
  signal(mutex);
wait(x_sem);
x_count--;
```

操作 x.signal() 可按如下实现：

```
if (x_count > 0) {
  next_count++;
  signal(x_sem);
  wait(next);
  next_count--;
}
```

这种实现适用于由 Hoare 和 Brinch-Hansen 定义的管程（参见本章末尾的参考文献）。但在有些情况下，这种实现具有没必要的通用性，而且还会明显降低效率。我们将这个问题作为习题 6.27 留给读者。

6.7.3 管程内的进程重启

现在讨论管程内的进程重新启动的顺序问题。如果多个进程已挂起在条件 x 上，并且有个进程执行了操作 x.signal()，那么如何选择哪个挂起进程应能重新运行？一个简单的解决方法是使用先来先服务（FCFS）顺序，这样等待最久的进程首先重新运行。但在许多情况下，这种简单调度方案是不够的。为此，可以使用**条件等待**（conditional-wait）结构。它具有如下形式：

$$x.wait(c);$$

其中 c 是整型表达式，需要在执行操作 wait()时进行计算。值 c 称为**优先值**（priority number），与挂起进程的名称一起存储。当执行 x.signal()时，具有最小优先值的进程会被重新启动。

为了说明这种新机制，假设有一个如图 6.14 所示的管程 ResourceAllocator，多个进程用它来控制访问单个资源。每个进程在请求分配资源时，指定它计划使用资源的最大时间。管程分配资源给具有最短时间分配请求的进程。需要访问这个资源的进程应按如下顺序来进行：

```
R.acquire(t);
    ...
  access the resource;
    ...
R.release();
```

其中 R 是类型 ResourceAllocator 的一个实例。

遗憾的是，管程概念不能保证就会遵守前面的顺序，而且可能引起如下问题：

- 进程可能在没有首先获得资源访问权限时，访问资源。
- 进程可能在获得资源访问权限之后，不再释放资源。
- 进程可能在没有请求之前，试图释放资源。
- 进程可能请求同一资源两次（中间没有释放资源）。

同样的困难在使用信号量时也会遇到，这些困难在本质上类似于起初支持管程结构时的困难。以前，我们不得不关注正确使用信号量。现在必须关注正确使用程序员定义的高级操作，对此编译器无能为力。

```
monitor ResourceAllocator
{
  boolean busy;
  condition x;
  void acquire(int time) {
    if (busy)
      x.wait(time);
    busy = true;
  }

  void release() {
    busy = false;
    x.signal();
  }

  initialization_code() {
    busy = false;
  }
}
```

图 6.14 用于分配单个资源的管程

这个问题的一个可能的解决方案是：将资源访问操作放在 ResourceAllocator 管程中。然而，采用这个解决方案意味着调度资源的算法只是管程的内置调度算法，而非我们自己编写的调度算法。

为了确保进程遵守适当顺序，必须检查所有使用 ResourceAllocator 管程及其管理资源的程序。为了确保系统正确，我们必须检查两个条件。第一，用户进程必须总是按正确顺序来调用管程。第二，必须确保不合作的进程不能简单忽略管程提供的互斥关口，在不遵守协议的情况下不能试图直接访问共享资源。只有确保这两个条件，才能保证不会发生与时间相关的错误，并且调度算法不会失败。

虽然这种检查对小的、静态的系统是可能的，但是对于大的或动态的系统是不现实的。这个访问控制问题只能通过采用附加机制来解决（如第 17 章所述）。

6.8 活性

使用同步工具来协调对临界区访问的后果之一是，试图进入临界区的进程可能无限等待。

回想一下，在6.2节中，我们概述了临界区问题的解决方案必须满足的三个标准。无限等待违反了其中两个——进展和有界等待准则。

活性（liveness）是指系统必须满足的一组属性，以确保进程在执行生命周期中取得进展。在刚刚描述的情况下无限等待的进程是"活性失败"的一个例子。

有许多不同形式的活性失败，它们通常都具有较差的性能和响应能力。一个非常简单的活性失败的示例是无限循环。繁忙的等待循环可能会导致活性失败，特别是如果进程可能循环任意长的时间。使用互斥锁和信号量等工具提供互斥的努力，通常导致并发编程的此类失败。本节探讨可能导致活性失败的两种情况。

6.8.1 死锁

具有等待队列的信号量实现可能导致这样的情况：两个或多个进程无限等待一个事件，而该事件只能由这些等待进程之一来产生。这里的事件是执行操作 signal()。当出现这样的状态时，这些进程就为**死锁**（deadlocked）。

为了说明，假设有一个系统，它有两个进程 P_0 和 P_1，每个访问共享信号量 S 和 Q，这两个信号量的初值均为1：

P_0	P_1
wait(S);	wait(Q);
wait(Q);	wait(S);
.	.
.	.
.	.
signal(S);	signal(Q);
signal(Q);	signal(S);

假设 P_0 执行 wait (S)，接着 P_1 执行 wait (Q)。当 P_0 执行 wait (Q) 时，它必须等待，直到 P_1 执行 signal (Q)。类似地，当 P_1 执行 wait (S) 时，它必须等待，直到 P_0 执行 signal (S)。由于这两个 signal() 操作都不能执行，这样 P_0 和 P_1 就产生死锁了。

如果一组进程中的每个进程都等待一个事件，而该事件只能由组内的另一进程产生，则说这组进程处于死锁状态。这里主要关心的事件是资源的获取和释放。但如第8章所述，其他类型的事件也会导致死锁。第8章将讨论多种机制，以及其他形式的活性失败。

6.8.2 优先级反转

如果一个较高优先级的进程需要读取或修改内核数据，而且这个内核数据当前正被较低优先级的进程访问（这可涉及更多级联的低优先级进程），那么就会出现一个调度挑战。由于内核数据通常是用锁保护的，较高优先级的进程将不得不等待较低优先级的进程用完资源。如果较低优先级的进程被较高优先级的进程抢占，那么情况变得更加复杂。

作为一个例子，假设有三个进程 L、M 和 H，其优先级顺序为 $L<M<H$。假定进程 H 需要资源 S，而 S 目前正在被进程 L 访问。通常，进程 H 将等待 L 用完资源 S。但是，现在假设进程 M 进入可运行状态，从而抢占进程 L。间接地，具有较低优先级的进程 M 影响了进程 H 必须等待进程 L 释放资源 S 的时间。

这种活性问题被称为**优先级反转**（priority inversion），只能发生在具有两个以上优先级的系统中。通常，通过实现**优先级继承协议**（priority-inheritance protocol），来避免优先级反转。根据这个协议，所有正在访问资源的进程获得需要访问的更高优先级进程的优先级，直到用完了有关资源为止。当资源用完时，它们的优先级恢复到原始值。在上面的示例中，优先级继承协议将允许进程 L 临时继承进程 H 的优先级，从而防止进程 M 抢占执行。当进程 L 用完资源 S 时，它将放弃继承的进程 H 的优先级，以采用原来的优先级。因为资源 S 现在可用，进程 H（而不是进程 M）会接下来运行。

优先级反转与火星探路者

优先级反转不只是调度的不便。在具有严格时间约束的系统上（例如实时系统），优先级反转可能导致进程花费比它应该完成任务更长的时间。当这种情况发生时，其他故障可能级联，导致系统故障。

让我们来看一看火星探路者，这是一个 NASA 空间探测器，在 1997 年 3 月它将机器人（Sojourner）降落到火星以便进行实验。在 Sojourner 开始运营不久之后，它开始频繁重启电脑。每次重启都会重新初始化所有硬件和软件，包括通信。如果问题没有解决，Sojourner 的任务就会失败。

造成这个问题的原因是一个称为"bc_dist"的高优先级任务需要比预期更长的时间来完成工作。这个任务被迫等待一个共享资源，这个资源被较低优先级的任务"ASI/MET"所持有，而这个任务又被多个中等优先级的任务所抢占。"bc_dist"任务由于等待共享资源而阻塞，最终"bc_sched"任务发现问题并执行重置。Sojourner 遭受的就是优先级反转的一个典型例子。

Sojourner 的操作系统是 VxWorks 实时操作系统，它有一个全局变量，以便启用所有信号量的优先级继承。经测试后，设置了 Sojourner 的变量，并且解决了问题。

这个问题的完整描述、检测、解决方案是由该软件开发团队组织编写的，可在如下网址获得：http://research.microsoft.com/en-us/um/people/mbj/mars_pathfinder/authoritative_account.html。

6.9 评估

我们已经讨论了多种不同的同步工具，可以用来解决临界区问题。如果正确实现和使用，可以有效使用这些工具来确保互斥以及解决活性问题。随着利用现代多核计算机系统功能的并发程序的增长，人们越来越关注同步工具的性能。然而，试图确定何时使用哪种工具可能是个艰巨挑战。本节介绍一些确定何时使用特定同步工具的简单方法。

6.4 节概述的硬件解决方案被认为是非常低级的，通常用作构建其他同步工具的基础，例如互斥锁。然而，最近人们关注使用 CAS 指令来构建无锁算法，该算法提供对竞争条件的保护，而不需要锁定的开销。尽管这些无锁解决方案由于低开销和扩展能力而越来越受欢迎，算法本身通常很难开发和测试。（在本章末尾的练习中，请读者评估无锁堆栈的正确性。）

基于 CAS 的方法被认为是一种乐观方法，即你乐观地首先更新一个变量，然后使用碰撞检测来查看另一个线程是否正在同时更新该变量。如果这样，你会反复重试该操作，直到它成功更新而不会发生冲突。相比之下，互斥锁被认为是一种悲观策略，你假设另一个线程同时更新变量，所以你在进行任何更新之前悲观地获取锁。

关于在不同争用负载下，基于 CAS 的同步与传统同步的性能差异（例如互斥锁和信号量），可以依据如下指导原则：

- **无争用**。虽然这两种选择通常都很快，CAS 保护会比传统同步快一些。
- **中度争用**。CAS 保护将比传统同步更快，可能快得多。
- **高度争用**。在竞争非常激烈的负载下，传统同步最终将比基于 CAS 的同步更快。

中度争用特别值得研究。在这种情况下，CAS 操作大部分时间都会成功，当它失败时，只会在图 6.8 所示的循环中迭代几次就获得最终成功。相比之下，使用互斥锁，任何获取争用锁的尝试都将导致更复杂且耗时的代码路径，挂起一个线程并将其放在等待队列中，需要上下文切换到另一个线程。

解决竞争条件的机制选择也会极大影响系统性能。例如，原子整数比传统锁轻便得多，并且通常比互斥锁或信号量更适合用于对共享变量（例如计数器）的单次更新。我们在操作系统的设计中也看到了这一点，当锁被短时间持有时，在多处理器系统上使用自旋锁。一般来说，互斥锁比信号量更简单，需要的开销更少。在保护对临界区的访问时，比二进制信号量更可取。但是，对于某些用途（例如控制对有限数量资源的访问），计数信号量通常比互斥锁更合适。类似地，在某些情况下，读写锁可能比互斥锁更受欢迎，因为它允许更高程度的并发（即多个读者）。

管程和条件变量等高级工具的吸引力在于它们的简单性和易用性。然而，这些工具可能有很大的开销，而且取决于实现，在竞争激烈的情况下可能扩展性较差。

幸运的是，有许多正在进行的研究正努力开发可满足并发编程需求的可扩展的、高效的工具。一些例子如下：

- 设计生成更高效代码的编译器。
- 开发支持并发编程的语言。
- 改进现有库和 API 的性能。

下一章分析开发人员可用的各种操作系统和 API 如何实现本章所述的同步工具。

6.10 本章小结

- 当进程并发访问共享数据并且最终结果取决于并发访问发生的特定顺序时，就会出现竞争条件。竞争条件可能导致共享数据值的损坏。
- 临界区是一段代码，它可能操作共享数据并且可能发生竞争条件。临界区的问题是设计一个协议，使进程可以同步活动，以便协作共享数据。
- 临界区问题的解决方案必须满足以下三个要求：互斥、进步和有界等待。互斥确保一次只有一个进程在其临界区中处于活动状态。进步确保程序将会合作确定下一步将进入其临界区的进程。有界等待限制程序在进入临界区之前的等待时间。
- 临界区问题的软件解决方案（例如 Peterson 解决方案），并不能在现代计算机体系结构上很好地工作。
- 临界区问题的硬件支持包括：内存屏障、硬件指令（例如比较和交换指令）和原子变量等。
- 互斥锁通过要求进程在进入临界区之前获取锁并在退出临界区时释放锁来提供互斥。
- 信号量（如互斥锁）可用于提供互斥。但是，互斥锁具有表示锁是否可用的二进制值，而信号量具有整数值，因此可用于解决多种同步问题。
- 管程是一种抽象数据类型，提供了一种高级形式的进程同步。管程使用条件变量，允许进程等待某些条件变为真，并在条件设置为真时相互发出信号。
- 临界区问题的解决方案可能会遇到活性问题，包括死锁。
- 在不同级别的争用下，可以评估用于解决临界区问题以及同步进程活动的各种工具。某些工具在某些争用负载下比其他工具工作得更好。

6.11 推荐读物

经典论文［Dijkstra（1965）］首次讨论了互斥问题。［Dijkstra（1965）］提出了信号量概念。［Brinch-Hansen（1973）］提出了管程的概念。［Hoare（1974）］给出了管程的完整描述。

有关火星探路者问题的更多信息，参见 http://research.microsoft.com/en-us/um/people/mbj/mars pathfinder/authoritative account.html

［Mckenney（2010）］详细讨论了内存屏障和缓存内存。［Herlihy and Shavit（2012）］详细描述了与多处理器编程相关的数个问题，包括内存模型以及比较和交换指令。［Bahra（2013）］研究了现代多核系统上的非阻塞算法。

6.12   参考文献

［Bahra（2013）］ S. A. Bahra，"Nonblocking Algorithms and Scalable Multicore Programming"，*ACM queue*，Volume 11，Number5（2013）.

［Brinch-Hansen（1973）］ P. Brinch-Hansen，*Operating System Principles*，PrenticeHall（1973）.

［Dijkstra（1965）］ E. W. Dijkstra，"Cooperating Sequential Processes"，Technical report，Technological University，Eindhoven，the Netherlands（1965）.

［HerlihyandShavit（2012）］ M. Herlihy and N. Shavit，*The Art of Multiprocessor Programming*，Revised First Edition，Morgan Kaufmann Publishers Inc.（2012）.

［Hoare（1974）］ C. A. R. Hoare，"Monitors：An Operating System Structuring Concept"，*Communications of the ACM*，Volume 17，Number 10（1974），pages 549-557.

［Mckenney（2010）］ P. E. McKenney，"Memory Barriers：a Hardware View for Software Hackers"（2010）.

6.13   练习

6.1　6.2节提到频繁禁用中断会影响系统时钟。解释为什么会发生这种情况以及如何最大限度地减少这种影响。

6.2　忙等待（busy waiting）这个词是什么意思？操作系统还有哪些其他类型的等待？可以完全避免忙等待吗？请解释你的答案。

6.3　解释一下为什么自旋锁不适用于单处理器系统却经常用于多处理器系统。

6.4　证明：如果信号量操作 wait() 和 signal() 不是原子执行，那么可能违反互斥。

6.5　说明如何使用二进制信号量实现 n 个进程之间的互斥。

6.6　竞争条件在许多计算机系统中都是可能的。考虑一个银行系统，该系统通过两个函数维护账户余额：deposit（amount）和 withdraw（amount）。这两个函数传递了要从银行账户余额中存入或提取的金额。假设夫妻共用一个银行账户。并发地，丈夫调用 withdraw()函数，妻子调用 deposit()。描述竞争条件是如何可能发生的，以及可以采取什么措施来防止竞争条件的发生。

6.14   习题

6.7　图 6.15 的伪代码说明了基于数组的堆栈的基本操作 push()和 pop()。假设该算法可用于并发环境，请回答以下问题：

a. 什么数据具有竞争条件？

b. 如何解决竞争条件？

6.8　竞争条件在许多计算机系统中都是可能的。考虑一个在线拍卖系统，其中必须保持每个项目的当前最高出价。希望对项目出价的人调用函数 bid（amount），该函数将被出价的金额与当前的最高出价进行比较。如果金额超过当前最高出价，则最高出价将设置为新金额。如下图所示：

```
void bid(double amount){
    if(amount>highestBid)
        highestBid=amount;
}
```

描述在这种情况下竞争条件可能如何出现，以及

```
push(item) {
    if (top < SIZE) {
        stack[top] = item;
        top++;
    }
    else
        ERROR
}

pop() {
    if (! is empty()) {
        top--;
        return stack[top];
    }
    else
        ERROR
}

is_empty() {
    if (top == 0)
        return true;
    else
        return false;
}
```

图 6.15　习题 6.7 中基于数组的堆栈

可以采取哪些措施来防止发生竞争条件。

6.9　下面的程序示例可用于在包含 N 个计算核的系统上并行计算大小为 N 个元素的数组值（每个数组元素都有一个单独的处理器）：

```
for j = 1 to log 2(N) {
    for k = 1 to N {
        if ((k + 1) % pow(2,j) == 0) {
            values[k] += values[k - pow(2,(j-1))]
        }
    }
}
```

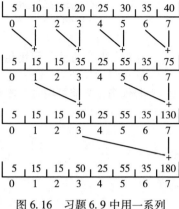

这具有将数组中的元素相加为一系列部分和的效果，如图 6.16 所示。代码执行后，数组中所有元素的总和存储在数组的最后一个位置上。上面的代码示例中是否存在竞争条件？如果是，请确定出现位置并举例说明。如果不是，请说明为什么这个算法没有竞争条件。

图 6.16　习题 6.9 中用一系列部分和对数组求和

6.10　指令 compare_and_swap() 可以用于设计堆栈、队列和链表等无锁数据结构。图 6.17 所示的程序示例展示了一种使用 CAS 指令的无锁堆栈的可能解决方案，其中堆栈表示为节点元素的链表，top 表示堆栈的顶部。这个实现没有竞争条件吗？

```
typedef struct node {
    value_t data;
    struct node *next;
} Node;

Node *top; //top of stack

void push(value_t item) {
    Node *old_node;
    Node *new_node;

    new_node = malloc(sizeof(Node));
    new_node->data = item;

    do {
        old_node = top;
        new_node->next = old_node;
    }
    while (compare_and_swap(top,old_node,new_node) != old_node);
}

value_t pop() {
    Node *old_node;
    Node *new_node;

    do {
        old_node = top;
        if (old_node == NULL)
            return NULL;
        new_node = old_node->next;
    }
    while (compare_and_swap(top,old_node,new node) != old_node);

    return old_node->data;
}
```

图 6.17　习题 6.10 的无锁堆栈

6.11 使用 compare_and_swap() 实现自旋锁的一种方法如下：

```
void lock_spinlock(int *lock){
  while(compare_and_swap(lock,0,1)!=0)
    ;/*spin */
}
```

建议的替代方法是使用俗语"比较（compare）和比较交换（compare-and-swap）"，它在调用操作 compare_and_swap() 之前检查锁的状态。（这种方法背后的基本原理是仅当锁当前可用时，才调用 compare_and_swap()。）该策略如下图所示：

```
void lock_spinlock(int *lock) {
{
  while (true) {
    if ( *lock == 0) {
      /*lock appears to be available */

      if (!compare_and_swap(lock, 0, 1))
        break;
    }
  }
}
```

这个"比较和比较交换"的习惯用法是否适用于实现自旋锁？如果是，请说明。如果不是，请说明锁的完整性如何受到损害。

6.12 有些信号量实现提供了一个函数 getValue()，以返回信号量的当前值。例如，可以在调用 wait() 之前调用此函数，以便进程仅在信号量的值大于 0 时，才调用 wait()，从而防止在等待信号量时阻塞。例如：

$$if (getValue(\&sem)>0)$$
$$wait(\&sem);$$

许多开发人员反对这样的功能并且不鼓励人们使用它。描述在这种情况下使用函数 getValue() 时可能出现的潜在问题。

6.13 第一个著名的正确解决两个进程临界区问题的软件方法是由 Dekker 设计的。两个进程 P_0 和 P_1 共享以下变量：

```
boolean flag[2];/*initially false */
int turn;
```

进程 P_i（i==0 或 1）的结构见图 6.18，另一个进程 P_j（j==0 或 1）。请证明这个算法满足临界区问题的所有三个要求。

6.14 首个将等待次数降低到 $n-1$ 范围内的正确解决 n 个进程临界区问题的软件解决方法，是由 Eisenberg 和 McGuire 设计的。这些进程共享以下变量：

```
enum pstate { idle,want_in,in_cs};
pstate flag[n];
int turn;
```

flag 的所有成员初值为 idle，turn 的初值无关紧要（在 0 和 n-1 之间）。进程 P_i 的结构见图 6.19。请证明：这个算法满足临界区问题的所有三个要求。

```
while (true) {
  flag[i] = true;

  while (flag[j]) {
    if (turn == j) {
      flag[i] = false;
      while (turn == j)
        ; /* do nothing */
      flag[i] = true;
    }
  }

    /* critical section */

  turn = j;
  flag[i] = false;

    /* remainder section */
}
```

图 6.18 采用 Dekker 算法的进程 P_i 的结构

```
while (true) {
  while (true) {
    flag[i] = want_in;
    j = turn;
    while (j ! = i) {
      if (flag[j] ! = idle) {
        j = turn;
      else
        j = (j + 1) % n;
    }
    flag[i] = in_cs;
    j = 0;
    while ( (j < n) && (j == i || flag[j] ! = in_cs))
      j++;
    if ( (j >= n) && (turn == i || flag[turn] == idle))
      break;
  }

    /* critical section */

  j = (turn + 1) % n;
  while (flag[j] == idle)
    j = (j + 1) % n;
  turn = j;
  flag[i] = idle;

    /* remainder section */
}
```

图 6.19 Eisenberg 和 McGuire 算法的进程 P_i 的结构

6.15 请解释为什么在单处理器系统上通过禁止中断来实现同步原语的方法不适用于用户级程序。

6.16 考虑如何使用指令 compare_and_swap() 来实现互斥锁。假设用于定义互斥锁的以下结构:

$$
\text{type def struct}\{ \\
\qquad \text{int available;} \\
\}\text{lock;}
$$

值 (available == 0) 表示锁可用, 值为 1 表示锁不可用。通过这个结构, 说明如何使用指令 compare_and_swap() 来实现以下功能:

- void acquire(lock *mutex)
- void release(lock *mutex)

确保包括任何可能需要的初始化。

6.17 请解释为什么通过禁止中断来实现同步原语不适用于多处理器系统。

6.18 6.5 节所述的互斥锁实现存在忙等待的问题。请讨论一下, 我们可以通过什么样的必要修改, 以便等待获取互斥锁的进程应阻塞, 并添加到等待队列, 直到锁可用为止。

6.19 假设一个系统有多个处理核。针对下面的各个场景, 请讨论一下哪一个是更好的加锁机制。是自旋锁? 还是互斥锁? 这里要求等待进程在等待可用锁时应睡眠。

- 用锁的时间很短。
- 用锁的时间很长。
- 线程在拥有锁时可能处于睡眠。

6.20 假设上下文切换需要 T 时间。请提出持有自旋锁的上限 (按 T 计)。如果自旋锁占有时间更长，那么互斥锁（等待线程应睡眠）会更好。

6.21 一个多线程的服务器希望跟踪服务过的请求数量（称为命中）。考虑如下两个策略，以防止变量 hits 的竞争条件。第一个策略是在更新 hits 时采用基本的互斥锁：

```
int hits;
mutex_lock hit lock;

hit_lock.acquire();
hits++;
hit_lock.release();
```

第二个策略采用原子整数：

```
atomic_t hits;
atomic_inc(&hits);
```

请解释哪一种策略更加有效。

6.22 考虑如图 6.20 所示的分配和释放进程的代码。

a. 指出竞争条件。

b. 假设有一个名为 mutex 的互斥锁，它有操作 acquire() 和 release()。指出应在哪里加锁，以便防止竞争条件。

c. 能否采用原子整数

$$int\ number\_of\_processes = 0$$

来取代整数

$$atomic\ t\ number\_of\_processes = 0$$

以防止竞争条件？

```
#define MAX PROCESSES 255
int number_of_processes = 0;

/* the implementation of fork() calls this function */
int allocate process() {
int new_pid;

  if (number_of_processes == MAX_PROCESSES)
    return -1;
  else {
    /* allocate necessary process resources */
    ++number_of_processes;

    return new_pid;
  }
}

/* the implementation of exit() calls this function */
void release_process() {
  /* release process resources */
  --number_of_processes;
}
```

图 6.20　习题 6.22 中的分配和释放进程

6.23 服务器的打开连接的数量可通过设计来加以限制。例如，一个服务器可能只希望同时有 N 个套接字连接。只要已有 N 个连接，服务器就不再接受另一个接入连接，直到一个现有连接得到释放。请解释服务器如何能采用信号量来限制并发连接的数量。

6.24 在6.7节中，我们使用下图作为信号量的错误使用来解决临界区问题：

```
wait(mutex);
    ...
  critical section
    ...
wait(mutex);
```

解释为什么这是一个活性失败的例子。

6.25 针对用于实现同一类型同步问题的解决方案而言，管程和信号量是等价的。请证明。

6.26 请解释为什么与管程相关的操作 signal() 不同于信号量的相应操作？

6.27 假设语句 signal() 只能作为一个管程函数的最后一条语句出现。针对这种情况，如何可以简化6.7节所述的实现。

6.28 假设一个系统有进程 P_1, P_2, …, P_n, 每个进程有一个不同的优先级数。写一个管程来为这些进程分配三个相同的打印机，分配顺序由优先级数来决定。

6.29 有一个文件被多个进程所共享，每个进程有一个不同的数。这个文件可被多个进程同时访问，且应满足如下的限制条件：所有访问文件的进程的数的和应小于 n。写一个管程，以协调这个文件的访问进程。

6.30 当管程内的条件变量被执行 signal 操作时，执行 signal 操作的进程要么继续执行，要么切换到另一被唤醒的进程。针对这两种可能，请论述上一习题会有何不同。

6.31 设计一个用于实现闹钟的管程算法，以便调用这个闹钟的程序能够延迟给定数量的时间单元（ticks）。你可以假设有一个硬件时钟定期调用管程内的函数 tick()。

6.32 讨论在实时系统中可以解决优先级反转问题的方法。并且讨论是否可以在同比共享调度程序的上下文中实施这些解决方案。

6.15 编程题

6.33 假设需要管理某个类型的一定数量的资源。进程可以请求多个资源，在用完后会返回它们。例如，许多商用软件包提供给定数量的许可证，表示可以有多少个应用程序可以同时并发执行。当启动应用程序时，许可证数量减少。当终止应用程序时，许可证数量增加。当所有许可证都在使用，那么新的启动应用程序会被拒绝。只有现有应用程序退出并返回许可证，新的启动请求才被允许。

下面的程序代码用于管理一定数量的可用资源。资源的最大数量以及可用资源数量，按如下方式声明：

```
#define MAX_RESOURCES 5
int available_resources = MAX_RESOURCES;
```

当一个进程需要获取若干资源时，它调用函数 decrease_count()：

```
/*decrease available_resources by count resources */
/*return 0 if sufficient resources available, */
/*otherwise return -1 */
int decrease_count(int count) {
  if (available_resources < count)
    return -1;
  else {
    available_resources -= count;
    return 0;
  }
}
```

当一个进程需要返回若干资源时，它调用函数 increase_count()：

```
/*increase available_resources by count */
int increase_count(int count) {
   available_resources += count;

   return 0;
}
```

以上片段会出现竞争条件。请：

a. 指出与竞争条件有关的数据。

b. 指出与竞争条件有关的代码位置。

c. 采用信号量或互斥锁，解决竞争条件。允许修改函数 decrease_count()，以便阻塞调用进程，直到有足够的可用资源。

6.34   前一编程题的函数 decrease_count()在有足够资源时返回 0，否则返回-1。这会导致一个需要获取若干资源的进程按如下笨方法来进行：

```
while(decrease_count(count)= =-1)
   ;
```

采用管程与条件变量重写资源管理器代码，以便函数 decrease_count()阻塞进程，直到有足够可用资源为止。这允许进程按如下方式调用函数 decrease_count()：

```
decrease_count(count);
```

只有当资源足够时，该进程才从本函数的调用返回。

同步案例

在第 6 章中，我们提出了临界区问题，并重点讨论了当多个并发进程共享数据时竞争条件是如何发生的。之后我们继续研究了几种通过防止竞争条件发生来解决临界区问题的工具。这些工具包括：从低级硬件解决方案（例如内存屏障和比较交换操作）到越来越高级的工具（从互斥锁到信号量再到管程）。另外还讨论了设计没有竞争条件的应用程序的各种挑战，包括诸如死锁之类的活性危害。本章将第 6 章所述的工具应用于多个经典的同步问题，还将探讨 Linux、UNIX 和 Windows 操作系统使用的同步机制，阐述 Java 和 POSIX 系统的 API 细节。

本章目标

- 解释有界缓冲区、读者–作者和哲学家就餐等同步问题。
- 描述 Linux 和 Windows 用于解决进程同步问题的特定工具。
- 说明如何使用 POSIX 和 Java 来解决进程同步问题。
- 设计和开发使用 POSIX 和 Java API 来处理同步问题的解决方案。

7.1 经典同步问题

本节给出多个同步问题，以作为一大类并发控制问题的案例。这些问题用于测试新提出的几乎所有同步方案。解决方案使用信号量来同步，因为这是讨论这类解决方案的传统方式。不过，这些解决方案的实际实现可以使用互斥锁代替二进制信号量。

7.1.1 有界缓冲区问题

有界缓冲区问题（bounded-buffer problem）在 6.1 节中讨论过，它通常用于说明同步原语能力。这里，给出该解决方案的一种通用结构，而不是局限于某个特定实现。本章后面的习题有一个相关的编程项目。

对于这个问题，生产者和消费者进程共享以下数据结构：

```
int n;
semaphore mutex = 1;
semaphore empty = n;
semaphore full = 0
```

假设缓冲池有 n 个缓冲区，每个缓冲区可存一个数据项。二进制信号量 mutex 提供缓冲池访问的互斥要求，并初始化为 1。信号量 empty 和 full 分别用于表示空的和满的缓冲区数量。信号量 empty 初始化为 n，而信号量 full 初始化为 0。

生产者进程的代码如图 7.1 所示，消费者进程的代码如图 7.2 所示。注意生产者和消费者之间的对称性。我们可以这样来理解代码：生产者为消费者生产满的缓冲区，而消费者为生产者生产空的缓冲区。

7.1.2 读者–作者问题

假设一个数据库为多个并发进程所共享。有的进程可能只需要读数据库，而其他进程可能需要更新（即读和写）数据库。为了区分这两种类型的进程，我们称前者为读者（reader），称后者为作者（writer）。显然，如果两个读者同时访问共享数据，不会产生什么不利结果。但如果一个作者和其他线程（或是读者或是作者）同时访问数据库，那么混乱可能会随之而来。

```
while (true) {
    ...
    /* produce an item in next_produced */
    ...
    wait(empty);
    wait(mutex);
    ...
    /* add next_produced to the buffer */
    ...
    signal(mutex);
    signal(full);
}
```

图 7.1 生产者进程的代码

```
while (true) {
    wait(full);
    wait(mutex);
    ...
    /* remove an item from buffer to
       next_consumed */
    ...
    signal(mutex);
    signal(empty);
    ...
    /* consume the item in next_consumed */
    ...
}
```

图 7.2 消费者进程的代码

为了确保不会出现这些问题，我们要求作者在写入数据库时具有共享数据库独占的访问权。这一同步问题称为**读者-作者问题**（reader-writer problem）。自从它被提出后，就一直用于测试几乎所有新的同步原语。

读者-作者问题有多个变体，都与优先级有关。最为简单的问题（通常称为第一读者-作者问题）要求读者不应保持等待，除非作者已获得权限使用共享对象。换句话说，没有读者应该因为某个作者等待而等待其他读者的完成。第二读者-作者问题要求一旦作者就绪，那么作者会尽可能快地执行。换句话说，如果有一个作者等待访问对象，那么不会有新的读者开始阅读。

这两个问题的解答都可能导致饥饿。对于第一种情况，作者可能饥饿；对于第二种情况，读者可能饥饿。由于这个原因，该问题的其他变体也被提出。这里我们介绍第一读者-作者问题的一个解答。关于读者-作者问题的不存在饥饿的解答，可参见本章末尾的参考读物。

对于第一读者-作者问题的解答，读者进程共享以下数据结构：

```
semaphore rw_mutex = 1;
semaphore mutex = 1;
int read_count = 0;
```

二进制信号量 mutex 和 rw_mutex 初始化为 1；计数信号量 read_count 初始化为 0。信号量 rw_mutex 为读者和作者进程所共用。信号量 mutex 用于确保在更新变量 read_count 时的互斥。变量 read_count 用于跟踪多少进程正在读对象。信号量 rw_mutex 供作者作为互斥信号量。它也为第一个进入临界区和最后一个离开临界区的读者所使用，但不被其他读者所使用。

作者进程的结构如图 7.3 所示，读者进程的结构如图 7.4 所示。注意，如果有一个作者进程在临界区内，且 n 个读者处于等待状态，那么一个读者在 rw_mutex 上等待，而 $n-1$ 个在 mutex 上等待。同时也要注意，当一个作者执行 signal（rw_mutex）时，可以重新启动等待读者或作者的执行。这一选择由调度程序来完成。

```
while (true) {
    wait(rw_mutex);
    ...
    /* writing is performed */
    ...
    signal(rw_mutex);
}
```

图 7.3 作者进程的结构

有些系统将读者-作者问题及其解答进行了抽象，从而提供**读写锁**（read-writer lock）。在获取读写锁时，需要指定锁的模式：究竟是读访问还是写访问。当一个进程只希望读共享数据时，可申请读模式的读写锁，当一个进程希望修改共享数据时，应申请写模式的读写锁。多个进程可允许并发获取读模式的读写锁，但是只有一个进程可获取写模式的读写锁，作者进程需要互斥的访问。

读写锁在以下情况下最为有用：
- 在应用程序中，容易识别哪些进程只读共享数据和哪些进程只写共享数据。
- 读者进程数比作者进程数多的应用程序。这是因为读写锁的建立开销通常大于信号量或互斥锁的开销，但是这一开销可以通过允许多个读者的并发程度的增加来加以弥补。

7.1.3 哲学家就餐问题

假设有 5 位哲学家，他们的生活方式是交替地进行思考和就餐。这些哲学家共用一张圆桌，每位都有一把椅子。在桌子中央有一碗米饭，在桌子上放着 5 根筷子（见图 7.5）。当一位哲学家思考时，他与其他哲学家不交流。时而，他会感到饥饿，并试图拿起与他相近的两根筷子（筷子在他和他的邻居之间）。一位哲学家一次只能拿起一根筷子。显然，他不能从其他哲学家手里拿走筷子。当一个饥饿的哲学家同时拥有两根筷子时，他就能开始就餐。在吃完后，他会放下两根筷子，并开始思考。

```
while (true) {
  wait(mutex);
  read_count++;
  if (read_count == 1)
    wait(rw_mutex);
  signal(mutex);
    . . .
  /* reading is performed */
    . . .
  wait(mutex);
  read_count--;
  if (read_count == 0)
    signal(rw_mutex);
  signal(mutex);
}
```

图 7.4　读者进程的结构

哲学家就餐问题（dining-philosophers problem）是一个经典的同步问题，它是大量并发控制问题的一个典型案例。这个代表型的案例满足在多个进程之间分配多个资源，而且不会出现死锁和饥饿。

7.1.3.1 采用信号量的解决方案

一种简单的解决方法是每根筷子都用一个信号量来表示。一位哲学家通过执行 wait() 操作试图获取相应的筷子，他会通过执行 signal() 操作释放相应的筷子。因此，共享数据为

$$\text{semaphore chopstick[5];}$$

其中，chopstick 的所有元素都初始化为 1。哲学家 i 的结构如图 7.6 所示。

图 7.5　哲学家就餐的情景

```
while (true) {
  wait(chopstick[i]);
  wait(chopstick[(i+1) % 5]);
    . . .
  /* eat for a while */
    . . .
  signal(chopstick[i]);
  signal(chopstick[(i+1) % 5]);
    . . .
  /* think for a while */
    . . .
}
```

图 7.6　哲学家 i 的结构

虽然这一解决方案保证两位相邻的哲学家不能同时就餐，但是可能导致死锁，因此还是应被否定的。假若 5 位哲学家同时饥饿并拿起左边的筷子，所有筷子的信号量现在均为 0。当每个哲学家试图拿右边的筷子时，他的请求会被永远推迟。

死锁问题有多种可能的补救措施：
- 允许最多 4 位哲学家同时坐在桌子旁。
- 只有一位哲学家的两根筷子都可用时，他才能拿起它们（他必须在临界区内拿起两根筷子）。

- 使用非对称解决方案——单号的哲学家先拿起左边的筷子，接着拿起右边的筷子，而双号的哲学家先拿起右边的筷子，接着拿起左边的筷子。

我们可以利用 6.7 节提到的管程来确保没有死锁。但请注意，任何令人满意的哲学家就餐问题的解决都应确保没有一位哲学家可能会被饿死。没有死锁的解决方案不一定能消除饥饿的可能性。

7.1.3.2 采用管程的解决方案

下面，我们通过哲学家就餐问题的一个无死锁解答说明管程概念。这个解答强加了以下限制：只有当一位哲学家的两根筷子都可用时，他才能拿起筷子。为了编写这个解决方案，我们需要区分哲学家所处的三种状态。为此，引入如下数据结构：

enum {THINKING, HUNGRY, EATING} state[5];

哲学家 i 只有在其两个邻居不在就餐时，才能设置变量 state[i] = EATING 为 (state[(i+4) % 5] ! = EATING) 和 (state[(i+1) % 5] ! = EATING)。

我们还需要声明

condition self[5];

这让哲学家 i 在饥饿且又不能拿到所需筷子时，可以延迟自己的请求。

现在，我们可以描述哲学家就餐问题的解决方案。筷子分布是由管程 DiningPhilosophers 来控制的，其定义如图 7.7 所示。每位哲学家在用餐之前，应调用 pickup() 操作。这可能挂起该哲学家进程。在 pickup() 操作成功之后，他就可以就餐。就餐结束后，他调用 putdown() 操作。因此，哲学家 i 应按如下顺序来调用 pickup() 操作和 putdown() 操作；

```
monitor DiningPhilosophers
{
  enum {THINKING, HUNGRY, EATING} state[5];
  condition self[5];

  void pickup(int i) {
    state[i] = HUNGRY;
    test(i);
    if (state[i] ! = EATING)
      self[i].wait();
  }

  void putdown(int i) {
    state[i] = THINKING;
    test((i + 4) % 5);
    test((i + 1) % 5);
  }

  void test(int i) {
    if ((state[(i + 4) % 5] ! = EATING) &&
      (state[i] == HUNGRY) &&
      (state[(i + 1) % 5] ! = EATING)) {
        state[i] = EATING;
        self[i].signal();
    }
  }

  initialization_code() {
    for (int i = 0; i < 5; i++)
      state[i] = THINKING;
  }
}
```

图 7.7 哲学家就餐问题的管程解决方案

```
DiningPhilosophers.pickup(i);
            ...
            eat
            ...
DiningPhilosophers.putdown(i);
```

容易看出，这一解决方案确保了相邻两位哲学家不会同时就餐，且不会出现死锁。然而，我们注意到，在以上方案中哲学家可能被饿死。我们不对这个问题给出解决方案，而是将它作为练习留给读者。

7.2 内核的同步

接下来，我们讨论 Windows 和 Linux 操作系统所提供的同步机制。选择这两个操作系统是由于它们提供了很好的同步内核的例子。正如本节所述，这些不同系统的同步方法区别细微但却重要。

7.2.1 Windows 的同步

Windows 操作系统采用多线程内核，支持实时应用和多处理器。对于单处理器系统，当 Windows 内核访问一个全局资源时，它会暂时屏蔽一些中断，而这些中断的处理程序也有可能访问这一全局资源。对于多处理器系统，Windows 采用自旋锁来保护访问全局资源，但是内核只采用自旋锁来保护短代码段。此外，出于效率原因，内核确保绝不抢占拥有自旋锁的线程。

对于内核外的线程同步，Windows 提供**调度对象**（dispatcher object）。采用调度对象，有多种不同的线程同步机制，包括互斥锁、信号量、事件和定时器等。系统通过要求线程获取访问数据的互斥拥有权和在用完后释放拥有权保护数据。信号量的工作方式如 6.6 节所述。**事件**（event）类似于条件，也就是说，当所需条件出现时，会通知等待线程。最后，定时器在到期后会通知一个或多个线程。

调度对象可以处于触发状态或非触发状态。**触发状态**（signaled state）表示对象可用，线程在获取时不会阻塞。**非触发状态**（nonsignaled state）表示对象不可用，线程在试图获取时会阻塞。图 7.8 显示了互斥锁调度对象的状态转换。

在调度对象状态与线程状态之间存在一定关系。当一个线程阻塞在非触发调度对象上时，其状态从就绪变成等待，而且会被加到那个对象的等待队列中。当调度对象状态变成触发时，内核检查是否有线程正在等待这个对象。如果有，那么内核改变一个或多个线程的状态，即从等待状态切换到就绪状态以便重新执行。内核从等待队列中选择的进程数量取决于等待的调度对象类型。对于互斥锁，内核从等待队列中只选择一个线程，因为一个互斥对象只能为单个线程所拥有。对于事件对象，内核选择所有等待事件的线程。

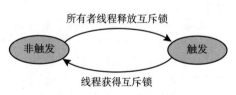

图 7.8 互斥锁调度对象的状态转换

我们以互斥锁为例来说明调度对象和线程状态的关系。如果一个线程试图获取处于非触发状态的互斥调度对象，那么线程会被挂起，并被添加到互斥对象的等待队列。当互斥对象变成触发状态（由于另外一个线程释放了互斥锁），等待队列前面的线程会从等待状态变成就绪状态，且会获得互斥锁。

临界区对象（critical-section object）是用户模式互斥锁，可在没有内核干预的情况下获取和释放。在多处理器系统上，当等待另一个线程释放这种对象时，临界区对象首先采用自旋锁。如果它旋转的时间太长，那么接着会分配一个互斥锁并让出它占用的 CPU。临界区对象特别高效，因为只有在有争用时才分配内核互斥锁。实际上，竞争极少，因此这种节省十分明显。

本章末尾提供一个编程项目，它会用到 Windows API 的互斥锁和信号量。

7.2.2　Linux 的同步

在 2.6 版本之前，Linux 为非抢占内核，这意味着纵然有一个更高优先级的进程能够运行，它也不能抢占在内核模式下运行的其他进程。然而，现在 Linux 内核是完全可抢占的，这样在内核态下运行的任务也能被抢占。

Linux 提供多种不同机制，以便用于内核中的同步。由于大多数计算机体系结构提供原子版本的简单数学运算指令，Linux 内核最简单的同步技术为原子整数（atomic integer），其类型为抽象数据类型 atomic_t。顾名思义，所有采用原子整数的数学运算在执行时不会中断。为了说明，考虑一个由原子整数计数器和整数值组成的程序。

```
atomic_t counter;
int value;
```

以下代码说明了首先声明一个原子整数 counter，然后执行各种原子操作：

原子操作	效果
atomic_set (&counter, 5);	counter = 5
atomic_add (10, &counter);	counter = counter + 10
atomic_sub (4, &counter);	counter = counter − 4
atomic_inc (&counter);	counter = counter + 1
value = atomic_read (&counter);	value = 12

在整型变量（如计数器）需要更新时，原子整数特别有效，因为原子操作没有加锁机制的开销。但是，其用法也只限于这类情况。在多个变量可能导致竞争条件的情况下，必须采用更为复杂的加锁工具。

Linux 提供互斥锁，用于保护内核中的临界区。其中，当一个任务在进入临界区前，应调用 mutex_lock()，当退出临界区之后，应调用 mutex_unlock()。如果互斥锁不可用，则调用 mutex_lock() 的任务会变成睡眠状态，当锁的所有者调用 mutex_unlock() 时，就会被唤醒。

Linux 还提供自旋锁和信号量（还有这些锁的读者-作者版本），用于内核加锁。对于 SMP 系统，基本加锁机制为自旋锁，内核设计成只有短时间的操作，才会采用自旋锁的模式。对于单处理器系统（例如仅具有单个处理核的嵌入式系统），不适合使用自旋锁，应替换成内核抢占的启用与禁用。也就是说，对于单个处理核的系统，内核不是保持自旋锁，而是禁止内核抢占；不是释放自旋锁，而是允许内核抢占。总结如下：

单处理器	多处理器	单处理器	多处理器
禁用内核抢占	获取自旋锁	启用内核抢占	释放自旋锁

在 Linux 内核中，自旋锁和互斥锁都是非递归的，这意味着如果一个线程获得了这些锁中的一个，它不能在不释放锁的情况下再次获得相同的锁。否则，第二次获取锁的尝试将被阻塞。

Linux 采用一种有趣的方法来禁用和启用内核抢占。它提供两个简单的系统调用：preempt_disable() 与 preempt_enable() 用于禁用和启用内核抢占。然而，如果内核态的一个任务占有锁，那么内核是不能被抢占的。为了强制执行这个规则，每个系统任务都有一个数据结构 thread_info，它包括一个计数器 preempt_count，用于表示任务占有锁的数量。

当获得一个锁时，`preempt_count` 会增加，当释放一个锁时，`preempt_count` 会减少。如果一个运行任务的 `preempt_count` 值大于 0，那么由于占有锁，抢占内核就不安全。如果计数为零，那么可以被安全地中断（假设没有对 `preempt_disable()` 的未完成的调用）。

自旋锁（与内核抢占的禁用和启用一样）只有短时占用锁（或禁用内核抢占）时，才用于内核。当一个锁需要长时间使用时，采用信号量或互斥锁更加适合。

7.3 POSIX 的同步

上一节讨论的同步方法与内核内的同步有关，因此仅适用于内核开发人员。相比之下，POSIX API 可供用户级别的程序员使用，而不是任何特定操作系统内核的一部分。（当然，它最终必须使用主机操作系统提供的工具来实现。）

本节介绍 Pthreads 和 POSIX API 中可用的互斥锁、信号量和条件变量。这些 API 被 UNIX、Linux 和 macOS 系统的开发人员广泛用于线程创建和同步。

7.3.1 POSIX 互斥锁

互斥锁是 Pthreads 使用的基本同步技术。互斥锁用于保护代码的临界区，也就是说，线程在进入临界区之前获取锁，在退出临界区之后释放。Pthreads 互斥锁采用数据类型 `pthread_mutex_t`。通过函数 `pthread_mutex_init()` 创建互斥锁。它的第一个参数为互斥锁的指针。通过传递 NULL 作为第二个参数，我们采用默认属性来初始化互斥锁。如下所示：

```
#include <pthread.h>

pthread_mutex_t mutex;

/* create and initialize the mutex lock */
pthread_mutex_init(&mutex,NULL);
```

通过函数 `pthread_mutex_lock()` 或 `pthread_mutex_unlock()`，可获取或释放互斥锁。当调用 `pthread_mutex_lock()` 时，如果互斥锁不可用，那么调用线程会被阻塞，直到所有者调用 `pthread_mutex_unlock()` 为止。以下代码展示了采用互斥锁来保护临界区：

```
/* acquire the mutex lock */
pthread_mutex_lock(&mutex);

/* critical section */

/* release the mutex lock */
pthread_mutex_unlock(&mutex);
```

所有互斥函数在操作正确时，返回值为 0，当发生错误时，返回一个非零的错误代码。条件变量和读写锁的行为类似于 6.8 节和 6.7.2 节描述的方式。

7.3.2 POSIX 信号量

实现 Pthreads 的许多系统也提供信号量，虽然信号量不是 POSIX 标准的一部分，而是属于 POSIX SEM 扩展。POSIX SEM 包括两种类型的信号量：**命名信号量**（named semaphore）和**无名信号量**（unnamed semaphore）。从根本上说，两者非常相似，但不同之处在于它们如何在进程之间创建和共享。因为这两种技术都是通用的，所以这里对两者都加以讨论。从内核的 2.6 版本开始，Linux 系统提供对命名信号量和无名信号量的支持。

7.3.2.1 POSIX 命名信号量

函数 `sem_open()` 用于创建和打开一个 POSIX 命名信号量：

```
#include <semaphore.h>
sem_t *sem;
```

```
/* Create the semaphore and initialize it to 1 */
sem = sem_open("SEM", O_CREAT, 0666, 1);
```

在本例中，我们将信号量命名为 SEM。标志 O_CREAT 表示如果该信号量尚不存在，则将创建该信号量。此外，信号量对其他进程具有读写访问权限（通过参数 0666），并被初始化为 1。

命名信号量的优点是多个不相关的进程可以很容易地使用一个公共信号量作为同步机制，只需引用信号量的名称即可。在上面的示例中，一旦创建了信号量 SEM，其他进程对 sem_open() 的后续调用（具有相同的参数），将返回一个现有信号量的描述符。

在 6.6 节中，我们描述了经典的 wait() 和 signal() 信号量操作。POSIX 分别声明了 sem_wait() 操作 和 sem_post() 操作。以下代码示例说明了使用上面创建的命名信号量，以保护临界区：

```
/* acquire the semaphore */
sem_wait(sem);

/* critical section */

/* release the semaphore */
sem_post(sem);
```

Linux 和 macOS 系统都提供了 POSIX 命名信号量。

7.3.2.2 POSIX 无名信号量

无名信号量通过函数 sem_init() 来创建和初始化，该函数传递了三个参数：信号量的指针、表示共享级别的标志、信号量的初始值。参见以下编程示例：

```
#include <semaphore.h>
sem_t sem;

/* Create the semaphore and initialize it to 1 */
sem_init(&sem, 0, 1);
```

在这个例子中，通过传递标志 0，表示这个信号量可以仅由属于创建信号量的进程的线程共享。非零标志允许其他进程也能访问信号量。此外，我们将信号量初始化为 1。

POSIX 无名信号量使用与命名信号量相同的操作 sem_wait() 和 sem_post()。以下代码示例说明了使用上面创建的无名信号量保护临界区：

```
/* acquire the semaphore */
sem_wait(&sem);

/* critical section */

/* release the semaphore */
sem_post(&sem);
```

就像互斥锁一样，所有信号量函数在成功时返回 0，在发生错误时返回非零。

7.3.3 POSIX 条件变量

Pthreads 条件变量的行为类似于我们在 6.7 节所述的。然而，在 6.7 节中，条件变量用在管程的上下文中，从而提供加锁机制以便确保数据完整性。由于 Pthreads 通常用于 C 程序并且 C 程序没有管程，因此通过关联条件变量和互斥锁，来实现加锁。

Pthreads 条件变量采用数据类型 pthread_cond_t，同时采用函数 pthread_cond_init() 来初始化。下面的代码创建和初始化条件变量以及关联的互斥锁：

```
pthread_mutex_t mutex;
pthread_cond_t cond_var;
```

```
pthread_mutex_init(&mutex,NULL);
pthread_cond_init(&cond_var,NULL);
```

函数 pthread_cond_wait( ) 用于等待条件变量。以下代码采用 Pthreads 条件变量，说明一个线程如何等待条件 a == b：

```
pthread_mutex_lock(&mutex);
while (a != b)
      pthread_cond_wait(&cond_var, &mutex);

pthread_mutex_unlock(&mutex);
```

与条件变量关联的互斥锁在调用 pthread_cond_wait( ) 之前应加锁，因为它保护条件语句内的数据，避免竞争条件。一旦获得这个锁，线程就可检查条件。如果条件不成立，则线程调用 pthread_cond_wait( )，传递互斥锁和条件变量作为参数。调用 pthread_cond_wait( ) 释放互斥锁以允许另一个线程访问共享变量，也可更新其值以便条件语句为真。（为了防止程序错误，注意要将条件语句放在循环中，以便在被唤醒后重新检查条件。）

修改共享数据的线程可以调用函数 pthread_cond_signal( )，从而唤醒一个等待条件变量的线程。具体代码如下：

```
pthread_mutex_lock(&mutex);
a = b;
pthread_cond_signal(&cond_var);
pthread_mutex_unlock(&mutex);
```

要特别注意，调用 pthread_cond_signal( ) 并不释放互斥锁。而是在随后调用 pthread_mutex_unlock( ) 时释放互斥锁。一旦互斥锁被释放，唤醒线程成为互斥锁的所有者，并将控制权返回到对 pthread_cond_wait( ) 的调用。

我们在本章末尾提供了几个编程题和项目，它们采用 Pthreads 互斥锁和条件变量，以及 POSIX 信号量。

7.4 Java 的同步

Java 语言及其 API 自发明出来，就为线程同步提供了丰富的支持。本节首先介绍 Java 管程，这是 Java 的原始同步机制。然后介绍 Java 1.5 版本引入的三种附加机制：可重入锁、信号量和条件变量。这么介绍是因为它们代表了最常见的锁定和同步机制。但是，Java API 提供了许多本书未涵盖的功能（例如，支持原子变量和 CAS 指令），希望感兴趣的读者查阅参考书目以获取更多信息。

7.4.1 Java 管程

Java 为线程同步提供一个类似于管程的并发机制。我们用 BoundedBuffer 类来说明这个机制（见图 7.9），它实现了有界缓冲区问题的解决方案，其中生产者和消费者分别调用 insert( ) 和 remove( ) 方法。

Java 的每个对象都有一个单独的锁。当方法声明为 synchronized 时，调用方法需要拥有对象的锁。通过在方法定义中增加 synchronized 关键词，来声明一个同步方法，例如 BoundedBuffer 类的 insert( ) 和 remove( ) 方法。

调用同步方法需要在 BoundedBuffer 的对象实例上拥有锁。如果锁已被另一个线程拥有，则调用同步方法的线程会阻塞，并被放置在对象锁的**条目集**中。条目集表示等待锁可用的线程集。如果调用同步方法时锁可用，则调用线程将成为对象锁的所有者并可以进入该方法。当线程退出方法时，锁被释放。如果在释放锁时为该锁设置的条目不为空，则 JVM 会从该集合中任意选择一个线程作为该锁的所有者。（当我们说"任意"时，意思是规范不要求该集合中的线程以任何特定顺序组织。但实际上，大多数虚拟机根据 FIFO 策略对条目集中的线程进行排序。）图 7.10 说明了条目集是如何运行的。

除了拥有锁之外，每个对象还关联了一个由一组线程组成的**等待集**。这个等待集最初是空的。当线程进入 synchronized 方法时，它拥有对象的锁。但是，该线程可能会因为未满足某个条件而确定无法继续。例如，如果生产者调用 insert() 方法并且缓冲区已满，就会发生这种情况。然后线程将释放锁并等待，直到满足允许它继续的条件。

当线程调用 wait() 方法时，会发生以下情况：

1. 线程释放对象的锁。
2. 线程状态设置为阻塞。
3. 线程被加到对象的等待集中。

考虑图 7.11 中的示例。如果生产者调用 insert() 方法并看到缓冲区已满，则调用 wait() 方法。这个调用释放锁，阻塞生产者，并将生产者置于对象的等待集中。因为生产者释放了锁，消费者最终进入 remove() 方法，在那里它为生产者释放缓冲区中的空间。图 7.12 说明了锁的入口集和等待集。（请注意，虽然 wait() 可以抛出 InterruptedException，但为了代码的清晰和简单，这里选择忽略。）

```java
public class BoundedBuffer<E>
{
   private static final int BUFFER_SIZE = 5;

   private int count, in, out;
   private E[] buffer;

   public BoundedBuffer() {
      count = 0;
      in = 0;
      out = 0;
      buffer = (E[]) new Object[BUFFER_SIZE];
   }

   /* Producers call this method */
   public synchronized void insert(E item) {
      /* See Figure 7.11 */
   }

   /* Consumers call this method */
   public synchronized E remove() {
      /* See Figure 7.11 */
   }
}
```

图 7.9 采用 Java 同步的有界缓冲区

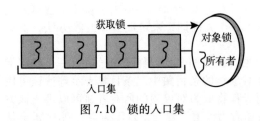

图 7.10 锁的入口集

```java
/* Producers call this method */
public synchronized void insert(E item) {
   while (count == BUFFER_SIZE) {
      try {
         wait();
      }
      catch (InterruptedException ie) { }
   }

   buffer[in] = item;
   in = (in + 1) % BUFFER_SIZE;
   count++;

   notify();
}

/* Consumers call this method */
public synchronized E remove() {
   E item;

   while (count == 0) {
      try {
         wait();
      }
      catch (InterruptedException ie) { }
   }

   item = buffer[out];
   out = (out + 1) % BUFFER_SIZE;
   count--;

   notify();

   return item;
}
```

图 7.11 insert() 方法和 remove()
方法使用 wait() 和 notify()

消费者线程如何发出生产者现在可以继续进行的信号？通常，当线程退出同步方法时，离开的线程仅释放与对象关联的锁，可能会从条目集中删除线程并授予锁的所有权。然而，在 insert() 和 remove() 方法的末尾，我们调用了 notify() 方法。调用 notify() 方法：

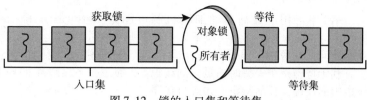

图 7.12　锁的入口集和等待集

1. 从等待集的线程列表中选择一个任意线程 T。
2. 将 T 从等待集移动到入口集。
3. 设置 T 的状态从阻塞（blocked）到可运行（runnable）。

线程 T 现在有资格与其他线程竞争锁。一旦线程 T 重新获得对锁的控制，它会从调用 wait() 返回，在那里它可能会再次检查 count 的值。（同样，任意线程的选择取决于 Java 规范。实际上，大多数 Java 虚拟机根据 FIFO 策略对等待集中的线程进行排序。）

接下来，根据图 7.11 所示的方法描述 wait() 和 notify() 方法。假设缓冲区已满并且对象的锁可用。

- 生产者调用 insert() 方法，看到锁可用并进入方法。一旦进入该方法，生产者确定缓冲区已满并调用 wait()。调用 wait() 释放对象的锁，将生产者的状态设置为阻塞，并将生产者置于对象的等待集合。
- 因为对象的锁最终可用消费者就可调用并进入 remove() 方法。消费者从缓冲区中删除一个项目并调用 notify()。请注意，消费者仍然拥有对象的锁。
- 调用 notify() 从对象的等待集中移除生产者，将生产者移动到入口集，并将生产者的状态设置为可运行。
- 消费者退出 remove() 方法。退出此方法会释放对象的锁。
- 生产者尝试重新获取锁并成功。它从对 wait() 的调用恢复执行。生产者测试 while 循环，确定缓冲区中有可用空间，然后继续执行 insert() 方法的其余部分。如果对象的等待集中没有线程，则忽略对 notify() 的调用。当生产者退出方法时，释放对象的锁。

synchronized、wait() 和 notify() 机制自 Java 起源以来一直是 Java 的一部分。但是，Java API 的后续修订版引入了更加灵活和健壮的加锁机制，下面介绍其中的一些机制。

块同步

获取锁和释放锁之间的时间量被定义为锁的**范围**。只有一小部分代码处理共享数据的 synchronized 方法可能会产生过大的范围。在这种情况下，只同步操作共享数据的代码块可能比同步整个方法更好。这样的设计导致更小的加锁范围。因此，除了声明同步方法之外，Java 还允许块同步，如下所示。只有访问临界区代码才需要拥有 this 对象的对象锁。

```java
public void someMethod() {
    /* non-critical section */

    synchronized(this) {
        /* critical section */
    }

    /* remainder section */
}
```

7.4.2　重入锁

API 中可用的最简单的加锁机制可能是 ReentrantLock（重入锁）。在许多方面，ReentrantLock 的作用类似于 7.4.1 节所述的同步语句：重入锁由单个线程拥有，用于提供互斥访问共享资源。但是，ReentrantLock 提供数个附加功能，例如设置一个公平参数，它有利于将锁授予等待时间最长的线程。（回想一下，JVM 的规范并没有指出，对象锁的等待集中的线程按任何特定方式进行排序。）

线程通过调用 lock() 方法，来获取 ReentrantLock。如果锁可用，或者如果调用 lock() 的线程已经拥有它（这就是为什么它被称为可重入的），则 lock() 分配调用线程锁的所有权，并返回控制权。如果锁不可用，调用线程会阻塞，直到它的所有者调用 unlock() 时为其分配锁。ReentrantLock 实现了 Lock 接口，其用法如下：

```
Lock key = new ReentrantLock();

key.lock();
try {
    /* critical section */
}
finally {
    key.unlock();
}
```

上述代码段使用了 try ... finally 结构。如果锁是通过 lock() 方法获取的，则以类似方式释放锁很重要。通过将 unlock() 包含在 finally 子句中，确保在临界区完成或在 try 块中发生异常时释放锁。请注意，我们并没有在 try 子句中调用 lock()，因为 lock() 不会抛出任何已检查的异常。想一想，如果将 lock() 放在 try 子句中，并且在调用 lock() 时发生未经检查的异常（例如 OutofMemoryError）会发生什么？finally 子句触发对 unlock() 的调用，然后抛出未经检查的 IllegalMonitorStateException，因为从未获得锁。这个 IllegalMonitorStateException 替换了调用 lock() 时发生的未经检查的异常，从而掩盖了程序最初失败的原因。

虽然 ReentrantLock 提供互斥，但是如果多个线程只读取而不写入共享数据，那么这种策略可能过于保守（7.1.2 节介绍了这个场景）。为了解决这个需求，Java API 还提供了 ReentrantReadWriteLock，这种锁允许多个并发读者但只允许一个作者。

7.4.3　信号量

Java API 还提供了一个计数信号量，如 6.6 节所述。信号量的构造函数为

```
Semaphore( int value);
```

其中 value 指定信号量的初始值（允许负值）。如果获取线程被中断，acquire() 方法会抛出一个 InterruptedException。以下示例说明采用信号量来进行互斥：

```
Semaphore sem = new Semaphore(1);

try {
    sem.acquire();
    /* critical section */
}
catch (InterruptedException ie) { }
finally {
    sem.release();
}
```

请注意，我们在 finally 子句中调用 release()，以确保信号量被释放。

7.4.4 条件变量

我们所述 Java API 的最后一个实用功能是条件变量。就像 ReentrantLock 类似于 Java 的 synchronized 语句一样，条件变量提供类似于 wait() 和 notify() 方法的功能。因此，为了提供互斥，条件变量必须与重入锁相关联。

我们首先创建一个 ReentrantLock，并调用它的 newCondition() 方法来创建一个条件变量，它返回一个 Condition 对象，表示关联 ReentrantLock 的条件变量。以下语句说明了这一点：

```
Lock key = new ReentrantLock();
Condition condVar = key.newCondition();
```

一旦获得条件变量后，就可以调用它的 await() 和 signal() 方法，其功能与 6.7 节所述的 wait() 和 signal() 命令相同。

回想一下 6.7 节所述的管程，操作 wait() 和 signal() 可以应用于命名条件变量，允许线程等待特定条件或在满足特定条件时收到通知。在语言级别，Java 不提供对命名条件变量的支持。每个 Java 管程只与一个无名条件变量相关联，并且 6.7 节所述的操作 wait() 和 notify() 仅适用于这个单个条件变量。当一个 Java 线程通过 notify() 被唤醒时，不会收到关于为何被唤醒的信息，由重新激活的线程自行检查是否满足了其等待条件。条件变量通过允许通知特定线程来解决这个问题。

我们用下面的例子来说明。假设有五个线程，编号为 0 到 4，还有一个共享变量 turn 指示轮到哪个线程。当一个线程想要工作时，它调用图 7.13 中的 doWork() 方法，并传递它的线程号。只有 threadNumber 的值与 turn 的值匹配的线程才能继续，其他线程必须等待轮到它们。

```
/* threadNumber is the thread that wishes to do some work */
public void doWork(int threadNumber)
{
  lock.lock();

  try {
    /* *
     * If it's not my turn, then wait
     * until I'm signaled.
     */
    if (threadNumber ! = turn)
      condVars[threadNumber].await();

    /* *
     * Do some work for awhile ...
     */

    /* *
     * Now signal to the next thread.
     */
    turn = (turn + 1) % 5;
    condVars[turn].signal();
  }
  catch (InterruptedException ie) { }
  finally {
    lock.unlock();
  }
}
```

图 7.13 采用 Java 条件变量的示例

我们还必须创建一个 ReentrantLock 和五个条件变量（代表线程正在等待的条件）向下一个轮到的线程发出信号。如下代码所示：

```
Lock lock = new ReentrantLock();
Condition[] condVars = new Condition[5];

for (int i = 0; i < 5; i++)
    condVars[i] = lock.newCondition();
```

当一个线程进入 doWork() 时，如果 threadNumber 不等于 turn，它在其关联的条件变量上调用方法 await()，而且只有在另一个线程发出信号时才恢复。当线程完成工作后，它会向与轮到其后线程相关联的条件变量发出信号。

需要注意的是：doWork() 不需要声明为同步的，因为 ReentrantLock 提供了互斥。当线程对条件变量调用 await() 时，释放关联的 ReentrantLock，允许另一个线程获取互斥锁。类似地，当调用 signal() 时，只通知条件变量，我们可以通过调用 unlock() 来释放锁。

7.5 其他方法

随着多核系统的出现，开发利用多核的多线程应用程序的压力也越来越大。然而，多线程应用程序会增加竞争条件和活性危害（如死锁）的风险。传统上，我们可以使用诸如互斥锁、信号量和管程等技术来解决这些问题，但是随着核数量的增加，设计多线程应用程序并且避免竞争条件和死锁变得越来越困难。本节探讨通过编程语言和硬件提供的各种功能，来支持设计线程安全的并发应用程序。

7.5.1 事务内存

在计算机科学中，通常可以采用源自某个研究领域的想法解决其他领域的问题。例如，**事务内存**（transactional memory）的概念源自数据库理论，但它提供了一种进程同步的策略。**内存事务**（memory transaction）是一个内存读写操作的序列，它是原子的。如果事务中的所有操作都完成了，内存事务就被提交。否则，应中止操作并回滚。通过添加功能到编程语言能发现事务内存的优势。

考虑一个例子。假设有一个函数 update()，用于修改共享数据。传统上，这个函数采用互斥锁（或信号量）来编写，例如：

```
void update()
{
    acquire();

    /* modify shared data */

    release();
}
```

但是，采用诸如互斥锁和信号量之类的同步机制涉及许多潜在的问题，包括死锁。此外，随着线程数量的增加，传统加锁的可伸缩性欠佳，因为线程对锁所有权的竞争会非常激烈。

作为传统加锁方法的替代，我们可以利用事务内存的优点为编程语言添加新的功能。在下面例子中，假设添加构造 atomic {S}，以确保 S 中的操作作为事务执行。这样，函数 update() 可以重写为：

```
void update()
{
    atomic {
        /* modify shared data */
    }
}
```

我们采用这种机制而不采用锁的优点是：事务内存系统（而非开发人员）负责保证原子性。再者，因为不涉及锁，所以死锁是不可能的。此外，事务内存系统可以识别哪些原子块内的语句能并发执行，如共享变量的并发读访问。当然，程序员可以识别这些情况并且使用读写锁，但是随着应用程序线程数量的增长，这个任务变得越来越困难。

事务内存可以通过软件或硬件实现。**软件事务内存**（Software Transactional Memory, STM），顾名思义，完全通过软件来实现，而不需要特殊硬件。STM 通过在事务块中插入检测代码来工作。代码由编译器插入，通过检查哪些语句并发运行和哪些地方需要特定的低级加锁来管理每个事务。**硬件事务内存**（Hardware Transactional Memory, HTM）使用硬件高速缓存层次结构和高速缓存一致性协议，对涉及驻留在单独处理器的高速缓存中的共享数据进行管理并解决冲突。HTM 不要求特定的代码，因此具有比 STM 更少的开销。但是，HTM 确实需要修改现有的缓存层次结构和缓存一致性协议，以便支持事务内存。

事务内存已经有多年了，但是并未得到广泛应用。然而，随着多核系统的发展以及对并发与并行编程的重视，促使学术界和商业软件与硬件供应商在这一领域投入了大量研究。

7.5.2 OpenMP

4.5.3 节概述了 OpenMP 及其对共享内存环境的并行编程支持。回想一下，OpenMP 有一组编译器指令和一个 API。编译器指令 `#pragma omp parallel` 后的任何代码被标识为并行区域，可由多个线程来执行，这些线程的数量与系统处理核的数量相同。OpenMP（及类似工具）的优点是：线程的创建与管理可由 OpenMP 库处理，而不是应用程序开发人员的责任。

除了编译指令 `#pragma omp parallel` 外，OpenMP 还提供了编译指令 `#pragma omp critical`，以便指定其后面的代码为临界区，即一次只有一个线程可以在该区内执行。通过这种方式，OpenMP 对确保线程不生成竞争条件提供了支持。

作为使用临界区编译器指令的一个例子。首先，假设共享变量 `counter` 可以在函数 `update()` 中修改，例如：

```
void update( int value)
{
    counter += value;
}
```

如果函数 `update()` 是并行区域的一部分（或被并行区域调用），那么对变量 `counter` 可能有竞争条件。

临界区编译器指令可以用来弥补这种竞争条件，编码如下：

```
void update( int value)
{
    #pragma omp critical
    {
        counter += value;
    }
}
```

临界区编译器指令的行为很像一个二进制信号量或互斥锁，它确保每次只有一个线程在临界区内处于活动状态。如果在一个线程尝试进入临界区时另一个线程正在该临界区内活动（即拥有该临界区），那么调用线程阻塞，直到所有者线程退出。如果必须使用多个临界区，那么每个临界区可以分配一个单独名称，通过规则可以指定在同一名称的临界区内中最多只有一个线程是活动的。

采用 OpenMP 临界区编译器指令的优点之一是：与标准互斥锁相比，它通常被认为更加容易。然而缺点是，应用程序开发人员仍然必须识别可能的竞争条件，并使用编译器指令充分保护共享数据。此外，由于临界区编译器指令的行为很像互斥锁，当有两个或更多的临界区时死锁仍然可能发生。

7.5.3　函数式编程语言

著名的编程语言（如 C、C++、Java 和 C#）称为**命令式**（imperative）或**过程式**（procedural）语言。命令式语言用于实现基于状态的算法。采用这些语言，算法流程对执行正确是至关重要的，并且状态采用变量和其他数据结构来表示。当然，程序状态是可变的，因为变量可以在不同时间被分配不同的值。

随着多核系统的并发与并行编程的日益重要，**函数式**（functional）编程语言也更受关注，它的编程不同于命令式语言的编程。命令式与函数式语言的根本区别在于函数式语言并不维护状态。也就是说，一旦一个变量被定义和赋了一个值，它的值是不可变的，即不能被修改。由于函数式语言不允许可变状态，它们不需要关心诸如竞争条件和死锁等问题。本质上，本章讨论的大多数问题在函数式语言中都是不存在的。

现在已经有多种函数式语言，这里我们简要提及两种：Erlang 和 Scala。由于 Erlang 支持并发并且容易开发可在并行系统上运行的应用程序，因此它已引起了极大的关注。Scala 是一个函数式语言，也是一个面向对象语言。其实，Scala 的大部分语法类似于流行的面向对象语言 Java 和 C#。对 Erlang、Scala 以及函数式语言的更多细节感兴趣的读者，可参考本章末尾的参考文献。

7.6　本章小结

- 进程同步的经典问题包括有界缓冲区、读者-作者和哲学家就餐问题。可以使用第 6 章所述工具，包括互斥锁、信号量、监视器和条件变量，来开发这些问题的解决方案。
- Windows 使用调度程序对象和事件来实现进程同步工具。
- Linux 使用多种方法来防止竞争条件，包括原子变量、自旋锁和互斥锁等。
- POSIX API 提供互斥锁、信号量和条件变量。POSIX 提供了两种形式的信号量：命名的和无名的。多个不相关的进程可以通过简单地引用名称来轻松访问同名信号量。无名信号量不能轻易共享，并且需要将信号量放置在共享内存区域中。
- Java 具有丰富的类库和 API 以用于同步。可用工具包括管程（在语言级别提供）、重入锁、信号量和条件变量（API 支持）等。
- 解决临界区问题的其他方法包括：事务内存、OpenMP 和函数式语言。函数式语言特别有趣，因为它们提供了与过程式语言不同的编程范式。与过程式语言不同，函数式语言并不维护状态，因此通常不受竞争条件和临界区的影响。

7.7　推荐读物

Windows 同步的详细信息，可以参见［Solomon and Russinovich（2000）］。［Love（2010）］描述了 Linux 内核中的同步。［Hart（2005）］描述了使用 Windows 的线程同步。［Breshears（2009）］和［Pacheco（2011）］详细介绍了与并行编程相关的同步问题。有关使用 OpenMP 的详细信息，请访问 http://openmp.org。［Oaks（2014）］和［Goetz et al.（2006）］比较了 Java 的传统同步和基于 CAS 的策略。

7.8　参考文献

［Breshears（2009）］　C. Breshears, *The Art of Concurrency*, O'Reilly & Associates（2009）.

［Goetz et al.（2006）］　B. Goetz, T. Peirls, J. Bloch, J. Bowbeer, D. Holmes, and D. Lea, *Java Concurrency in Practice*, Addison-Wesley（2006）.

[Hart (2005)] J. M. Hart, *Windows System Programming*, Third Edition, Addison-Wesley (2005).

[Love (2010)] R. Love, *Linux Kernel Development*, Third Edition, Developer's Library (2010).

[Oaks (2014)] S. Oaks, *Java Performance — The Definitive Guide*, O'Reilly & Associates (2014).

[Pacheco (2011)] P. S. Pacheco, *An Introduction to Parallel Programming*, Morgan Kaufmann (2011).

[Solomon and Russinovich (2000)] D. A. Solomon and M. E. Russinovich, *Inside Microsoft Windows 2000*, Third Edition, Microsoft Press (2000).

7.9 练习

7.1 解释为什么 Windows 和 Linux 实现了多种锁定机制。描述它们使用自旋锁、互斥锁、信号量和条件变量的情况。在每种情况下，解释为什么需要相应机制。

7.2 Windows 提供了一个叫作轻量级读写锁（slim reader-writer locks）的同步工具。而大多数读写锁的实现有利于读者或作者，或者可能使用 FIFO 策略对等待线程进行排序。轻量级读写锁既不利于读者也不利于作者，等待线程也不是按 FIFO 来排序的。解释提供这种同步工具的好处。

7.3 请描述图 7.1 和图 7.2 中的生产者和消费者进程需要哪些改变，以便使用互斥锁代替二进制信号量。

7.4 请描述哲学家就餐问题为何可能出现死锁。

7.5 请解释 Windows 调度程序对象的信号状态和非信号状态之间的区别。

7.6 假设 val 是 Linux 系统中的原子整数。在完成以下操作后，val 的值是多少？

```
atomic_set(&val,10);
atomic_sub(8,&val);
atomic_inc(&val);
atomic_inc(&val);
atomic_add(6,&val);
atomic_sub(3,&val);
```

7.10 习题

7.7 请描述可能存在竞争条件的两个内核数据结构。一定要包括可能怎样发生竞争条件的描述。

7.8 Linux 内核有一个策略：一个进程在试图获得一个信号量时不能持有自旋锁。请解释为什么有这一策略。

7.9 请设计一个有界缓冲区的管程，其中的缓冲区部分嵌入在管程内。

7.10 管程内的严格互斥使得习题 7.9 的有界缓冲区只适用小部分的问题。

    a. 请解释为什么。

    b. 请设计一个新方案，以适用于大部分问题。

7.11 讨论读者-作者问题的操作公平性和吞吐量之间的权衡。提出一个方法来解决读者-作者问题而不会引起饥饿。

7.12 请解释为什么 Java ReentrantLock 的 lock() 方法调用没有放在异常处理的 try 子句中，而 unlock() 方法调用放在 finally 子句中。

7.13 请解释软件事务内存和硬件事务内存的区别。

7.11 编程题

7.14 编程题 3.20 要求设计一个 PID 管理器，以便为每个进程分配唯一的进程标识符。编程题 4.28 要求修改编程题 3.20 的解决方案，以便采用多线程来请求和释放进程标识符。

采用互斥锁，修改编程题 4.28 的解决方案，确保用于表示进程标识符可用性的数据结构没有竞争条件。

7.15 在编程题 4.27 中，我们编写了一个程序来生成 Fibonacci 数列。该程序要求父线程在打印出计算值之前等待子线程执行完成。如果我们让父线程在子线程计算出 Fibonacci 数列时，立即访问它们而不是等待子线程终止，那么需要如何修改这个练习的解决方案？请实现改进的解决方案。

7.16 C 程序 stack-ptr.c（可在下载源代码中得到）包含使用链表的堆栈实现。它的使用示例如下：

```
StackNode *top = NULL;
push(5, &top);
push(10, &top);
push(15, &top);

int value = pop(&top);
value = pop(&top);
value = pop(&top);
```

该程序当前存在竞争条件，不适用于并发环境。采用 Pthreads 互斥锁（如 7.3.1 节所述），修复竞争条件。

7.17 编程题 4.24 要求设计一个多线程程序，通过 Monte Carlo 技术估算 π。在那个习题中，要求创建一个线程，以便生成随机点，并将结果存入一个全局变量。一旦该线程退出，父线程执行计算，以估计 π 值。修改这个程序，以便创建多个线程，这里每个线程都生成随机点并确定点是否落入圆内。每个线程应更新所有落在圆内的点的全局计数。通过采用互斥锁，保护对共享全局变量的更新，以防止竞争条件。

7.18 编程题 4.25 要求设计一个 OpenMP 的程序，通过 Monte Carlo 技术估算 π。检查这个程序的解决方案，以便寻找任何可能的竞争条件。如果识别到竞争条件，采用 7.5.2 节的策略来加以防止。

7.19 **屏障**是一个用于同步多个线程活动的工具。当线程到达**屏障点**时，不能继续，直到所有其他线程也已经到达这一点。当最后的线程到达屏障点时，所有线程被释放，并且能够恢复并发执行。

假设屏障初始化为 N，即在屏障点等待的线程数量：

```
init(N);
```

每个线程执行一些工作，直到它到达屏障点：

```
/* do some work for a while */

barrier_point();

/* do some work for a while */
```

通过本章描述的同步工具，构建一个屏障，实现以下 API：

- int init (int n) ——初始化指定大小的屏障。
- int barrier_point (void) ——标识屏障点。当最后一个线程到达时，所有线程从屏障点被释放。

每个函数的返回值用于识别错误情况。每个函数在正常操作下将返回 0，如果发生错误将返回 -1。可下载的源代码中提供了一个测试工具以测试你的屏障实现。

7.12 编程项目

项目 1：设计线程池

我们在 4.5.1 节中讨论过线程池。使用线程池时，将任务提交到池中，并由池中的线程执行。使用队列将工作提交到池中，可用线程从队列中删除工作。如果没有可用线程，则工作将保持排队状态，直到有可用线程。如果没有工作，线程会等待通知，直到任务可用。

本项目涉及创建和管理线程池，可以使用 Pthreads 和 POSIX 同步或 Java 来完成。下面我们提供与每种特定技术相关的详细信息。

Ⅰ. POSIX

本项目的 POSIX 版本将涉及使用 Pthreads API 创建多个线程，以及使用 POSIX 互斥锁和信号量进行同步。

客户端

线程池的用户将使用以下 API：

- void pool_init()——初始化线程池。
- int pool_submit (void (*somefunction) (void *p), void *p) ——其中 somefunction 是指向由池中的线程执行的函数的指针，p 是传递给该函数的参数。
- void pool_shutdown (void) ——一旦完成所有任务后，关闭线程池。

在可下载源代码中有一个示例程序 client.c，说明了如何使用这些函数来使用线程池。

线程池的实现

在可下载源代码中，我们提供了源文件 threadpool.c 作为线程池的部分实现。你需要实现客户端用户所调用的函数，以及支持线程池内部结构的几个附加函数。实现将涉及以下活动：

1. 函数 pool_init()在启动时创建线程，并初始化互斥锁和信号量。
2. 函数 pool_submit()已经部分实现，而且当前将要执行的函数以及它的数据放到一个 task 结构体中。结构体 task 表示将由池中的线程完成的工作。pool_submit() 通过调用 enqueue() 函数将这些任务添加到队列中，工作线程调用 dequeue() 从队列中检索工作。队列可以静态（使用数组）或动态（使用链表）地实现。

   函数 pool_init()有一个 int 返回值，用于指示任务是否成功提交到池中（0 表示成功，1 表示失败）。如果队列是使用数组实现的，当尝试提交工作并且队列已满时，pool_init()将返回 1。如果队列实现为链表，除非发生内存分配错误，pool_init() 应始终返回 0。

3. 函数 worker() 由池中的每个线程执行，每个线程都会在这里等待可用的工作。一旦工作可用，线程将从队列中删除它，并调用 execute()来运行指定的函数。

   当工作提交到线程池时，信号量可用于通知等待线程。可以使用命名信号量或无名信号量。有关使用 POSIX 信号量的更多详细信息，请参阅 7.3.2 节。

4. 互斥锁是必要的，以避免在访问或修改队列时出现竞争条件。（7.3.1 节提供了有关 Pthreads 互斥锁的详细信息。）

5. 函数 pool_shutdown()会取消每个工作线程，然后通过调用 pthread_join() 等待每个线程终止。有关 POSIX 线程取消的详细信息，请参阅 4.6.3 节。（信号量操作 sem_wait() 是一个取消点，来允许取消等待信号量的线程。）

有关此项目的更多详细信息，请参阅可下载源代码。特别是，README 文件描述了源文件和头文件，以及用于构建项目的 Makefile。

Ⅱ. Java

本项目的 Java 版本可以使用 Java 同步工具完成，如 7.4 节所述。同步可能取决于使用 synchronized／wait()／notify() 的管程（见 7.4.1 节）或重入锁和信号量（见 7.4.2 节和 7.4.3 节）。Java 线程在 4.4.3 节中描述。

线程池的实现

你的线程池将实现以下 API：

- ThreadPool()——创建一个默认大小的线程池。
- ThreadPool (int size) ——创建 size 大小的线程池。

- void add (Runnable task) —— 在池中添加一个线程要执行的任务。
- void shutdown()—— 停止池中的所有线程。

我们在可下载源代码中提供了 Java 源文件 ThreadPool.java 作为线程池的部分实现。你需要实现客户端用户的调用方法，以及支持线程池内部结构的几个附加方法。实现将涉及以下活动：

1. 构造函数首先会创建一些等待工作的空闲线程。
2. 工作通过 add() 方法来提交到池中，该方法添加了一个实现 Runnable 接口的任务。add() 方法会将 Runnable 任务放入队列（你可以使用 Java API 中的可用结构，例如 java.util.List）。
3. 一旦池中的线程可用于工作，它将检查队列中是否有任何 Runnable 任务。如果有这样的任务，空闲线程将从队列中删除该任务，并调用 run() 方法 。如果队列为空，空闲线程将在工作可用时等待通知。（当 add() 方法将 Runnable 任务放入队列以唤醒等待工作的空闲线程时，可以使用 notify() 或信号量操作实现通知。）
4. shutdown() 方法将通过调用它们的 interrupt() 方法来停止池中的所有线程。当然，这需要线程池所执行的 Runnable 任务，来检查它们的中断状态（见 4.6.3 节）。

有关此项目的更多详细信息，请参阅可下载源代码。特别是，README 文件描述了 Java 源文件，以及有关 Java 线程中断的更多详细信息。

项目 2：睡着的助教

某大学的计算机科学系有一名助教（TA），他在正常上班时间帮助大学生做编程任务。助教的办公室相当小，只有一张书桌、一把椅子和一台计算机。在助教办公室外的走廊里，有三把椅子，如果助教正在帮助一个学生，那么其他学生坐在那里等待。如果没有学生在办公时间里需要帮助，那么助教坐在桌子边，打个盹。如果学生在办公时间到达并发现助教在睡觉，那么学生应唤醒助教来寻求帮助。如果一个学生到达并发现助教正在帮助另一个学生，那么他会坐在走廊里的一把椅子上并等待。如果没有椅子可用，学生将在稍后回来。

采用 POSIX 线程、互斥锁和信号量，实现一个解决方案，以便协调助教和学生的活动。有关细节如下。

学生与助教

采用 Pthreads（见 4.4.1 节），首先创建 n 个学生，每个学生作为单独线程来运行。助教也作为一个单独线程来运行。学生线程在编程与寻求助教帮助之间交替。如果助教有空，他们将获得帮助。否则，他们会坐在走廊椅子上（或者如果没有椅子可用），他们将恢复编程并将在以后寻求帮助。如果学生来时助教在睡觉，学生应采用信号量通知助教。当助教完成帮助一个学生时，助教应检查走廊上是否有学生在等待帮助。如果有，助教应按顺序帮助这些学生。如果没有，助教可以再小睡一会儿。

学生编程和助教为学生提供帮助的最好模拟办法，也许是让线程睡一段随机的时间。

POSIX 互斥锁和信号量我们已在 7.3 节讨论过。详情可参阅该部分。

项目 3：哲学家就餐问题

7.1.3 节提供一个哲学家就餐问题的解决方案框架。本问题要求通过 Pthreads 互斥锁和条件变量来实现这个解决方案。解决方案基于图 7.7 所示的算法。

两种方案都要首先创建 5 位哲学家，分别用数字 0~4 来标识。每位哲学家作为一个单独线程来运行。哲学家交替地进行思考和就餐。为了模拟这两种活动，可让线程睡眠 1~3s。

Ⅰ. POSIX

采用 Pthreads 创建线程，参见 4.4.1 节。当哲学家想就餐时，他调用函数

```
pickup_forks(int philosopher_number)
```

其中，philosopher_number 标识了想就餐的哲学家的编号。当哲学家进完餐，他调用

```
return_forks(int philosopher_number)
```

你的实现需要使用 POSIX 条件变量，我们在 7.3 节介绍了这些内容。

Ⅱ. Java

当哲学家想就餐时，他调用 take_Forks（philosopherNumber）方法，其中 philosopherNumber 标识想要就餐的哲学家的编号。当哲学家就完餐后，他会调用 return_Forks（philosopherNumber）。

你的解决方案实现以下接口：

```
public interface DiningServer
{
    /* Called by a philosopher when it wishes to eat */
    public void take_Forks(int philosopherNumber);

    /* Called by a philosopher when it is finished eating */
    public void return_Forks(int philosopherNumber);
}
```

它需要使用 Java 条件变量，参见 7.4.4 节。

项目 4：生产者-消费者问题

7.1.1 节提出一个基于信号量的采用有界缓冲区的生产者-消费者问题。本项目采用如图 5.9 与图 5.10 所示的生产者与消费者进程，需要设计一个程序来解决有界缓冲区问题。7.1.1 节的解决方案采用了三个信号量：empty（以记录有多少空的缓冲区）、full（以记录有多少满的缓冲区）及 mutex（二进制信号量或互斥信号量，以保护对缓冲区插入与删除的操作）。在本项目中，empty 与 full 将采用标准的计数信号量，而 mutex 将采用互斥锁而不是二进制信号量。生产者与消费者作为独立线程，在 empty、full 及 mutex 的同步下，对缓冲区进行插入与删除。本项目可采用 Pthreads 或 Windows API。

缓冲区

从内部来说，缓冲区包括一个固定大小的数组，它的元素类型为 buffer_item（可通过 typedef 来定义）。从使用来说，这个 buffer_item 对象的数组可按循环队列来处理。buffer_item 的定义及缓冲区大小可保存在头文件中，如下所示：

```
/* buffer.h */
typedef int buffer_item;
#define BUFFER_SIZE 5
```

缓冲区的操作有两个函数 insert_item() 与 remove_item()，它们分别用于生产者和消费者线程。这些函数的使用框架如图 7.14 所示。

函数 insert_item() 与 remove_item() 采用图 7.1 与图 7.2 所示的算法同步生产者与消费者。缓冲区还需要一个初始化函数，实现互斥对象 mutex 和信号量 empty 与 full 的初始化。

函数 main() 初始化缓冲和创建生产者与消费者线程。在创建了生产者与消费者线程后，函数 main()

```
#include "buffer.h"

/* the buffer */
buffer_item buffer[BUFFER_SIZE];

int insert_item(buffer_item item) {
    /* insert item into buffer
    return 0 if successful, otherwise
    return -1 indicating an error condition */
}

int remove_item(buffer_item *item) {
    /* remove an object from buffer
    placing it in item
    return 0 if successful, otherwise
    return -1 indicating an error condition */
}
```

图 7.14 缓冲区操作框架

将睡眠一段时间，当唤醒时终止应用程序。函数 main()有三个命令行参数：

　　1. 终止前要睡多长时间。

　　2. 生产者线程的数量。

　　3. 消费者线程的数量。

　　这个函数的框架如图 7.15 所示。

```
#include "buffer.h"

int main(int argc, char *argv[]) {
  /* 1.Get command line arguments argv[1],argv[2],argv[3] */
  /* 2.Initialize buffer */
  /* 3.Create producer thread(s) */
  /* 4.Create consumer thread(s) */
  /* 5.Sleep */
  /* 6.Exit */
}
```

图 7.15   主函数的框架

生产者和消费者线程

　　生产者线程不断交替执行如下两个动作：睡眠一段随机时间，向缓冲区插入一个随机数。随机数由函数 rand()生成，它的值位于 0 与 RAND_MAX 之间。消费者也睡眠一段随机时间，当唤醒时会试图从缓冲区内取出一项。生产者与消费者线程的框架如图 7.16 所示。

　　如前所述，解决这个问题可以采用 Pthreads 或者 Windows API。下面我们讨论这两者的更多信息。

Pthreads 线程的创建与同步

　　Pthreads API 的线程创建已在 4.4.1 节讨论过。Pthreads 的互斥锁和信号量已在 7.3 节讨论过。有关 Pthreads 的线程创建和同步的特定说明，请参阅这些部分。

Windows 线程

　　4.4.2 节讨论了采用 Windows API 来创建线程。有关创建线程的特定说明，请参考该部分。

Windows 互斥锁

```
#include <stdlib.h> /* required for rand() */
#include "buffer.h"

void *producer(void *param) {
  buffer_item item;

  while (true) {
    /* sleep for a random period of time */
    sleep(...);
    /* generate a random number */
    item = rand();
    if (insert_item(item))
      fprintf("report error condition");
    else
      printf("producer_produced %d \n",item);
  }
}

void *consumer(void *param) {
  buffer_item item;

  while (true) {
    /* sleep for a random period of time */
    sleep(...);
    if (remove_item(&item))
      fprintf("report error condition");
    else
      printf("consumer_consumed %d \n",item);
  }
}
```

图 7.16   生产者和消费者线程的框架

　　互斥锁是一种调度对象，如 7.2.1 节所述。下面说明如何通过函数 CreateMutex()来创建互斥锁：

```
#include <windows.h>

HANDLE Mutex;
Mutex = CreateMutex(NULL,FALSE,NULL);
```

第一个参数指定互斥锁的安全属性。当设为 NULL 时，不允许创建这个互斥锁进程的任何子进程继承该锁的句柄。第二个参数表示该锁的创建者是否为它的初始所有者，当参数为 FALSE 时，该锁的创建线程不是初始所有者（关于如何获取锁，下面会讨论）。第三个参数表示锁的命名。然而，当传递 NULL 时，就不对其命名。如果成功，CreateMutex()返回互斥锁的句柄，否则，它返回 NULL。

7.2.1 节讨论了调度对象状态：触发态（signaled）与非触发态（nonsignaled）。触发态对象（如互斥锁）可以被拥有。一旦被获取，就转为非触发态。当被释放后，就转为触发态。

互斥锁通过函数 WaitForSingleObject()来获取。该功能能将 HANDLE 传递给锁，并带有一个标志，指示等待多长时间。以下代码说明了如何获取上面创建的锁：

```
WaitForSingleObject(Mutex,INFINITE);
```

参数值 INFINITE 表示我们为了可用的锁将等待无穷长的时间。其他值表示如果在规定时间内锁不可用，那么可以允许调用线程超时。如果锁处于触发态时，那么 WaitForSingleObject()就立即返回，然后锁转为非触发态。调用 ReleaseMutex()可以释放锁（转为触发态），如：

```
ReleaseMutex(Mutex);
```

Windows 信号量

Windows API 中的信号量也是调度对象，其触发机制与互斥锁一样。信号量创建如下：

```
#include <windows.h>

HANDLE Sem;
Sem = CreateSemaphore(NULL,1,5,NULL);
```

第一个参数与最后一个参数表示安全属性和信号量的名称，这与互斥锁一样。第二个参数和第三个参数表示信号量的初值与最大值。在这里，初值为 1，最大值为 5。如果 CreateSemaphore()成功，那么返回指向互斥锁的句柄（HANDLE）；否则，返回 NULL。

与互斥锁一样，信号量可以通过 WaitForSingleObject()来获取。对于本例创建的信号量 Sem，可以通过如下方法来获取：

```
WaitForSingleObject(Sem,INFINITE);
```

如果信号量的值大于 0，那么信号量处于触发态，且可以为调用线程所获取。否则，由于指定了 INFINITE，所以调用线程会无穷等待，直到信号量为触发态。

Windows 信号量的 signal()操作的等效操作是 ReleaseSemaphore()函数。这个函数有三个参数：信号量的句柄、信号量的增量的大小、信号量初值的指针。
我们可以用下面的语句，按 1 来递增信号量 Sem：

```
ReleaseSemaphore(Sem,1,NULL);
```

如果成功，ReleaseSemaphore()与 ReleaseMutex()返回非 0，否则，返回 0。

死锁

在多道程序环境中，多个线程可以竞争有限数量的资源。当一个线程申请资源时，如果这时没有可用资源，那么这个线程进入等待状态。有时，如果所申请的资源被其他等待线程占有，那么该等待线程有可能再也无法改变状态。这种情况称为**死锁**（deadlock）。我们在第6章中将其作为活性失败的一种形式，简要讨论了这个问题。在第6章中，我们将死锁定义为一组进程中的每个进程都在等待只能由该组中的另一进程引起的某个事件。

或许死锁的最好例证是 Kansas 立法机构在20世纪初通过的一项法律，其中说到"当两列列车在十字路口逼近时，它们应完全停下来，并且在一列列车开走之前另一列列车不能再次启动。"

本章我们讨论一些方法，以便应用程序开发人员和操作系统程序员可以用来防止或处理死锁。虽然一些应用程序可以识别可能死锁的程序，但操作系统通常不提供死锁预防设施，确保所设计程序是无死锁的仍然属于程序员的责任。死锁问题（以及其他活性失败）随着多核系统的并发性和并行性的需求不断增加，它们变得越来越具有挑战。

本章目标

- 说明在使用互斥锁时如何发生死锁。
- 定义描述死锁特征的四个必要条件。
- 识别资源分配图的死锁情况。
- 评估防止死锁的四种不同方法。
- 应用银行家算法来避免死锁。
- 应用死锁检测算法。
- 评估从死锁中恢复的方法。

8.1 系统模型

有一个系统拥有有限数量的资源需要分配到若干竞争线程。这些资源可以分成多种类型，每种类型有一定数量的实例。资源类型有很多，如 CPU 周期、文件、I/O 设备（如网卡和DVD 驱动器）等。如果一个系统有四个 CPU，那么资源类型 CPU 就有四个实例。类似地，资源类型网络可能有两个实例。如果一个线程申请某个资源类型的一个实例，那么分配这种类型的任何实例都可满足申请。否则，这些实例就不相同，并且资源分类没有得到正确定义。

第6章讨论的各种同步工具（例如互斥锁和信号量）也是系统资源，在现代计算机系统中，它们是最常见的死锁来源。但这里定义不是问题。锁通常与特定的数据结构相关联，也就是说，可以使用一个锁来保护访问队列，另一个保护访问链表等。因此，锁的每个实例通常具有自己的资源类型。

请注意，本章讨论内核资源，但是线程可能会使用来自其他线程的资源（例如，通过线程间通信），并且这些资源使用也可能导致死锁。这种死锁不是内核关心的问题，因此这里不做讨论。

线程使用资源前必须请求资源，使用后必须释放资源。线程可以请求执行指定任务所需的尽可能多的资源。显然，请求的资源数量不能超过系统的可用资源总数。换句话说，如果系统只有一个网络接口，一个线程就不能请求两个网络接口。

在正常操作模式下，线程可以仅按以下顺序使用资源：

1. **申请**。线程请求资源。如果申请不能立即被允许（例如，互斥锁正在被其他线程使用），那么申请线程必须等待，直到它能获得该资源为止。

2. **使用**。线程对资源进行操作（例如，如果资源是互斥锁，那么线程就可以访问临界区）。

3. **释放**。线程释放资源。

如第 2 章所解释的，资源的申请与释放可能是系统调用，例如，系统调用 `request()` 或 `release()` 设备、`open()` 或 `close()` 文件、`allocate()` 或 `free()` 内存等。正如第 6 章所述，信号量的请求和释放可采用信号量的 `wait()` 和 `signal()` 操作或互斥锁的 `acquire()` 和 `release()`。当线程每次使用内核管理的资源时，操作系统会检查以确保该线程已经请求并获得了资源。系统表记录每个资源是否是空闲的或已分配的。对于每个已分配的资源，该表还记录了它被分配的线程。如果线程申请的资源正在为其他线程所使用，那么该线程会添加到该资源的等待队列上。

当集合中的每个线程都在等待只能由集合中的另一个线程引起的某个事件时，这组线程处于死锁状态。这里我们主要关注的事件是资源的获取和释放。资源通常是逻辑的（例如，互斥锁、信号量和文件），但其他类型的事件也可能会导致死锁，包括我们在第 3 章中讨论的网络接口或 IPC（线程间通信）设施读取数据。

为了说明死锁状态，我们回顾一下 7.1.3 节中的哲学家就餐问题。在这种情况下，资源用筷子表示。如果所有哲学家都同时感到饥饿，并且每个哲学家都抓住了他左边的筷子，不再有任何可用的筷子。然后每个哲学家都被阻止，等待他右边的筷子可用。

多线程应用程序的开发人员必须始终意识到死锁的可能性。第 6 章中介绍的加锁工具旨在避免竞争条件。但是，在使用这些工具时，开发人员必须特别注意锁的获取和释放方式。否则，可能发生死锁，我们将在下文中讨论。

8.2 多线程应用程序的死锁

在检查如何识别和管理死锁问题之前，我们首先说明在使用 POSIX 互斥锁的多线程 Pthread 程序中如何发生死锁。`pthread_mutex_init()` 函数初始化一个未锁定的互斥锁。互斥锁分别使用 `pthread_mutex_lock()` 和 `pthread_mutex_unlock()` 获取和释放。如果一个线程试图获取一个锁定的互斥锁，对 `pthread_mutex_lock()` 的调用阻塞了线程，直到互斥锁的所有者调用 `pthread_mutex_unlock()`。

以下代码示例创建并初始化了两个互斥锁：

```
pthread_mutex_t first_mutex;
pthread_mutex_t second_mutex;

pthread_mutex_init(&first_mutex,
    NULL);
pthread_mutex_init(&second_mutex,
    NULL);
```

接着，我们创建两个线程 `thread_one` 和 `thread_two`，这些线程都能访问这两个互斥锁。如下图 8.1 所示，`thread_`

```
/* thread_one runs in this function */
void *do_work_one(void *param)
{
    pthread_mutex_lock(&first_mutex);
    pthread_mutex_lock(&second_mutex);
    /* *
     * Do some work
     */
    pthread_mutex_unlock(&second_mutex);
    pthread_mutex_unlock(&first_mutex);

    pthread_exit(0);
}

/* thread_two runs in this function */
void *do_work_two(void *param)
{
    pthread_mutex_lock(&second_mutex);
    pthread_mutex_lock(&first_mutex);
    /* *
     * Do some work
     */
    pthread_mutex_unlock(&first_mutex);
    pthread_mutex_unlock(&second_mutex);

    pthread_exit(0);
}
```

图 8.1 死锁的示例

one 和 thread_two 分别运行在函数 do_work_one()和 do_work_two()中：

在这个例子中，thread_one 试图获取互斥锁的顺序为：first_mutex, second_mutex。而 thread_two 试图获取互斥锁的顺序为：second_mutex, first_mutex。如果 thread_one 获得了 first_mutex 且 thread_two 获得了 second_mutex，有可能发生死锁。

请注意，即使有可能发生死锁，也不一定就会发生。例如，在 thread_two 获取两个互斥锁之前，thread_one 可以获取并释放 first_mutex 和 second_mutex。而且，线程运行的顺序是由 CPU 调度程序决定的。这个例子说明了一个问题：死锁的识别和检测是有难度的，因为它们只在某些调度情况下才会发生。

活锁

活锁（livelock）是另一种形式的活性失败。活锁类似于死锁，两者都阻止两个或多个线程继续进行，但由于不同的原因这些线程无法继续进行。当集合中的每个线程都被阻塞等待只能由集合中的另一个线程引起的事件时，就会发生死锁；当线程不断尝试失败的操作时，就会发生活锁。活锁类似于当两个人试图通过走廊时有时会发生的情况：一个人移到他的右边，另一个人移到他的左边，仍然阻碍着彼此的前进。然后一个人移到他的左边，另一个人移到他的右边，依此类推。他们没有被阻止，但没有取得任何进展。

活锁可以用 Pthread 的 pthread_mutex_trylock() 函数来说明，它试图在不阻塞的情况下获取互斥锁。图 8.2 中的代码示例重写了图 8.1 中的示例，现在使用 pthread_mutex_trylock() 函数。下面的这种情况会导致活锁：如果 thread_one 获取 first_mutex，然后 thread_two 获取 second_mutex。然后，每个线程调用 pthread_mutex_trylock()，但是失败了，于是释放各自的锁，并无限期地重复相同的动作。

```c
/* thread_one runs in this function */
void *do_work_one(void *param)
{
    int done = 0;

    while (! done) {
        pthread_mutex_lock(&first_mutex);
        if (pthread_mutex_trylock(&second_mutex)) {
            /* *
             * Do some work
             */
            pthread_mutex_unlock(&second_mutex);
            pthread_mutex_unlock(&first_mutex);
            done = 1;
        }
        else
            pthread_mutex_unlock(&first_mutex);
    }

    pthread_exit(0);
}

/* thread_two runs in this function */
void *do_work_two(void *param)
{
    int done = 0;

    while (! done) {
        pthread_mutex_lock(&second_mutex);
        if (pthread_mutex_trylock(&first_mutex)) {
            /* *
             * Do some work
             */
            pthread_mutex_unlock(&first_mutex);
            pthread_mutex_unlock(&second_mutex);
            done = 1;
        }
        else
            pthread_mutex_unlock(&second_mutex);
    }

    pthread_exit(0);
}
```

图 8.2 活锁示例

当线程同时重试失败的操作时，通常就会发生活锁。因此，通常我们可以通过让每个线程在随机时间重试失败的操作，来避免这种情况。这正是以太网网络在发生网络冲突时采取的方法。在发生冲突后不会立即尝试重新传输数据包，而是将在尝试再次传输之前退避一段随机时间。

活锁不如死锁常见，但在设计并发应用程序时仍然是一个具有挑战性的问题。和死锁一样，活锁可能只发生在特定的调度情况下。

8.3 死锁特点

上一节说明了如何在使用互斥锁的多线程编程中发生死锁。现在更仔细地研究表征死锁的条件。

8.3.1 必要条件

如果在一个系统中以下四个条件同时成立，那么就能引起死锁：

1. **互斥**（mutual exclusion）。至少有一个资源必须处于非共享模式，即一次只有一个线程可使用。如果另一线程申请该资源，那么申请线程应等到该资源释放为止。
2. **占有并等待**（hold and wait）。一个线程应占有至少一个资源，并等待另一个资源，而该资源为其他线程所占有。
3. **非抢占**（no preemption）。资源不能被抢占，即资源只能被线程在完成任务后自愿释放。
4. **循环等待**（circular wait）。有一组等待线程 $\{T_0, T_1, \cdots, T_n\}$，$T_0$ 等待的资源为 T_1 占有，T_1 等待的资源为 T_2 占有，$\cdots$，T_{n-1} 等待的资源为 T_n 占有，T_n 等待的资源为 T_0 占有。

要强调的是，所有四个条件必须同时成立才会出现死锁。循环等待条件意味着占有并等待条件，这样四个条件并不完全独立。然而，在 8.5 节将会看到分开考虑这些条件还是有用的。

8.3.2 资源分配图

通过称为**系统资源分配图**（system resource-allocation graph）的有向图可以更精确地描述死锁。该图包括一个节点集合 V 和一个边集合 E。节点集合 V 可分成两种类型：$T = \{T_1, T_2, \cdots, T_n\}$（系统所有活动线程的集合）和 $R = \{R_1, R_2, \cdots, R_m\}$（系统所有资源类型的集合）。

从线程 T_i 到资源类型 R_j 的有向边记为 $T_i \rightarrow R_j$，表示线程 T_i 已经申请了资源类型 R_j 的一个实例，并且正在等待这个资源。从资源类型 R_j 到线程 T_i 的有向边记为 $R_j \rightarrow T_i$，表示资源类型 R_j 的一个实例已经分配给了线程 T_i。有向边 $T_i \rightarrow R_j$ 称为**申请边**（request edge），有向边 $R_j \rightarrow T_i$ 称为**分配边**（assignment edge）。

在资源分配图上，我们用圆表示线程 T_i，用矩形表示资源类型 R_j。作为一个简单例子，图 8.3 所示的资源分配图说明了图 8.1 中程序的死锁情况。由于资源类型 R_j 可能有多个实例，所以矩形内的点的数量表示实例数量。注意申请边只应指向矩形 R_j，而分配边应指定矩形内的某个圆点。

当线程 T_i 申请资源类型 R_j 的一个实例时，就在资源分配图中加入一条申请边。当该申请可以得到满足时，那么申请边就立即转换成分配边。当线程不再需要访问资源时，它就释放资源，因此就删除了分配边。

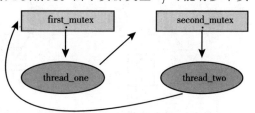

图 8.3　图 8.1 中程序的资源分配图

图 8.4 的资源分配图表示了如下情况。

- 集合 T, R 和 E：
  - $T = \{T_1, T_2, T_3\}$
  - $R = \{R_1, R_2, R_3, R_4\}$
  - $E = \{T_1 \rightarrow R_1, T_2 \rightarrow R_3, R_1 \rightarrow T_2, R_2 \rightarrow T_2, R_2 \rightarrow T_1, R_3 \rightarrow T_3\}$
- 资源实例：
  - 资源类型 R_1 有 1 个实例。
  - 资源类型 R_2 有 2 个实例。
  - 资源类型 R_3 有 1 个实例。
  - 资源类型 R_4 有 3 个实例。
- 线程状态：
  - 线程 T_1 占有资源类型 R_2 的 1 个实例，等待资源类型 R_1 的 1 个实例。
  - 线程 T_2 占有资源类型 R_1 的 1 个实例和资源类型 R_2 的 1 个实例，等待资源类型 R_3 的 1 个实例。
  - 线程 T_3 占有资源类型 R_3 的 1 个实例。

根据资源分配图的定义，可以证明如果分配图没有环，那么系统就没有线程死锁。如果分配图有环，那么可能存在死锁。

如果每个资源类型刚好有一个实例，那么有环就意味着已经出现死锁。如果环上只涉及一组资源类型，且环上的每个类型只有一个实例，那么就已经出现了死锁。环上的每个线程都死锁。在这种情况下，图中的环就是死锁存在的充分且必要条件。

如果每个资源类型有多个实例，那么有环并不意味着已经出现了死锁。在这种情况下，图中的环就是死锁存在的必要条件而不是充分条件。

为了说明这点，我们回到图 8.4 所示资源分配图。假设线程 T_3 申请了资源类型 R_2 的一个资源。由于现在没有资源实例可用，所以就增加了有向边 $T_3 \rightarrow R_2$（见图 8.5）。这时，系统有两个最小环：

$$T_1 \rightarrow R_1 \rightarrow T_2 \rightarrow R_3 \rightarrow T_3 \rightarrow R_2 \rightarrow T_1$$
$$T_2 \rightarrow R_3 \rightarrow T_3 \rightarrow R_2 \rightarrow T_2$$

线程 T_1、T_2 和 T_3 死锁了。线程 T_2 等待资源类型 R_3，而它又被线程 T_3 占有。线程 T_3 等待线程 T_1 或线程 T_2 以释放资源类型 R_2。另外，线程 T_1 等待线程 T_2 释放资源 R_1。

现在考虑图 8.6 所示的资源分配图。在这个例子中，也有一个环：

$$T_1 \rightarrow R_1 \rightarrow T_3 \rightarrow R_2 \rightarrow T_1$$

然而，并没有死锁。注意，线程 T_4 可能释放资源类型 R_2 的实例。这个资源可分配给线程 T_3，从而打破环。

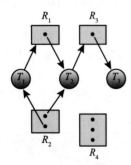

图 8.4 资源分配图

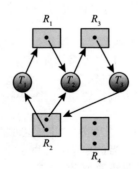

图 8.5 带有死锁的资源分配图

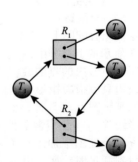

图 8.6 有循环但无死锁的
资源分配图

总而言之，如果资源分配图没有环，那么系统就不处于死锁状态。如果有环，那么系统可能会也可能不会处于死锁状态。在处理死锁问题时，这点是很重要的。

8.4 死锁处理方法

一般来说，处理死锁问题有三种方法：
- 我们可以忽视这个问题，认为死锁不可能在系统内发生。
- 我们可以通过协议来预防或避免死锁，确保系统不会进入死锁状态。
- 我们可以允许系统进入死锁状态，然后检测它，并加以恢复。

第一种解决方案为大多数操作系统所采用，包括 Linux 和 Windows。因此，内核与应用程序开发人员需要自己编写程序，以便处理死锁，他们通常使用第二种解决方案所述方法。有些系统采用第三种解决方案，允许发生死锁，然后管理恢复。

接下来我们简要阐述每种死锁处理方法。然后，在 8.5~8.8 节中我们将详细讨论每种算法。在此之前，应该提一下，有些研究人员认为这些基本方法不能单独用于处理操作系统的所有资源分配问题。但可以将这些基本方法组合起来，为每种系统资源选择一种最佳方法。

为了确保死锁不会发生，系统可以采用死锁预防或死锁避免方案。**死锁预防**（deadlock prevention）方案确保至少有一个必要条件（见 8.3.1 节）不成立。这些方法通过限制如何申请资源的方法来预防死锁。8.5 节将讨论这些方法。

死锁避免（deadlock avoidance）要求操作系统事先得到有关线程申请资源和使用资源的额外信息。有了这些额外信息，系统可以确定对于每个申请，线程是否应等待。为了确定当前申请是允许还是延迟，系统应考虑现有的可用资源、已分配给每个线程的资源及每个线程将来申请和释放的资源。我们将在 8.6 节讨论这些方案。

如果系统不使用死锁预防或死锁避免算法，那么死锁情况可能发生。在这种情况下，系统可以提供一个算法来检查系统状态以确定死锁是否发生，提供另一个算法来从死锁中恢复（如果死锁确实已经发生）。8.7 节和 8.8 节讨论了这些问题。

当没有算法用于检测和恢复死锁时，可能出现这样的情况：系统处于死锁，而又没有方法检测到底发生了什么。在这种情况下，未被发现的死锁会导致系统性能下降，因为资源被不能运行的线程占有，而越来越多的线程会因申请资源而进入死锁。最后，整个系统会停止工作，且需要人工重新启动。

虽然这看起来似乎不是一个解决死锁问题的可行方法，但是它却为大多数操作系统所采用（如前所述）。代价是一个重要的考虑因素。忽略死锁的可能性比其他方法代价小。由于在许多系统中，死锁很少发生（例如，每月一次），其他方法的额外代价似乎不值得。

此外，用于从其他活跃条件中恢复的方法（例如活锁）也可用于死锁恢复。在某些情况下，系统会出现活性故障，但并未处于死锁状态。例如，我们看到这种情况：一个实时线程按最高优先级来运行（或其他线程在非抢占调用程序下运行），并且不将控制返回到操作系统。因此，系统应有人工方法可从这些状态中恢复过来，这些方法也可用于死锁。

8.5 死锁预防

如 8.3.1 节所述，发生死锁有 4 个必要条件。只要确保至少一个必要条件不成立，就能预防死锁发生。下面，通过详细讨论这 4 个必要条件来研究这种方法。

8.5.1 互斥

互斥条件必须成立。也就是说，至少有一个资源应是非共享的。相反，可共享资源不要求互斥访问，因此不会参与死锁。只读文件是一个很好的共享资源的例子。如果有多个线程试图同时打开一个只读文件，那么它们可以同时访问文件。线程绝不需要等待共享资源。然而，通常不能通过否定互斥条件来预防死锁，因为有的资源本身就是非共享的。例如，一个互斥锁不能同时被多个线程所共享。

8.5.2 占有并等待

为了确保占有并等待条件不会出现在系统中，我们应保证当每个线程申请一个资源时，它不能占有其他资源。可以采用的一种协议是，每个线程在执行前申请并获得所有资源。当然，由于请求资源的动态特性，这对于大多数应用程序来说是不切实际的。

另外一种协议允许线程仅在没有资源时才可申请资源。一个线程可申请一些资源并使用它们。然而，在它申请更多其他资源之前，应释放现已分配的所有资源。

这两种协议都有两个主要缺点。首先，资源利用率可能比较低，因为许多资源可能已分配，但是很长时间没有被使用。例如，一个线程可能会在整个执行过程中被分配一个互斥锁，但只需要很短的持续时间。其次，可能发生饥饿。需要多个流行资源的线程可能必须无限期地等待，因为所需的资源中至少有一个总是分配给其他线程。

8.5.3 非抢占

第三个必要条件是不能抢占已分配的资源。为了确保这一条件不成立，可以采用如下协议：如果一个线程持有资源并申请另一个不能立即分配的资源（也就是说，这个线程应等待），那么它现在分配的资源都可被抢占。换句话说，这些资源都被隐式地释放了。被抢占资源添加到线程等待的资源列表上。只有当线程获得其原有资源和申请的新资源时，它才可以重新执行。

换句话说，如果一个线程申请了一些资源，那么首先应检查它们是否可用。如果可用，那么就分配它们。如果不可用，那么检查这些资源是否已分配给等待额外资源的其他线程。如果是，那么从等待线程中抢占这些资源，并分配给申请线程。如果资源不可用且也不被其他等待线程持有，那么申请线程应等待。当一个线程处于等待时，如果其他线程申请其拥有资源，那么该线程的部分资源可以被抢占。只有当一个线程分配到申请的资源，并且恢复在等待时被抢占的资源时，才能重新执行。

这个协议通常用于状态可以轻松保存和稍后恢复的资源，例如 CPU 寄存器和数据库事务。它通常不能应用于诸如互斥锁和信号量之类的资源，这些恰恰是最常发生死锁的资源类型。

8.5.4 循环等待

迄今为止提出的三个防止死锁的选项在大多数情况下通常是不切实际的。然而，死锁的第四个也是最后一个条件（即循环等待条件）通过使一个必要条件无效为实际解决方案提供了机会。确保这种情况永远不会成立的一种方法是：对所有资源类型进行完全排序，而且要求每个线程按递增顺序来申请资源。

为了说明起见，假设资源类型的集合为 $R = \{R_1, R_2, \cdots, R_m\}$。为每个资源类型分配一个唯一整数，这样可以比较两个资源以确定先后顺序。形式上，我们可以定义一个函数 $F: R \to N$，其中 N 是自然数的集合。我们可以在应用程序中对系统的所有同步对象，设计一个排序来完成这个方案。例如，图 8.1 所示的 Pthread 程序中的锁排序可以是：

```
F(first_mutex) = 1
F(second_mutex) = 5
```

我们可以采用如下协议来预防死锁：每个线程只能按递增顺序申请资源。即一个线程开始可申请任何数量的资源类型 R_i 的实例，在此之后，当且仅当 $F(R_j) > F(R_i)$ 时，该线程才可以申请资源类型 R_j 的实例。例如，采用上面定义的函数，一个线程如要同时使用 first_mutex 和 second_mutex 时，应首先请求 first_mutex，然后请求 second_mutex。换句话说，要求当一个线程申请资源类型 R_j 时，它应先释放所有资源 $R_i (F(R_i) \geqslant F(R_j))$。请注意，如果需要同一资源类型的多个实例，那么应一起申请它们。

如果使用这两个协议，那么循环等待就不可能成立。通过反证法可以证明这一点。假定存在一个循环等待，设循环等待的线程集合为 $\{T_0, T_1, \cdots, T_n\}$，其中 T_i 等待一个资源 R_i，而 R_i 又为 T_{i+1} 所占有（对于索引采用取模运算，因此 T_n 等待由 T_0 所占有的资源 R_n）。因此，由于 T_{i+1} 占有资源 R_i 而同时申请资源 R_i+1，对所有 i，我们有 $F(R_i) < F(R_i+1)$。而这意味着 $F(R_0) < F(R_1) < \cdots < F(R_n) < F(R_0)$。根据传递规则，$F(R_0) < F(R_0)$，这显然是不可能的。因此，不可能有循环等待。

请记住，开发排序或层次结构本身并不能防止死锁。应用程序开发人员编写程序时应该遵循排序。但是，建立锁排序可能很困难，尤其是在具有数百或数千个锁的系统上。为了应对这一挑战，许多 Java 开发人员采用这样的策略，即使用 System. identityHashCode (Object) 方法（该方法返回其传递的 Object 参数的默认哈希码值）以作为对锁获取进行排序的函数。

同样重要的是要注意：如果可以动态获取锁，则强加锁排序并不能保证防止死锁。例如，假设我们有一个在两个账户之间转移资金的功能。为了防止竞争条件，每个账户都有一个关联的互斥锁，该锁是从 Object 函数获得的，如图 8.7 所示。如果两个线程同时调用 Object 函数，转换不同的账户，则可能出现死锁。也就是说，一个线程可能会调用

```
transaction(checking_account,savings_account,25.0);
```

而另一个可能会调用

```
transaction(savings_account,checking_account,50.0);
```

```
void transaction(Account from, Account to, double amount)
{
  mutex lock1, lock2;
  lock1 = get_lock (from);
  lock2 = get_lock (to);

  acquire (lock1);
    acquire (lock2);

      withdraw (from, amount);
      deposit (to, amount);

    release (lock2);
  release (lock1);
}
```

图 8.7　带锁排序的死锁示例

LINUX 的 LOCKDEP 工具

尽管确保以正确顺序获取资源是内核和应用程序开发人员的责任，有些软件可用于验证是否以正确顺序获取了锁。为了检测可能的死锁，Linux 提供了 lockdep，这是一个功能丰富的工具，可用于验证内核中的锁的顺序。lockdep 旨在正在运行的内核上启用，因为它根据一组获取和释放锁的规则来监视获取和释放锁的使用模式。下面是两个示例，但请注意，lockdep 提供的功能比此处描述的要多得多：

- 获取锁的顺序由系统动态维护。如果 lockdep 检测到无序获取锁，就会报告可能的死锁情况。
- 在 Linux 中，可以在中断处理程序中使用自旋锁。当内核获取也在中断处理程序中使用的自旋锁时，可能发生死锁。如果在持有锁时发生中断，中断处理程序抢占当前持有锁的内核代码，然后在尝试获取锁时自旋，导致死锁。避免这种情况的一般策略是在获取也用于中断处理程序的自旋锁之前，禁用当前处理器上的中断。如果 lockdep 检测到中断被启用，而内核代码获取了一个也在中断处理程序中使用的锁，就将报告可能的死锁情况。

lockdep 用于开发或修改内核代码的工具，而不是用于生产系统，因为它会显著降低系统速度。目的是测试诸如新设备驱动程序或内核模块之类的软件是否具有可能的死锁源。lockdep 的设计者报告说，自 2006 年后的数年内，系统报告的死锁数量减少了一个数量级。虽然 lockdep 最初只是为在内核中使用而设计的，该工具的最新版本现在可用于检测使用 Pthreads 互斥锁的用户应用程序的死锁。有关 lockdep 工具的更多详细信息，请访问 https://www.kernel.org/doc/Documentation/locking/lockdep-design.txt。

8.6 死锁避免

在 8.5 节讨论的死锁预防算法中，通过限制如何申请资源来预防死锁。这种限制确保至少有一个死锁的必要条件不会发生。然而，通过这种方法预防死锁有设备利用率低和系统吞吐率低的问题。

避免死锁的另一种方法需要额外信息，即如何申请资源。例如，在具有资源 R_1 和 R_2 的系统中，系统可能需要知道：线程 P 将会先申请 R_1，再申请资源 R_2，然后再释放这两个资源；而线程 Q 将会先申请资源 R_2，再申请资源 R_1。在获悉每个线程的请求与释放的完整顺序之后，系统可以决定在每次请求时线程是否应该等待以避免未来可能的死锁。针对每次申请要求，系统在做决定时考虑现有可用资源、现已分配给每个线程的资源和每个线程将来申请与释放的资源。

采用这种方法的算法有许多，在所要求的信息类型和数量上各有差异。最简单且最有用的模型要求每个线程都应声明可能需要的每种类型资源的最大数量。鉴于这个先验信息，有可能构造一个算法，以便确保系统不会进入死锁状态。死锁避免算法动态检查资源分配状态，以便确保循环等待条件不能成立。资源分配状态包括可用的资源、已分配的资源及线程的最大需求。下面讨论两个死锁避免算法。

8.6.1 安全状态

如果系统能按一定顺序为每个线程分配资源（不超过其最大需求），仍然避免死锁，那么系统的状态就是安全的（safe）。更为正式地说，只有存在一个**安全序列**（safe sequence），系统才处于安全状态。线程序列 $\langle T_1, T_2, \cdots, T_n \rangle$ 在当前分配状态下为安全序列是指对于每个 T_i，T_i 仍然可以申请的资源数小于当前可用资源加上所有线程 T_j（其中 $j < i$）所占有的资源。在这种情况下，线程 T_i 需要的资源即使不能立即可用，线程 T_i 可以等待直到所有线程 T_j 释放资源。当它们完成时，T_i 可得到需要的所有资源，完成给定任务，返回分配的资源，最后终止。当 T_i 终止时，T_{i+1} 可得到它需要的资源，如此进行。如果没有这样的序列存在，那么系统状态就是非安全的（unsafe）。

安全状态不是死锁状态。相反，死锁状态是非安全状态。然而，不是所有的非安全状态都能导致死锁状态（见图 8.8）。非安全状态也可能导致死锁。只要在安全状态下，操作系统就能避免非安全（和死锁）状态。在非安全状态下，操作系统不能阻止线程申请资源，因而可能死锁。线程行为控制了非安全状态。

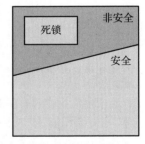

图 8.8 安全、非安全和死锁的状态空间

为了举例说明，假设一个系统有 12 个资源和 3 个线程 T_0，T_1，T_2。线程 T_0 最多要求 10 个资源，T_1 最多要求 4 个资源，T_2 最多要求 9 个资源。假设在时间 t_0 时，线程 T_0 占有 5 个资源，线程 T_1 占有 2 个资源，线程 T_2 占有 2 个资源（因此，还有 3 个空闲资源）。

在时间 t_0 时，系统处于安全状态。序列 $\langle T_1, T_0, T_2 \rangle$ 满足安全条件。线程 T_1 可以立即分配到所有的资源，然后返回它们（系统

	最大需求	当前需求
T_0	10	5
T_1	4	2
T_2	9	7

会有 5 个可用资源）。接着，线程 T_0 可以得到所有的资源，再返回它们（系统会有 10 个可用资源）。最后，线程 T_2 可以得到所有资源，再返回它们（系统会有 12 个可用资源）。

系统可以从安全状态转到非安全状态。假定在时间 t_1 时，线程 T_2 申请且得到 1 个资源。系统就不再安全了。这时，只有线程 T_1 能得到所有资源。当它返回资源时，系统只有 4 个可用资源。由于线程 T_0 已分配了 5 个资源但它的最大需求为 10 个资源，所以还需要 5 个资源。因为现在资源不够，所以线程 T_0 应等待。类似地，线程 T_2 还需要 6 个资源，也应等待，导致了死锁。这个错误在于允许线程 T_2 再次获得 1 个资源。如果让 T_2 等待直到其他线程之一完成并释放资源，那么就能避免死锁。

通过安全状态的概念，我们可以定义避免算法，以便确保系统不会死锁。这个想法简单，即确保系统始终处于安全状态。最初，系统处于安全状态。当有线程申请一个可用资源时，系统应确定这一资源申请是可以立即分配的，还是应让线程等待的。只有在分配后系统仍处于安全状态，才能允许申请。

采用这种方案，如果线程申请一个现已可用的资源，那么它可能仍然必须等待。因此，与没有采用死锁避免算法相比，这种情况下的资源利用率可能更低。

8.6.2　资源分配图算法

如果有一个资源分配系统，它的每种资源类型只有一个实例，那么 8.3.2 节定义的资源分配图的变形可以用于避免死锁。除了申请边和分配边外，我们引入一种新类型的边，称为**需求边**（claim edge）。需求边 $T_i \to R_j$ 表示线程 T_i 可能在将来某个时候申请资源 R_j。这种边类似于同一方向的申请边，但是用虚线表示。当线程 T_i 申请资源 R_j 时，需求边 $T_i \to R_j$ 变成了申请边。类似地，当线程 T_i 释放 R_j 时，分配边 $R_j \to T_i$ 变成了需求边 $T_i \to R_j$。

请注意，系统资源的需求应事先说明。即当线程 T_i 开始执行时，所有需求边应先处于资源分配图内。我们也可放宽这个条件：只有在线程 T_i 的所有边都为需求边时，才能允许将需求边 $T_i \to R_j$ 增加到图中。

现在，假设线程 T_i 申请资源 R_j。只有在将申请边 $T_i \to R_j$ 变成分配边 $R_j \to T_i$ 并且不会导致资源分配图形成环时，才能允许申请。通过采用环检测算法检查安全性。检测图中是否有环的算法需要 n^2 数量级的操作，其中 n 是系统的线程数量。

如果没有环存在，那么资源的分配会使得系统处于安全状态。如果有环存在，那么分配就会导致系统处于非安全状态。在这种情况下，线程 T_i 应等待资源申请。

为了说明这个算法，考虑图 8.9 所示的资源分配图。假设线程 T_2 申请资源 R_2。虽然 R_2 现在可用，但是不能将它分配给 T_2，这是因为这会创建一个环（见图 8.10）。如前所述，有环表示系统处于非安全状态。如果 T_1 申请 R_2 并且 T_2 申请 R_1，那么会发生死锁。

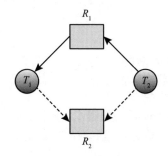
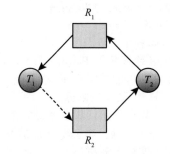

　　图 8.9　避免死锁的资源分配图　　　　　图 8.10　资源分配图的非安全状态

8.6.3　银行家算法

对于每种资源类型有多个实例的资源分配系统，资源分配图算法就不适用了。下面描述的死锁避免算法适用这种系统，但是它的效率不如资源分配图方案。这一算法通常称为**银行家算法**（banker's algorithm）。之所以如此命名是因为这一算法可用于银行系统，以确保银行不会以无法再满足所有客户需要的方式来分配现金。

当一个新的线程进入系统时，它应声明可能需要的每种类型资源实例的最大数量，这一数量不能超过系统资源的总和。当用户申请一组资源时，系统应确定这些资源的分配是否仍会使系统处于安全状态。如果会，就可分配资源；否则，线程应等待，直到某个其他线程释放足够多的资源为止。

为了实现银行家算法，需要有多个数据结构。这些数据结构对资源分配系统的状态进行了记录。我们需要以下数据结构，这里 n 为系统线程的数量，m 为资源类型的种类：

- **Available**。长度为 m 的向量，表示每种资源的可用实例数量。如果 Available$[j]=k$，那么资源类型 R_j 有 k 个可用实例。
- **Max**。$n \times m$ 矩阵，定义每个线程的最大需求。如果 Max$[i][j]=k$，那么线程 T_i 最多可申请资源类型 R_j 的 k 个实例。
- **Allocation**。$n \times m$ 矩阵，定义每个线程现在分配的每种资源类型的实例数量。如果 Allocation$[i][j]=k$，那么线程 T_i 现在已分配了资源类型 R_j 的 k 个实例。
- **Need**。$n \times m$ 矩阵，表示每个线程还需要的剩余资源。如果 Need$[i][j]=k$，那么线程 T_i 还可能申请 k 个资源类型 R_j 的实例。注意 Need$[i][j]=$Max$[i][j]-$Allocation$[i][j]$。

这些数据结构的值随时间而变化。

为了简化银行家算法的描述，我们采用一些符号。设 X 和 Y 为长度为 n 的向量。我们说：$X \leqslant Y$ 当且仅当对所有 $i=1, 2, \cdots, n$，$X[i] \leqslant Y[i]$。例如，如果 $X=(1, 7, 3, 2)$ 而 $Y=(0, 3, 2, 1)$，那么 $Y \leqslant X$。此外，如果 $Y \leqslant X$ 且 $Y \neq X$，那么 $Y < X$。

可以将矩阵 Allocation 和 Need 的每行作为向量，并分别用 Allocation$_i$ 和 Need$_i$ 来表示。向量 Allocation$_i$ 表示分配给线程 T_i 的资源，向量 Need$_i$ 表示线程为完成任务可能仍然需要申请的额外资源。

8.6.3.1 安全算法

现在我们介绍能够判断系统是否处于安全状态的算法。该算法描述如下：

1. 令 Work 和 Finish 分别为长度 m 和 n 的向量。对于 $i=0, 1, \cdots, n-1$，初始化 Work = Available 和 Finish$[i]=$false。
2. 查找这样的 i 使其满足
   a. Finish$[i]==$false
   b. Need$_i \leqslant$ Work
   如果没有这样的 i 存在，那么就转到第 4 步。
3. Work = Work+Allocation$_i$
   Finish$[i]=$true
   返回到第 2 步。
4. 如果对所有 i，Finish$[i]==$true，那么系统处于安全状态。

这个算法可能需要 $m \times n^2$ 数量级的操作，以确定系统状态是否安全。

8.6.3.2 资源请求算法

现在，我们描述判断是否安全允许请求的算法。设 Request$_i$ 为线程 T_i 的请求向量。如果 Request$[i][j]==k$，那么线程 T_i 需要资源类型 R_j 的实例数量为 k。当线程 T_i 作出这一资源请求时，就采取如下动作：

1. 如果 Request$_i \leqslant$ Need$_i$，转到第 2 步。否则，生成出错条件，因为线程 T_i 已超过了其最大需求。
2. 如果 Request$_i \leqslant$ Available，转到第 3 步。否则，T_i 应等待，因为没有资源可用。
3. 假定系统可以分配给线程 T_i 请求的资源，并按如下方式修改状态：

$$Available = Available - Request_i$$
$$Allocation_i = Allocation_i + Request_i$$
$$Need_i = Need_i - Request_i$$

如果新的资源分配状态是安全的，那么交易完成且线程 T_i 可分配到需要的资源。然而，如果新状态不安全，那么线程 T_i 应等待 $Request_i$ 并恢复到原来的资源分配状态。

8.6.3.3 说明示例

为了说明银行家算法的使用，假设有一个系统，有 5 个线程 T_0，…，T_4，3 种资源类型 A、B、C。资源类型 A 有 10 个实例，资源类型 B 有 5 个实例，资源类型 C 有 7 个实例。假设以下快照表示当前系统状态：

矩阵 Need 的内容定义成 Max-Allocation：

我们认为这个系统现在处于安全状态。事实上，序列 $\langle T_1, T_3, T_4, T_2, T_0 \rangle$ 满足安全要求。现在假定线程 T_1 再请求 1 个资源类型 A 和 2 个资源类型 C，这样 $Request_1 = (1, 0, 2)$。为了确定这个请求是否可以立即允许，首先检测 $Request_1 \leqslant Available$，即 $(1, 0, 2) \leqslant (3, 3, 2)$，其值为真。接着假定这个请求被满足，会产生如下新状态：

我们应确定这个新的系统状态是否安全。为此，执行安全算法，并找到序列 $\langle T_1, T_3, T_4, T_0, T_2 \rangle$ 满足安全要求。因此，我们可以立即允许线程 T_1 的这个请求。

然而，你可能发现当系统处于这一状态时，不能允许 T_4 的请求 $(3, 3, 0)$，因为没有这么多资源可用。另外，也不能允许 T_0 的请求 $(0, 2, 0)$，因为虽然有资源可用，但是这会导致系统处于非安全状态。

我们将如何实现银行家算法留给读者作为编程题。

	Allocation			Max			Available		
	A	B	C	A	B	C	A	B	C
T_0	0	1	0	7	5	3	3	3	2
T_1	2	0	0	3	2	2			
T_2	3	0	2	9	0	2			
T_3	2	1	1	2	2	2			
T_4	0	0	2	4	3	3			

	Need		
	A	B	C
T_0	7	4	3
T_1	1	2	2
T_2	6	0	0
T_3	0	1	1
T_4	4	3	1

	Allocation			Max			Available		
	A	B	C	A	B	C	A	B	C
T_0	0	1	0	7	4	3	2	3	0
T_1	3	0	2	0	2	0			
T_2	3	0	2	6	0	0			
T_3	2	1	1	0	1	1			
T_4	0	0	2	4	3	1			

8.7 死锁检测

如果一个系统既不采用死锁预防算法也不采用死锁避免算法，那么死锁可能出现。在这种环境下，系统可以提供：

- 一个用来检查系统状态从而确定是否出现死锁的算法。
- 一个用来从死锁状态中恢复的算法。

下面，针对每种资源类型只有单个实例和每种资源类型可有多个实例的两种情况，加以分别讨论。不过，这里需要注意，检测并恢复的方案会有额外开销，不但包括维护所需信息和执行检测算法的运行开销，而且也包括死锁恢复引起的损失。

8.7.1 每种资源类型只有单个实例

如果所有资源类型只有单个实例，我们可以定义这样一个死锁检测算法，该算法使用了资源分配图的一个变形，称为**等待**（wait-for）图。从资源分配图中删除所有资源类型节点，合并适当边，就可以得到等待图。

更确切地说，等待图中从 T_i 到 T_j 的边意味着线程 T_i 等待线程 T_j 释放一个 T_i 所需的资源。等待图有一条边 $T_i \rightarrow T_j$ 当且仅当相应资源分配图包含两条边 $T_i \rightarrow R_q$ 和 $R_q \rightarrow T_j$，其中 R_q 为资源。例如，图 8.11 为一个资源分配图及其对应的等待图。

与之前一样，当且仅当在等待图中有一个环，系统死锁。为了检测死锁，系统需要维护等待图，并周期调用用于搜索图中环的算法。从图中检测环的算法需要 $O(n^2)$ 数量级的操作，其中 n 为图的节点数。

我们在 2.10.4 节中描述的 BCC 工具包提供了一个工具，它可以使用 Pthreads 互斥锁来检测在 Linux 系统上运行的用户线程中的潜在死锁。BCC 工具死锁检测器，通过插入跟踪对 pthread_mutex_lock() 和 pthread_mutex_unlock() 函数的调用的探针来运行。当指定线程调用任一函数时，死锁检测器构造该线程中互斥锁的等待图，并在检测到图中循环时报告死锁的可能性。

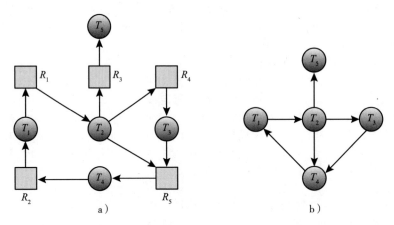

图 8.11　a）资源分配图。b）对应的等待图

8.7.2　每种资源类型可有多个实例

等待图方案不适用于每种资源类型可有多个实例的资源分配系统。下面描述的死锁检测算法适用于这样的系统。该算法使用了一些随时间而变化的数据结构，类似于银行家算法（8.6.3 节）：

- Available。长度为 m 的向量，表示各种资源的可用实例数量。
- Allocation。$n \times m$ 矩阵，表示每个线程的每种资源的当前分配数量。
- Request。$n \times m$ 矩阵，表示当前每个线程的每种资源的当前请求。如果 Request $[i]$ $[j] = k$，那么 T_i 现在正在请求资源类型 R_j 的 k 个实例。

两个向量的小于等于关系与 8.6.3 节定义的一样。为了简化起见，将 Allocation 和 Request 的行作为向量，并分别称为 Allocation_i 和 Request_i。这里描述的检测算法为需要完成的所有线程探究各种可能的分配序列。请将本算法与 8.6.3 节的银行家算法进行比较。

1. 设 Work 和 Finish 分别为长度为 m 和 n 的向量。初始化 Work = Available。对 $i = 0$，$1, \cdots, n-1$，如果 Allocation_i 不为 0，则 Finish $[i]$ = false；否则，Finish $[i]$ = true。
2. 找这样的 i，同时满足
   a. Finish $[i]$ = = false
   b. $\text{Request}_i \leqslant \text{Work}$
   如果没有这样的 i，则转到第 4 步.
3. Work = Work + Allocation_i
   Finish $[i]$ = true
   转到第 2 步。
4. 如果对某个 i（$0 \leqslant i < n$），Finish $[i]$ = = false，则系统死锁。而且，如果 Finish $[i]$ = = false，则线程 T_i 死锁。

该算法需要 $m \times n^2$ 数量级的操作来检测系统是否处于死锁状态。

你可能不明白为什么只要确定 $\text{Request}_i \leqslant \text{Work}$（第 2 步），就收回了线程 T_i 的资源（第 3 步）。已知 T_i 现在不参与死锁（因为 $\text{Request}_i \leqslant \text{Work}$），因此，可以乐观地认为 T_i 不再需要

更多资源以完成任务，并会返回现已分配的所有资源。如果这个假定不正确，那么稍后会发生死锁。下次调用死锁检测算法时，就会检测到死锁状态。

为了说明这一算法，假设有一个系统，它有 5 个线程 T_0，…，T_4，3 个资源类型 A、B、C。资源类型 A 有 7 个实例，资源类型 B 有 2 个实例，资源类型 C 有 6 个实例。以下快照代表系统的当前状态：

我们断言系统现在不处于死锁状态。事实上，如果执行检测算法，那么我们就会发现有这样一个序列 $\langle T_0, T_2, T_3, T_1, T_4 \rangle$，导致对所有 i，Finish $[i]$ == true。

现在假定线程 T_2 又请求了资源类型 C 的一个实例。这样，Request 矩阵修改成如下形式：

	Allocation	Request	Available			Request
	$A\ B\ C$	$A\ B\ C$	$A\ B\ C$			$A\ B\ C$
T_0	0 1 0	0 0 0	0 0 0		T_0	0 0 0
T_1	2 0 0	2 0 2			T_1	2 0 2
T_2	3 0 3	0 0 0			T_2	0 0 1
T_3	2 1 1	1 0 0			T_3	1 0 0
T_4	0 0 2	0 0 2			T_4	0 0 2

我们断言系统现在死锁。虽然可以收回线程 T_0 占有的资源，但是现有资源并不足以满足其他线程的请求。因此，线程 T_1，T_2，T_3 和 T_4 会一起死锁。

采用 Java 线程转储以便检测死锁

虽然 Java 没有死锁检测的显式支持，但线程转储可用于分析正在运行的程序以确定是否存在死锁。线程转储是一种有用的调试工具，可显示 Java 应用程序中所有线程状态的快照。Java 线程转储还显示锁定信息，包括被阻塞的线程正在等待获取哪些锁定。在生成线程转储时，JVM 会搜索等待图以检测循环，并报告检测到的任何死锁。为了生成正在运行的应用程序的线程转储，请从命令行输入：

```
Ctrl-L（UNIX、Linux 或 macOS）
Ctrl-Break（Windows）
```

在本书的源代码下载中，我们提供了图 8.1 所示程序的 Java 示例，并描述了如何生成报告死锁 Java 线程的线程转储。

8.7.3　检测算法的使用

何时应该调用检测算法？答案取决于两个因素。

1. 死锁可能发生的频率是多少？
2. 当死锁发生时，有多少线程会受影响？

如果经常发生死锁，就应经常调用检测算法。分配给死锁线程的资源会一直空着，直到死锁被打破。另外，参与死锁等待环的线程数量可能不断增加。

只有当某个线程提出请求且得不到满足时，才会出现死锁。这一请求可能是完成等待线程链的最后请求。在极端情况下（即每次分配请求不能立即允许时），就调用死锁检测算法。在这种情况下，不仅能确定哪些线程死锁，而且能确定哪个特定线程"造成"了死锁。（而实际上，每个死锁线程都是资源图内环的一个链节。因此，所有线程一起造成了死锁。）如果有许多不同的资源类型，那么一个请求可能形成资源图的多个环，每个环由最近请求所完成且由可确定的线程所"造成"。

当然，对于每个请求都调用死锁检测算法将会引起相当的计算开销。另一个不太昂贵的方法是每隔一定时间调用检测算法，如每小时一次，或当 CPU 利用率低于40%时调用。（死锁最终会使系统性能下降，并造成 CPU 利用率下降。）如果在任一时间点调用检测算法，那么资源图可能有多个环。通常不能确定哪个死锁线程"造成"了死锁。

> **管理数据库中的死锁**
>
> 数据库系统为开源软件和商业软件如何管理死锁提供了有用说明。对数据库的更新可以作为事务执行，并且为了确保数据完整性，我们通常使用锁。一个事务可能涉及多个锁，因此在具有多个并发事务的数据库中可能出现死锁也很正常。为了管理死锁，大多数事务数据库系统都包含死锁检测和恢复机制。数据库服务器将定期搜索等待图中的循环，以检测一组事务之间的死锁。当检测到死锁时，选择了一个受害者，事务被中止并回滚，释放受害事务持有的锁并将剩余事务从死锁中释放。一旦剩余的交易恢复，中止的交易被重新发出。受害事务的选择取决于数据库系统，例如，MySQL 尝试选择最小化插入、更新或删除行数的事务。

8.8   死锁恢复

当检测算法确定已有死锁时，存在多种可选方案。一种方法是，通知操作员死锁已发生，并且让操作员人工处理死锁。另一种方法是，让系统从死锁状态中自动**恢复**（recover）过来。打破死锁有两种选择。一种是简单地中止一个或多个线程来打破循环等待，另一种是从一个或多个死锁线程那里抢占一个或多个资源。

8.8.1   进程与线程的中止

通过中止进程或线程来消除死锁有两种方法。这两种方法都允许系统收回中止进程的所有分配资源。

- **中止所有死锁进程**。这种方法显然会打破死锁环，但是代价也大。这些死锁进程可能已计算了较长时间，这些计算的结果也要放弃，并且以后可能还要重新计算。
- **一次中止一个进程，直到消除死锁循环为止**。这种方法的开销会相当大，因为每次中止一个进程，都应调用死锁检测算法，以确定是否仍有进程处于死锁。

中止一个进程并不简单。如果进程正在更新文件，那么中止它会使文件处于不正确的状态。类似地，如果进程在持有互斥锁时正在更新共享数据，则系统必须将锁的状态恢复为可用，尽管我们无法保证共享数据的完整性。

如果采用了部分中止，那么我们应确定哪个（或哪些）死锁进程应该中止。这个确定类似于 CPU 调度决策，是一种策略决策。这个问题基本上是经济问题，我们应该中止造成最小代价的进程。然而最小代价（minimum cost）并不精确。许多因素都可能影响选择哪个进程，包括：

1. 进程的优先级是什么？
2. 进程已计算了多久？在完成指定任务之前还要计算多久？
3. 进程使用了多少数量的什么类型的资源（例如，这些资源是否容易抢占）？
4. 进程需要多少资源才能完成？
5. 需要中止多少进程？

8.8.2   资源抢占

通过资源抢占来消除死锁，我们应不断地抢占一些进程的资源以便给其他进程使用，直到死锁循环被打破为止。

如果要求采用抢占来处理死锁，那么需要处理三个问题：

1. **选择牺牲进程**。抢占哪些资源和哪些进程？与进程终止一样，应确定抢占的顺序，使得代价最小。代价因素可包括这样的参数，如死锁进程拥有的资源数量、死锁进程到现在为止所消耗的时间等。
2. **回滚**。如果从一个进程那里抢占了一个资源，那么应对该进程做些什么安排？显然，该进程不能继续正常执行，因为它缺少所需的某些资源。我们应将该进程回滚到某个安全状态，以便从该状态重启进程。

   因为一般来说，很难确定什么是安全状态，最简单的解决方案是完全回滚，即中止进程并重新执行。然而，更为有效的方法是回滚进程直到足够打破死锁，但是这种方法要求系统维护有关运行进程的更多状态信息。
3. **饥饿**。如何确保不会发生饥饿？也就是如何保证资源不会总是从同一进程中被抢占？如果一个系统是基于代价来选择牺牲进程，那么同一进程可能总是被选为牺牲的。那么这个进程永远不能完成指定任务，任何实际系统都需要处理这种饥饿情况。显然，应确保一个进程只能有限次数地被选为牺牲进程。最为常用的方法是在代价因素中加上回滚次数。

8.9 本章小结

- 当一组进程的每个进程都在等待一个只能由该组的另一进程引起的事件时，这组进程就会发生死锁。
- 死锁有四个必要条件：互斥、占有并等待、非抢占和循环等待。只有当所有四个条件都存在时才有可能发生死锁。
- 死锁可以用资源分配图建模，其中一个环表示死锁发生的可能性。
- 可以通过确保不会发生死锁的四个必要条件之一来防止死锁。在四个必要条件中，消除循环等待是唯一可行的方法。
- 使用银行家算法可以避免死锁，如果这样做会导致系统进入可能出现死锁的不安全状态，则不会授予资源。
- 死锁检测算法可以评估正在运行的系统上的进程和资源，以确定一组进程是否处于死锁状态。
- 如果确实发生了死锁，系统可以通过终止循环等待中的进程之一或抢占已分配给死锁进程的资源，来尝试从死锁中恢复。

8.10 推荐读物

大多数涉及死锁的研究都是多年前进行的。[Dijkstra（1965）] 是死锁领域最早也是最有影响力的贡献者之一。

有关 MySQL 数据库如何管理死锁的详细信息，请访问 http://dev.mysql.com/。

关于 lockdep 工具的详细信息，请访问 https://www.kernel.org/doc/Documentation/locking/lockdep-design.txt 。

8.11 参考文献

[Dijkstra（1965）]　　E. W. Dijkstra, "Cooperating Sequential Processes", Technical report, Technological University, Eindhoven, the Netherlands (1965).

8.12 练习

8.1 列出三个与计算机系统环境无关的死锁的例子。

8.2　假设系统处于不安全状态。证明线程可以在不进入死锁状态的情况下完成执行。

8.3　考虑右侧系统快照，使用银行家算法
回答下列问题：

a. 矩阵 Need 的内容是什么？

b. 系统是否处于安全状态？

c. 如果来自线程 T_1 的请求为 $(0, 4, 2, 0)$，是否可以立即授予该请求？

	Allocation	Max	Available
	A B C D	A B C D	A B C D
T_0	0 0 1 2	0 0 1 2	1 5 2 0
T_1	1 0 0 0	1 7 5 0	
T_2	1 3 5 4	2 3 5 6	
T_3	0 6 3 2	0 6 5 2	
T_4	0 0 1 4	0 6 5 6	

8.4　防止死锁的一种可能方法是拥有一个必须在任何其他资源之前请求的高阶资源。例如，如果多个线程尝试访问同步对象 $A, \cdots, E$，则可能出现死锁。（此类同步对象可能包括互斥体、信号量、条件变量等。）我们可以通过添加第 6 个对象 F 来防止死锁。每当一个线程想要获取任何对象 $A, \cdots, E$ 的同步锁时，它必须首先获得对象 F 的锁。此解决方案称为**遏制**：对象 $A, \cdots, E$ 的锁包含在对象 F 的锁中。请将此方案与 8.5.4 节的循环等待方案进行比较。

8.5　证明 8.6.3 节提出的安全算法需要 $m \times n^2$ 次操作。

8.6　考虑一个计算机系统，它每月运行 5000 个作业并且没有死锁预防或死锁避免方案。死锁大约每月发生两次，针对每次死锁，操作员必须中止并重新运行大约十个作业。每个作业价值约 2 美元（以 CPU 时间计算），中止的作业在中止时往往完成了一半左右。

一位系统程序员预估可以在系统中安装避免死锁的算法（如银行家算法），这样每个作业的平均执行时间增加了约 10%，由于机器目前有 30% 的空闲时间，每月的 5000 个作业仍然可以运行，尽管周转时间平均会增加约 20%。

a. 安装死锁避免算法的依据是什么？

b. 反对安装死锁避免算法的依据是什么？

8.7　系统能否检测到它的一些线程存在饥饿问题？如果回答"是"，请解释它是如何做到的。如果回答"否"，请解释系统如何处理饥饿问题。

8.8　考虑以下资源分配策略。任何时候都允许请求和释放资源。如果由于资源不可用而无法满足对资源的请求，那么检查所有被阻塞等待资源的线程。如果阻塞的线程有所需的资源，那么将这些资源从它那里拿走并提供给请求线程。被阻塞的线程正在等待的资源向量增加，以包括被拿走的资源。

例如，一个系统有三种资源类型，向量 Available 被初始化为 $(4, 2, 2)$。如果线程 T_0 请求 $(2, 2, 1)$，那么可以得到。如果 T_1 请求 $(1, 0, 1)$，那么也可以得到。然后，如果 T_0 请求 $(0, 0, 1)$，则会被阻止（资源不可用）。如果 T_2 现在请求 $(2, 0, 0)$，会得到可用的 $(1, 0, 0)$，以及分配给 T_0 的（因为 T_0 被阻塞）。T_0 的向量 Allocation 下降到 $(1, 2, 1)$，其向量 Need 上升到 $(1, 0, 1)$。

a. 会发生死锁吗？如果回答"是"，请举例说明。如果回答"否"，请指定哪个必要条件不能发生。

b. 会发生无限期阻塞吗？请解释你的答案。

8.9　考虑以下系统快照：
采用银行家算法，确定以下每个状态是否不安全。如果状态是安全的，说明线程可以完成的顺序。如果状态是不安全的，说明为什么状态是不安全的。

a. Available = $(0, 3, 0, 1)$

b. Available = $(1, 0, 0, 2)$

	Allocation	Max
	A B C D	A B C D
T_0	3 0 1 4	5 1 1 7
T_1	2 2 1 0	3 2 1 1
T_2	3 1 2 1	3 3 2 1
T_3	0 5 1 0	4 6 1 2
T_4	4 2 1 2	6 3 2 5

8.10　假设你已经编写了用于确定系统是否处于安全状态的死锁避免安全算法，并且现在被要求实现死锁检测算法。你可以通过简单使用安全算法代码，并重定义 $\text{Max}_i = \text{Waiting}_i + \text{Allocation}_i$ 来做到这一点吗？其中 Waiting_i 是一个向量，指定线程 i 正在等待的资源，而 Allocation_i 是在 8.6 节中定义的。解释你的

答案。

8.11 是否有可能存在只涉及一个单线程进程的死锁？解释你的答案。

8.13 习题

8.12 考虑图 8.12 中描述的交通死锁。

 a. 证明这个例子实际包括死锁发生的 4 个必要条件。

 b. 给出一个简单规则，以便避免系统死锁。

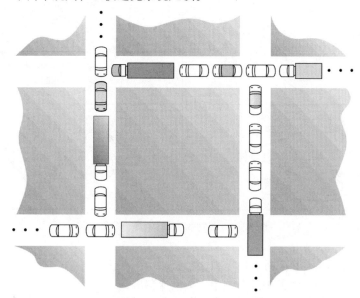

图 8.12 习题 8.12 中的交通死锁

8.13 从 8.2 节的图 8.1 所示的程序示例中，绘制说明死锁的资源分配图。

8.14 在 6.8.1 节中，我们描述了一个潜在的死锁场景，涉及进程 P_0 和 P_1 以及信号量 S 和 Q。绘制资源分配图，说明该节所述场景下的死锁情况。

8.15 假设一个多线程应用程序仅使用读写锁来同步。如果使用多个读写锁，那么根据死锁的 4 个必要条件，仍然可能发生死锁吗？

8.16 图 8.1 所示的示例程序并不总能导致死锁。请描述 CPU 调度程序扮演什么角色，以及如何做才能有助于程序的死锁。

8.17 8.5.4 节描述了一种情况：通过确保按特定顺序获取所有锁来防止死锁。然而，我们还指出，在这种情况下，如果有两个线程同时调用函数 transaction()，那么可能发生死锁。请修改函数 transaction() 来防止死锁。

8.18 图 8.13 中显示的六个资源分配图中哪一个说明了死锁？对于那些死锁的情况，提供线程和资源的循环。在没有死锁情况下，说明线程可以完成执行的顺序。

8.19 根据如下两点，比较循环等待方法与各种死锁避免方法（如银行家算法）：

 a. 运行时开销

 b. 系统吞吐量

8.20 对于一个真实的计算机系统，可用的资源和进程的资源需求都不是长久不变的（几个月）。资源会损坏和替换，新的进程来来去去，新的资源会被购买并加到系统。如果采用银行家算法控制死锁，那么下面哪些变化是安全的（不会导致死锁）？并说明在什么情况下。

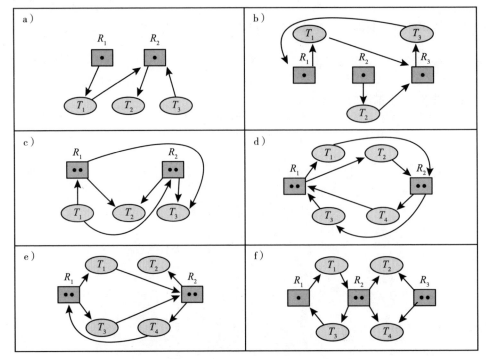

图 8.13   习题 8.18 的资源分配图

a. 增加 Available（新的资源被加到系统）。

b. 减少 Available（资源被从系统中永久性地移出）。

c. 增加一个线程的 Max（线程需要的资源多于所允许的）。

d. 减少一个线程的 Max（线程决定不再需要那么多资源）。

e. 增加线程的数量。

f. 减少线程的数量。

8.21 考虑以下系统快照：
需求矩阵 Need 的内容是什么？

8.22 假设一个系统有 4 个相同类型的资源，并由 3 个
进程共享。每个进程最多需要 2 个资源。证明这
个系统不会死锁。

8.23 假设一个系统有 m 个相同类型的资源，并由 n 个
进程共享。每个进程每次只能请求或释放一个资
源。证明只要符合下面的两个条件，系统就不会发生死锁。

a. 每个进程需要资源的最大数量在 $1 \sim m$ 之间。

b. 所有进程需要资源的最大数量的总和小于 $m + n$。

	Allocation	Max
	A B C D	A B C D
T_0	2 1 0 6	6 3 2 7
T_1	3 3 1 3	5 4 1 5
T_2	2 3 1 2	6 6 1 4
T_3	1 2 3 4	4 3 4 5
T_4	3 0 3 0	7 2 6 1

8.24 考虑这样的哲学家就餐问题：筷子放在桌子中央，并且每个哲学家可使用任意两根筷
子，假定一次只能请求一根筷子。设计一条简单规则，根据现有筷子的分配来确定一
个特定请求是否可以满足而不会出现死锁。

8.25 考虑与前面问题同样的场景。现在假定每个哲学家需要三根筷子来吃饭。请求资源仍
然一根一根地进行。设计一条简单规则，根据现有筷子的分配来确定一个特定请求是
否可满足而不会出现死锁。

8.26 当数组的维数减 1 时，从一般银行家算法中容易得到只针对一种类型资源的银行家算

法。通过例子来说明，多资源类型的银行家算法方案不能通过对每种资源类型单独地应用单种资源的银行家算法来实现。

8.27 假设一个系统具有如下快照：
采用银行家算法，确定如下每个状态是否安全。如果状态是安全的，那么说明进程可以完成的顺序。否则，说明为什么状态是不安全的。

a. Available = (2, 2, 2, 3)
b. Available = (4, 4, 1, 1)
c. Available = (3, 0, 1, 4)
d. Available = (1, 5, 2, 2)

	Allocation	Max
	A B C D	A B C D
T_0	1 2 0 2	4 3 1 6
T_1	0 1 1 2	2 4 2 4
T_2	1 2 4 0	3 6 5 1
T_3	1 2 0 1	2 6 2 3
T_4	1 0 0 1	3 1 1 2

8.28 假设一个系统具有如下的快照：
采用银行家算法，回答下面的问题：

a. 通过进程可以完成执行的顺序说明系统处于安全状态。
b. 当进程 T_4 的请求为 (2, 2, 2, 4) 时，能否立即允许这一请求？
c. 当进程 T_2 的请求为 (0, 1, 1, 0) 时，能否立即允许这一请求？
d. 当进程 T_3 的请求为 (2, 2, 1, 2) 时，能否立即允许这一请求？

	Allocation	Max	Available
	A B C D	A B C D	A B C D
T_0	3 1 4 1	6 4 7 3	2 2 2 4
T_1	2 1 0 2	4 2 3 2	
T_2	2 4 1 3	2 5 3 3	
T_3	4 1 1 0	6 3 3 2	
T_4	2 2 2 1	5 6 7 5	

8.29 死锁检测算法的乐观假设是什么？如何违背这个假设？

8.30 有一个单行道的桥，连接两个村庄：北村和南村。这两个村庄的农场主通过这个桥将收成送到附近城镇。如果北村和南村的农场主同时使用这个桥，那么就会死锁（假设农场主比较顽固，不愿后退）。采用信号量，设计一个算法以防止死锁。开始时，不必考虑饥饿（如只让向北的农场主使用桥而不让向南的农场主使用，或相反）。

8.31 修改习题 8.30 的解答，使其不会产生饥饿。

8.14 编程题

8.32 采用 POSIX 同步，实现习题 8.30 的解决方案。特别地，利用单独线程代表北村和南村的农场主。一旦农场主在桥上，相关线程将睡眠一段随机时间，以代表穿越桥梁。设计程序，以便创建多个线程代表北村和南村的农场主。

8.33 在图 8.7 中，我们展示了一个动态获取锁的 transaction() 函数。在本书中，我们描述了这个函数如何在以一种避免死锁的方式获取锁时遇到困难。使用本书的源代码所提供的 transaction() 的 Java 实现，使用 System.identityHashCode() 方法对其进行修改，以便按顺序获取锁。

8.15 编程项目

银行家算法

对这个项目，你将编写一个多线程程序来实现银行家算法（见8.6.3节）。多个客户请求和释放银行资源。只有仍能使系统处于安全状态，银行家才会允许请求。会使系统处于非安全状态的请求将被拒绝。尽管描述该项目的代码示例是用 C 语言说明的，但你也可以使用 Java 来开发解决方案。

银行家

银行家分析来自 n 个客户对 m 个资源类型的请求，如 8.6.3 节所述。银行家将使用以下数据结构来跟踪资源：

```
#define NUMBER_OF_CUSTOMERS 5
#define NUMBER_OF_RESOURCES 4

/* the available amount of each resource */
int available[NUMBER_OF_RESOURCES];

/* the maximum demand of each customer */
int maximum[NUMBER_OF_CUSTOMERS][NUMBER_OF_RESOURCES];

/* the amount currently allocated to each customer */
int allocation[NUMBER_OF_CUSTOMERS][NUMBER_OF_RESOURCES];

/* the remaining need of each customer */
int need[NUMBER_OF_CUSTOMERS][NUMBER_OF_RESOURCES];
```

如果满足 8.6.3.1 节所述的安全算法，银行家将会批准请求。如果请求没有使系统处于安全状态，银行家将拒绝它。请求和释放资源的函数原型如下：

```
int request_resources(int customer_num,int request[]);
void release_resources(int customer_num,int release[]);
```

请求函数 resources() 应该在成功时返回 0，如果不成功则返回-1。

测试你的实现

设计一个程序，允许用户交互输入资源请求、释放资源，或输出与银行家算法一起使用的不同数据结构（Available、Maximum、Allocation 和 Need）的值。

在调用你的程序时，通过命令行可以传递每个资源的数量。例如，如果有 3 种资源类型，第一种类型有 10 个实例，第二种类型有 5 个实例，第三种类型有 7 个实例，你可这样执行程序：

./a.out 10 5 7 8

数组 Available 会利用这些值来初始化。你的程序最初读取一个文件，它包含每个客户的最大请求数。例如，如果有五个客户和四个资源，则输入文件将如下所示：

```
6,4,7,3
4,2,3,2
2,5,3,3
6,3,3,2
5,6,7,5
```

其中输入文件中的每一行代表每个客户对每种资源类型的最大请求。你的程序会将最大数组初始化为这些值。

然后你的程序会让用户输入命令来响应资源请求、资源释放，或不同数据结构的当前值。使用命令 'RQ' 请求资源，使用 'RL' 释放资源，使用 '*' 输出不同数据结构的值。例如，如果客户 0 要请求资源 (3，1，2，1)，将输入以下命令：

RQ 0 3 1 2 1

然后，你的程序将使用 8.6.3.1 节中概述的安全算法输出是满足还是拒绝请求。

类似地，如果客户 4 要释放资源 (1，2，3，1)，用户将输入以下命令：

RL 4 1 2 3 1

最后，如果输入命令 '*'，你的程序将输出 Available、Maximum、Allocation 和 Need 数组的值。

内存管理

　　计算机系统的主要目的是执行程序。在执行时，这些程序及其访问数据应该至少有一部分在内存中。

　　现代计算机系统在执行期间需要在内存中维护多个进程。内存管理方案有很多，采用的方法也不同；每个算法的有效性取决于特定情况。系统内存管理方案的选择取决于很多因素，特别是系统的硬件设计。大多数算法需要某种形式的硬件支持。

内存

在第 5 章，我们讨论了一组进程如何共享一个 CPU。正是由于 CPU 调度，我们可以提高 CPU 的利用率和计算机响应用户的速度。但为了实现性能的改进，应将多个进程保存在内存中，即必须共享内存。

本章讨论内存管理的多种方法。内存管理算法有很多，从原始的裸机方法，到分页的方法。每种方法都有各自的优点和缺点。为特定系统选择内存管理方法取决于很多因素，特别是系统的硬件设计。正如我们将会看到的，大多数算法都需要硬件支持，这导致了许多操作系统内存管理与系统硬件的紧密结合。

本章目标

- 解释逻辑地址和物理地址之间的区别，以及内存管理单元（Memory Management Unit，MMU）转换地址的作用。
- 采用首次、最优和最差适应的策略来连续分配内存。
- 解释内部碎片和外部碎片的区别。
- 将逻辑地址转换为物理地址的分页系统，它包含转换后援缓冲器（Translation Look-aside Buffer，TLB）。
- 描述分层分页、哈希页表和倒置页表。
- 描述 IA-32、x86-64 和 ARMv8 架构的地址转换。

9.1 背景

正如第 1 章所述，内存是现代计算机运行的核心之一。内存由大量字节组成，每个字节都有各自的地址。CPU 根据程序计数器的值从内存中提取指令，这些指令可能引起对特定内存地址的额外加载与存储。

例如，一个典型的指令执行周期首先从内存中读取指令，接着，该指令会被解码，也可能需要从内存中读取操作数。在指令执行操作数后，其结果可能存回到内存。内存单元只看到地址流，而并不知道这些地址是如何产生的（由指令计数器、索引、间接寻址、常量地址等）或它们是什么（指令或数据）的地址。相应地，我们可以忽略内存地址是如何由程序产生的，而只是对运行程序产生的内存地址序列感兴趣。

首先讨论与内存管理技术有关的多个问题，包括基本硬件、符号或虚拟内存地址绑定到实际物理地址，以及逻辑地址与物理地址的差别等。最后讨论动态链接与共享库。

9.1.1 基本硬件

CPU 可以直接访问的通用存储只有内存和 CPU 核内置的寄存器。机器指令可以用内存地址作为参数，而不能用磁盘地址作为参数。因此，执行指令以及指令使用的数据应当位于这些可直接访问的存储设备。如果数据不在内存中，那么在 CPU 使用它们之前应先把数据移到内存。

CPU 核内置寄存器通常可以在一个 CPU 周期内完成访问。对于寄存器的内容，大多数 CPU 核可以在一个周期内解释并执行一条或多条指令。而对于内存（它可通过内存总线的事务来访问）就不行了。完成内存的访问可能需要多个 CPU 周期。在这种情况下，由于没有数据来完成正在执行的指令，CPU 通常需要**暂停**（stall）。由于内存访问频繁，这种情况是无法容忍的。补救措施是在 CPU 与内存之间（通常是在 CPU 芯片上）增加更快的内存，称为**高速缓存**（cache），参见 1.5.5 节。为管理 CPU 内置的缓存，硬件自动加快内存访问，无须任何操作系统的控制。（回忆 5.5.2 节，在内存停顿期间，多线程处理核可以从停顿的硬件线程切换到另一个硬件线程。）

我们不但应关心访问物理内存的相对速度，还必须确保正确的操作。为了系统的正常运行，应保护操作系统不被用户进程访问，以及保护用户进程之间的相互访问。在多用户系统上，还应保护用户进程不会互相影响。这种保护应通过硬件来实现，因为操作系统通常不干预 CPU 对内存的访问（因为这样会导致性能损失）。硬件实现具有多种不同方式，在本章后面会加以讨论。这里我们简述一种可能的实现。

首先，我们需要确保每个进程都有一个单独的内存空间。单独的进程内存空间可以保护进程不互相影响，这对于将多个进程加到内存以便并发执行来说至关重要。为了分开内存空间，我们需要能够确定一个进程可以访问的合法地址的范围，并且确保该进程只能访问这些合法地址。通过两个寄存器（通常为基址和界限地址，如图 9.1 所示）可以提供这种保护。**基址寄存器**（base register）含有最小的合法的物理内存地址，而**界限地址寄存器**（limit register）指定了范围的大小。例如，如果基址寄存器为 300040 而界限地址寄存器为 120900，那么程序可以合法访问从 300040 到 420939（含）的所有地址。

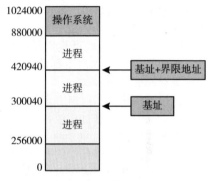

图 9.1　基址和界限地址寄存器
定义的逻辑地址空间

内存空间保护的实现是通过 CPU 硬件对在用户模式下产生的地址与寄存器的地址进行比较来完成的。当在用户模式下执行的程序试图访问操作系统内存或其他用户内存时，会陷入操作系统，而操作系统则将其作为致命错误来处理（见图 9.2）。这种方案防止用户程序无意或故意修改操作系统或其他用户的代码或数据结构。

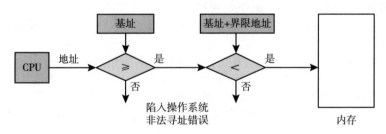

图 9.2　使用基址和界限地址寄存器进行硬件地址保护

只有操作系统可以通过特殊的特权指令来加载基址寄存器和界限地址寄存器。由于特权指令只能在内核模式下执行，而只有操作系统才能在内核模式下执行，所以只有操作系统可以加载基址寄存器和界限地址寄存器。这种方案允许操作系统修改这两个寄存器的值，而不允许用户程序修改它们。

在内核模式下执行的操作系统可以无限制地访问操作系统及用户的内存。这项规定允许操作系统加载用户程序到用户内存、转储出现错误的程序、访问和修改系统调用的参数、执行用户内存的 I/O，以及提供许多其他服务等。例如，多任务系统的操作系统在进行上下文切换时，应将一个进程的寄存器的状态存储到内存，再从内存中调入下个进程的上下文到寄存器。

9.1.2　地址绑定

通常，程序作为二进制的可执行文件存放在磁盘上。为了运行，程序必须调入内存并放置在进程的上下文中（如 2.5 节所述），以便有资格在可用的 CPU 上执行。当进程执行时，它访问内存的指令和数据。最终，该进程终止，其内存被回收以供其他进程使用。

大多数系统允许用户进程放在物理内存中的任意位置。因此，虽然计算机的地址空间从 00000 开始，但用户进程的开始地址不必也是 00000。以后你会看到如何将进程存放在物理内存中。

在大多数情况下，用户程序在执行前需要经过几个步骤，其中有的是可选的（见图 9.3）。在这些步骤中，地址可能会有不同表示形式。源程序中的地址通常是用符号表示（如变量 count）。编译器通常将这些符号地址绑定（bind）到可重定位的地址（如"从本模块开始的第 14 字节"）。链接程序或加载程序（见 2.5 节）再将这些可重定位的地址绑定到绝对地址（如 74014）。每次绑定都是从一个地址空间到另一个地址空间的映射。

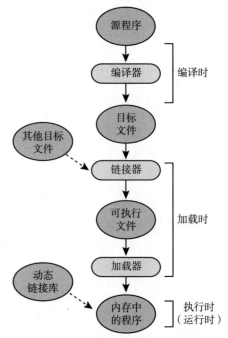

图 9.3　用户程序的多步处理

通常，将指令和数据绑定到存储器地址可在整个过程中的任何一步进行：

- **编译时**（compile time）。如果在编译时就已知道进程将在内存中的驻留地址，那么就可以生成**绝对代码**（absolute code）。例如，如果事先就知道用户进程驻留在内存地址 R 处，那么生成的编译代码就可以从该位置开始并向后延伸。如果将来开始地址发生变化，那么就有必要重新编译代码。

- **加载时**（load time）。如果在编译时并不知道进程将驻留在何处，那么编译器就应生成**可重定位代码**（relocatable code）。对于这种情况，最后绑定会延迟到加载时才进行。如果开始地址发生变化，那么只需重新加载用户代码来合并更改的值。

- **执行时**（runtime time）。如果进程在执行时可以从一个内存段移到另一个内存段，那么绑定应延迟到执行时才进行。正如 9.1.3 节所述，采用这种方案需要特定硬件才行。大多数的通用计算机操作系统采用这种方法。

本章主要讨论如何在计算机系统中有效实现这些绑定，以及适当的硬件支持。

9.1.3　逻辑地址空间与物理地址空间

CPU 生成的地址通常称为**逻辑地址**（logical address），而内存单元看到的地址——即加载到**内存地址寄存器**（memory-address register）的地址——通常称为**物理地址**（physical address）。

编译时和加载时的地址绑定方法生成相同的逻辑地址和物理地址。然而，执行时的地址绑定方案生成不同的逻辑地址和物理地址。在这种情况下，我们通常称逻辑地址为**虚拟地址**（virtual address）。本书对逻辑地址和虚拟地址不加以区分。由程序所生成的所有逻辑地址的集合称为**逻辑地址空间**（logical address space），这些逻辑地址对应的所有物理地址的集合称为**物理地址空间**（physical address space）。因此，对于执行时地址绑定方案，逻辑地址空间与物理地址空间是不同的。

从虚拟地址到物理地址的运行时映射是由**内存管理单元**（Memory Management Unit, MMU）的硬件设备来完成的，如图 9.4 所示。正如我们在 9.2 节和 9.3 节将要讨论的，有许多可选方法来完成这种映射。在此，我们用一个简单的 MMU 方案来实现这种映射，这是

9.1.1 节所述的基址寄存器方案的推广。基址寄存器这里称为**重定位寄存器**（relocation register）。用户进程所生成的地址在送交内存之前，都将加上重定位寄存器的值（如图 9.5 所示）。例如，如果基址为 14000，那么用户对位置 0 的访问将动态地重定位为位置 14000，对地址 346 的访问将映射为位置 14346。

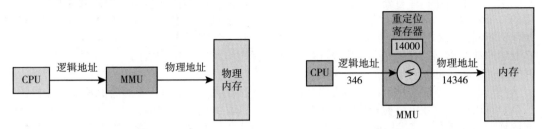

图 9.4 内存管理单元（MMU） 　　　　图 9.5 使用重定位寄存器进行动态重定位

　　用户程序不会看到真实的物理地址。程序可以创建一个指向位置 346 的指针，将它保存在内存中、使用它、将它与其他地址进行比较等，所有这些都是通过 346 这样一个数字来进行。只有当它作为内存地址时（例如，在间接加载和保存时），它才会相对于基址寄存器进行重定位。用户程序处理逻辑地址，内存映射硬件将逻辑地址转变为物理地址。这种形式的运行时绑定已在 9.1.2 节中讨论过。所引用的内存地址只有在引用时才最后定位。

　　我们现在有两种不同类型的地址：逻辑地址（范围为 0 到 max）和物理地址（范围为 $R + 0$ 到 $R + \max$，其中 R 为基址的值）。用户只生成逻辑地址，且以为进程的地址空间为 0 到 max。然而，这些逻辑地址在使用之前应映射到物理地址。逻辑地址空间绑定到另一单独物理地址空间的这一概念对内存的管理至关重要。

9.1.4 动态加载

　　在迄今为止的讨论中，一个进程的整个程序和所有数据都应在物理内存中，以便执行。因此，进程的大小受限于内存的大小。为了获得更好的内存空间利用率，可以使用**动态加载**（dynamic loading）。采用动态加载时，一个程序只有在调用时才会加载。所有程序都以可重定位加载格式保存在磁盘上。主程序被加载到内存并执行。当一个程序需要调用另一个程序时，调用程序首先检查另一个程序是否已加载。如果没有，可重定位链接程序会加载所需的程序到内存，并更新程序的地址表以反映这一变化。接着，控制传递给新加载的程序。

　　动态加载的优点是，只有一个程序被需要时，它才会被加载。当大多数代码需要用来处理异常情况（如错误处理）时这种方法特别有用。在这种情况下，虽然整个程序可能很大，但是所用的（和加载的）部分可能很小。

　　动态加载不需要操作系统提供特别支持。用户的责任是设计他们的程序来利用这种方法的优点。然而，操作系统可以通过实现动态加载的程序库来帮助程序员。

9.1.5 动态链接与共享库

　　动态链接库（Dynamically Linked Library，DLL）是系统库，可链接到用户程序以便运行（参见图 9.3）。有的操作系统只支持**静态链接**（static linking），其系统库与其他目标模块一样，通过加载程序被合并到二进制程序映像。动态链接类似于动态加载，但在这里不是加载而是链接，会延迟到运行时。这种功能通常用于系统库，如 C 语言的标准库。没有这种功能，系统内的所有程序都需要一份语言库的副本（或至少那些被程序所引用的子程序）。这种要求不仅增加了可执行映像的大小，而且可能会浪费主存。DLL 的第二个优点是这些库可以在多个进程之间共享，因此主存中只有一个 DLL 实例。因此，DLL 也称为**共享库**，广泛用于 Windows 和 Linux 系统。

当程序引用动态库中的函数时，加载器会定位 DLL，并在必要时将其加载到内存中。然后将动态库中引用函数的地址调整到内存中存储 DLL 的位置。

动态链接库可以扩展到库更新（如修改 bug）。此外，一个库可能会被新版本取代，所有引用该库的程序都会自动使用新版本。没有动态链接，所有这些程序应当重新链接以便访问新的库。为了不让程序意外执行新的、不兼容版本的库，版本信息包括在程序和库中。一个库的多个版本可以都加载到内存中，程序将通过版本信息来确定使用哪个库的副本。次要更改保留相同的版本号，而主要更改增加版本号。因此，只有采用新库编译的程序才会受新库不兼容改动的影响。在新库安装之前链接的其他程序将继续使用较旧的库。这种系统也称为共享库（shared library）。

与动态加载不同，动态链接通常需要操作系统的帮助。如果内存中的进程是彼此保护的，那么只有操作系统才可以检查所需程序是否在某个进程的内存空间内，或是允许多个进程访问同样的内存地址。在 9.3.4 节讨论分页时，我们将会详细说明这个概念以及 DLL 是如何被多个进程共享的。

9.2   连续内存分配

内存应容纳操作系统和各种用户进程，因此应该尽可能有效地分配内存。本节介绍一种早期方法——连续内存分配。

内存通常分为两个区域：一个用于操作系统，另一个用于用户进程。操作系统可以放在低地址的内存中，也可放在高地址的内存中。影响这一决定的主要因素是中断向量的位置。由于中断向量通常位于低内存，因此程序员通常将操作系统也放在低内存。但是，许多操作系统（包括 Linux 和 Windows）将操作系统放置在高内存中，因此我们只讨论这种情况。

通常，需要将多个进程同时放在内存中。因此需要考虑如何为需要调入内存的进程分配内存空间。在采用**连续内存分配**（contiguous memory allocation）时，每个进程位于一个连续的内存区域，与包含下一个进程的内存相连。不过，在进一步讨论这种内存分配方案之前，必须解决内存保护问题。

9.2.1   内存保护

通过组合前面讨论的两个想法，我们可以防止进程访问不属于它的内存。如果一个系统有重定位寄存器（9.1.3 节）和界限地址寄存器（9.1.1 节），则能实现这个目标。重定位寄存器含有最小的物理地址值，界限地址寄存器含有逻辑地址的范围值（例如，重定位地址 = 100040，界限地址 = 74600）。每个逻辑地址应在界限地址寄存器规定的范围内。MMU 通过动态地将逻辑地址加上重定位寄存器的值来进行映射。映射后的地址再发送到内存中（见图 9.6）。

当 CPU 调度器选择一个进程来执行时，作为上下文切换工作的一部分，分派器会用正确的值来加载重定位寄存器和界限地址寄存器。由于 CPU 所产生的每个地址都需要与这些寄存器进行核对，所以可以保证操作系统和其他用户的程序和数据不受该进程运行的影响。

重定位寄存器方案提供了一种有效方式，以便允许操作系统动态改变大小。许多情况都需要这一灵活性。例如，操作系统的驱动程序需要代码和缓冲空间。如果设备驱动程序当前没有使用，那么将它保存在内存中是没有意义的；相反，可以仅在需要时将其加载到内存。同样，当不再需要设备驱动程序时，可以将其删除，并将所分配的内存用于其他需要。

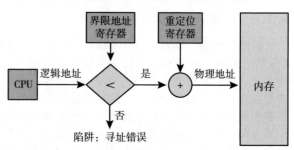

图 9.6   对重定位寄存器和界限地址寄存器的硬件支持

9.2.2　内存分配

现在开始讨论内存分配。分配内存的最简单方法之一是将进程分配到可变大小的内存分区中,其中每个分区可能只包含一个进程。在这个**可变分区**方案中,操作系统保留一个表,指示哪些部分的内存可用,哪些已被占用。最初,所有内存都可用于用户进程,并被视为一大块可用内存,即一个**孔**(hole)。最终,正如你看到的,内存包含一组不同大小的孔。

图 9.7 描述了这个方案。最初,内存完全被用,包含进程 5、8 和 2。进程 8 离开后,有一个连续的孔。稍后,进程 9 到达并分配内存。然后进程 5 离开,导致两个不连续的孔。

随着进程进入系统,操作系统根据每个进程的内存需求和现有可用内存的情况,决定哪些进程可分配内存。当进程分配到空间时,就会加载到内存并开始竞争

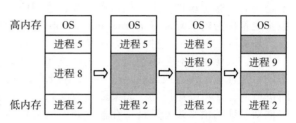

图 9.7　可变分区

CPU。当进程终止时,就会释放内存,然后操作系统可以将其提供给另一个进程。

当没有足够内存来满足到达进程的需求时,会发生什么? 一种可能是简单拒绝该进程并提供适当的错误消息。或者,我们可以将此类进程放入等待队列。当内存稍后释放时,操作系统会检查等待队列,以确定它是否满足等待进程的内存需求。

通常,如上所述,可用的内存块是分散在内存里的不同大小的孔的集合。当新进程需要内存时,系统为该进程查找足够大的孔。如果孔太大,那么就分为两块:一块分配给新进程,另一块返回到孔集合。当进程终止时,它将释放内存,该内存将回到孔集合。如果新孔与其他孔相邻,那么将这些孔合并成大孔。这时,系统可以检查是否有进程在等待内存空间,以及新合并的内存空间是否满足等待进程等。

这种方法是通用**动态存储分配问题**(dynamic storage-allocation problem)的一个特例,它根据一组空闲孔来分配大小为 n 的请求。这个问题有许多解决方法。从一组可用孔中选择一个空闲孔的最为常用方法包括:首次适应(first-fit)、最优适应(best-fit)及最差适应(worst-fit)。

- **首次适应**。分配首个足够大的孔。查找可以从头开始,也可以从上次首次适应结束时开始。一旦找到足够大的空闲孔,就可以停止。
- **最优适应**。分配最小的足够大的孔。应查找整个列表,除非列表按大小排序。这种方法可以产生最小剩余孔。
- **最差适应**。分配最大的孔。同样,应查找整个列表,除非列表按大小排序。这种方法可以产生最大剩余孔,该孔可能比最优适应产生的较小剩余孔更为适用。

模拟结果显示,首次适应和最优适应在执行时间和利用空间方面都优于最差适应。首次适应和最优适应在利用空间方面难分伯仲,但是首次适应要更快些。

9.2.3　碎片

用于内存分配的首次适应和最优适应算法都有**外部碎片**(external fragmentation)的问题。随着进程加载到内存和从内存退出,空闲内存空间被分为小的片段。当总的可用内存之和可以满足请求但并不连续时,就出现了外部碎片问题,即内存被分成了大量的小孔。这个问题可能很严重。在最坏情况下,每两个进程之间就有空闲(或浪费的)块。如果这些内存是一整块,那么可能可以运行更多进程。

选择首次适应或者最优适应可能会影响碎片的数量。(对一些系统来说,首次适应更好;对另一些系统来说,最优适应更好。)另一因素是从空闲块的哪端开始分配。(哪个是剩余的块,是上面的还是下面的?)不管使用哪种算法,外部碎片始终是个问题。

根据内存空间总的大小和平均进程大小的不同，外部碎片问题或许次要或许重要。例如，采用首次适应方法的统计说明，不管使用什么优化，假定有 N 个已分配块，那么可能另外有 0.5 N 个块为外部碎片，即 1/3 的内存可能不能使用。这一特性称为 **50%规则**（50-percent rule）。

内存碎片可以是内部的，也可以是外部的。假设有一个 18 464 字节大小的孔采用多分区分配方案。假设有一个进程需要 18 462 字节。如果只能分配所要求的块，那么还剩下一个 2 字节的孔。维护这一小孔的开销要比孔本身大很多。因此，通常按固定大小的块为单位（而不是字节）来分配内存。采用这种方案，进程所分配的内存可能比所需的内存更大。这两个数字之差称为 **内部碎片**（internal fragmentation），这部分内存在分区内部，但又不能用。

外部碎片问题的一种解决方法是**压缩**（compaction），有时也称为紧缩。其目的是移动内存内容，以便将所有空闲空间合并成一整块。然而，压缩并非总是可能的。如果重定位是静态的，并且在汇编时或加载时进行的，那么就不能压缩。只有重定位是动态的，并且在运行时进行的，才可采用压缩。如果地址被动态重定位，我们可以首先移动程序和数据，然后再根据新基址的值来改变基址寄存器。如果能采用压缩，那么还要评估开销。最简单的合并算法是简单地将所有进程移到内存的一端，而将所有的孔移到内存的另一端，从而生成一个大的空闲块。这种方案比较昂贵。

外部碎片问题的另一个可能的解决方案是允许进程的逻辑地址空间是不连续的。这样，只要有物理内存可用，就允许为进程分配内存。这是分页所用的策略，分页是计算机系统最常用的内存管理技术。我们将在下节描述分页。

碎片是一个常见问题，当需要管理数据块时就可能会出现。我们在讨论存储管理（第 11~15 章）时，将对此进行深入讨论。

9.3   分页

迄今为止讨论的内存管理要求进程的物理地址空间是连续的。现在我们来介绍分页，这是一种允许进程的物理地址空间不连续的内存管理方案。分页避免了外部碎片和相关的压缩需求，这是困扰连续内存分配的两个问题。因为它提供了许多优点，所以大多数操作系统（从用于大型服务器的操作系统到用于移动设备的操作系统）都使用各种形式的分页。分页是通过操作系统和计算机硬件之间的协作来实现的。

9.3.1   基本方法

实现分页的基本方法涉及将物理内存分为固定大小的块，称为**帧**或**页帧**（frame），并将逻辑内存也分为同样大小的块，称为**页**或**页面**（page）。当需要执行一个进程时，其页从文件系统或备份存储等源处加载到内存的可用帧。备份存储划分为固定大小的块，它与单个内存帧或与多个内存帧（簇）的大小一样。这个相当简单的方法功能强且变化多。例如，逻辑地址空间现在完全独立于物理地址空间，因此，一个进程可以有一个 64 位的逻辑地址空间，而系统的物理内存小于 2^{64} 字节。

由 CPU 生成的每个地址分为两部分：**页码**（page number）（用 p 来表示）和**页偏移**（page offset）（用 d 来表示）

页码	页偏移
p	d

页码用作每个进程页表的索引，如图 9.8 所示。页表包含物理内存的每个帧的基址，而偏移量是被引用帧中的位置。因此，帧的基址与页偏移量相结合，以定义物理内存地址。内存的分页模型如图 9.9 所示。

下面概述 MMU 所采取的步骤，以将 CPU 生成的逻辑地址转换为物理地址：

1. 提取页码 p，作为页表的索引。
2. 从页表中提取对应帧码 f。

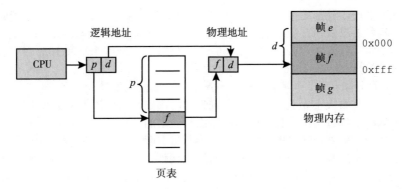

图 9.8　分页硬件

3. 将逻辑地址中的页码 p 替换为帧码 f。由于偏移量 d 没有改变，因此不会被替换，帧码和偏移量现在构成了物理地址。

页大小（与帧大小一样）是由硬件来决定的。页的大小为 2 的幂，根据计算机体系结构的不同，页大小可从 4KB 到 1GB 不等。将页的大小选为 2 的幂可以方便地将逻辑地址转换为页码和页偏移。如果逻辑地址空间为 2^m，且页大小为 2^n 字节，那么逻辑地址的高 $m-n$ 位表示页码，而低 n 位表示页偏移。这样，逻辑地址就如下图所示：

页码	页偏移
p	d
$m-n$	n

其中 p 作为页表的索引，而 d 作为页的偏移。

举一个具体的例子，假设如图 9.10 所示的内存。这里，逻辑地址的 n 为 2，m 为 4。采用 4 字节的页大小和 32 字节的物理内存（8 页），我们说明程序员的内存视图如何映射到物理内存。逻辑地址 0 的页码为 0，页偏移为 0。根据页表，可以查到页码 0 对应帧 5，因此逻辑地址 0 映射到物理地址 20 $[=(5\times4)+0]$。逻辑地址 3（页码为 0，页偏移为 3）映射到物理地址 23 $[=(5\times4)+3]$。逻辑地址 4 的页码为 1，页偏移为 0，根据页表，页码 1 对应为帧 6。因此，逻辑地址 4 映射到物理地址 24 $[=(6\times4)+0]$。逻辑地址 13 映射到物理地址 9。

读者可能注意到，分页本身是一种动态的重定位。每个逻辑地址由分页硬件绑定为某个物理地址。采用分页类似于采用一组基址（重定位）寄存器，每个基址对应着一个内存帧。

每个空闲帧都可以分配给需要它的进程，因此

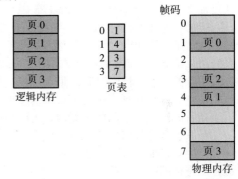

图 9.9　逻辑内存和物理内存的分页模型

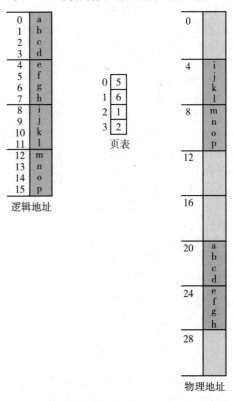

图 9.10　32 字节内存和 4 字节页面的分页示例

采用分页方案不会产生外部碎片。不过，分页有内部碎片问题。注意，分配是以帧为单位进行的。如果进程所要求的内存并不是页的整数倍，那么最后一个帧就可能用不完。例如，如果页的大小为 2048 字节，一个大小为 72 766 字节的进程需要 35 个页和 1086 字节。该进程会得到 36 个帧，因此有 2048-1086 = 962 字节的内部碎片。在最坏情况下，一个需要 n 页再加 1 字节的进程需要分配 $n + 1$ 个帧，这样几乎产生整个帧的内部碎片。

如果进程大小与页大小无关，那么每个进程的内部碎片的均值为半页。从这个角度来看，小的页面是可取的。不过，由于页表内的每项也有一定的开销，该开销随着页的增大而降低。再者，磁盘 I/O 操作随着传输量的增大也会更为有效（第 11 章）。一般来说，随着时间的推移，页的大小也随着进程、数据和内存的不断增大而增大。现在，页大小通常为 4~8KB，有些系统甚至支持更大的页面大小，还有些 CPU 和操作系统甚至支持多种页面大小。例如，在 x86-64 系统上，Windows 10 支持 4 KB 和 2 MB 的页面大小。Linux 也支持两种页面大小：默认页面大小（通常为 4 KB）和依赖于体系结构的较大页面，称为**大页面**（huge page）。

通常，对于 32 位的 CPU，每个页表条目是 4 字节长的，但是这个大小也可能改变。一个 32 位的条目可以指向 2^{32} 个物理帧中的任一个。如果帧为 4KB（2^{12}），那么具有 4 字节条目的系统可以访问 2^{44} 字节大小（或 16TB）的物理内存。这里我们应该注意到，分页内存系统的物理内存的大小不同于进程的最大逻辑大小。当进一步探索分页时，我们将引入其他的信息，这个信息应保存在页表条目中。该信息也减少了可用于帧地址的位数。因此，一个具有 32 位页表条目的系统可访问的物理内存可能小于最大值。

当系统有进程需要执行时，就会检查该进程的大小（按页来计算），进程的每页都需要一帧。因此，如果进程需要 n 页，那么内存中至少应有 n 个帧。如果有，那么就可分配给新进程。进程的第一页装入一个已分配的帧，帧码放入进程的页表中。下一页分配给另一帧，其帧码也放入进程的页表中，以此类推（见图 9.11）。

分页的一个重要方面是程序员视图的内存和实际的物理内存的清晰分离。程序员将内存作为一整块来处理，而且它只包含这一个程序。事实上，一个用户程序与其他程序一起分散在物理内存上。程序员视图的内存和实际的物理内存的不同是通过地址转换硬件来协调的。逻辑地址被转换成物理地址。程序员并不知道这种映射，它由操作系统控制。注意，根据定义，用户进程不能访问不属于它的内存。它无法访问其页表规定之外的内存，页表只包括进程拥有的那些页。

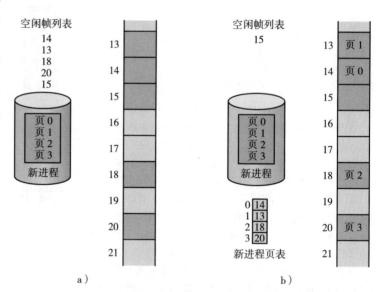

图 9.11   a）分配前的空闲帧，b）分配后的空闲帧

由于操作系统管理物理内存，它应知道物理内存的分配细节，包括哪些帧已分配、哪些帧空着、总共有多少帧等等。这些信息通常保存在称为**帧表**（frame table）的系统范围的单个数据结构中。在帧表中，每个条目对应着一个帧，以表示该帧是空闲的还是已占用的，如果占用，同时显示是被哪个（或哪些）进程的哪个页所占用。

另外，操作系统应意识到用户进程是在用户空间内执行的，所有逻辑地址需要映射到物理地址上。如果用户执行一个系统调用（例如，要进行 I/O），并提供地址作为参数（例如，一个缓冲），那么这个地址应映射来形成正确的物理地址。操作系统为每个进程维护一个页表的副本，就如同它需要维护指令计数器和寄存器的内容一样。每当操作系统自己将逻辑地址映射成物理地址时，这个副本可用作转换。当一个进程可分配到 CPU 时，CPU 分派器也根据该副本来定义硬件页表。因此，分页增加了上下文切换的时间。

获取 Linux 系统的页的大小

在 Linux 系统上，页大小根据架构而变化，有多个方法可以获取页大小。一种方法采用系统调用 getpagesize ()。另一个方法是在命令行上输入如下命令：

getconf PAGESIZE

这些技术都返回页大小（按字节数）。

9.3.2　硬件支持

由于页表是每个进程的数据结构，页表的指针与其他寄存器的值（如指令计数器）一起存入进程控制块。当 CPU 调度器选择执行一个进程时，它必须从存储的用户页表中重新加载用户寄存器和适当的硬件页表值。

页表的硬件实现可以通过多种方式完成。在最简单的情况下，页表可实现为一组专用的高速硬件寄存器，这使得页面地址转换非常有效。然而，这种方法增加了上下文切换时间，因为这些寄存器中的每一个都必须在上下文切换期间进行交换。

如果页表相当小（例如，只有 256 个条目），则页表寄存器的使用是令人满意的。然而，大多数现代 CPU 支持更大的页表（例如，2^{20} 个条目）。对于这些机器，使用快速寄存器来实现页表是不可行的。相反，页表保存在主存中，页表基址寄存器（Page-Table Base Register，PTBR）指向页表。改变页表只需要改变这一个寄存器，因此大大减少了上下文切换时间。

9.3.2.1　转换后援缓冲器

虽然将页表存储在内存中可以产生更快的上下文切换，但它还可能导致更慢的内存访问时间。假设要访问位置 i，通过 i 的页码作为 PTBR 偏移量，首先索引到页表。这个任务需要访问内存一次，它为我们提供了帧码，与页面偏移量相结合以产生实际地址。然后可以访问内存中的所需位置。有了这个方案，访问数据需要访问内存两次（一次用于页表条目，一次用于实际数据）。因此，内存访问速度降低 1/2，在大多数情况下这被认为是无法容忍的延迟。

这个问题的标准解决方案是采用专用的、小的、查找快速的高速硬件缓冲，即**转换后援缓冲器**（Translation Look-aside Buffer，TLB）。TLB 是关联的高速内存。TLB 条目由两部分组成：键（标签）和值。当关联内存根据给定值查找时，它会同时与所有的键进行比较。如果找到条目，那么就得到相应值的字段。搜索速度很快，现代的 TLB 查找硬件是指令流水线的一部分，基本上不添加任何性能负担。为了能够在流水线步骤中执行搜索，TLB 不应太大，通常它的大小在 32~1024 之间。有些 CPU 采用分开的指令和数据地址的 TLB。这可以将 TLB 条目的数量扩大一倍，因为查找可以在不同的流水线步骤中进行。通过这个演变，我们可以看到 CPU 技术的发展趋势：系统从没有 TLB 发展到具有多层的 TLB，与具有多层的高速缓存一样。

TLB 与页表一起使用的方法如下所述。TLB 只包含少数的页表条目，当 CPU 产生一个逻辑地址后，MMU 首先检查其页码是否存在于 TLB 中。如果找到这个页码，其帧码也就立即可用于访问内存。如上面所提到的，这些步骤可作为 CPU 流水线的一部分来执行，与没有实现分页的系统相比，这并没有降低性能。

如果页码不在 TLB 中（称为 TLB 未命中），地址转换按照 9.3.1 节所述步骤进行，就需访问内存页表。当得到帧码后，我们就可以用它来访问内存（见图 9.12）。另外，我们可以将页码和帧码添加到 TLB 中，这样下次再用时就可很快查找到了。

如果 TLB 内的条目已满，那么会选择一个来替换。替换策略有很多，包括最近最少使用替换（LRU）、轮转替换、随机替换等。有的 CPU 允许操作系统参与 TLB 条目的替换，其他的自己负责替换。另外，有的 TLB 允许有些条目固定下来，也就是说，它们不会从 TLB 中被替换。通常，重要内核代码的条目是固定下来的。

有的 TLB 在每个 TLB 条目中还保存**地址空间标识符**（Address Space Identifier，ASID）。ASID 唯一标识每个进程，并为进程提供地址空间的保护。当 TLB 试图解析虚拟页码时，它确保当前运行进程的 ASID 与虚拟页相关的 ASID 相匹配。如果不匹配，那么就作为 TLB 未命中。除了提供地址空间保

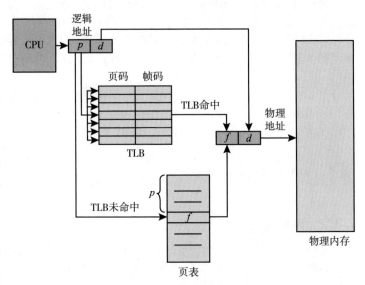

图 9.12   采用 TLB 分页硬件

护外，ASID 也允许 TLB 同时包括多个不同进程的条目。如果 TLB 不支持单独的 ASID，每次选择一个页表时（例如上下文切换时），TLB 就应被**刷新**（flush）（或删除），以确保下一个进程不会使用错误的地址转换。否则，TLB 内可能有旧的条目，它们包含有效的页码地址，但有从上一个进程遗留下来的不正确或无效的物理地址。

在 TLB 中查找到感兴趣页码的次数的百分比称为**命中率**（hit ratio）。80% 的命中率意味着有 80% 的时间可以在 TLB 中找到所需的页码。如果需要 10ns 来访问内存，那么当页码在 TLB 中时，访问映射内存需要 10ns。如果不能在 TLB 中找到，那么应先访问位于内存中的页表和帧码（10ns），并进而访问内存中的所需字节（10ns），这总共要花费 20ns。（这里假设页表查找只需要一次内存访问，但是它可能需要多次，后面我们会谈到。）为了求得**有效内存访问时间**（effective memory-access time），需要根据概率来进行加权：

$$有效内存访问时间 = 0.80 \times 10ns + 0.20 \times 20ns = 12ns$$

对于本例来说，平均内存访问时间多了 20%（从 10ns 到 12ns）。对于更为现实的 99% 命中率，我们有

$$有效内存访问时间 = 0.99 \times 10ns + 0.01 \times 20ns = 10.1ns$$

这种命中率的提高只多了 1% 的访问时间。

如前所述，现代 CPU 可能提供多级 TLB。因此，现代 CPU 的访问时间的计算比上面的例子更为复杂。例如，Intel Core i7 的 CPU 有一个 128 指令条目的 L1 TLB 和 64 数据条目的 L1 TLB。当 L1 未命中时，CPU 花费 6 个周期来检查 L2 的 TLB 的 512 条目。L2 的未命中意味着 CPU 需要通过内存的页表条件来查找相关的帧地址，这可能需要数百个周期，或者通过中断操作系统以完成其工作。

这种系统的分页开销的全面的性能分析需要关于每个 TLB 层次的命中率信息。然而，由此可以看到一条通用规律，硬件功能对内存性能有着显著的影响，而操作系统的改进（如分页）能导致硬件的改进并反过来受其影响。第 10 章将进一步探讨命中率对 TLB 的影响。

TLB 是一个硬件功能，因此操作系统及其设计师似乎不必关心。但是设计师需要了解 TLB 的功能和特性，它们因硬件平台的不同而不同。为了优化运行，给定平台的操作系统设

计应根据平台的 TLB 设计来实现分页。同样，TLB 设计的改变（例如，在多代 Intel CPU 之间）可能需要调整操作系统的分页实现。

9.3.3 保护

分页环境下的内存保护是通过与每个帧关联的保护位来实现的。通常，这些位保存在页表中。

用一个位可以定义一个页是可读可写或只读的。每次内存引用都要通过页表来查找正确的帧码。在计算物理地址的同时，可以通过检查保护位来验证有没有对只读的页进行写操作。对只读页进行写操作会向操作系统产生硬件陷阱（或内存保护冲突）。

我们可轻松扩展这种方法来提供更好的保护级别。可以创建硬件来提供只读、读写或只执行的保护。或者，通过为每种类型的访问提供单独的保护位，可以允许这些访问的任何组合。非法访问会被操作系统捕获。

还有一个位通常与页表中的每一条目相关联——**有效-无效位**（valid-invalid bit）。当该位为有效时，该值表示相关的页在进程的逻辑地址空间内，因此是合法（或有效）的页。当该位为无效时，该值表示相关的页不在进程的逻辑地址空间内。通过使用有效-无效位，非法地址会被捕捉到。操作系统通过对该位的设置，可以允许或不允许对某页的访问。

例如，对于 14 位地址空间（0~16383）的系统，假设有一个程序，其有效地址空间为 0~10468。如果页的大小为 2KB，那么页表如图 9.13 所示。页 0、1、2、3、4 和 5 的地址可以通过页表正常映射。然而，如果试图产生页表 6 或 7 内的地址时，则会发现有效-无效位为无效，这样操作系统就会捕捉到这一非法操作（无效页引用）。

注意，这种方法也产生了一个问题。由于程序的地址只到 10468，所以任何超过该地址的引用都是非法的。不过，由于对页 5 的访问是有效的，因此到 12287 为止的地址都是有效的。只有 12288~16383 的地址才是无效的。这个问题是由于页大小为 2KB 的原因，它也反映了分页的内部碎片。

一个进程很少会使用它的所有地址空间。事实上，许多进程只用到地址空间的小部分。对此，如果为地址范围内的所有页都在页表中建立一个条目，这将是非常浪费的。表中的大多数内容并不会被使用，却占用可用的地址空间。有的系统提供如页表长度寄存器（Page Table Length Register，PTLR）等硬件来表示页表的大小，该寄存器的值可用于检查每个逻辑地址以验证其是否位于进程的有效范围内。如果检测无法通过，则会被操作系统捕捉到。

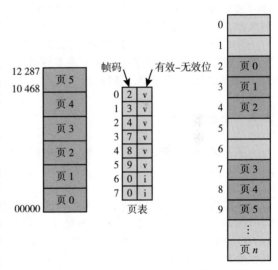

图 9.13 页表的有效（v）或无效（i）位

9.3.4 共享页

分页的优点之一是可以共享公共代码，在具有多个进程的环境中，这一考虑尤为重要。考虑标准 C 库，它为许多版本的 UNIX 和 Linux 提供了一部分的系统调用接口。在典型的 Linux 系统上，大多数用户进程需要标准 C 库 libc。一种选择是让每个进程将自己的 libc 副本加载到地址空间。如果一个系统有 40 个用户进程，而 libc 库是 2 MB，这将需要 80 MB 内存。

不过，如果代码是**可重入代码**，则可以共享，如图 9.14 所示。这里，假设三个进程共享标准 C 库 libc 的页面。（虽然图中显示的 libc 库占用了四页，但是实际上会占用更多。）

可重入代码是非自修改代码，它在执行过程中永远不会改变。因此，两个或多个进程可以同时执行相同的代码。每个进程都有自己的寄存器和数据存储副本，以保存进程执行所需的数据。两个不同进程的数据当然是不同的。只需要在物理内存中保留一份标准 C 库的副本，并且每个用户进程的页表映射到 libc 的同一个物理副本。因此，为了支持 40 个进程，我们只需要库的一份副本，现在所需的总空间是 2 MB 而不是 80 MB ，相比之下节省了很多空间。

除了运行时库（如 libc 等），我们还可以共享其他大量使用的程序，如编译器、窗口系统、数据库系统等。9.1.5 节讨论的共享库通常是通过共享页面实现的。为了可共享，代码必须是可重入的。共享代码的只读性质不应只取决于代码的正确性，操作系统应该强制执行这种属性。

系统上进程之间的内存共享类似于线程共享任务的地址空间，如第 4 章所述。此外，还记得在第 3 章中我们将共享内存描述为进程间通信的一种方法。有些操作系统使用共享页面，以实现共享内存。

除了允许多个进程共享相同的物理页面之外，根据页面组织内存还提供了许多好处。第 10 章我们将讨论其他一些好处。

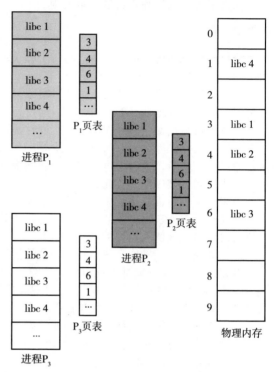

图 9.14   在分页环境中共享标准 C 库

9.4   页表结构

本节我们将会探讨组织页表的一些最常用技术，包括分层分页、哈希页表和倒置页表。

9.4.1   分层分页

大多数现代计算机系统支持大逻辑地址空间（$2^{32} \sim 2^{64}$），这类情况的页表本身可以非常大。例如，假设具有 32 位逻辑地址空间的一个计算机系统。如果系统的页大小为 4KB（2^{12}B），那么页表可以多达 100 万的条目（$2^{20} = 2^{32}/2^{12}$）。假设每个条目有 4 字节，那么每个进程需要 4MB 物理地址空间来存储页表本身。显然，我们并不想在内存中连续地分配这个页表。这个问题的一个简单解决方法是将页表划分为更小的块。完成这种划分有多个方法。

一种方法是使用两层分页算法，就是将页表再分页（图 9.15）。例如，再次假设一个系统，它具有 32 位逻辑地址空间和 4KB 大小的页。一个逻辑地址被分为 20 位的页码和 12 位的页偏移。因为要对页表进行再分页，所以该页码可分为 10 位的页码和 10 位的页偏移。这样，一个逻辑地址就分为如下形式：

页码		页偏移
p_1	p_2	d
10	10	12

其中 p_1 是用来访问外部页表的索引，而 p_2 是内部页表的页偏移。采用这种结构的地址转换方法如图 9.16 所示。由于地址转换由外向内，这种方案也称为**向前映射页表**（forward-mapped page table）。

对于 64 位的逻辑地址空间的系统，两层分页方案就不再适合了。为了说明这一点，假设系统的页面大小为 4KB（2^{12}B）。这时，页表可由多达 2^{52} 个条目组成。如果采用两层分页，那么内部页表可方便地定为一页长，或包括 2^{10} 个 4 字节的条目。地址形式如下图所示：

外页	内页	偏移
p_1	p_2	d
42	10	12

外页表有 2^{42} 个条目，或 2^{44} 字节。避免这样一个大页表的显而易见的方法是将外页表再进一步细分。（这种方法也可用于 32 位处理器，以增加灵活性和有效性。）

外页表的划分有很多方法。例如，我们可以对外页表再分页，进而得到三层分页方案。假设外页表由标准大小的页组成（2^{10} 个条目或者 2^{12} 字节）。这时，64 位地址空间仍然很大：

第二外页	外页	内页	偏移
p_1	p_2	p_3	d
32	10	10	12

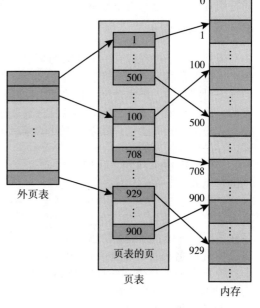

图 9.15　两层页表方案

外页表的大小仍然为 2^{34} 字节（16GB）。

下一步是四层分页方案，这里第二外页表本身也被分页，以此类推。为了转换每个逻辑地址，64 位的 UltraSPARC 将需要 7 个级别的分页，如此多的内存访问是不可取的。从这个例子可以看出，对于 64 位的架构，为什么分层页表通常被认为是不适当的。

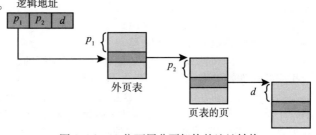

图 9.16　32 位两层分页架构的地址转换

9.4.2　哈希页表

处理大于 32 位地址空间的常用方法是使用**哈希页表**（hashed page table），采用虚拟页码作为哈希值。哈希页表的每一个条目都包括一个链表，该链表的元素哈希到同一位置（该链表用来解决处理碰撞）。每个元素由三个字段组成：虚拟页码、映射的帧码和指向链表内下一个元素的指针。

该算法工作如下：用虚拟地址的虚拟页码哈希到哈希表。用虚拟页码与链表内的第一个元素的第一个字段相比较。如果匹配，那么相应的帧码（第二个字段）就用来形成物理地址；如果不匹配，那么与链表内的后续节点的第一个字段进行比较，来查找匹配的页码。该方案如图 9.17 所示。

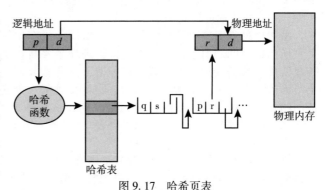

图 9.17　哈希页表

用于 64 位地址空间的这个方案的一个变体已被提出。此变体采用**聚簇页表**（clustered page table），它类似于哈希页表，不过，哈希表内的每个条目引用多个页（例如 16）而不是单个页。因此，单个页表条目可以映射到多个物理帧。聚簇页表对于**稀疏**（sparse）地址空间特别有用，这里的引用是不连续的并且散布在整个地址空间中。

9.4.3 倒置页表

通常，每个进程都有一个关联的页表。该进程所使用的每个页都在页表中有一项（或者每个虚拟页都有一项，不管后者是否有效）。这种表示方式比较自然，因为进程是通过虚拟地址来引用页的。操作系统应将这种引用转换成物理内存的地址。由于页表是按虚拟地址排序的，操作系统可计算出所对应条目在页表中的位置，并直接使用该值。这种方法的缺点之一是：每个页表可能包含数以百万计的条目，这些表可能需要大量的物理内存来跟踪其他物理内存是如何使用的。

为了解决这个问题，我们可以使用**倒置页表**（inverted page table）。只有对于每个真正的内存页或帧，倒置页表才有一个条目。每个条目包含保存在真正内存位置上的页的虚拟地址，以及拥有该页进程的信息。因此，整个系统只有一个页表，并且每个物理内存的页只有一条相应的条目。图 9.18 显示了倒置页表的工作原理，可以与图 9.8（显示标准页表工作原理）进行比较。由于一个倒置页表通常包含多个不同的映射物理内存的地址空间，通常要求它的每个条目保存一个

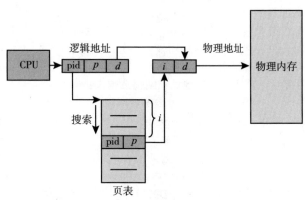

图 9.18　倒置页表

地址空间标识符（见 9.3.2 节）。地址空间标识符的保存确保了具体进程的每个逻辑页可映射到相应的物理帧。采用倒置页表的系统包括 64 位的 UltraSPARC 和 PowerPC。

为了说明这种方法，我们在这里描述一种用于 IBM RT 的倒置页表的简化版本。IBM 是最早采用倒置页表的大公司，从 IBM System 38 和 RS/6000 到现代的 IBM Power CPU 都应用了倒置页表。对 IBM RT 来说，系统内的每个虚拟地址为一个三元组：

<process-id,page-number,offset>
<进程 ID,页码,偏移>

每个倒置页表条目为二元组<进程 ID, 页码>，这里进程 ID 用来作为地址空间的标识符。当发生内存引用时，由<进程 ID, 页码>组成的虚拟地址被提交到内存子系统。然后，搜索倒置页表来寻找匹配。如果找到匹配条目（如条目 i），则生成物理地址<i, 偏移>。如果找不到匹配，则为非法地址访问。

虽然这种方案减少了存储每个页表所需的内存空间，但是它增加了由于引用页而查找页表所需的时间。由于倒置页表是按物理地址来排序的，而查找依据的是虚拟地址，因此查找匹配可能需要搜索整个表，这种搜索需要很长时间。为了解决这个问题，可以使用一个哈希表（如 9.4.2 节所述），以将搜索限制在一个或最多数个页表条目中。当然，每次访问哈希表也增加了一次内存引用，因此每次虚拟地址的引用至少需要两次内存读操作：一次用于哈希表条目，另一次用于页表。（注意：在搜索哈希表之前，先搜索 TLB，这可以改善性能。）

倒置页表的一个有趣问题涉及共享内存。使用标准分页，每个进程都有自己的页表，允许将多个虚拟地址映射到同一个物理地址。这种方法不能用于倒置页表，因为每个物理页面只有一个虚拟页面条目，一个物理页不能有两个（或更多）共享虚拟地址。因此，对于倒置

页表，在任何给定时间只能发生一个虚拟地址到共享物理地址的映射。共享内存的另一个进程的引用将导致页面错误，并将用不同的虚拟地址来替换映射。

9.4.4 Oracle SPARC Solaris

以一个现代的 64 位 CPU 和与其紧密集成并提供低开销虚拟内存的操作系统为例来进行分析。Solaris 运行于 SPARC 处理器上，是一个 64 位的操作系统，它需要通过多层页表来提供虚拟内存且不会用完所有物理内存。它的做法有些复杂，但可以通过哈希表有效地解决问题。它有两个哈希表：一个用于内核，一个用于所有用户进程。每个哈希表都将虚拟内存的内存地址映射到物理内存。每个哈希表条目代表一个已映射的、连续的虚拟内存区域，比每个条目仅代表一页的这种方式更为有效。每个条目都有一个基址和一个表示页数多少的跨度。

如果每个地址都要通过哈希表进行搜索，那么虚拟到物理的转换将花费太长时间，因此 CPU 有一个 TLB，用于保存转换表条目（Translation Table Entry，TTE），以便进行快速硬件查找。这些 TTE 缓存驻留在一个转换存储缓冲区（Translation Storage Buffer，TSB），其中包括最近访问页的有关条目。当引用一个虚拟地址时，硬件搜索 TLB 以进行转换。如果没有找到，硬件搜索内存中的 TSB，以查找对应于导致查找虚拟地址的 TTE。这种 TLB 查找（TLB walk）功能常见于现代 CPU。如果 TSB 中找到了匹配，CPU 将 TSB 条目复制到 TLB，进而完成内存转换。如果 TSB 中未找到匹配，则中断内核，以搜索哈希表。然后，内核从相应的哈希表中创建一个 TTE，并保存到 TSB 中，而 CPU 内存管理单元会通过 TSB 自动加载 TLB。最后，中断处理程序将控制返回到 MMU，完成地址转换，获得内存中的字节或字。

9.5 交换

处理指令及其操作数据必须在内存中才能执行。但是，一个进程或进程的一部分可以暂时从内存中**交换**到**后备存储**，然后再调回内存来继续执行（见图 9.19）。交换有可能让所有进程的总的物理地址空间超过真实系统的物理地址空间，从而增加了系统的多道程序程度。

9.5.1 标准交换

标准交换在内存与后备存储之间移动进程。后备存储通常是快速外存，它应足够大，以容纳所有用户的所有内存映像的副本，并且它应提供对这些存储器映像的直接访问。当进程或部分进程被交换到后备存储时，与进程相关的数据结构必须写入后备存储。对于多线程进程，所有的线程数据结构也必须交换。操作系统还必须维护已换出进程的元数据，以确保当它们交换回内存时可以恢复它们。

标准交换的优点是它允许超额分配物理内存，这样系统可以容纳比实际物理内存更多的进程来存储它们。空闲或大部分空闲的进程是交换的良好候选，分配给这些非活动进程的任何内存都可以专用于活动进程。如果一个已被换出的非活动进程再次变为活动状态，则必须将其换回，如图 9.19 所示。

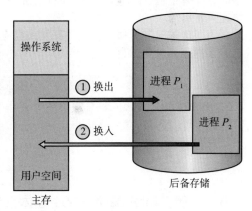

图 9.19 使用磁盘作为后备存储的两个进程的标准交换

9.5.2 采用分页的交换

传统的 UNIX 系统采用了标准交换，但是现代操作系统通常不再使用这种方式，因为在内存和后备存储之间移动整个进程所需的时间太长了。（一个例外是 Solaris，它仍然使用标准交换，但是仅在可用内存极低的情况下。）

大多数系统（包括 Linux 和 Windows），现在都使用交换进程的一种变体，即交换的不是
整个进程而是进程的部分页面。这种策略仍然允
许超额分配物理内存，但不会产生交换整个进程
的成本，因为只有少数页面参与交换。其实，现
在交换这个词一般都是指标准交换，而分页这个
词是指采用分页的交换。**页面调出**（page out）
操作将页面从内存移动到后备存储，反向过程称
为**页面调入**（page in）。图 9.20 说明了分页交
换，其中进程 A 和 B 的页面子集分别被调出和调
入。正如我们将在第 10 章中看到的，分页交换
与虚拟内存一起配合得很好。

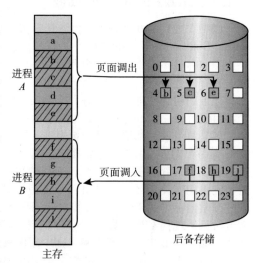

图 9.20 采用分页的交换

9.5.3 移动系统的交换

大多数 PC 和服务器操作系统都支持交换页
面。相比之下，移动系统通常不支持任何形式的
交换。移动设备通常使用闪存，而不是更大的硬
盘来进行非易失性存储。由此产生的空间限制是
移动操作系统设计人员避免交换的原因之一。同
时还有其他原因，包括：闪存在变得不可靠之前
可以容忍的写入次数有限，以及这些设备的内存与闪存之间的吞吐量很差。

当空闲内存降低到一定阈值以下时，苹果的 iOS 不采用交换，而是要求应用程序自愿放弃
分配的内存。只读数据（如代码）可从系统中删除，之后如有必要再从闪存重新加载。已修改
的数据（如堆栈）不会被删除。然而，操作系统可以终止任何未能释放足够内存的应用程序。

Android 采用类似 iOS 使用的策略。如果没有足够可用的空闲内存，则它可以终止进程。
然而，在终止进程之前，Android 将其**应用程序状态**（application state）写入闪存，以便能够
快速重新启动。

由于这些限制，移动系统的开发人员应小心分配和释放内存，以确保其应用程序不会使
用太多内存或遭受内存泄漏。

采用交换的系统性能

虽然交换页面比交换整个进程更有效率，当系统进行任何形式的交换时，这通常表明活
动进程多于可用物理内存。处理这种情况一般有两种方法：终止某些进程或获得更多的物
理内存。

9.6 示例：Intel 32 位与 64 位体系结构

几十年来，Intel 芯片架构主宰了个人计算机领域。16 位的 Intel 8086 发布于 20 世纪 70 年
代末，之后不久，又发布了另一款 16 位芯片 Intel 8088，它以最初 IBM PC 的芯片而闻名。后
来，Intel 又发布了一系列的 32 位芯片 IA-32，其中包括 32 位奔腾处理器系列。Intel 也发布
了一系列基于 x86-64 架构的 64 位芯片。目前，所有最受欢迎的 PC 操作系统都可在 Intel 芯
片上运行，包括 Windows、Mac OS 和 Linux（当然，Linux 也运行在其他几个架构上）。但值得
注意的是，Intel 的优势并没有蔓延到移动系统，ARM 架构目前在此领域取得相当大的成功
（见 9.7 节）。

本节讨论 IA-32 和 x86-64 架构的地址转换。然而，在我们讨论之前，重要的是要注意，

由于多年来 Intel 已经发布了多个版本及其变体，我们不能提供所有芯片的内存管理结构的全部介绍。也不能提供所有的 CPU 细节，因为这些信息最好留给计算机体系结构的书籍。我们在此只讨论这些 Intel CPU 内存管理的主要概念。

9.6.1 IA-32 架构

IA-32 系统的内存管理可分为分段和分页两个部分。CPU 生成逻辑地址，并交给分段单元。分段单元为每个逻辑地址生成一个线性地址，然后，线性地址交给分页单元，以生成内存的物理地址。因此，分段和分页单元组成了内存管理单元（MMU）。这个方案如图 9.21 所示。

图 9.21 IA-32 的逻辑地址到物理地址转换

9.6.1.1 IA-32 分段

IA-32 架构允许一个段的大小最多可达 4GB，每个进程的段的最多数量为 16K。进程的逻辑地址空间分为两部分。第一部分最多由大小为 8K 的段组成，这部分为单个进程私有。第二个部分最多由大小为 8K 的段组成，这部分为所有进程所共享。第一部分的信息保存在**局部描述符表**（Local Descriptor Table，LTD）中，第二部分的信息保存在**全局描述符表**（Global Descriptor Table，GDT）中。LDT 和 GDT 的每个条目由 8 字节组成，包括一个段的详细信息，如基位置和段界限等。

逻辑地址为二元组（选择器，偏移），选择器是一个 16 位的数：
其中 s 表示段号，g 表示段是在 GDT 还是在 LDT 中，p 表示保护信息。偏移是一个 32 位的数，用来表示字节（或字）在段内的位置。

s	g	p
13	1	2

CPU 有 6 个段寄存器，允许一个进程同时访问 6 个段。它还有 6 个 8 字节微程序寄存器，用来保存相应的来自 LDT 或 GDT 的描述符。这一缓存使得奔腾处理器不必在每次引用内存时都从内存中读取描述符。

IA-32 的线性地址为 32 位，按如下方式来形成：段寄存器指向 LDT 或 GDT 中的适当条目，段的基址和界限信息用来产生线性地址。首先，界限信息用来检查地址的合法性。如果地址无效，则产生内存出错，导致陷入操作系统。如果地址有效，则偏移值与基址的值相加，产生 32 位的线性地址，如图 9.22 所示。下面将会讨论分页单元如何将线性地址转换成物理地址。

9.6.1.2 IA-32 分页

IA-32 架构的页可为 4KB 或 4MB。对于 4KB 的页，IA-32 采用二层分页方法，其中 32 位线性地址的划分如下：

页码		页偏移
p_1	p_2	d
10	10	12

这种架构的地址转换方案类似于图 9.16。IA-32 地址转换的更多细节如图 9.23 所示。最高 10 位引用外部页表的条目，IA-32 称外层页表为**页目录**（page directory），CR3 寄存器指向当前进程的页目录。页目录内的条目指向由线性地址中间 10 位索引的内部页表（简称页表）。最后，最低的 12 位（0~11 位）为页表条目指向的 4KB 页内的偏移。

页目录的条目有一个标志 Page_ Size，如果设置了它，则表示页帧的大小为 4MB，而不是标准的 4KB。如果设置了该标志，则页目录条目会绕过内层页表直接指向 4MB 的页帧，并且线性地址的最低 22 位指向 4MB 页帧内的偏移。

为了提高物理内存的使用效率，IA-32 的页表可以被交换到磁盘。因此，页目录的条目通过一个有效位，以表示该条目所指的页表是在内存里还是在磁盘里。如果页表在磁盘里，则操作系统可通过其他 31 位来表示页表的磁盘位置。之后，可根据需要将页表调入内存。

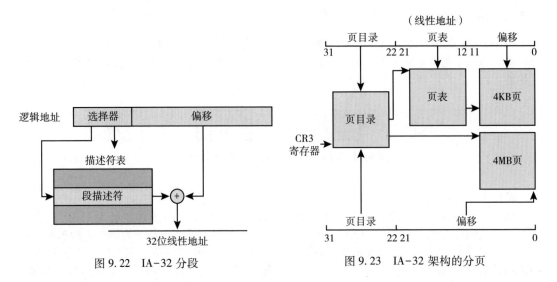

图 9.22　IA-32 分段　　　　　　　图 9.23　IA-32 架构的分页

随着软件开发人员逐渐发现 32 位架构的 4GB 内存限制，Intel 通过**页地址扩展**（Page Address Extension，PAE）来允许访问大于 4GB 的物理地址空间。引入 PAE 支持的特点是，从两层的分页方案（如图 9.23 所示）变成了三层方案，后者的最高两位用于指向**页目录指针表**（page directory pointer table）。图 9.24 为 4KB 页的 PAE 系统（PAE 还支持 2MB 的页）。

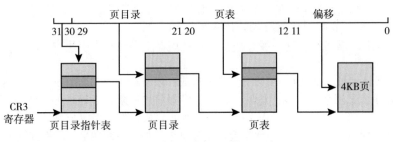

图 9.24　页面地址扩展

PAE 将页目录和页表的条目大小从 32 位增大到 64 位。这让页表和页帧的基址从 20 位增大到 24 位。结合 12 位的偏移，加上了 IA-32 PAE 的支持可增加地址空间到 36 位，最多可支持 64GB 的物理内存。注意，我们需要操作系统的支持才可使用 PAE。Linux 和 macOS 都支持 PAE。不过，Windows 32 位的桌面操作系统即使在 PAE 启用时，仍然只能支持 4GB 的物理内存。

9.6.2　x86-64

Intel 开发 64 位架构的过程很有趣。最初的架构为 IA-64（后来被称为安腾（Itanium）），但并没有被广泛采用。同时，另一家芯片制造商 AMD 也开始开发称为 x86-64 的 64 位架构，它扩展了当时的 IA-32 指令集。x86-64 支持更大的逻辑和物理的地址空间，也具有一些其他优点。过去，AMD 根据 Intel 架构来开发芯片，但现在角色互换了，Intel 采用了 AMD 的 x86-64 架构。当讨论这个架构时，我们不采用商业名称 AMD64 和 Intel 64，而采用更一般的术语

x86-64。

支持 64 位的地址空间意味着可寻址的内存达到惊人的 2^{64} 字节，即 16 艾字节。然而，即使 64 位系统有能力访问这么多的内存，但是实际上，目前设计的地址表示远远少于 64 位。目前提供的 x86-64 架构采用四层分页，支持 48 位的虚拟地址，其页面大小可为 4KB、2MB或 1GB。这种线性地址的表示如图 9.25 所示。由于这种寻址方案可以采用 PAE，因此虚拟地址的大小为 48 位，可支持 52 位的物理地址（4096TB）。

未用	页映射级别4	页目录指针表	页目录	页表	偏移
63 48	47 39	38 30	29 21	20 12	11 0

图 9.25 x86-64 线性地址

---

64 位计算

历史告诉我们，即使内存、CPU 速度以及类似的计算机能力好像已经可以满足可预见未来的需求，但技术的发展最终是会用尽可用的能力的，并且我们很快（比我们自认为的要早）就会发现还会需要更多的内存或更强的处理能力。试想一下有哪些未来的技术可能使 64 位地址的空间显得太小？

9.7 示例：ARMv8 架构

虽然 Intel 芯片已经占据了个人计算机市场超过 30 年，移动设备（如智能手机和平板电脑）的芯片更多是采用 32 位的 ARM 处理器。有趣的是，Intel 不仅设计而且制造芯片，而 ARM 只设计它们，然后将设计许可授权给芯片制造商。Apple 获得了 iPhone 和 iPad 等移动设备的授权，多种基于 Android 的智能手机也采用 ARM 处理器。除了移动设备，ARM 还提供实时嵌入式系统的架构设计。由于运行在 ARM 架构上的设备数量众多，已经生产了超过 1000亿个 ARM 处理器，如果我们以生产的芯片数量来衡量，那么它是使用最广泛的架构。本节讨论 64 位的 ARMv8 架构。

ARMv8 具有三种不同的**转换粒度**：4 KB、16 KB 和 64 KB。每种转换粒度提供不同的页面大小和更大的连续内存部分（称为**区域**（region））。不同转换粒度的页面和区域大小，如下所示：

对于 4 KB 和 16 KB 粒度，最多可以使用四层分页；对于 64 KB 粒度，最多可以使用三层分页。图 9.26 说明了 4 KB 转换粒度的 ARMv8 地址结构最多具有四层分页。（请注意，虽然 ARMv8 是 64 位架构，但目前仅使

转换粒度	页面大小	区域大小
4 KB	4 KB	2 MB,1 GB
16 KB	16 KB	32 MB
64 KB	64 KB	512 MB

用 48 位。）图 9.27 说明了 4KB 转换粒度的四层分层分页结构。（TTBR 寄存器是转换表基址寄存器，指向当前线程的 0 级表。）

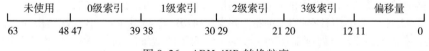

未使用	0级索引	1级索引	2级索引	3级索引	偏移量
63 48	47 39	38 30	29 21	20 12	11 0

图 9.26 ARM 4KB 转换粒度

如果使用所有四个级别，则偏移量（图 9.26 中的 0~11 位）指的是 4 KB 页内的偏移量。但是请注意，1 级和 2 级的表条目可能会引用到另一个表或 1GB 区域（1 级表）或 2 MB 区域（2 级表）。例如，如果 1 级表引用 1GB 区域而不是 2 级表，低位的 30 位（图 9.26 中的 0~29

位）用作该 1GB 区域的偏移量。类似地，如果二级表指的是一个 2MB 的区域而不是三级表，低位的 21 位（图 9.26 中的 0~20 位）指的是这个 2MB 区域内的偏移量。

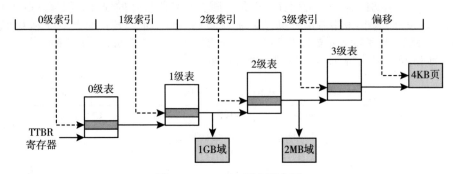

图 9.27　ARM 四层分层分页

　　ARM 架构还支持两级 TLB。在内部，有两个**微 TLB**（micro TLB）：一个用于数据，另一个用于指令。微 TLB 也支持 ASID。在外部，有一个**主 TLB**（main TLB）。地址转换从微 TLB 开始。如果没有找到，那么再检查主 TLB。如果仍未找到，那么最后通过硬件查找页表。

9.8　本章小结

- 内存是现代计算机系统操作的核心，由大量字节组成，每个字节都有自己的地址。
- 为每个进程分配地址空间的一种方法是使用基址寄存器和界限地址寄存器。基址寄存器保存最小的合法物理内存地址，而界限地址寄存器指定范围的大小。
- 将符号地址引用绑定到实际物理地址可能发生在编译时、加载时或执行时。
- CPU 生成的地址称为逻辑地址，内存管理单元（MMU）将其转换为内存中的物理地址。
- 分配内存的一种方法是分配不同大小的连续内存分区。可以基于三种可能的策略来分配这些分区：首次适应、最优适应，以及最差适应。
- 现代操作系统使用分页来管理内存。在这个过程中，物理内存被划分为固定大小的块（称为帧），逻辑内存被划分为相同大小的块（称为页）。
- 使用分页时，逻辑地址分为两部分：页码和页偏移。页码用作每个进程页表的索引，该页表包含物理内存中保存该页的帧码。偏移量是被引用的帧中的特定位置。
- 转换后援缓冲器（TLB）是页表的硬件缓存。每个 TLB 条目包含一个页码及其对应的帧。
- 在分页系统的地址转换中使用 TLB 涉及从逻辑地址获取页码并检查页面的帧是否在 TLB 中。如果是，则从 TLB 中获取该帧码。如果 TLB 中不存在该帧，则必须从页表中检索。
- 分层分页涉及将一个逻辑地址分成多个部分，每个部分引用不同级别的页表。当地址扩展到 32 位以上时，层级的数量可能很大。解决这个问题的两种策略是哈希页表和倒置页表。
- 交换允许系统将属于进程的页面移动到磁盘，以增加多道程序的程度。
- Intel 32 位体系结构具有两层页表，并支持 4KB 或 4MB 页大小。该架构还支持页面地址扩展，允许 32 位处理器访问大于 4 GB 的物理地址空间。x86-64 和 ARMv8 架构使用分层分页的 64 位体系结构。

9.9　推荐读物

　　分页概念可以归功于 Atlas 系统的设计者［Kilburn et al.（1961）］和［Howarth et al.（1961）］。

[Hennessy and Patterson（2012）] 解释了 TLB、缓存和 MMU 的硬件知识。[Jacob and Mudge（2001）] 描述了管理 TLB 的技术。[Fang et al.（2001）] 评估对大页面的支持。

有关 Windows 系统的 PAE 支持的讨论，可参见 http://msdn. microsoft. com/en-us/library/windows/hardware/gg487512. aspx。有关 ARM 架构的概述，可参见 http://www. arm. com/products/processors/cortexa/cortex-a9. php。

9.10 参考文献

[Fang et al.（2001）] Z. Fang, L. Zhang, J. B. Carter, W. C. Hsieh, and S. A. McKee, "Reevaluating Online Superpage Promotion with Hardware Support", *Proceedings of the International Symposium on High-Performance Computer Architecture*, Volume 50, Number 5（2001）.

[Hennessy and Patterson（2012）] J. Hennessy and D. Patterson, *Computer Architecture: A Quantitative Approach*, Fifth Edition, Morgan Kaufmann（2012）.

[Howarth et al.（1961）] D. J. Howarth, R. B. Payne, and F. H. Sumner, "The Manchester University Atlas Operating System, Part II: User's Description", *Computer Journal*, Volume 4, Number 3（1961）, pages 226-229.

[Jacob and Mudge（2001）] B. Jacob and T. Mudge, "Uniprocessor Virtual Memory Without TLBs", *IEEE Transactions on Computers*, Volume 50, Number 5（2001）.

[Kilburn et al.（1961）] T. Kilburn, D. J. Howarth, R. B. Payne, and F. H. Sumner, "The Manchester University Atlas Operating System, Part I: Internal Organization", *Computer Journal*, Volume 4, Number 3（1961）, pages 222-225.

9.11 练习

9.1 请说出逻辑地址和物理地址之间的两个不同之处。

9.2 为什么页面大小总是 2 的幂？

9.3 考虑一个系统，其中程序可以分为代码和数据两部分。CPU 知道它需要的是指令（指令提取）还是数据（数据提取或存储）。因此，提供了两对基址和界限地址寄存器：一对用于指令，另一对用于数据。用于指令的基址和界限地址寄存器是自动只读的，因此程序可以在不同用户之间共享。讨论该方案的优缺点。

9.4 考虑一个 64 页的逻辑地址空间，每页有 1024 个字，映射到 32 帧的物理内存。
    a. 逻辑地址有多少位？
    b. 物理地址有多少位？

9.5 如果允许页表的两个条目指向内存的同一个页帧会有什么影响？解释如何使用这种效果以减少将大量内存从一个位置复制到另一位置的所需时间。更新一页上的某个字节会对另一页产生什么影响？

9.6 给定六个内存分区，分别为 300 KB、600 KB、350 KB、200 KB、750 KB 和 125 KB（按顺序），请说明首次适应、最优适应和最差适应算法如何放置大小为 115 KB、500 KB、358 KB、200 KB 和 375 KB（按顺序）的进程？

9.7 假设页面大小为 1 KB，以下地址引用的页码和偏移分别是多少（以十进制数提供）：
    a. 3085
    b. 42095
    c. 215201
    d. 650000
    e. 2000001

9.8 BTV 操作系统有一个 21 位的虚拟地址，但在某些嵌入式设备上，只有一个 16 位的物理地址。它还有一个 2 KB 页面大小。以下页表各有多少个条目？

　　　a. 传统的单层页表

　　　b. 倒置页表

　　　BTV 操作系统的最大物理内存量是多少？

9.9　考虑一个 256 页的逻辑地址空间，页面大小为 4 KB，映射到 64 帧的物理内存。

　　　a. 逻辑地址需要多少位？

　　　b. 物理地址需要多少位？

9.10　考虑一个具有 32 位逻辑地址和 4 KB 页大小的计算机系统。系统支持高达 512 MB 的物理内存。以下页表各有多少个条目？

　　　a. 传统的单层页表

　　　b. 倒置页表

9.12　习题

9.11　请指出内部碎片与外部碎片的区别。

9.12　考虑如下生成二进制文件的过程。编译器用于生成每个模块的目标代码，而链接器用于将多个目标模块合并为一个二进制程序。链接器如何改变指令和数据到内存地址的绑定？需要将什么信息从编译器传递到链接器，以协助链接器完成内存绑定任务？

9.13　给定六个内存分区，分别为 100 MB、170 MB、40 MB、205 MB、300 MB 和 185 MB（按顺序），首次适应、最优适应和最差适应算法将如何放置大小为 200 MB、15 MB、185 MB、75 MB、175 MB 和 80 MB（按顺序）的进程？指出哪个请求（如果有）不能得到满足。评论每种算法管理内存的效率。

9.14　大多数系统允许程序在执行时为自己的地址空间分配更多的内存。程序的堆段（heap segment）的数据分配就是这样一个内存分配的实例。在下面的方案中，支持动态内存分配需要什么？

　　　a. 连续内存分配

　　　b. 分页

9.15　针对以下问题，比较连续内存分配和分页的内存组织方案：

　　　a. 外部碎片

　　　b. 内部碎片

　　　c. 跨进程共享代码的能力

9.16　对于分页系统，进程无法访问它所不拥有的内存，为什么？操作系统如何才能允许访问其他内存？为什么应该这样做或为什么不应该这样做。

9.17　请解释为什么移动操作系统（如 iOS 和 Android）不支持交换。

9.18　虽然 Android 不支持在引导磁盘上进行交换，但是可以通过另外的非易失性存储卡 SD 来设置交换空间。为什么 Android 不允许在引导磁盘进行交换，但允许在辅助磁盘上进行？

9.19　请解释为什么 TLB 使用地址空间标识符（Address Space Identifier，ASID）。

9.20　许多系统的二进制程序通常具有如下结构：代码从一个小的固定虚拟地址（如 0）开始存储。代码段之后是用来存储程序变量的数据段。当程序开始执行时，在虚拟地址空间的另一端分配堆栈，并允许向更低的虚拟地址方向增长。对以下方案，这种结构的意义是什么？

　　　a. 连续内存分配

　　　b. 分页

9.21　假设页大小为 1KB，以下地址引用（以十进制数形式提供）的页码和偏移量是多少：

　　　a. 21205

　　　b. 164250

　　　c. 121357

　　　　d. 16479315

　　　　e. 27253187

9.22　MPV 操作系统专为嵌入式系统设计，具有 24 位虚拟地址、20 位物理地址和 4 KB 页面大小。以下各有多少个条目？

　　　　a. 传统的单层页表

　　　　b. 倒置页表

　　　　MPV 操作系统中的最大物理内存量是多少？

9.23　考虑一个 2048 页的逻辑地址空间，页面大小为 4 KB，映射到 512 帧的物理内存。

　　　　a. 逻辑地址需要多少位？

　　　　b. 物理地址需要多少位？

9.24　考虑一个具有 32 位逻辑地址和 8 KB 页大小的计算机系统。系统支持高达 1 GB 的物理内存。以下各有多少个条目？

　　　　a. 传统的单层页表

　　　　b. 倒置页表

9.25　假设有一个分页系统，其页表在内存中。

　　　　a. 如果内存引用需要 50ns，分页内存的引用需要多长时间？

　　　　b. 如果添加了 TLB，并且所有页表引用的 75% 可在 TLB 中发现，那么内存引用的有效时间是多少？（假设所查的页表条目在 TLB 中时，需要 2ns）。

9.26　页表分页的目的是什么？

9.27　考虑如图 9.22 所示的 IA-32 地址转换方案：

　　　　a. 描述 IA-32 将逻辑地址转换成物理地址的所有步骤。

　　　　b. 采用这样复杂地址转换的硬件对操作系统有什么好处？

　　　　c. 这样的地址转换系统有没有什么缺点？如果有，有哪些？如果没有，为什么不是每个制造商都使用这种方案？

9.13　编程题

9.28　假设有一个系统具有 32 位的虚拟地址和 4KB 的页面。编写一个程序，其命令行的输入参数为虚拟地址（十进制），其输出为对应的页码和偏移。例如，你的程序可按如下代码运行：

```
./addresses 19986
```

其输出为

```
The address 19986 contains:
page number = 4
offset = 3602
```

编写这个程序，要求采用适当的数据类型以存储 32 位。建议你采用 unsigned 数据类型。

9.14　编程项目

连续内存分配

　　在 9.2 节中，我们介绍了用于连续内存分配的不同算法。该项目将涉及管理大小为 MAX 的连续内存区域，其中地址范围为 0～MAX-1。你的程序必须响应以下四种不同的请求：

　　1. 请求一个连续的内存块。

　　2. 释放一块连续的内存。

3. 将未使用的内存孔压缩为一整块。

4. 报告空闲和分配内存的区域。

你的程序将在启动时传递初始内存量。例如，以下用 1 MB（1 048 576 字节）的内存，初始化程序：

```
./allocator 1048576
```

一旦程序开启，将向用户显示以下提示：

```
allocator>
```

然后它将响应以下命令：RQ（请求）、RL（释放）、C（压缩）、STAT（状态报告）和 X（退出）。

40 000 字节的请求显示如下：

```
allocator>RQ P0 40000 W
```

RQ 命令的第一个参数是需要内存的新进程，然后是请求的内存量，最后是策略。（在这种情况下，"W" 指的是最差适应。）

同样，发布显示为：

```
allocator>RL P0
```

该命令将释放已分配给进程 P0 的内存。

压缩命令输入为：

```
allocator>C
```

这个命令会将未使用的内存孔压缩到一整块。

最后，上报内存状态的 STAT 命令输入如下：

```
allocator>STAT
```

鉴于这个命令，你的程序将报告已分配的内存区域和未使用的区域。例如，一种可能的内存分配安排如下：

```
Addresses [0:315000] Process P1
Addresses [315001:512500] Process P3
Addresses [512501:625575] Unused
Addresses [625575:725100] Process P6
Addresses [725001] ...
```

分配内存

你的程序将使用 9.2.2 节中突出显示的三种方法之一来分配内存，取决于传递给 RQ 命令的标志。标志是：

- F—首次适应
- B—最优适应
- W—最差适应

这要求你的程序跟踪代表可用内存的不同孔。当内存请求到达时，它将根据分配策略从可用孔之一分配内存。如果没有足够的内存分配给请求，它将输出错误消息并拒绝请求。

你的程序还需要跟踪已分配给哪个进程的内存区域。这是支持 STAT 命令所必需的，并且在通过 RL 命令释放内存时也需要，因为释放内存的进程被传递给这个命令。如果正在释放的分区与现有孔相邻，务必将两个孔组合成一个孔。

压缩

如果用户输入 C 命令，你的程序会将一组孔压缩为一个更大的孔。例如，如果你有四个大小分别为 550 KB、375 KB、1900 KB 和 4500 KB 的独立孔，你的程序会将这四个孔组合成一个大小为 7325 KB 的大孔。

有多种实现压缩的策略，9.2.3 节提出了其中一种。请务必更新受压缩影响的任何进程的起始地址。

虚拟内存

第 9 章我们讨论了计算机系统的各种内存管理策略。所有这些策略都有相同的目标：同时将多个进程保存在内存中，以允许多道程序。然而，这些策略都倾向于要求每个进程在执行之前完全处于内存中。

虚拟内存技术允许执行进程不必完全处于内存中。这种方案的一个主要优点在于程序可以大于物理内存。此外，虚拟内存将内存抽象成一个巨大的、统一的存储数组，进而实现了程序员看到的逻辑内存与物理内存的分离。这种技术使得程序员不再担忧内存容量的限制。虚拟内存还允许进程轻松共享文件和实现共享内存与库。此外，它为创建进程提供了有效的机制。但虚拟内存的实现并不容易，使用不当可能会大大降低系统性能。本章以请求调页为例来讨论虚拟内存，并讨论其复杂性与开销。本章将详细介绍虚拟内存，分析它是如何实现的，并探索它的复杂性和优点。

本章目标

- 定义虚拟内存并讨论它的优点。
- 说明如何使用请求调页将页面加载到内存中。
- 应用 FIFO、最优和 LRU 页面替换算法。
- 描述一个进程的工作集，并解释它与程序局部性的关系。
- 描述 Linux、Windows 10 和 Solaris 如何管理虚拟内存。
- 采用 C 语言设计模拟虚拟内存管理器。

10.1 背景

第 9 章概述的内存管理算法是必要的，因为有一个基本要求：执行的指令应处于物理内存中。满足这一要求的第一种方法是将整个逻辑地址空间置于物理内存中。动态加载可以缓解这种限制，但它通常需要特殊的预防措施和程序员的额外工作。

指令必须处于物理内存中才能执行，这种要求似乎是必要且合理的，但它也有缺点，因为它将程序的大小限制为物理内存的大小。事实上，通过研究实际程序就会发现，在许多情况下并不需要将整个程序置于内存中。例如，分析以下内容：

- 程序通常具有处理异常错误条件的代码。由于这些错误很少实际发生，所以这些代码几乎从不执行。
- 数组、链表和表等所分配的内存数量通常多于实际需要的值。按 100×100 个元素来声明的数组，可能实际很少用到大于 10×10 个的元素。
- 程序的某些选项和功能可能很少使用。例如，美国政府计算平衡预算的程序多年来都没有使用过。

即使在需要整个程序的情况下，也可能并不同时需要整个程序。

执行只有部分处于内存中的程序，可以带来许多好处：

- 程序不再受物理内存的可用数量限制。用户可以为一个巨大的虚拟地址空间（virtual address space）编写程序，从而简化编程任务。
- 由于每个用户程序可占用较少的物理内存，因此可以同时运行更多的程序，进而增加 CPU 利用率和吞吐量，而且不增加响应时间或周转时间。
- 由于加载或交换每个用户程序到内存所需的 I/O 会更少，用户程序会运行得更快。

因此，运行不完全处于内存的程序将使系统和用户都从中受益。

虚拟内存（virtual memory）将用户逻辑内存与物理内存分开。这在现有物理内存有限的情况下，为程序员提供了巨大的虚拟内存（如图 10.1 所示）。虚拟内存使得编程更加容易，因为程序员不再需要担心有限的物理内存空间，而只需要关注所要解决的问题。

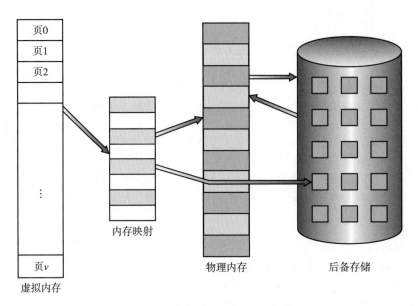

图 10.1   虚拟内存大于物理内存的演示

进程的虚拟地址空间（virtual address space）就是进程如何在内存中存放的逻辑（或虚拟）视图。通常，进程从某一逻辑地址（如地址 0）开始连续存放，如图 10.2 所示。根据第 9 章所述，物理地址可以按帧来组织，并且分配给进程的物理帧也可以不连续。这就需要内存管理单元（MMU）将逻辑页映射到内存的物理帧。

请注意，在图 10.2 中，随着动态内存的分配，允许堆向上生长。类似地，随着子程序的不断调用，还允许堆栈向下生长。堆与堆栈之间的巨大空白空间（或孔）为虚拟地址的一部分，只有在堆与堆栈生长时，才需要实际的物理页。包括空白的虚拟地址空间称为稀疏（sparse）地址空间。采用稀疏地址空间的优点是随着程序的执行，堆栈或堆会生长或需要加载动态链接库（或共享对象），此时我们可以填充这些空白。

除了将逻辑内存与物理内存分开外，虚拟内存允许文件和内存通过共享页而为多个进程所共享（见 9.3.4 节）。这带来了以下好处：

- 通过将共享对象映射到虚拟地址空间中，系统库（如 C 语言标准库）可以为多个进程所共享。尽管每个进程都将库视为其虚拟地址空间的一部分，但是驻留在物理内存中的库的实际页可由所有进程共享（见图 10.3）。通

图 10.2   进程内存的虚拟地址空间

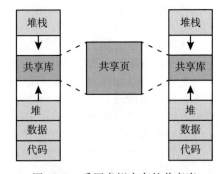

图 10.3   采用虚拟内存的共享库

常，库按只读方式映射到与其链接的进程空间。

- 类似地，虚拟内存允许进程共享内存。如第 3 章所述，进程之间可以通过使用共享内存来进行通信。虚拟内存允许一个进程创建一个内存区域，以便与其他进程共享。共享这个内存区域的进程认为它是其虚拟地址空间的一部分，而事实上这部分是共享的，如图 10.3 所示。
- 当通过系统调用 fork() 创建进程时，可以共享页面，从而加快进程创建。

我们将在后面深入探讨虚拟内存的上述优点和其他优点。不过首先我们需要讨论一下如何采用请求调页来实现虚拟内存。

10.2 请求调页

想一想，如何从磁盘加载可执行程序到内存。一种策略是，在程序执行时将整个程序加载到物理内存。然而，这种方法的一个问题是，最初可能不需要整个程序都处于内存中。假设程序开始时带一组用户可选的选项。加载整个程序会导致所有选项的执行代码都被加载到内存中，而不管是否最终使用这些选项。

另一种策略是，仅在需要时才加载页面。这种技术被称为**请求调页**（demand paging），它常被用于虚拟内存系统。对于请求调页的虚拟内存，页面只有在程序执行期间被请求时才被加载。因此，从未访问的那些页从不加载到物理内存中。请求调页系统类似于具有交换的分页系统（如 9.5.2 节所述），但进程驻留在外存上（通常为磁盘或 NVM 设备）。请求调页解释了虚拟内存的主要优点之一—— 通过只加载需要的程序部分，可以更有效地使用内存。

10.2.1 基本概念

如前所述，请求调页背后的一般概念是仅在需要时才将页面加载到内存中。这样会导致当一个进程正在执行时，一些页面在内存中，一些在外存中。因此，我们需要某种形式的硬件支持来区分两者。我们在 9.3.3 节所述的有效-无效位方案可用于此目的。然而在这里，当该位设置为"有效"时，相关联的页面既合法又在内存中。如果该位设置为"无效"，该页要么无效（即不在进程的逻辑地址空间中），要么有效，但当前处于二级存储中。被带入内存的页面的页表条目照常设置，但是当前不在内存中的页的页表条目被简单地标记为无效。这种情况如图 10.4 所示。（请注意，如果进程从不尝试访问该页面，则将页面标记为无效将不起作用。）

但是，如果进程试图访问那些尚未调入内存中的页面时，情况会怎样呢？对标记为无效的页面访问会产生**缺页错误**（page fault）。分页硬件在通过页表转换地址时会注意到无效位被设置，从而陷入操作系统。这种陷阱是由于操作系统未能将所需的页面调入内存而引起的。处理这种缺页错误的程序很简单（图 10.5）：

1. 检查这个进程的内部表（通常与 PCB 一起保存），以确定该引用是有效的还是无效的内存访问。
2. 如果引用无效，那么终止进程。如果引用有效但是尚未调入页面，那么现在就应调入。
3. 找到一个空闲帧（例如，从空闲帧链表上得到一个）。
4. 调度一个外存操作，以将所需页面读到刚分配的帧。
5. 当存储读取完成时，修改进程的内部表和页表，以指示该页现在处于内存中。
6. 重新启动被陷阱中断的指令。该进程现在能访问所需的页面，就好像它总是在内存中。

在极端情况下，我们可以开始执行一个没有内存页面的进程。当操作系统将指令指针设置为进程的第一条指令时，由于它所在的页面并不在内存中，进程将立即出现缺页错误。当该页面调入内存后,进程继续执行,根据需要发生缺页错误,直到所需每个页面都在内存中。这时,它可以在没有更多缺页错误的情况下执行。这种方案被为**纯请求调页**(pure demand paging),只有在需要时才将页面调入内存。

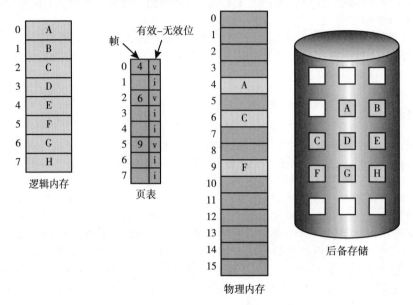

图 10.4 某些页不在主存时的页表

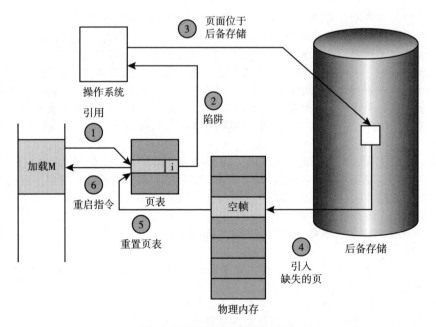

图 10.5 处理页面错误的步骤

理论上,有些程序的每次指令执行可以访问多个新的页面(其中一个用于指令,其他的多个用于数据),从而导致每条指令可能引起多个缺页错误。这种情况会导致系统性能很差。幸运的是,对运行进程的分析表明这种行为是极不可能的。如 10.6.1 节所述,程序具有**局部**

引用（locality of reference），这使得请求调页具有较为合理的性能。

支持请求调页的硬件与分页和交换的硬件相同，包括：

- **页表**。该表能够通过有效-无效位或保护位的特定值将条目标记为无效。
- **辅助存储器**（secondary memory）。这种存储器用于保存不在主存中的那些页面。辅助存储器通常为高速硬盘或 NVM 设备，称为交换设备（swap device），用于交换的这部分存储称为**交换空间**（swap space）。交换空间的分配将在第 11 章中讨论。

请求调页的关键要求是在缺页错误后重新启动任何指令的能力。因为当发生缺页错误时，保存了被中断的进程状态（寄存器、条件代码、指令计数器），所以应能够在完全相同的位置和状态下，重新启动进程，只不过现在所需的页面已在内存中并且是可以访问的。在大多数情况下，这个要求很容易满足。任何内存引用都可能引起缺页错误。如果在获取指令时出现了缺页错误，那么可以再次获取指令。如果在获取操作数时出现了缺页错误，我们必须再次获取并解码指令，然后再次获取操作数。

作为最坏情况的示例，假设一个具有三个地址的指令 ADD，它可将 A 和 B 的内容相加，并将结果存入 C。这个指令的执行步骤是：

1. 获取并解码指令（ADD）。
2. 获取 A。
3. 获取 B。
4. 将 A 和 B 相加。
5. 将结果存入 C 中。

如果在尝试保存到 C 时出现缺页错误（因为 C 所在的页面并不在内存中），那么应获取所需的页面，将其调入，更正页表，然后重新启动指令。重新启动需要再次获取指令，再次对指令解码，再次获取两个操作数然后相加。然而，这里没有多少重复工作（少于一条完整指令），并且仅当发生缺页错误时才需要重复。

当一条指令可以修改多个不同的位置时，就会出现更大困难。例如，IBM System 360/370 的 MVC（移动字符）指令，可以从一个位置移动多达 256 字节到另一个位置（可能重叠）。如果任何一个块（源或目的）跨越页边界，那么在执行了部分移动时可能会出现缺页错误。此外，如果源块和目的块有重叠，源块可能已被修改，此时不能简单重新启动指令。

这个问题可有两种不同的解决方案。一种解决方案是，利用微代码计算并试图访问两块的两端。如果会出现缺页错误，那么在这一步就会出现（在任何内容被修改之前）。然后我们就可以执行移动。我们知道不会发生缺页错误，因为所有相关页面都在内存中。另一个解决方案使用临时寄存器来保存覆盖位置的值。如果有缺页错误，则在陷阱发生之前将所有旧值写回到内存中。该动作将内存恢复到指令启动之前的状态，这样就能够重复该指令。

这绝不是通过向现有架构添加分页以允许请求调页而产生的唯一架构问题，不过它已经说明了所涉及的一些困难。分页是在计算机系统的 CPU 和内存之间添加的。它应该对用户进程完全透明。因此，人们经常假定分页能够添加到任何系统中。这个假定对于非请求调页环境来说是正确的，因为在这种环境中，缺页错误就代表了一个致命错误。但对于缺页错误仅意味着另外一个额外页面需要调入内存，然后进程重新运行的情况来说，这个假定就是不正确的。

10.2.2 空闲帧列表

当发生页面错误时，操作系统必须将所需页面从外存调入主存。为了解决页面错误，大多数操作系统维护一个**空闲帧列表**，即一个用于满足此类请求的空闲帧池（见图 10.6）。（当进程的堆栈或堆段扩展时，也必须分配空闲帧。）操作系统通

图 10.6 空闲帧列表

常使用一种称为**按需填零**（zero-fill-on-demand）的技术来分配空闲帧。按需填零帧在分配之前被"清零"，从而擦除以前的内容。（考虑在重新分配之前不清除帧内容的潜在安全隐患。）

当系统启动时，所有可用内存都放在空闲帧列表中。当请求空闲帧时（例如，通过请求调页），空闲帧列表的大小会缩小。在某些时候，列表要么降为零，要么降到某个阈值以下，此时必须重新扩充。10.4 节介绍了这两种情况的处理方法。

10.2.3 请求调页的性能

请求调页可以显著影响计算机系统的性能。为了说明起见，下面计算一下请求调页内存的**有效访问时间**（effective access time）。假设内存访问时间（用 ma（memory-access）表示）是 10ns。只要没有出现缺页错误，有效访问时间就等于内存访问时间。但如果出现缺页错误，那么就应先从磁盘中读入相关页面，再访问所需要的字。

设 p 为缺页错误的概率（$0 \leqslant p \leqslant 1$）。我们希望 p 接近于 0，即缺页错误很少。那么有效访问时间为：

$$有效访问时间 = (1-p) \times ma + p \times 缺页错误时间$$

为了计算有效访问时间，应知道需要多少时间来处理缺页错误。缺页错误将导致发生以下一组动作：

1. 陷入操作系统。
2. 保存用户寄存器和进程状态。
3. 确定中断是否为缺页错误。
4. 检查页面引用是否合法，并确定页面的磁盘位置。
5. 从磁盘读入页面到空闲帧：
   a. 在该磁盘队列中等待，直到读请求被处理。
   b. 等待磁盘的寻道或延迟时间。
   c. 开始传输磁盘页面到空闲帧。
6. 在等待期间，将 CPU 内核分配给其他某个进程。
7. 收到来自 I/O 存储子系统的中断（I/O 完成）。
8. 保存其他进程的寄存器和进程状态（如果已经执行了第 6 步）。
9. 确认中断是来自上述辅助存储器的。
10. 修正页表和其他表，以表示所需页面现在已在内存中。
11. 等待 CPU 核再次分配给本进程。
12. 恢复寄存器、进程状态和新页表，再重新执行中断指令。

以上步骤并不是在所有情况下都是必要的。例如，假设第 6 步在执行 I/O 时将 CPU 分配给另一进程。这种安排允许多道程序以提高 CPU 利用率，但是在执行完 I/O 时也需要额外时间来重新启动缺页错误的处理程序。

在任何情况下，缺页错误的处理时间都有三个主要组成部分：

1. 处理缺页错误中断。
2. 读入页面。
3. 重新启动进程。

第一个和第三个任务通过仔细编码可以减少到几百条指令。这些任务每次可能需要 1~100ms 的执行时间。考虑将 HDD 用作分页设备的情况，页面切换时间可能接近 8 ms（典型硬盘的平均延迟为 3ms，寻道时间为 5ms，传输时间为 0.05ms。因此，总的调页时间约为 8ms，包括硬件的和软件的时间）。而且要注意，这里只考虑了设备处理时间。如果有一队列的进程正在等待设备，那么就应加上等待设备的时间，以便等待调页设备空闲来处理请求，从而增加了更多的交换时间。

如果缺页错误处理的平均时间为 8ms，内存访问时间为 200ns，那么有效访问时间（以纳秒计）为

$$\begin{aligned}
\text{有效访问时间} &= (1-p) \times 200 + p(8\text{ms}) \\
&= (1-p) \times 200 + p \times 8\,000\,000 \\
&= 200 + 7\,999\,800 \times p
\end{aligned}$$

这样，我们看到有效访问时间与**缺页错误率**（page-fault rate）成正比。如果每 1000 次访问中有一次缺页错误，那么有效访问时间为 8.2μs。由于请求调页，计算机会减速 40 倍。如果我们希望性能下降小于 10%，则需要将缺页错误的概率保持在以下级别：

$$220 > 200 + 7\,999\,800 \times p$$
$$20 > 7\,999\,800 \times p$$
$$p > 0.000\,002\,5$$

也就是说，为了将缺页错误而产生的性能下降保持在合理水平，那么只能允许每 399 990 次访问中出现不到一次的缺页错误。总之，对于请求调页，降低缺页错误率是极为重要的。否则，会增加有效访问时间，从而极大地减缓了进程的执行速度。

请求调页的另一个方面是交换空间的处理和整体使用。交换空间的 I/O 通常比文件系统的 I/O 快，因为它是按更大的块来分配的，且不采用文件查找和间接分配方法（第 11 章）。因此，系统可以在进程启动时将整个文件映像复制到交换空间中，然后从交换空间执行请求调页，从而获得更好的分页吞吐量。这种方法的明显缺点是需要在程序启动时复制文件映像。另一种选择（包括 Linux 和 Windows 在内的几种操作系统都采用的）是，开始时从文件系统进行请求调页，但是在置换页面时则将页面写入交换空间。这种方法将确保只从文件系统读取需要的页面，但所有后续分页都是从交换空间完成的。

对于二进制执行文件的请求调页，有些系统试图限制交换空间的用量。这些文件的请求调页是从文件系统中直接读取的。然而，当需要页面置换时，这些帧可以简单地覆盖（因为它们从未被修改），当再次需要时，从文件系统中再次直接读入。采用这种方法，文件系统本身用作后备存储，但对于与文件无关的页面还是需要使用交换空间（称为**匿名内存**（anonymous memory）），这些页面包括进程的堆栈和堆。这种方法似乎是一个很好的折中，并已经用于多个操作系统，如 Linux 与 BSD UNIX。

正如 9.5.3 节所述，移动操作系统通常并不支持交换。当内存变得有限时，这些系统从文件系统请求调页，并从应用程序中回收只读页面（例如代码）。如果以后需要，可以从文件系统中请求这些数据。对于 iOS，不会从应用程序中回收匿名内存页面，除非应用程序终止或显式释放内存。10.7 节讨论压缩内存，这是移动系统替代交换的常用方法。

10.3　写时复制

10.2 节中，我们描述了一个进程如何采用请求调页，通过仅调入包括第一条指令的页面，从而能够很快开始执行。然而，通过系统调用 fork() 的进程创建最初可以通过使用类似于页面共享的技术（在 9.3.4 节中讨论）绕过请求调页的需要。这种技术提供了快速的进程创建，并最小化必须分配给新创建进程的新页面的数量。

回想一下，系统调用 fork() 创建了父进程的一个复制，以作为子进程。传统上，fork() 为子进程创建一个父进程地址空间的副本，复制属于父进程的页面。然而，考虑到许多子进程在创建之后立即调用系统调用 exec()，父进程地址空间的复制可能没有必要。因此，可以采用一种称为**写时复制**（copy-on-write）的技术，通过允许父进程和子进程最初共享相同的页面来工作。这些共享页面标记为写时复制，这意味着如果任何一个进程写入共享页面，那么就创建共享页面的副本。写时复制如图 10.7 和图 10.8 所示，这两个图反映了修改页面 C 的前与后。

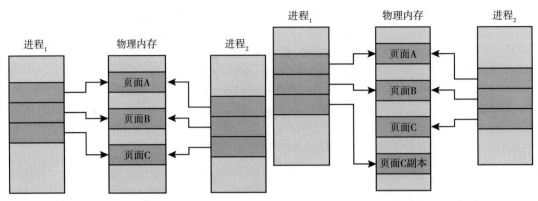

图 10.7　进程₁ 修改页 C 之前　　　　　　图 10.8　进程₁ 修改页 C 之后

例如，假设子进程试图修改包含部分堆栈的页面，并且设置为写时复制。操作系统会创建这个页面的副本，将其映射到子进程的地址空间。然后，子进程会修改复制的页面，而不是属于父进程的页面。显然，当使用写时复制技术时，仅复制任何一进程修改的页面，所有未修改的页面可以由父进程和子进程共享。还要注意，只有可以修改的页面才需要标记为写时复制。不能修改的页面（包含可执行代码的页面）可以由父进程和子进程共享。写时复制是一种常用技术，为许多操作系统所采用，包括 Windows、Linux 和 macOS。

UNIX 的多个版本（包括 Linux、macOS 和 BSD UNIX）提供了系统调用 fork() 的变种，即 vfork()，vfork() 的操作不同于写时复制的 fork()。采用 vfork()，父进程被挂起，子进程使用父进程的地址空间。因为 vfork() 不采用写时复制，如果子进程修改父进程地址空间的任何页面，那么这些修改过的页面对于恢复的父进程是可见的。因此，应谨慎使用 vfork()，以确保子进程不会修改父进程的地址空间。当子进程在创建后立即调用 exec() 时，可使用 vfork()。因为没有复制页面，vfork() 是一个非常有效的进程创建方法，有时用于实现 UNIX 命令行外壳接口。

10.4　页面置换

在前面讨论缺页错误率时，假设了每个页面最多只会出现一次错误（当它第一次引用时）。然而，这种表述严格来说是不准确的。如果具有 10 个页面的一个进程实际只使用其中的一半，那么请求调页就节省了用以加载从不使用的另外 5 个页面所需的 I/O。另外，通过运行两倍的进程，增加了多道程序的程度。因此，如果有 40 个帧，那么可以运行 8 个进程，而不是当每个进程都需要 10 帧（其中 5 个从未使用）时只能运行 4 个进程。

如果增加了多道程序的程度，那么可能会**过度分配**（over-allocating）内存。如果运行 6 个进程，每个进程有 10 个页面但是实际上只使用 5 个页面，那么会有更高的 CPU 利用率和吞吐量，并且还有 10 帧可作备用。然而，对于特定的数据集，每个进程可能会突然试图使用其所有的页面，从而共需要 60 帧，而只有 40 帧可用。

另外，还需要考虑到内存不仅用于保存程序页面。用于 I/O 的缓存也消耗大量的内存，这种使用会增加内存置换算法的压力。如何确定多少内存用于分配给 I/O 而多少内存分配给程序页面，这是个棘手的问题。有些系统为 I/O 缓存分配了固定百分比的内存，而其他系统允许进程和 I/O 子系统竞争使用所有系统内存。14.6 节讨论了 I/O 缓冲区和虚拟内存技术之间的集成关系。

内存的过度分配会表现如下。当用户进程正在执行时，可能发生缺页错误。操作系统确定所需页面的磁盘位置，但是却发现空闲帧列表没有空闲帧，所有内存都在使用。这种情况如图 10.9 所示，其中没有空闲帧的情况用问号表示。

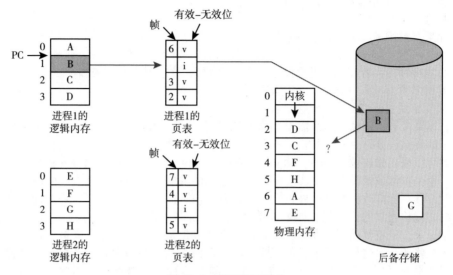

图 10.9　需要页面置换

这时，操作系统有多个选择。它可以终止进程。然而，请求调页是操作系统试图改善计算机系统的利用率和吞吐量的技术。用户不应该意识到他们的进程是运行在调页系统上的，因为对用户而言，调页应是透明的。因此，这个选择并不是最佳的。

操作系统可以改为使用标准交换和换出进程，释放其所有帧并降低多道程序的级别。但是，如 9.5 节所述，由于在内存和交换空间之间复制整个进程的开销，大多数操作系统不再使用标准交换，而是将交换页面与页面置换相结合，本节后面将详细描述这种技术。

10.4.1　基本页面置换

页面置换采用以下方法。如果没有空闲帧，那么就查找当前没有使用的一个帧，并释放它。可以这样来释放一个帧：将其内容写到交换空间，并修改页表（和所有其他表），以表示该页不在内存中（见图 10.10）。现在可使用空闲帧来保存进程出错的页面。修改缺页错误处理程序，以包括页面置换：

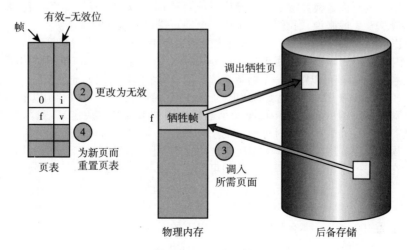

图 10.10　页面置换

1. 找到所需页面的辅助存储位置。
2. 找到一个空闲帧：
a. 如果有空闲帧，那么就使用它。
b. 如果没有空闲帧，那么就使用页面置换算法来选择一个**牺牲帧**（victim frame）。
c. 将牺牲帧的内容写到辅助存储上（如果必要），修改对应的页表和帧表。
3. 将所需页面读入（新的）空闲帧，修改页表和帧表。
4. 从发生缺页错误的位置继续进程。

请注意，如果没有空闲帧，那么需要两个页面传输（一个调出，一个调入）。这种情况实际上加倍了缺页错误处理时间，并相应地增加了有效访问时间。

我们可以采用**修改位**（modify bit）（或**脏位**（dirty bit））来减少这种开销。当采用这种方案时，每个页面或帧都有一个修改位，两者之间的关联采用硬件。每当页面内的任何字节被写入时，其页面修改位会由硬件来设置，以表示该页面已被修改过。当要选择一个页面进行置换时，就检查它的修改位。如果该位已被设置，那么该页面从外存读入以后已被修改。在这种情况下，应将页面写入存储。然而，如果修改位未被设置，那么该页面在被存储读入以后还未被修改。在这种情况下，不需要将内存页面写到存储因为它已经存在。这种技术也适用于只读页面（例如，二进制代码的页面）。这种页面不能被修改，因此，如需要，这些页面可以被放弃。这种方案可显著地降低用于处理缺页错误所需的时间，因为如果页面没有被修改，可以降低一半的 I/O 时间。

页面置换是请求调页的基础。它完成了逻辑内存和物理内存之间的分离。采用这种机制，较小的物理内存能为程序员提供巨大的虚拟内存。若没有请求调页，逻辑地址被映射到物理地址，并且两组地址可以不同。然而，进程的所有页面仍应在物理内存中。有了请求调页，逻辑地址空间的大小不再受限于物理内存。如果有一个具有 20 个页面的进程，那么可简单地通过请求调页和置换算法（必要时用于查找空闲帧），只用 10 个帧来执行它。如果所要置换的页面已被修改，则将其内容复制到辅助存储器。稍后，对该页面的引用将导致缺页错误。那时，页面将被调回到内存，也许会取代进程的其他页面。

为实现请求调页，我们必须解决两个主要问题：我们必须设计**帧分配算法**（frame-allocation algorithm）和**页面置换算法**（page-replacement algorithm）。也就是说，如果有多个进程在内存中，则必须决定要为每个进程分配多少帧，并且当需要页面置换时，必须选择要置换的帧。设计适当的算法来解决这些问题很重要，因为辅助存储器的 I/O 十分昂贵。即使请求调页方法的细微改进也会为系统性能带来显著提高。

有许多不同的页面置换算法。每个操作系统可能都有自己的置换方案。我们应如何选择特定的置换算法？一般来说，我们希望选择一个缺页错误率最低的算法。

我们可以这样评估一个算法：通过在特定内存引用串上运行某个置换算法，并计算缺页错误的数量。内存引用的串称为**引用串**（reference string）。我们可以人工地生成引用串（例如，通过随机数生成器），或可以跟踪一个给定系统并记录每个内存引用的地址。后一种选择可以产生大量数据（以每秒约一百万个地址的速度）。为了减少数据数量，可以利用以下两个事实。

第一，对于给定的页面大小（页面大小通常由硬件或系统来决定），只需考虑页码，而非完整地址。第二，如果有一个对页面 p 的引用，那么紧跟着的对页面 p 的任何引用绝不会引起缺页错误。页面 p 将在第一次引用后待在内存中，因此紧接着的后面的引用不会出错。

例如，在跟踪一个特定的进程时，我们可能记录以下的地址序列：

0100,0432,0101,0612,0102,0103,0104,0101,0611,0102,0103,
0104,0101,0610,0102,0103,0104,0101,0609,0102,0105

如果页面大小为 100 字节，那么此序列缩减为以下的引用串：

1,4,1,6,1,6,1,6,1,6,1

为了确定特定引用串和页面置换算法的缺页错误数量，还需要知道可用帧的数量。显然，随着可用帧数量的增加，缺页错误的数量会减少。例如，对于上述引用串，如果有 3 个或更多的帧，那么只有 3 个缺页错误，即每个页面的首次引用会产生一次错误。相比之下，当只有一个可用帧时，那么每个引用都要产生置换，导致 11 个缺页错误。一般来说，期望得到如图 10.11 所示的曲线。随着帧数量的增加，缺页错误的数量会降低至最小值。当然，添加物理内存会增加帧的数量。

下面，我们讨论几种页面置换算法。为此，假设有 3 个帧并且引用串为：

7,0,1,2,0,3,0,4,2,3,0,3,2,1,2,0,1,7,0,1

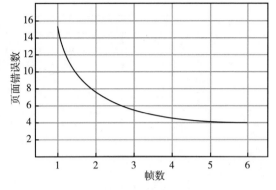

图 10.11 页面错误数与帧数的关系图

10.4.2 FIFO 页面置换

最简单的页面置换算法是 FIFO 算法。FIFO 页面置换算法为每个页面记录了调到内存的时间。当必须置换页面时，将选择最旧的页面。请注意，并不需要记录调入页面的确切时间。可以创建一个 FIFO 队列来管理所有的内存页面。置换的是队列的首个页面。当需要调入页面到内存时，就将其加到队列的尾部。

对于我们假设的引用串，3 个帧开始为空。首次的 3 个引用（7，0，1）会引起缺页错误，并被调到这些空帧。之后将调入这些空闲帧。下一个引用（2）置换页面 7，这是因为页面 7 最先调入。由于页面 0 是下一个引用并且已在内存中，所以这个引用不会有缺页错误。对页面 3 的首次引用导致页面 0 被替代，因为它现在是队列的第一个。因为这个置换，下一个对页面 0 的引用将有缺页错误，然后页面 1 被页面 0 置换。该进程按图 10.12 所示方式继续进行。每当有缺页错误时，图 10.12 显示了哪些页面在这三个帧中，总共有 15 次缺页错误。

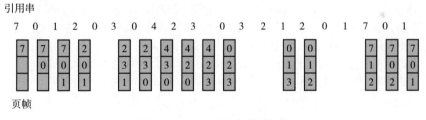

图 10.12 FIFO 页面置换算法

FIFO 页面置换算法易于理解和编程。然而，其性能并不总是十分理想。一方面，所置换的页面可能是很久以前使用过但现已不再使用的初始化模块。另一方面，所置换的页面可能包含一个被大量使用的变量，它早就初始化了，但仍在不断使用。

请注意，即使选择正在使用的一个页面来置换，一切仍然正常工作。在活动页面被置换为新页面后，几乎立即发生缺页错误以取回活动页面。某个其他页面必须被置换，以便将活动页面调回到内存。因此，选择不当的置换会增加缺页错误率，并且减慢处理执行。不过它不会造成执行不正确。

为了说明使用 FIFO 页面置换算法可能出现的问题，假设有如下引用串：

1,2,3,4,1,2,5,1,2,3,4,5

图 10.13 是这个引用串的缺页错误数量与可用帧数量的曲线。我们注意到 4 帧的缺页错误数（10）比 3 帧的缺页错误数（9）还要大。这个意想不到的结果被称为 **Belady 异常**（Belady's anomaly）——对于有些页面置换算法，随着分配帧数量的增加，缺页错误率可能会增加。然

而，我们原本期望，为一个进程提供更多的内存可以改善其性能。在早期研究中，研究人员注意到，这种推测并不总是正确的，结果就发现了 Belady 异常结果。

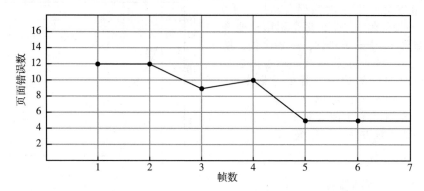

图 10.13　针对引用串采用 FIFO 置换的页面错误曲线

10. 4. 3　最优页面置换

Belady 异常的发现，导致寻找**最优页面置换算法**（optimal page-replacement algorithm），这个算法具有所有算法的最低缺页错误率，并且不会出现 Belady 异常。这种算法确实存在，它被称为 OPT 或 MIN。简单地说就是：

置换最长时间不会使用的页面。

这种页面置换算法确保对于给定数量的帧会产生最低的可能的缺页错误率。

例如，针对我们假设的引用串，最优置换算法会产生 9 个缺页错误，如图 10.14 所示。前 3 个引用会产生缺页错误，以填满 3 个空闲帧。对页面 2 的引用会置换页面 7，因为页面 7 直到第 18 次引用时才会使用，页面 0 在第 5 次引用时使用，页面 1 在第 14 次引用时使用。对页面 3 的引用会置换页面 1，因为页面 1 是位于内存的 3 个页面中最后被再次引用的页面。有 9 个缺页错误的最优页面置换算法要好于有 15 个缺页错误的 FIFO 置换算法。（如果我们忽略前 3 个，这是所有算法都会遭遇的，那么最优置换要比 FIFO 置换的效果好一倍。）事实上，没有置换算法能够只用 3 个帧和少于 9 个的缺页错误来处理案例中的引用串。

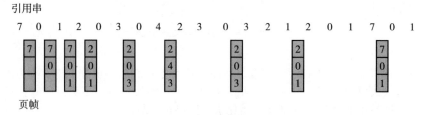

图 10.14　最优页面置换算法

然而，最优置换算法难以实现，因为需要引用串的未来知识（在 5. 3. 2 节讨论 SJF CPU 调度时，我们就碰到过类似的问题）。因此，最优算法主要用于比较研究。例如，如果知道一个算法不是最优的，但是与最优相比最坏不差于 12. 3%，平均不差于 4. 7%，那么该算法也是很有用的。

10. 4. 4　LRU 页面置换

如果最优算法不可行，那么最优算法的近似或许可行。FIFO 和 OPT 算法的关键区别在于：

除了在时间上向后或向前看之外，FIFO 算法使用的是页面调入内存的时间，OPT 算法使用的是页面使用的时间。如果我们使用最近的过去作为不远将来的近似，那么可以置换最长时间没有使用的页。这种方法称为**最近最少使用算法**（Least Recent Used algorithm，LRU algorithm）。

LRU 置换将每个页面与其上次使用的时间关联起来。当需要置换页面时，LRU 选择最长时间没有使用的页面。这种策略可当作在时间上向后看而不是向前看的最优页面置换算法。（奇怪的是，如果 S^R 表示引用串 S 的倒转，那么针对 S 的 OPT 算法的缺页错误率与针对 S^R 的 OPT 算法的缺页错误率是相同的。类似地，针对 S 的 LRU 算法的缺页错误率与针对 S^R 的 LRU 算法的缺页错误率相同。）

将 LRU 置换应用于样例引用串的结果如图 10.15 所示。LRU 算法产生 12 次缺页错误。注意，前 5 个缺页错误与最优置换一样。然而，当页面 4 的引用出现时，由于在内存的 3 个帧中，页面 2 最近最少使用，因此，LRU 算法置换页面 2，而并不知道页面 2 即将要用。接着，当页面 2 出错时，LRU 算法置换页面 3，因为位于内存的 3 个页中，页面 3 最近最少使用。尽管如此，有 12 个缺页错误的 LRU 置换仍然要好于有 15 个缺页错误的 FIFO 置换。

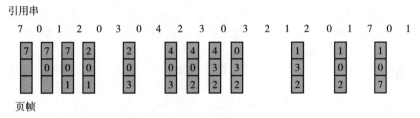

图 10.15　LRU 页面置换算法

LRU 策略通常用作页面置换算法，并被认为是不错的策略。它的主要问题在于如何实现 LRU 置换。LRU 页面置换算法可能需要大量的硬件辅助。它的问题是确定由上次使用时间定义的帧的顺序。有两种实现方式是可行的：

- **计数器**。在最简单的情况下，为每个页表条目关联一个使用时间域，并为 CPU 添加一个逻辑时钟或计数器。每次内存引用都会递增时钟。每当进行页面引用时，时钟寄存器的内容会复制到相应页面页表条目的使用时间域。这样，我们总是有每个页面的最后引用的"时间"。并置换具有最小时间的页面。这种方案需要搜索页表以查找 LRU 页面，而且每次内存访问都要写到内存（到页表的使用时间域）。当页表更改时（由于 CPU 调度），还必须保留时间。另外还要考虑到时钟溢出问题。
- **堆栈**。实现 LRU 置换的另一种方法是采用页码堆栈。每当页面被引用时，它就从堆栈中移除并放在顶部。这样，最近使用的页面总是在堆栈的顶部，最近最少使用的页面总是在底部（见图 10.16）。因为必须从堆栈的中间删除条目，所以最好通过使用具有首指针和尾指针的双向链表来实现这种方法。这样，删除一个页面并放在堆栈顶部在最坏情况下需要改变 6 个指针。虽说每次更新有些费时，但是置换不需要搜索。指针指向堆栈的底部，即 LRU 页面。这种方法特别适用于 LRU 置换的软件或微代码实现。

像最优置换一样，LRU 置换没有 Belady 异常。这两个都属于同一类算法，称为**堆栈**

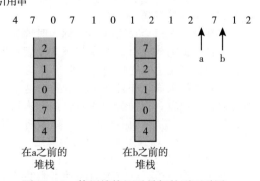

图 10.16　使用堆栈记录最新的页面引用

算法（stack algorithm），它们都绝不可能有 Belady 异常。堆栈算法可以证明为，帧数为 n 的内存页面集合是帧数为 $n+1$ 的内存页面集合的子集。对于 LRU 置换，内存中的页面集合为最近引用的 n 个页面。如果帧数增加，那么这 n 个页面仍然是最近被引用的，因此仍然在内存中。

注意，如果除了标准的 TLB 寄存器之外，没有其他辅助硬件，是不可能实现两种 LRU 的。每次内存引用，都应更新时钟域或堆栈。如果每次引用都采用中断以便允许软件更新这些数据结构，那么它会使内存引用至少慢 10 倍，进而使进程运行慢 10 倍。很少有系统可以容忍这种级别的内存管理开销。

10.4.5   近似 LRU 页面置换

很少有计算机系统能提供足够的硬件来支持真正的 LRU 页面置换算法。事实上，有些系统不提供硬件支持，并且必须使用其他页面置换算法（例如 FIFO 算法）。然而，许多系统都通过**引用位**（reference bit）的形式提供一定的支持。每当引用一个页面时（无论是对页面的字节进行读或写），其页面引用位就被硬件设置。页表内的每个条目都关联着一个引用位。

最初，所有引用位由操作系统清零。当进程执行时，每个引用到的页面引用位由硬件设置（为 1）。一段时间后，我们可以通过检查引用位来确定哪些页面已被使用，哪些页面尚未使用，虽说并不知道使用的顺序。这种信息是许多近似 LRU 页面置换算法的基础。

10.4.5.1   额外引用位算法

通过定期记录引用位，可以获得额外的排序信息。我们可以为内存中页表的每个页面保留一个 8 位的字节。定时器中断定期地（如每 100ms）将控制传到操作系统。操作系统将每个页面引用位移到其 8 位字节的高位，将其他位右移 1 位，并丢弃最低位。这些 8 位移位寄存器包含着最近 8 个时间周期内的页面使用情况。例如，如果移位寄存器包含 00000000，那么该页面在 8 个时间周期内没有使用。每个周期内使用至少一次的页面的移位寄存器值为 11111111。历史寄存器值为 11000100 的页面比值为 01110111 的页面更接近"最近使用的"。如果将这些 8 位字节解释为无符号整数，那么具有最小编号的页面是 LRU 页面，可以被替换。请注意，不能保证数字是唯一的。可以置换所有具有最小值的页面，或者在这些页面之间采用 FIFO 来选择置换。

当然，移位寄存器的历史位数可以改变，并可以选择以便使更新尽可能快（取决于可用的硬件）。在极端情况下，位数可降为 0，即只有引用位本身。这种算法称为**第二次机会页面置换算法**（second-chance page-replacement algorithm）。

10.4.5.2   第二次机会算法

第二次机会置换的基本算法是一种 FIFO 置换算法。然而，当选择了一个页面时，需要检查其引用位。如果值为 0，那么就直接置换此页面；如果引用位设置为 1，那么就给此页面第二次机会，并继续选择下一个 FIFO 页面。当一个页面获得第二次机会时，其引用位被清除，并且到达时间被设为当前时间。因此，获得第二次机会的页面在所有其他页面被置换（或获得第二次机会）之前，不会被置换。此外，如果一个页面经常使用导致其引用位总是被设置，那么它就不会被置换。

实现第二次机会算法（有时称为**时钟**算法（clock algorithm））的一种方式是采用循环队列。指针（即时钟指针）指示接下来要置换哪个页面。当需要一个帧时，指针向前移动直到找到一个引用位为 0 的页面。在向前移动时，会清除引用位（见图 10.17）。一旦找到牺牲页面，就置换该页面，并且在循环队列的这个位置上插入新页面。注意，在最坏的情况下，当所有位都已设置，指针会循环遍历整个队列，给每个页面第二次机会。在选择下一个页面进行置换之前，将清除所有引用位。如果所有位都为 1，第二次机会置换退化为 FIFO 替换。

10.4.5.3   增强型第二次机会算法

我们可以通过将引用位和修改位（参见 10.4.1 节的描述）作为有序对来改进二次机会算法。有了这两个位，就有下面四种可能的类型：

1.（0，0），最近没有使用且没有修改的页面——最佳的页面置换。

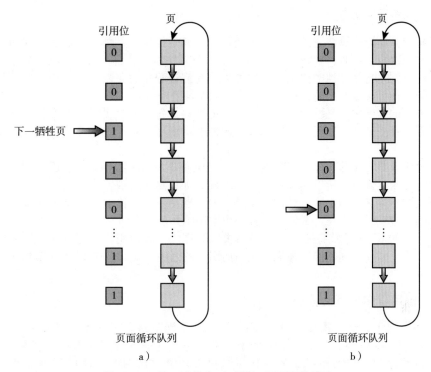

图 10.17 第二次机会（时钟）页面置换算法

2. （0，1），最近没有使用但修改过的页面——不太好的置换，因为在置换之前需要将页面写出。
3. （1，0），最近使用过但没有修改的页面——可能很快再次使用。
4. （1，1），最近使用过且修改过的页面——可能很快再次使用，并且在置换之前需要将页面写出到磁盘。

　　每个页面都属于这四种类型之一。当需要页面置换时，可使用与时钟算法一样的方案，但不是检查所指页面的引用位是否设置，而是检查所查页面属于哪个类型。我们替换非空的最低类型中的第一个页面。请注意，可能需要多次扫描循环队列才会找到要置换的页面。这种算法与更为简单的时钟算法的主要区别在于：这里为那些已修改页面赋予更高级别，从而降低了所需 I/O 数量。

10.4.6　基于计数的页面置换

　　页面置换还有许多其他算法。例如，可以为每个页面的引用次数保存一个计数器，并且开发以下两个方案。

- **最不经常使用**（Least Frequently Used，LFU）页面置换算法要求置换具有最小计数的页面。这种选择的原因是因为积极使用的页面应当具有大的引用计数。然而，当一个页面在进程的初始阶段大量使用但是随后不再使用时会出现问题。由于被大量使用，因此它有一个大的计数，且即使不再需要却仍保留在内存中。一种解决方案是，定期地将计数右移 1 位，以形成指数衰减的平均使用计数。
- **最经常使用**（Most Frequently Used，MFU）页面置换算法是基于具有最小计数的页面可能刚刚被引入并且尚未使用这一观点的。

正如你期待的那样，MFU 和 LFU 置换都不常用。这些算法的实现是昂贵的，并且它们不能很好地近似 OPT 置换。

10.4.7 页面缓冲算法

除了特定页面置换算法之外，我们还经常采用其他措施。例如，系统通常保留一个空闲帧池。当出现缺页错误时，会像以前一样选择一个牺牲帧。然而，在写出牺牲帧之前，所需页面就已经读到来自缓冲池的空闲帧。这种措施允许进程尽快重新启动，而无须等待写出牺牲帧。当牺牲帧后续被写出后，它被添加到空闲帧池。

这种方法的扩展之一是维护一个修改页面的列表。每当调页设备空闲时，就选择一个修改页面写到外存上，然后重置它的修改位。这种方案增加了页面在需要选择置换时是干净且无须写出的概率。

另一种修改是，保留一个空闲帧池，并且记住哪些页面在哪些帧内。因为在帧被写到外存后帧内容并未被修改，所以当该帧被重用之前，如果再次需要，那么旧的页面可以从空闲帧池中直接取出并被使用。这种情况不需要 I/O。当发生缺页错误时，首先检查所需页面是否在空闲帧池中。如果不在，我们应选择一个空闲帧并读入页面。

有些版本的 UNIX 系统将此方法与第二次机会算法一起使用。这种方法可用来改进任何页面置换算法，以降低因错误选择牺牲页面而引起的开销。我们将在 10.5.3 节描述这些修改和其他修改。

10.4.8 应用程序与页面置换

在某些情况下，通过操作系统的虚拟内存访问数据的应用程序比操作系统根本没有提供缓冲区的情况更差。一个典型的例子是数据库，它提供自己的内存管理和 I/O 缓冲。类似这样的程序比提供通用算法的操作系统更能理解自己的内存使用与磁盘使用。如果操作系统提供 I/O 缓冲而应用程序也提供 I/O 缓冲，那么用于这些 I/O 的内存将成倍增加。

另一个例子是数据仓库，它频繁地执行大量的、顺序的存储读取，随后计算并写入。LRU 算法会删除旧的页面并保留新的页面，而应用程序将更可能读取较旧的页面而不是较新的页面（因为它再次开始顺序读取）。这里，MFU 可能比 LRU 更为高效。

由于这些问题，有的操作系统允许特殊程序能够将外存分区作为逻辑块的大数组来使用，而不需要通过文件系统的数据结构。这种数组有时称为**原始磁盘**（raw disk），而这种数组的 I/O 称为原始 I/O。原始 I/O 绕过所有文件系统服务，例如文件 I/O 的请求调页、文件锁定、预取、空间分配、文件名和目录等。请注意，尽管有些应用程序在原始分区上实现自己的专用存储服务更加高效，但是大多数应用程序采用通用文件系统服务更好。

10.5 帧分配

接下来我们讨论分配问题。在各个进程之间，我们应如何分配固定数量的可用内存？如果有 93 个空闲帧和 2 个进程，那么每个进程各有多少帧？

假设有一个单用户系统，这个系统有 128 帧。操作系统可能需要 35 帧，而用户进程得到剩下的 93 帧。如果采用纯请求调页，那么所有 93 帧最初都被放在空闲帧的列表上。当用户进程开始执行时，它会生成一系列的缺页错误。前 93 个缺页错误将从空闲帧列表中获得空闲帧。当空闲帧列表用完后，通过页面置换算法从位于内存的 93 个页面中，选择一个置换为第 94 个页面，以此类推。当进程终止时，这 93 个帧将再次放到空闲帧列表上。

这种简单的策略有许多变种。我们可以要求操作系统从空闲帧列表上分配所有缓冲和表空间。当这个空间未被操作系统使用时，可用于支持用户调页。我们也可以试图确保在空闲列表上任何时候至少有 3 个空闲帧，这样在发生缺页错误时，有用于调页的空闲帧。当发生页面交换时，选择一个置换的页面，在用户进程继续执行时可将其内容写到外存。虽然可能还有其他方法，但是基本策略是确定的，用户进程会分配到任何空闲帧。

10.5.1 帧的最小数

帧分配策略受到多方面的限制。例如，所分配的帧不能超过可用帧的数量（除非有页面共享），同时也必须分配至少最小数量的帧。这里讨论后者的情况。

分配至少最小数量的帧的一个原因涉及性能。显然，随着分配给每个进程的帧数量的减少，缺页错误率增加，从而减慢进程执行。此外，请记住，若在执行指令完成之前发生缺页错误，应重新启动指令。因此，必须有足够的帧来容纳任何单个指令可以引用的所有不同的页面。

例如，考虑这样一个机器，其所有内存引用的指令仅可以引用一个内存地址。在这种情况下，至少需要一个帧用于指令，另一个帧用于内存引用。此外，如果允许一级间接寻址（例如，第 16 个页面的加载指令可以引用第 0 个页面的地址，进而间接引用第 23 个页面），那么分页要求每个进程至少需要 3 个帧。（考虑一下，如果一个进程只有两个帧，会发生什么。）

最小帧数由计算机架构定义。例如，如果给定架构的移动指令在有些寻址模式下包括多个字，则该指令本身可跨越 2 个帧。另外，它有 2 个操作数，而且每个操作数都可能是间接引用的，从而共需要 6 个帧。再举一个例子，Intel 32 位和 64 位架构的移动指令允许数据仅在寄存器之间以及寄存器和内存之间移动，它不允许直接从内存到内存的移动，从而限制了进程所需的最小帧数。

尽管每个进程的最小帧数是由体系结构决定的，但是最大帧数是由可用物理内存的数量决定的。在这两者之间，对于帧的分配仍然有很多选择。

10.5.2 分配算法

在 n 个进程中分配 m 个帧的最容易方法是为每个进程分配一个平均值，即 m/n 帧（忽略操作系统所需的帧）。例如，如果有 93 个帧和 5 个进程，那么每个进程将获得 18 个帧。剩余的 3 个帧可以用作空闲帧缓冲池。这种方案称为**平均分配**（equal allocation）。

另外一种方法基于各个进程需要不同数量的内存。考虑这样一个系统，其帧大小为 1KB。如果系统只有两个进程运行，并且空闲帧数为 62，一个进程为具有 10KB 的学生进程，另一个进程为具有 127KB 的交互数据库，那么给每个进程各 31 个进程帧就没有意义。学生进程需要的帧数不超过 10，因此严格来说其他 21 帧就浪费了。

为了解决这个问题，可以使用**按比分配**（proportional allocation），这里根据每个进程大小分配可用内存。假设进程 p_i 的虚拟内存大小为 s_i，并且定义

$$S = \sum s_i$$

这样，如果可用帧的总数为 m，那么进程 p_i 可以分配得到 a_i 个帧，这里 a_i 近似为

$$a_i = (s_i/S) \times m$$

当然，我们必须将 a_i 调整为整数，并且 a_i 大于指令集所需的最小帧数，其总和不超过 m。

采用按比分配，我们可以在两个进程之间按比分配 62 个帧，具有 10 个页面的进程得到 4 个帧，而具有 127 个页面的进程得到 57 个帧。这是因为

$$(10/137) \times 62 \approx 4$$
$$(127/137) \times 62 \approx 57$$

这样，两个进程根据需要（而不是平均地）得到可用内存。

当然，对于平均分配和按比分配，每个进程分得的数量可以因多道程序程度而变化。如果多道程序程度增加，则每个进程会失去一些帧，以提供新进程所需的内存。相反，如果多道程序程度降低，则原来分配给离开进程的帧会分配给剩余进程。

注意，对于平均分配或按比分配，高优先级进程与低优先级进程同样处理。然而，根据

定义，可能希望给予高优先级的进程更多内存以加速执行，这同时损害低优先级进程。一种解决方案是令所采用的按比分配的策略不根据进程的相对大小，而是取决于进程的优先级或大小和优先级的组合。

10.5.3　全局分配与局部分配

为各个进程分配帧的另一个重要因素是页面置换。由于多个进程竞争帧，可以将页面置换算法分为两大类：**全局置换**（global replacement）和**局部置换**（local replacement）。全局置换允许一个进程从所有帧的集合中选择一个置换帧，而不管该帧是否已分配给其他进程，即一个进程可以从另一个进程那里获取帧。局部置换要求每个进程只从其自己分配的帧中进行选择。

例如，考虑这样一种分配方案，可以允许高优先级进程从低优先级进程中选择帧用于置换。进程可以从它自己的帧或任何较低优先级进程的帧中选择置换。这种方法允许高优先级进程以低优先级进程为代价增加其帧分配。采用局部置换策略，分配给每个进程的帧数不变。采用全局置换，一个进程可能从分配给其他进程的帧中选择一个用于置换，从而增加了分配给它的帧数（假定其他进程不从它这里选择帧用于置换）。

全局置换算法的一个问题是：一个进程的内存页面的集合不但取决于进程本身的调页行为，而且取决于其他进程的调页行为。因此，同样的进程随着总的外部环境的不同，可能执行得很不同（例如，有的执行可能需要 0.5s，而有的执行可能需要 4.3s）。局部置换算法不存在这个问题。对于局部置换算法，进程的内存页面的集合仅受该进程本身的调页行为所影响。然而，局部置换由于不能使用其他进程较少使用的内存页面，可能会阻碍一个进程。这样，全局置换通常会有更好的系统吞吐量，因此是更常用的方法。

接下来我们重点介绍一种可能的策略，用来实现全局页面替换策略。通过这种方法，可以满足来自空闲帧列表的所有内存请求，而不是在开始选择要替换的页面之前等待列表降为零，当列表低于某个阈值时，会触发页面替换。此策略试图确保始终有足够的可用内存来满足新请求。

这种策略如图 10.18 所示。该策略的目的是将可用内存量保持在最小阈值以上。当它低于此阈值时，将触发内核例程，开始从系统中的所有进程回收页面（通常不包括内核）。这样的内核函数通常被称为**收割者**（reaper），它们可以应用 10.4 节中介绍的任何页面替换算法。当空闲内存量达到最大阈值时，收割者函数被挂起，只有在空闲内存再次低于最小阈值时才会恢复。

在图 10.18 中，我们看到在 a 点处空闲内存量低于最小阈值，并且内核开始回收页面并将它们添加到空闲帧列表中。它一直持续到达到最大阈值（b 点）。随着时间的推移，会有额外的内存请求，并且在 c 点空闲内存量再次低于最小阈值。页面回收恢复，仅在空闲内存量达到最大阈值（d 点）时暂停。只要系统在运行，这个过程就会一直持续。

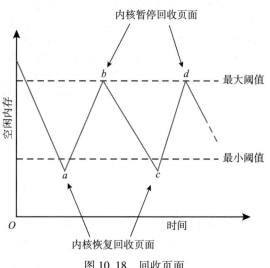

图 10.18　回收页面

如上所述，内核收割者函数可以采用任何页面替换算法，但通常它使用某种形式的 LRU 近似。但是，如果收割者函数无法将空闲帧列表保持在最小阈值以下，请考虑可能会发生什么。此时，收割者函数可能会开始更积极地回收页面。例如，它可能会暂停第二次机会算法并使用纯 FIFO。另一个更极端的例子发生在 Linux 中，当空闲内存量降至非常低的水平时，称为**内存不足**（Out-Of-Memory，OOM）**杀手**的函数选择要终止的进程，从而释放其内存。

Linux 如何确定终止哪个进程？每个进程都有所谓的 OOM 分数，分数越高，进程被 OOM 杀手程序终止的可能性就越大。OOM 分数是根据进程使用的内存百分比计算的，百分比越高，OOM 分数越高。（OOM 分数可以在 /proc 文件系统中查看，其中 pid 为 2500 的进程的分数可以被显示为 /proc/2500/oom_score。）

一般来说，收割者函数不仅可以改变它们回收内存的积极程度，而且最小和最大阈值的值可以改变。这些值可以设置为默认值，但是有些系统可能允许系统管理员根据系统的物理内存量来配置它们。

主要和次要页面错误

如 10.2.1 节所述，当页面在进程的地址空间中没有有效映射时，就会发生页面错误。操作系统通常区分两种类型的页面错误：**主要**（major）和**次要**（minor）错误。（Windows 将主要和次要故障分别称为**硬故障**和**软故障**。）当一个页面被引用并且该页面不在内存中时，就会发生主要页面错误。处理主要页面错误需要从后备存储中将所需页面读入空闲帧并更新页表。请求调页通常产生初始较高的主要页面错误率。

当进程没有到页面的逻辑映射，但该页面在内存中时，会发生次要页面错误。由于以下两个原因之一，可能会发生轻微故障。首先，进程可能会引用内存中的共享库，但该进程在页表中没有到它的映射。在这种情况下，只需更新页表以引用内存中的现有页。当页面从进程中回收并放置在空闲帧列表中时，也会发生次要错误，但该页面尚未清零并分配给另一个进程。当这种故障发生时，该帧从空闲帧列表中删除并重新分配给进程。正如我们所料，解决次要页面错误通常比解决主要页面错误花费的时间少得多。

你可以使用命令 ps -eo min_flt, maj_flt, cmd 观察 Linux 系统中主要和次要页面错误的数量。它输出次要和主要页面错误的数量，以及启动进程的命令。该 ps 命令的示例输出如下所示：

```
MINFL     MAJFL     CMD
186509    32        /usr/lib/systemd/systemd-logind
76822     9         /usr/sbin/sshd -D
1937      0         vim 10.tex
699       14        /sbin/auditd -n
```

在这里，有趣的是对于大多数命令，主要页面错误的数量通常很少，而次要错误的数量要高得多。这表明 Linux 进程可能充分利用了共享库，因为一旦一个库被加载到内存中，后续的页面错误只是次要错误。

10.5.4 非均匀内存访问

目前为止讨论过的虚拟内存中，我们假设所有内存都相同，或至少可以被平等访问。在具有多个 CPU（1.3.2 节）的**非均匀内存访问**（Nonuniform Memory Access，NUMA）系统上，情况并非如此。对于这些系统，给定的 CPU 可以比其他 CPU 更快地访问内存的某些部分。这些性能差异是由 CPU 和内存在系统中互连造成的。这些系统由多个 CPU 组成，每个 CPU 都有自己的本地内存（见图 10.19）。CPU 使用共享系统互联进行组织，正如你所料，一个 CPU 可以比另一个 CPU 的本地内存更快地访问其本地内存。毫无例外地，NUMA 系统要慢于内存和 CPU 位于同一主板的系统。但是，如 1.3.2 节所述，NUMA 系统可以容纳更多 CPU，从而实现更高水平的吞吐量和并行性。

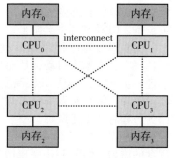

图 10.19 NUMA 多处理架构

管理哪些页帧存储在哪些位置，可以明显影响 NUMA 系统性能。如果在这样的系统中将内存视为统一的，与我们修改内存分配算法以考虑 NUMA 相比，CPU 等待内存访问的时间可能要长得多。我们在 5.5.4 节中描述了其中的一些修改，其目标是将内存帧分配到"尽可能接近"进程运行所在的 CPU 上（接近的定义是"具有最小延迟"，这通常意味着与 CPU 位于同一系统板上）。因此，当进程发生页面错误时，NUMA 感知虚拟内存系统将为该进程分配一个帧，该帧尽可能接近运行该进程的 CPU。

为了将 NUMA 考虑在内，调度程序必须跟踪每个进程运行的最后一个 CPU。如果调度器试图将每个进程调度到它之前的 CPU 上，并且虚拟内存系统尝试为靠近它被调度的 CPU 的进程分配帧，然后将导致改进的缓存命中和减少的内存访问时间。

添加线程后，情况会更加复杂。例如，具有许多正在运行的线程的进程，最终可能会在许多不同的系统板上调度这些线程。此时应该如何分配内存？

正如我们在 5.7.1 节中讨论的那样，Linux 通过让内核识别调度域的层次结构来管理这种情况。Linux 的 CFS 调度程序不允许线程跨域迁移，因此会导致内存访问损失。Linux 还为每个 NUMA 节点提供了一个单独的空闲帧列表，从而确保线程将从运行它的节点分配内存。Solaris 通过在内核中创建 lgroups（位置组）类似地解决了这个问题。每个 lgroup 将 CPU 和内存聚集在一起，该组中的每个 CPU 都可以在定义的延迟时间间隔内访问组中的任何内存。此外，还有基于组之间延迟量的 lgroup 层次结构，类似于调度层次结构 Linux 中的域。Solaris 尝试调度进程的所有线程并在 lgroup 内分配进程的所有内存。如果这是不可能的，它会为所需的其余资源选择附近的 lgroup。这种做法最大限度地减少了整体内存延迟，并最大限度地提高了 CPU 缓存命中率。

10.6　抖动

考虑如果一个进程没有"足够"的帧会发生什么，也就是说，它没有支持工作集页面所需的最小帧数。答案是该进程会很快出现页面错误。此时，它必须替换某些页面。然而，由于它的所有页面都在使用中，它必须立即替换将再次需要的页面。因此，它很快就会一次又一次地出现页面错误，替换它必须马上调回的页面。

这种高度页面调度活动称为**抖动**（thrashing）。如果一个进程的调页时间多于执行时间，那么这个进程就在抖动。正如我们所料，抖动会导致严重的性能问题。

10.6.1　抖动的原因

考虑以下场景，这是基于早期调页系统的实际行为。操作系统监视 CPU 利用率。如果 CPU 利用率太低，那么通过向系统引入新的进程来增加多道程度。采用全局置换算法会置换任何页面，而不管这些页面属于哪个进程。现在假设进程在执行中进入一个新阶段，并且需要更多的帧。它开始出现缺页错误，并从其他进程那里获取帧。然而，这些进程也需要这些页面，因此它们也会出现缺页错误，并且从其他进程中获取帧。这些缺页错误进程必须使用调页设备以将页面换入和换出。当它们为调页设备排队时，就绪队列清空。随着进程等待调页设备，CPU 利用率会降低。

CPU 调度程序看到 CPU 利用率的降低，进而会增加多道程序程度。新进程试图从其他运行进程中获取帧来启动，从而导致更多的缺页错误和更长的调页设备队列。因此，CPU 利用率进一步下降，并且 CPU 调度程序试图再次增加多道程序程度。这样就出现了抖动，系统吞吐量陡降，缺页错误率显著增加。结果将导致有效内存访问时间增加。没有工作可以完成，因为进程总在忙于调页。

这种现象如图 10.20 所示，这里 CPU 利用率是按多道程序程度来绘制的。随着多道程序程度的增加，CPU 利用率也增加，虽然增加得更慢，直到达到最大值下降。如果多道程序程度还要进一步增加，那么系统抖动就开始了，并且 CPU 利用率急剧下降。此时，为了提高

CPU 利用率并停止抖动，必须降低多道程序程度。

　　通过**局部置换算法**（local replacement algorithm）或**优先级置换算法**（priority replacement algorithm），我们可以限制系统抖动。如前所述，如果一个进程开始抖动，那么由于采用局部置换，它不能从另一个进程中获取帧，而且也不能导致后者抖动。然而，这个问题并没有完全解决。如果进程抖动，那么在大多数时间内会排队等待调页设备。由于调页设备的平均队列更长，缺页错误的平均等待时间也会增加。因此，即使对于不再抖动的进程，有效访问时间也会增加。

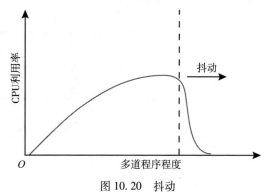

图 10.20　抖动

　　为了防止抖动，应为进程提供足够多的所需帧数。但是如何知道进程"需要"多少帧呢？一种方法是从查看进程实际使用的帧数开始。这种方法定义了进程执行的**局部性模型**（locality model）。

　　局部性模型指出，随着进程执行，它会从一个局部移向另一个局部。局部性是最近使用页面的一个集合。一个程序通常由多个不同的可能重叠的局部组成。例如，当一个函数被调用时，它就定义了一个新的局部。在这个局部里，内存引用可针对的是函数调用的指令、它的局部变量以及全局变量的某个子集。当退出函数时，进程离开该局部，因为这个函数的局部变量和指令已不再处于活动使用状态。我们以后可能回到这个局部。

　　图 10.21 说明了局部性的概念，以及进程的局部性如何随时间变化。在时间 a，位置是页面集 $\{18，19，20，21，22，23，24，29，30，33\}$。在时间 b，位置变为 $\{18，19，20，24，25，26，27，28，29，31，32，33\}$。请注意重叠，因为有些页面（例如，18、19 和 20）是两个位置的一部分。

　　因此，我们可以看到局部是由程序结构和数据结构来定义的。局部性模型指出，所有程序都具有这种基本的内存引用结构。注意，局部性模型是本书目前为止缓存讨论的根本原理。如果对任何数据类型的访问是随机且没有规律的，那么缓存就没有用了。

　　假设我们为进程分配足够的帧以适应当前局部。该进程在其局部内会出现缺页错误，直到所有页面都在内存中，接着它不再会出现缺页错误，除非改变局部。如果没有能够分配到足够的帧来容纳当前局部，那么进程将会抖动，因为它不能在内存中保留正在使用的所有页面。

10.6.2　工作集模型

　　工作集模型（working-set model）是基于局部性假设的。这个模型采用参数 Δ 定义**工作集窗口**（working-set window）。它的思想是检查最近 Δ 个页面引用。这最近 Δ 个页面引用的页面集合称为**工作集**（working set），如图 10.22 所示。如果一个页面处于活动使用状态，那么它处在工作集中。如果它不再使用，那么它在最后一次引用的 Δ 时间单位后，会从工作集中删除。因此，工作集是程序局部的近似。

　　例如，给定如图 10.22 所示的内存引用序列，如果 Δ 为 10 个内存引用，那么 t_1 时的工作集为 $\{1，2，5，6，7\}$。到 t_2 时，工作集已经改变为 $\{3，4\}$。

　　工作集的精度取决于 Δ 的选择。如果 Δ 太小，那么它不能包含整个局部；如果 Δ 太大，那么它可能包含多个局部。在极端情况下，如果 Δ 为无穷大，那么工作集为进程执行所需的所有页面的集合。

　　因此，工作集最重要的属性是它的大小。如果系统内的每个工作集大小通过计算为 WSS_i，那么就得到

$$D = \sum WSS_i$$

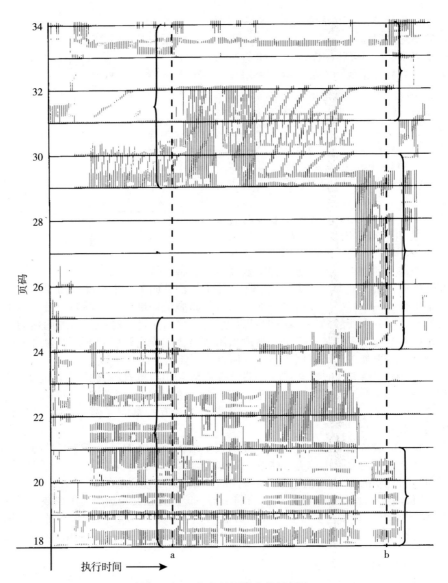

图 10.21　内存引用模式的局部性

页面引用表

…2 6 1 5 7 7 7 7 5 1 6 2 3 4 1 2 3 4 4 4 3 4 3 4 4 4 1 3 2 3 4 4 4 3 4 4 4…

Δ　　　　　　　　Δ

t_1　　　　　　　　　　t_2

WS (t_1) ={1, 2, 5, 6, 7}　　　WS (t_2) ={3, 4}

图 10.22　工作集模型

这里 D 为帧的总需求量。每个进程都使用其工作集内的页面。因此，进程 i 需要 WSS_i 帧。如果总需求大于可用帧的总数（$D>m$），则会发生抖动，因此有些进程得不到足够的帧数。

一旦选中了 Δ，工作集模型的使用就很简单了。操作系统监视每个进程的工作集，并为它分配大于其工作集的帧数。如果还有足够的额外帧，那么可启动另一进程。如果工作集大小的总和增加，超过了可用帧的总数，则操作系统会选择一个进程来挂起。该进程的页面被写出（交换），并且其帧可分配给其他进程。挂起的进程之后可以重启。

这种工作集策略可防止抖动，同时保持尽可能高的多道程序程度。因此，它优化了 CPU 利用率。工作集模型的困难是跟踪工作集。工作集窗口是一个移动窗口。对于每次内存引用，新的引用出现在一端，最旧的引用离开另一端。如果一个页面在工作集窗口内的任何位置被引用过，那么它就在工作集窗口内。

我们可以通过定期时钟中断和引用位能够近似工作集模型。例如，假设 Δ 为 10 000 个引用，而且每 5000 个引用引起定时器中断。当得到一个定时器中断时，复制并清除所有页面的引用位。因此，如果发生缺页错误，那么可以检查当前的引用位和位于内存的两个位，这两位可以确定在过去的 10 000~15 000 个引用之间该页面是否被使用过。如果使用过，那么这些位中至少有一位会被打开。如果没有使用过，那么这些位会被关闭。至少有一位打开的页面会被视为在工作集中。

注意，这种安排并不完全准确，这是因为并不知道在 5000 个引用内的什么位置出现了引用。通过增加历史位的数量和中断的频率（例如，10 位和每 1000 个引用中断一次），可以降低这一不确定性。但处理这些更为频繁中断的成本也会相应更高。

工作集与缺页错误率

进程的工作集和它的缺页错误率之间存在直接关系。通常，如图 10.22 所示，随着代码和数据的引用从一个局部迁移到另一个局部，进程工作集随着时间的推移而改变。假设有足够的内存来存储进程的工作集（也就是说，进程没有抖动），进程的缺页错误率将随着时间在峰值和谷值之间转换。这种行为如下图所示：

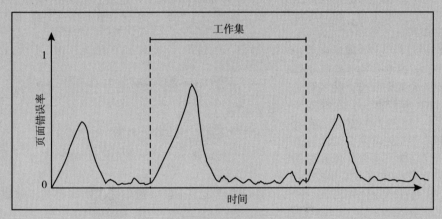

当为新的局部请求调页时，缺页错误率的峰值出现。然而，一旦这个新局部的工作集已在内存中，缺页错误率就会下降。当进程进入一个新的工作集，缺页错误率又一次升到波峰，然后，随着工作集加载到内存，而再次降到波谷。一个峰的开始和下一个峰的开始之间的时间跨度表示从一个工作集到另一个工作集的转变。

10.6.3　缺页错误频率

虽然工作集模型是成功的而且工作集的知识能够用于预先调页（10.9.1 节），但是用于控制抖动似乎有点笨拙。采用**缺页错误频率**（Page-Fault Frequency，PFF）的策略是一种更为直接的方法。

这里的问题是如何防止抖动。抖动具有高缺页错误率。因此，我们需要控制缺页错误率。当缺页错误率太高时，我们知道该进程需要更多的帧。相反，如果缺页错误率太低，则该进程可能具有太多的帧。我们可以设置所需缺页错误率的上下限（图 10.23）。如果实际缺页错误率超过上限，则可为进程再分配一帧；如果实际缺页错误率低于下限，则可从进程中删除一帧。因此，我们可以直接测量和控制缺页错误率，以防止抖动。

与工作集策略一样，我们也可能不得不换出一个进程。如果缺页错误率增加并且没有空闲帧可用，那么必须选择某个进程并将其交换到后备存储。然后，再将释放的帧分配给具有高缺页错误率的进程。

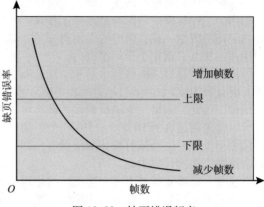

图 10.23　缺页错误频率

10.6.4　当前做法

实际上，抖动和由此产生的交换对性能有很大的影响。当前实现计算机系统的最佳实践是尽可能包含足够的物理内存，以避免抖动和交换。从智能手机到大型服务器，都提供了足够的内存以将所有工作集同时保存在内存中，除了在极端条件下，这种做法提供了最佳的用户体验。

10.7　内存压缩

分页的一种替代方法是**内存压缩**（memory compression）⊖。这里，与其将修改过的帧通过按页面调出到交换空间，我们可将几个帧压缩成一个帧，使系统能够减少内存使用，而无须求助于交换页面。

在图 10.24 中，空闲帧列表包含六个帧。假设此空闲帧数低于触发页面替换的某个阈值。替换算法（例如，LRU 近似算法）选择四个帧（15、3、35 和 26）放置在空闲帧列表中。它首先将这些帧放在修改后的帧列表中。通常，修改后的帧列表接下来将被写入交换空间，

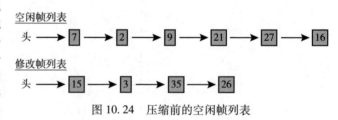

图 10.24　压缩前的空闲帧列表

以使这些帧可用于空闲帧列表。另一种策略是压缩多个帧（例如三个）并将其压缩版本存储在单个页帧中。

在图 10.25 中，第 7 帧从空闲帧列表中删除。第 15 帧、第 3 帧和第 35 帧被压缩并存储在第 7 帧中，然后将其存储在压缩帧列表中。现在可以将第 15 帧、第 3 帧和第 35 帧移动到空闲帧列表中。如果稍后引用了三个压缩帧之一，则会发生页面错误，并且压缩帧被解压缩，从而在内存中恢复三个页面（15、3 和 35）。

正如我们所指出的，移动系统通常不支持标准交换或交换页面。因此，内存压缩是大多数移动操作系统（包括 Android 和 iOS）内存管理策略的一个组成部分。此外，Windows 10 和 macOS 都支持内存压缩。对于 Windows 10，微软开发了通用 Windows 平台（Universal Windows Platform，UWP）架构，它为运行 Windows 10 的设备（包括移动设备）提供了一个通用应用平台。在移动设备上运行的 UWP 应用是内存压缩的候选对象。macOS 在 10.9 版本的操作系统中首次支持内存压缩，当空闲内存不足时首先压缩 LRU 页面，然后如果不能解决问题则进行分页。性能测试表明，即使在笔记本电脑和台式机 macOS 系统上，内存压缩也比分页到

⊖　memory compaction 也常称为内存压缩。——译者注。

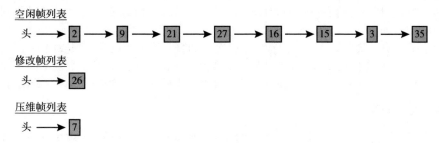

图 10.25 压缩后的空闲帧列表

SSD 外存更快。

虽然内存压缩确实需要分配空闲帧来保存压缩页面，根据压缩算法实现的减少，可以实现显著的内存节省。（在上面的例子中，三个帧被缩小到原始大小的三分之一。）与任何形式的数据压缩一样，压缩算法的速度与可实现的减少量（称为压缩比）之间存在争用。一般来说，更高的压缩比（更大的减少）可以通过更慢且计算成本更高的算法来实现。目前使用的大多数算法都会平衡这两个因素，使用快速算法实现相对较高的压缩比。此外，通过利用多个处理核且并行执行压缩，可以改进压缩算法。例如微软的 Xpress 和苹果的 WKdm 压缩算法都被认为是快的，据报告说可将页面压缩到原始大小的 30% ~ 50%。

10.8 分配内核内存

当在用户模式下运行进程请求额外内存时，从内核维护的空闲页帧列表上分配页面。这个列表通常使用页面置换算法（如 10.4 节所述）来填充，如前所述，它很可能包含散布在物理内存中的空闲页面。请记住，如果用户进程请求单个字节内存，那么就会导致内部碎片，因为进程会得到整个帧。

用于分配内核内存的空闲内存池通常不同于用于普通用户模式进程的列表。这是因为以下两个主要原因：

1. 内核需要为不同大小的数据结构请求内存，其中有的小于一页。因此，内核应保守地使用内存，并努力最小化碎片浪费。这一点非常重要，因为许多操作系统的内核代码或数据不受调页系统的控制。
2. 用户模式进程分配的页面不必位于连续物理内存中。然而，有的硬件设备与物理内存直接交互，即无法享有虚拟内存接口带来的便利，因而可能要求内存常驻在连续物理内存中。

下面讨论用于管理内核进程空闲内存的两个策略："伙伴系统" 和 slab 分配。

10.8.1 伙伴系统

伙伴系统（buddy system）从由物理连续页面组成的固定大小的段上进行内存分配。从这个段上分配内存，采用 **2 的幂分配器**（power-of-2 allocator）来满足请求分配单元的大小为 2 的幂（如 4KB、8KB、16KB 等）。请求单元的大小如不适当，就圆整到下一个更大的 2 的幂。例如，如果请求大小为 11KB，则按 16KB 的段来请求。

我们来考虑一个简单的例子。假设内存段的大小最初为 256KB，内核请求 21KB 的内存。最初，这个段分为两个**伙伴**，称为 A_L 和 A_R，每个段的大小都为 128KB。这两个伙伴之一进一步分成两个 64KB 的伙伴，即 B_L 和 B_R。然而，从 21KB 开始的下一个大的 2 的幂是 32KB，因此 B_L 或 B_R 再次划分为两个 32KB 的伙伴 C_L 和 C_R。因此，其中一个 32KB 的段可用于满足 21KB 请求。这种方案如图 10.26 所示，其中 C_L 段是分配给 21KB 请求的。

伙伴系统的一个优点是通过称为**合并**（coalesce）的技术，可以将相邻伙伴快速组合以形成更大的分段。例如，在图 10.26 中，当内核释放已被分配的 C_L 时，系统可以将 C_L 和 C_R 合并成 64KB 的段。段 B_L 继而可以与伙伴 B_R 合并，以形成 128KB 段。最终，可以得到原来的 256KB 的段。

伙伴系统的明显缺点是：由于圆整到下一个 2 的幂，很可能造成分配段内的碎片。例如，33KB 的内存请求只能使用 64KB 段来满足。事实上，我们不能保证因产生内部碎片而浪费的单元一定少于 50%。下一节我们会探讨一种不会因产生碎片而损失空间的内存分配方案。

10. 8. 2　slab 分配

分配内核内存的第二种策略称为 **slab 分配**（slab allocation）。每个 **slab** 由一个或多个物理连续的页面组成。每个**缓存**由一个或多个 slab 组成。每个内核数据结构都有一个缓存，例如，用于表示进程描述符、文件对象、信号量等的数据结构都有各自单独的缓存。每个缓存含有内核数据结构的对象（object）实例。例如，信号量缓存有信号量对象，进程描述符缓存有进程描述符对象，等等。图 10.27 显示了 slab、缓存及对象三者之间的关系。该图显示了 2 个大小为 3KB 的内核对象和 3 个大小为 7KB 的对象，它们位于各自的缓存中。

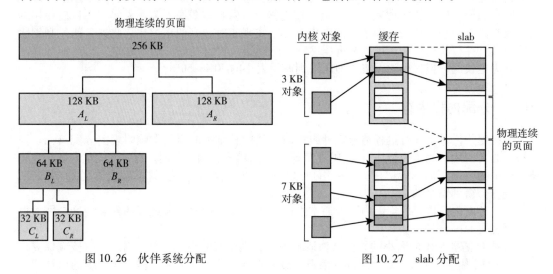

图 10.26　伙伴系统分配　　　　　图 10.27　slab 分配

slab 分配算法采用缓存来存储内核对象。在创建缓存时，若干起初标记为 `free`（空闲）的对象被分配到缓存。缓存内的对象数量取决于相应 slab 的大小。例如，12KB 的 slab（由 3 个连续的 4KB 页面组成）可以存储 6 个 2KB 对象。最初，缓存内的所有对象都标记为空闲。当需要内核数据结构的新对象时，分配器可以从缓存上分配任何空闲对象以便满足请求。从缓存上分配的对象标记为 `used`（被使用）。

让我们考虑一个场景，这里内核为表示进程描述符的对象从 slab 分配器请求内存。在 Linux 系统中，进程描述符属于 `struct task_struct` 类型，它需要大约 1.7KB 的内存。当 Linux 内核创建一个新任务时，它从缓存中请求 `struct task_struct` 对象的必要内存。缓存利用已经在 slab 中分配的并且标记为 `free`（空闲）的 `struct task_struct` 对象来满足请求。

在 Linux 中，slab 可以处于三种可能状态之一：

1. **满的**（full）。slab 的所有对象标记为被使用。
2. **空的**（empty）。slab 上的所有对象标记为空闲。
3. **部分**（partial）。slab 上的对象有的标记为被使用，有的标记为空闲。

slab 分配器首先尝试在部分为空的 slab 中用空闲对象来满足请求。如果不存在，则从空的 slab 中分配空闲对象。如果没有空的 slab 可用，则从连续物理页面分配新的 slab，并将其分配给缓存，再从这个 slab 上分配对象内存。

slab 分配器具有两个主要优点：

1. 没有因产生碎片而引起内存浪费。碎片不会造成问题，因为每个内核数据结构都有关联的缓存，每个缓存都由一个或多个 slab 组成，而 slab 按所表示对象的大小来分块。因此，当内核请求对象内存时，slab 分配器可以返回刚好表示对象的所需内存。

2. 可以快速满足内存请求。因此，当对象频繁地被分配和释放时，slab 分配方案对管理内存特别有效，这通常适用于来自内核的请求。分配和释放内存的动作可能是一个耗时过程。然而，由于对象已预先创建，因此可以从缓存中快速分配。再者，当内核用完对象并释放它时，它被标记为空闲并返回到缓存，从而可立即用于后续的内核请求。

slab 分配器首先出现在 Solaris 2.4 的内核中。由于通用特性，Solaris 现在也将这种分配器用于某些用户模式的内存请求。最初，Linux 使用的是伙伴系统，但从版本 2.2 开始，Linux 内核采用 slab 分配器。Linux 将 slab 实现称为 SLAB。现在，最近发布的 Linux 版本也包括另外两个内核内存分配器——SLOB 分配器和 SLUB 分配器。

SLOB 分配器用于有限内存的系统，例如嵌入式系统。SLOB 工作采用 3 个对象列表：小（用于小于 256 字节的对象）、中（用于小于 1024 字节的对象）和大（用于小于页面大小的所有其他对象）。内存请求采用首先适应策略，从适当大小的列表上分配对象。

从 2.6.24 版本开始，SLUB 分配器取代了 SLAB，成为 Linux 内核的默认分配器。SLUB 通过减少 SLAB 分配器所需的大量开销来解决 slab 分配的性能问题。例如，SLAB 为每个 slab 存储某些元数据，而 SLUB 将这些数据移到 Linux 内核为每个页面使用的页面结构（struct page）。此外，对于 SLAB 分配器，每个 CPU 都有队列以维护每个缓存内的对象，而 SLUB 会删除这些队列。对于具有大量处理器的系统，分配给这些队列的内存量是很大。因此，随着系统处理器数量的增加，SLUB 能提供的性能也更好。

10.9 其他考虑因素

我们对调页系统做出的主要决定是选择置换算法和分配策略，这些在本章前面已经讨论过。但还有很多其他考虑因素，这里我们讨论其中几个。

10.9.1 预调页面

纯请求调页的一个明显特性是当进程启动时，会发生大量的缺页错误。这种情况源于试图将最初局部调到内存。**预调页面**（prepaging）试图阻止这种大量的最初调页。这种策略是同时将所需的部分或所有页面调入内存。

例如，对于采用工作集模型的系统，我们可以为每个进程保留一个位于工作集内的页面列表。当一个进程必须暂停时（由于 I/O 的等待或空闲帧的缺少），我们应保留其进程工作集。当这个进程被重启时（由于 I/O 已经完成或已有足够的可用空闲帧），在重启之前自动将它的整个工作集调入内存。

在有些情况下，预调页面可能会有优势。问题在于，采用预调页面的成本是否小于处理相应缺页错误的成本。通过预调页面而调入内存的许多页面也可能没有被使用。

假设预调 s 个页面，而且这 s 个页面的 α 部分被实际使用了（$0 \leq \alpha \leq 1$）。问题是，节省的 $s \times \alpha$ 个缺页错误的成本是大于还是小于预调其他 $s \times (1-\alpha)$ 个不必要页面的成本。如果 α 接近 0，那么预调页面失败；如果 α 接近 1，那么预调页面成功。

另请注意，预调可执行程序可能很困难，因为可能不清楚应该调入哪些页面。对文件进行预调页面可能更容易预测，因为文件通常是按顺序访问的。Linux 的 readahead() 系统调用将文件的内容预取到内存中，以便在主存中进行对文件进行后续访问。

10.9.2　页面大小

对于现有机器，操作系统设计人员很少可以选择页面大小。然而，对于正在设计的新机器，必须对最佳页面大小做出决定。正如你所预期的，并不存在单一的最佳页面大小，而是有许多因素影响页面大小。页面大小总是 2 的幂，通常为 4096（即 2^{12}）~ 4 194 304（即 2^{22}）字节。

如何选择页面大小？一个关注点是页表的大小。对于给定的虚拟内存空间，减小页面大小增加了页面的数量，从而增加了页表的大小。例如，对于 4MB（即 2^{22}）的虚拟内存，如页面大小为 1024 字节，则有 4096 个页面，而假如页面大小为 8192 字节，就只有 512 个页面。因为每个活动进程必须有自己的页表，所以需要大的页面。

然而，较小的页面可以更好地利用内存。如果进程从位置 00000 开始分配内存，并且持续到拥有所需的内存为止，则它可能不会正好在页面边界上结束。因此，最后页面的一部分必须被分配（因为页面是分配的单位），但并未被使用（产生内部碎片）。假设进程大小和页面大小相互独立，可以预期的是平均来说每个进程最后页面的一半会被浪费。对于 512 字节的页面，损失为 256 字节；对于 8192 字节的页面，损失为 4096 字节。因此，为了最小化内部碎片，需要一个较小的页面。

另一个问题是读取或写入页面所需时间。正如你将在 11.1 节看到的，当存储设备是 HDD 时，I/O 时间包括寻道、延迟和传输时间。传输时间与传输数量（即页面大小）成正比，这个事实表明需要较小的页面。然而，延迟和寻道时间通常远远超过传输时间。当传输率为 50MB/s 时，传输 512 字节只需要 0.01ms，但延迟时间可能为 3ms，而且寻道时间为 5ms。因此，在总的 I/O 时间（8.01ms）中，只有 1% 用于实际转移。即使页面大小加倍，I/O 时间也仅增加为 8.02ms。需要 8.02ms 来读取 1024 字节的单个页面，但是需要 16.02ms 来读取页面大小为 512 字节的 2 个页面。因此，最小化 I/O 时间希望有较大的页面大小。

不过，采用较小页面大小应该减少总的 I/O，因为局部性会被改进。较小页面允许每个页面更精确地匹配程序的局部性。例如，考虑一个大小为 200KB 的进程，其中只有一半（100KB）用于实际执行。如果只有一个大的页面，则必须调入整个页面，总共传输和分配 200KB。相反，如果每个页面只有 1 字节，则可以只调入实际使用的 100KB，导致只传输和分配 100KB。采用较小页面，会有更好的**精度**（resolution），以允许只选择实际需要的内存。采用较大页面，不仅必须分配并传输所需要的内容，而且还包括其他碰巧在页面内且并不需要的内容。因此，较小的页面应导致更少的 I/O 和更少的总的分配内存。

不过，你是否注意到，采用 1 字节的页面会导致每个字节引起缺页错误？对于大小为 200KB 的只使用一半内存的进程，采用 200KB 的页面只产生一个缺页错误，而采用 1 字节的页面会产生 102 400 个缺页错误。每个缺页错误产生大量开销，以便处理中断、保存寄存器、置换页面、排队等待调页设备和更新页表。为了最小化缺页错误的数量，需要有较大的页面。

我们还应考虑其他因素（例如页面大小和调页设备的扇区大小的关系）。这个问题没有最佳答案。正如已经看到的那样，一些因素（内部碎片和局部性）需要小的页面，而其他因素（表大小和 I/O 时间）需要大的页面。然而，发展趋势是趋向更大的页面，即使移动系统也是这样。事实上，第 1 版的《操作系统概念》（1983 年）采用 4096 字节作为页面大小的上限，这个值是 1990 年最常用的页面大小。正如下一节将看到的，现代系统如今可以采用更大的页面。

10.9.3　TLB 范围

第 9 章讨论了 TLB **命中率**（hit ratio）。回想一下，TLB 的命中率指的是通过 TLB 而非页表所进行的虚拟地址转换的百分比。显然，命中率与 TLB 的条目数有关，增加命中率的方法是增加条目数。然而，这并不简单，因为用于构造 TLB 的关联内存既昂贵又耗能。

与命中率相关的另一类似的度量是 **TLB 范围**（TLB reach）。TLB 范围指的是通过 TLB 访问的内存量，即 TLB 条数与页面大小的乘积。理想情况下，进程的工作集都应处于 TLB 中。否则，进程会浪费相当多的时间，以通过页表而不是 TLB 来进行地址转换。如果 TLB 条数加倍，则 TLB 范围也加倍。然而，对于有些内存密集型的应用程序，这仍可能不足以存储工作集。

增加 TLB 范围的另一种方法是增加页面大小或提供多个页面大小。如果增加页面大小（例如从 4KB 到 16KB），则 TLB 范围将增加四倍。然而，对于不需要这样大的页面的某些应用，这可能导致碎片的增加。或者，大多数架构提供不同大小的页面，操作系统可以配置以便利用这种支持。例如，Linux 系统上的默认页面大小是 4 KB，然而，Linux 也提供了**大页面**，这一特性指定了一个物理内存区域，其中可以使用更大的页面（例如，2 MB）。

回想一下 9.7 节，ARMv8 架构提供了对不同大小的页面和区域的支持，而且它的每个 TLB 条目都包含一个**连续位**。如果为特定的 TLB 条目设置了该位，则该条目映射连续（相邻）的内存块。可以在单个 TLB 条目中映射三种可能的连续块排列，以增加 TLB 范围：

1. 64KB TLB 条目包括（16×4）KB 相邻块。
2. 1GB TLB 条目包括（32×32）MB 相邻块。
3. 2MB TLB 条目包括（32×64）KB 相邻块，或（128×16）KB 相邻块。

提供对多种页面大小的支持可能需要操作系统（而不是硬件）来管理 TLB。例如，TLB 条目中的字段之一必须表明与条目对应的页帧的大小。或者，在 ARM 体系结构的情况下，必须表明该条目是指一个连续的内存块。通过软件而非硬件来管理 TLB 会影响性能。但是，增加的命中率和 TLB 范围抵消了性能成本。

10.9.4　倒置页表

9.4.3 节引入了倒置页表的概念。这种形式的页面管理的目的是减少跟踪虚拟到物理地址转换所需的物理内存数量。节省内存的方法是：创建一个表，该表为每个物理内存页面设置一个条目，且可根据<进程 ID，页码>来索引。

由于它们保留了每个物理帧中存储的虚拟内存页面的有关信息，倒置页表降低了保存这种信息所需的物理内存。倒置页表不再包括进程逻辑地址空间的完整信息，但当所引用页面不在内存中时，又需要这种信息。请求调页需要这种信息来处理缺页错误。为了提供这种信息，每个进程必须保留一个外部页表。每个这样的页表看起来像传统的进程页表，并且包括每个虚拟页面的位置信息。

但是，外部页表会影响倒置页表的效用吗？由于这些页表仅在发生缺页错误时才需要引用，因此不需要快速可用。事实上，它们本身可根据需要调入或调出内存。然而，当一个缺页错误出现时，可能导致虚拟内存管理器生成另一个缺页错误，以便调入用于定位最初虚拟页面所需的位于外存的页表。这种特殊情况要求仔细处理内核和页面查找延迟。

10.9.5　程序结构

请求调页设计成对用户程序透明的。在许多情况下，用户完全不知道内存的调页性质。然而，在其他情况下，如果用户（或编译器）意识到内在的请求调页，则可改善系统性能。

下面研究一个人为但却有用的例子。假设页面大小为 128 个字。考虑一个 C 程序，其功能是将 128×128 的数组中的所有元素初始化为 0。以下代码是很典型的：

```
int i, j;
int[128][128] data;

for(j = 0; j < 128; j++)
    for(i = 0; i < 128; i++)
        data[i][j] = 0;
```

注意，数组是按行存放的，也就是说，数组的存储顺序为 data [0][0], data [0][1], …, data [0] [127], data [1][0], data [1] [1], ..; data [127] [127]。如果页面大小为 128 字，那么每行需要一个页面。因此，以上代码会将一个页面的一个字清零，再将下一个页面的下一个字清零，以此类推。如果整个程序由操作系统分配的帧数少于 128，那么它的执行会产生 128 × 128 = 16 384 个缺页错误。相反，假设将代码修改为：

```
int i, j;
int[128][128] data;

for (i = 0; i < 128; i++)
    for (j = 0; j < 128; j++)
        data[i][j] = 0;
```

那么，在开始下个页面之前，会清除本页面的所有字，从而将缺页错误的数量减少为 128。

仔细选择数据结构和编程结构可以增加局部性，进而降低缺页错误率和工作集的页面数。例如，堆栈具有良好的局部性，因为访问总是在顶部进行的。相反，哈希表设计成分散引用，所以局部性差。当然，引用局部性仅仅是数据结构使用效率的测度之一。其他重要的加权因素包括搜索速度、内存引用的总数、涉及页面的总数。

在后面的阶段中，编译器和加载器对调页有重要的影响。代码和数据的分离和重入代码的生成意味着代码页面可以是只读的，因此永远不会被修改。干净的页面不必调出以被置换。加载器可以避免跨越页面边界放置程序，以将每个程序完全保存在一个页面内。互相多次调用的程序可以打包到同一个页面中。这种打包是操作研究的包装二进制问题的一种变体：试图将可变大小的代码段打包到固定大小的页面中，以便最小化页面间引用。这种方法对于大页面尤其有用。

10.9.6　I/O 联锁与页面锁定

当使用请求调页时，有时需要允许有些页面被**锁定**（locked）在内存中。当对用户（虚拟）内存进行 I/O 时会发生这种情况。I/O 通常采用单独的 I/O 处理器来实现。例如图 10.28 中，USB 存储设备的控制器通常需要设置所需传输的字节数量和缓冲区的内存地址。当传输完成后，CPU 被中断。

我们必须确保不发生以下事件序列：进程发出 I/O 请求，并将其放入 I/O 设备的队列上。同时，CPU 被交给其他进程，这些进程会引起缺页错误，其中一个进程采用全局置换算法，以便置换等待进程的 I/O 缓存页面，这些页面被调出。稍后，当 I/O 请求前移到设备队列的头部时，就针对指定地址进行 I/O。然而，此帧现在正被用于另一进程的不同页面。

这个问题有两个常见解决方案。一种解决方案是不对用户内存执行 I/O。相反，数据总是在系统内存和用户内存之间复制。I/O 仅在系统内存和 I/O 设备之间进行。当需要在磁带上写入块时，首先将块复制到系统内存，然后将其写入磁带。这种额外的复制可能导致无法接受的高开销。

另一种解决方案是允许将页面锁定到内存中。这里，每个帧都有一个关联的锁定位。如果帧被锁定，则它不能被选择置换。采用这种方案

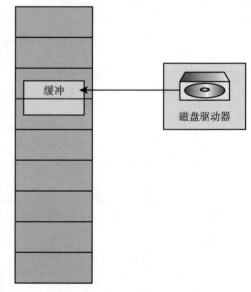

图 10.28　用于 I/O 的页必须位于内存的原因

时，为了在磁带上写入块，就将包含该块的页面锁定到内存中，然后系统可以照常继续。锁定的页面不能被置换。当 I/O 完成后，页面被解锁。

在许多情况下都可采用锁定位。通常，操作系统内核的部分或全部被锁定在内存中。许多操作系统不能容忍由内核或特定内核模块（包括执行内存管理的模块）引起的缺页错误。用户进程也可能需要将页面锁定到内存中。数据库进程可能想要管理一块内存，例如，在磁盘和内存之间自己移动数据块，因为它具有如何使用数据的最佳知识。内存页面的这种**固定**（pinning）相当普遍，大多数操作系统具有系统调用，以便允许应用程序请求固定逻辑地址空间的某个区域。请注意，这种功能可能会被滥用，并可能增加内存管理算法的压力。因此，应用程序通常需要特殊权限才能进行此类请求。

锁定位的另一种用途涉及正常页面置换。考虑以下事件序列：低优先级进程发生缺页错误。调页系统选择一个置换帧，并将所需页面读到内存。准备继续，低优先级进程进入就绪队列并等待 CPU。由于它是低优先级进程，可能有一段时间不被 CPU 调度器所选中。当低优先级进程等待时，高优先级进程发生缺页错误。在寻找置换时，调页系统会发现一个在内存中，但没有引用或修改的页面——这是低优先级进程刚刚调入的页面。这个页面看起来像一个完美的置换，它是干净的并且不需要被写出，而且显然很长时间没有使用过。

高优先级进程是否能够置换低优先级进程的页面是个策略问题。毕竟，只是延迟低优先级进程，以获得高优先级进程的利益。然而，浪费了为低优先级进程调入页面的能耗。如果决定阻止置换刚调入的页面，直到它至少被使用一次，那么我们可以采用锁定位来实现这种机制。当选择页面进行置换时，其锁定位会被打开，它将保持打开，直到缺页进程再次被分派为止。

采用锁定位可能是危险的：锁定位可能一直被打开，但从未被关闭。如果出现这种情况（例如，由于操作系统的错误），则锁定的帧将变得不可用。对于单用户操作系统，过度使用锁定只会伤害执行锁定的用户。多用户系统应当较少信任用户。例如，Solaris 允许加锁"提示"，但是如果空闲帧池变得太小，或者单个进程请求锁定太多的内存页面，则可以忽略这些提示。

10.10 操作系统示例

本节描述 Linux、Windows 和 Solaris 如何管理虚拟内存。

10.10.1 Linux

在 10.8.2 节中，我们讨论了 Linux 如何使用 Slab 分配管理内核内存。我们现在介绍 Linux 如何管理虚拟内存。Linux 使用请求调页，从空闲帧列表中分配页面。此外，它使用类似于 10.4.5.2 节中描述的 LRU 近似时钟算法的全局页面替换策略。为了管理内存，Linux 维护了两种类型的页面列表：`active_list`（活动列表）和 `inactive_list`（非活动列表）。`active_list` 包含考虑使用的页面，而 `inactive_list` 包含最近未被引用且有资格被回收的页面。

每个页面都有一个访问位，每当引用该页面时都会设置该位。（用于标记页面访问的实际位因架构而异。）当一个页面第一次被分配时，其访问位被设置，并且它被添加到活动列表的后面。类似地，每当活动列表中的页面被引用时，其访问位就被设置，并且该页面移动到列表的后面。周期性地，活动列表中页面的访问位被重置。随着时间的推移，最近最少使用的页面将位于活动列表的前面。在那里，它可能会迁移到非活动列

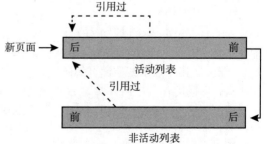

图 10.29 Linux 活动列表（`active_list`）和非活动列表（`inactive_list`）结构

表的后面。如果引用了非活动列表中的页面，它将移回活动列表的后面。这种模式如图10.29 所示。

两个列表保持相对平衡，当活动列表比非活动列表增长得多时，活动列表前面的页面移动到非活动列表，在那里可以回收。Linux 内核有一个页面输出守护进程 kswapd，它会定期唤醒并检查系统中的空闲内存量。如果空闲内存低于某个阈值，kswapd 开始扫描非活动列表中的页面并为空闲列表回收它们。Linux 虚拟内存管理在第 20 章有更详细的讨论。

10. 10. 2　Windows

Windows 10 支持在 Intel（IA-32 和 x86-64）和 ARM 架构上运行的 32 位和 64 位系统。在32 位系统上，进程的默认虚拟地址空间为 2 GB，它可以扩展到 3 GB。32 位系统支持 4 GB 的物理内存。在 64 位系统上，Windows 10 拥有 128 TB 的虚拟地址空间，并支持高达 24 TB 的物理内存。（Windows Server 版本最多支持 128 TB 的物理内存。）Windows 10 实现了迄今为止描述的大部分内存管理功能，包括共享库、请求调页、写时复制、分页和内存压缩。

Windows 10 的虚拟内存实现采用带有**集群**的请求调页，这是一种识别内存引用位置并因此处理页面错误的策略，通过引入故障页面同时引入紧接在故障页面之前和之后的几个页面。集群的大小因页面类型而异。对于一个数据页，每个簇包含三个页（故障页之前的页和故障页之后的页），所有其他页面错误的簇大小为 7。

Windows 10 中虚拟内存管理的一个关键组件是工作集管理。创建进程时，会为其分配最少 50 页的工作集和最多 345 页的工作集。**工作集的最小值**是保证进程在内存中拥有的最小页数，如果有足够的内存可用，一个进程可能会被分配与其**工作集的最大值**一样多的页面。除非进程配置了**硬工作集限制**，否则这些值可能会被忽略。如果有足够的内存可用，进程可以增长到超出其工作集的最大值。类似地，分配给进程的内存量可以在内存需求量大的时期收缩到最小值以下。

如 10.4.5.2 节所述，Windows 使用 LRU 近似时钟算法，并结合本地和全局页面替换策略。虚拟内存管理器维护一个空闲页帧列表。与此列表相关的是一个阈值，该阈值指示是否有足够的可用内存。如果低于其工作集最大值的进程发生页面错误，虚拟内存管理器将从空闲页面列表中分配一个页面。如果处于工作集最大值的进程发生缺页错误并且有足够的可用内存，该进程被分配了一个空闲页面，这允许它增长超出其工作集最大值。但是，如果可用内存量不足，内核必须使用本地 LRU 页面替换策略从进程的工作集中选择一个页面进行替换。

当空闲内存量低于阈值时，虚拟内存管理器使用称为**自动工作集修整**的全局替换策略将值恢复到阈值以上的水平。自动工作集修整通过评估分配给进程的页数来工作。如果一个进程分配的页面多于其工作集的最小值，虚拟内存管理器从工作集中删除页面，直到有足够的可用内存或进程已达到其工作集最小值。在较小的活动进程之前，将空闲的较大进程作为目标。修剪过程一直持续到有足够的空闲内存，即使有必要从已经低于其最低工作集的进程中删除页面。Windows 对用户模式和系统进程执行工作集修剪。

10. 10. 3　Solaris

在 Solaris 中，当线程发生缺页错误时，内核会从维护的空闲页列表上为缺页错误线程分配一个页。因此，内核必须保留足够的可用内存空间。这个空闲页列表有一个关联的参数lotsfree，用于表示开始调页的阈值。参数 lotsfree 通常设为物理内存大小的 1/64。每秒 4 次，内核检查可用内存量是否小于 lotsfree。如果可用页面的数量低于 lotsfree，则启动称为**调页**（pageout）的进程。进程 pageout 采用类似于 10.4.5.2 节所述的第二次机会算法，但是它在扫描页面时使用两个（而不是一个）指针。

调页进程工作方法如下：时钟前指针扫描内存的所有页面，以便清除引用位。随后，时钟后指针检查内存页面的引用位，将那些引用位仍然为 0 的页面添加到空闲列表，并且将已修改的页面保存到磁盘。如果页面在被重新分配给另一个进程之前被访问，Solaris 还通过允许进程从空闲列表中回收页面来管理次要页面错误。

调页算法采用多个参数来控制扫描页面的速率（称为扫描速度）。扫描速度以每秒页数表示，其范围从慢扫描（slowscan）到快速扫描（fastscan）。当可用内存低于 lotsfree 时，扫描从慢扫描的速度开始，增加到快扫描，具体取决于可用的内存量。slowscan 的默认值为每秒 100 个页面。fastscan 通常设为每秒一半的总物理页数，其最大值为每秒 8192 个页面。上面描述的扫描如图 10.30 所示（fastscan 设为最大值）。

时钟指针之间的距离（以页数表示）由系统参数 handspread 确定。前指针清除位与后指针检查位之间的时间取决于 scanrate 和 handspread。如果 scanrate 为每秒 100 页，handspread 为 1024 页，则在前指针清除位和后指针检查位之前有 10 秒。然而，由于对内存系统的需求，每秒数千页的 scanrate 并不罕见。这意味着，清除位和调查位之间的时间通常为数秒。

如上所述，调页进程每秒 4 次检查内存。然而，如果可用内存低于 desfree 的值（系统所需的可用内存量），则调页会每秒运行 100 次，以保证至少有 desfree 个可用空闲

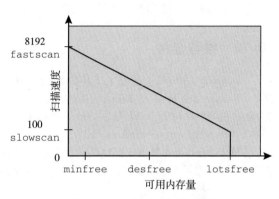

图 10.30　Solaris 页面扫描器

页面。如果调页进程无法在平均 30 秒内保持空闲内存量达到 desfree，则内核开始交换进程，从而释放所有分配给已交换进程的页面。通常，内核寻找长时间空闲的进程。最后，如果系统不能维护空闲内存的数量至少为 minfree，则每次请求新页面时会执行调节进程。

页面扫描算法跳过属于由多个进程共享的库页面，即使他们有资格被扫描器认领。该算法还区别分配给进程的页面和分配给常规数据文件的页面。这称为**优先分页**（priority paging），将在 14.6.2 节中介绍。

10.11　本章小结

- 虚拟内存将物理内存抽象为一个非常大的统一存储**阵列**。
- 虚拟内存的优点包括：程序可以大于物理内存、程序不需要完全在内存中、进程可以共享内存，并且可以更有效地创建进程。
- 请求调页是一种仅在程序执行期间需要时才加载页面的技术。因此，从不被要求的页面永远不会加载到内存中。
- 访问当前不在内存中的页面会发生页面错误。页面必须从后备存储调到可用的内存页帧。
- 写时复制允许子进程与其父进程共享相同的地址空间。如果子进程或父进程写入（修改）页面，则会复制该页面。
- 当可用内存不足时，页面替换算法会选择内存中的现有页面，来替换新页面。页替换算法包括 FIFO、最优和 LRU。纯 LRU 算法难以实现，大多数系统改为使用 LRU 近似算法。
- 全局页面替换算法从系统中的任何进程中选择一个页面进行替换，而局部页面替换算法从错误进程中选择一个页面。
- 当系统花在分页上的时间多于执行时间时，就会发生抖动。
- 局部性表示一组一起频繁使用的一组页面。当一个进程执行时，它会从一个局部点移动到另一个局部点。工作集基于局部性，定义为进程当前使用的页面集。
- 内存压缩是一种内存管理技术，可将多个页面压缩为一个页面。压缩内存是分页的替

代方法，用于不支持分页的移动系统。
- 内核内存的分配方式与用户模式进程不同，它被分配在不同大小的连续块中。分配内核内存的两种常用技术是伙伴系统和 slab 分配。
- TLB 范围是指可从 TLB 访问的内存量，等于 TLB 中的条目数乘以页面大小。增加 TLB 范围的一种技术是增加页面的大小。
- Linux、Windows 和 Solaris 类似地使用请求调页和写时复制等功能管理虚拟内存。每个系统还使用称为时钟算法的 LRU 近似的变体。

10.12 推荐读物

　［Denning（1968）］开发了工作集模型。［Carr and Hennessy（1981）］讨论了增强型时钟算法。［Russinovich et al.（2017）］描述 Windows 如何实现虚拟内存和内存压缩。Windows 10 内存压缩的更多讨论，可参见 http://www.makeuseof.com/tag/ram - compression - improves - memory-responsiveness-windows-10。

　［McDougall and Mauro（2007）］讨论了 Solaris 虚拟内存。［Love（2010）］和［Mauerer（2008）］描述了 Linux 虚拟内存技术。［McKusick et al.（2015）］描述了 FreeBSD 虚拟内存。

10.13 参考文献

［Carr and Hennessy（1981）］　W. R. Carr and J. L. Hennessy，"WSClock—A Simple and Effective Algorithm for Virtual Memory Management"，*Proceedings of the ACM Symposium on Operating Systems Principles*（1981），pages 87-95.

［Denning（1968）］　P. J. Denning，"The Working Set Model for Program Behavior"，*Communications of the ACM*，Volume 11，Number 5（1968），pages 323-333.

［Love（2010）］　R. Love，*Linux Kernel Development*，Third Edition，Developer's Library（2010）.

［Mauerer（2008）］　W. Mauerer，*Professional Linux Kernel Architecture*，John Wiley and Sons（2008）.

［McDougall and Mauro（2007）］　R. McDougall and J. Mauro，*Solaris Internals*，Second Edition，Prentice Hall（2007）.

［McKusick et al.（2015）］　M. K. McKusick，G. V. Neville-Neil，and R. N. M. Watson，*The Design and Implementation of the FreeBSD UNIX Operating System-Second Edition*，Pearson（2015）.

［Russinovich et al.（2017）］　M. Russinovich，D. A. Solomon，and A. Ionescu，*Windows Internals-Part 1*，Seventh Edition，Microsoft Press（2017）.

10.14 练习

10.1　什么情况会出现页面错误？描述当页面错误发生时操作系统采取的动作。

10.2　假设现有 m 个帧（最初都是空的）和一个页面引用串，以供一个进程使用。该页面引用串的长度为 p，其中出现了 n 个不同的页码。针对任何页面替换算法，回答以下问题：
　a. 缺页次数的下限是多少？
　b. 缺页次数的上限是多少？

10.3　考虑以下页面替换算法。根据缺页率，将这些算法从"差"到"好"以五分制进行排名。将那些受到 Belady 异常影响的算法与那些没有受到影响的算法分开。
　a. LRU 替换
　b. FIFO 替换
　c. 最佳替换
　d. 两次机会替换

10.4　操作系统支持分页虚拟内存。中央处理器的时钟周期为 1 μs。访问当前页面以外的页面需要额外的 1 μs。页面有 1000 字，分页设备是一个磁鼓，每分钟转 3000 转，每秒传送 100 万个字。从系统中获得了以下统计测量值：

- 执行的所有指令中有 1% 访问了当前页面以外的页面。
- 在访问另一个页面的指令中，80% 访问了内存中已经存在的页面。
- 当需要一个新页面时，被替换的页面有 50% 的时间被修改。

计算这个系统的有效指令时间，假设系统只运行一个进程并且处理器在鼓传输期间空闲。

10.5　考虑具有 12 位虚拟和物理地址以及 256 字节页面的系统页表。空闲页帧列表为 D、E、F（D 在列表的头部，E 在第二个，F 在最后）。页帧的破折号表示该页不在内存中。

将以下虚拟地址转换为其等效的十六进制物理地址。所有数字均以十六进制给出。

- 9EF
- 111
- 700
- 0FF

页面	页帧
0	–
1	2
2	C
3	A
4	–
5	4
6	3
7	–
8	B
9	0

10.6　讨论支持请求调页所需的硬件功能。

10.7　考虑二维数组 A：

```
int A[][] = new int[100][100];
```

其中 A [0] [0] 位于页面大小为 200 的分页内存系统中的位置 200 处。一个操作矩阵的小程序位于第 0 页（位置 0 到 199）。因此，每条指令都将来自第 0 页。

对于三个页帧，以下数组初始化循环产生了多少缺页？使用 LRU 替换，并假设页帧 1 包含进程，而其他两个初始为空。

```
a. for (int j = 0; j < 100; j++)
       for (int i = 0; i < 100; i++)
           A [i] [j] = 0;
b. for (int i = 0; i < 100; i++)
       for (int j = 0; j < 100; j++)
           A [i] [j] = 0;
```

10.8　考虑以下页面引用串：

```
1,2,3,4,2,1,5,6,2,1,2,3,7,6,3,2,1,2,3,6
```

假设 1、2、3、4、5、6 和 7 帧，以下替换算法会发生多少缺页？请记住，所有页帧最初都是空的，因此你的每个页面的首次引用将会有一个缺页。

- LRU 替换
- FIFO 替换
- 最佳替换

10.9　考虑以下页面引用串：

```
7,2,3,1,2,5,3,4,6,7,7,1,0,5,4,6,2,3,0,1
```

假设采用三帧的请求调页，以下替换算法会发生多少缺页错误？

- LRU 替换
- FIFO 替换
- 最佳替换

10.10　假设使用需要引用位的分页算法（例如第二次机会替换或工作集模型），但硬件不提供。简述如何模拟参考位（即使硬件不提供），或解释为什么不可能这样做。如果可能，请计算成本是多少。

10.11 你设计了一种自认为可能是最佳的新的页面替换算法。在一些扭曲的测试用例中,会出现 Belady 异常。新算法是否最优?解释你的答案。

10.12 分段类似于分页,但使用可变大小的"页面"。定义两种段替换算法,一种基于 FIFO 页面替换方案,另一种基于 LRU 页面替换方案。请记住,由于段的大小不同,选择用于替换的段可能太小而无法为所需的段留下足够的连续位置。考虑段不能重定位的系统的策略和可以重定位的系统的策略。

10.13 考虑一个请求调页的计算机系统,其中多道程序的程度目前固定为 4。最近对该系统进行了测量,以确定 CPU 和分页磁盘的利用率。下面显示了三个替代结果。对于每种情况,发生了什么?是否可以增加多道程序的程度以提高 CPU 利用率?分页有帮助吗?

a. CPU 利用率 13%,磁盘利用率 97%。

b. CPU 利用率 87%,磁盘利用率 3%。

c. CPU 利用率 13%,磁盘利用率 3%。

10.14 我们有一个使用基址和限制地址寄存器的机器的操作系统,但是已经修改了机器以提供页表。可以设置页表来模拟基址和限制地址寄存器吗?怎么才可能,或者为什么不可能?

10.15 习题

10.15 假设程序刚刚引用了虚拟内存的一个地址。描述可能发生以下每个情况的情景。(如果不可能发生,请解释为什么。)

- TLB 未命中,没有缺页错误。
- TLB 未命中,有缺页错误。
- TLB 命中,没有缺页错误。
- TLB 命中,有缺页错误。

10.16 简化的线程状态为就绪(ready)、运行(running)或阻塞(blocked),分别表示线程已准备好并等待调度、正在处理器上运行或被阻塞(例如,等待 I/O)。

假设线程处于运行状态,请回答以下问题,并解释你的答案:

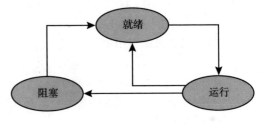

a. 如果线程引起缺页错误,它是否会改变状态?如果是,会改变为什么状态?

b. 如果在页表解析时没有命中 TLB,线程是否会改变状态?如果是,会改变为什么状态?

c. 如果地址引用被页表解析时,线程是否会改变状态?如果是,会改变为什么状态?

10.17 考虑采用纯请求调页的系统。

a. 当进程首次开始执行时,如何描述其缺页错误率?

b. 一旦进程的工作集被加载到内存中,如何描述其缺页错误率?

c. 假设进程改变了局部性,而且新的工作集太大而不能存储在可用的空闲内存中。提供一些选项,以供系统设计者处理这种情况。

10.18 以下是具有 12 位虚拟和物理地址以及 256 字节页面的系统页表。空闲页帧按 9、F、D 的顺序分配。页帧的破折号表

页面	页帧
0	0×4
1	0×B
2	0×A
3	—
4	—
5	0×2
6	—
7	0×0
8	0×C
9	0×1

示该页不在内存中。

将以下虚拟地址转换为其等效的十六进制物理地址。所有数字均以十六进制给出。在页面错误的情况下，必须使用空闲帧之一来更新页表并将逻辑地址解析为其相应的物理地址。

- 0x2A1
- 0x4E6
- 0x94A
- 0x316

10.19 什么是写时复制功能？在什么情况下它的使用是有效的？实现这种功能需要什么硬件支持？

10.20 某台计算机为用户提供了 2^{32} 字节的虚拟内存空间。它有 2^{22} 字节的物理内存。虚拟内存通过请求调页来实现，每个页面为 4096 字节。假设用户进程生成了虚拟地址 11123456。请解释如何建立对应的物理位置。请区分软件和硬件的操作。

10.21 假设我们有一个请求调页存储器。页表保存在寄存器中。如果有可用空帧或者置换的页面未被修改，则缺页错误的处理需要 8ms，如果置换的页面已被修改，则需要 20ms。内存访问时间为 100ns。

假设需要置换的页面在 70% 的时间内会被修改。对于有效访问时间不超过 200ns，最大可接受的缺页错误率是多少？

10.22 假设某个系统的页表具有 16 位的虚拟和物理地址，每个页面为 4096 字节。当页面被引用时，其引用位会被设置为 1。有一个线程会周期性地将引用位的所有值清零。页帧的破折号表示页面不在内存中。页面置换算法是局部 LRU，所有数值是按十进制提供的。

a. 将以下虚拟地址（十六进制）转换为对应的物理地址。你可以提供十六进制或十进制的答案。你还要在页表中为适当的条目设置引用位。

- 0x621C
- 0xF0A3
- 0xBC1A
- 0x5BAA
- 0x0BA1

b. 使用上述地址作为指导，提供导致缺页错误的逻辑地址（十六进制）的示例。

c. LRU 页面置换算法在解决缺页错误时会从哪一组页面帧中选择？

页面	页帧	引用位
0	9	0
1	–	0
2	10	0
3	15	0
4	6	0
5	13	0
6	8	0
7	12	0
8	7	0
9	–	0
10	5	0
11	4	0
12	1	0
13	0	0
14	–	0
15	2	0

10.23 当页面错误发生时，请求调页的进程必须阻塞，同时等待页面从磁盘进入物理内存。假设存在一个具有五个用户级线程的进程，并且用户线程到内核线程的映射是多对一的。如果一个用户线程在访问堆栈时发生了页面错误，属于同一进程的其他用户线程是否也会受到页面错误的影响，也就是说它们是否还必须等待错误页面被带入内存？请加以解释。

10.24 对以下页面引用串，采用 FIFO、LRU 和最佳（OPT）替换算法：

- 2，6，9，2，4，2，1，7，3，0，5，2，1，2，9，5，7，3，8，5
- 0，6，3，0，2，6，3，5，2，4，1，3，0，6，1，4，2，3，5，7
- 3，1，4，2，5，4，1，3，5，2，0，1，1，0，2，3，4，5，0，1
- 4，2，1，7，9，8，3，5，2，6，8，1，0，7，2，4，1，3，5，8
- 0，1，2，3，4，4，3，2，1，0，0，1，2，3，4，4，3，2，1，0

假设使用三帧的请求调页，给出每个算法的缺页数量。

10.25 假设你正在监视时钟算法的指针移动速率。（指针指示要被置换的候选页面。）根据以下行为，可得到什么结论？

a. 指针移动快。

b. 指针移动慢。

10.26 讨论最不经常使用（LFU）页面置换算法比最近最少使用（LRU）页面置换算法产生更少缺页错误的情况。并且请讨论相反的情况。

10.27 讨论最经常使用（MFU）页面置换算法比最近最少使用（LRU）页面置换算法产生更少缺页错误的情况。并且讨论相反的情况。

10.28 KHIE 操作系统对常驻页面和最近使用页面的空闲帧池采用 FIFO 置换算法。假设管理空闲帧池采用 LRU 置换策略。请回答下列问题：

a. 如果发生缺页错误并且所需页面不在空闲帧池中，那么如何为新请求的页面分配可用空间？

b. 如果发生缺页错误并且所需页面在空闲帧池中，那么如何管理驻留页面和空闲帧池，以便为请求的页面腾出空间？

c. 如果常驻页面的数量设置为 1，则系统退化成什么？

d. 如果空闲帧池的页面数量为 0，则系统退化成什么？

10.29 假设有一个请求调页系统，以下为其时测利用率：

> CPU 利用率　20%
>
> 分页磁盘　97.7%
>
> 其他 I/O 设备　5%

对于以下情况，请指出它能否（或有可能）提高 CPU 利用率，并解释你的答案。

a. 安装更快的 CPU。

b. 安装更大的分页磁盘。

c. 提高多道程序程度。

d. 降低多道程序程度。

e. 安装更多内存。

f. 安装更快的硬盘或具有多个硬盘的多个控制器。

g. 为页面获取算法添加预先调页。

h. 增加页面大小。

10.30 解释为什么次要页面错误比主要页面错误花费更少的时间来解决。

10.31 解释为什么在移动设备的操作系统中使用压缩内存。

10.32 假设有一台计算机提供指令，以便采用一级间接寻址方案来访问内存位置。如果程序的所有页面都不在内存中，而且它的第一条指令是间接内存加载操作，则会引起什么样的缺页错误序列？如果操作系统采用按进程来分配内存，而且该进程只分配了两个帧，则会发生什么？

10.33 考虑图 10.31 所示的页面引用，哪些页面代表时间（X）的局部集？

10.34 假设请求调页系统的置换策略定期检查每个页面，而且如果从上次检查后就没有使用，则会丢弃这个页面。采用这个策略而不是 LRU 或第二次机会置换，会得到什么？又会失去什么？

10.35 页面置换算法应该尽可能减少缺页错误的数量。这种最小化的实现可以将大量使用的页面均匀分布在所有内存中，而不是让它们竞争少量的页面帧。可以为每个页帧关联一个计数器，以记录与帧关联的页面数量。这样，在置换一个页面时，可以查找最少页面数的帧来替换。

a. 采用这个基本思路定义一个页面置换算法。特别注意以下问题：

• 计数器初值是多少？

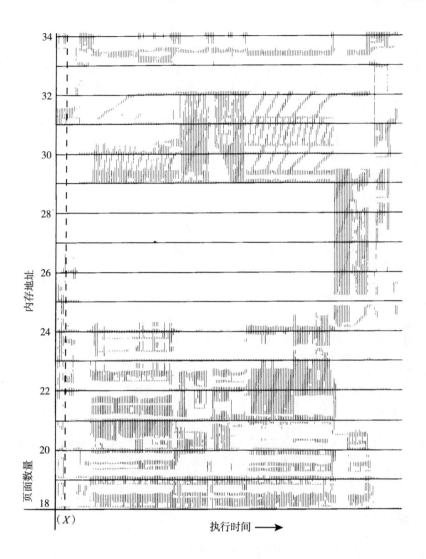

图 10.31　习题 10.33 图示

- 什么时候计数器增加？
- 什么时候计数器减少？
- 如何选择要置换的页面？

b. 对于以下引用串，假设具有 4 个页帧，你的算法会发生多少次缺页错误？

1,2,3,4,5,3,4,1,6,7,8,7,8,9,7,8,9,5,4,5,4,2

c. 对于以上引用串，假设具有 4 个页帧，最优页面置换策略的最小缺页错误数为多少？

10.36 假设有一个请求调页系统具有一个平均访问和传输时间为 20ms 的调页磁盘。地址转换是通过内存中的页表来进行的，每次内存访问时间为 1ms。因此，通过页表的每次内存引用需要两次访问。为了改善这一时间，添加了一个关联内存，如果页表条目处在关联内存中，则可以减少内存引用的访问时间。

假设 80% 的访问在关联内存中进行，剩余的 10%（或总数的 2%）会导致缺页错误。有效的内存访问时间是多少？

10.37 抖动的原因是什么？系统如何检测抖动？一旦系统检测到抖动，可以做什么来消除这个问题?

10.38　一个进程是否可能有两个工作集,一个用于数据,另一个用于代码?请解释为什么。

10.39　考虑参数Δ,用于定义工作集模型的工作集窗口。当Δ设为较小值时,对缺页错误频率和系统内正在执行的活动(非暂停)进程的数量有什么影响?当Δ设为较大值时又如何?

10.40　在1024KB的段中,采用伙伴系统分配内存。利用图10.26作为指南,绘制一棵树,说明如何分配以下内存请求:

- 请求5KB。
- 请求135KB。
- 请求14KB。
- 请求3KB。
- 请求12KB。

接下来,根据以下内存释放来修改生成树。尽可能执行合并:

- 释放3KB。
- 释放5KB。
- 释放14KB。
- 释放12KB。

10.41　假设系统支持用户级和内核级的线程。该系统的映射是一对一的(每个用户线程都有一个相应的内核线程)。

a. 多线程进程是否有一个工作集以用于整个进程?

b. 多线程进程是否有多个工作集,分别用于每个线程?

请给出解释。

10.42　Slab分配算法为每个不同类型的对象使用单独的缓存。假设每个对象类型都有一个缓存,解释为什么这种方案不适宜于多个CPU。解决这个可扩展性问题需要做什么?

10.43　假设有一个系统,可为进程分配不同大小的页面。这样的分页系统有什么优点?如何修改虚拟内存系统以便提供这种功能?

10.16　编程题

10.44　编写一个程序,实现本章所述的FIFO、LRU和最优页面置换算法。首先,生成一个随机的页面引用串,其中页码的范围为0~9。将这个随机页面引用串应用到每个算法中,并记录每个算法引起的缺页错误的数量。在启动时将页帧数传递给程序。你可以使用所选择的任何编程语言来实现此程序。(你可能会发现FIFO或LRU的实现对虚拟内存管理器编程项目很有帮助。)

10.17　编程项目

设计虚拟内存管理器

该项目包括编写一个程序,为大小为2^{16} = 65536字节的虚拟地址空间将逻辑地址转换到物理地址。这个程序将从包含逻辑地址的文件中读取,通过TLB和页表将每个逻辑地址转换为对应的物理地址,并且输出在转换的物理地址处存储的字节值。本项目的目标是通过模拟来了解逻辑地址转换为物理地址的步骤。这将包括使用请求调页解决页面错误、管理TLB和实现页面替换算法。

细节

你的程序将读取一个文件,它包含表示逻辑地址的多个32位的整数。然而,你只需关心

16 位的地址，因此应屏蔽每个逻辑地址的最右边 16 位。这 16 位被分成 8 位的页码和 8 位的页偏移。因此，地址的结构如图所示。

其他细节如下：

- 页表有 2^8 个条目。
- 页面大小为 2^8 字节。
- TLB 有 16 个条目。
- 帧大小为 2^8 字节。
- 帧数为 256。
- 物理内存为 65 536 字节（256 帧 × 256 字节/帧）

此外，你的程序只需要关注读取逻辑地址，并将它们转换为相应的物理地址。你不需要支持写出逻辑地址空间。

地址转换

你的程序采用 9.3 节所述的 TLB 和页表来将逻辑地址转换为物理地址。首先，从逻辑地址提取页码，并且查阅 TLB。在 TLB 命中的情况下，从 TLB 中获得帧码。在 TLB 未命中的情况下，应查阅页表。在后一种情况下，从页表获得帧码或发生缺页错误。地址转换过程如图所示。

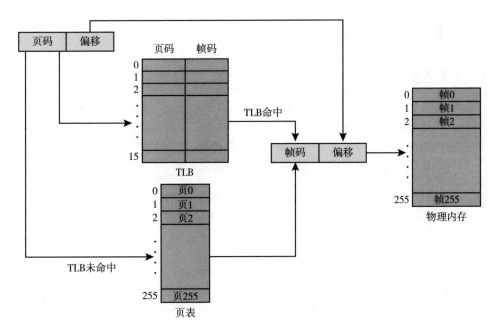

处理缺页错误

你的程序应实现 10.2 节所述的请求调页。后备存储由文件 BACKING_STORE.bin 表示，这是一个大小为 65 356 字节的二进制文件。当发生缺页错误时，你将从文件的 BACKING_STORE 中读取一个 256 字节的页面，并将其存储在物理内存的可用页帧中。例如，如果页码为 15 的逻辑地址导致缺页错误，则程序将从 BACKING_STORE 中读取第 15 页（请记住页面从 0 开始，大小为 256 字节），并且将其存储在物理内存的页帧中。一旦该帧被存储（并且页表和 TLB 也被更新），对第 15 页的后续访问将由 TLB 或页表来解决。

你需要将 BACKING_STORE.bin 作为随机访问文件来处理，以便可以随机寻找文件的特定位置来读取。我们建议采用执行 I/O 的标准 C 库函数，包括 fopen()、fread()、fseek()以及 fclose()。

物理内存的大小与虚拟地址空间的大小相同（65 356 字节），因此你无须关心缺页错误期间的页面置换。稍后，我们将描述这个项目的修改，以使用较少的物理内存，到时将需要页面置换策略。

测试文件

我们提供文件 addresses.txt，它包含整数值，以表示 0~65 535（虚拟地址空间的大小）的逻辑地址。你的程序将打开该文件，读取每个逻辑地址，然后翻译为对应的物理地址，并且在物理地址处输出带符号字节的值。

如何开始

首先，编写一个简单的程序，从以下整数中提取页码和偏移量：

1,256,32 768,32 769,128,65 534,33 153

也许最简单的方法是采用位掩码和位移动的运算符。一旦可以从整数正确获得页码和偏移，就可以开始。

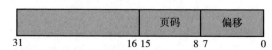

我们建议你最初绕过 TLB 并仅使用页表。

一旦页表正常工作，你就可以集成 TLB。记住，在没有 TLB 的情况下，地址转换可以工作，有了 TLB 只会更快。当准备好实现 TLB 时，请记住它只有 16 个条目，因此在更新完 TLB 后，你将需要采用置换策略。你可以采用 FIFO 或 LRU 策略来更新 TLB。

如何运行程序

你的程序应按如下运行：

./a.out addresses.txt

你的程序将读入文件 addresses.txt，其中包含 1000 个逻辑地址，范围为 0~65 535。你的程序将每个逻辑地址转换为物理地址，并确定存储在正确物理地址的带符号字节的内容。（回想一下在 C 语言中，char 数据类型占用了一个字节的存储空间，因此我们建议使用 char 值。）你的程序输出以下值：

1. 要翻译的逻辑地址（从 addresses.txt 中读取的整数值）。
2. 相应的物理地址（你的程序转换逻辑地址而得到的）。
3. 存储在转换的物理地址上的带符号字节值。

我们还提供 correct.txt 文件，它包含 addresses.txt 文件的正确输出值。你应该使用此文件来确定你的程序是否正确地将逻辑地址转换为物理地址。

统计

完成后，你的程序应报告以下统计信息：

1. 缺页错误率——导致缺页错误的地址引用的百分比。
2. TLB 命中率——在 TLB 中解析的地址引用的百分比。

由于 addresses.txt 中的逻辑地址是随机生成的，并且没有反映任何内存访问的局部性，因此不能期望具有高 TLB 命中率。

页面置换

到目前为止，该项目假设物理内存与虚拟地址空间大小相同。在实际中，物理内存通常比虚拟地址空间小得多。建议的修改是使用较小的物理地址空间。我们建议采用 128 个页帧而不是 256 个。这种更改需要修改程序以便跟踪空闲页帧，并且采用 FIFO 或 LRU（见 10.4 节）来实现页面置换策略。

存储管理

计算机系统应当提供大容量存储来长久存储文件和数据。现代计算机采用硬盘和非易失性存储设备作为辅助存储来实现大容量存储。

辅助存储设备在许多方面都有所不同。有的一次传输一个字符，有的一次传输一块字符。有些只能按顺序访问，有些可以随机访问。有些传输数据是同步的，有些是异步的。有些是专用的，有些是共享的。它们可以是只读的或可读写的。尽管它们的速度差异很大，但是总的说来，它们是最慢的主要计算机组件。

由于这些设备差异，操作系统需要提供大量功能，以便应用程序可以控制设备的各个方面。操作系统 I/O 子系统的一个关键目标是为系统的其余部分提供尽可能简单的接口。由于设备是性能瓶颈，另一个关键是优化 I/O 以实现最大并发。

大容量存储

本章将讨论大容量存储（即计算机的非易失性存储系统）的结构。现代计算机的主要大容量存储系统是二级存储（或外存），通常由硬盘驱动器（Hard Disk Drives，HDD）和非易失性存储器（Nonvolatile Memory，NVM）设备提供。一些系统还具有更慢、更大的三级存储，包括磁带、光盘甚至云存储等。

由于现代计算机系统中最常见和最重要的存储设备是 HDD 和 NVM 设备，本章的大部分内容主要讨论这两种类型的存储。首先，描述它们的物理结构。然后，考虑用于调度 I/O 顺序以最大化性能的调度算法。之后，讨论引导块、损坏块和交换空间的设备格式化和管理。最后，分析 RAID 系统的结构。

大容量存储有很多种，当讨论涉及所有类型时，使用通用术语非易失性存储器（Non-Volatile Storage，NVS）或存储"驱动器"。而具体到某种设备（例如 HDD 和 NVM）时，则会明确说明。

本章目标
- 描述外存设备的物理结构及其对设备使用的影响。
- 解释大容量存储设备的性能特点。
- 评估 I/O 调度算法。
- 讨论对大容量存储（包括 RAID）提供的操作系统服务。

11.1 大容量存储结构概述

现代计算机的大量二级存储由**硬盘驱动器**（HDD）和**非易失性存储器**（NVM）设备提供。本节描述这些设备的基本机制，并解释操作系统如何通过地址映射来将物理属性转换为逻辑存储。

11.1.1 硬盘驱动器

从概念上讲，HDD 相对简单（见图 11.1）。每个磁盘**盘片**（platter）为一个扁平的圆片，就像一张 CD。常见盘片直径为 1.8~3.5 英寸[⊖]。盘片的两个表面都覆盖有磁性材料。通过将信息磁性记录在盘片上来存储信息，通过检测盘片上的磁性格式来读取信息。

读写头"飞行"在盘片表面之上。磁头附着在**磁臂**（disk arm）上，磁臂将所有磁头作为一个整体移动。盘片的表面从逻辑上分成圆形**磁道**（track），再细分为**扇区**（sector）。同一磁臂位置的磁道集合形成了**柱面**（cylinder）。每个磁盘驱动器有数千个同心柱面，而每个磁道可能包括数百个扇区。每个扇区都有固定的大小，是传输的最小单位。直到 2010 年左右，扇区大小通常为 512 字节。之后，许多制造商开始采用 4KB 扇区。常见磁盘驱动器的存储容量以 GB 和 TB 为单位。图 11.2 显示了卸下外壳的磁盘驱动器。

磁盘驱动器电机高速旋转。大多数驱动器每秒旋转 60~250 次，以每分钟转数（RPM）表示。常见驱动器的转速为 5400、7200、10 000 和 15 000RPM。一些驱动器在不用时断电，并在收到 I/O 请求时启动。旋转速度与传输速率有关。**传输速率**是在驱动器和计算机之间的数据传输速率。磁盘驱动器另一性能为**定位时间**或**随机访问时间**，由两部分组成，将磁臂移

⊖ 1 英寸 = 2.54 厘米。——编辑注

到所需柱面所需的时间，称为**寻道时间**（seek time），所需扇区旋转到磁头所需的时间，称为**旋转延迟**（rotational latency）。典型磁盘每秒可以传输数十到数百兆字节的数据，并且具有几毫秒的寻道时间和旋转延迟。它们通过在驱动控制器中添加 DRAM 缓冲区来提高性能。

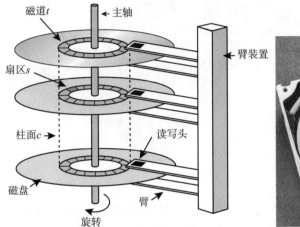

图 11.1　HDD 磁头移动的机制

图 11.2　卸下外壳的 3.5 英寸 HDD

磁盘磁头在空气或其他气体（如氦气）的极薄垫（以微米为单位）上飞行，所以磁头有与磁盘表面接触的危险。虽然盘片涂有薄薄的保护层，但是磁头有时可能会损坏磁盘表面，这个事故称为**磁头划碰**（head crash）。磁头划碰通常无法修复，必须替换整个磁盘，而且磁盘上的数据将会丢失，除非它们被备份到其他存储或 RAID 保护。（关于 RAID 的相关内容，参见 11.8 节。）

HDD 为密封单元，有些装有 HDD 的机箱允许在不关闭系统或存储机箱的情况下将其移除。当系统在给定时间需要连接更多存储，或者当需要用好的驱动器替换坏的驱动器时，这很有帮助。其他类型的存储介质也是可移动的，包括 CD、DVD 和蓝光光盘。

磁盘传输速率

　　与计算的许多方面一样，已发布的磁盘性能数据与实际性能数据不同。例如，声称的传输速率总是高于**有效传输速率**。传输速率可以是磁盘头从磁介质读取位的速率，但这与将块传送到操作系统的速率不同。

11.1.2　非易失性存储设备

非易失性存储器（Nonvolatile Memory，NVM）设备的重要性与日俱增。简单地说，NVM 设备是电气的而不是机械的。最常见的是，这种设备由控制器和用于存储数据的闪存 NAND 半导体芯片组成。还有其他 NVM 技术，例如带有后备电池的 DRAM（因此它不会丢失其内容），以及其他半导体技术，例如 3D XPoint，但它们并不常见，因此本书不加讨论。

11.1.2.1　非易失性存储设备概述

基于闪存的 NVM 经常用于类似磁盘驱动器的容器中，此时，它被称为**固态磁盘**（Solid-State Disk，SSD），见图 11.3。在其他情况下，它采用 **USB 驱动器**（USB drive，也称为拇指驱动器或闪存驱动器）或 **DRAM 棒**（DRAM stick）的形式。它还可以安装在主板表面，以作为智能手机等设备的主要存储。无论何种形式，其作用和处理方式都相同。针对 NVM 设备的讨论主要关注 SSD 技术。

NVM 设备可以比 HDD 更可靠（因为没有移动部件）而且可以更快（因为没有寻道时间或旋转延迟）。此外，消耗的功率更少。NVM 设备的缺点是，每兆字节比传统硬盘更贵，而容量比硬盘要小。然而，随着时间推移，NVM 设备容量的增长速度快于 HDD 容量，而且 NVM 价格下降得更快，因此其使用量急剧增加。事实上，SSD 和类似设备现在用于一些笔记本电脑，以使其更小、更快、更节能。

图 11.3　一块 3.5 英寸的 SSD 电路板

由于 NVM 设备可能比硬盘驱动器快得多，因此标准总线接口可能成为吞吐量的主要限制。有些 NVM 设备被设计为直接连接到系统总线上（例如 PCIe）。这项技术也正在改变传统计算机设计的其他方面。有些系统用其作为磁盘驱动器的直接替代品，而其他系统则将其用作新的缓存层，以便在磁盘、NVM 和主存之间移动数据来优化性能。

NAND 半导体的一些特性为其自身的存储和可靠性带来了挑战。例如，它们可以按"页"（类似于扇区）来读取和写入，但是数据不能被覆盖，而是必须先擦除 NAND 单元。擦除按"块"（大小为几页）进行，与读（最快的操作）或写（比读慢但比擦除快得多）相比，需要更多时间。为了改善这种情况，NVM 闪存设备包括许多裸片，每个裸片都有许多数据路径，所以操作可以并行发生（每个都使用一个数据路径）。NAND 半导体也会随着每次擦除周期而退化，经过大约 100 000 次程序擦除循环（具体次数因介质而异），单元块不再保留数据。由于写入磨损，而且由于没有移动部件，NAND NVM 寿命不是按年为单位，而是以**每天的驱动器写入次数**（Drive Writes Per Day，DWPD）来衡量。这一衡量标准是在驱动器发生故障之前，每天可以写入多少次驱动器容量。例如，DWPD 等级为 5 的 1TB NAND 驱动器，预计在保修期内每天写入 5TB 数据而不会故障。

这些限制引发了多种改进算法。幸运的是，它们通常在 NVM 设备控制器中实现，与操作系统无关。操作系统只是读取和写入逻辑块，设备管理如何完成。（关于逻辑块的更详细的讨论，参见 11.1.5 节。）不过，NVM 设备的性能会因操作算法而异，因此，有必要简要讨论控制器如何工作。

11.1.2.2　NAND 闪存控制器算法

由于 NAND 半导体一旦写入就无法重写，因此有些页面包含无效数据。考虑一个文件系统块，写入一次，然后再次写入。如果在此期间没有发生擦除，首次写入的页面具有旧的数据，现在无效，而第二页具有块的当前良好的版本。包含有效页和无效页的 NAND 块如图 11.4 所示。为了跟踪哪些逻辑块包含有效数据，控制器维护了一个**闪存转换层**（Flash Translation Layer，FTL）。该表映射哪些物理页包含当前的有效逻辑块。它还跟踪物理块状态，即哪些块只包含无效页面，因此可以被擦除。

有效页	有效页	无效页	无效页
无效页	有效页	无效页	有效页

图 11.4　具有有效页和无效页的 NAND 块

现在考虑一个带有挂起写入请求的满的 SSD。因为 SSD 满了，所有页面都已写入，但可能有一块不包含有效数据。在这种情况下，写入可以等待擦除发生，然后可再次写入。但是如果没有空闲块呢？如果单个的页面保存无效数据，仍然可能有一些可用空间。在这种情况下，会进行**垃圾收集**（garbage collection）——好的数据可以复制到其他位置，释放可以擦除的块，然后可以接收写入。但是，垃圾收集器将好的数据存储在哪里呢？为了解决这个问题并提高写入性能，NVM 设备使用**超额配置**（overprovisioning）。设备留出一些页面（通常占总数的 20%）作为始终可写入的区域。因垃圾收集或使旧版本数据无效的写操作而完全无效的块，在设备已满时会被擦除并放置在预留空间中，或者返回空闲池。

超额配置空间还可帮助**平衡磨损**（wear leveling）。如果一些块被重复擦除，而另一些没有，则经常擦除的块会比其他块磨损得更快，而且整个设备的使用寿命将比所有块同时磨损时更短。控制器试图通过使用各种算法，将数据存放在较少擦除的块上来避免这种情况，以便后续擦除针对这些块而不是针对擦除次数更多的块来平衡整个设备的磨损。

在数据保护方面，和 HDD 一样，NVM 设备提供纠错码，在写入过程中计算，并与数据一起存储，在读取时与数据一起读取以检测错误，并在可能的情况下加以纠正。（关于纠错码的讨论，参见 11.5.1 节。）如果页面经常具有可纠正的错误，该页面可能被标记为坏的，且不会在后续写入中使用。通常，单个 NVM 设备（如 HDD）可能会发生灾难性故障，即损坏或无法响应读取或写入请求。为了在这些情况下恢复数据，可以使用 RAID 保护。

11.1.3 易失性存储器

在关于大容量存储结构的章节中讨论易失性存储器似乎很奇怪，但这是有理由的，因为 DRAM 经常用作大容量存储设备。具体来说，RAM 驱动器（有很多名字，包括 RAM 磁盘）就像二级存储，不过它由设备驱动程序创建。这些设备驱动程序划分出系统 DRAM 的一部分，并将其呈现给系统的其余部分，就好像它是一个存储设备一样。这些"驱动器"可以用作原始块设备，但更常见的是，用来创建文件系统以便进行标准文件操作。

计算机已经有了缓冲和缓存，那么另一种使用 DRAM 进行临时数据存储的目的是什么？毕竟，DRAM 是易失性的，RAM 驱动器上的数据无法在系统崩溃、关机或断电时保存。缓存和缓冲区由程序员或操作系统分配，而 RAM 驱动器允许用户（以及程序员）使用标准文件操作来将数据放在内存中以进行临时保管。事实上，RAM 驱动器功能非常有用，以至于在所有主要操作系统中都可以找到此类驱动器。在 Linux 上有 /dev/ram，在 macOS 上可以用 diskutil 命令创建它们，Windows 可以通过第三方工具使用它们，Solaris 和 Linux 在启动时创建类型为 "tmpfs" 的 /tmp，这是一个 RAM 驱动器。

RAM 驱动器可用作高速临时存储空间。尽管 NVM 设备速度很快，但 DRAM 速度更快，对 RAM 驱动器的 I/O 操作是创建、读取、写入和删除文件及其内容的最快方式。许多程序使用（或可以从使用中获益）RAM 驱动器来存储临时文件。例如，程序可以通过从 RAM 驱动器写入和读取文件来轻松共享数据。再如，Linux 在启动时创建一个临时的根文件系统（initrd），以便在加载了解存储设备的操作系统部分之前，允许其他系统部分访问根文件系统及其内容。

磁带

磁带用作早期的二级存储介质。虽然它是非易失性的，并且可以保存大量数据，但与主存和驱动器相比，其访问速度太慢。此外，磁带的随机访问比 HDD 的随机访问约慢 1000 倍，比 SSD 的随机访问约慢 100 000 倍，因此磁带对于二级存储不是很有用。磁带主要用于备份，用于存储不常用的信息，并作为将信息从一个系统传输到另一个系统的媒介。

磁带位于卷轴之上，在缠绕或重绕时读写。移动到磁带的正确位置可能需要几分钟，但一旦定位，磁带驱动器可以按与 HDD 相当的速度来读取和写入数据。磁带容量差异很大，取决于特定类型的磁带驱动器，当前容量高达数 TB。有些磁带具有内置压缩功能，可以使有效存储增加一倍以上。磁带及其驱动器通常按宽度分类，包括 4 毫米、8 毫米和 19 毫米以及 1/4 和 1/2 英寸。有些是根据技术命名的，例如 LTO-6（见图 11.5）和 SDLT。

图 11.5 插入盒式磁带的 LTO-6 磁带机

11.1.4　二级存储连接方法

二级存储设备通过系统总线或 I/O 总线连接到计算机。有多种总线可供选择，包括高级技术连接（Advanced Technology Attachment，ATA）、**串行 ATA**（Serial ATA，SATA）、eSATA、串行连接 SCSI（Serial Attached SCSI，SAS）、通用串行总线（Universal Serial Bus，USB）、光纤通道（Fibre Channel，FC）。最常见的连接方法是 SATA。由于 NVM 设备比 HDD 快得多，业界为 NVM 设备创建了一种特殊、快速的接口，称为 NVMe（NVM express）。NVMe 直接将设备连接到系统 PCI 总线，与其他连接方法相比，提高了吞吐量并减少了延迟。

总线上的数据传输，由称为**控制器**（controller）或**主机总线适配器**（Host-Bus Adapter，HBA）的特殊电子处理器执行。**主机控制器**（host controller）是总线上计算机端的控制器。**设备控制器**（device controller）内置在存储设备内。在执行大容量存储器 I/O 操作时，计算机通常使用内存映射 I/O 端口，以将命令放入主机控制器，如 12.2.1 节所述。然后，主机控制器通过消息向设备控制器发送命令，控制器操作驱动硬件执行命令。设备控制器通常具有内置缓存。向驱动器的数据传输发生在缓存和存储介质之间，向主机传输数据，通过 DMA 以高速的电子速度，在高速缓存和主机 DRAM 之间进行。

11.1.5　地址映射

存储设备按大型一维数组的**逻辑块**（logical block）来寻址，其中逻辑块是最小的传输单元。每个逻辑块映射到一个物理扇区或半导体页。逻辑块的一维数组映射到设备的扇区或页面。例如，扇区 0 可以是 HDD 最外层圆柱的第一个磁道的第一个扇区。这个映射是先按磁道内扇区顺序，再按柱面内磁道顺序，再按从外到内的柱面顺序来进行的。对于 NVM，映射是从芯片、块和页的元组（有限有序列表）到逻辑块数组。相对扇区、柱面、磁头元组或芯片、块、页的元组，**逻辑块地址**（Logical Block Address，LBA）更易为算法使用。

通过映射，从理论上至少能够将逻辑块号转换为老式磁盘地址，该地址由磁盘内的柱面号、柱面内的磁道号、磁道内的扇区号所组成。在实践中，由于三个原因，这个转换的执行很难。首先，大多数磁盘都有一些缺陷扇区，因此映射必须用磁盘上的其他空闲扇区来替代这些缺陷扇区。逻辑块地址保持顺序，但是物理扇区位置发生改变。其次，对于某些驱动器，每个磁道的扇区数并不是常量。第三，磁盘制造商会在内部管理 LBA 到物理地址的映射，因此，对于现今的驱动器，LBA 和物理扇区之间几乎没有关系。尽管有这些物理地址的差异，处理 HDD 的算法倾向于假设逻辑地址与物理地址相对相关。也就是说，升序逻辑地址往往意味着升序物理地址。

下面让我们更深入地分析第二个原因。对于采用**恒定线速度**（Constant Linear Velocity，CLV）的媒介，每个磁道的比特密度是均匀的。磁道距离磁盘中心越远，长度越长，从而也能容纳更多扇区。当从外部区域移到内部区域时，每个轨道的扇区数量会降低。最外层的轨道通常比最内层的轨道多拥有 40% 的扇区数。随着磁头由外磁道移到内磁道，驱动器增加旋转速度，以保持传输数据率的恒定。这种方法用于 CD-ROM 和 DVD-ROM 驱动器。另外，磁盘旋转速度可以保持不变，因此内部磁道到外部磁道的比特密度不断降低，以保持数据率不变（无论数据在驱动器上的哪个位置，性能都相对相同）。这种方法用于硬盘，称为**恒定角速度**（Constant Angular Velocity，CAV）。

随着磁盘技术不断改善，每个磁道的扇区数不断增加。磁盘外部的每个磁道通常有数百个扇区。类似地，每个磁盘的柱面数也不断增加，大的磁盘有数万个柱面。

请注意，存储设备的类型很多，有的超出了操作系统教科书的讨论范围。例如，"木瓦磁记录"硬盘比主流硬盘密度更高，但性能更差（参见 http://www.tomsitpro.com/articles/shingled-magnetic-recoding-smr-101-basics，2-933.html）。还有包括 NVM 和 HDD 技术的组合设备或卷管理器（见 11.5 节），它可以将 NVM 和 HDD 设备组合到一个存储单元，速度比

HDD 快，但成本比 NVM 低。这些设备具有与更常见设备不同的特性，并且可能需要不同的缓存和调度算法来最大限度地提高性能。

11.2　HDD 调度

操作系统的职责之一是有效使用硬件。对于 HDD，满足这一职责需要最小化访问时间和最大化数据传输带宽。

对于使用盘片的 HDD 和其他机械存储设备，访问时间包括两个主要部分，如 11.1 节所述。寻道时间是磁臂移动磁头到包含目标扇区的柱面的时间，旋转延迟是磁盘旋转目标扇区到磁头下的额外时间。设备带宽是传输字节的总数除以从服务请求开始到最后传递结束之间的总时间。通过管理存储 I/O 请求的服务顺序，可以改善访问时间和带宽。

每当进程需要从驱动器进行 I/O 操作时，它就向操作系统发出一个系统调用。这个请求指明了一些信息：

- 这个操作是输入还是输出。
- 所要操作文件的打开句柄。
- 传输的内存地址是什么。
- 传输数据量是多少。

如果所需驱动器和控制器可用，可以立即处理请求。如果驱动器或控制器正忙，任何新的服务请求都将放入该驱动器的挂起请求队列。对于具有多个进程的多道程序设计系统，设备队列通常可能具有多个挂起请求。

设备请求队列可以通过避免磁头寻道来优化性能，因此设备驱动程序有机会通过队列排序来提高性能。

过去，HDD 接口要求主机指定使用哪个磁道和磁头，因此大量精力被用于磁盘调度算法。自 21 世纪以来的更新的驱动器不仅不向主机公开这些控制，而且还将 LBA 映射到驱动器所控制的物理地址。当前磁盘调度的目标包括：公平性、及时性和优化性（例如将按顺序出现的读或写聚集在一起，因为驱动器在连续 I/O 时性能最佳）。因此，有些调度工作仍然是有用的。可以使用接下来将要讨论的多种磁盘调度算法中的任何一种。请注意，对于现代驱动器，通常不可能知道绝对的磁头位置和柱面/块的物理位置。不过，作为粗略近似，算法可以假设增加 LBA 意味着增加物理地址，而 LBA 的紧密程度等同于物理块的相近程度。

11.2.1　FCFS 调度

磁盘调度的最简单形式当然是先来先服务（First-Come First-Served，FCFS）算法（或 FIFO）。虽然这种算法比较公平，但是它通常并不提供最快的服务。例如，考虑一个磁盘队列，其 I/O 请求块的柱面的顺序如下：

$$98,183,37,122,14,124,65,67$$

如果磁头开始位于柱面 53，那么它首先从 53 移到 98，接着按照 183、37、122、14、124、65，最后到 67，磁头移动柱面的总数为 640。这种调度如图 11.6 所示。

从 122 到 14 再到 124 的大摆动说明

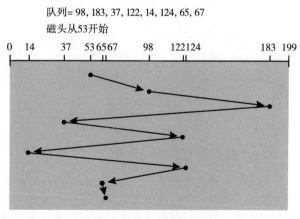

队列= 98, 183, 37, 122, 14, 124, 65, 67
磁头从53开始

图 11.6　FCFS 磁盘调度

了这种调度的问题。如果对柱面 37 和 14 的请求一起处理，不管是在 122 和 124 之前或之后，总的磁头移动会大大减少，并且性能也会因此得以改善。

11.2.2　SCAN 调度

对于 SCAN 算法（SCAN algorithm），磁臂从磁盘的一端开始向另一端移动，在移过每个柱面时处理请求。当到达磁盘的另一端时，磁头移动方向反转，并继续处理。磁头连续来回扫描磁盘。SCAN 算法有时称为**电梯算法**（elevator algorithm），因为磁头的行为就像大楼里面的电梯，先处理所有向上的请求，然后再处理相反方向的请求。

下面我们回到前面的例子来进行说明。在采用 SCAN 算法调度柱面 98、183、37、122、14、124、65 和 67 的请求之前，除了磁头的当前位置，还需知道磁头的移动方向。假设磁头朝 0 移动并且磁头初始位置还是 53，磁头接下来处理 37，然后处理 14。在柱面 0 时，磁头会反转，移向磁盘的另一端，并处理柱面 65、67、98、122、124、183（见图 11.7）上的请求。如果请求刚好在磁头前方加入队列，则它几乎马上就会得到服务，如果请求刚好在磁头后方加入队列，则它必须等待，直到磁头移到磁盘的另一端，反转方向并返回。

假设请求柱面的分布是均匀的，考虑当磁头移到磁盘一端并且反转方向时的请求密度。这时，紧靠磁头前方的请求相对较少，因为最近处理过这些柱面。磁盘另一端的请求密度却是最多的，这些请求的等待时间也最长，那么为什么不先处理呢？这就是下一个算法的想法。

11.2.3　C-SCAN 调度

循环 SCAN（C-SCAN）调度是 SCAN 调度的一个变种，以提供更均匀的等待时间。像 SCAN 调度一样，C-SCAN 从磁盘一端到磁盘另一端移动磁头，并且处理行程上的请求。然而，当磁头到达另一端时，它立即返回到磁盘的开头，而并不处理任何回程上的请求。

现在让我们回到前面的例子来进行说明。在应用 C-SCAN 调度 98、183、37、122、14、124、65 和 67 柱面的请求之前，需要知道请求调度的磁头移动方向。假设当磁臂从 0 移动到 199 时请求调度，并且初始磁头位置再次为 53，该请求将按图 11.8 所示进行处理。C-SCAN 调度算法实际上将这些柱面作为一个环链，将最后柱面连到首个柱面。

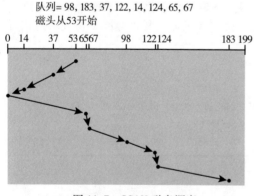

图 11.7　SCAN 磁盘调度

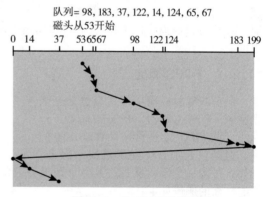

图 11.8　C-SCAN 磁盘调度

11.2.4　磁盘调度算法的选择

还有许多磁盘调度算法，但由于很少使用，故我们在此并不讨论。但是操作系统设计者如何决定实施哪个，以及部署者最好选择使用哪个？对于任何特定的请求列表，可以定义最佳检索顺序，但是寻找最佳调度的所需计算可能无法证明相比 SCAN 调度所节省的成本是合理的。而且，对于任何调度算法，性能在很大程度上取决于请求的数量和类型。例如，假设队列通常只有一个未完成的请求。然后，所有调度算法的行为都相同，因为只有一种选择将磁头移动到哪里：它们的行为都类似于 FCFS 调度。

SCAN 调度和 C-SCAN 调度对磁盘负载较重的系统性能更好，因为它们不太可能导致饥饿问题。尽管如此，仍然可能存在饥饿，这促使 Linux 创建**最后期限**调度程序。这种调度程序维护单独的读取和写入队列，并给予读取优先，因为进程在读取时比写入时更可能阻塞。队列按 LBA 顺序排序，本质上实现了 C-SCAN 调度。所有 I/O 请求都按此 LBA 顺序批量发送。最后期限调度保持四个队列：两个用于读取和两个用于写入，一种按 LBA 排序，另一种按 FCFS 排序。在每个批次之后，检查 FCFS 队列是否有早于分配时间（默认为 500ms）的请求。如果有，则为下一批 I/O 选择包含该请求的 LBA 队列（读取或写入）。

最后期限 I/O 调度程序是 Linux RedHat 7 发行版中的默认设置，但 RHEL 7 还有另外两个。NOOP 适用于使用快速存储的 CPU 密集型系统，例如 NVM 设备。**完全公平队列**（Completely Fair Queueing，CFQ）**调度器**是 SATA 驱动器的默认选择。CFQ 维护三个队列（通过插入排序使它们按 LBA 顺序排序）：实时、尽力而为（默认）和空闲队列。每个优先级都高于其他的，按照这个顺序，可能造成饥饿。它使用历史数据，预测进程是否可能很快发出更多 I/O 请求。如果确定如此，它会闲置等待新的 I/O，忽略其他排队的请求。这是为了最大限度地减少查找时间，假设每个进程的存储 I/O 请求具有引用局部性。有关这些调度程序的详细信息，参见 https://access.redhat.com/site/documentation/en-US/Red_Hat_Enterprise_Linux/7/html/Performance_Tuning_Guide/index.html。

11.3　NVM 调度

刚刚讨论的磁盘调度算法适用于基于机械盘片的存储，如 HDD。它们主要关注最小化磁头的移动量。NVM 设备不包含移动磁头，通常使用简单的 FCFS 策略。例如，Linux 的 **NOOP** 调度程序采用 FCFS 策略，但合并相邻请求。NVM 设备的观察行为表明读取服务的所需时间是一样的，但是，由于闪存特性，写入服务时间并不一样。有些 SSD 调度器利用这个特性，只合并相邻的写入请求，而按 FCFS 顺序处理所有读取请求。

正如我们所见，I/O 可以按顺序或随机进行。顺序访问是机械设备（如 HDD 和磁带）的最佳选择，因为需要读或写的数据靠近读/写磁头。按照**每秒输入/输出操作数量**（Input/Output Operations Per Second，IOPS）衡量的随机 I/O 访问，导致 HDD 磁头移动。自然，随机 I/O 访问在 NVM 上要快得多。HDD 可以产生数百 IOPS，而 SSD 可以产生数十万 IOPS。

对于原始顺序的吞吐量，NVM 设备的优势要小得多，而 HDD 磁头寻道则被最小化，而且需要强调对媒介的数据是读取还是写入。在这些情况下，对于读取，NVM 设备性能可能要好一个数量级。NVM 的写入比读取慢，降低了优势。此外，虽然 HDD 的写入性能在设备的整个生命周期内保持一致，但 NVM 设备的写入性能取决于设备有多满（回想一下垃圾收集和过度配置的需要）以及"磨损"程度。因多次擦除循环而接近使用寿命的 NVM 设备的性能，通常比新设备要差得多。

提高 NVM 设备寿命和性能的一种方法是，在删除文件时，让文件系统通知设备，以便设备可以擦除存储这些文件的块。这种方法的深入讨论，可参见 14.5.6 节。

现在我们更为详细地分析垃圾收集对性能的影响。考虑在随机读写负载下的 NVM 设备。假设所有块都已写入，但还有可用空间。我们必须进行垃圾收集，以回收无效数据占用的空间。这意味着写入可能导致读取一页或多页，将这些页面的好数据写入到过度配置空间，擦除所有无效数据块，以及将该块放置到过度配置空间。综上所述，一个写请求最终导致一个页面写入（数据），一个或多个页面读取（通过垃圾收集），以及一个或多个页面写入（来自垃圾收集块的良好数据）。不是由应用程序而是由执行垃圾收集和空间管理的 NVM 设备创建的 I/O 请求称为**写放大**（write amplification），这会极大影响设备的写入性能。在最坏的情况下，每个写请求都会触发多个额外的 I/O。

11.4　错误检测和纠正

错误检测和纠正是许多计算领域的基础，包括内存、网络和存储。**错误检测**（error detection）确定是否发生了问题，例如，DRAM 内的某个位自发地从 0 变为 1，网络数据包的内容在传输过程中发生了变化，或者数据块在写入和读取之间发生了变化。通过发现问题，系统可以在错误传播之前停止操作，向用户或管理员报告错误，或警告可能开始出现故障或已经出现故障的设备。

长期以来，内存系统一直通过使用奇偶校验位来检测某些错误。在这种情况下，内存系统中的每个字节都有一个与之关联的奇偶校验位，以记录设置为 1 字节中的位数是偶数（奇偶校验=0）还是奇数（奇偶校验=1）。如果字节中的一位损坏（1 变为 0，或 0 变为 1），字节的奇偶校验改变，将与存储的奇偶校验不匹配。同样，如果存储的奇偶校验位损坏，则它与计算的奇偶校验不匹配。因此，所有单个位的错误都可以被存储系统检测到。然而，双个位的错误可能不会被检测到。请注意，通过对位执行 XOR（异或），可以轻松计算奇偶校验。而且对于内存的每个字节，我们现在需要额外的内存位来存储奇偶校验。

奇偶校验是**校验和**（checksum）的一种形式，它采用模算术来计算、存储和比较固定长度字的值。另一种网络中常见的错误检测方法是**循环冗余校验**（Cyclic Redundancy Check，CRC），它使用散列函数来检测多位错误（参见 http://www.mathpages.com/home/kmath458/kmath458.htm）。

纠错码（Error-Correction Code，ECC）不仅可以检测问题，还可以纠正问题。纠正是通过使用算法和额外的存储量来完成的。各种编码有所不同，取决于需要多少额外存储以及可以纠正多少错误。例如，磁盘驱动器使用每扇区的 ECC，而闪存驱动器使用每页的 ECC。当控制器在正常 I/O 期间写入一个扇区/页的数据时，ECC 被写入一个值，该值是从正在写入数据的所有字节计算出来的。当读取扇区/页面时，会重新计算 ECC，并与存储的值进行比较。如果存储的值和计算的值不同，这种不匹配表明数据已损坏或存储介质可能已损坏（见 11.5.3 节）。ECC 能够纠错，这是因为如果只有几位数据被破坏了，它包含了足够的信息，可以使控制器能够识别哪些位发生了变化并计算出它们的正确值应该是什么。然后报告一个可恢复的**软错误**。如果发生了太多更改，ECC 无法纠正错误，则会发出不可纠正的**硬错误**信号。每当读取或写入扇区或页面时，控制器都会自动进行 ECC 处理。

错误检测和纠正通常是消费产品和企业产品之间的区别。例如，ECC 在某些系统中用于 DRAM 纠错和数据路径保护。

11.5　存储设备管理

操作系统还负责存储设备管理的其他多个方面。这里讨论磁盘初始化、磁盘引导、坏块恢复等。

11.5.1　驱动器格式化、分区与卷

新的存储设备是一张白纸，它只是一盘磁记录材料或一组未初始化的半导体存储单元。在存储设备能够存储数据之前，必须将其划分为控制器可以读写的扇区。NVM 页面必须初始化，并创建 FTL（Flash Transtation Layer）。这个过程称为**低级格式化**（low-level formatting）或**物理格式化**（physical formatting）。低级格式化为设备的每个存储位置填充一个特殊的数据结构。头部和尾部包含控制器使用的信息，例如扇区/页号和错误检测或纠错码。

作为制造过程的一部分，大多数驱动器在工厂里进行了低级格式化。这种格式化能让制造商测试设备，并初始化逻辑块号到无损扇区或页的映射。通常可以从几个扇区尺寸中进行

选择，例如 512 字节和 4KB。用更大的扇区尺寸格式化磁盘意味着每个磁道上可以容纳的扇区更少，但这也意味着在每个磁道上写入的头部和尾部更少，而且可用于用户数据的空间更多。某些操作系统只能处理一种特定的扇区大小。

在使用驱动器保存文件之前，操作系统仍然需要在设备上记录自己的数据结构。它分三步完成。

第一步是将设备**划分**为一组或多组块或页。操作系统可以将每个分区视为一个单独设备。例如，一个分区可以保存一个包含操作系统可执行代码副本的文件系统，另一个为交换空间，还有一个为包含用户文件的文件系统。当整个设备需要通过文件系统管理时，有些操作系统和文件系统会自动执行分区。分区信息按固定格式写到存储设备的固定位置。在 Linux 中，fdisk 命令用于管理存储设备的分区。设备在被操作系统识别时读取分区信息，然后操作系统为分区创建设备条目（在 Linux 的 /dev 中）。之后，一个配置文件（例如 /etc/fstab）告诉操作系统，在指定位置挂载包含文件系统的各个分区，以及应用挂载选项（例如只读）。文件系统的挂载，使文件系统可供系统及用户使用。

第二步是卷的创建和管理。有时，此步骤是隐式的，就像将文件系统直接放置在分区中一样。然后，就可以挂载和使用**卷**。在其他时候，卷的创建和管理是显式的，例如，当多个分区或设备一起用作 RAID 集时（请参阅 11.8 节），一个或多个文件系统可分布这些设备上。Linux 卷管理器 lvm2 可以提供这些功能，Linux 和其他操作系统的商业工具也可以提供这些功能。ZFS 提供将卷管理和文件系统集成起来的一组命令和功能。（请注意，"卷"也可以表示任何可挂载的文件系统，甚至是包含文件系统的文件，例如 CD 映像。）

第三步是**逻辑格式化**（logical formatting），或创建文件系统。在这一步中，操作系统将初始文件系统数据结构存储到设备上。这些数据结构可能包括空闲空间和分配空间的映射，以及初始空目录。

分区信息还表明分区是否包含可引导的文件系统（包含操作系统）。标记为引导的分区用于建立文件系统的根。一旦安装后，可以创建所有其他设备及其分区的设备链接。通常，计算机的"文件系统"包括所有安装的卷。在 Windows 上，它们通过字母（C:、D:、E:）单独命名。在其他系统上（例如 Linux）在引导时安装引导文件系统，而其他文件系统可以安装在该树结构中（如 13.3 节所述）。在 Windows 上，文件系统界面会清楚地表明正在使用给定设备的时间，而在 Linux 中，在访问请求的文件系统（卷内）中的请求文件之前，单个文件访问可能会遍历许多设备。图 11.9 显示了显示三个卷（C:、E: 和 F:）的 Windows 7 磁盘管理（Disk Management）工具。注意，E: 和 F: 都在"磁盘 1"设备的一个分区中，并且该设备上尚未分配的空间可用于更多分区（可能包含文件系统）。

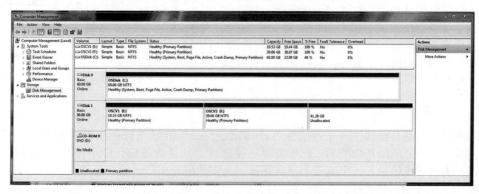

图 11.9 显示设备、分区、卷和文件系统的 Windows 7 磁盘管理工具

为了提高效率，大多数操作系统将块组合在一起变成更大的块，通常称之为**簇**（cluster）。设备 I/O 按块完成，而文件系统 I/O 按簇完成，有效确保了 I/O 具有更多的顺序

访问和更少的随机访问的特点。例如，文件系统也尝试在元数据附近分配文件内容，从而减少对文件进行操作时的 HDD 磁头搜索。

有些操作系统允许特殊程序将分区作为逻辑块的一个大的有序数组，而没有任何文件系统数据结构。这个数组有时称为**原始磁盘**（raw disk），这个数组的 I/O 称为原始 I/O。它可以用于交换空间（参见 11.6.2 节），例如，有些数据库系统喜欢使用原始 I/O，因为能够允许它们控制每条数据库记录存储的精确磁盘位置。原始 I/O 绕过所有文件系统服务，如缓冲区缓存、文件锁定、预取、空间分配、文件名和目录等。虽然某些应用程序可以通过原始分区来实现自己特殊的且更高效的存储服务，但是大多数应用程序在使用常规文件系统服务时会执行的更好。请注意，Linux 通常不支持原始 I/O，但可以通过对 open() 系统调用使用 DIRECT 标志来实现类似的访问。

11.5.2　引导块

为了开始运行计算机（如打开电源或重启时），我们必须运行一个初始程序来。这个初始**引导程序**（bootstrap）程序往往很简单。对于大多数计算机，引导程序存储在系统主板上的 NVM 闪存固件中，并映射到已知内存位置。它可以由产品制造商根据需要进行更新，但也会被病毒写入从而感染系统。它初始化系统的所有方面，从 CPU 寄存器到设备控制器及主存内容。

这个极小的引导加载程序也足够聪明，可以从外存中引入一个完整的引导程序。完整的引导程序存储在设备固定位置的"引导块"中。默认的 Linux 引导加载程序是 grub2（https://www.gnu.org/software/grub/manual/grub.html/）。具有引导分区的设备称为**引导磁盘**（boot disk）或**系统磁盘**（system disk）。

引导 NVM 内的代码指示存储控制器将引导块读到内存（这时不加载设备驱动程序），然后开始执行代码。这个完整的引导程序比引导加载程序更加复杂。它可以从非固定的设备位置处加载整个操作系统，并且开始运行操作系统。

下面以 Windows 为例，分析引导过程。首先请注意，Windows 允许将驱动器分为多个分区，有一个分区，标识为**引导分区**（boot partition），包含操作系统和设备驱动程序。Windows 系统将引导代码存在硬盘的第一逻辑块或 NVM 设备的第一页，它称为**主引导记录**（Master Boot Record，MBR）。引导首先运行驻留在系统固件中的代码。这个代码充分了解存储控制器和存储设备，以便加载一个扇区，从而能让系统读取 MBR 的引导代码。除了引导代码，MBR 还包含一个表（以列出驱动器分区）和一个标志（以指示从哪个分区引导系统），如图 11.10 所示。一旦系统识别了引导分区，就会读取分区的第一个扇区，称为**引导扇区**（boot sector），并将其定位到内核。然后继续引导过程的其余部分，包括加载各种子系统和系统服务。

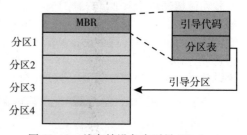

图 11.10　从存储设备中引导 Windows

11.5.3　坏块

因为磁盘具有移动部件并且容错性差（请记住，磁头恰好飞行在磁盘表面上方），容易出现故障。有时，故障是彻底的，此时需要更换磁盘，并且从备份介质上将其内容恢复到新的磁盘。更为常见的是，一个或多个扇区坏掉。大多数磁盘出厂时就有**坏块**（bad block）。这些坏块的处理方式多种多样，取决于使用的磁盘和控制器。

对于较老的磁盘（如采用 IDE 控制器的磁盘），可以人工处理坏块。一种方法是，在格式化磁盘时扫描磁盘以便发现坏块。所发现的任何坏块，标记为不可用，以便文件系统不再加以分配。如果在正常操作时块变坏了，则必须人工运行特殊程序（如 Linux 的 badlocks 命令），以便搜索坏块并加以锁定。坏块中的数据通常会丢失。

更为复杂的磁盘在恢复坏块方面更智能。控制器维护磁盘内的坏块列表。这个列表在出厂低级格式化时初始化，并在磁盘的生命周期内更新。低级格式化将一些块放在一边作为备用，操作系统看不到这些块。控制器可以采用备用块来逻辑地替代坏块。这种方案称为**扇区备用**（sector sparing）或**扇区转寄**（sector forwarding）。

典型的坏扇区事务可能如下：

- 操作系统尝试读取逻辑块 87。
- 控制器计算 ECC，发现扇区坏了。它将此发现作为 I/O 错误报告给操作系统。
- 设备控制器用备用扇区替换坏扇区。
- 之后，每当系统请求逻辑块 87 时，该请求就被控制器转换成替换扇区的地址。

请注意，控制器的这种重定向可能会使操作系统磁盘调度算法的任何优化无效。为此，大多数磁盘在格式化时为每个柱面保留了少量的备用块，还保留了一个备用柱面。当需要重新映射坏块时，控制器尽可能地使用同一柱面的备用扇区。

作为扇区备用的替代方案，有些控制器可以采用**扇区滑动**（sector slipping）来替换坏块。下面是一个例子，我们假定逻辑块 17 变坏，并且第一个可用的备用块在扇区 202 之后。然后，扇区滑动重新映射 17~202 的所有扇区，将它们全部下移一个扇区。也就是说，扇区 202 复制到备用扇区，扇区 201 复制到 202，200 复制 201，依此类推，直到扇区 18 复制到扇区 19。按这种方式滑动扇区释放扇区 18 的空间，以使扇区 17 能够映射到它。

可恢复的软错误可能触发设备动作，以便复制块数据和备份或滑动块。然而，不可恢复的**硬错误**（hard error）将导致数据丢失。因此，任何使用坏块的文件必须修复（如从备份磁带中恢复），而且通常需要人工干预。

NVM 设备也有这样的位、字节甚至页，它们要么在制造时不起作用，要么随着时间的推移而变坏。这些故障区域的管理比 HDD 更简单，因为没有需要避免寻道时间的性能损失。可以留出多个页面用作替换位置，或者可以使用预留空间（减少预留空间的可用容量）。无论哪种方式，控制器都会维护一个坏页表，并且永远不会将这些页设置为可写入，因此永远不会访问它们。

11.6 交换空间管理

9.5 节首次讨论了交换，即在外存和内存之间移动整个进程。当物理内存的数量达到临界低点，并且进程从内存移到交换空间以便释放内存空间时，就会出现交换。现实中，现代操作系统很少按这种方式实现交换。相反，系统将交换与虚拟内存技术（第 9 章）和交换页面（而不一定是整个进程）结合起来。事实上，有些系统现在互换使用术语"交换"和"分页"，这也反映了这两个概念的合并。

交换空间管理（swap-space management）是操作系统的另一底层任务。虚拟内存采用外存空间作为内存扩展。由于外存访问比内存访问慢得多，所以使用交换空间显著降低了系统性能。交换空间的设计和实现的主要目标是为虚拟内存提供最佳吞吐量。这里讨论如何使用交换空间、交换在存储设备的什么位置，以及如何管理交换空间。

11.6.1 交换空间的使用

不同的操作系统使用交换空间的方式也可能有所不同，这取决于采用的内存管理算法。例如，实现交换的系统可以使用交换空间来保存整个进程映像，包括代码和数据段。分页系统可能只是存储换出内存的页面。因此，系统所需交换空间的数量可以是几兆字节到几千兆字节的磁盘空间，这取决于物理内存的多少、支持虚拟内存的多少和内存使用方式等。

请注意，高估交换空间数量要比低估更为安全，因为当系统用完了交换空间时，可能迫使进程终止或使得整个系统死机。高估只是浪费了一些存储空间（本来可用于存储文件），但没有带来其他损害。有些系统推荐交换空间的数量。例如，Solaris 建议设置交换空间等于超过分页物理内存的虚拟内存数量。过去，Linux 建议设置交换空间数量为物理内存数量的两倍。现在，这个限制已经没有了，大多数 Linux 系统都采用了更少的交换空间。

有的操作系统（如 Linux）允许使用多个交换空间，包括文件和专用交换分区。这些交换空间通常放在不同的存储设备上，这样分页和交换的 I/O 系统的负荷可以分散在各个系统 I/O 的带宽上。

11.6.2　交换空间位置

交换空间位置可有两个：可以位于普通文件系统之上或者可以是一个单独的分区。如果交换空间只是文件系统内的一个大的文件，则可以采用普通文件系统程序来创建它、命名它，以及分配它的空间。

或者，可以在单独的**原始分区**（raw partition）上创建交换空间。这里不存放文件系统和目录的结构。相反，通过单独的交换空间存储管理器，从原始分区上分配和取消分配块。这种管理器可以通过针对速度来优化（而不是存储效率来优化），因为（在使用时）交换空间比文件系统访问更加频繁（回想一下交换空间用于交换和分页）。内部碎片可能增加，但是这种折中是可以接受的，因为交换空间内数据的存储时间通常要比文件系统的文件的存储时间更短。由于交换空间在启动时会重新初始化，任何碎片都是短暂的。原始分区方法在磁盘分区时创建固定数量的交换空间。增加更多交换空间需要重新进行设备分区（可能涉及移动或删除其他文件系统，以及利用备份恢复文件系统），或者在其他地方增加另一交换空间。

有的操作系统较为灵活，可以采用原始分区空间和文件系统空间进行交换。Linux 就是这样的例子：策略和实现是分开的，系统管理员可以决定使用何种类型。它需要考虑的是文件系统分配和管理的便利和原始分区交换的性能。

11.6.3　交换空间管理的示例

通过分析各种 UNIX 交换和分页的发展，可以说明交换空间是如何使用的。传统的 UNIX 内核实现了交换，以便在连续磁盘区域和内存之间复制整个进程。随着分页硬件的出现，UNIX 后来演变成将交换和分页组合使用的形式。

针对 Solaris 1（SunOS），设计人员改变了标准的 UNIX 方法，以提升效率和反映技术进步。当进程执行时，包含代码的文本段页面从文件系统中调入，在内存中访问，在需要换出时就会丢弃。再次从文件系统中读入页面要比先写到交换空间再从那里重读更为高效。交换空间仅仅用作备份以存储**匿名内存**（anonymous memory）页面，包括堆栈、堆和进程未初始化数据等的分配内存。

Solaris 后来的更高版本又做了更多改变。最大的改变是，Solaris 只有在页面被强制换出物理内存而不是在首次创建虚拟内存页面时，才分配交换空间。这种方案提高了现代计算机的性能，因为它们比旧系统拥有更多的物理内存，并且换页更少。

Linux 类似于 Solaris，因为交换空间仅用于匿名内存，即没有任何文件支持的内存。Linux 允许建立一个或多个交换区。交换区可以是普通文件系统的交换文件，或原始交换分区。每个交换区包含一系列的 4KB **页槽**（page slot），用于存储交换页面。每个交换区关联着一个**交换映射**（swap map），即整型计数器的一个数组，其中每个整数对应于交换区的页槽。如果计数器值为 0，则对应页槽可用。大于 0 的值表示页槽被交换页面占据。计数器的值表示交换页面的映射数量。例如，值为 3 表示交换页面映射到 3 个不同进程（例如交换页面存储 3 个进程共享的内存区）。Linux 系统内的交换数据结构，如图 11.11 所示。

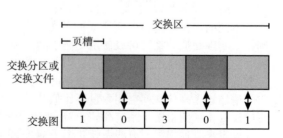

图 11.11　Linux 系统用于交换的数据结构

11.7　存储连接

计算机访问辅助存储有三种方式：主机连接存储（host-attached storage）、网络连接存储（network-attached storage），以及云存储（cloud storage）。

11.7.1　主机连接存储

主机连接存储（host-attached storage）是通过本地 I/O 端口来访问的存储。这些端口使用多种技术，最常见的是如前所述的 SATA。一个典型的系统有一个或多个 SATA 端口。

为了允许系统访问更多存储，可以通过 USB FireWire 或 Thunderbolt 端口和电缆，连接单个存储设备、机箱中的设备或机箱中的多个驱动器。

高端工作站和服务器一般需要更多的存储或需要共享存储，所以使用更复杂的 I/O 架构，例如光纤通道（Fibre Channel，FC）。FC 是一个高速的串行架构，可通过光纤或四芯铜缆运行。由于较大的地址空间和通信的交换性质，多个主机和存储设备可以连接到架构，使得 I/O 通信具有极大的灵活性。

有多种存储设备适合用作主机连接存储，包括硬盘驱动器、NVM 设备、CD、DVD、蓝光和磁带驱动器，以及存储区域网络（SAN，参见 11.7.4 节）。对主机连接存储设备进行数据传输的 I/O 命令是指特定存储单元（例如总线 ID 和目标逻辑单元）的逻辑数据块的读和写。

11.7.2　网络连接存储

网络连接存储（Network-Attached Storage，NAS），如图 11.12 所示。通过网络提供存储访问的 NAS 设备可以是专用存储系统，也可以是通过网络向其他主机提供存储的通用计算机系统。客户端通过远程过程调用接口访问网络连接存储，例如适用于 UNIX 和 Linux 系统的 NFS 或适用于 Windows 机器的 CIFS。远程过程调用（RPC）通过 IP 网络上的 TCP 或 UDP 传输，通常是将所有数据流量传输到客户端的同一个局域网（LAN）。网络连接存储单元通常作为存储阵列实现，并带有实现 RPC 接口的软件。

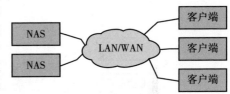

图 11.12　网络连接存储

CIFS 和 NFS 提供各种锁定功能，允许采用这些协议在 NAS 的主机之间共享文件。例如，登录到多个 NAS 客户端的用户可以同时从所有这些客户端访问其主目录。

网络连接存储提供了一种简便的方法，可以使所有 LAN 上的计算机像与本地主机连接存储一样便捷的方式来命名和访问，以便共享存储池。然而，与主机本地的连接存储相比，这种方法似乎效率更低，并且性能更差。

iSCSI 是最新的网络附加存储协议。本质上，它使用 IP 网络协议来承载 SCSI 协议。因此，网络（而非 SCSI 电缆）可以用于主机与其存储之间的互连。因此，即使存储与主机相距遥远，主机也可以将其存储视为直接连接。NFS 和 CIFS 提供文件系统并通过网络发送部分文件，而 iSCSI 通过网络发送逻辑块，并让客户端直接使用这些块或使用它们创建文件系统。

11.7.3　云存储

我们已经在 1.10.5 节讨论过云计算。云供应商提供的一种产品是**云存储**（cloud storage）。与网络连接存储类似，云存储提供对网络存储的访问。与 NAS 不同，存储可通过 Internet 或其他 WAN 来访问远程数据中心，该数据中心提供收费（甚至免费）存储。

NAS 与云存储的另一个区别在于如何访问存储并将其呈现给用户。如果使用 CIFS 或 NFS

协议，则 NAS 仅作为另一个文件系统进行访问。如果使用 iSCSI 协议，则可作为原始块设备进行访问。大多数操作系统都集成了这些协议，并以与其他存储相同的方式提供 NAS 存储。不同的是，云存储是基于 API 的，程序使用 API 访问存储。Amazon S3 是领先的云存储产品。Dropbox 是一家提供应用程序以连接到所提供的云存储的公司的例子。其他例子包括微软的 OneDrive 和苹果的 iCloud。

使用 API 代替现有协议的一个原因在于 WAN 的延迟和故障场景。NAS 协议设计用于比 WAN 具有更低延迟的 LAN，并且在存储用户和存储设备之间丢失连接的可能性要小得多。如果 LAN 连接失败，使用 NFS 或 CIFS 的系统在恢复之前可能挂起。对云存储，这类失败可能性更大，因此，应用程序只是暂停访问，直到连接恢复。

11.7.4 存储区域网络与存储阵列

网络连接存储系统的一个缺点是，存储 I/O 操作会消耗数据网络的带宽，从而增加网络通信的延迟。在大型客户端-服务器安装中，这个问题可能会严重影响服务器和客户端之间的通信，与服务器和存储设备之间的通信争夺带宽。

存储区域网络（Storage-Area Network，SAN）是连接服务器和存储单元的专用网络（使用存储协议而不是网络协议），如图 11.13 所示。SAN 的威力在于其灵活性。多台主机和多个存储阵列可以连接到同一 SAN，而且存储可以动态分配给主机。存储阵列可以是受 RAID 保护的驱动器，也可以是不受保护的驱动器（只有一堆磁盘（Just a Bunch of Disks，JBOD））。SAN 交换机允许或禁止主机和存储之间的访问。例如，如果主机磁盘空间不足，可以将 SAN 配置为向该主机分配更多存储。SAN 使服务器集群能够共享同一存储，并使存储阵列能够包括多个直接主机连接。SAN 通常比存储阵列具有更多的端口，而且成本更高。SAN 连接距离较短，通常没有路由，因此，NAS 可以拥有比 SAN 多得多的连接主机。

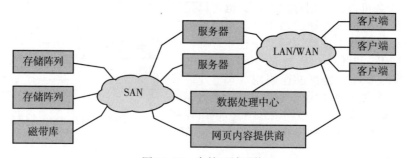

图 11.13 存储区域网络

存储阵列是专门构建的设备（见图 11.14），它包括 SAN 端口、网络端口或两者兼有。它还包含用于存储数据的驱动器，以及用于管理存储并允许跨网访问存储的控制器（或冗余控制器集）。控制器包括 CPU、内存和实现阵列功能的软件，其功能包括网络协议、用户界面、RAID 保护、快照、复制、压缩、重复数据消除和加密。第 14 章讨论了其中一些功能。

有些存储阵列包括 SSD。阵列可能仅包含 SSD，从而实现最大性能但容量较小，或者可能包括 SSD 和 HDD

图 11.14 存储阵列

的混合，阵列软件（或管理员）选择适合给定用途的最佳介质，或者将 SSD 用作缓存，将 HDD 用作大容量存储。

FC 是最常见的 SAN 互连，不过 iSCSI 的简单性使其使用增加。另一种 SAN 互连是 InfiniBand（IB），这种特殊用途的总线体系结构为服务器和存储单元的高速互联网络提供硬件和软件支持。

11.8 RAID 结构

存储设备持续变得更小更便宜，因此现在将许多驱动器连接到计算机系统在经济上是可行的。一个系统可有大量的驱动器，如果驱动器并联运行，可以提高数据的读写速度。此外，该设置还提供了提高数据存储可靠性的潜力，因为冗余信息可以存储在多个驱动器上。因此，一个驱动器的故障不会导致数据丢失。多种磁盘组织技术，统称为**独立磁盘冗余阵列**（Redundant Arrays of Independent Disk，RAID），通常用于解决性能和可靠性问题。

过去，RAID 是由小且便宜的磁盘组成，可作为大且昂贵的磁盘的有效替代品。现在，RAID 的使用主要是因为高可靠性和高数据传输率，而不是经济原因。因此，RAID 中的 I 表示"独立（independent）"，而不是"廉价（inexpensive）"。

11.8.1 通过冗余提高可靠性

首先分析 RAID 的可靠性。N 个磁盘内的某个磁盘故障的机会远远高于单个特定磁盘故障的机会。假设单个磁盘的**平均故障时间**（Mean Time Between Failure，MTBF）为 100 000 小时，那么 100 个磁盘中的某个磁盘的平均故障时间为 100 000/100＝1000 小时或 41.66 天，这并不长。如果只存储数据的一个副本，则每个磁盘故障会导致丢失大量数据，这样高的数据丢失率是不可接受的。

可靠性问题的解决是引入**冗余**（redundancy）。我们存储额外信息（这是平常不需要的），但是在磁盘故障时可以用于重建丢失的信息。因此，即使磁盘故障，数据也不会丢失。RAID 也可以应用于 NVM 设备，由于 NVM 设备没有活动部件，因此比 HDD 更不可能出现故障。

最为简单（但最昂贵）的引入冗余的方法是重复每个驱动器，这种技术称为**镜像**（mirroring）。由于镜像，每个逻辑磁盘由两个物理驱动器组成，并且每次写入都在两个驱动器上进行，这称为**镜像卷**（mirrored volume）。如果卷中的某个驱动器故障，则可以从另一个中读取。只有在第一个损坏驱动器没有替换之前第二个驱动器又出错才会丢失数据。

镜像卷的平均故障时间（这里的故障是数据丢失）取决于两个因素。一个是单个驱动器的平均故障时间。另一个是**平均维修时间**（mean time to repair），这是用于替换损坏驱动器并恢复其上数据的平均时间。假设两个驱动器的故障是独立的，即一个驱动器故障与另一个驱动器故障没有关联。那么，如果单个驱动器的平均故障时间为 100 000 小时，并且平均修补时间为 10 小时，则镜像驱动器系统的**平均数据丢失时间**（mean time to data loss）为 $100000^2/(2\times10)＝500\times10^6$ 小时或 57 000 年。

需要注意，驱动器故障的独立性假设并不真正成立。电源故障和自然灾害（如地震、火灾、水灾）可能导致同时损坏两个驱动器。另外，成批生产驱动器的制造缺陷可以导致相关故障。随着驱动器老化，故障概率增加，从而增加了在替代第一驱动器时第二个驱动器故障的概率。然而，尽管所有这些考虑存在，镜像驱动器系统仍比单个驱动器系统提供更高的可靠性。

电源故障需要特别关注，因为它们比自然灾害更为常见。即使使用驱动器镜像，如果对两个驱动器写入同样的块，而在两个块完全写入之前出现电源故障，则这两块可能处于不一致的状态。解决这个问题的一个办法是先写一份，然后再写下一份。另一种方法是向 RAID 阵列添加固态非易失性缓存。这种**写回**（write-back）缓存在电源故障期间受到保护，不会丢失数据，因此，假设缓存具有某种类型的错误保护和纠正（例如 ECC 或镜像），此时可以认为写操作已完成。

RAID 结构

  RAID 存储结构具有多种方式。例如，系统可以将驱动器直接连到总线上。在这种情况下，操作系统或系统软件可以实现 RAID 功能。或者，智能主机控制器可以控制多个连接的设备，可以通过硬件来实现这些驱动器的 RAID。最后，可以使用存储阵列（storage array）。如前所述，存储阵列是一个独立单元，具有自己的控制器、缓存和驱动器。它通过一个或多个标准控制器（例如 FC）连接到主机。这种常见的设置允许没有 RAID 功能的操作系统或软件具有 RAID 保护的存储。

11.8.2 通过并行处理提高性能

现在我们来分析多个驱动器的并行访问如何改善性能。通过镜像，读请求的处理速度可以加倍，因为读请求可以送到任一驱动器（只要成对的两个驱动器都能工作，而通常总是如此）。例如，每次读取的传输速率与单个驱动器系统相同，但是每单位时间的读取次数翻了一番。

采用多个驱动器，通过将数据分散到多个驱动器，也可以改善传输率。最简单形式是**数据分条**（data striping），它包括将每个字节分散到多个驱动器，这种分条称为**位级分条**（bit-level striping）。例如，如果有 8 个驱动器，则可以将每个字节的位 i 写到驱动器 i 上。这 8 个驱动器可作为单个驱动器使用，其扇区为正常扇区的 8 倍，更为重要的是它具有 8 倍的访问率。每个驱动器参与每个访问（读或写），这样每秒所能处理的访问数量与单个驱动器的一样，但是每次访问的数据在同样时间内为单个驱动器系统的 8 倍。

位级分条可以推广到其他驱动器数量，它或者是 8 的倍数或者除以 8。例如，如果采用 4 个驱动器阵列，则每个字节的位 i 和位 $4+i$ 可存在驱动器 i 上。此外，分条不必按位级来进行。例如，对于**块级分条**（block-level striping），文件的块可以分散在多个驱动器上，对于 n 个驱动器，文件的块 i 可存在驱动器 $(i \bmod n)+1$ 上。其他分条级别（如单个扇区或单块扇区的字节）也是可能的。块级分条是最常见的。

存储系统的并行化通过分条实现，有两个主要目标：
1. 通过负载平衡，增加了多个小访问（即页面访问）的吞吐量。
2. 降低大访问的响应时间。

11.8.3 RAID 级别

镜像提供高可靠性，但是昂贵。分条提供高数据传输率，但并未改善可靠性。通过磁盘分条和"奇偶"位（下面将要讨论），在低代价下提供冗余可以有多种方案。这些方案有不同的性价比折中，并分成不同的级别，称为 **RAID 级别**（RAID level）。这里我们讨论各种级别，如图 11.15 所示（图中，P 表示纠错位，而 C 表示数据的第二副本）。图中有 4 个驱动器用于存储数据，其他驱动器用于存储冗余信息以便故障恢复。

- **RAID 级别 0**。RAID 级别 0 为具有块分条但没有冗余（如镜像或奇偶位）的驱动器阵列，如图 11.15a 所示。
- **RAID 级别 1**。RAID 级别 1 驱动器镜像。图 11.15b 显示了这种镜像组织。
- **RAID 级别 4**。RAID 级别 4 也称为内存式纠错码（ECC）组织。ECC 也用于 RAID 5 和 RAID 6。

ECC 的思路可以通过跨驱动器的数据块分条直接用于存储阵列。例如写入序列的第一数据块可以存储在驱动器 1 中，第二块存储在驱动器 2 中，依此类推，直到第 N 个块存储在驱动器 N 中，这些块的误差校正计算结果存储在驱动器 $N+1$ 上。该方案如图 11.15c 所示，其中标有 P 的驱动器存储错误纠正块。如果其中一个驱动器出现故障，错误更正代码重新计算检测，并阻止数据传递到请求进程，从而引发错误。

RAID 4 实际上可以更正错误，即使只有一个 ECC 块。考虑以下事实，与内存系统不同，驱动器控制器可以检测扇区是否已正确读取，因此，单个奇偶校验块可用于纠错和检测。这个想法是这样的：如果其中一个扇区损坏，我们就知道它到底是哪个扇区。我们忽略该扇区的数据，并使用奇偶校验数据重新计算坏数据。对于块中的每一位，通过计算来自其他驱动器中扇区的相应位的奇偶校验，可以确定它是 1 还是 0。如果剩余位的奇偶校验等于存储的奇偶校验，则缺少的位为 0；否则，它为 1。

块读取只访问一个驱动器，允许其他驱动器处理其他请求。大型读取的传输速率很高，因为所有磁盘都可以并行读取。由于数据和奇偶校验可以并行写入，因此大型写入也具有较高的传输速率。

小型独立写入无法并行执行。操作系统若要写入小于块的数据，需要读取块，用新数据修改块，然后写回。奇偶校验块也必须更新。这称为读-修改-写循环。因此，一次写入需要四次驱动器访问：两次读取两个旧块，两次写入两个新块。

WAFL（我们将在第 14 章中讨论）使用 RAID 级别 4，因为这个 RAID 级别允许将驱动器无缝添加到 RAID 集。如果添加的驱动器

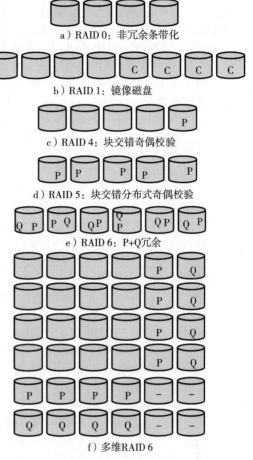

图 11.15　RAID 级别

采用仅包含零的块来初始化，则奇偶校验值不会更改，RAID 集仍然正确。

RAID 级别 4 与级别 1 相比有两个优势，同时还提供同等的数据保护。首先，由于多个常规驱动器只需要一个奇偶校验驱动器，因此存储开销降低了，而级别 1 中的每个驱动器都需要一个镜像驱动器。第二，由于一系列数据块的读写分布在多个驱动器上，数据采用 N 路分条，读取或写入一组块的传输速率是级别 1 的 N 倍。

RAID 4 以及所有基于奇偶校验的 RAID 级别的性能问题是计算和写入异或奇偶校验的开销。与非奇偶校验 RAID 阵列相比，这种开销可能导致写入速度减慢。然而，与驱动器 I/O 相比，现代通用 CPU 的速度非常快，因此对性能的影响可以最小。此外，许多 RAID 存储阵列或主机总线适配器包括一个带有专用奇偶校验硬件的硬件控制器。此控制器将奇偶校验计算从 CPU 卸载到阵列。阵列还有一个 NVRAM 缓存，用于在计算奇偶校验时存储块，并缓冲从控制器到驱动器的写入。通过收集要写入完整条带的数据，并同时写入条带中的所有驱动器，这样的缓冲可以避免大多数读-修改-写周期。这种硬件加速和缓冲的结合可以使奇偶校验 RAID 几乎与非奇偶校验 RAID 一样快，结果经常优于非缓存非奇偶校验 RAID。

- **RAID 级别 5**。RAID 级别 5（或块交错分布奇偶校验结构）不同于级别 4，它将数据和奇偶校验分散在所有 $N+1$ 个驱动器上，而不是将数据存在 N 个驱动器上并且奇偶校验存在单个驱动器上。对于每个 N 块，一个驱动器存储奇偶校验，而其他驱动器存储数据。例如，对于 5 个驱动器的阵列，第 n 块的奇偶校验保存在驱动器（$n \bmod 5$）+1 上，其他 4 个驱动器的

第 n 块保存该奇偶块对应的真正数据。这种方案如图 11.15d 所示，其中 P 分布在所有驱动器上。奇偶校验块不能保存同一驱动器的块的奇偶校验，因为驱动器故障会导致数据及奇偶校验的丢失，因此无法恢复损失。通过将奇偶校验分布在所有驱动器上，RAID 5 避免了 RAID 4 方案对单个奇偶校验驱动器的潜在过度使用。RAID 5 是最常见的奇偶校验 RAID 系统。

- **RAID 级别 6**。RAID 级别 6，也称为 P+Q 冗余方案（P+Q redundancy scheme），与 RAID 级别 5 非常相似，但它存储额外的冗余信息以防止多个驱动器故障。异或奇偶校验不能用于两个奇偶校验块，因为它们是相同的，不会提供更多的恢复信息。使用伽罗瓦域数学（Galois field math）等的纠错码，代替奇偶校验来计算 Q。在图 11.15e 所示的方案中，每 4 位的数据使用了 2 位的冗余数据，而不是像级别 5 那样的一个奇偶位，这个系统可以容忍两个驱动器故障。

- **多维 RAID 级别 6**。一些复杂的存储阵列放大了 RAID 级别 6。考虑一个包含数百个驱动器的数组。将这些驱动器放在 RAID 级别 6 条带中将导致有许多数据驱动器，而只有两个逻辑奇偶校验驱动器。多维 RAID 级别 6 在逻辑上将驱动器排列成行和列（两个或更多维度阵列），并在行的水平方向和列的垂直方向上实现 RAID 级别 6。通过在任何这些位置使用奇偶校验块，系统可以从任何故障中恢复（或者事实上是多次故障）。这个 RAID 级别如图 11.15f 所示。为简单起见，该图显示专用驱动器上的 RAID 奇偶校验，但实际上，RAID 块分散在各行和各列中。

- **RAID 级别 0+1 和 1+0**。RAID 级别 0+1 为 RAID 级别 0 和级别 1 的组合。RAID 0 提供了性能，而 RAID 1 提供了可靠性。通常，它比 RAID 5 有更好的性能。它适用于高性能和高可靠性的环境。不过，与 RAID 1 一样，存储所需的磁盘数量也加倍了，所以也相对昂贵。对于 RAID 0+1，一组磁盘分成条，每一条镜像到另一条。

  另一种 RAID 变体是 RAID 级别 1+0，即驱动器先镜像，再分条。与 RAID 0+1 相比，该方案在理论上具有一些优势。例如，如果 RAID 0+1 中的一个驱动器故障，那么整个条就不能访问了，即使所有其他条可用。RAID 1+0 出现故障时，单个驱动器不可用，但是镜像它的驱动器仍然可用，其他所有驱动器也是如此（见图 11.16）。

这里描述的基本 RAID 方案有很多变种。因此，对于不同 RAID 级别的精确定义，可能存在一些混淆。

RAID 的实现也有差异。考虑 RAID 实现的如下层次。

- 卷管理软件可以在内核或系统软件层中实现 RAID。在这种情况下，存储硬件可以提供最少的功能，但仍是完整 RAID 解决方案的一部分。

- RAID 实现可以采用主机总线适配器（Host Bus-Adapter，HBA）硬件。只有直接连到 HBA 的驱动器才能成为给定 RAID 集的一部分。这个解决方案的成本很低，但不是很灵活。

- RAID 实现可以采用存储阵列硬件。存储阵列可以创建各种级别的 RAID 集，甚至可以将这些集合分成更小的卷，再提供给操作系统。操作系统只需要在每个卷上实现文件系统。阵列可有多个连接可用，或可以是 SAN 的一部分，允许多个主机利用阵列功能。

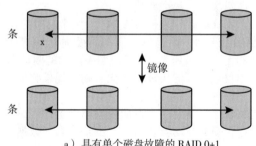

a）具有单个磁盘故障的 RAID 0+1

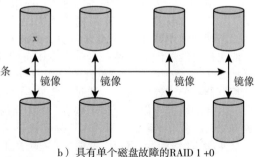

b）具有单个磁盘故障的 RAID 1+0

图 11.16　RAID 0+1 和 RAID 1+0 出现
单个磁盘故障

- RAID 实现可以采用驱动器虚拟化设备的 SAN 互联层。在这种情况下，设备位于主机和存储之间。它接受来自服务器的命令，并管理访问存储。例如，通过将每块写到两个单独的存储设备来提供镜像。

其他特征（如快照和复制）在每个级别中都可以实现。**快照**（snapshot）是在最后一次更新之前文件系统的视图。（第 14 章我们会较全面讨论快照。）**复制**（replication）涉及不同站点之间的自动复制写入，以提供冗余和失败恢复。复制可以是同步或异步的。对于同步复制，在写入完成之前，必须在本地和远程的站点中写入每块；而对于异步复制，写入是定期地按组来进行的。如果主站点故障，则异步复制可能导致数据丢失，但是它更快且没有距离限制。数据中心或者甚至包括主机也越来越多地使用复制。作为 RAID 保护的替代方案，复制可以防止数据丢失，还可以提高读取性能（通过允许读取每个复制副本）。当然，它比大多数类型的 RAID 使用更多存储空间。

这些功能的实现，因 RAID 实现级别的不同而不同。例如，如果 RAID 实现采用软件，则每个主机可能需要实现和管理其自己的复制。然而，如果 RAID 实现采用存储阵列或 SAN 互连，则无论主机操作系统或其功能如何，都可以复制主机的数据。

大多数 RAID 实现的另一方面是热备份驱动器。**热备份**（hot spare）不是用于存储数据，但是配置成在驱动器故障时用作替换。例如，如果每对驱动器之一故障，则热备份可以用于重构镜像驱动器对。这样，就可以自动重建 RAID 级别，而无须等待替换故障驱动器。分配多个热备份允许多个驱动器故障而无须人工干预。

11.8.4 RAID 级别的选择

RAID 级别有很多，系统设计人员应如何选择 RAID 级别？一个考虑是重建性能。如果驱动器故障，则重建数据的所需时间可能很大。如果要求持续提供数据（如高性能或交互式数据库系统），那么这可能是个重要因素。此外，重建性能影响平均故障时间。

重建性能随着使用 RAID 的级别而异。RAID 级别 1 的重建最简单，因为可以从另一个驱动器来复制数据。对于其他级别，需要访问阵列内的所有其他驱动器，以便重建故障驱动器的数据。对于大驱动器集的 RAID 5 重建，可能需要几个小时。

RAID 级别 0 用于数据损失并不重要的高性能应用程序。例如，在加载和探索数据集的科学计算中，RAID 级别 0 运行良好，因为任何驱动器故障都只需要修复并从来源重新加载数据。RAID 级别 1 对于需要高可靠性和快速恢复的应用程序很受欢迎。RAID 0+1 和 RAID 1+0 用于性能和可靠性都重要的应用，例如小型数据库。由于 RAID 1 的高空间开销，RAID 5 通常是存储大量数据的首选。RAID 6 和多维 RAID 6 为最常见格式的存储阵列，它们提供良好的性能和保护，而无须大量空间开销。

RAID 系统设计人员和存储管理员还必须做出其他几个决定。例如决定给定的 RAID 集应有多少驱动器？每个奇偶校验位应保护多少位？如果阵列内的驱动器越多，则数据传输率就越高，但是系统就越昂贵。如果奇偶校验位保护的位越多，则由于奇偶校验位而导致的空间开销就越低，但是在第一个故障驱动器需要替换之前而第二个驱动器出现故障并且导致数据丢失的机会就越高。

InServ 存储阵列

为了提供更好、更快、更低廉的解决方案，创新经常模糊了区分以前技术的界线。考虑 HP 3Par 的 InServ 存储阵列。与大多数其他存储阵列不同，InServ 不要求将驱动器集配置成特定的 RAID 级别。相反，每个驱动器分成 256MB 的 "chunklets"。然后，chunklet 的级别采用 RAID。由于 chunklet 可用于多个卷，驱动器可以参与多个多种的 RAID 级别。

InServ 还提供类似于 WAFL 文件系统创建的快照。InServ 快照的格式可以被读、写以及只读，允许多个主机加载一个给定文件系统的副本，而不需要整个文件系统自己的副本。每个主机对自己副本的更改是写时复制的，并且其他副本不受影响。

另一个创新是**实用存储**（utility storage）。有些文件系统不扩展也不收缩。在这些系统上，原来的大小是唯一的大小，任何更改都需要复制数据。管理员可以为主机配置 InServ，以提供大量逻辑存储，而且最初只占少量的物理存储。当主机开始使用存储时，未使用的驱动器分配给主机，而不是分配到原来的逻辑级别。按照这种方法，主机可以相信它有一个很大的固定存储空间，并在其中创建文件系统等等。通过 InServ，可以对文件系统添加或删除驱动器，而且文件系统不会注意到这种改变。这个功能可以减少主机所需的驱动器数量，或者至少推迟购买驱动器直到它们真正需要。

11.8.5 扩展

RAID 概念已扩展到其他存储设备（包括磁带阵列），甚至无线系统的数据广播。当应用于磁带阵列时，即使磁带阵列内的一个磁带损坏，仍然可以利用 RAID 结构恢复数据。当应用于广播数据时，每块数据可分为短单元，并和奇偶校验单元一起广播。如果一个单元出于某种原因不能收到，则可以通过其他单元来重构。通常，磁带驱动机器人包括多个磁带驱动器，可将数据分散在所有驱动器上以增加吞吐量和降低备份时间。

11.8.6 RAID 的问题

不幸的是，RAID 并不是总可以确保数据对操作系统和使用者是可用的。例如，文件指针可能是错的，或文件结构内的指针可能是错的。如果没有正确恢复，则不完整的写入会导致数据损坏。一些其他进程也会偶然写出文件系统的结构。RAID 防范物理媒介错误，但不是其他硬件和软件错误。RAID 硬件控制器的故障或 RAID 软件代码中的错误，都可能导致数据完全丢失。软件和硬件错误的范围有多大，系统上的数据的潜在危险也就有多大。

Solaris ZFS 文件系统采用创新方法来解决这些问题，即采用校验和（checksum）。ZFS 维护所有块（包括数据和元数据）的内部校验和。这些校验和没有与正在进行校验的块放在一起，而是与块的指针放在一起（见图 11.17）。考虑一个**信息节点**（inode），即存储文件系统元数据的结构，它带有数据指针。每个数据块的校验和位于信息节点内。如果数据有问题，则校验和会不正确，并且文件系统会知道它。如果数据是镜像的，有一个块具有正确的校验和，并且另有一个块具有不正确的校验和，那么 ZFS 会自动采用正确的块来更新错误的块。类似地，指向信息节点的目录条目具有信息节点的校验和。当访问目录时，信息节点的任何问题都会检测到。所有 ZFS 结构都会进行校验和，以便提供比 RAID 磁盘集或标准文件系统更高级别的一致性、错误检测和错误纠正。因为 ZFS 的整体性能非常快，校验和计算与额外块读-修改-写周期的额外开销不是明显的。（在 Linux BTRFS 文件系统中也有类似的校验和功能，详细信息请参阅 https://btrfs.wiki.kernel.org/index.php/Btrfs_design。）

大多数的 RAID 实现的另一个问题是缺乏灵活性。考虑一个具有 20 个驱动器的存储阵列，它分为 4 组，每组有 5 个驱动器。每组 5 个驱动器都是 RAID 级别 5。因此，有 4 个单独的卷，每个都有文件系统。但是如果文件太大以致不适合 5 个驱动器的组怎么办？如果另一个文件系统需要很少的空间怎么办？如果事先已经知道这些因素，则可以正确分配驱动器和卷。然而，很多时候驱动器的使用和需求随时间而变化。

即使存储阵列允许 20 个驱动器的集合创建成一个大的 RAID 集，也可能出现其他问题。多个各种大小的卷可以创建在这个集上。但是有的卷管理器不允许改变卷的大小。在这种情况下，会有与上述相同的不匹配文件系统大小的问题。有些卷管理器允许更改大小，但是有些文件系统不允许文件系统生长或收缩。卷可以更改大小，但是文件系统需要重建以利用这些改变。

ZFS 将文件系统管理和卷管理组合到一起，比传统的分散这些功能提供更强的功能。驱动器（或驱动器分区）通过 RAID 集组成存储**池**（pool）。每个池可以容纳一个或多个 ZFS 文件系统。整个池的可用空间可用于该池的所有文件系统。ZFS 采用内存模型的 malloc() 和 free() 为每个文件系统分配和释放存储。因此，存储使用没有人为限制，无须在卷之间重定位文件系统或调整卷大小。ZFS 提供配额来限制文件系统的大小，并提供预留以确保文件系统可以增长指定数量，但是文件系统所有者可以随时改变这些变量。其他系统（如 Linux）有卷管理器，允许逻辑连接多个磁盘以创建大于磁盘的卷，来容纳大型文件系统。图 11.18a 描述了传统的卷和文件系统，图 11.18b 显示了 ZFS 模型。

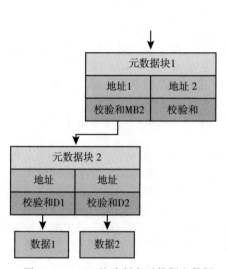

图 11.17 ZFS 校验所有元数据和数据

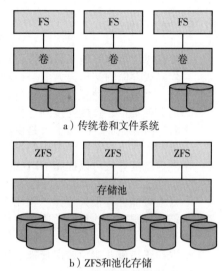

a）传统卷和文件系统

b）ZFS 和池化存储

图 11.18 传统卷和文件系统与 ZFS 模型的比较

11.8.7 对象存储

通用计算机通常使用文件系统为用户存储内容。另一种数据存储方法是从一个存储池开始，将对象放入该池中。此方法与文件系统的不同之处在于，无法遍历池并找到这些对象。因此，对象存储不是面向用户的，而是面向计算机的，旨在供程序使用。一个典型的顺序是：

1. 在存储池中创建一个对象，并接收一个对象 ID。
2. 需要时，通过对象 ID 来访问对象。
3. 通过对象 ID 来删除对象。

对象存储管理软件（例如 Hadoop 文件系统（HDFS）和 Ceph）确定存储对象的位置，并管理对象保护。通常，这发生在商用硬件而不是 RAID 阵列上。例如，HDFS 可以在 N 台不同的计算机上存储 N 个对象副本。这种方法的成本可能低于存储阵列，并且可以提供对该对象的快速访问（至少在这 N 个系统上）。Hadoop 集群中的所有系统都可以访问该对象，但只有拥有副本的系统才能通过副本进行快速访问。数据的计算发生在这些系统上，结果通过网络发送，例如，只发送给请求它们的系统。其他系统需要网络连接来读取和写入对象。因此，对象存储通常用于大容量存储，而不是高速随机访问。对象存储具有**水平可扩展性**（horizontal scalability）的优势。也就是说，虽然存储阵列具有固定的最大容量，但是当需要向对象存储添加容量时，只需添加更多带有内部磁盘或附加外部磁盘的计算机，然后将它们添加到池中。对象存储池的大小可以达到千兆字节。

对象存储的另一个关键特性是：每个对象都是自描述的，包括对内容的描述。实际上，对象存储也称为**内容可寻址**（content-addressable storage）存储，因为可以根据内容检索对象。内容没有固定的格式，所以系统存储的是**非结构化数据**（unstructured data）。

虽然对象存储在通用计算机上并不常见，但大量数据存储在对象存储中，包括 Google 的互联网搜索内容、Dropbox 内容、Spotify 的歌曲和 Facebook 照片。云计算（如 Amazon AWS）一般使用对象存储（在 Amazon S3 中），保存文件系统以及运行在云计算机上的客户应用程序的数据对象。

有关对象存储的历史，请参见 http://www.theregister.co.uk/2016/07/15/the_history_boys_cas_and_object_storage_map。

11.9　本章小结

- 硬盘驱动器和其他非易失性存储设备是大多数计算机上的主要二级存储 I/O 单元。现代二级存储的结构为大型一维逻辑块的阵列。

- 任一类型的驱动器都可以通过以下三种方式之一连接到计算机系统：通过主机上的本地 I/O 端口、直接连接到主板，或通过通信网络或存储网络连接。

- 对二级存储 I/O 的请求，是由文件系统和虚拟内存系统来生成的。每个请求按逻辑块号的形式，指定所要引用的设备上的地址。

- 磁盘调度算法可以提高 HDD 的有效带宽、平均响应时间和响应时间的差异。SCAN 和 C-SCAN 等算法旨在通过磁盘队列排序策略进行此类改进。磁盘调度算法的性能在硬盘上可能会有很大差异。相比之下，由于固态磁盘没有活动部件，调度算法之间的性能差异很小，并且经常使用简单的 FCFS 策略。

- 数据存储和传输很复杂，经常导致错误。错误检测尝试发现此类问题，以提醒系统采取纠正措施并避免错误传播。纠错可以检测和修复问题，具体取决于可用的纠正数据量和损坏的数据量。

- 存储设备被划分为一个或多个空间分区。每个分区可以容纳一个卷或成为多设备卷的一部分。文件系统是在卷中创建的。

- 操作系统管理存储设备的块。新设备通常已预先格式化。设备被分区，文件系统被创建，如果设备将包含操作系统，则引导块可被分配以存储系统的引导程序。最后，当块或页损坏时，系统必须有办法锁定该块，或在逻辑上用备用块来替换它。

- 对有的系统来说，高效的交换空间是获得良好性能的关键。有些系统将原始分区专用于交换空间，而另一些系统则使用文件系统中的文件。还有一些系统允许用户或系统管理员通过提供两个选项来做出决定。

- 由于大型系统需要大量存储，并且存储设备会出现各种形式的故障，因此二级存储设备经常通过 RAID 算法而变得冗余。这些算法允许将多个驱动器用于给定的操作并允许继续操作，甚至在遇到驱动器故障时自动恢复。RAID 算法被组织成不同的层次级别，每个级别都提供了可靠性和高传输率的某种组合。

- 对象存储用于大数据问题，例如索引互联网和云照片存储。对象是自定义的数据集合，由对象 ID 而非文件名来寻址。通常，它使用复制来保护数据，根据存在数据副本的系统上的数据进行计算，并且可以水平扩展来实现大容量和轻松扩展。

11.10　推荐读物

［Services（2012）］概述了各种现代计算环境中的数据存储。［Patterson et al.（1988）］讨论了独立磁盘冗余阵列（RAID）。［Kim et al.（2009）］讨论了 SSD 的磁盘调度算法。［Mesnier et al.（2003）］描述了基于对象的存储。

［Russinovich et al.（2017）］、［McDougall and Mauro（2007）］，以及［Love（2010）］分别详细讨论了 Windows、Solaris 和 Linux 的文件系统。

存储设备不断发展，主要目标是提高性能、增加容量或两者兼而有之。有关容量改进的一个方向，请参见 http://www.tomsitpro.com/articles/shingled-magnetic-recoding-smr-101-basics，2-933.html。

RedHat（和其他）Linux 发行版，具有多个可选择的磁盘调度算法。有关详细信息，请参阅 https://access.redhat.com/site/documentation/en-US/Red_Hat_Enterprise_Linux/7/html/Performance_Tuning_Guide/index.html。

有关默认 Linux 引导加载程序的更多信息，请参见 https://www.gnu.org/software/grub/manual/grub.html/。

有关一个相对较新的文件系统 BTRFS 的详细讨论，参见 https://btrfs.wiki.kernel.org/index.php/Btrfs_design。

有关对象存储的历史，请参阅 http://www.theregister.co.uk/2016/07/15/the_history_boys_cas_and_object_storage_map。

11.11 参考文献

[Kim et al. (2009)] J. Kim, Y. Oh, E. Kim, J. C. D. Lee, and S. Noh, "Disk Schedulers for Solid State Drivers", *Proceedings of the seventh ACM international conference on Embedded software* (2009), pages 295-304.

[Love (2010)] R. Love, *Linux Kernel Development*, Third Edition, Developer's Library (2010).

[McDougall and Mauro (2007)] R. McDougall and J. Mauro, *Solaris Internals*, Second Edition, Prentice Hall (2007).

[Mesnier et al. (2003)] M. Mesnier, G. Ganger, and E. Ridel, "Object-based storage", *IEEE Communications Magazine*, Volume 41, Number 8 (2003), pages 84-99.

[Patterson et al. (1988)] D. A. Patterson, G. Gibson, and R. H. Katz, "A Case for Redundant Arrays of Inexpensive Disks (RAID)", *Proceedings of the ACM SIGMOD International Conference on the Management of Data* (1988), pages 109-116.

[Russinovich et al. (2017)] M. Russinovich, D. A. Solomon, and A. Ionescu, *Windows Internals—Part 1*, Seventh Edition, Microsoft Press (2017).

[Services (2012)] E. E. Services, *Information Storage and Management: Storing, Managing, and Protecting Digital Information in Classic, Virtualized, and Cloud Environments*, Wiley (2012).

11.12 练习

11.1 除了 FCFS 调度之外，磁盘调度在单用户环境下有用吗？请解释你的答案。

11.2 为什么 SSTF 调度偏爱中间柱面而不是最里面和最外面的柱面？请解释。

11.3 为什么在磁盘调度时通常不考虑旋转延迟？如何修改 SSTF、SCAN 和 C-SCAN 使其包括旋转延迟的优化？

11.4 在多任务环境系统上，平衡磁盘和控制器之间的文件系统 I/O 为什么很重要？

11.5 从文件系统重新读取代码页面与使用交换空间来存储它们，有哪些权衡？

11.6 有没有方法实现真正稳定的存储？请解释你的答案。

11.7 有时我们说磁带是顺序存取介质，而硬盘是随机存取介质。事实上，存储设备对随机访问的适用性，取决于传输大小。术语"流传输速率（streaming transfer rate）"表示正在进行的数据传输的速率，不包括访问延迟的影响。相比之下，"有效传输速率（effective transfer rate）"是总字节数与总秒数的比例，包括访问延迟等开销时间。
假设一台计算机具有以下特征：二级缓存的访问延迟为 8 纳秒，流传输速率为每秒 800 兆字节；主存的访问延迟为 60 纳秒，流传输速率为每秒 80 兆字节；硬盘具有 15 毫秒的访问延迟，流传输速率为每秒 5 兆字；磁带驱动器的访问延迟为 60 秒，流传输速率为每秒 2 兆字。

a. 随机访问导致设备的有效传输速率降低，因为访问期间没有数据传输。对于所描述的磁盘，如果平均访问之后是流式传输，则有效传输速率是多少？假设传输大小为512B、8KB、1MB 和 16MB。

b. 设备利用率是有效传输速率与流传输速率的比例。针对 a 部分中给出的四种传输大小，分别计算磁盘驱动器的利用率。

c. 假设 25%（或更高）的利用率被认为是可以接受的。采用给定的性能数据，计算提供可接受磁盘利用率的最小传输大小。

d. 补全以下句子：磁盘是用于传输大于_____字节的随机访问设备，是用于较小传输的顺序访问设备。

e. 计算为缓存、内存和磁带提供可接受利用率的最小传输大小。

f. 什么时候磁带是随机存取设备？什么时候磁带是顺序访问设备？

11.8   RAID 级别 1 的组织相比 RAID 级别 0 的组织（具有非冗余数据条带化），能否实现更好的读取请求性能？如果能，请问是如何实现的？

11.9   请给出使用 HDD 作为二级存储的三个理由。

11.10   请给出使用 NVM 作为二级存储的三个理由。

11.13   习题

11.11   除了 FCFS 之外，没有一个磁盘调度规则是真正公平的（可能会出现饥饿）。

a. 解释为什么这个断言为真。

b. 描述一个方法，用于修改像 SCAN 这样的算法来确保公平。

c. 解释为什么分时系统的公平是一个重要目标。

d. 给出三个或更多例子，说明当操作系统处理 I/O 请求时的"不公平"很重要。

11.12   解释为什么 NVM 经常使用 FCFS 磁盘调度算法。

11.13   假设一个磁盘驱动器有 5000 个柱面，为 0～4999。该驱动器目前正在处理请求柱面2150，上一个请求是柱面 1805。按 FIFO 顺序的等待请求队列是：

$$2069,1212,2296,2800,544,1618,356,1523,4965,3681$$

从当前磁头位置开始，针对以下每个磁盘调度算法，磁臂移动以满足所有等待请求的总的移动距离是多少。

a. FCFS

b. SCAN

c. C-SCAN

11.14   初等物理学指出，当一个物体具有恒定加速度 a，距离 d 与时间 t 的关系由 $d = \frac{1}{2} at^2$给出。假设在寻道时，像习题 11.13 一样，在寻道的上半程，磁盘按恒定加速度移动磁臂，而在寻道的下半程，磁盘按恒定减速度移动磁臂。假设磁盘完成一个临近柱面的寻道要 1ms，而一次寻道 5000 个柱面要 18ms。

a. 寻道距离是磁头移过的柱面数量。解释为什么寻道时间和寻道距离的平方根成正比。

b. 给出寻道时间为寻道距离的函数公式。这个公式的形式应为 $t = x + y\sqrt{L}$，其中 t 是以毫秒为单位的时间，L 是以柱面数表示的寻道距离。

c. 针对习题 11.14 中的各种调度算法，计算总的寻道时间。确定哪种调度是最快的（具有最小的总寻道时间）。

d. **加速百分比**（percentage speedup）是节省下的时间除以原来时间。最快调度算法相对 FCFS 的加速百分比是多少？

11.15   假设习题 11.14 中的磁盘按 7200RPM 转动。

a. 这个磁盘驱动器的平均旋转延迟是多少？

b. 在 a 中算出的时间里，可以寻道多少距离？

11.16　比较 HDD 和 NVM 设备。每种类型的最佳应用是什么？

11.17　针对只用磁盘，采用 NVM 作为缓存和采用 NVM 作为驱动器具有哪些优点和缺点？

11.18　假设请求分布均衡，比较 C-SCAN 和 SCAN 调度的性能。考虑平均响应时间（从请求到达到请求完成的时间）、响应时间的变化，以及有效带宽。性能如何依赖寻道时间和旋转延迟的相对大小？

11.19　请求通常不是均匀分布的。例如，可以认为访问包含文件系统元数据的柱面比包含文件的柱面更加频繁。假设我们知道 50% 的请求都是针对小部分的固定柱面。
a. 在本章所述的算法中，有没有特别适合这种情况的？解释你的答案。
b. 根据磁盘的这个"热点"，设计一个磁盘调度算法，以便提供更好的性能。

11.20　考虑一个 RAID 级别 5 结构，它包含 5 个磁盘，4 个磁盘的 4 个块组合的奇偶校验存储在第 5 个磁盘里。执行以下操作，需要访问多少个块？
a. 写 1 个数据块。
b. 写 7 个连续的数据块。

11.21　针对以下操作，比较 RAID 级别 5 和 RAID 级别 1 的吞吐量。
a. 单个块的读操作。
b. 多个连续块的读操作。

11.22　比较 RAID 级别 5 和 RAID 级别 1 的写操作的性能。

11.23　假设有一个由 RAID 级别 1 磁盘和 RAID 级别 5 磁盘的混合架构。假设系统可以灵活决定存储某个特定文件采用哪个磁盘组织。为了优化性能，哪种文件应存在 RAID 级别 1 磁盘，哪种文件应存在 RAID 级别 5 磁盘？

11.24　磁盘驱动器的可靠性通常采用平均故障间隔时间（Mean Time Between Failures，MTBF）来描述。虽然这个数量称为"时间"，但是实际上 MTBF 采用每次故障的驱动器小时数来度量。
a. 假设一个系统包含 1000 个磁盘驱动器，每个磁盘驱动器的 MTBF 为 750 000 小时。关于这个磁盘场多久会出现一次故障的描述，以下哪个最好：千年一次、百年一次、十年一次、一年一次、一月一次、一星期一次、一天一次、一小时一次、一分钟一次、一秒一次？
b. 死亡率统计显示：平均而言，美国居民在 20~21 岁之间死亡的概率是 1/1000。推断 20 岁的 MTBF 小时数。将这个小时数转成年数。通过这个 MTBF 可知 20 岁的平均寿命是多少？
c. 制造商保证某模型磁盘驱动器的 MTBF 是 1 000 000 小时。你能从此推断出这些驱动器的保修期为几年？

11.25　讨论扇区备份（sector sparing）和扇区移动（sector slipping）的相对优势和劣势。

11.26　操作系统可能需要知道块如何存储在磁盘上的准确信息，讨论一下为什么。据此，操作系统如何提高文件系统的性能？

11.14　编程题

11.27　编写一个程序，实现以下磁盘调度算法：
a. FCFS
b. SCAN
c. C-SCAN
所编程序处理具有 5000 个柱面的磁盘，柱面号为 0~4999。该程序生成一个长度为 1000 的随机请求的序列，并根据以上算法来处理它们。这个程序的输入为磁头的初始位置（作为命令行的参数），而输出为每个算法的磁头移动的总的数量。

I/O 系统

计算机的两个主要任务是 I/O 和计算。在很多情况下，主要任务是 I/O，而计算或处理只是附带的任务。例如，当浏览网页或编辑文件时，最重要的是读取或输入信息，而非计算答案。

计算机操作系统 I/O 的功能是管理和控制 I/O 操作和 I/O 设备。虽然其他章节也讨论了有关问题，但是这里我们进行汇总，以便给出一幅完整 I/O 图。首先，我们描述 I/O 硬件的基础知识，因为硬件接口本身对操作系统的内部功能有所限制。接着，我们讨论操作系统提供的 I/O 服务以及这些服务的应用程序 I/O 接口的实现。然后，我们解释操作系统如何缩小硬件接口与应用程序接口之间的差距，同时我们还讨论 UNIX System V 的流机制，以便应用程序动态组装驱动程序代码。最后，我们讨论 I/O 的性能问题，及用来提高 I/O 性能的操作系统设计原则。

本章目标
- 剖析操作系统的 I/O 子系统架构。
- 讨论 I/O 硬件的原理和复杂性。
- 解释 I/O 硬件和软件的性能问题。

12.1　概述

计算机设备的控制是操作系统设计人员的主要关注之一。I/O 设备的功能与速度差异很大（设想一下鼠标、硬盘、闪存及磁带机器人），所以需要采用不同方法来控制设备。这些方法构成了内核的 I/O 子系统，以便内核的其他部分不必涉及 I/O 设备管理的复杂性。

I/O 设备技术发展呈现两种矛盾趋势。一方面，软件和硬件的接口日趋标准化，这有助于将改进升级设备集成到现有计算机和操作系统中。另一方面，I/O 设备的种类也日益增多，有些新设备与以前设备的差别巨大，导致难以集成到计算机和操作系统。这种挑战的解决需要采用硬件和软件的组合技术。I/O 设备的基本要素（如端口、总线及设备控制器）适用各种各样的 I/O 设备。为了封装各种设备的细节与特点，操作系统内核采用设备驱动程序模块。**设备驱动程序**（device driver）为 I/O 子系统提供了统一的设备访问接口，就像系统调用为应用程序与操作系统之间提供标准接口一样。

12.2　I/O 硬件

计算机使用各种各样的设备。大多数设备属于存储设备（磁盘、磁带）、传输设备（网络连接、蓝牙）和人机交互设备（屏幕、键盘、鼠标、音频输入和输出）。其他设备更为专用，例如控制军用战斗机的设备。对于这类飞机，通过操纵杆和脚踏板为飞行计算机提供输入，计算机就会发出命令来控制马达，从而移动机舵和机翼并为发动机增加燃料。然而，尽管 I/O 设备的种类如此之多，但只需几个概念，就能理解设备如何连接以及软件如何控制硬件。

设备与计算机系统的通信，可以通过电缆甚至空气来发送信息。设备与计算机的通信采用一个连接点或**端口**（port），例如串行端口。（术语 PHY 是 OSI 模型物理层的简写，也用于指代端口，但在数据中心命名中更为常见。）如果设备共享一组通用线路，则这种连接称为总线。**总线**（bus）就像当今大多数计算机中使用的 PCI 总线一样，是一组线路和通过线路传输信息的严格定义的一种协议。采用电子学术语来说，消息是通过施加线路的具有一定时序的电压模式来传递的。如果设备 A 通过线路连到设备 B，B 又通过线路连到设备 C，C 通过端口连到计算机，则这种方式称为**菊花链**（daisy chain）。菊花链通常按照总线运行。

总线在计算机体系结构中应用广泛，它们在信令方法、速度、吞吐量和连接方法等方面差异很大。一个典型的 PC 总线结构如图 12.1 所示。在图中，PCIe 总线（常用的 PC 系统总线）将处理器与内存子系统连接到快速设备，**扩展总线**连接相对较慢的设备，例如键盘以及串行和 USB 端口。在图的左下部分，四个磁盘通过**串行连接 SCSI**（SAS）总线连接在一起，以插入到 SAS 控制器。PCIe 是一种灵活的总线，可以通过一个或多个"通道"发送数据。一个通道由两个信令对组成，一对用于接收数据，另一对用于传输。因此，每条通道由四根电线组成，每个通道用作全双工字节流，在两个方向上同时以八位字节格式传输数据包。从物理上讲，PCIe 链路可能包含 1、2、4、8、12、16 或 32 条通道，由"x"前缀表示。例如，使用 8 通道的 PCIe 卡或连接器被指定为 x8。此外，PCIe 已经经历了多代，未来还会有更多。例如，卡可能是"PCIe gen3x8"，这意味着它适用于第 3 代 PCIe，并使用 8 个通道。这种设备的最大吞吐量为每秒 8GB。有关 PCIe 的详细信息，请访问 https://pcisig.com。

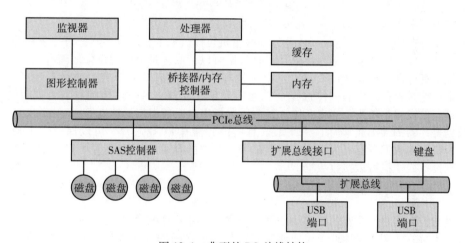

图 12.1 典型的 PC 总线结构

控制器（controller）是可以操作端口、总线或设备的一组电子器件。串行端口控制器是一种简单的设备控制器。它是计算机内的单个芯片（或芯片的一部分），用于控制串行线路的信号。相比之下，**光纤通道**（Fibre Channel，FC）总线控制器要复杂些。因为 FC 协议比较复杂，用于数据中心而不是 PC，FC 总线控制器通常作为单独的电路板或**主机总线适配器**（Host Bus Adapter，HBA）连接到计算机的总线。它通常包含处理器、微代码和一些专用存储器，能够处理 FC 协议信息。有些设备有内置的控制器。如果观察一下磁盘，则会看到附在一边的线路板，该板就是磁盘控制器。它实现了某种连接协议（例如 SCSI 或 SATA）的磁盘端的部分。它有微码和处理器来处理许多任务，如坏簇映射、预取、缓冲和高速缓存。

12.2.1 内存映射 I/O

处理器如何对控制器发出命令和数据以便完成 I/O 传输？简而言之，控制器具有一个或多个寄存器，用于数据和控制信号。处理器通过读写这些寄存器的位模式来与控制器通信。这种通信的一种方式是，通过使用特殊 I/O 指令，针对 I/O 端口地址传输一个字节或字。I/O 指令触发总线线路，选择适当设备，并将位移入或移出设备寄存器。或者，设备控制器可以支持**内存映射 I/O**（memory-mapped I/O）。在这种情况下，设备控制寄存器被映射到处理器的地址空间。处理器通过标准数据传输指令来读写映射到物理内存的设备控制器，以便执行 I/O 请求。

过去，PC 经常使用 I/O 指令来控制某些设备，并使用内存映射 I/O 来控制其他设备。图 12.2 显示了 PC 的常用 I/O 端口地址。图形控制器具有用于基本控制操作的 I/O 端口，但是它有一个很大的内存映射区域来保存屏幕内容。线程通过将数据写入内存映射区域来将输出发送到屏幕。图形控制器根据内存内容生成屏幕图像。这种技术使用起来很简单。此外，将数百万字节写入图形内存比发出数百万条 I/O 指令更快。因此，随着时间的推移，系统已经转向内存映射 I/O。如今，大多数 I/O 是由使用内存映射 I/O 的设备控制器执行的。

I/O 地址范围(十六进制)	设备
000–00F	DMA 控制器
020–021	中断控制器
040–043	定时器
200–20F	游戏控制器
2F8–2FF	串行端口（次端口）
320–32F	硬盘控制器
378–37F	并口
3D0–3DF	图形控制器
3F0–3F7	磁盘驱动控制器
3F8–3FF	串行端口（主端口）

图 12.2 PC 上的设备 I/O 端口位置（部分）

I/O 设备控制通常由四种寄存器组成：状态、控制、数据输入和数据输出寄存器。

- **数据输入寄存器**（data-in register）被主机读出以获取数据。
- **数据输出寄存器**（data-out register）被主机写入以发送数据。
- **状态寄存器**（status register）包含一些主机可以读取的位。这些状态可以表示当前命令是否完成、数据输入寄存器中是否有数据可以读取、是否出现设备故障等。
- **控制寄存器**（control register）可由主机写入，以便启动命令或更改设备模式。例如，串口控制寄存器中的一位选择全工通信或单工通信，另一位控制启动奇偶校验检查，第三位设置字长为 7 位或 8 位，其他位选择串口通信支持的速度等。

数据寄存器的大小通常为 1~4 字节。有些控制器有 FIFO 芯片，可以保留多个输入或输出字节，以便在数据寄存器大小的基础上扩展控制器的容量。FIFO 芯片可以保留少量突发数据，直到设备或主机可以接收数据。

12.2.2 轮询

主机与控制器之间交互的完整协议很复杂，但基本握手概念则比较简单。握手概念可以通过例子来解释。假设采用两个位协调控制器与主机之间的生产者与消费者的关系。控制器通过 status（状态）寄存器的 busy（忙）位来显示状态。（记住，置（set）位就是将 1 写到位中，而清（clear）位就是将 0 写到位中。）控制器工作忙时就置 busy 位，而可以接收下一命令时就清 busy 位。主机通过 command（命令）寄存器的 command-ready（命令就绪）位来表示意愿。当主机有命令需要控制器执行时，就置 command-ready 位。例如，当主机需要通过端口来输出数据时，主机与控制器之间握手的协调如下：

1. 主机重复读取 busy 位，直到该位清零。
2. 主机设置 command 寄存器的 write（写）位，并写出一个字节到 data-out（数据输出）寄存器。
3. 主机设置 command-ready 位。
4. 控制器注意到 command-ready 位已设置，则设置 busy 位。
5. 控制器读取 command 寄存器，并看到 write 命令。它从 data-out 寄存器中读取一个字节，并向设备执行 I/O 操作。
6. 控制器清除 command-ready 位，清除状态寄存器的 error（故障）位表示设备 I/O 成功，清除 busy 位表示完成。

对于每个字节，都要重复这个循环。

在步骤 1 中，主机处于忙等待（busy-waiting）或轮询（polling）：在该循环中，一直读取 status 寄存器，直到 busy 位被清除。如果控制器和设备都比较快，这种方法比较合理。

但是如果等待时间太长，主机可能应该切换到另一任务。然而，主机如何知道控制器何时变为空闲？对于有些设备，主机应很快地处理设备请求，否则数据会丢失。例如，当数据是来自串口或键盘的数据流时，如果主机等待太久再来读取数据，则串口或键盘控制器的小缓冲器可能会溢出，数据会丢失。

对于许多计算机体系结构，轮询设备只要使用三个 CPU 指令周期就足够了：读取（read）设备寄存器，通过逻辑 AND（logical-and）以提取状态位，根据是否为 0 进行跳转（branch）。显然，基本轮询操作还是高效的。但是如不断地重复轮询，主机很少发现就绪设备，同时其他需要使用处理器处理的工作又不能完成，轮询就低效了。在这种情况下，当设备准备好服务时通知处理器，而不是要求 CPU 重复轮询 I/O 完成，效率会更高。能够让设备通知 CPU 的硬件机制称为**中断**（interrupt）。

12.2.3 中断

基本中断机制的工作原理如下。CPU 硬件有一条线，称作**中断请求线**（Interrupt-Request Line，IRL），CPU 在执行完每条指令后，都会检测 IRL。当 CPU 检测到控制器已在 IRL 上发出了一个信号时，CPU 执行状态保存并且跳到内存固定位置的**中断处理程序**（interrupt-handler routine）。中断处理程序确定中断原因，执行必要处理，执行状态恢复，以及执行 return from interrupt（返回中断）指令以便 CPU 回到中断前的执行状态。我们说，设备控制器通过中断请求线发送信号而引起（raise）中断，CPU 捕获（catch）中断并且分派（dispatch）到中断处理程序，中断处理程序通过处理设备来清除（clear）中断。图 12.3 总结了中断驱动的 I/O 循环。

本章强调中断管理，因为即使单用户的现代系统都会每秒管理数百个中断，而服务器每秒管理数十万个中断。例如，图 12.4 显示了 macOS 上的延迟命令输出，说明了在十多秒内，一台安静的台式计算机执行了近 23 000 次中断。

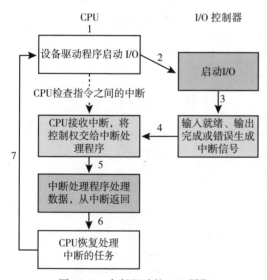

图 12.3 中断驱动的 I/O 周期

```
Fri Nov 25 13:55:59                              0:00:10
                        SCHEDULER        INTERRUPTS
-----------------------------------------------------
total_samples               13              22998

delays <  10 usecs          12              16243
delays <  20 usecs           1               5312
delays <  30 usecs           0                473
delays <  40 usecs           0                590
delays <  50 usecs           0                 61
delays <  60 usecs           0                317
delays <  70 usecs           0                  2
delays <  80 usecs           0                  0
delays <  90 usecs           0                  0
delays < 100 usecs           0                  0
total   < 100 usecs         13              22998
```

图 12.4 macOS 上的 latency 命令

刚才描述的基本中断机制可以使 CPU 响应异步事件，例如使设备控制器处于就绪状态以便处理。然而，对于现代操作系统，我们需要更为复杂的中断处理功能。

1. 在关键处理过程中，我们需要能够延迟中断处理的能力。
2. 我们需要一种有效的方式，以便分派中断到合适的中断处理程序，而无须首先轮询所有设备才能知道哪个引起了中断。

3. 我们需要多级中断，以便操作系统能够区分高优先级和低优先级的中断，从而在多个中断并发时采取合适的紧急程度进行响应。

4. 对于诸如页面错误和除零之类的错误活动，我们需要一种让指令直接（独立于 I/O 请求）引起操作系统注意的方法。正如将会看到的，这个任务是由"陷阱"完成的。

对于现代计算机硬件，这些功能可由 CPU 与**中断控制器硬件**（interrupt-controller hardware）来提供。

大多数 CPU 有两条中断请求线。一条是**非屏蔽中断的**（nonmaskable interrupt），保留用于诸如不可恢复的内存错误等事件。另一条中断线是**可屏蔽中断的**（maskable interrupt），在执行不得中断的关键指令序列之前，它可以由 CPU 关闭。可屏蔽中断可由设备控制器用来请求服务。

中断机制接受一个**地址**（address），根据这个数字从一个小集合可以选择一个特定中断处理程序。对于大多数体系结构，这个地址称为**中断向量**（interrupt vector）的表中的一个偏移量。这个向量包含了专门的中断处理程序的内存地址。向量中断机制的目的是，单个中断处理不再需要搜索所有可能的中断源，以便决定哪个中断需要服务。然而实际上，计算机设备（以及相应的中断处理程序）常常多于中断向量内的地址数量。解决这个问题的常见方法是采用**中断链**（interrupt chaining）技术，其中中断向量内的每个元素指向中断处理程序列表的头。当有一个中断发生时，相应链表上的所有中断处理程序都将一一调用，直到发现可以处理请求的那个为止。这种结构是在大的中断向量表的开销与分派到单个中断处理程序的低效之间的一种折中。

图 12.5 说明了 Intel 奔腾处理器的中断向量的设计。事件 0~31 为非屏蔽中断，用于表示各种错误条件（导致系统崩溃）、页面错误（需要立即采取行动）和调试请求（停止正常操作并跳转到调试器应用程序）。事件 32~255 为可屏蔽中断，用于设备产生的中断。

中断机制还实现了一个**中断优先级**（interrupt priority level）系统。这些级别能使 CPU 延迟处理低优先级中断而不屏蔽所有中断，并且可以让高优先级中断抢占低优先级中断而先执行。

现代操作系统与中断机制的交互有多种方式。在启动时，操作系统探测硬件总线以便确定存在哪些设备，并且在中断向量中安装相应中断处理程序。在 I/O 期间，各种设备控制器在准备好服务时触发中断。这些中断表示输出已经完成，或输入数据可用，或故障已检测到。中断机制也用于处理各种**异常**（exception），例如除以 0、访问保护的或不存在的内存地址，或尝试执行源自用户模式的特权指令。触发中断的事件有一个共同特点：这些事件导致操作系统执行紧急的自包含的程序。

向量编号	描述
0	除法错误
1	调试异常
2	空中断
3	断点
4	检测到溢出
5	范围异常
6	无效操作码
7	设备不可用
8	双重故障
9	协处理器段溢出（保留）
10	无效的任务状态段
11	段不存在
12	堆栈故障
13	一般保护
14	页面错误
15	（Intel 保留，请勿使用）
16	浮点错误
17	对齐检查
18	机器检查
19-31	（Intel 保留，请勿使用）
32-255	可屏蔽中断

图 12.5　Intel 奔腾处理器事件向量表

由于很多情况下的中断处理是时间和资源受限的，因此实现起来很复杂，系统经常将中断管理拆分为**一级中断处理程序**（First-Level Interrupt Handler，FLIH）和**二级中断处理程序**（Second-Level Interrupt Handler，SLIH）。FLIH 执行上下文切换、状态存储和处理操作的排队，而单独调度的 SLIH 执行处理所请求的操作。

对于中断，操作系统还有其他用途。例如，许多操作系统采用中断机制来进行虚拟内存分页。页面错误是引发中断的异常。中断挂起当前进程，并且转到内核的页面错误处理程序。这个处理程序保存进程状态，将中断进程加到等待队列，执行页面缓存管理，调度 I/O 操作以获取页面，调度另一进程恢复执行，然后从中断返回。

另一个例子是系统调用的实现。通常，程序使用库调用来执行系统调用。库程序检查应用程序给出的参数，构建数据结构以传递参数到内核，然后执行一个特殊指令，称为**软中断**（software interrupt）或者**陷阱**（trap）。这个指令有一个参数，用于标识所需的内核服务。当进程执行陷阱指令时，中断硬件保存用户代码的状态，切换到内核模式，分派到实现请求服务的内核程序或线程。陷阱所赋予的中断优先级低于设备所赋予的中断优先级，因为应用程序执行系统调用与在 FIFO 队列溢出并失去数据之前的处理设备控制器相比，后者更为紧迫。

中断也可用来管理内核的控制流。例如，考虑一个处理示例，以便完成磁盘读取。一个步骤是，复制内核空间的数据到用户缓冲。这种复制耗时但不紧急，因此不应阻止其他高优先级中断的处理。另一个步骤是，启动下一个等待这个磁盘驱动器的 I/O。这个步骤具有更高优先级。如果要使磁盘使用高效，需要在完成一个 I/O 操作之后尽快启动另一个 I/O 操作。因此，两个中断处理程序实现内核代码，以便完成磁盘读取。高优先级处理程序记录 I/O 状态，清除设备中断，启动下一个待处理的 I/O，并且引发低优先级中断以便完成任务。以后，当 CPU 没有更高优先级的任务时，就会处理低优先级中断。对应的处理程序复制内核缓冲的数据到应用程序空间，并且调用进程调度程序来加载应用程序到就绪队列，以便完成用户级的 I/O 操作。

多线程内核架构非常适合实现多优先级中断，并且确保中断处理的优先级高于内核后台处理和用户程序。通过 Solaris 内核可以说明这点。Solaris 中断处理程序按内核线程来执行，为这些线程保留一系列高优先级。这些优先级使得中断处理程序的优先级高于应用程序和内核管理的优先级，并且实现中断处理程序之间的优先关系。这个优先级导致 Solaris 线程调度程序抢占低优先级的中断处理程序以便支持更高优先级的中断处理程序，多线程的实现允许多处理器硬件可以同时执行多个中断处理程序。Linux 和 Windows 10 的中断架构的讨论，分别参见第 20 章和第 21 章。

总而言之，现代操作系统通过中断处理异步事件，并且陷阱进入内核的管理态程序。为了能够先做最紧迫的任务，现代计算机使用中断优先级系统。设备控制器、硬件故障、系统调用都会引起中断并触发内核程序。因为中断大量用于时间敏感的处理，所以高性能系统要求高效的中断处理。中断驱动的 I/O 现在比轮询更为常见，轮询用于高吞吐量 I/O。有时两个一起使用。某些设备驱动程序在 I/O 速率较低时使用中断，当速率增加到轮询速度更快、效率更高时，切换到轮询。

12.2.4 直接内存访问

对于执行大量传输的设备（例如磁盘驱动器），如果通过昂贵的通用处理器来观察状态位并且按字节来发送数据到控制器寄存器（称为**程序控制 I/O**（Programmed I/O，PIO）），则似乎浪费了。计算机为了避免因 PIO 而增加 CPU 负担，将一部分任务交给一个专用的处理器（称为**直接内存访问**（Direct-Memory Access，DMA）控制器）。在启动 DMA 传输时，主机将 DMA 命令块写到内存。该块包含传输来源地址的指针、传输目标地址的指针、传输的字节数。命令块可能更加复杂，包括不连续的源地址和目标地址列表。这种**分散-聚集**方法，允许通过单个 DMA 命令执行多个传输。CPU 将这个命令块的地址写到 DMA 控制器，然后继续其他工作。DMA 控制器继续直接操作内存总线，将地址放到总线，在没有主 CPU 的帮助的情况下执行传输。简单的 DMA 控制器是所有现代计算机（从智能手机到大型机）的标准组件。

请注意，目标地址位于内核地址空间是最简单的。例如，如果在用户空间中，用户可以在传输过程中修改该空间的内容，从而丢失一些数据集。然而，当要将 DMA 传输的数据获取到用户空间以进行线程访问时，需要进行第二次复制操作，这次是从内核内存到用户内存。这种**双重缓冲**（double buffering）效率很低。随着时间的推移，操作系统已经转向使用内存映射（见 12.2.1 节），以便直接在设备和用户地址空间之间执行 I/O 传输。

DMA 控制器与设备控制器之间的握手，通过一对称为 **DMA 请求**（DMA-request）和 **DMA 确认**（DMA-acknowledge）的线路来进行。当有数据需要传输时，设备控制器发送信号到 DMA 请求线路。这个信号使得 DMA 控制器占用内存总线，发送所需地址到内存地址总线，并发送信号到 DMA 确认线路。当设备控制器收到 DMA 确认信号时，就会传输数据到内存，并且清除 DMA 请求信号。

当完成整个传输时，DMA 控制器中断 CPU，图 12.6 描述了这个过程。当 DMA 控制器占用内存总线时，CPU 被暂时阻止访问内存，但是仍然可以访问缓存内的数据项。虽然这种**周期窃取**（cycle stealing）可能减缓 CPU 计算，但是将数据传输工作交给 DMA 控制器通常能够改进总的系统性能。有的计算机架构的 DMA 采用物理内存地址，而其他采用**直接虚拟内存访问**（Direct Virtual-Memory Access，DVMA），这里所用的虚拟内存地址需要虚拟到物理地址的转换。DVMA 可以直接实现两个内存映射设备之间的传输，而无须 CPU 的干涉或采用内存。

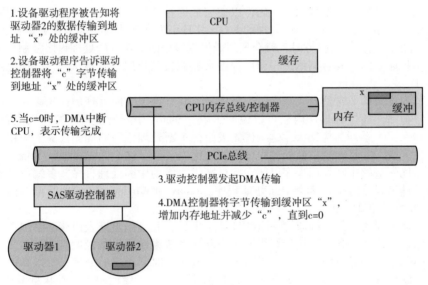

图 12.6　DMA 传输步骤

对于保护模式内核，操作系统通常阻止进程对设备直接发送命令。这个规定保护数据以免违反访问控制，并且保护系统不会因为设备控制器的错误使用而崩溃。取而代之的是操作系统导出一些函数，以便具有足够特权的进程可以利用这些函数来访问低层硬件的底层操作。对于没有内存保护的内核，进程可以直接访问设备控制器。这种直接访问可以用于实现高性能，因为它能避免内核通信、上下文切换及内核软件分层。但它会影响系统的安全性和稳定性。一般通用操作系统保护内存和设备，这样系统可以设法防范错误或恶意的应用程序。

12.2.5　I/O 硬件概要

虽然从电子硬件设计细节层面来考虑，I/O 的硬件方面很复杂，但是我们前面描述的概念足以帮助我们理解操作系统 I/O 方面的许多问题。下面总结一下主要概念：

1. 总线。
2. 控制器。
3. I/O 端口及其寄存器。
4. 主机与设备控制器之间的握手关系。

5. 通过轮询检测或中断的握手执行。

6. 将大量传输任务交给 DMA 控制器。

前面通过举例说明了在设备控制器与主机之间的握手。实际上，各种各样的可用设备向操作系统实现人员提出了一个问题。每种设备都有自己的功能集、控制位的定义以及与主机交互的协议，这些都是不同的。如何设计操作系统，以便新的外设可以连到计算机而不必重写操作系统？再者，由于设备种类繁多，操作系统又是如何提供一个统一、方便的应用程序的 I/O 接口？接下来我们讨论这些问题。

12.3 应用程序 I/O 接口

本节讨论操作系统的架构与接口，以便按统一的标准的方式来处理 I/O 设备。例如，应用程序如何打开磁盘上的文件而不必知道它在什么磁盘，新的磁盘和其他设备如何添加到计算机而不必中断操作系统。

与其他复杂软件工程问题一样，这里的方法涉及抽象、封装与软件分层。具体来说，可以从各种各样 I/O 设备中，抽象一些通用类型。每种通用类型可以通过一组标准函数（即**接口**）来访问。这些差异被封装到内核模块（称为设备驱动程序），这些设备驱动程序，一方面可以定制以适应各种设备，另一方面也提供一组标准接口。图 12.7 说明了内核中的 I/O 相关部分是如何按软件层来组织的。

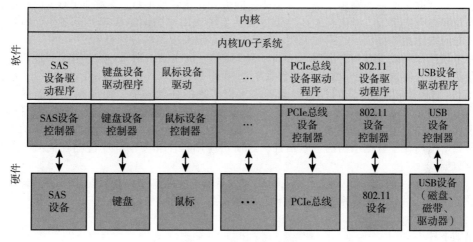

图 12.7 内核 I/O 结构

设备驱动程序层的作用是为内核 I/O 子系统隐藏设备控制器之间的差异，就如同 I/O 系统调用封装设备行为，以便形成较少的通用类型，并为应用程序隐藏硬件差异。I/O 子系统与硬件的分离简化了操作系统开发人员的工作。这也有利于硬件制造商。他们可以设计新的设备以与现有主机控制器接口（如 SATA）兼容，或者编写设备驱动程序以将新的硬件连到流行的操作系统。这样，可以将新的外设连到计算机，而无须等待操作系统供应商开发支持代码。

不过，对于设备硬件制造商，每种操作系统都有自己的设备驱动接口标准。每个给定设备可能带有多个设备驱动程序，例如 Windows、Linux、AIX 和 macOS 的驱动程序。如图 12.8 所示，设备在许多方面都有很大差异。

- **字符流或块**。字符流设备逐个字节来传输，而块设备以字节块为单位来传输。
- **顺序访问或随机访问**。顺序访问设备按设备确定的固定顺序来传输数据，而随机访问设备的用户可以指示设备寻找到数据存储的任意位置。

类型	差异	示例
数据传输模式	字,块	终端,磁盘
访问方法	顺序,随机	调制解调器,CD-ROM
传输安排	同步,异步	磁带,键盘
共享	专用,共享	磁带,键盘
设备速度	延迟,寻道时间,传输速率,操作之间的延迟	
I/O 方向	只读,只写,读写	CD-ROM,图形控制器,磁盘

图 12.8　I/O 设备的特征

- **同步或异步**。同步设备按预计的响应时间来执行数据传输,并与系统的其他方面相协调。异步设备呈现不规则或不可预测的响应时间,并不与其他计算机事件相协调。
- **共享或专用**。共享设备可以被多个进程或线程并发使用,而专用设备则不能。
- **操作速度**。设备的速度范围从每秒几字节到每秒千兆字节。
- **读写、只读、只写**。有的设备能执行输入也能执行输出,而其他的只支持单向数据传输。有些允许在写入后修改数据,但有些只能写入一次,之后是只读的。

为了应用程序访问起见,许多差异都被操作系统所隐藏,而且设备被分成几种常规类型。设备的访问样式也被证明十分有用并得到了广泛应用。虽然确切的系统调用可能因操作系统而有所差异,但是设备类别相当统一。主要访问方式包括:块 I/O、字符流 I/O、内存映射文件访问与网络套接字等。操作系统还提供特殊的系统调用来访问一些额外设备,如时钟和定时器。有的操作系统提供一组系统调用,用于图形显示、视频与音频设备。

大多数操作系统也有一个**出口**(escape)或**后门**(back door),以便应用程序透明传递任何命令到设备控制器。对于 UNIX,这个系统调用是 `ioctl()`(I/O control 的缩写)。系统调用 `ioctl()` 能使应用程序访问设备驱动程序可以实现的任何功能,而无须设计新的系统调用。系统调用 `ioctl()` 有三个参数。第一个是设备标识符,它通过引用驱动程序管理的硬件设备来连接应用程序与设备驱动程序。第二个是整数,用于选择设备驱动程序实现的一个命令。第三个是内存中数据结构的一个指针,这使得应用程序和驱动程序传输任何必要的控制信息或数据。

UNIX 和 Linux 的设备标识符是"主和次"设备号的元组。主设备号是设备类型,次设备号是设备实例。例如,考虑系统的这些 SSD 设备。当发出命令:

```
% ls -l /dev/sda*
```

则输出如下:

```
brw-rw----1 root disk 8, 0 Mar 16 09:18 /dev/sda
brw-rw----1 root disk 8, 1 Mar 16 09:18 /dev/sda1
brw-rw----1 root disk 8, 2 Mar 16 09:18 /dev/sda2
brw-rw----1 root disk 8, 3 Mar 16 09:18 /dev/sda3
```

这说明主设备号是 8。操作系统使用该信息将 I/O 请求路由到适当的设备驱动程序。次设备号 0、1、2 和 3 表示设备的实例,允许对设备条目的 I/O 请求,以选择请求的确切设备。

12.3.1　块与字符设备

块设备接口(block-device interface)为磁盘驱动器和其他基于块设备的访问规定了所需的各个方面。设备应该理解命令,如 `read()` 和 `write()`。如果它是随机访问设备,则它也应有命令 `seek()` 来指定下一个传输块。应用程序通常通过文件系统接口访问这样的设备。我们可以看到 `read()`、`write()`、`seek()` 描述了块存储设备的基本行为,这样应用程序就不必关注这些设备的低层次差别。

操作系统本身以及特殊应用程序(如数据库管理系统)可能偏爱将块设备作为简单的线

性的块数组来访问。这种访问模式有时称为**原始 I/O**（raw I/O）。如果应用程序执行它自己的缓冲，则采用文件系统会引起不必要的额外缓冲。同样，如果应用程序提供自己的块或域的锁定，则操作系统锁定服务显得多余，并且在最坏情况下甚至冲突。为了避免这些冲突，原始设备访问将设备控制直接交给应用程序，无须通过操作系统。不过，没有操作系统服务能在这个设备上执行。越来越常见的一种折中办法是，令操作系统允许一种文件操作模式，以便禁止缓冲和锁定。对于 UNIX，这称为**直接 I/O**（direct I/O）。

内存映射文件的访问可以在块设备驱动程序之上。内存映射接口提供通过内存的字节数组来访问磁盘存储，而不提供读和写操作。映射文件到内存的系统调用返回包含文件副本的虚拟内存的一个地址。只有需要访问内存映像，才会执行实际数据传输。因为传输采用与请求调页虚拟内存访问相同的机制来处理，内存映射 I/O 是高效的。内存映射也方便程序员操作，这是因为内存映射文件的访问如同内存读写一样简单。支持虚拟内存的操作系统通常采用内核服务的映射界面。例如，为了执行程序，操作系统映射可执行程序到内存，并且转移控制到可执行程序的入口地址。这种映射接口也常用于内核访问磁盘的交换空间。

键盘是通过**字符流接口**（character-stream interface）访问的一个设备的例子。这种接口的基本系统调用能使应用程序 get() 或 put() 字符。通过这种接口，可以构建库以便提供按行访问，并且具有缓冲和编辑功能（例如，当用户输入了一个退格键，可以从输入流中删除前一个字符）。这种访问方式方便用于输入设备（如键盘、鼠标和调制解调器），这些设备自发提供输入数据，也就是说，应用程序无法预计这些输入。这种访问方式也适用于输出设备（如打印机、声卡），非常符合线性流字节的概念。

12.3.2 网络设备

因为网络 I/O 的性能和寻址的特点明显不同于磁盘 I/O，大多数操作系统提供的网络 I/O 接口不同于磁盘的 read()，write()，seek() 接口。许多操作系统（包括 UNIX 和 Windows）的这个接口为网络**套接字**（socket）接口。

想想墙上的电源插座：任何电器都可以插入。同样，套接字接口的系统调用能使应用程序创建一个套接字，连接本地套接字到远程地址（将本地应用程序与由远程应用程序创建的套接字相连），通过连接发送和接收数据监听要与本地套接字相连的远程应用程序。为了支持网络服务器的实现，套接字接口也提供函数 select()，以便管理一组套接字。调用 select() 可以得知，哪个套接字已有接收数据需要处理，哪个套接字已有空间可以接收数据以便发送。采用 select() 可以消除网络 I/O 所需的轮询和忙等。这些函数封装网络的基本功能，大大加快分布式应用程序的开发，以便利用底层网络硬件和协议栈。

进程间通信和网络通信的许多其他方式也已实现。例如，Windows 提供一个网卡接口和另一个网络协议接口。UNIX 长期以来在网络技术方面一直领先，如半双工管道、全双工FIFO、全双工 STREAMS（流）、消息队列和套接字等。

12.3.3 时钟与定时器

大多数计算机都有硬件时钟和定时器，以便提供三种基本功能：

- 获取当前时间。
- 获取经过时间。
- 设置定时器，以便在时间 T 触发操作 X。

这些功能大量用于操作系统和时间敏感的应用程序。不过，实现这些函数的系统调用不属于操作系统标准。

测量经过时间和触发操作的硬件称为**可编程间隔定时器**（programmable interval timer）。它可以设置成等待一定的时间，然后触发中断，并且它可以设成执行一次或多次（以便产生周期中断）。调度程序采用这种机制产生中断，以便抢占时间片用完的进程。磁盘 I/O 子系统采用它定期刷新脏的缓存缓冲到磁盘，网络子系统采用它定时取消由于网络拥塞或故障而太慢的一些操作。操作系统还可以提供接口，以便用户进程使用定时器。操作系统采用模拟虚拟时钟，支持比定时器硬件信道数量更多的定时器请求。为此，内核（或定时器设备驱动程序）维护一个列表，这是内核程序和用户请求所需的并且按时间排序的中断列表。内核为最早时间设置定时器。当定时器中断时，内核通知请求者，并且用下一个最早的时间重新加载定时器。

计算机具有用于各种目的的时钟硬件。现代 PC 包括一个**高性能事件计时器**（High-Performance Event Timer，HPET），其运行速度可达 10MHz。它有几个比较器，可以设置为当它们保持的值与 HPET 的值匹配时，触发一次或重复触发。触发器产生一个中断，操作系统的时钟管理例程确定定时器的用途和采取的行动。触发器的精度受到计时器分辨率以及维护虚拟时钟的开销的限制。此外，如果使用定时器滴答来维持系统时钟，系统时钟可能会漂移。漂移可以通过为此目的设计的协议来纠正，例如网络时间协议（Network Time Protocol，NTP）使用复杂的延迟计算来保持计算机时钟几乎精确到原子时钟水平。在大多数计算机中，硬件时钟由高频计数器构成。在某些计算机中，该计数器的值可以从设备寄存器中读取，在这种情况下，可以将计数器视为高分辨率时钟。虽然这种时钟不产生中断，但是它能提供时间间隔的准确测量。

12.3.4　非阻塞与异步 I/O

系统调用接口的另一方面涉及选择阻塞 I/O 与非阻塞 I/O。当应用程序执行**阻塞**（blocking）（同步）系统调用时，调用线程的执行就被挂起。该线程会从操作系统的运行队列移到等待队列。当系统调用完成后，线程被移回到运行队列，有资格恢复执行。当它恢复执行时，就会收到系统调用的返回值。I/O 设备执行的物理动作常常是异步的，执行时间也是可变的或不可预计的。然而，大多数操作系统为应用程序接口采用阻塞系统调用，因为阻塞应用程序代码比非阻塞应用程序代码更加容易编写。

有些用户级进程需要使用**非阻塞**（nonblocking）I/O。一个例子是用户接口，用来接收键盘和鼠标的输入，同时处理数据并显示到屏幕。另一个例子是视频应用程序，用来从磁盘文件上读取帧，同时解压并显示输出到显示器。

应用程序开发人员可以将 I/O 与执行重叠的一种方法是编写多线程应用程序。有些线程可以执行阻塞系统调用，而其他线程继续执行。有的操作系统提供非阻塞 I/O 系统调用。非阻塞调用不会很长时间停止应用程序的执行。相反，它会很快返回，其返回值表示已经传输了多少字节。

非阻塞系统调用的一种替代方法是异步系统调用。异步调用立即返回，无须等待 I/O 完成。线程继续执行其代码。在将来 I/O 完成时，会通过设置线程地址空间内的某个变量，或通过触发信号或软件中断或在线性控制流之外执行的回调函数来通知线程。非阻塞与异步的系统调用的区别是，非阻塞调用 read() 立即返回任何可用的数据，读取的数据等于或少于请求的字节数（或为零）。异步调用 read() 要求的传输会完整执行，但是完成是在将来的某个特定时间。图 12.9 给出了这两种 I/O 方法。

在现代操作系统中，经常发生异步活动。通常，它们不会暴露给用户或应用程序，而是包含在操作系统操作中。例如，外存和网络的 I/O。在默认情况下，当应用程序发出网络发送请求或存储写入请求时，操作系统记住请求，缓冲 I/O，并返回到应用程序。如有可能，为了优化整体系统性能，操作系统完成请求。如果临时发生系统故障，则应用程序会丢失任何途中请求。因此，操作系统通常限制缓冲请求的时间。例如，有些版本的 UNIX 每隔 30 秒刷新磁盘缓冲区，每个请求在 30 秒内会被刷新。系统提供了一种允许应用程序请求刷新某些缓冲区（如二级存储缓冲区）的方法，因此无须等待缓冲区刷新间隔，就可将数据强制写到二级存储。应用程序内的数据一致性由内核维护，内核在发出 I/O 请求到设备之前读取数据，确保尚未写入数据返回给请求读者。注意，多个线程对同一文件执行 I/O 可能不会收到一致

的数据，它取决于内核如何实现 I/O。在这种情况下，线程可能需要使用加锁协议。有些 I/O
请求需要立即执行，这样 I/O 系统调用通常提供方法，以便指定特定设备的给定请求或 I/O
应当同步执行。

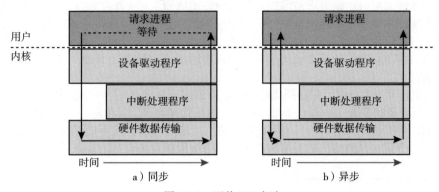

图 12.9　两种 I/O 方法

非阻塞行为的一个很好的例子是用于网络套接字的系统调用 select()。这个系统调用
需要一个参数来指定最大等待时间。通过设置为 0，应用程序可以轮流检测网络活动而无须
阻塞。但是采用 select() 引入额外的开销，因为调用 select() 只检查是否可能进行 I/O。
对于数据传输，在 select() 之后还需要采用某种类型的命令 read() 或 write()。在 Mach
中，有这种方法的变种，即阻塞多读调用。通过这一系统调用可以对多个设备指定所需的读
取，而且只要一个完成就可返回。

12.3.5　向量 I/O

有些操作系统通过应用程序接口提供另一重要类型的 I/O。**向量 I/O**（vectored I/O）允
许系统调用来执行涉及多个位置的多个 I/O 操作。例如，UNIX 系统调用 readv() 接收多缓
冲区的一个向量，并且从源读取到向量或将向量写入到目的。同一传输可以由多个系统调用
的引用产生，但是这种**分散收集**（scatter-gather）方法出于各种原因还是有用的。

多个单独缓冲区可以通过一个系统调用来传输内容，避免上下文切换和系统调用消耗。
没有向量 I/O，数据可能首先需要按正确顺序传输到较大的缓冲区然后发送，因此效率低下。
此外，有些版本的分散收集提供原子性，确保所有 I/O 都能无间断地完成（并且当其他线程
也执行涉及这些缓冲区的 I/O 时避免数据损坏）。程序员尽可能地利用分散收集 I/O 功能，以
便增加吞吐量并降低系统开销。

12.4　内核 I/O 子系统

内核提供与 I/O 相关的许多服务，如调度、缓冲、缓存、假脱机、设备预留及错误处理，
这些服务由内核 I/O 子系统提供，并建立在硬件和设备驱动程序的基础设施之上。I/O 子系
统也负责保护自己免受错误进程和恶意用户的侵扰。

12.4.1　I/O 调度

调度一组 I/O 请求意味着，需要确定良好的顺序来执行它们。应用程序执行系统调用的
顺序在很少情况下是最佳的。调度可以改善系统整体性能，可以在进程间公平共享设备访问，
可以减少 I/O 完成所需的平均等待时间。这里可以通过一个简单的例子来说明。假设磁臂位
于磁盘开头，三个应用程序对这个磁盘执行阻塞读取调用。应用程序 1 请求磁盘结束附近的
块，应用程序 2 请求磁盘开始附近的块，而应用程序 3 请求磁盘中间部分的块。操作系统按

照2、3、1的顺序来处理应用程序，可以减少磁臂移动的距离。按这种方式重新排列服务顺序就是I/O调度的核心。

操作系统开发人员通过为每个设备维护一个请求等待队列来实现调度。当应用程序发出阻塞I/O的系统调用时，该请求被添加到相应设备的队列。I/O调度程序重新安排队列顺序，以便提高系统的总体效率和应用程序的平均响应时间。操作系统也可以试图公平，这样没有应用程序会得到特别差的服务。或者，对那些延迟敏感的请求，可以给予比较优先的服务。例如，虚拟内存子系统的请求可能优先于应用程序的请求。11.2节详细讨论了磁盘I/O的多个调度算法。

当内核支持异步I/O时，它必须能够同时跟踪许多I/O请求。为此，操作系统可能会将等待队列附加到**设备状态表**（device-status table）。内核管理此表，其中每个条目对应每个I/O设备，如图12.10所示。每个表条目表明设备的类型、地址和状态（不能工作、空闲或忙）。如果设备忙于一个请求，则请求的类型和其他参数会被保存在该设备的表条目中。

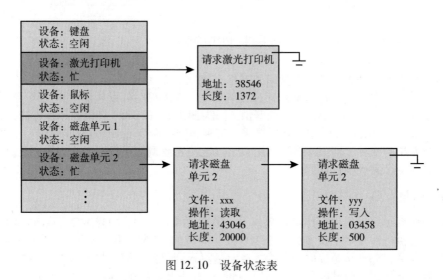

图12.10 设备状态表

调度I/O操作是I/O子系统提高计算机效率的一种方法。另一种方法是通过缓冲、缓存和假脱机，使用内存或设备的存储空间。

12.4.2 缓冲

当然，**缓冲区**（buffer）是一块内存区域，用于保存在两个设备之间或在设备和应用程序之间传输的数据。采用缓冲有三个理由。一个理由是，处理数据流的生产者与消费者之间的速度不匹配。例如，假如通过调制解调器正在接收一个文件，并且保存到硬盘。调制解调器大约比硬盘慢一千倍。这样，创建一个缓冲区在内存中，以便累积从调制解调器处接收的字节。当整个数据缓冲区填满时，就可以通过一次操作将缓冲区写到磁盘。由于写入驱动器不是即时的而且调制解调器仍然需要一个空间继续存储额外的输入数据，所以采用两个缓冲区。在调制解调器填满第一个缓冲区后，就请求写入驱动器。接着，调制解调器开始填写第二个缓冲区，而这时第一个缓冲区正被写入驱动器。等到调制解调器写满第二个缓冲区时，第一个缓冲区的磁盘写入也应完成，因此调制解调器可以切换到第一个缓冲区，而磁盘可以写第二个缓冲区。这种**双缓冲**（double buffering）解耦数据的生产者与消费者，因此放松两者之间的时序要求。这种解耦需求如图12.11所示，该图列出了典型计算机硬件的设备速度的巨大差异。

缓冲的第二种用途是协调数据传输大小不同的设备。这种不一致在计算机网络中特别常见，缓冲区大量用于消息的分段和重组。在发送端，一个大的消息分成若干小的网络分组。这些网络分组通过网络传输，而接收端将它们放在重组缓冲区内，以便生成完整的源数据映像。

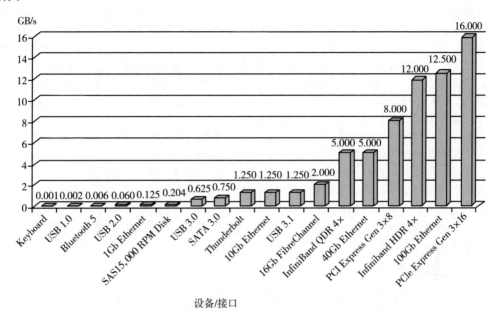

图 12.11 常见 PC 和数据中心的 I/O 设备与接口速度

缓冲的第三种用途是，支持应用程序 I/O 的复制语义。通过例子可以阐明 "复制语义" 的含义。假设应用程序有一个数据缓冲区，它希望写到磁盘。它调用系统调用 write() 提供缓冲区的指针和表示所写字节数量的整数。在系统调用返回后，如果应用程序更改缓冲区的内容，那么会发生什么？采用**复制语义**（copy semantics），写到磁盘的数据版本保证是应用程序系统调用时的版本，而与应用程序缓冲区的任何后续更改无关。操作系统保证复制语义的一种简单方式是，系统调用 write() 在返回到应用程序之前，复制应用程序缓冲区到内核缓冲区。磁盘写入通过内核缓冲区来执行，以便应用程序缓冲区的后续更改没有影响。内核缓冲区和应用程序数据空间的数据复制在操作系统中很常见，尽管由于语义干净，这个操作引入了开销。通过巧妙使用虚拟内存映射和写时复制页面保护，可以更有效地得到同样的效果。

12.4.3 缓存

缓存（cache）是保存数据副本的高速内存区域。访问缓存副本比访问原件更加有效。例如，正在运行进程的指令保存在磁盘上，缓存保存在主存上，并再次复制到 CPU 的次缓存和主缓存中。缓冲和缓存的区别是：缓冲可以保存数据项的唯一的现有副本，而根据定义缓存只是提供了一个位于其他地方的数据项的更快的存储副本。

缓存和缓冲的功能不同，但是有时一个内存区域可以用于两个目的。例如，为了保留复制语义和有效调度磁盘 I/O，操作系统采用内存中的缓冲区来保存磁盘数据。这些缓冲区也用作缓存，以便提高文件的 I/O 效率，这些文件可被多个程序共享，或者快速地写入和重读。当内核收到文件 I/O 请求时，内核首先访问缓冲区缓存，以便查看文件区域是否已经在内存中可用。如果是，可以避免或延迟物理磁盘 I/O。此外，磁盘写入在数秒内会累积到缓冲区缓存，以汇集大量传输来允许高效写入调度。19.8 节在远程文件访问的上下文中，讨论了这种延迟写入以提高 I/O 效率的策略。

12.4.4 假脱机与设备预留

假脱机（spool）是保存设备输出的缓冲区，这些设备（如打印机）不能接收交叉的数据流。虽然打印机只能一次打印一个任务，但是多个应用程序可能希望并发打印输出，而不能让它们的输出混合在一起。操作系统通过拦截所有打印输出，来解决这一问题。应用程序的输出先是假脱机到一个单独的外存上的文件。当应用程序完成打印时，假脱机系统排序相应的假脱机文件，以便输出到打印机。假脱机系统一次一个地复制排队假脱机文件到打印机。对于有些操作系统，假脱机由系统守护进程来管理；对于其他系统，可由内核线程来处理。不管怎样，操作系统都提供了一个控制界面，以便用户和系统管理员显示队列，删除那些尚未打印而且不再需要的任务，例如当打印机工作时暂停打印，等等。

有些设备（如磁带机和打印机）无法实现复用多个并发应用程序的 I/O 请求。假脱机是操作系统能够协调并发输出的一种方式。处理并发设备访问的另一种方法是提供明确的协调功能。有的操作系统（包括 VMS）提供支持设备的互斥访问，以便允许进程分配一个空闲设备以及在不再需要时释放设备。其他操作系统对这种设备的打开文件句柄有所限制。许多操作系统提供函数，允许进程协调互斥访问。例如，Windows 提供系统调用来等待设备对象变得可用。系统调用 OpenFile() 也有一个参数，以便声明其他并发线程允许的访问类型。对于这些系统，应用程序需要自己来避免死锁。

12.4.5 错误处理

采用保护内存的操作系统可以防范多种硬件和应用程序的错误，这样彻底的系统故障通常不是源于次要的机械故障。设备和 I/O 传输的故障可以有多种原因，可能由于暂时原因，如网络超载，可能由于"永久"原因，如磁盘控制器变得有缺陷。操作系统经常可以有效弥补瞬态故障。例如，磁盘 read() 故障会导致 read() 重试，网络 send() 故障会导致 resend()（如果协议如此指定）。不过，如果某个重要系统组件出现了永久故障，操作系统不太可能恢复。

作为一般规则，I/O 系统调用通常返回一位的调用状态信息，以表示成功或失败。对于 UNIX 操作系统，名为 errno 的一个额外整型变量用于返回错误代码（约有 100 个），以便指出失败的大概性质（例如，参数超过范围、坏指针、文件未打开等）。相比之下，有的硬件可以提供很详细的错误信息，虽然目前的许多操作系统并不将这些信息传递给应用程序。例如，SCSI 协议报告 SCSI 设备故障的详细级别分为三级：**感应键**（sense key），用于标识故障的一般性质，如硬件错误或非法请求；**额外感应代码**（additional sense code），用于表示故障类型，如错误命令参数或自检失败；**额外感应代码修饰词**（additional sense-code qualifier），用于给出更详细信息，如哪个命令参数出错或哪个硬件子系统自检失败。此外，许多 SCSI 设备维护一个出错日志信息的内部页面以便主机查询，不过这一功能实际很少使用。

12.4.6 I/O 保护

错误与保护问题密切相关。用户程序通过试图发出非法 I/O 指令，可能有意或无意地中断正常系统操作。可以采用各种机制，以便确保系统内不会发生中断。

为了防止用户执行非法 I/O，我们定义所有 I/O 指令为特权指令。因此，用户不能直接发出 I/O 指令，而必须通过操作系统来进行。为了进行 I/O，用户程序执行系统调用，以便请求操作系统代表用户程序执行 I/O 操作（如图 12.12 所示）。

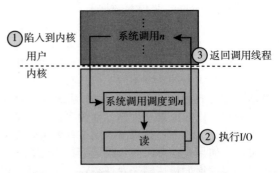

图 12.12　使用系统调用来执行 I/O

操作系统在内核模式下检查请求是否合法，如合法，则处理 I/O 请求。然后将操作系统返回给用户。

此外，内存保护系统保护任何内存映射和 I/O 端口内存位置，以便阻止用户访问。注意，内核不能简单地拒绝所有用户访问。例如，大多数图形游戏和视频编辑与播放软件需要直接访问内存映射图形控制器的内存，以便加速图形性能。在这种情况下，内核可能提供一种锁定机制，允许图形内存的一部分（代表一个屏幕窗口）一次分配给一个进程。

12.4.7 内核数据结构

内核需要保存 I/O 组件使用的状态信息。它通过各种内核数据结构（如 14.1 节的打开文件表结构）来完成。内核使用许多类似的结构来跟踪网络连接、字符设备通信和其他 I/O 活动等。

UNIX 提供各种实体的文件系统访问，如用户文件、原始设备和进程的地址空间。虽然这些实体都支持 read() 操作，但是语义不同。例如，当读取用户文件时，内核需要首先检查缓冲区缓存，然后决定是否执行磁盘 I/O。当读取原始磁盘时，内核需要确保请求大小是磁盘扇区大小的倍数而且与扇区边界对齐。当读取进程映像时，内核只需从内存中读取数据。UNIX 通过面向对象技术采用统一结构来封装这些差异。打开文件记录（如图 12.13 所示）包括一个分派表，该表含有对应于文件类型的适当程序的指针。

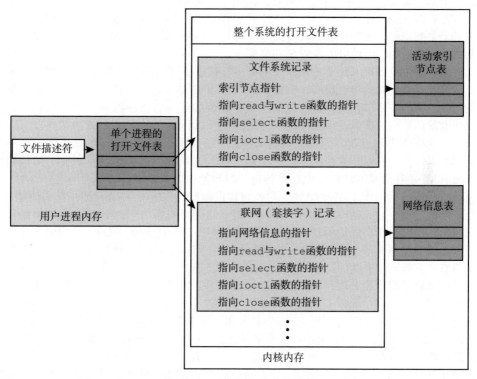

图 12.13 UNIX I/O 内核结构

有些操作系统更多采用了面向对象方法。例如，Windows 采用消息传递来实现 I/O。I/O 请求转成消息，通过内核发送到 I/O 管理器，再发送到设备驱动程序以便更改消息内容。对于输出，消息包括要写的数据。对于输入，消息包括接收数据的缓冲。消息传递方法与采用共享数据结构的程序调用技术相比，可能增加开销，但是它简化了 I/O 系统的结构和设计，并增加了灵活性。

12.4.8　能耗管理

位于数据中心的计算机似乎与电力使用问题相距甚远，但随着电力成本的增加以及世界对温室气体排放的长期影响越来越担忧，数据中心已成为令人担忧的问题和提高效率的目标。用电产生热量，计算机组件可能会因高温而发生故障，所以冷却也是问题的一部分。考虑到冷却一个现代数据中心可能使用的电力是设备供电的两倍。许多数据中心都在努力优化使用电源包括交换数据中心空气而非使用侧风，或使用天然资源（如湖水和太阳能电池板）冷却。

操作系统在电力使用（以及热量生成和冷却）方面起着重要作用。在云计算环境中，处理负载可以通过监控和管理工具进行调整，以从系统中撤离所有用户进程，使这些系统空闲并关闭它们，直到负载需要使用它们为止。操作系统可以分析负载，如果足够低并且有硬件启用，则可关闭 CPU 和外部 I/O 设备等组件的电源。

当系统负载不需要时，CPU 核可以暂停，当负载增加并且需要更多 CPU 核来运行线程队列时，CPU 核可以恢复。当然，它们的状态需要在挂起时保存并在恢复时还原。服务器需要这个特性，因为一个充满服务器的数据中心会消耗大量的电力，禁用不需要的 CPU 核可以减少电力（和冷却）需求。

在移动计算中，电源管理成为操作系统的一个高优先级特点。最大限度地减少电源使用并因此最大限度地延长电池寿命，可提高设备的可用性并帮助与替代设备竞争。现今的移动设备提供了以前高端桌面的功能，但由电池供电，并且小到可以放在口袋里。为了提供令人满意的电池寿命，现代移动操作系统是从头开始设计的，电源管理是一项关键功能。现在深入分析三个主要功能，这些功能使流行的 Android 移动系统能够最大限度地延长电池寿命，它们分别是：电源崩溃、组件级电源管理和唤醒锁。

电源崩溃是使设备进入深度睡眠状态的能力。该设备仅使用比完全关闭电源略多的功率，但它仍然能够对外部刺激做出反应，例如当用户按下按钮时它会迅速重新开机。电源崩溃是通过关闭设备中的许多单独组件的电源来实现的，例如屏幕、扬声器和 I/O 子系统，以使它们不消耗电源。然后操作系统将 CPU 置于最低的睡眠状态。现代 ARM CPU 在典型负载下每个 CPU 核可能消耗数百毫瓦，但在最低睡眠状态下仅消耗几毫瓦。在这种状态下，虽然 CPU 处于空闲状态，但它可以非常快速地接收中断、唤醒并恢复先前的活动。因此，你口袋中空闲的 Android 手机耗电量非常低，但在接到电话时却能立即恢复活力。

Android 如何关闭手机的各个组件？它如何知道何时可以安全关闭闪存？在关闭整个 I/O 子系统的电源之前，它如何知道要这样做？答案是组件级电源管理，这是一个了解组件之间关系以及每个组件是否在使用的基础架构。要了解组件之间的关系，Android 构建了一个设备树来表示手机的物理设备拓扑。例如，在这样的拓扑结构中，闪存和 USB 存储将是 I/O 子系统的子节点，它是系统总线的一个子节点，同时它又连接到 CPU。为了知道用法，每个组件都与它的设备驱动程序相关联，驱动程序跟踪组件是否在使用中，例如，如果闪存 I/O 正在等待，或应用程序具有对音频子系统的开放引用。有了这些信息，Android 就可以管理手机各个组件的电源：如果某个组件未使用，则将其关闭。如果系统总线上的所有组件都未使用，则系统总线将关闭。如果整个设备树中的所有组件都未使用，则系统可能会进入电源崩溃状态。

借助这些技术，Android 可以积极管理功耗。但是还缺少解决方案的最后一部分：应用程序暂时防止系统进入电源崩溃的能力。考虑用户玩游戏、观看视频或等待网页打开。在所有这些情况下，应用程序都需要一种方法来使设备保持唤醒状态，至少是暂时保持唤醒状态。唤醒锁启用了这种功能。应用程序根据需要获取和释放唤醒锁。当应用程序持有唤醒锁时，内核将阻止系统进入电源崩溃。例如，当 Android Market 正在更新应用程序时，它将持有一个唤醒锁，以确保系统在更新完成之前不会进入睡眠状态。一旦完成，Android Market 将释放唤醒锁，让系统进入断电状态。

电源管理一般基于设备管理，这比我们迄今为止描述的要复杂。在启动时，固件系统会分析系统硬件，并且在 RAM 中创建设备树。然后内核使用该设备树来加载设备驱动程序和管理设备。但是，必须管理与设备有关的许多其他活动，包括从正在运行的系统中添加和减少设备（热插拔）、了解和更改设备状态以及电源管理。现代通用计算机使用另一套固件代码、**高级配置和电源接口**（Advanced Configuration and Power Interface，ACPI），来管理硬件的这些方面。ACPI 是具有许多功能的行业标准（http://www.acpi.info）。它提供了作为内核调用的例程运行的代码，用于设备状态发现和管理、设备错误管理和电源管理。例如，当内核需要暂停一个设备时，就会调用设备驱动程序，它先调用 ACPI 例程然后与设备通信。

12.4.9 内核 I/O 子系统小结

总之，I/O 子系统协调大量的服务组合，以便用于应用程序和其他内核部件。I/O 子系统监督这些程序：

- 文件和设备命名空间的管理。
- 文件和设备的访问控制。
- 操作控制（例如，调制解调器不能使用 seek()）。
- 文件系统的空间分配。
- 设备分配。
- 缓冲、缓存和假脱机。
- I/O 调度。
- 设备状态监控、错误处理和故障恢复。
- 设备驱动程序的配置和初始化。
- I/O 设备的能耗管理。

I/O 子系统的上层通过设备驱动程序提供的统一接口来访问设备。

12.5 将 I/O 请求转换为硬件操作

虽然前面讨论了设备驱动程序与设备控制器之间的握手，但是还没有解释操作系统如何将应用程序请求连接到网络线路或特定的磁盘扇区。例如，考虑一下从磁盘中读取文件。应用程序通过文件名称引用数据。对于磁盘，文件系统通过文件目录对文件名称进行映射来得到文件的空间分配。例如，在采用 FAT（一种操作相对简单的文件系统，今天仍然用作常见的交换格式）时，MS-DOS 将文件名称映射到一个数字，以表示文件访问表中的条目，而这个表条目（简要）说明了哪些磁盘块被分配给文件。UNIX 将文件名称映射到一个索引节点号，而相应的索引节点包含了空间分配信息。但是，如何建立从文件名称到磁盘控制器（硬件端口地址或内存映射控制器寄存器）的连接？

一种方法是由 MS-DOS（相对简单的操作系统）在使用 FAT 时采用。MS-DOS 文件名称的第一部分（在冒号之前）表示特定硬件设备的字符串。例如，C: 是主硬盘的每个文件名称的第一部分。C: 表示主硬盘的事实是内置于操作系统中的，C: 通过设备表映射到特定的端口地址。由于冒号分隔符，设备名称空间不同于文件系统名称空间。这种分离容易使得操作系统为每个设备关联额外功能。例如，对写到打印机的任何文件，可以容易地调用假脱机。

相反，如果设备名称空间集成到常规文件系统名称空间（如 UNIX），则自动提供常规文件系统服务。如果文件系统提供为所有文件名称进行所有权和访问控制，则设备就具有所有权和访问控制。由于文件保存在设备上，这种接口提供对 I/O 系统的两级访问。名称可以用来访问设备本身，或者用来访问存储在设备上的文件。

UNIX 通过常规文件系统名称空间来表示设备名称。与具有冒号分隔符的 MS-DOS 文件名称不同，UNIX 路径名称没有明确区分设备部分。事实上，路径名称中没有设备名称的部分。UNIX 有一个**安装表**（mount table），以便将路径名称的前缀与特定设备名称关联。为了解析路径名称，UNIX 检查安装表内的名称，以查找最长的匹配前缀，安装表内的相应条目给出了设备名称。这个设备名称在文件系统名称空间内也有名称。当 UNIX 在文件系统目录结构中查找此名称时，查找到的不是索引节点号，而是设备号〈major, minor〉（〈主设备号，次设备号〉）。主设备号表示处理这种设备 I/O 的设备驱动程序。次设备号传到设备驱动程序，以索引设备表。设备表的相应条目给出设备控制器的端口地址或内存映射地址。

现代操作系统在请求和物理设备控制器之间的路径中具有多个阶段的查找表，从而具有很大的灵活性。从应用程序到驱动程序的请求传递机制是通用的。因此，不必重新编译内核也能为计算机引入新设备和新驱动程序。事实上，有的操作系统能够按需加载设备驱动程序。在启动时，系统首先检测硬件总线以确定有哪些设备，接着操作系统加载必要的驱动程序，可以立即加载，也可以在 I/O 请求第一次需要时加载。启动后添加的设备可以通过其引起的错误来检测（例如，没有关联中断处理程序的生成中断），可以提示内核检查设备详细信息，并动态加载适当的设备驱动程序。当然，动态加载（和卸载）比静态加载更复杂，需要更复杂的内核算法、设备结构锁定、错误处理等。

接下来描述阻塞读请求的典型生命周期，如图 12.14 所示。该图说明了 I/O 操作需要很多步骤，这也消耗了大量的 CPU 时间。

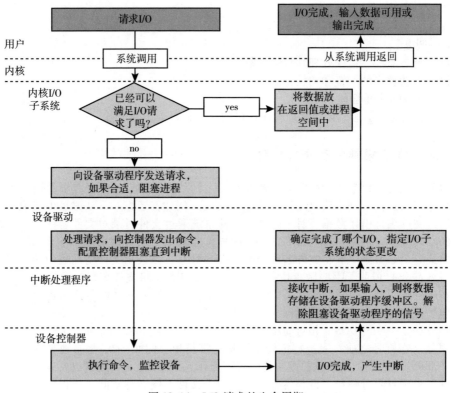

图 12.14　I/O 请求的生命周期

1. 针对以前已经打开文件的文件描述符，进程调用阻塞系统调用 read()。
2. 内核系统调用代码检查参数是否正确。对于输入，如果数据已在缓冲缓存，则数据返回到进程，并完成 I/O 请求。
3. 否则，必须执行物理 I/O 请求。该进程从就绪队列移到设备的等待队列，并调度 I/O 请求。最后，I/O 子系统发送请求到设备驱动程序。根据操作系统的不同，这个请求可以通过子程序调用或内核消息来传递。
4. 设备驱动程序分配内核缓冲区空间，来接收数据并调度 I/O。最终，设备驱动程序通过写入设备控制器寄存器，对设备控制器发送命令。

5. 设备控制器控制设备硬件，以便执行数据传输。

6. 驱动程序可以轮询检测状态和数据，或者可以通过 DMA 来传输到内核内存。假设 DMA 控制器管理传输，当传输完成时它会产生中断。

7. 正确的中断处理程序通过中断向量表收到中断，保存任何必要的数据，并向内核设备驱动程序发送信号通知，并从中断返回。

8. 设备驱动程序接收信号，确定 I/O 请求是否完成，确定请求状态，并对内核 I/O 子系统发送信号来通知请求已经完成。

9. 内核将数据或返回代码传输到请求进程的地址空间，并且将进程从等待队列移到就绪队列。

10. 将进程移动到就绪队列使得这个进程不再阻塞。当调度程序为进程分配 CPU 时，该进程就在系统调用完成后继续执行。

12.6 流

UNIX System V 有一个有趣的机制，称为**流**（stream），它能使应用程序自动组合驱动程序代码流水线。流是在设备驱动程序和用户级进程之间的全双工连接。它包括与用户进程相连的**流头**（stream head）、控制设备的**驱动端**（driver end）、位于两者之间的若干个**流模块**（stream module）。每个这些组件包含一对队列：读队列和写队列。消息传递用于在队列之间传输数据。图 12.15 显示了一个流结构。

模块提供流处理的功能，它们通过使用系统调用 ioctl() 推送到流。例如，进程通过流可以打开串口设备，并且可以增加一个模块来处理输入编辑。因为相邻模块队列之间可以交换消息，所以一个模块队列可能会使它近队列溢出。为了防止这种事情发生，队列可以支持**流控制**（flow control）。如没有流控制，队列接收所有消息，而且没有缓冲就立即发送到相邻模块的队列。支持流控制的队列缓冲消息，并且如果没有足够缓冲空间就不会接受消息。这个过程涉及在相邻队列之间交换控制消息。

用户进程采用系统调用 write() 或 putmsg() 来写入数据到设备。系统调用 write() 写入原始数据到流，而 putmsg() 允许用户进程指定消息。不管用户进程采用何种系统调用，流头复制数据到消息，并传到下一模块的队列。这种消息复制一直持续，直到

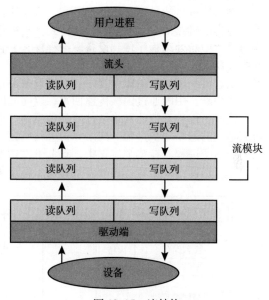

图 12.15 流结构

消息到达驱动程序结尾，最终到达设备。类似地，用户进程采用系统调用 read() 和 getmsg()来从流头读取数据。如果采用 read()，则流头从相邻队列得到消息，并将普通数据（非结构化字节流）返给进程。如果采用 getmsg()，则将消息返给进程。

流 I/O 是异步的（或非阻塞的），除非用户进程与流头直接通信。当对流写入时，假设下一个队列使用流控制，用户进程会阻塞，直到有空间可复制消息。同样，当从流读取时，用户进程会阻塞，直到数据可用。

如前所述，驱动程序末端与流头和模块一样，有读和写队列。然而，驱动程序末端必须响应中断，例如当帧已准备好以便网络读取时，就会触发中断。与流头不一样（当不能复制消息到下一个队列时，流头可能阻塞），驱动程序末端必须处理所有传入数据。驱动程序也

必须支持流控制。然而，如果设备缓冲已满，那么设备通常取消传入消息。考虑一张网卡，其输入缓冲已满。网卡必须扔掉以后的消息，直到有足够的缓冲空间来存储传入消息。

使用流的好处是，它提供了一个模块化和递增的框架方式，来编写设备驱动程序和网络协议。模块可以用于不同的流和不同的设备。例如，网络模块可以用于以太网卡和 802.11 无线网卡。此外，流不是将字符设备作为非结构化字节流来处理，它允许支持模块之间的消息边界和控制信息。大多数 UNIX 支持流，并且它是编写协议和设备驱动程序的首选方法。例如，UNIX System V 和 Solaris 采用流来实现套接字机制。

12.7 性能

I/O 是影响系统性能的一个主要因素。对于 CPU 执行设备驱动程序代码和随着进程阻塞和解除阻塞而公平并高效地调度，它提出了很高的要求。由此导致的上下文切换增加了 CPU 及其硬件缓存的负担。I/O 也暴露了内核中断处理机制中的任何低效。此外，对于控制器和物理内存之间的数据复制，以及应用程序数据空间和内核缓存之间的数据复制，I/O 加重了内存总线的负荷。应对这些要求是计算机架构工程师的主要关注点之一。

虽然现代计算机每秒能够处理数以千计的中断，但是中断处理仍然是相对昂贵的任务。每个中断导致系统执行状态改变，执行中断处理，再恢复状态。如果忙等待所需的计算机周期并不多，则程序控制 I/O 比中断驱动 I/O 更为有效。I/O 完成通常会解除一个进程的阻塞，导致完整的上下文切换开销。

网络流量也能导致很高的上下文切换速率。例如，考虑从一台机器远程登录到另一台机器。在本地机器上输入的字符必须传到远程机器。在本地机器上，输入字符，生成键盘中断，字符通过中断处理程序传到设备驱动程序，到内核，再传递到用户进程。用户进程执行一个网络 I/O 系统调用，以将该字符送到远程机器。该字符流入本地内核，通过网络层来构造网络分组，再到网络设备驱动程序。网络设备驱动程序传输分组到网络控制器，以便发送字符并生成中断。中断通过内核传递回来，以完成网络 I/O 系统调用。

这时，远程系统的网络硬件收到数据包，并生成中断。通过网络协议解包得到字符，并传到适当的网络守护进程。网络守护进程确定与哪个远程登录会话有关，并传递数据包到适当的会话子进程。在整个流程中，有上下文切换和状态切换（见图 12.16）。通常，接收者会将该字符送回给发送者，这种方式会使工作量加倍。

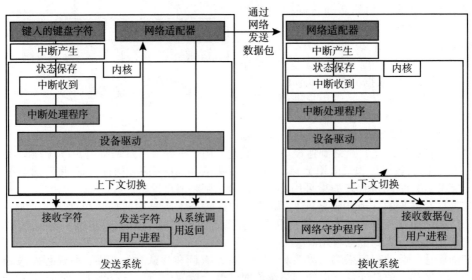

图 12.16 计算机间通信

有些系统采用单独的**前端处理器**（front-end processor），以便终端 I/O 降低主 CPU 的中断负担。例如，**终端集中器**（terminal concentrator）可以将数百个远程终端多路复用到大型计算机的一个端口。**I/O 通道**（I/O channel）是大型机和其他高端系统的专用 CPU。通道的工作是从主 CPU 卸载 I/O 工作。这个想法是，让通道保持数据顺利传输，而主 CPU 仍可自由处理数据。与小型计算机的设备控制器和 DMA 控制器一样，通道可以处理更多通用和复杂的程序，这样通道就可调控特定工作负载。

为了改善 I/O 效率，可以采用多种方法：

- 减少上下文切换的次数。
- 减少设备和应用程序之间传递数据时的内存数据的复制次数。
- 通过大传输、智能控制器、轮询（如果忙等可以最小化），减少中断频率。
- 通过 DMA 智能控制器和通道来为主 CPU 承担简单数据复制，增加并发性。
- 将处理原语移到硬件，允许控制器操作与 CPU 和总线操作并发。
- 平衡 CPU、内存子系统、总线和 I/O 的性能，因为任何一处的过载都会引起其他部分的空闲。

I/O 设备的复杂度差异很大。例如，鼠标就比较简单。鼠标移动和按钮点击转换为数字，该值通过鼠标驱动程序从硬件传递到应用程序。相比之下，Windows 磁盘设备驱动提供的功能是复杂的。它不但管理单个磁盘，而且实现 RAID 阵列（参见 11.8 节）。为此，它将应用程序的读取或写入请求转变为一组协调的 I/O 操作。此外，它实现复杂的错误处理和数据恢复算法，并采取了许多步骤来优化磁盘性能。

I/O 功能到底应在哪里实现呢？是设备硬件，还是设备驱动程序，或是应用软件？有时我们可以观察到图 12.17 所示的进展。

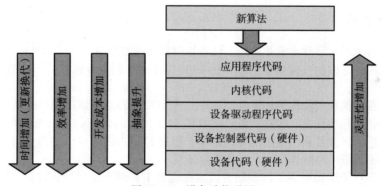

图 12.17　设备功能进展

- 最初，我们在应用程序级别上实现试验性的 I/O 算法，因为应用程序代码灵活，并且应用程序故障不太可能导致系统崩溃。再者，由于在应用程序层上开发代码，避免了因代码修改所需的重新启动或重新加载设备驱动程序。然而，应用程序级的实现可能低效，这是因为上下文切换的开销以及应用程序不能充分利用内部内核数据结构和内核功能（如高效内核消息传递、多线程和锁定等）。例如，FUSE 系统接口允许在用户模式下编写和运行文件系统。
- 当应用程序级别算法证明了其价值时，可以在内核中重新加以实现。这可以改善性能，但是由于操作系统内核是一个复杂且庞大的软件系统，开发工作更具挑战性。此外，内核实现必须彻底调试，以避免数据损坏和系统崩溃。
- 高性能可以通过设备或控制器的专用硬件实现来得到。硬件实现的不利因素包括：进一步改进或除去故障比较困难并且代价较大、开发时间增加了（数月而不是数天），以及灵活性降低了。例如，即便内核有关于负荷的特定信息以便改善 I/O 性能，RAID

　　硬件控制器可能没有任何方法以便内核改变单独块的读写顺序或者位置。

　　随着时间的推移，与计算的其他方面一样，I/O 设备的速度也在不断提高。非易失性存储设备越来越受欢迎，并且可用设备的种类越来越多。NVM 设备的速度从高速到超高速，下一代设备接近 DRAM 的速度。这些发展给 I/O 子系统和操作系统算法带来了越来越大的挑战，即充分利用现在可用的读/写速度。图 12.18 从 I/O 操作的容量和延迟两个维度展示了 CPU 和存储设备。图中添加了网络延迟的表示，以揭示网络添加到 I/O 的性能"税收"。

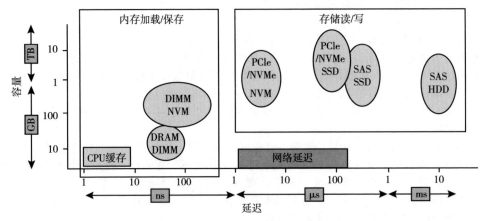

图 12.18　存储的 I/O 性能（和网络延迟）

12.8　本章小结

- 有关 I/O 的基本硬件要素是总线、设备控制器和设备本身。
- 设备与内存之间的数据移动工作是由 CPU 按程序控制 I/O 来执行，或转交到 DMA 控制器。
- 控制设备的内核模块称为设备驱动程序。应用程序的系统调用接口处理多种基本类型的硬件，包括块设备、字符设备、内存映射文件、网络套接字、可编程间隔定时器。系统调用通常会使调用进程阻塞，但是非阻塞和异步调用可以为内核自己所使用，也可以为不能等 I/O 操作完成的应用程序所使用。
- 内核的 I/O 子系统提供了许多服务。这些包括 I/O 调度、缓冲、缓存、假脱机、设备预留以及错误处理。另一个服务是名称转换，它可以在硬件设备和应用程序的符号文件名称之间建立连接。它包括多级映射，以便映射文件的字符串名称到特定设备驱动程序和设备地址，然后到 I/O 端口和总线控制器的物理地址。这一映射可以发生在文件系统名称空间内（如 UNIX），也可以在独立的设备名称空间内（如 MS-DOS）。
- 流提供了一种框架的实现和方法，以采用模块化和增量的方法来编写设备驱动程序和网络协议。通过流，驱动程序可以堆叠，数据可以按单向和双向来传输和处理。
- 由于物理设备和应用程序之间的多个软件层，I/O 系统调用消耗的 CPU 周期较多。这些层意味着多种开销：穿过内核保护边界的上下文切换、I/O 设备的信号和中断的处理、内核缓冲和应用程序空间之间的数据复制所需的 CPU 和内存系统的负载。

12.9　推荐读物

　　[Hennessy and Patterson（2012）]描述了多处理器系统和缓存一致性问题。[Intel（2011）]是 Intel 处理器的很好信息来源。

有关 PCIe 的详细信息，请访问 https://pcisig.com。有关 ACPI 的更多信息，请参阅 http://www.acpi.info。

将 FUSE 用于用户模式文件系统可能产生性能问题。对这些问题的分析，请参见 https://www.usenix.org/conference/fast17/technical-sessions/presentation/vangoor。

12.10　参考文献

[Hennessy and Patterson (2012)]　J. Hennessy and D. Patterson, *Computer Architecture: A Quantitative Approach*, Fifth Edition, Morgan Kaufmann (2012).

[Intel (2011)]　*Intel 64 and IA-32 Architectures Software Developer's Manual*, Combined Volumes: 1, 2A, 2B, 3A and 3B. Intel Corporation (2011).

12.11　练习

12.1　给出将功能放在设备控制器而不是内核中的三个优点和三个缺点。

12.2　12.2 节的握手示例使用了两个位：忙位和命令就绪位。是否可以仅用一位来实现这种握手？如果是，请描述协议。如果不是，请解释为什么一位不够。

12.3　为什么系统会使用中断驱动的 I/O 来管理单个串行端口，而使用轮询 I/O 来管理前端处理器（如终端集中器）？

12.4　如果处理器在 I/O 完成之前多次迭代忙等待循环，轮询 I/O 完成可能浪费大量 CPU 周期。但是如果 I/O 设备准备好服务，轮询比捕获和分派中断更有效。描述一种结合 I/O 设备服务的轮询、睡眠和中断的混合策略。对于这三种策略中的每一种（纯轮询、纯中断、混合），描述一种计算环境，使采用该策略比其他任何一种策略都更加有效。

12.5　DMA 如何提高系统并发性？它如何使得硬件设计更加复杂？

12.6　为什么随着 CPU 速度的增加，扩展系统总线和设备速度很重要？

12.7　在流操作中，区分驱动程序端和流模块。

12.12　习题

12.8　当源自不同设备的多个中断一起出现时，可以使用优先级方案来确定中断服务的顺序。当为不同中断赋予优先级时，讨论需要考虑什么问题。

12.9　支持内存映射 I/O 到设备控制寄存器的优点和缺点是什么？

12.10　考虑以下单用户 PC 的 I/O 场景：
　　　a. 用于图形用户界面的鼠标。
　　　b. 多任务操作系统的磁带驱动器（假定没有设备预分配）。
　　　c. 包含用户文件的磁盘驱动器。
　　　d. 与总线直接相连并且通过内存映射 I/O 访问的显卡。
　　　对于以上各种场景，你设计的操作系统如何采用缓冲、假脱机、缓存，或多种技术的组合？你会采用轮询检测 I/O 还是中断驱动 I/O？请给出你的选择理由。

12.11　对于大多数的多道程序系统，用户程序通过虚拟地址来访问内存，而操作系统采用原始物理地址来访问内存。对于由用户启动且由操作系统执行的 I/O 操作，这种设计意味着什么？

12.12　与处理中断相关的各种性能开销是多少？

12.13　描述应该采用阻塞 I/O 的三种情况。描述应该采用非阻塞 I/O 的三种情况。为什么不只实现非阻塞 I/O 而让进程忙等直到设备就绪？

12.14　通常，当设备 I/O 完成时，单个中断会被触发，并被主机处理器适当处理。然而，在某些情况下，I/O 完成时的执行代码可以分为两个独立的部分。第一部分在 I/O 完成后立即执行，并且安排第二个中断以便以后执行剩下的代码段。采用这种策略来设计中断处理程序的目的是什么？

12.15 有些 DMA 控制器支持直接虚拟内存访问，这时 I/O 操作的目标指定为虚拟地址，并且 DMA 执行虚拟地址和物理地址的转换。这会如何导致更加复杂的 DMA 设计？提供这种功能的优点是什么？

12.16 UNIX 通过管理共享内核数据结构来协调内核 I/O 组件，而 Windows 采用内核 I/O 组件之间的面向对象的消息传递。给出每种方法的三个优点和三个缺点。

12.17 采用伪代码编写虚拟时钟的实现，包括内核和应用程序的定时请求的队列和管理。假定硬件提供三个定时器通道。

12.18 讨论在流抽象中保证模块之间可靠传输数据的优点和缺点。

文件系统

文件是由创建者定义的相关信息的集合。文件由操作系统映射到物理设备。文件系统描述文件如何映射到物理设备，以及用户和程序如何访问和操作它们。

访问物理存储通常很慢，因此必须设计文件系统以便实现高效访问。其他要求也可能很重要，包括提供支持文件共享和远程文件访问。

文件系统接口

对于大多数用户而言，文件系统是通用操作系统内最为明显的部分。文件系统提供一种机制，以便对计算机操作系统与所有用户的数据及程序进行在线存储和访问。文件系统由两个部分组成：文件集合，每个文件存储相关数据；目录结构，用于组织系统内的所有文件并提供文件信息。文件系统位于存储设备之上，第 11 章对此进行了描述，下一章将会深入讨论。本章将研究文件和主要目录结构的各个方面，讨论在多个进程、用户和计算机之间共享文件的语义，最后讨论各种文件保护方法（当有多个用户访问文件，并且需要控制谁可以访问文件以及如何访问文件时，这是必要的）。

本章目标

- 解释文件系统的功能。
- 描述文件系统接口。
- 讨论文件系统的设计取舍，包括访问方法、文件共享、文件加锁及目录结构等。
- 探讨文件系统保护。

13.1 文件概念

计算机可以将信息存储在多种存储介质上，例如 NVM 设备、HDD、磁带和光盘。为了方便使用计算机系统，操作系统提供信息存储的统一逻辑视图。操作系统对存储设备的物理属性加以抽象，从而定义逻辑存储单位，即**文件**（file）。文件由操作系统映射到物理设备。这些存储设备通常是非易失性的，因此其内容在系统重新启动前后是持久保存的。

文件是记录在外存上的相关信息的命名组合。从用户角度来看，文件是逻辑外存的最小分配单元，也就是说，数据只有通过文件才能写到外存。通常，文件表示程序（源形式和目标形式）和数据。数据文件可以是数字的、字符的、字符数字的或二进制的。文件可以是自由形式的，例如文本文件，也可以是具有严格格式的。通常，文件为位、字节、行或记录的序列，其含义由文件的创建者和用户定义。因此，文件概念非常通用。

因为文件是用户和应用程序用来存储和检索数据的方法，而且如此通用，所以其使用已经超出了最初的范围。例如，UNIX、Linux 和其他一些操作系统提供 proc 文件系统，以采用文件系统接口来访问系统信息（例如进程详细信息）。

文件信息由创建者定义。文件可存储许多不同类型的信息，如源程序或可执行程序、数字或文本数据、照片、音乐、视频等。文件具有某种定义的结构，这取决于其类型。**文本文件**（text file）为按行（可能还有页）组织的字符序列，**源文件**（source file）为函数序列，每个函数包括声明和可执行语句。**可执行文件**（executable file）为一系列代码段，以供加载程序调入内存并执行。

13.1.1 文件属性

对文件进行命名可以方便人们使用，并且可以通过名称引用文件。名称通常为字符串，例如 example.c。有的系统区分名称内的大小写字符，而其他系统则不区分。当文件被命名后，就独立于进程、用户甚至创建它的系统。例如，一个用户可以创建文件 example.c，而另一个用户可以通过这个名称来编辑该文件。文件所有者可将文件写入 U 盘，或作为 Email 附件发送，或复制到网络上，并且在目标系统上该文件仍可称为 example.c。除非采用共享和同步方法，否则第二个副本独立于第一个副本，并且可以单独更改。

文件的属性因操作系统而异，但通常包括：

- **名称**：符号化的文件名称是以人类可读形式来保存的唯一信息。
- **标识符**：这种唯一标记（通常为数字）标识文件系统的文件，是非人类可读的名称。
- **类型**：支持不同类型文件的系统需要这种信息。
- **位置**：该信息为指向设备与设备上文件位置的指针。
- **大小**：该属性包括文件的当前大小（以字节、字或块为单位）以及可能允许的最大大小。
- **保护**：访问控制信息确定谁能进行读取、写入、执行等。
- **时间戳和用户标识**：文件创建、最后修改和最后使用的相关信息可以保存。这些数据用于保护、安全和监控。

有些较新的文件系统还支持**扩展文件属性**（extended file attribute），包括文件的字符编码和安全功能，如文件校验和。图 13.1 为 macOS 上的**文件信息窗口**（file info window），用于显示文件属性。

所有文件的信息都保存在目录结构中，该目录结构与文件本身位于同一设备。通常，目录条目由文件的名称及其唯一标识符组成。根据标识符可定位其他文件属性。记录每个文件的这些信息可能超过 1KB。在具有许多文件的系统中，目录本身的大小可能有数兆字节或数千兆字节。由于目录（如文件）必须是非易失性的，因此必须存储在设备上，并且通常会根据需要按块调入内存。

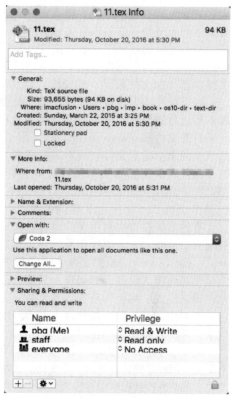

图 13.1　macOS 上的文件信息窗口

13.1.2　文件操作

文件为抽象数据类型。为了正确定义文件，需要考虑可以对文件执行的操作。操作系统可以提供系统调用来创建、打开、写入、读取、重新定位、删除及截断文件。下面讨论操作系统如何执行这 7 个基本文件操作。在此基础上，其他类似操作也很容易理解，如重命名文件。

- **创建文件**：创建文件需要两个步骤。首先，必须在文件系统中为文件找到空间。第 14 章会讨论如何为文件分配空间。其次，必须在目录中创建新文件的条目。

- **打开文件**：若让所有文件操作都指定一个文件名，则操作系统需要评估名称、检查访问权限等。实际上，所有操作（除创建和删除之外）都需要先打开（open()）文件。如果成功，调用 open() 将返回一个文件句柄，该句柄在其他调用中用作参数。

- **写文件**：为了写文件，使用一个系统调用指定打开的文件句柄和要写入文件的信息。根据给定的文件名称，系统搜索目录以查找文件位置。系统应保留**写指针**（write pointer），用于指向需要进行下次写操作的文件位置。每当发生写操作时，写指针必须被更新。

- **读文件**：为了读文件使用一个系统调用指定文件句柄和需要文件的下一个块应该放在哪里（在内存中）。同样，搜索目录以找到相关条目，系统需要保留一个**读指针**（read pointer），指向要进行下一次读取操作的文件位置（如果顺序读取）。一旦发生了读取，读指针必须被更新。因为进程通常从文件读取或写到文件，所以当前操作位置可以作为进程的**当前文件位置指针**（current-file-position pointer）。读和写操作都使用相同的指针，从而节省空间，降低系统的复杂度。

- **重新定位文件**：打开文件的当前文件位置指针被重新定位到给定值。重新定位文件不需要涉及任何实际的 I/O。这个文件操作也称为文件**定位**（seek）。
- **删除文件**：为了删除文件，在目录中搜索给定名称的文件。找到关联的目录条目后，释放所有文件空间，以便这些空间可以被其他文件重复使用，并删除目录条目或将其标记为空闲。请注意，某些系统允许硬链接，即同一文件具有多个名称（目录条目）。在这种情况下，在删除最后一个链接之前不会删除实际的文件内容。
- **截断文件**：用户可能想要删除文件的内容，但保留其属性。截断功能允许所有属性保持不变（除了文件长度），而非强制用户删除文件后再创建文件。然后可以将文件重置为零长度，并且可以释放文件空间。

这七个基本操作组成了所需文件操作的最小集合。其他常见操作包括将新信息附加到现有文件的末尾和重命名现有文件。然后，这些基本操作可以组合起来实现其他文件操作。例如，我们可以通过创建一个新文件，然后从旧文件中读取信息并将其写到新文件，来创建文件的副本。我们还需要可用于获取和设置文件的各种属性的操作。例如，可能需要能够确定文件状态（如文件长度）的操作，以及能够设置文件属性（如文件所有者）的操作。

以上提及的大多数文件操作都涉及搜索目录，以得到命名文件的相关条目。为了避免这种不断进行的搜索，许多系统要求在首次使用文件之前进行系统调用 open()。操作系统有一个**打开文件表**（open-file table），用于维护所有打开文件的信息。当请求文件操作时，可通过该表的索引指定文件，而不需要搜索。当文件最近不再使用时，进程关闭它，操作系统从打开文件表中删除相关条目，可能会释放锁。系统调用 create()（创建）和 delete()（删除），用于关闭文件（而非打开文件）。create() 是一个创建文件的系统调用，delete() 是一个与 close 一起工作的系统调用。

有的系统在首次引用文件时会隐式地打开它。当打开文件的作业或程序终止时，将自动关闭它。然而，大多数操作系统要求程序员在使用文件之前通过系统调用 open() 显式地打开它。操作 open() 根据文件名搜索目录，以将目录条目复制到打开文件表。调用 open() 也会接受访问模式信息，如创建、只读、读写、只附加等。根据文件权限检查这些模式。如果允许请求模式，则会为进程打开文件。系统调用 open() 通常返回一个指针，以指向打开文件表的对应条目。这个指针而不是实际的文件名会用于所有 I/O 操作，以避免任何进一步的搜索，并简化系统调用接口。

对于多个进程可以同时打开文件的环境，操作 open() 和 close() 的实现更加复杂。在多个不同的应用程序同时打开同一个文件的系统中，这种情况可能发生。通常，操作系统采用两级的内部表：单个进程表和整个系统表。单个进程表跟踪各自打开的所有文件，所存的是进程对文件的使用信息。例如，每个文件的当前文件指针就存在这里，文件访问权限和记账信息也存在这里。

单个进程表的每个条目相应地指向整个系统的打开文件表。系统表包含与进程无关的信息，如文件在磁盘上的位置、访问日期和文件大小。一旦有进程打开了一个文件，系统表就包含该文件的条目。当另一个进程执行调用 open() 时，只需简单地在其进程打开表中增加一个条目，并指向系统表的相应条目。通常，系统打开文件表为每个文件关联一个**打开计数**（open count），用于表示多少进程打开了这个文件。每次 close() 递减打开计数，当打开计数为 0 时，表示不再使用该文件，并且可从系统打开文件表中删除这个文件条目。

总而言之，每个打开的文件具有如下关联信息：

- **文件指针**：对于没有将文件偏移作为系统调用 read() 和 write() 的参数的系统，系统必须跟踪上次读写位置，以作为当前文件位置指针。该指针对操作文件的每个进程是唯一的，因此必须与磁盘文件属性分开保存。
- **文件打开计数**：当文件关闭时，操作系统必须重新使用其打开文件表的条目，否则表的空间会不够用。多个进程可能打开同一文件，这样在删除其打开文件表的条目之前，系统必须等待最后一个进程关闭这个文件。文件打开计数跟踪打开和关闭的次数，在最后关闭时为 0。然后，系统可以删除这个条目。

- **文件位置**：大多数文件操作都需要系统在文件中读取或写入数据。定位文件所需的信息（无论位于何处，不管是在大容量存储器上，在网络文件服务器上，还是在 RAM 驱动器上）都保存在内存中，这样系统就不必为每个操作从目录结构中读取信息。
- **访问权限**：每个进程采用访问模式打开文件。这种信息保存在进程的打开文件表中，操作系统据此可以允许或拒绝后续的 I/O 请求。

有的操作系统提供锁定打开文件（或文件的部分）的功能。文件锁（file lock）允许进程锁定文件，以防止其他进程访问该文件。文件锁对于多个进程共享的文件很有用，例如，系统中的多个进程可以访问和修改的系统日志文件。

文件锁提供类似于 7.1.2 节所述的读者-作者锁。**共享锁**（shared lock）类似于读者锁，以便多个进程可以并发获取。**独占锁**（exclusive lock）类似于作者锁，一次只有一个进程可以获取。请注意，并非所有操作系统都提供这两种类型的锁，有些系统仅提供独占文件锁。

另外，操作系统可以提供**强制**（mandatory）或**建议**（advisory）文件锁定机制。采用强制锁定时，一旦进程获取独占锁，操作系统就阻止任何其他进程访问锁定的文件。例如，假设有一个进程获取了文件 system.log 的独占锁。如果另一进程（如文本编辑器）尝试打开 system.log，则操作系统将阻止访问，直到独占锁被释放。或者，如果锁是建议性的，则操作系统不会阻止文本编辑器获取对 system.log 的访问。相反，必须编写文本编辑器，以便在访问文件之前手动获取锁。换句话说，如果锁定方案是强制性的，则操作系统确保锁定完整性。对于建议锁定，软件开发人员应确保适当地获取和释放锁。通常，Windows 操作系统采用强制锁定，UNIX 系统采用建议锁定。

与普通进程同步一样，需要谨慎使用文件锁定。例如，程序员在具有强制锁定的系统上进行开发时，应小心地确保只有在访问文件时才锁定独占文件。否则，将阻止其他进程对文件的访问。此外，必须采取一些措施来确保两个或更多进程在尝试获取文件锁时不会卷入死锁。

Java 的文件锁定

获取锁的 Java API 需要首先获得所要访问文件的 FileChannel。FileChannel 的方法 lock() 用于获取锁。lock() 方法的 API 为

```
FileLock lock(long begin,long end,boolean shared)
```

其中 begin 和 end 是锁定区域的开始和结束位置。对于共享锁，将 shared 设为 true；对于独占锁，将 shared 设为 false。通过调用由操作 lock() 返回的 FileLock 的方法 release() 来释放锁。

图 13.2 中的程序演示了 Java 的文件锁定。这个程序获取文件 file.txt 的两个锁。文件的前半部分获取独占锁，后半部分的锁为共享锁。

```java
import java.io.*;
import java.nio.channels.*;

public class LockingExample{
  public static final boolean EXCLUSIVE=false;
  public static final boolean SHARED=true;

  public static void main(String args[])throws IOException{
    FileLock sharedLock=null;
    FileLock exclusiveLock=null;
```

图 13.2 Java 的文件锁定示例

```
try {
  RandomAccessFile raf=new RandomAccessFile (" file.txt"," rw" );

  //get the channel for the file
  FileChannel ch=raf.getChannel ();

  //this locks the first half of the file-exclusive
  exclusiveLock=ch.lock (0, raf.length () /2, EXCLUSIVE);

  /**Now modify the data...*/

  //release the lock
  exclusiveLock.release ();

  //this locks the second half of the file-shared
  sharedLock=ch.lock (raf.length () /2+1, raf.length (), SHARED);

  /**Now read the data...*/

  //release the lock
  sharedLock.release ();
} catch (java.io.IOException ioe) {
  System.err.println (ioe);
}
finally {
  if (exclusiveLock! =null)
        exclusiveLock.release ();
  if (sharedLock! =null)
        sharedLock.release ();
  }
 }
}
```

图 13.2   Java 的文件锁定示例（续）

13.1.3   文件类型

设计文件系统（甚至整个操作系统）时，总是需要考虑操作系统是否应该识别和支持文件类型。如果操作系统可识别文件的类型，则就能按合理的方式来操作文件。例如，一个经常发生的错误就是，用户尝试输出二进制目标形式的程序。这种尝试通常会产生垃圾，然而，如果操作系统已得知一个文件是二进制目标程序，则尝试可以成功。

实现文件类型的常见技术是将类型作为文件名的一部分。文件名分为名称和扩展两部分，通常由句点分开（见图 13.3）。这样，用户和操作系统仅从文件名就能得知文件的类型。大多数操作系统允许用户将文件名作为字符序列，后跟一个句点，再以由附加字符组成的扩展名结束。示例包括 resume.docx、server.c 和 ReaderThread.cpp。

操作系统使用扩展名来指示文件类型和可用于文件的操作类型。例如，只有扩展名为 .com、.exe 或 .sh 的文件才能执行。.com 和 .exe 文件是两种二进制可执行文件的形式，而 .sh 文件是**外壳脚本**（shell script），包含 ASCII 格式的操作系统命令。应用程序也使用扩展名来表示所感兴趣的文件类型。例如，Java 编译器的源文件具有扩展名 .java，Microsoft Word 字处理程序的文件以扩展名 .doc 或 .docx 结束。这些扩展名并非必需的，因此用户可以不用扩展名来指明文件，应用程序会根据给定的名称和预期的扩展名来查找文件。因为这些扩展名没有操作系统的支持，所以只能作为应用程序的"提示"。

下面考虑 macOS 操作系统。这个系统的每个文件都有类型，例如 .app（用于应用程序）。每个文件还有一个创建者属性，用来包含创建者的程序名称。这种属性是操作系统在调用 create() 时设置的，因此其使用由系统强制和支持。例如，由字处理器创建的文件采用字处理器名称作为创建者。当用户在表示文件的图标上双击鼠标以打开文件时，就会自动调用字处理器，并加载文件以便编辑。

文件类型	常用扩展	功能
可执行	exe、com、bin 或无	可运行的机器语言程序
对象	obj、o	已编译、机器语言、未链接的
源代码	c、cc、java、perl、asm	各种语言的源代码
批处理	bat、sh	命令到命令解释器
标记	xml、html、tex	文本数据、文档
文字处理器	xml、rtf、docx	各种文字处理器格式
库	lib、a、so、dll	程序员的例程库
打印或阅读	gif、pdf、jpg	用于打印或阅读的 ASCII 或二进制格式文件
归档	rar、zip、tar	相关文件组合成一个文件，有时压缩，用于归档或存储
多媒体	mpeg、mov、mp3、mp4、avi	包含音频或 A/V 信息的二进制文件

图 13.3　常见文件类型

UNIX 系统使用存储在某些二进制文件开头的**幻数**（magic number）来表示文件中的数据类型（例如，图像文件的格式）。同样，文本文件的开头使用一个文本幻数来指示文件的类型（脚本是用哪种 shell 语言编写的）。（有关幻数和其他计算机术语的更多详细信息，请参阅 http://www.catb.org/esr/jargon/。）并非所有文件都有幻数，因此系统功能不能仅仅基于这种信息。UNIX 不记录创建程序的名称。UNIX 允许文件名扩展提示，但是操作系统既不强制也不依赖这些扩展名——这些扩展名主要用于帮助用户确定文件内容的类型。扩展名可以由给定的应用程序采用或忽略，但这是由应用程序的开发者决定的。

13.1.4　文件结构

文件类型也可用于指示文件的内部结构。源文件和目标文件具有一定的结构，以便匹配读取程序的需求。此外，有些文件必须符合操作系统理解的所需结构。例如，操作系统要求可执行文件具有特定的结构，以便可以确定将文件加载到内存的哪里以及第一条指令的位置是什么。有些操作系统将这种想法扩展到系统支持的一组文件结构，以便采用特殊操作来处理具有这些结构的文件。

让操作系统支持多个文件结构存在一个缺点：使操作系统变得庞大而笨重。如果操作系统定义了 5 个不同的文件结构，则需要包含代码以支持这些文件结构。此外，可能需要将每个文件定义为操作系统支持的文件类型之一。如果新应用程序需要按操作系统不支持的方式来组织信息，则可能导致严重的问题。

例如，假设系统支持两种类型的文件：文本文件（由回车符和换行符分隔的字段组成）和可执行的二进制文件。现在，如果我们（作为用户）想要定义一个加密的文件，以保护内容不被未经授权的人读取，那么可能会发现两种文件类型都不合适。加密文件不是 ASCII 文本行，而（看起来）是随机位。虽然加密文件看起来是二进制文件，但不是可执行的。因此，我们可能要么必须绕过或滥用操作系统文件类型机制，要么放弃加密方案。

有些操作系统强加（并支持）最小数量的文件结构。UNIX、Windows 等都采用这种方案。UNIX 认为每个文件为 8 位字节序列，而操作系统并不对这些位做出解释。这种方案提供了最大的灵活性，但是支持很少。每个应用程序必须包含自己的代码，以便按适当的结构来解释输入文件。但是，所有操作系统必须支持至少一种结构，即可执行文件的结构，以便系统能够加载和运行程序。

13.1.5　内部文件结构

在内部，定位文件的偏移对操作系统来说可能比较复杂。磁盘系统通常具有明确定义的块大小，这是由扇区大小决定的。所有磁盘 I/O 以块（物理记录）为单位执行，而所有块的大小相同。物理记录大小不太可能刚好匹配期望的逻辑记录的长度。逻辑记录的长度甚至可能不同。通常的解决方案是将多个逻辑记录包装到物理块中。

例如，UNIX 操作系统将所有文件定义为简单的字节流。每个字节可以通过从文件开始（或结束）的偏移来单独寻址。在这种情况下，逻辑记录大小为 1 字节。根据需要，文件系统通常会自动将字节打包以存入物理磁盘块，或从磁盘块中解包得到字节（每块可为 512 字节）。

逻辑记录大小、物理块大小和打包技术确定了每个物理块可有多少逻辑记录。打包可以通过用户应用程序或操作系统来完成。不管在何种情况下，文件都可被当作块的序列。所有基本 I/O 功能都以块为单位来进行。从逻辑记录到物理块的转换是个相对简单的软件问题。

由于磁盘空间总是以块为单位来分配，因此每个文件的最后一块的某些部分通常会被浪费。例如，如果每个块是 512 字节，则 1949 字节的文件将分得 4 个块（2048 字节），最后 99 字节就浪费了。以块（而不是字节）为单位来保存所有内容时浪费的字节称为内部碎片。所有文件系统都有内部碎片，块越大，内部碎片也越大。

13.2　访问方法

文件存储信息。在使用时，必须访问这种信息，并将其读到计算机内存。文件信息可按多种方式来访问。有些系统只为文件提供一种访问方法，而其他系统（例如大型机操作系统）支持多种访问方法，为特定应用选择正确方法是个重要的设计问题。

13.2.1　顺序访问

最简单的访问方法是**顺序访问**（sequential access），文件信息按顺序（一个记录接着一个记录地）加以处理。这种访问模式是目前最常见的，例如，编辑器和编译器通常以这种方式访问文件。

读和写构成文件的大部分操作。读操作（如 read_next()）读取文件的下一部分，并且自动前移文件指针以便跟踪 I/O 位置。类似地，写操作（如 write_next()）会在文件的结尾附加内容，并前移到新写材料的末尾（文件的新结尾）。这样的文件可以被重置到开始。有些系统可以向前或向后跳过 n 个记录，这里 n 为某个整数（可能 n 仅为 1）。图 13.4 所示的顺序访问是基于文件的磁带模型，它不但适用于顺序访问设备，也适用于随机访问设备。

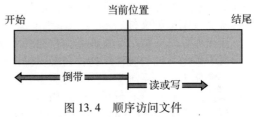

图 13.4　顺序访问文件

13.2.2　直接访问

另一种访问方法是**直接访问**（direct access）或**相对访问**（relative access）。这里，文件由固定长度的**逻辑记录**（logical record）组成，以允许程序按任意顺序快速读取和写入记录。直接访问方法基于文件的磁盘模型，因为磁盘允许对任何文件块的随机访问。对于直接访问，文件可作为块或记录的编号序列。因此，可以先读取块 14，再读取块 53，最后再写块 7。对于直接访问文件的读取或写入的顺序没有限制。

对于大量信息的立即访问，直接访问文件极为有用。数据库通常是这种类型的。当需要查询特定主题时，首先计算哪个块包含答案，然后直接读取相应块以提供期望的信息。

举一个简单的例子，对于一个航班订票系统，可以将特定航班（如航班 713）的所有信息存储在由航班号标识的块中。因此，航班 713 的空位数量保存在订票文件的块 713 上。为了存储更大集合（例如人群）的信息，可以根据人名计算一个哈希函数，或者搜索位于内存的索引以确定需要读取和搜索的块。

对于直接访问方法，必须修改文件操作以便包括块号作为参数。因此，有 read (n)，其中 n 是块号，而不是 read_next()；有 write (n)，而不是 write_next()。另一种方法是保留 read_next() 和 write_next()，并增加操作 position_file(n)，其中 n 是块号。这样，为了实现 read (n)，可先执行 position_file (n)，再执行 read_next()。

用户提供给操作系统的块号通常为**相对块号**（relative block number）。相对块号是相对于文件开头的索引。因此，文件的第一相对块是 0，下一块是 1，等等，尽管第一块的真正绝对磁盘地址可能为 14703，下一块为 3192。使用相对块号允许操作系统决定文件应放置在哪里（称为**分配问题**（allocation problem），将在第 14 章中讨论），以阻止用户访问不属于其文件的其他文件系统部分。有的系统的相对块号从 0 开始，其他的从 1 开始。

那么系统如何满足对某个文件的记录 N 的请求呢？假设逻辑记录长度为 L，则记录 N 的请求可转换为从文件位置 $L \times (N)$ 开始的 L 字节的请求（设第一记录为 $N=0$）。由于逻辑记录为固定大小，所以也容易读、写和删除记录。

并非所有操作系统都支持文件的顺序和直接访问。有的系统只允许顺序文件访问，也有的只允许直接访问。有的系统要求在创建文件时将其定义为顺序的或直接的。这样的文件只能按与规定相符的方式来访问。可以通过保持当前位置的变量 cp，轻松模拟对直接访问文件的顺序访问，如图 13.5 所示。然而，在顺序访问文件上模拟直接访问文件是非常低效和笨拙的。

顺序访问	直接访问的实现
reset	cp = 0;
read_next	read cp; cp = cp + 1;
write_next	write cp; cp = cp + 1;

图 13.5 对直接访问文件的顺序访问的模拟

13.2.3 其他访问方法

其他访问方法可以建立在直接访问方法之上。这些访问通常涉及创建文件索引。**索引**（index）包括各块的指针。为了在文件中查找记录，首先搜索索引，然后根据指针直接访问文件并且找到所需记录。

例如，零售价格文件中可能列出商品的通用产品代码（Universal Product Codes，UPC）及相关价格。每条记录包括 10 位数的 UPC 和 6 位数的价格，共占 16 字节。如果每个磁盘块有 1024 字节，则可存 64 条记录。具有 120 000 条记录的文件将占用大约 2000 块（200 万字节）。通过按 UPC 排序文件，可以定义一个索引，以便包括每块的首条 UPC。该索引有 2000 个条目，每个条目为 10 个数字，共计 20 000 字节，因此可以保存在内存中。为了找到特定商品的价格，可以对索引进行二分搜索。通过这种搜索，可以准确知道哪个块包括所需记录，并访问该块。这种结构允许仅仅通过少量 I/O 就能搜索巨大的文件。

对于大文件，索引文件本身可能变得太大而无法保存在内存中。一种解决方案是为索引文件创建索引。主索引文件包含指向辅助索引文件的指针，而辅助索引文件包含指向实际数据项的指针。

例如，IBM 的索引顺序访问方法（Indexed Sequential-Access Method，ISAM）采用小型主索引指向辅助索引的磁盘块，辅助索引块指向实际文件块，而文件按定义的键来排序。为了找到特定的数据项，首先二分搜索主索引以得到辅助索引的块号。然后读入该块，再次通过二分搜索找到包含所需记录的块。最后，按顺序搜索该块。这样，根据记录的键，通过至多两次直接访问就可定位记录。图 13.6 显示了一个类似情况，这是通过 OpenVMS 索引和相关文件来实现的。

13.3　目录结构

目录可视为符号表，以文件名称转成目录条目。因此，可按多种方式来组织目录。这种组织允许我们插入条目、删除条目、搜索命名条目以及列出所有目录条目等。本节讨论用于定义目录系统逻辑结构的多种方案。

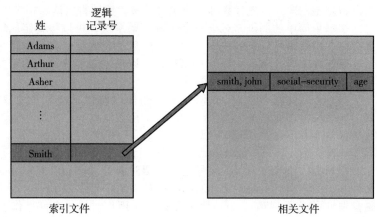

图 13.6　索引和相关文件示例

考虑特定目录结构时，不应忘记可对目录执行的操作：

- **搜索文件**：需要能够搜索目录结构，以查找特定文件的条目。由于文件具有符号名称，并且类似名称可以指示文件之间的关系，所以可能需要查找文件名称匹配特定模式的所有文件。
- **创建文件**：需要创建新的文件，并将其添加到目录。
- **删除文件**：当不再需要文件时，希望能够从目录中删除它。请注意，删除会在目录结构中留下一个孔，文件系统可能有方法对目录结构进行碎片整理。
- **遍历目录**：需要能够遍历目录内的文件，以及目录内每个文件的目录条目的内容。
- **重命名文件**：由于文件名称可向用户指示文件内容，因此当文件内容和用途改变时，名称也应改变。重命名文件也允许改变其在目录结构中的位置。
- **遍历文件系统**：可能希望访问每个目录和目录结构内的每个文件。为了提高可靠性，定期备份整个文件系统的内容和结构是个好主意。这种技术提供了备份副本，以防止系统出错。此外，当某个文件不再使用时，可将其复制到其他存储设备上，这样原来占用的磁盘空间可以释放以供其他文件使用。

下面讨论定义目录逻辑结构的最常见方案。

13.3.1　单级目录

最简单的目录结构是单级目录。所有文件都包含在同一目录中，这很容易支持和理解（见图 13.7）。

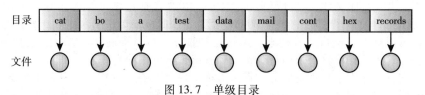

图 13.7　单级目录

然而，当文件数量增加或系统有多个用户时，单级目录的限制会比较严重。因为所有文件位于同一目录中，所以文件必须具有唯一的名称。如果两个用户都将数据文件命名为 `test.txt`，则违反唯一名称规则。例如，在一个班级中，23 个学生将第 2 次作业称为 `prog2.c`，而另外 11 个学生称其为 `assign2.c`。幸运的是，大多数文件系统支持长达 255

个字符的文件名,因此选择唯一的文件名称还是相对容易的。

随着文件数量的增加,即使单级目录的单个用户也很难记住所有文件的名称。通常,一个用户在一个计算机系统上有数百个文件,而在另外一个系统上也有同样数量的其他文件。跟踪这么多文件是个艰巨的任务。

13.3.2 两级目录

正如我们已经看到的,单级目录常常导致混乱的文件名。标准解决方案是为每个用户创建一个单独的目录。

对于两级目录结构,每个用户都有自己的**用户文件目录**(User File Directory,UFD)。这些 UFD 具有类似的结构,但是只列出了单个用户的文件。当用户作业开始或用户登录时,搜索系统的**主文件目录**(Master File Directory,MFD)。通过用户名或账户可索引 MFD,每个条目指向该用户的 UFD(见图 13.8)。

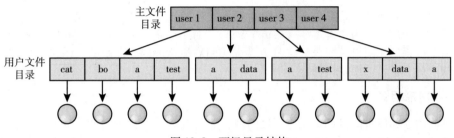

图 13.8 两级目录结构

当用户引用特定文件时,只搜索自己的 UFD。因此,不同用户可能拥有相同名称的文件,只要每个 UFD 中的所有文件名都是唯一的。当用户创建文件时,操作系统只要搜索该用户的 UFD,便可确定是否存在同样名称的文件。在删除文件时,操作系统只在局部 UFD 中进行搜索,因此不会意外删除另一个用户的具有相同名称的文件。

用户目录本身必须根据需要加以创建和删除。为此,可运行一个特别的系统程序,再加上适当的用户名和账户信息。该程序创建一个新的 UFD,并在 MFD 中为其增加一项。可能只有系统管理员才能执行这个程序。对于用户目录的磁盘空间的分配,可以采用第 14 章所述的技术。

虽然两级目录结构解决了名称重复问题,但是仍有缺点。这种结构有效地将一个用户与另一个用户隔离。当用户需要完全独立时,隔离是个优点;然而当用户需要在某个任务上进行合作并且访问彼此的文件时,隔离却是个缺点。有的系统根本不允许本地用户文件被其他用户访问。

如果允许访问,则一个用户必须能够命名另一个用户目录中的文件。为了唯一命名位于两级目录内的特定文件,我们必须给出用户名和文件名。两级目录可以被视作高度为 2 的树或倒置树。树根是 MFD,树根的直接后代为 UFD,UFD 的后代为文件本身,文件为树的叶。指定用户名和文件名定义了在树中从根(MFD)到叶(指定的文件)的路径。因此,用户名和文件名定义了**路径名**(path name)。系统内的每个文件都有一个路径名。为了唯一地命名文件,用户必须知道所需文件的路径名。

例如,如果用户 A 需要访问自己的名为 test.txt 的测试文件,可简单地采用 test.txt。然而,为了访问用户 B(目录条目名为 userb)的名为 test.txt 的文件,则必须采用 /userb/test.txt。每个系统都有特定语法来引用不属于用户自己目录内的文件。

指定文件的卷需要另外的语法。例如,Windows 的卷表示为一个字母后跟冒号的形式。因此,文件指定可能是 C:\userb\test。有的系统做得更细,以区分指定的卷名、目录名

和文件名。例如，OpenVMS 的文件 login.com 可能指定为 u：[sst.crissmeyer]
login.com；1，其中 u 是卷名称，sst 是目录名称，crissmeyer 是子目录名称，1 是文
件的版本号。UNIX 和 Linux 等其他系统只是将卷名称作为路径名称的一部分。名字开头给出
的是卷名称，剩下的是目录和文件名称。例如，/u/pgalvin/test 可能表示卷 u、目录
pgalvin 和文件 test。

这种情况的一个特例是关于系统文件的。作为系统一部分的程序，如加载器、汇编器、
编译器、工具程序、库等，通常被定义为文件。向操作系统给出适当的命令时，这些文件由
加载器读入，然后执行。许多命令解释程序只是将这样的命令视为文件的名称，以便加载和
执行。如果目录系统按以上方式定义，则在当前 UFD 中搜索这个文件名称。一种解决方案是
将系统文件复制到每个 UFD。然而，复制所有系统文件会浪费大量的空间。（如果系统文件
需要 5MB，那么 12 个用户就需要 5×12=60MB，以存储系统文件的副本。）

标准解决方案是稍稍修改搜索步骤。一个特殊的用户目录被定义成包含系统文件（例
如，用户 0）。每当需要加载给定名称的文件时，操作系统首先搜索本地 UFD。如果找到，则
使用它。如果没有找到，系统自动搜索包含系统文件的特殊用户目录。用于搜索给定名称的
文件所用的目录序列称为**搜索路径**（search path）。对于给定的命令名称，搜索路径可以扩展
到包含需要搜索的无限目录列表。这种方法是 UNIX 和 Windows 常用的。系统也可以设计成
让每个用户都有自己的搜索路径。

13.3.3 树形目录

一旦明白了如何将两级目录视为两级的树，那么自然可将目录结构扩展到任意高度的树
（见图 13.9）。这种推广允许用户创建自己的子目录并相应地组织文件。树是最常见的目录结
构，树中有一个根目录，系统内的每个文件都有唯一的路径名。

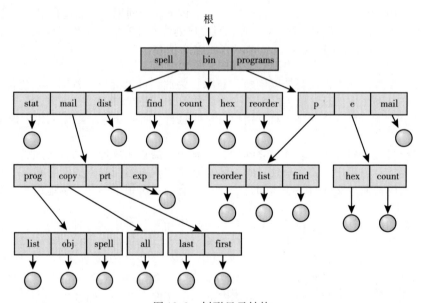

图 13.9 树形目录结构

目录（或子目录）包括一组文件或子目录。在许多实现中，目录只不过是一个文件，但
是按特殊方式处理的。所有目录具有同样的内部格式。每个目录条目都有一位来将条目定义
为文件（0）或子目录（1）。通过特殊的系统调用可创建和删除目录。此时，操作系统（或
文件系统代码）实现了另一种文件格式，即目录格式。

通常，每个进程都有一个当前目录。**当前目录**（current directory）包括进程当前感兴趣

的大多数文件。当引用一个文件时，就搜索当前目录。如果所需文件不在当前目录中，那么用户通常必须指定一个路径名或将当前目录改变为包括所需文件的目录。为了改变目录，用户可使用系统调用以重新定义当前目录，该系统调用需要有一个目录名作为参数。因此，每当需要时，用户就可以改变当前目录。其他系统由应用程序（例如，shell）来跟踪和操作当前目录，因为每个进程可能有不同的当前目录。

当用户进程开始时或用户登录时，用户登录 shell 的初始当前目录是指定的。操作系统搜索账户文件（或其他预先定义的位置），以得到该用户的相关条目（便于记账）。账户文件中有用户初始目录的指针（或名称）。该指针可复制到此用户的局部变量，以指定初始当前目录。这个 shell 可以产生其他进程。任何子进程的当前目录通常是生成它的父进程的当前目录。

路径名可有两种形式：绝对路径名和相对路径名。在 UNIX 和 Linux 中，**绝对路径名**（absolute path name）从根开始（由"/"指定），遵循一个路径到指定文件，并给出路径上的目录名。**相对路径名**（relative path name）从当前目录开始定义一个路径。例如，在图 13.9 所示的树形文件系统中，如果当前目录是 /spell/mail，则相对路径名为 prt/first 与绝对路径名 /spell/mail/prt/first 指向同一文件。

允许用户定义自己的子目录，从而按一定结构来组织文件。这种结构可能导致不同的目录关联不同主题的文件（例如，创建一个子目录以包括本书的内容）或不同形式的信息。例如，目录 programs 可以包含源程序，而目录 bin 可以包含所有二进制程序。（可执行文件在许多系统中被称为"二进制文件"，这导致它们被存储在 bin 目录中。）

树形目录对删除目录的处理方式值得一提。如果目录为空，则包含它的目录条目可被直接删除。然而，如果要删除的目录不为空，而是包括多个文件或子目录，则有两种选择。有的系统不能删除目录，除非它是空的。因此，要删除目录，用户必须首先删除该目录内的所有文件。如果有任何子目录存在，则必须对它们递归应用此过程，以便完成删除操作。这种方法可能会导致大量的工作。另一种方法（例如 UNIX 的命令 rm 所采取的操作）提供一个选项：当请求删除目录时，所有目录的文件和子目录也要删除。任何一种方法都很容易实现，怎么选择是个策略问题。后一种策略更方便，但是也更危险，因为用一个命令可以删除整个目录结构。如果错误地使用了这个命令，则需要从备份磁盘中恢复大量的文件和目录（假设存在备份）。

采用树形目录系统时，用户除了可以访问自己的文件外，还可以访问其他用户的文件。例如，用户 B 可以通过指定用户 A 的路径名来访问用户 A 的文件。用户 B 可以使用绝对路径名或相对路径名。或者，用户 B 可以将其当前目录改变为用户 A 的目录，进而直接采用文件名来访问文件。

13.3.4 无环图目录

考虑两个程序员正在开展合作项目。与该项目相关联的文件可以保存在一个子目录中，以区分两个程序员的其他项目和文件。但是，两个程序员平等地负责该项目，都希望该子目录在自己的目录内。在这种情况下，公共子目录应该共享。共享的目录或文件可同时位于文件系统的两个（或多个）地方。

树结构禁止共享文件或目录。**无环图**（acyclic graph）即没有循环的图，允许目录共享子目录和文件（见图 13.10）。同一文件或子目录可出现在两个不同的目录中。无环图是树形目录方案的扩展。

特别注意，共享的文件（或目录）不同于该文件的两个副本。对于两个副本的情况，每个程序员可以查看副本而不是原件，但如果有一个程序员更改了文件，则更改将不会出现在其他的副本中。对于共享文件的情况，只存在一个实际的文件，因此一个用户所做的任何更改都会立即被其他用户看到。共享对于子目录尤其重要，由一个用户创建的新文件会自动出现在所有的共享子目录中。

在团队工作中，想要共享的所有文件可以放到一个目录中。每个团队成员的 UFD 可以将共享文件的这个目录作为子目录。即使在单个用户的情况下，用户的文件组织可能需要将一些文件放置在不同的子目录中。例如，为特定项目编写的程序应该不但位于所有程序的目录中，而且位于该项目的目录中。

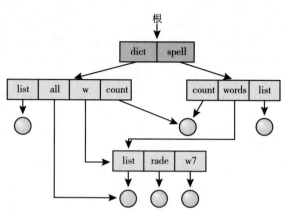

图 13.10　无环图目录结构

共享文件和目录的实现方法有多种。一种常见的方法（例如许多 UNIX 系统所采用的）是创建一个名为链接的新目录条目。**链接**（link）实际上是另一文件或子目录的指针。例如，链接可以用绝对路径或相对路径的名称来实现。当引用一个文件时，就搜索目录。如果目录条目被标记为链接，则真实文件的名称包括在链接信息中。采用该路径名来**解析**（resolve）链接，定位真实文件。链接可通过目录条目格式（或通过特殊类型）加以标识，它实际上是具有名称的间接指针。在遍历目录树时，操作系统忽略这些链接以维护系统的无环结构。

实现共享文件的另一种常见方法是在两个共享目录中复制有关它们的所有信息。因此，两个条目相同且相等。考虑一下这种方法与创建链接的区别。链接显然不同于原来的目录条目，因此，两者不相等。然而，复制目录条目使得原件和副本难以区分。复制目录条目的一个主要问题是在修改文件时要维护一致性。

无环图目录的结构比简单的树结构更灵活但也更复杂，有些问题必须仔细考虑。文件现在可以有多个绝对路径名。因此，不同的文件名可以指相同的文件。这种情况类似编程语言的别名问题。当试图遍历整个文件系统时，如查找一个文件、统计所有文件或将所有文件复制到备份存储等，这个问题变得很重要，因为我们不想一次次地遍历共享结构。

另一个问题涉及删除。共享文件的分配空间何时可以被释放和重用？一种可能性是，只要有用户删除共享文件时，系统就删除它；但是这种操作可能留下悬挂指针，以指向已不存在的文件。更糟糕的是，如果剩余文件指针包含实际磁盘地址，而该空间随后被其他文件重用，则这些悬挂指针可能指向其他文件的中间。

在通过符号链接实现共享的系统中，这种情况较易处理。删除链接不影响原始文件，而只有链接被删除。如果文件条目本身被删除，文件的空间就被释放，链接就悬空。我们可以搜索这些链接并删除它们，但是除非每个文件都保持一个关联的链接列表，否则这种搜索可能是昂贵的。或者，可以先不管这些链接，直到尝试使用链接时，从而确定由链接给出名称的文件不存在，无法解析链接名称——访问被视作文件名称是非法的。（在这种情况下，如果一个文件被删除，并且在其符号链接被引用之前创建另一个同名的文件，则系统设计者应仔细考虑该如何操作。）对于 UNIX，当文件被删除时，其符号链接保留，用户需要自己意识到原来的文件已被删除或已替换。Microsoft Windows 使用同样的方法。

另一种删除方法是保留文件，直到它的所有引用都被删除。为了实现这种方法，必须有一种机制来确定文件的最后一个引用已被删除。对于每个文件（目录条目或符号链接），可以保留所有引用的一个列表。在创建目录条目的链接或副本时，会向文件引用列表添加一个新的条目。在删除链接或目录条目时，会从列表上删除它的条目。当文件引用列表为空时，会删除这个文件。

这种方法的麻烦之处在于可变的、可能很大的文件引用列表。然而，实际上并不需要保留整个文件列表，而只需要保留文件的引用计数。添加新的链接或目录条目增加引用计数，删除链接或条目递减计数。当计数为 0 时，文件可被删除，并且没有其他的引用。UNIX 操作系统对非符号链接（或**硬链接**（hard link））采用这种方法，在文件信息块（或 inode）中包含引用计数。通过禁止对目录的多重引用，可以维护无环图结构。

为了避免上述问题，有些系统不允许共享目录或链接。

13.3.5 通用图目录

采用无环图结构的一个严重问题是需要确保没有环。如果从两级目录开始允许用户创建子目录，则产生了树形目录。应该很容易看到，对现有树形目录简单地增加新文件和子目录可保留树形性质。然而，添加链接会破坏树结构，从而形成一个简单的图结构（见图 13.11）。

无环图的主要优点是，有相对简单的算法以遍历图并确定何时没有更多的文件引用。出于性能方面的原因，需要尽可能地避免重复遍历无环图的共享部分。如果刚刚搜索了一个主要的共享子目录以查找特定文件，但是没有找到，则需要避免再次搜索该子目录——再次搜索会浪费时间。

如果允许目录中有环，则无论从正确性或性能角度而言，同样需要避免多次搜索同一部分。不当的算法可能会无穷搜索环而无法终止。一种解决方案是可以限制在搜索时访问目录的数量。

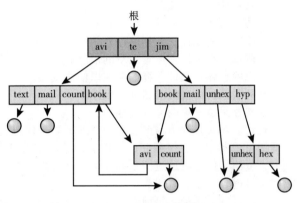

图 13.11 通用图结构

当试图确定什么时候可删除某个文件时，类似问题也存在。对于无环图目录结构，引用计数为 0 意味着没有文件或目录的引用，可以删除该文件。然而，存在环时，即使不再可能引用一个目录或文件，引用计数也可能不为 0。这种异常源自目录中可能存在的自我引用。在这种情况下，通常需要使用**垃圾收集**（garbage collection）方案，以确定何时最后的引用已被删除并重新分配磁盘空间。垃圾收集涉及遍历整个文件系统，并标记所有可访问的内容。接着，第二次遍历将所有未标记的内容收集到空闲空间列表。（类似的标记程序可用于确保需要一次且仅一次操作就可遍历或搜索文件系统的全部内容。）然而，用于磁盘文件系统的垃圾收集是极为费时的，因此很少使用。

垃圾收集是必需的，这仅是因为图中可能存在环。因此，无环图结构更加容易使用。问题是，在创建新链接时如何避免环。如何知道新链接何时形成环呢？有的算法可检测图中的环，但这些算法极为费时，尤其是当图位于磁盘上时。对于处理目录和链接的特殊情况，一种简单的算法是在遍历目录时避开链接。这样既避免了环，又没有其他开销。

13.4 保护

当信息存储在计算机系统中时，需要安全保护，以避免物理损坏（可靠性问题）和非法访问（保护问题）。

可靠性通常通过文件的重复副本来提供。许多计算机都有系统程序，自动（或通过人为干预）定期（每天/周/月）地把可能意外损坏的文件系统复制到磁盘。文件系统的损坏可能由于硬件问题（如读取或写入的错误）、电源浪涌或故障、磁头碰撞、灰尘、温度异常和故意破坏等。文件可能会被偶然删除。文件系统软件的错误也可能导致文件内容丢失。第 11 章详细讨论了可靠性问题。

保护可以采用多种方法实现。对于运行现代操作系统的笔记本电脑，保护包括：要求用户进行名称和密码身份验证；加密二级存储，即使有人打开笔记本电脑并卸下驱动器，也很难访问数据；对网络访问加防火墙，以便在使用时很难通过网络连接而闯入。对于多用户系统，即使是系统的有效访问也需要更高级的机制，从而仅仅允许数据的合法访问。

13.4.1　访问类型

保护文件的需求直接源于能够访问文件，不允许访问其他用户文件的系统不需要保护。因此，通过禁止访问可以提供完全保护。或者，通过不加保护可以提供自由访问。这两种方法太极端，不适于普通用途。通常需要的是受控访问。

通过限制可以进行的文件访问类型，保护机制提供受控访问。允许访问或拒绝访问取决于多个因素，其中之一是请求访问的类型。可以控制多个不同的操作类型：

- **读**：从文件中读取。
- **写**：写或重写文件。
- **执行**：将文件加载到内存并执行。
- **附加**：在文件末尾写入新的信息。
- **删除**：删除文件并释放空间以便重复使用。
- **列表**：列出文件的名称和属性。
- **属性更改**：更改文件属性。

也可以对文件的重命名、复制、编辑等操作进行控制。然而，对于许多系统，通过利用更低级系统调用的系统程序，可以实现这些更高级的功能。从而，仅在更低级别提供保护。例如，复制文件可以通过一系列读请求来实现。在这种情况下，具有读访问权限的用户也可以对文件进行复制、打印等。

保护机制有多种。每种机制都有优点和缺点，且必须适合其预期应用。例如，与大型企业计算机（用于研究、财务和人事等）相比，小型计算机系统（只为少数几个研究人员使用）不需要提供同样的保护类型。下面几节会讨论一些保护方法，而第14章将进行更为全面的讨论。

13.4.2　访问控制

解决保护问题的最常见方法是根据用户身份控制访问。不同用户可能需要不同类型的文件或目录访问。对于基于身份的访问，最为普通的实现方法是为每个文件和目录关联一个**访问控制列表**（Access-Control List，ACL），以指定每个用户的名称及允许的访问类型。当用户请求访问特定文件时，操作系统将检查与该文件关联的访问列表。如果该用户属于可访问的，则允许访问。否则，会发生保护冲突，并且用户作业被拒绝访问该文件。

这种方法可实现复杂的访问控制，但主要问题是列表的长度。如果允许每个用户都能读取一个文件，则必须列出所有具有读取访问权限的用户。这种技术会导致两个不可取的后果：

- 构造这样的列表可能是一个冗长乏味的任务，尤其是在事先不知道系统的用户列表时。
- 目录条目以前是固定大小的，现在必须是可变大小的，从而导致更为复杂的空间管理问题。

通过采用精简的访问列表，可以解决这些问题。为了精简访问列表，许多系统为每个文件设置三种用户类型：

- **所有者**：创建文件的用户为所有者。
- **组**：共享文件并且需要类似访问的一组用户是组或工作组（work group）。
- **其他**：系统内的所有其他用户。

现在，最为常用的方法是将访问控制列表与更为普通的（且更容易实现的）所有者、组和其他的访问控制方案组合使用。例如，Solaris默认使用三种类型的访问，但是，当需要更细粒度的访问控制时，可以为特定的文件和目录添加访问控制列表。

为了说明上述方法，考虑一个用户Sara。她在写一本书，并雇了三个研究生（Jim、Dawn

和 Jill）来帮忙。该书的文本保存在名为 book.tex 的文件中。这个文件的关联保护如下：

- Sara 应该能够调用这个文件的所有操作。
- Jim、Dawn 和 Jill 应该只能读和写这个文件，不允许删除文件。
- 所有其他用户应该能够读取但不能写入这个文件（Sara 乐于让尽可能多的人阅读文件，以便获得反馈）。

为了实现这样的保护，我们必须创建一个新的组（如 text），它的成员为 Jim、Dawn 和 Jill。组名 text 必须与文件 book.tex 相关联，并且必须根据前面所述策略来设定访问权限。

现在，假定有一个访问者，Sara 希望允许其暂时访问第 1 章。不能将该访问者增加到组 text 中，因为这样他将可以访问所有章节。因为一个文件只能在一个组中，Sara 也不能为第 1 章另增加一个组。然而，由于访问控制列表功能的存在，可以将访问者增加到第 1 章的访问控制列表中。

为了使这种方案正常工作，必须严格控制许可和访问列表。这种控制的实现有多种方式。例如，对于 UNIX 系统，只有管理员或超级用户可以创建和修改组。因此，控制是通过人机交互实现的。17.6.2 节将更深入地讨论访问列表。

对于更为有限的保护分类，只需要三个域就可定义保护。通常，每个域为一组位，其中每位允许或拒绝相关的访问。例如，UNIX 系统定义了三个域，每个域为 rwx 三个位，其中 r 控制读访问，w 控制写访问，x 控制执行。文件的所有者、组以及所有其他用户各有一个单独的域。采用这种方法，每个文件需要 9 位来记录保护信息。因此，对上面的例子，book.tex 的保护域如下：对于所有者 Sara，所有三个位都设置；对于组 text，r 和 w 位设置；而对于其他用户，只有 r 位设置。

组合方法的困难之一是用户接口。用户必须能够区分一个文件是否有可选的 ACL 许可。在 Solaris 中，普通许可之后的"+"表示有可选的 ACL 许可，如：

```
19-rw-r—r—+1 jim staff 130
May 25 22:13 file1
```

一组独立命令 setfacl（set file acl）和 getfacl（get file acl）用来管理 ACL。

Windows 用户通常通过 GUI 管理访问控制列表。图 13.12 显示了 Windows 10 系统上的文件权限窗口。

另一个困难在于，当权限和 ACL 冲突时哪个优先？例如，如果 Walter 在一个文件的组中，该组具有读权限，但是该文件有一个 ACL 允许 Walter 读和写，那么 Walter 能写吗？Solaris 允许 ACL 优先（因为 ACL 更为细粒度并且默认未分配）。这遵循特殊性应该优先的一般规则。

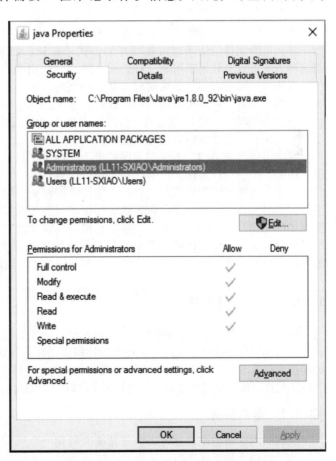

图 13.12　Windows 10 访问控制列表管理

UNIX 系统的权限

对于 UNIX 系统，目录保护和文件保护的处理类似。每个子目录都关联三个域：所有者、组和其他。每个域都有 rwx 三个位，其中 r 控制读访问，w 控制写访问，x 控制执行。因此，如果一个子目录的相应域的 r 位已设置，则用户可列出内容。类似地，如果一个子目录（foo）的相应域的 x 位已设置，则用户可将当前目录改为该目录（foo）。

以下为 UNIX 环境下目录列表的样例：

```
-rw-rw-r--    1 pbg    staff     31200   Sep 3 08:30    intro.ps
drwx------    5 pbg    staff       512   Jul 8 09.33    private/
drwxrwxr-x    2 pbg    staff       512   Jul 8 09.33    doc/
drwxrwx---    2 jwg    student     512   Aug 3 14:13    student-proj/
-rw-r--r--    1 pbg    staff      9423   Feb 24 2017    program.c
-rwxr-xr-x    1 pbg    staff     20471   Feb 24 2017    program
drwx--x--x    4 tag    faculty     512   Jul 31 10:31   lib/
drwx------    3 pbg    staff      1024   Aug 29 06:52   mail/
drwxrwxrwx    3 pbg    staff       512   Jul 8 09:35    test/
```

第一个域表示文件或目录的权限。第一个字母 d 表示子目录。其中还显示了文件链接数、所有者名称、组名称、文件的字节数、上次修改时间和文件名称（具有可选扩展部分）。

13.4.3 其他保护方式

保护问题的另一种解决方案是为每个文件加密。正如计算机系统的访问通常通过密码控制一样，每个文件的访问也可按同样的方式来控制。如果密码可以随机选择并且经常修改，则这种方案可以有效用于限制文件访问。然而，使用密码具有一些缺点。第一，用户需要记住的密码数量可能太多，导致这种方案不切实际。第二，如果所有文件只使用一个密码，则一旦发现，所有文件都可被访问——保护是基于全部或全不。有些系统允许用户将密码与子目录（而不是单个文件）相关联，以便解决这个问题。更常见的分区或单个文件的加密提供了强大的保护，不过密码管理是关键。

对于多级目录结构，不仅需要保护单个文件，而且需要保护子目录的文件集合，也就是说，需要提供一种目录保护机制。必须保护的目录操作与文件操作有些不同。需要控制在目录中的文件创建和删除操作。此外，可能需要控制一个用户能否确定在某个目录中存在某个文件。有时，有关文件的存在和名称的知识本身就很重要。因此，列出目录内容必须是一个受保护的操作。类似地，如果一个路径名指向目录中的文件，则用户必须允许访问其目录和文件。对于支持一个文件可有多个路径名的系统（采用无环图和一般图），根据所用路径名的不同，对同一个文件，一个用户可能具有不同的访问权限。

13.5 内存映射文件

还有另一种应用非常普遍的文件访问方法。假设采用标准系统调用 open()、read() 和 write() 来顺序读取磁盘文件。每个文件访问都需要系统调用和磁盘访问。或者，采用所讨论的虚拟内存技术，以将文件 I/O 作为常规内存访问。这种方法称为**内存映射**（memory mapping）文件，允许一部分虚拟内存与文件进行逻辑关联。正如我们将会看到的，这可显著提高性能。

13.5.1 基本机制

文件的内存映射是通过将每个磁盘块映射到一个或多个内存页面来实现的。最初，文件访问按普通请求调页来进行，从而产生缺页错误。这样，文件的页面大小部分从文件系统中读取到物理页面（有些系统可以选择一次读取多个页面大小的数据块）。以后，文件的读写就按常规内存访问来处理。通过内存的文件操作，没有系统调用 read() 和 write() 的开销，而且简化了文件的访问和使用

请注意，内存映射文件的写入，不一定是立即（同步）写入二级存储上的文件。通常，仅在文件关闭时，系统才根据对内存映像的更改来更新文件。由于内存压力，系统将对交换空间进行任何中间更改，以免在释放内存用于其他用途时不会丢失信息。当文件关闭时，所有的内存映射数据都被写回二级存储上的文件，并从进程的虚拟内存中删除。

有些操作系统仅通过特定的系统调用来提供内存映射，而通过标准的系统调用来处理所有其他文件 I/O。然而，有的系统不管文件是否指定为内存映射，都选择对文件进行内存映射。我们以 Solaris 为例进行说明。如果一个文件被指定为内存映射（采用系统调用 mmap()），那么 Solaris 会将该文件映射到进程地址空间。如果一个文件通过普通系统调用（如 open()、read() 和 write()）来打开和访问，那么 Solaris 仍然采用内存映射文件，然而，这个文件是映射到内核地址空间。无论文件如何打开，Solaris 都将所有文件 I/O 视为内存映射，允许通过高效的内存子系统进行文件访问，避免传统的 read() 和 write() 引起的系统调用开销。

可以允许多个进程并发地内存映射同一文件，以便实现数据共享。任何一个进程的写入都会修改虚拟内存的数据，并且其他映射该文件同一部分的进程都可看到。根据虚拟内存的相关知识，可以清楚地看到内存映射部分的共享是如何实现的：每个共享进程的虚拟内存映射指向物理内存的同一页面，而该页面中有磁盘块的副本。这种内存共享如图 13.13 所示。内存映射系统调用还可以支持写时复制功能，允许进程既可以按只读模式来共享文件，又可以拥有自

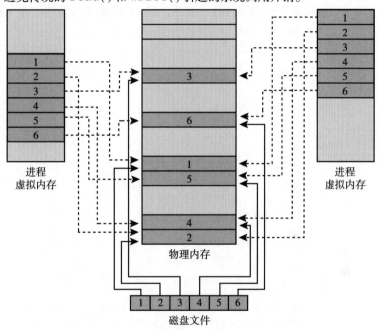

图 13.13 内存映射的文件

己修改的任何数据的副本。为了协调对共享数据的访问，有关进程可以使用第 6 章所述的实现互斥的机制。

很多时候，共享内存实际上是通过内存映射来实现的。在这种情况下，进程可以通过共享内存通信，而共享内存是通过将同样的文件映射到通信进程的虚拟地址空间来实现的。内存映射文件充当通信进程之间的共享内存区域（见图 13.14）。我们已经在 3.5 节中看到了这一点：首先创建 POSIX 共享内存对象，然后每个通信进程将内存对象映射到其地址空间。接下来将说明 Windows API 如何支持通过内存映射文件实现的共享内存。

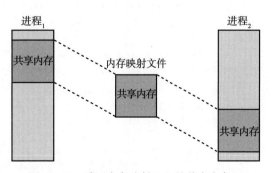

图 13.14 采用内存映射 I/O 的共享内存

13.5.2   共享内存的 Windows API

通过内存映射文件的 Windows API 以创建共享内存区域的大致过程如下：首先为要映射的文件创建**文件映射**（file mapping），接着在进程虚拟地址空间中建立映射文件的**视图**（view）。另一个进程可以打开映射的文件，并且在虚拟地址空间中创建其视图。映射文件表示共享内存对象，以便进程能够通信。

接下来详细说明这些步骤。首先，生产者进程使用 Windows API 中的内存映射功能创建共享内存对象。接着，生产者将消息写入共享内存。然后，生产者进程打开对共享内存对象的映射，并读取生产者写入的消息。

为了建立内存映射文件，进程首先通过函数 CreateFile() 打开需要映射的文件，并得到打开文件的 HANDLE（句柄）。接着，进程通过函数 CreateFileMapping() 创建这个文件的映射。一旦建立了文件映射，进程可通过函数 MapViewOfFile() 在虚拟地址空间中建立映射文件的视图。映射文件的视图表示位于进程虚拟地址空间中的映射文件的部分，可以是整个文件或者是映射文件的一部分。图 13.15 的程序说明了这个过程。（为使代码简洁，这里省略了大量的错误检查代码。）

```c
#include<windows.h>
#include<stdio.h>

int main(int argc, char * argv[])
{
    HANDLE hFile, hMapFile;
    LPVOID lpMapAddress;

    hFile=CreateFile("temp.txt",/* file name */
        GENERIC_READ|GENERIC_WRITE,/* read/write access */
        0,/* no sharing of the file */
        NULL,/* default security */
        OPEN_ALWAYS,/* open new or existing file */
        FILE_ATTRIBUTE_NORMAL,/* routine file attributes */
        NULL);/* no file template */

    hMapFile=CreateFileMapping(hFile,/* file handle */
        NULL,/* default security */
        PAGE_READWRITE,/* read/write access to mapped pages */
        0,/* map entire file */
        0,
        TEXT("SharedObject"));/* named shared memory object */

    lpMapAddress=MapViewOfFile(hMapFile,/* mapped object handle */
        FILE_MAP_ALL_ACCESS, /* read/write access */
        0,/* mapped view of entire file */
        0,
        0);

    /* write to shared memory */
    sprintf(lpMapAddress,"Shared memory message");

    UnmapViewOfFile(lpMapAddress);
    CloseHandle(hFile);
    CloseHandle(hMapFile);
}
```

图 13.15   生产者采用 Windows API 写入共享内存

调用 CreateFileMapping() 创建一个名为 SharedObject 的**命名共享内存对象**（named shared-memory object）。消费者进程创建这个命名对象的映射，从而利用这个共享内存段进行通信。接着，生产者在其虚拟地址空间中创建内存映射文件的视图。通过将 0 传递给最后三个参数，表明映射的视图为整个文件。通过传递指定的偏移和大小，这样创建的视图只包含文件的一部分。（注意，在建立映射后，整个映射可能不会加载到内存中。映射文件可能是请求调页的，因此只有在页面被访问时才将其加载到内存。）函数 MapViewOfFile() 返回共享内存对象的指针，因此，对这个内存位置的任何访问就是对共享内存文件的访问。在这个例子中，生产者进程将消息 Shared memory message 写到共享内存。

图 13.16 的程序表明消费者进程如何建立命名共享内存对象的视图。这个程序比图 13.15 的程序要简单，因为这个进程所需做的就是创建一个到现有命名共享内存对象的映射。消费者进程也必须创建映射文件的视图，这与图 13.15 的生产者进程一样。然后，消费者就从共享内存中读取由生产者进程写入的消息"Shared memory message"。

```c
#include<windows.h>
#include<stdio.h>

int main(int argc, char * argv[])
{
    HANDLE hMapFile;
    LPVOID lpMapAddress;

    hMapFile=OpenFileMapping(FILE_MAP_ALL_ACCESS,/* R/W access */
        FALSE,/* no inheritance */
        TEXT("SharedObject"));/* name of mapped file object */

lpMapAddress=MapViewOfFile(hMapFile,/* mapped object handle */
    FILE_MAP_ALL_ACCESS,/* read/write access */
    0,/* mapped view of entire file */
    0,
    0);

    /* read from shared memory */
    printf("Read message % s", lpMapAddress);

    UnmapViewOfFile(lpMapAddress);
    CloseHandle(hMapFile);
}
```

图 13.16 消费者采用 Windows API 从共享内存中读取数据

最后，两个进程调用 UnmapViewOfFile() 删除映射文件的视图。本章结尾给出了一个编程练习，以通过 Windows API 的内存映射来利用共享内存。

13.6 本章小结

- 文件是由操作系统定义和实现的抽象数据类型。文件是一个逻辑记录的序列，而逻辑记录可以是字节、行（定长的或变长的）或更为复杂的数据项。操作系统可以专门支持各种记录类型，或者让应用程序提供支持。
- 操作系统的主要任务是将逻辑文件概念映射到物理存储设备，如磁盘。由于设备的物理记录大小可能与逻辑记录大小不同，所以可能有必要将多个逻辑记录合并，以便存入物理记录。同样，这个任务可以由操作系统来完成或由应用程序来提供。
- 在文件系统中，创建目录以允许组织文件是很有用的。多用户系统的单级目录会导致命名问题，因为每个文件必须具有唯一的文件名称。两级目录通过为每个用户创建单独的目录以包含文件来解决这个问题。目录通过名称列出文件，并包括文件的磁盘位置、长度、类型、所有者、创建时间、上次使用时间等。

- 树形目录是对两级目录的扩展。树形目录允许用户创建子目录来组织文件。无环图目录允许共享子目录和文件，但是使得搜索和删除变得更为复杂。一般图结构在共享文件和目录时具有完全的灵活性，但是有时需要采用垃圾收集以恢复未使用的磁盘空间。
- 远程文件系统在可靠性、性能和安全性方面提出了挑战。分布式信息系统维护用户、主机和访问信息，以便客户端和服务器可以共享状态信息，从而管理使用和访问。
- 由于文件是大多数计算机存储信息的主要机制，因此多用户系统需要文件保护。文件访问可以按每种类型的访问（如读取、写入、执行、追加、删除、列出目录等）分别加以控制。文件保护可以由访问列表、密码或其他技术来提供。

13.7   推荐读物

多级目录结构首先在 MULTICS 系统上实现（［Organick（1972）］）。大多数操作系统现在都实现了多级目录结构。其中包括 Linux（［Love（2010）］）、macOS（［Singh（2007）］）、Solaris（［McDougall and Mauro（2007）］）以及所有版本的 Windows（［Russinovich et al.（2017）］）。

System Administration Guide：Devices and File Systems 对 Solaris 文件系统进行了一般性讨论（http://docs. sun. com/app/docs/doc/817-5093）。

Sun Microsystems 设计的网络文件系统（NFS）允许目录结构分布在联网的计算机系统中。NFS v4 可参见 RFC 3505（http://www. ietf. org/rfc/rfc3530. txt）。

关于计算机术语含义的一个重要来源是 http://www. catb. org/esr/jargon/。

13.8   参考文献

［Love（2010）］   R. Love, *Linux Kernel Development*, Third Edition, Developer's Library（2010）.

［McDougall and Mauro（2007）］   R. McDougall and J. Mauro, *Solaris Internals*, Second Edition, Prentice Hall（2007）.

［Organick（1972）］   E. I. Organick, *The Multics System：An Examination of Its Structure*, MIT Press（1972）.

［Russinovich et al.（2017）］   M. Russinovich, D. A. Solomon, and A. Ionescu, *Windows Internals-Part 1*, Seventh Edition, Microsoft Press（2017）.

［Singh（2007）］   A. Singh, *Mac OS X Internals：A Systems Approach*, Addison-Wesley（2007）.

13.9   练习

13.1   有些系统通过保留文件的一个副本来提供文件共享，而其他系统则保留多个副本，以便共享该文件的每个用户都有一个。论述每种方法的优点。

13.2   为什么有些系统跟踪文件类型，有些将其留给用户，而还有一些则根本不实现多种文件类型？哪个系统"更好"？

13.3   类似地，有些系统支持多种类型的文件数据结构，而其他系统只支持字节流。每种方法的优缺点是什么？

13.4   你可以使用任意长度名称的单级目录结构来模拟多级目录结构吗？如果回答是肯定的，请解释如何做到这一点，并将此方案与多级目录方案进行对比。如果回答是否定的，请解释是什么阻碍了成功模拟。如果文件名限制为 7 个字符，答案会如何变化？

13.5   解释 open() 和 close() 操作的目的。

13.6   有些系统的子目录可以由授权用户读写，就像普通文件一样。

a. 描述可能出现的保护问题。

b. 提出一个方案来处理这些保护问题。

13.7 考虑一个支持 5000 个用户的系统。假设希望允许其中 4990 个用户访问一个文件。

a. 如何在 UNIX 中指定这个保护方案？

b. 能否提出另一种更为有效的保护方案？

13.8 研究人员建议，与其将访问控制列表与每个文件相关联（指定哪些用户可以访问文件，以及如何访问），我们更应有一个与每个用户相关联的用户控制列表（指定用户可以访问哪些文件以及如何访问）。讨论这两种方案的优点。

13.10 习题

13.9 考虑这样一个文件系统：当一个文件链接仍然存在时，能够删除这个文件并回收其磁盘空间。如果新创建的文件处在同一个存储区域或具有同样的绝对路径名称，则会出现什么问题？如何才能避免这些问题？

13.10 打开文件列表用于维护当前打开的文件的信息。操作系统应为每个用户维护一个单独的列表，还是仅仅一个列表，以便包括所有用户当前正在访问文件的引用？如果同一文件由两个不同的程序或用户所访问，打开文件列表应该有两个单独的条目吗？请解释原因。

13.11 采用强制锁定而不是建议锁定（其使用取决于用户），有何优点和缺点？

13.12 提供根据顺序方法或随机方法访问文件的应用程序示例。

13.13 有些系统在首次引用文件时自动打开文件，并在任务结束时关闭文件。这种方案与传统的由用户明确打开和关闭文件的方案相比，有什么优点和缺点？

13.14 如果操作系统知道某个应用按顺序访问文件数据，则如何利用这一信息来提高性能？

13.15 举一个可以从支持随机访问索引文件的操作系统中受益的应用示例。

13.16 有些系统通过维护文件的单个副本来提供文件共享。其他系统维护多个副本，每个共享文件的用户都有一份副本。讨论每种方法的优点。

文件系统实现

正如第 13 章所述，文件系统提供了在线存储和访问文件内容（包括数据和程序）的机制。文件系统通常永久驻留在外存（又称辅助存储、次级存储、二级存储等）上，外存被设计成永久容纳大量数据。本章主要关注在大多数常用外存（如磁盘和非易失性存储）上的文件存储与访问的问题。我们将讨论多种方法，用于组织文件使用、分配存储空间、恢复空闲空间、跟踪数据位置以及操作系统其他部分与外存的接口等。本章还将讨论性能问题。

通用操作系统通常提供多个文件系统。此外，许多操作系统允许管理员或用户添加文件系统。文件系统在很多方面都有所不同，包括特性、性能、可靠性和设计目标，不同的文件系统可服务于不同的目的。例如，临时文件系统用于非持久性文件的快速存储和检索，而默认的外存文件系统（如 Linux ext4）则为提高可靠性和功能而牺牲了性能。正如我们在操作系统相关研究中看到的那样，该领域很多选择和变化，很难在一章中进行全面讨论，因此本章专注于其中的共同点。

本章目标
- 描述本地文件系统和目录结构的实现细节。
- 讨论块分配和空闲块的算法和权衡。
- 描述远程文件系统的实现。
- 分析文件系统故障的恢复。
- 以 WAFL 文件系统为例进行描述。

14.1 文件系统结构

磁盘提供大多数的外存，以便维护文件系统。磁盘在这方面具有两个优势：
1. 磁盘可以原地重写。可以从磁盘上读取一块，修改该块，并写回原来的位置。
2. 磁盘可以直接访问所包含的任何信息块。因此，可以简单地按顺序或随机访问文件。从一个文件切换到另一个文件时只需移动读写磁头，并且等待磁盘旋转。

非易失性存储器（Nonvolatile Memory，NVM）设备越来越多地被用于文件存储，因此也被用作文件系统存储。它们与硬盘的不同之处在于不能就地重写，并且具有不同的性能特征。第 11 章详细讨论了磁盘和 NVM 设备结构。

为了提高 I/O 效率，内存和磁盘之间的 I/O 传输以**块**（block）为单位执行。每块具有一个或多个扇区。根据磁盘驱动器的不同，扇区大小通常为 512 字节或 4096 字节。NVM 设备通常包含 4096 字节的块，使用的传输方法与磁盘驱动器使用的传输方法类似。

文件系统（file system）提供高效和便捷的存储设备访问，以便轻松地存储、定位、提取数据。文件系统具有两个截然不同的设计问题。第一个问题是定义文件系统应该如何呈现给用户。这个任务涉及定义文件及其属性、所允许的文件操作、组织文件的目录结构。第二个问题是创建算法和数据结构，以便将逻辑文件系统映射到物理外存设备。

文件系统本身通常由许多不同的层组成。图 14.1 所示的结构是

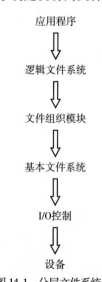

应用程序

⇩

逻辑文件系统

⇩

文件组织模块

⇩

基本文件系统

⇩

I/O控制

⇩

设备

图 14.1　分层文件系统

一个分层设计的例子。每层利用更低层的功能创建新的功能，以用于更高层的服务。

I/O 控制（I/O control）层包括设备驱动程序和中断处理程序，以在主存和磁盘之间传输信息。设备驱动程序可以作为翻译器。它的输入为高级命令，如"检索块 123"。它的输出由底层的、硬件特定的指令组成，硬件控制器利用这些指令来使 I/O 设备与系统其他部分相连。设备驱动程序通常在 I/O 控制器的特定位置写入特定位格式，告诉控制器对设备的什么位置采取什么动作。第 12 章详细讨论了设备驱动程序和 I/O 基础架构。

基本文件系统（Linux 称为"块 I/O 子系统"）只需向适当设备驱动程序发送通用命令，以读取和写入存储设备的物理块。它根据逻辑块地址向驱动器发出命令，并且与 I/O 请求调度有关。该层还管理保存各种文件系统、目录和数据块的内存缓冲区和缓存。在传输大容量存储块之前分配缓冲区块。当缓冲区满时，缓冲管理器必须找到更多缓冲内存或释放缓冲空间，以便完成 I/O 请求。缓存用于保存常用的文件系统元数据，以提高性能，故管理它们的内容对优化系统性能非常重要。

文件组织模块（file-organization module）知道文件及其逻辑块和物理块。每个文件的逻辑块从 0（或 1）到 N 编号，而包含数据的物理块并不与逻辑号匹配，因此需要通过转换来定位块。文件组织模块还包括可用空间管理器，以跟踪未分配的块并根据要求提供给文件组织模块。

最后，**逻辑文件系统**（logical file system）管理元数据信息。元数据包括文件系统的所有结构，而不包括实际数据（或文件内容）。逻辑文件系统管理目录结构，以便根据给定文件名称为文件组织模块提供所需信息。它通过文件控制块来维护文件结构。**文件控制块**（File Control Block，FCB）（UNIX 文件系统的 inode）包含有关文件的信息，包括所有者、权限、文件内容的位置等。逻辑文件系统也负责保护，如第 13 章和第 17 章所述。

采用分层结构实现文件系统时，可最小化代码重复。I/O 控制的代码，有时还包括基本文件系统的代码，可以用于多个文件系统。每个文件系统可以拥有自己的逻辑文件系统和文件组织模块。遗憾的是，分层可能增加了操作系统开销，导致性能降低。使用分层时，关于采用多少层和每层做什么等的决定，是设计新系统的主要挑战。

现在使用的文件系统有很多，大多数操作系统支持多种文件系统。例如，大多数 CD-ROM 都是按 ISO 9660 格式来写的，这种格式是 CD-ROM 制造商遵循的标准格式。除了可移动介质的文件系统外，每个操作系统还有一个或多个基于磁盘的文件系统。UNIX 使用 **UNIX 文件系统**（UNIX File System，UFS），这是基于 Berkeley 的快速文件系统（Fast File System，FFS）。Windows 支持磁盘的文件系统格式，如 FAT、FAT32 和 NTFS（Windows NT File System），以及 CDROM 和 DVD 的文件系统格式。虽然 Linux 支持 130 多种不同的文件系统，但其标准文件系统是**可扩展文件系统**（extended file system），最常见的版本是 ext3 和 ext4。还有分布式文件系统，即服务器的文件系统可通过网络由若干客户端来安装。

关于文件系统的研究在操作系统设计与实现中仍然很活跃。Google 创建了自己的文件系统，以满足公司具体的存储和检索需求，包括来自许多客户的对大量磁盘的高性能访问。另一个有趣的项目是 FUSE 文件系统，它通过将文件系统实现为用户级而不是内核级代码来实现和执行文件系统，从而为文件系统的开发和使用提供了灵活性。通过 FUSE，用户可以为多种操作系统添加一个新的文件系统，并可用其来管理自己的文件。

14.2 文件系统操作

正如 13.1.2 节所述，操作系统实现了系统调用 open() 和 close()，以便进程可以请求访问文件内容。本节深入分析用于实现文件系统的结构和操作。

14.2.1 概述

文件系统的实现需要采用多种存储和内存结构。虽然这些结构因操作系统和文件系统而异，但还是有一些通用原则。

在存储上，文件系统可能包括如下信息：如何启动存储在那里的操作系统、总的块数、空闲块的数量和位置、目录结构以及各个具体文件等。后文将详细讨论这些结构，这里简述如下。

- （每个卷的）**引导控制块**（boot control block）可以包含从该卷引导操作系统的所需信息。如果磁盘不包含操作系统，则该块的内容为空。该块通常为卷的第一块。UFS 称之为**引导块**（boot block），NTFS 称之为**分区引导扇区**（partition boot sector）。
- （每个卷的）**卷控制块**（volume control block）包括卷的详细信息，如分区的块的数量、块的大小、空闲块的数量和指针、空闲的 FCB 数量和 FCB 指针等。UFS 称之为**超级块**（superblock），NTFS 将其存储为**主控文件表**（master file table）。
- （每个文件系统的）目录结构用于组织文件。在 UFS 中，它包含文件名和相关的 inode 的号码；在 NTFS 中，它存储在主控文件表中。
- 每个文件的 FCB 包括该文件的许多详细信息。它有唯一的标识号，以便与目录条目相关联。NTFS 将这些信息存储在主控文件表内，该表采用关系数据库结构，每个文件占一行。

内存中的信息用于管理文件系统并通过缓存来提高性能。这些数据在安装文件系统时被加载，在文件系统操作时被更新，在卸载时被丢弃。这些结构的类型可能包括：

- 内存中的**安装表**（mount table）包含每个安装卷的相关信息。
- 内存中的目录结构的缓存含有最近访问目录的信息。（对于加载卷的目录，它可以包括一个指向卷表的指针。）
- **整个系统的打开文件表**（system-wide open-file table）包括每个打开文件的 FCB 的副本以及其他信息。
- 对于进程已打开的所有文件，**单个进程的打开文件表**（per-process open-file table）包括指针，指向整个系统的打开文件表中的适当条目以及其他信息。
- 读出或写入时，缓冲区保存文件系统的块。

为了创建新的文件，进程调用逻辑文件系统。逻辑文件系统知道目录结构的格式。为了创建新的文件，它会分配一个新的 FCB。（或者如果在文件系统创建时已经创建了所有的 FCB，则可从空闲的 FCB 集合中分配一个可用的 FCB。）然后，系统将相应的目录读到内存，使用新的文件名和 FCB 进行更新，并将其写回文件系统。图 14.2 显示了一个典型的 FCB。

有些操作系统（包括 UNIX）将目录完全按文件来处理，并用一个类型域来表示是否为目录。其他操作系统（包括 Windows）为文件和目录提供分开的系统

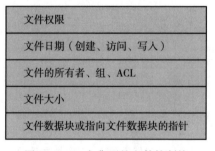

| 文件权限 |
| 文件日期（创建、访问、写入） |
| 文件的所有者、组、ACL |
| 文件大小 |
| 文件数据块或指向文件数据块的指针 |

图 14.2   一个典型的文件控制块

调用，对文件和目录采用不同的处理。无论多大的结构问题，逻辑文件系统都可以调用文件组织模块将目录 I/O 映射到存储块位置，进而传递给基本文件系统和 I/O 控制系统。

14.2.2   用途

现在，一旦文件被创建，就能用于 I/O。不过，文件应首先被打开。系统调用 open() 将文件名传递到逻辑文件系统。系统调用 open() 首先搜索整个系统的打开文件表，以便确定这个文件是否已被其他进程使用。如果是，则在单个进程的打开文件表中创建一个条目，并让其指向整个系统的现有打开文件表。该算法能节省大量开销。如果这个文件尚未打开，则根据给定的文件名来搜索目录结构。部分目录结构通常缓存在内存中，以加速目录操作。在找到文件后，其 FCB 会被复制到内存中整个系统的开放文件表中。该表不但存储 FCB，而且还跟踪打开该文件的进程的数量。

接下来，在单个进程的打开文件表中会创建一个条目，以及一个指向整个系统打开文件表的条目及其他域的指针。这些域可能包含指向文件当前位置的指针（用于接下来的 read

（）或 write（）操作），以及打开文件的访问模式。调用 open（）返回指向单个进程的打开文件表的适当条目的指针。以后，所有文件操作将通过这个指针执行。文件名不必是打开文件表的一部分，因为一旦在磁盘上完成对 FCB 的定位，系统就不再使用文件名了。不过，它可以被缓存起来，以减少同一文件的后续打开时间。打开文件表的条目有多种名称。UNIX 称之为**文件描述符**（file descriptor），Windows 称之为**文件句柄**（file handle）。

当进程关闭文件时，它的单个进程表的条目会被删除，并且整个系统条目的打开数量会被递减。当所有打开该文件的用户关闭文件时，任何更新的元数据会被复制到基于磁盘的目录结构，并且整个系统的打开文件表的条目会被删除。

不应忽视文件系统结构的缓存问题。大多数系统在内存中保留了打开文件的所有信息（除了实际的数据块以外）。BSD UNIX 系统在使用缓存方面比较典型，哪里能节省磁盘 I/O，哪里就使用缓存。该系统的平均缓存命中率为 85%，可见这些技术非常值得推广。

图 14.3 总结了文件系统实现的操作结构。

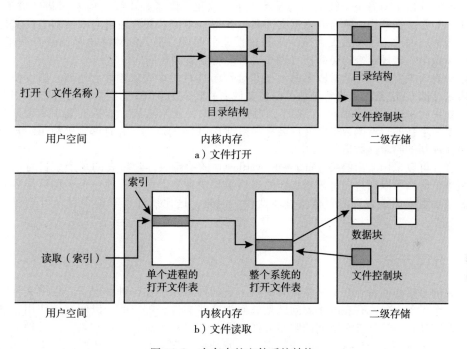

图 14.3　内存中的文件系统结构

14.3　目录实现

目录分配和目录管理的算法选择会显著影响文件系统的效率、性能和可靠性。本节讨论这些算法的优缺点。

14.3.1　线性列表

实现目录最简单的方法是采用文件名称和数据块指针的线性列表。这种方法编程简单，但执行费时。创建新的文件时，必须首先搜索目录以确定没有同样名称的文件存在。然后，在目录后部增加一个新的条目。删除文件时，搜索目录以查找具有给定名称的文件，然后释放分配给它的空间。重用目录条目时，可以有多种方法。可以将目录条目标记为不再使用（通过为其分配特殊的名称，例如一个全为空白的名称；或者通过为其分配一个无效的 inode

编号（例如0）；或者通过为每个条目增加一个使用-非使用位），或者可以将它加到空闲目录条目的列表上。或者将目录的最后一个条目复制到空闲位置，并减少目录的长度。链表可以用来减少删除文件所需的时间。

目录条目的线性列表的缺点在于查找文件时需要进行线性搜索。由于目录信息使用频繁，如果对它的访问很慢，用户会注意到这一问题。事实上，许多操作系统采用软件缓存，以存储最近访问的目录信息。缓存的命中避免了不断地从二级存储中读取信息。排序列表允许二分搜索，并且可减少平均搜索时间。不过，要求列表保持排序可能使文件的创建和删除复杂化，这是因为可能需要移动大量的目录信息来保持目录的排序。更复杂的树数据结构（如平衡树）可能更为有用。排序列表的一个优点是，不需要单独的排序步骤就可以生成排序的目录信息。

14.3.2 哈希表

用于文件目录的另一个数据结构是哈希表。这里，除了采用线性列表存储目录条目外，还采用了哈希数据结构。哈希表根据文件名称获得一个值，并返回指向线性列表内文件名称的一个指针。因此，哈希表大大减少了目录搜索的时间。插入和删除也是比较直截了当的，虽然必须做出一些规定来避免碰撞（两个文件名称哈希到相同的位置）。

哈希表的主要困难是通常固定的大小和哈希函数对大小的依赖性。例如，假设使用线性哈希表来存储64个条目。哈希函数可以将文件名称转换为0~63的整数，例如采用除以64的余数。如果后来设法创建第65个文件，则必须扩大目录哈希表，如扩大到128个条目。因此，需要一个新的哈希函数来将文件名称映射到0~127的范围，并且必须重新组织现有目录条目以体现新的哈希函数值。

或者，可以采用溢出链接（chained-overflow）的哈希表。哈希表的每个条目可以是链表而不是单个值，可以通过向链表增加新的条目来解决冲突。由于查找一个名称可能需要搜索由冲突条目组成的链表，因而查找可能变慢。但是，这比线性搜索整个目录可能还是要快很多。

14.4 分配方法

外存的直接访问特点在文件实现时提供了灵活性。几乎在每种情况下，很多文件都是存储在同一个设备上的。存在的主要问题是如何为这些文件分配空间，以便有效使用存储空间和快速访问文件。分配外存空间的常用方法主要有三种：连续、链接和索引。每种方法各有优缺点。虽然有些系统对这三种方法都支持，但是更为常见的是，系统对同一文件系统类型的所有文件采用一种方法。

14.4.1 连续分配

连续分配（contiguous allocation）方法要求每个文件在设备上占有一组连续的块。设备地址为设备定义了一个线性排序。按照这种顺序，假设只有一个作业正在访问设备，在块 b 之后访问块 $b+1$ 通常不需要磁头移动。当需要移动磁头时（从一个柱面的最后一个扇区到下一个柱面的第一个扇区），磁头只需从一个磁道移动到下一个磁道。因此，对于 HDD，访问连续分配文件所需寻道数量最小（假设逻辑地址接近的块在物理上也接近），在确实需要寻道时所需的寻道时间也最小。

文件的连续分配可以用首块的地址和连续的块数来定义。如果文件有 n 块长并从位置 b 开始，则该文件将占有块 b，$b+1$，$b+2$，…，$b+n-1$。每个文件的目录条目包括起始块的地址和该文件所分配区域的长度，参见图 14.4。连续分配易于实现但有局限性，因此并不应用于现代文件系统。

连续分配文件的访问非常容易。对于顺序访问，文件系统会记住上次引用的块的地址，如需要可读入下一块。对于直接访问一个文件中从块 b 开始的第 i 块，可以直接访问块 $b+i$。因此，连续分配支持顺序访问和直接访问。

不过，连续分配也有一些问题。问题之一是为新文件找到空间。用于管理空闲空间的系统决定了这个任务如何完成，这些管理系统将在 14.5 节中讨论。虽然可以使用任何管理系统，但是有的系统会比其他的慢。

连续分配问题可以作为 9.2 节所述的通用**动态存储分配**（dynamic storage-allocation）问题的一个具体应用，即如何从一个空闲孔列表中寻找一个满足大小为 n 的空间。从一组空闲孔中寻找一个空闲孔的常用的策略是首次适应和最优适应。模拟结果显示在时间和空间使用方面，首次适应和最优适应都要比最坏适应更为高效。首次适应和最优适应在空间使用方面不相上下，但是首次适应一般更快。

所有这些算法都有**外部碎片**（external fragmentation）的问题。随着文件的分配和删除，可用存储空间被分成许多小片。只要空闲空间分成小片，就会存在外部碎片。当

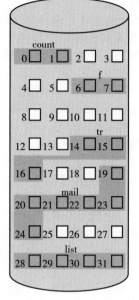

文件	开始	长度
count	0	2
tr	14	3
mail	19	6
list	28	4
f	6	2

目录

图 14.4　磁盘空间的连续分配

最大连续片不能满足需求时就会出问题：存储空间分成了许多小片，其中没有一个足够大以存储数据。因磁盘存储总量和文件平均大小的不同，外部碎片可能是个小问题，但也可能是个大问题。

为了防止外部碎片引起的大量存储空间的浪费，可将整个文件系统复制到另一个设备。原来的设备完全变成空的，从而创建了一个大的连续空闲空间。然后，在这个大的连续空闲空间中采用连续分配方法，将这些文件复制回来。这种方案将所有空闲空间有效**合并**（compact），解决了碎片问题。这种合并的代价是时间，而且大存储设备的代价可能特别高。合并这些设备空间可能需要数小时，并且可能每周都需进行。有些系统要求这个功能**线下**（off-line）执行且文件系统要卸载。在此**停机期间**（down time）不能进行正常操作，因此生产系统应尽可能地避免合并。大多数需要整理碎片的现代系统能够和正常的系统操作一起**在线**（on-line）执行合并，但是性能下降可能很明显。

连续分配的另一个问题是，确定一个文件需要多少空间。创建文件时，需要找到并分配其所需空间。创建者（程序或人员）如何知道所创建文件的大小？在某些情况下，这种判断可能相当简单（例如，复制一个现有文件）。一般来说，输出文件的大小可能难以估计。

如果为文件分配的空间太小，则可能会发现文件无法扩展。特别是对于最优适应的分配策略，文件两侧的空间可能已经使用。因此，不能在原地扩展文件。这时，有两种解决办法。一种办法是终止用户程序，并给出相应的错误消息。这样，用户必须分配更多的空间，并再次运行该程序。这些重复的运行可能代价很高。为了防止这些问题，用户通常会高估所需的磁盘空间，从而造成相当大的空间浪费。另一种办法是找一个更大的空间，将文件内容复制到新空间，并释放以前的空间。只要空间存在，就可以重复这些动作，不过这样可能比较耗时。然而，用户无须了解究竟发生了什么事情。系统虽有问题但仍继续运行，只不过会越来越慢。

即使事先已知文件所需的空间总量，预先分配仍可能很低效。即使一个文件在很长时间内增长缓慢甚至长时间不用（数月或数年），仍必须按其最终大小来分配足够的空间。因此，该文件有一个很大的内部碎片。

为了解决这些问题，有些操作系统使用修正后的连续分配方案。该方案最初分配一块连续空间。以后，当这个数量不够时，会添加另一块连续空间，称为**扩展**（extent）。然后，文件块的位置被记录为地址、块数、下一扩展的首块的指针。在有些系统上，文件所有者可以设置扩展大小，但是如果所有者不正确，则这种设置会导致低效。如果扩展太大，内部碎片可能仍然是个问题。随着不同大小的扩展的分配和删除，外部碎片可能也是个问题。商用Veritas 文件系统使用扩展来优化性能。Veritas 是标准 UNIX UFS 的高性能替代。

14.4.2 链接分配

链接分配（linked allocation）解决了连续分配的所有问题。采用链接分配时，每个文件是存储块的链表，存储块可能散布在设备上的任何地方。目录包括文件的第一块和最后一块的指针。例如，一个有 5 块的文件可能从块 9 开始，然后是块 16、块 1、块 10，最后是块 25（图 14.5）。每块都有下一块的一个指针。用户不能使用这些指针。因此，如果每块有 512 字节，并且块地址（指针）需要 4 字节，则用户可以使用 508 字节。

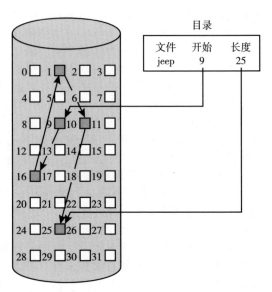

图 14.5　磁盘空间的链接分配

创建新文件时，只需在目录中增加一个新的条目。采用链接分配时，每个目录条目都有文件首块的一个指针。这个指针初始化为 null（链表结束指针值），表示空文件。大小字段也设置为 0。写文件导致空闲空间管理系统找到一个空闲块，这个新块会被写入，并链接到文件的尾部。读文件时，只需按照块到块的指针来读块。链接分配没有外部碎片问题，空闲空间列表的任何块都可以用于满足请求。创建文件时，并不需要说明文件的大小。只要有可用的空闲块，文件就可以继续增长。因此，无须合并磁盘空间。

然而，链接分配仍有缺点。主要问题是，它只能有效用于顺序访问文件。要找到文件的第 i 块，必须从文件的开始起，跟着指针找到第 i 块。每个指针的访问都需要对存储设备的读取，有时需要 HDD 寻道。因此，链接分配不能有效支持文件的直接访问。

另一个问题是指针所需的空间。如果指针需要使用 512 字节块的 4 字节，则 0.78% 的磁盘空间会用于指针，而不是其他信息。每个文件需要比原来稍多的空间。

这个问题的解决方案通常是将多个块组成**簇**（cluster），并按簇而不是按块来分配。例如，文件系统可以定义一个簇为 4 块，在存储设备上仅以簇为单位来操作。这样，指针所占空间的百分比就要小得多。这种方法使得逻辑到物理块的映射仍然简单，但提高了 HDD 吞吐量（因为需要更少的磁头移动），并且降低了块分配和空闲列表管理所需的空间。这种方法的代价是增加了内部碎片，如果一个簇而不是块没有完全使用，则会浪费更多空间。随机 I/O 性能也会受到影响，因为对少量数据的请求会传输大量数据。簇可以改善许多算法的磁盘访问时间，因此可用于大多数操作系统。

链接分配的另一个问题是可靠性。回想一下，文件是通过散布在设备上的指针链接起来的，考虑如果指针丢失或损坏将会发生什么。操作系统软件错误或硬件故障可能导致获得一个错误指针。这个错误可能会导致链接到空闲空间列表或链接到另一个文件。一个部分解决方案是采用双向链表，另一个方案是每块存储文件名称和相对块号。然而，这些方案为每个文件增加了更多额外开销。

链接分配的一个重要变种是**文件分配表**（File-Allocation Table，FAT）的使用。这个简单而有效的存储空间分配方法用于 MS-DOS 操作系统。每个卷开头部分的磁盘用于存储该表。

在该表中，每个块都有一个条目，并可按块号来索引。FAT 的使用与链表相同。目录条目包含文件首块的块号。通过这个块号索引的表条目包含文件中下一块的块号。这条链会继续下去，直到最后一块，而最后一块的表条目的值为文件结束值。未使用的块用 0 作为表条目的值来表示。为文件分配新块时，只需找到第一个值为 0 的 FAT 条目，用新块的地址替换前面文件的结束值，用文件结束值替代 0。由块 217、618、339 组成的文件的 FAT 结构如图 14.6 所示。

如果不对 FAT 采用缓存，FAT 分配方案可能导致大量的磁头寻道时间。磁头必须移到卷的开头，读入 FAT，找到所需块的位置，再移到块本身的位置。在最坏的情况下，每块都需要移动两次。FAT 的优点是改善了随机访问时间，因为通过读入 FAT 信息，磁头能找到任何块的位置。

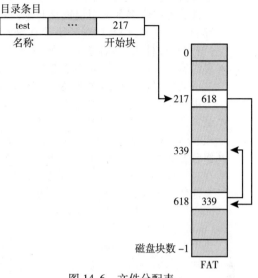

图 14.6 文件分配表

14.4.3 索引分配

链接分配解决了连续分配的外部碎片和大小声明问题。但没有 FAT 时，由于块指针与块一起分散在整个磁盘上，并且必须按序读取，链接分配并不支持高效的直接访问。**索引分配**（indexed allocation）通过将所有指针放在一起，即使用**索引块**（index block）解决了这个问题。

每个文件都有自己的索引块，这是一个磁盘块地址的数组。索引块的第 i 个条目指向文件的第 i 个块。目录包含索引块的地址（图 14.7）。查找和读取第 i 个块时，采用第 i 个索引块条目的指针。这个方案类似于 9.3 节所述的分页方案。

创建文件时，索引块的所有指针都设为 null。首次写入第 i 块时，先从空闲空间管理器中获得一块，再将其地址写到索引块的第 i 个条目。

索引分配支持直接访问，并且没有外部碎片问题，因为存储设备的任何空闲块都可以满足更多空间的请求。然而，索引分配确实浪费空间。索引块指针的开销通常大于链接分配的指针开销。考虑一个常见情况，即一个文件只有一块或两块。采用链接分配时，每块只浪费一个指针的空间。采用索引分配时，即使只有一个或两个指针是非空的，也必须分配一个完整的索引块。

这提出了一个问题：索引块应为多大？每个文件必须有一个索引块，因此索引块应尽可能小。然而，如果索引块太小，则不能为大的文件存储足够多的指针。因此，必须采取一种机制以处理

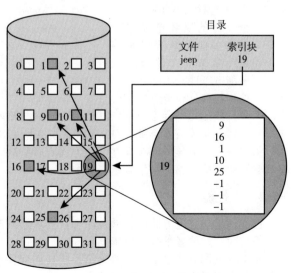

图 14.7 磁盘空间的索引分配

这个问题。相应的机制包括：

- **链接方案**：一个索引块通常为一个存储块，因此，它本身能直接读写。为了支持大的文件，可以将多个索引块链接起来。例如，一个索引块可以包括一个含有文件名的头部和一组中前 100 个磁盘块的地址。下一个地址（索引块的最后一个字）为 null（对于小文件），或者是指向另一个索引块的指针（对于大文件）。

- **多级索引**：链接表示的一个变种是，通过第一级索引块指向一组第二级的索引块，第二级的索引块再指向文件块。访问块时，操作系统通过第一级索引查找第二级索引块，再采用这个块查找所需的数据块。这种做法可以持续到第三级或第四级，具体取决于最大文件大小。对于 4096 字节的块，可以在索引块中存入 1024 个 4 字节的指针。两级索引支持 1 048 576 个数据块和 4GB 的最大文件。

- **组合方案**：另一个选择用于基于 UNIX 的文件系统，将索引块的前几个（如 15）指针存在文件的 inode 中。这些指针的前 12 个指向**直接块**（direct block），即它们包含存储文件数据的块的地址。因此，小的文件（不超过 12 块）不需要单独的索引块。如果块大小为 4KB，则不超过 48KB 的数据可以直接访问。接下来的 3 个指针指向**间接块**（indirect block）。其中，第一个指向**一级间接块**（single indirect block）。一级间接块为索引块，它包含的不是数据，而是真正包含数据的块的地址。第二个指向**二级间接块**（double indirect block），它包含一个块的地址，而这个块内的地址指向了一些块，这些块中又包含指向真实数据块的指针。最后一个指针为**三级间接块**（triple indirect block）指针。图 14.8 显示了 UNIX inode。采用这种方法时，一个文件的块数可以超过许多操作系统所用的 4 字节的文件指针所能访问的空间。32 位指针只能访问 2^{32} 字节，或 4GB。许多 UNIX 和 Linux 现在支持 64 位的文件指针。这样的指针允许文件和文件系统为数艾字节。ZFS 文件系统支持 128 位的文件指针。

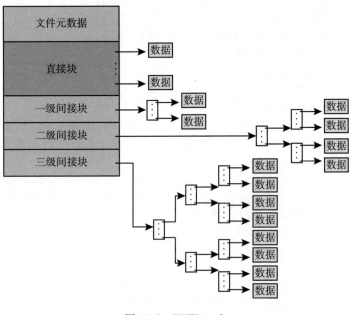

图 14.8　UNIX inode

索引分配与链接分配一样在性能方面有所欠缺。尤其是，虽然索引块可以缓存在内存中，但是数据块可能分布在整个卷上。

14.4.4　性能

已上讨论的分配方法在存储效率和数据块访问时间上有所不同。选择合适的方法来实现操作系统时，这两者都是重要依据。

在选择分配方法之前，需要确定系统是如何使用的。以顺序访问为主的系统和以随机访问为主的系统不应采用相同的方法。

对于任何类型的访问，连续分配只需访问一次就能获得块。由于很容易在内存中保存文件的开始地址，所以可以立即计算第 i 块（或下一块）的地址，并直接读取。

对于链接分配，也可以在内存中保留下一块的地址并直接读取。对于顺序访问，这种方法很好，然而对于直接访问，对第 i 块的访问可能需要读 i 次。这个问题表明为什么链接分配不适用于需要直接访问的应用程序。

因此，有的系统通过使用连续分配支持直接访问的文件，通过链接分配支持顺序访问的文件。对于这些系统，在创建文件时必须声明使用的访问类型。用于顺序访问的文件可以链接分配，但不能用于直接访问。用于直接访问的文件可以连续分配，能支持直接访问和顺序访问，但是在创建时必须声明其最大文件大小。在这种情况下，操作系统必须具有适当的数据结构和算法来支持两种分配方法。文件可以从一种类型转成另一种类型：创建一个所需类型的新文件，将原来文件的内容复制过来，然后删除旧文件，再重新命名新文件。

索引分配更为复杂。如果索引块已在内存中，则可以进行直接访问。然而，在内存中保存索引块需要相当大的空间。如果没有足够的内存空间，则可能必须先读取索引块，再读取所需的数据块。对于两级索引，可能要读取两次索引块。对于一个极大的文件，访问文件末尾附近的块需要首先读取所有的索引块，最后才能读入所需的数据块。因此，索引分配的性能取决于索引结构、文件大小以及所需块的位置。

有些系统将连续分配和索引分配组合起来：对于小文件（只有 3 或 4 块）采用连续分配，当文件增大时，自动切换到索引分配。由于大多数文件较小，小文件的连续分配的效率又高，所以平均性能还是相当不错的。

还可以采用许多其他优化方法。鉴于 CPU 速度和磁盘速度的差距，操作系统采用数千条指令以节省一些磁头移动是合理的。此外，随着时间的推移，这种差距会增加，以致操作系统采用数十万条指令来优化磁头移动也是值得的。

对于 NVM 设备，由于没有磁盘磁头寻道，因此需要不同的算法和优化。使用花费许多 CPU 周期以试图避免不存在的磁头移动的旧算法将会非常低效。通过修改现有文件系统或创建新文件系统，可从 NVM 存储设备获得最大性能。这些努力都是为了减少存储设备和应用程序访问数据之间的指令数量和整体路径。

14.5 空闲空间管理

由于存储空间有限，如果可能，需要将已删除文件的空间重新用于新文件。（一次写入光盘只允许对任何给定扇区写入一次，故不能重用。）为了跟踪空闲磁盘空间，系统需要维护一个**空闲空间列表**（free-space list）。空闲空间列表记录了所有空闲存储空间，即未分配给文件或目录的空间。创建文件时，搜索空闲空间列表以得到所需的空间数量，并将该空间分配给新文件。然后，这些空间会从空闲空间列表中删除。删除文件时，其空间会增加到空闲空间列表上。空闲空间列表虽然称为列表，但是不必按列表来实现。

14.5.1 位向量

通常，空闲空间列表按**位图**（bit map）或**位向量**（bit vector）来实现。每块用一位来表示。如果块是空闲的，位为 1；如果块是分配的，位为 0。

例如，假设磁盘中的块 2、3、4、5、8、9、10、11、12、13、17、18、25、26、27 为空闲，而其他块为已分配。空闲空间的位图如下：

0011110011111100011000000011100000···

这种方法的主要优点是，在查找磁盘上的第 1 个空闲块和 n 个连续的空闲块时相对简单和高效。的确，许多计算机都提供位操作指令，可以有效用于这一目的。在采用位图的系统上通过查找第一个空闲块来分配磁盘空间的一种技术是，按顺序检查位图的每个字以查看其值是否为 0，因为一个值为 0 的字只包含 0 位且表示一组已分配的块。扫描第一个非 0 的字，以查找值为 1 的位，它的位置从位图的开头开始计算，是第一个空闲块的位置。该块号码的计算如下：

$$每个字的位数 \times 值为 0 的字数 + 第一个值为 1 的位的偏移$$

我们再次看到硬件特性简化了软件功能。不过，除非整个位向量都保存在内存中（并时而写入包含文件系统的设备以便恢复），否则位向量比较低效。将位向量完全保存在内存中，对于较小的磁盘是可能的，对于较大的磁盘则不一定可行。对于块大小为 512 字节、容量为 1.3GB 的磁盘，可能需要 332KB 来存储位向量，以便跟踪空闲块。但是，如果将 4 个扇区合并为一个簇，则该数字会降低到每个磁盘需要约 83KB。具有 4KB 块的 1TB 磁盘要求 32MB（$2^{40}/2^{12} = 2^{28}$b $= 2^{25}$B $= 2^5$MB）来存储位图。由于磁盘大小的不断增加，位向量的问题会继续升级。

14.5.2　链表

　　空闲空间管理的另一种方法是将所有空闲块用链表链接起来，将指向第一空闲块的指针保存在文件系统的特殊位置上，同时也将其缓存在内存中。第一个块包含下一个空闲块的指针，如此继续下去。回想一下上一节的例子，其中块 2、3、4、5、8、9、10、11、12、13、17、18、25、26 和 27 是空闲的，其余的块已分配。在这种情况下，保留块 2（第一个空闲块）的指针。块 2 包含指向块 3 的指针，块 3 指向块 4，块 4 指向块 5，块 5 指向块 8，等等（图 14.9）。这种方案比较低效，在遍历整个列表时，需要读入每个块，从而需要大量的 I/O 时间。不过，幸运的是，遍历空闲列表不是一个频繁的操作。通常，操作系统只需一个空闲块以分配给文件，所以只使用分配空闲列表的第一块。FAT 方法将空闲块的计算结合到分配数据结构的算法中，因此不再需要单独的方法。

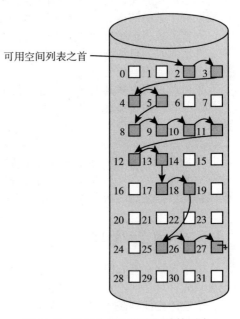

图 14.9　磁盘上的可用空间链接列表

14.5.3　组合

　　空闲列表方法的一个改进是，在第一个空闲块中存储 n 个空闲块的地址。这些块的前 $n-1$ 个确实为空，最后一块包含另外 n 个空闲块的地址，如此继续。大量空闲块的地址可以很快找到，这与标准链表方法是不同的。

14.5.4　计数

　　另外一种方法利用了这样一个事实：通常，多个连续块可能需要同时分配或释放，尤其是采用连续区域分配算法或采用簇来分配空间时。因此，不是记录 n 个空闲块的地址，而是记录第一块的地址和紧跟第一块的连续空闲块的数量 n。这样，空闲空间列表的每个条目包括设备地址和数量。虽然每个条目会比原来需要更多空间，但是表的总长度会更短，只要连续块的数量通常大于 1。请注意，这种跟踪空闲空间的方法类似于分配块的扩展方法。这些条目可以存储在平衡树而不是链表中，以便于高效查找、插入和删除。

14.5.5　空间图

　　Oracle 的 ZFS 文件系统（用于 Solaris 和其他操作系统）被设计成包含大量的文件、目录甚至文件系统（在 ZFS 中，可以创建文件系统层次结构）。在这种情况下，元数据 I/O 对性能的影响可能很大。例如，假设空闲列表按位图来实现，在分配和释放块时必须修改位图。在 1TB 磁盘上释放 1GB 数据可能需要更新位图的数千位，因为这些数据块可能会分散在整个磁盘上。显然，这种系统的数据结构可能很大而且效率低下。

对于空闲空间的管理，ZFS 采用组合技术来控制数据结构的大小并最小化管理这些数据结构所需的 I/O。首先，ZFS 创建 **metaslab**，将设备空间划分为若干可控尺寸的区域。给定的卷可以包括数百个 metaslab。每个 metaslab 都有一个关联的空间图。ZFS 使用计数算法存储有关空闲块的信息。它不是将计数结构写入磁盘，而是采用日志结构文件系统技术来进行记录。空间图为按时间顺序和计数格式的所有块活动（分配和释放）的日志。当 ZFS 决定从 metaslab 中分配或释放空间时，它将相关的空间图加载到内存中按偏移索引的平衡树结构（以便操作高效），并将日志重装到该结构中。这样，内存的空间图精确表示 metaslab 中的分配和空闲空间。通过将连续的空闲块组合成单个条目，ZFS 尽可能缩小空间图。最后，作为面向事务的操作，更新磁盘的空闲空间列表。在收集和排序阶段，块请求仍然可以发生，ZFS 通过日志满足这些请求。实质上，日志加平衡树就是空闲列表。

14.5.6 修整未使用的块

HDD 和其他允许覆盖块以进行更新的存储介质只需要空闲列表来管理空闲空间。在释放时，块不需要特殊处理。被释放的块通常会保留数据（但没有任何指向该块的文件指针），直到下一次分配该块时数据被覆盖。

但同样应用这些算法时，不允许立即覆盖的存储设备（例如基于 NVM 闪存的存储设备）将会受到严重影响。回忆 11.1.2 节，此类设备在再次写入之前必须被擦除，这些擦除必须以大块（由页面组成的块）进行，并且与读取或写入相比需要更长的时间。

因此，需要一种新机制来允许文件系统通知存储设备页面是空闲的并且可以考虑擦除（一旦包含页面的块完全空闲）。该机制因存储控制器而异。对于连接 ATA 的驱动器，它是 TRIM，而对于基于 NVMe 的存储，它是 `unallocate` 命令。无论具体的控制器命令是什么，这种机制都会保持存储空间可用于写入。如果没有这样的能力，存储设备会变满，需要进行垃圾收集和块擦除，导致存储 I/O 写入性能下降（称为"写悬崖"）。

借助 TRIM 机制和类似功能，垃圾收集和擦除步骤可以在设备快满之前发生，从而使设备能够提供更一致的性能。

14.6 效率与性能

既然已经讨论了块分配和目录管理的各种方案，那么可以进一步考虑它们对存储使用的性能和效率的影响。磁盘是计算机主要部件中最慢的，往往会成为系统性能的主要瓶颈。与 CPU 和内存相比，即使是 NVM 设备也很慢，所以也应进行性能优化。本节讨论多种技术，以改善外存的效率和性能。

14.6.1 效率

存储空间的有效使用在很大程度上取决于存储分配和目录算法。例如，UNIX inode 预先分配在卷上，即使空磁盘也有一定百分比的空间用于存储 inode。然而，通过预先分配 inode 并将其分散在整个卷上，改进了文件系统的性能。这种性能改善源于 UNIX 的分配和空闲空间算法，这些算法试图保持一个文件的数据块靠近该文件的 inode 块，以便减少寻道时间。

再次考虑簇技术，它以内部碎片为代价改进了文件查找和文件传输的性能。为了减少这类碎片，BSD UNIX 根据文件增长调节簇的大小。当大簇能填满时，就用大簇；对小文件和文件的最后一簇，就用小簇。

保存在文件目录条目（或 inode）内的数据类型也需要加以考虑。通常，要记录"最后写日期"以提供给用户，并确定是否需要备份给定文件。有些系统也保存"最后访问日期"，以便用户可以确定文件的最后读取时间。由此，每当读取文件时，目录结构的一个字段必须被更新。这意味着将相应块读入内存，修改相应部分，再将该块写到设备，因为外存操作是以块（或簇）为单位来进行的。因此，每当文件打开以便读取时，其 FCB 也必须读出和写入。对于经常访问的文件，这种要求是低效的，因此，在设计文件系统时，必须要平衡优点和性能代价。通常，需要考虑与文件关联的每个数据项对效率和性能的影响。

例如，考虑用于访问数据的指针大小如何影响效率。大多数系统在整个操作系统中采用 32 位或 64 位的指针。32 位的指针将文件的大小限制为 2^{32} 或 4GB。64 位的指针允许非常大的文件，但是 64 位的指针需要更多空间用于存储。因此，分配和可用空间管理方法（链表、索引等）使用更多存储空间。

选择指针大小（或者，事实上，操作系统内的任何固定分配大小）的困难之一是：需要考虑技术变化的影响。例如，早期的 IBM PC XT 有一个 10MB 的硬盘，其 MS-DOS 文件系统只支持 32MB。（每个 FAT 条目为 12 位，指向大小为 8KB 的簇。）随着磁盘容量的增加，较大的磁盘必须分成 32MB 的分区，因为文件系统不能跟踪超过 32MB 的块。随着超过 100MB 容量硬盘的普及，MS-DOS 的磁盘数据结构和算法必须加以修改，以便支持更大的文件系统。（每个 FAT 条目首先扩展到 16 位，然后扩展到 32 位。）最初的文件系统决策是基于效率原因，然而，随着 MS-DOS v4 的出现，数百万计算机用户必须很不方便地切换到新的、更大的文件系统。Solaris 的 ZFS 文件系统采用 128 位的指针，这在理论上来说永远也不需要扩展。（使用原子级别存储、容量为 2^{128} 字节的设备，质量最少为 272 万亿千克左右。）

作为另一个例子，考虑 Solaris 操作系统的发展。最初，许多数据结构都是定长的，在系统启动时已分配。这些结构包括进程表和打开文件表。当进程表已满时，就不能再创建更多的进程。当文件表已满时，就不能再打开更多的文件。此时系统将无法向用户提供服务。这些表格大小的增加只能通过重新编译内核并重新启动系统。对于 Solaris 的后期版本，（与现代 Linux 内核一样）几乎所有的内核结构都是动态分配的，取消了系统性能的这些人为限制。当然，操作这些表的算法会更加复杂，并且操作系统会有点慢，因为它必须动态地分配和释放这些表条目。但是为了更为通用的功能，这些代价也是正常的。

14.6.2　性能

即使选择了基本的文件系统算法，仍然可以采用多种方式来提高性能。正如第 12 章所述，大多数存储设备控制器都包含本地内存，以形成足够大的板载高速缓存来同时存储整个磁道或块。对于 HDD，一旦进行了寻道，就从磁头所处的扇区开始（以缓解延迟时间）将整个磁道读到磁盘缓存。然后，磁盘控制器将任何扇区请求传到操作系统。在数据块从磁盘控制器调到内存后，操作系统就可缓存它。

有些系统将一块独立的内存以用作**缓冲区缓存**（buffer cache），假设其中的块将很快再次使用。其他系统采用**页面缓存**（page cache）来缓存文件数据。页面缓存采用虚拟内存技术，将文件数据按页面而不是按面向文件系统的块来缓存。与采用物理磁盘块来缓存相比，采用虚拟地址来缓存文件数据更为高效，这是因为访问接口是通过虚拟内存而不是文件系统。多个系统（包括 Solaris、Linux 和 Windows）采用页面缓存来缓存进程页面和文件数据。这称为**统一虚拟内存**（unified virtual memory）。

UNIX 和 Linux 的有些版本提供了**统一缓冲区缓存**（unified buffer cache）。为了说明统一缓冲区缓存的优点，考虑文件打开和访问的两种方法。一种方法是采用内存映射（13.5 节），另一种方法是采用标准系统调用 read() 和 write()。如果没有统一缓冲区缓存，则情况会类似于图 14.10。这里，系统调用 read() 和 write() 会通过缓冲区缓存。然而，内存映射调用需要使用两个缓存，即页面缓存和缓冲区缓存。内存映射先从文件系统中读入磁盘块，并存储在缓冲区缓存中。因为虚拟内存系统没有缓冲区缓存的接口，所以缓冲区缓存内的文件内容必须复制到页面缓存。这种情况称为**双缓存**（double caching），需要两次缓存文件系统的数据。这不仅浪费内存，而且浪费重要的 CPU 和 I/O 时间（用于在系统内存之间进行额外的数据移动）。另外，这两种缓存之间的不一致性也会导致文件破坏。相反，当有了统一缓冲区缓存时，内存映射与 read() 和 write() 系统调用都采用同样的页面缓存。这有利于避免双缓存，并允许虚拟内存系统来管理文件系统数据。这种统一缓冲区缓存如图 14.11 所示。

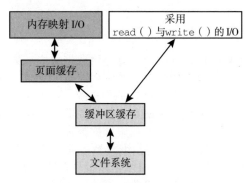

图 14.10　无统一缓冲区缓存的 I/O

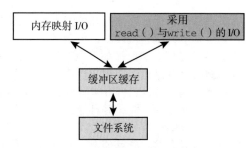

图 14.11　采用统一缓冲区缓存的 I/O

　　无论是否缓存磁盘块或页面（或两者），LRU（10.4.4 节）似乎是个合理并通用的算法，以用于块或页面替换。然而，Solaris 的页面缓存算法演变揭示了算法选择的困难。Solaris 允许进程和页面缓存共享未使用的内存。对于为进程分配页面和为页面缓存分配页面，Solaris 2.5.1 之前的版本并不区分。因此，执行大量 I/O 操作的系统会将大多数可用内存用于页面缓存。由于高频率的 I/O，当空闲内存不足时，页面扫描程序（10.10.3 节）从进程中而不是从页面缓存中回收页面。Solaris 2.6 和 Solaris 7 可选地执行优先调页，即页面扫描程序赋予进程页面比页面缓存更高的优先级。Solaris 8 在进程页面和文件系统页面缓存之间增加了固定限制，从而阻止一方将另一方赶出内存。Solaris 9 和 Solaris 10 为了最大化内存使用和最小化抖动，进一步修改了算法。

　　影响 I/O 性能的另一个问题是文件系统的写入是同步的还是异步的。**同步写**（synchronous write）按磁盘子系统接收顺序进行，并不缓冲写入。因此，调用程序必须等待数据写到磁盘驱动器后再继续。**异步写**（asynchronous write）将数据存在缓存后，就将控制返回给调用者。大多数写是异步的。然而，元数据写可以是同步的。操作系统经常允许系统调用 open 包括一个标志，以允许进程请求写入同步执行。例如，数据库的原子事务使用这种功能，以确保数据按给定顺序存入稳定存储。

　　有的系统根据文件访问类型采用不同的替换算法以优化页面缓存。文件的顺序读写不应采用 LRU 页面替换，因为最近使用的页面最后才会使用或根本不用。相反，顺序访问可以通过采用称为随后释放和预先读取的技术来加以优化。**随后释放**（free-behind）是指，一旦请求下一个页面，就从缓冲区中删除一个页面。以前的页面可能不再使用，并且浪费缓冲区空间。对于**预先读取**（read-ahead），请求的页面和一些之后的页面可以一起读取并缓存。这些页面可能在当前页面处理之后被请求。从磁盘中一次性地读取这些数据并加以缓存，节省了大量的时间。人们可能认为，在多道程序系统上，控制器的磁道缓存会代替这种需要。然而，由于从磁道缓存到内存的许多小传输的长延迟和高开销，执行预先读取仍然有利。

　　页面缓存、文件系统和磁盘驱动程序有着很有意思的联系。当数据被写入文件时，页面先放在缓存中，存储设备驱动程序根据设备地址对输出队列进行排序。这两个操作允许磁盘驱动程序最小化磁头寻道，并根据磁盘旋转来优化写数据。除非要求同步写，进程写磁盘只是写到缓存，系统在方便时异步地将数据写到磁盘。用户进程看到的写是非常快的。当从磁盘中读取数据时，块 I/O 系统会执行一定的提前读；然而，写入比读取更加接近异步。因此，对于小传输，通过文件系统输出到磁盘通常比输入更快，这与直觉相反。无论有多少缓冲和缓存可用，大型连续 I/O 都有可能超出容量，并最终成为设备性能的瓶颈。考虑将大型电影文件写入 HDD。如果文件大于页面缓存（或进程可用的页面缓存），则页面缓存将填满，所有 I/O 将以驱动器速度发生。当前 HDD 的读速度比写速度快，其性能表现与较小的 I/O 性能是相反的。

14.7 恢复

文件和目录保存在内存和外存上，并且必须注意确保系统故障不能导致数据丢失或数据不一致。本节讨论这些问题，也会考虑系统如何从这些故障中恢复。系统崩溃可能导致存储上的文件系统数据结构（如目录结构、空闲块指针和空闲 FCB 指针）的不一致。许多文件系统原地修改这些结构。典型的操作，如创建一个文件，可能涉及磁盘文件系统的许多结构修改。目录结构被修改，FCB 被分配，数据块被分配，所有这些块的可用计数被递减。这些修改可能由于崩溃而中断，并且导致这些结构的不一致。例如，空闲 FCB 计数可能表示 FCB 已分配，但目录结构可能不指向 FCB。这个问题的组合是缓存，以便操作系统优化 I/O 性能。有些修改可以直接写到存储上，而其他的可能被缓存。如果缓存更改在崩溃发生之前不能到达存储设备，则可能造成更多损坏。

除了崩溃以外，文件系统实现的错误、设备控制器甚至用户应用程序都能损坏文件系统。文件系统具有不同的处理损坏的方法，这取决于文件系统的数据结构和算法。下面讨论这些问题。

14.7.1 一致性检查

无论导致损坏的原因如何，文件系统必须检测问题并纠正错误。对于检测，每个文件系统的所有元数据的扫描可以肯定或否定系统的一致性。不过，这种扫描可能需要数分钟或数小时，而且在每次系统启动时都应进行。或者，文件系统可能在元数据中记录其系统状态。在任何元数据修改的开始，设置状态位以表示元数据正在修改。如果所有元数据的更新成功完成，则文件系统可以清除该位。然而，如果状态位保持置位，则运行一致性检查程序。

一致性检查程序（consistency checker），如 UNIX 的系统程序 `fsck`，将目录结构的数据和其他元数据与存储状态进行比较，并且试图修复发现的不一致。分配和空闲空间管理的算法决定了检查程序能够发现什么类型的问题，及其如何修复问题。例如，如果采用链接分配，从任何块到其下一个块都有链接，则从数据块来重建整个文件，并且重建目录结构。相比之下，索引分配系统的目录条目的损坏可能是灾难性的，因为数据块彼此并不了解。出于这个原因，在读取时，有些 UNIX 文件系统缓存目录条目；但是导致空间分配或其他元数据更改的任何写入都是同步进行的，并且在相应数据块写入之前。当然，如果同步写因系统崩溃而中断，则问题仍然可能出现。一些 NVM 存储设备包含电池或超级电容器以提供足够的电源，即使在断电期间，也能将数据从设备缓冲区写入存储介质，因此数据不会丢失。但即使是这些预防措施也不能防止因崩溃而导致损坏。

14.7.2 基于日志的文件系统

计算机科学家经常发现，最初用于一个领域的算法和技术在其他领域同样有用。数据库的基于日志的恢复算法就是这样。这些日志算法已成功应用于一致性检查问题。最终的实现称为**基于日志的面向事务**（log-based transaction-oriented）（或**日志记录**（journaling））文件系统。

请注意，通过上节讨论的一致性检查方法，我们允许结构破坏并且在恢复时进行修复。但这种方法有多个问题。不一致可能是无法修复的。一致性检查可能无法恢复结构，导致文件甚至整个目录的丢失。一致性检查可能需要人为干预来解决冲突，如果无人来做，将是很不方便的。在我们告诉系统如何继续之前，系统可能一直不可用。一致性检查还需要系统时间和时钟时间。检查数 TB 的数据可能需要数个小时。

这个问题的解决方法是，应用基于日志的恢复技术进行文件系统的元数据更新。NTFS 和 Veritas 文件系统采用这种方法，Solaris UFS 的新版也采用这种方法。事实上，这种方法在许多文件系统中都很常见，包括 ext3、ext4 和 ZFS。

从根本上说，所有元数据的修改是按顺序写到日志的。执行特定任务的一组操作称为**事务**（transaction）。一旦这些修改被写到日志中，就可认为已经提交，系统调用可返回用户进程以便继续执行。同时，这些日志条目对真实文件系统结构进行重放。随着更改的进行，通过指针更新表示哪些操作已经完成，哪些操作仍然没有完成。当整个提交的事务完成时，在日志条目中进行标记。日志文件实际上是一个循环缓冲区。当**环形缓冲区**（circular buffer）写到空间末尾时，会从头继续，从而覆盖以前的旧值。我们不希望环形缓冲区覆盖还没有保存好的数据，因此这种情形应被避免。日志可能是文件系统中一个单独的部分，甚至可能位于单独的存储设备上。

如果系统崩溃，日志文件可能包含零个或多个事务。日志包含的任何事务虽然已经由操作系统提交，但是在文件系统中还没有完成，所以现在必须完成。事务可以从指针处执行，直到工作完成，因此文件系统结构仍能保持一致。唯一可能出现的问题是事务被中断，即在系统崩溃之前还没有被提交。对文件系统所做的任何修改必须撤销，再次保持文件系统的一致性。这种恢复在崩溃后是必要的，从而消除任何一致性检查的问题。

利用磁盘元数据更新日志的另一个好处是，这些更新要快于磁盘数据结构的直接更新，原因是顺序 I/O 的性能要好于随机 I/O 的性能。低效的同步随机元数据写入，变成高效的同步顺序写到基于日志文件系统的记录区域。这些修改再通过随机写异步重放到适当的数据结构。总的结果是提高了面向元数据操作（如文件创建和文件删除）的性能。

14.7.3 其他解决方法

网络家电的 WAFL 文件系统和 Solaris 的 ZFS 文件系统采用另一种一致性检查。这些系统从不采用新数据来覆盖块。相反，事务将所有数据和元数据更改写到新块。当事务完成时，指向这些块的旧版的元数据结构被更新到指向新块。然后，文件系统可以删除旧的文件指针和旧的块，以便之后重用。如果保留旧的指针和块，则创建**快照**（snapshot）——特定时间点（在应用该时间之后的任何更新之前）的文件系统视图。如果指针更新是原子的，则该解决方案应该不需要一致性检查。然而，WAFL 文件系统确实有一个一致性检查程序，有些故障情况仍然可能导致元数据的损坏。

ZFS 采用更为创新的方法来实现磁盘一致性。就像 WAFL 一样，它从不会覆盖块。然而，ZFS 更进一步，提供所有元数据和数据块的校验和。这个解决方案（与 RAID 结合使用）可确保数据始终正确。因此，ZFS 没有一致性检程序。

14.7.4 备份与恢复

存储设备有时会产生故障，所以必须注意确保因故障而丢失的数据不会永远丢失。为此，可以采用系统程序将存储设备的数据**备份**（back up）到另一存储设备。对于单个文件或整个设备的恢复，只需要从备份中**恢复**（restore）数据就可以了。

为了最大限度地减少所需复制，可以利用每个文件的目录条目信息。例如，如果备份程序知道一个文件上次何时备份，并且目录内该文件上次写的日期表明该文件从上次备份以来并未改变，则该文件不需要再次复制。一个典型的备份计划可能如下：

- 第 1 天：将所有磁盘文件复制到备份介质。这称为**完全备份**（full backup）。
- 第 2 天：将所有从第 1 天起更改的文件复制到备份介质。这称为**增量备份**（incremental backup）。
- 第 3 天：将所有从第 2 天起更改的文件复制到备份介质。
  …

- **第 *N* 天**：将所有从第 *N*-1 天起更改的文件复制到备份介质。再返回第 1 天。

新的循环可以将其备份写到先前的或新的备份介质集合上。

采用这种方法，通过从完全备份上开始恢复，并根据增量备份不断更新，可以恢复整个文件系统。当然，*N* 的值越大，因完全恢复所需读入介质的数量越大。这种备份循环的一个额外优点是，对于在循环期间意外删除的任何文件，只要从前一天的备份中恢复删除的文件即可。

循环长度是所需备份的数量和恢复多少天的数据之间的平衡。为了减少恢复所需读取的磁盘数量，一种选择是执行一次完全备份，然后每天备份从完全备份以来更改的所有文件。这样，通过完全备份和所需的最近增量备份，不需要其他增量备份便可以进行恢复。这样的缺点是，每天修改的文件越多，每次增量备份需要的文件和备份介质越多。

用户可能在文件损坏很久以后才发现数据丢失或损坏。因此，通常需要不时地进行完全备份，并且永远保存。一个好主意是，将这些永久备份与常规备份分开保存以防止危害，如失火会损坏计算机和所有备份。如果周期性地重用备份介质，则必须注意不要过多次地使用备份介质；如果备份介质磨损，则可能不能从备份中恢复数据。在电视剧 *Mr. Robot* 中，黑客不仅攻击了银行数据的主要来源，还攻击了备份站点。如果你的数据很重要，拥有多个备份站点可能不是一个坏主意。

14.8 示例：WAFL 文件系统

由于外存 I/O 对系统性能有巨大影响，系统设计者需要非常关注文件系统的设计和实现。有些文件系统是通用的，它们提供合理的性能和功能，以满足各种文件的大小、类型、I/O 负载。另外一些文件系统针对特定任务进行了优化，试图在这些任务领域提供比通用文件系统更好的性能。网络家电的**随处可写文件分布**（Write-Anywhere File Layout，WAFL）是这种优化的一个实例。WAFL 是一个功能强大的文件系统，并优化了随机写入。

WAFL 作为分布式文件系统，专门用于由网络家电组成的网络文件服务器。它能通过 NFS、CIFS、iSCSI、ftp 和 http 为客户端提供文件，虽然它只是专门为 NFS 和 CIFS 设计的。当许多客户端使用这些协议与文件服务器通信时，服务器可能看到大量的随机读需求和更大数量的随机写需求。NFS 和 CIFS 协议缓存读操作的数据，所以写是文件服务器创建者最关心的问题。

WAFL 用于包含 NVRAM 写缓存的文件服务器。WAFL 的设计者利用特定架构（在前面有一个稳定的存储缓存）来优化文件系统的随机 I/O。易用性是 WAFL 的指导原则之一。WAFL 还有一个新的快照功能，可以在不同时间点创建文件系统的多个只读副本。

这个文件系统与 Berkeley 快速文件系统类似，但做了许多修改。它是基于块的，并使用 inode 来描述文件。每个索引节点包含 16 个指向属于相应文件的块（或间接块）的指针。每个文件系统有一个根 inode。所有的元数据都放在文件中：所有的索引节点放在一个文件中，空闲块映射表在另一个文件中，空闲索引节点映射表在第三个文件中（见图 14.12）。因为这些都是标准文件，所以对数据块的位置没有限制，可以放在任何地方。如果文件系统通过增加磁盘而扩展，则文件系统自动扩展这些元数据文件的长度。

因此，WAFL 文件系统是以根索引节点为基础的块的树。为了取得快照，WAFL 复制一份根节点。任何文件或元数据的更新会转到新的块而不是覆盖现有的块。新的根 inode 指向由于这些写入而更改的元数据和数据。同时，快照（旧根 inode）仍然指向尚未更新的旧块。因此，它对创建快照时的文件系统提供访问，并且只需极少的磁盘空间。本质上，快照占据的额外磁盘空间仅仅包括自从快照创建以来的所有修改块。

与更多标准文件系统的重要区别是，空闲块映射表内的每块有多个位。位图为使用该块的每个快照设置了一个位。当使用该块的所有快照都删除后，位图被清零，该块为空并可被重用。使用的块从不被覆盖，这样写是很快的，因为写可能发生在当前磁头位置附近的空闲块。WAFL 还有许多其他的性能优化。

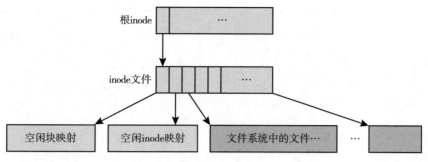

图 14.12　WAFL

可以同时存在许多快照，所以可以每小时或每天创建快照。具有这些快照访问权限的用户，对文件的访问就如同创建时一样。快照功能对于备份、测试、版本控制等也是有用的。WAFL 的快照功能非常高效，因为在修改块之前甚至没有要求采用数据块的写时复制副本。其他文件系统也提供快照功能，但是通常效率更低。WAFL 快照如图 14.13 所示。

较新版本的 WAFL 实际上允许读写快照，称为**克隆**（clone）。通过采用与快照同样的技术，克隆也是高效的。在这种情况下，只读快照捕获文件系统的状态，而克隆指向只读快照。对克隆的任何写入都存储在新的块中，并且更新克隆指针以指向新的块。原来的快照未被修改，仍然会给出文件系统在克隆更新之前的视图。克隆也可以提升以便替代原来的文件系统，这涉及抛出所有的旧指针和任何相关的旧指针块。克隆可用于测试和升级，因为原来的版本没有改动，并且在测试完成和升级失败后可以删除克隆。

WAFL 文件系统实现的另一特点是**复制**（replication），一组数据的重复和同步通过网络传输到另一个系统。首先，WAFL 文件系统的快照被复制到另一系统。当在源系统上执行另一快照时，只要通过发送新快照包含的所有块就可以相对容易地更新远程系统。这些块是在两个快照之间改变的那些块。远程系统将这些块添加到文件系统并更新指针，这样新的系统是在第二次快照时的源系统的复制。重复这个过程可将远程系统维护成第一个系统的几乎完整复制。这种复制用于灾难恢复。如果第一个系统被销毁，则远程系统仍有大部分数据可用。

最后，我们应该注意到，ZFS 文件系统支持类似高效的快照、克隆和复制。

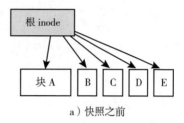

a）快照之前

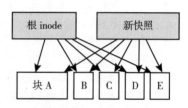

b）快照之后，任何块更改之前

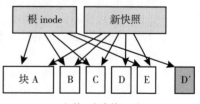

c）块 D 变为块 D′ 后

图 14.13　WAFL 快照

APPLE 文件系统

2017 年，Apple 公司发布了一个新的文件系统，取代已有 30 年历史的 HFS+文件系统。HFS+已被扩展以添加许多新功能，但像往常一样，这个过程增加了复杂性以及代码量，并使添加更多功能变得更加困难。从零开始的设计使得程序员可以从当前的技术和方法出发，并提供所需的确切功能集。

Apple 文件系统（APFS）是这种设计的一个很好的例子。其目标是在所有当前的 Apple 设备上运行，从 Apple Watch 到 iPhone，再到 Mac 电脑。创建一个适用于 watchOS、I/O、tvOS 和 macOS 的文件系统无疑是一个挑战。APFS 功能丰富，包括 64 位指针、文件和目录克隆、快照、空间共享、快速目录大小调整、原子安全保存原语、写时复制设计、加密（单键和多键）和 I/O 合并。其设计者对 NVM 以及 HDD 存储有很好的理解。

虽然前文已经讨论了大多数这些功能，但仍有一些新概念值得探索。**空间共享**（space sharing）是一种类似于 ZFS 的功能：存储可以作为一个或多个大型空闲空间（容器，container）使用，文件系统可以从中获取分配（允许 APFS 格式的卷增长和缩小）。**快速目录大小调整**（fast directory sizing）支持快速的已用空间计算和更新。**原子安全保存**（atomic safe-save）是一种原语（通过 API 提供，而不是通过文件系统命令提供），它将文件、文件包和目录的重命名作为单个原子操作执行。I/O 合并是对 NVM 设备的一种优化，可将几个"小"写聚集到一个"大"写中以优化写性能。

Apple 选择不将 RAID 作为新 APFS 的一部分来实施，而是依赖于现有的 Apple RAID 卷机制来实现软件 RAID。APFS 还与 HFS+兼容，可以轻松转换现有部署。

14.9 本章小结

- 为了永久保存大量数据，大多数文件系统驻留在外存上。最常见的外存存储介质是磁盘，但 NVM 设备的使用正在增加。
- 存储设备分成多个分区，以控制介质的使用，并允许在单个设备上运行多个（可能不同的）文件系统。这些文件系统被挂载到一个逻辑文件系统架构。
- 文件系统通常按分层或模块化结构来实现。较低层处理存储设备的物理属性。较高层处理文件的符号名称和逻辑属性。中间层将逻辑文件概念映射到物理设备属性。
- 文件系统内的各个文件可以通过三种方式在存储设备上分配空间：连续分配、链接分配或索引分配。连续分配可能存在外部碎片问题。链接分配的直接访问非常低效。索引分配可能需要相当大的索引块的开销。可以从多方面来优化这些算法。通过扩展可以扩大连续空间，以增加灵活性并减少外部碎片。可以按多个块组成的簇来进行索引分配，以增加吞吐量并减少所需索引条目的数量。采用大簇的索引类似于采用扩展的连续分配。
- 空闲空间分配方法也会影响磁盘空间使用的效率、文件系统的性能、外存的可靠性。使用方法包括位向量和链表。优化方法包括组合、计数和 FAT（将链表放在一个连续区域内）。
- 目录管理程序必须考虑效率、性能和可靠性。哈希表是常用的方法，因为它快速并且高效。然而，表损坏和系统崩溃可能导致目录信息与磁盘内容不一致。
- 一致性检查程序可用于修复损坏。操作系统备份工具允许将数据复制到其他存储设备中，允许用户恢复数据甚至整个设备（因硬件故障、操作系统错误或用户错误）。
- 由于文件系统在系统操作中的重要作用，其性能和可靠性至关重要。日志结构和缓存等技术有助于提高性能，而日志结构和 RAID 可提高可靠性。WAFL 文件系统是性能优化的一个例子，以匹配特定的 I/O 负载。

14.10 推荐读物

关于 BSD UNIX 系统内部细节的完整讨论，可参见［McKusick et al.（2015）］。关于 Linux 文件系统的详细信息，可参见［Love（2010）］。关于 Google 文件系统，可参见［Ghemawat et al.（2003）］。关于 FUSE 的信息，可参见 http://fuse. sourceforge. net。

关于用于增强性能和一致性的日志结构文件组织的讨论，可参见［Rosenblum and Ousterhout（1991）］、［Seltzer et al.（1993）］和［Seltzer et al.（1995）］。关于用于网络文件系统的日志结构设计的提议，可参见［Hartman and Ousterhout（1995）］和［Thekkath et al.（1997）］。

用于空间映射的 ZFS 源代码，可参见 http://open-zfs. org/wiki/Documentation。

ZFS 文档参见 http://github. com/openzfs/。

关于 NTFS 文件系统的解释，可参见［Solomon（1998）］。关于 Linux Ext4 文件系统的描述，可参见［Mauerer（2008）］。关于 WAFL 文件系统的讨论，可参见［Hitz et al.（1995）］。

14. 11　参考文献

［Ghemawat et al.（2003）］　S. Ghemawat, H. Gobioff, and S. -T. Leung, "The Google File System", *Proceedings of the ACM Symposium on Operating Systems Principles*（2003）.

［Hartman and Ousterhout（1995）］　J. H. Hartman and J. K. Ousterhout, "The Zebra Striped Network File System", *ACM Transactions on Computer Systems*, Volume 13, Number 3（1995）, pages 274-310.

［Hitz et al.（1995）］　D. Hitz, J. Lau, and M. Malcolm, "File System Design for an NFS File Server Appliance", Technical report, NetApp（1995）.

［Love（2010）］　R. Love, *Linux Kernel Development*, Third Edition, Developer's Library（2010）.

［Mauerer（2008）］　W. Mauerer, *Professional Linux Kernel Architecture*, John Wiley and Sons（2008）.

［McKusick et al.（2015）］　M. K. McKusick, G. V. Neville-Neil, and R. N. M. Watson, *The Design and Implementation of the FreeBSD UNIX Operating System-Second Edition*, Pearson（2015）.

［Rosenblum and Ousterhout（1991）］　M. Rosenblum and J. K. Ousterhout, "The Design and Implementation of a Log-Structured File System", *Proceedings of the ACM Symposium on Operating Systems Principles*（1991）, pages 1-15.

［Seltzer et al.（1993）］　M. I. Seltzer, K. Bostic, M. K. McKusick, and C. Staelin, "An Implementation of a Log-Structured File System for UNIX", *USENIX Winter*（1993）, pages 307-326.

［Seltzer et al.（1995）］　M. I. Seltzer, K. A. Smith, H. Balakrishnan, J. Chang, S. McMains, and V. N. Padmanabhan, "File System Logging Versus Clustering: A Performance Comparison", *USENIX Winter*（1995）, pages 249-264.

［Solomon（1998）］　D. A. Solomon, *Inside Windows NT*, Second Edition, Microsoft Press（1998）.

［Thekkath et al.（1997）］　C. A. Thekkath, T. Mann, and E. K. Lee, "Frangipani: A Scalable Distributed File System", *Symposium on Operating Systems Principles*（1997）, pages 224-237.

14. 12　练习

14. 1　考虑由 100 个块组成的文件。假设文件控制块（和索引块，在索引分配的情况下）已经在内存中。计算连续、链接和索引（单级）分配策略需要多少磁盘 I/O 操作。对于每块，以下条件成立。在连续分配的情况下，假设开始时没有增长空间，但最后有增长空间。还假设要添加的块信息存储在内存中。

　　a. 在开头添加块。

　　b. 在中间添加块。

　　c. 在末端添加块。

　　d. 在开头移除块。

　　e. 在中间移除块。

　　f. 从末端移除块。

14. 2　为什么文件分配的位图必须保存在大容量存储中，而不是在主内存中？

14.3 考虑一个系统,用于支持连续、链接和索引分配策略。应该使用什么准则来决定最适合特定文件的策略?

14.4 连续分配的一个问题是用户必须为每个文件预先分配足够的空间。如果文件增长到大于为其分配的空间,则必须采取特殊措施。这个问题的一种解决方案是定义一个文件结构,用于包括一个指定大小的初始连续区域。如果这个区域被填满,操作系统会自动定义一个链接到初始连续区域的溢出区域。如果溢出区域被填满,则分配另一个溢出区域。将文件的这种实现与标准的连续和链接实现进行比较。

14.5 缓存如何有助于提高性能?如果缓存如此有用,为什么系统不使用更多或更大的缓存?

14.6 为什么操作系统动态分配内部表会对用户有利?这样做对操作系统有什么坏处?

14.13 习题

14.7 假设一个文件系统采用改进的、支持扩展的连续分配算法。每个文件包括一组扩展,而每个扩展对应一组连续块。这种系统的关键问题是扩展大小的差异程度。以下方案的优点和缺点是什么?

 a. 所有扩展都是同样大的,并且是预先定义的。

 b. 扩展可以是任意大小的,并且可以动态分配。

 c. 扩展中的一些可以是预先定义的、固定大小的。

14.8 对于顺序和随机的文件访问,比较磁盘块分配的三种技术(连续、链接和索引)的性能。

14.9 链接分配的一个变种是采用 FAT 来链接所有文件的块。其优点是什么?

14.10 假设一个系统将空闲空间保存在空闲空间列表上。

 a. 假设空闲空间列表的指针丢失了。系统可以重建空闲空间列表吗?解释你的答案。

 b. 假设一个文件系统采用类似于 UNIX 的索引分配。读取一个小的本地文件 /a/b/c 需要多少磁盘 I/O 操作?假设当前没有缓存的磁盘块。

 c. 提出一种机制,以确保不会因为内存故障而丢失指针。

14.11 有一些文件系统允许磁盘空间在不同的粒度级别分配。例如,文件系统可以把 4KB 的磁盘空间分配为 1 个 4KB 的块,或者 8 个 512 字节的块。如何利用这种特性来改进性能?为了支持这种特性,需要对空闲空间管理机制做什么修改?

14.12 对于在计算机崩溃后保持系统的一致性,讨论文件系统的性能优化为何会带来困难。

14.13 讨论支持跨挂载点的文件链接的优缺点(文件链接指的是存储在不同卷中的文件)。

14.14 考虑一个磁盘的文件系统,其逻辑块和物理块的大小都为 512 字节。假设每个文件的信息已在内存中。针对每种分配策略(连续、链接和索引),回答以下问题:

 a. 这个系统的逻辑到物理地址映射是如何实现的?(对于索引分配,假设每个文件总是小于 512 块长。)

 b. 如果当前处于逻辑块 10(最后访问的块为块 10)并且需要访问逻辑块 4,必须从磁盘上读取多少物理块?

14.15 考虑一个采用 inode 表示文件的文件系统。磁盘块大小为 8KB,磁盘块指针需要 4 字节。这个文件系统具有 12 个直接磁盘块,以及一级、二级和三级间接磁盘块。这个文件系统能存储的文件最大是多少?

14.16 存储设备的碎片可以通过信息压缩来消除。典型的磁盘设备没有重定位或基址寄存器(如同内存压缩时所用的),这样如何重定位文件?给出三个理由以说明为什么通常要避免文件的压缩和重定位。

14.17 为什么日志元数据更新能确保文件系统可从崩溃中恢复过来?

14.18 考虑以下备份方案：

- **第 1 天**：将所有磁盘文件复制到备份介质。
- **第 2 天**：将自第 1 天以后变化的所有文件复制到另一介质。
- **第 3 天**：将自第 1 天以后变化的所有文件复制到另一介质。

这不同于 14.7.4 节给出的方案，即后续备份复制自第一次备份后改变的所有文件。这个系统与 14.7.4 节的方案相比，有什么优点？其缺点是什么？恢复操作是更简单了还是更复杂了？解释你的答案。

14.19 讨论与远程文件系统（存储在文件服务器上）相关联的一组与本地文件系统相关的故障语义的优点和缺点。

14.20 支持 UNIX 一致性的语义以便共享访问存储在远程文件系统上的文件，这有什么含义？

文件系统内部细节

正如第 13 章所述，文件系统提供了在线存储和访问文件内容（包括数据和程序）的机制。本章主要关注文件系统的内部结构和操作。我们将详细探讨多种方法，以便构建文件使用、分配存储空间、恢复释放空间、跟踪数据位置以及将操作系统的其他部分连接到外存。

本章目标
- 深入研究文件系统及其实现的细节。
- 探讨引导和文件共享。
- 以 NFS 为例介绍远程文件系统。

15.1 文件系统

每台计算机中通常有数千、数百万甚至数十亿个文件。文件存储在随机存取存储设备上，包括硬盘、光盘和其他非易失性存储器。

如前所述，通用计算机系统可以有多个存储设备，这些设备可以分成多个分区，这些分区包含卷，而卷又包含文件系统。根据卷管理器的设置，一个卷也可能跨越多个分区。图 15.1 给出了典型的文件系统组织结构。

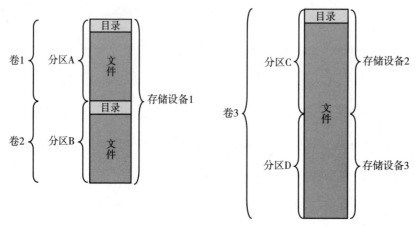

图 15.1　典型的存储设备组织

计算机系统也可能具有不同数量的文件系统，并且文件系统可能具有不同的类型。例如，典型的 Solaris 系统可能有几十个不同类型的文件系统，如图 15.2 中的文件系统列表所示。

本书只考虑通用文件系统。但值得注意的是，有许多特殊用途的文件系统。考虑上面提到的 Solaris 示例中的文件系统类型：

- **tmpfs**："临时"文件系统。这是在易失性内存中创建的，当系统重启或崩溃时，其内容会被擦除。
- **objfs**："虚拟"文件系统。本质上，这是一个内核接口，但看起来像文件系统，它支持调试器对内核符号的访问。

- ctfs：维护"合同"信息的虚拟文件系统，以管理哪些进程在系统引导时启动并且在操作过程中必须继续运行。
- lofs："环回"文件系统，以允许一个文件系统代替另一个文件系统被访问。
- procfs：虚拟文件系统，将所有进程信息作为文件系统来呈现。
- ufs，zfs：通用文件系统。

计算机的文件系统可以极大。甚至在单个文件系统中，也需要将文件分成组并且管理和操作这些组。这种组织涉及对目录的使用（参见 14.3 节）。

/	ufs
/devices	devfs
/dev	dev
/system/contract	ctfs
/proc	proc
/etc/mnttab	mntfs
/etc/svc/volatile	tmpfs
/system/object	objfs
/lib/libc.so.1	lofs
/dev/fd	fd
/var	ufs
/tmp	tmpfs
/var/run	tmpfs
/opt	ufs
/zpbge	zfs
/zpbge/backup	zfs
/export/home	zfs
/var/mail	zfs
/var/spool/mqueue	zfs
/zpbg	zfs
/zpbg/zones	zfs

图 15.2 Solaris 文件系统

15.2 文件系统挂载

正如文件在使用前必须要打开一样，文件系统在用于系统的进程之前必须先挂载（mount）。更具体地说，目录结构可以构建在多个卷上，这些卷必须先挂载才能用于文件系统命名空间。

挂载过程很简单。操作系统需要知道设备的名称和**挂载点**（mount point），这里挂载点为附加文件系统在原来文件结构中的位置。有的操作系统要求提供文件系统类型，而其他操作系统检查设备结构并确定文件系统的类型。挂载点通常是空目录。例如，在 UNIX 系统上，包含用户主目录的文件系统可能挂载到 /home；然后，在访问该文件系统的目录结构时，只需要在目录名称之前加上 /home，如 /home/jane。当该文件系统挂载在 /users 下时，通过路径名 /users/jane 可以使用同一个目录。

接下来，操作系统验证设备是否包含一个有效的文件系统。验证可这样进行：通过设备驱动程序读入设备目录，并验证目录是否具有预期格式。最后，操作系统在其目录结构中记录如下信息：一个文件系统已挂载在给定挂载点上。这种方案允许操作系统遍历目录结构，根据情况，可在不同文件系统甚至不同文件系统类型之间进行切换。

为了说明文件系统的挂载，考虑图 15.3 所示的文件系统，其中三角形表示感兴趣的目录子树。图 15.3a 显示了一个现有文件系统，图 15.3b 显示了一个未挂载的位于 /device/dsk 的文件系统。这时，只有现有文件系统上的文件可被访问。图 15.4 显示了将 /device/dsk 上的卷挂载到 /users 后的文件系统的效果。如果该卷被卸载，则文件系统将还原到图 15.3 所示的情况。

系统可以通过语义清楚地表达功能。例如，系统可能不允许在包含文件的目录上进行挂载；或者可以使挂载的文件系统在该目录处可用，并隐藏目录的原有文件；直到文件系统被卸载，进而终止使用文件系统，并且不允许访问该目录中的原有文件。另一个例子是，有的系统可能允许将同一文件系统多次重复挂载到不同的挂载点，或者允许将一个文件系统只挂载一次。

考虑 macOS 操作系统的操作。每当系统第一次遇到磁盘时（无论是在引导时还是在系统运行时），macOS 操作系统搜索设备上的文件系统。如果找到，它会自动将找到的文件系统挂载在目录 /Volumes 下，并添加一个标有文件系统名称的文件夹图标（如存储在设备目录中）。然后，用户可单击该图标以显示新挂载的文件系统。

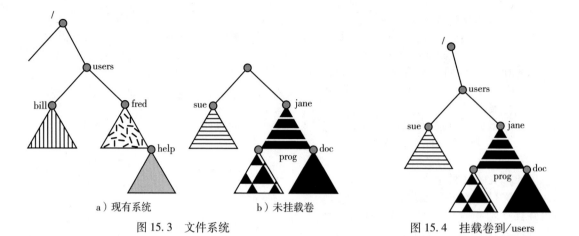

a）现有系统   b）未挂载卷

图 15.3　文件系统

图 15.4　挂载卷到/users

Microsoft Windows 系列的操作系统维护一个扩展的两级目录结构，用驱动器字母表示设备和卷。卷具有常规图结构的目录，并与驱动器号相关联。特定文件的路径形式为 driver-letter：\path\to\file。新版的 Windows 允许文件系统挂载在目录树的任意位置，就像 UNIX 一样。在启动时，Windows 操作系统自动发现所有设备，并挂载所有找到的文件系统。有的系统（如 UNIX）的挂载命令是显式的。系统配置文件包括设备和挂载点的列表，以便在启动时自动挂载，也可手动进行其他挂载。

15.3　分区与挂载

磁盘布局方式多种多样，具体取决于操作系统。一个磁盘可以分成多个分区，一个卷可以跨越多个磁盘的多个分区。本节讨论第一种布局，第二种布局作为 RAID 的一种形式更为合适，参见 11.8 节。

分区可以是"生的"（或原始的、空白的），没有文件系统；或者是"熟的"，含有文件系统。没有合适的文件系统时，可以使用**原始磁盘**（raw disk）。例如，UNIX 交换空间可以使用原始分区，因为不是使用文件系统，而是使用自己的磁盘格式。同样，有些数据库使用原始磁盘，并格式化数据以满足自己的需要。原始磁盘也可用于存储 RAID 磁盘系统所需的信息，如用于表示哪些块已经镜像以及哪些块已经改变而且需要镜像的位图。类似地，原始磁盘可以包括一个微型数据库以保存 RAID 配置信息，如哪些磁盘属于哪个 RAID 集合。原始磁盘的使用在 11.5.1 节讨论过。

如果分区包含可引导的文件系统（具有正确挂载和配置的操作系统），那么分区也需要引导信息。这种信息有自己的格式，因为在引导时系统没有加载的文件系统代码，所以不能解释文件系统的格式。因此，引导信息通常是一系列连续的块，可作为映像加载到内存。映像的执行从预先定义的位置（如第一字节）开始。这个**引导加载程序**（boot loader）足够了解文件系统结构，从而能够找到并加载内核，然后开始执行。

引导加载程序不仅仅包括启动具体操作系统的指令。例如，许多系统支持**双重引导**（dual-booted），允许在单个系统上挂载多个操作系统。系统如何知道启动哪一个？了解多个文件系统和多个操作系统的引导加载程序会占用引导空间。加载后，它可以启动驱动器上可用的任一操作系统。磁盘可以有多个分区，每个分区包含不同类型的文件系统和不同的操作系统。请注意，如果引导加载程序不了解特定的文件系统格式，则存储在该文件系统上的操作系统是不可引导的。这是任何给定操作系统仅支持某些文件系统作为根文件系统的原因之一。

根分区（root partition）包括操作系统内核和其他系统文件，在启动时挂载。其他卷可以在引导时自动挂载或以后手动挂载，这取决于操作系统。作为成功挂载操作的一部分，操作系统验证设备是否包含有效的文件系统。操作系统通过设备驱动程序读入设备目录，并验证目录是否具有预期格式。如果格式无效，则必须检查分区的一致性，并根据需要自动或手动地加以纠正。最后，操作系统在内存的挂载表中注明已挂载的文件系统及其类型。该功能的细节取决于操作系统。

基于 Microsoft Windows 的系统将每个卷挂载在分开的命名空间中，用一个字母和一个冒号表示。例如，操作系统为了记录一个文件系统已挂载在 F：上，会在对应 F：的设备结构的域中加上该文件系统的一个指针。当进程指定驱动程序字母时，操作系统找到适当的文件系统的指针，并遍历该设备的目录结构以查找指定的文件或目录。Windows 的更高版本可以在现有目录结构的任何一个点上挂载文件系统。

UNIX 可以将文件系统挂载在任何目录上。挂载是通过在目录 inode 的内存副本中加上一个标志完成的。这个标志表示该目录是挂载点。还有一个指向挂载表中条目的域，表示哪个设备挂载在哪里。挂载表的条目包括指向该设备文件系统超级块的指针。这种方案使操作系统可以遍历其目录结构，并在文件系统之间进行无缝切换。

15.4 文件共享

当用户需要合作时，文件共享是非常理想的方式。因此，尽管具有内在困难，但面向用户的操作系统必须满足文件共享的需要。

本节将分析文件共享的各个方面。首先，讨论因多用户共享文件而出现的一般问题。一旦允许多个用户共享文件，就必须考虑如何将共享扩展到多个文件系统，如远程文件系统。然后，对于共享文件的冲突操作，考虑如何处理。例如，如果多个用户正在写入同一文件，是否允许所有的写入，或者操作系统应该保护不同用户的操作？

多用户

当操作系统支持多个用户时，文件共享、文件命名和文件保护等问题就尤其突出了。对于允许用户共享文件的目录结构，系统必须调控文件共享。系统可以默认允许一个用户访问其他用户的文件，也可要求一个用户明确授予文件访问的权限。这些访问控制和保护问题在 13.4 节已有讨论。

为了实现共享与保护，多用户系统必须维护比单用户系统更多的文件和目录属性。虽然有许多方案可以满足这个要求，但是现在大多数系统都采用文件（或目录）**所有者**（owner）（或**用户**（user））和**组**（group）的概念。所有者可以更改属性和授予访问权限，拥有最高控制。组属性定义用户子集，这些子集拥有相同的访问权限。例如，对于 UNIX 系统，文件的所有者可以对其文件执行所有操作，文件组的成员只能执行这些操作的子集，而所有其他用户可能只能执行另一操作子集。组的成员和其他用户可以对文件进行的具体操作，可由文件所有者来定义。

给定文件（或目录）的所有者和组 ID 与其他文件属性一起存储。当用户请求操作文件时，可以将用户 ID 与所有者属性进行比较，以确定该请求用户是否是文件所有者。同样，可以比较组 ID 以决定哪些权限是适用的。然后，系统根据这些权限来检查请求操作，从而决定是允许还是拒绝。

许多系统具有多个本地文件系统，包括单个磁盘的卷或多个链接磁盘的多个卷。在这种情况下，一旦文件系统挂载，ID 检查和权限匹配就简单了。但是，考虑一个可以在系统之间移动的外部磁盘。如果系统上的 ID 不同怎么办？当设备在系统之间移动时，必须注意确保系统之间的 ID 匹配，或者在发生此类移动时重置文件所有权。（例如，我们可以创建一个新的用户 ID 并将便携式磁盘上的所有文件设置为该 ID，以确保现有用户不会意外访问任何文件。）

15.5 虚拟文件系统

现代操作系统必须同时支持多种类型的文件系统。但是，操作系统如何才能将多种类型的文件系统集成到目录结构中？还有，用户如何在访问文件系统空间时，无缝地在文件系统类型之间迁移？下面讨论这些实现细节。

实现多种类型的文件系统的一个简单但欠佳的方法是，为每种类型编写目录和文件程序。然而，大多数操作系统（包括UNIX）采用面向对象的技术来简化、组织和模块化实现过程。通过采用这些方法，不同文件系统类型可通过同样的结构来实现，包括网络文件系统类型，如NFS。用户访问的文件可以位于本地磁盘的多种类型的文件系统中，甚至位于网络上的可用文件系统中。

数据结构和程序用于隔离基本系统调用的功能与实现细节。因此，文件系统的实现由三个主要层组成，如图15.5所示。第一层为文件系统接口，基于open()、read()、write()和close()调用及文件描述符。

第二层称为**虚拟文件系统**（Virtual File System, VFS）层。VFS层提供两个重要功能：

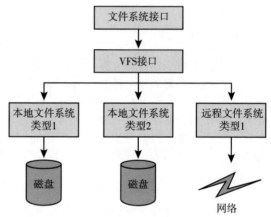

1. 定义一个清晰的VFS接口，将文件系统的通用操作和实现分开。VFS接口的多个实现可以共存在同一台机器上，允许透明访问本地挂载的不同类型的文件系统。
2. 提供一种机制，用于唯一表示网络上的文件。VFS基于称为虚拟节点或**v节点**（vnode）的文件表示结构，它包含一个数字指示符以唯一表示网络上的文件。（在一个文件系统内，UNIX inode是唯一的。）这种唯一性对于网络文件系统是必需的。内核为每个活动节点（文件或目录）保存一个vnode结构。

图 15.5 虚拟文件系统的示意图

因此，VFS区分本地文件和远程文件，并根据文件系统类型进一步区分本地文件。

VFS根据文件系统类型调用特定文件类型的操作以处理本地请求，通过调用NFS协议程序（或其他网络文件系统的协议程序）来处理远程请求。文件句柄可以根据相应的vnode来构造，并作为参数传递给这些程序。实现文件系统类型或远程文件系统协议的层属于架构的第三层。

下面简要分析Linux的VFS架构。Linux VFS定义了4种主要对象类型：

- **inode对象**表示一个单独的文件。
- **文件对象**表示一个已打开的文件。
- **超级块对象**表示整个文件系统。
- **目录条目对象**表示单个目录条目。

对于以上4种对象类型中的每一种，VFS都定义了一组可以进行的操作。这些类型的每个对象都包含一个指向函数表的指针，而函数表包含实现该特定对象操作的实际函数的地址。例如，文件对象操作的一些API包括：

- int open (...) ——打开文件。
- int close (...) ——关闭已打开的文件。
- ssize_ t read (...) ——读文件。
- ssize_ t write (...) ——写文件。

- int mmap（...）——内存映射文件。

要实现特定文件类型的文件对象，需要实现文件对象定义内的每个函数。（文件对象的完整定义见文件 struct file_ operations 的 /usr/include/linux/fs.h。）

因此，当 VFS 软件层对这些对象进行操作时，可以通过调用对象函数表内的适当函数，而无须事先知道它正在处理什么样的对象。对于 inode 代表的是磁盘文件、目录文件或远程文件，VFS 并不知道或者并不关心。实现文件 read() 操作的对应函数总是位于函数表的相同位置，而且 VFS 软件层在调用这些函数时并不关心数据是如何被读取的。

15.6 远程文件系统

随着网络的出现，远程计算机之间的通信成为可能。网络允许在校园或全球范围内进行资源共享。一个重要的共享资源是文件形式的数据。

随着网络和文件技术的发展，远程文件共享方法也已改变。第一种方法是，通过 ftp 之类的程序在机器之间手动传送文件。第二种方法是，通过**分布式文件系统**（Distributed File System，DFS）在本地直接访问远程目录。在某种意义上，第三种方法**万维网**（World Wide Web，WWW）回到了第一种方法：通过浏览器才能访问远程文件，每次文件传输需要一个单独的操作（基本上是 ftp 的封装）。云计算也越来越多地用于文件共享。

ftp 用于匿名和认证的访问。**匿名访问**（anonymous access）允许用户在没有远程系统账户的情况下传输文件。WWW 几乎完全采用匿名的文件交换。DFS 在访问远程文件的机器和提供文件的机器之间提供了更加紧密的集成。这种集成增加了复杂性，本节将会加以讨论。

15.6.1 客户端–服务器模型

远程文件系统允许一台计算机挂载一台或多台远程机器上的一个或多个文件系统。在这种情况下，包含文件的机器是**服务器**（server），需要访问文件的机器是**客户端**（client）。对于联网的机器，客户端–服务器关系很常见。一般来说，服务器声明可用于客户端的资源，并具体指定是哪些资源（这里是指哪些文件）和哪些客户端。一台服务器可以服务多台客户端，而一台客户端可使用多台服务器，具体取决于给定客户端–服务器的实现细节。

服务器通常根据卷或目录的级别来指定哪些文件可用。识别客户端更加困难。指定客户端时可以采用网络名称或其他标识符，如 IP 地址，但是这些可以**被欺骗**（spoofed）或模仿。通过欺骗，未经授权的客户端可以访问服务器。更加安全的解决方案包括通过加密密钥来安全认证客户端。不过，这也带来了很多安全挑战，包括确保客户端和服务器的兼容性（它们必须使用同样的加密算法）以及密钥交换的安全性（被拦截的密钥可以再次允许未经授权的访问）。由于这些问题很难解决，并非安全的认证方法仍然最为常用。

对于 UNIX 及其网络文件系统（NFS），认证默认通过客户端网络信息来进行。对于这种方案，客户端和服务器的用户 ID 必须匹配。如果不匹配，则服务器将无法确定对文件的访问权限。考虑这样一个例子，用户 ID 在客户端上为 1000，而在服务器上为 2000。针对服务器特定文件的客户端请求无法得到适当的处理，这是因为服务器认为是 ID 为 1000 的用户而不是真实的 ID 为 2000 的用户需要访问文件。因此，基于不正确的认证信息，访问会被允许或拒绝。服务器必须相信客户端提供的是正确的用户 ID。注意，NFS 协议支持多对多关系，即多个服务器可为多个客户端提供文件。事实上，给定的机器可以是一些 NFS 客户端的服务器，也可以是其他 NFS 服务器的客户端。

一旦挂载了远程文件系统，用户的文件操作请求将通过网络按照 DFS 协议发送到服务器。通常，文件打开请求与其请求用户的 ID 会一起发送。然后，服务器采用标准的访问检查，确定用户是否具有按请求模式访问文件的凭据。请求可能被允许或拒绝。如果允许，则文件句柄会返回客户端的应用程序，然后应用程序就可以对文件执行读、写和其他操作。当访问完成时，客户端关闭文件。操作系统可采用与本地文件系统挂载类似的语义，也可采用不同的语义。

15.6.2 分布式信息系统

为了便于管理客户端-服务器系统，**分布式信息系统**（distributed information system）（也称为**分布式命名服务**（distributed naming service））对远程计算所需信息提供统一访问。**域名系统**（Domain Name System，DNS）为整个互联网提供主机名到网络地址的转换。在 DNS 流行之前，包含同样信息的文件通过 E-mail 或 ftp 在网络机器之间发送。但是这种方法不好扩展。DNS 将在 19.3.1 节中进一步讨论。

其他分布式信息系统为分布式应用提供用户名称/密码/用户 ID/组 ID 空间。UNIX 系统采用各种各样的分布式信息方法。Sun Microsystems（现在是 Oracle 公司的一部分）引入了**黄页**（yellow page）（后来改名为**网络信息服务**（Network Information Service，NIS）），并且得到了业界的广泛采用。它集中存储用户名、主机名、打印机信息等，但使用的是非安全的认证方法，包括发送未加密的用户密码（以明文形式）和通过 IP 地址标识主机。Sun 的 NIS+是更为安全的 NIS 升级，但是也更为复杂，且并未得到广泛使用。

对于 Microsoft 的**通用互联网文档系统**（Common Internet File System，CIFS），网络信息与用户认证信息（用户名和密码）一起进行网络登录，以便服务器确定是否允许或拒绝对所请求文件系统的访问。为了使认证有效，用户名必须在机器之间匹配（如同 NFS 一样）。Microsoft 使用**活动目录**（active directory）作为分布式命名结构，以便为用户提供单一的名称空间。一旦建立，通过 Microsoft 的 **Kerberos** 网络身份验证协议（https://web. mit. edu/kerberos/），分布式命名功能可供客户端和服务器用于认证用户。

业界正在采用**轻量级目录访问协议**（Lightweight Directory Access Protocol，LDAP）作为安全的分布式命名机制。事实上，活动目录是基于 LDAP 的。Oracle Solaris 和大多数其他主要操作系统都包括 LDAP，并且允许将其用于用户认证以及系统范围的信息获取，例如打印机的可用性。可以想象，一个分布式 LDAP 目录可用于存储企业中所有计算机的所有用户和资源信息。这带来的结果是用户的安全单点登录：用户只需输入认证信息一次，就可访问企业的所有计算机。通过将分布于每个系统上的各种文件信息和不同的分布式信息服务集中起来，可以减轻系统管理的工作负担。

15.6.3 故障模式

本地文件系统的故障原因可能很多，如包含文件系统的磁盘故障、目录结构或其他磁盘管理信息（总称为**元数据**（metadata））的损坏、磁盘控制器故障、电缆故障和主机适配器故障等。用户或系统管理员的错误也可能导致文件的丢失或者整个目录或卷的删除。其中，许多故障会导致主机崩溃并显示错误原因，修复损害需要人工干预。

远程文件系统的故障模式甚至更多。由于网络系统的复杂性和远程机器之间的交互性，更多的问题可能会干扰远程文件系统的正确操作。两台主机之间的网络可能会中断，这种中断可能源于硬件故障、硬件配置欠妥或网络实现问题等。虽然有些网络具有内置的容错功能，例如在主机之间有多条路径，但是很多网络没有该功能。任何单个故障都可能中断 DFS 命令流。

考虑一个客户端正在使用远程文件系统。它打开了远程主机的文件，可能会执行目录查找以打开文件、读写文件数据和关闭文件，也可能会执行其他操作。现在，假设发生了网络断开、服务器故障甚至服务器的计划关机，远程文件系统突然不再可用。这种情况相当普遍，所以客户端系统不应将其按本地文件系统的丢失来处理。相反，系统可以终止对丢失服务器的所有操作，或延迟操作，直到服务器再次可用为止。这种故障语义作为远程文件系统协议的一部分来定义和实现。所有操作的终止会导致用户失去耐心。因此，大多数 DFS 协议强制或允许延迟操作远程主机的文件系统，以寄希望于远程主机会再次可用。

为了实现这种故障恢复，可能要在客户端和服务器上维护一定的**状态信息**（state information）。如果服务器和客户端都拥有当前活动和打开文件的信息，则可以无缝地进行故障恢复。当服务器崩溃但有被远程挂载的已导出文件系统和已打开文件时，NFS v3 采取了一种简单的方法，即实现**无状态**（stateless）的 DFS。简单地说，它假设除非已经远程挂载了文件系统，且以前已打开了文件，否则将不会发生有关文件读写的客户端请求。NFS 协议携带所有需要的信息，以便定位适当的文件并执行请求的操作。同样，它并不跟踪哪个客户端挂载了导出卷，而是假设如果果来了请求，则请求必须合法。虽然这种无状态方法使 NFS 具有弹性并容易实现，但是并不安全。例如，NFS 服务器可能允许伪造的读或写请求。作为行业标准的 NFS v4 解决了这些问题，这里的 NFS 是有状态的，以提高安全性、性能和功能性。

15.7 一致性语义

一致性语义（consistency semantic）是个重要准则，用于评估支持文件共享的文件系统。这些语义规定系统的多个用户如何访问共享文件，特别是规定了一个用户的数据修改何时为另一个用户可见。这些语义通常由文件系统代码来实现。

一致性语义与第 6 章的进程同步算法直接相关。然而，由于磁盘和网络的巨大延迟以及较慢的传输速率，第 6 章的复杂算法往往并不适合文件 I/O 操作。例如，对远程磁盘执行一个原子事务可能涉及多次网络通信和多次磁盘读写。这样一套具有完整功能的系统常常性能欠佳，但 Andrew 文件系统成功实现了复杂共享语义。

在下面的讨论中，假设用户尝试的一系列文件访问（读取和写入）总是包含在操作 open() 和 close() 之间。在操作 open() 和 close() 之间的一系列访问称为**文件会话**（file session）。为了说明语义的概念，下面简要介绍几个典型的一致性语义示例。

15.7.1 UNIX 语义

UNIX 文件系统使用以下一致性语义：

- 一个用户对已打开文件的写入，对于打开同一文件的其他用户立即可见。
- 一种共享模式允许用户共享文件的当前位置指针。因此，一个用户前移指针就会影响所有共享用户。这里，一个文件具有单个映像，允许来自不同用户的交替访问。

采用 UNIX 语义时，一个文件与单个物理映像相关联，可作为独占资源访问。争用这一映像会导致用户进程的延迟。

15.7.2 会话语义

Andrew 文件系统（OpenAFS）采用以下一致性语义：

- 一个用户对已打开文件的写入，对于打开同一文件的其他用户不是立即可见。
- 一旦文件关闭，对其所做的更改只对后来打开文件的会话可见。已打开的文件实例并不反映这些变化。

根据这类语义，一个文件在同一时间可以临时关联多个（可能不同的）映像。因此，允许多个用户同时对其文件映像执行读写访问，并且没有延迟。调度访问几乎没有强制约束。

15.7.3 不可变共享文件语义

一种独特的方法是**不可变共享文件**（immutable shared file）语义。一旦一个文件由创建者声明为共享，就不能被修改。不可变文件有两个关键属性：其名称不可以重用，其内容不可以改变。因此，不可变文件的名称意味着文件的内容是固定的。在分布式系统（第 19 章）中实现这些语义较为简单，因为共享是有规则的（只读）。

15.8 NFS

网络文件系统已经普及，它通常与客户端系统的整体目录结构和界面集成使用。NFS 是一个广泛使用的客户端-服务器网络文件系统。本节以它为例讨论网络文件系统的实现细节。

NFS 是软件系统的实现和规范，用于跨 LAN（甚至 WAN）访问远程文件。NFS 是 ONC+ 的一部分，大多数 UNIX 厂商和一些 PC 操作系统都对其提供支持。这里所述的实现是 Solaris 操作系统的一部分，Solaris 是基于 UNIX SVR4 的改进版，采用 TCP/IP 或 UDP/IP（根据互联网络而定）。在有关 NFS 的描述中，规范和实现交织在一起。每当需要考虑细节时，参考 Solaris 实现；每当讨论一般原理时，就只针对规范。

NFS 有多个版本，版本 4 为最新版。这里所讨论的版本 3 最为常见。

15.8.1 概述

NFS 将一组互连的工作站视作一组具有独立文件系统的独立机器，目的是允许透明（根据显式请求）共享这些文件系统。共享是基于客户端-服务器关系的。每台机器可能（而且往往）既是客户端也是服务器。任何两台机器之间允许共享。为了确保机器独立，远程文件系统的共享只影响客户端而不影响其他机器。

为了透明访问一台特定机器（如 M1）的远程目录，这台机器的客户端必须首先执行挂载操作。这个操作的语义是将远程目录挂载到本地文件系统的目录上。一旦完成了挂载操作，挂载目录看起来就像本地文件系统的子树，并取代了本地目录原来的子树。本地目录成为新挂载目录的根的名称。将远程目录作为挂载操作参数的规范不能透明进行，必须提供远程目录的位置（或主机名）。然而，这样机器 M1 的用户就可以按完全透明的方式来访问远程目录的文件。

为了说明文件系统挂载，考虑一下图 15.6 所示的文件系统，其中三角形表示感兴趣的目录子树。图中有三台机器 U、S1 和 S2 的三个独立文件系统。这时，每台机器只可访问本地文件系统。图 15.7a 显示了将 S1: /usr/shared 挂载到 U: /usr/local 的效果，说明了机器 U 的用户看到的文件系统。完成挂载后，可以通过前缀 /usr/local/dir1 访问目录 dir1 的任何文件。该机器原来的目录 /usr/local 不再可见。

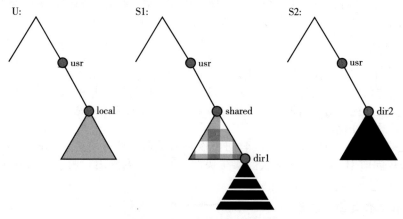

图 15.6　三个独立文件系统

　　根据访问权限的认可，任何文件系统或任何文件系统内的目录都可以远程挂载到任何本
地目录。无盘工作站甚至可从服务器那里挂
载根目录。有的 NFS 实现也允许级联挂载。
也就是说，可以将一个文件系统挂载到另一
个远程挂载的文件系统，而不是本地的。一
台机器只受其自己调用的那些挂载的影响。
通过挂载远程文件系统，客户端不能访问以
前文件系统挂载的其他文件系统。因此，挂
载机制并不具有传递性。

　　图 15.7b 为级联挂载，说明了将 S2：/
usr/dir2 挂载到 U：/usr/local/dir1
的结果，而 /usr/local/dir1 远程挂载 S1
的目录。用户可以使用前缀 /usr/local/
dir1 访问 U 的 dir2 上的文件。如果将共
享文件系统挂载到网络上所有机器的用户主

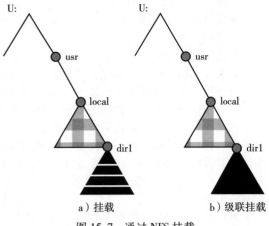

图 15.7　通过 NFS 挂载

目录上，则用户可以登录到任何工作站并获得其主环境。这种属性允许用户迁移。

　　NFS 的设计目标之一是支持由不同机器、操作系统和网络架构组成的异构环境。NFS 规
范与这些介质相互独立。通过在两个与独立实现的接口之间采用基于外部数据表示（XDR）
的 RPC 原语，可以实现这种独立性。因此，如果系统的异构机器和文件系统正确地连接到
NFS，则不同类型的文件系统可以本地和远程挂载。

　　NFS 规范区分两种服务：一是由挂载机制提供的服务，二是真正的远程文件访问服务。
因此，为了实现这些服务，有两个单独的协议：挂载协议和远程文件访问协议，即 **NFS 协议**
（NFS protocol）。协议是用 RPC 来表示的，而这些 RPC 是用于实现透明远程文件访问的基础。

15.8.2　挂载协议

　　挂载协议（mount protocol）在客户端和服务器之间建立初始逻辑连接。在 Solaris 中，每
台机器在内核外都有一个服务器进程来执行这个协议功能。

　　挂载操作包括需要挂载的远程目录的名称和存储服务器的名称。挂载请求映射到相应的
RPC，并且转发到特定服务器运行的挂载服务程序。服务器维护一个**输出列表**（export list），用
于列出可以挂载的本地文件系统，以及允许挂载它们的机器名称。（在 Solaris 上，这个列表为
/etc/dfs/dfstab，只能通过超级用户编辑。）该规范也可以包括访问权限，如只读。为了简
化输出表和挂载表的维护，可以采用分布式命名方案来存储这些信息，以供客户端使用。

　　回想一下，导出文件系统的任何目录可以由授权机器来远程挂载。组件单元就是这样的
目录。当服务器收到符合导出列表的挂载请求时，会返给客户端一个文件句柄，以作为主键
来进一步访问已挂载文件系统内的文件。该文件句柄包括服务器用于区分它所存储的单个文
件的所有信息。在 UNIX 术语中，每个文件句柄包括一个文件系统标识符和一个 inode 号，以
标识已挂载文件系统内的确切挂载目录。

　　服务器还维护由客户端及对应的当前挂载目录组成的一个列表。该列表主要用于管理目
的，例如，在服务器将要关机时通知所有客户端。只有增加和删除这个列表内的条目，挂载
协议才能影响服务器状态。

　　通常，系统具有静态挂载预配置，这是在启动时建立的（在 Solaris 中为 /etc/vfstab）。
然而，这种安排可以修改。除了实际的挂载步骤外，挂载协议还包括几个其他步骤，如卸载
和返回输出列表。

15.8.3　NFS 协议

　　NFS 协议为远程文件提供了一组 RPC 操作。这些程序包括以下操作：

- 搜索目录内的文件
- 读取一组目录条目
- 操作链接和目录
- 访问文件属性
- 读写文件

只有在远程目录的句柄建立之后，才可以进行这些操作。

打开与关闭操作是有意省略的。NFS 服务器的一个突出特点是无状态。服务器不维护客户端从一个访问到另一个访问的信息，也不存在与 UNIX 的打开文件表和文件结构相似的设置。因此，每个请求必须提供整套参数，包括唯一文件标识符和用于特定操作的文件内的绝对偏移。这种设计很稳健，不需要采用特别的措施来恢复崩溃后的服务器。为此，文件操作必须是幂等的（idempotent），也就是说，同一操作的多次执行与单次执行具有同样的效果。为了实现幂等，每个 NFS 请求都有一个序列号，以允许服务器确定该请求是否是重复的或是否有缺失的。

维护上述客户端列表似乎违反了服务器的无状态原则。然而，这种列表对于客户端或服务器的正确操作不是必需的，因此在服务器崩溃后不需要恢复该列表。列表中可能包括不一致的数据，并且只能作为提示。

无状态服务器方法和 RPC 同步的结果是，修改的数据（包括间接块和状态块）必须首先提交到服务器磁盘，然后再将结果返给客户端。也就是说，虽然客户端可以缓存写入数据块，但是在将数据发送到服务器时，假定这些数据已到达服务器磁盘。服务器必须同时写入所有的 NFS 数据。因此，服务器的崩溃和恢复对客户端来说是不可见的，服务器为客户端管理的所有数据块都是完整的。由于没有缓存，性能损失可能很大。采用存储加上其自己的非易失性缓存（通常是电池备份内存）可以提高性能。当写入被保存到非易失性缓存后，磁盘控制器就确认磁盘写入。实际上，主机将看到快速的同步写入。这些块即使在系统崩溃后仍然完好，并从这个稳定存储周期性地写到磁盘。

单个 NFS 写入程序调用是原子的，不会与其他写入同一文件的调用混合。然而，NFS 协议并不提供并发控制机制。一个系统调用 write() 可能分成多个 RPC 写，因为每个 NFS 写或读的调用可以包含最多 8KB 的数据，而 UDP 分组限制为 1500 字节。因此，两个用户对同一远程文件的写入可能导致数据相互混杂。由于锁管理本身是有状态的，所以 NFS 之外的服务必须提供加锁（Solaris 就是这么做的）。建议用户采用 NFS 之外的机制协调访问共享文件。

NFS 通过 VFS 集成到操作系统。为了说明这种架构，下面跟踪对一个已打开远程文件的操作是如何进行的（参见图 15.8）。客户端通过普通系统调用来启动操作。操作系统层将这个调用映射到适当 vnode 的 VFS 操作。VFS 层识别文件为远程文件，并调用适当的 NFS 子程序。RPC 调用被发送到服务器的 NFS 服务层。这个调用重新进入远程系统的 VFS 层，后者发现它是本地的并且调用适当的文件系统操作。通过回溯这个路径，可以返回结果。这种架构的优点是客户端和服务器是相同的，因此机器可以是客户端或服务器，或两个都是。服务器的实际服务是由内核线程执行的。

15.8.4　路径名称转换

NFS 的**路径名称转换**（path-name translation）将路径名称 /usr/local/dir1/file.txt 解析成单独的目录条目或组件 use、local 和 dir1。路径名称转换将路径分解成组件名称，并且为每对组件名和目录 vnode 执行单独的 NFS 查找调用。一旦碰到挂载点，每个组成部分的查找会发送一个单独的 RPC 给服务器。这种代价高昂的路径转换方案是必要的，因为每个客户端的逻辑名称空间的布局是唯一的——由客户端执行的挂载决定。碰到挂载点时，如果发送给服务器一个路径名称并且接收一个目标虚拟节点，那么可能更为高效。然而，在任何时候，服务器可能并不知道某个特定客户端有另一个挂载点。

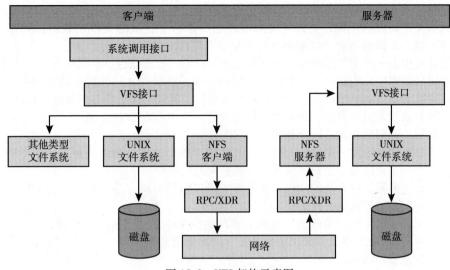

图 15.8 NFS 架构示意图

为了快速完成查找，客户端路径名称转换的缓存保存远程目录名称的虚拟节点。这种缓存加快了对具有同样初始路径名称的文件的引用速度。当服务器返回的属性与缓存内的属性不匹配时，目录缓存就要更新。

回想一下，有些 NFS 实现允许在一个已经远程挂载的文件系统上再挂载另一个远程文件系统（级联挂载）。当客户端有级联挂载时，路径名称遍历可能涉及多个服务器。然而，当客户端执行了目录查找而且服务器在这个目录上挂载了文件系统时，客户端看到的是原来的目录而不是挂载的目录。

15.8.5 远程操作

除了文件的打开和关闭外，在常规 UNIX 文件操作系统调用和 NFS 协议 RPC 之间，几乎有一对一的对应关系。因此，远程文件操作可以直接转换对应的 RPC。从概念上来说，NFS 遵守远程服务范例，但是实际上，为了提高性能，NFS 也采用缓冲和缓存技术。在远程操作和 RPC 之间不存在直接通信。相反，RPC 获取文件块和文件属性，并且将其缓存在本地。以后的远程操作采用缓存数据并遵守一致性约束。

有两个缓存：文件属性（inode 信息）缓存和文件块缓存。文件打开时，内核检查远程服务器，确定是否获取或重新验证缓存的属性。只有相应的缓存属性是最新的，才会使用缓存的文件块。每当服务器的新属性到达时，更新属性缓存。默认情况下，缓存属性在 60 秒后丢弃。在服务器和客户端之间，使用提前读和延迟写技术。客户端并不释放延迟写的块，直到服务器确认数据已经写到磁盘。不管文件是否按冲突模式并发打开，还是保留延迟写。因此，没有保留 UNIX 语义。

系统性能的调整难以实现 NFS 的一致性语义。在一台机器上创建的新文件，可能 30 秒之内在其他机器上是不可见的。此外，某机器的文件写对于打开这个文件的其他机器也不一定可见。文件的新的打开只能看到已经提交到服务器的修改。因此，NFS 既不提供 UNIX 语义的严格模仿，也不提供 Andrew 会话语义。尽管有这些缺点，这种机制的实用和高效仍使其成为多数厂家支持的分布式文件系统。

15.9 本章小结

- 通用操作系统提供从专用到通用的多种文件系统类型。

- 包含文件系统的卷可以挂载到计算机的文件系统空间中。
- 根据操作系统的不同，文件系统空间或是一体的（挂载的文件系统集成到目录结构中）或是不同的（每个挂载的文件系统都有自己的名称）。
- 必须至少有一个文件系统可引导，系统才能启动，也就是说，必须包含一个操作系统。引导加载程序首先运行。它是一个简单的程序，能够在文件系统中找到内核，然后加载并执行内核。系统可以包含多个可引导分区，管理员可选择在引导时运行哪个分区。
- 大多数系统是多用户的，因此必须提供文件共享与保护方法。通常，文件和目录包含元数据，例如所有者、用户和组访问权限。
- 大容量存储分区用于原始块 I/O 或文件系统。每个文件系统都驻留在一个卷中，该卷可以由一个分区或多个分区组成，这些分区通过卷管理器协同工作。
- 为了简化多种文件系统的实现，操作系统可以使用分层方法，通过虚拟文件系统接口无缝访问可能不同的文件系统。
- 远程文件系统可以使用诸如 ftp 或万维网中的 Web 服务器和客户端程序来实现，或者通过客户端-服务器模型提供更多功能。挂载请求和用户 ID 必须经过身份验证，以防止未经批准的访问。
- 客户端-服务器设备本身并不共享信息，但是可以使用分布式信息系统（例如 DNS）支持这种共享，并提供统一的用户名称空间、密码管理和系统识别。例如，Microsoft CIFS 使用活动目录，采用 Kerberos 网络身份验证协议的一个版本，为联网的计算机提供全套命名和身份验证服务。
- 一旦文件共享成为可能，就必须选择并实施一致性语义模型来协调对同一文件的多个并发访问。语义模型包括 UNIX、会话和不可变共享文件语义。
- NFS 是远程文件系统的一个例子，它为客户端提供对目录、文件甚至整个文件系统的无缝访问。功能齐全的远程文件系统包括具有远程操作和路径名转换的通信协议。

15.10　推荐读物

有关 BSD UNIX 系统的内部结构可参见［McKusick et al.（2015）］。有关 Linux 文件系统的详细信息可以在［Love（2010）］中找到。

［Callaghan（2000）］讨论了网络文件系统。NFS v4 标准可参见 http：//www. ietf. org/rfc/rfc3530. txt。［Ousterhout（1991）］讨论了分布式状态在网络文件系统中的作用。有关 NFS 和 UNIX 文件系统的讨论，可参见［Mauro and McDougall（2007）］。

有关 Kerberos 网络身份认证协议的探讨，可参见 https：//web. mit. edu/kerberos/。

15.11　参考文献

［Callaghan（2000）］　B. Callaghan，*NFS Illustrated*，Addison-Wesley（2000）.

［Love（2010）］　R. Love，*Linux Kernel Development*，Third Edition，Developer's Library（2010）.

［Mauro and McDougall（2007）］　J. Mauro and R. McDougall，*Solaris Internals：Core Kernel Architecture*，Prentice Hall（2007）.

［McKusick et al.（2015）］　M. K. McKusick，G. V. Neville-Neil，and R. N. M. Watson，*The Design and Implementation of the FreeBSD UNIX Operating System-Second Edition*，Pearson（2015）.

［Ousterhout（1991）］　J. Ousterhout. "The Role of Distributed State". *In CMU Computer Science：a 25th Anniversary Commemorative*，R. F. Rashid，Ed. ，Addison-Wesley（1991）.

15.12　练习

15.1　解释 VFS 层如何使得操作系统可轻松支持多种类型的文件系统。

15.2　为什么有的系统具有多个文件系统类型？

15.3　在实现 procfs 文件系统的 Unix 或 Linux 系统上，确定如何使用 procfs 接口来探索进程命名空间。通过这种接口可以查看进程的哪些方面？如何在缺少 procfs 文件系统的系统上收集相同的信息？

15.4　为什么有的系统将挂载的文件系统集成到根文件系统命名结构中，而有的系统对挂载的文件系统采用单独的命名方式？

15.5　既然已有远程文件访问工具，如 ftp，为什么还要创建像 NFS 这样的远程文件系统？

15.13　习题

15.6　假设在远程文件访问协议的特定扩充中，每个客户端都维护一个名称缓存，用于缓存从文件名到相应文件句柄的转换。在实现名称缓存时应该考虑哪些问题？

15.7　假设一个挂载的文件系统正在进行写操作，此时系统崩溃或断电。针对以下情况，在重新挂载文件系统之前必须执行哪些操作？

a. 如果文件系统不是日志结构的

b. 如果文件系统是日志结构的

15.8　为什么操作系统会在启动时自动挂载根文件系统？

15.9　为什么操作系统需要挂载根文件系统以外的文件系统？

安全与保护

安全确保系统用户的身份验证，以便保护系统存储信息（数据和代码）的完整性以及计算机系统的物理资源。安全系统可防止未经授权的访问、恶意破坏或更改以及意外引入的不一致。

保护机制通过限制允许用户访问的文件类型来控制对系统的访问。此外，保护必须确保，只有从操作系统获得适当授权的进程才能对内存段、CPU和其他资源进行操作。

保护机制控制程序、进程或用户对计算机系统资源的访问。这种机制必须提供指定需要施加的控制，以及强制执行这些控制的方法。

安全

保护和安全对计算机系统是至关重要的。我们通过以下方式区分这两个概念：安全是对系统及其数据的完整性将得到保护的信心的度量。保护是一组机制，用于控制进程和用户对计算机系统定义的资源的访问。本章关注安全，第 17 章讨论保护。

安全涉及保护计算机资源，以便免遭未经授权的访问、恶意破坏或更改以及意外引入的不一致。计算机资源包括系统存储的信息（数据和代码），以及构成计算机的 CPU、内存、二级存储、三级存储和网络。本章首先分析资源可能被意外或故意滥用的方式，然后讨论一个关键的安全推动因素——密码学，最后研究防范或检测攻击的机制。

本章目标

- 讨论安全威胁和攻击。
- 解释加密、认证和散列的基础知识。
- 分析密码学在计算中的使用。
- 描述安全攻击的各种对策。

16.1 安全问题

对于许多应用，确保计算机系统的安全值得付出相当大的努力。包含工资单或其他财务数据的大型商业系统容易成为被窃取的目标，包含与企业运营相关数据的系统容易引起不良竞争对手的兴趣。而且，无论是意外还是欺诈，数据丢失都会严重损害企业的运作能力。甚至原始计算资源对攻击者也有吸引力，如用于比特币挖掘、发送垃圾邮件以及匿名攻击其他系统等。

第 17 章将讨论操作系统可以提供的机制（适当借助一些硬件支持），以便允许用户保护资源，包括程序和数据。只有用户遵守资源的使用和访问规则，这些机制才能很好地发挥作用。

如果在所有情况下都能安全地使用和访问资源，则我们说系统是安全的。遗憾的是，全面的安全是不可能实现的。尽管如此，我们必须提供机制，使得安全漏洞是少见的而不是常见的。

系统的安全违规（或误用）可以分为有意（恶意）或意外。防止意外误用比防止恶意破坏更加容易。大部分情况下，保护机制是保护意外发生的核心。下面列出了几种意外和恶意形式的安全违规。应该注意到，在讨论安全时，术语**入侵者**（intruder）、**黑客**（hacker）和**攻击者**（attacker）表示那些试图违反安全规则的人员。另外，**威胁**（threat）是指违反安全规则的潜在危险，如漏洞，而**攻击**（attack）则是指试图破坏安全规则。

- **违反机密性**。这种类型的违规涉及未经授权的数据读取（或信息盗窃）。通常，获取机密是入侵者的目标。从系统或数据流中获取秘密数据，例如信用卡信息或身份信息，或者未发行的电影或剧本等，可能增加入侵者的收益，并使被黑机构遭受损失。
- **违反完整性**。这种违规行为涉及未经授权的数据修改。例如，这种攻击可以将责任转移到无辜一方，或修改重要的商业或开源应用程序的源码。
- **违反可用性**。这类违规行为涉及未经授权的数据破坏。有些攻击者的目的是造成巨大破坏，并因此获得关注，而不是获得经济利益。网站篡改是这种安全漏洞的常见例证。
- **盗窃服务**。这种违规行为涉及未经授权的资源使用。例如，入侵者（或入侵程序）可能在作为文件服务器的系统上安装一个守护进程。

- **拒绝服务**。这种违规行为涉及阻止系统的合法使用。**拒绝服务**（Denial-of-Service，DoS）攻击有时是意外的。在 bug 未能延缓传播速度时，最初的因特网蠕虫会变成 DoS 攻击。16.3.2 节将深入讨论 DoS 攻击。

攻击者采用多种方法来试图违反安全规则。最为常见的是**伪装**（masquerading），即参与通信的一方假装是别人（另一主机或另一人）。通过伪装，攻击者违反**认证**（authentication）（正确识别），然后能够获得通常不被允许的访问权限。另一种常见的攻击是重播捕获的交换数据。**重播攻击**（replay attack）包括恶意或欺诈性的有效数据重播。有时，重播包括整个攻击，例如，重复转账请求。但更为常见的是，与**消息篡改**（message modification）一起，攻击者在发送方不知情的情况下更改通信数据。如果身份认证请求的合法用户信息被替换成未经授权用户的，想想可能会造成的损害。还有一种攻击是**中间人攻击**（man-in-middle attack），其中攻击者处于通信的数据流中，伪装成接收者的发送者，反之亦然。在网络通信中，中间人攻击之前可能发生**会话劫持**（session hijacking），其中主动通信会话被截获。

另一大类攻击是为了**提升权限**（privilege escalation）。每个系统都会为用户分配权限，即使只有一个用户并且该用户是管理员。通常，系统包括几组权限，每个用户账户一组权限，系统本身一组权限。通常，权限也会分配给系统的非用户（例如来自 Internet 的用户无须登录即可访问网页，或匿名用户使用文件传输服务等）。即使向远程系统发送电子邮件的发件者也可以被视为具有特权，即向该系统上的接收用户发送电子邮件的特权。权限提升为攻击者提供了比其应该拥有的更多的权限。例如，包含可执行脚本或宏的电子邮件，超出了电子邮件发件者的权限。上面提到的伪装和消息篡改通常用于提升权限。还有更多的例子，因为这是一种非常常见的攻击类型。事实上，很难检测和预防所有这类攻击。

如前所述，杜绝恶意滥用的绝对系统保护是不可能实现的，但是我们可以做到大幅提升犯罪成本，以阻止大多数入侵者。在某些情况下，例如拒绝服务攻击，防止攻击是最好的，但是检测到攻击以便采取对策也足够了（例如上游过滤或添加资源，以便攻击不会造成拒绝向合法用户提供服务）。

为了保护系统，必须从四个层次上采取安全措施：

1. **物理层次**。包含计算机系统的场所必须得到物理保护，以防止入侵者进入。机房和可以访问目标机器的终端或计算机都必须是安全的，例如通过限制进入其所处的建筑物，或者将其锁定到桌子上。

2. **网络层次**。大多数现代计算机系统，从服务器到移动设备和物联网（Internet of Things，IoT）设备，都是联网的。网络提供一种手段以便系统访问外部资源，但也提供一种潜在可能，导致未经授权的对系统本身的访问。

   此外，现代系统的计算机数据的传输线路通常包括专用的租用线路、互联网的共享线路、无线连接和拨号线路等。拦截这些数据与闯入计算机一样有害，通信中断可能构成远程拒绝服务攻击，影响用户对系统的使用和信任。

3. **操作系统层次**。操作系统及其内置的应用程序和服务集包含一个巨大的代码库，其中可能包含许多漏洞。不安全的默认设置、错误配置和安全漏洞只是一些潜在的问题。因此，操作系统必须保持最新（通过持续修补）并不断"加固"，即通过配置和修改以减少攻击面并避免渗透。**攻击面**（attack surface）是指攻击者可以尝试闯入系统的一组点集。

4. **应用程序层次**。第三方应用程序也可能带来风险，尤其是当这些应用程序拥有重要权限时。有些应用程序本质上是恶意的，但即使友好的应用程序也可能包含安全漏洞。由于大量第三方应用程序及其不同的代码库，几乎不可能确保所有此类应用程序都是安全的。

这个四层安全模型如图 16.1 所示。

四层安全模型就像一个由链节组成的链条，任何一层的漏洞都可能导致整个系统受到损害。在这方面，安全取决于最薄弱的环节，这句古老的格言绝对正确。

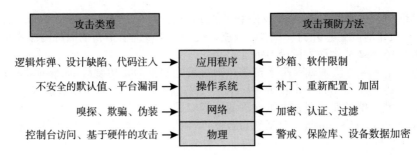

图 16.1　四层安全模型

　　另一个不容忽视的问题是人的因素。必须谨慎执行授权，确保只有允许的、受信任的用户才能访问系统。然而，即使授权用户也可能是恶意的，或者可能被"鼓励"让他人使用访问权限，无论是心甘情愿还是被**社会工程**欺骗的——社会工程会用欺骗手段说服人们放弃机密信息。一种社会工程攻击是网络钓鱼，其中看起来合法的电子邮件或网页会误导用户输入机密信息。有时，只需单击浏览器页面或电子邮件中的链接，即可无意中下载恶意内容，从而危及用户计算机的系统安全。通常网络钓鱼的最终目标并不是那台 PC，而是其他更有价值的资源。从受感染的系统开始，对 LAN 上其他系统或其他用户的攻击将接踵而至。

　　目前为止，如果要维护安全，就必须考虑四级模型中的所有四个因素，以及人为因素。此外，系统必须提供保护（参见第 17 章），以实现安全功能。如果不能授权用户和进程控制访问并记录活动，操作系统就不可能实施安全措施或安全运行。需要硬件保护功能来支持整体保护方案。例如，没有内存保护的系统是不安全的。正如将会讨论的，新的硬件功能将使系统变得更为安全。

　　遗憾的是，在安全方面几乎没有什么是简单明了的。只要入侵者利用安全漏洞，就需要创建和部署安全对策。这会导致入侵者在攻击中变得更加狡猾。例如，间谍软件可以通过无害系统为垃圾邮件提供渠道（16.2 节将讨论这种做法），进而可以向其他目标发送网络钓鱼攻击。这种猫捉老鼠的游戏很可能还会继续，需要更多的安全工具来阻止不断升级的入侵技术和活动。

　　本章其余部分讨论网络和操作系统级别的安全。应用程序、物理和人员级别的安全虽然很重要，但大多超出本书的范围。操作系统内和操作系统间的安全实现方式有很多，包括从认证密码到病毒防护再到入侵检测的多个方面。下面首先探讨安全威胁。

16.2　程序威胁

　　进程与内核是计算机完成工作的唯一方法。因此，编写程序来造成安全漏洞或导致正常进程改变行为且造成违规，是攻击者的共同目标。事实上，甚至大多数非程序安全事件也以导致程序威胁为目标。例如，虽然未经授权登录系统很有用，但是留下后门（back-door）守护进程或**远程访问工具**（Remote Access Tool，RAT）会更有用，以便提供信息或允许轻松访问（即使原来的漏洞被补上）。本节介绍几种给程序造成安全漏洞的方法。请注意，安全漏洞的命名约定存在很大差异，这里采用最为常用的术语。

16.2.1　恶意软件

　　恶意软件（malware）是指那些利用、禁用或破坏计算机系统的软件。执行此类活动可以有很多方法，本节探讨几种主要类型。

　　许多系统允许用户编写的程序由其他用户执行。如果这些程序在提供执行用户访问权限的域中执行，其他用户可能会滥用这些权利。如果某个程序不是简单地按规定功能来执行，而是以秘密或恶意的方式来运行，就称其为**特洛伊木马**（Trojan horse）。如果这种程序在另一个域中执行，就可提升权限。例如，考虑一个声称提供一些友好功能的移动应用程序，如手电筒应用程序，但与此同时，该应用程序会偷偷访问用户的联系人或消息，并将其悄悄发送到某个远程服务器。

特洛伊木马的一个典型变种是模拟登录程序的"特洛伊骡"程序。某个用户毫无戒心地开始登录终端、计算机或网页，并注意到他显然输错了密码。他再试一次，成功了。真正发生的事情是他的身份认证密钥和密码被登录模拟器窃取了，这个模拟器或是被攻击者留在计算机上运行的，或是通过错误的 URL 来访问的。模拟器存储密码，打印登录错误信息后退出，然后向用户提供真正的登录提示。挫败这种类型的攻击的方法包括：让操作系统在交互式会话结束时打印使用消息；或者要求通过不可捕获的按键序列来进入登录提示，例如所有现代 Windows 操作系统使用的 `control-alt-delete` 组合；或者由用户确保 URL 是正确的、有效的等。

特洛伊木马的另一个变种是**间谍软件**（spyware）。间谍软件有时伴随着用户选择安装的程序，最常见的是被包含在免费软件或共享软件中，有时也被包含在商业软件中。间谍软件的目标是，下载广告以显示在用户系统上，或者在访问特定站点时创建弹出浏览器窗口，或者捕获信息并发到一个中央站点。在 Windows 系统上安装一个看似无害的程序可能导致加载间谍软件守护进程。间谍软件可以联系中央站点，得到消息和收件人地址列表，并从 Windows 计算机上向这些用户发送垃圾邮件。这个进程一直持续，直到用户发现间谍软件。通常，间谍软件不会被发现。2010 年，估计有 90% 的垃圾邮件都是通过这种方法发送的。这种窃取服务在大多数国家甚至不被视为犯罪！

最近出现了一类不会窃取信息的恶意软件。**勒索软件**（Ransomware）对目标计算机的部分或全部信息进行加密，并使其所有者无法访问这些信息。信息本身对攻击者没有什么价值，但对所有者却很有价值。目的是强迫所有者支付金钱（赎金），以获得解密数据所需的密钥。当然，支付赎金有时也并不能保证访问权限的恢复。

特洛伊木马和其他恶意软件在违反**最小特权原则**的情况下尤其猖獗。当操作系统默认允许比普通用户需要更多权限时或者当用户默认以管理员身份运行时（在 Windows 7 之前的所有 Windows 操作系统中都是如此），这种情况经常发生。此时，操作系统自身的免疫系统——各种权限和保护——无法"介入"，因此恶意软件可以在重启后持续存在，并在本地和网络上扩展影响范围。

违反最小特权原则是操作系统设计决策制定不当的一个例子。操作系统（实际上，还有一般软件）应该允许对访问和安全进行细粒度的控制，以便在任务执行期间只有执行任务所需的权限可用。控制功能还应易于管理和理解。不方便、不充分、被误解的安全措施必然会被规避，这会导致本来实施的整体安全措施的保护效果被减弱。

在另一种形式的恶意软件中，程序或系统的设计者在软件中留下只有自己才能使用的漏洞。这种类型的安全漏洞称为**陷阱门**（trap door）或**后门**（trap door），在电影《战争游戏》中出现过。例如，代码可能会检查特定的用户 ID 或密码，当收到该 ID 或密码时，可能会绕过正常的安全程序。程序员利用陷阱门方法来获取非法收入，该方法可在代码中包含四舍五入的错误，并偶尔将半美分记入账户。考虑到大型银行执行的交易数量，若累加起来，这个账户会得到一大笔钱。

陷阱门可以设置为仅在一组特定的逻辑条件下运行，此时就被称为**逻辑炸弹**（logic bomb）。这种类型的后门特别难以检测，因为其可能会在被发现之前保持休眠很长时间，甚至是数年，通常是在损坏造成之后才被发现。例如，当一位网络管理员的程序检测到他不再受雇于公司时，可能会在公司网络上执行破坏性的重新配置。

编译器可能包含一个巧妙的陷阱门。无论正在编译的源代码如何，编译器除了生成标准的目标代码外，还会生成陷阱门。这种行为尤其恶劣，因为搜索程序源代码时不会显示任何问题，只有对编译器本身的代码进行逆向工程才能揭示这种陷阱。这种类型的攻击也可通过事后修补编译器或编译时库来执行。事实上，在 2015 年，针对 Apple 的 XCode 编译器套件

（称为"XCodeGhost"）的恶意软件影响了许多软件开发人员，因为他们使用了未直接从 Apple 下载的受损 XCode 版本。

陷阱门是个很棘手的问题，因为为了检测陷阱门，必须分析所有系统组件的所有源代码。鉴于软件系统可能包含数百万行代码，这种分析并不常做，而且经常根本不做！可以帮助应对此类安全漏洞的软件开发方法是**代码审查**（code review）。在代码审查中，编写代码的开发人员将代码提交到代码库，一名或多名开发人员审查代码并批准代码或提供评论。一旦一组确定的审查者批准了代码（有时在评论被解决，并且代码被重新提交和重新审查之后），代码将被纳入代码库，然后编译、调试，最后发布使用。许多优秀的软件开发人员通过开发版本控制系统来提供代码审查工具，例如 git（https://github.com/git/）。还要注意，自动代码审查和代码扫描工具旨在发现缺陷，包括安全漏洞，但通常优秀的程序员是最好的代码审查者。

对于那些没有参与代码开发的人，代码审查对于查找和报告缺陷（或查找和利用缺陷），很有用。但大多数软件没有源代码可用，这使非开发人员更难进行代码审查。

最小特权原则

Jerome H. Saltzer 在 1974 年描述了 Multics 操作系统的设计原则（https://pdfs.se-manticscholar.org/1c8d/06510ad449ad24fbdd164f8008cc730cab47.pdf）：

"最小特权原则。系统的每个程序和每个特权用户，都应使用完成工作所需的最少权限来操作。该原则的目的是将特权程序之间的潜在交互次数减少到正确运行所需的最低限度，以便我们可以确信不会发生无意、不希望或不当使用特权的情况。"

16.2.2 代码注入

大多数软件不是恶意的，但源由**代码注入攻击**（code-injection attack）添加或修改了可执行代码，这些软件仍然可能对安全构成严重威胁。即使是正常软件也可能存在漏洞，如果被利用，攻击者可能接管程序代码，颠覆其现有代码流或通过提供新代码对其进行完全的重新编程。

代码注入攻击几乎总是由于糟糕或不安全的编程范式，通常源由 C 或 C++ 等低级语言，因为它们允许通过指针直接访问内存。此外，需要仔细决定内存缓冲区的大小并注意不要超过限制的范围，当内存缓冲区处理不当时，可能导致内存损坏。

例如，考虑最简单的代码注入向量，即缓冲区溢出。图 16.2 的程序说明了这种溢出，这是由于无界复制操作，即对 strcpy() 的调用而发生的。该函数在不考虑缓冲区大小的情况下进行复制，仅在遇到 NULL（\0）字节时停止。如果在达到 BUFFER_SIZE 之前出现这样的字节，则程序按预期运行。不过，复制副本很容易超过缓冲区大小，然后呢？

```
#include<stdio.h>
#define BUFFER_SIZE 0

int main(int argc, char *argv[])
{
   int j = 0;
   char buffer[BUFFER_SIZE];
   int k = 0;
   if(argc<2){return-1;}

   strcpy(buffer,argv[1]);
   printf("K is %d, J is %d, buffer is %s\n", j,k,buffer);
   return 0;
}
```

图 16.2   具有缓冲区溢出条件的 C 程序

答案是，溢出的结果在很大程度上取决于溢出的长度和溢出的内容（图 16.3）。它也因编译器生成的代码而有很大差异，这些代码的优化可能影响结果：优化通常涉及内存布局的调整（通常是重新定位或填充变量）。

1. 如果溢出很小（仅比 BUFFER_SIZE 多一点），则很有可能会被完全忽视。这是因为 BUFFER_SIZE 字节的分配通常会被填充到体系结构指定的边界（通常为 8 或 16 字节）。填充是未使用的内存，因此即使溢出到其中，虽在技术上超出范围，但并不会产生不良影响。

2. 如果溢出超过填充，则堆栈的下一个自动变量将被溢出的内容所覆盖。这里的结果取决于变量的确切位置及其语义（例如，如果用于可以被破坏的逻辑条件中）。如果不受控制，这种溢出可能导致程序崩溃，因为变量的意外值可能导致无法纠正的错误。

3. 如果溢出大大超过填充，则当前函数的所有堆栈帧都会被覆盖。堆栈帧的最顶部是函数的返回地址，函数返回时会采用这个地址。程序的流程被破坏，可以被攻击者重定向到另一个内存区域，包括攻击者控制的内存（例如，输入缓冲区本身、堆栈或堆）。然后执行注入代码，允许攻击者按进程的有效 ID 来运行任意代码。

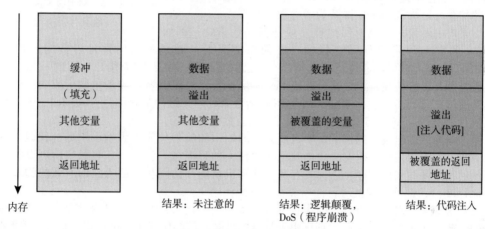

图 16.3　缓冲区溢出的可能结果

请注意，细心的程序员可以通过 strncpy()而非 strcpy()，利用 strncpy (buffer, argv [1], sizeof (buffer) -1)，代替 strcpy (buffer, argv [1])，按 argv [1] 的大小来执行边界检查。不幸的是，好的边界检查是例外而不是常态。strcpy()属于已知的、易受攻击的一类函数，这类函数包括 sprintf()、gets()和其他与缓冲区大小无关的函数。但是，即使是对大小敏感的变量，在与有限长度整数的算术运算结合时也可能导致整数溢出，因此可能存在漏洞。

到此，维护缓冲区的简单疏忽所固有的危险应该显而易见。Brian Kerningham 和 Dennis Ritchie（在他们的 *The C Programming Language* 一书中）将可能的结果称为"未定义的行为"，但是完全可预测的行为可以被攻击者胁迫，正如莫里斯蠕虫（Morris Worm）首次展示的那样（参见 RFC 1135：https：//tools. ietf. org/html/rfc1135）。然而，直到数年后，*Phrack* 杂志第 49 期的一篇文章（"Smashing the Stack for Fun and Profit" http：//phrack. org/issues/49/14. html）向大众介绍了这种技术，并导致了大肆攻击。

要实现代码注入，首先要有可注入的代码。攻击者首先编写一个简短的代码段，如下所示：

```
void func(void){
  execvp("/bin/sh","/bin/sh",NULL);;
}
```

通过系统调用 execvp()，这个代码段创建一个 shell 进程。如果被攻击的程序以 root 权限运行，这个新创建的 shell 会获得对系统的完全访问权限。当然，在被攻击进程所允许的权限范围内，代码段可以做任何事情。接下来，代码段被编译为汇编二进制操作码形式，然后转换为二进制流。编译后的形式通常被称为 shellcode，因为它具有生成 shell 的经典功能。但是这个术语已经发展到包含任何类型的代码，包括用于向系统添加新用户、重新启动甚至通过网络连接并等待远程指令（称为"反向 shell"）的更高级的代码。shellcode 漏洞利用如图 16.4 所示。短暂使用的代码只是为了将执行重定向到其他位置，很像蹦床一样将代码流从一个点"弹"到另一个点。

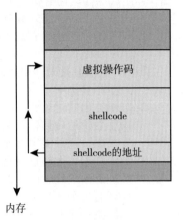

图 16.4   利用缓冲区溢出时跳到代码执行

事实上，有的 shellcode 编译器（MetaSploit 项目就是一个典型例子），还负责确保代码紧凑且不包含 NULL 字节等细节（针对利用字符串复制（在 NULL 处终止）的情况）。这样的编译器甚至可以将 shellcode 屏蔽为字母数字字符。

如果攻击者设法覆盖返回地址（或任何函数指针，例如 VTable 的指针），那么所需要做的（在简单情况下）就是重定向地址以指向所提供的 shellcode——这通常可以通过环境变量、一些文件或网络输入，作为用户输入的一部分而加载。假设没有缓解措施，那么这足以使 shellcode 执行，并使黑客在攻击中取得成功。对齐考虑通常通过在 shellcode 之前添加一系列 NOP 指令来处理。这种结果称为 NOP-sled，因为它会导致执行"滑过" NOP 指令，直到遇到并执行有效负载。

这个缓冲区溢出攻击的例子说明需要大量的知识和编程技能来识别可利用的代码，然后加以利用。不幸的是，发起安全攻击并不需要伟大的程序员。相反，一名黑客就可以找到漏洞，然后编写漏洞利用程序。任何具有基本计算机技能和访问权限的人，即所谓的**脚本小子**（script kiddie），都可以尝试对目标系统发起攻击。

缓冲区溢出攻击尤其有害，因为它可以在系统之间运行，并且可以通过允许的通信通道来传输。此类攻击可能发生在本打算用于与目标机器通信的协议中，因此很难被发现和预防。此类攻击甚至可以绕过由防火墙加固的安全性（见 16.6.6 节）。

请注意，缓冲区溢出只是可用于代码注入的几个向量之一。出现在堆中的溢出也可被利用。在释放后使用内存缓冲区，以及过度释放内存缓冲区（调用 free()两次），也会导致代码注入。

16.2.3　病毒和蠕虫

病毒（virus）是另一种形式的程序威胁，它是嵌在合法程序中的代码片段。病毒可以自我复制，目的就是"感染"其他程序。病毒通过修改或毁坏文件、导致系统崩溃和程序故障等来破坏系统。与大多数的渗透攻击（对系统的直接攻击）一样，病毒是针对计算机架构、操作系统和应用程序的。对于 PC 用户，病毒是个特别的问题。UNIX 和其他多用户操作系统一般不易感染病毒，因为操作系统会防止可执行程序的写入。即便病毒感染了一个程序，因为系统的其他方面得到保护，所以病毒的能力通常有限。

病毒传播通常采用垃圾邮件和网络钓鱼攻击的形式。当用户从因特网共享文件服务下载病毒程序或交换感染病毒的磁盘时，病毒也会扩散开来。因人类活动产生的病毒和通过网络进行复制而不需要人类参与的**蠕虫**（worm）是有区别的。

有关病毒如何"感染"主机的案例，请考虑 Microsoft Office 文件。这些文件可以包含宏（或 Visual Basic 程序），宏可由 Office 套件（Word、PowerPoint 和 Excel）内的程序自动执行。因为这些程序在用户自己的账户下运行，所以宏在很大程度上是无约束的（例如，随意删除用户文件）。下面是一段代码示例，显示了编写一个 Visual Basic 宏是多么简单。一旦打开包含宏的文件，蠕虫就可以使用这个宏来格式化 Windows 计算机的硬盘。

```
Sub AutoOpen()
Dim oFS
    Set oFS=CreateObject("Scripting.FileSystemObject")
    vs=Shell("c:command.com/k format c:",vbHide)
End Sub
```

通常，病毒也会通过电子邮件发送到用户联系人列表中的其他用户。

病毒如何工作？一旦病毒到达目标机器，称为**病毒滴管**（virus dropper）的程序就将病毒插入系统。病毒滴管通常是特洛伊木马，导致其执行的原因有许多，但是安装病毒是其核心活动。一旦安装，病毒可能会为所欲为。有数以千计的病毒，分为几个主要类别。请注意，许多病毒属于多个类别。

- **文件病毒**（file virus）。标准文件病毒通过将自身追加到文件来感染系统。它更改程序的开始，以便跳转到其代码。在执行之后，它会将控制权返回给程序，这样其执行就不会被注意到。文件病毒有时被称为寄生病毒，因为没有留下完整的文件，并使主机程序仍然可以运行。

- **引导病毒**（boot virus）。引导病毒感染系统的引导扇区，它的执行是在系统引导时且在操作系统加载之前进行的。它监视其他可引导的媒介并感染它们。这些病毒也被称为内存病毒，因为其不会出现在文件系统中。图 16.5 显示了引导病毒如何工作。引导病毒也已适应感染固件，例如网卡 PXE 和可扩展固件接口（Extensible Firmware Interface，EFI）环境。

- **宏病毒**（macro virus）。大多数病毒是用低级语言编写的，如汇编语言或 C 语言。宏病毒是用高级语言编写的，如 Visual Basic。运行能够执行宏的程序时会触发这些病毒。例如，电子表格文件可能包含宏病毒。

- **根工具包病毒**（rootkit virus）。这一术语最初用来描述 UNIX 系统中可提供简单 root 访问的后门，后来扩展到描述渗透到操作系统本身的病毒和恶意软件。其结果是完全的妥协，系统的任何方面都无法被认为是可信的。当恶意软件感染操作系统时，就可接管系统的所有功能，包括那些通常有助于自身检测的功能。

- **源代码病毒**（source code virus）。源代码病毒寻找源代码，修改这些代码以包含病毒并扩散病毒。

- **多态病毒**（polymorphic virus）。多态病毒在每次安装时都会发生变化，以免被杀毒软件检测到。这些变化不影响病毒的功能，但会改变病毒签名。**病毒签名**（virus signature）是用于识别病毒的模

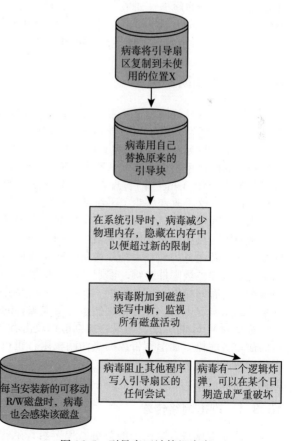

图 16.5　引导扇区计算机病毒

式，通常为组成病毒代码的一系列字节。

- **加密病毒**（encrypted virus）。加密病毒包括解密代码和加密病毒，也是为了逃避检测。病毒先解密，再执行。
- **隐形病毒**（stealth virus）。这种棘手的病毒试图通过修改可用于检测它的系统来逃避检测。例如，病毒可以修改系统调用 `read`，以便在它修改的文件被读取时返回原始形式的代码，而非受感染的代码。
- **复合病毒**（multipartite virus）。这种病毒能够感染系统的多个部分，包括引导扇区、内存和文件。这使得检测和遏制变得困难。
- **装甲病毒**（armored virus）。装甲病毒是经过混淆处理的，也就是说，编写目的是让反病毒研究人员难以解开和理解。这类病毒还可以被压缩以逃避检测和杀毒。另外，通过文件属性或不可见的文件名，病毒滴管和其他部分被感染的完整文件常常被隐藏。

病毒的种类还在不断增加。例如，2004 年检测到一种广泛传播的病毒，它的操作采用三个分开的 bug。这种病毒起先感染了数百个运行 Microsoft Internet Information Server（IIS）的 Windows 服务器（包括许多信任站点）。访问这些站点的任何易受攻击的 Microsoft Explorer Web 浏览器会通过下载而收到浏览器病毒。这些浏览器病毒安装了多个后门程序，包括**击键记录器**（keystroke logger）——记录键盘输入的所有内容（包括密码和信用卡号）。该病毒安装了一个守护进程，允许入侵者进行无限制的远程访问；还安装了一个监控程序，允许入侵者通过已被感染的桌面计算机来发送垃圾邮件。

计算机界最具争议的问题是**单一文化**（monoculture），即多个系统运行同样的硬件、操作系统或应用软件。这种单一文化据说由微软产品组成。一个问题是，这种单一文化如今是否还存在。另一个问题是，如果存在，它是否增加了由病毒和其他入侵带来的威胁和破坏。漏洞信息在暗网（dark Web）等地买卖（可通过不寻常的客户端配置或方法访问的万维网系统）。攻击可以影响的系统越多，攻击的价值就越大。

16.3　系统和网络威胁

程序威胁本身就构成了严重的安全风险。当系统连接到网络时，这些风险会增加几个数量级。全球连通性使系统容易受到来自全球的攻击。

操作系统越开放，即服务启用得越多，功能允许得越多，bug 可被利用的可能性越大。越来越多的操作系统力求在默认情况下是安全的。例如，Solaris 10 最初默认启用系统安装的许多服务（FTP、telnet 等），现在禁用系统安装的几乎所有服务，如需启用必须由系统管理员具体指定。这种改变减少了系统的攻击面。

无论是通过网络流量模式、异常数据包类型还是其他方式，所有黑客都会留下痕迹。出于这个原因，黑客经常从**僵尸系统**（zombie system）发起攻击，也就是说，已被黑客入侵但继续为所有者服务的独立系统或设备，同时在所有者不知情的情况下被用于恶意目的，如拒绝服务攻击和垃圾邮件中继。僵尸系统使得黑客特别难以被追踪，因为其掩盖了攻击的原始来源和攻击者的身份。这是保护"无关紧要"的系统而非只是包含"有价值"的信息或服务的系统的众多原因之一，免得这些系统变成黑客的据点。

宽带和 WiFi 的广泛使用只会加剧追踪攻击者的难度：即使是通常很容易受到恶意软件攻击的简单台式机，加上宽带或网络访问权限，也可以成为有价值的机器。无线以太网使攻击者可以通过匿名加入公共网络或"WarDriving"轻松发起攻击，以定位一个私有的不受保护的网络作为目标。

16.3.1　攻击网络传输

网络是常见且有吸引力的目标，黑客可以通过多种方式发起网络攻击。如图 16.6 所示，攻击者可以选择保持被动并拦截网络传输——这种攻击通常称为**嗅探**（sniffing），从而获取有关系统之间进行的会话类型或会话内容的有用信息。攻击者也可以扮演更积极的角色，或者伪装成当事方之———称为**欺骗**（spoofing），或者成为一个完全活跃的中间人，拦截并可能修改两个对等实体间的交互。

接下来，我们描述一种常见的网络攻击类型，即拒绝服务攻击。注意，可以通过加密和身份认证等方法来防范攻击，本章稍后讨论这些方法。不过，Internet 协议默认并不支持加密或身份认证。

16.3.2　拒绝服务

如前所述，拒绝服务攻击的目的不是获取信息或窃取资源，而是破坏系统或设施的合法使用。大多数此类攻击涉及攻击者未渗透的目标系统或设施。发起阻止合法使用的攻击，通常比闯入系统或设施更加容易。

拒绝服务攻击通常是基于网络的，可分为两类。第一类攻击占用非常多的设施资源，以致任何有用的工作实质上都不能完成。例如，通过网站点击下载了一个 Java applet，进而使用所有可用的 CPU 时间，或者无限制地弹出窗口。第二类涉及破坏网络设施。针对大型网站的拒绝服务攻击已有不少成功案例。

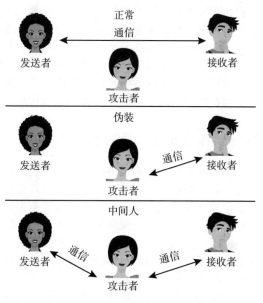

图 16.6　标准安全攻击
引自 Lorelyn Medina/Shutterstock。

这些攻击可能持续数小时或数天，进而部分或完全阻止合法用户使用目标设施。攻击通常在网络级别停止，直到可以更新操作系统以减少漏洞。

一般来说，不可能防止拒绝服务攻击。这些攻击采用与常规操作相同的机制。更难防止和解决的是**分布式拒绝服务**（Distributed Denial of Service，DDoS）攻击。这些攻击通过僵尸从多个站点一起发起，针对一个共同的目标。DDoS 攻击已经越来越普遍，并且有时与勒索企图有关。攻击者在攻击了一个网站后，提出要求用金钱来换取停止攻击。

有时，站点甚至不知道自己已受到攻击，因为难以确定系统减速的原因是受到攻击还是使用激增。例如，一个成功的广告导致网站流量大增，而这也可能被认为是 DDoS。

DoS 攻击还有一些有意思的地方。例如，如果身份认证算法在多次错误访问账户后就会锁定账户一段时间，那么攻击者通过故意不正当地尝试访问所有账户，可能导致所有身份认证得以阻止。同样，自动阻止某些类型流量的防火墙，可能会被诱导以阻止其他流量。这些例子表明，程序员和系统管理员需要完全理解所部署的算法和技术。最后不得不提到的是，计算机科学课程是系统 DoS 攻击的意外来源。考虑学生学习创建子进程或线程的第一个编程练习。一个常见的 bug 涉及没完没了地衍生子进程，导致不再有可用的系统内存和 CPU 资源。

16.3.3　端口扫描

端口扫描本身并不是一种攻击，而是一种黑客检测系统漏洞以进行攻击的手段。（安全人员也使用端口扫描，例如，检测不需要或不应该运行的服务。）端口扫描通常是自动化的，通过工具尝试创建 TCP/IP 连接或者将 UDP 数据包发送到特定端口或一组端口。

端口扫描通常是称为指纹识别的一类侦察技术，即攻击者试图推断正在使用的操作系统类型及其服务集，以识别已知漏洞。许多服务器和客户端通过将确切版本号作为网络协议字段头的一部分公开，从而使这一过程变得更加容易（例如，HTTP 的"Server："和"User-Agent："字段）。协议处理程序对特殊行为的详细分析还可以帮助攻击者找出目标使用的操作系统，这是成功攻击的必要步骤。

网络漏洞扫描器可以作为商用产品出售。还有一些工具可以执行完整扫描器功能的子集。例如，nmap（http://www.insecure.org/nmap/）是一个通用的开源实用程序，可以用于网络探索和安全审计。对于指定目标，它将确定哪些服务正在运行，包括应用程序名称和版本。它可以识别主机操作系统，还可以提供有关防御的信息，例如采用什么防火墙来保护目标。它并不利用任何已知的 bug。然而，其他工具（例如 Metasploit）从端口扫描器停止的地方开始，提供有效的负载构建以便测试漏洞，或者创建触发 bug 的特定负载来加以利用。

有关端口扫描技术的开创性工作，可以参见 http://phrack.org/issues/49/15.html。技术不断发展，检测措施也在不断发展（这些构成了网络入侵检测系统的基础，稍后讨论）。

16.4 作为安全工具的密码学

针对计算机攻击有很多防御措施，包括各种方法和技术。系统设计人员和用户的最为通用的工具是密码学。本节讨论密码学及其在计算机安全方面的应用。注意，这里讨论的密码学出于教学目的已经简化了，提醒读者在实际应用中慎用任何一种这里描述的方案。好的密码库有很多，这些库为实际应用打下了很好的基础。

对于一台孤立的计算机，操作系统能够可靠确定所有进程间通信的发送方和接收方，因为它控制了计算机的所有通信信道。对于计算机网络，情况相当不同。联网计算机从网线中接收比特流，但无及时且可靠方法来确定哪个机器或应用程序发送了这些比特。类似地，计算机将比特流发送到网络中，也无法知道哪个机器或应用程序可能最终接收到这些比特流。另外，无论发送或接收，系统都无法知道是否有窃听者在偷听通信。

通常，根据网络地址可以推断网络消息的潜在发送者和接收者。网络包到达时会携带源地址，例如 IP 地址。计算机发送消息时会通过目的地址来指定预期的接收者。然而，对于安全攸关的应用程序，如果我们假设数据包的源地址或目的地址能可靠地确定发送者或接收者，则是自找麻烦。"流氓"计算机可以发送带有伪造源地址的消息，除了目的地址指定的计算机之外，其他众多计算机也可以（确实如此）接收这种消息。例如，通往目的地途中的所有路由器都能收到这个数据包。那么，当无法信任请求中的指定来源时，操作系统如何决定是否授予请求？当操作系统无法确定谁会收到它通过网络发送的回复或消息内容时，又如何为请求或数据提供保护？

通常认为，建立任何规模的网络以致数据包的源地址和目的地址可以相互可信是不可行的。因此，唯一的选择是通过某种方式消除信任网络的需要。这是**密码学**（cryptography）的工作。简要地说，密码学用于限制消息的潜在发送者或接收者。现代密码学基于称为**密钥**（key）的秘密，密钥被有选择地分布到网络中并用于处理消息。密码学使得消息接收者能够验证该消息是否来自某台持有特定密钥的计算机。类似地，发送者可以加密消息，以使只有具有一定密钥的计算机才能解密消息。然而，与网络地址不同，攻击者无法通过密钥生成的消息或其他公共信息来推算密钥。因此，密码学提供了更加可靠的手段来约束消息的发送者和接收者。

密码学是一种强大的工具，但其使用可能会引起争论。一些国家禁止以某些形式来使用密码学或限制密钥长度。另一些人一直争论，技术供应商（例如智能手机供应商）是否必须为所包含的密码技术提供后门，以便允许执法部门绕过相关隐私。然而，许多专业人士认为，后门是一种有意的安全漏洞，可能被攻击者利用，甚至被政府滥用。

最后，请注意，密码学本身就是一个研究领域，具有或大或小的复杂度和微妙之处。这里仅探讨与操作系统相关的最为重要的密码学部分。

16.4.1 加密

加密（encryption）解决了各种各样的通信安全问题，因此经常被用于现代计算的各个方面。加密技术通过网络来安全地发送消息，保护数据库数据，甚至保护整个磁盘免受未经授权实体的读取。加密算法能使消息发送者确保只有持有特定密钥的计算机才能读取消息，或者确保数据作者才是唯一的数据读者。消息加密历史悠久，现在已有许多加密算法，本节讨论重要的现代加密技术的原理和算法。

加密算法包括如下内容：

- 一个密钥集合 K。
- 一个消息集合 M。
- 一个密文集合 C。
- 一个加密函数 E：$K \rightarrow (M \rightarrow C)$。也就是说，对于每个 $k \in K$，E_k 是个函数，用于根据消息生成密文。E 和对于任意 k 的 E_k 都应是高效的可计算函数。一般来说，E_k 是从消息到密文的随机映射。
- 一个解密函数 D：$K \rightarrow (C \rightarrow M)$。也就是说，对于每个 $k \in K$，D_k 是个函数，用于根据密文生成消息。D 和对于任意 k 的 D_k 都应是高效的可计算函数。

加密算法应该提供的基本属性是：给定一个密文 $c \in C$，计算机只有拥有 k 才能算出 m，以便满足 $E_k(m) = c$。因此，持有 k 的计算机能够解密密文以得到相应的明文，但是不持有 k 的计算机不能解密密文。由于密文通常是暴露的（例如，通过网络发送），重要的是不可能从密文中导出 k。

加密算法分为两种主要类型：对称的和非对称的。下面分别讨论。

16.4.1.1 对称加密

对于**对称加密算法**（symmetric encryption algorithm），同样的密钥用于加密和解密。因此，k 必须保密。图 16.7 显示了两个用户利用非安全信道通过对称加密来实现安全通信的一个例子。注意，密钥交换可以在两个实体之间直接进行，或者通过可信的第三方（即证书授权机构）进行，如 16.4.1.4 节所述。

在过去的几十年里，美国民用领域最常用的对称加密算法是**数据加密标准**（Data Encryption Standard，DES），它是美国国家标准和技术协会（NIST）制定的标准。DES 的工作包括采用 64 位值和 56 位密钥，执行基于替代和置换的一系列操作。因为 DES 一次处理一块，所以被称为**块加密**（block cipher），其转换是典型的块加密。对于块加密，如果同样的密钥用于加密大量数据，则容易受到攻击。

对于许多应用，DES 现在被认为是不安全的，因为通过中等资源的计算可

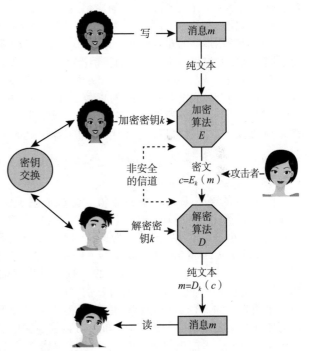

图 16.7　在非安全介质上的安全通信

引自 Lorelyn Medina/Shutterstock。

以利用穷尽法来搜索密钥。（注意，DES 仍然经常使用。）NIST 没有放弃 DES，而是进行了称为**三重 DES**（triple DES）的修改。三重 DES 针对同一明文采用两个或三个密钥，DES 算法重复三次（两次加密和一次解密），例如 $c = E_{k3}(D_{k2}(E_{k1}(m)))$。采用三个密钥时，有效密钥长度为 168 位。

2001 年，NIST 采用一种新的块加密——**高级加密标准**（Advanced Encryption Standard，

AES）——来代替 DES。AES（也称为 Rijndael）标准参见 FIPS-197（http://nvlpubs. nist. gov/nistpubs/FIPS/NIST. FIPS. 197. pdf）。AES 可以使用的密钥长度为 128 位、192 位及 256 位，处理长为 128 位的块。一般说来，这种算法紧凑且高效。

块加密本身不是安全的加密方案，特别是，它并不直接处理比块更长的消息。另一选择是流加密，它可用于安全加密更长的消息。

流加密（stream cipher）旨在加密和解密字节流或比特流，而不是块。当通信长度可能使得块加密太慢时，这很有用。密钥被输入伪随机比特生成器，这是用来生成随机比特的算法。得到密钥时，生成器的输出是密钥流。**密钥流**（keystream）是密钥的无穷集合，它通过 XOR 操作加密明文流。（异或（eXclusive OR，XOR）是一种比较两个输入比特并生成一个输出比特的操作。如果两个输入比特相同，结果为 0；如果不同，结果为 1。）基于 AES 的加密套件包括流加密，这是当今最常见的加密算法。

16.4.1.2　非对称加密

非对称加密算法（asymmetric encryption algorithm）具有不同的加密密钥与解密密钥。准备接收加密通信的实体创建两个密钥，并且使得其中之一（称为公钥）可供任何想要的人使用。任何发送者都可以使用这个密钥来加密通信，但是只有密钥创建者才可以解密通信。这个方案称为**公钥加密**（public-key encryption），是对加密技术的突破。（该方案首先由 Diffie 和 Hellman 提出，参见 https://www-ee. stanford. edu/helman/publications/24. pdf。）公钥不再必须保密以及安全传递，相反，任何人都可以加密消息并将其发送给接收实体，无论谁在侦听，只有那个实体（持有私钥）可以解密消息。

作为公钥加密的一个例子，我们介绍称为 **RSA** 的算法，它由 Rivest、Shamir 和 Adleman 发明。RSA 是应用最广的非对称加密算法。（然而，基于椭圆曲线的算法正在不断取得进展，因为对于同样强度的加密，这种算法的密钥长度可以更短。）

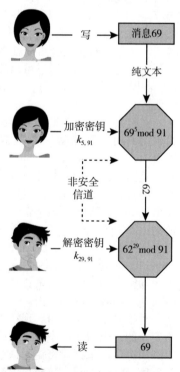

图 16.8　采用 RSA 非对称
加密的加密和解密
引自 Lorelyn Medina/Shutterstock。

在 RSA 中，k_e 是**公钥**（public key），k_d 是**私钥**（private key）。N 是两个较大的随机选择的素数 p 和 q 的乘积（例如，p 和 q 都为 2048 位）。根据 $k_{e,N}$ 计算 $k_{d,N}$ 必须是不可行的，这样 k_e 无需保密，并且可以广泛传播。加密算法是 $E_{k_e,N}(m) = m^{k_e} \bmod N$，其中 k_e 满足 $k_e k_d \bmod (p-1)(q-1) = 1$。而解密算法是 $D_{k_d,N}(c) = c^{k_d} \bmod N$。

图 16.8 的例子采用较小的数值。在这个例子中，$p=7$，$q=13$。可以算出 $N=7 \times 13=91$，$(p-1)(q-1)=72$。接下来选择 k_e，它小于 72，并与 72 互为素数，得到 5。最后，计算出 k_d，满足 $k_e k_d \bmod 72 = 1$，得到 29。现在我们有了自己的密钥：公钥 $k_{e,N}$ 5，91，私钥 $k_{d,N}$ 29，91。用公钥加密消息 69，得到消息 62，然后接收方通过私钥可以解密。

采用非对称加密从公布目的地的公钥开始。对于双向通信，源还必须公布它的公钥。"公布"可以像递交电子密钥一样简单，或者也可能更复杂。私钥（或"秘密的密钥"）必须精心保护，任何持有该密钥的人都能解密由匹配公钥创建的任何消息。

应该注意，对称加密与非对称加密之间的密钥用法似乎差别很小，但是实际差别相当大。执行非对称加密的计算成本要高得多。用普通对称算法来加密和解密比用非对称算法要快得多。那么为什么要使用非对称算法？实际上，这些算法并不用于大量数据的普通用途的加密。然而，它们不仅用于加密少量数据，还用于认证、保密和密钥分发，下面讨论这些内容。

16.4.1.3 认证

我们已经知道，加密提供了一种方式来限制消息可能的接收者的集合。限制潜在的消息发送者的集合称为**认证**（authentication），因此认证是加密的补充。认证也可用于证明消息未被修改。下面的讨论将认证视作限制消息的可能发送者。请注意，这样的认证类似但不同于用户认证（参见 16.5 节）。

采用对称密钥的认证算法包括以下部分：

- 一个密钥集合 K。
- 一个消息集合 M。
- 一个认证者集合 A。
- 一个函数 S：$K \to (M \to A)$。也就是说，对于每个 $k \in K$，S_k 是个函数，用于根据消息生成认证者。S 和对于任意 k 的 S_k 必须是高效的可计算函数。
- 一个函数 V：$K \to (M \times A \to \{\text{true, false}\})$。也就是说，对于每个 $k \in K$，V_k 是个函数，用于验证消息的认证者。V 和对于任意 k 的 V_k 必须是高效的可计算函数。

认证算法必须拥有的关键属性是：对于消息 m，仅当拥有 k 时，计算机能够生成认证者 $a \in A$ 使得 $V_k(m, a) = \text{true}$。因此，持有 k 的计算机能够产生消息的认证者，以致持有 k 的任何计算机能够验证它们。然而，不持有 k 的计算机无法产生可以用 V_k 验证的消息认证者。因为认证者通常是暴露的（例如，跟随消息被发送到网络中），所以根据认证者推测出 k 应是不可行的。实际上，如果 $V_k(m, a) = \text{true}$，则我们知道 m 没有被修改，而且消息发送者持有 k。如果只与一个实体共享 k，那么我们知道消息来自 k。

正如有两类加密算法一样，主要也有两类认证算法。理解这些算法的第一步是分析哈希函数。**哈希函数**（hash function）$H(m)$ 根据消息 m 创建一个固定大小的、较小的数据块，称为**报文摘要**（message digest）或**哈希值**（hash value）。哈希函数的工作是利用消息并将其拆分成块，处理块以产生 n 位的哈希值。H 必须抵抗碰撞，也就是说，找到 $m \neq m'$ 满足 $H(m) = H(m')$ 是不可行的。现在，如果 $H(m) = H(m')$，我们知道 $m = m'$，也就是说，我们知道该消息未被修改。常见的消息摘要函数包括 MD5 和 SHA-1。MD5 现在被认为是不安全的，它产生 128 位的哈希值，而 SHA-1 产生 160 位的哈希值。消息摘要可用于检测邮件更改，但不适用于检测认证者。例如，$H(m)$ 可以与消息一起发送，但是如果 H 已知，则可以修改 m 为 m'，并重新计算 $H(m')$，这样消息修改就不会被检测到。因此，我们必须认证 $H(m)$。

第一大类认证算法采用对称加密。在**消息认证码**（Message Authentication Code，MAC）中，采用秘密密钥加密消息以生成校验和。MAC 提供一种方法以安全地认证短的值。如果采用它来认证 $H(m)$，这里 H 抵抗碰撞，那么我们可通过哈希得到一种方法来安全地认证长消息。注意，需要 k 来计算 S_k 和 V_k，所以任何人只要能够计算一个就可以计算另一个。

第二大类认证算法是**数字签名算法**（digital signature algorithm），由此产生的认证者称为**数字签名**（digital signature）。数字签名非常有用，因为任何人都可以通过它来验证消息的真实性。在数字签名算法中，从 k_v 导出 k_s 的计算是不可行的。因此，k_v 是公钥，k_s 是私钥。

现在举例说明 RSA 数字签名算法。它类似于 RSA 加密算法，但是密钥用途是相反的。通过计算 $S_{k_s}(m) = H(m)^{k_s} \bmod N$，得到消息的数字签名。密钥 k_s 是一个有序对 $\langle d, N \rangle$，N 是两个很大的随机选择的素数 p 和 q 的乘积。验证算法是 $V_{k_v}(m, a) \stackrel{?}{=} (a^{k_v} \bmod N = H(m))$，其中 k_v 满足条件 $k_v k_s \bmod (p-1)(q-1) = 1$。数字签名（与密码学的许多方面一样）可以用于除消息之外的其他实体。例如，程序的创建者可以通过数字签名来"签署他们的代码"，以验证从发布到被安装在计算机上的过程中，代码没有被修改过。在许多系统上，代码签名（code signing）已经成为一种非常常见的安全改进方法。

请注意，加密和认证可以一起或分开使用。有时我们需要认证但不需要保密。例如，一家公司可以提供一个软件补丁，并且可以"签署"这个补丁，以证明该补丁确实来自公司而且未被修改。

认证是安全的众多方面中的一个组件。例如，数字签名是**不可否认**（nonrepudiation）的核心，用于提供对实体执行的操作的证明。典型的不可否认的例子涉及填写电子表格表单，以替代纸质合同的签署。不可否认确保填写电子表格的人员不能否认这样做过。

16.4.1.4 密钥分发

当然，加密者（发明密码）和解密者（试图破解密码）的争斗与密钥密切相关。对于对称算法，双方都需要密钥，其他人不应拥有密钥。对称密钥的传递是一个巨大的挑战。有时，这通过**带外**（out-of-band）来完成。例如，如果 Walter 想安全地与 Rebecca 通信，可以通过纸质文件或对话交换密钥，然后通过电子方式进行通信。然而，这种方法不能规模化。还要考虑密钥管理的挑战。假设一个用户想与 N 个其他用户秘密通信。这个用户需要有 N 个密钥，而且为了更加安全起见，可能还要经常更换这些密钥。

这些正是需要创建非对称密钥算法的原因。这些密钥不仅可以公开交换，而且无论用户想与多少其他用户通信，都只需一个私钥。还有一个问题涉及为每个通信接收方管理公钥，但是，因为公钥不需要保密，所以**密钥环**（key ring）可以采用简单存储。

遗憾的是，即便是公钥的发布也需要小心。考虑图 16.9 所示的中间人攻击。其中，想要接收加密消息的人发出公钥，但攻击者也发出"坏"公钥（与其私钥匹配）。想发出加密消息的人并不知情，所以使用"坏"公钥加密消息。然后，攻击者高兴地实现了解密。

这个问题属于认证，即我们需要的是关于谁（或什么）拥有公钥的证明。解决这个问题的一种方法涉及使用数字证书。**数字证书**（digital certificate）是由可信方进行数字签名的公钥。可信任方接收某个实体身份的证明，并且证明这个公钥属于该实体。但是我们怎么知道是否可以信任验证者呢？这些**证书颁发机构**（certificate authority）拥有公钥，公钥在分布之前被包含在网络浏览器（和其他证书客户）中。证书颁发机构可以为其他机构做担保（对这些机构的公钥进行数字签名），从而创建信任网。这些证书可以采用数字证书格式标准 X.509 分布，可由计算机来解析。这种方案用于安全 Web 通信，将在 16.4.3 节加以讨论。

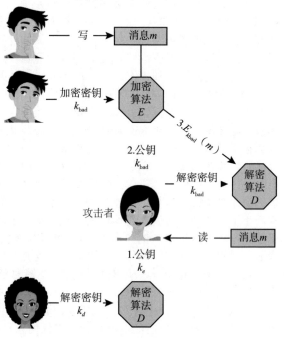

图 16.9　对非对称加密的中间人攻击
引自 Lorelyn Medina/Shutterstock。

16.4.2　密码学的实现

网络协议通常按层来组织，每层作为其低一层的客户端。也就是说，当一个协议实体生成消息，以便发送到另外一台机器的对等协议实体时，它将这个消息传递到网络协议栈中的低层协议，以便发送到另一台机器的对等实体。例如，对于 IP 网络，TCP（一种传输层协议）充当 IP（一种网络层协议）的客户端：TCP 数据包传递到 IP，以便发送到连接的另一端的 IP 对等实体。IP 将 TCP 包封装到 IP 包中，该 IP 包被传递到数据链路层，以便通过网络传输到目的计算机的对等实体。在目的计算机上，IP 对等实体将 TCP 包提交到 TCP 对等实体。OSI 模型包含七个这样的层，参见 19.3.2 节的详细描述。

密码学几乎可以加到网络协议栈的任何层。例如，TLS 在传输层上提供安全。网络层安全通常采用标准化的 IPSec，它定义了 IP 包格式，以允许插入认证者和加密数据包内容。IPSec 使用对称加密，而密钥交换使用**因特网密钥交换**（Internet Key Exchange，IKE）协议。IKE 基于公钥加密。IPSec 日益广泛地用于**虚拟专用网**（Virtual Private Networks，VPN），这里两个 IPSec 端点之间的所有通信被加密，从而利用公共网络来形成私有网络。许多协议也被开发用于不同的应用程序，如加密电子邮件的 PGP，但是应用程序本身必须通过编码来实现安全。

加密保护最好放在协议栈的什么位置？一般没有确定的答案。一方面，更多协议受益于协议栈中较低层的保护。例如，因为 IP 包封装了 TCP 包，IP 包的加密（例如使用 IPSec）也隐藏了封装的 TCP 包的内容。类似地，IP 包的认证者检测所包含的 TCP 包中信息的更改。

另一方面，来自协议栈中较低层的保护对于较高层的协议来说可能是不够的。例如，接受 IPSec 加密连接的应用程序服务器可以认证发送请求的客户端计算机。然而，为了认证客户端计算机的用户，服务器可能需要采用应用层协议，如用户可能需要输入密码。考虑电子邮件问题。通过工业标准 SMTP 传递的电子邮件在交付之前，经常会被存储和转发多次。每一次传输可能通过安全的或不安全的网络。为了确保电子邮件的安全，需要对电子邮件消息进行加密，以便其安全性不受传输工具的影响。

遗憾的是，像许多工具一样，加密不仅可以用于"善"，也可以用于"恶"。例如，前面描述的勒索软件攻击是基于加密的。攻击者加密目标系统上的信息，并且使所有者无法访问信息，以强迫所有者支付赎金后才能获得解密数据所需的密钥。防止此类攻击需要实现更健壮的系统和更有效的网络安全措施，并且执行良好的备份计划，以便在没有密钥的情况下恢复文件。

16.4.3 示例：TLS

TLS（Transport Layer Security，传输层安全）是一种加密协议，可使两台计算机安全通信，即消息的发送者和接收者可以互相限定。这可能是现在最常用的加密协议，因为它是 Web 浏览器与 Web 服务器进行安全通信的标准协议。为了全面了解 TLS，我们应该知道 TLS 是从 SSL（Secure Sockets Layer，安全套接字层）演变而来的，而 SSL 是由 Netscape 设计的。详细信息参见 https://tools. ietf. org/html/rfc5246。

TLS 是一个具有许多选项的复杂协议，这里只分析它的一种变体。即便如此，我们的描述还是非常简单和抽象，以便主要关注加密原语的使用。我们将要看到的是一个复杂情景，采用非对称加密，以便客户端和服务器可以建立**会话密钥**（session key）来对称加密两者之间的会话，这些做法还可同时避免中间人攻击和重播攻击。为了提高加密强度，一旦会话结束，会话密钥就会被遗忘。二者之间的再次通信将需要生成新的会话密钥。

TLS 协议由客户端 c 发起，以安全地与服务器通信。在使用该协议之前，假定服务器 s 已经从 CA 获得了一个证书，表示为 cert_s。该证书是一个包含以下内容的结构：

- 服务器的各种属性（attrs），包括唯一的特定（distinguished）名称和常用（common）（DNS）名称。
- 服务器的非对称加密算法 $E( )$ 的标识。
- 这个服务器的公共密钥 k_e。
- 证书应为有效的时间区段（interval）。
- CA 根据以上信息计算数字签名 a，也就是说，$a = S_{kCA}\{\langle \text{attrs}, E_{ke}, \text{interval}\rangle\}$。

除此之外，在使用协议前，假定客户端已经获得了 CA 的公共验证算法 V_{kCA}。对于 Web 的情况，在供应商发货时，用户浏览器本就包含验证算法和一些证书机构的公钥。用户可以删除这些机构或添加其他机构。

当客户端 c 连接服务器 s 时，客户端将一个 28 字节的随机值 n_c 发送到服务器，而 s 的回应是自己的随机值 n_s 加上证书 cert_s。客户端确认 $V_{kCA}(\langle \text{attrs}, E_{ke}, \text{interval}\rangle, a) = \text{true}$，并且确认当前时间处于有效区间 interval。如果两个条件都满足，就证明了服务器的身份。接着客户端生成一个随机的 46 字节的预主密钥（premaster secret）pms，并且将 $\text{cpms}=E_{ke}(\text{pms})$ 发送到服务器。服务器恢复 $\text{pms}=D_{kd}(\text{cpms})$。现在客户端和服务器都有 n_c、n_s 和 pms，可以算出共享的 48 字节的主控密钥（master secret）$\text{ms}=H(n_c, n_s, \text{pms})$。只有服务器和客户端可以计算 ms，因为只有它们知道 pms。此外，ms 对 n_c 和 n_s 的依赖可确保 ms 是新鲜的，也就是说，这个通信密钥并未在以前的通信中使用过。此时，客户端和服务器通过 ms 计算下列密钥：

- 对称加密密钥 k_{cs}^{crypt}，用于加密客户端到服务器的消息。
- 对称加密密钥 k_{sc}^{crypt}，用于加密服务器到客户端的消息。
- MAC 生成密钥 k_{cs}^{mac}，用于生成客户端到服务器的消息的认证。
- MAC 生成密钥 k_{sc}^{mac}，用于生成服务器到客户端的消息的认证。

为了向服务器发送消息 m，客户端发送

$$c = E_{k_{cs}^{\text{crypt}}}(\langle m, S_{k_{cs}^{\text{mac}}}(m)\rangle)$$

收到 c 后，服务器恢复

$$\langle m,a\rangle = D_{k_{cs}^{\text{crypt}}}(c)$$

当 $V_{k_{cs}^{\text{mac}}}(m, a) = \text{true}$ 时，接收 m。同样，为了向客户端发送消息 m，服务器发送

$$c = E_{k_{sc}^{\text{crypt}}}(\langle m, S_{k_{sc}^{\text{mac}}}(m)\rangle)$$

而客户端恢复

$$\langle m,a\rangle = D_{k_{sc}^{\text{crypt}}}(c)$$

当 $V_{k_{sc}^{\text{mac}}}(m, a) = \text{true}$ 时，接收 m。

这个协议允许服务器限制其消息接收者为生成 pms 的客户端，并且限制所接收到的消息的发送者为同样的客户端。同样，客户端可以限制其消息的接收者和所接收到的消息的发送者为知道 k_d 的一方。这是证书 cert_s 的用途之一。特别地，域 attrs 包含客户端用于确定与其通信的服务器身份的信息，如域名。对于服务器也要知道客户端信息的应用领域，TSL 提供了一个选项，以便客户端将证书发送到服务器。

除了用于 Internet 以外，SSL 还可用于各种各样的任务。例如，我们之前提到 IPSec 被广泛用作虚拟专用网络的基础。IPSec VPN 现在有了一个竞争对手——TLS VPN。IPSec 适合加密点到点的流量，如两个办公地点之间的流量。TLS VPN 更灵活，但是并不高效，因此可以用于远程工作人员与企业办公室之间。

16.5 用户认证

我们之前对认证的讨论涉及消息和会话。但是针对用户怎么办？如果系统无法认证用户，则认证用户消息毫无意义。因此，操作系统的一个主要安全问题是**用户认证**（user authentication）。保护系统取决于识别当前执行的程序和进程的能力，这又取决于识别每个系统用户的能力。用户通常会对自己进行标识。我们如何确定用户的身份是否真实？通常，用户认证基于以下三种方式中的一种或多种：用户的所有物（密钥或者卡等）、用户的知识（用户标识符和密码等）或用户的属性（指纹、视网膜模式或者签名等）。

16.5.1 密码

认证用户身份时最常用的方法是使用**密码**（password）。当用户使用用户 ID 或者账户名称标识自己时，就会被要求输入密码。如果用户提供的密码匹配系统存储的密码，那么系统认为访问该账户的是账户主人。

如果缺乏更完整的保护方案，密码通常用于保护计算机系统的对象。可以将密码看作密

钥或者能力的特例。例如，每个资源（如文件）可以关联一个密码。每当请求使用资源时，就必须提供密码。如果密码正确，访问就被允许。不同访问权限可以关联不同的密码。例如，阅读文件、追加文件和更新文件可以使用不同的密码。

实际上，大多数系统只要求每个用户拥有一个密码来获得完全的权限。尽管在理论上密码越多越安全，但由于安全与方便经常需要折中，因此需要过多密码的系统往往是不现实的。如果安全使得某事不方便，安全常常被绕过或以其他方式被规避。

16.5.2　密码漏洞

密码非常常见，因为其容易理解与使用。遗憾的是，密码经常能被猜到，或者偶尔被暴露、被嗅探（被窃听者读取）或从授权用户非法传到未经授权的用户。下面讨论这些问题。

猜测密码有三种常见方式。一种方式是入侵者（人或程序）知道这个用户或拥有用户的相关信息。人们常常使用明显的信息（如猫或配偶的名字）作为密码。另一种方式是使用暴力方法，尝试枚举有效密码字符（在某些系统上为字母、数字和标点符号）的所有可能组合，直到找到密码。短密码特别容易受到这种方法的攻击。例如，4 位的密码只提供了10 000 种可能。平均而言，猜测5000 次很可能正确命中。每毫秒尝试一个密码的程序只需 5 秒左右就能猜到一个 4 位的密码。如果系统提供更长的密码，而且密码包括大小写字母、数字和各种标点符号，则枚举不太可行。当然，用户必须利用大的密码空间，例如，密码不应只使用小写字母。第三种常用方法是词典攻击，即尝试所有单词、单词变体和通用密码。

除了被猜到外，通过可视手段或电子监控，密码可能会被暴露出来。入侵者在用户登录时可以通过过肩视角来偷窥密码（肩窥，shoulder surfing），并且通过观看键盘可以轻松看到所输入的密码。或者，只要具有计算机所处网络的访问权限，任何人都可神不知鬼不觉地添加一个网络监视器，以便**嗅探**（sniff）或观看网络传输的所有数据，包括用户 ID 和密码。包含密码的数据流加密解决了这个问题。然而，即使这样的系统仍有密码被盗的问题。例如，包含密码的文件可以被复制，以便离线系统进行分析。或者，考虑安装在系统上的特洛伊木马程序，它捕获每个按键然后将其发送到应用程序。另一种获取密码（特别是借记卡密码）的常用方法是，在需要使用密码的地方安装物理设备（如安装在 ATM 上的"信息窃取器"或安装在键盘和计算机之间的设备），并记录用户的行为。

如果密码被写到可能读取或丢失的地方，则泄露就是一个特别严重的问题。有些系统强制用户选择难记的或长的密码，或者频繁更改密码，但这可能导致用户记下密码或重复使用密码。结果，与允许采用简单密码的系统相比，这类系统提供了更差的安全性！

最后一种类型的密码泄露为非法转移，这是人性弱点的恶果。大多数计算机都有禁止用户共享账户的规定。这个规定有时是为了方便账户管理，但常常是为了更好地保证安全。例如，假设一个用户 ID 有多个用户共享，而且这个用户 ID 发动了安全攻击。此时，无法知道哪个用户在攻击时使用这个 ID，甚至无法确认这个用户是否是授权用户。如果一个用户 ID 只对应一个用户，那么可以直接询问任何用户关于账户使用的问题；此外，用户可能发现账户的异常和入侵。有时，用户破坏账户共享规则，以帮助朋友或规避账户管理，这种行为可能导致系统被未经授权用户（可能有破坏意图的用户）访问。

密码可由系统生成，或由用户选择。系统生成的密码可能难以记住，因此用户可以将密码写下来。然而，如上所述，用户选择的密码通常容易猜出（例如，用户姓名或喜爱的车）。有些系统在接受密码前会检测密码是否易于猜测或破解。有些系统为密码设定**有效期**（age），强制用户定期更新密码（例如，每三个月一次）。这种方法也不是万无一失的，因为用户很容易在两个密码之间切换。解决方案（如有些系统采用的）是为每个用户记录密码历史。例如，系统可以记录最近使用的 N 个密码，并禁止重用。

可以采用这些简单密码方案的变种。例如，可以频繁更换密码。在极端情况下，每次会话都会更改密码。当每次会话结束时，需要选择新的密码（由系统或者由用户来选择），这个密码必须用于下次会话。这样，即便密码被误用了，也只会被误用一次。当合法用户在下次会话中使用了现在无效的密码时，就会发现安全违规，然后可以采取步骤来修复被破坏的安全功能。

16.5.3   密码安全

上述方法共有的一个问题是难以保密计算机内的密码。用户输入的密码被允许用于身份认证，那么系统如何安全保存密码？UNIX 系统使用安全哈希以无须秘密保存密码列表。由于密码是哈希的而非加密的，系统无法解密存储的值并确定原始密码。

哈希函数很容易计算，但很难（如果不是不可能的话）反转。也就是说，给定一个值 x，很容易计算哈希函数值 $f(x)$。然而，给定一个函数值 $f(x)$，不可能计算 x。这个函数用于哈希所有密码，已经哈希的密码才可保存。当用户给出一个密码时，该密码被哈希并与计算机存储的哈希密码对比。即使存储的哈希密码可见，它也不能被解码，所以无法确定密码。因此，密码文件没有必要保密。

这种方法的缺陷是，系统不再具有密码的控制权。虽然密码是哈希的，但拥有密码文件副本的任何人都可以对其运行快速哈希程序，例如，对字典中的每个单词计算哈希，并与哈希密码进行比较。如果用户选择了字典中的一个单词作为密码，那么这个密码就被破译了。对于足够快的计算机，甚至对于慢的计算机的集群，这样的比较可能只需要几个小时。此外，由于系统使用众所周知的哈希算法，攻击者可能会有一些以前已经破译出来的缓存。

考虑到这些原因，系统在哈希算法中加入了一点"盐"或一个记录的随机数，通过为密码增加"盐"值，可以确保即使两个明文密码一样，也会导致不同的哈希值。另外，"盐"值能使哈希字典无效，因为每个词典单词需要结合"盐"值，以便与存储的密码比较。较新版本的UNIX 还将哈希密码存储到一个文件中，该文件只能由超级用户读取。比较哈希与存储值的程序在 root 权限下执行 setuid，这样只有该程序可以读取这个文件，但是其他用户不能。

强大且易于记住的密码

在银行账户等关键系统上使用强密码（难以猜测且难以肩窥）是非常重要的。不要在许多系统上使用相同的密码也很重要，因为一个不太重要、容易被黑客入侵的系统可能会泄露你在更重要的系统上使用的密码。产生安全密码的一个好方法是，选取一个容易记忆的短语，采用每个单词的首字母，加上大小写字母，并夹带若干标点符号，从而提高难度。例如，短语 My girlfriend's name is Katherine 可能会产生密码"Mgn. isK!"。密码很难破解，但用户很容易记住。更加安全的系统会允许更多的密码字符。实际上，系统也可允许密码包含空格字符，以便用户可以创建**短语密码**（passphrase）。

16.5.4   一次性密码

为了避免密码嗅探或肩窥等问题，系统可以使用一组**配对密码**（paired password）。当会话开始时，系统随机选择并提供一个密码对的一部分，用户必须提供另一部分。在这种系统中，用户面临挑战，因此必须用正确答案来回应那个挑战。

这种方法可以扩展为采用算法作为密码。在这个方案中，系统与用户共享对称密码。密码 pw 从不通过允许曝光的介质来传输。相反，密码与系统提供的挑战 ch 一起，用作函数的输入。然后，用户计算函数 $H(pw, ch)$。函数的结果将作为计算机认证来传输。因为计算机也知道 pw 和 ch，所以可以执行同样的计算。如果结果匹配，用户得以完成身份认证。下次需要认证用户时，生成另一个 ch，并且采用相同的步骤。这次，认证者是不同的。这种算法密码不易重用。也就是说，用户可以输入密码，并且任何拦截密码的实体都不能重复使用它。这种**一次性密码**（one-time password）系统是防止由于密码曝光而进行不正当认证的多种方法之一。

一次性密码系统的实现有多种方式。商用实现采用带有显示屏或数字键盘的硬件计算器。这些计算器通常采取信用卡、钥匙链加密狗或 USB 设备等形式。计算机或智能手机运行的软件为用户提供 $H(pw，ch)$，pw 可以由用户输入，或者由与计算机同步的计算器生成。有时，pw 只是**个人识别号码**（Personal Identification Number，PIN）。任何这些系统的输出都是一次性密码。要求用户进行输入的一次性密码生成器涉及**双因素认证**（two-factor authentication）。例如，这种情况需要两种不同类型的组件，一次性密码生成器只有在 PIN 有效的情况下才能生成正确的响应。双因素认证比单因素认证提供了更好的认证保护，因为它需要"你有的东西"以及"你知道的东西"。

16.5.5 生物识别技术

采用密码的身份认证的另一个变种涉及使用生物识别措施。手掌读取器通常用于保护物理访问，例如，对数据中心的访问。这些读取器将存储的参数与所读取的数据进行匹配。这些参数可以包括温度图、手指长度、手指宽度和指纹图案等。这些设备目前太大且比较昂贵，因此不太适合用于正常的计算机认证。

指纹读取器已经变得准确且性价比高。这些设备读取手指图案，并将其转换为数字序列。随着时间的推移，读取器可以存储一套数字序列，以适应手指在触摸板上的位置和其他因素。软件可以扫描按在触摸板上的手指，并与存储的序列进行比较，以确定它们是否匹配。当然，可以为多个用户存储指纹文件，并且可以区分不同用户。一个非常准确的双因素认证方案可以采用密码、用户名以及指纹。如果在传输过程中加密这些信息，系统将能够充分抵御欺骗和重播攻击。

多因素认证（multifactor authentication）仍然更好。考虑一下，通过必须插入系统的 USB 设备、PIN 和指纹，认证可能会有多强？除了要将手指放在触摸板上并将 USB 插入系统以外，这种认证方法的方便性不亚于使用普通密码。然而，回想一下，这种强大的认证本身还不足以保证用户的 ID。如果未被加密，认证会话仍可能被劫持。

16.6 实现安全防御

正如存在无数的系统威胁和网络安全问题一样，也存在许多安全解决方案，包括从用户教育到技术改进再到无错软件编写等各种方案。大多数安全专业人士赞同**深度防御**（defense in depth）理论，指出防御层次越多越好。当然，这个理论适用于任何安全问题。例如考虑房子的安全：没有门锁的、有门锁的、有门锁和报警器的。本节分析加强威胁防御的主要方法、工具和技术。请注意，一些安全改进技术比安全更适合作为保护的一部分，参见第 17 章。

16.6.1 安全策略

改进任何计算方面的安全的第一步是制定**安全策略**（security policy）。安全策略差异很大，但是通常包括对所保护内容的声明。例如，安全策略可能声明，所有外部可访问的应用程序必须在部署之前进行代码审查，或者用户不应共享密码，或者公司与外界的所有连接点必须每 6 个月进行一次端口扫描。若没有安全策略，用户和管理员无法知道什么是允许的、什么是需要的、什么是不允许的。安全策略是一张路线图：如果站点试图从一个不太安全的地方去往一个更安全的地方，则需要一张路线图才能到达那里。

一旦有了安全策略，所涉及的人员应清楚地知道这一点——这是他们的指导原则。安全策略也应是一份**活文档**（living document），应当定期审查和更新，以确保其仍然合适并被遵循。

16.6.2 漏洞评估

我们如何确定安全策略是否被正确实施？最好的方法是执行漏洞评估。这种评估覆盖范围很广，从社会工程到风险评估再到端口扫描都有涉及。例如，**风险评估**（risk assessment）试图评定相关实体（程序、管理团队、系统或设施），并且确定安全事件影响实体并导致贬值的可能性。当遭受损失的可能和潜在的损失已知时，可以设置一个值来试图保护实体。

大多数漏洞评估的核心活动是**渗透测试**（penetration test），即扫描实体以查找已知漏洞。因为本书是关于操作系统及其运行的软件的，所以我们专注于漏洞评估的这些方面。

漏洞扫描通常在计算机使用较少时执行，以便尽量减少影响。在适当的时候，漏洞扫描应在测试系统而非生产系统上执行，否则可能导致目标系统或网络设备出现问题。

针对单个系统的扫描可以检查系统的各个方面：

- 短的或易于猜测的密码。
- 未经授权的特权程序，如 setuid 程序。
- 系统目录内未经授权的程序。
- 出乎意料的长期运行的进程。
- 对用户和系统目录的不当目录保护。
- 对系统数据文件（如密码文件、设备文件或者操作系统内核本身）的不当保护。
- 程序搜索路径内的危险条目（例如，16.2.1 节讨论的特洛伊木马），例如当前目录和任何易于写入的目录，如 /tmp。
- 通过校验和的值发现的系统程序的改变。
- 意外或隐蔽的网络守护进程。

对安全扫描发现的任何问题可以进行自动修补，也可以报告给系统管理员。

网络计算机比独立系统更容易受到安全攻击。除了面对来自已知访问节点集合的攻击外（如直接连接的终端），还要面对来自一个庞大而未知的访问节点集合的攻击，这是一个潜在的严重安全问题。通过调制解调器由电话线连接的系统，在一定程度上更容易暴露。

事实上，美国政府将系统的安全性视为系统最远到达的连接的安全性。例如，顶级机密的系统只能从顶级机密的大楼来访问。如果在这种环境之外可以访问它，则这个系统将失去顶级的评级。有些政府设施采取极端的安全防范措施，安全计算机的终端连接器在不用时被锁在办公室的保险箱中。为了获得访问计算机的权限，用户必须具有正确的 ID 以便进入大楼和办公室，必须知道物理锁的组合，必须知道计算机本身的认证信息等，这是多因素认证的例子。

遗憾的是，系统管理员和计算机安全专业人士通常无法将机器锁在房间里，也很难禁止所有远程访问。例如，Internet 目前连接数十亿计算机和设备，对许多公司和个人来说这已成为任务关键的、不可或缺的资源。如果将 Internet 看作一个俱乐部，则就像任意一个有着上百万成员的俱乐部一样，它有许多好会员，同时也有一些坏会员。坏会员有很多可用工具来尝试访问互连的计算机。

漏洞扫描可以用于网络，从而解决网络安全面临的一些问题。扫描会搜索响应请求的网络端口。如果启用了不应启用的服务，则这些访问可以被阻止或者被禁用。然后扫描会确定监听端口的应用程序的细节，并且试图确定它是否有已知漏洞。通过测试这些漏洞可以确定系统是否配置错误或缺少必需的修补程序。

尽管如此，我们还是要考虑如果端口扫描程序被攻击者而不是那些试图提高安全性的人掌握。这些工具可以帮助攻击者发现漏洞。（幸运的是，可以通过异常检测来确定端口扫描，这将在下一节讨论。）同样的工具既能做好事也能做坏事，这是个常见的安全挑战。事实上，有些人主张**隐藏式安全**（security through obscurity），规定不应该编写工具来测试安全性，因为这类工具可以用于查找（并利用）安全漏洞。有些人认为这种安全方法不是有效的方法，例如，他们指出攻击者可以自己编写工具。隐藏式安全似乎可以合理地被认为是安全层之一，只要不是唯一的层。例如，一家公司可以公布它的全部网络配置，但是对这种信息的保密使得入侵者更难知道攻击什么。但是，如果一家公司假设这样的信息仍然是个秘密，则将具有虚假的安全感。

16.6.3 入侵防御

系统与设施的安全保护与入侵检测及防御密切相关。**入侵防御**（intrusion prevention）正如其名称所示，力争防御尝试入侵或成功入侵计算机系统的行为，并启动针对入侵的恰当响应。入侵防御包括各种不同的技术：

- 检测的时机。检测可以是实时的（当入侵发生时）或者事后的。
- 检测入侵活动的输入类型。这些可能包括用户 shell 命令、进程系统调用以及网络包的头部或内容。某些入侵形式只能通过关联多个入侵源来加以检测。
- 响应能力的范围。响应的简单形式包括向管理员发送存在潜在入侵的警告，或者以某种方式阻止潜在的入侵活动，例如，杀死从事此类活动的进程。对于响应的高级复杂形式，系统可能透明地将入侵活动转移到**蜜罐**（honeypot），即暴露给入侵者的一个错误资源。这个资源对攻击者来说似乎是真实的，并且允许系统监视和获取有关攻击的信息。

用于检测入侵的设计空间中的这些自由度产生了广泛的解决方案，称为**入侵防御系统**（Intrusion-Prevention System，IPS）。IPS 充当可自我修改的防火墙，用于传输流量，除非检测到入侵（此时流量会被阻止）。

但是什么构成了入侵？定义一个合适的入侵规范是相当困难的，因此自动 IPS 现在通常是两个较为可行的方法之一。第一种方法称为**基于签名的检测**（signature-based detection），可以分析系统输入或网络流量，以查找表示攻击的具体行为模式（或签名）。一个简单的例子是，扫描网络包来查找针对 UNIX 系统的字符串 /etc/passwd。另一个例子是病毒检测软件，通过扫描二进制文件或网络包来获取已知病毒。

第二种方法通常称为**异常检测**（anomaly detection），尝试通过各种技术检测计算机系统内的异常行为。虽然不是所有的异常系统活动都表示入侵，但是可以推测出入侵经常会诱发异常行为。异常检测的一个例子是监视守护进程的系统调用，检测系统调用行为是否偏离正常模式——这可能表明守护进程在利用缓冲区溢出进行破坏。另一个例子是监视 shell 命令，检测给定用户的异常命令或检测用户的异常登录时间——这表明攻击者已经成功地获得了对用户账户的访问权限。

基于签名的检测和异常检测是同一枚硬币的两面。基于签名的检测试图描述危险行为的特征，检测是否发生这些行为；然而异常检测试图描述正常（或非危险）行为的特征，检测是否发生其他行为。

然而，这些不同的方法产生的 IPS 具有非常不同的特性。特别地，异常检测可以检测以前未知的入侵方法（**零日攻击**（zero-day attack））。相比之下，基于签名的检测只会识别已知模式的攻击。由于新的攻击还没有已知的签名，因此可逃避基于签名的检测。病毒检测软件厂商都知道这个问题，因此随着对新病毒的人工检测，必须频繁地更新签名。

然而，异常检测不一定优于基于签名的检测。实际上，采用异常检测的系统面临的一个重大挑战是，准确设定系统"正常"行为的基准点。如果在测定基准点时系统已经被入侵过，则这个正常行为的基准点就可能包含入侵活动。即使系统的基准点是干净的，没有受到入侵的影响，基准点也必须给出正常行为的相当完整的描述。否则，**假阳性**（false positive）（假报警）的数量，或者更为糟糕的，**假阴性**（false negative）（错过入侵）的数量会过多。

为了说明错误警告发生频率过高的影响，考虑由 100 台 UNIX 机器的系统记录所有安全相关事件，以便进行入侵检测。这类小型系统每天可以轻松产生上百万条审计记录，但只有一条或两条可能值得管理员审查。如果我们乐观假设每 10 条审计记录可以反映 1 次实际的攻击，则可以粗略计算审计记录反映真正入侵活动的发生率：

$$\frac{2\ \frac{\text{intrusions}}{\text{day}} \cdot 10\ \frac{\text{records}}{\text{intrusion}}}{10^6\ \frac{\text{records}}{\text{day}}} = 0.000\ 02$$

我们将上式解释为"入侵记录的发生概率",并采用符号 $P(I)$ 来表示,也就是说,事件 I 表示反映真实入侵行为的记录的发生。由于 $P(I) = 0.000\ 02$,所以 $P(\neg I) = 1 - P(I) = 0.999\ 98$。现在,令 A 表示通过 IPS 引发的报警。精确的 IPS 应该最大化 $P(I \mid A)$ 和 $P(\neg I \mid \neg A)$,也就是说,报警表示入侵,没有报警表示没有入侵。现在关注 $P(I \mid A)$,可以采用**贝叶斯定理**(Bayes'theorem)来计算:

$$P(I \mid A) = \frac{P(I) \cdot P(A \mid I)}{P(I) \cdot P(A \mid I) + P(\neg I) \cdot P(A \mid \neg I)}$$

$$= \frac{0.000\ 02 \cdot P(A \mid I)}{0.000\ 02 \cdot P(A \mid I) + 0.999\ 98 \cdot P(A \mid \neg I)}$$

现在分析假报警率 $P(A \mid \neg I)$ 对 $P(I \mid A)$ 的影响。即使对于非常好的报警率 $P(A \mid I) = 0.8$,似乎不错的错误报警率 $P(A \mid \neg I) = 0.000\ 1$ 导致 $P(I \mid A) \approx 0.14$。也就是说,每 7 个报警中只有不到 1 个报警是真实的入侵!如果安全管理员调查系统中的每个报警,那么很高的错误报警率被称为"圣诞树效应"(Christmas tree effect),这是非常浪费的,并将迅速导致管理员忽略报警。

这个例子说明了 IPS 的一般原则:为了提高可用性,必须提供极低的错误报警率。如上所述,对于实现足够低的错误报警率,由于很难充分设置正常系统行为的基准,异常检测系统面临严峻挑战。然而,研究人员正在继续改善异常检测技术。入侵检测软件目前采用签名、异常算法和其他算法并加以组合,以得到更为准确的异常检测率。

16.6.4 病毒防护

如前所述,病毒可能造成严重的系统破坏,因此病毒防护是一个重要的安全问题。防病毒程序通常用于提供这种保护。有些程序只对特定的已知病毒有效。这些程序根据构成病毒的已知的特定指令模式,搜索系统上的所有程序。若找到一个已知模式,就移除指令,从而**去除**(disinfect)程序中的病毒。防病毒程序可能需要查找数千种类型的病毒。

病毒和防病毒软件正在变得越来越复杂。有些病毒在感染其他软件时会修改自己,以避免防病毒程序的基本模式匹配方法。防病毒程序现在反过来查找一簇模式而非单一模式,从而识别病毒。事实上,有些防病毒程序会采用各种检测算法。它们在检测签名前可以解压缩已压缩的病毒。有些还会查找进程异常,例如,打开一个可执行文件以执行写入的进程是可疑的,除非它是编译器。另一种流行的技术是在**沙箱**(sandbox)中运行程序(见 17.11.3 节),沙箱是系统中一个受控的或仿真的部分。防病毒软件首先分析代码在沙箱中的行为,然后让代码不受监视地运行。有些防病毒程序不仅仅是扫描文件系统中的文件,而是提供完全的保护。它们搜索引导扇区、内存、收发邮件、下载文件、可移除设备或媒介上的文件,等等。

对计算机病毒的最佳保护是预防,或者是实行**安全计算**(safe computing)。购买软件供应商的未拆封的软件,避免公共来源的或者交换磁盘的免费或盗版软件,都是预防感染的最佳途径。然而,即便是合法软件应用程序的新副本也不能免疫病毒感染:在少数情况下,不满软件公司的员工使软件程序的主要副本感染上了病毒,并对公司造成经济损害。同样,硬件设备在出厂时也可能预先感染。对于宏病毒,一种防御是采用**富文本格式**(Rich Text Format,RTF)来交换 Microsoft Word 文档。不同于原本的 Word 格式,RTF 没有包含附加宏的能力。

另外一种防范方式是,不要打开来自未知用户的任何电子邮件附件。遗憾的是,历史表明,电子邮件漏洞的出现与修复一样快。例如,2000 年的爱虫(love bug)病毒就是假装成一封来自朋友的情书在世界范围内广为传播。一旦接收者打开了附件的 Visual Basic 脚本,病毒就会将自己发送到电子邮件联系人列表中的第一个地址。幸好,除了堵塞电子邮件系统和用户收件箱外,这一病毒相对无害。然而,它确实使得"不要打开来自未知用户的任何电子邮件附件"这一警告失效。一种更为有效的防御方法是,不要打开任何包含可执行代码的附件。有些公司现在强制执行这种策略：删除所有电子邮件的附件。

另外一种保障措施虽然不能预防感染，但是确实允许及早检测。用户必须首先完全格式化硬盘，特别是引导扇区，这是病毒经常攻击的目标。只有安全软件才能上传，每个程序的签名用于安全的消息摘要的计算。必须保证文件名称和关联的消息摘要列表免遭未经授权的访问。定期地或每次运行程序时，操作系统重新计算签名，并将其与原来列表上的签名进行比较，任何差异都可以作为可能感染的警告。这种技术可以与其他技术结合使用。例如，可以采用高开销的防病毒扫描，如沙箱。如果程序通过测试，则可以为它创建签名。如果签名匹配下次运行的程序，则不再需要病毒扫描。

16.6.5　审计、记账与日志

审计、记账和日志可能降低系统性能，但是它们被用于许多领域，包括安全领域。日志可以是通用的，也可以是特定的。可以记录所有系统调用的执行，以便分析程序行为（或不当行为）。更经常的是记录可疑事件，认证失败和授权失败可以告诉我们很多有关入侵企图的事件。

记账是安全管理员套件中的另一种潜在工具。它可以用于发现性能改变，反过来又可以揭示安全问题。UNIX 计算机入侵的一个早期例子是由 Cliff Stoll 检测到的，因为他在检查记账记录时发现了异常现象。

16.6.6　保护系统和网络的防火墙

接下来讨论的问题是可信的计算机如何安全地连接到不可信的网络。一个解决方案是采用防火墙来分离可信的系统与不可信的系统。**防火墙**（firewall）可以是计算机、设备、进程或路由器，位于可信与不可信之间。网络防火墙限制多个**安全域**（security domain）之间的网络访问，并且监控和记录所有连接。它可以基于源/目的地址、源/目的端口或连接方向来限制连接。例如，Web 服务器采用 HTTP 与网络浏览器进行通信。因此，防火墙可能只允许防火墙外的所有主机与防火墙内的 Web 服务器使用 HTTP 通信。例如，首个蠕虫，即 Morris 的 Internet 蠕虫，采用 finger 协议来入侵计算机，所以 finger 不会被允许通过。

事实上，网络防火墙可以将网络分成多个域。一种常见的做法是：将 Internet 作为一个不可信的域，将半可信的和半安全的网络——称为**非军事区**（DeMilitarized Zone，DMZ）——作为另外一个域，将一家公司的计算机作为第三个域（图 16.10）。允许的连接包括从 Internet 到 DMZ 计算机和从公司计算机到 Internet 的连接，不允许的连接包括从 Internet 到公司计算机和从 Internet 到公司计算机和从

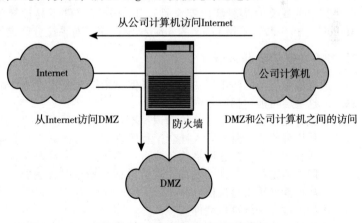

图 16.10　通过防火墙进行域分离

DMZ 计算机到公司计算机的连接。另外，可控的通信可能包括从 DMZ 到公司计算机的通信。例如，DMZ 的 Web 服务器可能需要查询公司网络的数据库服务器。然而，可以通过防火墙控制访问权限，而且任何被入侵的 DMZ 系统无法访问公司计算机。

当然，防火墙本身必须是安全的和防攻击的。否则，连接的安全性可能受到影响。此外，防火墙无法防止**隧道**（tunnel）攻击（在防火墙允许的协议或连接内传播的攻击）。例如，防火墙不能停止对 Web 服务器的缓冲区溢出攻击，因为它允许 HTTP 连接，所以无法阻止容纳

攻击的 HTTP 连接的内容。同样，拒绝服务攻击可以像攻击任何其他机器那样攻击防火墙。防火墙的另一漏洞是欺骗，即未经授权的主机通过符合一定授权标准，假装成授权的主机。例如，如果防火墙规则允许一台主机的连接，并通过 IP 地址识别这台主机，则另一台主机可以采用同样地址发送数据包，从而被允许通过防火墙。

除了最常见的网络防火墙外，还有其他新类型的防火墙，它们各有优缺点。**个人防火墙**（personal firewall）是个软件层，包含在操作系统中或作为一个应用程序。它不是限制安全域之间的通信，而是限制与给定主机的通信。例如，用户可以为 PC 添加个人防火墙，以便拒绝特洛伊木马访问 PC 连接的网络。**应用代理防火墙**（application proxy firewall）理解应用程序通信的网络协议。例如，SMTP 用于传输邮件。首先应用代理作为 SMTP 服务器来接受连接，然后启动与原来目的 SMTP 服务器的连接。它在转发消息时可以监视流量，查看和禁用非法命令或利用错误的攻击，等等。有些防火墙专为一种特定协议而设计。例如，**XML 防火墙**（XML firewall）的具体目的是分析 XML 流量，阻塞不允许的或格式错误的 XML。**系统调用防火墙**（system-call firewall）位于应用和内核之间，监控系统调用的执行。例如，在 Solaris 10 中，"最小特权"功能有一个列表，包含超过 50 个系统调用，这些是进程可以允许或不允许调用的。例如，无须生成其他进程的进程可以移除这种能力。

16.6.7 其他解决方案

在 CPU 设计者、操作系统实现者和攻击者之间的战斗中，一种特殊的技术有助于防御代码注入。为了发起代码注入攻击，攻击者必须能够推断出目标内存中的确切地址。通常，这可能并不困难，因为内存布局往往是可预测的。一种称为**地址空间布局随机化**（Address Space Layout Randomization，ASLR）的操作系统技术，试图通过随机化地址空间来解决这个问题，即将地址空间（例如堆栈和堆的起始位置）置于不可预测的位置。地址随机化虽然不是万无一失的，但使漏洞利用变得更加困难。ASLR 是许多操作系统（如 Windows、Linux 和 macOS）的标准功能。

对于 iOS 和 Android 等移动操作系统，通常采用的方法是将用户数据和系统文件放在两个独立的分区中。系统分区以只读方式挂载，而数据分区以读写方式挂载。这种方法有许多优点，其中最重要的是更高的安全性：系统分区文件不易被篡改，从而增强了系统完整性。Android 更进一步，采用 Linux 的 dm-verity 机制，对系统分区进行加密哈希并检测任何修改。

16.6.8 安全防御总结

通过应用适当的防御层，我们可以保护系统，使其免受最顽固的攻击者之外的所有攻击。总之，这些层可能包括以下内容：

- 教育用户有关安全计算的知识：不要将来源不明的设备连接到计算机，不要共享密码，使用强密码，避免陷入社会工程的诉求，要意识到电子邮件不一定是私人通信，等等。
- 教育用户如何防止网络钓鱼攻击：不要点击来自未知（甚至已知）发件人的电子邮件附件或链接，验证（例如，通过电话）请求是合法的。
- 尽可能使用安全通信。
- 物理性保护计算机硬件。
- 配置操作系统以最小化攻击面，禁用所有未使用的服务。
- 将系统守护进程、特权应用程序和服务配置为尽可能安全的。
- 使用先进的硬件和软件，因为它们可能具有最新的安全功能。
- 使系统和应用程序保持最新并及时打补丁。
- 仅运行来自受信任来源的应用程序（例如经过代码签名的应用程序）。
- 启用日志记录和审计，定期查看日志，或自动发出警报。
- 在易受病毒感染的系统上安装和使用防病毒软件，并及时更新软件。
- 使用强密码和短语密码，并且不要将它们记录在可以找到的地方。

- 酌情使用入侵检测、防火墙和其他基于网络的保护系统。
- 对于重要设施，使用定期漏洞评估和其他测试方法来测试安全性和响应事件。
- 加密大容量存储设备，并考虑加密重要的单个文件。
- 制定重要系统和设施的安全策略，并及时更新安全策略。

16.7 示例：Windows 10

Microsoft Windows 10 是一种支持各种安全功能和方法的通用操作系统。本节分析 Windows 10 中与安全相关的功能。

Windows 10 安全模型基于**用户账户**的概念。Windows 10 允许创建任意数量的用户账户，并且可以按任何方式来分组。然后，可以根据需要允许或拒绝访问系统对象。系统通过唯一安全 ID 来识别用户。当用户登录时，Windows 10 会创建一个**安全访问令牌**，以包括用户的安全 ID、用户所属的任何组的安全 ID 以及用户拥有的任何特殊权限的列表。特殊权限包括备份文件和目录、关闭计算机、交互登录和更改系统时钟。Windows 10 代表用户运行的每个进程，都会收到访问令牌的副本。每当用户或代表用户的进程尝试访问对象时，系统都会使用访问令牌中的安全 ID 来允许或拒绝访问系统对象。尽管 Windows 10 的模块化设计允许开发自定义身份认证包，但用户账户的身份认证通常通过用户名和密码来完成。例如，可以使用视网膜（或眼睛）扫描仪来验证用户的身份。

Windows 10 使用主题的概念来确保用户运行的程序不会获得比用户授权的更大的系统访问权限。**主题**（subject）用于跟踪和管理用户运行的每个程序的权限。它由用户的访问令牌和代表用户的程序组成。由于 Windows 10 使用客户端-服务器模型运行，因此使用两类主题来控制访问：简单主题和服务器主题。**简单主题**的一个例子是用户登录后执行的典型应用程序。根据用户的安全访问令牌，简单主题会被分配一个**安全上下文**。**服务器主题**是作为受保护服务器而实现的进程，它在代表客户端操作时使用客户端的安全上下文。

如前所述，审计是一种有用的安全技术。Windows 10 具有内置的审计功能，可以监控许多常见的安全威胁。例如，通过登录与注销事件的失败审计检测随机密码入侵，通过登录与注销事件的成功审计检测奇怪时间的登录活动，通过可执行文件的成功和失败写入访问审计跟踪病毒爆发，以及通过文件访问的成功和失败审计检测敏感文件访问。

Windows Vista 添加了强制的完整性控制，其工作原理是为每个安全对象和主题分配一个**完整性标签**。为了使给定主题能够访问某个对象，该主题必须具有自由访问控制列表中请求的访问权限，并且其完整性标签必须等于或高于受保护对象的完整性标签（对于给定操作而言）。Windows7 的完整性标签包括不受信任、低、中、高和系统。此外，完整性标签允许使用三个访问掩码位：NoReadUp、NoWriteUp 和 NoExecuteUp。NoWriteUp 是自动执行的，因此，完整性较低的主题无法对完整性较高的对象执行写操作。但是，除非被安全描述符明确阻止，否则主题可以执行读取或执行操作。

对于没有明确完整性标签的安全对象，分配默认的中级标签。给定主题的标签是在登录期间分配的。例如，非管理用户拥有中级完整性标签。除了完整性标签外，Windows Vista 还添加了用户账户控制（User Account Control，UAC），以代表具有两个单独令牌的管理账户（不是内置管理员账户）。一个令牌用于正常使用，禁用内置管理员组，并具有中级完整性标签。另一个令牌用于提升使用，启用内置管理员组，并具有高级完整性标签。

Windows 10 中对象的安全属性通过**安全描述符**（security descriptor）来描述。安全描述符包括：对象所有者的安全 ID（这个所有者可以更改访问权限），仅由 POSIX 子系统使用的组安全 ID，用于标识哪些用户或组允许访问（以及哪些被明确拒绝）的定制访问控制列表，以及用于控制系统生成哪些审计消息的系统访问控制列表。可选地，系统访问控制列表可以设置对象的完整性，并标识阻止较低完整性主题的哪些操作，如读取、写入（始终强制）或执行。例如，文件 foo.bar 的安全描述符可能拥有所有者 gwen 和如下定制访问控制列表：

- 所有者 gwen——所有访问
- 组 cs——读-写访问
- 用户 maddie——无法访问

此外，它可能有一个系统访问控制列表，以告诉系统审计每个人的输入；还有一个中级完整性标签，以拒绝更低完整性主体的读取、写入和执行。

访问控制列表由访问控制条目组成，这些条目具有被授予访问权限的个人或组的安全 ID，以及定义对对象的所有可能操作的访问掩码（值为 AccessAllowed 或 AccessDenied）。Windows 10 中的文件可能具有以下访问类型：`ReadData`、`WriteData`、`AppendData`、`Execute`、`ReadExtendedAttribute`、`WriteExtendedAttribute`、`ReadAttributes` 和 `WriteAttributes`。下面分析访问类型如何精细地控制对象访问。

Windows 10 将对象分为两类：容器类对象和非容器类对象。**容器类对象**（container object）（如目录）可以在逻辑上包含其他对象。默认情况下，当在容器对象中创建一个对象时，新对象继承父对象的权限。同样，如果用户将文件从一个目录复制到另一个新的目录，这个文件会继承目标目录的权限。**非容器对象**（noncontainer object）不继承其他权限。另外，如果一个目录的权限被更改了，新的权限不会自动应用于现有文件和子目录；如果用户愿意，可以明确地应用新的权限。

系统管理员可以采用 Windows 10 性能监视器来帮助解决问题。Windows 10 提供了很多有用的功能，以帮助确保安全的计算环境。然而，默认情况下，许多功能并不启用，这可能是 Windows 10 系统上有无数安全漏洞的原因之一。另一个原因是 Windows 10 在系统引导时启动的大量服务，以及 Windows 10 系统通常安装的大量应用程序。对于真正的多用户环境，系统管理员应该制定安全计划，并通过 Windows 10 提供的功能和其他安全工具加以实施。

在安全功能方面，区分 Windows 10 与早期版本的重要一点是代码签名。某些版本的 Windows 10 强制要求未经作者正确签名的应用程序不会执行，而其他版本在处理未签名的应用程序时，则设为可以选择或由管理员来定。

16.8　本章小结

- 保护是一个内部问题。相反，安全必须考虑计算机系统和系统使用环境，如人员、大楼、企业、贵重物品和威胁等。
- 计算机系统存储的数据必须得到保护，防止未经授权的访问、恶意破坏或更改以及意外引入的不一致。与防止数据的恶意访问相比，防止数据一致性的意外丢失更加容易。完全杜绝对计算机系统中存储的数据的恶意滥用是不可能的，但是可以提高门槛，使试图滥用数据的人必须付出足够高的代价，以便阻止大多数（如果不是全部）没有适当权限的访问。
- 对程序和单个/多个计算机可以发起多种类型的攻击。堆栈和缓冲区溢出技术允许成功的攻击者改变系统访问的级别。病毒和恶意软件需要人为交互，而蠕虫可以自我繁殖，有时能感染数以千计的计算机。拒绝服务攻击会妨碍对目标系统的合法使用。
- 加密限制了数据接收者的域，而认证限制了发送者的域。加密用于为存储或传输的数据提供机密性。对称加密需要共享密钥，而非对称加密提供公钥和私钥。通过认证与哈希，可以证明数据没有被更改。
- 用户认证方法用于识别系统的合法用户。除了标准的用户名和密码保护，还有多种认证方法。例如，一次性密码随会话而改变，以避免重播攻击。双因素认证需要两种形式的认证，如带有激活 PIN 的硬件计算器。多重因素认证使用三种或更多形式的认证。这些方法大大降低了伪造认证的可能性。
- 预防或检测安全事故的方法包括：最新的安全策略、入侵检测系统、防病毒软件、系统事件的审计和日志记录、系统调用监控、代码签名、沙箱和防火墙等。

16.9　推荐读物

有关病毒和蠕虫的信息，请访问 http://www.securelist.com，以及［Ludwig（1998）］和［Ludwig（2002）］。另一个包含最新安全信息的网站是 http://www.eeye.com/resources/security-center/research，也可见 https://www.us-cert.gov。在 http://cryptome.org/cyberinsecurity.htm 上，可以找到有关计算机单一文化的危险的一篇论文。

首次讨论最小特权的论文是 Multics 的概述：https://pdfs.semanticscholar.org/1c8d/06510ad449ad24fbdd164f8008cc730cab47.pdf。

对于探讨缓冲区溢出攻击的原始文献，可参见 http://phrack.org/issues/49/14.html。对于开发版本控制系统 git，可参见 https://github.com/git/。

［C. Kaufman（2002）］和［Stallings and Brown（2011）］探讨了密码学在计算机系统中的应用。［Akl（1983）］、［Davies（1983）］、［Denning（1983）］和［Denning（1984）］讨论了数字签名保护。［Schneier（1996）］和［Katz and Lindell（2008）］提供了关于密码学的全面信息。

有关非对称密钥加密的讨论，可参见 https://www-ee.stanford.edu/hellman/publications/24.pdf。有关 TLS 加密协议的详细描述，可参见 https://tools.ietf.org/html/rfc5246。关于网络扫描工具 nmap，可参见 http://www.insecure.org/nmap/。有关端口扫描及其隐藏方式的更多信息，请参阅 http://phrack.org/issues/49/15.html。Nessus 是一个商业漏洞扫描器，但可以针对有限目标而免费使用，可参见 https://www.tenable.com/products/nessus-home。

16.10　参考文献

［Akl（1983）］　S. G. Akl, "Digital Signatures: A Tutorial Survey", *Computer*, Volume 16, Number 2（1983）, pages15-24.

［C. Kaufman（2002）］　M. S. C. Kaufman, R. Perlman, *Network Security: Private Communication in a Public World*, Second Edition, Prentice Hall（2002）.

［Davies（1983）］　D. W. Davies, "Applying the RSA Digital Signature to Electronic Mail", *Computer*, Volume 16, Number 2（1983）, pages 55-62.

［Denning（1983）］　D. E. Denning, "Protecting Public Keys and Signature Keys", *Computer*, Volume 16, Number 2（1983）, pages 27-35.

［Denning（1984）］　D. E. Denning, "Digital Signatures with RSA and Other Public-Key Cryptosystems", *Communications of the ACM*, Volume 27, Number 4（1984）, pages 388-392.

［Katz and Lindell（2008）］　J. Katz and Y. Lindell, *Introduction to Modern Cryptography*, Chapman & Hall/CRC Press（2008）.

［Ludwig（1998）］　M. Ludwig, *The Giant Black Book of Computer Viruses*, Second Edition, American Eagle Publications（1998）.

［Ludwig（2002）］　M. Ludwig, *The Little Black Book of Email Viruses*, American Eagle Publications（2002）.

［Schneier（1996）］　B. Schneier, *Applied Cryptography*, Second Edition, John Wiley and Sons（1996）.

［Stallings and Brown（2011）］　W. Stallings and L. Brown, *Computer Security: Principles and Practice*, Second Edition, Prentice Hall（2011）.

16.11　习题

16.1　采用更好的编程方法或使用特殊的硬件支持可以避免缓冲区溢出攻击。讨论这些解决方案。

16.2　密码可能通过各种途径被其他用户得到。有没有一种简单方法来检测密码是否已泄露？解释你的答案。

16.3 与用户密码一起使用的"盐"有什么作用？应该在哪里存放"盐"？应该如何使用"盐"？

16.4 所有密码的列表保存在操作系统中。因此，如果用户设法读取了这个列表，则系统无法再提供密码保护。请给出一个方案以避免这个问题。（提示：使用不同的内部和外部表示。）

16.5 UNIX 的试验性附加部分，允许用户为文件连接**看门狗**（watchdog）程序。每当程序请求访问这个文件时，看门狗就被调用。然后，看门狗允许或拒绝对这个文件的访问。讨论安全看门狗的两个优点和两个缺点。

16.6 讨论一种方法，以便连到 Internet 的系统管理员设计系统来减少或消除蠕虫伤害。你所建议的改变有什么缺点？

16.7 列出银行计算机系统的六项安全隐患。对于每一项，说明它与物理环境、人员或者操作系统安全的关系。

16.8 列举对计算机所存储的数据进行加密的两个优点。

16.9 哪些常用计算机程序容易受到中间人攻击？讨论防止这种形式的攻击的解决方案。

16.10 比较对称和非对称加密方案，讨论分布式系统使用每种方案的环境。

16.11 为什么 $D_{k_d,N}(E_{k_e,N}(m))$ 没有提供认证发送者？这样的加密有什么用途？

16.12 讨论如何使用非对称加密算法以便实现如下目标：

a. 认证：接收者知道只有发送者才能生成消息。

b. 保密：只有接收者才能解密消息。

c. 认证与保密：只有接收者才能解密消息，而且接收者知道只有发送者才能生成消息。

16.13 考虑一个每天生成 1000 万条审计记录的系统。假设在这个系统中，平均每天有 10 次攻击，并且每一次攻击都反映在 20 条记录中。如果入侵检测系统的真实报警率为 0.6，误报率为 0.000 5，那么系统产生的警报中有百分之多少与真正的入侵相一致？

16.14 iOS 和 Android 等移动操作系统将用户数据和系统文件放在两个独立的分区中。除了安全之外，这种分离还有什么好处？

保护

第16章讨论安全，涉及保护计算机资源免遭未经授权的访问、恶意破坏或更改以及意外引入的不一致。本章转向保护，涉及控制进程或用户访问计算机系统定义的资源。

操作系统的进程必须得到保护，以便免受其他进程活动的干扰。可以采用多种机制来提供这种保护：只有获得操作系统适当授权的进程才能操作文件、内存段、CPU、网络和其他系统资源。这种机制必须提供相关手段来指定施加的控制以及采取的强制方式。

本章目标

- 讨论现代计算机系统的保护的目标与原则。
- 解释保护域和访问矩阵如何用于规定进程可以访问的资源。
- 分析基于能力的和基于语言的保护系统。
- 描述保护机制如何减轻系统攻击。

17.1 保护目标

随着计算机系统日趋复杂并且应用日益广泛，保护系统完整性的需求也随之增长。保护最初是多道程序操作系统的附属产物，以致不可信用户可以安全地共享公共逻辑命名空间（如文件目录）或者公共物理命名空间（如内存）。现代保护的概念已经拓展，以便提高任何复杂系统的可靠性，这里的复杂系统使用共享资源并且连到非安全的通信平台（如互联网）。

我们需要提供保护的原因有很多。最显而易见的是，需要防止用户有意或恶意地违反访问限制。然而，更为重要的是需要确保系统的每个进程按照规定策略来使用系统资源。这种要求是可靠系统所必需的。

通过检测组件子系统之间接口的潜在错误，保护可以提高可靠性。接口错误的早期检测通常可以防止已经发生故障的子系统影响其他健康的子系统。另外，未受保护的资源无法抵御未经授权或不合格用户的使用（或误用）。面向保护的系统能够区分授权和未经授权的使用。

计算机系统的保护角色是为实施资源使用的控制策略提供一种机制。这些策略的建立可有多种方式：有的在系统设计中已经固定，有的在系统管理中可以定制，还有的可由每个用户来定义，以保护自己的资源。系统保护必须灵活，从而实施多种策略。

资源使用策略可能因应用而不同，而且可能随着时间推移而改变。因此，保护不再只是操作系统的设计人员才要关心的。程序员也需要使用保护机制来保护应用子系统创建和支持的资源，防止误用。本章讨论操作系统需要提供的保护机制，应用设计人员也可采用它们来设计自己的保护软件。

请注意，机制与策略不同。机制决定如何做，策略决定做什么。考虑到灵活性，策略与机制的分离很重要。策略可能随着地点或时间的不同而不同。在最坏的情况下，每次策略的改变都可能要求底层机制的改变。使用通用机制能够避免这种情况。

17.2 保护原则

通常，整个项目（如操作系统设计）可以采用一个指导原则。采用这个原则可简化设计决策、保持系统的一致性并使其易于理解。一个经过时间检验的重要的保护指导原则是**最小**

特权原则（principle of least privilege）。正如第 16 章所述，这个原则规定了程序、用户甚至系统只能拥有足够执行任务的特权。

考虑 UNIX 的一条原则：用户不应以 root 身份运行。（在 UNIX 中，只有 root 用户才能执行特权命令。）大多数用户能够做到这一点，他们担心意外的删除操作（没有对应的取消删除操作）。root 几乎无所不能，当用户成为 root 用户时，出现人为错误的可能性大大提高，后果可能非常严重。

现在考虑恶意攻击而非人为错误可能造成的损害。例如，意外点击附件从而启动病毒。另一例子是缓冲区溢出或其他代码注入攻击，以针对具有 root 权限的进程（或者，在 Windows 中，具有管理员权限的进程）。这些都会对系统造成灾难性的后果。

遵守最小特权原则将使系统有机会减轻攻击，也就是说，如果恶意代码无法获得 root 权限，充分定义的**权限**可能会阻止所有或至少部分破坏性操作。从这个意义上说，权限可以像操作系统级别的免疫系统一样发挥作用。

最小特权原则具有多种形式，本章稍后将详细分析。另一重要原则是**区室化**（compartmentalization），这通常可被视为最小特权原则的衍生物。区室化是通过使用特定权限和访问限制来保护每个单独系统组件的过程。这样，如果一个组件被破坏，另一道防线将"介入"并阻止攻击者进一步破坏系统。区室化采用多种形式实现，如网络隔离区（Network Demilitarized Zones，DMZ）或虚拟化。

谨慎使用访问限制有助于使系统更加安全，并且有助于生成**审计跟踪**（audit trail），以便跟踪现有访问与所允许访问的差异。审计跟踪是系统日志中的硬记录。通过密切监测，可以揭示攻击的早期警告，或者（在受到攻击但仍能保持完整性的情况下）提供有关使用哪些攻击向量的线索，以及准确评估造成的损害。

也许最重要的是，没有某一项原则是解决安全漏洞的灵丹妙药。必须使用**纵深防御**：一层一层地施加多层保护（想想一座城堡通过驻军、城墙和护城河来加以保护）。当然，攻击者也会使用多种手段绕过纵深防御，导致攻防不断升级。

17.3 保护环

现代操作系统的主要组成部分是内核，用于管理对系统资源和硬件的访问。根据定义，内核是受信任的特权组件，因此必须以比用户进程更高的特权级别来运行。

为了进行这种权限分离，需要硬件支持。实际上，所有现代硬件都支持单独执行级别的概念，尽管实现方式有所不同。一种流行的特权分离模型是保护环。此模型模仿 Bell-LaPadula（https://www.acsac.org/2005/papers/Bell.pdf），执行被定义为一组同心环，环 i 提供环 j 的功能子集，这里 $j<i$。最里面的环 0 因此提供全部特权。这种模式如图 17.1 所示。

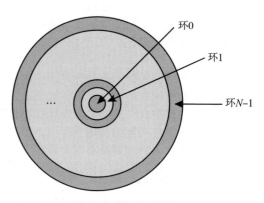

图 17.1 保护环结构

系统引导时处于最高权限级别。该级别的代码在降到较低特权级别之前执行必要的初始化。为了回到更高的特权级别，代码通常调用特殊指令（有时称为门），这些指令提供环之间的入口。Intel 的指令 syscall 就是一个例子。调用这条指令会将执行从用户模式转移到内核模式。正如前文所述，执行系统调用总是将执行转移到预定义的地址，允许调用者只指定参数（包括系统调用号码），而非任意的内核地址。这样，一般可以保证更高特权环的完整性。

另一种进入特权环的方式是通过处理器陷阱或中断。发生陷阱或中断时，执行立即转移到更高权限的环中。然而，更高权限环中的执行仍然是预定义的，并限制在保护良好的代码路径中。

Intel 架构遵循这种模型，将用户模式代码放在环 3 中，将内核模式代码放在环 0 中。寄存器 EFLAGS 有两个位专门表示这一区别。环 3 不允许访问该寄存器，从而防止恶意进程提升权限。随着虚拟化的出现，Intel 定义了一个额外的环（−1），以允许**管理程序**（hypervisor）或虚拟机管理器创建和运行虚拟机。虚拟机管理程序具有比客户机操作系统内核更多的功能。

ARM 处理器架构最初只允许 USR 和 SVC 模式，分别用于用户和内核（主管）模式。ARMv7 处理器引入了 **TrustZone**（TZ），以提供一个额外的环。这个特权最高的执行环境还可以独享硬件支持的加密功能，例如 NFC 安全元件和片上加密密钥，从而使密码和敏感信息的处理更加安全。内核本身甚至无法访问片上密钥，只能通过专门的指令——安全监控调用（Secure Monitor Call，SMC）——向 TrustZone 环境请求加解密服务（SMC 只能在内核模式下使用）。与系统调用一样，内核无法直接执行 TrustZone 中的特定地址，只能通过寄存器传递参数。从版本 5.0 开始，Android 广泛使用 TrustZone，如图 17.2 所示。

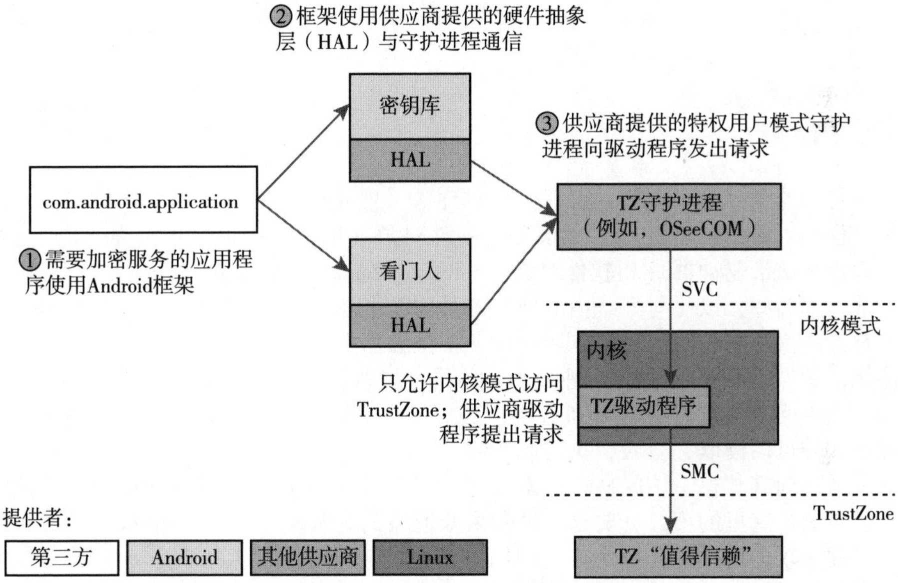

图 17.2　Android 采用 TrustZone

正确使用可信执行环境意味着，如果内核遭到破坏，攻击者就不能简单地从内核内存中获得密钥。将加密服务转移到一个单独的、受信任的环境，也会降低暴力攻击成功的可能性。（如第 16 章所述，这些攻击涉及尝试所有可能的有效密码字符组合，直到找到密码。）系统使用的各种密钥，从用户密码到系统密码，都存储在片上密钥中，且只能在受信任的上下文中访问。当输入密码等密钥时，就会请求 TrustZone 环境来进行验证。如果密钥未知且必须猜测，则 TrustZone 验证器可以施加限制，例如，通过限制验证尝试的次数等。

64 位 ARMv8 架构扩展了模型以支持四个级别，称为"异常级别"，编号为 EL0 到 EL3。用户模式在 EL0 中运行，内核模式在 EL1 中运行。EL2 是为虚拟机管理程序保留的，而 EL3（特权最高的）是为安全监视器（TrustZone 层）保留的。任何一种异常级别都允许并行运行单独的操作系统，如图 17.3 所示。

请注意，安全监视器在比通用内核更高的执行级别上运行，这是部署检查内核完整性的代码的理想场所。Samsung 的 Realtime Kernel Protection（RKP）和 Apple iOS 的 WatchTower（也称为 KPP（Kernel Patch Protection））都包含这种功能。

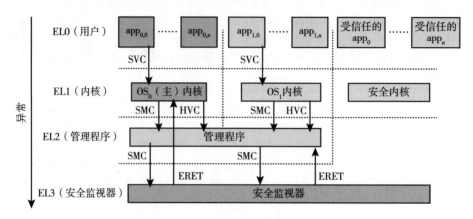

图 17.3　ARM 架构

17.4　保护域

保护环将功能划分为多个域并进行分层排序。一般化的环就是没有层次结构的域。计算机系统是进程和对象的一组集合。对象分为**硬件对象**（hardware object）（如 CPU、内存段、打印机、磁盘和磁带驱动器）和**软件对象**（software object）（如文件、程序和信号量）。每个对象都有唯一的名称，以便与系统内的所有其他对象相区别；而且每个对象只能通过明确定义的、有意义的操作来访问。对象本质上属于抽象数据类型。

可能执行的操作取决于对象。例如，CPU 只可以执行，内存可以读和写，而 DVD-ROM 只可以读，磁带驱动器可以读、写和重绕，数据文件可以创建、打开、读取、写入、关闭和删除，程序文件可以读取、写入、执行和删除。

进程只能访问其获得了访问授权的对象。此外，无论何时，进程只能访问为完成任务而获得的那些对象。这里的第二个要求，即**需要知道原则**（need-to-know principle），可以有效限制出错进程或攻击造成的系统伤害。例如，当进程 p 调用过程 A( ) 时，该过程只能访问它自己的变量和传递给它的形式参数，不能访问进程 p 的所有变量。同样，考虑进程 p 采用编译器来编译特定文件的情况。编译器不能随意访问所有文件，只能访问明确定义的、与编译有关的文件子集（如源文件、输出目标文件等）。相反，编译器可能有用于统计或优化的目的私有文件，进程 p 不能访问这些文件。

比较需要知道原则和最小特权原则时，可将需要知道原则视为策略而将最小特权原则视为实现策略的机制。例如，针对文件权限，需要知道原则可能规定用户对文件具有读取访问权限，但没有写入或执行访问权限。最小特权原则要求操作系统提供机制来支持读取但不允许写入或执行访问。

17.4.1　域结构

为了实施刚才描述的方案，进程在**保护域**（protection domain）内执行，该保护域指定了进程可以访问的资源。每个域定义了一组对象和可以为每个对象调用的操作类型。为对象执行操作的能力为**访问权限**（access right）。每个域为访问权限的一组集合，而每个权限为一个有序对 ⟨object-name, rights-set⟩。例如，如果域 D 有访问权限 ⟨文件 F, {读, 写}⟩，则 D 内的执行进程可以读和写文件 F，但不能对文件 F 执行任何其他操作。

域可以共享访问权限。例如，图 17.4 有三个保护域 D_1、D_2 和 D_3。访问权限 $\langle O_4$，{打印}$\rangle$ 由 D_2 和 D_3 共享，这意味着在这两个域中执行的进程可以打印对象 O_4。注意，进程必须在域 D_1 中执行才能读取和写入对象 O_1，而只有域 D_3 内的进程才可执行对象 O_1。

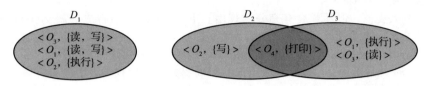

图 17.4　具有三个保护域的系统

如果进程可用的资源集合在进程的生命周期中是固定的，则进程和域的关联可以是**静态的**（static），否则就是**动态的**（dynamic）。正如可以预期的，创建动态保护域比创建静态保护域更加复杂。

如果进程和域之间的关联是固定的，而且我们想要坚持需要知道原则，则必须有一种可用机制来修改域的内容。原因如下。进程的执行可以分为两个阶段，例如一个阶段需要读访问，而另一个阶段需要写访问。如果域是静态的，则必须定义域来包括读访问和写访问。然而，这种安排为两个阶段提供了过多的权限，因为只需写权限的阶段还拥有读权限，反之亦然。因此，这违反了需要知道原则。我们必须允许修改域的内容，这样域才能始终反映所需的最小访问权限。

如果关联是动态的，则可以采用一种机制来允许**域切换**（domain switching），以便让进程从一个域切换到另一个域。我们还可能希望允许修改域的内容。如果无法更改域的内容，则可以通过以下途径达到同样的效果：根据修改后的内容创建一个新域，然后在需要更改域的内容时切换到这个新域。

域的实现方式可有多种：

- 每个用户可以是一个域。在这种情况下，可以访问的对象集合取决于用户身份。当用户改变时（通常当一个用户注销而另一个用户登录时），发生域切换。
- 每个进程可以是一个域。在这种情况下，可以访问的对象集合取决于进程身份。当一个进程发送消息到另一个进程然后等待响应时，发生域切换。
- 每个过程可以是一个域。在这种情况下，可以访问的对象集合对应于过程内定义的局部变量。当进行过程调用时，发生域切换。

17.5 节将详细讨论域切换。

考虑操作系统执行的标准双模式（内核-用户模式）模型。当进程执行在内核模式下时，可以执行特权指令，从而获得计算机系统的完全控制。相反，当进程执行在用户模式下时，只能调用非特权指令，因此只能执行在预先定义的内存空间中。这两种模式保护操作系统（在内核域内执行）免受用户进程（在用户域内执行）的干扰。对于多道程序操作系统，两个保护域是不够的，因为用户之间也要互相保护。因此，需要更加精细的方案。下面通过分析两个极具影响的操作系统（UNIX 和 Android），我们举例说明如何实现这些概念的方案。

17.4.2　示例：UNIX

如前所述，UNIX 的 root 用户可以执行特权命令，而其他用户不能。然而，将某些操作限制到 root 用户可能影响其他用户的日常操作。例如，考虑一个想要更改密码的用户。不可避免地，这需要访问密码数据库（通常，/etc/shadow），而该数据库只能由 root 访问。设置计划作业（使用 at 命令）时也会遇到类似的挑战，因为这样做需要访问普通用户无法访问的特权目录。

这个问题的解决方案是 setuid 位。对于 UNIX，所有者标识和域位称为 setuid 位，与每个文件相关联。setuid 位可能已启用，也可能未启用。当可执行的文件启用该位时（通过 chmod +s），执行该文件的用户暂时假定文件所有者的身份。这意味着，如果用户设法创建用户 ID "root" 并启用了 setuid 位的文件，那么在进程的生命周期内，任何有权执行该文件的人都会成为用户 "root"。

这可能令人震惊，但其背后有充分的理由。由于 setuid 可执行二进制文件的潜在功能，因此期望其是无害的（仅影响特定约束的必要文件）和封闭的（例如，防篡改且不可能被破坏）。需要非常仔细地编写 setuid 程序才能做出这些保证。回到修改密码的例子，passwd 命令是 setuid-root 并且确实会修改密码数据库，但前提是得到用户的有效密码并限制自己能够且仅能够编辑这个用户的密码。

不幸的是，经验一再表明，极少有 setuid 二进制文件能够成功地满足这两个标准。setuid 二进制文件一次又一次地被破坏，有些是通过竞争条件，有些是通过代码注入，从而为攻击者提供即时的 root 访问权限。攻击者经常以这种方式成功实现特权升级，第 16 章讨论了这些方法。17.8 节将讨论如何限制因 setuid 程序错误而造成的损害。

17.4.3 示例：Android 应用程序 ID

Android 为每个应用程序提供不同的用户 ID。在安装应用程序时，installd 守护进程为其分配不同的用户 ID（UID）和组 ID（GID），以及私有数据目录（/data/data/<appname>）——其所有权仅被授予此 UID/GID 的组合。通过这种方式，设备上的应用程序享有与 UNIX 系统为分离用户提供的相同级别的保护。这是一种提供隔离、安全和隐私的快速而简单的方法。该机制通过修改内核进行扩展，以允许某些操作（例如网络套接字）仅适用于特定 GID（例如，AID_INET，3003）的成员。Android 的进一步增强是将某些 UID 定义为 "孤立的"，这会阻止其向任何服务发起 RPC 请求，除了极少数量的服务外。

17.5 访问矩阵

通用保护模型可以抽象为一个矩阵，称为**访问矩阵**（access matrix）。访问矩阵的行表示域，列表示对象。每个矩阵条目包括访问权限的一个集合。因为列明确定义对象，所以我们可以从访问权限中省略对象名称。访问条目 access (i,j) 定义了执行在域 D_i 中的进程可以针对对象 O_j 调用的操作集合。

为了说明这些概念，考虑图 17.5 所示的访问矩阵。有 4 个域和 4 个对象，即 3 个文件（F_1，F_2，F_3）和 1 台激光打印机。执行在域 D_1 中的进程可以读取文件 F_1 和 F_3。执行在域 D_4 中的进程与执行在域 D_1 中的进程具有同样的特权，但也可以写入文件 F_1 和 F_3。激光打印机只能由执行在域 D_2 中的进程来访问。

访问矩阵方案为我们提供了一种指定各种策略的机制。这种机制包括实现访问矩阵和确保所述的语义属性。更具体地说，我们必须确保执行在域 D_i 中的进程只能访问行 i 指定的对象，并且只能是由访问矩阵条目所允许的。

域	对象			
	F_1	F_2	F_3	激光打印机
D_1	读		读	
D_2				打印
D_3		读	执行	
D_4	读 写		读 写	

图 17.5 访问矩阵

访问矩阵可以实现保护相关的策略决策。这些策略决策涉及条目 (i,j) 应当包括哪些权限。我们还必须决定每个进程执行的域——这条策略通常由操作系统来决定。

用户通常决定访问矩阵条目的内容。当用户创建新对象 O_j 时，将列 O_j 增加到访问矩阵，而列 O_j 具有创建者指定的适当初始化条目。根据需要，用户可以决定列 j 的某些条目的某些权限和其他条目的其他权限。

访问矩阵提供适当的机制，为进程和域之间的静态和动态关联定义和实现严格的控制。将进程从一个域切换到另一个域时，我们为（域内）对象执行 switch 操作。通过采用访问矩阵对象的域，可以控制域切换。类似地，更改访问矩阵的内容时，是在对访问矩阵这一对象执行操作。通过将访问矩阵本身作为一个对象，我们可以控制这些更改。实际上，因为访问矩阵的每个条目可以单独修改，我们必须考虑将访问矩阵的每个条目作为对象来保护。现在，我们只需考虑这些新对象（域和访问矩阵）的操作，并且决定进程应如何执行这些操作。

进程应该能够从一个域切换到另一个域。从域 D_i 到域 D_j 的切换是允许的，当且仅当访问权限 switch $\in$ access (i,j)。因此，在图 17.6 中，执行在域 D_2 中的进程可以切换到域 D_3 或域 D_4。域 D_4 的进程可以切换到 D_1，而域 D_1 的进程可以切换到 D_2。

访问矩阵条目内容的受控更改需要三个附加操作：复制（copy）、所有者（owner）以及控制（control）。下面分析这些操作。

复制访问矩阵的一个域（或行）的访问权限到另一个域（或行），是通过在访问权限后面附加星号"$*$"来标记的。复制权

对象＼域	F_1	F_2	F_3	激光打印机	D_1	D_2	D_3	D_4
D_1	读		读			切换		
D_2				打印			切换	切换
D_3		读	执行					
D_4	读写		读写		切换			

图 17.6　将域作为对象的图 17.5 的访问矩阵

限允许在列（对象）内复制访问权限。例如，在图 17.7a 中，执行在域 D_2 中的进程可以将读操作复制到与文件 F_2 关联的任何条目。因此，图 17.7a 的访问矩阵可以改成如图 17.7b 所示的访问矩阵。

这种方案具有两个附加变形：

1. 权限从 access (i,j) 复制到 access (k,j)，然后权限被从 access (i,j) 中删除。这种行为不是权限复制，而是权限迁移。

2. 可以限制复制权限的传播。也就是说，当权限 R^* 从 access (i,j) 复制到 access (k,j) 时，只是创建了权限 R（而不是 R^*）。执行在域 D_k 中的进程不能进一步复制权限 R。

系统可以只选择这三种复制权限中的一种，也可以提供所有三种并分别标识为复制（copy）、迁移（transfer）和有限复制（limited copy）。

我们还需要一种机制，以便增加新的权限和取消某些权限。所有者权限控制这些操作。如果 access (i,j) 包括所有者权限，则执行在域 D_i 中的进程可以增加和删除列 j 的任何

对象＼域	F_1	F_2	F_3
D_1	执行		写*
D_2	执行	读*	执行
D_3	执行		

a)

对象＼域	F_1	F_2	F_3
D_1	执行		写*
D_2	执行	读*	执行
D_3	执行	读	

b)

图 17.7　具有复制权限的访问矩阵

条目的任何权限。例如，在图 17.8a 中，域 D_1 为 F_1 的所有者，并且可以增加和删除列 F_1 的任何有效权限。同样，域 D_2 为 F_2 和 F_3 的所有者，因此可以增加和删除这两列的任何有效权限。因此，图 17.8a 的访问矩阵可以改成图 17.8b 所示的访问矩阵。

复制与所有者权限允许进程修改列内的条目。还需要一种机制来修改行内的条目。控制权限只能用于域对象。如果 access (i,j) 包含控制权限，则执行在域 D_i 内的进程可以删除行 j 内的任何访问权限。例如，假设图 17.6 中的 access (D_2,D_4) 包含控制权限。那么，执行在域 D_2 内的进程可以修改域 D_4，如图 17.9 所示。

复制与所有者权限为我们提供了一种限制访问权限传播的机制。但是，它们并没有提供适当的工具来防止信息的传播（或泄露）。保证对象最初持有的信息不能移到执行环境之外的问题称为**禁闭问题**（confinement problem）。这个问题一般是不可解的（参见本章最后的推荐读物）。

域＼对象	F_1	F_2	F_3
D_1	所有者 执行		写
D_2		读* 所有者	读* 所有者 写
D_3	执行		

域＼对象	F_1	F_2	F_3
D_1	所有者 执行		写
D_2		所有者 读* 写*	读* 所有者 写
D_3		写	写

a)   b)

图 17.8   具有所有者权限的访问矩阵

域＼对象	F_1	F_2	F_3	激光打印机	D_1	D_2	D_3	D_4
D_1	读		读			切换		
D_2				打印			切换	切换 控制
D_3		读	执行					
D_4	写		写		切换			

图 17.9   图 17.6 修改后的访问矩阵

域与访问矩阵的这些操作本身并不重要，但是它们说明了访问矩阵模型能够实现和控制动态保护的需求。在访问矩阵模型中，新对象和新域可以动态创建与增加。然而，这里只讨论了基本机制。对于哪些域可以通过哪些方式访问哪些对象，系统设计人员和用户必须做出决策。

17.6   访问矩阵的实现

如何有效实现访问矩阵？一般来说，这种矩阵是稀疏的，也就是说，大多数条目都是空的。尽管有些数据结构技术可以表示稀疏矩阵，但是考虑到保护功能的实现方式，这些技术并不特别适合这种应用。本节首先讨论访问矩阵的几种实现方法，然后进行比较。

17.6.1   全局表

最简单的访问矩阵实现方法采用全局表，其中包括一组有序三元组 ⟨domain, object, rights-set⟩。当在域 D_i 内对对象 O_j 进行操作 M 时，就在全局表中查找三元组 ⟨D_i, O_j, R_k⟩，$M \in R_k$。如果找到这个三元组，则操作继续，否则会引起异常或者错误。

这种实现有些缺点。这种表通常很大，因此不能保存在内存中，需要额外的 I/O。通常采用虚拟内存技术管理这种表。此外，很难利用对象和域的特殊分组的优势。例如，如果每个用户可以读取一个特定对象，则这个对象必须在每个域内都有一个单独的条目。

17.6.2   访问对象列表

访问矩阵的每个列可以实现为一个对象的访问列表，如 13.4.2 节所述。显然，可以不考虑空的条目。每个对象的访问列表包括一组有序对 ⟨domain, rights-set⟩，以定义具有非空访问权限集合的那些域。

这种方法可以轻松扩展，以便定义一个列表加上一个访问权限的默认集合。当在域 D_i 中对对象 O_j 尝试操作 M 时，搜索对象 O_j 的访问列表，查找条目 ⟨D_i, R_k⟩，其中 $M \in R_k$。如果找到条目，则允许操作；如果没有找到，则检查默认集合。如果默认集合有 M，则允许访问，否则拒绝访问并引起异常。为了提高效率，可以首先检查默认集合，然后搜索访问列表。

17.6.3 域能力列表

我们可以将每行与其域相关联，而不是将访问矩阵的列与对象按访问列表相关联。域的**能力列表**（capability list）由一组对象以及对象允许的操作组成。对象表示通常采用物理名称或地址，称为**能力**（capability）。当对对象 O_j 执行操作 M 时，进程执行操作 M，从而指定对象 O_j 的能力（或指针）作为参数。对能力的拥有（possession）即意味着允许访问。

虽然能力列表与域相关联，但是在域中执行的进程不能直接访问该列表。相反，能力列表本身是受保护的对象，由操作系统维护，而用户只能按间接方式来访问。基于能力的保护依赖于以下事实：不允许将能力迁移到用户可以直接访问的任何地址空间（用户可以修改）。如果所有能力是安全的，则它们保护的对象也是安全的，以防止未经授权的访问。

能力最初作为一种安全指针被提出，以满足资源保护的需要（随着多道程序计算机系统的成熟，这早就被预见到了）。这种固有保护指针的想法提供了一种保护平台，以扩展到应用程序级别。

为了提供固有保护，必须区分能力和其他对象类型，并且通过运行更高级别程序的抽象机器来解释能力。通常采用以下两种途径来区分能力和其他数据：

- 每个对象都有一个**标签**（tag），以表示它是能力还是可以访问的数据。标签本身不能由应用程序直接访问。硬件或固件支持可以用于强制实施这种限制。虽然区分能力和其他对象只需一个位，但是通常采用多个位。这种扩展允许通过硬件标记对象类型。因此，硬件通过标签可以区分整数、浮点数、指针、布尔值、字符、指令、能力和未初始化的值。
- 或者，与程序关联的地址空间可以分为两个部分。一部分包含程序的普通数据和指令，可由程序直接访问。另一部分包含能力列表，只能由操作系统访问。分段存储空间有助于支持这种方式。

目前已经开发了多个基于能力的保护系统，17.10 节会讨论这些系统。

17.6.4 锁-钥匙机制

锁-钥匙方案（lock-key scheme）是访问列表和能力列表的折中。每个对象都有唯一的位模式列表，称为**锁**（lock）。类似地，每个域都有唯一的位模式列表，称为**钥匙**（key）。在域中执行的进程可以访问一个对象，仅当该域具有匹配这个对象锁的钥匙时。

与能力列表一样，域钥匙列表必须通过操作系统代表域来管理。不允许用户直接检查或修改钥匙（或锁）列表。

17.6.5 比较

选择访问矩阵的实现技术涉及各种权衡。采用全局表很简单，然而，这张表可能相当大，通常不能利用对象或域的特殊分组优势。访问列表直接对应用户需求。用户创建对象时可以指定哪些域可以访问该列表，以及允许哪些操作。然而，因为特定域的访问权限信息不是本地的，所以确定域的访问权限集合是困难的。此外，必须检查每次对对象的访问，并且需要搜索访问列表。对于具有很长的访问列表的大型系统，这种搜索可能相当费时。

能力列表不直接对应用户需求，但是可以利用能力列表定位给定进程的信息。尝试访问的进程必须具有该访问的能力，保护系统只需验证该能力是否有效。然而，撤销能力的效率可能不高（见 17.7 节）。

如上所述，锁-钥匙机制是访问列表和能力列表的折中。这种机制可以做到既有效又灵活，这取决于钥匙的长度。钥匙可以在域之间自由传递。此外，通过改变与对象关联的一些锁的简单技术，可以有效撤销访问特权。

大多数系统采用访问列表和能力的组合。当进程首先尝试访问对象时，需要搜索访问列表。如果访问被拒绝，则会发生异常。否则，将创建一个能力并添加到进程。以后的引用可使用这个能力迅速表明访问是允许的。最后一次访问之后，能力被销毁。这种策略用于MULTICS 和 CAL 系统。

作为这种策略的示例，考虑一个文件系统，其中每个文件都有一个关联的访问列表。当进程打开文件时，搜索目录结构以查找文件，检查访问权限并分配缓冲区。所有这些信息将被记录到进程文件表的新条目中。这个操作返回新打开文件的表的索引。所有的文件操作通过指定文件表的索引来进行。该文件表的条目然后指向文件及其缓冲区。当文件关闭时，该文件表条目会被删除。文件表由操作系统维护，可避免由用户造成的意外损坏。因此，用户只能访问那些已经打开的文件。由于在打开文件时需要检查访问，因此确保了对系统的保护。这种策略用于 UNIX 系统。

每次访问仍然必须检查访问权限，文件表的条目只具有针对所允许操作的能力。如果要打开文件进行读取，则读取访问的能力被存放在文件表的条目中；如果尝试写入文件，则系统通过比较所请求操作与文件表条目中的能力来识别这种保护违规。

17.7 撤回访问权限

在动态保护系统中，可能有时需要撤回不同用户共享的对象的访问权限。撤回可能引起各种问题：

- **立即与延迟**：立即还是延迟撤回？如果延迟撤回，能否知道何时撤回？
- **可选与一般**：撤回对象的访问权限时，是否影响拥有这个对象的访问权限的所有用户，还是可以指定访问权限应该撤回的一组可选用户？
- **部分与总体**：可以撤回与一个对象关联的部分权限，还是必须撤回这个对象的所有访问权限？
- **临时与永久**：可以永久撤回访问权限（撤回的访问权限永远不会再有），还是撤回以后可以再获得访问权限？

若采用访问列表方案，则撤回很容易实现：搜索访问列表以查找需要撤回的任何访问权限，然后从列表中删除这些权限即可。撤回是立即的，可以一般或可选、总体或部分、永久或临时。

然而，能力提供了一个更难的撤回问题。由于这些能力分布在整个系统中，必须在撤回之前先找到它们。实现撤回能力的方案包括以下内容：

- **重新获得**：定期从每个域中删除能力。进程想要使用一个能力时，可能发现这个能力已被删除。进程可能尝试重新获得能力。如果访问已被撤回，则进程将无法重新获得能力。
- **后指针**：每个对象都有指针列表，指向与其关联的所有能力。当要求撤回时，可以跟随这些指针，根据需要改变能力。这种方案为 MULTICS 系统所采纳。后指针通用性高，但是实现代价昂贵。
- **间接**：能力间接（而非直接）指向对象。每个能力指向全局表的唯一条目，进而指向对象。实现撤回时需要搜索全局表来获取所需的条目，然后删除该条目。之后尝试访问时，会发现能力已指向非法的条目。表的条目可以轻松重用于其他能力，因为能力和表条目拥有对象的唯一名称。能力及其表条目的对象必须匹配。这种方案为 CAL 系统所采用。这种方案不允许可选的撤回。
- **钥匙**：钥匙是与能力关联的唯一的位模式。钥匙在创建能力时定义，并且不能被拥有这个能力的进程更改和检查。每个对象关联一个**主钥**（master key），该主钥可以通过操作 set-key 来定义或替换。创建能力时，主钥的当前值与能力相关联。行使能力时，比较其钥匙与主钥。如果匹配，则允许操作继续；否则，引起异常条件。撤回时通过操作 set-key 采用新值来替换主钥,使得这个对象所有以前的能力失效。

这种方案不允许可选择的撤回,因为每个对象只关联一个主钥。如果每个对象关联一个钥匙列表,则可以实现可选择的撤回。最后,可以将所有钥匙组成一个全局钥匙表。删除全局表内的匹配钥匙可以实现撤回。通过这种方案,多个对象可以关联一个钥匙,并且每个对象可以关联多个钥匙,从而提供最大的灵活性。

在基于钥匙的方案中,定义钥匙、将钥匙插入列表、删除列表中的钥匙不应适用于所有用户。特别地,只允许对象所有者设置对象钥匙才是合理的。然而,这种选择是个策略决策,保护系统可以实现但不应定义这种决策。

17.8 基于角色的访问控制

13.4.2 节描述了访问控制如何用于文件系统中的文件。每个文件和目录被分配一个所有者、一个组或用户列表,并为每个这样的实体分配访问控制信息。类似功能可以添加到计算机系统的其他方面。一个很好的例子可以在 Solaris 10 中找到,Solaris 10 及其更高版本中提供了很好的例子。

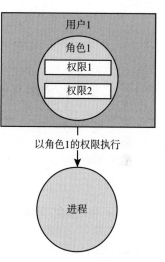

图 17.10 Solaris 10 基于角色的访问控制

通过**基于角色的访问控制**(Role-Based Access Control,RBAC)来明确增加最小特权原则,目的是增强操作系统的保护功能。这种功能围绕权限展开。权限是指执行系统调用或采用系统调用选项(如打开一个文件以写入)的权利。权限可以分配给进程,以限制进程只能进行完成工作所必需的访问。权限和程序也可以分配**角色**(role)。用户可以分配角色或者根据角色密码来获取角色。采用这种方法,用户可以获取启用权限的角色,以便执行程序来完成具体任务,如图 17.10 所示。权限的这种实现降低了与超级用户和 setuid 程序有关的安全风险。

请注意,这种功能类似于 17.5 节所述的访问矩阵。本章末尾的习题将深入探讨这种关系。

17.9 强制访问控制

作为限制访问文件和其他系统对象的手段,操作系统传统上使用**自由访问控制**(Discretionary Access Control,DAC)。对于 DAC,访问是根据个人用户或组的身份来进行控制的。在基于 UNIX 的系统中,DAC 采用文件权限形式(可由 chmod、chown 和 chgrp 设置),而 Windows(和一些 UNIX 变体)通过访问控制列表(ACL)支持更精细的粒度。

然而,多年来,DAC 已被证明是不够的。一个关键弱点在于自由裁量,这允许资源所有者设置或修改权限。另一个弱点是允许管理员或 root 用户进行无限制的访问。这种设计使得系统容易受到意外和恶意攻击,并且在黑客获得 root 权限时无法提供任何防御。

因此,需要引入更强大的保护形式,即**强制访问控制**(Mandatory Access Control,MAC)。MAC 作为系统策略强制执行,即使 root 用户也无法修改(除非有策略明确允许修改,或系统因重新启动而进入备用配置)。MAC 策略规则施加的限制比 root 用户的能力更强大,可使除预期所有者之外的任何人都无法访问资源。

尽管实现方式不同,但现代操作系统都提供 MAC 和 DAC。Solaris 是最早引入 MAC 的系统之一,它是 Trusted Solaris(2.5)的一部分。FreeBSD 使 MAC 成为 TrustedBSD 实现(FreeBSD 5.0)的一部分。Apple 在 macOS 10.5 中采用 FreeBSD 实现,并将其作为实现 macOS 和 iOS 的大多数安全功能的基础。Linux 的 MAC 实现是 SELinux 项目的一部分,该项目由 NSA 设计,并已集成到大多数发行版中。Microsoft Windows 通过 Windows Vista 的强制完整性控制也加入了这一潮流。

MAC 的核心是**标签**的概念。标签是分配给对象（文件、设备等）的标识符（通常是字符串）。标签也可以应用于主题（参与者，例如进程）。当主题请求操作对象时，或当操作系统要为此类请求提供服务时，首先执行策略中定义的检查，该检查指示是否允许给定标签持有的主题对标签对象执行操作。

作为一个简单的例子，考虑一组根据权限级别"未分类""机密"和"绝密"排序的标签。具有"机密"权限的用户将能够创建类似标记的进程，然后可以访问"未分类"和"机密"文件，但不能访问"绝密"文件。用户及其进程甚至不会意识到"绝密"文件的存在，因为操作系统会将它们从所有文件操作中过滤掉（例如，在列出目录内容时不显示这些文件）。用户进程也会以这种方式受到类似的保护，这样的"非机密"进程将无法看到或执行对"秘密"（或"绝密"）进程的 IPC 请求。这样，MAC 标签成为前面描述的访问矩阵的实现。

17.10   基于能力的系统

基于能力的保护这一概念是在 20 世纪 70 年代初引入的。两个早期的研究系统是 Hydra 和 CAP，它们的应用并不普遍，但是为保护理论提供了有趣的佐证。本节讨论两种更现代的关于能力的方法。

17.10.1   Linux 能力

Linux 使用能力来解决之前所述的 UNIX 模型的局限性。POSIX 标准组在 POSIX 1003.1e 中引入了能力。虽然 POSIX.1e 最终被撤回，但 Linux 很快采用了 2.2 版中的能力，并不断增加新的功能。

在本质上，Linux 能力将 root 的权力"切片"为不同的区域，每个区域由位掩码中的一位表示，如图 17.11 所示。可以通过切换位掩码中的位来实现对权限操作的细粒度控制。

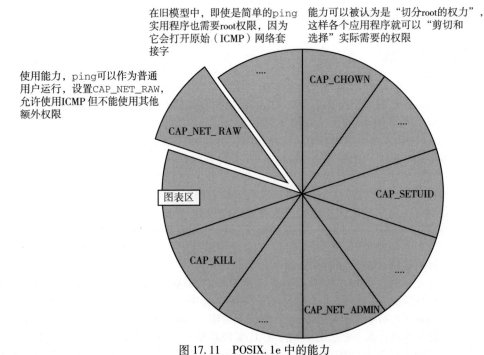

图 17.11   POSIX.1e 中的能力

在实践中，使用三个位掩码来表示允许的、有效的和可继承的能力。可针对每个进程或每个线程应用位掩码。此外，一旦能力被撤销，就无法重新获得。通常的事件顺序是：进程或线程从完整的允许能力集开始，并在执行期间自愿减小该集。例如，打开网络端口后，线程可能会删除该能力，以便无法打开更多端口。

能力是对最小特权原则的直接实现。如前所述，这一安全原则要求应用程序或用户只能获得正常操作所需的权限。

Android（基于 Linux）还利用能力来启用系统进程（特别是"系统服务器"），从而不必启用 root 所有权而仅仅启用所需的操作。

Linux 能力模型是对传统 UNIX 模型的巨大改进，但仍不够灵活。一方面，通过位图用位来代表每个能力，使得动态添加能力变得不可行，并且需要重新编译内核以添加更多能力。此外，该功能仅适用于内核强制能力。

17.10.2　Darwin 权利

Apple 的系统保护采取权利形式。权利是声明性的权限，即 XML 属性列表说明程序需要哪些权限（见图 17.12）。当进程尝试进行特权操作时（图中为加载内核扩展），会对进程的权利进行检查，并且只有在拥有所需权利时才允许操作。

```
<!DOCTYPE plist PUBLIC "-//Apple//DTD PLIST 1.0//EN"
"http://www.apple.com/DTDs/PropertyList-1.0.dtd">
<plist version="1.0">
<dict>
    <key>com.apple.private.kernel.get-kext-info
    <true/>
    <key>com.apple.rootless.kext-management
    <true/>
</dict>
</plist>
```

图 17.12　Apple Darwin 权利

为防止程序任意声明权利，Apple 将权利嵌入代码签名（参见 17.11.4 节）。一旦加载，进程将无法访问代码签名。其他进程（和内核）可以轻松查询签名，尤其是权利。因此，验证权利是一个简单的字符串匹配操作。这样，只有可验证的、经过身份认证的应用程序才能声明权利。所有系统权利（com.apple.*）都进一步限制为 Apple 自己的二进制文件。

17.11　其他保护改进方法

随着保护系统免受意外和恶意破坏的任务难度不断升级，操作系统设计人员在更多的层次上实施了更多类型的保护机制。本节概述一些重要的实际采用的保护改进方法。

17.11.1　系统完整性保护

Apple macOS 10.11 引入了一种新的保护机制，称为**系统完整性保护**（System Integrity Protection，SIP）。基于 Darwin 的操作系统使用 SIP 来限制对系统文件和资源的访问，这种方式即使是 root 用户也无法篡改。SIP 使用文件的扩展属性将文件标记为受限，并进一步保护系统二进制文件，使其无法被调试或检查，更不可能被篡改。最重要的是，只允许代码签名的内核扩展，并且 SIP 可以进一步配置为仅允许代码签名的二进制文件。

有了 SIP，虽然 root 仍然是系统中最强大的用户，但可以做的事情比以前少了很多。root 用户仍然可以管理其他用户的文件，以及安装和删除程序，但不能以任何方式替换或修改操作系统组件。SIP 作为一个全局的、不可躲避的屏障挡在所有进程之前，除了系统二进制文件允许的唯一例外（例如，`fsck` 或 `kextload`，如图 17.12 所示）——专门有权为指定目的进行操作。

17.11.2　系统调用过滤

回想一下第 2 章，单体系统将内核的所有功能放在运行在单个地址空间中的单个文件中，通常，通用操作系统内核是单体的，因此它们被隐式信任为安全的。因此，信任边界位于内核模式和用户模式之间，即系统层。我们可以合理地假设，任何破坏系统完整性的尝试都是从用户模式通过系统调用进行的。例如，攻击者可以尝试利用未受保护的系统调用来获得访问权限。

因此，必须实现某种形式的**系统调用过滤**（system-call filtering）。为此，我们可以向内核添加代码以在系统调用门处执行检查，将调用者限制为系统调用的子集（被认为是安全的或该调用者所需的）。可以为单个进程构建特定的系统调用配置文件。Linux 机制 SECCOMP-BPF 就是这样做的：利用 Berkeley Packet Filter 语言，通过 Linux 的专有 `prctl` 系统调用加载自定义配置文件。这种过滤是自愿的，但如果在初始化时从运行时库中调用，或者在将控制权转移到程序入口点之前从加载器本身中调用，则可以有效地强制执行。

第二种形式的系统调用过滤更加深入，并且会检查每个系统调用的参数。这种形式的保护更加强大，因为即使是表面上良性的系统调用也可能隐藏严重的漏洞。Linux 的快速互斥（`futex`）系统调用就是这种情况。实现中的竞争条件会导致攻击者控制的内核内存覆盖和整个系统受损。互斥体是多任务处理的基本组成部分，因此系统调用本身无法完全过滤掉。

这两种方法遇到的共同挑战是如何做到尽量灵活，同时避免在需要修改或更换过滤器时重建内核——这是由于不同进程的不同需求而导致的常见现象。鉴于漏洞的不可预测性，灵活性尤其重要。每天都会发现新的漏洞，攻击者可能会立即利用这些漏洞。

应对这一挑战的一种方法是将过滤器实现与内核本身分离。内核只需包含一组标注，然后可以在专用驱动程序（Windows）、内核模块（Linux）或扩展（Darwin）中实现。由于外部模块化组件提供过滤逻辑，因此可以独立于内核进行更新。该组件通常通过包含内置解释器或解析器来使用专门的分析语言。因此，配置文件本身可以与代码分离，提供人类可读、可编辑的配置文件，并进一步简化更新。过滤组件也可以调用受信任的用户模式守护进程来协助验证逻辑。

17.11.3　沙箱

沙箱是指限制进程行为的执行环境。在基本系统中，进程使用启动它的用户的凭据，并且能够访问这个用户可以访问的所有内容。如果以 root 系统权限运行，该进程实际上可以在系统上做任何事情。进程几乎总是不需要完全的用户或系统权限。例如，文字处理器是否需要接受网络连接？提供时间的网络服务是否需要访问特定集之外的文件？

沙箱（sandboxing）一词是指对进程实施严格限制的做法。沙箱在启动的早期阶段对进程施加一组不可撤销的限制，而不是为进程提供特权允许的完整系统调用集。这一操作在 `main()` 函数执行之前进行，并且通常在使用 `fork()` 系统调用来创建之前。这样，进程将无法执行允许集之外的任何操作。通过这种方式，可以防止进程与任何其他系统组件通信。在这种严格的划分下，即使进程受到损害，也可以减轻对系统的损害。

有多种不同的沙箱方法。例如，Java 和 .net 在虚拟机级别强加沙箱限制。其他系统强制将沙箱作为其访问控制策略的一部分。例如，Android 利用 SELinux 策略来增强系统属性和服务端点的特定标签。

沙箱也可以作为多种机制的组合来实现。Android 发现 SELinux 虽然有用但也有所欠缺，因为其不能有效限制单个系统调用。如前所述，新的 Android 版本（"Nougat" 和 "O"）使用一种称为 SECCOMP-BPF 的底层 Linux 机制，通过使用专门的系统调用来限制系统调用。

Android 的 C 运行时库（"Bionic"）调用这个系统调用，对所有 Android 进程和第三方应用程序施加限制。

在主要软件供应商中，Apple 是第一个实现沙箱的，macOS 10.5（"Tiger"）称其为"安全带"。安全带是"可选加入"而不是强制性的，允许但不要求应用程序使用。Apple 沙箱基于用 Scheme 语言编写的动态配置文件，这不仅提供了控制允许或阻止某些操作的能力，还提供了控制其参数的能力。此功能使 Apple 能够为系统上的每个二进制文件创建不同的自定义配置文件，这种做法一直延续到今天。图 17.13 描述了一个配置文件示例。

```
(version 1)
(deny default)
(allow file-chroot)
(allow file-read-metadata(literal"/var"))
(allow sysctl-read)
(allow mach-per-user-lookup)
(allow mach-lookup)
    (global-name"com.apple.system.logger")
```

图 17.13   拒绝大多数操作的 MacOS 守护进程的沙箱配置文件

之后，Apple 的沙箱有了很大的发展。它现在用于 iOS 变体，（与代码签名一起）用作抵御不受信任的第三方代码的主要保护措施。在 iOS 中，从 macOS 10.8 开始，macOS 沙箱是强制性的，并且会自动对所有 Mac 商店下载的应用程序强制执行。最近，Apple 采用了系统完整性保护（SIP），在 macOS 10.11 及更高版本中使用。SIP 实际上是一个系统范围的"平台配置文件"。Apple 在所有进程的系统引导时强制执行 SIP。只有那些被授权的进程才能执行特权操作，这些是由 Apple 代码签名的，因此值得信赖。

17.11.4   代码签名

从根本上讲，系统如何信任程序或脚本？通常，如果程序作为操作系统的一部分出现，则应被信任。但是如果程序改变了呢？如果是由系统更新导致的更改，那么程序仍然是值得信赖的；否则程序不应该是可执行的，或者在运行之前应该需要特殊的许可（来自用户或管理员）。来自第三方的工具，无论是商业的还是其他方面的，都更难以判断。我们如何确保工具在从创建位置到所用系统的过程中没有被修改？

目前，代码签名是解决这些问题的最佳保护工具。**代码签名**是程序和可执行文件的数字签名，以确认自从作者创建以来程序没有被改变。代码签名使用加密哈希（16.4.1.3 节）来测试完整性和真实性。代码签名用于操作系统分发、补丁和第三方工具等。一些操作系统，包括 iOS、Windows 和 macOS，拒绝运行代码签名检查失败的程序。代码签名还可以通过其他方式增强系统功能。例如，Apple 针对为现已过时的 iOS 版本编写的所有程序的禁用，是采取在从 App Store 下载这些程序时停止对这些程序进行签名的方式实现的。

17.12   基于语言的保护

对于现有计算机系统提供保护的程度，通常采用操作系统内核作为安全代理，以便检查和验证对受保护资源的每次访问尝试。由于全面的访问验证可能具有相当大的开销，要么必须采用硬件支持以降低每次验证的成本，要么必须允许系统设计人员对所保护的目标做出妥协。如果提供的支持机制限制了实现保护策略的灵活性，或者如果保护环境超过了必要限度以致不能确保更高的操作效率，则很难满足所有目标。

随着操作系统变得越来越复杂，特别是试图提供更高级别的用户接口，保护目标已经变得更加精细。保护系统的设计人员吸取了大量源自程序语言的思想，特别是抽象数据类型和对象的概念。保护系统现在不仅考虑试图被访问的资源的身份，而且考虑访问的功能性质。在新的保护系统中，关注的调用函数超出了系统定义的一组函数（如标准的文件访问方法），也包括用户定义的函数。

资源使用的策略根据应用可能不同，并且可能随着时间推移而改变。因此，保护不再只是操作系统设计人员才要考虑的问题。保护也应该作为应用程序设计人员使用的工具，从而可以保护应用子系统的资源，以防止发生篡改或错误。

17.12.1　基于编译器的实现

这里可以采用编程语言。指定对系统共享资源的访问控制是通过对资源的声明语句实现的。这种声明语句可以通过扩展类型功能集成到语言中。当采用数据类型声明保护时，每个子系统的设计人员可以指定保护需求以及其他系统资源的使用需求。这种规范应该在编写程序时通过程序编写语言直接给出。这种方法具有多个明显的优势：

1. 保护需求只需简单声明，不需要通过操作系统的调用程序序列来编程。
2. 保护需求可以独立于特定操作系统提供的功能。
3. 实现手段不需要由子系统设计人员提供。
4. 声明表达是自然的，因为访问权限与数据类型的语言概念是密切相关的。

通过编程语言实现可以提供多种保护技术，但是任何一种在一定程度上都必须依赖底层机器与操作系统的支持。例如，假设采用一种语言生成代码以便运行在 Cambridge CAP 系统上。在这个系统上，针对底层硬件的每次存储引用都是通过能力间接进行的。这种限制可随时防止任何进程访问自身保护环境之外的资源。然而，对于执行特定代码段的资源使用，程序可以施加任何限制。通过 CAP 提供的软件能力，我们可以轻松实现这类限制。语言实现可以提供标准保护程序以解释软件能力，这些能力将实现语言指定的保护策略。这种方案将策略规范交给程序员，同时将他们从强制执行中解放出来。

即使系统没有提供强大的保护内核（如 Hydra 或 CAP），仍然有机制来实现编程语言规定的保护。主要区别是，这种保护在安全方面不如保护内核支持的那么强大，因为这种机制必须依赖有关系统运转状态的更多假设。编译器可以区分不能发生保护违规的和可能发生保护违规的引用，并且可以区别对待它们。这种保护形式安全的前提是假设编译器的生成代码在执行前或执行时不被修改。

完全基于内核的实现与主要通过编译器提供的实现，两者有何相对优势？

- **安全**：与编译器生成的保护检查代码相比，基于内核的实现为保护系统本身提供了更强的安全。对于编译器支持的方案，安全取决于编译器的正确性、存储管理的底层机制（用于保护编译代码执行的段）及执行加载程序的最终文件的安全。其中一些考虑在较小程度上也适用于软件支持的保护内核，因为内核可能驻留在固定的物理存储段上，并且可以仅从指定文件来加载。对于基于标签的能力系统，其中所有地址计算都是通过硬件或固定微码来执行的，因此可能实现更强的安全。硬件支持的保护对于硬件或系统软件的故障可能引发的保护侵犯也有比较强的免疫力。

- **灵活**：虽然保护内核可以为系统提供足够的功能来实现系统本身的策略，但是在实现用户自定义的策略时，灵活方面有些限制。采用编程语言可以按实现需要声明和实现保护策略。如果语言不能提供足够的灵活性，则可以扩展或替换这种语言，而且与修改操作系统内核相比这样带来的干扰更少。

- **效率**：如果硬件（或微码）直接支持实施保护，则效率最高。在需要软件支持的情况下，基于语言的实施有自己的优势：静态访问的实施可以在编译时离线验证。另外，由于智能编译器可以定制实施机制来满足规定需求，内核调用的固定开销通常可以避免。

总之，编程语言的保护规范允许对资源的分配和使用进行高级描述。当没有硬件支持的自动检查时，语言实现可为保护的实施提供软件。另外，语言实现可以解释保护规范，以生成由硬件和操作系统提供的保护系统的调用。

为应用程序提供保护的一种方法是通过使用作为计算对象的软件能力。这个概念的内在想法是，某些程序组件可能拥有特权，以创建和检查这些软件能力。创建能力的程序可能执行一个原语操作来密封数据结构，使得不持有密封和解封特权的任何程序组件不能访问数据结构的内容。这些组件可以复制数据结构或者将其地址传到其他程序组件，但是无法访问内容。引入这种软件能力的目的是将保护机制引入编程语言。这个概念唯一的问题是，使用密封（seal）和解封（unseal）操作需要通过程序方式来指定保护。非过程式的或者声明式的符号对程序员使用保护，似乎是个更可取的方法。

针对在用户进程之间分配系统资源的能力，需要的是一种安全的、动态的访问-控制机制。为了提高系统整体的可靠性，访问控制机制在使用时应是安全的，同时也应相当高效。为满足这些要求，研究人员开发了一些语言结构，以允许程序员在使用特定的管理资源时声明各种各样的限制（参见本章的推荐读物）。这些结构提供了三种机制。

1. 为客户进程安全且有效地分配能力。特别地，确保用户进程只有获得被管理资源的能力时才能使用该资源。

2. 指定特定进程对所分配资源可以调用的操作类型（例如，文件的读者只能读文件，而文件的作者应能读且能写文件）。没有必要为每个用户进程授予同样的权限，除非有访问控制机制的授权，否则进程不能扩大自己的访问权限集合。

3. 指定特定进程调用某项资源的操作的顺序（例如，文件只有先打开才能读）。两个进程可以对所分配资源的操作顺序有不同的约束。

将保护的概念集成到编程语言中并作为系统设计的实用工具，这一研究领域尚处于起步阶段。随着对数据安全的要求变得日益严格，对于新的分布式体系结构系统的设计人员来说，保护可能更加重要。表达保护要求的适当语言符号的重要性也会引起更广泛的认可。

17. 12. 2 基于运行时的强制执行——Java 中的保护

因为 Java 运行于分布式环境中，所以 Java 虚拟机（JVM）具有许多内置的保护机制。Java 程序由**类**（class）组成，每个类都是数据字段和函数（称为**方法**（method），可以操作数据域）的集合。当需要创建类的实例（或对象）时，JVM 加载类。Java 新颖、实用的特性之一是：支持通过网络动态加载不受信任的类，支持在同一 JVM 中执行互不信任的类。

由于这些能力，保护至关重要。运行在同一 JVM 中的类可以有不同的来源，也可以有不同的可信度。因此，按 JVM 进程级别来执行保护是不够的。直观地说，是否允许文件打开请求一般取决于请求打开的类。操作系统缺乏这种知识。

因此，这种保护决策由 JVM 来处理。当 JVM 加载一个类时，就为该类分配一个保护域，以给出该类的权限。类所分配的保护域取决于加载类的 URL 以及类文件的数字签名（参见16. 4. 1. 3 节）。可配置的策略文件确定域（及其类）的权限。例如，加载来自可信赖服务器的类，可被分配到允许访问用户目录文件的保护域；而加载来自不受信赖服务器的类，可能没有任何文件访问许可。

由 JVM 确定哪个类负责保护资源的访问请求是一个复杂的过程。通过系统库或其他类的访问通常间接执行。例如，考虑一下不允许打开网络连接的类。这个类可以调用系统库，以请求加载 URL 的内容。JVM 必须决定是否为此请求打开网络连接。然而，应该采用哪个类来确定是否允许这个连接，是应用程序还是系统库？

Java 采用的理念是，要求库类明确允许网络连接。更一般地，为了访问保护资源，引发请求的调用顺序中的某个方法必须明确声明访问资源的权限。这样，这个方法负责请求，大概也会执行任何必要的检查以确保请求的安全。当然，不是每个方法都允许声称特权，只有方法所属的类处于允许执行特权的保护域中时，才能声称特权。

这种实现方法称为**堆栈检查**（stack inspection）。每个 JVM 线程都有一个关联堆栈，以包含正在进行的调用方法。当调用者可能不被信任时，方法执行 doPrivileged 块的访问请求，以便直接或间接执行保护资源的访问。doPrivileged() 是 AccessController 类的一个静态方法，可以通过方法 run() 调用。进入 doPrivileged 块时，这个方法的堆栈帧会注明这一事实，然后执行块的内容。当这个方法或其调用的方法随后请求保护资源的访问时，调用 checkPermissions() 用于堆栈检查，以确定是否允许请求。这种检查分析调用线程堆栈上的堆栈帧，从最近添加的帧开始，一直到最旧的帧。如果先找到一个含有 doPrivileged() 注释的栈帧，checkPermissions() 立即默默返回并允许访问。如果先找到一个（依据方法类的保护域）不允许的栈帧，checkPermissions() 抛出 AccessControlException。如果栈检查在分析完堆栈之后，没有发现以上两种类型的栈帧，则是否允许访问取决于实现（例如，有些 JVM 实现可能允许访问，而其他实现可能不允许）。

堆栈检查如图 17.14 所示。这里，位于不可信 applet 保护域的类的方法 gui() 执行两个操作，首先是 get()，然后是 open()。前者是 URL 加载器保护域中某个类的 get() 方法的调用，允许打开 lucent.com 域中的网站，特别是用于获取 URL 的代理服务器 proxy.lucent.com。因此，不可信任的 applet 的 get() 调用会成功，因为网络库的 checkPermissions() 调用遇到了 get() 方法的栈帧，它执行 doPrivileged() 块的 open()。然而，不可信任的 applet 的 open() 调用会导致异常，因为 checkPermissions() 调用在遇到 gui() 方法的栈帧前找不到执行特权的注释。

保护域：	不受信任的 applet	URL 加载器	联网
套接字权限：	没有	*.lucent.com:80, connect	任何

类型：	gui:
	　…
	　get(url);
	　open(addr);
	　…
		get(URL u):
		　…
		　doPrivileged {
		　　open('proxy.lucent.com:80');
		　}
		　\<request u from proxy\>
		　…
			open(Addr a):
			　…
			　checkPermission
			　(a, connect);
			　connect(a);
			　…

图 17.14　堆栈检查

当然，由于需要执行堆栈检查，必须禁止程序修改自己栈帧的注释或以其他方式操作堆栈检查。这是 Java 和许多其他语言（包括 C++）之间的重要差异。Java 程序无法直接访问内存，它只能操作拥有引用的对象。引用不能伪造，操作只能通过明确定义的接口进行。通过一组复杂的加载时和运行时检查，强制执行合规性。因此，对象不能操作运行时堆栈，因为无法获得保护系统的堆栈或其他组件的引用。

更一般地，Java 加载时和运行时检查强制执行 Java 类的**类型安全**（type safety）。类型安全确保：不能将整数视为指针，写过数组的末尾，或以其他任意方式访问内存。相反，程序只能通过类中定义的方法来访问对象。这是 Java 保护的基础，因为它能有效**封装**（encapsulate）和保护数据及方法，以便区别同一 JVM 加载的其他类。例如，变量可以定义成 private，这样包含它的类可以访问它；或者可以定义成 protected，这样只有包含它的类、它的子类或同一包中的类才可以访问它。类型安全确保可以执行这些限制。

17.13　本章小结

- 系统保护功能以需要知道原则为指导，通过机制来实现最小特权原则。

- 计算机系统包含必须防止滥用的对象。对象可以是硬件（例如内存、CPU 时间和 I/O 设备）或软件（例如文件、程序和信号量）。
- 访问权限是指对对象执行操作的权限。域是一组访问权限。进程在域中执行，并且可以使用域中的任何访问权限来访问和操作对象。在生命周期中，一个进程可能被绑定到一个保护域，或者被允许从一个域切换到另一个域。
- 保护对象的常用方法是提供一系列保护环，每个环都比前一个拥有更多的特权。例如，ARM 提供四个保护级别。特权最高的 TrustZone 只能从内核模式调用。
- 访问矩阵是一种通用的保护模型，它提供了一种保护机制，而且不会对系统或其用户施加特定的保护策略。策略和机制的分离是一个重要的设计属性。
- 访问矩阵是稀疏的。它通常作为与每个对象相关联的访问列表或作为与每个域相关联的能力列表来实现。通过将域和访问矩阵本身视为对象，可以在访问矩阵模型中包含动态保护。对于动态保护模型中访问权限的撤销，使用访问列表方案通常比使用能力列表方案更容易实现。
- 真实系统比一般模型有限得多。较旧的 UNIX 发行版具有代表性，其分别为每个文件的所有者、组和其他用户提供读取、写入和执行保护的自由访问控制。更现代的系统更接近通用模型，或者至少提供各种保护功能来保护系统及其用户。
- Solaris 10（及更高版本）以及其他系统通过基于角色的访问控制（一种访问矩阵的形式）实现最小特权原则。另一个保护扩展是强制访问控制，这是一种系统策略实施形式。
- 基于能力的系统提供比旧模型更细粒度的保护，通过将 root（根）的权力"切片"到不同的区域来为进程提供特定的能力。其他改进保护的方法包括系统完整性保护、系统调用过滤、沙箱和代码签名。
- 基于语言的保护提供比操作系统更细粒度的请求和特权仲裁。例如，单个 Java JVM 可以运行多个线程，每个线程在不同的保护类中，通过复杂的堆栈检查和语言的类型安全来强制执行资源请求。

17.14 推荐读物

能力的概念是从 Iliffe 和 Jodeit 的代码字演变而来的，它们是在 Rice University 计算机中实现的（[Iliffe and Jodeit（1962）]）。[Dennis and Horn（1966）]引入了能力这个术语。

策略与机制分离的原则是 Hydra 的设计者所提倡的（[Levin et al.（1975）]）。

使用最少的操作系统支持来加强保护是由 Exokernel 项目所提倡的（[Ganger et al.（2002）]，[Kaashoek et al.（1997）]）。

域和对象之间的保护的访问矩阵模型是由 [Lampson（1969）] 和 [Lampson（1971）] 开发的。[Popek（1974）] 和 [Saltzer 和 Schroeder（1975）] 提供了关于保护的出色综述。

有关 Posix 能力标准及其在 Linux 中的实现方式，可参见 https://www.usenix.org/legacy/event/usenix03/tech/freenix03/full_papers/gruenbacher/gruenbacher_html/main.html。

有关 POSIX.1e 及其 Linux 实现的详细信息，可参见 https://www.usenix.org/legacy/event/usenix03/tech/freenix03/full_papers/gruenbacher/gruenbacher_html/main.html。

17.15 参考文献

[Dennis and Horn（1966）] J. B. Dennis and E. C. V. Horn, "Programming Semantics for Multiprogrammed Computations", *Communications of the ACM*, Volume 9, Number 3（1966）, pages 143-155.

[Ganger et al.（2002）] G. R. Ganger, D. R. Engler, M. F. Kaashoek, H. M. Briceno, R. Hunt, and T. Pinckney, "Fast and Flexible Application-Level Networking on Exokernel Systems", *ACM Transactions* on Computer Systems, Volume 20, Number 1 (2002), pages 49-83.

[Iliffe and Jodeit (1962)] J. K. Iliffe and J. G. Jodeit, "A Dynamic Storage Allocation System", *Computer Journal*, Volume 5, Number 3 (1962), pages 200-209.

[Kaashoek et al. (1997)] M. F. Kaashoek, D. R. Engler, G. R. Ganger, H. M. Briceno, R. Hunt, D. Mazieres, T. Pinckney, R. Grimm, J. Jannotti, and K. Mackenzie, "Application Performance and Flexibility on Exokernel Systems", *Proceedings of the ACM Symposium on Operating Systems Principles* (1997), pages 52-65.

[Lampson (1969)] B. W. Lampson, "Dynamic Protection Structures", *Proceedings of the AFIPS Fall Joint Computer Conference* (1969), pages 27-38.

[Lampson (1971)] B. W. Lampson, "Protection", *Proceedings of the Fifth Annual Princeton Conference on Information Systems Science* (1971), pages 437-443.

[Levin et al. (1975)] R. Levin, E. S. Cohen, W. M. Corwin, F. J. Pollack, and W. A. Wulf, "Policy/Mechanism Separation in Hydra", *Proceedings of the ACM Symposium on Operating Systems Principles* (1975), pages 132-140.

[Popek (1974)] G. J. Popek, "Protection Structures", *Computer*, Volume 7, Number 6 (1974), pages 22-33.

[Saltzer and Schroeder (1975)] J. H. Saltzer and M. D. Schroeder, "The Protection of Information in Computer Systems", *Proceedings of the IEEE* (1975), pages 1278-1308.

17.16 习题

17.1 访问控制矩阵可用于确定进程是否可以从域 A 切换到域 B 并享有域 B 的访问权限。这种做法是否等同于将域 B 的访问权限包含在域 A 的访问权限中？

17.2 考虑一种计算机游戏时间策略：学生只能在晚上 10 点和早上 6 点之间玩，教职员工只能在下午 5 点和上午 8 点之间玩，而计算机中心的工作人员可以在任何时候玩。提出一个有效实施该策略的方案。

17.3 计算机系统需要哪些硬件功能才能进行有效的能力操作？这些功能可以用于内存保护吗？

17.4 讨论采用与对象关联的访问列表来实现访问矩阵的优缺点。

17.5 讨论采用与域相关的能力来实现访问矩阵的优缺点。

17.6 解释为什么基于能力的系统在执行保护策略方面比环保护方案具有更大的灵活性。

17.7 什么是需要知道原则？为什么保护系统一定要遵守这一原则？

17.8 讨论以下哪些系统允许模块设计人员执行需要知道原则。

　　a. 环保护方案

　　b. JVM 的堆栈检查方案

17.9 描述如果允许 Java 程序直接更改堆栈帧的注释，Java 保护模型会受到什么损害。

17.10 访问矩阵工具和基于角色的访问控制工具有何相似之处？有何不同？

17.11 最小特权原则如何帮助创建保护系统？

17.12 实施最小特权原则的系统为何仍然存在导致安全违规的保护失败？

高级主题

虚拟化技术已渗透到计算的各个方面。虚拟机就是其中一个具体的例子。通常，对于虚拟机而言，客户机操作系统及应用程序的运行环境看起来如同本机硬件一样，而且也像本机硬件一样发挥作用，另外也具有保护、管理和限制等功能。

分布式系统是不共享内存或时钟的处理器的集合。相反，每个处理器都有自己的本地内存，处理器之间通过局域网或广域网进行通信。计算机网络允许不同的计算设备通过标准通信协议进行通信。分布式系统有许多优点：为用户提供由系统维护的更多资源，提高计算速度，提高数据可用性和可靠性等。

虚拟机

本章深入研究虚拟机的用途、功能和实现。实现虚拟机的方式多种多样。一种方式是通过内核增加虚拟机支持。这种实现方式与本书内容的关联最为密切，因此本章将会对其进行全面分析。此外，CPU以及I/O设备提供的硬件功能可能有助于实现虚拟机，因此本章也将讨论相应内核模块如何利用这些功能。

本章目标

- 探讨虚拟机的历史和优势。
- 讨论各种虚拟机技术。
- 阐述虚拟化的实现方法。
- 给出支持虚拟化的常见硬件特点，说明操作系统模块如何利用这些特点。
- 讨论虚拟化研究的热门方向。

18.1 概述

虚拟机的基本思路是将单个的计算机硬件（CPU、内存、磁盘驱动器、网络接口卡等）抽象成多个不同的执行环境，从而造成每个独立环境都拥有独立的计算机的感觉。这种概念类似于操作系统实现的分层方法（参见2.8.2节），并且就某些方面而言确实如此。虚拟化中的一层用于创建虚拟系统，以便运行操作系统或应用程序。

虚拟机实现涉及多个组件。底层是**主机**，即运行虚拟机的底层硬件系统。**虚拟机管理器**（Virtual Machine Manager，VMM）（也称为**管理程序**（hypervisor））通过提供与主机相同的接口来创建和运行虚拟机（除了半虚拟化的情况，稍后讨论）。每个客户进程都具有主机的虚拟副本（见图18.1）。通常，客户进程实际上是一个操作系统。因此，单个物理机器可以同时运行多个操作系统，而且每个操作系统都运行于自己的虚拟机上。

值得一提的是：由于引入了虚拟化，"操作系统"的定义变得更加模糊。例如，分析一下VMM软件，如VMware ESX。该虚拟化软件安装在硬件上，在硬件启动时运行，并为应用程序提供服务。这些服务包括传统服务，例如调度和内存管理，以及新的服务，例如系统之间的应用程序迁移。此外，应用程序实际上是客户机操作系统。VMware ESX VMM是运行其他操作系统的操作系统吗？当然，它就像一个操作系统，然而，为清楚起见，这里将提供虚拟环境的组件称为VMM。

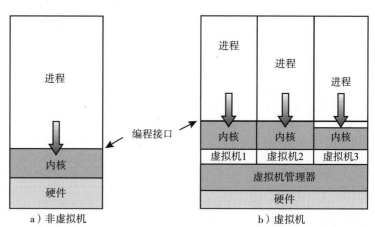

图18.1 系统模型

VMM 的实现方法有很多，包括：

- **基于硬件的解决方案**：通过固件为虚拟机的创建与管理提供支持。这些 VMM 通常为大型机和大型到中型服务器所采用，一般称为**类型 0 虚拟机管理器**（type 0 hypervisor）。例如，IBM LPAR 和 Oracle LDOM。
- 提供虚拟化的类似操作系统的软件，包括 VMware ESX、Joyent SmartOS 和 Citrix XenServer。这些 VMM 称为**类型 1 虚拟机管理器**（type 1 hypervisor）。
- 具有标准功能和 VMM 功能的通用操作系统，包括带有 HyperV 的 Microsoft Windows Server 和带有 KVM 功能的 Red Hat Linux。因为这类系统具有类似于类型 1 虚拟机管理器的功能集合，所以也称为类型 1。
- 运行在标准操作系统上并为客户机操作系统提供 VMM 功能的应用程序。这些应用程序包括 VMware 的 Workstation 和 Fusion，以及 Parallels Desktop 和 Oracle VirtualBox，称为**类型 2 虚拟机管理器**（type 2 hypervisor）。
- **半虚拟化技术**（paravirtualization）：通过修改客户机操作系统以便与 VMM 协作，从而优化性能。
- **编程环境虚拟化技术**（programming-environment virtualization）：VMM 不是虚拟化真实硬件，而是创建一个优化的虚拟系统。Oracle Java 和 Microsoft.Net 均采用这种技术。
- **仿真器**（emulator）：允许为一种硬件环境编写的应用程序运行于完全不同的硬件环境，例如不同类型的 CPU。
- **应用程序遏制**（application containment）：这根本不是虚拟化，而是通过将应用程序与操作系统隔离来提供类似虚拟化的功能。Oracle Solaris Zones、BSD Jails 和 IBM AIX WPAR "遏制" 应用程序，使其更加安全，更易管理。

当今使用的各种虚拟化技术充分说明，虚拟化在现代计算中的应用广度、深度与重要性。对于数据中心的运行、应用程序的高效开发以及软件测试等，虚拟化技术极为有用。

间接

"计算机科学的所有问题都能通过另外一个间接层加以解决" ——David Wheeler

"……除了太多间接层的问题。" ——Kevlin Henney

18.2 历史

1972 年，虚拟机首先商用于 IBM 大型机。虚拟化由 IBM VM 操作系统提供。这一系统不断发展并且仍然在使用中。此外，许多原创概念也用于其他系统，因此值得讨论。

IBM VM/370 将大型机划分为多个虚拟机，每个虚拟机都运行各自的操作系统。VM 方案的一个主要困难涉及磁盘系统。假设某个物理机有三个磁盘驱动器，但需要支持七个虚拟机。显然，它无法为每个虚拟机分配磁盘驱动器。解决方案是提供虚拟磁盘，IBM VM 操作系统称之为**小磁盘**。除了大小之外，小磁盘在所有方面都与系统硬盘完全相同。系统根据小磁盘的需要通过在物理磁盘上分配尽可能多的磁道来实现的每个小磁盘。

一旦创建了虚拟机，用户就可运行可用于底层机器的任何操作系统或软件包。对于 IBM VM 系统，用户通常运行 CMS——单用户交互操作系统。

在 IBM 推出这项技术之后的很长一段时间内，虚拟化仍然未能普及。大多数系统并不支持虚拟化。然而，虚拟化的正式定义有助于建立系统需求和功能目标。虚拟化需求包括：

- **保真度**。VMM 提供的程序环境与原来的计算机基本相同。
- **性能**。该环境中的程序运行只有轻微的性能下降。
- **安全**。VMM 能够完全控制系统资源。

这些需求仍然引导着当今的虚拟化研发。

到 20 世纪 90 年代末，英特尔 80x86 CPU 已经流行起来，该 CPU 运行速度快且功能强大。因此，开发人员开始在该平台上实施关于虚拟化的多项工作。Xen 和 VMware 都创建了相关技术，以允许客户机操作系统在 80x86 上运行，这些技术至今仍在使用。从那时起，虚拟化就扩展到包括所有常用 CPU、许多商业和开源工具以及许多操作系统。例如，开源项目 VirtualBox（http://www.virtualbox.org）提供了一个程序，可以运行于 Intel x86 和 AMD 64 处理器，以及 Windows、Linux、macOS 和 Solaris 主机操作系统。其支持的客户机操作系统包括多个版本的 Windows、Linux、Solaris 和 BSD，甚至包括 MS-DOS 和 IBM OS/2。

18.3 优点与功能

虚拟化的多个优点使其极具吸引力。就本质而言，大多数优点基于这样的能力：共享同一硬件而且并发运行多个不同的执行环境（不同的操作系统）。

虚拟化的一个重要优点是主机系统受到虚拟机的保护，就像虚拟机之间的相互保护一样。客户机操作系统内的病毒可能会损坏该操作系统，但不太可能影响主机或其他客户。因为每个虚拟机几乎完全与其他虚拟机隔离，所以几乎不存在保护问题。

隔离的潜在缺点是可能阻止资源共享，但现在已经提供了两种共享方法。首先，可以共享文件系统卷，从而共享文件。其次，可以定义虚拟机的网络，每个网络都可以通过虚拟通信网络发送信息。网络可以按照物理通信网络加以构建，但是通过软件实现。当然，VMM 也可允许任意数量的客户机来使用物理资源，例如物理网络连接（由 VMM 提供共享），在这种情况下，客户机可以通过物理网络相互通信。

大多数虚拟化实现的一个共同特征是能够冻结或**挂起**（suspend）正在运行的虚拟机。许多操作系统都提供了基本的进程功能，但是 VMM 更进一步，允许对客户机进行复制和**快照**（snapshot）。这种复制可以用于创建新的虚拟机或者将虚拟机从一台机器移到另一台机器，并且保持当前状态不变。然后，客户机可以恢复原状，就好像在原来的计算机上一样，创建一个**克隆**（clone）。快照记录了一个时间点，如有必要，可以将客户机重置为该点（例如，如果进行了更改但不再需要）。通常，VMM 支持许多快照。例如，快照可以记录一个月内每一天的客户机状态，可以恢复任何快照状态。这些功能都是虚拟环境的优势。

虚拟机系统是进行操作系统研究的理想工具。通常，修改操作系统是一项艰巨的任务。操作系统是大型的复杂程序，一个局部的修改可能导致其他部分出现隐秘的错误。操作系统的强大功能使其变得特别危险。因为操作系统在内核模式下执行，所以指针的错误更改可能导致错误，从而破坏整个文件系统。因此，有必要仔细测试对操作系统的所有修改。

当然，操作系统运行并控制整个机器，因此，在修改和测试时，必须停止使用。这个时段通常称为**系统开发时间**（system-development time）。由于这使系统不能为用户所用，共享系统上的系统开发时间通常安排在深夜或周末，这时系统负载较低。

虚拟机系统可以解决后一个问题。系统程序员都有各自的虚拟机，系统开发只是在虚拟机器上完成的，而不是在物理机器上完成的。只有当已完成并已测试的变更准备投入使用时，才会中断正常的系统运行。

对于开发人员而言，虚拟机的另一个优势是可以在开发人员的工作站上同时运行多个操作系统。这种虚拟化的工作站允许在不同环境中快速移植和测试程序。此外，程序的多个版本可以运行在一个系统中各自独立的操作系统上。同样，质量保证工程师可以在多种环境下测试应用程序，无须为每个环境购买、供电和维护计算机。

虚拟机在数据中心使用中的一个主要优点是系统**整合**（consolidation），即将两个或多个独立系统合并到一个系统的虚拟机上加以运行。这种物理到虚拟的转换能够优化资源，因为许多不常用的系统可以组合起来创建一个更常用的系统。

作为 VMM 一部分的管理工具允许系统管理员管理更多的系统。虚拟环境可能包含 100 个物理服务器，每个服务器运行 20 个虚拟服务器。如果没有虚拟化及其工具，2000 台服务器需要多个系统管理员。借助虚拟化及其工具，一两个管理员可以完成同样的工作。使其成为可能的工具之一是**模板**（templating），即包括已安装和已配置的客户机操作系统及应用程序的一个标准虚拟机映像，该映像可以保存起来，并且用作多个运行虚拟机的源。其他功能包括管理所有客户机的修补、备份和恢复，以及监控资源使用情况。

虚拟化不仅可以优化资源使用，而且可以优化资源管理。有的 VMM 包含**实时迁移**（live migration）功能，能将正在运行的客户机从一个物理服务器移到另一个，而且不中断操作或活动网络连接。如果服务器超载，那么实时迁移可以释放源主机上的资源，并且不会中断客户机。同样，当必须修复或升级主机硬件时，可以先将客户机迁移到其他服务器，待维护结束后再迁回客户机。这种操作可以在不停机且不中断用户的情况下完成。

考虑虚拟化对应用程序部署方式的可能影响。如果系统可以轻松添加、删除和移动虚拟机，那么为什么要直接在该系统上安装应用程序呢？相反，应用程序可以预先安装在虚拟机上的经过优调并定制的操作系统上。这种方法可为应用程序开发人员提供许多好处：应用程序管理更加容易，所需调整更少，应用程序的技术支持更加直接。系统管理员会发现运行环境更易管理。安装也变得简单，而且相对卸载与重装的常规步骤而言，将应用程序重新部署到另一个系统变得更加容易。不过，为了便于广泛采用这种方式，虚拟机的格式必须标准化，这样任何虚拟机都可以运行于任何虚拟化的平台。"开放虚拟机格式"试图提供这种标准化，这可能会实现虚拟机格式的统一。

在计算机设施的实现、管理和监测方面，虚拟化为许多其他方面的进步奠定了基础。例如，**云计算**（cloud computing）可通过虚拟化实现，诸如 CPU、内存和 I/O 之类的资源可以通过互联网技术按照服务来加以提供。通过使用 API，程序可以告诉云计算设施创建数千个虚拟机，所有虚拟机运行特定的客户机操作系统和应用程序，其他用户可以通过互联网访问这些程序。许多多用户游戏、照片共享网站和 Web 服务都使用这种功能。

在桌面计算领域，虚拟化使得台式机和笔记本电脑用户能够远程连接到位于远程数据中心的虚拟机，并如同在本地一样访问应用程序，这种做法可以提高安全性，因为没有数据被存储在用户的本地磁盘。用户的计算资源成本也可能降低。用户必须拥有网络、CPU 和一些内存，但是这些系统组件需要做的只是显示远程运行客户机的图像（通过协议，例如 RDP）。因此，用户不需要装配昂贵的高性能组件。随着虚拟化变得更加普遍，硬件支持会不断改进，其他用途肯定也会随之而来。

18.4　构建模块

虽然虚拟机概念很有用，但是实现困难。提供底层机器的精确副本需要完成很多工作。对于仅仅具有用户模式和内核模式的双模系统，这一点尤其具有挑战性。本节分析高效虚拟化所需的构建模块。请注意，类型 0 虚拟机管理器不需要这些构建模块，参见 18.5.2 节。

虚拟化的能力取决于 CPU 的功能。如果功能足够强大，则可以编写 VMM 以提供客户机环境。否则，不可能实现虚拟化。VMM 采用多种技术来实现虚拟化，包括陷阱模拟和二进制翻译。本节讨论这些技术以及虚拟化所需的硬件支持。

在阅读本节时请记住，大多数虚拟化方式中的一个重要概念是**虚拟 CPU**（Virtual CPU，VCPU）的实现。VCPU 不执行代码，相反，它用于表示客户机认为的 CPU 状态。对于每个客户机，VMM 维护一个 VCPU，以便表示客户机的当前 CPU 状态。当 VMM 将客户机上下文切换到 CPU 时，VCPU 的信息用于加载正确的上下文，就像通用操作系统使用 PCB 一样。

18.4.1　陷阱模拟

对于典型的双模系统，虚拟机客户机只能执行在用户模式下（除非提供额外的硬件支持）。当然，内核运行在内核模式下，允许用户级代码运行在内核模式下是不安全的。正如物理机器具有两种模式一样，虚拟机也应如此。因此，必须设置虚拟用户模式和虚拟内核模式，两者都按物理用户模式运行。真实机器中从用户模式切换到内核模式的操作（例如系统调用、中断或尝试执行特权指令），也应使虚拟机从虚拟用户模式切换到虚拟内核模式。

如何实现这种切换？步骤如下：当客户机的内核尝试执行特权指令时，这是一个错误（因为系统处于用户模式），从而导致陷入实际计算机的 VMM。VMM 获得控制并且执行（或"模拟"）客户机内核的操作，然后 VMM 将控制返给虚拟机。这称为**陷阱模拟**方法，如图 18.2 所示。

对于特权指令，时间成了问题。所有非特权的指令都在硬件上直接运行，为客户机提供与本机应用程序相同的性能。但是，特权指令会产生额外开销，导致客户机运行速度比本机慢。此外，CPU 会在多个虚拟机中进行多道程序切换，这可能会以不可预测的方式进一步减慢虚拟机的速度。

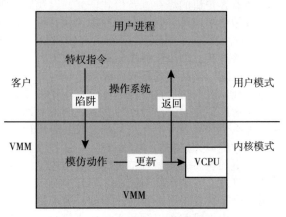

图 18.2   陷阱模拟的虚拟化实现

解决这个问题可采用多种方式。例如，IBM VM 允许虚拟机直接在硬件上执行普通指令。只有特权指令（主要用于 I/O）需要模拟，因此执行速度较慢。总的来说，随着硬件的发展，陷阱模拟功能的性能已经得到提高，并且需要的情景也已减少。例如，许多 CPU 现在都在标准双模操作上添加了额外的模式。VCPU 无须跟踪客户机操作系统所处的模式，因为物理 CPU 可执行这个功能。事实上，有的 CPU 在硬件中提供客户机 CPU 的状态管理功能，因此 VMM 不需要提供该项功能，从而消除了额外的开销。

18.4.2   二进制翻译

有些 CPU 没有明确区分特权指令和非特权指令。不幸的是，对于实现虚拟化的程序员来说，Intel x86 CPU 系列就是其中之一。在设计 x86 时，没有考虑运行虚拟化。（事实上，这个系列的首款 CPU，即 1971 年发布的 Intel 4004，只是设计成计算器的处理核。）该芯片在整个生命周期内保持向后兼容性，从而阻碍了可能使虚拟化更易实现的改进。

下面分析这类问题的一个实例。命令 popf 根据堆栈内容加载标志寄存器。如果 CPU 处于特权模式，则根据堆栈替换所有标志。如果 CPU 处于用户模式，则仅替换部分标志。因为用户模式的 popf 执行不会形成陷阱，所以陷阱模拟步骤不再有用。其他 x86 指令也会导致类似的问题。在本节讨论中，我们将这组指令称为特殊指令。直到 1998 年，由于这些特殊指令，在 x86 上采用陷阱模拟方法实现虚拟化仍然被认为是不可能的。

通过实现**二进制翻译**技术，这个以前无法克服的问题得到了解决。二进制翻译在概念上相当简单，但在实现上却很复杂。基本步骤如下：

1. 如果客户机 VCPU 处于用户模式，则客户机可以在物理 CPU 上本机执行指令。
2. 如果客户机 VCPU 处于内核模式，则客户机认为它在内核模式下运行。VMM 根据客户机的程序计数器，通过读取客户机将要执行的几条指令，分析客户机在虚拟内核模式下执行的每条指令。除特殊指令以外的其他指令都是本机执行的。特殊指令被转换为执行等效任务的新指令集，例如，更改 VCPU 的标志。

二进制翻译如图 18.3 所示。它由 VMM 的翻译代码来实现。该代码根据需要从客户机动态读取本机二进制指令，并生成代替原始代码的本机二进制代码。

上述二进制翻译的基本方法可以正确执行，但是性能欠佳。幸运的是，绝大多数指令都是本机执行的。但是，如何提高其他指令的性能呢？我们可以分析二进制翻译的某个具体实现，即 VMware 方法，来看看提高性能的一种方法。这里，缓存提供了解决方案。需要翻译的每条指令的替换代码都被缓存。该指令的所有后续执行都从转换缓存中运行，无须再次转换。如果缓存足够大，这种方法可以大大提高性能。

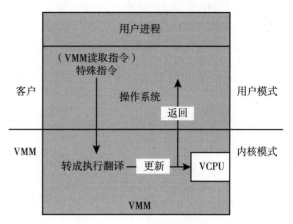

图 18.3 二进制翻译的虚拟化实现

下面分析虚拟化的另一个问题——内存管理，特别是页表。对于认为自己管理页表的客户机和 VMM 本身，VMM 如何保持页表状态？与陷阱模拟和二进制翻译一起使用的一种常用方法是**嵌套页表**（Nested Page Table，NPT）。每个客户机操作系统都维护一个或多个页表，以便从虚拟内存转换为物理内存。VMM 维护 NPT 以表示客户机的页表状态，就像创建一个 VCPU 来表示客户机的 CPU 状态一样。VMM 知道客户机何时尝试更改页表，并在 NPT 中进行等效更改。当客户机位于 CPU 上时，VMM 将指向相应 NPT 的指针放入适当的 CPU 寄存器中，以使该表成为活动页表。如果客户机需要修改页表（例如，执行页面错误），则必须由 VMM 拦截这一操作，并对嵌套系统页表和系统页表进行适当更改。不幸的是，使用 NPT 会导致 TLB 失误增加，并且需要解决许多其他复杂问题才能达到合理的性能。

虽然二进制翻译方法似乎可能产生大量开销，但其性能还不错，足以开启一个新的行业，以虚拟化基于 Intel x86 的系统。通过启动一个这样的系统（如 Windows XP）并立即关闭，VMware 测试了二进制翻译对性能的影响，同时监视二进制翻译方法所用的时间和翻译数。测试结果是 950 000 次翻译，每次翻译需要 3 微秒，与原机执行 Windows XP 相比总计增加了 3 秒（约 5%）。为了实现这一结果，开发人员使用了许多在此未讨论的性能改进。更多相关信息，请参阅本章末尾的参考文献。

18.4.3 硬件协助

如果没有某种程度的硬件支持，是不可能实现虚拟化的。系统的可用硬件支持越多，虚拟机的功能就越丰富，运行越稳定，性能也就越好。对于 Intel x86 CPU 系列，从 2005 年开始，Intel 连续几代增加了新的虚拟化支持（**VT-x** 指令）。现在，不再需要二进制翻译。

实际上，现在所有主要的通用 CPU 都为虚拟化提供了硬件支持。例如，从 2006 年开始，AMD 虚拟化技术（**AMD-V**）出现在多款 AMD 处理器中。它定义了两种新的操作模式——主机和客户机，从而从双模式转变为多模式处理器。VMM 可以启用主机模式，定义每个客户机的特征，然后将系统切换到客户机模式，将系统控制交给虚拟机所运行的客户机操作系统。在客户机模式下，虚拟化的操作系统会认为它在本地硬件上运行，并且可以看到主机在客户机的定义中包含的任何设备。如果客户机尝试访问虚拟化资源，则会将控制传给 VMM，以便管理这种交互。Intel VT-x 的功能与之类似，提供 root 和 nonroot 模式，相当于主机和客户机模式。两者都提供客户机 VCPU 状态数据结构，以便在客户机上下文切换期间自动加载和保存客户机 CPU 状态。此外，还提供**虚拟机控制结构**（Virtual Machine Control Structure，VMCS），用于管理客户机和主机状态、各种客户机的执行控制和退出控制，以及有关客户机为何退出主机的信息。例如，在后一种情况下，尝试访问不可用内存导致的嵌套页表违规可能导致客户机的退出。

AMD 和 Intel 还解决了虚拟环境的内存管理问题。通过内存管理增强功能，如 AMD 的

RVI 和 Intel 的 EPT，VMM 不再需要软件 NPT。本质上，这些 CPU 通过硬件实现嵌套页表，从而允许 VMM 完全控制分页，同时加速从虚拟地址到物理地址的转换。NPT 添加了一个新层来表示逻辑到物理地址转换的客户机视图。CPU 页表的查找（walking）功能（遍历数据结构以便查找所需数据）根据需要包括这个新层，从客户机表到 VMM 表进行遍历以查找所需的物理地址。TLB 失误会导致性能下降，因为必须遍历更多页表（客户机和主机的页表）才能完成查找。图 18.4 显示了硬件执行的额外转换工作，用于从客户机虚拟地址转换为最终物理地址。

I/O 是硬件协助改进的另一领域。考虑标准直接内存访问（DMA）控制器接受目标内存地址和源 I/O 设备，并在两者之间传输数据而不需要操作系统的操作。如果没有硬件协助，客户机可能试图设置影响 VMM 或者其他客户机内存的 DMA 传输。对于提供硬件协助 DMA 的 CPU（例如，带有 VT-d 的 Intel CPU），DMA 甚至也有一个间接层。首先，VMM 设置**保护域**（protection domains），以通知 CPU 哪个物理内存属于哪个客户机。接着，它将 I/O 设备分配给保护域，允许它们直接访问这些内存区域，并且只能访问这些区域。然后，硬件将 I/O 设备发出的 DMA 请求地址转换为与 I/O 相关的主机物理内存地址。按照这种方式，DMA 传输在客户机和设备之间进行，不受 VMM 干扰。

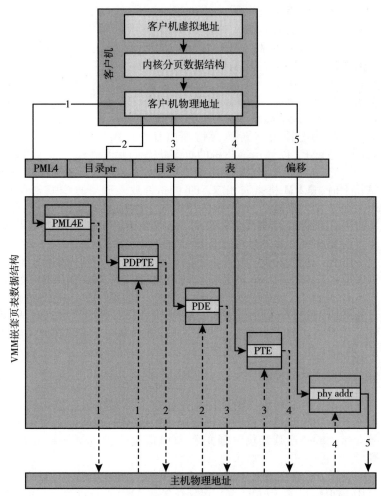

图 18.4　嵌套页表

同样，中断必须传递给适当的客户机，并且其他客户机不应看到。通过提供中断重新映射功能，具有虚拟化硬件协助功能的 CPU 可将发往客户机的中断自动传递到当前正在运行客户机的内核线程。这样，客户机接收中断，无须使用 VMM 干预交付。如果没有中断重新映射，恶意客户机可能会产生可用于控制主机系统的中断。（有关详细信息，请参阅本章末尾的参考文献。）

ARM 体系结构特别是 ARMv8（64 位）的虚拟化硬件支持采用略微不同的方法。它们提供了一个完整的异常级别，即 EL2，该级别甚至比内核（EL 1）更具特权。这允许运行具有自己的 MMU 访问和中断捕获的独立虚拟机管理器。为了支持半虚拟化，增加了一条特殊指令（HVC），该指令允许从客户机内核调用管理程序。该指令只能从内核模式（EL 1）内调用。

硬件协助虚拟化的一个有趣的副作用是允许创建瘦管理程序。一个很好的例子是 macOS 的虚拟机管理器框架（HyperVisor. framework），这个操作系统所提供的库允许通过几行代码就创建虚拟机。实际的工作是通过系统调用完成的，系统调用使得内核可代表虚拟机管理器来执行特权虚拟化 CPU 指令，允许管理虚拟机，而虚拟机管理器无须加载自己的内核模块来执行这些调用。

18.5　虚拟机的主要类型及其实现

在分析了用于实现虚拟化的一些技术之后，下面讨论虚拟机的主要类型、实现、功能以及如何使用上节所述的构建技术来创建虚拟环境。当然，虚拟机的运行硬件可能导致实现方法的巨大差异。这里讨论一般实现，以便了解 VMM 如何利用硬件协助。

18.5.1　虚拟机的生命周期

首先分析虚拟机的生命周期。无论虚拟机管理器的类型如何，在创建虚拟机时，创建者都要为 VMM 提供一些参数。这些参数通常包括 CPU 数量、内存数量、网络细节以及存储细节，VMM 在创建客户机时需要考虑这些。例如，用户可能希望创建一个新的客户机，它具有两个虚拟 CPU、4GB 内存、10GB 磁盘空间、通过 DHCP 获取 IP 地址的一个网络接口以及 DVD 驱动器。

然后，VMM 通过这些参数创建虚拟机。当采用类型 0 虚拟机管理器时，资源通常是专用的。针对这种情况，如果没有两个虚拟 CPU 可用并且未被分配，那么本例的创建请求会失败。当采用其他类型的虚拟机管理器时，资源是专用的或是虚拟化的，具体取决于特定类型。当然，IP 地址不能共享，但虚拟 CPU 通常在物理 CPU 上多路复用，如 18.6.1 节所述。同样，内存管理通常涉及为客户机分配比实际内存更多的内存，这更复杂，请参见 18.6.2 节。

最后，当不再需要虚拟机时，可以将其删除。发生这种情况时，VMM 首先释放所有已用磁盘空间，然后删除虚拟机的有关配置——本质上忘记了虚拟机。

与构建、配置、运行和删除物理机器相比，这些步骤非常简单。从现有虚拟机创建虚拟机很容易，单击"克隆"按钮并提供新的名称和 IP 地址即可。这种轻松创建可能导致**虚拟机蔓延**，即系统上有太多的虚拟机，以致使用、历史和状态变得混乱且难以跟踪。

18.5.2　类型 0 虚拟机管理器

类型 0 虚拟机管理器已存在多年，与之相关的还有许多其他名称，如分区（partition）和区域（domain）。这属于硬件特性，有优点也有缺点。操作系统不必采取任何特殊操作就能利用这些特性。VMM 本身可以通过固件编码并在引导时加载，然后加载客户机映像，以便在分区中运行。类型 0 虚拟机管理器的功能集往往小于其他类型的功能集，因为它是硬件实现的。例如，某个系统可能分为四个虚拟系统，每个虚拟系统都有专用的 CPU、内存和 I/O 设备。每个客户机都认为自己具有专用硬件——因为确实如此，从而简化了许多实现细节。

I/O 有些困难，因为如果没有足够的 I/O 设备，客户机就很难拥有专用的 I/O 设备。例如，如果某个系统有两个以太网端口和两个以上的客户机，该怎么办？要么所有客户机都必须拥有自己的 I/O 设备，要么系统必须提供 I/O 设备的共享。在这些情况下，虚拟机管理器管理共享访问或将所有设备授予控制分区。在控制分区中，客户机操作系统通过后台程序向其他客户机提供服务（例如网络），并且虚拟机管理器适当地路由 I/O 请求。有些类型 0 虚拟机管理器更加复杂，可以在运行中的客户机之间移动物理 CPU 和内存。在这些情况下，客户机是半虚拟化的，了解虚拟化并协助其执行。例如，客户机必须监视源自硬件或 VMM 的硬件更改信号，探测硬件设备以便检测更改，以及从可用资源中增加或减少 CPU 或内存。

由于类型 0 虚拟化非常接近原始硬件执行，因此关于它的讨论应与其他方法分开考虑。

类型 0 虚拟机管理器可以运行多个客户机操作系统（每个硬件分区一个）。由于运行在原始硬件上，所有这些客户机又可以是 VMM。本质上，类型 0 虚拟机管理器的每个客户机操作系统都是本机操作系统，每个都有一组硬件可用。因此，每个客户机都可以再次拥有自己的客户机操作系统（见图 18.5）。其他类型的虚拟机管理器通常无法提供虚拟化嵌套虚拟化（virtualization – within – virtualization）的功能。

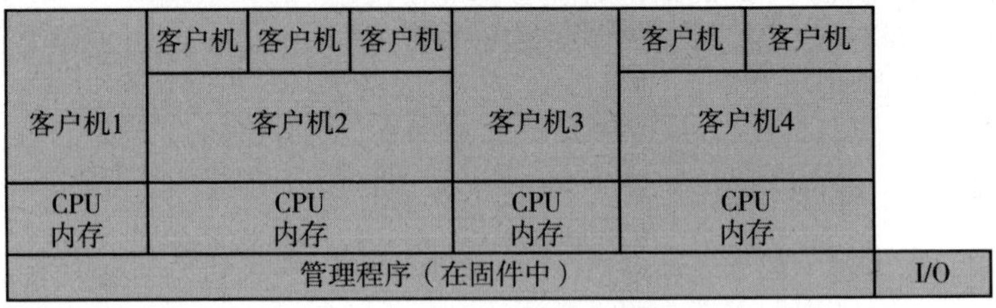

图 18.5　类型 0 管理程序

18.5.3　类型 1 虚拟机管理器

类型 1 虚拟机管理器通常存在于公司的数据中心，从某种意义上说，它们正在成为"数据中心操作系统"。它们是在本机硬件上直接运行的专用操作系统，而不是提供系统调用和其他用于程序运行的接口；它们创建、运行和管理客户机操作系统。除了在标准硬件上运行外，它们还可以在类型 0 虚拟机管理器上运行，但不能在其他类型 1 虚拟机管理器上运行。无论使用何种平台，客户机通常只知道自己运行在本机硬件上。

类型 1 虚拟机管理器运行在内核模式下，以便利用硬件保护。如果主机 CPU 允许，那么类型 1 虚拟机管理器通过多种模式可为客户机操作系统提供直接控制与性能改进。它们为运行的硬件实现设备驱动程序，因为没有其他组件可以这样做。因为类型 1 虚拟机管理器也是操作系统，所以还必须提供 CPU 调度、内存管理、I/O 管理、保护甚至安全性。通常，它们提供 API，从而允许客户机应用程序或外部应用程序提供备份、监视和安全等功能。许多类型 1 虚拟机管理器是闭源商业产品，例如 VMware ESX，而有些是开源产品，或是开源与闭源的混合体，例如 Citrix XenServer 及其对应的开源 Xen。

通过使用类型 1 虚拟机管理器，数据中心管理员可以按新颖的、高级的方式来控制和管理操作系统和应用程序。重要的好处之一是能将更多的操作系统和应用程序整合到更少的系统上。例如，数据中心可能只有一台服务器来管理整个负载，而不是让每个系统按 10% 的利用率运行。如果使用增加，客户机及其应用程序可以在不中断服务的情况下实时移动到负载较低的系统。使用快照和克隆，系统可以保存客户机的状态并复制这些状态，这比备份恢复、手动安装、脚本安装或工具安装更加容易。这种可管理性提高的代价是 VMM 的成本（如果是商业产品），新的管理工具与方法的学习，以及复杂性的增加。

另一种类型 1 虚拟机管理器包括具有 VMM 功能的通用操作系统。这里，操作系统（诸如 RedHat Enterprise Linux、Windows 或 Oracle Solaris）除了提供正常功能以外，还提供 VMM以便允许其他操作系统作为客户机运行。由于额外的功能，这类虚拟机管理器通常提供比其他类型 1 虚拟机管理器更少的虚拟化功能。在很多方面，它们将客户机操作系统视作另一进程，但是当客户机试图执行特殊指令时，就会提供特殊处理。

18.5.4　类型 2 虚拟机管理器

类型 2 虚拟机管理器对于操作系统研发人员来说意义不大，因为这些应用程序级别的虚拟机管理器很少涉及操作系统。这种类型的 VMM 只是由主机运行和管理的另一个进程，主机甚至并不知道 VMM 正在进行虚拟化。

类型 2 虚拟机管理器具有某些其他类型没有的限制。例如，用户需要管理权限才能访问现代 CPU 的许多硬件协助功能。如果 VMM 由没有其他权限的标准用户来运行，则 VMM 无法利用这些功能。由于这种限制，以及运行通用操作系统和客户机操作系统的额外开销，类型

2 虚拟机管理器的整体性能往往比类型 0 或类型 1 差。

通常，类型 2 虚拟机管理器的限制也带来了一些好处。它们可运行在各种通用操作系统上，无须更改主机操作系统。例如，学生可以使用类型 2 虚拟机管理器来测试非本机操作系统，无须替换本机操作系统。事实上，在苹果笔记本电脑上，学生可以学习或试验各种版本的 Windows、Linux、UNIX 以及其他不太常见的操作系统。

18.5.5　半虚拟化

正如所看到的，半虚拟化的运行方式不同于其他类型的虚拟化。半虚拟化不是试图使客户机操作系统相信其拥有自己的系统，而是为客户机提供一个与客户机首选系统相似但不完全相同的系统。需要对客户机加以修改，以便运行在半虚拟化的虚拟硬件上。这些额外工作的好处是更有效的资源利用和更小的虚拟化层。

Xen VMM 通过多种技术优化客户机和主机系统的性能，成为半虚拟化的领导者。例如，如前所述，有些 VMM 为客户机提供看似真实设备的虚拟设备。Xen VMM 没有采用这种方法，而是提供了清晰而简单的设备抽象，允许高效的 I/O 以及良好的客户机与 VMM 间的通信。对于每个客户机使用的每个设备，客户机和 VMM 通过共享内存以便共享一个循环缓冲区。读写数据位于该缓冲区之中，如图 18.6[一]所示。

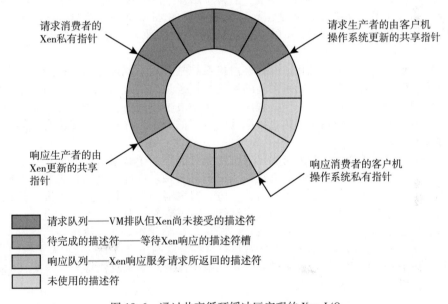

请求消费者的 Xen 私有指针

请求生产者的由客户机操作系统更新的共享指针

响应生产者的由 Xen 更新的共享指针

响应消费者的客户机操作系统私有指针

请求队列——VM排队但Xen尚未接受的描述符

待完成的描述符——等待Xen响应的描述符槽

响应队列——Xen响应服务请求所返回的描述符

未使用的描述符

图 18.6　通过共享循环缓冲区实现的 Xen I/O

对于内存管理，Xen 没有采用嵌套页表。更准确地说，每个客户机都有自己的一组页表，这组页表被设置为只读。需要更改页表时，Xen 要求客户机使用一种特定机制，即客户机对 VMM 的**超级调用**。这意味着客户机操作系统的内核代码必须加以修改，以便采用 Xen 的特定方法。为了优化性能，Xen 允许客户机通过超级调用异步排队多个页表的更改，然后在继续执行前检查并确保更改的完成。

如上所述，Xen 虚拟化 x86 CPU 时并不采用二进制翻译，而是需要修改客户机的操作系统。随着时间的推移，Xen 也利用了支持虚拟化的硬件功能。因此，它不再需要修改客户机，

[一]　Barham，Paul．"Xen and the Art of Virtualization"．SOSP'03 Proceedings of the Nineteenth ACM Symposium on Operating Systems Principles，p 164-177．© 2003 Association for Computing Machinery，Inc

基本上也不需要半虚拟化方法。不过，半虚拟化仍然用于其他解决方案，例如类型 0 虚拟机管理器。

18.5.6　编程环境的虚拟化

另一种虚拟化是编程环境的虚拟化，它基于不同的执行模型。这里，编程语言可以运行在定制的虚拟化环境上。例如，Oracle Java 的许多功能依赖于 **Java 虚拟机**（Java Virtual Machine，JVM），包括用于安全和内存管理的特定方法。

如果虚拟化被定义为只包括硬件的重复，那么这根本不是真正的虚拟化。不过，我们不必局限于这个定义。相反，可以定义一个基于 API 的虚拟环境，以便提供一组功能，用于特定的语言与采用该语言编写的程序。Java 程序在 JVM 环境中运行，并且可编译为运行 JVM 的系统上的本机程序。这种安排意味着 Java 程序只需编写一次，然后可以在 JVM 可用的任何系统（包括所有主要操作系统）上运行。这可称为**解释语言**（interpreted language）：首先读取每条指令，然后解释为本机的操作。

18.5.7　仿真

针对同样的 CPU，要在一个操作系统上运行为另一个操作系统设计的应用程序，虚拟化可能是最常用的方法。这种方法相对高效，因为应用程序是针对目标系统的指令集来编译的。

但是，如果应用程序或操作系统需要运行在不同的 CPU 上呢？这时，必须翻译所有源 CPU 的指令，以便将它们变为目标 CPU 的等效指令。这种环境不再是虚拟化，而是完全仿真。

如果主机系统有一个体系结构，而且客户机系统是针对不同体系结构编译的，那么**仿真**将非常有用。例如，假设有家公司采用新的系统替换了过时的计算机系统，但是希望继续运行为旧系统编译的某些重要程序。这些程序可以在仿真器中运行，该仿真器将每个过时系统的指令转换为新系统的本机指令。仿真可以延长程序的寿命，并且允许在没有实际旧机器的情况下探索旧的架构。

仿真的主要挑战是性能。指令仿真比本机指令可能慢一个数量级，因为对于旧系统的一条指令，可能需要新系统的十条指令来读取、解析和模拟。因此，除非新机器比旧机器快十倍，否则新机器的程序运行要更慢于旧机器。仿真器编写人员面临的另一个挑战是很难准确创建仿真器，因为在本质上这个任务涉及通过软件编写整个 CPU。

尽管存在这些挑战，仿真依然非常流行，尤其是在游戏界。许多流行的视频游戏都是为了现已不再生产的平台而编写的。想要经常运行这些游戏的用户可以找到相关平台的仿真器，然后在仿真器中不加修改地运行这类游戏。现代系统比老式游戏机快得多，即便 iPhone 也有游戏模拟器，以便运行老式的游戏。

18.5.8　应用程序遏制

在有些情况下，虚拟化的目标是提供一种方法来隔离应用程序，管理其性能和资源使用，并且创建一种简单的方法来启动、停止、移动和管理这些程序。在这种情况下，可能不需要完全的虚拟化。如果应用程序都是针对同一操作系统编译的，那么就不需要完全虚拟化来提供这些功能。我们可以使用应用程序遏制。

考虑应用程序遏制的一个示例。从版本 10 开始，Oracle Solaris 包含**容器**（container）或**区域**（zone），以便在操作系统和应用程序间创建虚拟层。这种系统仅仅安装了一个内核，而且硬件并未虚拟化。相反，操作系统及其设备是虚拟化的，从而使区域内的进程以为它们是系统上唯一的进程。可以创建一个或多个容器，而且每个容器都可以有自己的应用程序、网络堆栈、网络地址和端口、用户账户等。CPU 和内存资源可以在区域和系统级的进程之间划分。事实上，每个区域都可以运行自己的调度程序，以便根据分配的资源来优化应用程序性能。图 18.7 显示一个 Solaris 10 系统，它具有两个容器和标准的"全局"用户空间。

相比其他虚拟化的方法，容器属于轻量级的。也就是说，它们使用的系统资源更少，创建与销毁的速度更快，与虚拟机相比更加类似于进程。因此，容器越来越常用，特别是在云计算中。FreeBSD 是一个包含容器类功能的操作系统（称为 jails），AIX 也有类似的功能。Linux 在 2014 年增加了 **LXC** 容器功能。通过 `clone()` 系统调用中的标志，LXC 容器功能被包含在常见的 Linux 发行中。（LXC 的源代码可以在 https://linuxcontainers.org/lxc/downloads 上找到。）

容器易于自动化和管理，从而出现了像 Docker 和 Kubernetes 这样的部署工具。部署工具是自动化和协调系统与服务的手段。它们的目标是简化整个分布式应用程序的运行，就像操作系统使运行单个程序变得简单一样。这些工具可以快速部署完整的应用程序，包括容器内的许多进程，并且提供监控和其他管理功能。有关 Docker 的更多信息，请访问 https://www.docker.com/what-docker。有关 Kubernetes 的信息，请访问 https://kubernetes.io/docs/concepts/overview/what-is-kubernetes。

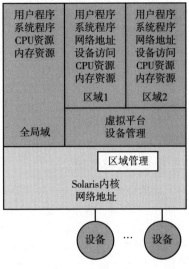

图 18.7 具有两个域的 Solaris 10

18.6 虚拟化和操作系统组件

迄今为止，我们已经探讨了虚拟化的构建模块和各种类型的虚拟化。本节将深入探讨 VMM 如何提供核心操作系统功能，如调度、I/O 和内存管理。本节将会回答如下问题：当客户机操作系统自认为拥有专用 CPU 时，VMM 如何调度 CPU 的使用？当许多客户机需要大量内存时，内存管理如何工作？

18.6.1 CPU 调度

具有虚拟化的系统，即使是单 CPU 的系统，其行为也常常类似于多处理器系统。虚拟化软件为运行于系统上的每个虚拟机提供一个或多个虚拟 CPU，然后在虚拟机之间调度物理 CPU 的使用。

虚拟化技术之间的显著差异导致我们难以总结调度对虚拟化的影响。首先，考虑 VMM 调度的一般情况。VMM 具有许多可用的物理 CPU，并且在这些 CPU 上运行着许多线程。线程可以是 VMM 线程或客户机线程。客户机在创建时配置了一定数量的虚拟 CPU，并且可以在 VM 的整个生命周期内调整这一数量。当足够的 CPU 可用于每个客户机的请求数量时，VMM 可以将 CPU 视为专用，并在客户机 CPU 上调度给定客户机的线程。在这种情况下，客户机的行为与在本机 CPU 上运行的本地操作系统非常相似。

当然，在其他情况下，可能没有足够可用的 CPU。VMM 本身需要一些 CPU 周期来进行客户机管理和 I/O 管理，并且可以通过在系统的所有 CPU 上调度线程来窃取客户机的时间，但是这种操作影响相对较小。更为困难的是**过度承诺**（overcommitment）。在这种情况下，为客户机配置的 CPU 多于系统现有的 CPU。这里，VMM 可以采用标准调度算法以使每个线程得到执行，还可以为这些算法增加公平性方面的考虑。例如，如果有 6 个硬件 CPU 和 12 个客户机分配 CPU，则 VMM 可以按比例分配 CPU 资源，为每个客户机提供一半 CPU 资源。VMM 仍然可以向客户机显示所有 12 个虚拟 CPU，但是在将它们映射到物理 CPU 时，VMM 可以使用调度程序来适当地分配这些 CPU。

即使有一个提供公平性的调度程序，客户机操作系统的任何调度算法——假设在给定时间内取得一定进度——都可能受到虚拟化的负面影响。考虑分时操作系统，它试图为每个时间片分配 100 毫秒，这是一个合理的响应时间。虚拟机的操作系统仅接收虚拟化系统提供的

CPU 资源。100 毫秒时间片可能超过虚拟 CPU 的 100 毫秒。由于系统的繁忙程度不同，时间片可能需要一秒或更长时间，导致登录到该虚拟机的用户的响应时间过长。这对实时操作系统的影响可能更加严重。

这种调度的最终结果是，单个虚拟机的操作系统只有部分可用的 CPU 周期，即使自认为拥有所有的周期，并且确实正在调度所有的周期。通常，虚拟机的时钟是不正确的，因为定时器的触发时间比专用 CPU 的时间长。因此，虚拟化可能抵消虚拟机操作系统的调度算法。

为了解决这个问题，VMM 为每种类型的操作系统提供一个应用程序，以便系统管理员将其装到客户机。这个应用程序可以纠正时钟漂移，并且具有其他功能，例如虚拟设备管理功能。

18.6.2 内存管理

通用操作系统的内存使用是否高效，对系统性能至关重要。虚拟化的环境具有更多的内存用户（VMM、客户机及其应用程序），从而导致更多的内存使用压力。进一步加剧这种压力的原因是 VMM 通常过度分配内存，使得分配给客户机的总内存超过系统的物理内存数量。VMM 的开发人员并未忘记内存高效使用的额外需求，并且采取了大量措施来确保内存的最优使用。

例如，VMware ESX 使用多种内存管理方法。在优化内存前，VMM 必须确定每个客户机应该使用多少实际内存。为此，VMM 首先评估每个客户机的最大内存大小。通用操作系统不希望系统内存数量发生变化，因此 VMM 必须使客户机觉得自己拥有那么多的内存。接下来，根据每个客户机的内存配置和其他因素（如过度使用和系统负载），VMM 计算每个客户机的实际内存分配。然后，VMM 使用下面列出的三种低层机制回收客户机的内存。

1. 回想一下，客户机认为通过页表管理可以控制内存分配，而实际上，VMM 维护嵌套页表，以将客户机页表转成实际页表。VMM 可以使用这个额外的间接层来优化客户机的内存使用，不需要客户机的知识或帮助。一种方法是提供双重分页。这里，VMM 有自己的页面替换算法，并将页面加到客户机认为的物理内存的后备存储中。当然，VMM 对客户机内存访问模式的了解程度不高，因此这种分页效率较低，从而导致性能问题。当没有其他方法可用或者没有提供足够的可用内存时，VMM 会使用此方法。然而，这不是首选方法。

2. 一种常见的解决方案是，让 VMM 在每个客户机中安装由 VMM 控制的伪设备驱动程序或内核模块。（**伪设备驱动程序**使用设备驱动程序接口，在内核中显示为设备驱动程序，但实际上并不控制设备。相反，它是一种添加内核模式代码而非直接修改内核的简单方法。）这个气球内存管理器（balloon memory manager）与 VMM 通信，并被告知分配或释放内存。如果需要分配，就会分配内存并告诉客户操作系统将分配的页面固定到物理内存中。回想一下，这会将页面锁定到物理内存，以致无法移动或调出页面。对于客户机而言，这些固定页面似乎会减少物理内存的可用数量，从而造成内存压力。然后，客户机可以释放其他物理内存，以确保有足够的可用内存。而且，由于知道气球进程的固定页面不会被使用，VMM 将从客户机中删除这些物理页面并将其分配给另一个客户机。同时，客户机使用自己的内存管理和分页算法来管理可用内存，这也是最有效的选择。如果整个系统中的内存压力降低，VMM 将告知客户机的气球进程取消固定并释放部分或全部内存，从而允许客户机使用更多页面。

3. 降低内存压力的另一种常见方法是让 VMM 确定是否多次加载了同一页面。如果是，VMM 会将页面副本数量减少到 1，并将其他页面用户映射到该副本。例如，VMware 随机采样客户机的内存，并为每个采样页面创建一个哈希值。该哈希值是页面的"指纹"。将检查的每个页面的哈希值，与存储在哈希表中的其他哈希值进行比较。如果匹配，那么逐字节地比较这些页面，以便确定它们是否真的相同。如果相同，则释放一个页面，并将其逻辑地址映射到另一个页面的物理地址。这种技术最初似乎无效，但考虑到客户机运行的是操作系统，如果多个客户机运行相同的操作系统，那么内存只要一个活动操作系统页的副本。类似地，多个客户机可以运行同一组应用程序，这可能是内存共享的又一来源。

综合利用这些机制可使客户机保持良好的运行，好像有足够内存来满足请求，尽管实际上的内存更少。

18.6.3 I/O

虚拟机管理器在 I/O 方面有些余地，而且可以不太关心如何表示客户机的底层硬件。由于 I/O 设备的差异很大，操作系统用于处理各种各样的 I/O 机制。例如，无论什么 I/O 设备，操作系统的设备驱动程序机制都为操作系统提供了统一接口。设备驱动程序接口允许第三方硬件制造商提供将其设备连接到操作系统的设备驱动程序。通常，设备驱动程序可以动态加载和卸载。虚拟化通过为客户机操作系统提供特定的虚拟化设备，充分利用了这种内置的灵活性。

如 18.5 节所述，VMM 在向客户机提供 I/O 的方式上有很大的不同。例如，客户机可以拥有专用的 I/O 设备，或者 VMM 可以拥有用于映射客户机 I/O 的设备驱动程序。VMM 还可以向客户机提供理想化的设备驱动程序。在这种情况下，客户机看到一个易于控制的设备，但实际上，简单的设备驱动程序与 VMM 通信，而 VMM 通过更复杂的真实设备驱动程序将请求发送到更复杂的真实设备。虚拟环境的 I/O 非常复杂，需要认真设计和实现 VMM。

考虑虚拟机管理器和硬件的组合情况，以便允许设备专用于客户机，并且允许客户机直接访问这些设备。当然，专用于客户机的设备不能用于任何其他客户机，但在某些情况下，这种直接访问仍然有用。允许直接访问的原因是为了提高 I/O 性能。虚拟机管理器为客户机启用 I/O 的所需操作越少，I/O 就越快。对于提供直接设备访问的类型 0 虚拟机管理器，客户机通常能够以与本机操作系统相同的速度运行。相反，当类型 0 虚拟机管理器改为提供共享设备时，性能可能受到影响。

对于类型 1 和类型 2 虚拟机管理器的直接设备访问，如果具有一定的硬件支持，则性能可以类似于本机操作系统。硬件需要通过诸如 VT-d 设备的 DMA 直通，以及直接中断传输（中断直接传到客户机）。考虑到中断经常发生，毫无疑问，没有这些功能的硬件的客户机性能要比本地运行的性能更差。

除了直接访问以外，VMM 还提供对设备的共享访问。考虑多个客户机可以访问的一个磁盘驱动器。VMM 必须在共享设备时提供保护，确保客户机只能访问客户机所配置的指定块。在这种情况下，VMM 必须是每个 I/O 的一部分，以便检查其是否正确，并将数据路由到适当的设备和客户机。

在网络方面，VMM 也有工作要做。通用操作系统通常具有一个 IP 地址，不过有时可以有多个，以便连到管理网络、备份网络和生产网络等。针对虚拟化，每个客户机至少需要一个 IP 地址，因为这是客户机的主要通信模式。因此，运行 VMM 的服务器可能具有数十个地址，并且 VMM 充当虚拟交换机以将网络数据分组路由到目的客户机。

客户机可以通过 IP 地址"直接"连到外界网络，这称为**桥接**（bridging）。或者，VMM 可以提供**网络地址转换**（Network Address Translation，NAT）地址。NAT 地址对于运行客户机的服务器是本地的，VMM 提供外界网络与客户机之间的路由。VMM 还提供防火墙，以保护系统内的客户机之间的连接，以及客户机与外部系统之间的连接。

18.6.4 存储管理

确定虚拟化如何工作的一个重要问题是：如果安装了多个操作系统，那么启动盘是什么？启动盘在哪里？显然，相对于本机操作系统，虚拟化环境处理存储管理的方式有所不同。标准的多引导方法也是不够的，这种方法将引导磁盘分割成分区，在一个分区中安装引导管理器，并在其他分区中安装其他操作系统。因为分区有限制，所以不能支持数十或数百个虚拟机的工作。

这个问题的解决方案依然取决于虚拟机管理器的类型。类型 0 虚拟机管理器通常允许根磁盘分区，部分原因是这些系统往往比其他系统运行更少的客户机。或者，磁盘管理器可以是控制分区的一部分，并且该磁盘管理器可以向其他分区提供磁盘空间（包括引导磁盘）。

类型 1 虚拟机管理器将客户机的根磁盘（和配置信息）存储在 VMM 提供的文件系统的一个或多个文件中。类型 2 虚拟机管理器在主机操作系统的文件系统中存储相同的信息。本质上，每个**磁盘映像**（disk image）包含客户机根磁盘的所有内容，它包含在 VMM 的一个文件中。除了可能导致的性能问题之外，这是一个聪明的解决方案，因为它简化了客户机的复制和移动。如果管理人员想要客户机的副本（例如，用于测试），那么只需复制客户机的关联磁盘映像，并告诉 VMM 有关新副本的信息。引导新的虚拟机会调出相同的客户机。将虚拟机从一个系统移动到另一个运行相同 VMM 的系统非常简单，只需暂停客户机，复制这个客户机映像到另一系统，并且启动新的客户机。

有时，客户机需要比根磁盘映像中更多的磁盘空间。例如，非虚拟化数据库服务器可能使用分布在多个磁盘上的多个文件系统来存储数据库的各个部分。虚拟化此类数据库通常涉及创建多个文件，并让 VMM 将这些文件作为磁盘提供给客户机。然后，客户机像往常一样执行，VMM 将来自客户机的磁盘 I/O 请求转换为文件 I/O 命令，并发给正确的文件。

通常，VMM 提供一种机制以捕获当前配置的物理系统，并转给 VMM 可以管理与运行的客户机。这种**物理到虚拟**（P-to-V）的转换读取物理系统磁盘的磁盘块，并将它们存储在 VMM 系统（或 VMM 可以访问的共享存储）的文件上。VMM 另外提供**虚拟到物理**（V-to-P）的转换，用于从客户机端转换到物理系统。调试有时需要这种转换：VMM 或相关组件可能导致问题，管理人员可以尝试通过从问题变量中删除虚拟化来解决问题。虚拟到物理转换可以获得包含所有客户机的数据文件，并在物理磁盘上生成磁盘块，将客户机重新创建为本机操作系统和应用程序。一旦测试结束，虚拟机恢复服务，这时原始系统可以重用于其他目的，或者可以删除虚拟机并且继续运行原始系统。

18.6.5 实时迁移

通用操作系统没有，但类型 0 和类型 1 虚拟机管理器具有的一个功能是，将正在运行的客户机从一个系统实时迁移到另一个系统。之前提到过这种能力，本节探讨实时迁移的工作原理以及 VMM 为何能够相对轻松地实现它。通用操作系统尽管进行了一些研究尝试，但却没有这种能力。

首先分析实时迁移的工作原理。考虑将一个系统上的客户机复制到运行相同 VMM 的另一个系统。复制发生时服务中断非常少，以至于登录到客户机的用户以及网络连接可以继续进行，不会产生明显的影响。在资源管理和硬件管理方面，这种能力相当惊人。如果没有进行虚拟化，则必须警告用户，关闭进程，可能移动二进制文件，并在新系统上重新启动进程。只有这样用户才能再次访问服务。通过实时迁移，可以减少过载系统的负载，或者在用户看不到中断的情况下进行硬件或系统更改。

通过客户机与 VMM 之间定义良好的接口以及 VMM 为客户机维护的有限状态，可以实现实时迁移。VMM 通过以下步骤迁移客户机：

1. 源 VMM 与目标 VMM 建立连接，并确认允许向客户机发送。
2. 目标 VMM 创建新的 VCPU、新的嵌套页表和其他状态存储等，以便创建新的客户机。
3. 源 VMM 将所有只读内存页面发送到目标 VMM。
4. 源 VMM 将所有读写页面发送到目标 VMM，并将其标记为干净。

5. 源 VMM 重复第 4 步，因为在这一步有些页面可能已被客户机修改过，现在变脏了。这些页面需要再次发送，并再次被标记为干净。

6. 当步骤 4 和步骤 5 的循环变得非常短时，源 VMM 冻结客户机，发送 VCPU 的最终状态、其他状态详细信息和最终脏页，并通知目标 VMM 开始运行客户机。一旦目标 VMM 确认客户机已在运行，源 VMM 将终止客户机。

该过程如图 18.8 所示。

在结束讨论实时迁移前，我们总结一些有趣的细节和限制。首先，为了使网络连接不间断，网络基础设施需要了解 MAC 地址（硬件网络地址）可以在系统之间移动。在虚拟化之前，这并没有发生，因为 MAC 地址与物理硬件绑定。有了虚拟化，MAC 必须是可移动的，现有网络连接才能继续而且无须重置。现代网络交换机知道这点，并将流量路由到 MAC 地址所在的任何位置，甚至可以适应地址的移动。

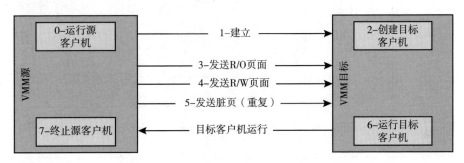

图 18.8　两个服务器之间客户机的实时迁移

实时迁移的一个限制是不能传输磁盘状态。可以进行实时迁移的原因之一是客户机的大多数状态都是在客户机中维护的，例如，打开文件表、系统调用状态、内核状态等。但是，由于磁盘 I/O 比内存访问慢得多，并且使用的磁盘空间通常比使用的内存大得多，因此与客户机关联的磁盘不能作为实时迁移的一部分进行移动。相反，客户机的磁盘应该是远程的，可能通过网络访问。在这种情况下，磁盘访问状态在客户机中保持，而网络连接对 VMM 来说是最重要的。迁移期间需要保持网络连接，以便继续远程访问磁盘。通常，NFS、CIFS 或 iSCSI 用于存储虚拟机映像以及客户机需要访问的任何其他存储。一旦客户机迁移了，网络连接可以继续，这些基于网络的存储访问也可以继续。

实时迁移使得以全新方式管理数据中心成为可能。例如，虚拟化管理工具可以监控环境中的所有 VMM，并通过在 VMM 之间移动客户机自动平衡资源使用。如果其他服务器可以处理负载并完全关闭所选服务器，那么这些工具还可以通过从所选服务器迁移所有客户机来优化电力和冷却。如果负载增加，可以通过工具来启动服务器并将客户机迁移回去。

18.7　实例

尽管虚拟机具有优势，但在出现之后的几年里几乎没有受到重视。然而今天，虚拟机作为解决系统兼容性问题的一种手段正得到越来越多的应用。本节探讨两种现在流行的虚拟机：VMware 工作站和 Java 虚拟机。这些虚拟机通常可以运行在前面章节中讨论过的任何设计类型的操作系统之上。

18.7.1　VMware

VMware 工作站是一种流行的商业应用程序，可将 Intel x86 和兼容硬件抽象为独立的虚拟机。VMware 工作站是类型 2 虚拟机管理器的重要实例。它作为应用程序可运行在主机操作系统（如 Windows 或 Linux）上，并且允许主机系统并发运行多个不同的客户机操作系统来作为单独的客户机。

这种系统的架构如图 18.9 所示。在这个场景中，Linux 作为主机操作系统运行，而 FreeBSD、Windows NT 和 Windows XP 作为客户机操作系统运行。VMware 的核心是虚拟化层，将物理硬件抽象为作为客户机操作系统运行的独立虚拟机。每个虚拟机都有自己的虚拟 CPU、内存、磁盘驱动器、网络接口等。

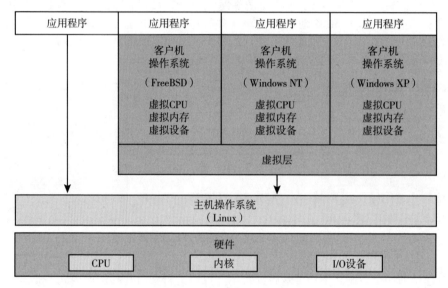

图 18.9　VMware 工作站架构

客户机拥有和管理的物理磁盘实际上只是主机操作系统文件系统中的一个文件。要创建相同的客户机，只需复制该文件即可。将文件复制到另一个位置可以保护客户机免受来自原来场所的灾难。将文件移动到另一个位置可以移动客户机系统。如前所述，这些功能可以提高系统管理的效率并优化系统资源的使用。

18.7.2　Java 虚拟机

Java 是 Sun Microsystems 在 1995 年推出的一种流行的面向对象编程语言。Java 不但提供语言规范和大量的 API 库，而且提供 Java 虚拟机（Java Virtual Machine，JVM）的规范。如 18.5.6 节所述，Java 是编程环境虚拟化的一个例子。

Java 对象采用类构造来指定，Java 程序由一个或多个类组成。对于每个 Java 类，编译器生成一个与体系结构无关的**字节码**文件（`.class`），该文件可运行在任何 JVM 实现上。

JVM 是抽象计算机的规范。它由一个**类加载器**（class loader）和一个 Java 解释器组成，Java 解释器执行与体系结构无关的字节码，如图 18.10 所示。类加载器加载从 Java 程序与 Java API 编译而来的 `.class` 文件，以供 Java 解释器执行。在加载类之后，验证器检查 `.class` 文件是否为有效的 Java 字节码，以及它是否能

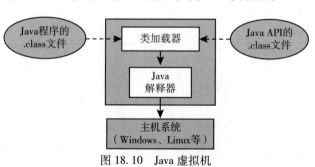

图 18.10　Java 虚拟机

使堆栈溢出或下溢。验证器还要确保字节码不会执行指针运算，因为指针运算可能会提供非法的内存访问。如果类通过了验证，则由 Java 解释器运行。JVM 还通过执行垃圾收集（从不再使用的对象中回收内存并将其返回给系统）来自动管理内存。为了提高虚拟机中 Java 程序的性能，很多研究都集中在垃圾收集算法上。

JVM 可以在主机操作系统（如 Windows、Linux 或 macOS）上或作为 Web 浏览器的一部分，通过软件来实现。或者，JVM 可以在用于运行 Java 程序的芯片上，通过硬件来实现。如果 JVM 是用软件实现的，那么 Java 解释器一次解释一个字节码操作。一种更快的软件技术是使用**即时**（Just-In-Time，JIT）编译器。这里，首次调用 Java 方法时，该方法的字节码被编译成主机系统的本机语言。然后，这些操作会被缓存，其后续调用可以直接使用本机机器指令来执行，无须重新编译字节码操作。如果 JVM 通过硬件实现，则可能更快。这里，特殊 Java 芯片采用本机代码形式执行 Java 字节码操作，从而绕过了对软件解释器或即时编译器的需求。

18.8　虚拟化研究

如前所述，近年来机器虚拟化作为解决系统兼容性问题的手段越来越受欢迎。研究已经扩展到涵盖机器虚拟化的许多其他用途，包括支持在库操作系统上运行的微服务以及嵌入式系统中资源的安全分区。许多有趣的研究正在进行中。

通常，在云计算的环境中，同一应用程序运行在数千个系统上。为了更好地管理这些部署，可以将其虚拟化。不过，首先需要分析一下这种情况的执行堆栈，即虚拟机管理器管理的虚拟机中具有丰富服务的通用操作系统之上的应用程序。像 unikernel 这样的项目是基于**库操作系统**，旨在提高这些环境的效率和安全。unikernel 采用专用的机器映像和同一地址空间，从而缩小已部署应用程序的攻击面和资源占用。本质上，它将应用程序、所调用的系统库以及所使用的内核服务，编译成可在虚拟环境（甚至是裸机）中运行的单个二进制文件。虽然研究改变操作系统内核、硬件和应用程序的交互方式并不新鲜（例如，参见 https://pdos. csail. mit. edu/6. 828/2005/readings/engler95exokernel. pdf），但是云计算和虚拟化还是在这方面引发了新的关注。有关详细信息，请参见 http://unikernel. org。

现代 CPU 中的虚拟化指令已经引发了虚拟化研究的一个新分支，其重点不是更有效地使用硬件，而是更好地控制进程。分区虚拟机管理器在客户机之间划分现有机器的物理资源，从而完全提交而非过度使用机器资源。分区虚拟机管理器可以通过另一个操作系统（在单独的客户机虚拟机域中运行）中的功能，安全地扩展现有操作系统的功能，以便运行在机器物理资源的子集上。这避免了从头开始编写整个操作系统的烦琐。例如，缺乏实时安全和安全关键任务功能的 Linux 系统，可以通过运行自己的虚拟机中的轻量级实时操作系统进行扩展。传统的虚拟机管理器比运行本机任务具有更高的开销，因此需要一种新型的虚拟机管理器。

每个任务都运行在虚拟机中，但是虚拟机管理器仅初始化系统并启动任务，不涉及继续操作。每个虚拟机都有自己分配的硬件，可以自由管理这些硬件而不受虚拟机管理器的干扰。由于虚拟机管理器不会中断任务操作而且不会被任务调用，因此这种任务可以具有实时性，并且可以更加安全。

关于分区虚拟机管理器方面的项目包括 Quest-V、eVM、Xtratum 和 Siemens Jailhouse。这些是**分离虚拟机管理器**（请参阅 http://www. csl. sri. com/users/rushby/papers/sosp81. pdf），它使用虚拟化将单独的系统组件划分为芯片级的分布式系统。然后，通过硬件扩展页表实现安全共享内存通道，以便单独的沙箱客户机可以相互通信。这些项目的目标领域包括机器人、自动驾驶汽车和物联网等。有关详细信息，请参阅 https://www. cs. bu. edu/richwest/papers/west-tocs16. pdf。

18.9　本章小结

- 虚拟化是为客户机提供系统底层硬件副本的方法。多个客户机可以运行在一个给定的系统上，每个客户机都自以为是本机操作系统，并且能够完全控制。

- 虚拟化最初作为一种允许 IBM 隔离用户的方法，并且在 IBM 大型机上为用户提供自己的执行环境。从那时起，由于系统与 CPU 的性能改进以及软件技术的创新，虚拟化已成为数据中心甚至个人计算机的常见功能。由于其受欢迎程度的提高，CPU 设计人员增加了支持虚拟化的功能。随着虚拟化及其硬件支持的不断增加，这种滚雪球效应可能会持续下去。

- 虚拟机管理器或管理程序创建并且运行虚拟机。类型 0 虚拟机管理器采用硬件实现，需要修改操作系统以确保正常运行。有些类型 0 虚拟机管理器支持半虚拟化，也就是说操作系统了解虚拟化并且协助执行。

- 类型 1 虚拟机管理器提供创建、运行和管理客户虚拟机所需的环境和功能。每个客户机都包含通常与完整本机系统关联的所有软件，包括操作系统、设备驱动程序、应用程序、用户账户等。

- 类型 2 虚拟机管理器只是运行在其他操作系统上的应用程序，因此并不知道正在进行虚拟化。这些虚拟机管理器没有硬件或主机支持，因此必须在进程上下文中执行所有虚拟化活动。

- 编程环境虚拟化是编程语言设计的一部分。该语言指定为执行程序所需包含的应用程序，这个应用程序为其他程序提供服务。

- 当主机系统有一个体系结构，而客户机是为另一个体系结构而编译时，就可使用仿真。客户机想要执行的每条指令都要从原来的指令集转换到本机硬件的指令集。尽管这种方法会带来一些性能损失，但好处是能够在更新的、不兼容的硬件上运行旧程序，或者在现代硬件上运行为旧控制台设计的游戏。

- 实现虚拟化具有挑战性，尤其是在硬件支持很少的情况下。系统提供的功能越多，虚拟化的实现就越容易，客户机的性能也就越好。

- VMM 在优化 CPU 调度、内存管理和 I/O 模块时，利用任何可用的硬件支持为客户机提供最优资源使用，同时保护 VMM 免受客户机的影响，并且控制客户机之间的影响。

- 目前的研究在不断扩展着虚拟化的应用。为了运行在虚拟机中，unikernel 将应用程序、所用的库和应用程序所需的内核资源，编译成一个具有同一地址空间的二进制文件，从而提高效率并减少安全攻击面。分区虚拟机管理器提供安全执行、实时操作以及其他功能，传统上这些功能是运行在专用硬件上的应用程序才具有的。

18.10 推荐读物

［Meyer and Seawright（1970）］讨论了最初的 IBM 虚拟机。［Popek and Goldberg（1974）］提出了有助于定义 VMM 的特征。［Agesen et al.（2010）］讨论了虚拟机的实现方法。

［Neiger et al.（2006）］描述了 Intel x86 对虚拟化的硬件支持。关于 AMD 对虚拟化的硬件支持参见白皮书，网址为 http://developer.amd.com/assets/NPT-WP-1%201-final-TM.pdf。

［Waldspurger（2002）］描述了 VMware 的内存管理。［Gordon et al.（2012）］提出了解决虚拟化环境中 I/O 开销问题的方法。［Wojtczuk and Ruthkowska（2011）］讨论了虚拟环境中一些保护和攻击方面的挑战。

有关替代内核设计的早期工作，请参阅 https://pdos.csail.mit.edu/6.828/2005/readings/engler95exokernel.pdf。有关 unikernel 的更多信息，请参见［West et al.（2016）］和 http://unikernel.org。有关分区虚拟机管理器的讨论，请参见 http://ethdocs.org/en/latest/introduction/what-is-ethereum.html，https://lwn.net/Articles/578295，以及［Madhavapeddy et al.（2013）］. Quest-V 是一个分离虚拟机管理器，有关细节请参见 http://www.csl.sri.com/users/rushby/papers/sosp81.pdf 与 https://www.cs.bu.edu/richwest/papers/west-tocs16.pdf。

关于开源项目 VirtualBox，请参见 http://www.virtualbox.org。有关 LXC 的源代码，请参

见 https://linuxcontainers. org/lxc/downloads。

有关 Docker 的更多信息，请参见 https://www. docker. com/what-docker。有关 Kubernetes 的信息，请参见 https://kubernetes. io/docs/concepts/overview/what-is-kubernetes。

18. 11 参考文献

[Agesen et al. （2010）] O. Agesen, A. Garthwaite, J. Sheldon, and P. Subrahmanyam, "The Evolution of an x86 Virtual Machine Monitor", *Proceedings of the ACM Symposium on Operating Systems Principles* （2010）, pages 3–18.

[Gordon et al. （2012）] A. Gordon, N. A. N. Har'El, M. Ben-Yehuda, A. Landau, A. Schuster, and D. Tsafrir, "ELI: Bare - metal Performance for I/O Virtualization", *Proceedings of the International Conference on Architectural Support for Programming Languages and Operating Systems* （2012）, pages 411–422.

[Madhavapeddy et al. （2013）] A. Madhavapeddy, R. Mirtier, C. Rotsos, D. Scott, B. Singh, T. Gazagnaire, S. Smith, S. Hand, and J. Crowcroft, "Unikernels: Library Operating Systems for the Cloud" （2013）.

[Meyer and Seawright （1970）] R. A. Meyer and L. H. Seawright, "AVirtual Machine Time-Sharing System", *IBM Systems Journal*, Volume 9, Number 3 （1970）, pages 199–218.

[Neiger et al. （2006）] G. Neiger, A. Santoni, F. Leung, D. Rodgers, and R. Uhlig, "Intel Virtualization Technology: Hardware Support for Efficient Processor Virtualization", *Intel Technology Journal*, Volume 10, （2006）.

[Popek and Goldberg （1974）] G. J. Popek and R. P. Goldberg, "Formal Requirements for Virtualizable Third Generation Architectures", *Communications of the ACM*, Volume 17, Number 7 （1974）, pages 412–421.

[Waldspurger （2002）] C. Waldspurger, "Memory Resource Management in VMware ESX Server", *Operating Systems Review*, Volume 36, Number 4 （2002）, pages 181–194.

[West et al. （2016）] R. West, Y. Li, E. Missimer, and M. Danish, "A Virtualized Separation Kernel for Mixed Criticality Systems", Volume 34, （2016）.

[Wojtczuk and Ruthkowska （2011）] R. Wojtczuk and J. Ruthkowska, "Following the White Rabbit: Software Attacks Against Intel VT-d Technology", *The Invisible Things Lab's blog* （2011）.

18. 12 习题

18. 1 描述传统虚拟机管理器的三种类型。

18. 2 描述四个准虚拟化的执行环境，并且解释它们与"真实"虚拟化的区别。

18. 3 描述虚拟化的四个好处。

18. 4 在某些 CPU 上，VMM 为何无法实现基于陷阱模拟的虚拟化？如果没有陷阱模拟能力，VMM 可以使用什么方法来实现虚拟化？

18. 5 现代 CPU 可以为虚拟化提供哪些硬件协助？

18. 6 虚拟环境为何可以实现实时迁移，而本机操作系统为何不太可能实现？

网络与分布式系统

由 Sarah Diesburg 更新

分布式系统是没有共享内存或时钟的一组处理器集合，相反，每个节点都有自己的本地内存。节点之间的通信可以通过各种网络进行，如高速总线。分布式系统比以往任何时候都更重要，我们几乎都在使用某种形式的分布式服务。分布式系统的应用包括：在组织内提供透明的文件访问、大规模的云文件和照片存储服务、大型数据集的商业趋势分析、科学数据的并行处理等。事实上，分布式系统最基本的实例是一个大家都很熟悉的实例：互联网。

本章讨论分布式系统的一般结构以及互连网络，还将分析当前分布式系统设计的类型和作用的主要差异，最后研究分布式文件系统的一些基本设计和设计挑战。

本章目标

- 讨论网络和分布式系统的优点。
- 概述分布式系统的互连网络。
- 定义当今使用的分布式系统的角色和类型。
- 讨论有关分布式文件系统的设计问题。

19.1 分布式系统的优点

分布式系统（distributed system）是由通信网络互连的松耦合节点的集合。从分布式系统中特定节点的角度来看，其余的节点及其各自的资源是远程的，而它自己的资源是本地的。

分布式系统中节点的大小与功能可能会有所不同，节点可能包括小型微处理器、个人电脑和大型通用计算机系统。这些处理器在不同的上下文中有不同的名称，例如处理器、站点、机器和主机等。本书主要使用站点（site）来表示计算机的位置，而使用节点（node）来指代站点的特定系统。节点可能属于客户端-服务器系统、对等系统或它们的混合体。对于常见的客户端-服务器系统，服务器（站点的一个节点）提供资源，而客户端（或用户）需要使用资源。客户端-服务器分布式系统的一般结构如图 19.1 所示。对于对等系统，没有客户端或服务器。相反，每个节点承担同等责任，可以同时充当客户端和服务器。

当多个站点通过通信网络相互连接时，各个站点的用户都有机会交换信息。在低层，**消息**在系统之间传递，类似于 3.4 节所讨论的单个计算机进程之间的消息传递。考虑到消息传递，独立系统的所有高级功能都可以扩展到分布式系统。这些功能包括文件存储、应用程序执行以及远程过程调用（RPC）。

构建分布式系统的三个主要原因是资源共享、计算加速和可靠性。下面简要讨论一下。

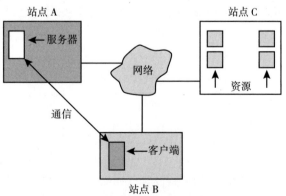

图 19.1 客户端-服务器分布式系统

19.1.1　资源共享

如果多个不同的站点（具有不同的功能）相互连接，那么一个站点上的用户可以使用另一站点上的可用资源。例如，站点 A 的用户可以查询位于站点 B 的数据库。站点 B 的用户可以访问位于站点 A 的文件。通常，分布式系统的**资源共享**（resource sharing）提供各种机制，以便共享远程站点上的文件，处理分布式数据库的信息，打印远程站点上的文件，使用诸如超级计算机或**图形处理单元**（Graphics Processing Unit，GPU）之类的远程专用硬件设备，以及执行其他操作。

19.1.2　计算加速

如果一个特定的计算可以划分为能够并发运行的子计算，那么就可使用分布式系统在各个站点之间分配子计算。子计算可以并发运行，因此可以提供**计算加速**（computation speedup）。在针对大数据进行大规模处理时（例如，客户大数据的趋势分析），这一点尤其重要。此外，如果当前某个特定站点的请求超载，那么其中一些可以移动或重新路由到更轻载的其他站点。作业的这种移动称为**负载平衡**，这对于分布式系统节点和互联网提供的其他服务非常常见。

19.1.3　可靠性

如果分布式系统的某个站点发生故障，其余站点可以继续运行，使得系统具有更高的可靠性。如果系统由多个大型的自主系统（通用计算机）组成，那么其中一台计算机的故障不应影响其余的计算机。然而，如果该系统由多种机器组成，每个都负责某些关键的系统功能（例如 Web 服务器或文件系统），那么单个故障可能会中断整个系统的运行。一般来说，倘若具有足够的冗余（在硬件和数据方面），那么即使某些节点发生故障，系统也可以继续运行。

系统必须能检测到节点或站点的故障，并可能需要采取适当的措施进行故障恢复，且应该不再使用该站点的服务。此外，如果故障站点的功能可以由另一个站点接管，那么系统必须确保正确的功能转移。最后，在故障站点恢复或修复后，必须通过有效的机制将其平稳地集成到原系统。

19.2　网络结构

要完全理解当前使用的分布式系统的作用与类型，需要了解连接它们的网络。本节作为关于网络知识的入门指南，将讨论与分布式系统相关的基本网络概念与挑战。此外，还将专门讨论分布式系统。

网络类型基本可分为两类：**局域网**（Local-Area Network，LAN）和**广域网**（Wide-Area Network，WAN）。两者的主要区别在于地理分布方式。局域网由分布在小范围内的主机组成（如单个建筑物或若干相邻建筑物），而广域网由分布在大范围内的系统组成（如美国）。这些差异意味着通信网络的速度和可靠性发生了重大变化，它们体现在分布式系统的设计中。

19.2.1　局域网

局域网出现在 20 世纪 70 年代初，用于代替大型主机计算机系统。对于很多企业来说，相对单一的大系统而言，若干具有独立应用程序的小型计算机更加经济。每台小型计算机都可能需要全套的外围设备（如磁盘和打印机），而且企业可能需要某种形式的数据共享，因此将这些小系统连成一个网络就成为很自然的需求。

如上所述，局域网通常用于覆盖较小的地理区域，如办公室或家庭环境。这类系统的所有站点彼此相近，因此，与广域网的通信链路相比，局域网的通信链路往往具有更高的速度和更低的错误率。

一个典型的 LAN 可能包含许多不同的计算机（包括工作站、服务器、笔记本电脑、平板电脑和智能手机等），各种共享外围设备（例如打印机和存储阵列），以及一个或多个提供对其他网络的访问权限的**路由器**（router）（网络通信的专用处理器）（图 19.2）。以太网和WiFi 通常用于构建 LAN。无线接入点将设备无线连接到局域网，它们本身可能是也可能不是路由器。

企业和行政单位通常采用以太网，因为这些组织的计算机和外围设备往往是不可移动的。这些网络使用同轴电缆、双绞线或光缆等发送信号。以太网没有中央控制器，因为它采用多路访问总线，从而可以轻松地将新主机添加到网络。以太网协议由 IEEE 802.3 标准定义。典型的以太网采用常见的双绞线布线，其速度从 10Mbps 到 10Gbps 不等。其他类型布线的速度可达100Gbps。

WiFi 现在无处不在，可以补充传统的以太网络，也可以单独存在。

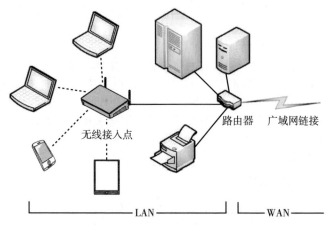

图 19.2   局域网

具体来说，WiFi 使我们无须使用物理电缆就可构建网络。每个主机都有一个无线发射器和接收器，用于连到网络。WiFi 由 IEEE 802.11 标准定义。无线网络相当流行，应用场所包括家庭和企业，也包括公共场所，如图书馆、网吧、运动场馆甚至公共汽车与飞机等。WiFi 的速度从11Mbps 到 400Mbps 以上不等。

IEEE 802.3 和 802.11 标准都在不断发展。有关各种标准和速度的最新信息，请参阅本章末尾的参考文献。

19.2.2 广域网

广域网出现在 20 世纪 60 年代后期，主要作为一个学术研究项目，提供站点之间的高效通信，允许更广区域内的用户更加有效、更加经济地共享硬件和软件。ARPANET 是首个设计开发的 WAN。该项目开始于 1968年，从四个站点的实验性网络，逐渐发展成为包含数百万个计算机系统的**因特网**（也称为 World Wide Web）。

WAN 站点在物理上分布在较大的地理区域中。典型的链接采用电话线、租用（专用数据）线、光缆、微波链路、无线电波链路和卫星频道等。这些通信链路由路由器来控制（图 19.3），路由器负责将流量传到其他路由器和网络，并且在各个站点之间传输信息。

例如，Internet WAN 可以使

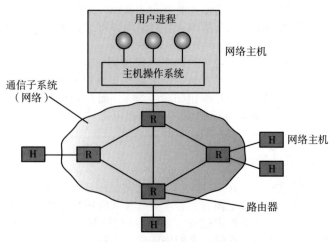

图 19.3   广域网中的通信处理器

得位于不同地理位置的站点上的主机相互通信。主机通常在速度、CPU 类型、操作系统等方面有所不同。主机通常连到 LAN，而 LAN 通过区域网络连到 Internet。区域网络与路由器互连，从而形成全球网络。家用电脑连到 Internet 时可以采用电话线或电缆，ISP（Internet Service Provider）也可安装路由器以将家用电脑连到 Internet。当然，除了 Internet 之外，还有其他 WAN。例如，一家公司可能会创建自己的专用 WAN 以提高安全性、执行效率或可靠性。

WAN 通常比 LAN 慢，尽管连接主要城市的骨干 WAN 链路可能采用光纤，从而具有很快的传输速率。实际上，许多骨干网提供商的光纤速度为 40Gbps 或 100Gbps。（通常由本地**互联网服务提供商**提供的家庭或企业链路使得速度变得更慢。）不过，随着对不断增长的速度的需求，WAN 链路正在不断更新为更快的技术。

通常，广域网和局域网互连，而且很难分清楚一个在哪儿结束，另一个在哪儿开始。考虑移动电话数据网络。手机用于语音和数据通信。给定区域的手机通过无线电波连到含有收发器的手机信号塔，这部分网络类似于局域网，手机之间没有通信（除非两个正在交谈或交换数据的用户碰巧连到同一塔楼）。相反，塔与塔互连，这些塔与集线器之间采用连到地面的线路或其他通信媒介来连接，并将数据包路由到其目的地。网络的这一部分更像 WAN。一旦适当的塔接收到数据包，它会使用发送器将其发送到正确的接收者。

19.3 通信结构

前面讨论了网络的物理性质，下面讨论网络的内部工作原理。

19.3.1 命名和名称解析

网络通信的第一个问题涉及网络中系统的命名。为了使站点 A 的进程与站点 B 的进程交换信息，每个进程都必须能够指定另一个进程。对于单个的计算机系统，每个进程都有一个进程标识符，消息可以使用进程标识符进行寻址。然而，由于联网系统并不共享内存，系统中的主机最初并不了解其他主机上的进程。

为了解决这个问题，远程系统上的进程通常由<主机名，标识符>来标识，其中**主机名**是网络内的唯一名称，**标识符**是进程标识符或主机内的其他唯一编号。主机名通常是由字母与数字（不只是数字）组成的标识符，以便于用户指定。例如，站点 A 的主机名可能为 program、student、faculty 和 cs 等。主机名 program 相对数字主机地址 128.148.31.100 更容易记住。

名称方便人们使用，但是计算机出于速度与简单的原因而更喜欢使用数字。因此，必须有一种机制可以将主机名称**解析**为主机 ID，以便为网络硬件描述目标系统。这种机制类似于在程序编译、链接、加载与执行时进行的名称到地址的绑定。对于主机名，有两种可能性。第一种，每个主机可能都有一个数据文件，其中包含网络上所有其他可达主机的名称和数字地址（类似于在编译时进行绑定）。这种模型的问题在于，从网络中添加或删除主机需要更新所有主机上的数据文件。实际上，在 ARPANET 的初期，有一个规范的主机文件会被定期复制到每个系统。然而，随着网络的发展，这种方法不再合适。

第二种，在网络上的系统之间分发信息。然后，网络必须使用协议来分发和检索信息。这个方案类似于执行时绑定。Internet 使用**域名系统**（Domain-Name System，DNS）进行主机名的解析。

DNS 规定主机的命名结构以及名称到地址的解析。互联网上的主机使用称为 IP 地址的多个部分组成的名称进行逻辑寻址。IP 地址的各个部分从最具体到最一般排序，用句点分隔各个字段。例如，eric.cs.yale.edu 表示顶级域名 edu 中耶鲁大学 yale 的计算机科学系 cs 的主机 eric。（其他顶级域名包括用于商业网站的 com、用于组织机构的 org 以及连到网络的每个国家/地区的域——这不是按类型的而是按国家/地区来指定的。）通常，系统按相反的顺序检查主机名称组成并将其解析成地址。每个组成都有一个**名称服务器**（仅是系统上的一个进程），该名称服务器接受名称并返回负责该名称的名称服务器的地址。最后，与有关主机的名称服务器通信，并且返回一个主机 ID。例如，系统 A 上的进程在发出与 eric. cs. yale. edu 通信的请求时，将发生以下步骤：

1. 系统库或系统 A 的内核向域 edu 的名称服务器发出请求，询问 yale. edu 的名称服务器的地址。域 edu 的名称服务器必须位于已知地址，以便可以查询。
2. edu 名称服务器返回 yale. edu 名称服务器所在主机的地址。
3. 然后，系统 A 查询这个地址的名称服务器，并询问 cs. yale. edu。
4. 返回一个地址。最后，对这个地址的 eric. cs. yale. edu 请求返回相应的 IP 地址（例如 128. 148. 31. 100）。

这个协议似乎效率低下，但是单个主机会缓存已解析的 IP 地址以加快处理速度。（当然，这些缓存的内容必须随着时间刷新，以防名称服务器的移动或地址的更改。）实际上，该协议是如此重要，以致优化了多次，并增加了许多防护措施。考虑一下，如果 edu 名称服务器崩溃了会发生什么。edu 的主机可能无法解析地址，从而使其变得无法到达！解决方法是使用辅助的备份名称服务器，这些服务器会复制主服务器的内容。

在引入域名服务之前，Internet 上的所有主机都需要一个文件（如上所述），以便包含网络上每个主机的名称和地址。对该文件的所有更改必须在一个站点（主机 SRI-NIC）上注册，并且从 SRI-NIC 上定期将已更新的文件复制到所有主机，以便能够与新的系统通信或查找已更改地址的主机。有了域名服务，每个名称服务器负责更新该域的主机信息。例如，耶鲁大学的任何主机的更改，由 yale. edu 的名称服务器负责，无须在其他任何地方报告。DNS 查找会自动检索更新的信息，因为其直接与 yale. edu 通信。域可能包含自治的子域，以便分配更改主机名和主机 ID 的责任。

Java 提供了必要的 API，以便将 IP 名称映射到 IP 地址。图 19.4 所示的程序根据命令行上的名称（例如 eric. cs. yale. edu）输出主机的 IP 地址，或者返回消息以指示无法解析主机名称。InetAddress 是代表 IP 名称或地址的 Java 类。属于 InetAddress 类的静态方法 getByName 根据所传递名称的字符串返回相应的 InetAddress。然后，程序调用 getHostAddress 方法，通过内部使用 DNS 查找指定主机的 IP 地址。

```
/**
 * Usage: java DNSLookUp <IP name>
 * i.e. java DNSLookUp www.wiley.com
 */
public class DNSLookUp {
  public static void main(String[] args) {
    InetAddress hostAddress;

    try {
    hostAddress = InetAddress.getByName(args[0]);
    System.out.println(hostAddress.getHostAddress());
    }
    catch(UnknownHostException uhe){
    System.err.println("Unknown host: "+args[0]);
    }
  }
}
```

图 19.4　演示 DNS 查找的 Java 程序

一般来说，操作系统负责从进程中接收发往<主机名，标识符>的消息，并将其发送到适当的主机。然后，目标主机上的内核负责将消息传输到由标识符命名的进程。整个过程将在 19. 3. 4 节中描述。

19.3.2 通信协议

在设计通信网络时，对于潜在缓慢且容易出错的环境内的异步通信操作的协调，必须考虑其复杂性。此外，网络上的系统必须达成一项或多项协议，以便确定主机名、定位网络上的主机、建立连接等。通过分层可以简化设计问题（以及相关的实现）。系统上的每层都与其他系统上的对等层进行通信。一般来说，每一层都有自己的协议，而且对等层之间的通信采用特定协议，这些协议可以用硬件或软件实现。例如，图 19.5 显示了两台计算机之间的逻辑通信，底部的三层采用硬件实现。

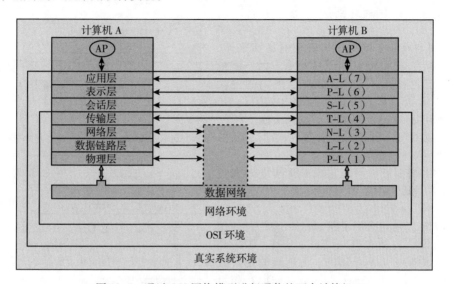

图 19.5 通过 OSI 网络模型进行通信的两台计算机

国际标准化组织（International Standards Organization，ISO）创建了开放系统互连（Open Systems Interconnection，OSI）模型，用于描述各个网络层。虽然这些层并没有实际实现，但是有助于理解网络的逻辑运作。下面对其加以描述。

- **第 1 层：物理层**。物理层负责处理比特流物理传输的机械和电气细节。在物理层，通信系统必须就二进制 0 和 1 的电气表示形式达成共识，以便在将数据作为电信号流发送时，接收者能够正确地将数据解释为二进制数据。该层采用联网设备的硬件实现，负责传送比特。
- **第 2 层：数据链路层**。数据链路层负责处理帧或固定长度的数据包，以及检测和恢复物理层的任何错误。该层在物理地址之间发送帧。
- **第 3 层：网络层**。网络层负责将消息分解为数据包，提供逻辑地址之间的连接，并且路由通信网络中的数据包（包括处理传出数据包的地址，解码传入数据包的地址，并且维护路由信息，以便正确响应不断变化的负载）。路由器工作在这一层。
- **第 4 层：传输层**。传输层负责传输节点之间的消息，维护数据包的顺序，并且控制流量以避免拥塞。
- **第 5 层：会话层**。会话层负责实现会话或进程间的通信协议。
- **第 6 层：表示层**。表示层负责解决网络中各个站点之间的格式差异，包括字符转换和半双工-全双工模式（字符回显）。
- **第 7 层：应用层**。应用层负责与用户进行直接交互。该层处理文件传输、远程登录协议、电子邮件以及用于分布式数据库的架构等。

图 19.6 总结了 **OSI 协议栈**（一组协作协议）的架构，显示了数据的物理流。如上所述，

从逻辑上来说，协议栈的每一层都与其他系统上的对等层进行通信。但是实际上一条消息从应用层本身或应用层之上开始，并依次通过每个较低的层。每一层都可以修改消息，并且增加对等层的消息头数据。最终，消息到达数据链路层，并作为一个或多个数据包传输（图 19.7）。目标系统的数据链路层接收这些数据，并且在协议栈中向上移动消息。在执行过程中，这些消息会被分析、修改并删除消息头。消息最终到达应用层以供接收进程使用。

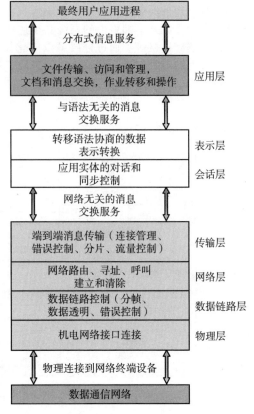

图 19.6　OSI 协议栈

OSI 模型规范了网络协议方面的早期工作，虽说它是早在 20 世纪 70 年代后期开发的，但是目前仍未广泛使用。或许，最广泛采用的协议栈是 TCP/IP 模型（有时称为 Internet 模型），几乎所有的 Internet 站点都采用了该协议栈。TCP/IP 栈的层数少于 OSI 模型的层数。从理论上讲，因为 TCP/IP 模型每层都结合了多项功能，所以实现起来比较困难，但是它比 OSI 网络更加有效。OSI 和 TCP/IP 模型之间的关系如图 19.8 所示。

TCP/IP 应用层采用了在 Internet 中广泛使用的多种协议，包括 HTTP、FTP、SSH、DNS 和 SMTP。传输层采用不可靠的、无连接的**用户数据报协议**（User Datagram Protocol，UDP）和可靠的、面向连接的传输控制协议（Transmission Control Protocol，TCP）。互联网协议（Internet Protocol，IP）负责将 IP **数据报**（datagram）或数据包路由到整个互联网。TCP/IP 模型没有给出链路层或物理层，而是允许 TCP/IP 流量在任何物理网络上运行。19.3.3 节讨论了运行在以太网上的 TCP/IP 模型。

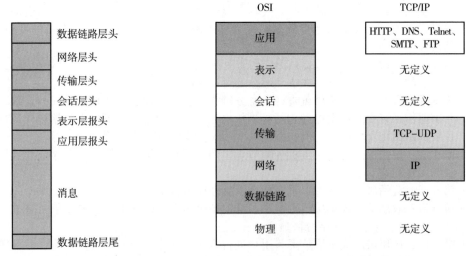

图 19.7　OSI 网络消息　　　　　　　图 19.8　OSI 和 TCP/IP 栈

在任何现代通信协议的设计和实现中，安全应该是一个关注点。安全通信需要强身份验证和加密。强身份验证确保通信发送者与接收者确实是它们本身。加密可防止通信内容被窃听。不过，由于多种原因，弱身份验证和纯文本通信的情况仍然很普遍。在大多数通用协议的设计过程中，安全通常不如性能、简捷与效率等重要。这种后遗症今天仍然存在，因为事实证明，为现有基础架构增加安全性是困难而复杂的。

强身份验证需要多步握手协议或身份验证设备以增加协议的复杂性。至于加密要求，现代 CPU 可以有效执行加密，通常包含加速的加密指令，因此不会影响系统性能。如 16.4.2 节所述，通过验证端点并且加密虚拟专用网络的数据包流，可以确保远程通信的安全。大多数站点的 LAN 通信仍未加密，但是诸如 NFS v4 之类的协议包括强大的本机身份验证和加密，这有助于提高局域网的安全。

19.3.3　TCP/IP 示例

下面讨论名称解析问题，并且分析 Internet TCP/IP 栈的操作。然后，考虑在不同以太网上的主机之间传输数据包所需的处理。这里的讨论基于 IPv4，这是当今最常用的协议。

TCP/IP 网络的每个主机都有一个名称和一个关联的 IP 地址（或主机 ID）。这两个字符串必须唯一；它们可被细分，以便管理命名空间。如前所述，这个名称是分层的，包括主机名以及描述与主机关联的组织。主机 ID 分为网络号和主机号，其分割比例各不相同，取决于网络的大小。在 Internet 管理员得到网络号后，具有该号的站点可以自由分配主机 ID。

发送系统检查其路由表以找到路由器，从而正确地发送帧。该路由表要么由系统管理员手动配置，要么由几种路由协议之一填充，例如**边界网关协议**（Border Gateway Protocol，BGP）。路由器使用主机 ID 的网络号，将数据包从源网络传到目标网络。然后，目标系统接收该数据包。该数据包可能是完整的消息，或者可能只是消息的一个部分，需要更多的数据包以重新组合并传递到 TCP/UDP（传输）层，最后传输到目标进程。

在网络中，数据包如何从发送方（主机或路由器）移动到接收方？每个以太网设备都有唯一的字节号，称为**媒体访问控制**（Medium Access Control，MAC）**地址**，该地址用于寻址。LAN 上的两个设备仅使用此编号相互通信。如果一个系统需要将数据发送到另一个系统，网络软件会生成一个包含目标系统 IP 地址的**地址解析协议**（Address Resolution Protocol，ARP）数据包。该数据包被**广播**（broadcast）到以太网上的所有其他系统。

广播使用特殊的网络地址（通常是最大地址）表示所有主机都应接收并处理该数据包。这种广播不会被路由器重新发送，因此只有本地网络上的系统才能接收到它。只有 IP 地址与 ARP 请求的 IP 地址相匹配的系统才会响应，并将其 MAC 地址发回发起查询的系统。为了提高效率，主机将 IP-MAC 地址对缓存在内部表中。缓存条目不断老化，因此，如果在给定时间内无须访问一个系统，则该条目最终会从缓存中删除。通过这种方式，从网络中删除的主机最终会被遗忘。为了提高性能，可以将频繁使用的主机的 ARP 条目固定在 ARP 缓存中。

当以太网设备宣布其主机 ID 和地址后，通信就可开始。一个进程可以指定要与之通信的主机名称。网络软件得到名称后，利用自动的 DNS 查找或者人工管理的本地主机文件中的条目转换，确定目标主机的 IP 地址。消息从应用层开始传递，通过软件层，最终到达硬件层。在硬件层上，数据包的首部为以太网地址；其尾部指示数据包的末尾，并且含有用于检测数据包损坏的**校验和**（图 19.9）。该数据

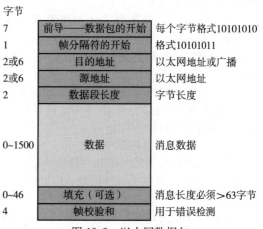

图 19.9　以太网数据包

字节		
7	前导——数据包的开始	每个字节格式10101010
1	帧分隔符的开始	格式10101011
2或6	目的地址	以太网地址或广播
2或6	源地址	以太网地址
2	数据段长度	字节长度
0~1500	数据	消息数据
0~46	填充（可选）	消息长度必须>63字节
4	帧校验和	用于错误检测

包由以太网设备放到网络中。数据包的数据部分包含原始消息的部分或全部数据，也包含组成消息的上层首部。换句话说，原始消息的所有部分必须从源发送到目的地，而且 802.3 层（数据链路层）以上的所有首部作为数据被包含在以太网数据包中。

如果目标与源位于同一局域网中，系统可以查看 ARP 缓存，找到主机的以太网地址，并且将数据包放到电缆上。然后，目标以太网设备会在数据包中看到其地址，并且读取数据包以便通过协议栈向上传递。

如果目标系统所在的网络与源系统的不同，那么源系统在自己的网络上找到合适的路由器，并将数据包发送给它。然后，路由器将数据包沿着 WAN 传递，直到到达目标网络为止。最后，目标网络的路由器检查 ARP 缓存，查找目标主机的以太网号，并将数据包发到目标主机。对于所有这些传输，在使用沿途下一个路由器的以太网地址时，数据链路层的报头可能会被更改；不过，数据包的其他报头保持不变，最终协议栈接收并处理该数据包，并且由内核将其传到接收进程。

19.3.4　网络协议 UDP 与 TCP

具有特定 IP 地址的主机收到数据包后，必须以某种方式将其传给正确的等待进程。传输协议 TCP 和 UDP 通过使用**端口号**来标识接收（和发送）进程。因此，只要每个服务进程指定不同的端口号，具有单个 IP 地址的主机就可运行多个服务进程并等待数据包。许多常见服务默认使用众所周知的端口号，包括 FTP（21）、SSH（22）、SMTP（25）和 HTTP（80）。例如，如果希望通过网络浏览器连到"http"网站，你的浏览器将采用数字 80 作为 TCP 传输报头，自动尝试连到服务器上的端口 80。有关众所周知端口的详细列表，可登录你喜欢的 Linux 或 UNIX 计算机并查看文件 /etc/services。

传输层不仅可以将数据包连到运行进程，还可以完成更多工作。如果需要的话，它也可以为数据包流增加可靠性。下面介绍传输协议 UDP 和 TCP 的一些行为以说明这一过程。

19.3.4.1　用户数据报协议

传输协议 UDP 是不可靠的，因为它只是通过端口号简单扩展了 IP。实际上，UDP 报头非常简单，仅包含四个字段：源端口号，目的端口号，长度，校验和。数据包可以通过 UDP 快速发送到目的地。不过，由于网络栈的较低层不能保证传递，数据包可能会丢失。数据包也可能会无序到达接收器。应用程序可能会发现这些错误并且进行调整（或不加调整）。

图 19.10 说明了一种常见的情况，即客户端与服务器采用 UDP 并且有丢失的数据包。请注意，UDP 称为无连接协议，因为在开始传输时并未设置建立连接的状态，即客户端只是开始发送数据。同样，没有连接终止。

客户端首先向服务器发送信息请求。然后，服务器通过向客户端发送四个数据报或数据包来响应。很遗憾，数据包之一被不堪重负的路由器丢弃。客户端要么只能处理三个数据包，要么必须使用应用程序的具体逻辑来请求丢失的数据包。因此，如果需要网络具有任何其他可靠性保证，则需要使用其他传输协议。

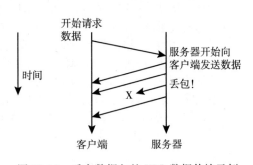

图 19.10　丢弃数据包的 UDP 数据传输示例

19.3.4.2　传输控制协议

TCP 是既可靠又面向连接的传输协议。除了指定端口号以标识不同的发送和接收进程外，主机上的 TCP 还提供了一种抽象，以允许主机上的发送进程按照有序的、不间断的字节流，通过网络到达另一台主机上的接收进程。TCP 通过以下机制来完成这些任务：

- 每当主机发送数据包时，接收方必须发送一个确认数据包或 **ACK**（ACKnowledgment packet），以通知发送方该数据包已被接收。如果在计时器到期之前未收到 ACK，发送方将再次发送该数据包。

- 每个 TCP 数据包的报头都有一个**序列号**。序列号允许接收器在将数据发送到请求进程之前按顺序排列数据包，并且注意字节流中丢失的数据包。
- TCP 连接的建立通过发送方与接收方之间的一系列控制数据包来完成（通常称为三次握手），而 TCP 连接的释放通过相应的断开连接的控制数据包来完成。这些控制数据包允许发送方和接收方建立并删除状态。

图 19.11 演示了采用 TCP 进行的可能的交换（省略了连接建立与释放）。在建立连接后，客户端向服务器发送请求包，序列号为 904。然后，与采用 UDP 的服务器不同，采用 TCP 的服务器必须将 ACK 数据包发回客户端。接下来，服务器开始发送自己的由不同序列号开头的数据包流。客户端为收到的每个数据包进行确认。很遗憾，序列号为 127 的数据包丢失，且客户端并未确认。发送方因等待 ACK 数据包而超时，因此必须重发数据包 127。在连接的后期，服务器发送序列号为 128 的数据包，但是 ACK 丢失了。由于服务器未收到 ACK，因此必须重发数据包 128。然后，客户端收到重复的数据包。由于客户端知道它以前收到了具有该序列号的数据包，因此会将重复项扔掉。然而，它必须将另一个 ACK 发送回服务器，以允许服务器继续。

对于真实的 TCP 规范，并不是每个数据包都需要 ACK——接收方可以发送累积的 ACK 以便确认一系列数据包。服务器还可以在等待 ACK 之前按序发送大量的数据包，从而充分利用网络的吞吐量。

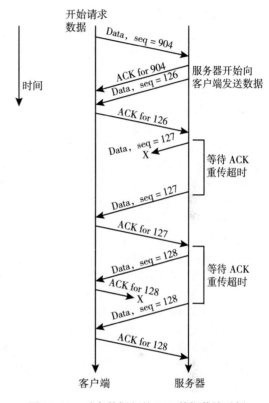

图 19.11　丢弃数据包的 TCP 数据传输示例

TCP 还可通过流控制和拥塞控制机制调节数据包的流量。**流控制**（flow control）涉及防止发送方超出接收方的容量。例如，接收方的连接速度可能较慢，或者硬件设备的速度可能较慢（例如，较慢的网卡或处理器）。流控制状态可以采用接收方的 ACK 数据包，以便警告发送方减慢或加快速度。**拥塞控制**（congestion control）设法估计发送方和接收方之间的网络状态（通常是路由器的）。如果路由器不堪重负，则倾向于丢包。丢包会导致 ACK 超时，这会导致更多的数据包，从而使得网络饱和。为了防止这种情况的发生，发送方通过未确认的数据包数量来监视连接中丢失的数据包。如果丢包太多，发送方将降低发送速度。这有助于确保每个 TCP 连接对于同时发生的其他连接是公平的。

通过利用像 TCP 这样的可靠传输协议，分布式系统不需要额外的逻辑来处理丢失或乱序的数据包。但是，TCP 比 UDP 慢。

19.4　网络与分布式操作系统

本节讨论两大类面向网络的操作系统：网络操作系统和分布式操作系统。相比于分布式操作系统，网络操作系统更易于实现，但是通常用户访问和使用都比较困难，而且提供的功能更少。

19.4.1　网络操作系统

网络操作系统（network operating system）提供一种环境，以便用户可以登录到适当的远程计算机或者从远程计算机将资源传输到本地计算机，进而可以访问远程资源（实现资源共享）。目前，所有通用操作系统，甚至是嵌入式操作系统，例如 Android 和 iOS，都是网络操作系统。

19.4.1.1　远程登录

网络操作系统的一个重要功能是允许用户远程登录。Internet 为此提供了工具 ssh。假设 Westminster 学院的一位用户希望利用 kristen. cs. yale. edu（一台位于耶鲁大学的计算机）进行计算。为此，用户必须拥有这台计算机上的一个有效账号。为了实现远程登录，用户发出命令

```
ssh kristen.cs.yale.edu
```

这个命令导致在 Westminster 学院的一台本地计算机和 kristen. cs. yale. edu 计算机之间形成一个加密的套接字连接。在建立连接后，网络软件创建双向透明链接，以便用户将所有输入字符发送到 kristen. cs. yale. edu 上的进程，而且这个进程的所有输出会被发回用户。远程计算机上的进程要求用户提供登录名和密码。一旦收到正确信息，这个进程将充当用户代理，就像任何本地用户一样在远程计算机上进行计算。

19.4.1.2　远程文件传输

网络操作系统的另一个重要功能提供一种机制，以便进行从一台机器到另一台机器的**远程文件传输**（remote file transfer）。对于这类环境，每台计算机都维护自己的本地文件系统。如果一个站点的用户（例如 albion. edu 的 Kurt）想要访问 Becca 拥有的另一台计算机上的文件（例如，在 colby. edu 上），那么必须将文件从缅因州的 Colby 计算机显式复制到密歇根州的 Albion 计算机。通信是单向的、单个的，所以那些站点上的其他用户（例如，colby. edu 的 Sean 和 albion. edu 的 Karen）在希望传输文件时，同样必须发出一组命令。

Internet 通过 FTP（File Transfer Protocol，文件传输协议）或者更私密的 SFTP（Secure File Transfer Protocol，安全文件传输协议）提供这种传输机制。假设 wesleyan. edu 的用户 Carla 需要复制 kzoo. edu 的用户 Owen 的文件。用户必须首先通过执行以下命令来调用 sftp 程序：

```
sftp owen@kzoo.edu
```

然后，程序询问用户的登录名称和密码。在收到正确信息后，用户可以采用一系列命令，以便上传文件、下载文件以及浏览远程文件系统结构。一些命令如下：

- get——将文件从远程计算机传输到本地计算机。
- put——将文件从本地计算机传输到远程计算机。
- ls 或 dir——列出远程计算机上当前目录中的文件。
- cd——更改远程计算机上的当前目录。

还有各种用于更改传输模式（用于二进制或 ASCII 文件）和判定连接状态的其他命令。

19.4.1.3　云存储

基于云存储的基础应用程序允许用户如同使用 FTP 一样传输文件。用户可以上传文件到云服务器，下载文件到本地计算机，或者通过 Web 链接或图形界面的其他共享机制与其他云服务用户共享文件。常见示例包括 Dropbox 和 Google 云端硬盘。

关于 SSH、FTP 和基于云的存储应用程序的重要一点是，它们要求用户更改操作方式。例如，FTP 要求用户知道完全不同于常规操作系统命令的命令集，SSH 用户必须知道远程系统上的适当命令。例如，Windows 计算机用户远程连到 UNIX 计算机后，在 SSH 会话期间必须切换到 UNIX 命令。（网络**会话**（session）是一轮完整的通信，通常开始通信时需要登录以便进行身份验证，而结束通信时需要注销登录。）借助基于云的存储应用程序，用户可能需要

登录云服务（通常通过 Web 浏览器或本机应用程序），然后使用一系列图形命令，以便上传、下载或共享文件。显然，如果用户无须使用一组不同的命令，操作起来会更加方便。分布式操作系统旨在解决这个问题。

19.4.2 分布式操作系统

通过分布式操作系统，用户采用访问本地资源的方式来访问远程资源。从一个站点到另一个站点的数据与进程的迁移由分布式操作系统控制。根据系统目标，可以实现数据迁移、计算迁移、进程迁移或其他任何组合。

19.4.2.1 数据迁移

假设站点 A 的用户想要访问驻留在站点 B 的数据（例如文件）。系统可以采用两种基本方法来传输数据。**数据迁移**（data migration）的一种方法是将整个文件传输到站点 A。这样，所有的文件访问都是本地的。当用户不再需要访问该文件时，文件的副本（如果已修改）将被发回站点 B。即使对一个大文件做了少许修改，仍然必须传输所有数据。该机制可以被认为是一个自动化的 FTP 系统。文件系统 Andrew 使用这种方法，不过效率太低。

另一种方法是，只将对当前任务必要的那些文件传到站点 A。如果以后需要另一些文件，将会再次进行传输。当用户不想再次访问文件时，任何修改过的部分都应发送回站点 B。（注意这类似于请求分页。）大多数现代分布式系统都使用这种方法。

无论使用哪种方法，数据迁移都不仅仅包括从一个站点到另一个站点的数据传输。如果涉及的两个站点不是直接兼容的（例如，如果它们使用不同的字符代码表示法，或者用不同的位数或位数顺序表示整数），系统还必须执行各种数据转换。

19.4.2.2 计算迁移

有些情况可能需要在整个系统中传输计算而非数据，这个进程称为**计算迁移**（computation migration）。例如，假设一个进程需要访问位于不同站点上的各种大型文件，并获取这些文件的摘要。在这些文件所在站点上访问文件并且将所需结果返回启动计算的站点，这种做法更加有效。一般来说，如果传输数据的时间长于执行远程命令的时间，就应使用远程命令。

这种计算可以用不同的方法进行。假设进程 P 想要访问站点 A 上的一个文件。访问文件是在站点 A 上执行的，可由 RPC 启动。RPC 使用网络协议在远程系统上执行程序（见 3.8.2 节）。进程 P 调用站点 A 上预先定义的过程。这个过程正常执行，然后将结果返回进程 P。

或者，进程 P 可以发送消息到站点 A。站点 A 的操作系统随后创建一个新的进程 Q，其功能是执行指定的任务。当进程 Q 完成执行时，它通过消息系统将所需的结果发送回进程 P。在这个方案中，进程 P 可以与进程 Q 并发执行。事实上，它可以在多个站点上并发运行多个进程。

这两种方法都可用来访问驻留在不同站点上的多个文件（或文件块）。一个 RPC 可能会导致调用另一个 RPC，甚至会导致将消息传输到另一个站点。同样，进程 Q 可以在执行中发送消息到另一个站点，这又会产生另一个进程。这个进程可能会将消息发送回进程 Q 或者重复这个循环。

19.4.2.3 进程迁移

计算迁移的逻辑扩展是**进程迁移**（process migration）。当进程被提交执行时，并不总是在启动它的站点上执行。整个进程或其中的一部分可以在不同站点上执行。使用这个方案有以下几个原因：

- **负载平衡**。进程（或子进程）可以分布在各个站点上，甚至可以分配负载。
- **计算加速**。如果一个进程可以划分为多个子进程，而且这些子进程可以在不同的站点或节点上并发运行，这样就可以缩短整个进程的周转时间。
- **硬件首选**。一个进程可能具有某些特点（例如 GPU 上的矩阵求逆），因此更适合在某些专用处理器而非微处理器上执行。
- **软件首选**。一个进程可能需要只有特定站点才有的软件，并且要么软件不能移动，要么迁移进程的成本更低。

- **数据访问**。就像计算迁移一样，如果计算所用的数据很多，那么远程运行进程可能更有效（例如，在托管大型数据库的服务器上），而非传输所有数据以便在本地运行进程。

我们采用两种互补技术以通过网络迁移进程。首先，虽然进程已从客户端迁移走，但是系统可以试图隐藏这个事实。这样，客户端无须专门编写程序以完成迁移。这种方法通常用于实现同构系统间的负载平衡和计算加速，因为无须用户输入以帮助远程执行程序。

另一种方法是，允许（或者要求）用户明确指定应该如何迁移进程。当必须迁移进程以满足硬件或软件偏好时，通常采用这种方法。

你可能已经意识到，万维网（Web）具有分布式计算环境的许多特点。它提供数据迁移（在 Web 服务器和 Web 客户端之间），还提供计算迁移。例如，Web 客户端可以触发 Web 服务器上的数据库操作。最后，通过 Java、Javascript 和类似语言，它提供了一种进程迁移的形式：Java 小程序和 Javascript 脚本可从服务器发送到客户端以便执行。网络操作系统提供这些功能中的大部分功能，但是，分布式操作系统使这些功能无缝且易于访问。结果是一个功能强大、易于使用的工具，这也是万维网快速增长的原因之一。

19.5 分布式系统的设计问题

分布式系统的设计必须考虑许多设计挑战。系统应该健壮，以便能够承受故障。系统还应在文件位置和用户移动方面对用户透明。最后，系统应该是可扩展的，以便增加更多计算能力、更多存储或者更多用户。这里简要讨论这些问题。在下节描述特定分布式文件系统的设计时，将会联系上下文加以具体分析。

19.5.1 健壮性

分布式系统可能会有各种类型的硬件故障，链路、主机或站点的故障以及消息丢失是最常见的类型。为了确保系统的健壮性，必须发现这些故障，重新配置系统以便继续计算，并在故障修复后恢复。

系统可以**容错**（fault tolerant），也就是可以容忍一定程度的故障并且继续正常工作。容错程度取决于分布式系统的设计和具体故障类型。显然，容错越强越好。

我们在广义上使用术语容错。通信故障、某些机器故障、存储设备崩溃和存储介质衰退等，在某种程度上都应该被容忍。面对这些故障时，**容错系统**（fault-tolerant system）应该继续工作，也许采用降级形式。降级可能影响性能或功能。然而，这应该与导致它的故障成比例。若只有系统的一个组件发生故障时，系统就停止运行，这肯定不是容错的。

可惜的是，容错实现起来可能既困难又昂贵。为了避免网络层的通信故障，需要多个冗余通信路径和网络设备，如交换机和路由器。存储故障可能导致丢失操作系统、应用程序或数据。存储单元可以包括冗余硬件组件，在发生故障时，这些组件可以自动相互接管。此外，即使发生一个或多个存储设备故障（11.8 节），RAID 系统可以确保数据的持续访问。

19.5.1.1 故障检测

对于没有共享内存的环境，通常无法区分链路故障、站点故障、主机故障和消息丢失，而只能检测到其中已经有故障发生。一旦检测到故障，必须采取适当的行动。具体操作取决于特定的应用程序。

为了检测链路和站点故障，我们使用**心跳**程序。假设站点 A 和站点 B 之间有直接的物理链接。这些站点定期地相互发送一条 I-am-up（我准备好了）消息。如果站点 A 在预定的时间段内没有收到此消息，那么它可以假设：站点 B 失败了，A 和 B 之间的链接失败了，或者 B 的信息丢失了。这时，站点 A 有两种选择。它可以等待另一个时间段以便接收 B 的 I-am-up 消息，或者可以向 B 发送 Are-you-up?（你准备好了吗？）消息。

如果时间流逝而且站点 A 仍然没有收到 I-am-up 消息，或者如果站点 A 发送了一条 Are-you-up？消息但是尚未收到回复，那么这个过程可以重复。同样，站点 A 可以安全得出的唯一结论是：发生了某种类型的故障。

通过另一条线路（如果有的话），站点 A 可以发送一条 Are-you-up？消息，从而区分链路故障和站点故障。如果 B 收到这个消息，它会立即做出肯定的回答。这个肯定的回答告诉我们：站点 B 已准备好了，以及直接链路出现了故障。因为事先并不知道信息从 A 到 B 来回要花多长时间，所以必须采取超时方案。在 A 发送 Are-you-up？消息时，它会指定一个时间间隔，在此间隔之内愿意等待来自 B 的回复。如果 A 在该时间间隔内收到回复消息，就可以安全得出 B 已准备好的结论。但是，如果不是（发生超时），则 A 可能仅得出以下一种或多种情况发生的结论：

- 站点 B 已停止。
- 从 A 到 B 的直接链路（如果存在的话）断开了。
- 从 A 到 B 的另一条路径已停止。
- 消息已丢失。（尽管使用可靠的传输协议（如 TCP）应该可以消除这一问题。）

然而，站点 A 不能确定发生了哪些事件。

19.5.1.2　重新配置

假设站点 A 通过刚才描述的机制发现故障已经发生。然后它必须启动一个程序，以便允许系统重新配置并且继续以正常模式运行。

- 如果从 A 到 B 的直接链路出现故障，这些信息必须广播到系统的每个站点，以便相应地更新各个路由表。
- 如果系统认为某个站点出现故障（因为无法再访问该站点），那么必须通知系统中的所有站点，以便它们不再尝试使用失败站点的服务。如果作为某些活动（如死锁检测）的中心协调器的站点出现故障，那么需要选举新的协调器。注意，如果站点没有出现故障（站点已准备好但无法访问），那么可能出现两个站点作为协调器的糟糕情况。当网络被分割时，两个协调器（各自负责自己的分区）可能会发起冲突的操作。例如，如果协调器负责实施互斥，那么可能遇到两个进程同时执行临界区的情况。

19.5.1.3　失败恢复

链接或站点的故障得到修复后，必须将其自然流畅地集成到系统中。

- 假设 A 和 B 之间的链路出现故障。修好后，必须通知 A 和 B。可以通过不断重复 19.5.1.1 节所述的心跳程序来完成这种通知。
- 假设站点 B 出现故障。故障恢复后，必须通知所有其他站点：站点 B 已再次准备好。站点 B 可能需要从其他站点接收信息，以便更新其本地表。例如，它可能需要路由表信息、关闭的站点列表、未送达的消息、未执行事务的事务日志、邮件等。如果站点没有发生故障但无法访问，那么它仍然需要这些信息。

19.5.2　透明

使分布式系统中的多处理器和存储设备对用户**透明**（transparent），一直是许多设计人员面临的关键挑战。理想情况下，分布式系统对于用户来说，应该如同传统的集中式系统。透明分布式系统的用户界面不应区分本地和远程资源。也就是说，用户应该能够像访问本地资源一样访问远程资源，分布式系统应该负责定位资源和安排适当的交互。

透明的另一个方面是用户移动性。允许用户登录到系统中的任何机器，而非强迫他们使用特定的机器，这将是很方便的。透明分布式系统通过将用户环境（例如，主目录）带到所登录的任何地方，促进了用户的移动性。像 LDAP 这样的协议为本地、远程和移动的用户提供身份验证系统。身份验证完成后，像桌面虚拟化这样的功能允许用户在远程设备上查看桌面会话。

19.5.3 可扩展性

还有一个问题是**可扩展性**（scalability），即系统适应不断增加的服务负载的能力。系统具有有限的资源，而且在负载增加时可能完全饱和。例如，对于文件系统，当服务器 CPU 以高利用率运行时或者当磁盘 I/O 请求超过 I/O 子系统时，就会出现饱和。可扩展性是一个相对属性，它可以精确地被测量。相比于不可扩展的系统，可扩展的系统能够对增加的负载做出更优雅的反应。首先，性能下降更为温和；其次，资源进入饱和状态。不过，即使是完美的设计也不能适应不断增长的负载。添加新的资源可以解决问题，但是可能会对其他资源产生额外的间接负载（例如，将计算机添加到分布式系统，可能阻塞网络并且增加服务负载）。更糟的是，扩展系统可能需要昂贵的设计修改。可扩展的系统应该在没有这些问题的情况下运行。对于分布式系统，优雅地扩大规模的能力特别重要，因为通过增加新机器或互联两个网络来扩展一个网络是司空见惯的。总之，可扩展的设计应能承受高服务负载，适应用户群体的增长，并且允许添加资源的简单集成。

可扩展性与前面讨论的容错有关。重载组件可能会瘫痪，表现得像故障组件一样。此外，将负载从故障组件转移到该组件的备份可能会使后者饱和。一般来说，拥有备用资源对于确保可靠性以及优雅地处理峰值负载是必不可少的。因此，分布式系统中的多个资源是一种固有的优势，使系统在容错和可扩展性方面具有更大的潜力。不过，不恰当的设计会掩盖这种可能性。容错和可扩展性方面的考虑需要一种设计来演示控制和数据的分布。

可扩展性还与高效的存储方案有关。例如，许多云存储提供商使用**压缩**（compression）数据或**消除重复**（deduplication）数据来减少存储使用量。压缩减少了文件的大小。例如，通过执行 zip 命令（对指定数据执行无损压缩算法），可以根据一个或多个文件来生成 zip 文件。（无损压缩允许从压缩数据中完美地重建原始数据。）这个 zip 文件是一个比未压缩文件要小的存档文件。在将文件恢复到原始状态时，用户可针对 zip 存档文件执行某种解压命令。消除重复数据旨在通过删除冗余数据以降低数据存储需求。通过这种技术，整个系统只需存储一个数据实例（甚至包括多个用户拥有的同样数据）。压缩数据和消除重复数据都可以在文件级或块级执行，也可以一起使用。这些技术可以自动整合到分布式系统，以便压缩信息而且无须用户明确发出命令，从而节省存储空间，可能在不增加用户复杂性的情况下降低网络通信成本。

19.6 分布式文件系统

尽管万维网是当今使用的主要分布式系统，但是并非唯一的分布式系统。**分布式文件系统**（Distributed File System，DFS）是分布式计算的另一个重要且流行的应用。

为了解释 DFS 的结构，我们需要定义 DFS 上下文中的一些术语：*服务、服务器和客户端*。**服务**（service）是软件实体，运行在一台或多台计算机上，并且为客户端提供特定类型的功能。**服务器**（server）是服务软件，运行在一台机器上。**客户端**（client）是一个进程，可以通过一组**客户端接口**（client interface）来调用服务。有时，我们会为实际跨机交互定义一个较低级别的接口，即**机器间接口**（intermachine interface）。

采用上述术语，我们说文件系统为客户端提供文件服务。文件服务的客户端接口包括一组原始文件操作，如创建文件、删除文件、读取文件和写入文件。文件服务器控制的主要硬件组件包括一组本地二级存储设备（通常为硬盘或固态驱动器），以便根据客户端的请求来存储文件和检索文件。

DFS 是一种文件系统，其客户端、服务器和存储设备分散在分布式系统的计算机中。因此，必须通过网络执行服务活动。系统通常不采用单个的集中数据存储库，而是采用多个单独的存储设备。如你所见，DFS 的具体配置和实现可能因系统而异。在某些配置中，服务器运行在专用机器上。在另一些情况下，机器既可以是服务器，也可以是客户端。

　　DFS 的显著特点是系统中的客户端和服务器的多样性和自治性。不过，在理想情况下，对于客户端来说，DFS 看起来应该是个传统的集中式文件系统。也就是说，DFS 的客户端接口不应区分本地文件和远程文件。DFS 负责查找文件并安排传输数据。如同前面所述的透明分布式系统一样，透明 DFS 通过将用户环境（例如，用户的主目录）带到用户登录的任何位置来提供用户的移动性。

　　最重要的 DFS 性能是满足服务请求所需的时间。对于传统系统，这个时间包括存储访问时间和较小的 CPU 处理时间。然而，对于 DFS，远程访问还有一个额外开销，这与分布式结构有关。这个开销包括将请求传递到服务器的时间，以及客户端通过网络接收返回响应的时间。对于每个方向，除了传递信息，还有运行通信协议软件所需的 CPU 开销。可以将 DFS 的性能看作 DFS 透明性能的另一个维度。也就是说，理想的 DFS 性能可以与传统文件系统相媲美。

　　DFS 的基本架构取决于其最终目标。这里讨论的两个广泛应用的架构模型是**客户端-服务器模型**（client-server model）和**基于集群的模型**（cluster-based mode）。客户端-服务器架构的主要目标是，允许在一个或多个客户端之间进行透明的文件共享，就好像这些文件位于客户端的本地存储一样。分布式文件系统 NFS 和 OpenAFS 是两个主要实例。NFS 是最常见的基于 UNIX 的 DFS，它有多个版本，除非另有说明，否则这里指的是 NFS v3。

　　如果需要在具有高可用性和可扩展性的大型数据集上并行运行许多应用程序，基于集群的模型比客户端-服务器模型更合适。两个著名的实例是 Google 文件系统和作为 Hadoop 框架一部分运行的开源 HDFS。

19.6.1　客户端-服务器 DFS 模型

　　图 19.12 展示了一个简单的 DFS 客户端-服务器模型。服务器将文件和元数据都放在其存储器中，某些系统可能使用多个服务器来存储不同的文件。客户端通过网络连接到服务器，并且可以通过一个众所周知的协议（如 NFS V3）与服务器通信，以请求访问 DFS 文件。服务器负责执行身份验证，检查所请求的文件权限，以及根据需要将文件交付给发出请求的客户端。当客户端对文件进行更改时，必须以某种方式将这些更改传递至服务器（服务器保存文件的主副本）。客户端和服务器的文件版本应该保持一致，并尽可能减少网络流量和服务器负荷。

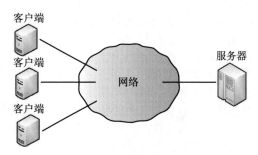

图 19.12　客户端-服务器 DFS 模型

　　网络文件系统（Network File System，NFS）协议最初由 Sun Microsystems 作为开放协议开发，这对该协议早期在不同体系结构和系统中的采用起到了推动作用。从一开始，NFS 的重点就是在服务器出现故障时进行简单而快速的崩溃恢复。为了实现这一目标，NFS 服务器被设计成无状态的：它不跟踪哪个客户端正在访问哪个文件，也不跟踪诸如打开的文件描述符和文件指针之类的内容。这意味着，每当客户端发出文件操作（例如，读取文件）时，若服务器崩溃，则该操作必须是幂等的。**幂等**描述了一种可以多次执行但返回相同结果的操作。如果是读取操作，则客户端跟踪状态（例如文件指针）；如果服务器崩溃并重新联机，则可以简单地重新发出操作。有关 NFS 实现的更多信息，参见 15.8 节。

　　OpenAFS（Andrew 文件系统）由卡内基·梅隆大学创建，其重点是可扩展性。具体来说，研究人员希望设计一种协议，以便服务器能够支持尽可能多的客户端。这意味着要最小化针对服务器的请求和流量。当客户端请求文件时，文件内容将从服务器下载，并存储在客户端的本地存储器中。文件关闭时，会将文件更新发送到服务器，打开文件时，会将文件的新版发送给客户端。相比之下，当客户端正在使用某文件时，NFS 会向服务器不断发送块的读写请求。

OpenAFS 和 NFS 都需要使用本地文件系统。换句话说，我们不会采用 NFS 文件系统来格式化硬盘分区，而是服务器首先使用自己选择的本地文件系统（例如 ext4）来格式化分区，然后通过 DFS 输出共享目录。客户端只需将共享目录附加到文件系统树。这样，DFS 的责任就可有别于本地文件系统的责任，并且可以集中于分布式任务。

如果服务器崩溃，那么 DFS 客户端-服务器模型可能被设计为出现单点故障。通过使用冗余组件和聚类方法，计算机聚类可以帮助解决这个问题，这样就可检测到故障，并且将故障转移到工作组件，从而继续服务器的操作。此外，由服务器应对所有关于数据和元数据的请求，这种做法可能成为瓶颈，从而导致可扩展性和带宽等问题。

19.6.2 基于集群的 DFS 模型

随着数据量、I/O 负载和处理量的增加，DFS 需要具有容错性和可扩展性。大的瓶颈是不能容忍的，而且系统组件故障是可预料的。开发基于集群的架构的部分原因就是为了满足这些需求。

图 19.13 展示了一个基于集群的 DFS 模型示例。这是 Google 文件系统（GFS）和 Hadoop 分布式文件系统（HDFS）的基本模型。一个或多个客户端通过网络连到一个元数据服务器和多个数据服务器，后者存储文件的大部分信息。元数据服务器维护哪些数据服务器保存哪些文件的块的映射，以及目录和文件的传统分层映射。每个文件都存储在数据服务器上，并且重复一定次数（例如，三次），目的是防止组件故障，同时实现更快的

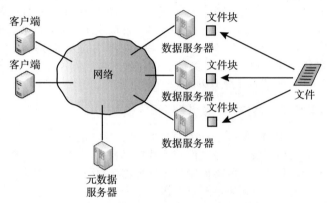

图 19.13 基于集群的 DFS 模型示例

数据访问（包含重复块的服务器可以快速访问这些块）。

为了访问文件，客户端必须首先与元数据服务器通信。然后，元数据服务器将存储所请求文件块的数据服务器的标识返回客户端。然后，客户端可以与最近的数据服务器通信以接收文件信息。如果文件的不同块存储在不同的数据服务器上，则可以并行地读取或写入这些块，整个过程可能只需要与元数据服务器通信一次。这使得元数据服务器不太可能成为性能瓶颈。元数据服务器还负责在数据服务器之间重新分配和平衡文件块。

GFS 发布于 2003 年，支持大型分布式数据密集型的应用程序。GFS 的设计受到四个主要观测结果的影响：

- 硬件组件故障是常态而非例外，且应该属于常规预期。
- 这类系统所存储的文件非常大。
- 大多数的文件更改是通过在文件末尾附加新的数据而非覆盖现有数据实现的。
- 重新设计应用程序和文件系统 API 增加了系统的灵活性。

GFS 顺应第四个观测结果，导出自己的 API，并且要求应用程序使用该 API 编程。

Google 开发 GFS 不久后又开发了一个模块化的位于 GFS 之上的软件层 MapReduce，MapReduce 使得开发人员能更容易地执行大规模的并行计算，并且利用底层文件系统的优点。后来，基于 Google 的工作，开发人员创建了 HDFS 和 Hadoop 框架（包括 MapReduce 之类的位于 HDFS 之上的可堆叠模块）。与 GFS 和 MapReduce 一样，Hadoop 支持在分布式计算环境中处理大型数据集。如前所述，这种框架的出现是因为传统系统无法扩展到"大数据"项目所需的容量与性能（至少价格不合理）。大数据项目的例子包括抓取和分析社交媒体及客户数据，以及大量的科学方面的趋势数据。

19. 7　DFS 命名与透明

　　命名（naming）是逻辑对象和物理对象之间的映射。例如，用户处理由文件名表示的逻辑数据对象，而系统处理存储在磁盘磁道上的物理数据块。通常，用户通过文本名称引用文件，后者被映射到一个较低级别的数字标识符，然后再被映射到磁盘块。这种多级映射为用户提供了文件的抽象，从而隐藏了磁盘的文件存储方式与位置的详细信息。

　　透明 DFS 增加了一种新的抽象：隐藏文件的网络位置。对于传统的文件系统，命名的映射范围是磁盘上的地址。对于 DFS，这个范围被扩展到特定计算机，文件存储在该计算机的磁盘上。将文件视为抽象概念的再进一步，就有导致**文件复制**（file replication）的可能。给定一个文件名称，映射返回这个文件副本的一组位置。这个抽象隐藏了多个副本的存在及其位置。

19. 7. 1　命名结构

　　关于 DFS 的名称映射，有两个相关概念需要加以区分：

1. **位置透明**（location transparency）。文件名称不会显示关于文件物理存储位置的任何提示。
2. **位置独立**（location independence）。当文件的物理存储位置需要更改时，无须更改文件名称。

　　这两个概念都与前面所述的命名级别有关，因为文件在不同的级别上有不同的名称：用户级别的文本名称和系统级别的数字标识符。位置独立的命名方案是动态映射，因为它可以在不同的两个时间将同一个文件名映射到不同位置。因此，位置独立强于位置透明。

　　实际上，大多数的现有 DFS 都提供静态的用户级别名称的位置透明映射。有些支持**文件迁移**（file migration），也就是说，自动更改文件位置，提供位置独立。例如，OpenAFS 支持位置独立和文件移动。HDFS 包括文件迁移，但不遵循 POSIX 标准，在实现和接口方面提供更大的灵活性。HDFS 跟踪数据的位置，但对客户端隐藏这些信息。这种动态位置透明允许底层机制自我调整。例如，Amazon 的 S3 云存储设施通过 API 按需提供存储块，将存储放在它认为合适的位置，并根据需要移动数据以满足性能、可靠性和容量要求。

　　有几个方面可以进一步区分位置独立和静态位置透明：

- 数据与位置的分离（如位置独立所示）提供了更好的文件抽象。文件名称应该表示文件最重要的属性，即内容而非位置。位置独立的文件可以被视为逻辑数据容器，且没有附加到特定存储位置。如果只能支持静态位置透明，文件名称仍然表示一组特定的（但隐藏的）物理磁盘块。
- 静态位置透明提供了一种方便用户的数据共享方式。用户可以通过位置透明方式简单地命名文件，然后就可共享远程文件，好像文件是本地的一样。Dropbox 以及其他基于云存储的解决方案都采用这种方式。位置独立促进了对存储空间本身以及对数据对象的共享。当文件可以迁移时，整个系统级的存储空间就好像一个虚拟资源。这可能带来的好处之一是平衡整个系统的存储利用。
- 位置独立将命名层次结构从存储设备层次结构和计算机之间结构中分离出来。相反，如果采用静态位置透明（尽管名称是透明的），则可以很容易地暴露组件单元和机器之间的对应关系。机器配置模式类似于命名结构。这种配置对系统体系结构的限制可能是非必要的，并且与其他考虑因素相冲突。负责根目录的服务器就是这种（由命名层次决定的）结构的一个例子，它与分布式的思路相矛盾。

　　一旦分离了名称与位置，客户端就可以访问驻留在远程服务器系统上的文件。事实上，这些客户端可能是**无盘的**（diskless），并依赖服务器提供所有的文件（包括操作系统内核）。不过，对于引导顺序，还需要特殊的协议。下面分析将内核送到无盘工作站上的问题。无盘工作站没有内核，因此无法使用 DFS 来获得内核。相反，客户端通过位于只读内存（ROM）中的特殊引导协议来执行。它支持联网，并且只从固定位置获取一个特殊文件（内核或引导代码）。一旦通过网络复制并加载了内核，那么通过 DFS 可使所有其他操作系统文件可用。无盘客户端有很多优点，包括更低的成本（因为客户计算机不需要磁盘）和更便于使用（当操作系统升级时，只需修改服务器）。缺点是增加的引导协议的复杂性，以及由于采用网络而非本地磁盘导致的性能损失。

19.7.2 命名方案

DFS 命名方案主要有三种。最简单的方法是通过主机名称和本地名称的某种组合来标识文件，这保证了整个系统内的名称是唯一的。例如，Ibis 文件名称由"主机名称：本地名称"来唯一标识，其中本地名称类似 UNIX 的文件路径。因特网的 URL（Universal Resource Locator）系统也使用这种方法。这种命名方案既不位置透明也不位置独立。这种 DFS 为独立组件单元的集合，其中每个组件单元都是一个完整的传统文件系统。尽管提供引用远程文件的方法，但组件单元保持隔离。本节不再考虑这个方案。

第二种方法因 NFS 而流行。NFS 提供一种方法以将远程目录加到本地目录，从而给出一致的目录树。早期版本的 NFS 只允许透明访问已经挂载的远程目录。NFS 的**自动**挂载功能允许根据挂载点和文件结构名称表按需自动挂载。集成组件支持透明共享，但是这种集成是有限的而不是统一的，因为每台机器可将不同远程目录加到其文件树上。由此产生的结构多种多样。

第三种方法可以实现文件系统组件的完全集成。这里，单个全局名称结构跨越系统中的所有文件。OpenAFS 提供一个全局命名空间，用于所导出的文件和目录，允许不同的客户端具有类似的用户体验。理想情况下，组合文件系统结构与常规文件系统结构相同。然而，在实践中，许多特殊文件（例如，UNIX 设备文件和特定机器的二进制目录）使得该目标难以实现。

对命名结构的评估需要考虑管理的复杂性。最复杂与最难维护的结构是 NFS 结构。因为任何远程目录都可附加到本地目录树的任何地方，由此产生的层次结构可以是极为非结构化的。如果服务器不可用，则不同计算机上的某些目录集将不可用。另外，一个单独的认证机制允许控制哪台机器将哪个目录附加到自己的树上。因此，用户可能在一个客户端上能够访问远程目录树，但在另一个客户端上却被拒绝访问。

19.7.3 实现技术

实现透明命名需要一个规定，以将文件名称映射到相关位置。为了提高这种映射的可管理性，必须将文件集聚合成组件单元，并且提供基于组件单元而非基于单个文件的映射。这种聚合也用于管理目的。类似的 UNIX 系统使用层次目录树，提供从名称到位置的映射，并将文件递归地聚合到目录。

为了提高关键映射信息的可用性，可以使用复制、本地缓存或者两者一起使用。正如所述，位置独立意味着映射会随时间而变化。因此，复制映射不能对该信息进行简单而一致的更新。为了克服这个障碍，我们可以引入位置独立的低级文件标识符（OpenAFS 使用这种方法）。文本文件名称被映射到较低级别的文件标识符，这些标识符指示文件属于哪个组件单元。这些标识符仍然与位置无关，它们可以自由复制和缓存，而且不会因组件单元的迁移而失效。不可避免的代价是需要进行再次映射，以将组件单元映射到位置，并且需要一种简单但一致的更新机制。通过这些与位置无关的低级标识符实现类似 UNIX 的目录树，使得整个层次结构在组件单元迁移时保持不变。唯一改变的方面是组件单元的位置映射。

实现低级标识符的一种常见方法是使用结构化名称。这些名称通常包括两部分的位字符串。第一部分标识文件所属的组件单元，第二部分标识单元中的特定文件。可能还有部分更多的变体。不过，结构名称的不变性意味着，各个部分的名称仅在其余部分的上下文中是唯一的。通过添加足够多的位（OpenAFS 采用这种方法），或者通过将时间戳作为名称的一部分（Apollo Domain 采用这种方法），同时小心不要重复使用仍然还在使用的名称，我们就可以获得唯一性。看待这个过程的另一种方法是，采用一个位置透明的系统（比如 Ibis），并且添加另一级的抽象以生成位置独立的命名方案。

19.8　远程文件访问

下面考虑用户请求访问远程文件。在通过命名方案来定位存储文件的服务器后，就应进行实际的数据传输。

这种传输的一种实现方法是通过**远程服务机制**（remote-service mechanism），即将访问请求传递到服务器，服务器执行访问，并将结果转发回用户。实现远程服务的常用方法之一是 RPC 方式，参见第 3 章。传统文件系统的磁盘访问方法与 DFS 的远程服务方法十分类似：使用远程服务方法类似于为每个访问请求执行磁盘访问。

为了确保远程服务机制的合理性能，可以使用缓存。传统文件系统缓存的基本原理是减少磁盘 I/O（从而提高性能），而 DFS 缓存的目标是减少网络流量和磁盘 I/O。下面讨论 DFS 缓存的实现，并与基础的远程服务范例进行对比。

19.8.1　基本缓存方案

缓存概念很简单。如果满足访问请求所需的数据尚未缓存，那么将数据副本从服务器发到客户端。访问是针对缓存副本的。这种想法是将最近访问的磁盘块保留在缓存中，这样同一信息的重复访问就可本地处理，不需要额外的网络通信。替换策略（例如，最近最少使用算法）保持缓存的大小是有限的。对服务器的访问与通信没有直接的对应关系。文件仍由驻留在服务器的主副本来标识，但文件的副本（或部分）分散在不同的缓存中。修改缓存副本时，该修改需要反映在主副本上，以保持相关的一致性语义。保持缓存副本与主文件的一致问题称为**缓存一致性问题**（cache-consistency problem），将在 19.8.4 节讨论。DFS 缓存可以简单地称为**网络虚拟内存**（network virtual memory）。其作用类似于请求分页的虚拟内存，但备份存储通常是远程服务器而非本地磁盘。NFS 允许远程挂载交换空间，所以它实际上可以通过网络实现虚拟内存，尽管会导致性能下降。

DFS 缓存数据的粒度多种多样，从文件块到整个文件均有可能。通常，缓存的数据比满足单个访问所需的数据要多，这样缓存的数据就可满足很多访问。这个过程与磁盘提前读取非常类似（见 14.6.2 节）。OpenAFS 采用大块（64KB）缓存文件。这里讨论的其他系统支持由客户端需求驱动的单个块的缓存。增加缓存单元会增加命中率，但也增加了失效损失，因为每次失效都需要传输更多的数据。这也增加了出现一致性问题的可能性。缓存单元的选择涉及考虑多个参数，如网络传输单元和 RPC 协议服务单元（如果使用 RPC 协议）等。网络传输单元（对于以太网，即数据包）约为 1.5KB，因此，较大的缓存数据单元需要在发送时加以分解并且在接收时重新组装。

对于块缓存方案来说，块大小和总缓存大小显然重要。UNIX 类系统常用的块大小是 4KB 和 8KB。对于大缓存（超过 1MB），大块（超过 8KB）更好。对于小缓存，较大的块不太有利，因为这会导致缓存中的块较少，从而使得命中率较低。

19.8.2　缓存位置

缓存数据应该存储在哪里？磁盘还是内存？磁盘缓存相比内存缓存有一个明显的优势：磁盘缓存是可靠的。如果缓存保存在易失的内存中，缓存数据的修改会在崩溃时丢失。另外，如果缓存的数据保存在磁盘上，那么恢复时数据还在那里，无须再次获取。不过，内存缓存也有其优点：

- 内存缓存允许工作站为无盘的。

- 通过内存缓存的数据访问比磁盘缓存的数据访问更快。
- 技术朝更大、更便宜的内存，由此产生的性能加速预计超过磁盘缓存的优势。
- 服务器缓存（用于加速磁盘 I/O）位于内存，这与用户缓存位于何处无关；如果用户机器也使用主存缓存，则可以构建一个供服务器和用户使用的缓存机制。

远程访问的许多实现可被看作缓存和远程服务的混合体。例如，NFS 的实现是基于远程服务的，但是为了提高性能，增加了客户端和服务器端的内存缓存。因此，为评估这两种方法，必须评估每种方法被强调的程度。NFS 协议和大多数实现都不提供磁盘缓存（但 OpenAFS 提供）。

19.8.3　缓存更新策略

将修改后的数据块写回服务器主副本的策略，对系统的性能和可靠性有着关键的影响。最简单的策略是，一旦数据被放到任何缓存，就可以将其写入磁盘。**直写策略**（write-through policy）的优点是可靠性：当客户端系统崩溃时，几乎没有丢失信息。然而，这种策略要求每个写入访问都要等待信息被发送到服务器，因此导致写入性能欠佳。具有直写的缓存相当于使用远程服务进行写入访问，并且使用缓存进行读取访问。

另一种方法是**延迟写入策略**（delayed-write policy），也称回写缓存，即延迟主副本的更新。修改会被写到缓存，稍后再被写到服务器。与直写策略相比，这种策略有两个优点。第一，因为写操作是对缓存进行的，所以写访问执行更快。第二，数据在回写之前可能会被覆盖，这种情况只需写回最后一次更新。不过，延迟写入方案会带来可靠性问题，因为每当用户机器崩溃时，未写入的数据就会丢失。

针对何时将修改后的数据刷新到服务器，具体的延迟写入策略有所不同。一种方法是，在块被客户端缓存弹出时进行刷新。这种方法可能具有良好的性能，但是有些块在写回服务器之前可能会在客户端缓存中驻留很长时间。这种方案和直写策略之间的折中方法是定期扫描缓存，并且刷新最近一次扫描之后（就像 UNIX 扫描本地缓存一样）已经修改了的块。NFS 对于文件数据使用这种策略，但是一旦在缓存刷新期间向服务器发出写操作，写入必须到达服务器的磁盘才被视为完成。NFS 对于元数据（目录数据和文件属性数据）的处理方式不同。任何元数据的更改都会同步发布到服务器。因此，当客户端或服务器崩溃时，可以避免文件结构丢失和目录结构损坏。

延迟写入的另一个变体是在关闭文件时将数据写回服务器。OpenAFS 使用这种**关闭时写入策略**。对于打开时间短或很少修改的文件，这种策略不会显著减少网络流量。此外，关闭时写策略要求关闭进程在写入文件时延迟，这降低了延迟写入的性能优势。但是，对于长时间打开且经常修改的文件，与刷新更频繁的延迟写入相比，这种策略的性能优势显而易见。

19.8.4　一致性

客户端有时需要确定本地缓存的数据副本是否与主副本一致（从而可以使用）。如果客户端确定缓存的数据已过期，那么允许进一步访问前，必须缓存数据的最新副本。有两种方法可以验证缓存数据的有效性。

1. **客户发起的方法**。客户端启动有效性检查，即与服务器通信并且检查本地数据是否与主副本一致。有效性检查的频率是这种方法的关键，并决定了所导致的一致性语义。有效性检查的频率范围可以从每次访问前的检查，到仅在首次访问文件时（基本上是在文件打开时）的检查。与缓存立即提供的访问相比，每次访问都加上有效性检查会有延迟。或者，可以在固定时间间隔时启动检查。根据频率，有效性检查可能同时加载网络和服务器。
2. **服务器启动的方法**。服务器为每个客户端记录所缓存的文件（或部分文件）。当服务器检测到潜在的不一致性时，它必须做出反应。当处于冲突模式的两个不同客户端缓存一个文件时，可能会发生不一致。如果实现了 UNIX 语义（见 15.7 节），我们可以通过让服务器扮演主动角色来解决潜在的不一致性。每次打开文件时，必须通知服务器，并且每次打开必须指示预期模式（读或写）。当检测到在冲突模式下同时打开文件时，服务器将禁用特定文件的缓存。实际上，禁用缓存会导致切换到远程服务操作模式。

对于基于集群的 DFS，由于元数据服务器和跨多个数据服务器的多个重复文件数据块的存在，缓存一致性问题变得更加复杂。通过 HDFS 和 GFS 案例可以比较一些差异。HDFS 只允许附加写操作（无随机写入）和单个文件写入程序，而 GFS 确实允许使用并发写入程序进行随机写入。这使得 GFS 的写一致性保证非常复杂，而 HDFS 的写一致性保证得到简化。

19.9　关于分布式文件系统的结语

基于客户端-服务器与基于集群的 DFS 体系架构之间的界限越来越模糊。NFS v4.1 规范包括一个用于 NFS 的并行版本协议，称为 pNFS，但在编写本书时采用得还不多。

GFS、HDFS 和其他大型 DFS 具有非 POSIX API，所以不能像 NFS 和 OpenAFS 那样，将目录透明映射到常规用户机器。因此，访问这些 DFS 的系统需要安装客户端代码。然而，其他软件层正处于迅速开发中，从而允许 NFS 安装在这类 DFS 之上。这很吸引人，因为它可以利用基于集群 DFS 的可扩展性和其他优势，同时仍然允许本机操作系统的实用程序和用户直接访问 DFS 上的文件。

在撰写本书时，开源 HDFS NFS 网关支持 NFS v3，充当 HDFS 和 NFS 服务器软件之间的代理。由于 HDFS 目前不支持随机写入，HDFS NFS 网关也不支持这一功能。这意味着，即使只更改了一个字节，仍然必须删除文件并且重新创建文件。商业组织和研究人员正在解决这个问题，构建可堆叠的框架以允许堆叠 DFS、并行计算模块（如 MapReduce）、分布式数据库以及通过 NFS 导出文件卷等。

另一种类型的文件系统称为**集群文件系统**（Clustered File System，CFS）或**并行文件系统**（Parallel File System，PFS），这种系统没有基于集群的 DFS 复杂，但比客户端-服务器 DFS 复杂。CFS 通常运行在局域网上。这些系统十分重要且应用广泛，虽然本书不会详细讨论，但也值得一提。CFS 有许多，常见的包括 Lustre 和 GPFS。本质上，CFS 将存储数据的 N 个系统和访问这些数据的 Y 个系统视为单个客户端-服务器实例。例如，NFS 依据服务器的命名，两个独立的 NFS 服务器通常提供两种不同的命名方案，CFS 将不同服务器的不同存储设备上的各种存储内容编成一个统一的、透明的命名空间。GPFS 有自己的文件系统结构，但 Lustre 使用现有文件系统（如 ZFS）进行文件存储和管理。更多信息请参见 http://lustre.org。

分布式文件系统现在很普遍，其通过局域网、集群环境和广域网提供文件共享。不应低估实施这类系统的复杂性，尤其是考虑到 DFS 必须独立于操作系统才能广泛采用，而且必须在各种情况（远距离、商业硬件故障、时而脆弱的网络、不断增加的用户和工作量）下提供可用性和良好性能。

19.10　本章小结

- 分布式系统是没有共享内存或时钟的处理器的集合。每个处理器都有自己的本地内存，处理器之间通过各种通信线路进行通信，如高速总线和互联网。分布式系统的处理器大小和功能各不相同。
- 分布式系统使用户能够访问所有系统资源。共享资源的访问可以采用数据迁移、计算迁移或进程迁移。访问权限可以由用户来指定，也可以由操作系统和应用程序隐式规定。
- 协议栈按照网络分层模型来规定，为消息添加信息以确保消息可到达目的地。
- 主机名称到网络地址的转换必须使用命名系统（如 DNS），也可能需要其他协议（如

ARP）以便将网络号码转换到网络设备地址（例如以太网地址）。
- 如果系统位于独立的网络上，那么路由器需要将数据包从源网络传递到目的网络。
- 传输协议 UDP 和 TCP 通过使用唯一的系统内端口号将数据包交到等待进程。此外，TCP 允许将数据包流变成可靠的、面向连接的字节流。
- 要使分布式系统正常工作，有许多挑战需要面对。问题包括系统内的节点和进程的命名、容错、错误恢复和可扩展性。可扩展性问题包括处理负载的增加、具有容错功能以及使用高效的存储方案，包括压缩和重复数据消除的可能性。
- DFS 是一种文件服务系统，其客户端、服务器和存储设备分散在分布式系统的站点上。因此，服务活动必须通过网络进行。DFS 有多个独立的存储设备，而非单一的集中数据的存储库。
- DFS 模型类型主要分为两种：客户端-服务器模型和基于集群的模型。客户端-服务器模型允许在一个或多个客户端之间进行透明的文件共享。基于集群的模型将文件分布在一个或多个数据服务器之间，用于大规模的并行数据处理。
- 在理想情况下，对于客户端而言，DFS 应该像传统的集中式文件系统一样（尽管它可能不完全符合传统的文件系统接口，如 POSIX）。服务器和存储设备的多样性和分散性应该透明。透明 DFS 通过将客户端的环境带到客户端登录的站点，从而促进客户端的移动。
- DFS 命名方案有多种方法。最简单的方法是通过主机名和本地名的某种组合来命名文件，这保证了系统范围内名称的唯一性。因 NFS 而流行的另一种方法允许将远程目录附加到本地目录，从而形成连贯的目录树。
- 远程文件的访问请求通常采用两种互补方法来处理。通过远程服务，访问请求被传递到服务器；服务器执行访问，并将结果发回客户端。如果满足访问请求所需的数据尚未缓存，那么数据副本可从服务器发到客户端；然后对缓存副本执行访问。保持缓存副本与主文件的一致问题属于缓存一致性问题。

19.11   推荐读物

[Peterson and Davie（2012）]和［Kurose and Ross（2017）]是对计算机网络的一般概述。Internet 及其协议可参见［Comer（2000）]。关于 TCP/IP 的讨论可参见［Fall and Stevens（2011）]和［Stevens（1995）]。关于 UNIX 网络编程的详细描述可参见［Steven et al.（2003）]。

Ethernet 和 WiFi 的标准和速率都发展迅速。IEEE 802.3 Ethernet 标准可参见 http://standards. ieee. org/about/get/802/802. 3. html。IEEE 802.3 无线局域网标准可参见 http://standards. ieee. org/standard/802_11-2016. html。

Sun 的 NFS 可参见［Callaghan（2000）]。有关 OpenAFS 的信息请访问 http://www.openafs. org。

关于 Google 文件系统的信息可参见［Ghemawat et al.（2003）]。关于 Google MapReduce 方法的讨论可参见 http://research. google. com/archive/mapreduce. html。关于 Hadoop 分布式文件系统的讨论可参见［S. Shvachko and Chansler（2010）]。关于 Hadoop 框架的讨论可参见 http://hadoop. apache. org/。

关于 Lustre 的讨论可参见 http://lustre. org。

19.12   参考文献

[Callaghan（2000）]   B. Callaghan, *NFS Illustrated*, Addison-Wesley（2000）.
[Comer（2000）]   D. Comer, *Internetworking with TCP/IP*, *Volume I*, Fourth Edition, Prentice Hall（2000）.

[Fall and Stevens（2011）]　K. Fall and R. Stevens, *TCP/IP Illustrated*, *Volume 1*: *The Protocols*, Second Edition, John Wiley and Sons（2011）.

[Ghemawat et al.（2003）]　S. Ghemawat, H. Gobioff, and S. -T. Leung, "The Google File System", *Proceedings of the ACM Symposium on Operating Systems Principles*（2003）.

[S. Shvachko and Chansler（2010）]　S. R. K. Shvachko, H. Kuang and R. Chansler, "The Hadoop Distributed File System"（2010）.

[Kurose and Ross（2017）]　J. Kurose and K. Ross, *Computer Networking—A Top-Down Approach*, Seventh Edition, Addison-Wesley（2017）.

[Peterson and Davie（2012）]　L. L. Peterson and B. S. Davie, *Computer Networks*: *A Systems Approach*, Fifth Edition, Morgan Kaufmann（2012）.

[Steven et al.（2003）]　R. Steven, B. Fenner, and A. Rudoff, *Unix Network Programming*, *Volume 1*: *The Sockets Networking API*, Third Edition, John Wiley and Sons（2003）.

[Stevens（1995）]　R. Stevens, *TCP/IP Illustrated*, *Volume 2*: *The Implementation*, Addison-Wesley（1995）.

19.13　练习

19.1　为什么路由器在网络之间传递广播包是个坏主意？这样做的好处是什么？

19.2　讨论为远程域中的计算机缓存名称翻译的优点和缺点。

19.3　为实现一个具有透明特性的网络系统，设计人员必须解决的两个难题是什么？

19.4　要构建一个健壮的分布式系统，你必须知道哪些类型的故障可能发生。

　　a. 列出分布式系统中三种可能的故障类型。

　　b. 说明你所列的哪些条目也适用于集中式系统。

19.5　知道所发送的消息已经安全到达目的地，是否始终至关重要？如果你的回答是"是"，请解释原因。如果你的答案是"否"，请举例说明。

19.6　某个分布式系统有两个站点 A 和 B。考虑站点 A 是否能够区分以下情况：

　　a. B 下线。

　　b. A 和 B 之间的连接断开了。

　　c. B 严重超负荷，它的响应时间是正常的 100 倍。

　　你的答案对分布式系统的恢复有什么影响？

19.14　习题

19.7　计算迁移和进程迁移有什么区别？哪个更容易实现，为什么？

19.8　尽管 OSI 网络模型规定了七个功能层，但大多数计算机系统会使用较少的层来实现网络。为什么要使用更少的层？使用较少的层会导致什么问题？

19.9　使用传输协议 UDP 时，为何以太网段上系统速度的加倍可能导致网络性能下降？什么样的改变可以帮助解决这个问题？

19.10　路由器采用专用硬件设备的优点是什么？与使用通用计算机相比，采用这些设备有哪些缺点？

19.11　采用名称服务器而非静态主机表在哪些方面更有优势？名称服务器存在哪些复杂问题？针对名称服务器为满足转换请求而形成的通信流量，有什么方法可以减少流量？

19.12　名称服务器按分层方式组织。采用分层组织的目的是什么？

19.13　OSI 网络模型的低层提供数据报服务，没有消息传递保证。传输层协议（如 TCP）用于提供可靠性。尽可能低的层支持可靠消息传递有何优缺点？

19.14　运行图 19.4 所示的程序，并确定以下主机名的 IP 地址：

- www. wiley. com
- www. cs. yale. edu

- www. apple. com
- www. westminstercollege. edu
- www. ietf. org

19.15 DNS 名称可以映射到多个服务器，例如 www. google. com。然而，如果运行图 19.4 所示的程序，则只能得到一个 IP 地址。修改这个程序以显示所有服务器的 IP 地址，而不是仅显示一个。

19.16 最初的 HTTP 采用 TCP/IP 作为底层网络协议。对于每个页面、图形或小程序，都要创建、使用和释放各自的 TCP 会话。由于创建和释放 TCP/IP 连接的开销，这种实现方法会导致性能问题。采用 UDP 而非 TCP 是一个好的选择吗？你还可以做哪些其他更改来提高 HTTP 的性能？

19.17 使计算机网络对用户透明的优点和缺点是什么？

19.18 与集中式系统的文件系统相比，DFS 有什么优点？

19.19 对于以下各种情况，请确定基于集群还是基于客户端-服务器的 DFS 模型能够更有效地处理工作负载。解释你的答案。
- 托管大学实验室的学生文件。
- 处理哈勃望远镜发送的数据。
- 共享家庭服务器与多个设备的数据。

19.20 讨论 OpenAFS 和 NFS 是否提供位置透明和位置独立功能。

19.21 在什么情况下客户端更喜欢位置透明的 DFS？在什么情况下客户端更喜欢位置独立的 DFS？讨论其中的原因。

19.22 你会选择分布式系统的哪些方面，以便系统可以运行在完全可靠的网络上？

19.23 比较本地客户端和远程服务器的磁盘缓存技术。

19.24 哪种方案可能会让多用户 DFS 节省更大的空间：文件级重复数据的消除还是块级重复数据的消除？请加以解释。

19.25 使用重复数据消除的 DFS 需要存储哪些类型的额外元数据信息？

案例研究

这部分通过分析实际操作系统来综合理解本书前面所述的概念。我们将详细讨论两个系统：Linux 和 Windows 10。

选择 Linux 有多个原因：Linux 是流行的、免费的，并且是一个功能完备的 UNIX 系统。这使得读者有机会来阅读和修改实际操作系统的源码。

通过 Windows 10，读者可以分析一个现代操作系统，其设计和实现与 UNIX 截然不同。微软的这个操作系统作为桌面操作系统非常流行，但也可以用作移动设备的操作系统。Windows 10 采用现代设计，其外观和感觉与微软早期的操作系统截然不同。

Linux

由 Robert Love 更新

本章深入分析 Linux 操作系统。通过分析这个既完整又真实的系统，可以看到前面讨论的概念如何互相关联并且如何联系实际。

Linux 是 UNIX 的一个变种，数十年来一直很流行，它支持多种设备，小的如手机，大的如占整个房间的超级计算机。本章将回顾 Linux 的发展历程；讨论 Linux 系统的用户与程序的接口，这些接口很大程度上归功于 UNIX 的传统；还将讨论这些接口的设计与实现。Linux 操作系统发展很快，本章讨论 2017 年发行的 Linux 内核 V4.12。

本章目标

- 分析 UNIX 操作系统的历史，Linux 源自 UNIX；分析 Linux 的设计原理。
- 分析 Linux 进程与线程模型，说明 Linux 如何调度线程以及如何提供进程间通信。
- 探究 Linux 的内存管理。
- 探究 Linux 如何实现文件系统和管理 I/O 设备。

20.1 历史

Linux 看起来很像其他 UNIX 系统，确实，UNIX 兼容性一直是 Linux 项目的主要设计目标。不过，Linux 比大多数 UNIX 系统"年轻"许多。它的开发始于 1991 年，当时芬兰大学生 Linus Torvalds 创建了一个小而独立的内核，以用于 80386 处理器（这是兼容 PC 的 Intel CPU 系列的第一个真正的 32 位处理器）。

早在开发初期，从互联网上可以免费得到 Linux 源码，不但没有费用而且发行限制极少。因此，Linux 的发展史就是由世界各地的许多开发人员几乎完全通过互联网通信来合作开发的历史。Linux 系统从只是实现了 UNIX 系统服务的一个小的子集的最初内核，已经发展到包括现代 UNIX 系统的所有功能。

早期，Linux 开发主要围绕操作系统内核，它是核心的、特权的执行程序，管理所有系统资源并且直接与计算机硬件交互。当然，我们不仅需要这个内核，而且需要更多其他的内核，以便实现完整的操作系统。因此，需要区分 Linux 内核与 Linux 完整系统。**Linux 内核**（Linux kernel）是由 Linux 社团从零开始开发的原创软件；**Linux 系统**（Linux system）正如现在大家所知的，包括大量的组件，有些是从零开始编写的，有些是从其他开发项目借鉴而来的，还有一些是与其他团队合作开发的。

Linux 基本系统是应用程序和用户编程的标准环境，它并不强制任何标准手段，以便将所有可用功能作为一个整体加以管理。随着 Linux 日趋成熟，在 Linux 系统之上需要另外一层功能。这种需求导致了多种 Linux 发行。**Linux 发行**（Linux distribution）包括 Linux 系统的所有标准组件，还有一套管理工具来简化初始安装和后续升级，并管理系统其他软件包的安装和删除。现在的发行通常还会包括一些工具，如文件系统的管理、用户账户的创建和管理、网络管理、Web 浏览器和字处理器等。

20.1.1 Linux 内核

面向大众的首个 Linux 内核是 V0.01，发行于 1991 年 5 月 14 日。它没有网络功能，只能运行在 80386 兼容的 Intel 处理器和 PC 硬件上，并只有非常有限的设备驱动程序支持。虚拟内存子系统也是相当基础的，没有内存映射文件。然而，即使是这个早期版本，也仍然支持写时复制（copy-on-write）的共享页面，并支持保护地址空间。该版本唯一支持的文件系统是 Minix，因为早期的 Linux 内核是经 Minix 平台而交叉开发的。

接下来的一个里程碑是 Linux 1.0，发行于 1994 年 3 月 14 日。这个发行归功于 Linux 内核三年来的快速开发。其中最引人注目的新功能也许是网络：1.0 版支持 UNIX 的标准 TCP/IP，以及 BSD 兼容的网络编程套接字接口。新增设备驱动程序支持在串行线路或调制解调器上通过以太网（或者通过 PPP 或 SLIP）来运行 IP。

内核 V1.0 还包括新的更为强大的文件系统，不再受限于原先的 Minix 文件系统。它支持一系列 SCSI 控制器，用于访问高性能磁盘。开发人员扩展了虚拟内存子系统，以支持交换文件的分页和任意文件的内存映射（但是 1.0 版只实现了只读内存映射）。

这一版本包含一系列额外的硬件支持。虽然仍然限于 Intel PC 平台，但是硬件支持已经发展到包括软盘、CD-ROM 设备、声卡、鼠标和国际键盘等。对于没有 80387 数学协处理器的 80386 用户，内核还提供浮点仿真。这个版本还实现了 System V UNIX 风格的**进程间通信**（InterProcess Communication，IPC），如共享内存、信号量和消息队列等。

这时，内核 1.1 的开发已经开始，但是，针对 1.0 的无数错误补丁（bug-fix）也随后发行。这种模式成为 Linux 内核的标准编号约定。具有奇数小版本号的内核，如 1.1 或 2.5，为**开发内核**（development kernel）；具有偶数小版本号的内核，为稳定的**生产内核**（production kernel）。稳定内核的更新只是作为修订版本，而开发内核可能包括更新的和相对而言还未测试的功能。正如我们将会看到的，这种模式一直持续，直到版本 3。

1995 年 3 月，内核 1.2 发行。这个版本与 1.0 版相比没有提供同等的功能改进，但是确实支持更多种类的硬件，包括新的 PCI 硬件总线架构。开发人员增加了另外一个 PC 特定功能，即对 80386 CPU 的虚拟 8086 模式的支持，以允许模拟 PC 的 DOS 操作系统。他们还更新了 IP 实现，以支持记账和防火墙；还提供了对动态的可加载和可卸载内核模块的简单支持。

内核 1.2 是最后一版仅适用于 PC 的 Linux 内核。Linux 1.2 的源码发行开始部分支持 SPARC、Alpha 和 MIPS 的 CPU，但是对这些架构的完全集成并未开始，直到稳定的内核 1.2 发行。

Linux 1.2 关注更广泛的硬件支持和更完整的现有功能实现。同时，很多新的功能也在开发，但是整合新代码到主内核源代码的工作被推迟了，直到稳定的内核 1.2 发行以后，结果是 1.3 开发系列在内核中增加了大量新功能。

这项工作最终于 1996 年 6 月按 Linux 2.0 发行。这个版本有了一个新的主版本号，这是因为两大新功能：支持多种体系结构，包括完全的 64 位 Alpha 移植；支持对称多处理（Symmetric MultiProcessing，SMP）。另外，内存管理代码已经大大改进，为文件系统提供了独立于块设备缓存的统一缓存。这种改进的结果是，内核大大改进了文件系统和虚拟内存的性能。第一次，文件系统缓存扩展到网络文件系统，可写内存映射区域也得到支持。这个版本的其他重大改进包括：内核内部线程的增加、揭示可加载模块之间依赖关系的机制、对按需自动加载模块的支持、文件系统配额以及 POSIX 兼容的实时进程调度类别等。

1999 年，Linux 2.2 发行，这是改进版，添加了 UltraSPARC 系统的移植，增强了网络功能，如更灵活的防火墙、改进的路由与流量管理、支持 TCP 大窗口和可选择确认等。可以读取 Acorn、Apple 和 NT 磁盘，而且通过新的内核模式 NFS 守护进程增强了 NFS。与以前相比，这一改进版可以在更细粒度的级别上为信号处理、中断和一些 I/O 加锁，进而提高对称多处理器的性能。

内核 2.4 和 2.6 版本的改进包括：对 SMP 系统的支持、日志文件系统以及内存管理和块 I/O 系统。2.6 版本修改了线程调度程序，以提供高效的 $O(1)$ 调度算法。此外，内核 2.6 是抢占式的，甚至在内核模式下运行时，线程也可被抢占。

2011 年 7 月，Linux 内核 3.0 版本发行，以从 2 到 3 的版本主号的跳跃来纪念 Linux 诞生二十周年。3.0 版本的新功能包括：改进的虚拟化支持、新的页面回写工具、改进的内存管理系统、另一个新的线程调度程序即完全公平调度程序（Completely Fair Scheduler，CFS）。

Linux 内核 4.0 版于 2015 年 4 月发行。这一次的主要版本是完全随意的——Linux 内核开发人员只是厌倦了越来越大的小版本。现在，Linux 内核版本除了发行顺序之外并不表示其他东西。4.0 内核系列提供对新体系结构的支持以及改进的移动功能和改进的迭代等。接下来将重点介绍这个最新的内核。

20.1.2 Linux 系统

如前所述，Linux 内核构成 Linux 项目的核心，但是还需要其他组件才能组成一个完整的 Linux 操作系统。Linux 内核是针对 Linux 项目的完全从头编写的代码组件，但是组成 Linux 系统的大部分配套软件不是专用于 Linux，而是常见于一些类似 UNIX 的操作系统。特别是，Linux 采用作为 Berkeley 的 BSD 操作系统而开发的许多工具、MIT 的 X Window 系统以及自由软件基金会的 GNU 项目。

工具的这种共享是双向的。Linux 的主要系统库源于 GNU 项目，但是 Linux 社区通过处理遗漏、低效、错误等大大改进了这些库。其他组件，如 **GNU C 编译器**（GNU C compiler，gcc），已经具有足够高的质量，可以直接用于 Linux。Linux 的网络管理工具源自 4.3 BSD 的开发代码，但是更多最近的 BSD 衍生产品，如 FreeBSD，反过来借用 Linux 的代码。这种共享的例子包括 Intel 浮点仿真数学库和 PC 声卡设备驱动程序。

整个 Linux 系统是由通过 Internet 协作的开发人员的松散网络来维护的，其中少数的个人或小组负责维护特定组件的完整性。少量的公共 Internet FTP（File-Transfer-Protocol，文件传输协议）站点作为这些组件事实上的标准存储。**文件系统层次结构标准**（File System Hierarchy Standard）文档也由 Linux 社区维护，这是确保各种系统组件间的兼容性的手段。这个标准规定了标准的 Linux 文件系统的总体布局，确定配置文件、库、系统二进制和运行时数据文件应该保存在哪个目录下。

20.1.3 Linux 发行

理论上，任何人都可以从 FTP 网站上获取必要系统组件的最新版本，然后编译并安装 Linux 系统。在 Linux 早期，这正是 Linux 用户必须做的。然而，随着 Linux 日趋成熟，许多个人和团体通过提供标准的、预编译的、易于安装的软件包，使得安装过程变得更加方便。

这些组合或者发行包含的远非 Linux 基本系统。它们通常包括额外的系统安装和管理实用程序，以及预编译的和准备安装的许多常用 UNIX 工具，如新闻服务器、网络浏览器、文本处理和编辑工具，甚至游戏等。

早期发行只提供简单的软件包管理方法，即将所有文件解压缩到适当位置。然而，现代发行的重要贡献之一是先进的软件包管理。今天的 Linux 发行包括跟踪软件包的数据库，以便轻松实现安装、更新、删除程序包。

SLS 发行可以追溯到 Linux 早期，是完整发行的 Linux 包的首个集合。虽然它可以作为单个实体来安装，但 SLS 缺少现在 Linux 发行中常有的程序包管理工具。**Slackware** 发行在整体质量上有很大提高，尽管它在软件包管理方面做得较差。事实上，它仍然是 Linux 社区安装最广泛的发行之一。

自从 Slackware 发行以来，许多商业和非商业 Linux 发行也已问世。**Red Hat** 和 **Debian** 是非常流行的发行，前者来自商业 Linux 支持公司，后者来自免费软件 Linux 社区。其他商业支持的 Linux 发行包括 **Canonical** 和 **SuSE** 等。Linux 还有太多流通的发行，在此无法一一列出。然而，各种发行并不影响 Linux 发行的相互兼容。RPM 包文件格式被大多数发行所使用或至少提供支持，采用这种格式的商用软件可以被支持 RPM 的任何发行来安装和运行。

20.1.4 Linux 许可

Linux 内核分布遵循 2.0 版的 GNU GPL（General Public License，通用公共许可），它的条

款由自由软件基金会（Free Software Foundation）制定。Linux 不是公共流通软件。**公共流通**（public domain）意味着作者已经放弃软件版权，但是 Linux 代码的版权仍然由各个代码的作者拥有。然而，Linux 是自由软件，也就是说人们可以随意复制、修改和使用它，并且可以毫无约束地赠送（或出售）他们自己的副本。

Linux 许可条款的主要含义是，使用 Linux 或者创建 Linux 派生（合法使用）的任何人员，不能发行派生产品而不包括源代码。遵循 GPL 的发行软件不得仅以二进制形式来发行。如果你发行的软件包括任何 GPL 组件，则根据 GPL，在发行二进制的产品时必须提供源代码。（这个限制并不禁止开发或者销售二进制软件发行，只要获得二进制产品的任何人员都有机会通过合理费用来获得源代码。）

20.2 设计原则

就整体设计而言，Linux 类似于其他传统的、非微内核的 UNIX 实现。它是个多用户的、抢占式的多任务系统，并拥有全套的 UNIX 兼容工具。Linux 文件系统遵循传统 UNIX 语义，而且标准 UNIX 网络模型也已完全实现。Linux 设计的内部细节深受这个操作系统发展历史的影响。

虽然 Linux 可以运行在多种平台上，但是它最初是针对 PC 架构开发的。大量的早期开发是由个人爱好者来实现的，而不是由资金充足的研发团队来实现的，所以从一开始 Linux 就试图通过有限资源来开发尽可能多的功能。如今，Linux 可以流畅地运行在具有数百兆字节主存和数 TB 磁盘空间的多处理器上，但是它仍然能够有效地运行在不到 16MB 的 RAM 中。

随着 PC 性能的增强以及内存和硬盘价格的降低，最初的、极简的 Linux 内核也逐渐实现了更多的 UNIX 功能。速度和效率仍然是很重要的设计目标，但是目前关于 Linux 的工作已经聚焦于第三个主要设计目标：标准化。目前可用的 UNIX 实现的多样性，其代价之一是为一个平台编写的源代码未必能在另一个平台上正确编译或运行。即使同样的系统调用出现在两个不同的 UNIX 系统上，它们的行为也未必完全一样。POSIX 标准包含一套规范，以说明操作系统行为的不同方面。POSIX 规范有的针对操作系统的通用功能，有的针对扩展，如进程线程和实时运行。Linux 设计符合相关 POSIX 规范，而且至少两种 Linux 发行已经取得官方的 POSIX 认证。

因为 Linux 为程序员和用户提供了标准接口，所以对于任何熟悉 UNIX 的程序员，Linux 并不陌生。这里，我们并不展开说明这些接口。BSD 的程序员接口和用户接口同样适用于 Linux。然而，在默认情况下，Linux 编程接口遵循 SVR4 UNIX 语义而非 BSD 行为。当两种行为明显不同时，可以采用一组单独的库来实现 BSD 语义。

UNIX 还有许多其他标准，但是 Linux 对于这些标准的完全认证有时很慢，因为认证通常是收费的，而且认证操作系统符合大多数标准的相关费用是很高的。然而，支持大量应用对于任何操作系统都很重要，所以这些标准的实现是 Linux 开发的重要目标，即使没有经过正式认证。除了基本的 POSIX 标准以外，Linux 目前支持 POSIX 的线程扩展，即 Pthreads，以及用于实时进程控制的 POSIX 扩展子集。

Linux 系统的组件

Linux 系统包括三类主要代码，符合大多数传统的 UNIX 实现：

1. **内核**。内核负责维护操作系统的所有重要抽象，包括虚拟内存和进程等。
2. **系统库**。系统库定义了一个标准的函数集合，应用程序可以通过这些函数与内核交互。这些函数实现了操作系统的很多功能，而不需要内核代码的完全特权。最重要的系统库是 **C 库**（C library），称为 libc。除了提供标准的 C 库以外，libc 还实现了用户模式的 Linux 系统调用接口，以及其他关键系统接口。
3. **系统工具**。系统工具程序执行单独的、专门的管理任务。有些系统工具只被调用一次，以便初始化并配置系统的某些方面。其他系统工具——在 UNIX 术语中称为**守护进程**（daemon）——长久运行，处理的任务包括响应网络连接请求、接受来自终端的登录请求和更新日志文件等。

图 20.1 说明了构成完整 Linux 系统的各种组件。这里，最重要的区别在于内核和其他组件之间。所有内核代码都在处理器的特权模式下运行，并能访问计算机的所有物理资源。Linux 称这种特权模式为**内核模式**（kernel mode）。在 Linux 下，内核没有用户代码。任何操作系统支持的代码如无须运行在内核模式下，则放在系统库中，并按**用户模式**（user mode）运行。与内核模式不同，用户模式只能访问系统资源的受控子集。

系统管理程序	用户进程	用户实用程序	编译器
系统共享库			
Linux内核			
可加载内核模块			

图 20.1　Linux 系统的组件

虽然多个现代操作系统在内核内部采用消息传递架构，但是 Linux 保留了 UNIX 的历史模型：内核被创建成单一的、单片的二进制形式。这样做的主要原因是性能。因为所有内核代码和数据结构都保存在单个地址空间中，所以当进程调用操作系统函数时或当硬件中断被交付时，没有必要进行上下文转换。此外，在各个子系统之间传递数据和发出请求时，内核采用的是相对简单的 C 函数，而不是更为复杂的进程间通信（IPC）。这个单一地址空间不仅包含处理核调度和虚拟内存代码，而且包含所有内核代码，如设备驱动程序、文件系统和网络代码等。

尽管所有内核组件共享同一"熔炉"，但是仍然有模块化的空间。如同用户应用程序可以加载共享库以便引入所需的代码片段一样，Linux 内核也可以在运行时动态加载（或卸载）模块。内核不必预先知道哪些模块可以加载，因为它们是真正独立的可加载组件。

Linux 内核构成了 Linux 操作系统的核心。它提供管理进程与运行线程所需的所有功能，而且提供系统服务，以便实现对硬件资源的仲裁访问和受保护的访问。内核实现操作系统要求的所有功能，然而，Linux 内核提供的操作系统本身不是完整的 UNIX 系统。它缺少 UNIX 的很多功能和行为，所提供的特征不一定是 UNIX 应用程序期望其出现的格式。应用程序可用的操作系统接口并不是由内核来直接维护的，相反，应用程序调用系统库，而系统库又根据需要调用操作系统服务。

系统库提供多种类型的功能。在最简单的级别，系统库支持应用程序对内核进行系统调用。进行系统调用涉及从非特权用户模式到特权内核模式的控制转移，这种转移的细节因架构而异。系统库收集系统调用的参数，如果必要，则按特殊形式编排这些参数来进行系统调用。

系统库也可能提供基本系统调用的更为复杂的形式。例如，C 语言的缓冲文件处理函数都实现在系统库中，提供了比基本内核系统调用更为高级的文件 I/O 控制。这些系统库也提供并不对应于系统调用的程序，例如排序算法、数学函数和字符串处理程序。支持 UNIX 和 POSIX 应用程序运行的所有必要函数都在系统库中实现。

Linux 系统包含各种用户模式的程序，包括系统实用程序和用户实用程序。系统实用程序包括用于初始化和管理系统的所有必要程序，如配置网络接口、增加或删除系统用户。用户实用程序也是系统基本运行所必需的，但是不要求提升权限来运行。用户实用程序包括简单的文件管理实用程序，如复制文件、创建目录和编辑文本文件。最重要的用户实用程序是**外壳**（shell），即标准 UNIX 系统的命令行界面。Linux 支持多种外壳，最常见的是 **bash**（bourne-again shell）。

20.3　内核模块

Linux 内核能够按需加载和卸载任何内核代码片段。这些可加载的内核模块按特权内核模式运行，因此这些内核模块能够访问它所运行的所有计算机硬件。在理论上，对于内核模块没有任何权限限制。内核模块可以有很多，如设备驱动程序、文件系统或网络协议。

由于多种原因，内核模块非常方便。Linux 源码是免费的，所以想要编写内核代码的任何程序员都能编译已修改的内核，再重新启动以进入新的内核功能。然而，在开发新的驱动程序时，重新编译、重新链接、重新加载整个内核是个烦琐的过程。如果采用内核模块，则不必创建新的内核来测试新的驱动程序，因为驱动程序可以被编译并加载到正在运行的内核中。当然，一旦新的驱动程序被编写出来，就可以作为一个模块来发行，这样其他用户无须重建内核也能从中受益。

后面这一点还有另一层含义。因为 Linux 内核遵循 GPL 许可，所以若添加了具有所有权的组件，它就不能被发行，除非那些新的组件也按 GPL 来发布，而且其源代码是按需提供的。内核模块接口允许第三方根据自己的条款来编写和发布无须遵循 GPL 的设备驱动或文件系统。

内核模块允许使用最小标准内核来设置 Linux 系统，不需要任何额外的内置设备驱动程序。任何用户需要的设备驱动程序，或者在启动时由系统明确加载，或者根据需要由系统自动加载并在不用时卸载。例如，鼠标驱动程序可以在 USB 鼠标插入系统时加载，而在鼠标拔下时卸载。

Linux 的内核模块支持包括四个组件：

1. **模块管理系统**（module-management system）允许将模块加载到内存，并与其他内核进行通信。
2. **模块加载器和卸载器**（module loader and unloader）为用户模式实用程序，与模块管理系统一起将模块加载到内存中。
3. **驱动程序注册系统**（driver registration system）允许模块告诉其余内核新的驱动程序已经可用。
4. **冲突解决机制**（conflict-resolution mechanism）允许不同的设备驱动预留硬件资源，并保护这些资源以免受另一驱动程序的意外使用。

20.3.1 模块管理

加载模块不只是将二进制文件内容加载到内核内存，系统还应确保模块对内核符号或入口点的任何引用被更新为指向内核地址空间的正确位置。Linux 引用更新的处理将模块加载作业分为两个部分：内核内存中的模块代码段的管理和允许模块引用的符号处理。

Linux 内核维护一个内部符号表。这个符号表并不包含内核定义的编译生成的完整符号集合，相反，符号必须明确导出。导出符号的集合构成了明确定义的接口，以便模块与内核交互。

虽然从内核函数中导出符号时要求程序员给出明确请求，但是将这些符号引入模块时并不需要特别的工作——模块开发人员只需使用 C 语言的标准外部链接。模块引用但未声明的任何外部符号，在编译器生成的最终模块二进制中被简单地标记为未解析的。当模块被加载到内核时，系统实用程序首先扫描模块以获得这些未解析的引用。所有仍需解析的符号都在内核符号表中查找，当前运行内核的这些符号的正确地址用于替换模块中的地址。只有这样，这个模块才被传到内核，以便加载。如果系统实用程序在查询内核符号表时无法解析模块内的所有引用，则这个模块会被拒绝。

模块加载分成两个阶段执行。首先，模块加载器实用程序要求内核为模块预留虚拟内核内存中的一块连续区域。内核返回分配内存的地址，而加载器实用程序可以采用这个地址将模块的机器代码重新定位到正确的加载地址。随后的系统调用将这个模块和新模块想要导出的任何符号表传递到内核。现在，模块本身被逐字复制到先前的分配空间，内核符号表根据新的导出符号来更新，以便用于尚未加载的其他模块。

最后一个模块管理组件是模块请求程序。内核定义了一个通信接口，以便与模块管理程序连接。在这个连接建立后，每当进程请求设备驱动程序、文件系统或现在尚未加载的网络服务时，内核将会通知管理程序，并会让它加载所需的服务。一旦模块被加载，原来的服务请求也就完成了。管理进程定期查询内核，以确定动态加载的模块是否仍在使用，当模块不再被需要时就将其卸载。

20.3.2 驱动程序注册

一旦模块加载完成，在允许内核的其他部分知道它能够提供什么新的功能之前，它只不过是一块孤立的内存区域。内核维护所有已知驱动程序的动态表，并提供一组程序以便允许在这些表中随时添加或删除驱动程序。内核确保在加载模块时可调用模块的启动程序，在卸载模块之前可调用模块的清除程序。这些程序负责模块注册功能。

模块注册的功能类型可以有多种而不只是一种。例如，设备驱动程序可能需要注册两个单独的设备访问机制。注册表包括很多内容，如：

- **设备驱动程序**。这些驱动程序包括字符设备（如打印机、终端和鼠标）、块设备（包括所有磁盘驱动器）和网络接口设备。
- **文件系统**。可实现 Linux 虚拟文件系统调用程序的任何文件系统。它可能用于实现磁盘文件的存储格式，也可能是网络文件系统，或者是内容按需生成的虚拟文件系统，如 Linux 的文件系统 /proc。
- **网络协议**。模块可以实现整个网络协议（如 TCP），或者只是网络防火墙的一套新的包过滤规则。
- **二进制格式**。这个格式指定一种方法，以识别、加载和执行新的可执行文件类型。

另外，模块可以在表 sysctl 和 /proc 中注册一组新的条目，以便允许动态配置这个模块（见 20.7.4 节）。

20.3.3 冲突解决

商业 UNIX 实现通常运行在供应商自己的硬件上。单一供应商解决方案的一个优点是，软件供应商非常清楚其产品可能需要的硬件配置。然而，PC 硬件有太多的不同配置，可用的设备（如网卡和视频适配器）驱动程序也数量众多。当支持模块化设备驱动程序时，硬件配置的管理问题更加严重，因为当前活动的设备集是动态可变的。

Linux 提供集中冲突解决机制，以帮助仲裁对某些硬件资源的访问。该机制的作用如下：

- 防止模块与硬件资源访问发生冲突。
- 防止**自动探针**（autoprobe）（自动检测设备配置的设备驱动程序探针）干扰现有设备驱动程序。
- 解决多个驱动程序试图访问同一硬件的冲突问题，例如，并行打印机驱动程序和 PLIP（Parallel Line IP，并行线路 IP）网络驱动程序试图访问同一并行端口。

为此，内核维护已分配硬件的资源列表。PC 拥有数量有限的可用 I/O 端口（硬件 I/O 地址空间中的地址）、信号中断线和 DMA 通道。任何设备驱动程序想要访问这类资源时，应首先通过内核数据库来预留资源。这个要求进而允许系统管理员精确确定在任一时间点哪个资源分配给了哪个驱动程序。

模块使用这种机制来提前预留任何预期使用的硬件资源。如果由于资源已不在或已在使用，预留就被拒绝，模块决定如何继续。模块在尝试初始化时可能失败：如果不能继续，则要求卸载；如果可以使用替代硬件资源，则可以继续。

20.4 进程管理

进程是基本上下文，经此所有用户请求活动获得操作系统服务。为了兼容其他 UNIX 系统，Linux 必须采用类似其他 UNIX 版本的进程模型。然而，Linux 在多个关键之处有别于 UNIX。本节回顾传统 UNIX 进程模型，并介绍 Linux 线程模型。

20.4.1 fork() 与 exec() 进程模型

UNIX 进程管理的基本原理是，将通常合二为一的两个操作分为两步：创建新的进程和运行新的程序。新进程的创建采用系统调用 fork()，新程序的运行采用系统调用 exec()。这是两个截然不同的系统调用。我们可以使用 fork() 创建新进程而无须运行新程序，这样新的子进程只是从完全相同的位置开始，继续执行与父（第一）进程完全相同的程序。同样，运行新程序并不要求首先创建新进程。任何进程都可以随时调用 exec()。这样，新的二进制对象可以被加载到进程的地址空间中，而且新的可执行文件可以按现有进程的上下文来执行。

这种模型的优点是非常简单。在运行新程序的系统调用中，没有必要指定程序的每个环境细节——新程序直接而简单地运行在现有环境中。如果父进程希望修改新程序运行的环境，则可以首先分叉，接着在子进程继续运行原来的可执行文件时通过系统调用修改这个子进程，最后执行新程序。

对于 UNIX，进程包含操作系统必须维护的所有信息，以便跟踪每个程序的执行上下文。对于 Linux，我们可以将这个上下文分解为多个特定部分。大体上，进程属性分为三组：进程标识、进程环境和进程上下文。

20.4.1.1　进程标识

进程标识主要包括以下几项内容：

- **进程 ID**（PID）。每个进程都有唯一的标识符。当应用程序进行系统调用以发出信号、修改或等待进程时，PID 用于向操作系统指定进程。附加标识符可将进程与进程组（通常是由单个用户命令派生的进程树）和登录会话等相关联。

- **凭证**（credential）。每个进程必须具有关联的用户 ID 和一个或多个用户组 ID（13.4.2 节讨论了用户组），以便确定进程访问系统资源和文件的权限。

- **个性**（personality）。进程个性并不出现在传统的 UNIX 系统上，但是 Linux 的每个进程都有一个关联的个性标识符，可以微调某些系统调用的语义。个性主要用于仿真库，以便要求系统调用兼容 UNIX 的某些特色。

- **命名空间**（namespace）。每个进程关联文件系统层次结构的某个特定视图，称为命名空间。大多数进程共享一个通用命名空间，从而运行于共享文件系统的层次结构。然而，进程与其子进程可以拥有不同的命名空间，每个都有唯一的文件系统层次结构，如自己的根目录和挂载的文件系统集合。

对于大多数进程标识符，进程本身可以进行有限控制。如果进程想要启动新的组或会话，则可以更改进程组和会话的标识符——其凭证在经过适当的安全检查后可以更改。然而，进程的主 PID 是不可更改的，并且唯一标识这个进程直到终止。

20.4.1.2　进程环境

进程环境从父进程继承而来，由两个以 null 结尾的向量组成：参数向量和环境向量。**参数向量**（argument vector）只是简单列出用于调用运行程序的命令行参数，通常以程序本身的名称开始。**环境向量**（environment vector）是 "NAME = VALUE" 对的列表，用于关联环境变量与其文本值。环境向量不在内核内存中，而是作为进程堆栈顶部的第一项数据，存储在进程自己的用户模式地址空间中。

在新进程被创建时，它的参数向量和环境向量不会改变。新的子进程会继承父进程的环境。但是，在调用新程序时，会建立一个全新的环境。在调用 exec() 时，进程必须为新程序提供环境。内核将这些环境变量传给下一个程序，替代进程当前的环境。否则，内核会保持环境和命令行向量不变，具体解释完全留给用户模式程序库和应用程序。

将环境变量从一个进程传递到下一个进程，而且子进程能够继承环境变量，这些为将信息传递给用户模式系统软件的组件提供了灵活的方式。各种重要的环境变量对于系统软件的相关部分具有约定俗成的意义。例如，变量 TERM 用于命名连接到用户登录会话的终端类型，许多程序通过这个变量来确定如何在用户显示屏上执行操作，如移动光标或滚动文本区域。具有多语言支持的程序通过变量 LANG 确定采用何种语言来显示系统信息。

环境变量机制为每个进程定制操作系统环境。用户可以彼此独立地选择自己的语言或编辑器。

20.4.1.3 进程上下文

通常，进程标识和环境属性在进程创建时设置，并且在进程退出前不会改变。如果需要，进程可以选择改变其标识的某些方面，或者改变其环境。相比之下，进程上下文是运行程序在任一时刻的状态，它是不断变化的。进程上下文包括以下部分：

- **调度上下文**。进程上下文中最重要部分是调度上下文，调度程序需要使用这些信息来挂起或重启进程。这些信息包括所有进程寄存器的保存副本。浮点寄存器是单独保存的，仅在需要时才会恢复。因此，若不使用浮点运算的进程，则不会产生保存这类状态的开销。调度上下文也包括调度优先级和等待传给进程的信号等信息。调度上下文的一个关键部分是进程的内核堆栈，即用于内核模式代码的内核内存的单独区域。进程执行时发生的系统调用和中断将会使用这个堆栈。
- **记账**。内核维护的记账信息包括每个进程正在消耗的资源和进程迄今为止消耗的总资源等。
- **文件表**。文件表是一个指针数组，指向代表打开文件的内核文件结构。在进行文件I/O系统调用时，进程的文件引用采用一个整数，称为**文件描述符**（file descriptor, fd），而内核通过fd索引文件表。
- **文件系统上下文**。文件表用于已经打开的各个文件，而文件系统上下文用于打开新文件的请求。文件系统上下文包括进程的根目录、当前工作目录和命名空间。
- **信号处理程序表**。UNIX系统可以将异步信号传递到进程，以响应各种外部事件。信号处理程序表定义了响应特定信号时所要采取的操作。有效操作包括忽略信号、终止进程以及调用进程地址空间中的程序。
- **虚拟内存上下文**。虚拟内存上下文描述了进程私有地址空间的全部内容，参见20.6节。

20.4.2 进程与线程

Linux提供系统调用fork()，以便复制进程而不加载新的可执行映像。Linux也提供系统调用clone()，以便创建线程。然而，Linux并不区分进程和线程。事实上，在论及进程内的控制流时，Linux通常使用术语任务（task），而非进程（process）或线程（thread）。系统调用clone()等效于fork()，除了它接受作为参数的一组标志，以决定父任务与子任务共享哪些资源（通过fork()创建的进程与父进程不共享资源）。这些标志如下表所示。

因此，如果clone()被传递了标志 CLONE_FS、CLONE_VM、CLONE_SIGHAND 和 CLONE_FILES，父任务和子任务就会共享相同的文件系统信息（如当前工作目录）、相同的内存空间、相同的信号处理程序及相同的打开文件集合。采用这种方式使用clone()等效于其他系统的线程创建，因为父任务与子任务共享了大部分资源。然而，如果在调用clone()时没有设置这些标志，则不会共享相关资源，这样其功能就类似于系统调用fork()。

标志	意义
CLONE_FS	共享文件系统信息
CLONE_VM	共享同一内存空间
CLONE_SIGHAND	共享信号处理程序
CLONE_FILES	共享打开文件集合

进程和线程之间没有区别是可能的，是因为Linux在主进程数据结构中没有保存进程的整个上下文。相反，它将上下文保存在独立的子上下文中。因此，进程的文件系统上下文、文件描述符表、信号处理程序表和虚拟内存上下文保存在单独的数据结构中。进程数据结构只是简单地包含指向这些其他结构的指针，所以通过指向同一子上下文并增加引用计数，任何数量的进程可以轻松共享子上下文。

系统调用clone()的参数说明要复制哪些子上下文以及要共享哪些子上下文。新的进程总是赋予新的标识和新的调度上下文，这些是Linux进程必不可少的。然而，根据所传递的参数，内核可以创建新的子上下文数据结构，并初始化为父进程的一个副本，或者设置新进程以使用与父进程相同的上下文数据结构。系统调用 `fork()` 只不过是一个特殊的 `clone()`，它复制所有子上下文，但什么也不共享。

20.5　调度

调度是指将 CPU 时间分配给操作系统内的不同任务。与所有 UNIX 系统一样，Linux 支持**抢占式多任务处理**。这类系统的进程调度程序决定哪个线程运行以及何时运行。在许多不同的工作负载之间权衡公平和性能从而做出决策，是现代操作系统面临的较为复杂的挑战之一。

一般认为调度是指用户线程的运行和中断，但调度的另一方面在 Linux 中也很重要：各种内核任务的运行。内核任务包括以下两个任务：由正在运行的线程请求的任务和代表内核本身在内部执行的任务（例如通过 Linux 的 I/O 子系统产生的任务）。

20.5.1　线程调度

Linux 有两个独立的进程调度算法：一个是分时算法，用于公平的、抢占式的多线程调度；另一个是为实时任务而设计的，这里绝对优先比公平更重要。

用于常规分时任务的调度算法在内核 V2.6 中得到了重大改进。早期版本采用传统 UNIX 调度算法的一个变体，该算法对于 SMP 系统支持不够充分，对于系统任务的数量增加伸缩性差，对于交互任务（特别是在桌面计算机和移动设备上）公平性差。线程调度程序在内核 V2.5 中首先进行了大改。V2.5 的调度程序只需恒定时间来选择运行哪个任务，这个算法是 $O(1)$ 的，与系统任务或处理器的数量无关。新的调度程序也增加了 SMP 支持，包括处理器亲和性与负载平衡。这些改动虽然提高了可伸缩性，但是并未改进交互或公平，实际上这些问题在某些工作负载下会变得更糟。因此，内核 V2.6 对线程调度程序再次做了大改，这个版本引入了**完全公平调度程序**（Completely Fair Scheduler，CFS）。

Linux 调度程序采用抢占式的、基于优先级的算法，具有两个独立的优先级范围：0～99 的**实时**（real time）范围和 -20～19 的**友好值**（nice value）范围。更小的友好值表示更高的优先级。因此，通过增加友好值可以降低优先级，并对其余系统"友好"。

CFS 与传统的 UNIX 进程调度程序有很大的不同。对于后者，调度算法的核心变量是优先级和时间片。**时间片**（time slice）是线程得到的时间长度（处理器的时间片）。传统的 UNIX 系统给予进程一个固定的时间片，并允许低优先级的减速和高优先级的加速。进程可以运行时间片的长度，而且更高的优先级进程可在低优先级进程之前运行。这种算法简单，可用于许多非 UNIX 系统。这种简单对于早期的分时系统能够奏效，但对于现代桌面计算机和移动设备，已证明其无法提供很好的交互与公平。

CFS 引入了一种新的调度算法，称为**公平调度**（fair scheduling），这种算法放弃了传统意义上的时间片。所有线程都被分配了处理器的部分时间，而不是时间片。CFS 通过可以运行的线程总数，计算一个线程应该运行多久。首先，如果有 N 个可运行线程，那么每个线程都应该获得处理器时间的 $1/N$。然后，CFS 根据线程友好值的加权调整分配。具有默认友好值的线程的权重为 1，即优先级不变。具有较小友好值（更高优先级）的线程获得更高的权重，而具有较大友好值（更低优先级）的线程获得更低的权重。最后，CFS 允许每个线程运行一个"时间片"，它正比于每个线程的加权除以所有可运行线程的加权总和。

为了计算线程运行的实际时间长度，CFS 采用一个称为**目标延迟**（target latency）的可配置变量，这是每个可运行任务应该运行至少一次的时间间隔。例如，假设目标延迟为 10 毫秒，有两个同样优先级的可运行线程。每个线程具有相同的加权，因此得到相同比例的处理器时间。在这种情况下，由于目标延迟为 10 毫秒，第一个线程运行 5 毫秒，接着另一个线程运行 5 毫秒，然后第一个线程运行 5 毫秒，等等。如果有 10 个可运行线程，则每个线程可运行 1 毫秒，然后重复。

不过，如果有 1000 个线程呢？如果遵循刚刚所述的过程，则每个线程都会运行 1 微秒。

考虑到切换成本，按照如此短的时间来调度线程是低效的。因此，CFS 依赖第二个称为**最小粒度**（minimum granularity）的可配置变量，这是每个线程分得的最小时间长度。无论目标延迟如何，所有线程将会至少运行最小粒度的长度。按照这种方式，CFS 确保当可运行线程的数量变得太大时，切换成本不会变得不可接受。但这样做会违反公平性。然而，在通常的情况下，可运行线程的数量仍然是合理的，公平得以最大化，而切换成本得以优化。

由于采用公平调度算法，CFS 与传统的 UNIX 进程调度程序有很多不同。最值得注意的是，CFS 消除了固定时间片的概念。相反，每个线程都接收到一定比例的处理器时间，分配多长取决于现有多少其他可运行线程。这种方法解决了将优先级映射到时间片的种种问题，这些问题是抢占式、基于优先级的调度算法所固有的。当然，也可采用其他方式解决这些问题，而不放弃经典的 UNIX 调度程序。然而，CFS 采用了一种简单的算法来解决这些问题，这种算法在交互式工作负载（如移动设备）上表现良好，而且不会影响大型服务器吞吐量方面的性能。

20.5.2　实时调度

Linux 实时调度算法比用于标准分时线程的公平调度简单得多。Linux 实现了 POSIX.1b 要求的两类实时调度：先到先服务（FCFS）和轮转（round-robin）（见 5.3.1 节和 5.3.4 节）。对于以上两种情况，每个线程除了调度类别之外，还有一个优先级。调度程序始终运行具有最高优先级的线程。对于同等优先级的线程，等待时间最长的线程得到运行。FCFS 和轮转调度的唯一区别是：FCFS 线程继续运行直到退出或阻塞；而轮转线程将在一段时间后被抢占，并移动到调度队列的末尾，所以相同优先级的线程会自动分享时间。

Linux 的实时调度是软实时而不是硬实时的。调度程序严格保证实时进程的相对优先级，但是线程一旦变得可运行，内核无法保证线程需要等待多久才能运行。相比之下，硬实时系统可以保证线程从可以运行到实际运行的最小延迟。

20.5.3　内核同步

内核调度自身操作的方式与调度线程的方式有着根本的不同。内核模式的执行请求可以通过两种方式发生。一种方式是，运行程序可以请求操作系统服务，或是显式的（通过系统调用）或是隐式的（例如，当页面故障发生时）。另一种方式是，设备控制器可以传递硬件中断，导致 CPU 开始执行由内核定义的中断处理程序。

内核的问题是这些任务可能尝试访问相同的内部数据结构。如果一个内核任务正在访问某个数据结构时，一个中断服务程序开始执行，则这个服务程序在访问或修改相同的数据时存在损坏数据的风险。这涉及临界区，即共享数据的访问代码不允许并发执行。因此，内核同步涉及很多内容，不只是线程调度。为了允许内核任务运行而不违反共享数据的完整性，需要一个框架。

在 V2.6 之前，Linux 内核属于非抢占式的，这意味着即使更高优先级的线程可以运行，按内核模式运行的更低优先级的线程仍然不能被抢占。对于 V2.6，Linux 内核变为完全抢占的。现在，按内核模式运行的任务也可以被抢占。

Linux 内核提供自旋锁和信号量（以及这两种锁的读者-作者版本），用于在内核中加锁。对于对称多处理器机器，基本的加锁机制是自旋锁，内核设计允许自旋锁被持有很短的时间。对于单处理器机器，自旋锁不再适用，而是通过启用和禁用内核抢占来代替。也就是说，任务禁用内核抢占，而不是持有自旋锁。当任务本应释放自旋锁时，就会启用内核抢占。对这种模式的总结如下表所示。

Linux 使用一种有趣的方法来禁用或启用内核抢占。它提供两个简单的内核接口，即
`preempt_disable()` 和 `preempt_enable()`。另外，当内核模式任务持有自旋锁时，内核不会被抢占。为了强制执行这个规则，系统内的每个任务都有一个结构
`thread_info`（线程信息），它包括字段 `preempt_`

单处理器	多处理器
禁用内核抢占	获得自旋锁
启用内核抢占	释放自旋锁

count（抢占计数），用于指示任务持有的锁的数量。获取锁时，计数器递增；释放锁时，计数器递减。如果当前运行任务的 preempt_count 值大于零，则抢占内核是不安全的，因为这个任务当前持有锁。如果这个计数为零，而且没有未完成的调用 preempt_disable()，则内核可以被安全地中断。

自旋锁与内核抢占的启用和禁用，仅当锁被持有较短时间时才在内核中使用。若必须较长时间持有锁，则使用信号量。

Linux 使用的第二种保护技术适用于中断服务程序内的临界区，其基本工具是处理器的中断控制硬件。通过在临界区中禁用中断（或采用自旋锁），内核保证它可以继续执行，而没有并发访问共享数据结构的风险。

但是，禁用中断是有代价的。对于大多数硬件架构，中断启用与禁用指令并不简单。更为重要的是，只要中断保持禁用，所有 I/O 都会被挂起，等待服务的任何设备将不得不等待中断重新启用，因此导致性能下降。为了解决这个问题，Linux 内核采用一种同步架构，允许长临界区运行整个持续时间，而无须禁用中断。这种能力对于网络代码特别有用。网络设备驱动程序内的中断可以指示一个完整网络包的到达，这可能导致执行中断服务程序的大量代码，以便拆解、路由和转发这个包。

Linux 通过将中断服务程序分成两个部分来实现这种架构：上半部（top-half）与下半部（bottom-half）。上半部是标准的中断服务程序，在其运行时递归中断会被禁用，相同编号（或线路）的中断也会被禁用，但是其他中断可以运行。服务例程的下半部由一个微型调度程序运行，所有中断都被启用，确保下半部永远不会中断自己。每当中断服务例程退出时，都会自动调用下半部调度程序。

这种分离意味着内核可以完成因响应中断而必须执行的任何复杂处理，而且无须担心本身会被中断。如果在执行下半部时发生另一个中断，则这个中断可以请求执行它的下半部，但是这个执行会被推迟，直到当前正在运行的下半部完成。下半部的每次执行可以被上半部所中断，但是永远不会被类似的下半部所中断。

上半部/下半部架构的实现机制是在执行正常前台内核代码时，禁用所选的下半部。内核通过这种机制可以轻松编写临界区。中断处理程序可以将其临界区编写为下半部，而且，当前台内核想要进入临界区时，可以禁用任何下半部，从而防止被任何其他临界区中断。在临界区的末尾，内核可以重新启用下半部，并运行在临界区中由上半部中断服务程序排队的任何下半部任务。

图 20.2 总结了内核中不同级别的中断保护。每个级别可以被更高级别的代码中断，但是不会被同一级别或更低级别的代码所中断。除了用户态代码，当分时调度中断发生时，用户线程总是可以被另一个线程抢占。

| 上半部中断处理程序 |
| 下半部中断处理程序 |
| 内核系统服务程序（抢占式） |
| 用户模式程序（抢占式） |

优先级递增 →

图 20.2 中断保护级别

20.5.4 对称多处理

Linux 内核 V2.0 是支持**对称多处理器**（Symmetric MultiProcessor，SMP）硬件的首个稳定 Linux 内核，允许不同线程在不同处理器上并行执行。最初的 SMP 实现有一个限制：同一时间只有一个处理器可以执行内核代码。

在内核 V2.2 中，单个内核自旋锁——有时称为**大内核锁**（Big Kernel Lock，BKL）——可被创建，允许多个线程（运行在不同处理器上）同时在内核中处于活动状态。然而，大内核锁提供的是非常粗粒度的加锁，导致具有许多处理器和线程的机器的可伸缩性变差。后续版本的内核将这个单一内核自旋锁拆分成多个锁，而每个锁只保护内核数据结构的一小部分，从而提高 SMP 实现的可伸缩性。20.5.3 节讨论了这种自旋锁。

内核 V3.0 和 V4.0 提供了额外的 SMP 增强，包括更细粒度的加锁、处理器亲和性以及负载平衡算法，支持在单一系统中的上百甚至上千个物理处理器。

20.6 内存管理

Linux 内存管理有两个组件。第一个组件按页面、页面组和小块 RAM 来分配和释放物理内存。第二个组件处理虚拟内存，这是映射到运行进程地址空间内的内存。本节首先描述这两个组件，然后分析为响应系统调用 exec( ) 而将新程序的可加载部分导入进程虚拟内存的机制。

20.6.1 物理内存的管理

由于特定硬件限制，Linux 将物理内存分为 4 个不同**区域**（zone）：
- ZONE_DMA
- ZONE_DMA32
- ZONE_NORMAL
- ZONE_HIGHMEM

这些区域与架构相关。例如，对于 Intel x86-32 架构，有些 ISA（Industry Standard Architecture，行业标准架构）设备只能通过 DMA 访问较低的 16MB 物理内存。在这些系统上，物理内存的前 16MB 包括 ZONE_DMA。其他系统上，尽管支持 64 位地址，但某些设备只能访问前 4GB 的物理内存。在这类系统上，物理内存的前 4GB 包括 ZONE_DMA32。ZONE_HIGHMEM（高内存）指的是尚未映射到内核地址空间的物理内存。例如，对于 32 位 Intel 架构（其中 2^{32} 提供了 4GB 的地址空间），内核映射到地址空间的前 896MB，剩余的内存称为高内存并从 ZONE_HIGHMEM 中分配。最后，ZONE_NORMAL 包括其他一切，即正常的映射页面。一个架构是否具有给定的区域取决于其约束。现代 64 位架构（如 Intel x86-64）有小的 16MB ZONE_DMA（用于旧设备），其余所有内存都是 ZONE_NORMAL，没有高内存。

Intel x86-32 架构内存区域和物理地址的关系如图 20.3 所示。内核为每个区域维护一个空闲页面列表。当物理内存请求到达时，内核使用适当的区域来满足请求。

Linux 内核的主要物理内存管理器是**页面分配器**（page allocator）。每个区域都有自己的分配器，负责分配和释放所有物理页面，并且能够根据请求分配连续的物理页面。分配器使用伙伴系统（见 10.8.1 节）来跟踪可用的物理页面。通过这个方案，可分配内存的相邻单元被配对在一起（因此得名）。每个可分配内存区域都有一个与之相邻的伙伴。每当两个可分配的伙伴被释放时，就会结合并形成一个更大的区域，即**伙伴堆**（buddy heap）。如果这个更大的区域也有一个伙伴，就会结合起来以形成一个还要大的空闲区域。反之，如果一个小内存请求不能通过分配现有小的空闲区域来满足，则一个更大的空闲区域会被分成两个伙伴以满足请求。Linux 采用单独的链表来记录每个可分配大小的空闲内存区域。对于 Linux，这种机制可分配的最小单位是单个物理页面。图 20.4 显示了伙伴堆分配的一个例子，需要分配一个 4KB 的区域，但最小的可用区域是 16KB。因此该区域被递归分解，直到获得所需大小的一块。

区域	物理内存
ZONE_DMA	<16MB
ZONE_NORMAL	16~896MB
ZONE_HIGHMEM	>896MB

图 20.3   Intel x86-32 架构内存区域
和物理地址的关系

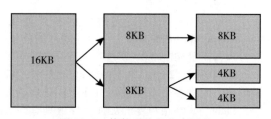

图 20.4   伙伴系统的内存拆分

最终，Linux 内核的所有内存分配要么是静态的，由驱动程序在系统启动时保留一个连续的内存区域；要么是动态的，由页面分配器完成。但是，内核函数不必使用基本分配器来保留内存。几个专门的内存管理子系统使用底层页面分配器来管理自己的内存池，最重要的包括：虚拟内存系统，在 20.6.2 节描述；kmalloc() 可变长度分配器；slab 分配器，用于为内核数据结构分配内存；页面缓存，用于缓存属于文件的页面。

　　根据请求，Linux 操作系统的许多组件必须分配整个页面，但是经常还需要更小的内存块。内核为任意大小的请求提供一个额外的分配器，这里请求的大小预先并不知道，可能只有数个字节。类似于 C 语言的函数 malloc()，kmalloc() 服务根据请求以整个物理页面为单位来分配，然后再分成较小的部分。内核维护 kmalloc() 服务使用的页面列表。分配内存包括：确定适当的列表，取出列表上的第一个可用空闲块，或者分配一个新的页面并将其拆分。kmalloc() 分配的内存区域会被永久分配，直到通过调用 kfree() 而被显式释放；kmalloc() 不能因为内存短缺而重新分配或回收这些区域。

　　Linux 分配内核内存的另一策略称为 slab 分配。slab 用于为内核数据结构分配内存，它由一个或多个物理上连续的页面组成。cache 包括一个或多个 slab。每个唯一的内核数据结构都有一个 cache，例如，表示进程描述符数据结构的 cache、文件对象的 cache、inode 的 cache 等。每个 cache 都由**对象**（object）填充，这些对象是 cache 代表的内核数据结构的实例。例如，表示 inode 的 cache 存储 inode 结构的实例，表示进程描述符的 cache 存储进程描述符结构的实例。图 20.5 显示了 slab、cache 和对象之间的关系，包括 2 个大小为 3KB 的内核对象和 3 个大小为 7KB 的对象，这些对象存储在 3KB 和 7KB 对象的 cache 中。

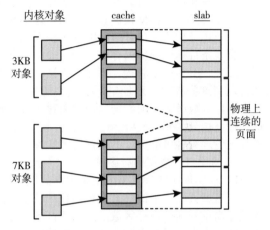

图 20.5　Linux 中的 slab 分配器

　　slab 分配算法采用 cache 来存储内核对象。在创建 cache 时，会向 cache 分配多个对象。cache 中的对象数量取决于相关 slab 的大小。例如，12KB slab（包括 3 个相邻的、大小为 4KB 的页面）可以存储 6 个大小为 2KB 的对象。最初，cache 中的所有对象都标记为空闲（free）。当需要内核数据结构的一个新对象时，分配器可以从 cache 中分配任意空闲的对象来满足请求。从 cache 分配的对象被标记为已使用（used）。

　　现在考虑这样一个场景，内核通过 slab 分配程序请求内存，以便表示进程描述符的对象。在 Linux 系统中，进程描述符为 struct task struct 类型，需要大约 1.7KB 内存。当 Linux 内核创建一个新任务时，就从 cache 中请求 struct task_struct 对象的所需内存。cache 采用已在 slab 中分配并标记为空闲的 struct task_struct 对象来满足请求。

　　在 Linux 中，slab 处于以下三种可能状态之一：

1. **满的**：slab 内的所有对象被标记为已使用。
2. **空的**：slab 内的所有对象被标记为空闲。
3. **未满的**：slab 包括已使用的和空闲的对象。

　　slab 分配器首先尝试采用未满的 slab 中的空闲对象来满足请求。如果没有这样的对象，则从空的 slab 中分配一个空闲对象。如果没有空的 slab 可用，则从物理上连续的页面中分配一个新 slab 并将其分配给缓存，接着从这个 slab 中分配对象内存。

　　Linux 的另外两个主要子系统自己管理物理页面，这两个子系统分别是页面缓存系统和虚拟内存系统。**页面缓存**（page cache）是内核的主要文件缓存，并且也是与块设备进行 I/O 操作的主要机制（见 20.8.1 节）。所有类型的文件系统，包括 Linux 的磁盘文件系统和网络文件系统，都通过页面缓存来执行 I/O。页面缓存存储整个文件的页面内容，并且不限于块设备；它也可以缓存网络数据。虚拟内存系统管理每个进程虚拟地址空间的内容。这两个系统紧密相连，因为读入一个页面的数据到页面缓存时，需要使用虚拟内存系统来将页面映射到页面缓存。下一节将更为详细地讨论虚拟内存系统。

20.6.2   虚拟内存

Linux 虚拟内存系统负责维护每个进程可访问的地址空间。它根据需要创建虚拟内存的页面，管理从磁盘中加载这些页面的操作，并且按照要求将页面交换回磁盘。Linux 虚拟内存管理器维护进程地址空间的两个独立视图：一组独立区域和一组页面。

地址空间的第一种视图是逻辑视图，用于描述虚拟内存系统收到的有关地址空间布局的指令。在这种视图中，地址空间包括一组不重叠的区域，每个区域都是连续的、页面对齐的地址空间子集。每个区域内部采用结构 vm_area_struct 来定义区域的属性，包括进程对区域的读、写和执行许可，以及与区域相关的任何文件信息。每个地址空间的区域都被链接到一个平衡二叉树，以便快速查找任何与虚拟地址对应的区域。

内核还维护每个地址空间的第二种视图，即物理视图。这种视图存储在进程的硬件页表中。页表条目标识虚拟内存中每个页面的确切位置，无论是在磁盘中还是在物理内存中。物理视图由一组程序来管理，每当进程试图访问当前不在页表中的页面时，内核中断处理程序就会调用这些程序。地址空间描述中的每个 vm_area_struct 都包括指向函数表的一个字段，这些函数可为任何给定的虚拟内存区域实现页面管理的重要功能。无效页面的所有读写请求最终被分派到 vm_area_struct 函数表中的适当处理程序，这样，中央内存管理程序不必知道管理每种可能类型的内存区域的细节。

20.6.2.1   虚拟内存区域

Linux 实现了多种类型的虚拟内存区域。表征虚拟内存的一个属性是区域的备份存储，它描述了区域页面的来源。大多数内存区域或有文件备份或没有任何备份。没有任何备份的区域是最简单的虚拟内存区域。这样的区域叫作**按需填零内存**（demand-zero memory）：当进程试图读入一个区域页面时，就会简单地得到一个填满零的内存页面。

由文件备份的区域充当该文件的某个部分的视口。每当进程尝试访问该区域内的页面时，页表就会采用内核页面缓存中的页面地址，该地址对应文件中的适当偏移。物理内存的同一页面既用于页面缓存也用于进程页面表，所以文件系统对文件的任何更改，对于已经将这个文件映射到地址空间的任何进程立即可见。任意数量的进程可以映射同一文件的同一区域，并且最终都将为此使用物理内存的同一页面。

虚拟内存区域也由写入响应来定义。区域到进程地址空间的映射可以是私有的，也可以是共享的。如果进程写入私有映射区域，则分页程序会检测到，此时必须通过写时复制（copy-on-write）来保存进程的私有更改。相反，写入共享区域导致更新映射到这个区域的对象，因此，这种更改对于映射这个对象的任何其他进程立即可见。

20.6.2.2   虚拟地址空间的生命周期

内核创建新的虚拟地址空间包括两种情况：当进程通过系统调用 exec() 运行新的程序时和当新进程通过系统调用 fork() 加以创建时。第一种情况比较简单，当新的程序被执行时，这个进程得到新的、完全空白的虚拟地址空间。加载程序采用虚拟内存区域来填充地址空间。

第二种情况采用 fork() 创建新进程，涉及创建现有进程虚拟地址空间的完整副本。内核复制父进程的 vm_area_struct 描述符，然后为子进程创建一组新的页表。父进程页表直接复制到子进程，每个相关页面的引用计数随之递增。因此，在 fork() 操作后，父进程与子进程共享地址空间中同样的物理内存页面。

当复制操作碰到私有映射的虚拟内存区域时，就会发生一种特殊情况。父进程写入这种区域内的任何页面都是私有的，父进程或子进程对这些页面的后续更改不应更改其他进程地址空间的页面。当这些区域的页表条目被复制时，它们将被设置为只读，并标记为写时复制。只要两个进程都不修改这些页面，就会共享物理内存中同样的页面。然而，如果任一进程尝试修改写时复制的页面，就会检查页面的引用次数。如果页面仍然是共享的，那么进程将页面内容复制到物理内存的全新页面，并且使用其副本。这种机制可以确保：只要可能，进程共享私有数据页面；只有绝对必要，才会复制页面。

20.6.2.3 交换与分页

虚拟内存系统的一项重要任务是在需要内存时，将内存页面从物理内存重新定位到磁盘。早期的 UNIX 系统通过一次换出整个进程内容来实现这种重定位，但是现今的 UNIX 更加依赖分页，即在物理内存与磁盘之间移动虚拟内存的单个页面。Linux 没有采用整个进程的交换，而只使用较新的分页机制。

分页系统可以分为两个部分。第一部分，**策略算法**（policy algorithm）决定将哪些页面写入磁盘以及何时写入。第二部分，**分页机制**（paging mechanism）执行传输，并在再次需要时将数据页面调回物理内存。

Linux **页面换出策略**（pageout policy）采用 10.4.5.2 节讨论的标准时钟（或第二次机会）算法的修改版。Linux 使用多轮时钟，每个页面都有一个年龄（age），其值随着每次时钟轮回而调整。更确切地说，年龄是对页面新鲜程度的度量，或对页面最近活跃程度的度量。经常访问的页面有更大的年龄值，不经常访问的页面的年龄随着每次时钟轮回向零递减。年龄值允许分页程序根据 LFU（最近最少使用）策略选择需要换出的页面。

分页机制支持分页到专用交换设备、分区以及普通文件，尽管文件系统的额外开销使得文件交换明显较慢。根据已使用块的位图（总是维护在物理内存中），从交换设备可以分配块。分配程序采用下次适应（next-fit）算法，尝试写出页面到连续磁盘块，从而提高性能。通过利用现代处理器的页表的一个特性，分配程序可记录页面换到磁盘的情况，这一特性是：页表条目的 page-not-present 位被设定，该页表条目的其余部分被填上索引以便表示页面写出的位置。

20.6.2.4 内核虚拟内存

Linux 保留了每个进程的虚拟地址空间的一个恒定的、依赖于体系结构的区域，以作为其内部区域使用。映射到这些内核页面的页表条目被标记为受保护的，这样当处理器在用户模式下运行时，这些页面是不可见的或者不可修改的。这个内核虚拟内存区域包括两个区域。第一个是静态区域，包含对系统中每个可用物理内存页面的页表引用，以便在运行内核代码时进行从物理地址到虚拟地址的简单转换。内核的核心以及由普通页面分配器分配的所有页面都驻留在该区域中。

内核保留的地址空间的其余部分没有特别的用途。内核可以修改这个地址范围内的页表条目，以便指向任何其他区域的内存。内核提供一对函数，以便允许内核代码使用这个虚拟内存。函数 vmalloc() 将任意数量物理上可能并不连续的物理内存页面分配到一个连续的虚拟内核区域。函数 vremap() 映射一个虚拟地址序列，以便指向设备驱动程序用于内存映射 I/O 的一个内存区域。

20.6.3 执行与加载用户程序

Linux 通过系统调用 exec() 来触发内核执行用户程序。exec() 调用命令内核，在当前进程内运行新的程序，采用新程序的初始上下文来完全覆盖当前执行上下文。这个系统服务的首要工作就是验证调用进程是否具有执行文件的权限许可。一旦通过验证，内核就会调用加载程序，以开始运行这个程序。虽然加载器不必将程序文件内容加载到物理内存，但是至少会设置从程序到虚拟内存的映射。

Linux 没有采用单独的程序来加载新的程序，而是维护一个可能的加载程序函数表，在执行系统调用 exec() 时，让表内的每个函数有机会试图加载给定文件。采用这个加载表的最初原因是，在内核发布 1.0 和 1.2 之间，Linux 二进制文件的标准格式发生了改变。较旧的 Linux 内核采用二进制文件格式 a.out，即较旧的 UNIX 系统常用的相对简单的格式。较新的 Linux 系统采用更现代的格式 ELF，现在大多数现代的 UNIX 实现都支持这一格式。ELF 与 a.out 相比具有许多优势，包括灵活性和可扩展性。新的部分可以添加到 ELF 二进制文件中

（如增加额外的调试信息），而不会导致加载程序变得混乱。通过允许注册多个加载程序，Linux 可以在单独运行的系统中轻松支持 ELF 和 a.out 二进制格式。

20.6.3.1 节和 20.6.3.2 节专门讨论 ELF 格式二进制文件的加载与运行。加载 a.out 二进制文件的过程更简单，但操作与加载 ELF 格式二进制文件类似。

20.6.3.1 程序到内存的映射

Linux 的二进制加载器不会将二进制文件加载到物理内存，相反，二进制文件的页面被映射到虚拟内存区域。只有当程序试图访问给定页面时，页面错误才会导致采用请求调页，以将页面加载到物理内存。

内核的二进制加载器负责设置初始内存映射。ELF 格式的二进制文件包括一个头部和多个页面对齐部分。ELF 加载器读取头部，并将文件部分映射到虚拟内存的不同区域。

图 20.6 显示了 ELF 加载器设置的内存区域的典型布局。地址空间一端的保留区域是内核，它具有自己的特权虚拟内存区域，不能被用户模式程序访问。虚拟内存的其余部分可用于应用程序，它们可以采用内核的内存映射函数来创建区域，以用于映射文件或应用程序数据。

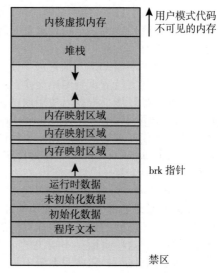

加载器的工作就是设置初始内存映射，以便允许执行程序启动。需要初始化的区域包括堆栈、程序文本区域与程序数据区域。

堆栈创建在用户模式虚拟内存的顶部，它会向下增长到编号较低的地址。堆栈包括系统调用 exec() 的程序参数及环境变量副本。其他区域在虚拟内存的底部附近创建。包含程序文本或只读数据的二进制文件部分，作为写保护区域被映射到内存。接着，可写入的初始化数据被映射，未初始化的数据则被映射到私有的按需填零区域。

这些固定大小区域之上就是变长区域，程序可以根据需要扩展变长区域，以便保存运行时的分配数据。每

图 20.6   ELF 程序的内存布局

个进程都有一个指针 brk，指向这个数据区域的当前范围，进程可以通过系统调用 sbrk() 扩大或者缩小 brk 区域。

一旦设置了这些映射，加载器就可以利用 ELF 文件头部的指定起始地址，初始化进程的程序计数寄存器，然后调度进程。

20.6.3.2 静态链接与动态链接

一旦程序被加载并开始运行，二进制文件的所有必要内容就可被加载到进程的虚拟地址空间。然而，大多数程序也需要运行系统库的函数，这些库函数也应加载。在最简单的情况下，必要的库函数直接嵌入程序的可执行二进制文件中。这种程序静态链接到库，并且静态链接的可执行文件一旦加载，就可开始运行。

静态链接的主要缺点是，每个生成的程序都必须包含完全相同的公共系统库函数的副本。就物理内存和磁盘空间使用而言，将系统库仅仅加载到内存中一次要高效得多。动态链接允许这种情况发生。

Linux 采用一个特殊链接库实现用户态的动态链接。每个动态链接的程序都包含一个小的、静态链接的函数，该函数在程序启动时被调用。这个静态函数只是将链接库映射到内存，并运行该函数包含的代码。链接库通过读取包含在 ELF 二进制文件中的信息，确定程序需要的动态库和这些库所需的变量和函数名称。然后，它将这些库映射到虚拟内存，并且解析这些库所包含符号的引用。这些共享库被映射到内存的何处并不重要，因为它们被编译成**位置无关代码**（Position-Independent Code，PIC），以便从任何内存地址都能运行。

20.7　文件系统

Linux 保留了 UNIX 的标准文件系统模型。UNIX 文件不必存储在磁盘上，也不必从远程服务器上通过网络获取。实际上，UNIX 文件可以是能够处理数据流的输入和输出的任何实体。设备驱动器可以作为文件，进程间通信通道或网络连接对用户来说看起来也像是文件。

Linux 内核将任何单个文件类型的实现细节隐藏在虚拟文件系统（VFS）的软件层之后，通过这种方式来处理这些类型的文件。本节首先概述虚拟文件系统，然后讨论标准的 Linux 文件系统，即 ext3。

20.7.1　虚拟文件系统

Linux 虚拟文件系统的设计采用面向对象原则，包括两个组件：一组定义，用于指定文件系统对象看起来像什么；一层软件，用于操作这些对象。VFS 定义了四种主要的对象类型：

- **inode 对象**（inode object）表示单个文件。
- **文件对象**（file object）表示打开的文件。
- **超级块对象**（superblock object）表示整个文件系统。
- **dentry 对象**（dentry object）表示单个目录条目。

对于以上每种对象类型，VFS 都定义了一组操作。每种类型中的每个对象包含指向函数表的一个指针。函数表中列出了用于实现所定义的对象操作的函数地址。例如，部分文件对象操作的 API 如下：

- int open (...)：打开文件。
- ssize_t read (...)：读取文件。
- ssize_t write (...)：写到文件。
- int mmap (...)：内存映射文件。

文件对象的完整定义，通过 struct file_operations 来指定，位于文件 /usr/include/linux/fs.h 中。（特定文件类型的）文件对象的实现，需要实现文件对象定义所规定的每个函数。

VFS 软件层通过调用对象函数表的适当函数对文件系统对象进行操作，无须事先确切知道需要处理什么类型的对象。VFS 不知道或者不关心 inode 是代表网络文件、磁盘文件、网络套接字还是目录文件。该文件的 read() 操作的适当函数总是位于函数表的同一位置，VFS 软件层在调用这个函数时并不关心如何实际读取数据。

inode 对象和文件对象机制用于访问文件。inode 对象是一种数据结构，包括指向含有实际文件内容的磁盘块的指针，以及表示所打开文件的数据访问位置的文件对象。线程在没有获得指向 inode 的文件对象时，不能访问 inode 的内容。文件对象跟踪进程当前读写文件的位置，从而跟踪顺序文件的 I/O。它还要记住打开文件时的请求（例如，读取或写入），并且跟踪线程活动——如有必要执行自适应的预读，即在线程发出请求之前读取文件数据到内存，以便改善性能。

文件对象通常属于单个进程，但是 inode 对象则不然。每个打开文件实例都有一个文件对象，但是始终只有一个 inode 对象。即使文件不再被任何进程使用，它的 inode 对象可能仍由 VFS 缓存以便提高性能（因为这个文件可能在不久的将来被再次使用）。所有缓存的文件数据都链接到该文件 inode 对象中的一个列表上。这个 inode 还维护有关每个文件的标准信息，如所有者、大小和最近修改时间等。

目录文件的处理方式与其他文件略有不同。UNIX 编程接口定义了一组目录操作，如创建、删除和重命名目录内的文件。这些目录操作的系统调用与读取或写出数据的情况不同，不需要用户打开相关文件。因此，VFS 是在 inode 对象中而不是在文件对象中定义这些目录操作。

超级块对象表示构成一个独立文件系统的一组相关文件。操作系统内核为按文件系统安装的每个磁盘设备或当前连接的每个网络文件系统维护一个超级块对象。超级块对象的主要职责是提供对 inode 的访问。VFS 通过唯一的<文件系统，/inode 编号>对来标识每个 inode，它通过询问超级块对象找到对应特定 inode 编号的 inode，以便返回具有这个编号的 inode。

最后，dentry 对象表示一项目录条目，它可能包括文件路径名中的目录名称（如/usr）和实际文件名称（如 stdio.h）。例如，文件/usr/include/stdio.h 包含目录条目/、usr、include 和 stdio.h。这些值都由单独的 dentry 对象来表示。

作为使用 dentry 对象的示例，考虑这样一种情况：一个线程希望通过编辑器打开路径名为/usr/include/stdio.h 的文件。因为 Linux 将目录名称作为文件，所以翻译这个路径要求首先获取根目录（/）的 inode。然后，操作系统必须读取这个文件，以得到文件 include 的 inode。之后继续这个过程，直到获得文件 stdio.h 的 inode。因为路径名称转换可能是个耗时的任务，所以 Linux 维护了 dentry 对象的缓存，以便在转换路径名称时查阅。从 dentry 缓存获得 inode 比读取磁盘文件要快得多。

20.7.2　Linux ext3 文件系统

由于历史原因，Linux 采用的标准磁盘文件系统称为 **ext3**。Linux 最初采用 Minix 兼容的文件系统来编程，以方便与 Minix 开发系统交换数据，但是这种文件系统严重受限于 14 个字符的文件名称限制和 64MB 的最大文件系统限制。Minix 文件系统后来被新的文件系统取代，这个新系统称为**扩展文件系统**（extended file system，extfs）。再后来经过重新设计以提高性能和可扩展性，并且增加一些新的功能，又推出了**第二扩展文件系统**（second extended file system，ext2）。后续开发又增加了日志功能，系统被更名为**第三扩展文件系统**（third extended file system，ext3）。之后，Linux 内核开发人员为 ext3 增加了现代文件系统功能，如扩展区。这个新的文件系统称为**第四扩展文件系统**（fourth extended file system，ext4）。然而，本节的其余部分将讨论 ext3，因为它仍然是部署最多的 Linux 文件系统。不过以下大多数讨论同样适用于 ext4。

Linux ext3 与 BSD FFS（Fast File System，快速文件系统）有许多共同之处。ext3 使用类似的机制，定位属于特定文件的数据块，存储数据块指针到间接块，而整个文件系统最多使用三层间接。与 FFS 一样，目录文件如同普通文件一样存储在磁盘上，尽管它们的内容解释不同。目录文件的每个块都包含一个条目链表，相应地，每个条目包含条目长度、文件名称和条目所引用 inode 的 inode 编号。

ext3 与 FFS 之间的主要区别在于磁盘分配策略。对于 FFS，磁盘按 8KB 块分配给文件。这些块细分为 1KB 片段，以存储小文件或文件末尾的未满填充块。相比之下，ext3 根本没有使用片段，而是采用更小的单位执行所有分配。ext3 的默认块大小按文件系统总大小的函数而变化，所支持的块大小为 1KB、2KB、4KB 和 8KB。

为了提高性能，操作系统必须尽可能地聚集物理上相邻的 I/O 请求，以按大块来执行 I/O。聚集减少了由设备驱动程序、磁盘和磁盘控制器硬件引起的单个请求开销。块大小的 I/O 请求太小以致不能保持良好的性能，因此 ext3 使用的分配策略旨在将文件的逻辑相邻块放置到磁盘的物理相邻块，从而将多个磁盘块的 I/O 请求作为单个操作来提交。

ext3 分配策略的工作原理如下。与 FFS 一样，ext3 文件系统被划分成多个段。对于 ext3，这些称为**块组**（block group）。FFS 采用类似的概念，即**柱面组**（cylinder group），也就是说，同属物理磁盘的单个柱面的组。（请注意，现代磁盘驱动器技术根据不同密度来组织磁盘扇区，因此不同柱面有不同大小，具体取决于磁头与磁盘中心的距离。因此，固定大小的柱面组不一定对应于磁盘的几何形状。）

分配文件时，ext3 必须首先为该文件选择块组。对于数据块，它试图将文件分配到文件 inode 已分配到的块组。对于 inode 分配，它为非目录文件选择文件的父目录所在的块组。目录文件不保存在一起，而是分散在可用的块组中。这些策略的目的是不仅在同一块组中保存相关信息，而且通过分散磁盘负荷到磁盘块组来减少任何区域的磁盘碎片。

　　在单个块组内，ext3 尽可能保持分配的物理连续性，并尽可能减少碎片。ext3 维护块组中所有空块的位图，在为新文件分配第一个块时，就从块组的开始位置搜索空闲块。在扩展文件时，则从最近分配给文件的块位置继续搜索。搜索分为两个执行阶段。首先，ext3 在位图中搜索一个完整的空闲字节；如果找不到，就会寻找任何空闲位。搜索空闲字节的目的是尽可能按 8 块为单位来分配磁盘空间。

　　一旦确定了空闲块，搜索就会向后扩展，直到遇到已分配的块。当在位图中找到空闲字节时，这种向后扩展可防止 ext3 在先前非零字节的最近分配块与找到的零字节之间留下孔。一旦通过位或字节搜索找到下一个要分配的块，ext3 会将分配向前扩展最多八个块，并将这些额外的块预分配给文件。这种预分配有助于减少对每个文件进行交叉写入而造成的碎片，还可以通过同时分配多个块来降低磁盘分配的 CPU 成本。当文件关闭时，预分配的块将返回可用空间位图。

　　图 20.7 说明了分配策略。每行代表分配位图中的一系列设置位和未设置位，表明磁盘上的已用块和空闲块。在第一种情况下，如果在开始搜索的位置附近可以找到足够多的空闲块，则无论这些块多么分散都会进行分配。由于这些块靠在一起，而且无需任何磁盘寻道也能一起读取，因此减少了碎片。此外，一旦磁盘上的大块空闲区域不足，将磁盘碎片全部分配到一个文件比将它们分配到各个文件要好得多。在第二种情况下，由于无法立即在附近找到空闲块，因此在位图中向前搜索整个空闲字节。如果把这个字节作为一个整体分配，则在这个分配与先前的分配之间最终会创建空闲空间的一个碎片区域。因此，在分配之前，需要退后以刷新这个分配和之前的分配；然后向前分配，以满足 8 块的默认分配。

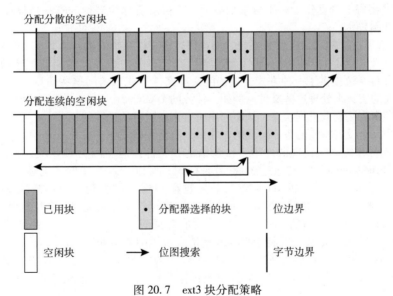

图 20.7　ext3 块分配策略

20.7.3　日志

　　ext3 文件系统支持称为**日志**（journaling）的流行功能，即文件系统的修改按顺序写到日志。执行某个特定任务的一组操作称为**事务**（transaction）。一旦事务写到日志，就被认为已被提交。同时，事务相关的日志条目将被重放到实际文件系统结构。更改发生后，指针会被更新，以指示哪些操作已经完成和哪些操作尚未完成。当整个提交事务已完成时，会将其从日志中删除。日志实际上是一个循环缓冲区，可能位于文件系统的单独部分，甚至可能位于单独的磁盘轴上。配置单独的读写磁头可以减少磁头竞争和寻道时间，这样更为有效，但也更为复杂。

如果系统崩溃，有些事务可能仍会保留在日志中。这些事务从未在文件系统中完成，即使它们已由操作系统提交，因此当系统恢复后，这些事务必须完成。事务可以从指针处执行，直到工作完成，并且文件系统结构保持一致。唯一的问题发生在事务被中止时，也就是说，在系统崩溃前事务还没有提交。应用于文件系统的那些事务的任何更改都必须撤销，从而再次保持文件系统的一致性。这种恢复是崩溃后所需要的，可消除一致性检查的所有问题。

对于某些操作，日志文件系统可能比非日志文件系统执行得更快，因为当应用于内存中的日志而非直接针对磁盘数据结构时，更新进行得更快。这种改进的原因在于顺序 I/O 相对于随机 I/O 的性能优势。针对文件系统的高成本的同步随机写入，变成了针对文件系统日志的更低成本的同步顺序写入，而这些更改通过随机写入适当结构，会被异步回放。最终结果是明显提升了文件系统的面向元数据的操作（如文件创建和删除）的性能。由于性能的提高，ext3 可以配置为只记录元数据而非文件数据。

20. 7. 4　Linux 进程文件系统

Linux VFS 的灵活性使我们可以实现这样一种文件系统：它并非永久存储数据，而是提供其他功能的接口。Linux 进程文件系统（process file system）称为/proc 文件系统，是文件系统的一个实例，其内容实际上并不存储在任何地方，而是根据用户文件 I/O 请求来按需计算。

/proc 文件系统并不是 Linux 特有的。UNIX v8 引入了/proc 文件系统，许多其他操作系统采用并扩展了这一功能。它是内核进程命名空间的有效接口，并且有助于调试。这个文件系统的每个子目录并不对应于任何磁盘上的目录，而是对应于当前系统上的一个活动进程。文件系统列表将每个进程作为一个目录来显示，其目录名称为进程的唯一进程标识符（PID）的 ASCII 十进制表示。

Linux 实现了这样的/proc 文件系统，而且通过在文件系统的根目录下添加许多额外的目录和文本文件对其进行了大幅扩展。这些新的条目对应有关内核和加载驱动程序的各种统计信息。/proc 文件系统提供了一种方式，以按纯文本文件形式来访问这些信息；标准 UNIX 用户环境提供强大的工具来处理这些文件。例如，传统的 UNIX 命令 ps 曾被实现为特权进程，以从内核虚拟内存中直接读取进程状态，从而列出所有正在运行的进程的状态。在 Linux 下，这个命令是作为一个完全没有特权的程序实现的，它只是解析和格式化来自/proc 的信息。

/proc 文件系统必须实现两件事：目录结构和文件内容。因为 UNIX 文件系统被定义为一组文件和目录的 inode，它们通过 inode 号来标识，所以/proc 文件系统必须为每个目录和关联文件定义唯一的、持久的 inode 编号。一旦存在这样的映射，当用户试图从特定文件 inode 中读取内容，或者在特殊目录 inode 中执行查找时，文件系统可以利用这个 inode 编号来确定需要执行什么操作。当从这些文件之一读取数据时，/proc 文件系统会收集适当的信息，将其格式化为文本形式，并将结果存放到请求进程的读缓冲区中。

从 inode 编号到信息类型的映射将 inode 编号分为两个字段。在 Linux 中，PID 为 16 位，而 inode 编号为 32 位。inode 编号的高 16 位被解释为 PID，其余的位定义请求的有关该进程的信息类型。

PID 为零是无效的，因此 inode 编号的零 PID 字段意味着这个 inode 包括全局的而非特定进程的信息。在/proc 中存在各种全局文件，用于报告内核版本、可用内存、性能统计和当前运行的驱动程序等信息。

并非此范围内的所有 inode 编号都被保留。内核可以动态分配新/proc 的 inode 映射，以便维护已分配 inode 编号的位图。它还维护/proc 文件系统中已注册全局条目的树形数据结构。每个条目都包含文件的 inode 编号、文件名称和访问权限，以及用于生成文件内容的特殊函数。驱动程序可以随时在树中注册和注销条目。树的特殊部分，即/proc/sys 目录，用于保留内核变量。通过读写这些变量的一组常用处理程序，可以管理树的文件，因此系统管理员通过写出以 ASCII 十进制形式表示的所需新值到适当文件，可以简单地调整内核参数的值。

　　为允许应用程序有效访问这些变量，子树/proc/sys 的使用可以通过特殊的系统调用 sysctl()来实现，以便按二进制而非文本来读写同样的变量，并且没有文件系统的开销。sysctl()不是一个额外的工具，它只是通过读取/proc 动态条目树来识别应用程序所引用的变量。

20.8　输入与输出

　　对于用户来说，Linux 的 I/O 系统与任何 UNIX 系统的 I/O 系统非常相似。也就是说，在可能的情况下，所有设备驱动程序都显示为普通文件。用户可以打开设备的访问通道，就如同打开任何其他文件——设备在文件系统里可以显示为对象。系统管理员可以在文件系统里创建特殊文件，用于包含特定设备驱动程序的引用，而打开这种文件的用户能够读写引用设备。通过使用确定谁可以访问哪个文件的普通文件保护系统，管理员可以为每个设备设置访问权限。

　　Linux 将所有设备分为三类：块设备、字符设备和网络设备。图 20.8 说明了设备驱动系统的整体结构。

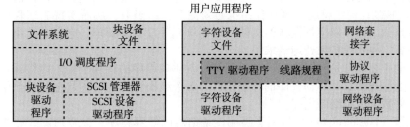

图 20.8　设备驱动系统的整体结构

　　块设备（block device）可对完全独立的、固定大小的数据块进行随机访问，包括硬盘、软盘、CD-ROM 和蓝光光盘以及闪存。块设备通常用于存储文件系统，但是块设备也允许直接访问，以便程序可以创建和修复设备包含的文件系统。如果有需求，应用程序也可直接访问这些块设备。例如，数据库应用程序可能更希望在磁盘上执行磁盘数据的布局调整，而不是使用通用文件系统。

　　字符设备（character device）包括大多数的其他设备，例如鼠标和键盘。块设备与字符设备的根本区别在于块设备是随机访问的，而字符设备是串行访问的。例如，对于 DVD，可以支持定位到文件的特定位置，但是这对于定点设备（如鼠标）就没有任何意义。

　　网络设备（network device）有别于块设备和字符设备。用户不能直接将数据传输到网络设备，而是必须通过打开到内核网络子系统的连接来间接通信。20.10 节将讨论网络设备的接口。

20.8.1　块设备

　　块设备为系统的所有磁盘设备提供主要接口。性能对磁盘尤为重要，块设备系统必须提供功能以确保磁盘访问尽可能快。这种功能通过 I/O 操作的调度来实现。

　　在块设备的上下文中，块代表内核执行 I/O 的单元。当一个块被读入内存时，就被存储在一个缓冲区中。**请求管理程序**（request manager）为软件层，用于管理块设备驱动程序的缓冲区内容的读与写。

　　每个块设备驱动程序都有一个单独的请求列表。传统上，这些请求的调度采用单向电梯（C-SCAN）算法，以利用列表插入或移除请求。这些请求列表按起始扇区号码的递增排序来维护。当请求被块设备驱动程序接受并处理时，它不会被从列表中删除；只有在 I/O 完成之后，它才会被删除。这时，驱动程序仍然继续列表的下个请求，即使新的请求已在活动请求之前被插入列表。随着新的 I/O 请求的产生，请求管理程序会尝试合并列表中的请求。

Linux 内核 V2.6 引入了新的 I/O 调度算法。虽然简单的电梯算法仍然可用，但默认的 I/O 调度程序现在是**完全公平排队**（Completely Fair Queueing, CFQ）调度程序。CFQ I/O 调度程序与基于电梯的算法有着根本的不同。CFQ 不是排序列表中的请求，而是维护一组列表，在默认情况下，每个进程都有一个列表。进程的请求会被加到进程的列表中，例如，如果两个进程发出 I/O 请求，CFQ 将维护两个单独的请求列表，每个进程一个。这些列表采用 C-SCAN 算法来维护。

CFQ 采用不同的方法为列表提供不同的服务。当传统的 C-SCAN 算法对于特定进程无效时，CFQ 采用轮转方式来处理每个进程的列表。它从每个列表中提取可配置数量（默认情况下为 4 个）的请求，然后再向下移。这种方法在进程级别上是公平的，每个进程都得到相同比例的磁盘带宽。这个结果对于受 I/O 延迟影响较大的交互式工作负载是有益的。但实际上，CFQ 在大多数工作负载上都表现良好。

20.8.2　字符设备

字符设备驱动程序几乎可以是任何设备驱动程序，但不提供固定数据块的随机访问。注册到 Linux 内核的任何字符设备驱动程序也必须注册一组函数，从而实现驱动程序可以处理的文件 I/O 操作。内核对字符设备的文件读写请求几乎没有预处理，它只是简单地将请求传递到相关设备，并让设备来处理请求。

该规则的主要例外是实现终端设备的字符设备驱动程序的特殊子集。内核通过一组结构 `tty_struct` 来维护这些驱动程序的标准接口。每个结构为终端设备数据流提供缓冲与流控制，并将这些数据送到线路规程。

线路规程（line discipline）是用于终端设备信息的解释程序。最普通的线路规程是 `tty` 规程，它将终端数据流挂到用户运行进程的标准输入与输出流，以允许这些进程与终端设备直接通信。当多个进程同时运行时，这项工作变得复杂起来；随着进程被用户唤醒或挂起，`tty` 线路规程负责与终端相连的各个进程的终端输入与输出的连接和分离。

Linux 还实现了其他与用户进程 I/O 无关的线路规程。PPP 和 SLIP 网络协议可通过终端设备（如串行线路）对网络连接进行编码。这些协议在 Linux 下作为驱动程序实现，这些驱动程序在终端系统中表现为线路规程，而在网络系统中则表现为网络设备驱动程序。在终端设备启用线路规程后，终端上出现的任何数据会直接路由到适当的网络设备驱动程序。

20.9　进程间通信

Linux 为进程互相通信提供了丰富的环境。通信可能只是让另一进程知道已经发生了某个事件，或者可能涉及从一个进程传输数据到另一个进程。

20.9.1　同步与信号

通知进程已经发生事件的标准 Linux 机制为**信号**（signal）。信号可以从任何进程发送到任何其他进程，对于发送到另一用户进程的信号有些限制。然而，可用的信号数量有限，并且信号不能携带信息。只有发生信号的这一事实对进程可用。信号不仅仅由进程生成，内核内部也会生成信号。例如，当数据到达网络通道时，信号可发到服务器进程；当子进程终止时，信号可发到父进程；当定时器到期时，信号可发到等待进程。

在内部，Linux 内核并不使用信号与以内核模式运行的进程进行通信。如果内核模式进程期待事件发生，则它不会通过信号来接收事件通知。相反，有关来自内核的异步事件的通信，通过采用调度状态和结构 `wait_queue` 来进行。这些机制允许内核模式进程互相通知相关事件，并且允许事件由设备驱动程序或网络系统来生成。每当进程想要等待某个事件完成时，它将自己添加到与该事件相关的等待队列，并告诉调用程序它不再适合执行。一旦事件完成，等待队列上的每个进程都会被唤醒。这个过程允许多个进程等待单个事件。例如，如果多个进程都在尝试读取同一磁盘文件，则一旦数据成功读到内存，它们都会被唤醒。

虽然信号一直是进程间异步事件通信的主要机制，但是 Linux 也实现了 System V UNIX 的信号量机制。进程如同等待信号一样，可以轻松等待信号量。信号量有两个优点：大量的信号量可以在多个独立进程之间共享，多个信号量的操作可以原子执行。在内部，标准 Linux 等待队列机制用于同步通过信号量通信的进程。

20.9.2　进程间的数据传递

Linux 提供多种机制以在进程之间传递数据。标准的 UNIX **管道**（pipe）机制允许子进程从其父进程继承通信通道，写到管道一端的数据可以从另一端读出。在 Linux 下，管道仅仅是虚拟文件系统软件的另一种类型的 inode，每个管道都有一对等待队列来同步读者和作者。UNIX 还定义了一套网络功能，可以将数据流发送到本地和远程的进程。20.10 节将会讨论网络。

共享内存作为另一种进程通信方法，提供一种极快的方式来传递大量或少量的数据。由一个进程写到共享内存区域的任何数据，可由已经将共享内存区域映射到地址空间的任何其他进程立即读出。共享内存的主要缺点是不提供同步。进程不能询问操作系统某个共享内存是否已被写入，也不能暂停执行，直到发生这样的写入。当与提供同步的其他进程间通信机制一起使用时，共享内存就变得特别强大。

Linux 的共享内存区域是可以由进程创建或删除的持久对象，这种对象可以作为一个小的、独立的地址空间。Linux 的分页算法可以挑选共享页面来换出到磁盘，就像换出进程的数据页面一样。共享内存对象作为共享内存区域的后台存储，就像文件可以作为内存映射文件区域的后备存储一样。当文件被映射到虚拟地址空间时，发生的任何页面错误都会导致文件的适当页面被映射到虚拟内存。类似地，共享内存映射会将页面错误映射到持久的共享内存对象的页面。与文件一样，共享内存对象会记住这些内容，即使当前没有将它们映射到虚拟内存的进程。

20.10　网络结构

网络是 Linux 的一个重要功能。Linux 不仅支持标准的 Internet 协议以用于大多数 UNIX 到 UNIX 的通信，而且实现了许多其他非 UNIX 操作系统的协议。特别地，因为 Linux 最初的主要实现平台是 PC，而非大型工作站或服务器级系统，因此它支持许多通常用于 PC 网络的协议，例如 AppleTalk 和 IPX。

在内部，Linux 内核的网络实现分为以下三层：

1. 套接字接口
2. 协议驱动程序
3. 网络设备驱动程序

用户应用程序通过套接字接口执行所有网络请求。这个接口类似于 4.3 BSD 套接字层，这样使用 Berkeley 套接字的程序无须更改源代码就可在 Linux 上运行。BSD 套接字接口足够通用，可以代表各种网络协议的网络地址。Linux 使用的这个单一接口，不仅用于标准 BSD 系统实现的协议，而且用于 Linux 支持的所有协议。

下一层软件是协议栈，其组织结构类似于 BSD 框架。每当网络数据到达这一层时，不管是来自应用程序的套接字还是来自网络设备驱动器，这些数据都应具有用于标注的标识符，以指定包含的网络协议。如果需要，协议之间可以互相通信。例如，在 Internet 协议簇中，不同的协议分别管理路由、错误报告、丢失数据的可靠重传等。

协议层可以重写数据包，创建新的数据包，拆分或重组数据包为片段，或简单地丢弃输入的数据。最终，一旦协议层完成了一组数据包的处理，就继续传递这些数据包：如果数据的目的地是本地的，则上传到套接字接口；如果数据的目的地是远程的，则下传到设备驱动程序。协议层决定将数据包发送到哪个套接字或设备。

网络协议栈各层之间的所有通信通过传递结构 skbuff（套接字缓冲区）来执行。每个结构包括一组指针，指向连续的单一内存区域；这个区域代表一个缓冲区，从中可以构建网络数据包。skbuff 的有效数据不必从 skbuff 缓冲区的首部开始，也不必一直横跨到缓冲区的结束。网络代码可以将数据添加到数据包的任何一端，或者从数据包的任何一端裁剪数据，只要结果仍然适合结构 skbuff。这种能力对于现代微处理器尤其重要，因为 CPU 速度的提高远远超过了主存储器的性能。skbuff 架构允许灵活地处理数据包头和校验和，同时避免任何不必要的数据复制。

Linux 网络系统中最重要的一组协议是 TCP/IP 簇。这个协议簇包括许多单独的协议。IP 可以实现网络上任何位置的两台不同主机之间的路由。在路由协议之上是 UDP、TCP 和 ICMP。UDP 在主机之间传递任意单个数据报。TCP 实现主机间的可靠连接，保证数据包的有序传递和丢失数据的自动重传。ICMP 在主机之间传递各种错误和状态信息。

到达网络堆栈协议软件的每个数据包（skbuff）都已标记有内部标识符，指示数据包相关的协议。不同网络设备驱动程序按不同方式来编码协议类型，因此，输入数据的协议应在设备驱动程序中加以标识。设备驱动程序采用已知网络协议标识符的哈希表来查找合适的协议，并将数据包传递到这个协议。新的协议可以作为内核可加载模块被添加到哈希表中。

传入的 IP 数据包被传到 IP 驱动程序。该层的工作是执行路由。在确定数据包应发送到哪里之后，IP 驱动程序将数据包转到适当的内部协议驱动程序，以便交付本地；或者注入所选网络设备驱动程序队列，以便传到另一主机。这一步采用两个表来执行路由决策：持久的转发信息库（Forwarding Information Base，FIB）和最近路由决定的缓存。FIB 保存路由配置信息，可以通过基于特定目的地的地址或者代表多目的地的通配符来指定路由。FIB 采用按目的地地址来索引的一组哈希表，代表最具体的路由的表格总是最先搜索。对这个表的成功查找会被添加到路由缓存表，该表仅按特定目的地缓存路由。通配符没有存储在缓存中，因此可以实现快速查找。如果路由缓存中的条目在一定时间段内没有命中，就会到期失效。

在各个阶段，IP 软件会将数据包传送到一个单独的代码区以进行**防火墙管理**（firewall management），即通常由于安全目的，根据任意标准选择过滤数据包。防火墙管理程序维护许多单独的**防火墙链**（firewall chain），并允许 skbuff 匹配任何链。不同的链可用于不同目的：有的用于转发数据包，有的用于将数据包输入主机，还有的用于主机生成的数据。每条链都有一个有序的规则列表，每个规则指定一个可能的防火墙决策函数和匹配目的一些数据。

IP 驱动程序执行的另外两个功能是大数据包的拆卸和重组。如果传出数据包因太大而不能排队到设备，则会被简单地分成更小的**片段**（fragment），再排队到驱动程序。接收主机必须重组这些片段。IP 驱动程序维护的内容包括：对象 ipfrag，用于每个等待重组的片段；对象 ipq，用于等待重组的数据报。传入片段与每个已知 ipq 相匹配。如果找到了匹配片段，就将其添加到相应的 ipq；否则，创建新的 ipq。一旦最后的片段已经到达 ipq，就会构造一个全新的 skbuff 来保存新的数据包，并将该数据包传递回 IP 驱动程序。

IP 目的地为本主机的数据包被传递到某个其他协议驱动程序。UDP 和 TCP 通过源和目的套接字共享相关数据包：每对套接字通过源地址、目的地址、源端口和目的端口来唯一地标识。套接字列表链接到哈希表，并将这 4 个地址和端口的值作为关键字，根据传入数据包来查找套接字。TCP 必须处理不可靠连接，因此它需要维护：未确认的传出数据包的有序列表，以便完成超时重传；乱序的传入数据包的有序列表，以便在缺失的数据到达时将其传到套接字。

20.11 安全

Linux 安全模型与典型的 UNIX 安全机制密切相关。安全问题可以分为两类：

1. **认证**。确保用户只有首先证明具有登录权限，才能访问系统。
2. **访问控制**。提供一种机制，检查用户是否有权访问某一对象，并且根据需要阻止用户访问对象。

20.11.1 认证

UNIX 认证通常通过使用公开可读的密码文件来执行。用户密码与随机"盐"值组合，结果通过单向转换函数加以编码，并存储在密码文件中。使用单向函数意味着，原来的密码不能从密码文件中推导出来，除非通过试错。当用户向系统提供密码时，密码与密码文件中存储的"盐"值重新组合，并进行相同的单向转换。如果这个结果匹配密码文件的内容，则密码就被接受。

从历史上看，这种机制的 UNIX 实现有不少缺点。密码通常限于 8 个字符，并且可能的"盐"值的数量非常少，以致攻击者可以轻松地将每个可能的"盐"值与常用密码的字典相结合，进而很有可能匹配密码文件中的一个或多个密码，从而获取任何受到影响账户的未经授权访问权限。Linux 已经引入了密码机制的扩展：将加密的密码保存在一个不可公开读取的文件中，允许使用更长的密码，或者使用更安全的密码编码方法。Linux 还引入了其他认证机制，限制用户允许连到系统的时段。而且，Linux 还有将认证信息分布到网络中所有相关系统的机制。

UNIX 供应商开发了一种新的安全机制以解决身份验证问题。**可插拔认证模块**（Pluggable Authentication Module，PAM）系统基于共享库，可以用于需要认证用户的任何系统组件。Linux 实现了这种系统。PAM 允许认证模块根据系统配置文件来按需加载。如果以后添加新的认证机制，则可以将其添加到配置文件中，所有系统组件将立即能够利用它。PAM 模块可以指定认证方法、账户限制、会话设置功能和密码更改功能（这样，当用户更改密码时，所有必要的认证机制可以立即更新）。

20.11.2 访问控制

对于 UNIX 系统（包括 Linux），访问控制通过唯一的数字标识符来执行。用户标识符（UID）标识单个用户或一组访问权限。组标识符（GID）是另一种标识符，可以用于标识属于多个用户的权限。

访问控制用于系统内的各种对象。系统内可用的每个文件采用标准访问控制机制。此外，其他共享对象（例如共享内存部分和信号量）使用相同的访问系统。

UNIX 系统中受用户和组访问控制的每个对象，都有一个 UID 和一个相关的 GID。用户进程也有一个 UID，但可能有多个 GID。如果进程的 UID 与对象的 UID 匹配，则该进程拥有该对象的**用户权限**或**所有者权限**。如果 UID 不匹配但进程的任何 GID 与对象的 GID 匹配，则授予**组权限**；否则，进程拥有对象的**世界权限**。

Linux 通过赋予对象一个**保护掩码**（protection mask）来实现访问控制。这种掩码指定具有所有者、组和世界访问权限的进程，以及允许哪些访问模式，即读、写或执行。例如，对象所有者能够对文件进行完全的读、写、执行等访问；某个组的其他用户能够进行读访问，但不能进行写访问；而其他用户根本没有访问权限。

唯一的例外是特权的根（root）UID。具有这个特殊 UID 的进程被授予对系统中任何对象的自动访问权限，从而绕过正常的访问检查。这种进程允许执行特权操作，如读取任何物理内存或打开预留网络套接字。这种机制允许内核阻止普通用户访问这些资源：内核的大部分关键内部资源都隐式地由根 UID 拥有。

Linux 实现了标准的 UNIX setuid 机制。这个机制允许程序按不同于运行程序的用户权限来运行。例如，程序 lpr（用于将作业提交到打印队列）可以访问系统的打印队列，即使运行该程序的用户没有权限。UNIX setuid 的实现区分进程的真实 UID 与有效 UID。真实 UID 是运行程序的用户的，有效 UID 是文件所有者的。

Linux 通过两种方式来增强这个机制。第一种方式是，Linux 实现了 POSIX 规范的 `saved user-id`（保存用户 ID）机制，以允许进程反复丢弃与重新获取有效 UID。出于安全考虑，程序可能需要在安全模式下执行大多数操作，放弃由 `setuid` 状态授予的特权，但是程序可能希望采用所有特权来执行所选操作。标准 UNIX 实现只能通过交换真实 UID 和有效 UID 来实现这个功能。这样做时，以前的有效 UID 会被记住，而程序的真实 UID 并不总是对应于运行程序的用户 UID。保存的 UID 允许进程将其有效 UID 设置为真实 UID，然后返回有效 UID 的先前值，而无须随时修改真实 UID。

Linux 采用的第二种方式是增加了一个进程特征，该特性仅授予有效 UID 的部分权限。在授予文件访问权限时，将会使用进程属性 **fsuid** 和 **fsgid**。每当设置有效的 UID 或 GID 时，都会设置相应的属性。然而，fsuid 和 fsgid 的设置可以独立于有效 id，允许进程代表另一个用户来访问文件，而无须按任何其他方式来取得这个用户的身份。具体来说，服务器进程可以使用这种机制允许某个用户处理文件，而不必担心这个用户杀死或暂停这个进程。

最后，Linux 提供了一种机制，将权限从一个程序灵活传递到另一个程序，这种机制在现代版本的 UNIX 中很常见。当本地网络套接字在系统上的任何两个进程之间已被设置时，任一进程都有可能将一个打开文件的描述符发送到另一个进程，后者将收到同样文件的一个重复的文件描述符。这种机制允许客户端可选地将单个文件访问传递到某个服务器进程，而没有授予这个进程任何其他权限。例如，打印服务器不再需要读取提交新打印作业的用户的所有文件。打印客户端可以简单地传递需要打印的任何文件的文件描述符，而拒绝服务器访问任何用户的其他文件。

20.12 本章小结

- Linux 是基于 UNIX 的标准的、现代的、免费的操作系统。它可以高效且可靠地运行在普通 PC 硬件上，也可以运行在其他多种平台（如手机）上。它提供了与标准 UNIX 系统兼容的编程接口和用户接口，并可运行大量的 UNIX 应用程序，包括数量日益增长的商用程序。
- Linux 并不是凭空发展出来的。完整的 Linux 系统包括许多独立于 Linux 而开发的组件。Linux 操作系统的内核完全是原创的，但它允许运行现有的免费 UNIX 软件，从而形成了一个没有专有代码的、完整的、UNIX 兼容的操作系统。
- 由于性能原因，Linux 内核实现采用传统的单片内核，但是其设计足够模块化，允许在运行时动态加载和卸载大多数的驱动程序。
- Linux 是个多用户系统，提供进程之间的保护，并根据分时调度程序运行多个进程。新创建的进程可以与父进程共享部分可选的执行环境，支持多线程编程。
- 进程间通信的支持包括 System V 机制（如消息队列、信号量和共享内存）和 BSD 套接字接口。通过套接字接口可以同时访问多个网络协议。
- 内存管理系统采用页面共享和写时复制，以最小化不同进程共享数据的重复。页面在首次引用时按需加载，在需要回收物理内存时采用 LFU 算法将页面调回备份存储。
- 对于用户，文件系统为遵循 UNIX 语义的一个分层目录树。在内部，Linux 使用抽象层来管理多种文件系统，包括面向设备的文件系统、网络文件系统、虚拟文件系统等。面向设备的文件系统通过与虚拟内存系统集成的页面缓存来访问磁盘存储。

20.13 推荐读物

Linux 系统是 Internet 的产物，因此，很多 Linux 文档可以从 Internet 上按某种形式来获得。以下主要站点包括大部分有用信息：

- Linux 交叉引用网页（http://lxr.linux.no）维护 Linux 内核的当前列表，可以通过 Web

浏览，而且完全实现了交叉引用。

- 内核骇客指南提供了有关 Linux 内核组件和内部组件的有用概述，位于 http://tldp.org/LDP/tlk/tlk.html。
- Linux 周刊新闻（http://lwn.net）每周提供一次 Linux 相关新闻，包括有关 Linux 内核的非常好的研究小结。

有许多致力于 Linux 的邮件列表。最重要的是由邮件列表管理器来维护的，这可以通过 majordomo@vger.rutgers.edu 来获得。有关如何访问列表服务器和订阅任何列表的信息，请给这个地址发一封电子邮件，正文只要一句"help"就可以了。

Linux 系统本身可以通过互联网获得。完整的 Linux 发行可从有关公司的主页获得。Linux 社区在 Internet 的多个站点维护了当前系统组件的备份，其中最重要的是 ftp://ftp.kernel.org/pub/linux。

除了查找互联网资源，关于 Linux 内核的细节可以参阅［Mauerer（2008）］和［Love（2010）］。

/proc 文件系统的简介与扩展可参见 http://lucasvr.gobolinux.org/etc/Killian84-Procfs-USENIX.pdf 和 http://https://www.usenix.org/sites/default/files/usenix_winter91_faulkner.pdf.

20.14 参考文献

［Love（2010）］　R. Love, *Linux Kernel Development*, Third Edition, Developer's Library（2010）.
［Mauerer（2008）］　W. Mauerer, *Professional Linux Kernel Architecture*, John Wiley and Sons（2008）.

20.15 练习

20.1 在将驱动程序添加到系统时，动态可加载内核模块提供了灵活性，但它们是否也有缺点？在什么情况下，内核应被编译成一个二进制文件；在什么情况下，最好将其拆分为模块？解释你的答案。

20.2 多线程是一种常用的编程技术。描述实现线程的三种不同方式，并将这三种方式与 Linux 的 clone()机制进行比较。这些替代方案在什么情况下比使用 clone()更好或更差？

20.3 Linux 内核不允许分页调出内核内存。这个限制对内核设计有什么影响？这个设计决策的两个优点和两个缺点是什么？

20.4 讨论动态（共享）链接库相比静态链接库的三个优势。描述静态链接库更优的两种情况。

20.5 分别使用网络套接字和共享内存作为单个计算机上进程之间的数据通信机制。比较这两种方法，每种方法的优点是什么？两种方法分别在什么情况下可能更优？

20.6 UNIX 系统曾经使用基于磁盘数据旋转位置的磁盘布局优化，但是包括 Linux 在内的现代实现只是针对顺序数据访问进行了优化。为什么要这样做？顺序访问是否利用了硬件特性？为什么旋转优化不再那么有用？

20.16 习题

20.7 采用高级语言（例如 C）编写操作系统的优缺点是什么？

20.8 系统调用序列 fork() exec()在什么情况下最合适？vfork()什么时候更可取？

20.9 应该使用哪种套接字类型来实现计算机间的文件传输程序？对于定期测试以查看另一台计算机是否在网络上运行的程序，应该使用哪种类型？解释你的答案。

20.10 Linux 可以运行在多种硬件平台上。Linux 开发人员必须采取哪些步骤来确保系统可移植到不同的处理器和内存管理架构上，并最大限度地减少特定于架构的内核代码的数量？

20. 11 仅使内核中定义的某些符号可供加载内核模块访问的优点和缺点是什么？

20. 12 Linux 内核用于加载内核模块的冲突解决机制的主要目标是什么？

20. 13 讨论 Linux 支持的 clone() 操作如何同时支持进程和线程。

20. 14 可否将 Linux 线程类型分为用户级线程或内核级线程？采用适当论据支持你的答案。

20. 15 与克隆线程的成本相比，进程的创建和调度会产生哪些额外开销？

20. 16 Linux 的完全公平调度程序如何提供比传统的 UNIX 进程调度程序更优的公平性？什么时候可保证公平？

20. 17 完全公平调度程序的两个可配置变量是什么？将其分别设为很小和很大，有什么优点和缺点？

20. 18 Linux 调度程序实现了"软"实时调度。这种调度方法缺少某些实时编程任务所需的哪些功能？如何将它们添加到内核中？这些功能的成本（缺点）是什么？

20. 19 在什么情况下用户进程会请求分配填零的内存区域的操作？

20. 20 哪些情况会导致启用写时复制属性的内存页面映射到用户程序的地址空间？

20. 21 Linux 共享库执行许多操作系统的核心操作。将此功能放在内核之外有什么好处？有什么缺点？解释你的答案。

20. 22 日志文件系统（例如 Linux 的 ext3）有什么好处？代价是什么？为什么 ext3 提供仅记录元数据的选项？

20. 23 Linux 操作系统的目录结构可以包含对应于多个不同文件系统的文件，包括 /proc 文件系统。支持不同文件系统类型的需求如何影响 Linux 内核的结构？

20. 24 Linux 的 setuid 功能与 SVR4 的 setuid 功能有何不同？

20. 25 Linux 源代码可通过 Internet 和 CD-ROM 供应商等免费获得。这种特点对 Linux 系统的安全性有哪三个含义？

Windows 10

由 Alex Ionescu 更新

Microsoft Windows 10 为抢占式、多任务、客户端操作系统，用于 Intel IA-32、AMD 64、ARM 和 ARM 64 指令集架构（Instruction Set Architecture，ISA）的处理器。Microsoft 的对应服务器操作系统为 Windows Server 2016，基于与 Windows 10 相同的代码，但仅支持 64 位的 AMD64 ISA。Windows 10 是基于 NT 代码的，NT 代码取代了基于 Windows 95/98 的早期系统。本章讨论 Windows 10 的主要目标、易于使用的分层架构、文件系统、网络功能和编程接口等。

本章目标

- 探讨 Windows 10 设计的基本原理和系统的特定组件。
- 详细讨论 Windows 10 的文件系统。
- 描述 Windows 10 支持的网络协议。
- 描述 Windows 10 的系统和应用程序接口。
- 描述实现 Windows 10 的重要算法。

21.1 历史

在 20 世纪 80 年代中期，Microsoft 和 IBM 合作开发了 **OS/2 操作系统**，该系统采用汇编语言编写，用于单处理器 Intel 80286 系统。1988 年，Microsoft 决定结束与 IBM 的共同开发，转而单独开发"NT"（new technology）可移植操作系统，以支持 OS/2 和 POSIX 的应用程序编程接口（Application Programming Interface，API）。1988 年 10 月，DEC VAX/VMS 操作系统的架构师 Dave Cutler 受聘构建微软新的操作系统。

最初，该团队计划采用 OS/2 API 作为 NT 的本地环境，但是在开发过程中，Windows NT 改为使用新的 32 位 Windows API（称为 Win32）——基于流行的 Windows 3.0 的 16 位 API。NT 的首个版本是 Windows NT 3.1 和 Windows NT 3.1 Advanced Server。（当时，16 位 Windows 的版本是 3.1。）Windows NT V4.0 采用 Windows 95 的用户界面，并且集成了 Internet Web 服务器和 Web 浏览器软件。此外，将用户接口程序和所有图形代码移进内核以提高性能，但是带来的副作用是可靠性和安全性的降低。尽管之前版本的 NT 已经被移植到其他微处理器架构（包括针对 Alpha AXP 64 的一个简短的 64 位移植），但是由于市场因素，2000 年 2 月发布的 Windows 2000 只支持 Intel（或兼容的）处理器。Windows 2000 进行了重大修改，增加了 Active Directory（基于 X.500 的目录服务）、更好的网络、对笔记本的支持、对即插即用设备的支持、分布式文件系统以及对更多处理器和更多内存的支持等。

21.1.1 Windows XP、Windows Vista 和 Windows 7

2001 年 10 月，Windows XP 发布，它是 Windows 2000 桌面操作系统的升级，替代了 Windows 95/98。2003 年 4 月，Windows XP 的服务器版本（称为 Windows Server 2003）发布。Windows XP 基于新的硬件技术，采用可视化设计，更新了图形用户界面（GUI）和很多新的易用功能（ease-of-use feature）。Windows XP 添加了许多功能，以自动修复应用程序和操作系统本身的问题。由于这些改动，Windows XP 可提供更好的网络和设备体验（包括零配置无线、即时通信、流媒体和数码摄影/视频）。Windows Server 2003 提供针对大型多处理器系统的显著性能改进，以及比早期的 Windows 操作系统更高的可靠性和安全性。

期待已久的对 Windows XP 的更新称为 Windows Vista，发布 2007 年 1 月，但并不是很受欢迎。虽然 Windows Vista 包括许多后来出现在 Windows 7 中的改进，但是这些改进被 Windows Vista 的迟钝和兼容问题所掩盖。为了应对用户对 Windows Vista 的批评，微软改进了开发流程，并与 Windows 硬件和应用程序制造商开展了更为密切的合作。

上述努力的成果就是 2009 年 10 月发布的 Windows 7，以及相应的服务器版本（称为 Windows Server 2008 R2）。重要的工程改进之一就是增加了**事件跟踪**，而非通过计数器来分析系统行为。跟踪在系统中不断运行，观察数百场景的执行，包括进程启动及退出、文件复制和网页加载等场景。当这些场景执行失败，或者执行成功但效果欠佳时，可以分析跟踪以便确定原因。

21.1.2　Windows 8

三年后，也就是 2012 年 10 月，正值全行业转向移动计算和应用程序的大潮兴起，微软发布了 Windows 8，这是自 Windows XP 以来具有最重大改进的操作系统。Windows 8 包括一个新的用户界面（名为 **Metro**）和一个新的编程模型 API（名为 **WinRT**）。Windows 8 采用一种新的方法来管理应用程序，该方法采用**包系统**（package system），运行在新的沙箱机制下，专门用于支持新的 **Windows 应用商店**（苹果应用商店和 Android 应用商店的竞争对手）。此外，Windows 8 还在安全、启动和性能等方面进行了大量改进，同时，对"子系统"（这一概念将在本章后面进行讨论）的支持也被取消了。

为了支持新的移动世界，Windows 8 首次移植到 32 位 ARM ISA，并对内核的电源管理和硬件的可扩展性功能进行了多项改进（本章稍后将讨论）。Microsoft 市场化了这一移植的两个版本。一种版本称为 Windows RT，既可运行 Windows 应用商店的打包应用程序，也可运行一些微软品牌的"经典"应用程序，例如记事本、Internet Explorer 以及（最重要的）Office。另一种版本称为 Windows Phone，只能运行 Windows 应用商店的打包应用程序。

微软有史以来第一次以"Surface"品牌发布了自己的移动硬件，其中包括 Surface RT，这是一款专门运行 Windows RT 操作系统的平板设备。不久之后，微软收购了诺基亚，并开始发布运行 Windows Phone 的微软品牌手机。

不幸的是，Windows 8 的上市并不成功，其原因有很多。一方面，Metro 专注于面向平板电脑的界面，迫使习惯于旧 Windows 操作系统的用户彻底改变他们在台式电脑上的工作方式。例如，Windows 8 用触摸屏功能替换了开始菜单，用动画"磁贴"（tile）替换了快捷方式，并且几乎不提供键盘输入支持。另一方面，作为微软手机和平板电脑获取应用程序的唯一途径的 Windows 应用商店，其中的应用程序匮乏，导致这些设备的市场"失灵"。最终，微软淘汰了 Surface RT 设备，并注销了大部分诺基亚资产。

在 2013 年 10 月发布的 Windows 8.1 中，微软迅速解决了许多问题。该版本解决了 Windows 8 在非移动设备上的许多可用性缺陷，通过传统键盘和鼠标恢复了更多可用性，并且提供了避免基于磁贴的 Metro 界面的方法。Windows 8.1 还继续改进了 Windows 8 所引入的许多安全、性能和可靠性方面的更改。尽管此版本反响较好，但是 Windows 应用商店中应用程序的持续缺乏仍是该操作系统向移动市场渗透时面临的问题，而桌面和服务器应用程序的程序员则因其所在领域缺乏改进而感到被抛弃。

21.1.3　Windows 10

随着 2015 年 7 月的 Windows 10 以及 2016 年 10 月的对应服务器版本 Windows Server 2016 的发布，Microsoft 转向"Windows 即服务"（Windows-as-a-Service，WaaS）模型（包括定期的功能改进）。Windows 10 会收到每月的增量改进，称为"功能汇总"，以及每八个月的功能发布，称为"更新"版本。此外，每个即将发布的版本都通过 WIP（Windows Insider Program）为公众所用，WIP 几乎每周都会发布版本。像云服务和网站（如 Facebook 和

Google）一样，新操作系统使用实时遥测（将调试信息发送回 Microsoft），跟踪动态启用和禁用 A/B 测试的某些功能（比较版本"A"与类似版本"B"的执行方式），在观察兼容性问题的同时尝试新功能，并积极添加或删除对现代或传统硬件的支持。这些动态配置和测试功能使此版本成为"即服务"实现。

　　Windows 10 重新引入了开始菜单，恢复了键盘支持，并不再强调全屏应用程序和动态磁贴。从用户的角度来看，这些变化带回了用户期望的基于 Windows 的桌面操作系统的易用性。此外，Metro（更名为 **Modern**）也被重新设计，这样 Windows 应用商店打包的应用程序可以与传统应用程序一起运行在常规桌面上。最后，一种称为 **Windows Desktop Bridge**（桌面桥）的新机制可将 Win 32 应用程序放置在 Windows 应用商店，缓解了专门为较新系统编写的应用程序的匮乏问题。同时，微软在 Visual Studio 产品中添加了对 C++11、C++14 和 C++17 的支持，并且为传统的 Win 32 编程 API 添加了许多新的 API。Windows 10 的一个相关变化是 Windows 统一平台（Unified Windows Platform，UWP）体系结构，它支持编写应用程序以运行于多种 Window 平台，如桌面、Windows for IoT、XBOX One、Windows Phone 和 Windows 10 Mixed Reality（以前称为 Windows Holographic）。

　　Windows 10 通过一种称为 **Pico Providers** 的新机制取代了多个子系统的概念，子系统概念已在 Windows 8 中删除（之前也已提及）。这种机制允许未经修改的属于不同操作系统的二进制文件在 Windows 10 上直接运行。在 2016 年 8 月发布的"周年更新"中，这种功能提供面向 Linux 的 Windows 子系统，可以运行 Ubuntu 用户空间环境中完全未修改的 Linux ELF 二进制文件。

　　为应对移动和云计算领域日益增长的竞争压力，微软还改进了 Windows 10 的功耗、性能和可扩展性，使其能够运行在更多设备上。事实上，一个称为 Windows 10 IoT Edition 的版本专门为 Raspberry Pi 等环境而设计，而对容器化等云计算技术的支持则是通过 docker for Windows 而直接内置的。Windows 10 还内置了 Microsoft Hyper-V 虚拟化技术，提供额外的安全性和对运行虚拟机的本地支持。微软还发布了一个特殊版本的 Windows Server，称为 Windows Server Nano。这种极低开销的服务器操作系统适用于容器化应用程序和其他云计算用途。

　　Windows 10 是一个多用户操作系统，通过分布式服务或通过 Windows 终端服务的多个 GUI 实例支持同时访问。Windows 10 的服务器版本同时支持多个源自 Windows 桌面系统的终端服务器会话。桌面版终端服务器可在每个登录用户的虚拟终端会话之间复用键盘、鼠标和显示器，这一功能称为快速用户切换（fast user switching），允许用户在 PC 的控制台上互相抢占而无须注销和登录。

　　下面简要回顾一下 Windows GUI 的发展。之前提到，Windows NT 4.0 采用内核模式来实现 GUI，从而提高性能。进一步的性能提升依赖于 Windows Vista 的一个新的用户模式组件，称为**桌面窗口管理器**（Desktop Window Manager，DWM）。DWM 在 Windows DirectX 图形软件之上提供 Windows 界面外观。DirectX 和 Win32k（实现 Windows 窗口和图形模型（USER 和 GDI））仍然在内核中运行。Windows 7 对 DWM 进行了重大更改，显著减少了内存占用并提高了性能，而 Windows 10 进行了进一步的改进，尤其是在性能和安全方面。此外，Windows DirectX 11 和 12 通过**直接计算**（Direct-Compute）包括 GPGPU 机制（GPU 硬件上的通用计算），并且 Windows 的许多部分已经更新以利用这种高性能图形模型。通过一个名为 **CoreUI** 的新渲染层，即使是遗留应用程序现在也可利用基于 DirectX 的渲染（创建最终屏幕内容）。

　　Windows XP 是首个提供 64 位版本的 Windows：于 2003 年支持 IA64，于 2005 年支持 AMD64。在内部，原生 NT 文件系统（NTFS）和 Win 32 的许多 API 在合适的情况下总是使用 64 位。Windows XP 对 64 位的主要扩展是为了支持更大的虚拟地址。此外，64 位版本的 Windows 支持更大的物理内存，新的 Windows Server 2016 版本支持高达 24TB 的 RAM。到 Windows 7 发布时，AMD64 ISA 已在几乎所有来自 Intel 和 AMD 的 CPU 上可用。此外，当时客户端系统上的物理内存经常超过 IA-32 的 4GB 限制。因此，64 位版本的 Windows 10 除了安装在物联网和移动系统上之外，现在几乎安装在所有客户端系统上。由于 AMD64 架构在单个进程级别支持高保真 IA-32 兼容性，因此 32 位和 64 位应用程序可以在单个系统中自由混合。有趣的是，类似的模式现在出现在移动系统上。Apple iOS 是第一个支持 ARM64 架构的移动操作系统，ARM64 是 ARM 的 64 位 ISA 扩展（也称为 AArch64）。未来的 Windows 10 版本也将正式配备专为新型硬件设计的 ARM64 移植，并且将通过仿真和动态 JIT 重新编译实现对 IA-32 架构应用程序的兼容性。

接下来关于 Windows 10 的讨论不再区分客户端版和服务器版，它们基于相同的核心组件，运行相同的内核和大多相同的驱动程序。类似地，虽然微软为每个版本发布了多种不同的细分版本以面向不同的市场定位，但版本之间的差异很少体现在系统的核心上。本章主要关注 Windows 10 的核心组件。

21.2　设计原则

Windows 的设计目标包括安全性、可靠性、兼容性、高性能、可扩展性、可移植性和国际支持。一些额外的目标（例如能源效率和对动态设备支持）最近也已添加进来。下面讨论这些目标以及 Windows 10 的实现。

21.2.1　安全性

Windows Vista 及 Windows 更高版本的安全目标不仅仅是遵守已采用的设计标准——它们使得 Windows NT 4.0 获得了美国政府的 C2 级安全认证。（C2 级符合中等保护程度，可防范缺陷软件和恶意攻击。这些级别是由美国国防部的可信计算机系统评估准则（也称为**橙皮书**）来定义的。）通过深入的代码审查和测试，并结合高级自动分析工具，可以识别和分析可能代表安全漏洞的潜在缺陷。此外，漏洞赏金（bug bounty）参与计划允许外部研究人员和安全专家识别并提交 Windows 中以前未知的安全问题。作为交换，他们将收到现金以及每月安全汇总的信用得分——这些汇总由微软发布，旨在尽可能地保证 Windows 10 的安全。

传统上，Windows 的安全基于自由访问控制。系统对象，包括文件、注册表键和内核同步对象，通过**访问控制列表**（Access-Control List，ACL）加以保护（见 13.4.2 节）。然而，ACL 易受用户和程序员的错误攻击，同时也常常遭受针对消费者系统的常见攻击（用户在浏览 Web 时经常因被骗而运行代码）。Windows Vista 引入了一种称为**完整性级别**（integrity level）的机制，将其作为基本能力系统来控制访问。对象和进程的系统完整性级别被标记为无、低、中或高。完整性级别决定了对象和进程将拥有哪些权限。例如，无论如何设置 ACL，Windows 不允许（基于强制策略）进程修改具有更高完整性的对象。此外，无论 ACL 是什么，进程都无法读取更高完整性进程的内存。

Windows 10 通过组合基于属性的访问控制（Attribute-Based Access Control，ABAC）和基于声明的访问控制（Claim-Based Access Control，CBAC）进一步加强了安全模型。这两个功能都用于实现服务器版本的动态访问控制（Dynamic Access Control，DAC），以及支持 Windows 应用商店的应用程序、Modern、打包的应用程序所采用的基于能力的系统。通过属性和声明，系统管理员无须将用户名（或用户所属的组）作为安全系统过滤对文件等对象的访问的唯一手段。用户特性，如在组织中的资历、薪水等，也可以考虑进来。这些特性被编为属性，可与 ACL 中的条件访问控制条目配对，例如"Seniority>=10 Years"。

Windows 将加密添加到常用协议，例如用于与网站安全通信的协议。加密还用于保护存储在辅助存储上的用户文件。Windows 7 及更高版本允许用户通过比特锁（BitLocker）轻松加密整个卷以及可移动存储设备（如 USB 闪存驱动器）。如果具有加密卷的计算机被盗，窃贼需要采用非常高级的技术（例如电子显微镜）才能访问计算机中的文件；如果用户还配置了基于 USB 的外部令牌，窃贼将无法进行这类操作（除非 USB 令牌也被盗）。

这些类型的安全功能侧重于用户和数据安全，但容易受到更高特权的程序攻击——这类程序可以解析任意内容，或者由于编程错误可能会被欺骗从而执行恶意代码。因此，Windows 还包括通常称为"漏洞利用缓解"的安全措施。其中既包括大范围的缓解措施，例如**地址空间布局随机化**（Address-Space Layout Randomization，ASLR）、**数据执行保护**（Data Execution Prevention，DEP）、**控制流保护**（Control-Flow Guard，CFG）和**任意代码保护**（Arbitrary Code Guard，ACG），也包括针对各种漏洞利用技术的小范围（有针对性的）缓解措施（已经超出本章的讨论范围）。

自 2001 年以来，Intel 和 AMD 的芯片都允许标记内存页，以保证其中不包含可执行指令代码。Windows DEP 功能标记堆栈和内存堆（以及所有其他数据分配），以便其不能用于执行代码。这可以防止程序错误允许缓冲区溢出后被诱使执行缓冲区内容的攻击。此外，从 Windows 8.1 开始，所有内核数据的内存分配都进行了类似标记。

由于 DEP 阻止攻击者控制的数据作为代码执行，恶意开发人员转向**代码重用**攻击——程序中现有的可执行代码以意想不到的方式被重用。（只执行代码的某些部分，并且从一个指令流重定向到另一个指令流。）ASLR 通过随机化内存中可执行（和数据）区域的位置来阻止多种形式的此类攻击，从而使得代码重用变得更难，因为代码重用需要知道现有代码的位置。这种保护措施使得受到远程攻击者攻击的系统很可能会失败或崩溃。

然而，没有任何缓解措施是完美的，ASLR 也不例外。例如，它可能无法抵御本地攻击（例如，某些应用程序被诱骗从外存加载内容）以及所谓的**信息泄露**攻击（程序被诱骗泄露部分地址空间）。为了解决此类问题，Windows 8.1 引入了一种称为 CFG（Control Flow Guard）的技术，该技术在 Windows 10 中得到了大幅改进。CFG 与编译器、链接器、加载器和内存管理器一起工作，以根据有效函数序言列表验证任何间接分支（例如调用或跳转）的目标地址。如果程序因被欺骗而通过这样的指令将控制流重定向到别处，它就会崩溃。

如果攻击者不能将可执行数据带到攻击中，也不能重用现有代码，他们可能会尝试使程序自行分配可执行和可写代码，然后攻击者就可以填充这些代码。或者，攻击者可能会修改现有的可写数据并将其标记为可执行数据。Windows 10 的 ACG 缓解措施禁止这两种操作。可执行代码一旦被加载，就不能再被修改；数据一旦被加载，就不能被标记为可执行。

除了这里讨论的内容外，Windows 10 还有三十多种安全缓解措施。这套安全功能使得传统攻击变得更加很难，这或许可以部分解释为什么犯罪软件应用程序（例如广告软件、信用卡欺诈软件和勒索软件）变得如此普遍。这些类型的攻击依赖于用户自愿和手动地对自己的计算机造成损害（例如通过双击应用程序以防止警告，或在虚假的银行页面中输入信用卡号）。没有任何操作系统可以对抗人类的轻信和好奇心。最近，微软开始与 Intel 等芯片制造商合作，将安全缓解措施直接构建到 ISA 中。例如，一种缓解措施是 CET（Control-flow Enforcement Technology），它是 CFG 的硬件实现，通过使用硬件影子堆栈来防止面向返回编程（Return-Oriented-Programming，ROP）攻击。影子堆栈包含调用例程时存储的返回地址集。在执行返回之前检查地址是否不匹配。不匹配意味着堆栈已被破坏，应采取措施。

安全性的另一个重要方面是完整性。Windows 提供多种**数字签名**工具，以作为代码完整性功能的一部分。Windows 使用数字签名来签署操作系统二进制文件，以便验证文件是由微软或其他知名公司制作的。在非 IA-32 版本的 Windows 中，**代码完整性**模块在启动时被激活，以确保内核中所有加载的模块都具有有效的签名，从而确保其没有被篡改。此外，Windows 8 的 ARM 版本通过用户模式代码的完整性检查扩展了代码完整性模块，该检查验证所有用户程序是否已由微软签名或通过 Windows 应用商店交付。Windows 10 的特殊版本（Windows 10 S，主要用于教育市场）针对所有 IA-32 和 AMD64 系统提供类似的签名检查。数字签名也用作代码完整性保护的一部分，允许应用程序保护自己免受从未适当签名的外存上加载可执行代码的影响。例如，攻击者可能用自己的二进制文件替换第三方的二进制文件，但是数字签名会失败，并且代码完整性保护不会将这种二进制文件加载到进程的地址空间中。

最后，Windows 10 的企业版可以选择加入称为**设备保护**（Device Guard）的新安全功能。

这种机制允许组织定制计算机系统的数字签名要求，并且支持将个人签名证书甚至二进制哈希列入黑名单和白名单。例如，组织可以选择仅允许由 Microsoft、Google 或 Adobe 签名的用户模式程序在企业的计算机上启动。

21.2.2 可靠性

Windows 操作系统经过其第一个十年的发展后变得非常成熟，形成了 Windows 2000。同时，由于多种因素，如源代码的成熟、大量的系统压力测试、改进的 CPU 架构以及自动检测来自微软和第三方驱动程序的许多严重错误等，可靠性也增强了。Windows 随后扩展了许多工具以提高可靠性，包括对源代码错误的自动分析、检测验证失败的测试，以及用于动态检查常见用户模式编程错误的应用程序版本的驱动程序验证器。其他可靠性方面的提升还包括将更多代码移出内核并移进用户模式服务。Windows 为编写用户模式的驱动程序提供了广泛支持。曾经在内核中并且现在处于用户模式的系统功能包括第三方字体的渲染器和大部分音频软件堆栈。

Windows 体验中最重要的改进之一是添加内存诊断作为启动选项。这个补充特别有用，因为家用计算机很少具有内存纠错功能。缺乏纠错和检测功能的有问题的 RAM 可能会改变其存储的数据，但硬件无法检测到，结果是令人沮丧的不规律的系统行为。内存诊断功能可以警告用户存在 RAM 问题。Windows 10 更进一步，引入了运行时内存诊断。如果一台机器连续五次以上遇到内核模式崩溃，并且无法将崩溃确定为特定原因或组件，内核将使用空闲时间来移动内存内容，刷新系统缓存，并在所有内存中写入重复的内存测试模式——这些都是为了抢先发现 RAM 是否损坏。这样，用户无须在启动时重新启动内存诊断工具即可获知这类问题。

Windows 7 还引入了容错内存堆。堆从应用程序崩溃中学习并自动调整由崩溃的应用程序所执行的内存操作。这使得应用程序更加可靠，即使其中包含常见的错误，如使用释放的内存或访问时超过分配。由于此类漏洞可被攻击者利用，Windows 7 还包含一种缓解措施供开发人员使用以阻止此类攻击，并立即使存在堆损坏的应用程序崩溃。这是安全需求和用户体验需求之间的一种非常实用的二分法。

由于近 20 亿系统使用 Windows，Windows 的高可靠性实现尤其具有挑战性。即使仅仅影响一小部分系统的可靠性问题，仍然会影响众多用户。Windows 生态系统的复杂性也增加了挑战。数以百万计的应用程序、驱动程序和其他软件不断被下载并运行在 Windows 系统上。当然，还有恶意软件的持续攻击流。随着 Windows 本身变得更难直接攻击，漏洞越来越多地开始针对流行应用程序。

为了应对这些挑战，微软越来越依赖与用户机器的通信，以便收集关于生态系统的大量数据。机器通过采样以查看它们如何执行、它们运行什么软件、它们遇到什么问题。当软件、驱动程序或内核本身崩溃或挂起时，它们会自动向微软发送数据。通过测量特征值，可以生成相关软件或程序的使用频率。旧的行为（微软不再推荐使用的方法）有时会被禁用，如果再次尝试使用，则会发送警报。结果就是，微软正在构建一幅不断改进的图景，以便描述 Windows 生态系统正在发生什么，同时允许通过软件更新来实现持续改进，以及提供数据来指导 Windows 的未来版本。

21.2.3 Windows 与应用程序兼容性

如前所述，Windows XP 既是 Windows 2000 的升级，又是 Windows 95/98 的替代者。Windows 2000 主要关注商业应用程序的兼容性。Windows XP 还要求为 Windows 95/98 运行的用户应用程序提供更好的兼容性。应用程序的兼容性难以实现的原因很多，例如，应用程序可能会检查特定版本的 Windows，可能在某种程度上取决于 API 实现的怪癖，或者可能有潜在的应用程序错误但被以前的系统所屏蔽了。应用程序可能是针对不同的指令集编译的，或者在当今数千兆赫的多核系统上运行时会有不同的期望。Windows 10 通过实施多种策略来运行不兼容的应用程序，从而解决兼容性问题。

像 Windows XP 一样，Windows 10 有一个兼容层，称为 shim 引擎，位于应用程序和 Win32 API 之间。该引擎可以使 Windows 10 看起来（几乎）与之前版本的 Windows 兼容。Windows 10 附带一个包含超过 6500 个条目的 shim 数据库，描述旧应用程序的特定怪癖和所需调整。此外，通过应用程序兼容性工具包，用户和管理员可以建立自己的 shim 数据库。Windows 10 的 SwitchBranch 机制允许开发者选择需要模拟哪个 Windows 版本的 Win32 API（包括之前 API 的所有怪癖和/或错误）。任务管理器的"操作系统上下文"栏显示每个应用程序运行在哪个 SwitchBranch 操作系统版本下。

与 NT 的早期版本一样，Windows 10 通过替换层或转换层 WoW32（Windows-on-Windows-32），继续支持运行众多 16 位应用程序——WoW32 将 16 位 API 调用转换为等效的 32 位调用。同样，64 位版本的 Windows 10 提供转换层 WoW64，将 32 位 API 调用转换为原生 64 位调用。最后，ARM64 版本的 Windows 10 提供动态 JIT 重新编译器 WoWA64，以便翻译 IA-32 代码。

原始的 Windows 子系统模型支持多种操作系统特性：只要有源代码，就可使用微软编译器（例如 Visual Studio）将应用程序重建为可移植执行（Portable Executable，PE）的应用程序。如前所述，虽然为 Windows 设计的 API 是 Win32 API，但一些早期版本的 Windows 仍然支持 POSIX 子系统。POSIX 是 UNIX 的标准规范，允许在任何 POSIX 兼容的操作系统上重新编译和运行兼容 UNIX 的软件，无须修改源码。不幸的是，随着 Linux 的成熟，它与 POSIX 的兼容性越来越远，并且许多现代 Linux 应用程序开始依赖于 Linux 特定的系统调用和 glibc 的改进，而这些都不是标准化的。此外，让用户（甚至企业）使用 Visual Studio 重新编译想要使用的每个 Linux 应用程序变得不切实际。事实上，GCC、CLang 和微软的 C/C++ 编译器之间的差异，通常会使这种做法变得不可行。因此，即使子系统模型仍然存在于架构层面，但 Windows 上唯一的子系统只是 Win32 子系统本身，并且通过使用 Pico Providers 的新模型实现与其他操作系统的兼容性。

这个明显更强大的模型，通过转发或代理每个系统调用、异常、故障、线程创建和终止、进程创建以及一些其他内部操作的能力，将内核扩展到辅助外部驱动程序（即 Pico Provider）。该辅助驱动程序现在成为所有此类操作的所有者。虽然仍然使用 Windows 10 的调度器和内存管理器（类似于微内核），但它可以实现自己的 ABI、系统调用接口、可执行文件格式解析器、页面错误处理、缓存、I/O 模型、安全模型等。

Windows 10 包括一个这样的 Pico Provider，称为 LxCore，它是 Linux 内核的重新实现，约有多兆字节。（请注意，它不是 Linux，不与 Linux 共享任何代码。）此驱动程序由"面向 Linux 的 Windows 子系统"功能使用，可用于加载未修改的 Linux ELF 二进制文件，不需要源代码或重新编译为 PE 二进制文件。Windows 10 的用户可以运行未经修改的 Ubuntu 用户模式文件系统（以及最近的 OpenSUSE 和 CentOS），使用 apt-get 包管理命令为其提供服务并正常运行包。请注意，内核重新实现尚未完成：缺少许多系统调用，以及对大多数设备的访问，因为无法加载 Linux 内核驱动程序。值得注意的是，虽然完全支持网络以及串行设备，但无法访问 GUI/帧缓冲区。

作为最终的兼容性措施，Windows 8.1 及更高版本还包括**客户端 Hyper-V** 功能。这允许应用程序通过在虚拟机中运行 Windows XP、Linux 甚至 DOS 等操作系统，获得完完全全的兼容性。

21.2.4　性能

Windows 被设计为桌面系统（I/O 性能为主要限制）、服务器系统（CPU 通常为瓶颈）和大型多线程与多处理器环境（加锁与缓存管理对于可扩展性尤为重要）等，提供高性能的服务。为了满足性能需求，NT 使用了多种技术，例如异步 I/O、优化的网络协议、基于内核的图形渲染、文件系统数据的复杂缓存等。内存管理和同步算法的设计考虑了与缓存线（cache line）和多处理器有关的性能。

Windows NT 是为对称多处理（SMP）而设计的，在多处理器计算机上，甚至在内核中，也可以同时运行多个线程。在每个 CPU 上，Windows NT 采用基于优先级的线程抢占调度。除了在调度程序中或在中断级别上执行时，任何运行进程中的线程都可以被更高优先级的线程抢占。因此，系统响应迅速（见第 5 章）。

为了进一步提高性能，Windows XP 减少了关键功能的代码路径长度并实现了更易于扩展的加锁协议，例如排队的自旋锁和推锁。（**推锁**（pushlock）类似于优化的具有读写锁功能的自旋锁。）新的加锁协议有助于减少系统总线周期，包括无锁列表和队列，原子读-改-写操作（如互锁增量），以及其他先进的同步技术。需要这些改变的原因是，Windows XP 支持同时多线程技术与大规模并行流水线技术——Intel 按营销名称**超线程**（Hyper Threading）来商业化这种技术。因为这项新技术，普通的家用机器似乎有两个处理器。几年后，多核系统的引入使多处理器系统成为常态。

接下来，Windows Server 2003 发布，它针对大型多处理器服务器，使用更好的算法，更加关注每个处理器的数据结构、锁和缓存，使用页面着色并支持 NUMA 机器。（页面着色是一种性能优化，确保对虚拟内存中连续页面的访问可优化处理器的缓存使用。）Windows XP 的 64 位版本基于 Windows Server 2003 内核，以便早期的 64 位使用者可以利用这些改进。

到开发 Windows 7 时，计算已经发生了一些重大变化。最大的多处理器中可用的 CPU 数量和物理内存量大幅增加，因此开发者投入了大量精力来进一步提高操作系统的可扩展性。

Windows NT 中多处理支持的实现采用位掩码代表处理器的集合，并可识别（例如）哪个特定线程可以调度到哪组处理器上。这些位掩码被定义为适合内存的单个字，将系统支持的处理器数量限制为 64 位系统上的 64 个和 32 位系统上的 32 个。因此，Windows 7 添加了**处理器组**的概念来表示最多 64 个处理器的集合。可以创建多个处理器组，其总的可容纳的处理器数量可以超过 64。请注意，Windows 将处理器执行单元的可调度部分称为逻辑处理器（logical processor），不同于物理处理器或处理核。当本章提到"处理器"或"CPU"时，从 Windows 的角度来看，真正含义是"逻辑处理器"。Windows 7 最多支持 4 个处理器组，总共 256 个逻辑处理器，而 Windows 10 现在最多支持 20 个组，总共不超过 640 个逻辑处理器（因此，并非所有组都可以完全填满）。

这些额外的 CPU 为用于调度 CPU 和内存的锁带来了大量争用。Windows 7 对这些锁进行了细分。例如，在 Windows 7 之前，Windows 调度程序使用单个锁来同步访问包含等待事件的线程队列。在 Windows 7 中，每个对象都有自己的锁，允许并发访问队列。类似地，全局对象管理器锁、缓存管理器 VACB 锁和内存管理器 PFN 锁原本用于同步大型全局数据结构的访问。所有这些锁都被分解为更小的数据结构上的更多锁。此外，调度器中的许多执行路径被重写而无须加锁。即使对于具有 256 个逻辑 CPU 的系统，这种更改也能使 Windows 具有很好的可扩展性。

性能方面的其他变化是由于支持并行计算的重要性日益增加。多年来，计算机行业一直遵守摩尔定律（Moore's Law，见 1.1.3 节），导致晶体管密度更高，这表现为每个 CPU 的时钟速率更快。摩尔定律继续适用，但已经达到极限，从而阻止了 CPU 时钟速率的进一步增加。相反，每个芯片可以构建越来越多的 CPU。用于实现并行执行的新编程模型，例如 Microsoft 的 ConcRT（Concurrency RunTime）和 PPL（Parallel Processing Library），以及 Intel 的 TBB（Threading Building Blocks），用于表示 C++ 程序中的并行性。此外，几乎所有编译器都支持 OpenMP，这是一个独立于供应商的标准。尽管摩尔定律已经统治计算四十年，但现在看来，统治并行计算的阿姆达尔定律（Amdahl's law，见 4.2 节）将统治未来。

最后，在高性能计算方面，电源这一考虑因素具有复杂的设计决策：特别是对于移动系统，电池寿命可能超过性能需求，而且对于云/服务器环境，电力成本可能会超过对最快计算结果的需求。因此，Windows 10 现在支持的功能有时可能会牺牲原始性能以获得更好的能效。例如，处理核停车（core parking）可使空闲系统进入休眠状态，异构多处理（HMP）可在处理核之间高效地分配任务。

为了支持基于任务的并行性，Windows 7 及更高版本的 AMD64 移植提供一种新形式的**用户模式调度**（User-Mode Scheduling，UMS）。UMS 允许将程序分解为任务，然后由运行在用户模式而非内核模式的调度器在可用 CPU 上调度任务。

现在最小的计算机上也配有多个 CPU，这只是转向并行计算的部分表现。图形处理单元（GPU）通过使用 SIMD 架构同时为多个数据执行一条指令，可加速图形所需的计算算法。这导致程序员将 GPU 用于通用计算，而不仅仅是图形。操作系统支持 OpenCL 和 CUDA 等软件，允许程序利用 GPU。Windows 通过 DirectX 图形支持中的软件来支持对 GPU 的使用。名为 DirectCompute 的软件使用 SIMD 硬件采用的"高级着色器语言"编程模型，允许程序指定**计算核**。计算核在 GPU 上运行速度极快，并将其结果返给 CPU 运行的主计算。在 Windows 10 中，本机图形堆栈和许多新的 Windows 应用程序使用 DirectCompute，新版本的任务管理器跟踪 GPU 处理器和内存使用情况，DirectX 现在拥有自己的 GPU 线程调度器和 GPU 内存管理器。

21.2.5 可扩展性

可扩展性（extensibility）是指操作系统跟上计算技术进步的能力。为了与时俱进，开发人员采用分层架构来实现 Windows。最底层的内核"执行体"以内核模式运行，提供基本的系统服务和抽象，支持系统的共享使用。在执行体之上，一些服务运行在用户模式下。其中，有的是模拟不同操作系统的环境子系统，这些子系统今天已被弃用。即使是在内核中，Windows 也使用分层架构，其 I/O 系统可以加载驱动程序；因此，系统运行时也可添加新的文件系统、新型 I/O 设备和新型网络。然而，驱动程序并不限于提供 I/O 功能。正如我们所见，Pico Provider 也是一种可加载的驱动程序（大多数反恶意软件驱动程序也是如此）。通过 Pico Providers 和系统的模块化结构，可以在不影响执行体的情况下添加额外的操作系统支持。图 21.1 显示了 Windows 10 内核和子系统的架构。

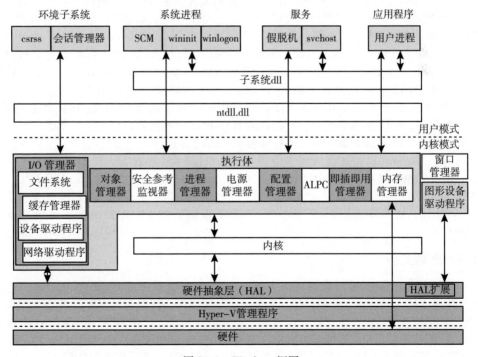

图 21.1 Windows 框图

Windows 像 Mach 操作系统一样采用客户端-服务器模型，通过开放软件基金会定义的远程过程调用（Remote Procedure Call，RPC）支持分布式处理。这些 RPC 利用称为高级本地过程调用（Advanced Local Procedure Call，ALPC）的执行组件，可在本地机器的不同进程之间实现高度可扩展的通信。SMB 协议之上的 TCP/IP 数据包和命名管道的组合，用于跨网络进程之间的通信。在 RPC 之上，Windows 实现了分布式公共对象模型（Distributed Common Object Model，DCOM）基础设施，以及 Windows 管理规范（Windows Management Instrumentation，WMI）和 Windows 远程管理（Windows Remote Management，WinRM）机制，这些都可用于通过新的服务和管理功能快速扩展系统。

21.2.6　可移植性

如果一个操作系统可以从一种 CPU 架构移到另一种，而且只需较少修改，则该操作系统是**可移植的**（portable）。Windows 被设计成可移植的。像 UNIX 操作系统一样，Windows 主要采用 C 和 C++编写。特定于架构的源代码相对较少，而且汇编代码也很少。将 Windows 移植到新的架构主要影响 Windows 内核，因为 Windows 的用户模式代码几乎独立于架构。为了移植 Windows，内核架构的特定代码必须移植；由于主要数据结构的变化（如页表格式），内核的其他部分有时需要进行条件编译。然后，必须为新的 CPU 指令集重新编译整个 Windows 系统。

操作系统不仅对 CPU 架构敏感，而且对 CPU 支持芯片和硬件启动程序也很敏感。CPU 和支持芯片称为**芯片组**（chipset）。这些芯片组及相关引导代码确定如何传递中断，描述每个系统的物理特性，并提供 CPU 架构的更低层的接口，如错误恢复和电源管理。将 Windows 移植到每种支持芯片以及每种 CPU 结构上是很麻烦的。相反，Windows 将大多数芯片组相关代码放到动态链接库（DLL）中，称为**硬件抽象层**（Hardware-Abstraction Layer，HAL），HAL 与内核一起加载。

Windows 内核依赖于 HAL 接口而不是底层芯片组的详细信息。这样，只要加载不同版本的 HAL，就可以将特定 CPU 内核与驱动程序二进制文件的组合用于不同的芯片组。最初，为了支持运行 Windows 的多种架构，以及市场上的不同计算机公司和设计方案，存在超过 450 种不同的 HAL。随着时间的推移，以及高级配置和电源接口（Advanced Configuration and Power Interface，ACPI）等标准的出现，市场上可用的组件越来越相似。同时，计算机制造商的合并也引起了新的变化。现在，Windows 10 的 AMD64 移植只有单个 HAL。然而，有趣的是，移动设备市场还没有出现这样的发展状况。现在，Windows 支持有限数量的 ARM 芯片组，并且必须为每个芯片组提供适当的 HAL 代码。为了避免回到多 HAL 模型的情况，Windows 8 引入了 HAL 扩展的概念，它们是由 HAL 根据检测到的 SoC（片上系统）组件而动态加载的 DLL，如中断控制器、定时器管理器和 DMA 控制器。

多年来，Windows 已经被移植到多个不同的 CPU 架构：Intel IA-32 兼容的 32 位 CPU、AMD64 兼容和 IA64 64 位 CPU、DEC Alpha、DEC Alpha AXP64、MIPS 和 PowerPC CPU。这些 CPU 架构在消费级台式机市场上大多都失败了。当 Windows 7 发布时，客户端仅支持 IA-32 和 AMD64 架构，服务器仅支持 AMD64。Windows 8 添加了 32 位 ARM，Windows 10 现在也支持 ARM64。

21.2.7　国际支持

Windows 是为国际市场而设计的。它通过国际语言支持（National-Language-Support，NLS）API 来支持不同的语言环境。NLS API 提供专用程序，按照不同国家的风俗习惯来格式化日期、时间和货币。字符串比较专门考虑了不同的字符集。UNICODE 是 Windows 的本机字符代码，特别是在 UTL-16LE 编码格式中（这不同于 Linux 和 Web 的标准 UTF-8）。Windows 先将 ANSI 字符转换为 UNICODE 字符（8 位到 16 位的转换），然后再进行处理，以支持 ANSI 字符。

系统文本字符串保存在资源表文件中，这些文件可以替换，以便针对不同语言对系统进行本地化。在 Windows Vista 之前，Microsoft 将这些资源表放在 DLL 中，这意味着每个不同版本的 Windows 都存在不同的可执行二进制文件，并且一次只能使用一种语言。借助 Windows Vista 的**多用户界面**（Multiple User Interface，MUI）支持，可以同时使用多个语言环境——对于多语言的个人和企业，这是很重要的。具体实现方法是：通过将所有资源表移动到位于相应语言目录中的单独的 .mui 文件和 .dll 文件中，加载器根据当前选择的语言来选择合适的文件。

21.2.8　能源效率

提高能源效率可使笔记本电脑和上网笔记本的电池续航时间更长，节省数据中心用于供电和冷却的大量运营成本，并为降低企业和消费者能源消耗的绿色倡议做出贡献。一段时间以来，Windows 实施了多种策略以减少能源使用。CPU 可被转到低功耗状态，例如，尽可能降低时钟频率。此外，当计算机没有被频繁使用时，Windows 可能会将整个计算机置于低功耗状态（睡眠），甚至可以将所有内存保存到外存并关闭计算机（休眠）。当用户返回时，计算机启动并从之前的状态继续，所以用户不需要重新开机和重新启动应用程序。

CPU 空闲的时间越长，节省的能源就越多。因为计算机比人类快得多，所以人类思考之时计算机可以节省大量能源。问题是许多程序常被轮询以等待活动，并且软件的定时器经常到期，这使得 CPU 无法保持足够长的空闲时间来节省大量能源。

Windows 7 的 CPU 空闲时间延长采用如下策略：仅向逻辑 CPU 0 和所有其他当前活动 CPU（跳过空闲 CPU）提供时钟中断，将符合条件的软件计时器合并为较少数量的事件。在服务器系统上，当系统负载不高时，还可以"停止"整个 CPU。此外，计时器到期未分发，并且单个 CPU 通常负责处理所有软件定时器到期。例如，如果逻辑 CPU 3 当前处于空闲状态而另一个非睡眠 CPU 可以处理它，那么逻辑 CPU 3 上的运行线程不会唤醒 CPU 3 并在到期时提供服务。

虽然这些措施有所帮助，但不足以延长手机等移动系统的电池寿命——手机的电池容量只是笔记本电脑的一小部分。因此，Windows 8 引入了许多功能以进一步优化电池寿命。首先，WinRT 编程模型不支持具有到期时间保证的精确计时器。所有通过新 API 注册的计时器都是合并的候选者，这与 Win32 计时器不同，后者必须手动选择加入。接下来，Windows 8 引入了**动态时刻**（dynamic tick）的概念，也就是说 CPU 0 不再是时钟所有者（clock owner）——最后一个活动的 CPU 承担此责任。

更重要的是，通过 Windows 应用商店交付的整个 Metro/Modern/UWP 应用程序模型包括一项称为**进程生命周期管理器**（Process Lifetime Manager，PLM）的功能，它会自动挂起空闲超过几秒钟的进程中的所有线程。这不仅减少了许多应用程序的持续轮询行为，而且使 UWP 应用程序不再具备自己做后台工作的能力（例如查询 GPS 位置），从而迫使它们与**中间系统**（broker）打交道——这类系统可以有效合并音频、位置、下载和其他请求，并可在进程暂停时缓存数据。

最后，通过称为**桌面活动审核器**（Desktop Activity Moderator，DAM）的新组件，Windows 8 及更高版本支持一种称为**连接待机**（connected standby）的新型系统状态。想象一下让电脑进入睡眠状态，这个动作需要几秒钟，之后电脑上的一切似乎都消失了，所有硬件都关闭了。通过键盘上的按钮唤醒计算机，这需要几秒钟的时间，然后一切都会恢复。然而，使手机或平板电脑进入睡眠状态通常不会花费几秒钟，用户希望屏幕立即关闭。但如果 Windows 只是关闭了屏幕，所有程序将继续运行。传统的 Win 32 应用程序缺乏 PLM 和计时器合并，因此将继续轮询，甚至可能再次唤醒屏幕。在这种情况下，电池寿命会快速耗尽。

当按下电源按钮或屏幕关闭时，连接待机解决这个问题的方式是虚拟冻结计算机，而没有真正让计算机进入睡眠状态。此时硬件时钟停止，所有进程和服务暂停，并且所有计时器到期都会延迟 30 分钟。最终效果是，即使计算机仍在运行，也几乎完全处于闲置状态，处理器和外设可以在最低功耗状态下有效运行。完全支持这种模式需要特殊的硬件和固件，例如，Surface 品牌的平板电脑硬件就包含此功能。

21.2.9   动态设备支持

对于早期的 PC，虽然偶尔可能会将新的设备插入计算机背面的串行端口、打印机端口或游戏端口，但是计算机配置基本上是静态的。迈向动态配置 PC 的下一步是笔记本电脑坞站和 PCMCIA 卡。通过这类设备，PC 与整套外围设备可以快速相连或者断开。现代 PC 旨在使用户能够频繁地插入和拔出大量外围设备。

Windows 对设备动态配置的支持在不断改进。当设备被插入时，系统可以自动识别，并且通常无须用户干预就能找到、安装和加载适当的驱动程序。当设备被拔掉时，驱动程序会自动卸载，系统继续执行而不会中断其他软件。此外，Windows Update 允许直接通过 Microsoft 下载第三方驱动程序，避免使用 DVD 安装盘或让用户浏览制造商的网站。

除了外围设备以外，Windows Server 还支持 CPU 和 RAM 的动态热添加和热替换，以及 RAM 的动态热删除。这些功能允许在不中断系统的情况下添加、更换或移除组件。虽然在物理服务器中用途有限，但这项技术是云计算实现动态可扩展性的关键，尤其是在基础设施即服务（Infrastructure-as-a-Service，IaaS）和云计算环境中。在这些场景中，通过兼容的虚拟机管理程序（例如 Hyper-V）和所有者用户界面的简单滑条，可以根据服务费将物理机配置为支持有限数量的处理器，然后可以动态升级而无需重新启动。

21.3   系统组件

Windows 的架构是按特定权限级别运行的分层模块系统，如图 21.1 所示。默认情况下这些权限级别首先由处理器实现（在用户模式和内核模式之间提供"垂直"特权隔离）。Windows 10 还可以使用 Hyper-V 管理程序，通过**虚拟信任级别**（Virtual Trust Levels，VTL）提供正交（逻辑独立）安全模型。当用户启用该功能时，系统运行采用虚拟安全模式（Virtual Secure Mode，VSM）。在这种模式下，分层特权系统有两种实现，一种叫作正常世界（Normal World）或 VTL 0，另一种叫作安全世界（Secure World）或 VTL 1。每种世界都有用户模式和内核模式。

下面详细讨论这个结构。

- 在正常世界中，内核模式下是 HAL 及其扩展和内核及其执行体，用于加载驱动程序和 DLL 依赖项。在正常世界中，用户模式下是系统进程、Win32 环境子系统和各种服务的集合。
- 在安全世界中，如果启用了 VSM，则是安全内核和执行体（其中嵌入了安全微型 HAL）。一组隔离的 Trustlet（稍后讨论）在安全用户模式下运行。
- 最后，安全世界的最底层以特殊的处理器模式运行（例如，在 Intel 处理器上称为 VMX Root Mode），其中包含 Hyper-V 管理程序组件，它使用硬件虚拟化来构建正常到安全世界的边界。（用户到内核的边界由 CPU 本机提供。）

这种架构的主要优点之一是模块之间以及权限级别之间的交互比较简单，并且隔离需求和安全需求不必与特权混为一谈。例如，存储密码的安全保护组件本身可以是非特权的。过去，操作系统设计人员通过使安全组件具有高度特权来满足隔离需求，但是当该组件受到威胁时，就会导致系统安全性的净损失。

本节的其余部分将讨论这些层和子系统。

21.3.1   Hyper-V 管理程序

管理程序（hypervisor）是在启用了 VSM 的系统上初始化的第一个组件，一旦用户启用 Hyper-V 组件，就会发生这种情况。它的用途包括：为正在运行的单独虚拟机提供硬件虚拟化功能，为硬件的二级地址转换（Second Level Address Translation，SLAT）功能提供 VTL 边界和相关访问（稍后讨论）。管理程序使用特定于 CPU 的虚拟化扩展，例如 AMD 的 Pacifica（SVMX）或 Intel 的 Vanderpool（VT-x），拦截它所选择和拒绝的任何中断、异常、内存访问、指令、端口或寄存器访问，修改或重定向操作的效果、源或目标。它还提供了一个**超级调用**（hypercall）接口，该接口能够与 VTL 0 中的内核、VTL 1 中的安全内核以及所有其他正在运行的虚拟机内核和安全内核进行通信。

21.3.2　安全内核

安全内核充当内核模式环境，以用于隔离（VTL 1）用户模式 Trustlet 应用程序（实现部分 Windows 安全模型的应用程序）。它提供与内核相同的系统调用接口，以便所有中断、异常和从 VTL 1 Trustlet 进入内核模式的尝试都会导致进入安全内核。不过，安全内核不参与上下文切换、线程调度、内存管理、进程间通信或任何其他标准内核任务。此外，VTL 1 中不存在内核模式驱动程序。为了减少安全世界的攻击面，这些复杂的实现仍然是正常世界组件的责任。因此，安全内核充当一种"代理内核"，将其资源管理、分页、调度等移交给 VTL 0 中的常规内核服务。这确实使安全世界容易受到拒绝服务攻击，但这是安全设计的合理权衡——重视数据隐私和完整性而非保证服务。

除了转发系统调用以外，安全内核的另一职责是提供对硬件秘密、可信平台模块（Trusted Platform Module，TPM）以及在启动时捕获的代码完整性策略的访问。有了这些信息，Trustlet 可以用正常世界无法获得的密钥来加密和解密数据，并且可以使用完整性令牌来签署和证明（由 Microsoft 共同签署）报告，这些报告不能在安全世界之外伪造或复制。采用称为二级地址转换的 CPU 功能，安全内核还提供了一种虚拟内存分配能力，使得它的物理页面无法从正常世界中看到。Windows 10 利用这些能力，通过名为 Credential Guard 的功能为企业凭据提供额外保护。

此外，当 Device Guard（前面提到过）被激活时，它通过将所有数字签名检查移到安全内核中来利用 VTL 1 的功能。这意味着即使通过软件漏洞攻击，也不能强制正常内核加载未签名的驱动程序，因为只有违反 VTL 1 边界才会发生这种情况。在具有 Device Guard 的系统中，要授权执行 VTL 0 中的内核模式页面，内核必须首先请求安全内核的许可，并且只有安全内核可以授予此页面可执行访问权限。更安全的部署（例如在嵌入式或高风险系统中）也可能需要对用户模式页面进行这种级别的签名验证。

此外，研发人员正在尝试使特殊类别的硬件设备（例如 USB 网络摄像头和智能卡读卡器）可被运行在 VTL 1 中的用户模式驱动程序直接管理（使用后面描述的 UMDF 框架），从而允许在 VTL 1 中安全捕获生物特征数据——正常世界中的任何组件都无法拦截它。目前，唯一允许的 Trustlet 是那些提供微软签名的 Credential Guard 实现和虚拟 TPM 支持。更新版本的 Windows 10 也将支持 **VSM Enclaves**，这将允许有效签名（但不一定是微软签名）的第三方代码执行自己的密码计算。软件 Enclaves 允许常规 VTL 0 应用程序"调用"一个 Enclaves，它将在输入数据之上运行可执行代码并返回可能加密的输出数据。

有关安全内核的更多信息，请参见 https://blogs.technet.microsoft.com/ash/2016/03/02/windows-10-device-guard-and-credential-guard-demystified/。

21.3.3　硬件抽象层

HAL 作为软件层为操作系统的上层隐藏硬件芯片组的差异。HAL 为内核调度程序、执行体和驱动程序导出虚拟硬件接口。无论可能存在什么支持芯片，对于每个 CPU 架构，每个设备驱动程序只需一个版本。设备驱动程序映射设备并直接访问它们，但是映射内存、配置 I/O 总线、设置 DMA 以及处理主板特定功能的芯片组的特定细节都由 HAL 接口来提供。

21.3.4　内核

Windows 内核层的主要职责如下：线程调度和上下文切换、低层处理器同步、中断和异常处理，以及通过系统调用接口在用户模式和内核模式之间切换。此外，内核层实现了从引导加载程序接管的初始代码，正式过渡到 Windows 操作系统。它还实现了在出现意外异常、断言或其他不一致情况时安全地使内核崩溃的初始代码。内核大多用 C 语言实现，只有在绝对必要与最低层硬件架构接口以及需要直接访问寄存器时，才使用汇编语言。

21.3.4.1　内核调度器

调度器为执行体和子系统提供了基础。调度器大多数时候不会被调出内存，并且执行永远不会被抢占。它的主要职责是线程调度和上下文切换、同步原语的实现、定时器管理、软件中断（异步和延迟过程调用）、处理器间中断（IPI）和异常调度。它还根据**中断请求级别**（IRQL）系统来管理硬件和软件的中断优先级。

21.3.4.2　线程的用户模式与内核模式之间的切换

程序员将传统 Windows 的线程实际上当作一个具有两种执行模式的线程：**用户模式线程**（User-Mode Thread，UT）和**内核模式线程**（Kernel-Mode Thread，KT）。该线程有两个堆栈：一个用于 UT 执行，另一个用于 KT。UT 通过执行导致进入内核模式的陷阱的指令，请求系统服务。内核层运行陷阱处理程序，将 UT 堆栈切换到 KT 堆栈，并将 PU 模式更改为内核。当 KT 模式的线程完成内核执行并准备切换回相应的 UT 时，调用内核层切换到 UT，在用户模式下继续执行。发生中断也会引起 KT 切换。

Windows 7 修改了内核层的行为以支持 UT 的用户模式调度。Windows 7 的用户模式调度程序支持协作调度。一个 UT 可以通过调用用户模式调度程序显式让给另一 UT，无须进入内核。21.7.3.7 节将更详细地解释用户模式调度。

在 Windows 中，调度程序不是运行在内核中的单独线程。相反，调度程序代码由 UT 线程的 KT 组件执行。线程进入内核模式的情况与其他操作系统中导致内核线程被调用的情况相同。这些相同情况导致 KT 在其他操作之后运行调度程序代码，以确定在当前处理核上接下来运行哪个线程。

21.3.4.3　线程

像许多其他现代操作系统一样，Windows 使用线程作为可执行代码的主要可调度单元，而进程充当线程的容器。因此，每个进程必须至少有一个线程，每个线程都有自己的调度状态，包括实际优先级、处理器亲和度、CPU 利用率等信息。

有八种可能的线程状态：*初始化*（initializing）、*就绪*（ready）、*延迟就绪*（deferred-ready）、*待机*（standby）、*运行*（running）、*等待*（waiting）、*转换*（transition）和*终止*（terminated）。就绪表示该线程正在等待执行，而延迟就绪表示该线程已被选择在特定处理器上运行但尚未被调度。当一个线程在处理器内核上执行时，即处于运行状态。线程将一直运行，直到被更高优先级的线程抢占，或者直到终止，或者直到被分配的执行时间（量）结束，或者直到等待一个调度程序对象（例如一个事件信号 I/O）的完成。如果一个线程在抢占另一个处理器上的另一个线程，它会在该处理器上处于待机状态，这意味着它是下一个要运行的线程。

抢占是即时的，即当前线程没有机会完成其时间片。因此，处理器通过软件中断——这里为**延迟过程调用**（Deferred Procedure Call，DPC）——向另一处理器发出信号，表明某个线程处于待机状态并应立即执行。有趣的是，如果另一个处理器发现有更高优先级的线程在该处理器中运行，则处于待机状态的线程本身可以被抢占。此时，新的更高优先级的线程将进入待机状态，而前一个线程将进入就绪状态。在等待调度对象得到信号的过程中，线程处于等待状态。在等待执行所需的资源时，线程处于转换状态，例如，它可能正在等待从外存调入的内核堆栈。在完成执行时，线程进入终止状态。在被创建且首次成为就绪状态之前，线程处于初始化状态。

调度程序使用 32 级优先级方案来确定线程执行的顺序。优先级分为两类：可变类和静态类。可变类包含优先级从 1 到 15 的线程，静态类包含优先级从 16 到 31 的线程。调度程序为每个调度优先级设置一个链表，这组链表称为**调度程序数据库**（dispatcher database）。数据库使用位图指示链表中至少存在一个条目与该位所在位置的优先级相关联。所以，不必从最高到最低遍历链表集合以便找到准备运行的线程，调度程序可以简单地找到与最高位集相关联的列表。

在 Windows Server 2003 之前，调度程序数据库是全局的，这导致了大型 CPU 系统上的严重争用。在 Windows Server 2003 和更高版本中，全局数据库被分解为每个处理器的数据库，并带有每个处理器的锁。通过这种新模型，线程将仅位于其**理想处理器**（ideal processor）的数据库之中。这可以保证具有处理器亲和性，以便包括数据库所在的处理器。调度程序现在可以简单地选择与最高位集关联的链表中的第一个线程，而不必获取全局锁。因此，调度是一个恒定时间的操作，可在机器上的所有 CPU 上并行执行。

在单处理器系统上，如果没有找到就绪线程，调度程序会执行一个称为空闲线程（idle thread）的特殊线程，它的作用是转换到 CPU 的初始睡眠状态之一。优先级 0 是为空闲线程保留的。在多处理器系统上，在执行空闲线程之前，调度程序查看附近其他处理器的调度程序数据库，并考虑缓存拓扑和 NUMA 节点距离。这一操作需要获取其他处理器内核的锁，以便安全地检查它们的链表。如果无法从附近的处理器内核窃取线程，则调度程序会查看下一个最近的处理器内核，依此类推。如果根本没有线程可以被窃取，则处理器执行空闲线程。因此，在多处理器系统中，每个 CPU 都有自己的空闲线程。

将每个线程仅放在其理想处理器的调度程序数据库上会导致局部性问题。想象一下，一个 CPU 以"CPU 受限"的方式执行优先级为 2 的线程，而另一 CPU 也以"CPU 受限"的方式执行优先级为 18 的线程。然后，优先级为 17 的线程准备就绪。如果该线程的理想处理器是第一个 CPU，则该线程抢占当前正在运行的线程。但是如果理想处理器是后一个 CPU，则该线程会进入就绪队列，等待轮到它运行（这不会发生，直到优先级为 17 的线程通过终止或进入等待状态而放弃 CPU）。

Windows 7 引入了一种负载平衡器算法来解决这一问题，但这是解决局部性问题的一种破坏性方法。Windows 8 及更高版本以更好的方式解决了该问题。与 Windows XP 和更早版本中的全局数据库或 Windows Server 2003 和更高版本中的每处理器数据库不同，较新的 Windows 版本将这些方法结合起来，在一些（但不是全部）处理器之间形成**共享就绪队列**（shared ready queue）。组成一个共享组的 CPU 数量取决于系统的拓扑结构，以及它是服务器系统还是客户端系统。这个数字的选择是为了在非常大的处理器系统上保持低争用，同时在较小的客户端系统上避免局部性（以及延迟和争用）问题。此外，处理器亲和关系仍然受到重视，因此给定组中的处理器能够确保共享就绪队列中的所有线程都是合适的，因为它永远不需要"跳过"一个线程，从而使算法保持恒定的时间。

Windows 有一个每 15 毫秒到期的计时器，用于创建时钟"滴答"，以便检查系统状态、更新时间和进行其他内务处理。每个非空闲内核上的线程都会收到该滴答。（由线程运行的、现在处于 KT 模式的）中断处理程序确定线程的时间片是否过期。当线程的时间片用完时，时钟中断将一个时间片结束 DPC 增加到处理器队列中。当处理器恢复正常中断优先级时，对 DPC 进行排队会导致软件中断。软件中断使得线程以 KT 模式运行调度程序代码，以循环方式重新调度处理器，以被抢占线程的优先级执行下一个就绪线程。如果在此级别没有其他线程准备好，则不会选择较低优先级的就绪线程，因为已经存在较高优先级的就绪线程，即首先用尽时间片的线程。在这种情况下，时间片只是简单地恢复到默认值，并且同一个线程将再次执行。因此，Windows 始终执行最高优先级的就绪线程。

当可变优先级线程从等待操作中被唤醒时，调度程序可能提高其优先级。提升量取决于与线程关联的等待类型。如果等待是由于 I/O，则提升量取决于线程等待的设备。例如，等待声音 I/O 的线程将获得较大的优先级增加，而等待磁盘操作的线程将获得适度的优先级增加。这一策略使 I/O 型线程能够保持 I/O 设备忙碌，同时允许计算型线程在后台使用空闲 CPU 周期。

另一种类型的提升应用于等待互斥锁、信号量或事件同步对象的线程。这种提升通常是一个优先级的硬编码值，尽管内核驱动程序可以选择进行不同的更改。（例如，内核模式 GUI 代码将两个优先级的提升应用于所有唤醒，以处理窗口消息的 GUI 线程。）这一策略用于减少"锁或其他通知机制得到信号"与"下一个排队等候者开始执行以响应状态变化"之间的延迟。

此外，与用户的活动 GUI 窗口相关联的线程无论何时醒来，都会在任何其他现有提升之上获得两个优先级的提升，从而减少响应时间。这种称为前台优先级分离提升（foreground priority separation boost）的策略，倾向于为交互式线程提供良好的响应时间。

最后，Windows Server 2003 为某些类型的锁（例如临界区）添加了锁切换增强功能。此提升类似于互斥锁、信号量和事件提升，不同之处在于它会跟踪所有权。这一功能不是通过一个优先级的硬编码值来提升唤醒线程，而是相对当前所有者（释放锁的人）的优先级，提升到一个更高的优先级。这有助于以下情况，例如，优先级为 12 的线程正在释放互斥锁，但等待线程的优先级为 8。如果等待线程只提升到 9，将无法抢占释放线程。但是如果它能提升到 13，就可以抢占并立即获得临界区。

因为线程从等待中醒来时可能会以提高的优先级运行，所以只要高于其基本（初始）优先级，线程的优先级就会在每个时间片结束时降低。这是根据以下规则完成的：对于 I/O 线程和因事件、互斥锁或信号量而唤醒的线程，在时间片结束时会丢失一个优先级。对于由于锁切换提升或前台优先级分离提升而提升的线程，整个提升值都将丢失。获得这两种类型提升的线程将遵守这两条规则（失去第一次提升的一个级别，以及第二次提升的全部）。降低线程的优先级可确保提升仅用于减少延迟和保持 I/O 设备忙碌，而不是为计算型线程提供不适当的执行优先级。

21.3.4.4　线程调度

当线程进入就绪或等待状态、线程终止或应用程序更改线程的处理器关联时，就会发生调度。正如我们所看到的，线程可以随时准备就绪。如果低优先级线程运行时高优先级线程准备就绪，低优先级线程将立即被抢占。这种抢占使高优先级线程可以立即访问 CPU，而无须等待低优先级线程的时间片完成。

低优先级线程本身执行某些事件，导致调度程序运行，唤醒等待线程，并立即切换上下文，同时将自己置于就绪状态。该模型本质上将调度逻辑分布在数十个 Windows 内核函数中，并使每个当前运行的线程充当调度实体。相比之下，其他操作系统依赖外部的、基于计时器定期触发的"调度程序线程"。Windows 方法的优点是延迟减少，但每个 I/O 和其他状态更改操作内部的额外开销成本增加，从而导致当前线程需要执行调度程序工作。

然而，Windows 不是硬实时操作系统，因为它不保证任何线程——即使是最高优先级的线程——在特定的时间限制内开始执行或具有保证的执行时间。当 DPC 和**中断服务例程**（ISR）正在运行时（下文将进一步讨论），线程会被无限期阻塞；而且线程可以随时被更高优先级的线程抢占，或者在时间片结束时被迫与另一个同等优先级的线程一起排队。

传统上，Windows 调度程序使用采样来衡量线程的 CPU 利用率。系统计时器定期触发，计时器中断处理程序记录当前调度的线程是什么，以及在中断发生时它是在用户模式还是在内核模式下执行。采用这种采样技术最初是因为 CPU 没有高分辨率时钟或者时钟太昂贵或不可靠。虽然高效，但这种采样不准确并且会导致异常，例如将时钟的整个持续时间（15 毫秒）计入当前运行的线程（或 DPC、ISR）。因此，系统最终完全忽略了一些毫秒数（如 14.999）的 CPU 周期，这些周期原本可以空闲、运行其他线程、运行其他 DPC 和 ISR，或者是这些操作的组合。此外，因为时间片是基于时钟滴答测量的，这会导致过早地循环选择新的线程，即使当前线程可能只运行了时间片的一小部分。

从 Windows Vista 开始，执行时间的跟踪还采用自 Pentium Pro 以来所有处理器都包含的硬件**时间戳计数器**（Timestamp Counter, TSC）。使用 TSC 可以更准确地计算 CPU 使用情况（对于使用它的应用程序。但请注意，任务管理器不会使用），并且使调度程序在线程运行完整时间片之前不切换线程。此外，Windows 7 和更高版本还会跟踪 TSC 并将其转换为 ISR 和

DPC，从而产生更准确的"中断时间"测量（同样，适用于使用这种新测量的工具）。由于现在已考虑所有可能的执行时间，因此可以将其添加到空闲时间（也使用 TSC 进行跟踪），并计算给定时间段内所有可能的 CPU 周期中确切的 CPU 周期数（由于现代处理器具有动态改变频率的事实），从而实现周期准确的 CPU 使用测量。Microsoft 的 SysInternals Process Explorer 等工具在其他用户界面中使用这种机制。

21.3.4.5 同步原语的实现

Windows 使用许多调度对象（dispatcher object）来控制系统中的调度与同步。这些对象包括：

- **事件**（event）用于记录事件的发生，并将其与某些操作同步。通知事件向所有的等待线程发出信号，而同步事件向单个等待线程发出信号。
- **互斥锁**（mutex）提供与所有权概念有关的内核模式或用户模式的互斥。
- **信号量**（semaphore）充当计数器或门，以控制访问资源的线程数量。
- **线程**（thread）是内核调度程序所调度的实体。它与进程相关联，而进程封装了虚拟地址空间、开放资源列表等。当线程退出时，线程会收到信号；当进程退出时（即它的所有线程都退出时），进程会收到信号。
- **定时器**（timer）用于跟踪时间，并且在操作时间过长且需要中断时或在需要安排定期活动时，发出超时信号。就像事件一样，定时器可以采用通知模式（向全部线程发信号）或同步模式（向单个线程发信号）。

所有调度对象都可通过返回句柄的打开操作从用户模式访问。用户模式代码等待句柄，以便与其他线程及操作系统同步（见 21.7.1 节）。

21.3.4.6 中断请求级别

硬件和软件中断都有优先级，并按优先级顺序提供服务。除了旧版 IA-32 使用 32 个中断请求级别（IRQL）外，所有 Windows ISA 都有 16 个中断请求级别。最低级别 IRQL 0 称为 PASSIVE_LEVEL，是所有线程在内核模式或用户模式下执行的默认级别。下一个级别是 APC 和 DPC 的软件中断级别。PnP 管理器通过借助 HAL 和 PCI/ACPI 总线驱动程序所选择的硬件中断，使用级别 3 到 10。最后，最上层为时钟中断（用于时间片管理）和 IPI 交付保留。最后一个级别 HIGH_LEVEL 阻止所有可屏蔽的中断，通常用于以可控方式使系统崩溃的情况。

Windows IRQL 的定义参见图 21.2。

中断级别	中断类型
31	机器检查或总线错误
30	电源故障
29	处理器间通知(请求另一个处理器采取行动,例如,调度一个进程或更新 TLB)
28	时钟(用于记录时间)
27	轮廓
3-26	传统 PC IRQ 硬件中断
2	调度和延迟过程调用(DPC)(内核)
1	异步过程调用(APC)
0	被动

图 21.2 Windows x86 的中断请求级别

21.3.4.7 软件中断：异步和延迟过程调用

调度程序实现两种类型的软件中断：**异步过程调用**（Asynchronous Procedure Call，APC）和延迟过程调用（Deferred Procedure Call，DPC）。APC 用于挂起或恢复现有线程、终止线程、发送异步 I/O 已完成的通知，并从正在运行的线程中提取或修改 CPU 寄存器的内容（上下文）。APC 排队到特定线程，并允许系统按进程上下文来执行系统和用户的代码。APC 的用户模式执行不能发生在任意时间，只能发生在线程正在等待并被标记为可警报时。相比之下，

APC 的内核模式可以按正在运行线程的上下文立即执行，因为它运行在 IRQL 1（APC_
LEVEL），高于默认的 IRQL 0（PASSIVE_LEVEL）。此外，即使一个线程正在内核模式下等
待，这种等待也可以被 APC 中断，并在 APC 完成执行后恢复。

DPC 用于推迟中断处理。在处理完所有紧急设备中断后，ISR 通过将 DPC 排队来调度剩
余的处理。相关的软件中断运行在 IRQL 2（DPC_LEVEL），这低于所有其他硬件 I/O 中断级
别。因此，DPC 不会阻止其他设备 ISR。除了推迟设备中断处理外，调度程序使用 DPC 来处
理计时器到期，并在调度时间片结束时中断当前线程的执行。

因为 IRQL 2 高于 0（PASSIVE）和 1（APC），所以 DPC 的执行会阻止标准线程在当前处
理器上运行，并且还会阻止 APC 发出 I/O 完成的信号。因此，重要的是 DPC 例程不应花费很
长时间。作为替代方案，执行程序维护一个工作线程池。DPC 可以将工作项排队到工作线程，
这些工作项将在 IRQL 0 处通过正常线程调度来执行。因为调度程序本身运行在 IRQL 2，而且
分页操作需要等待 I/O（这涉及调度程序），所以 DPC 例程受到限制：不能出现页面错误，
不能调用可分页的系统服务，不能采取可能导致调度对象需要等待信号的任何其他操作。与
针对线程的 APC 不同，DPC 例程不假设处理器正在执行什么进程上下文，因为它们按当前正
在执行的（但已被中断的）线程的上下文来执行。

21.3.4.8　异常、中断与 IPI

内核调度程序还为硬件或软件生成的异常和中断提供陷阱处理。Windows 定义了多个与
体系结构无关的异常，包括：

- 整数或浮点数溢出
- 整数或浮点数除以零
- 非法指令
- 数据错位
- 特权指令
- 访问冲突
- 分页文件配额超出
- 调试器断点

陷阱处理程序处理硬件级异常（称为**陷阱**），并调用由内核的异常调度程序执行的、精
心设计的异常处理代码。**异常调度程序**（exception dispatcher）创建一个包含异常原因的异常
记录，并找到一个异常处理程序来处理异常。

当内核态发生异常时，异常调度程序只是调用一个例程来定位异常处理程序。如果没有
找到处理程序，则会发生致命的系统错误，用户会遇到臭名昭著的表示系统故障的"蓝屏死
机"。在 Windows 10 中，这变成了一个带有二维码的、更友好的"悲伤的脸"，但蓝色仍然
存在。

异常处理对于用户模式进程更加复杂，因为 Windows 错误报告（Windows Error Reporting，
WER）服务为每个进程设置了一个 ALPC 错误端口，Win32 环境子系统为所创造的每个进程
设置了一个 ALPC 异常端口。（有关端口的详细信息请参阅 21.3.5.4 节。）此外，如果一个进
程正被调试，则会获得一个调试器端口。如果注册了调试器端口，则异常处理程序将异常发
送到该端口。如果未找到调试器端口或未处理该异常，调度程序将尝试找到合适的异常处理
程序。如果没有合适的异常处理程序，调度程序会选择默认的未处理异常处理程序，该程序
将通知 WER 进程崩溃，以便生成崩溃转储并将其转到 Microsoft。如果有处理程序但拒绝处
理异常，则再次调用调试器捕获错误以进行调试。如果没有调试器正在运行，则会向进程的
异常端口发送一条消息，让环境子系统有机会对异常做出反应。最后，在未处理异常处理程
序可能没有机会这样做的情况下，通过错误端口向 WER 发送一条消息，然后内核简单地终止
包含导致异常的线程的进程。

WER 通常会将信息发送回 Microsoft 进行进一步分析，除非用户已选择退出或正在使用本
地错误报告服务器。在有些情况下，Microsoft 的自动分析可能能够立即识别错误，并给出建

议的修复或解决方法。

内核中断调度程序的中断处理采用设备驱动程序提供的中断服务例程（Interrupt Service Routine，ISR）或内核陷阱处理例程。中断由一个**中断对象**（interrupt object）表示，该对象包含处理中断所需的所有信息。使用中断对象可以轻松地将中断服务例程与中断相关联，无须直接访问中断硬件。

不同的处理器架构具有不同类型和数量的中断。为了提高可移植性，中断调度程序将硬件中断映射到一个标准集合中。

内核使用**中断调度表**（Interrupt-Dispatch Table，IDT）将每个中断级别绑定到服务例程。对于多处理器计算机，Windows 为每个处理器内核保留一个单独的中断调度表，并且可以独立设置每个处理器的 IRQL 以屏蔽中断。发生在等于或小于处理器 IRQL 的所有中断都会被阻塞，直到 IRQL 被内核级线程或从中断处理返回的 ISR 降低。Windows 利用这个属性并使用软件中断来提供 APC 和 DPC，从而执行系统功能，例如将线程与 I/O 完成同步、启动线程执行和处理计时器等。

21.3.5　执行体

Windows 执行体提供一组所有环境子系统都使用的服务。为了帮助大家简单了解这些服务，本节讨论以下服务：对象管理器、虚拟内存管理器、进程管理器、高级本地过程调用工具、I/O 管理器、缓存管理器、安全参考监视器、即插即用管理器、电源管理器、注册表和启动。但请注意，Windows 执行体总共包含二十多个服务。

执行体是根据面向对象的设计原则组织的。Windows 中的**对象类型**是系统定义的数据类型，具有一组属性（数据值）和一组用于定义其行为的方法（例如，函数或操作）。**对象**是对象类型的实例。执行体通过使用一组对象来执行工作，这些对象的属性存储数据而其方法执行活动。

21.3.5.1　对象管理器

为了管理内核模式实体，Windows 使用由用户模式程序操作的一组通用接口。Windows 调用这些实体对象（object），操作它们的执行组件是**对象管理器**（object manager）。对象的示例包括文件、注册表项、设备、ALPC 端口、驱动程序、互斥锁、事件、进程和线程。正如我们所看到的，有些对象（例如互斥锁和进程）是调度程序对象，这意味着线程可以阻塞，以等待任何一个对象得到信号。此外，大多数非调度对象包括一个内部调度对象，它可从控制它的执行体处得到信号。例如，文件对象内嵌入了一个事件对象，它会在文件被修改时收到信号。

用户模式和内核模式代码可以通过称为**句柄**（handle）的不透明值访问这些对象，句柄是由许多 API 返回的。每个进程都有一个**句柄表**（handle table），以包含跟踪进程使用的对象的句柄条目。“系统进程”（见 21.3.5.11 节）具有自己的句柄表，它不受用户代码的影响，在内核模式代码中用于操作句柄。Windows 中的句柄表是用树状结构表示的，可以从持有 1024 个句柄扩展到持有超过 1600 万个句柄。除了使用句柄外，内核模式代码也可以使用**引用指针**（referenced pointer）访问对象，但必须通过调用特殊的 API 来获取。正在使用的句柄最终必须关闭，以避免保持活动的对象引用。类似地，当内核代码使用引用指针时，必须使用特殊 API 来删除引用。

获得句柄可以通过创建对象、打开现有对象、接收重复的句柄、从父进程继承句柄等方式。为了解决开发人员可能忘记关闭句柄的问题，进程中所有打开的句柄在进程退出或终止时都会隐式关闭。但是，由于内核句柄属于系统范围的句柄表，当驱动程序卸载时，其句柄不会自动关闭，这可能会导致系统资源的泄露。

由于对象管理器是唯一生成对象句柄的实体，因此是集中调用安全参考监视器（Security Reference Monitor，SRM）（参见 21.3.5.7 节）以检查安全性的自然场所。当试图打开一个对象时，对象管理器调用 SRM 来检查进程或线程是否有权访问对象。如果访问检查成功，结果权限（编码为**访问掩码**）缓存在句柄表中。因此，不透明句柄既代表内核中的对象，又标识授予该对象的访问权限。这个重要的优化意味着每当一个文件被写入时（每秒可能发生数百次），就会完全跳过安全检查，因为句柄已经被编码为"写"句柄。相反，如果句柄是"读"句柄，则尝试写入文件将立即失败，无须安全检查。

对象管理器还强制执行配额，例如进程可以使用的最大内存量，方法是对进程所引用的所有对象占用的内存"计费"，并在累积费用超过进程配额时拒绝分配更多内存。

因为对象既可以通过用户模式和内核模式的句柄引用，也可以通过内核模式的指针引用，所以对象管理器必须跟踪每个对象的两个计数——对象的句柄数和引用数。句柄数是指所有句柄表（包括系统句柄表）中引用该对象的句柄数。引用数是指所有句柄（当作引用）加上内核模式组件的所有指针引用的总和。每当内核或驱动程序需要新的指针时，计数就会增加；组件使用完指针后，计数就会减少。这些引用计数的目的是确保一个对象在其仍有引用时不被释放，但当所有句柄都关闭时仍然可以释放该对象的一些数据（例如名称和安全描述符，因为内核模式组件不再需要这些信息）。

对象管理器维护 Windows 的内部命名空间。与将系统命名空间建立在文件系统中的 UNIX 不同，Windows 使用抽象对象管理器命名空间，该命名空间仅在内存中或通过调试器等专用工具才是可见的。它的层次结构通过一种称为**目录对象**（directory object）的特殊类型对象而非文件系统目录来维护，该对象包含其他对象（也包括其他目录对象）的散列桶。请注意，某些对象没有名称（例如线程），即使对于其他对象，对象是否具有名称也取决于创建者。例如，如果一个进程希望其他进程查找、获取或查询一个互斥锁的状态，则只需命名这个互斥锁。

由于进程和线程是在没有名称的情况下创建的，它们通过单独的数字标识符进行引用，例如进程 ID（PID）或线程 ID（TID）。对象管理器也支持命名空间中的符号链接。例如，DOS 驱动器号就是使用符号链接实现的，例如，\Global?? \ C：是指向设备对象 \Device \HarddiskVolume2 的符号链接，用于代表 \Device 目录中已安装的文件系统卷。

如前所述，每个对象都是对象类型的一个实例。对象类型指定如何分配实例、如何定义数据字段以及如何实现所有对象的标准虚函数集。标准函数实现的操作包括将名称映射到对象、关闭和删除以及应用安全检查等。专用于特定类型对象的函数实现采用操作该特定对象类型的系统服务，而非由对象类型指定的方法。

函数 parse() 是最有趣的标准对象函数，它允许对象的实现覆盖对象管理器的默认命名行为（使用虚拟的对象目录）。这一功能对于具有自己的内部命名空间的对象很有用，尤其是在两次引导之间可能需要保留命名空间时。I/O 管理器（用于文件对象）和配置管理器（用于注册表项对象）显然是函数 parse() 的"用户"。

回到 Windows 命名示例，用于表示文件系统卷的设备对象提供一个解析函数。这允许将 \Global?? \C:\foo \bar.doc 这样的名称解释为设备对象 HarddiskVolume2 所表示卷上的文件 \foo \bar.doc。我们通过查看在 Windows 中打开文件的步骤，说明命名、解析函数、对象和句柄如何协同工作：

1. 应用程序请求打开名为 C:\foo \bar.doc 的文件。
2. 对象管理器找到设备对象 HarddiskVolume2，查找解析过程（例如，IopParse-Device），并使用相对于文件系统根目录的文件名来调用它。
3. IopParseDevice() 查找拥有卷 HardDiskVolume2 的文件系统，然后调用文件系统。该文件系统查找如何访问卷上的 \foo \bar.doc，执行自己的、针对 foo 目录的内部解析，以查找 bar.doc 文件。然后文件系统分配一个文件对象，并将其返回给 I/O 管理器解析例程。
4. 当文件系统返回时，对象管理器为当前进程句柄表中的文件对象分配一个条目，并将句柄返回给应用程序。

如果无法成功打开文件，`IopParseDevice` 向应用程序返回错误指示。

21.3.5.2 虚拟内存管理器

内存管理器（Memory Manager，MM）是一个执行体组件，用于管理虚拟地址空间、物理内存分配和分页。MM 的设计假设底层硬件支持虚拟到物理的映射、分页机制、多处理器系统上的透明缓存一致性，以及允许将多个页表条目映射到同一物理页框。Windows MM 根据硬件支持的页面大小（4KB、2MB 和 1GB）使用基于页面的管理方案。分配给进程但不在物理内存中的数据页面，要么存储在辅助存储的**分页文件**（paging file）中，要么直接映射到本地或远程文件系统上的常规文件。页面也可以标记为按需零填充，也就是说，在映射之前用零初始化页面，从而擦除以前的内容。

对于 32 位处理器（例如 IA-32 和 ARM），每个进程都有 4GB 的虚拟地址空间。在默认情况下，高 2GB 对于所有进程来说几乎是相同的，Windows 在内核模式下使用它来访问操作系统代码和数据结构。对于 64 位架构如 AMD64 架构，Windows 为每个进程提供 256TB 的虚拟地址空间，分为用户模式和内核模式两个 128TB 的区域。（这些限制基于即将取消的硬件限制。Intel 宣布其未来的处理器将支持高达 128PB 的虚拟地址空间，其中 16EB 空间理论上可用。）

每个进程地址空间中内核代码的可用性很重要，并且在许多其他操作系统中也很常见。通常，虚拟内存用于将内核代码映射到每个进程的地址空间。然后，当一个系统调用被执行或一个中断被接收时，允许当前处理内核运行该代码的上下文切换，这比没有此映射的情况更"轻便"。具体来说，不需要保存和恢复内存管理寄存器，并且缓存不会失效。最终结果是，相对于将内核内存分开且在进程地址空间内不可用的旧架构，用户和内核代码之间的移动速度要快得多。

Windows MM 使用两个步骤来分配虚拟内存。第一步是在进程的虚拟地址空间中保留一页或多页虚拟地址，第二步是通过分配虚拟内存空间（物理内存或页面文件中的空间）来提交分配。Windows 通过对提交的内存实施配额，限制进程消耗的虚拟内存空间量。进程取消提交不再使用的内存，以释放虚拟内存空间供其他进程使用。用于保留虚拟地址和提交虚拟内存的 API 将进程对象的句柄作为参数，这允许一个进程控制另一个进程的虚拟内存。

Windows 通过定义**段对象**（section object）实现共享内存。在获得段对象的句柄后，进程将段的内存映射到一个称为**视图**（view）的地址范围。进程可以建立整个段的视图，也可以仅建立所需要部分的视图。Windows 允许段被映射到当前进程，或被映射到调用者具有句柄的任何进程。

段的使用有多种方式。段可以由系统分页文件或常规文件（内存映射文件）的辅助存储来支持。段可以基于同一地址，这意味着它出现在所有试图访问它的进程的相同虚拟地址处。段也可以代表物理内存，允许 32 位进程访问比其虚拟地址空间更多的物理内存。最后，段的页面内存保护可以设置成只读、读-写、读-写-执行、只执行、无访问或写时复制。

下面更深入地讨论这些保护设置中的后两个；

- **无访问页面**（no-access page）在访问时会引发异常。例如，异常可以用于检查错误程序是否迭代到数组末尾，或者只是检测程序试图访问未提交到内存的虚拟地址。用户模式和内核模式堆栈使用无访问页面作为**保护页面**（guard pages）来检测堆栈溢出。无访问页面的另一个用途是查找堆缓冲区的溢出。用户模式内存分配器和设备验证器使用的特殊内核分配器，都可以配置为将每个分配映射到页面的末尾，其后是无访问的页面，从而检测超出分配末尾访问的编程错误。

- **写时复制机制**（copy-on-write mechanism）使 MM 能够更有效地使用物理内存。当两个进程需要来自同一段对象的数据的独立副本时，MM 将单个共享副本放入虚拟内存，并激活该内存区域的写时复制属性。如果其中一个进程试图修改写时复制页面中的数据，则 MM 会为该进程制作该页面的私有副本。

大多数现代处理器的虚拟地址转换使用多级页表。对于（以物理地址扩展或 PAE 模式运行的）IA-32 和 AMD64 处理器，每个进程都有一个**页目录**（page directory），其中包含 512 个页目录条目（Page-Directory Entry，PDE），每个条目的大小为 8 字节。每个 PDE 指向一个 **PTE 表**（PTE table），该表包含 512 个**页表条目**（Page-Table Entry，PTE），每个页表条目的大小为 8 字节。每个 PTE 指向物理内存中一个 4KB 的**页框**（page frame）。由于多种原因，硬件要求多级页表中每一级的页目录或 PTE 表占一个页面。因此，适合一个页面的 PDE 或 PTE 的数量决定该页面转换了多少虚拟地址。关于这个结构，参见图 21.3。

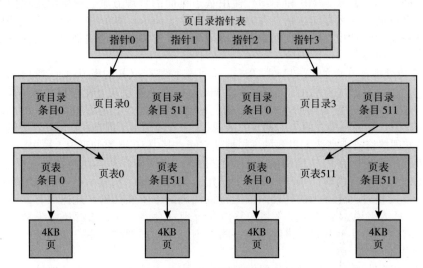

图 21.3   页表布局

到目前为止描述的结构只能用于表示 1GB 的虚拟地址转换。对于 IA-32，需要第二个页目录级别，仅包含四个条目，如图 21.3 所示。对于 64 位处理器，需要更多条目。对于 AMD64，处理器可以填充第二个页目录级别中的所有剩余条目，从而获得 512GB 的虚拟地址空间。因此，为了支持所需的 256TB，处理器需要第三个页目录级别（称为 PML4），它也有 512 个条目，每个条目都指向较低级别的目录。如前所述，Intel 宣布未来的处理器将支持 128PB，需要第四个页目录级别（PML5）。由于这种分层机制，完全表示进程的 32 位虚拟地址空间所需的所有页表页面的总大小仅为 8MB。此外，MM 根据需要分配 PDE 和 PTE 的页面，并在不使用时将页表页面移动到二级存储，这样每个进程分页结构的实际物理内存开销通常约为 2KB。页表页面在被引用时会因错误而返回内存。

下面，考虑 IA-32 兼容处理器如何将虚拟地址转换为物理地址。一个 2 位的值可以表示 0、1、2、3，一个 9 位的值可以表示 0 到 511，一个 12 位的值可以表示 0 到 4095。因此，12 位的值可以选择 4KB 内存页面内的任何字节。9 位的值可以表示页目录或 PTE 表页面中 512 个 PDE 或 PTE 中的任何一个。如图 21.4 所示，将虚拟地址指针转换为物理内存中的字节地址，会将 32 位指针分解为四个值。下面从最重要的位开始说明：

- 2 位用于索引页表顶层的 4 个 PDE。选定的 PDE 包含映射到 1GB 地址空间的四个目录页中的每个物理页码。
- 9 位用于选择另一个 PDE，这个 PDE 来自二级页目录。此 PDE 将包含多达 512 个 PTE 表页面的物理页码。
- 9 位用于从选定的 PTE 表页面中选择 512 个 PTE 中的一个 PTE。选定的 PTE 将包含我们正在访问的字节的物理页码。
- 12 位用作页面中的字节偏移量。我们正在访问的字节的物理地址，通过将虚拟地址的低 12 位附加到从所选 PTE 中找到的物理页号的末尾来获得。

请注意，物理地址中的位数可能与虚拟地址中的位数不同。例如，当启用 PAE

图 21.4　IA-32 的虚拟地址到物理地址的转换

（Windows 8 及更高版本支持的唯一模式）时，IA-32 MMU 可扩展到更大的 64 位的 PTE。虽然硬件支持 36 位物理地址，授予对高达 64GB 的 RAM 的访问权限，但是单个进程最多只能映射 4GB 的地址空间。现今，在 AMD64 架构上，服务器版本的 Windows 支持非常大的物理地址，比我们可能使用甚至购买的更大（截至写作本书时，最新版本为 24TB）。（当然，4GB 的物理内存一度似乎太大了。）

为了提高性能，MM 映射页目录和 PTE 表的页面到每个进程虚拟地址的同一连续区域。这种自映射允许 MM 无论在什么进程正在运行的情况下，都可采用相同的指针来访问特定虚拟地址的当前 PDE 或 PTE。IA-32 自映射占用内核虚拟地址空间中一个 8MB 的连续区域，AMD64 自映射占用 512GB。虽然自映射占据了很大的地址空间，但不需要任何额外的虚拟内存页面。自映射还允许页表页面自动换进换出物理内存。

在创建自映射时，顶级页目录有一个 PDE，以引用页目录页面本身，从而在页表转换中形成一个"循环"。如果没有经过循环，则访问虚拟页面；如果经过一次循环，则访问 PTE 表页面；如果经过两次循环，则访问最低级的页目录页面；依此类推。

64 位虚拟内存页目录的其他级别按相同方式转换，除了虚拟地址指针被分成更多值。对于 AMD64，Windows 使用全部 4 个级别，每个级别映射 512 个页面，或 9+9+9+9+12 = 48 位虚拟地址。

为了避免通过查找 PDE 和 PTE 来转换每个虚拟地址的开销，处理器采用**转址旁路缓存**（Translation Look-aside Buffer，TLB）硬件，它包含一个关联内存缓存，以将虚拟页面映射到 PTE。TLB 是处理器**内存管理单元**（Memory-Management Unit，MMU）的一部分。当所需转换不在 TLB 中时，MMU 需要"走"（访问相关数据结构）内存中的页表。

PDE 和 PTE 不仅包含物理页码，还有一些专门用于操作系统的位，以及一些用于控制硬件如何使用内存的位，比如硬件缓存是否应该用于每个页面。另外，条目指定用户和内核模式允许哪些访问类型。

也可以对 PDE 进行标记，以说明它应该用作 PTE 而非 PDE。对于 IA-32，虚拟地址指针的前 11 位在转换的前两级中选择 PDE。如果所选 PDE 被标记为 PTE，则指针的剩余 21 位用作字节偏移。这导致页面大小为 2MB。操作系统很容易在页表中混合和匹配 4KB 和 2MB 的页面，并且可以明显提高某些程序的性能。改进的结果是减少了 MMU 需要重新加载 TLB 条目的频率，因为一个 PDE 映射 2MB 替换了 512 个 PTE——每个映射 4KB。较新的 AMD64 硬件甚至支持以类似方式运行的 1GB 页面。

然而，管理物理内存以便在需要时采用 2MB 页面是很难的，因为它们可能不断分成 4KB 页面，从而导致内存碎片。另外，大的页面可能导致非常显著的内部碎片。由于这些问题，通常只是 Windows 本身以及大型服务器的应用程序才能使用大的页面来提高 TLB 的性能。这么做更为合适，因为操作系统和服务器应用程序是在系统引导时开始运行的（在内存尚未支离破碎之前）。

Windows 的物理内存管理为每个物理内存关联以下 7 个状态中的一个：空闲、清零、修改、备用、坏、过渡或有效。

- 空闲页面是具有陈旧或未初始化内容的可用页面。
- 清零页面是已清零并准备立即使用以满足零需求故障的空闲页。
- 修改的页面已由一个进程写入，必须先发送到外存，然后才能被另一个进程使用。

- 备用页面是已存储在外存上的信息的副本。备用页面可能是未修改的页面、已经被写入外存的已修改的页面或因预计很快就会使用而被预取的页面等。
- 坏页面不可用，因为已检测到硬件错误。
- 过渡页面正在从外存转移到分配在物理内存中的页框。
- 有效页面要么是一个或多个进程的工作集的一部分，并包含在这些进程的页表中，要么正在被系统直接使用（例如存储非分页池）。

虽然有效页面包含在进程页表中，但其他状态的页面根据状态类型可以保存在各自的列表中。此外，为了提高性能并防止对备用页面的过度回收，Windows Vista 和更高版本实现了8个优先级的备用列表。这些列表通过链接页帧码（Page Frame Number，PFN）数据库内的条目来构造，在 PFN 数据库中每个物理内存页帧都有一个条目。PFN 条目也包括引用计数、锁和 NUMA 信息等。注意，PFN 数据库表示物理内存的页帧，而 PTE 表示虚拟内存的页面。

当 PTE 有效位为零时，硬件忽略所有其他位，MM 可以自己定义它们。无效页面可以有多个状态，这些状态通过 PTE 的位来表示。从未出现页面错误的页面文件的页面被标记为按需填零。通过段对象映射的页面编码一个指针以指向适当的段对象。已经写到页面文件的页面的 PTE 包含足够的信息来定位磁盘上的页面，等等。页面文件 PTE 的结构如图 21.5 所示。对于这种类型的 PTE，T、P 和 V 位都为零。PTE 包括 5 位用于页面保护、32 位用于页面文件偏移、4 位用于选择页面文件以及 20 位用于其他管理。

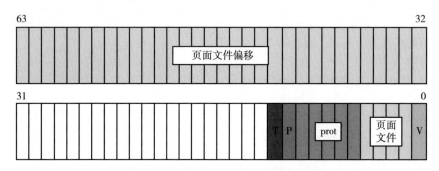

图 21.5   页面文件页表条目，有效位为零

Windows 使用每工作集（per-working-set）、最近最少使用（LRU）替换策略来适当地从进程中获取页面。当一个进程启动时，它被分配了一个默认的最小工作集大小，此时 MM 开始跟踪每个工作集中页面的年龄。允许每个进程的工作集增长，直到剩余的物理内存量开始减少。最终，当可用内存严重不足时，MM 会修剪工作集以删除旧页面。

页面的年龄不取决于它在内存中的时间，而是取决于它最后一次被引用的时间。MM 周期性地通过每个进程的工作集，增加自上次通过以来尚未在 PTE 中标记为引用的页面的年龄，并据此做出决定。当需要修剪工作集时，MM 使用启发式方法来决定从每个进程中修剪多少，然后首先删除最旧的页面。

即使有足够的可用内存，如果进程对可以使用的物理内存量有硬性限制（hard limit），那么它也能修剪工作集。在 Windows 7 及更高版本中，即使内存充足，MM 也会修剪快速增长的进程。这一策略改进显著提高了系统对其他进程的响应能力。

Windows 不仅跟踪用户模式进程的工作集，还会跟踪各种内核模式区域，包括文件缓存和可分页内核堆。可分页内核以及驱动程序代码和数据都有自己的工作集，每个 TS 会话也是如此。不同的工作集允许 MM 使用不同的策略修剪不同类别的内核内存。

MM 不会只在立即需要的页面中出错。研究表明，线程的内存引用往往具有**局部性**（locality）。也就是说，在使用一个页面时，很可能在不久的将来会引用其相邻的页面。（想想遍历数组或获取构成线程可执行代码的顺序指令。）由于局部性，当 MM 在一个页面中出错时，它也会在几个相邻的页面中出错。这种预取往往会减少页面错误的总数，并允许将读取聚集在一起以提高 I/O 性能。

除了管理提交的内存之外，MM 还管理每个进程的保留内存或虚拟地址空间。每个进程都有一个相关的树，描述了正在使用的虚拟地址的范围和用途。这允许 MM 根据需要在页表页面中出错。如果错误地址的 PTE 未初始化，则 MM 在进程的虚拟地址描述符（Virtual Address Descriptor，VAD）树中搜索地址，并使用此信息填充 PTE 和检索页面。在某些情况下，PTE 表的页面可能不存在——这样的页面必须由 MM 进行透明的分配和初始化。在其他情况下，页面可能作为区段对象的一部分共享，并且 VAD 将包含一个指针来指向该区段对象。区段对象包含有关如何查找共享虚拟页面的信息，这样 PTE 就可以通过初始化而直接指向它。

从 Vista 开始，Windows MM 包含一个名为 SuperFetch 的组件。该组件将用户模式服务与专门的内核模式代码（包括文件系统过滤器）结合在一起，以便监视系统上的所有分页操作。该服务每秒查询一次所有此类操作的踪迹，并使用各种代理来监控应用程序的启动、快速用户切换、待机/睡眠/休眠操作等，以此作为理解系统使用模式的一种手段。有了这些信息，可基于马尔可夫链建立一个统计模型，从而得知当与其他应用程序结合使用时用户可能启动哪些应用程序，以及将使用这些应用程序的哪些部分。例如，SuperFetch 可以训练自己理解：用户在上午启动 Microsoft Outlook 主要是为了阅读电子邮件，但在午餐后则是为了撰写电子邮件。SuperFetch 也可以理解：一旦 Outlook 处于后台，Visual Studio 可能会接下来启动，而且很可能会需要文本编辑器，对编译器的需求不那么频繁，对链接器的需求甚至更少，对文档代码的需求也几乎没有。有了这些数据，SuperFetch 将预填充备用列表，在空闲时从外存进行低优先级 I/O 读取，以加载它认为的用户接下来可能执行的操作（或其他用户，如果它知道可能会进行快速用户切换）。此外，通过使用 Windows 提供的 8 个优先级备用列表，每个这样的预取分页都可以缓存在与需要的统计可能性相匹配的级别上。因此，由于对物理内存的意外需求，不太可能需要的页面可以廉价且快速地被逐出，而可能很快需要的页面可以保留更长时间。事实上，SuperFetch 甚至可能强制系统在接触此类缓存页面之前修剪其他进程的工作集。

SuperFetch 的监控确实会产生相当大的系统开销。对于机械（旋转）驱动器，寻道时间以毫秒为单位，这类成本通过避免延迟和应用程序启动时间上的数秒延迟来平衡。然而，在服务器系统上，考虑到随机多用户工作负载以及吞吐量比延迟更重要的事实，这种监控是没有好处的。此外，具有快速、高效的非易失性存储器（如 SSD）的系统，其延迟改进和带宽提升减少了监控为这些系统带来的好处。在这种情况下，SuperFetch 会自行禁用，从而释放一些空闲的 CPU 周期。

Windows 10 通过引入一个称为**压缩存储管理器**（compression store manager）的组件，为 MM 带来了另一大改进。该组件在内存压缩进程的工作集中创建页面的压缩存储，这是一种系统进程。当可共享的页面进入待机列表并且可用的内存不足时（或当某些其他内部算法做出决定时），列表中的页面将被压缩而非被逐出。这也可能发生在希望被驱出到外存的修改页面上：通过减少内存压力——也许首先避免写入，以及通过压缩写入的页面，从而消耗更少的页面文件空间和更少的 I/O 来换页。当今的快速多处理器系统通常具有内置的硬件压缩算法，与潜在的外存 I/O 成本相比，较小的 CPU 损失显然是更可取的。

21.3.5.3　进程管理器

Windows 进程管理器提供用于创建、删除、查询和管理进程、线程及作业的服务。进程管理器不了解父子关系或进程层次结构，虽然它可以在作业中对进程进行分组，并且后者具有必须维护的层次结构。进程管理器不参与线程的调度，除了在其所有者进程中设置线程的优先级和关联性。此外，通过作业，进程管理器可以影响线程上调度属性（例如节流比和时间片值）的各种变化。然而，线程调度本身由内核调度程序完成。

每个进程包含一个或多个线程。进程本身可以被合并到称为**作业对象**（job object）的更大的单元。作业对象最初的用途是限制 CPU 利用率、工作集大小以及同时控制多个进程的处理器亲和。因此，作业对象用于管理大型数据中心机器。在 Windows XP 和更高版本中，作业对象被扩展以提供与安全相关的功能，许多第三方应用程序（例如 Google Chrome）开始将作业用于这一目的。在 Windows 8 中，巨大的架构变化允许作业通过通用 CPU 节流和每用户会话感知公平节流/平衡来影响调度。在 Windows 10 中，节流支持被扩展到外存 I/O 和网络 I/O。此外，Windows 8 允许作业对象嵌套，创建系统必须准确计算的限制、比率和配额的层次结构。Windows 8 还为作业对象提供了额外的安全和电源管理功能。

因此，所有 Windows 应用商店应用程序和所有 UWP 应用程序进程都按作业运行。之前介绍的 DAM 使用作业实现连接待机支持。最后，Windows 10 采用称为**孤岛**（silos）的作业对象实现对 docker 容器（云产品的关键部分）的支持。因此，作业已经从一种高深的数据中心资源管理功能，转变为多功能进程管理器的核心机制。

由于 Windows 的分层架构和环境子系统的存在，进程创建相当复杂。Windows 10 中 Win32 环境的进程创建举例如下。请注意，启动 UWP "Modern" Windows 应用商店应用程序（称为**打包应用程序**，简称 AppX）相当复杂并且涉及超出本书之外的很多因素。

1. Win32 应用程序调用 `CreateProcess()`。
2. 从 Win32 世界到 NT 世界，需要进行大量的参数转换和行为转换。
3. `CreateProcess()` 然后调用 NT 执行体进程管理器的 `NtCreateUserProcess()` API，以便实际创建进程及其初始线程。
4. 进程管理器调用对象管理器创建进程对象，并将对象句柄返回 Win32。然后，调用内存管理器来初始化新进程的地址空间、句柄表以及其他关键数据结构，例如进程环境块（Process Environment BLock，PEBL）（包含内部进程管理数据）。
5. 进程管理器再次调用对象管理器创建线程对象，并将句柄返回 Win32。然后，调用内存管理器创建线程环境块（Thread Environment Block，TEB），并调用调度器来初始化线程的调度属性，将其状态设置为正在初始化。
6. 进程管理器创建初始线程启动上下文（最终将指向应用程序的 `main()` 例程），请求调度程序将线程标记为就绪，然后立即挂起它，使其进入等待状态。
7. 向 Win32 子系统发送一条消息，通知它正在创建进程。子系统执行额外的 Win32 特定工作来初始化进程，例如计算关闭级别，并绘制动画沙漏或"甜甜圈"鼠标光标。
8. 回到父进程内部的 `CreateProcess()`，调用 `ResumeThread()` API 来唤醒进程的初始线程。控制权返给父级。
9. 现在，在新进程的初始线程中，用户模式链接加载器取得控制权（在 `ntdll.dll` 中，它会自动映射到所有进程中）。它加载应用程序的所有依赖库（DLL），创建初始堆，设置异常处理和应用程序兼容性选项，并最终调用应用程序的 `main()` 函数。

用于操作虚拟内存和线程以及复制句柄的 Windows API 使用进程句柄，这样，它们的子系统和其他服务在收到进程创建通知后，可以代表新进程执行操作，无须直接在新进程的上下文中执行。Windows 还支持 UNIX `fork()` 风格的进程创建。许多功能依赖这种能力，例如**进程反射**——它在进程崩溃期间被 Windows 错误报告（WER）组件采用，以及用于 Linux 实现 Linux `fork()` API 的 Windows 子系统等。

进程管理器的调试器支持包括用于挂起和恢复线程的 API，以及创建以挂起模式开始的线程的 API。还有进程管理器 API，可以获取和设置线程的寄存器上下文，并访问另一进程的虚拟内存。可以在当前进程中创建线程，这些线程也可以被注入另一个进程中。调试器利用线程注入在被调试的进程中执行代码。不幸的是，跨进程分配、操作和注入内存及线程的能力，经常被恶意程序所滥用。

在执行体中运行时，线程可以临时附加到不同进程。**线程附加**（thread attach）用于内核工作线程，这些线程需要在发起工作请求的进程上下文中执行。例如，当 MM 需要访问进程的工作集或页表时，它可能会使用线程附加，I/O 管理器也可能会使用它来更新异步 I/O 操作进程的状态变量。

21.3.5.4　客户端–服务器计算设施

像许多其他现代操作系统一样，Windows 全面使用客户端–服务器模型作为一种分层机制，这种机制允许将通用功能放入"服务"（相当于 UNIX 术语中的守护程序），并且可以分离内容解析代码（例如 PDF 阅读器或 Web 浏览器）与系统操作功能代码（例如 Web 浏览器在外存上保存文件的功能或 PDF 阅读器打印文档的功能）。例如，在最近的 Windows 10 操作系统上使用 Microsoft Edge 浏览器打开《纽约时报》的网站，可能会在"代理""渲染器/解析器""JITter"以及服务和客户端的复杂组织中，产生 12 到 16 个不同的进程。

Windows 计算机上最基本的"服务器"是 Win32 环境子系统，这是实现从 Windows 95/98 继承的 Win32 API 操作系统特性的服务器。许多其他服务，例如用户身份验证、网络设施、打印机假脱机、Web 服务、网络文件系统和即插即用，也使用此模型实现。为了减少内存占用，通常将多个服务合并到数个运行 svchost.exe 程序的进程中。每个服务都作为动态链接库（DLL）加载，它通过用户模式线程池设施来共享线程和等待消息，从而实现服务（参见 21.3.5.3 节）。不幸的是，这种池化针对 CPU 利用率和内存泄漏进行调试与故障排除时，最初用户体验不佳，因为它削弱了每个服务的整体安全性。因此，在最新版本的 Windows 10 中，如果系统具有超过 2GB 的 RAM，则每个 DLL 服务都运行在自己的 svchost.exe 进程中。

在 Windows 中，推荐的实现客户端–服务器的计算范例采用 RPC 传达请求，这是因为它们固有的安全性、序列化服务和可扩展性功能。Win32 API 支持 Microsoft 标准的 DCE-RPC 协议，称为 MS-RPC，参见 21.6.2.7 节。

RPC 使用多种传输（例如，命名管道和 TCP/IP）实现系统之间的 RPC。当 RPC 仅发生在本地系统上的客户端和服务器之间时，ALPC 可以用作传输。此外，由于 RPC 是重量级的，并且具有多个系统级依赖项（包括 Win32 环境子系统本身），许多原生的 Windows 服务以及内核直接使用 ALPC；对于第三方程序员来说，这是不可用（也不适合）的。

ALPC 是一种类似于 UNIX 套接字和 Mach IPC 的消息传递机制。服务器进程发布一个全局可见的连接端口对象。当客户端需要来自服务器的服务时，它打开服务器连接端口对象的句柄，并向该端口发送连接请求。如果服务器接受连接，那么 ALPC 会创建一对通信端口对象，用该对象的一个句柄为客户端提供 connect API，用另一个句柄为服务器提供 accept API。

此时，跨通信端口发送的消息可以作为数据报，即其行为类似于 UDP，不需要回复；或者作为请求，即必须收到回复。然后，客户端和服务器可以使用同步消息传递，其中一方始终处于阻塞状态（等待请求或期待回复）；或者使用异步消息传递，这里线程池机制用于在请求或回复时执行工作，无须阻塞线程等待消息。对于位于内核态的服务器，通信端口也支持回调机制，允许立即切换到用户模式线程（UT）的内核端（KT），并立即执行服务器的处理程序例程。

发送 ALPC 消息时，消息传递技术包括以下两种。

1. 第一种技术适用于中小型消息（64KB 以下）。在这种情况下，端口的内核消息队列用作中间存储，并且消息从一个进程复制到内核，再复制到另一个进程。这种技术的缺点是双缓冲，并且消息需要保留在内核内存中，直到预期的接收者使用这些消息。如果接收方竞争激烈或当前不可用，则可能会导致数兆字节的内核模式内存被锁定。
2. 第二种技术适用于较大的消息。在这种情况下，将为端口创建一个共享内存的区段对象。通过端口消息队列发送的消息包含一个"消息属性"，称为**数据视图属性**，用于指向该区段对象。接收方"暴露"这个属性，导致区段对象的虚拟地址映射以及物理内存的共享。这避免了复制大消息或在内核模式内存中缓冲大消息的需要。发送方将数据放入共享区段，接收方使用消息时就可直接看到这些数据。

实现客户端–服务器通信的其他方法有许多，例如通过使用邮槽、管道、套接字、与事件配对的区段对象、窗口消息等。每种方法都有其应用、优点和缺点。然而，RPC 和 ALPC 仍然是此类通信功能中的最齐全、最安全、最可靠和功能最丰富的机制，它们是绝大多数 Windows 进程和服务使用的机制。

21.3.5.5 I/O 管理器

I/O 管理器（I/O manager）负责系统上的所有设备驱动程序，以及实现和定义一个通信模型，以便与其他驱动程序、内核、用户模式客户端和消费端进行通信。此外，在基于 UNIX 的操作系统中，I/O 总是针对**文件对象**，即使设备不是文件系统。Windows 中的 I/O 管理器允许设备驱动程序被其他驱动程序"过滤"，创建 I/O 经过的**设备堆栈**，以便修改、扩展或增强原始请求。因此，I/O 管理器始终跟踪加载了哪些设备驱动程序和过滤驱动程序。

由于文件系统驱动程序的重要性，I/O 管理器对此有特殊的支持，并实现了用于加载和管理文件系统的接口。I/O 管理器与 MM 一起提供内存映射文件 I/O 并控制 Windows 缓存管理器，以便处理整个 I/O 系统的缓存。I/O 管理器基本上是异步的，通过显式等待 I/O 操作完成来提供同步 I/O。I/O 管理器提供了多种异步 I/O 完成模型，包括事件设置、更新调用进程中的状态变量、将 APC 传送到启动线程，以及使用 I/O 完成端口以便允许单个线程处理来自许多其他线程的 I/O 完成。I/O 管理器还管理 I/O 请求的缓冲区。

每个设备的设备驱动程序被排列成一个链表（称为驱动程序或 I/O 堆栈）。在系统中，驱动程序表示为**驱动程序对象**（driver object）。因为单个驱动程序可以在多个设备上运行，所以驱动程序在 I/O 堆栈中由**设备对象**（device object）表示，而设备对象包含一个指向驱动程序对象的链接。此外，非硬件的驱动程序可以使用设备对象，作为公开不同接口的一种方式。例如，TCP/IP 驱动程序对象具有 TCP6、UDP6、UDP、TCP、RawIp 和 RawIp6 设备对象，即使这些并不代表物理设备。同样，外存上的每个卷都是它自己的设备对象，由卷管理器驱动程序对象所拥有。

一旦打开设备对象的句柄，I/O 管理器总是创建一个文件对象，并返回一个文件句柄而不是一个设备句柄。然后它将接收到的请求（例如创建、读取和写入）转换为称为 I/O **请求包**（I/O Request Packet，IRP）的标准形式。它将 IRP 转发到目标 I/O 堆栈中的第一个驱动程序，以便进行处理。当一个驱动程序处理完 IRP 后，它调用 I/O 管理器将 IRP 转发到堆栈中的下一个驱动程序，或者，如果所有的处理都完成了，就完成 IRP 所代表的操作。

I/O 请求所完成的上下文可能不同于发出请求的上下文。例如，如果驱动程序正在执行 I/O 操作的部分，并且被迫阻塞很长时间，那么它可能会将 IRP 排队到工作线程，以在系统上下文中继续处理。在原始线程中，驱动程序返回一个状态，指示 I/O 请求正在挂起，以便线程可以继续与 I/O 操作一起并行执行。IRP 也可以在中断服务例程中处理，并在任意进程上下文中完成。因为一些最终处理可能需要在启动 I/O 的上下文中进行，所以 I/O 管理器使用 APC，在原始线程的进程上下文中执行最终的 I/O 完成处理。

I/O 栈模型非常灵活。随着驱动程序堆栈的构建，各种驱动程序都有机会将自己作为**过滤驱动程序**（filter driver）嵌入堆栈。卷快照（**卷影副本**，shadow copy）与盘加密（BitLocker）都是使用过滤器驱动程序实现的内置功能，这些驱动程序在堆栈中的卷管理器驱动程序之上执行。文件系统过滤器驱动程序在文件系统之上执行，用于实现的功能包括分层存储管理、远程启动文件的单实例化和动态格式转换等。第三方还使用文件系统过滤器驱动程序，以实现反恶意软件工具。由于存在大量的文件系统过滤器，Windows Server 2003 和更高版本现在包含一个**过滤器管理器**（filter manager）组件，它充当唯一的文件系统过滤器，并加载按特定**高度**（altitude）（相对优先级）排序的**微过滤器**（minifilter）。该模型允许过滤器透明地缓存数据和重复查询，无须了解彼此的请求。它还提供更严格的加载顺序。

Windows 设备驱动程序应遵守 Windows 驱动程序模型（Windows Driver Model，WDM）规范。该模型列出了对设备驱动程序的所有要求，包括如何对驱动程序进行分层、如何共享处理电源和即插即用请求的通用代码、如何构建正确的取消逻辑等。

由于 WDM 内容丰富，为每个新的硬件设备编写完整的 WDM 设备驱动程序可能涉及大量工作。在有些情况下，端口/微型端口模型允许某些硬件设备不执行这类操作。对于需要类似处理的一系列设备，例如音频驱动程序、存储控制器或以太网控制器，设备的每个实例共享该类的公共驱动程序，称为**端口驱动程序**（port driver）。端口驱动程序实现类的标准操作，然后在设备的**微型端口驱动程序**（miniport driver）中调用特定于设备的例程，以实现特定于设备的功能。网络堆栈的物理链路层就是这样实现的：端口驱动程序 ndis.sys 实现许多通用的网络处理功能，并调用网络微型端口驱动程序，以获取与发送和接收网络帧相关的特定硬件命令（例如以太网）。

类似地，WDM 包括一个类/微型类模型。这里，某一类设备可以通过单个类的驱动程序实现通用功能，调用一个微型类来处理特定硬件功能。例如，Windows 磁盘驱动程序就是一个类驱动程序，CD/DVD 和磁带驱动器的驱动程序也是如此。键盘和鼠标驱动程序也是类驱动程序。这些类型的设备不需要微型类，但是诸如电池类的驱动程序确实需要一个微型类，用于处理销售商的各种外部不间断电源（Uninterruptible Power Supply，UPS）。

即使采用端口/微型端口和类/微型类模型，仍然必须编写大量面向内核的代码。而且，这个模型对于自定义硬件或逻辑（非硬件）驱动程序并没有用。从 Windows 2000 Service Pack 4 开始，可以采用**内核模式驱动程序框架**（Kernel-Mode Driver Framework，KMDF）编写内核模式驱动程序，KMDF 为 WDM 之上的驱动程序提供了一个简化的编程模型。另一选项是**用户模式驱动程序框架**（User-Mode Driver Framework，UMDF），它允许通过内核中的反射驱动程序来编写用户模式下的驱动程序，该驱动程序通过内核的 I/O 堆栈来转发请求。这两个框架构成了 **Windows Driver Foundation** 模型，它在 Windows 10 中的版本为 2.1，并且包含在 KMDF 和 UMDF 之间完全兼容的 API。该模型已在 GitHub 上完全开源。

因为很多驱动无须运行在内核态，而且用户态的驱动程序的开发和部署更加容易，所以强烈建议新的驱动程序使用 UMDF。UMDF 还能使系统更加可靠，因为用户模式驱动程序中的故障不会导致内核（系统）崩溃。

21.3.5.6　缓存管理器

在许多操作系统中，缓存是由块设备系统完成的，通常在物理/块级别。相反，Windows 提供了一个在逻辑/虚拟文件级别上运行的中央缓存功能。**缓存管理器**（cache manager）与 MM 密切合作，为 I/O 管理器控制下的所有组件提供缓存服务。这意味着缓存可以对任何内容进行操作，从网络共享上的远程文件，到自定义文件系统上的逻辑文件。缓存的大小根据系统中可用内存的大小动态改变，在 64 位系统上，它可以增长到 2TB。缓存管理器维护一个私有的工作集而不是共享系统进程的工作集，这允许修剪以更有效地分页调出缓存文件。为了构建缓存，缓存管理器将文件内存映射到内核内存中，然后通过特殊的 MM 接口，将错误页面调入这个私有工作集或在这个私有工作集中对其进行修剪，从而利用内存管理器所提供的额外缓存功能。

缓存分为 256KB 的块。每个缓存块可以保存一个文件的视图（即内存映射区域）。每个缓存块的表示采用**虚拟地址控制块**（Virtual Address Control Block，VACB），它包含视图的虚拟地址和文件偏移量，以及使用视图的进程数。VACB 位于由缓存管理器所维护的数组中，并且具有用于关键和低优先级缓存数据的数组，以便在有内存压力的情况下提高性能。

收到文件的用户级读请求时，I/O 管理器将 IRP 发送到文件所在卷的 I/O 堆栈。对于标记为可缓存的文件，文件系统调用缓存管理器，通过缓存文件视图查找所请求的数据。缓存管理器计算该文件 VACB 索引数组的哪个条目对应请求字节的偏移量。该条目要么指向缓存中的视图，要么无效。如果无效，则缓存管理器分配一个缓存块（以及 VACB 数组中的相应条目），并将视图映射到缓存块。然后缓存管理器尝试将数据从映射文件复制到调用者的缓冲区。如果复制成功，则操作完成。

如果复制失败，则是由于页面错误，这会导致 MM 向 I/O 管理器发送一个非缓存的读取请求。I/O 管理器向驱动程序堆栈发送另一请求，这次请求一个分页操作，它绕过缓存管理器并将文件中的数据直接读取到为缓存管理器分配的页面中。完成后，VACB 被设置为指向这个页面。现在缓存中的数据被复制到调用者的缓冲区中，进而原始 I/O 请求完成。图 21.6

简要说明了这些操作。

如果可能，对于缓存文件的同步操作，I/O 由**快速 I/O 机制**（fast I/O mechanism）来处理。这种机制与普通的、基于 IRP 的 I/O 并行，但是直接调用驱动程序堆栈而不是向下传递 IRP，这节省了内存和时间。因为不涉及 IRP，所以操作不应长时间阻塞，也不能排队到工作线程。因此，当操作到达文件系统并调用缓存管理器时，如果信息不在缓存中，则操作失败。I/O 管理器然后尝试使用正常 IRP 路径的操作。

内核级读操作与此类似，不同之处在于数据可以直接从缓存中访问，而不是复制到用户空间的缓冲区中。为了使

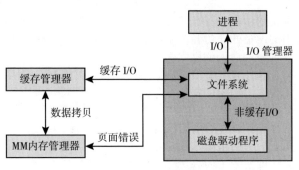

图 21.6   文件 I/O

用文件系统元数据（描述文件系统的数据结构），内核使用缓存管理器的映射接口来读取元数据。为了修改元数据，文件系统使用缓存管理器的固定接口。**固定**（pinning）操作会将页面锁定到物理内存页面框架中，使得 MM 无法移动页面或将其调出。更新元数据后，文件系统要求缓存管理器取消固定页面。修改后的页面被标记为脏，因此 MM 将页面刷新到外存。

为了提高性能，缓存管理器保留了读取请求的少量历史记录，并尝试从该历史记录中预测未来的请求。如果缓存管理器在前三个请求中发现一个模式，例如向前或向后顺序访问，则会在应用程序提交下一个请求之前将数据预取到缓存中。这样，应用程序可能会发现其数据已经缓存，无须等待辅助存储 I/O。

缓存管理器还负责告诉 MM 刷新缓存的内容。缓存管理器的默认行为是回写缓存：累积 4 到 5 秒的写入，然后唤醒缓存写入器线程。当需要直写缓存时，进程可以在打开文件时设置一个标志，或者可以调用显式缓存刷新函数。

在缓存写入器线程有机会唤醒并将页面刷新到辅助存储之前，快速写入进程可能会填满所有空闲缓存页面。缓存写入器通过以下方式防止进程淹没系统。当空闲缓存内存量变低时，缓存管理器会临时阻止尝试写入数据的进程，并唤醒缓存写入器线程以将页面刷新到外存。如果快速写入进程实际上是一个网络文件系统的网络重定向器，那么阻塞太久可能会导致网络传输超时并被重新传输。这种重传会浪费网络带宽。为了避免这种浪费，网络重定向器可以指示缓存管理器限制缓存中的写入积压。

因为网络文件系统需要在外存和网络接口之间移动数据，所以缓存管理器还提供了一个 DMA 接口来直接移动数据。直接移动数据避免了通过中间缓冲区复制数据的需要。

21.3.5.7   安全参考监视器

采用对象管理器来集中管理系统实体可使 Windows 通过统一机制，针对系统中的每个用户可访问的实体执行运行时的访问验证和审计检查。此外，即使不是由对象管理器管理的实体，也可以访问 API 例程以执行安全检查。每当线程打开受保护数据结构（例如对象）的句柄时，**安全引用监视器**（Security Reference Monitor，SRM）会检查有效的安全令牌和对象的安全描述符（其中包含两个访问控制列表：自由访问控制列表（Discretionary Access Control List，DACL）和系统访问控制列表（System Access Control List，SACL)），查看进程是否有必要的访问权限。有效的安全令牌通常是线程的进程的令牌，但也可以是线程本身的令牌，如下所述。

每个进程都有一个关联的**安全令牌**（security token）。在登录进程（lsass.exe）对用户进行身份认证后，安全令牌附加到用户的第一个进程（userinit.exe），并复制到每个子进程。令牌包含用户的**安全身份**（Security Identity，SID）、用户所属的 SID 组、用户拥有的权限、进程的完整性级别、与用户关联的属性和声明以及任何相关能力。默认情况下，线程

没有自己的显式令牌，因此它们共享进程的公共令牌。但是，使用称为**模拟**（impersonation）的机制，在具有属于一个用户的安全令牌的进程中运行的线程，可以设置属于另一个用户的线程特定的令牌，从而模拟该用户。这时，有效令牌成为线程的令牌，所有操作、配额和限制都以该用户的令牌为准。线程稍后可以通过删除线程特定的令牌来选择"恢复"到其旧标识，以便有效令牌再次成为进程的令牌。

这种模拟工具是客户端-服务器模型的基础，这里服务器必须代表具有不同安全 ID 的各种客户端进行操作。模拟用户的权限，通常作为从客户端进程到服务器进程的连接的一部分来提供。模拟允许服务器像客户端一样访问系统服务，以便代表客户端访问或创建对象和文件。服务器进程必须值得信赖，并且必须仔细编写以抵御攻击。否则，一个客户端可能会接管服务器进程，然后冒充发出后续客户端请求的任何用户。Windows 提供 API 来支持 ALPC（以及 RPC 和 DCOM）层、命名管道层和 Winsock 层的模拟。

SRM 还负责操作安全令牌中的权限。用户更改系统时间、加载驱动程序或更改固件环境变量等，都需要特殊权限。此外，某些用户可以拥有覆盖默认访问控制规则的强大权限。这些用户包括必须对文件系统执行备份或还原操作的用户（允许绕过读/写限制），以及调试进程（允许绕过安全功能）等。

进程执行的代码的完整性级别也由令牌表示。如前所述，完整性级别是一种强制标记机制。默认情况下，无论是否授予其他权限，进程不能修改完整性级别高于进程执行代码的对象。此外，进程不能从更高完整性级别的另一个进程对象中进行读取。对象还可以通过手动更改与其安全描述符相关联的强制策略来保护自己免受读取访问。在对象（例如文件或进程）内部，完整性级别存储在 SACL 中，这将其与存储在 DACL 中的典型自由用户和组权限区分开来。

引入完整性级别是为了使代码更难通过攻击外部内容解析软件（如浏览器或 PDF 阅读器）来接管系统，因为此类软件预计会以低完整性级别运行。例如，Microsoft Edge 以"低完整性"运行，Adobe Reader 和 Google Chrome 也是如此。常规应用程序，例如 Microsoft Word，以"中等完整性"运行。最后，你可以期望由管理员或安装程序运行的应用程序以"高完整性"运行。

创建以较低完整性级别运行的应用程序会给实现这种安全性功能的开发人员带来负担，因为他们必须创建一个客户端-服务器模型来支持代理和解析器（或渲染器），如前所述。为了简化这种安全模型，Windows 8 引入了**应用程序容器**（application container），通常简称为 AppContainer，它是令牌对象的特殊扩展。在 AppContainer 下运行时，应用程序会通过以下方式自动调整其进程令牌：

1. 将令牌的完整性级别设置为低。这意味着应用程序不能写入或修改系统上的大多数对象（文件、键、进程），也不能从系统上的任何其他进程来读取。
2. 在令牌中禁用（忽略）所有组和用户 SID。假设应用程序是由属于世界组的用户 Anne 启动的，这个应用程序将无法访问 Anne 或世界组可访问的任何文件。
3. 除了少数特权之外的所有特权都从令牌中删除。这可以防止强大的系统调用或系统级的操作被允许。
4. 一个特殊的 AppContainer SID 被添加到令牌中，它对应于应用程序软件包标识符的 SHA-256 哈希值。这是令牌内唯一有效的安全标识符，因此希望此应用程序直接访问的任何对象都需要明确授予 AppContainer SID 读或写的访问权限。
5. 根据应用程序的清单文件，可将一组功能 SID 添加到令牌中。首次安装应用程序时，这些功能会显示给用户，用户必须在部署应用程序之前同意这些功能。

我们可以看到，AppContainer 机制将安全模型从一个自由系统更改为一个强制系统，这里自由系统通过用户和组来定义对受保护资源的访问，而强制系统要求每个应用程序都有自己唯一的安全标识，并且据此进行访问。这种特权和权限的分离是安全性的一大飞跃，但也给资源访问带来了潜在负担。功能和代理有助于减轻这种负担。

Windows 实现的系统代理使用功能（capability）代替打包应用程序执行各种操作。例如，假设 Harold 的打包应用程序无法访问 Harold 的文件系统，因为 Harold SID 被禁用。在这种情况下，代理可能会检查播放用户媒体功能，并允许音乐播放器进程读取位于 Harold 的"我的音乐"目录中的任何 MP3 文件。因此，只要应用程序具有播放用户媒体功能，并且 Harold 在下载应用程序时同意，那么 Harold 就不会被强迫用他最喜欢的媒体播放器应用程序的 AppContainer SID 来标记所有文件。

SRM 的最终职责是记录安全审计事件。ISO 标准 **Common Criteria**（美国国防部制定的橙皮书标准的后续国际版）要求，安全系统能够检测和记录所有访问系统资源的尝试，以便能够更轻松地跟踪对系统资源的越权访问。因为 SRM 负责进行访问检查，所以它会生成很多审计记录，这些记录之后通过 `lsass.exe` 写入安全事件日志。

21.3.5.8 即插即用管理器

操作系统使用**即插即用**（Plug-and-Play，PnP）**管理器**来识别和适应硬件配置的变化。PnP 设备使用标准协议向系统标识自己。PnP 管理器在系统运行时自动识别安装设备，并检测设备的更改。管理器还跟踪设备使用的硬件资源以及可能要用的资源，也负责加载相应的驱动程序。这种硬件资源管理（主要是中断、DMA 通道和 I/O 内存范围）的目标是，确定所有设备都能够成功运行的硬件配置。PnP 管理器和 Windows 驱动程序模型将驱动程序分为：**总线驱动程序**（bus driver），用于检测和枚举总线（例如 PCI 或 USB）上的设备；**功能驱动程序**（function driver），用于实现总线上的特定设备的功能。

PnP 管理器按如下方式处理动态重新配置。首先，PnP 管理器从每个总线驱动程序中获得设备列表，然后加载驱动程序，并向每个设备的适当驱动程序发送请求 add-device（添加设备）。通过与各种总线驱动程序所拥有的特殊**资源仲裁器**（resource arbiter）一起协同工作，PnP 管理器计算出最佳资源分配，将请求 start-device（启动设备）发送到每个驱驱动程序，并指定相关设备的资源分配。如果设备需要重新配置，则 PnP 管理器发送请求 query-stop（查询停止），询问驱动程序是否可以暂时禁用设备。如果驱动程序可以禁用设备，则完成所有待处理的操作，并且阻止启动新的操作。最后，PnP 管理器发送请求 stop（停止），接着可以通过新的请求 start-device 来重新配置设备。

PnP 管理器还支持其他请求。例如，当用户准备弹出可移动设备（如 USB 存储设备）时，可以使用 query-remove（查询移除），其执行类似于 query-stop。当设备发生故障时，或者更有可能的是，当用户删除设备而没有事先通知系统停止该设备时，就使用请求 surprise-remove（意外移除）。最后，请求 remove（移除）告诉驱动程序永久停止使用设备。

系统中的许多程序都对添加或删除设备感兴趣，因此 PnP 管理器支持通知。例如，这样的通知向文件管理器提供在增加或移除新的存储设备时，更新外存卷列表的所需信息。

安装设备还可能会导致启动新的系统服务。以前，此类服务经常设置为在系统启动时运行，并且即使相关设备从未插入系统也会继续运行，因为它们必须运行才能接收 PnP 通知。Windows 7 在**服务控制管理器**（Service Control Manager，SCM）（`services.exe`）中引入了服务触发机制，以便管理系统服务。有了这个机制，服务才可以注册自己，并且只有在 SCM 从 PnP 管理器收到感兴趣的设备已添加到系统的通知时才启动。

21.3.5.9 电源管理器

Windows 与硬件一起实施复杂的能源效率策略，如 21.2.8 节所述。这些策略是由电源管理器实现的。**电源管理器**（power manager）检测当前系统条件，如 CPU 或 I/O 设备的负载，通过在需求低时降低系统性能和响应能力来提高电源效率。电源管理器也可以让整个系统进入非常高效的睡眠（sleep）模式，甚至可以将所有内存内容写出到外存，并关闭电源以允许系统进入冬眠（hibernation）状态。

睡眠状态的主要优点是，系统可以相当快地进入该状态，也许只是在笔记本电脑的盖子关闭后的几秒钟。从睡眠中恢复也相当快。CPU 和 I/O 设备的供电量会降低，但是内存电源还是继续供电，以确保其内容不会丢失。然而，如前所述，在移动设备上，这几秒钟仍会导致不合理的用户体验，所以电源管理器与桌面活动协调器（desktop activity moderator）一起工作，以便一旦屏幕关闭就启动连接待机（connected standby）状态。连接待机几乎冻结计算机，但不会真正使计算机进入睡眠状态。

进入冬眠的时间比睡眠要长得多，因为在系统关闭之前，必须将内存的全部内容传输到外存。然而，系统实际上是关闭的这一事实具有显著优势。如果系统断电，例如更换笔记本电脑的电池或拔下台式机系统的电源，保存的系统数据不会丢失。与关机不同，冬眠保存当前正在运行的系统，以便用户可以从上次中断的地方继续。此外，因为冬眠不需要电源，所以系统可以无限期地保持休眠状态。因此，此功能在台式机和服务器系统上非常有用，当电池达到临界水平时，这一功能也可用于笔记本电脑（因为在电池电量低时将系统置于睡眠状态，可能导致在电池电量耗尽时丢失所有数据）。

在 Windows 7 中，电源管理器还包括处理器电源管理器（Processor Power Manager，PPM），它专门实施诸如处理内核停止、CPU 调节和提升等策略。此外，Windows 8 引入了**电源框架**（Power Framework，PoFX），它与功能驱动程序一起实现特定的功能电源状态。这意味着，设备可以将其内部电源管理（时钟速度、电流/功耗等）暴露给系统，然后可以使用这些信息对设备进行更细粒度的控制。例如，系统可以打开或关闭特定组件，而不是简单地打开或关闭设备。

与 PnP 管理器一样，电源管理器将电源状态改变的通知提供给系统的其余部分。有些应用程序需要知道何时应当关闭系统，以便它们可以开始将状态保存到外存，并且，如前所述，DAM 需要知道屏幕何时关闭和何时打开。

21.3.5.10　注册表

Windows 将大部分配置信息保存在称为**配置单元**（hive）的内部数据存储库中，由 Windows 配置管理器（通常称为**注册表**（registry））来管理。配置管理器作为执行体的一个组件来实现。

系统信息、每个用户的首选项、软件信息、安全和启动选项，都有单独的配置单元。此外，作为 Windows 8 中 AppContainers 和 UWP Modern/Metro 打包应用程序引入的新应用程序和安全模型的一部分，每个这样的应用程序都有自己的独立配置单元，称为应用程序配置单元。

注册表将每个配置单元中的配置状态表示为键（目录）的分层命名空间，每个命名空间都可以包含一组任意大小的值。在 Win32 API 中，这些值具有特定的"类型"，例如 UNICODE 字符串、32 位整数或无类型的二进制数据，但注册表本身将所有值都视为相同的，让更高的 API 层根据类型和大小进行推断。因此，没有什么能阻止"32 位整数"成为 999 字节的 UNICODE 字符串。

理论上，新的键和值在安装新的软件时被创建和初始化；之后会对其进行修改，以反映软件配置的变化。实际上，注册表通常被用作通用数据库、进程间通信机制以及许多其他类似的新颖目的。

每次系统配置更改时，重启应用程序或系统是很麻烦的。为此，程序依赖于各种通知——如那些由 PnP 和电源管理器提供的通知——来获得系统配置变更。注册表也提供通知，它允许线程注册，以便在注册表的某个部分被更改时得到通知。因此，线程可以检测和适应注册表本身记录的配置更改。此外，注册表项是由对象管理器管理的对象，并且它们会向调度程序公开事件对象。这允许线程将自己置于与事件关联的等待状态，如果键（或其任何值）被修改，配置管理器将发出信号。

每当系统发生重大改变时，如当操作系统或驱动程序的更新被安装时，存在配置数据可能损坏的危险（例如，如果能够工作的驱动程序被不能工作的驱动程序替换，或者应用程序无法正确安装并留下部分信息到注册表）。Windows 在做出这些修改之前创建**系统还原点**（system restore point）。还原点包含更改之前的配置单元的副本，它们可以将系统恢复到更改之前的版本，从而使损坏的系统再次可用。

为了提高注册表配置的稳定性，注册表还实现了多种"自愈"算法，可以检测并修复某些注册表损坏的情况。此外，注册中心内部使用双阶段提交事务算法，这可以防止在更新时损坏单个键或值。虽然这些机制保证了注册表的一小部分或单个键和值的完整性，但它们无法取代系统恢复工具——这些工具可以恢复软件安装引起的注册表配置损坏。

21.3.5.11 引导

当硬件上电，固件从 ROM 开始执行时，Windows PC 开始引导。老式机器使用 BIOS 固件，而更现代的系统使用 UEFI（Unified Extensible Firmware Interface，统一可扩展固件接口），UEFI 更快、更通用，并且能更充分地利用现代处理器的功能。此外，UEFI 包括一项称为**安全引导**的功能，该功能通过对所有固件和引导时组件的数字签名验证来提供完整性检查。这项数字签名检查可确保在引导时仅有 Microsoft 的引导组件和供应商的固件，从而防止加载任何早期的第三方代码。

固件运行**开机自检**（Power-On Self-Test，POST）诊断，识别连到系统的设备，并将它们初始化为干净的开机状态，然后构建供 ACPI 使用的描述。接下来，固件找到系统引导设备，加载 Windows 引导管理器程序（UEFI 系统上的 bootmgfw.efi）并开始执行。

对于一直处于冬眠状态的机器，接下来会加载 winresume.efi 程序。它从外存中恢复正在运行的系统，并且从系统冬眠前到达的点继续执行。对于已关闭的机器，bootmgfw.efi 执行系统的进一步初始化，然后加载 winload.efi。该程序加载 hal.dll、内核（ntoskrnl.exe）及其依赖项、引导所需的任何驱动程序以及系统配置单元。然后，winload 将执行转移到内核。

在启用了虚拟安全模式（并且管理程序已打开）的 Windows 10 系统上，该过程略有不同。这里，winload.efi 将改为加载 hvloader.exe 或 hvloader.dll，以首先初始化管理程序。对于 Intel 系统，这是 hvix64.exe，而 AMD 系统使用 hvax64.exe。然后，管理程序设置 VTL 1（安全世界）和 VTL 0（正常世界）并返回 winload.efi，从而加载安全内核（securekernel.exe）及其依赖项。然后调用安全内核的入口点，初始化 VTL 1，接着返回 VTL 0 处的加载器，以便继续执行上述步骤。

当内核初始化自己时，会创建数个进程。**空闲进程**（idle process）充当所有空闲线程的容器，因此可以轻松计算系统范围的 CPU 空闲时间。**系统进程**（system process）包含所有内部内核工作线程，以及由驱动程序创建的用于轮询、内务管理和其他后台工作的其他系统线程。内存压缩进程是 Windows 10 的新功能，该进程有一个由压缩存储管理器使用的压缩备用页面组成的工作集，存储管理器使用它来减轻系统压力并优化分页。最后，如果启用了VSM，则**安全系统进程**（secure system process）表示已加载安全内核的事实。

第一个用户态进程也是由内核创建的，称为**会话管理器子系统**（Session Manager Sub System，SMSS），类似于 UNIX 中的 init（初始化）进程。SMSS 执行系统的进一步初始化，包括建立分页文件和创建初始用户会话。每个会话代表一个登录用户，除了会话 0 以外。这些会话用于运行系统范围的后台进程，例如 lsass 和 services。每个会话都有自己的SMSS 进程实例，在创建会话之后退出。对于这些会话，这种临时 SMSS 加载 Win32 环境子系统（csrss.exe）及其驱动程序（win32k.sys）。然后，在除 0 之外的每个会话中，SMSS运行 winlogon 进程，该进程启动 logonui。此进程捕获用户凭据，以便 lsass 登录用户，然后启动 userinit 和 explorer 进程，以实现 Windows shell（开始菜单、桌面、托盘图标、通知中心等）。以下简单介绍引导中的一些事项：

- SMSS 完成系统初始化，然后为会话 0 启动一个 SMSS，为会话 1（登录会话）启动一个 SMSS。
- wininit 在会话 0 中运行，以初始化用户模式并启动 lsass 和 services。
- 安全子系统 lsass 实现诸如用户身份验证之类的功能。如果用户凭据是由 VSM 通过 Credential Guard 保护的，则 lsaiso 和 bioiso 也由 lsass 作为 VTL 1 Trustlets 来启动。
- services 包含服务控制管理器（SCM），它监督系统的所有后台活动，包括用户模式服务。许多服务将在系统引导时注册启动，还有一些服务仅在需要时或由设备到达等事件触发时才启动。

- csrss 是 Win 32 环境子系统进程。它在每个会话中启动，这主要是因为它处理鼠标和键盘输入，需要按用户分开。
- winlogon 在除会话 0 之外的每个 Windows 会话中运行，以通过启动 logonui 来登录用户，它显示登录用户界面。

从 Windows XP 开始，系统基于以前的引导从外存上的文件预取页面，从而优化引导过程。引导时的磁盘访问模式也用于在磁盘上放置系统文件，以减少所需的 I/O 操作数量。Windows 7 允许服务仅在需要时而不是在系统启动时才启动，从而减少了启动系统所需的进程。Windows 8 通过 PnP 子系统中的工作线程池并行化所有驱动程序加载，并通过支持 UEFI 使引导时间转换更加高效，从而进一步缩短了引导时间。所有这些方法都有助于显著减少系统引导时间，但最终几乎没有进一步改进的可能。

为了解决引导时间问题，尤其是针对 RAM 和内核有限的移动系统，Windows 8 还引入了**混合引导**。此功能将休眠与当前用户的简单注销相结合。当用户关闭系统，并且所有其他应用程序和会话都已退出时，系统将返回 logonui 提示，然后进入休眠状态。当系统再次打开时，能够很快恢复到登录屏幕，这使驱动程序有机会重新初始化设备，并在引导仍在进行时提供完全引导的外观。

21.4　终端服务与快速用户切换

Windows 支持基于 GUI 的控制台，该控制台通过键盘、鼠标和显示器与用户交互。大多数系统还支持音频和视频。例如，音频输入用于 Cortana，这是 Windows 的语音识别和虚拟助手软件，由机器学习驱动。Cortana 使系统更加便于使用，同时使运动障碍用户能够更便捷地访问系统。Windows 7 增加了对**多点触控硬件**（multi-touch hardware）的支持，允许用户通过单指或多指触摸屏幕来输入数据。视频输入功能用于可访问性和安全性：Windows Hello 是一项安全功能，以便高级 3D 热感应、面部摄像头和传感器可用于唯一识别用户，不需要提供传统凭据。在更新版本的 Windows 10 中，眼动感应硬件——鼠标输入被眼球的位置和凝视所替换——可用于提升可访问性。其他未来的输入体验，可能会从微软的 HoloLens 增强现实产品演变而来。

PC 作为个人计算机，本质上是单用户机器。然而，一段时间以来，Windows 支持在多个用户之间共享一台 PC。每个使用 GUI 登录的用户都会创建一个会话，以此表示他将使用的 GUI 环境，并包含运行他的应用程序所需的所有进程。Windows 允许在一台机器上同时存在多个会话。不过，Windows 的客户端版本仅支持单个控制台，包括连接到 PC 的所有显示器、键盘和鼠标。一次只能将一个会话连接到控制台。通过控制台上显示的登录屏幕，用户可以创建新的会话或附加到现有会话。这允许多个用户共享一台 PC，无须在用户之间注销和登录。Microsoft 将这种会话的使用称为**快速用户切换**（fast user switching）。macOS 也有类似的功能。

PC 用户还可以创建新的会话，或连接到另一台计算机上的现有会话，也就是远程桌面。终端服务功能（TS）通过远程桌面协议（Remote Desktop Protocol，RDP）建立连接。用户通常使用此功能从家用 PC 连接到公司 PC 上的会话。远程桌面还可用于远程故障排除场景：可以邀请远程用户与登录到控制台会话的用户一起共享会话。远程用户可以观看用户的操作，甚至可以控制桌面以帮助解决计算问题。后者对终端服务的使用利用了"镜像"功能，这里与另一用户共享的是同一个会话，而不是另外创建的一个单独的会话。

许多公司使用由数据中心维护的公司系统，通过将这些机器专门用作终端服务器来运行访问公司资源的所有用户会话，而不是允许用户从自己的 PC 访问这些资源。每台服务器计算机可以处理数百个远程桌面会话。这是**瘦客户端计算**（thin-client computing）的一种形式，也就是说，单个计算机的许多功能都依赖于服务器。依靠数据中心的终端服务器，提高了企业计算资源的可靠性、可管理性和安全性。

21.5　文件系统

Windows 的本地文件系统是 NTFS，它用于所有本地卷。然而，USB 拇指驱动器、相机闪存和外部存储设备可以通过 32 位 FAT 文件系统来格式化，以便携带。FAT 是一个更老的文件系统，用于除了 Windows 以外的许多系统，例如照相机运行的软件。FAT 文件系统的一个缺点是不限制授权用户访问文件。保护 FAT 数据的唯一解决方案是，通过应用程序首先加密数据，然后将数据存储到文件系统。

相比之下，NTFS 使用 ACL 来控制对单个文件的访问，并支持隐式加密单个文件或整个卷（通过 Windows BitLocker 功能）。NTFS 还实现了很多其他功能，包括数据恢复、容错、超大文件和文件系统、多个数据流、UNICODE 名称、稀疏文件、日志记录、卷影副本和文件压缩等。

21.5.1　NTFS 内部布局

NTFS 的基本实体是卷。卷由 Windows 逻辑磁盘管理工具创建，是基于逻辑磁盘分区的。卷可以占据部分设备、整个设备或多个设备。卷管理器可以使用各种级别的 RAID 来保护卷的内容。

NTFS 的磁盘分配单元不是单个磁盘扇区，而是**簇**。簇的大小是 2 的幂，是在格式化 NTFS 文件系统时配置的。默认簇大小是基于卷大小的，如对于大于 2GB 的卷，簇大小为 4KB。考虑到现今磁盘的大小，使用大于 Windows 默认值的簇大小来实现更好的性能可能更为合理，尽管这些性能提升带来更多内部碎片。

NTFS 使用**逻辑簇号**（Logical Cluster Number，LCN）作为存储地址，它按从设备开始到最后的顺序为每个簇编号。利用这种方案，通过簇大小乘以 LCN，系统可以计算物理存储偏移（以字节为单位）。

NTFS 文件不同于 UNIX 文件，NTFS 文件不只是简单的字节流，而是由类型**属性**（attribute）组成的结构化对象。每个文件属性都是独立的字节流，可以被创建、删除、读和写。有些属性类型是标准的，用于所有文件，包括文件名称（或多个名称，如果文件有别名，如 MS-DOS 的短名）、创建时间以及指定访问控制列表的安全描述符等。用户数据存储在数据属性中。

大多数传统数据文件都有一个未命名的数据属性，用于包含所有的文件数据。然而，额外的数据流可以采用显式名称来创建。组件对象模型（Component Object Model，COM）的 IProp 接口采用命名数据流存储普通文件的属性，包括图像的缩略图。通常，可以按需增加属性，并通过语法 `file-name:attribute` 进行访问。NTFS 在响应文件查询操作（如运行命令 `dir`）时，只返回未命名属性的大小。

每个 NTFS 文件被描述为数组中的一个或多个记录，数组存储在称为主文件表（Master Fle Table，MFT）的特殊文件中。记录大小是在文件系统创建时确定的，范围从 1KB 到 4KB 不等。小属性叫作常驻属性（resident attribute），本身存储在 MFT 中。大属性（如未命名的批量数据）叫作非常驻属性（nonresident attribute），存储在设备上的一个或多个连续区中。指向每个区的指针存储在 MFT 记录中。对于小文件，数据属性甚至可以完全放进 MFT 记录。如果一个文件具有很多属性，或者如果文件是高度碎片化的，则需要许多指针来指向所有的碎片，因此一个 MFT 记录可能不够大。在这种情况下，描述这个文件的记录称为**基本文件记录**（base file record），其中包含指向保存附加指针和属性的溢出记录的指针。

NTFS 卷的每个文件都有唯一的 ID，称为**文件引用**（file reference）。文件引用是一个 64 位的值，包括一个 48 位的文件号和一个 16 位的序列号。文件号是 MFT 中描述文件记录的编号（即数组槽）。每次一个 MFT 记录被重用时，序列号都会增加。序列号使得 NTFS 可执行内部一致性检查，如在 MFT 条目重用于新文件之后捕获已被删除文件的陈旧引用。

21.5.1.1　NTFS B+树

与 UNIX 一样，NTFS 命名空间按目录层次组织。每个目录使用一个称为 **B+树**（B+tree）的数据结构，以存储这个目录中文件名的索引。对于 B+树，从树根到树叶的每条路径的长度是相同的，并且消除了重新组织树的成本。目录的**索引根**（index root）包括 B+树的顶层。对于大型目录，顶层中包含用于保存此树其余部分的磁盘盘区的指针。每个目录条目包含文件名称、文件引用，以及 MFT 文件常驻属性的更新时间戳和文件大小的副本。这类信息副本存储在目录中，以便可以有效生成目录列表。因为所有文件名称、大小和更新时间可以从目录本身获得，所以不需要从每个文件的 MFT 条目中收集这些属性。

21.5.1.2　NTFS 元数据

NTFS 卷的元数据都存储在文件中。第一个文件是 MFT。第二个文件用于 MFT 文件遭破坏时的恢复，包含 MFT 前 16 个条目的副本。接下来的几个文件也有特殊用途，包括：

- **日志文件**（log file）记录文件系统的所有元数据更新。
- **卷文件**（volume file）包含卷名称、卷格式化的 NTFS 版本，以及表示卷是否可能已损坏而需要使用程序 chkdsk 检查一致性的位。
- **属性定义表**（attribute-definition table）指定哪些属性类型用于卷，以及哪些操作可以操作这些属性。
- **根目录**（root directory）是文件系统层次的顶级目录。
- **位图文件**（bitmap file）指示卷上的哪些簇已被分配给文件，哪些还是空闲的。
- **引导文件**（boot file）包含 Windows 的引导代码，该文件必须位于外存设备的特定地址，以便可以通过简单的 ROM 引导加载程序轻松找到它。引导文件还包含 MFT 的物理地址。
- **坏簇文件**（bad-cluster file）跟踪卷内的任意坏区，NTFS 使用这个记录以便进行错误恢复。

将所有 NTFS 元数据保存在一个文件中有一个好处。如 21.3.5.6 节所述，缓存管理器缓存文件数据。由于所有 NTFS 元数据都在文件中，因此可以使用与普通数据相同的机制来缓存这些数据。

21.5.2　恢复

对于许多简单的文件系统，发生在错误时间的电源故障会严重破坏文件系统的数据结构，以致整个卷陷入混乱。许多 UNIX 文件系统，包括 UFS 但不包括 ZFS，在存储设备上存储冗余元数据；它们通过程序 fsck 来检查所有文件系统数据结构，并强制恢复到一致状态，以从崩溃中恢复过来。恢复过程通常涉及：删除损坏的文件，释放已经写入数据但并未正确记录到文件系统元数据结构的数据簇。这种检查可能是个缓慢的过程，并可能导致大量数据的丢失。

对于文件系统的稳健性，NTFS 采取不同的方法。对于 NTFS，所有文件系统数据结构更新都在事务中执行。在更改数据结构之前，事务会写入包含重做和撤销信息的日志记录。在更改数据结构之后，事务将提交记录写入日志以表示事务成功。

崩溃后，系统通过处理日志记录将文件系统数据结构恢复到一致状态：首先重做已提交的事务操作（确保它们的更改到达文件系统数据结构），然后撤销在崩溃之前没有成功提交的事务操作。系统定期地（通常每 5 秒）将检查点记录写入日志。为了从崩溃中恢复过来，系统并不需要检查点之前的日志记录——这些记录可以被丢弃，所以日志文件不会无限增长。在系统启动之后首次访问 NTFS 卷时，NTFS 会自动执行文件系统的恢复。

这个方案并不保证所有用户文件的内容在崩溃之后还是正确的，它只能确保文件系统的数据结构（元数据文件）没有损坏，并反映崩溃之前的某个一致状态。扩展事务方案以覆盖用户文件是有可能的，Windows Vista 中已采取了一些步骤来做到这一点。

日志存储在卷首的第三个元数据文件中。在文件系统格式化时，用固定最大尺寸来创建日志。日志有两个区域：一个是记录区域（logging area），它是日志记录的循环队列；另一个是重启区域（restart area），它包含上下文信息，如日志区域的位置（恢复期间，NTFS 应该开始读取的区域）。事实上，重启区域保存其信息的两个副本，这样当崩溃损坏一个副本时，信息仍然可以恢复。

日志记录功能通过日志文件服务（log-file service）来提供。除了写入日志记录和执行恢复操作外，日志文件服务跟踪日志文件的空闲空间。如果空闲空间太少，则日志文件服务排队等待事务，NTFS 停止所有新的 I/O 操作。在当前操作完成后，NTFS 调用缓存管理器刷新所有数据，重置日志文件，并且执行排队的事务。

21.5.3 安全

NTFS 卷的安全性源自 Windows 对象模型。每个 NTFS 文件引用一个安全描述符——用于指定文件的所有者，以及一个访问控制列表——用于包含每个用户或组被授予或拒绝的访问权限。早期版本的 NTFS 采用单独的安全描述符作为每个文件的属性。从 Windows 2000 开始，安全描述符属性指向共享副本，大大节省了存储空间和缓存空间；许多文件具有相同的安全描述符。

在正常情况下，NTFS 在遍历文件路径名内的目录时并不强制许可权限。然而，为了与 POSIX 兼容，可以启用这些检查。遍历检查本质上更"昂贵"，因为文件路径名称的现代解析使用前缀匹配，而非路径名称的逐个目录解析。前缀匹配算法查找缓存中的字符串，并找到具有最长匹配的条目，例如，条目 \foo\bar\dir 匹配 \foo\bar\dir2\dir3\myfile。前缀匹配缓存允许路径名遍历，以从树的更深处开始，从而节省了许多步骤。执行遍历检查意味着必须在每个目录级别检查用户的访问。例如，用户可能缺乏遍历 \foo\bar 的许可，所以从 \foo\bar\dir 开始的访问将导致错误。

21.5.4 压缩

NTFS 可以对单个文件或目录内的所有数据文件进行数据压缩。为了压缩文件，NTFS 将文件数据分成**压缩单元**（compression unit），这些单元是由 16 个连续的簇组成的块。在将数据写入压缩单元时，应用数据压缩算法。如果压缩结果小于 16 个簇，则存储压缩版本。读取时，NTFS 可以确定数据是否已被压缩，如果已经压缩，则存储压缩单元的长度小于 16 个簇。为了提高读取连续压缩单元的性能，NTFS 在应用程序发出请求之前可以预取与解压。

对于稀疏文件或者大部分为零的文件，NTFS 使用另外一种技术来节省空间。由于从未写入而仅包含零的簇，没有实际在存储设备上分配或存储。相反，在文件 MFT 条目中存储的虚拟簇码序列会留下间隙。读取文件时，如果 NTFS 在虚拟簇码中发现间隙，则只会将调用者缓冲区的那部分填充为零。这种技术也用于 UNIX。

21.5.5 挂载点、符号链接与硬链接

挂载点是 NTFS 目录特有的一种符号链接形式，由 Windows 2000 引入。挂载点提供了组织存储卷的一种机制，比全局名称（如驱动器号）更加灵活。挂载点的实现采用符号链接，其关联数据包含真实的卷名。最终，挂载点会完全取代驱动器号，但是由于许多应用程序对驱动器字母方案的依赖，这将是一个漫长的过渡。

Windows Vista 支持更为一般形式的符号链接，类似于 UNIX 链接。链接可以是绝对的或相对的，可以指向并不存在的对象，也可以指向甚至跨卷的文件与目录。NTFS 还支持**硬链接**（hard link），即单个文件可以位于同一卷的多个目录。

21.5.6　日志变更

NTFS 保存一个日志，用于描述文件系统的所有更改。用户模式服务可以收到日志更改的通知，并能通过读取日志确定哪些文件已经更改。搜索索引服务使用变更日志来确定需要重新建立索引的文件。文件复制服务使用日志来确定哪些文件需要通过网络加以复制。

21.5.7　卷影副本

Windows 能够将卷置于某个已知状态，并创建可以用于备份卷的一致视图的影子副本。这种技术被一些其他文件系统称为快照（snapshot）。制作卷的卷影副本是一种写时复制，在影子副本创建之后修改的块按原先形式的副本来存储。为了达到卷的一致状态，需要应用程序的“合作”，因为系统无法知道何时应用程序使用的数据处于一致状态，以便安全重启应用程序。

Windows 的服务器版本使用卷影副本来有效维护文件服务器存储的旧版文件。这允许用户查看早先存在的文档。用户可以使用这项功能恢复偶然删除的文件或只是查看文件的历史版本，而无需使用备用媒介。

21.6　网络

Windows 同时支持对等网络与客户端-服务器网络。Windows 还具有网络管理功能，其网络组件可实现数据传输、进程间通信、网络文件共享，还能够将打印作业发送到远程打印机。

21.6.1　网络接口

为了描述 Windows 网络，首先必须提到两个内部网络接口：**网络设备接口规范**（Network Device Interface Specification，NDIS）和**传输驱动程序接口**（Transport Driver Interface，TDI）。NDIS 接口由 Microsoft 和 3Com 于 1989 年合作开发，以区分网络适配器与传输协议，这样当其中一个发生改变时将不会影响另一个。NDIS 位于 ISO 模型的数据链接层与网络层之间的接口上，使得许多协议可运行在许多不同的网络适配器之上。就 ISO 模型而言，TDI 是传输层（第四层）和会话层（第五层）之间的接口。这个接口支持任何会话层组件使用任何可用的传输机制。（类似的原因导致 UNIX 采用流机制。）TDI 同时支持基于连接与非连接的传输，并且具有发送任何类型数据的功能。

21.6.2　协议

Windows 将传输协议实现为驱动程序。这些驱动程序可以从系统中动态加载或卸载，尽管在发生改变之后系统通常需要重新启动。Windows 带有多个网络协议，接下来讨论其中的几个协议。

21.6.2.1　服务器消息块

服务器消息块（Server Message Block，SMB）协议最初是在 MS-DOS 3.1 中引入的，系统使用这个协议来通过网络发送 I/O 请求。SMB 协议有 4 种消息类型。会话控制消息（session control message）用于启动和结束服务器共享资源的重定向连接。重定向器使用文件消息（file message）来访问服务器的文件。打印机消息（printer message）将数据发送到远程打印队列，并接收来自队列的状态信息。通信消息（message message）用于与另一个工作站通信。SMB 协议的一个版本作为**通用互联网文件系统**（Common Internet File System，CIFS）来发布，并在许多操作系统上得到支持。

21.6.2.2　传输控制协议/互联网协议

Internet 的 TCP/IP 簇现已成为事实上的标准网络架构。Windows 采用 TCP/IP 来连接各种操作系统和硬件平台。Windows TCP/IP 软件包括简单网络管理协议（Simple Network Management Protocol，SNMP）、动态主机配置协议（Dynamic Host Configuration Protocol，DHCP）以及较老的 Windows 互联网名称服务（Windows Internet Name Service，WINS）。Windows Vista 引入了一种新的 TCP/IP 实现，它在同一网络堆栈中同时支持 IPv4 和 IPv6。这种新实现还支持将网络堆栈下载到高级硬件，以实现高性能的服务器。

Windows 提供软件防火墙，用于限制网络通信程序可以使用的 TCP 端口。网络防火墙通常在路由器中实现，并且是一项非常重要的安全措施。操作系统的内置防火墙使得硬件路由器的防火墙没有必要继续存在，内置防火墙提供更集成的管理功能，同时也更易于使用。

21.6.2.3 点到点隧道协议

点到点隧道协议（Point-to-Point Tunneling Protocol，PPTP）是由 Windows 提供的一种协议，以便 Windows 服务器的远程访问服务器模块和其他客户端系统通过互联网来通信。远程访问服务器可以加密通过网络传输的数据，而且它们支持互联网的多协议**虚拟专用网络**（Virtual Private Network，VPN）。

21.6.2.4 HTTP 协议

HTTP 协议通过万维网来 get/put（传输）信息。Windows 使用内核模式驱动程序来实现 HTTP，所以 Web 服务器可以按低开销连接到网络堆栈。HTTP 是相当通用的协议，Windows 可以将其作为传输选项以实现 RPC。

21.6.2.5 Web 分布式创作与版本控制协议

Web 分布式创作与版本控制协议（Web-Distributed Authoring and Versioning，WebDAV）基于 HTTP 的协议，用于通过网络进行协作创作。Windows 为文件系统构建 WebDAV 重定向器。WebDAV 直接内置在文件系统中，能够与其他文件系统功能（如加密）一起工作。个人文件可以安全地存储在公共场所。因为 WebDAV 使用 HTTP——这是一个 get/put 协议，所以 Windows 必须在本地缓存文件，以便程序可以对文件的某些部分进行 read 与 write 操作。

21.6.2.6 命名管道

命名管道（named pipe）是面向连接的消息传递机制。一个进程可以使用命名管道与同一机器的其他进程通信。由于命名管道可以通过文件系统接口来访问，用于文件对象的安全机制也适用于命名管道。SMB 协议支持命名管道，所以命名管道也可以用于不同系统的进程间通信。

管道名称的格式遵循**通用命名约定**（Universal Naming Convention，UNC）。UNC 名称看起来像一个典型的远程文件名称。它的格式为 \\server_name\share_name\x\y\z，其中 server_name 标识网络服务器，share_name 标识网络用户可用的任何网络资源，如目录、文件、命名管道和打印机等，\x\y\z 表示普通文件路径名。

21.6.2.7 远程过程调用

前面提到的远程过程调用（RPC）是客户端-服务器机制，允许一台机器的一个应用程序远程调用另一台机器的代码。客户端调用本地过程，即存根程序，以将参数打包成一个消息，并通过网络发送到特定的服务器进程。该客户端存根程序然后阻塞。同时，服务器解包消息，调用过程，将返回结果打包成消息，并将其发送回客户端存根。客户端存根解除阻塞，接收消息，解包 RPC 的结果，并将其返回给调用者。这种参数打包有时称为**封送**（marshaling）。客户端的存根代码和打包/解包 RPC 参数的描述符，是根据 Microsoft **接口定义语言**（Microsoft Interface Definition Language）编写的规范来编译的。

Windows RPC 机制遵循用于 RPC 消息的广泛使用的分布式计算环境标准，因此使用 Windows RPC 编写的程序具有很好的可移植性。RPC 标准非常详尽，它隐藏了计算机之间的许多架构差异，如二进制数的大小、计算机字的字节与位的顺序，以便指定 RPC 消息的标准数据格式。

21.6.2.8 组件对象模型

组件对象模型（Component Object Model，COM）是 Windows 开发的一种进程间通信机制。

COM 对象提供了一个明确定义的接口来操纵对象的数据。例如，COM 是 Microsoft **对象链接和嵌入**（Object Linking and Embedding，OLE）的基础，可用于将电子表格插入 Microsoft Word 文档。许多 Windows 服务提供 COM 接口。此外，称为 **DCOM**（Distributed Component Object Model）的分布式扩展可以用于通过网络利用 RPC，以便提供一种透明方式来开发分布式应用程序。

21.6.3　重定向器与服务器

Windows 应用程序可以使用 Windows I/O API，就像本地一样访问远程计算机的文件，只要远程计算机运行 CIFS 服务器（如由 Windows 提供的）。**重定向器**（redirector）是客户端对象，用于将 I/O 请求转发到远程系统，然后再由服务器处理请求。由于性能和安全方面的考虑，重定向器与服务器运行于内核模式。

更详细地说，远程文件的访问如下：

1. 应用程序调用 I/O 管理器以请求打开一个文件，该文件名采用标准 UNC 格式。
2. I/O 管理器如 21.3.3.5 节所述，构建 I/O 请求包。
3. I/O 管理器确定这个访问是针对远程文件的，并调用一个称为**多重通用命名约定提供者**（Multiple Universal naming convention Provider，MUP）的驱动程序。
4. MUP 异步将 I/O 请求包发送到所有注册重定向器。
5. 能够满足请求的重定向器响应 MUP。为了避免将来用同样的问题来询问所有重定向器，MUP 采用缓存来记住哪个重向器可以处理这个文件。
6. 重定向器将网络请求发送到远程系统。
7. 远程系统网络驱动程序接收请求，并将其传到服务器驱动程序。
8. 服务器驱动程序将这个请求转交到适当的本地文件系统驱动程序。
9. 调用适当的设备驱动程序来访问数据。
10. 结果返回服务驱动程序，以将数据发回请求重定向器。然后，重定向器通过 I/O 管理器将数据返回调用应用程序。

对于使用 Win32 网络 API 而非 UNC 服务的应用程序也有类似步骤，不过，所用模块是**多提供者路由**（multi-provider router）而非 MUP。

为了提高可移植性，重定向器与服务器采用 TDI API 进行网络传输。请求本身的表示采用更为高层的协议，默认为 21.6.2 节所述的 SMB 协议。重定向器列表由注册表的系统配置单元维护。

21.6.3.1　分布式文件系统

UNC 并不总是方便使用，因为多个文件服务器可以用于提供同样的内容，而 UNC 明确包括服务器名称。Windows 支持**分布式文件系统**（Distributed File System，DFS）协议，允许网络管理员采用单一分布式的名称空间来提供多个服务器的文件。

21.6.3.2　目录重定向与客户端缓存

为了改善频繁切换计算机的用户体验，Windows 允许管理员为用户建立**漫游配置文件**（roaming profile），以便在服务器上保存用户的偏好和其他设置。此时，**目录重定向**（folder redirection）可用于将用户文档和其他文件自动存储到服务器上。

这种方式效果很好，直到其中一台计算机不再连到网络，比如用户携带笔记本电脑上了飞机。为了让用户离线访问重定向文件，Windows 采用**客户端缓存**（Client-Side Caching，CSC）。当计算机在线时，CSC 也用于在本地机器上保存服务器文件的副本，以提供更好的性能。当文件改变时，它们被送回服务器。如果计算机断开连接，则文件仍然可用，而服务器的更新会推迟到下次联机时进行。

21.6.4　域

许多网络环境都有自然的用户组，如学校计算机实验室的学生，或某个企业部门的雇员。

通常，我们希望某个组内的所有成员能够访问组内各台计算机的共享资源。为了管理这些组内的全局访问权限，Windows 采用域的概念。以前，这些域与 DNS（Domain Name System，域名系统）没有任何关系，DNS 用于将 Internet 主机名转换为 IP 地址。然而，现在它们是密切相关的。

具体来说，Windows 域是一组 Windows 工作站和服务器，它们共享公共安全策略和用户数据库。由于 Windows 使用 Kerberos 协议进行信任与认证，因此 Windows 域与 Kerberos 域相同。Windows 使用分层方法建立相关域之间的信任关系。信任关系是基于 DNS 的，允许在层次结构中上下传递信任。这种方法降低了用于 n 个域的信任数量：从 $n(n-1)$ 到 $O(n)$。域内工作站信任域控制器提供的关于每个用户访问权限的正确信息（由 lsaas 加载到用户访问令牌）。然而，无论域控制器提供什么信息，所有用户都保留限制访问自己的工作站的能力。

21.6.5　活动目录

活动目录（active directory）是 Windows 实现的**轻量级目录访问协议**（Lightweight Directory Access Protocol，LDAP）服务。活动目录存储关于域的拓扑信息，保留基于域的用户与组的账户和密码，提供基于域的用于 Windows 功能的存储，如 **Windows 组策略**（Windows group policy）。管理员使用组策略来建立用于桌面偏好和软件的统一标准。对于许多企业信息技术组而言，统一性极大地降低了计算成本。

21.7　程序员接口

Win32 API（Windows 32-bit Application Programming Interface）是 Windows 功能的基本接口。本节讨论 Win32 API 的五个主要方面：内核对象访问、进程间对象共享、进程管理、进程间通信和内存管理。

21.7.1　内核对象访问

Windows 内核提供许多服务以供应用程序使用，应用程序通过操作内核对象来获得这些服务。进程在需要访问名为 XXX 的内核对象时，调用函数 CreateXXX 来获得 XXX 实例的一个句柄。这个句柄对进程来说是唯一的。如果函数 Create() 失败，则根据正在打开的对象，可能返回 0，或者可能返回名为 INVALID_HANDLE_VALUE 的特殊常量。进程通过调用函数 CloseHandle() 可以关闭任何句柄，如果所有进程引用对象的句柄数量下降到零，则系统可以删除该对象。

21.7.2　进程间对象共享

Windows 提供了三种方法，以便进程共享对象。第一种方法是子进程继承对象句柄。当父进程调用函数 CreateXXX 时，它提供结构 SECURITIES_ATTRIBUTES，并设定字段 bInheritHandle 为 TRUE。这个字段创建一个可继承的句柄。然后，将 TRUE 传递到函数 CreateProcess() 的参数 bInheritHandle 以创建子进程。图 21.7 列出了代码示例，用于创建可为子进程继承的信号量句柄。

假设子进程知道哪些句柄是共享的，父进程与子进程通过共享对象可以进行进程间通信。在图 21.7 的例子中，子进程从第一个命令行参数中获取句柄的值，然后与父进程共享信号量。

共享对象的第二种方法是一个进程在创建对象时给对象一个名称，另一个进程可以打开这个名称。这种方法有两个缺点：第一，Windows 没有提供任何方法来检查所选名称的对象是否已经存在；第二，对象名称空间是全局的，没有考虑对象类型。例如，在需要两个不同的对象（可能类型不同）时，两个应用程序可能创建和共享名为 "foo" 的单个对象。

```
SECURITY_ATTRIBUTES sa;
sa.nlength=sizeof(sa);
sa.lpSecurityDescriptor=NULL;
sa.bInheritHandle=TRUE;
HANDLE hSemaphore=CreateSemaphore(&sa, 1, 1, NULL);
WCHAR wszCommandline[MAX_PATH];
StringCchPrintf(wszCommandLine, _countof(wszCommandLine),
    L"another_process.exe %d", hSemaphore);
CreateProcess(L"another_process.exe", wszCommandline,
    NULL, NULL, TRUE, ...);
```

图 21.7   通过继承句柄使子进程能够共享对象的代码

命名对象的优点是不相关进程很容易共享这些对象。第一个进程调用一个函数 CreateXXX()并提供名称作为参数。第二个进程通过同样名称来调用 OpenXXX() (或 CreateXXX()),从而取得一个句柄以共享对象,如图 21.8 所示。

```
// Process A
...
HANDLE hSemaphore=CreateSemaphore(NULL, 1, 1, L"MySEM1");
...

// Process B
...
HANDLE hSemaphore=OpenSemaphore(SEMAPHORE_ALL_ACCESS,
    FALSE, L"MySEM1");
...
```

图 21.8   通过名称查找共享对象的代码

共享对象的第三种方式是通过函数 DuplicateHandle()。这种方法需要通过一些其他的进程间通信方法来传递重复句柄。给定一个进程句柄和该进程内一个句柄的值,另一个进程可以获得同一对象的句柄,从而共享该对象。这种方法的示例如图 21.9 所示。

```
// Process A wants to give Process B access to a semaphore

// Process A

DWORD dwProcessBId; // must; from some IPC mechanism
HANDLE hSemaphore=CreateSemaphore(NULL, 1, 1, NULL);
HANDLE hProcess=OpenProcess(PROCESS_DUP_HANDLE, FALSE,
    dwProcessBId);
HANDLE hSemaphoreCopy;
DuplicateHandle(GetCurrentProcess(), hSemaphore,
    hProcess, &hSemaphoreCopy,
    0, FALSE, DUPLICATE_SAME_ACCESS);
// send the value of the semaphore to Process B
// using a message or shared memory object
...

// Process B
HANDLE hSemaphore= // value of semaphore from message
// use hSemaphore to access the semaphore
...
```

图 21.9   通过传递句柄共享对象的代码

21.7.3 进程管理

对于 Windows，**进程**（process）是应用程序的加载实例，而**线程**（thread）是可由操作系统调度的可执行的代码单元。因此，每个进程包含一个或多个线程。当一个进程的某个线程调用 `CreateProcess()` API 时，就创建了另一个进程。这个程序加载进程所用的任何动态链接库，并创建这个进程的初始线程。其他额外线程可以通过函数 `CreateThread()` 来创建。每个线程创建自己的堆栈，堆栈的默认大小为 1MB，除非通过 `CreateThread()` 的参数来另外指定大小。

21.7.3.1 调度规则

Win32 环境的优先级基于 NT 本地内核（native kernel）的调度模型，但不是所有优先级值都可以选择。Win32 API 使用六个优先级：

1. `IDLE_PRIORITY_CLASS`（NT 优先级 4）
2. `BELOW_NORMAL_PRIORITY_CLASS`（NT 优先级 6）
3. `NORMAL_PRIORITY_CLASS`（NT 优先级 8）
4. `ABOVE_NORMAL_PRIORITY_CLASS`（NT 优先级 10）
5. `HIGH_PRIORITY_CLASS`（NT 优先级 13）
6. `REALTIME_PRIORITY_CLASS`（NT 优先级 24）

进程通常属于 `NORMAL_PRIORITY_CLASS`，除非其父进程属于 `IDLE_PRIORITY_CLASS`，或者在调用 `CreateProcess()` 时指定了另一个类。进程的优先级类是进程中所有执行线程的默认设置。它的更改采用函数 `SetPriorityClass()`，或者将参数传递到命令 `start`。只有具有提高调度优先级特权的用户，可以将进程移动到 `REALTIME_PRIORITY_CLASS`（实时优先级类）。默认情况下，管理员和高级用户具有这种特权。

当用户在交互式进程和工作之间切换时，系统需要调度适当的线程以提供良好的响应能力，这使得执行时间变得更短。然而，一旦用户选择了一个特定的进程，预计这个特定进程的吞吐量也会很大。为此，Windows 设置了用于 `NORMAL_PRIORITY_CLASS` 的特殊调度规则。Windows 区分两类进程：与屏幕上的活动窗口相关联的进程和其他（后台）进程。当进程进入前台时，Windows 将其线程的调度时间片增加至原来的 3 倍，前台进程中 CPU 密集线程的运行时长也是类似的后台线程的 3 倍。因为服务器系统总是以比客户端系统大得多的时间片（6 倍时间片）运行，所以以服务器系统未启用此行为。然而，对于这两种类型的系统，可以通过适当的系统对话框或注册表项来调整参数。

21.7.3.2 线程优先级

线程的初始优先级是按其类型确定的。通过函数 `SetThreadPriority()` 可以改变优先级。这个函数带有一个参数以指定优先级，这是相对于其类型的基础优先级的：

- `THREAD_PRIORITY_LOWEST`：base-2
- `THREAD_PRIORITY_BELOW_NORMAL`：base-1
- `THREAD_PRIORITY_NORMAL`：base+0
- `THREAD_PRIORITY_ABOVE_NORMAL`：base+1
- `THREAD_PRIORITY_HIGHEST`：base+2

另外两个设定也用于调整优先级。回想一下 21.3.4.3 节，内核具有两个优先级类别：16~31 是实时级，1~15 是可变优先级。`THREAD_PRIORITY_IDLE` 设定实时线程的优先级为 16，而可变优先级线程的优先级为 1。`THREAD_PRIORITY_TIME_CRITICAL` 设定实时线程的优先级为 31，而可变优先级线程的优先级为 15。

内核根据线程属于 I/O 密集型或 CPU 密集型来动态调整可变类型线程的优先级。Win32 API 提供了一种方法来禁用这种调整，即采用函数 `SetProcessPriorityBoost()` 和 `SetThreadPriorityBoost()`。

21.7.3.3 线程挂起和恢复

线程可以按挂起状态（suspended state）来创建，也可以稍后通过函数 `SuspendThread()`

转到挂起状态。在挂起线程可以由内核调度器来调度之前，必须通过函数 `ResumeThread()` 移出挂起状态。这两个函数设定一个计数器：如果一个线程挂起两次，则在它可以运行之前必须恢复两次。

21.7.3.4　线程同步

为了同步线程对共享对象的并发访问，内核提供同步对象，如信号量和互斥。这些都是调度器对象，如 21.3.4.3 节所述。线程还可以与操作内核对象（如线程、进程和文件）的内核服务同步，因为这些也是调度对象。通过内核调度对象的同步可以使用函数 `WaitForSingleObject()` 或 `WaitForMultipleObjects()` 来实现，这些函数等待一个或多个调度器对象得到信号。

对于希望独占执行代码的同一进程中的线程，还有另一种同步方法。Win32 **临界区对象**（critical section object）是用户模式的互斥对象，通常可以在不进入内核的情况下获取或释放。对于多处理器，Win32 临界区在等待另一个线程持有的临界区被释放时会尝试旋转。如果旋转需要的时间太长，则获取线程会分配一个内核互斥（kernel mutex）并放弃 CPU。临界区特别有效，因为只有争用时内核互斥才被分配，并且只有尝试旋转后才被使用。大多数程序互斥不会真正争用，因此对成本的节省非常可观。

在使用临界区之前，某个进程线程必须调用 `InitializeCriticalSection()`。每个线程在想要获取互斥锁时调用 `EnterCriticalSection()`，然后再调用 `LeaveCriticalSection()` 来释放互斥锁。还有一个函数 `TryEnterCriticalSection()`，它尝试获取互斥锁而并不阻塞。

对于需要用户模式读者-作者锁而不是互斥锁的程序，Win32 支持**轻型读者-作者锁**（Slim Reader-Writer Lock，SRWL）。SRW 锁具有类似于临界区的 API，如 `InitializeSRWLock`、`AcquireSRWLockXXX` 和 `ReleaseSRWLockXXX`，其中 `XXX` 是 `Exclusive`（独占）或是 `Shared`（共享），具体取决于线程对于保护对象是需要写入访问权限或只是读取访问权限。Win32 API 还支持**条件变量**（condition variable），可以与临界区或 SRW 锁一起使用。

21.7.3.5　线程池

对于应用程序和服务，重复创建或删除用于执行少量工作的线程可能代价昂贵。Win 32 线程池为用户模式程序提供三种服务：可以提交工作请求的队列（通过 `SubmitThreadpoolWork()` 函数），可用于将回调绑定到可等待句柄的 API（`RegisterWaitForSingleObject()`），与计时器（`CreateThreadpoolTimer()` 和 `WaitForThreadpoolTimerCallbacks()`）一起使用并将回调绑定到 I/O 完成队列（`BindIoCompletionCallback()`）的 API。

使用线程池的目的是提高性能与减少内存占用。线程相对昂贵，无论有多少线程，每个处理器一次只能执行一个线程。线程池通过稍微延迟工作请求（为许多请求重用每个线程）并提供足够的线程来有效利用机器的 CPU，从而试图降低可运行线程的数量。等待、I/O 和定时器回调 API 允许线程池进一步减少进程的线程数。与进程采用单独的线程来处理每个可等待句柄、定时器或完成端口相比，这种方法使用的线程更少。

21.7.3.6　纤程

纤程（fiber）是用户模式代码，它根据用户定义的调度算法进行调度。纤程完全是用户模式功能，内核并不知道它们的存在。纤程机制使用 Windows 线程，就像它们是 CPU 一样执行纤程。纤程是合作调度的，这意味着纤程永远不会被抢占，但是必须明确让步于它们赖以运行的线程。当纤程让步线程时，另一个纤程可以通过运行时系统（编程语言运行时代码）调度到这个纤程。

系统通过调用 `ConvertThreadToFiber()` 或 `CreateFiber()` 来创建纤程。这两个函数的主要区别是 `CreateFiber()` 并不开始执行创建的纤程。为了开始执行，应用程序必须调用 `SwitchToFiber()`。应用程序可以调用 `DeleteFiber()` 来终止纤程。

由于潜在的不兼容性，不建议将纤程用于使用 Win32 API 而不是标准 C 库函数的线程。Win32 用户模式线程具有**线程环境块**（Thread-Environment Block，TEB），TEB 包含用于 Win32 API 的许多线程字段。纤程必须共享它们赖以运行的线程的 TEB。当 Win32 接口将状态信息放置到纤程的 TEB 上，然后这个信息被不同的纤程覆盖时，可能导致问题。Win32 API 包括纤程，以便移植旧版 UNIX 的应用程序，这些程序采用用户模式线程模型（如 Pthreads）编写。

21.7.3.7　用户模式调度与 ConcRT

用户模式调度（User-Mode Scheduling，UMS）是 Windows 7 的新机制，解决了纤程的多个限制。正如刚才提到的，纤程对于执行 Win32 API 是不可靠的，因为它们没有自己的 TEB。当运行纤程的线程在内核中阻塞时，由于内核调度器接管调度，用户调度器暂时失去 CPU 的控制权。当纤程改变线程的内核状态（如优先级或模拟令牌），或者当纤程启动异步 I/O 时，可能会导致问题。

由于每个 Windows 线程实际上是两个线程——一个内核线程（KT）和一个用户线程（UT），UMS 提供一个替代模型。每种类型的线程都有自己的堆栈与自己保存的寄存器集合。KT 和 UT 对于程序员显示为单个线程，因为 UT 不能阻塞但必须总是进入内核，在内核中隐式切换到相应的 KT。UMS 使用每个 UT 的 TEB 来唯一标识 UT。当 UT 进入内核时，显式切换到 KT，这个 KT 对应于当前 TEB 标识的 UT。内核不知道哪个 UT 正在运行的原因是，UT 可以调用用户模式调度器，就像纤程一样。但是在 UMS 中，调度器切换 UT，包括切换 TEB。

当 UT 进入内核时，它的 KT 可能会阻塞。发生这种情况时，内核切换到调度线程（UMS 称其为主线程），并使用这个线程重新进入用户模式调度器，以便选择另一个 UT 来运行。最终，阻塞 KT 会完成操作，并准备返回用户态。由于 UMS 已经重新进入用户模式调度器来运行不同的 UT，UMS 将已完成 KT 的对应 UT 排队到用户模式的完成列表中。当用户模式调度器选择一个新 UT 来切换时，它可以检查完成列表，并将列表上的任何 UT 视为调度候选。UMS 的主要功能如图 21.10 所示。

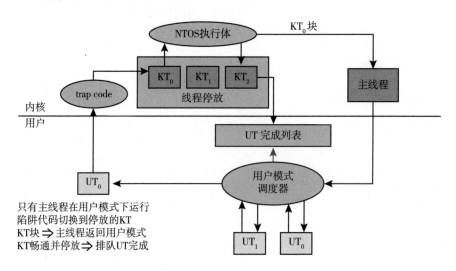

图 21.10　用户模式调度

不同于纤程，UMS 并不直接用于程序。编写用户模式调度器的细节可能很有挑战性，UMS 不包括这样的调度器。相反，调度器来自构建在 UMS 之上的编程语言库。Microsoft Visual Studio 2010 带有 ConcRT（Concurrency Runtime，并发运行时），这是用于 C++的并发编程框架。ConcRT 提供一个用户模式调度器，以及分解程序成为任务的功能——这些任务可以调度到可用的 CPU。ConcRT 支持 `par_for`（并行循环）风格的构造，以及基本资源管理和任务同步的原语。然而，从 Visual Studio 2013 开始，UMS 调度模式在 ConcRT 中不再可用。重要的性能指标表明，写得好的真正的并行程序不会在任务间花费大量时间切换上下文。UMS 在这个方面提供的好处并没有超过维护单独调度程序的复杂性，在某些情况下，即使是默认的 NT 调度程序也表现得更好。

21. 7. 3. 8　Winsock

Winsock 是 Windows 套接字 API。Winsock 是会话层接口，大部分兼容 BSD 的套接字，但也添加了一些 Windows 的扩展。它为可能具有不同寻址方案的许多传输协议提供一个标准接口，以便任何 Winsock 应用程序可以运行于任何 Winsock 兼容协议栈。Winsock 在 Windows Vista 中进行了重大更新，添加了跟踪、IPv6 支持、伪装、新的安全 API 和许多其他功能。

Winsock 遵循 Windows 开放系统架构（Windows Open System Architecture，WOSA）模型，提供一个标准的服务提供者接口（Service Provider Interface，SPI），用于应用程序和网络协议。应用程序可以加载和卸载分层协议，以便在传输协议层之上构建额外的功能，如额外的安全性。Winsock 支持异步操作与通知、可靠多播、安全套接字和内核模式套接字，还支持更简单的使用模型，如函数 WSAConnectByName()——该函数接受字符串，这些字符串表示服务器的名称或 IP 地址，以及目的端口的服务或端口号。

21. 7. 4　使用 Windows 消息传递的进程间通信

Win32 应用程序通过多种方法来处理进程间通信。典型的高性能方式是使用本地 RPC 或命名管道。另一种方法是使用共享内核对象（例如命名区段对象）以及同步对象（例如事件）。还有一种方法是使用 Windows 消息传递功能，这种方法很受 Win32 GUI 应用程序的欢迎。一个线程可以通过 PostMessage()、PostThreadMessage()、SendMessage()、SendThreadMessage()或 SendMessageCallback()将消息发送到另一个线程或窗口。邮寄（post）消息与发送消息的方式不同：邮寄程序是异步的，它会立即返回，而且调用线程并不知道何时实际传递消息；发送程序是同步的，它会阻塞调用者，直到消息已经交付与处理。

除了发送消息之外，线程可以通过消息发送数据。因为进程具有单独的地址空间，所以数据必须复制。系统调用 SendMessage()复制数据，通过数据结构 COPYDATASTRUCT 发送 WM_COPYDATA 类型的消息，COPYDATASTRUCT 包含所传输数据的长度和地址。在发送消息时，Windows 将数据复制到新的内存块，并将新块的虚拟地址传递到接收进程。

每个 Win32 线程都有自己的输入队列，以便从中接收消息。如果 Win32 应用程序没有调用 GetMessage()来处理输入队列的事件，则队列会填满；大约 5 秒之后，任务管理器将应用程序标记为"Not Responding"（无响应）。请注意，消息传递受到之前介绍的完整性级别机制的约束。因此，进程不可向具有更高完整性级别的进程发送诸如 WM_COPYDATA 之类的消息，除非使用特殊的 Windows API 来移除保护（ChangeWindowMessageFilterEx()）。

21. 7. 5　内存管理

Win32 API 提供多种方式供应用程序使用内存，包括虚拟内存、内存映射文件、堆、线程本地存储和 AWE 物理内存等。

21. 7. 5. 1　虚拟内存

应用程序调用 VirtualAlloc()来保留或提交虚拟内存，调用 VirtualFree()来取消提交或释放内存。这些函数使应用程序能够指定分配内存的虚拟地址。（否则，选择随机地址，出于安全原因，建议这样做。）这些函数对内存页面大小的倍数进行操作，但是，由于历史原因，始终返回分配在 64KB 边界上的内存。这些函数的示例如图 21. 11 所示。函数 VirtualAllocEx()和 VirtualFreeEx()可用于在单独的进程中分配和释放内存，而函数 VirtualAllocExNuma()可用于利用 NUMA 系统上的内存局部性。

21. 7. 5. 2　内存映射文件

应用程序使用内存的另一种方式是，内存映射一个文件到其地址空间中。内存映射也是两个进程共享内存的一种方便的方式：两个进程将相同的文件映射到其虚拟内存。内存映射是个多级过程，如图 21. 12 的示例所示。

```
//reserve 16 MB at the top of our address space
PVOID pBuf = VirtualAlloc(NULL, 0x1000000,
    MEM_RESERVE |MEM_TOP_DOWN, PAGE_READWRITE);
//commit the upper 8 MB of the allocated space
VirtualAlloc((LPVOID)((DWORD_PTR)pBuf+0x800000), 0x800000,
    MEM_COMMIT, PAGE_READWRITE);
//do something with the memory
...
//now decommit the memory
VirtualFree((LPVOID)((DWORD_PTR)pBuf+0x800000), 0x800000,
    MEM_DECOMMIT);
//release all of the allocated address space
VirtualFree(pBuf, 0, MEM_RELEASE);
```

图 21.11　分配虚拟内存的代码片段

```
//set the file mapping size to 8 MB
DWORD dwSize = 0x800000;
//open the file or create it if it does not exist
HANDLE hFile = CreateFile(L"somefile.ext",
    GENERIC_READ |GENERIC_WRITE,
    FILE_SHARE_READ |FILE_SHARE_WRITE, NULL,
    OPEN_ALWAYS, FILE_ATTRIBUTE_NORMAL, NULL);
//create the file mapping
HANDLE hMap = CreateFileMapping(hFile,
    PAGE_READWRITE |SEC_COMMIT, 0, dwSize, L"SHM 1");
//now get a view of the space mapped
PVOID pBuf = MapViewOfFile(hMap, FILE_MAP_ALL_ACCESS,
    0, 0, 0, dwSize);
//do something with the mapped file
...
//now unmap the file
UnmapViewOfFile(pBuf);
CloseHandle(hMap);
CloseHandle(hFile);
```

图 21.12　文件内存映射的代码片段

如果进程想映射一些地址空间，只是为了与另一个进程共享内存区域，则不需要文件。进程采用 0xffffffff 的文件句柄、特定大小和（可选）名称来调用函数 CreateFileMapping()。生成的文件映射对象可以通过继承、名称查找（如果已命名）或句柄复制等来实现共享。

21.7.5.3　堆

堆是应用程序使用内存的第三种方式，如同标准 C 语言的 malloc() 和 free()，或 C++语言的 new() 和 delete()。Win32 环境的堆是预提交地址空间的区域。Win32 进程初始化时会创建**默认堆**（default heap）。因为大多数 Win32 应用程序是多线程的，所以访问堆需要同步，以保护堆的空间分配数据结构不被多线程的并发更新所破坏。堆的优点是可以用来做小到 1 字节的分配，因为底层内存页面已经提交。不幸的是，堆内存不能共享或标记为只读，因为所有堆分配共享相同的页面。然而，通过 HeapCreate()，程序员可以创建自己的堆，这个堆可以通过 HeapProtect() 被标记为只读，或被创建为可执行堆，甚至可以在特定的 NUMA 节点上分配。

Win32 提供多个堆管理函数，以便进程分配和管理私有堆。这些函数是 HeapCreate()、HeapAlloc()、HeapRealloc()、HeapSize()、HeapFree() 和 HeapDestroy()。

Win32 API 还提供函数 HeapLock() 和 HeapUnlock()，使线程能够获得对堆的独占访问。请注意，这些函数仅执行同步，它们并没有真正"锁定"页面以防止绕过堆层的恶意或错误代码。

最初的 Win32 堆已经过优化，以便有效利用空间。对于长时间运行的大型服务器程序，地址空间的碎片问题更为严重。Windows XP 引入的**低碎片堆**（Low-Fragmentation Heap，LFH）的新设计，极大地缓解了碎片问题。Windows 7 和更高版本中的堆管理器会根据需要自动打开 LFH。此外，堆是使用漏洞的攻击者的主要目标，例如双重释放、释放后使用和其他与内存损坏相关的攻击。每个版本的 Windows（包括 Windows 10）都增加了更多的随机性、熵和安全缓解措施，以防止攻击者猜测堆分配的顺序、大小、位置和内容。

21.7.5.4　线程本地存储

应用程序使用内存的第四种方式是采用**线程本地存储**（Thread-Local Storage，TLS）机制。依赖全局或静态数据的函数通常在多线程环境中不能正常工作。例如，C 语言的运行时函数 strtok() 采用静态变量，以便在解析字符串时跟踪其当前位置。为使两个并发线程正确执行 strtok()，每个线程都需要各自的当前位置（current position）变量。TLS 提供了一种方法来维护变量实例，这些变量对于正在执行的函数是全局的，但是不与任何其他线程共享。

TLS 提供动态和静态的方法来创建线程本地存储。动态方法如图 21.13 所示。TLS 机制分配全局堆存储，并将其附加到 TEB（Windows 为每个用户模式线程分配一个 TEB）。TEB 随时可以被线程访问，不仅用于 TLS，而且用于用户模式中的所有每个线程状态信息。

```
//reserve a slot for a variable
DWORD dwVarIndex=TlsAlloc();
//make sure a slot was available
if(dwVarIndex==TLS_OUT_OF_INDEXES)
return;
//set it to the value 10
TlsSetValue(dwVarIndex,(LPVOID)10);
//get the value
DWORD dwVar=(DWORD)(DWORD_PTR)TlsGetValue(dwVarIndex);
//release the index
TlsFree(dwVarIndex);
```

图 21.13　动态线程本地存储的代码

21.7.5.5　AWE 内存

应用程序使用内存的最后一种方式是通过**地址窗口化扩展**（Address Windowing Extension，AWE）功能。这种机制允许开发人员直接从内存管理器请求空闲的 RAM 物理页面（通过 AllocateUserPhysicalPages()），然后使用 VirtualAlloc() 在物理页面上提交虚拟内存。通过请求物理内存的各个区域（包括分散-聚集支持），用户模式应用程序可以访问比虚拟地址空间更多的物理内存——这在 32 位系统上很有用，该系统可能有超过 4GB 的 RAM。此外，应用程序可以绕过内存管理器的缓存、分页和着色算法。与 UMS 类似，AWE 可能因此提供了一种方法，以便某些应用程序获得超出 Windows 默认提供的额外性能或定制功能。例如，SQL Server 使用 AWE 内存。

需要使用线程局部静态变量时，应用程序按如下方式来声明变量，确保每个线程都有自己的私有副本：

```
__declspec(thread)DWORD cur_pos=0;
```

21.8　本章小结

- Microsoft 将 Windows 设计为一种可扩展的、可移植的操作系统，以便能够利用新技术和新硬件。
- Windows 支持多种操作环境和对称多处理，包括 32 位和 64 位处理器以及 NUMA 计算机。
- 使用内核对象提供基本服务，以及对客户端-服务器计算的支持，使 Windows 能够支持各种应用程序环境。
- Windows 提供虚拟内存、集成缓存和抢占式调度。
- 为了保护用户数据并保证程序完整性，Windows 支持精心设计的安全机制和漏洞利用缓解措施，并利用硬件虚拟化。
- Windows 可在各种计算机上运行，因此用户可以选择和升级硬件以满足预算和性能要求，无须更改所运行的应用程序。
- 通过包含国际化功能，Windows 可在多个国家和多种语言环境下运行。
- Windows 具有复杂的调度和内存管理算法，以提高性能和可扩展性。
- 最近版本的 Windows 增加了电源管理、快速睡眠和唤醒功能，并减少了多个方面的资源使用，以便在手机和平板电脑等移动系统上更有用。
- Windows 卷管理器和 NTFS 文件系统为桌面和服务器系统提供了一组复杂的功能。
- Win32 API 编程环境功能丰富且扩展性强，允许程序员在程序中使用 Windows 的所有功能。

21.9　推荐读物

［Russinovich et al.（2017）］概述了 Windows 10 以及有关系统内部和组件的大量技术细节。

21.10　参考文献

［Russinovich et al.（2017）］　M. Russinovich, D. A. Solomon, and A. Ionescu, *Windows Internals-Part 1*, Seventh Edition, Microsoft Press（2017）.

21.11　练习

21.1　Windows 是什么类型的操作系统？描述它的两个主要特征。

21.2　列出 Windows 的设计目标。详细描述其中的两个。

21.3　描述 Windows 系统的引导过程。

21.4　描述 Windows 内核的三个主要架构层。

21.5　对象管理器的工作是什么？

21.6　进程管理器提供哪些类型的服务？

21.7　什么是本地过程调用？

21.8　I/O 管理器的职责是什么？

21.9　Windows 支持哪些类型的网络？Windows 如何实现传输协议？描述两种网络协议。

21.10　NTFS 命名空间是如何组织的？

21.11　NTFS 如何处理数据结构？NTFS 如何从系统崩溃中恢复？恢复后有什么保证？

21.12　Windows 如何分配用户内存？

21.13　描述应用程序可以通过 Win32 API 使用内存的一些方式。

21.12　习题

21.14　在什么情况下会使用 Windows 的延迟过程调用功能？

21.15　什么是句柄，进程如何获取句柄？

21.16　描述虚拟内存管理器的管理方案。虚拟内存管理器如何提高性能？

21.17　描述 Windows 提供的无访问页面功能的有效应用。

21.18　描述用于在本地过程调用中传送数据的三种技术。哪些设置最有利于不同消息传递技术的应用？

21.19　用什么工具管理 Windows 的缓存？缓存是如何管理的？

21.20　NTFS 目录结构与 UNIX 操作系统中使用的目录结构有何不同？

21.21　什么是进程，它在 Windows 中是如何管理的？

21.22　Windows 提供的纤程抽象是什么？它与线程抽象有何不同？

21.23　Windows 7 中的用户模式调度（UMS）与纤程有何不同？纤程和 UMS 之间有哪些权衡？

21.24　UMS 认为线程有 UT 和 KT 两个部分。允许 UT 与其 KT 继续并行执行有什么用？

21.25　允许 KT 和 UT 在不同处理器上执行的性能权衡是什么？

21.26　为什么自映射占用了大量的虚拟地址空间，但没有占用额外的虚拟内存？

21.27　自映射如何使虚拟内存管理器轻松地将页表页面移入和移出磁盘？页表页面保存在磁盘的何处？

21.28　当 Windows 系统休眠时，系统会关闭电源。假设你更改了休眠系统上的 CPU 或 RAM 数量，你认为这会奏效吗？为什么会或者为什么不？

21.29　举例说明挂起计数如何有助于 Windows 挂起和恢复线程。

推荐阅读

深入理解计算机系统（英文版·第3版）

作者：（美）兰德尔 E.布莱恩特 大卫 R. 奥哈拉伦 ISBN：978-7-111-56127-9 定价：239.00元

本书是一本将计算机软件和硬件理论结合讲述的经典教材，内容涵盖计算机导论、体系结构和处理器设计等多门课程。本书最大的特点是为程序员描述计算机系统的实现细节，通过描述程序是如何映射到系统上，以及程序是如何执行的，使读者更好地理解程序的行为，找到程序效率低下的原因。

编译原理（英文版·第2版）

作者：（美）Alfred V. Aho 等 ISBN：978-7-111-32674-8 定价：78.00元

本书是编译领域无可替代的经典著作，被广大计算机专业人士誉为"龙书"。本书上一版自1986年出版以来，被世界各地的著名高等院校和研究机构（包括美国哥伦比亚大学、斯坦福大学、哈佛大学、普林斯顿大学、贝尔实验室）作为本科生和研究生的编译原理课程的教材。该书对我国高等计算机教育领域也产生了重大影响。

第2版对每一章都进行了全面的修订，以反映自上一版出版二十多年来软件工程、程序设计语言和计算机体系结构方面的发展对编译技术的影响。

数据结构与算法分析：Java语言描述（原书第3版）

作者：[美]马克·艾伦·维斯（Mark Allen Weiss） 著 ISBN: 978-7-111-52839-5 定价：69.00元

本书是国外数据结构与算法分析方面的经典教材，使用卓越的Java编程语言作为实现工具，讨论数据结构（组织大量数据的方法）和算法分析（对算法运行时间的估计）。

随着计算机速度的不断增加和功能的日益强大，人们对有效编程和算法分析的要求也不断增长。本书将算法分析与最有效率的Java程序的开发有机结合起来，深入分析每种算法，并细致讲解精心构造程序的方法，内容全面，缜密严格。

算法导论（原书第3版）

作者：Thomas H.Cormen 等 ISBN: 978-7-111-40701-0 定价：128.00元

"本书是算法领域的一部经典著作，书中系统、全面地介绍了现代算法：从最快算法和数据结构到用于看似难以解决问题的多项式时间算法；从图论中的经典算法到用于字符串匹配、计算几何学和数论的特殊算法。本书第3版尤其增加了两章专门讨论van Emde Boas树（最有用的数据结构之一）和多线程算法（日益重要的一个主题）。"

—— Daniel Spielman，耶鲁大学计算机科学系教授

"作为一个在算法领域有着近30年教育和研究经验的教育者和研究人员，我可以清楚明白地说这本书是我所见到的该领域最好的教材。它对算法给出了清晰透彻、百科全书式的阐述。我们将继续使用这本书的新版作为研究生和本科生的教材及参考书。"

—— Gabriel Robins，弗吉尼亚大学计算机科学系教授

在有关算法的书中，有一些叙述非常严谨，但不够全面；另一些涉及了大量的题材，但又缺乏严谨性。本书将严谨性和全面性融为一体，深入讨论各类算法，并着力使这些算法的设计和分析能为各个层次的读者接受。全书各章自成体系，可以作为独立的学习单元；算法以英语和伪代码的形式描述，具备初步程序设计经验的人就能看懂；说明和解释力求浅显易懂，不失深度和数学严谨性。

推荐阅读

深入理解计算机系统（原书第3版）

作者：[美] 兰德尔 E.布莱恩特 等　ISBN：978-7-111-54493-7　定价：139.00元

计算机体系结构精髓（原书第2版）

作者：（美）道格拉斯·科莫 等　ISBN：978-7-111-62658-9　定价：99.00元

计算机系统：系统架构与操作系统的高度集成

作者：（美）阿麦肯尚尔·拉姆阿堪德兰 等 ISBN：978-7-111-50636-2　定价：99.00元

现代操作系统（原书第4版）

作者：[荷]安德鲁 S.塔嫩鲍姆 等　ISBN：978-7-111-57369-2　定价：89.00元